Aus dem Vorwort zur vierten Auflage.

Das vorliegende kleine Lehrbuch soll den Beamten diejenigen Kenntnisse vermitteln, welche zum Verständnis und zur richtigen Handhabung der technischen Einrichtungen auf vereinigten Verkehrsanstalten erforderlich sind. Es soll ferner dazu dienen, sie auf den Dienst bei selbständigen Telegraphen- und Fernsprechämtern vorzubereiten.

Um den Umfang des Buches und damit seinen Preis nicht zu beträchtlich zu erhöhen, war tunlichste Beschränkung geboten. Es mußte die Darstellung knapp gehalten werden, aber es waren auch solche Gegenstände ganz beiseite zu lassen, mit denen die Mehrzahl der hier in Betracht kommenden Beamten selten oder niemals Befassung hat.

Wenn andererseits in den Abschnitten über Schnelltelegraphie, Telegraphie in langen Seekabeln und Funkentelegraphie Gegenstände behandelt werden, die nur einer Minderheit der Beamten im praktischen Betrieb vorkommen, so war hier die Rücksicht maßgebend, daß diese Gegenstände jedem Telegraphenbeamten bekannt sein müssen. Da aber die Hilfsmittel für die Belehrung hierüber nicht leicht zugänglich sind, so ist wenigstens ein Abriß gegeben worden. Ähnliches gilt von dem Abschnitt über die Mehrfachtelegraphie.

Auch als ein nützliches Hilfsmittel für die Vorbereitung zu der Telegraphenassistenten- und Telegraphensekretärprüfung wird das Buch dienen können. Allerdings ist hier zu berücksichtigen, daß aus dem vorher angegebenen Grunde die Meßinstrumente und Meßverfahren überhaupt nicht und von dem Hughes-Gegensprechen nur die wissenschaftlichen Grundlagen behandelt sind.

Berlin, November 1903.

Alle Rechte, insbesondere das der
Übersetzung in fremde Sprachen, vorbehalten.
Copyright by Julius Springer 1917.
Softcover reprint of the hardcover 6th edition 1917

ISBN-13: 978-3-642-90444-8   e-ISBN-13: 978-3-642-92301-2
DOI: 10.1007/ 978-3-642-92301-2

Die Telegraphentechnik

Ein Leitfaden für

Post- und Telegraphenbeamte

von

Dr. Karl Strecker

Geh. Ober-Postrat und Professor

Der sechsten, neu bearbeiteten und vermehrten Auflage
wenig veränderter zweiter Abdruck

Mit 537 Textabbildungen und 1 Tafel

Berlin

Verlag von Julius Springer

1919

Vorwort zur sechsten Auflage.

Seit dem Erscheinen der fünften Auflage, die gegenüber der vierten keine erheblichen Änderungen brachte, sind 10 Jahre vergangen, 10 Jahre einer sehr regen Entwicklung auf dem Gebiete der Telegraphie und des Fernsprechwesens. Der Morseapparat wird durch den Klopfer einerseits, den Hughesapparat anderseits immer mehr verdrängt, die Schnelltelegraphen gewinnen größere Bedeutung. Die Einrichtungen der Telegraphenämter (Batterieanlagen, Klinkenumschalter, Zentralanrufschränke, Sicherungseinrichtungen usw.) werden vervollkommnet. Größer noch sind die Änderungen auf dem Gebiete des Fernsprechwesens, wo insbesondere die Vielfachumschalter und Fernschränke für ZB-Betrieb und der Selbstanschlußbetrieb weiter ausgebildet worden sind. Dieser lebhaften Entwicklung auf technischem Gebiete entsprachen natürlich auch erhöhte Anforderungen an die Beamten in wissenschaftlicher Richtung. Es ergab sich hieraus die Notwendigkeit, das Buch in allen seinen Teilen neu zu bearbeiten.

Dies ließ sich nicht ohne erhebliche Vergrößerung des Umfanges durchführen. Zwar konnte manches veraltete ausgeschieden, manches minder wichtige gekürzt werden. Bei einigen zwar noch im Gebrauch befindlichen, aber schon etwas veralteten Einrichtungen, die aus Rücksicht auf den Raummangel nicht wieder aufgenommen werden konnten, ist wenigstens auf die frühere Auflage verwiesen worden. Trotz aller Zurückhaltung ist der Umfang des Buches auf das anderthalbfache gestiegen.

Bei der Einteilung des Stoffes wurde danach gestrebt, alles, was zum wissenschaftlichen Teil gehört, auch dort zu vereinigen. In den technischen Teilen sollte nur das verbleiben, was sich an die Handhabung bestimmter Ausführungsformen anschließt. Indeß würde eine völlige Trennung der beiden Zweige dazu führen können, zwischen ihnen eine Art geistiger Scheidewand aufzurichten. Deshalb wurden die Gebiete durch zahlreiche Hinweise wieder eng miteinander verknüpft. So findet man im wissenschaftlichen Teil stets Beispiele der Anwendungen aus den technischen Abschnitten angeführt, und in diesen wiederum zur Begründung von Erscheinungen und Maßnahmen auf jenen verwiesen. Auf diese Weise soll bei den wissenschaftlichen Betrachtungen stets auf den technischen Endzweck und bei den technischen Beschreibungen auf den wissenschaftlichen Untergrund hingedeutet, der lernende Leser zu Wiederholungen veranlaßt und eine gegenseitige Durchdringung von wissenschaftlicher Lehre und praktischer Handhabung vorbereitet werden. Die zahlreichen verwickelten Stromläufe mußten im Maßstabe und in der Größe dem Buche angepaßt werden. Dem lernenden Leser wird empfohlen, sie in größerem Maßstabe, auch in anderer Anordnung der Apparate, mit verschiedenen Farben für Stromkreise verschiedener Bedeutung u. dgl. zu zeichnen; man versteht einen Stromlauf erst dann vollständig, wenn man ihn selbst in allen Einzelheiten aufgebaut hat.

Im ersten Teil ist insbesondere die Lehre von den elektrischen Kraftlinien neu hinzugekommen; Herrn Oberlehrer Dr. Kurt Fischer habe ich die schöne Aufnahme der Kraftlinien (Abb. 12) zu verdanken. Beim Ohmschen Gesetz schien besonders erwünscht, den Lernenden auf Grund der Rechnung mit den Eigenschaften einer Telegraphenleitung bekannt zu machen; es mußten aber die Schwierigkeiten der höheren Mathematik umgangen werden. Die Rechnungen sind meist in Fußnoten verwiesen; für die Leser, die über etwas mehr mathematische Kenntnisse verfügen, werden wenigstens einige wichtige Endformeln angegeben. Es schien ferner nötig, einiges von den Grundlagen des elektrischen Maschinenbaues zu bringen, da diese Maschinen auch in der Telegraphie immer mehr verwandt werden. Weiter wurde ein Abschnitt über elektrische Schwingungen eingefügt und die Abschnitte über drahtlose Telegraphie und die Grundlagen der Mehrfachtelegraphie in den ersten Teil verlegt. Auf die zahlreichen kleineren Änderungen einzeln hinzuweisen, würde zu weit führen.

In dem Teil von den Stromquellen war manches zu ändern, wegzulassen, zuzufügen. Bei den Telegraphenapparaten konnte der Morseapparat erheblich kürzer behandelt werden. Bei den Relais gab es einiges Neue, während Veraltetes ausgeschieden wurde. Der Baudotapparat, der Siemenssche Schnelldrucker und der Ferndrucker wurden eingehend beschrieben. Bei den Nebenapparaten waren hauptsächlich die Umschaltschränke zu berücksichtigen; bei den Blitzableitern und Sicherungen waren viele Neuerungen aufzunehmen, die neueren Vorschriften über Batteriespannung und Strombedarf einzufügen und die Schaltungen mußten die für den Hughesbetrieb zu erneuern. Der Abschnitt über Telegraphenbetriebsstörungen konnte wesentlich gekürzt werden. Auch bei den Fernsprechapparaten konnte manches Veraltete ausgeschieden werden; der Abschnitt über Nebenstellen ist neu hinzugekommen. Eine völlig neue Bearbeitung hat der Fernsprechbetrieb erfahren. Ein Teil über die Selbstanschlußämter, der sich übrigens auf das nötigste beschränkt, ist zugefügt worden.

Am Schluß des Buches befindet sich ein kurzer Abschnitt über Maßsysteme, Einheits- und Formelzeichen.

Um eine gewisse Gewähr dafür zu haben, daß der neueste Stand unserer Technik dargestellt wird, habe ich mich der Unterstützung zahlreicher jüngerer Fachgenossen versichert. Herr Telegrapheningenieur Clouth hat mich schon bei der Auswahl des Stoffes unterstützt und so ziemlich alle Teile des Buches in der Korrektur gelesen; von ihm rührt der Abschnitt über die Nebenstellen und der allgemeine Teil des Abschnittes von den Betriebsstörungen in Fernsprechanlagen her. An der Durchsicht einzelner Teile haben sich ferner die Herren Telegrapheningenieure Großmann, Hartz, Dohmen, Wollin, Kuhn und Telegrapheninspektoren Stöckel, Ackermann, Zühlke, Feuerhahn und Klaus beteiligt. Allen Herren möchte ich auch an dieser Stelle für ihre wertvolle und nützliche Hilfe meinen Dank sagen.

Die Firmen Siemens & Halske A.-G., Accumulatorenfabrik A.-G. und A.-G. Mix Genest haben das Werk durch Bereitstellung von Bildstöcken unterstützt, wofür ich ihnen meinen besten Dank abstatte.

Berlin, Mai 1917

Beim zweiten Abdruck blieb die 6. Auflage im wesentlichen unverändert. An einigen Stellen schien die Darstellung verbesserungsbedürftig, einige Irrtumer und Druckfehler waren stehen geblieben usw. Auf S. 643 ist die Prüfeinrichtung OB für kleine Vermittlungsstellen eingefügt werden.

Berlin, Januar 1919

Strecker

Inhaltsverzeichnis.

Erster Teil.

Das Wichtigste aus der Lehre vom Magnetismus, von der Elektrizität und vom Schalle.

Seite

Erster Abschnitt. **Magnetismus** 1
Natürliche Magnete. Künstliche Magnete. Verteilung des Magnetismus. Permanenter, temporärer und remanenter Magnetismus. Magnetische Stoffe. Äußerung der magnetischen Kraft. Innerer Bau der Magnete. Koerzitivkraft. Magnetisches Feld. Kraftlinien. Eisen im magnetischen Feld. Magnetische Verteilung. Schirmwirkung. Erdmagnetismus.

Zweiter Abschnitt. **Elektrostatik. Die Lehre von der ruhenden Elektrizität.** 8
Die elektrische Eigenschaft. Elektrisieren durch Mitteilung. Leiter und Nichtleiter. Tafel der elektrischen Leiter. Potential, Spannung. Elektrische Verteilung oder Influenz. Ladungskapazität. Ansammlungsapparate, Kondensatoren. Dielektrikum. Größe der Kapazität. Elektrische Leitungen als Kondensatoren. Elektrisches Feld. Elektrische Kraftlinien. Vorgang im Dielektrikum. Elektrische Störungen der Telegraphen- und Fernsprechleitungen. Schutzdraht. Beziehung zur Induktion. Atmosphärische Elektrizität. Blitzableiter.

Dritter Abschnitt. **Elektrodynamik. Die Lehre von der strömenden Elektrizität.**

I. Der gleichmäßige elektrische Strom 22
Der elektrische Strom. Elektrische Spannung, Arbeit und Leistung. Der elektrische Widerstand; seine Abhängigkeit von der Temperatur. Tafel der spezifischen Widerstände. Abhängigkeit des Widerstandes von Isolierstoffen von der Temperatur. Die Luftfeuchtigkeit und ihr Einfluß auf die Isolation. Oberflächenleitung. Der Kriechweg. Die Erdleitung. Berührungswiderstand.

Das Ohmsche Gesetz und die Kirchhoffschen Sätze. Folgerungen und Anwendungen. Parallele Stromwege. Meß-Nebenschluß. Spannungsmessung. Brücke. Gemeinsamer Stromweg. Widerstand und Ableitung einer Telegraphenleitung. Der Strom in einer Telegraphenleitung. Graphische

VIII		Inhaltsverzeichnis.

Seite

Darstellung von Spannung, Strom, Widerstand und Ableitung. Telegraphenleitung mit Batterie und Apparaten. Die Übertragung. Arbeitsstromleitung. Omnibusleitung mit Arbeitsstrombetrieb, mit Ruhestrombetrieb. Reihen- oder Zweigschaltung der Magnetrollen. Rechnung mit dem Leitwert. Doppelleitungen. Leitungsfehler.

II. **Die Wärmewirkung des elektrischen Stromes** 63
Erwärmung des Leiters. Joulesches Gesetz. Erwärmung als Zweck, als Verlust.

III. **Elektrochemie** 65
Leiter erster und zweiter Klasse. Benennungen. Dissoziation. Elektrolyse. Faradaysches Gesetz. Das elektrolytische Leitvermögen. Diffusion. Wandernde Ionen. Flüssigkeitsketten. Osmose. Lösungsdruck. Elektromotorische Kraft. Einfluß der Konzentration der Lösungen. Polarisation. Depolarisation. Vorgang im Kupfer-Zink-Element. Sammler oder sekundäre Elemente. Elektrolytische Vorgänge an Telegraphenleitungen.

IV. **Der elektrische Strom in Nichtleitern** 79
Isolierstoffe. Gase. Verstärkerröhren.

V. **Elektromagnetismus** 82
Ablenkung der Magnetnadel durch den Strom. Magnetisches Feld des stromdurchflossenen Leiters. Elektromagnet. Der magnetische Kreis. Der magnetische Widerstand. Hysterese. Zug- oder Tragkraft. Neutrale und polarisierte Elektromagnete. Empfindlichkeit der Elektromagnete. Gegenkraft. Hauptformen der Elektromagnete. Elektromagnete für Telegraphen- und Fernsprechapparate. Differentialmagnet.

VI. **Induktion** 94
Grundbedingung. Arten. Richtung. Stärke. Induktion in einer Schleife. Selbstinduktion.
Verschiedene Fälle der Induktion: Induktion durch Bewegung. Bewegter Leiter, Dynamomaschine, Wechselstrom. Ein- und Mehrphasenstrom. Verschiedene Frequenzen. Einfache und zusammengesetzte Schwingungen. Gleichstrom. Felderregung. Bau der Dynamomaschinen. Elektromotor. — Bewegtes Eisen, Telephon. — Induktion durch Stromänderung. Induktionsapparate. Der Transformator und die Drossel. Fernsprechübertrager. Differentialdrossel. Mikrophon. Induktion zwischen Telegraphenleitungen. Einfluß von Isolationsfehlern. Erdstrom.

VII. **Der veränderliche elektrische Strom.**
A. **Stromquelle von gleichbleibender Spannung** . . 126
Lade- und Entladestrom eines Kondensators. Magnetisierung und Entmagnetisierung eines Elektromagnetes. Geltung des Ohmschen Gesetzes. Ladespannung. Scheinwiderstand. Der elektrische Vorgang in einer Telegraphenleitung. Ansprechen der Telegraphenapparate. Telegraphische Hilfsschaltungen.

Inhaltsverzeichnis. IX

B. Stromquelle von veränderlicher Spannung. Wechselstrom 137
Periodische Vorgänge. Kapazität und Induktivität im Wechselstromkreise. Gemischter Strom.

VIII. Elektrische Schwingungen 140
Schwingungskreis. Stabförmige Schwingungserzeuger. Dämpfung. Ungedämpfte Schwingungen. Fernsprechströme

IX. Drahtlose Telegraphie 146
Langsame und rasche Schwingungen. Erdung, Gegengewicht. Antennen. Elektrische Strahlung. Empfang der Strahlung. Detektoren. Der Ticker. Offener und geschlossener Schwingungskreis. Kopplung. Freie und erzwungene Schwingungen. Abstimmung. Kopplungswellen. Stoßerregung. Lichtbogenspeisung. Hochfrequenzmaschine. Empfangsschaltung. Gerichtete Telegraphie. Telephonie ohne Draht. — Telegraphie durch Stromausbreitung. Induktionstelegraphie.

Vierter Abschnitt. **Die physikalischen Grundlagen der Mehrfachtelegraphie** 156
A. Gleichzeitige Mehrfachtelegraphie. Differentialschaltung. Brückenschaltung. Künstliche Leitung. Doppelsprechen. Doppelgegensprechen. Mehrfaches Fernsprechen und gleichzeitiges Telegraphieren und Fernsprechen. —
B. Wechselzeitige Mehrfachtelegraphie. Verteiler.

Fünfter Abschnitt. **Der Schall** 168
Wesen. Arten. Der Ton. Klangfarbe. Obertöne. Tongemische. Verzerrung. Tonerreger. Eigenton. Mitschwingen. Resonanz. Das Sprachorgan. Das Ohr.

Zweiter Teil.
Stromquellen.

Sechster Abschnitt. **Die Primärelemente** 175
Nasse und trockene Elemente.

I. Das Kupferelement 175
Bestandteile. Zusammensetzung. Mischung der Flüssigkeiten. Verhalten und Behandlung im Betriebe. Leistung. Lebensdauer.

II. Die Trockenelemente 181
Allgemeines. Beschreibung einiger Trockenelemente. Leistung. Verwendung.

Siebenter Abschnitt. **Die Sekundärelemente (Sammler)** . . . 185
I. Beschreibung von Sammlern. a) Bleisammler 185
Allgemeines. Telegraphensammler. Fernsprechsammler. Innerer Widerstand der Bleisammler.

b) Alkalischer Sammler 190
Der Edisonsche Sammler.

Inhaltsverzeichnis.

Seite

II. Ladung und Entladung der Bleisammler 191
Schaltungen für den Sammlerbetrieb. Stöpselverbindungen. Umschaltegruppen. Zwischenverteiler. Mikrophonbatterien für den Amtsbetrieb. Fernsprechbatterien für ZB-Betrieb. Schalttafeln. Ladeapparate. Batteriezuführungen. Überwachung und Bedienung. Spannung. Stromstärke. Strominhalt, Kapazität. Haupt- und Nachladung. Sicherheitsladung. Die Säure. Sammlerraum, Gestelle, Leitungen. Kurzschluß. Messungen. Batterietagebuch. Signaleinrichtungen.

Achter Abschnitt. **Maschinen zur Stromerzeugung oder Stromumformung.**

I. Netzstrom ohne Umformung 206
II. Der Kurbel- oder Magnetinduktor 207
Zweck. Konstruktion. Klemmenspannung.
III. Stromumformungen 209
Zweck. Arten. Transformator. Rufstromübertrager. Mechanische Gleichrichter. Quecksilberdampf-Gleichrichter. Polwechsler, ältere und neuere Form. Motorgenerator und Umformer. Rufmaschine. Signalmaschine.
Übersicht über die Verwendung der Stromquellen 220

Dritter Teil.
Telegraphenapparate.

Ältere Telegraphen 221
Neunter Abschnitt. **Der Morseapparat** 224
Allgemeines. Das Morse-Alphabet. Der Schreibapparat. Laufwerk. Elektromagnetischer Teil. Schreibvorrichtung. Unterhaltung und Reinigung, Schutz während der Nacht, Auseinandernehmen.

Zehnter Abschnitt. **Die Klopfer** 234
Der neutrale und der polarisierte Klopfer. Schallkammer.

Elfter Abschnitt. **Die Tasten** 238
Zweck. Morsetaste. Klopfertaste.

Zwölfter Abschnitt. **Die Telegraphenrelais** 242
Zweck. Relaisschaltung. Übertragungsschaltung. Ältere Relais.

I. Neutrale Relais 243
Linienrelais, Zeitrelais, Relais mit Hörnerpolen.
II. Polarisierte Relais 246
Deutsches polarisiertes Relais. Relais mit Flügelanker. Polarisiertes Relais kleiner Form. Baudotrelais. Einseitige und neutrale Einstellung.

Dreizehnter Abschnitt. **Der Hughesapparat** 255
Allgemeines. Tastenwerk. Stiftbüchse. Schlitten. Kontaktvorrichtung. Elektromagnetsystem. Auslösehebel. Laufwerk. Druckachse. Kupplung. Druckvorrichtung. Einstellhebel.

Inhaltsverzeichnis. XI

Brems- und Reguliervorrichtung. Stromwender und Ausschalter. Apparattische. Einstellung und Betrieb. Anruf. Reinigen und Auseinandernehmen. Fehler.

Vierzehnter Abschnitt. **Der Baudotapparat** 280
Allgemeines. Anordnung. Zeichenbildung. Tastenwerk. Mehrfachschaltung. Verteiler. Zweifachapparat. Vierfachapparat. Stromverzögerung. Regelung der Geschwindigkeit und des Gleichlaufs. Empfänger. Übertragung. Leistung.

Fünfzehnter Abschnitt. **Der Siemenssche Schnelldrucker** ... 294
Allgemeines. Tastenlocher. Maschinensender. Empfänger. Druckstromkreis. Regelung der Geschwindigkeit. Papierförderung. Zeichenwechsel. Haltzeichen. Lochstreifen-Empfang. Stromquelle. Leistung.

Sechzehnter Abschnitt. **Der Ferndrucker** 309
Allgemeines. Stromsendung. Stromempfang. Zeichenbildung. Antrieb. Auslösung. Umschaltung. Typenrad und Figurenwechsel. Druckvorrichtung. Unterbrechungstaste. Besondere Bauarten. Betrieb.

Siebzehnter Abschnitt. **Der Wheatstonesche Maschinentelegraph, der Heberschreiber und der Undulator** 318

Achtzehnter Abschnitt. **Nebenapparate.**

I. Die Wecker 326
Der gewöhnliche Wecker. Schaltung auf Selbstunterbrechung und auf Selbstausschluß. Einstellen. Schnarrwecker. Fallscheibe. Wechselstromwecker. Einstellen und Regulieren der Wechselstromwecker.

II. Die Umschalter 336
Stöpsel-, Kurbel-, Feder- und Klinkenumschalter. Anrufschränke. Zentral-Anrufschränke. Anruf- und Überwachungsmittel für den Betrieb der Umschalteschränke: Anruf- und Rückstellklappe, Glühlampe, Schauzeichen, Wechselstromanzeiger, Sternzeichen.

III. Die Blitzableiter 365
Allgemeines. Platten-, Stangen-, Kohlen- und Luftleer-Blitzableiter. Verwendung und Einschaltung.

IV. Die Schmelzsicherungen 372
Allgemeines. Hauptsicherung. Grobsicherung. Batteriesicherung. Feinsicherung. Sicherungskästen und -leisten. Hochspannungssicherung. Schutz gegen Knallgeräusch.

V. Die Galvanoskope 384
Allgemeines. Das gewöhnliche und das polarisierte Galvanoskop. Das Differentialgalvanoskop.

VI. Die künstlichen Widerstände 389
Allgemeines. Spule mit Manganindraht. Verzweigungswiderstand, Brückenarme. Verzögerungswiderstand. Kurbelleitungsrheostat. Zusatzwiderstand mit Feinsicherung.

Inhaltsverzeichnis.

VII. Drosseln und Übertrager 392
Allgemeines. Einfache Drosseln. Differentialdrossel, Abzweigspule, Ringübertrager.
VIII. Kondensatoren 396
Platten- oder Blätter-, Rollen- oder Wickelkondensatoren.

Vierter Teil.
Telegraphenbetrieb.

Allgemeines 397
Neunzehnter Abschnitt. **Die technische Einrichtung des Telegraphenamtes.**
  I. Die Leitungseinführung 398
 II. Die Zimmerleitung 400
III. Die Batterie 402
    Schränke und Gestelle. Sammlerraum. Batteriespannung. Schaltung. Bemessung der Sammlerbatterie. Überwachung. Sicherheitsvorkehrungen.
IV. Das Sicherungs- und Blitzableitergestell 412
 V. Der Apparattisch und die zugehörigen Apparate .. 413
VI. Die Erdleitung 416

Zwanzigster Abschnitt. **Telegraphenschaltungen.**
  I. Schaltungsarten 418
    Reihen- oder Hintereinanderschaltung. Zweig- oder Nebeneinanderschaltung. Wahlschaltung. Gemischte Schaltung.
 II. Betriebsarten 420
    Ruhe- und Arbeitsstrom, amerikanischer Ruhestrom, Doppelstrom. Anordnung der Batterien in der Leitung. Stromläufe. Übertragung. Fliegender Nebenschluß. Erdstromschaltung.
III. Die in der RTV gebräuchlichen Telegraphenschaltungen 428
    A. Schaltungen für Morse- und Klopferbetrieb. Ruhestrom: End-, Trenn- und Zwischenstellen. Arbeitsstrom in oberirdischen Leitungen. Trennämter. Übertragung. Bemessung der Batterien. In unterirdischen Leitungen: End-, Trenn- und Übertragungsämter. — B. Schaltungen für Telegraphenbetrieb mit Fernsprecher. — C. Schaltungen für Hughesbetrieb. Normalschaltung.
IV. Schnelltelegraphie 445
    Arten. Gegensprechen mit dem Hughesapparat. Schaltung für lange Seekabel. Telegraphieren auf Fernsprechleitungen.

Einundzwanzigster Abschnitt. **Telegraphen-Betriebsstörungen.**
Allgemeines 455
  I. Elektrische Fehler in der Telegraphenanlage 456
    Messung und Eingrenzung. Arten der Leitungsfehler. Mittel der Prüfung. Verfahren bei der Eingrenzung. Beispiele der Untersuchung. Anstalten mit Fernsprechbetrieb.

Inhaltsverzeichnis. XIII
Seite
II. Eindringender Fremdstrom 463
Berührung von Telegraphenleitungen. Eindringender Starkstrom. Influenz und Induktion.
III. Fehler in den Apparaten 465
Kontakte. Klebender Anker. Lockere Schrauben. Achsen. Galvanoskop. Blitzableiter. Wecker. Leitungsschienen. Spulen.

Fünfter Teil.
Fernsprechapparate.

Zweiundzwanzigster Abschnitt. **Telephon und Mikrophon** . . . 467
Zusammenwirken der Apparate.
I. Der Fernhörer 470
Fernhörer mit seitlicher Schallöffnung und Ringmagnet, Kopffernhörer.
II. Das Mikrophon 474
Allgemeines. Kohlekugel- und -körner-Mikrophon (OB und ZB). Mikrophonarm. Handapparat. Pendel- und Brustmikrophon.
Dreiundzwanzigster Abschnitt. **Fernsprech-Nebenapparate.**
I. Die Fernsprech-Übertrager 477
Induktionsspule. Einschenkliger Übertrager nach Münch. Ringübertrager.
II. Federumschalter für Gehäuse- und Amtseinrichtungen 479
Haken-, Gabel-, Hör- und Sprechumschalter. Dienstleitungstaste, Stöpselsitzumschalter, Wecktaste.
III. Die Fernsprechrelais 481
Allgemeines. Normalrelais. Anruf-, Schlußzeichen- und Trennrelais. Kipprelais. Wechselstromrelais.
Vierundzwanzigster Abschnitt. **Die Fernsprechgehäuse** 485
Allgemeines.
I. Fernsprechgehäuse für den OB-Betrieb 486
Wand- und Tischgehäuse.
II. Fernsprechgehäuse für den ZB-Betrieb 490
Allgemeines. Wand- und Tischgehäuse.
III. Verschiedene Fernsprechgehäuse 493
Fernsprechgehäuse für Telegraphenbetrieb. Abfragegehäuse. Fernsprechautomaten. Streckenfernsprecher.
Fünfundzwanzigster Abschnitt. **Nebenstellen** 497
Grundschaltungen. Stromversorgung.
I. Zusatzeinrichtungen 500
Besonderer Wecker. Anschlußdose.
II. Zwischenstellenumschalter 501
Zwischenstellenumschalter OB 08, ZB 08, ZB 10, ZB 13.
III. Klappenschränke 509
Klappenschrank OB 07, ZB 10. Größere Verbindungsschränke. Rückstellklappenschrank M 11.
IV. Reihenanlagen 515

XIV Inhaltsverzeichnis.

Seite

Sechster Teil.
Fernsprech-Vermittelungseinrichtungen für Handbetrieb.

Handbetrieb und Selbstanschluß 520

Sechsundzwanzigster Abschnitt. **Allgemeine Einrichtungen der Fernsprechämter.**

I. Allgemeine Einrichtungen der Umschalter 522
Schränke und Tische. Arten der zu verbindenden Leitungen. Anrufzeichen. Verbindungsmittel. Stromsperren. Schlußzeichen. Hilfsapparate.

II. Besondere Einrichtungen der Umschalter 526
Einfachumschalter. Vielfachumschalter. Freiprüfung. Zwei- und dreidrähtige Linienführung. Größe der Schränke. Fernschränke. Dienstleitungsbetrieb.

III. Stromversorgung. Zentralbatterie 531
OB und ZB. Speisung der Teilnehmerstelle. Verhütung des Mitsprechens. Erdung der ZB. Bemessung der ZB.

IV. Einführung der Anschlußleitungen 536
Kabeleinführung. Oberirdische Leitungen. Hauptverteiler. Zwischenverteiler. Anordnung der Räume eines Fernsprechamts.

Siebenundzwanzigster Abschnitt. **Einfachumschalter** 541
Klappenschrank alter Art (abgeändert) für 50 Anschlußleitungen (OB 00). Klappenschränke M 99 zu 5, 10 und 20 Anschlußleitungen. Fernleitungsysteme zu kleinen Klappenschränken. Schaltbrett für kleine Fernsprechanstalten. Klappenschrank M 99 für 40 und für 50 Anschlußleitungen. Klappenschrank OB 14 für 100 Leitungen.

Achtundzwanzigster Abschnitt. **Vielfachumschalter OB für Teilnehmerstellen mit eigener Stromquelle.**
Vielfachumschalter OB 02 und OB 13 560

Neunundzwanzigster Abschnitt. **Vielfachumschalter ZB für Zentralbatteriebetrieb.**

I. Dreidrähtige Vielfachumschalter ZB 10, ZB 11 ... 566
Beschreibung der Schränke. Schaltvorgänge im einfachen Ortsverkehr, im Verkehr auf Verbindungsleitungen. Verbindung mit dem Fernamt.

II. Der zweidrähtige Vielfachumschalter ZB von Siemens & Halske.................. 591
Beschreibung des Schranks. Schaltvorgänge. Verbindungen über ein zweites Amt. Vorschalteschrank.

Dreißigster Abschnitt. **Das Fernamt.**

I. Allgemeine Einrichtungen des Fernamts 600
Art und Gang der Verbindungen. Klinkenumschalter.

Inhaltsverzeichnis. XV

II. Die Fernschränke OB 602
   Der Fernschrank OB 00 großer Form, kleiner Form. Der Fernschrank OB 05, OB 09.
III. Der Fernschrank ZB 10 616
IV. Die Klinkenumschalter für Fernleitungen 622
   Klinkenumschalter für kleinere Betriebsstellen. Klinkenumschalter M 04, OB 11 und ZB 11, M 14.

Einunddreißigster Abschnitt. **Mehrfaches Fernsprechen** 632
   Grundlagen der Schaltung. Abzweig- und Übertragerschaltung.

Zweiunddreißigster Abschnitt. **Störungen im Fernsprechbetriebe.**
I. Störungen im Orts-Fernsprechbetriebe 635
   Allgemeines. Störungserscheinungen bei Fehlern in Anschlußleitungen, innerhalb der Sprechstellen. Untersuchung einer Endstelle. Störungen in der Vermittelungsanstalt.
II. Störungen auf den Fernsprech-Verbindungsanlagen . 640
   Allgemeines. Unterbrechung. Nebenschließung. Verschlingung.
III. Die Prüfschränke 642
   Prüfschrank und Prüfeinrichtung OB, kleiner und großer Prüfschrank ZB 15.

Siebenter Teil.

Fernsprech-Vermittelungseinrichtungen mit Selbstanschluß.

Wirtschaftlichkeit 651
Dreiunddreißigster Abschnitt. **Das Selbstanschlußamt.**
I. Allgemeine Einrichtungen 652
   Der Wähler. Vorwähler. Anrufverteiler und -sucher. Leitungs- und Gruppenwähler. Verbindungsplan. Wählergestell. Wählscheibe.
II. Selbsttätige Unter- und Hilfsämter 660
III. Kleine selbsttätige Vermittlungsanstalten 661
   Technische Einrichtung. Stromlauf. Tätigkeit des Vorwählers. Einstellen des Leitungswählers. Prüfung der verlangten Leitung. Gesprächszählung. Trennen der Verbindung. Verkehr mit dem Überweisungsamt. Störungen. Prüfungen.
Vierunddreißigster Abschnitt. **Das halbselbsttätige Amt** 670
   Allgemeines. Vorwähler. Dienstwähler. Zahlengeber. I. und II. Gruppenwähler. Leitungswähler. Freiprüfung. Auflösung der Verbindung. Gesprächszählung.

Anhang. **Das praktische Maßsystem. Einheits- und Formelzeichen** 683

Alphabetisches Namen- und Sachverzeichnis 687

Erster Teil.
Das Wichtigste aus der Lehre vom Magnetismus, von der Elektrizität und vom Schalle.

Erster Abschnitt.
Magnetismus.

Natürliche Magnete. Gewisse Körper besitzen die Eigenschaft, Eisenstücke anzuziehen und festzuhalten. Schon im Altertum kannte man diese Eigenschaft an einem bei Magnesia in Kleinasien vorkommenden Gestein; man nannte sie daher die **magnetische** Eigenschaft, die magnetischen Stücke **Magnete**.

Dieses Gestein war ein auch an anderen Orten vorkommendes Eisenerz, Fe_3O_4. Auch andere Eisenerze weisen die magnetische Eigenschaft auf.

Künstliche Magnete. Die natürlichen Magnete sind zu technischer Verwendung nicht geeignet, weil sie nicht häufig genug vorkommen, nicht stark genug sind und nicht in beliebige Form gebracht werden können. Stahl und Eisen kann man stark magnetisch machen, entweder durch „Streichen", d. i. vielseitige innige Berührung mit einem Magnete, oder durch den elektrischen Strom, den man um den zu magnetisierenden Stab herumleitet. Man erhält dadurch künstliche Magnete, deren Form und Stärke dem Zweck angepaßt werden können.

Hinsichtlich der Form unterscheidet man Stabmagnete, Hufeisen-, Scheiben-, Ring-, Topfmagnete u. a.

Verteilung des Magnetismus. An jedem Magnet sind zwei Orte von hervorragend starker Wirkung nach außen; diese nennt man **Pole**, ihre Verbindungslinie die **magnetische Achse**. Die Pole haben ziemlich geringe Ausdehnung und liegen bei stab- und hufeisenförmigen Magneten in der Regel nahe den Enden. Den mittleren Teil des Magnetes, der nach außen nur schwache Wirkung zeigt, nennt man **Indifferenzzone**.

Permanenter, temporärer und remanenter Magnetismus. Wenn der von einer äußeren Ursache (Streichen, elektrischer Strom) erzeugte Magnetismus auch nach dem Verschwinden der Ursache unvermindert oder nahezu unvermindert fortbesteht, so heißt er **permanent** oder **dauernd**. Solchen Dauermagnetismus beobachtet man bei hartem Stahl, besonders wenn man letzteren künstlich gehärtet hat (Wolframstahl).

Wenn dagegen der Magnetismus ganz oder zum größten Teil mit der äußeren Ursache verschwindet, nennt man ihn **temporär** oder **zeitweilig**. Solchen zeitweiligen Magnetismus zeigt das Eisen, und zwar am vollkommensten das Schmiedeeisen, besonders das schwedische Eisen.

Im Eisen verschwindet aber meist nicht der ganze Magnetismus; es bleibt vielmehr ein Teil davon zurück, den man daher **remanenten** oder **zurückbleibenden Magnetismus** nennt.

Magnetische Stoffe. Wie Eisen und Stahl werden auch andere Körper vom Magnet angezogen, nur viel schwächer. Es sind außer einigen chemischen Verbindungen des Eisens noch Nickel und Kobalt, zwei dem Eisen chemisch nahestehende Metalle, in noch weit schwächerem Maße aber eine große Zahl verschiedener Körper. Einige andere Stoffe werden dagegen vom Magnete nicht angezogen, sondern abgestoßen, wenn auch nur schwach, z. B. das Wismut. Man nennt die letzteren Stoffe **diamagnetisch**, die ersteren **paramagnetisch**, auch **ferromagnetisch** oder schlechtweg **magnetisch**.

Äußerung der magnetischen Kraft. Von dem Magnete geht magnetische Kraft aus; man nimmt sie daran wahr, daß Eisen vom Magnete angezogen wird. Ein Stück Eisen wird vom Magnet festgehalten mit einer **Tragkraft**, welche bei einem Magnet aus gutem Stahl von m kg und bei guter Magnetisierung an jedem Pol etwa $10 \cdot \sqrt[3]{m^2}$ kg beträgt.

Hängt man einen Stabmagnet frei und leicht drehbar, z. B. auf einer Spitze oder an einem Faden auf, so nimmt er eine

Magnetische Kraft. Innerer Bau der Magnete.

Richtung an, die nahezu von Süden nach Norden verläuft; den nach Norden weisenden Pol nennt man den Nordpol des Magnetes. An einer solchen Magnetnadel beobachtet man die Anziehungen und Abstoßungen, welche ein anderer Magnet bei der Annäherung ausübt; sie lassen sich zusammenfassen durch den Satz: **Gleichnamige Pole stoßen einander ab, ungleichnamige ziehen einander an.**

Die Kraft, mit der zwei Pole aufeinander wirken, steht im geraden Verhältnis zu ihrer Stärke und im umgekehrten Verhältnis zum Quadrate ihrer Entfernung. Dieses Gesetz hat keine Bedeutung für die technisch verwendeten Magnete, welche Kraft auf einen nahen Anker äußern sollen; denn man kann die Lage der aufeinander wirkenden Pole nicht genau genug angeben.

Innerer Bau der Magnete. Ein magnetisierter Stahldraht, z. B. eine Stricknadel, hat an einem Ende einen Nordpol, am anderen einen Südpol, was man mit einem kleinen Kompaß nachweisen kann. Zerbricht man sie in zwei, vier, schließlich in viele Stücke, so zeigt jedes der letzteren wieder Nord- und Südpol, und zwar liegt bei jedem Stückchen der Nordpol nach derselben Seite, nach der auch der Nordpol der ganzen Nadel lag. Denkt man sich das Zerbrechen fortgesetzt, so kommt man schließlich dazu, den Magnet in seine kleinsten Teile zu zerlegen. Diese sind dann auch noch Magnete, Molekularmagnete, jeder mit Nord- und Südpol. Im unmagnetischen Zustand liegen diese kleinsten Magnete wirr durcheinander (Abb. 1); es sind also an jeder Stelle gleichviel Nord- und Südpole vorhanden, die sich in ihrer Wirkung aufheben.

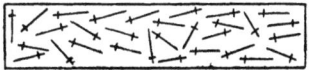 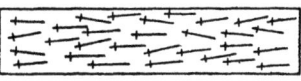

Abb. 1. Abb. 2.
Ungeordnete Molekularmagnete. Geordnete Molekularmagnete.

Das Magnetisieren besteht darin, daß die Molekularmagnete gerichtet (gedreht) werden; dann bleibt gegen das eine Ende hin der Nordmagnetismus, gegen das andere Ende hin der Südmagnetismus vorherrschend, so daß die Pole entstehen (Abb. 2).

Koerzitivkraft. Der von außen wirkenden magnetisierenden Kraft stellt sich eine innere Gegenkraft entgegen. Die Molekularmagnete drehen sich nicht ohne Widerstand, der im harten Stahl sehr groß, im weichen Eisen gering ist. Das hat zur Folge, daß man zwar größere Arbeit aufwenden muß, um die Molekeln eines harten Stahlstabs zu drehen, größer, als wenn es sich um einen weichen Eisenstab handelt; daß dafür aber auch in jenem die einmal gedrehten Molekeln ihre neue Stellung im wesentlichen beibehalten, während sie im weichen Eisen nach Aufhören der äußeren Kraft leicht zurückkehren. Harter Stahl wird permanent, weiches Eisen temporär, zeitweilig magnetisch; s. oben Seite 2.

Magnetisches Feld. Kraftlinien. Die magnetische Kraft, die von einem Magnet ausgeht, erfüllt den Raum, der den Magnet umgibt. Diesen Raum nennt man das magnetische Feld; es reicht so weit, als Kraftwirkungen nachweisbar sind.

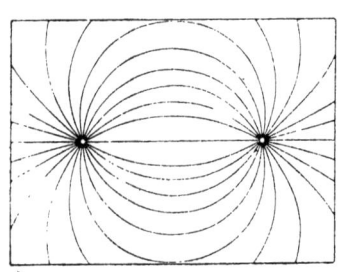

Abb. 3. Magnetisches Feld, berechnet.

Um ein magnetisches Feld darzustellen, hat man für jeden Punkt des Feldes Richtung und Stärke der Kraft anzugeben. Das geschieht in der Weise, wie sie Abb. 3 zeigt; die kleinen Kreise stellen zwei ungleichnamige, gleichstarke Magnetpole vor. Die gezeichneten Kraftlinien geben die Richtung an, in der sich eine kleine Magnetnadel (z. B. Taschenkompaß) einstellt. Wo die Kraft groß ist, stehen die Kraftlinien dicht; an schwachen Stellen des Feldes sieht man auch nur wenig Kraftlinien. Eine Gesamtheit von Kraftlinien nennt man auch Kraftfluß.

Die Kraftlinien der Abb. 3 sind berechnet; man kann aber die Linien eines Feldes auch durch Versuche bestimmen. Hierzu legt man auf den Magnet ein Blatt Papier oder eine Glasscheibe und streut Eisenfeilspäne darauf; Abb. 4 zeigt das Ergebnis, die Kraftlinien eines Stabmagnets[1]).

---

[1]) Man erhält hierbei die Kraftlinien nur ihrer Richtung nach, während die Stärke des Feldes sich nicht in der Dichte der Linien aus-

Magnetisches Feld. Kraftlinien. Schirmwirkung.

Man sieht, daß die Kraftlinien außen von Pol zu Pol gehen; sie schließen sich durch den Magnet. **Die magnetischen Kraftlinien sind geschlossene Kurven.**

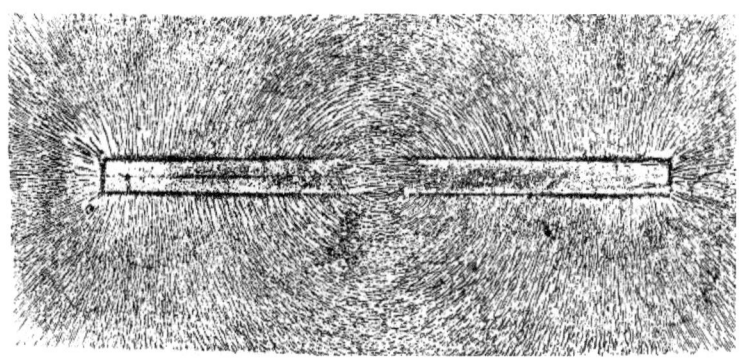

Abb. 4. Magnetisches Feld, mit Eisenfeile aufgenommen.

Das wirklich Vorhandene ist die magnetische Kraft und ihr Feld. Die Kraftlinien sind nur das Mittel zu ihrer Beschreibung. **Eisen im magnetischen Feld. Magnetische Verteilung. Schirmwirkung.** In Abb. 5 sieht man links ein magnetisches Feld, dessen Kraftlinien alle parallel sind und gleichweit voneinander

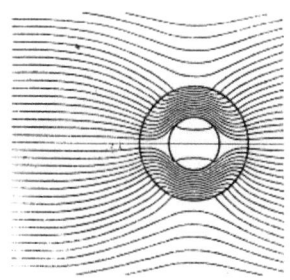 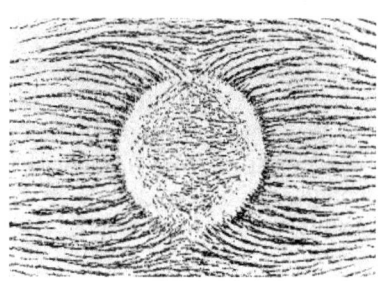

Abb. 5 und 6. Schirmwirkung des Eisens.

abstehen; dies bedeutet, daß die Kraft überall die gleiche Richtung hat und gleich stark ist. Dieses gleichmäßige Feld ist

---

spricht. An den stärksten Stellen erscheint im Gegenteil das Feld fast ohne Kraftlinien, weil sich die Eisenfeile hier mehr zusammenballt.

rechts durch einen Ring aus Eisen gestört worden. Man sieht, wie die Kraftlinien das Eisen aufsuchen. Abb. 6 gibt die Aufnahme einer solchen Anordnung mit Eisenfeile.

An dem Ring erkennt man nun zweierlei. Erstens treten Kraftlinien in größerer Zahl an zwei gegenüberliegenden Seiten aus; der Ring hat hierdurch magnetische Pole bekommen, er ist ein Magnet. Zweitens ist das Feld im Innern des Ringes sehr schwach; der eiserne Ring schirmt den inneren Raum gegen den äußeren Magnetismus.

Bringen wir nach Abb. 7 in die Nähe eines kräftigen Magnetes ein Stück Eisen, so spielt sich hier der Vorgang ähnlich ab. Das Eisenstück nimmt die Kraftlinien des Magnetes auf und erhält hierdurch Pole. Diese Art der Magnetisierung nennt man

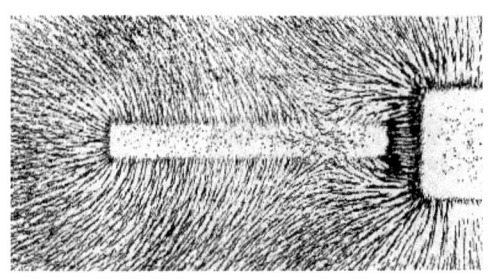

Abb. 7. Magnetische Verteilung.

magnetische Verteilung oder Influenz. Hierdurch erklärt sich die Anziehung des Eisens durch den Magnet; denn jeder Magnetpol erzeugt in dem genäherten Stück an der zugewandten Seite einen ungleichnamigen, an der abgewandten einen gleichnamigen Pol. Die Anziehung der ungleichnamigen Pole überwiegt. Abb. 8 zeigt die Anziehung, die ein Hufeisenmagnet auf seinen Anker ausübt. Der Anker hat einen kleinen Abstand von den Polen und ist im Bild nur als weiße Stelle zu erkennen. Man sieht aber die zahlreich und dicht zu ihm übertretenden Kraftlinien. Statt die Anziehung den Polen zuzuschreiben, ist es häufig bequemer, die Tatsache der Anziehung dadurch auszudrücken, daß man sagt, die Kraftlinien haben das Bestreben, sich zu verkürzen.

Die Erscheinung der magnetischen Verteilung läßt sich mit

Hilfe der Molekularmagnete erklären. In dem Stück Eisen, das man in das magnetische Feld bringt, werden die Molekularmagnete gerichtet, je nach der Stärke des Feldes in größerem oder geringerem Maße; sie bilden dann Ketten kleinster Teilchen, welche nichts anderes als Kraftlinien im Eisen sind, die sich nun an der Grenze des Eisens in die Luft als Kraftlinien fortsetzen. Das Vorhandensein der Molekularmagnete hat zur Folge, daß die Kraftlinien im Eisen viel dichter aneinander liegen; beim Austritt in die Luft breiten sie sich demnach aus, wie Abb. 6 und 7 zeigen. Man nennt das Verhältnis der Kraftliniendichte in Eisen zu der in Luft im gleichen Felde magnetische Durchlässigkeit, μ.

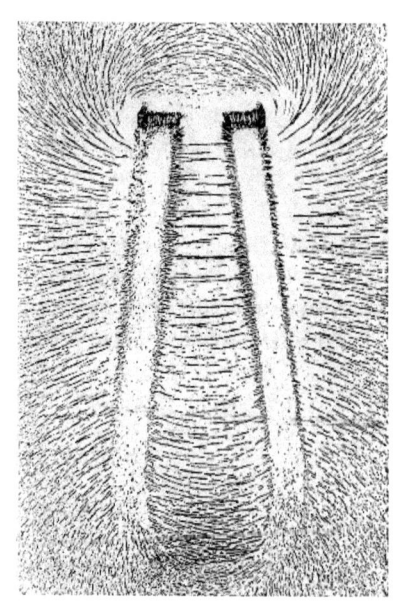

Abb. 8. Hufeisenmagnet mit Anker.

Abb. 5 ergibt hierfür den Wert 25[1]). Die Durchlässigkeit ist im übrigen abhängig von der Art des Eisens und von der Stärke des schon erzeugten Magnetismus, der magnetischen Sättigung des Eisens. Für gutes, zum Bau von Dynamomaschinen bestimmtes Blech ist die höchste Durchlässigkeit 5000 bis 6000, für Stahlguß zu demselben Zweck etwa 3000 bis 5000, Schmiedeeisen etwa 3000, Gußeisen etwa 800, harter Stahl etwa 200. Sie nimmt aber bei jedem dieser Stoffe von ganz geringen Werten im schwachen Feld zum höchsten Wert im mäßig starken Feld zu und wieder zu noch geringeren Werten ab in ganz starken Feldern.

Erdmagnetismus. Aus der Tatsache, daß eine frei aufgehängte Magnetnadel sich nahezu nordsüdlich einstellt, schließen

---

[1]) Das Feld in der Luft zeigt 10 Linien auf 1 cm, demnach 100 Linien auf 1 qcm; im Eisen kommen 2500 auf 1 qcm; das Verhältnis ist 25.

wir, daß die Erde selbst sich wie ein großer Magnet verhält, dessen Pole nahe bei den geographischen Polen liegen. Der magnetische Nordpol, der nahe beim geographischen Nordpol liegt, ist aber eigentlic ein Südpol; denn er zieht die Nordpole der Magnetnadeln an. Die Richtung, in der sich die Kompaßnadel einstellt, heißt magnetischer. Meridian, der Winkel zwischen dem magnetischen und dem geographischen Meridian heißt Deklination. Letztere ist bei uns westlich und beträgt etwa 13°. Eine nach jeder Richtung frei aufgehängte Magnetnadel stellt sich bei uns mit ihrem Nordpol um etwa 66° nach unten ein; diesen Winkel nennt man Inklination.

Mit dem Erdmagnetismus stehen im engsten Zusammenhang die Erdströme, die gelegentlich so stark werden, daß sie den Telegraphenbetrieb stören (Seite 125).

Zweiter Abschnitt.
Elektrostatik.
Die Lehre von der ruhenden Elektrizität.

Die elektrische Eigenschaft. Gewisse Körper erlangen durch Reiben die Eigenschaft, andere leichte Körper, z. B. Papierschnitzel, Hollundermarkstückchen, anzuziehen und nach der Berührung wieder abzustoßen. Diese Eigenschaft kannten schon die alten Griechen an dem Bernstein, den sie Elektron nannten; daher wurde sie die elektrische Eigenschaft genannt. Kautschuk mit Wolle gerieben, Glas mit Seide gerieben u. a. m. zeigen den elektrischen Zustand.

Um einen Versuch damit zu machen, hängt man schmale Streifchen Seidenpapier an langen, sehr dünnen Seidenfäden auf; sie werden von der geriebenen Glasröhre oder Kautschukfederhalter zuerst angezogen und nach der Berührung abgestoßen.

Man beobachtet dabei aber, daß das Seidenpapier-Streifchen, das mit der geriebenen Glasstange berührt worden war und nun von ihr abgestoßen wird, von dem geriebenen Kautschuk stark angezogen wird, und umgekehrt. Daraus ist zu schließen, daß es zweierlei elektrische Zustände gibt. Man nennt sie positiv und negativ, und zwar heißt die Elektrizität der mit Seide geriebenen Glasstange positiv.

Elektrisieren durch Mitteilung. Berührt man mit der geriebenen Glasstange zwei aufgehängte Papierstreifchen und nähert diese einander, so stoßen sie einander ab. Sie sind also durch die Berührung mit der Glasstange elektrisch geworden. Der elektrische Zustand läßt sich durch Berühren mitteilen.

Leiter und Nichtleiter. Hängt man die Papierstreifchen nicht an Seide, sondern an Leinenfäden oder schmalen Stanniolstreifen auf, so werden sie zwar auch noch angezogen, aber nicht mehr nach der Berührung abgestoßen; auch gelingt es nicht, zwei derart aufgehängte Streifchen dauernd elektrisch zu machen, so daß sie einander anziehen oder abstoßen. Es ist, als wäre die Elektrizität über den Leinen- oder Metallfaden weggeflossen. Über den Seidenfaden aber kann die Elektrizität nicht wegfließen.

Wir unterscheiden die Körper in solche, welche der Elektrizität das Fließen leicht gestatten, Leiter, und solche, welche das Fließen nahezu verhindern, Nichtleiter oder Isolatoren. Man findet aber keinen Körper, der dem Fließen der Elektrizität gar keinen Widerstand entgegensetzte, und keinen Körper, der imstande wäre, das Fließen vollständig zu verhindern. Die nachfolgende Tabelle gibt eine Übersicht über die elektrischen Leitwiderstände verschiedener Stoffe.

Die beigesetzten Vergleichszahlen beziehen sich auf den Widerstand des Quecksilbers als Einheit.

Tafel der elektrischen Leiter.

	Vergleichszahlen des Widerstandes
I. Gute Leiter.	
1. Metalle und Legierungen.	$1/60$ bis 1.
2. Kohle.	100 bis 1000.
3. Wässerige Lösungen von Salzen, Säuren und Basen, z. B. verdünnte Schwefelsäure für Sammler, Zinkvitriollösung und Kupfervitriollösung für Elemente.	Von etwa 10000 an aufwärts.
4. Wasser in natürlichem Vorkommen, Regen, Schnee; lebende Pflanzen und Tiere, die in ihrem Körper viel wässerige Lösungen enthalten.	Von etwa 100000 an aufwärts.

II. Halbleiter.
Lösliche Salze in festem Zustande.
Leinen, Baumwolle, trocken.
Alkohol, Äther.
Steine, Holz, Papier, Stroh.
Eis bei 0°.
Trockene Metalloxyde.
Fette, Öle.
III. Isolationsstoffe.

	Vergleichszahlen des Widerstandes
Glas, Quarz, Glimmer, Schwefel, Ebonit, Paraffin, Kolophonium, nicht vulkanisierter Kautschuk.	10 bis 60 Trillionen.
Gute Guttaperchasorten, vulkanisierter Kautschuk.	100 bis 250 Trillionen.

Der beste Isolator, wenigstens gegen mäßige elektrische Spannungen, ist die Luft, und zwar trockene sowohl wie auch feuchte Luft. In feuchter Luft überziehen sich aber die Körper leicht mit einer Flüssigkeitshaut, welche dann als wässerige Lösung leitet. Daher ist es schwer, in feuchter Luft gute Isolation zu erzielen.

Potential, Spannung. Wir können den Vorgang der Elektrisierung so betrachten, als wenn wir die positive und negative Elektrizität, die sich in einem Körper das Gleichgewicht halten, auseinanderziehen. Sie haben das Bestreben, sich wieder zu vereinigen. Ähnlich verhält sich z. B. eine Spiralfeder, die wir spannen, und deren Enden nun einander zustreben. So stehen auch die geschiedenen Elektrizitätsmengen unter einer elektrischen Spannung.

Wir haben die Elektrizität als eine Flüssigkeit angesehen. Senken wir einen Eimer ins Meer und heben ihn voll Wasser heraus, so hat das emporgehobene Wasser das Bestreben, sich mit dem zurückgebliebenen zu vereinen, z. B. wenn man den Eimer umkehrt oder seinen Boden öffnet. Die Arbeit, die geleistet werden muß, um den Eimer zu heben, steht im geraden Verhältnis zur Menge des Wassers und zur Höhe, um die es gehoben worden ist. Diese Arbeit kann wiedergewonnen werden, z. B. beim Betrieb eines Wasserrades. So steht auch die Arbeit, die eine gewisse Elektrizitätsmenge darstellt und zu leisten vermag, im geraden Verhältnis einmal zu der Menge selbst, dann aber auch im geraden Verhältnis zu der elektrischen Höhe, um welche die Menge gehoben worden ist. Diesen elektrischen Höhenunterschied nennt man elektrische Spannung. Rechnet man die elektrischen Höhen vom Erdinnern aus, setzt also hier die elektrische Höhe oder das Potential gleich Null, so schreibt man den elektrischen Ladungen stets bestimmte andere Potentiale zu. Das ist ähnlich, wie man das Meeresniveau als Niveau Null bezeichnet, Bergesspitzen als positive Höhen, Einsenkungen unter das Meeresniveau, Schachte u. dgl. als negative Höhen rechnet.

Ähnlich sind auch die Bezeichnungen auf dem Gebiete der Wärme; dem elektrischen Potential entspricht hier die Temperatur, für welche wir einen Nullpunkt festgesetzt haben, von dem aus wir mit positiven und negativen Graden rechnen.

Das Wasser fließt vom höheren zum tieferen Niveau, die Wärme von der höheren zu der tieferen Temperatur, die Elektrizität vom höheren zum tieferen Potential; oder

das Wasser fließt von oben nach unten, die Wärme von heiß zu kalt, die Elektrizität vom Positiven zum Negativen.

Das Wasser, die Wärme, die Elektrizität fließen, solange ein Unterschied des Niveaus, der Temperatur, des Potentials vorhanden ist.

Elektrische Verteilung oder Influenz. In Abb. 9 mögen A und B zwei Leiter sein, die an isolierenden Stangen befestigt sind. A erhält eine positive Ladung durch Berührung mit der geriebenen Glasstange.

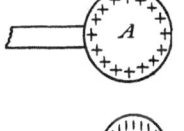

Zur Erkennung des elektrischen Zustandes benutzt man ein kleines Doppelpendel aus Papier- oder Stanniolstreifchen, die nach Abb. 9 an den Leiter B angehängt werden. Die beiden Streifchen eines Doppelpendels laden sich gleichartig und zeigen daher eine elektrische Ladung durch Ausspreizen an. Die Art der Ladung erkennt man daran, ob die Streifchen von der geriebenen Kautschuk- oder Glasstange abgestoßen werden; die Anziehung ist kein sicheres Kennzeichen des elektrischen Zustandes, weil auch die unelektrischen Körper angezogen werden.

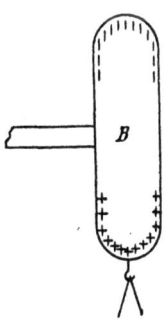

Abb. 9.
Elektrische Verteilung.

A und B seien zu Anfang weit voneinander entfernt. Wir nähern nun A, nachdem es elektrisiert worden, dem Leiter B; dessen Doppelpendel spreizt aus und zeigt hierdurch eine Ladung an. B wird also durch die bloße Annäherung elektrisiert, und zwar zeigt das Doppelpendel positive Ladung. Durch Berühren mit dem Finger leiten wir die Ladung von B zur Erde ab. Jetzt scheint B unelektrisch zu sein. Allein nach Entfernung von A zeigt B abermals eine Ladung, diesmal eine negative.

Die Erklärung des Vorganges ergibt sich folgendermaßen: Der unelektrische Körper B enthält beide Elektrizitäten in unbegrenzten, aber gleich großen Mengen, so daß sie sich aufheben. Bei Annäherung des positiv geladenen Körpers A wird negative Elektrizität von B in das A am nächsten liegende Ende gezogen, gleichviel positive Elektrizität in das abgewandte Ende, also auch in die beiden Doppelpendel, gestoßen. Die erstere wird von der positiven Ladung von A festgehalten, gebunden, und ist nach außen nicht zu bemerken. Die letztere zeigt sich als freie Ladung, welche zur Erde fließen kann. Ist dies geschehen und entfernt man A wieder, so wird die vorher gebundene negative Elektrizität frei, und B zeigt sich negativ geladen.

Den Vorgang nennt man Verteilung, Influenz oder auch elektrische Induktion.

Ladungskapazität. Die beiden Körper A und B der Abb. 9 werden in einiger Entfernung voneinander aufgestellt. A wird geladen. Nunmehr verbinden wir beide durch einen dünnen Metalldraht; dann nehmen nach dem Vorigen beide Kugeln das gleiche Potential an. Sie enthalten aber ungleiche Elektrizitätsmengen, und zwar enthält die größere mit ihrer größeren Oberfläche mehr als die kleinere. Diese Eigenschaft eines Körpers, eine durch die Größe und Gestalt seiner Oberfläche bestimmte Elektrizitätsmenge aufzunehmen, heißt seine Ladungskapazität oder schlechtweg Kapazität, d. i. Fassungsvermögen.

Erhöhen wir nun das Potential der Kugeln — z. B. durch Berühren mit der kräftiger als vorher geriebenen Glasstange — so wird ihre Elektrizitätsmenge in demselben Verhältnis größer, d. h.:

Die Elektrizitätsmenge Q, welche ein Körper aufnimmt, steht im geraden Verhältnis zu seiner Kapazität C und zu dem ladenden Potential E:

$$Q = CE.$$

Kapazität. Kondensatoren. Dielektrikum. 13

Ansammlungsapparate, Kondensatoren. Wir stellen eine
leitende Fläche F_1 (Abb. 10) isoliert auf und laden sie durch
Berühren mit der geriebenen Glasstange positiv. Wir nähern
ihr nun eine zweite leitende Fläche F_2; diese wird influenziert,
auf der einen Seite negativ, auf der anderen positiv geladen.
Leitet man die Rückseite von F_2 ab, so fließt deren positive
Ladung zur Erde, und die beiden Flächen F_1, F_2 (Abb. 11) scheinen
jetzt zusammen unelektrisch zu
sein, was man am Zusammenfallen
der Doppelpendel erkennt; ihre Ladungen halten sich gegenseitig fest,
und da sie gleich groß und entgegengesetzt sind, so heben sie sich
in ihren Wirkungen nach außen auf.
Der aus den beiden Flächen F_1 und
F_2 zusammengesetzte Körper ist
nunmehr nahezu unelektrisch, d. h.
sein Potential ist sehr gering; die

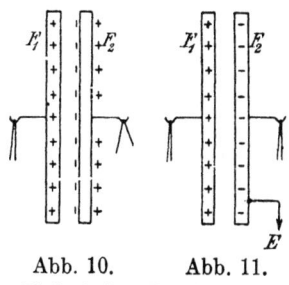

Abb. 10.   Abb. 11.
Elektrischer Kondensator.

zu Anfang in F_1 geladene Elektrizitätsmenge ist aber dieselbe
geblieben. Daher folgt aus dem vorigen Satze, daß die Kapazität von F_1 durch die Annäherung der geerdeten Fläche F_2 erheblich gesteigert worden ist, d. h. daß die Fläche F_1, wenn ihr
die geerdete Fläche F_2 gegenübersteht, bei gleichbleibendem
Potential vielmal mehr Elektrizität aufnehmen kann als für sich
allein.

Eine solche Vereinigung zweier leitender Flächen (Belegungen), von denen die eine gewöhnlich zur Erde abgeleitet
wird, heißt Kondensator. Die Kondensatoren haben häufig
die Form von Flaschen oder Gläsern, deren innere und äußere
Flächen z. B. durch Bekleben mit Stanniol leitend gemacht
werden; man nennt daher die Kondensatoren häufig auch
Flaschen, Kleistsche oder Leydener Flaschen.

Verändert man den Abstand der beiden Flächen F_1 und F_2,
so ändert sich auch die Kapazität. Ist F_2 sehr weit entfernt, so
ist die Kapazität sehr klein, und sie wächst im selben Verhältnis,
in dem der Abstand vermindert wird. Vergrößert man die
Flächen, so nimmt die Kapazität im gleichen Verhältnis zu.

Dielektrikum. Schiebt man zwischen die beiden Flächen
F_1 und F_2 der Abb. 10/11 einen flüssigen oder festen Nicht-

leiter, der den Zwischenraum möglichst vollkommen ausfüllt, so geht die verteilende Wirkung auch durch den Nichtleiter hindurch. Daher werden die Nichtleiter auch **dielektrische Körper, Dielektrika** genannt, zusammengesetzt aus elektrisch und dia, hindurch.

Zugleich wird die Kapazität des aus F_1 und F_2 gebildeten Kondensators geändert; man erkennt dies daran, daß beim Einschieben des Dielektrikums, z. B. einer Guttaperchaplatte, zwischen die kräftig geladenen Scheiben F_1 und F_2 das Doppelpendel seinen Ausschlag ändert. Er wird geringer, woraus zu schließen ist (vgl. Formel auf Seite 12), daß die Kapazität zugenommen hat. Beim Einschieben einer Guttaperchaplatte, die den Zwischenraum vollständig ausfüllt, wird die Kapazität 3,5 mal größer als in Luft; man nennt diese Zahl die **Dielektrizitätskonstante** der Guttapercha, auch Elektrisierungsziffer. Diese Größe ist für Petroleum, Paraffin und die meisten Öle, Ebonit, Kautschuk, Schellack etwa 2—3, für Porzellan, Glimmer, Guttapercha etwa 4, für Glas je nach der Sorte verschieden, etwa 3—7.

Größe der Kapazität. Die **Kapazität eines Plattenkondensators steht im geraden Verhältnis zu der Größe der einander gegenüberstehenden Flächen, im umgekehrten Verhältnis zu deren Entfernung und im geraden Verhältnis zur Dielektrizitätskonstante des isolierenden Mittels.**

Hieraus folgt, daß die Kapazität nebeneinander geschalteter Kondensatoren gleich der Summe der einzelnen Kapazitäten ist; denn die Nebeneinanderschaltung bedeutet die Addition der Flächen. Man verbindet die einen Klemmen oder Belegungen aller Kondensatoren unter sich und ebenso die anderen unter sich.

Bei Reihenschaltung ist die gemeinsame Kapazität C nach der Formel zu berechnen[1]):

$$\frac{1}{C} = \frac{1}{C_1} + \frac{1}{C_2} + \cdots \frac{1}{C_n}$$

---

[1]) Ist C die gesuchte Kapazität der in Reihe geschalteten Kondensatoren von den Kapazitäten $C_1, C_2 \ldots C_n$, bedeutet E die Ladespannung, so ergibt sich die in die Reihe zu ladende Elektrizitätsmenge $Q = E \cdot C$. Für den einzelnen Kondensator ergibt sich $Q_k = E_k \cdot C_k$. Nun muß aber die Ladung der einen Belegung des k-ten Kondensators gleich sein der Ladung der mit ihr leitend verbundenen Belegung des (k + 1)-ten Kon-

Elektrische Leitungen als Kondensatoren. Wir können die Oberfläche einer elektrischen Leitung stets als die eine Belegung des Kondensators, die Fläche F_1, ansehen. Die zweite Belegung, die Fläche F_2, wird alsdann entweder von der Erde, den Häusern, Bäumen usw. oder von der zugehörigen Rückleitung gebildet. Oberirdische Einzelleitungen haben einen großen Abstand von der Erde, also ist ihre Kapazität klein. Bei oberirdischen Doppelleitungen haben die beiden Drähte einander gegenseitig zu zweiten Belegungen; die Erde als Belegung spielt aber auch mit. Die Kapazität ist infolge des geringeren Abstandes größer als bei der Einzelleitung. Kabel besitzen die größte Kapazität; der kleine Abstand von der Erde (Bewehrungsdrähte) oder von dem zweiten Draht der Doppelleitung wird von einem Dielektrikum von höherer Dielektrizitätskonstante ausgefüllt.

Die praktische Maßeinheit für die Kapazität heißt Mikrofarad. Eine oberirdische Einzelleitung hat etwa 0,0065 bis 0,01 Mikrofarad für 1 km betriebsmäßig geschalteter Leitung. Eine Doppelleitung aus 3 mm starkem Draht mit 20 cm Abstand der Drähte hat etwa 0,006 Mikrofarad für 1 km betriebsmäßig geschalteter Schleife[1]), eine Porzellan-Doppelglocke trocken 0,0001, naß etwa 0,0004 Mikrofarad. Die Kabel zu Fernsprechzwecken kann man mit etwa 0,03 Mikrofarad für 1 km betriebsmäßig geschalteter Schleife herstellen; die Telegraphenkabel mit Guttaperchaisolation besitzen bis zu 0,25 Mikrofarad für 1 km.[2])

Elektrisches Feld. Elektrische Kraftlinien. Von einem elektrisierten Körper geht eine elektrische Kraftwirkung aus; soweit diese merkbar ist, erstreckt sich sein elektrisches Feld.

---

densators; d. h. alle Q sind einander gleich. Die Summe aller Einzelladespannungen ist gleich der ganzen Ladespannung.

$$E = \sum E_k = \frac{Q_1}{C_1} + \frac{Q_2}{C_2} + \cdots \frac{Q_n}{C_n} = \sum_1^n \frac{Q}{C_k} = \frac{Q}{C} \text{ oder } \frac{1}{C} = \sum_1^n \frac{1}{C_k}.$$

[1]) Die in der 6. Aufl. (1. Abdr.) gegebene Zahl 0,0115 gilt für Messung mit einer in der Mitte geerdeten Batterie, die obige Zahl 0,006 für die beim Sprechen eingenommene Schaltung ohne Erde.

[2]) Ein Kondensator von der Kapazität C Mikrofarad, welcher mit der Spannung E Volt geladen wird, enthält die Elektrizitätsmenge $Q = E \cdot C$ Mikrocoulomb. 1 Million Mikrocoulomb = 1 Coulomb ist die Elektrizitätsmenge, welche der Strom 1 Ampere in 1 Sekunde durch die Leitung befördert.

Wie beim magnetischen Feld beschreiben wir die Erscheinung durch Kraftlinien, welche durch ihre Richtung und Dichte die Richtung und Stärke des elektrischen Feldes an jeder Stelle angeben. Da ein elektrisierter Körper (vgl. Seite 8) andere Körper zu sich heranzieht oder von sich abstößt, so erkennen wir, daß die elektrische Kraft die Richtung der von dem Körper ausgehenden Strahlen hat. An der Oberfläche dieses Körpers heften sich die Kraftlinien an; sie gehen aus von der dort angesammelten Elektrizität. Bei einem frei im Raume, fern von allen Leitern aufgestellten geladenen Körper würden sie sich wie die Lichtstrahlen nach allen Richtungen gleichmäßig ausbreiten. In der Wirklichkeit befinden sich aber stets Leiter, insbesondere geerdete Leiter oder die Erdoberfläche selbst im Feld. Auf diese ziehen sich die Kraftlinien und heften sich mit ihren Enden daran, wobei sie dort Ladungen, Influenzladungen (Seite 12), erzeugen.

Die elektrischen Kraftlinien sind offene Kurven, welche beiderseits an elektrisch geladenen Körpern endigen. Die Ladungen an den Enden einer Kraftlinie sind entgegengesetzt gleich.

Da die „Enden der Kraftlinien" und die „Ladungen" nur verschiedene Worte für dieselbe Sache sind, können wir die Unterschiede im elektrischen Leitvermögen der Körper in der Sprache der Kraftlinien dadurch ausdrücken, daß wir sagen, die Enden der elektrischen Kraftlinien seien auf der Oberfläche der Nichtleiter schwer beweglich oder unbeweglich, auf der Oberfläche von Leitern dagegen leicht beweglich. Daraus folgt, daß zwischen Leitern elektrische Kraftlinien nur bestehen können, solange die Leiter nicht leitend verbunden sind. Denn sobald sie leitend verbunden werden, können die entgegengesetzten Ladungen an den Enden der Kraftlinien längs der Leitung zueinander gelangen, die Kraftlinien schrumpfen ein und verschwinden. Durch Nichtleiter gehen die Kraftlinien hindurch (Dielektrikum, siehe oben), durch Leiter nicht. Auf geerdeten Leitern endigen die Kraftlinien, auf isolierten Leitern endigen sie zwar auch, setzen sich aber auf der abgewandten Seite fort (vgl. die Ladungen auf den abgewandten Seiten der influenzierten Leiter in Abb. 9 und 10).

Man kann die Kraftlinien auch sichtbar machen, indem

man die zu ladenden Körper aus Stanniol auf eine Glasplatte aufklebt, lädt und das Ganze mit gepulvertem kristallisierten Gips bestreut (Abb. 12). Die kleinen Gipskriställchen ordnen sich in die Richtung der Kraftlinien; dieses Kraftlinienbild zeigt große Ähnlichkeit mit Abb. 4.

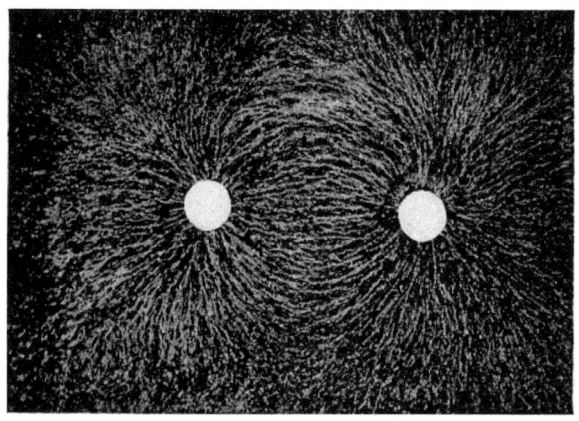

Abb. 12. Elektrische Kraftlinien, mit Gipspulver aufgenommen.

Vorgang im Dielektrikum. Wir haben bisher, wie beim magnetischen Feld, zunächst den Raum als von Luft erfüllt angenommen. Das magnetische Feld wird in seinem Verlauf beeinflußt, wenn man Eisen oder einen anderen ferromagnetischen Körper hineinbringt; vgl. Abb. 5 bis 8. In derselben Art ändert sich das elektrische Feld, wenn man ihm einen dielektrischen Körper aussetzt. Die große Ähnlichkeit der Erscheinungen führt zu einer Vorstellung über die Beschaffenheit des Dielektrikums, die sehr ähnlich ist der von der molekularen Beschaffenheit des Eisens. Danach hat schon im unelektrischen Zustande jedes kleinste Teilchen des Dielektrikums an zwei entgegengesetzt gelegenen Stellen eine positive und eine gleich große negative Ladung, also elektrische Pole. Zunächst liegen diese Teilchen, wie im nicht magnetisierten Eisen die Molekularmagnete (Abb. 1), ungeordnet durcheinander und zeigen nach außen keine elektrische Wirkung. Unter dem Einfluß des elektrischen Feldes richten sie sich mehr oder minder vollkommen gleich (Abb. 2), so daß ihre elektrischen Achsen (die Verbindungslinien ihrer Pole) mehr oder minder parallel werden und mit der Richtung des Feldes übereinstimmen. Im Innern des Körpers sind auch jetzt noch an jeder Stelle gleich viel positive und negative Ladungen vorhanden; dagegen bleiben an den Enden des Körpers elektrische Ladungen übrig, die nach außen wirken, ähnlich wie beim Magnet die Magnetpole. Man nennt den Vorgang dielektrische Polarisation, die Drehung der kleinsten Teilchen dielektrische Verschiebung.

Wir können die Abb. 5 bis 7 ohne weiteres als Darstellungen dielektrischer Körper im elektrischen Feld ansehen. Dabei unterscheiden sich die Körper untereinander in ihrer Fähigkeit, elektrische Kraftlinien aufzunehmen, ähnlich wie die verschiedenen Eisenarten untereinander, und auch ein und derselbe Körper zeigt darin noch Verschiedenheiten, die von seiner chemischen Reinheit und physikalischen Beschaffenheit abhängen.

Erfüllt man den Raum zwischen zwei Kondensatorplatten vollständig mit einem Dielektrikum, wie Guttapercha, so erzeugt dieselbe Ladespannung eine größere Menge elektrischer Kraftlinien (etwa das 3,5fache), als entstehen würden, wenn der Zwischenraum nur Luft enthielte; demnach wird auch die Ladung des Kondensators durch das Ausfüllen mit Guttapercha 3,5mal größer; dies Verhältnis haben wir oben als Dielektrizitätskonstante kennen gelernt.

Elektrische Störungen der Telegraphen- und Fernsprechleitungen. Die Betrachtung des elektrischen Feldes ist von Nutzen bei der Untersuchung der Leitungen. In Abb. 13 stelle der kleine Kreis den Schnitt durch eine Einzelleitung dar; befindet sie sich sehr weit von allen Leitern, insbesondere auch der Erde, so gehen die Kraftlinien in der Richtung der punktierten Linien (und der Geraden senkrecht nach oben und unten) von ihr aus; nähert sie sich der Erde, so

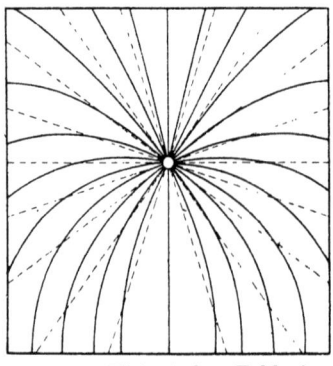

Abb. 13. Elektrisches Feld einer Leitung.

biegen sich die Kraftlinien, und ihre Zahl vermehrt sich, wie es die ausgezogenen Linien andeuten. Die Zahl der Kraftlinien steht im geraden Verhältnis zur Kapazität; diese ist für eine Einzelleitung aus 4 mm starkem Draht in verschiedenen Höhen über der Erde, ausgedrückt in Mikrofarad für 1 km:

bei   40   15   10   8   6   4 m
    0,0052 0,0058 0,0060 0,0061 0,0064 0,0067

Wenn man in Abb. 12 auf der Verbindungslinie der beiden Leiter das Mittellot errichtet, so ist jede Hälfte des Bildes der Abb. 13 gleich.

Bringt man in ein solches elektrisches Feld eine andere Leitung hinein, die den das Feld erzeugenden parallel läuft, so stört sie das Feld nicht oder wenig, wenn sie isoliert ist. Die benachbarten Kraftlinien ziehen sich auf den Draht hin und setzen sich auf der abgewandten Seite fort; der neue Leiter wird influenziert in demselben Sinne wie der Körper B in Abb. 9.

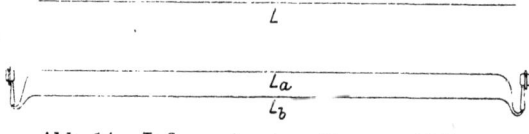

Abb. 14. Influenz in einer Fernsprechleitung.

Wenn die influenzierende Spannung in ihrer Stärke oder in ihrer Richtung (von + zu —) wechselt, so ändert sich auch die influenzierte Ladung auf der benachbarten Leitung; liegen größere Teile der Leitung außerhalb des influenzierenden Feldes, oder ist die Leitung geerdet, so fließt die Elektrizität darauf hin und her, es bildet sich also ein Strom.

Zwei parallele Leiter, die nahe beieinander und parallel im Felde liegen, werden annähernd gleichartig influenziert. In Abb. 14 sei L die influenzierende Leitung, welche das Feld erzeugt, L_a und L_b die beiden influenzierten. In jedem Augenblick sind die influenzierten Ladungen auf beiden Leitern von gleichem Vorzeichen annähernd gleich groß. Verbindet man sie zu einer Doppelleitung, so fließt nur der Überschuß der beiden Ladungen von dem einen Leitungszweig zum andern durch die Apparate.

Man sieht daraus, daß geerdete Einzelleitungen durch Influenz stark beeinflußt werden können. Die Störung wird bedeutend vermindert, wenn man die Einzelleitung zur Doppelleitung ausbaut; die Zweige sollen nahe beieinander liegen und nach Möglichkeit so, daß sie von der influenzierten Leitung gleich weit entfernt sind.

Wenn die influenzierte Doppelleitung nach Abb. 14 Erdoder Nebenschluß in einem Zweige hat, so können hier die Ladungen zur Erde abfließen, auch die Ladung des andern Zweiges; da diese durch die Apparate der Endanstalten fließt, stört sie.

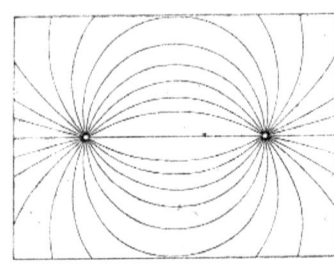

Abb. 15. Elektrisches Feld einer Doppelleitung.

Das elektrische Feld einer isolierten Doppelleitung verläuft in der Hauptsache zwischen den beiden Zweigen (Abb. 15, die gleiche wie Abb. 3, und zu vergleichen mit Abb. 12); daher stört eine solche Leitung wesentlich weniger als eine Einzelleitung.

Wenn aber ihre Isolation fehlerhaft wird, so geht ein Teil der Kraftlinien zur Erde, weil auch ein Teil des Stromes durch die Erde fließt; das Feld der Doppelleitung breitet sich aus, und die zur Erde gehenden Kraftlinien heften sich an die in der Nähe vorüberführenden geerdeten oder nicht gut isolierten Leitungen. Eine nicht gut isolierte Doppelleitung kann also stören.

Schutzdraht. Bringt man in das Feld der Abb. 13 eine gut geerdete Leitung, so bildet sie im wesentlichen die Erde; die Zahl der Kraftlinien vermehrt sich etwas, wie die kleine Tabelle auf Seite 19 erkennen läßt, die Kraftlinien verlaufen dann aber auf der Seite der geerdeten Leitung hauptsäch-

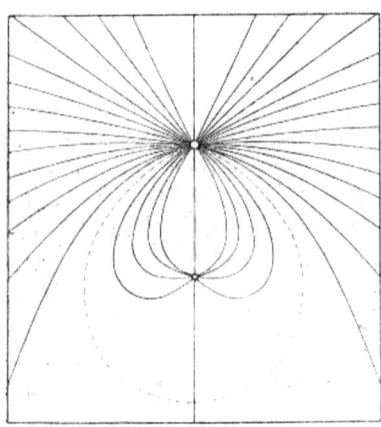

Abb. 16. Schutzdraht.

lich auf diese hin und setzen sich auf der anderen Seite nicht fort. (Abb. 16.) Die geerdete Leitung bildet auf der abgewandten Seite eine Art Schatten, in dem das Feld nur sehr schwach ist und wo keine Influenz mehr stattfindet. Mehrere geerdete Leitungen wirken kaum mehr als eine einzige.

Beziehung zur Induktion. Die Bedingungen für die Störungsfreiheit sind für Influenz und Induktion im übrigen gleich; dieselben Maßregeln, die man bei der Induktion anwendet (Seite 120 bis 123), nützen auch gegen die Influenz.

Atmosphärische Elektrizität. Die freie Atmosphäre enthält stets elektrische Ladungen; die Ursache davon ist noch nicht genügend erforscht. Die Spannung zwischen Punkten, die 1 m senkrecht übereinander liegen (Potentialgefälle), beträgt bei heiterem Himmel in der Nähe der Erdoberfläche etwa 100 Volt; der Himmel erscheint gegen die Erde positiv. Vor Gewittern steigt das Potentialgefälle oft auf mehrere hundert, selbst tausende Volt für 1 m. Die elektrische Menge ist aber verhältnismäßig gering. Die Ladungen werden mit der bewegten Luft oder den Wolken fortgeführt. Sie influenzieren an der Erdoberfläche, besonders auf guten Leitern entgegengesetzte Ladungen. Hat die Spannung der auf einer Wolke angesammelten gegen die auf der Erde oder einer anderen Wolke influenzierte Elektrizität eine gewisse Höhe erreicht, so wird die trennende Luftschicht durchbrochen, und es entsteht ein Blitz, in dem sich die beiden Elektrizitäten ausgleichen. Eine geladene Wolke influenziert auf den Telegraphen- und Fernsprechleitungen Ladungen; da die Wolke sich langsam nähert, ist für den Vorgang der Influenz genügend Zeit. Verschwindet die Ladung der Wolke plötzlich, indem sie sich in einem Blitz entlädt, so werden die auf den Leitungen angesammelten Ladungen plötzlich frei und strömen nun der Erde zu (Rückschlag).

Blitzableiter. Der aus der Wolke zur Erde niederfahrende Blitz ist imstande, Körper an der Erdoberfläche erheblich zu beschädigen. Wenn er ein Haus oder einen Baum trifft, so zerreißt oder zertrümmert er Teile davon; auch ist er imstande, leicht brennbare Stoffe zu entzünden. Menschen und Tiere werden gelähmt, verbrannt und oft getötet. Um ein Gebäude gegen den Blitz zu schützen, bringt man daran einen metallenen Leiter an, der die höchsten Punkte des Gebäudes überspannt, mit den größeren Metallteilen im Innern des Gebäudes (Wasser- und Gasleitung, Heizung, eiserne Treppen u. dgl.) in leitender Verbindung steht und sich im benachbarten Erdreich ausbreitet. Metallene Teile des Daches, Dachrinnen und Regenröhren werden zweckmäßig als Teile dieses Blitzableiters verwendet.

Der aus einer Leitung herrührende Rückschlag findet bei seinem plötzlichen Auftreten einen fast unüberwindlichen Widerstand an der Selbstinduktion der angeschalteten Telegraphenapparate (vgl. Seite 98). Er würde vor den Apparaten abspringen und sich einen anderen Weg zur Erde suchen, wobei er leicht Personen oder Gegenstände beschädigen könnte. Daher bringt man vor dem Apparate einen Leitungs-Blitzableiter an, welcher aus zwei Platten, Spitzen, Schneiden oder dgl. besteht. Die eine Platte ist mit der Leitung in Verbindung, die andere, die ihr in geringem Abstand (etwa 0,1 bis 0,3 mm) gegenübersteht, ist mit der Erde verbunden (geerdet). Der Rückschlag aus der Leitung, welcher erhebliche Spannung hat, vermag den engen Luftspalt zu durchschlagen und findet hier einen guten Weg zur Erde. Beschreibungen von Blitzableitern siehe im dritten Teil.

Dritter Abschnitt.

Elektrodynamik.
Die Lehre von der strömenden Elektrizität.
I. Der gleichmäßige elektrische Strom.

Der elektrische Strom. Verbindet man zwei Punkte von verschiedenem Potential durch einen Leiter, so fließt durch letzteren die Elektrizität von dem Punkte höheren zu dem Punkte tieferen Potentials. Den Vorgang, der sich in dem Verbindungsleiter und in seiner Umgebung abspielt, nennt man den elektrischen Strom.

Einen elektrischen Strom bekommt man allerdings schon, wenn man einen mit der geriebenen Glasstange geladenen Körper zur Erde ableitet. Solche Ströme sind aber sehr schwach und von kurzer Dauer. Wir setzen bei den folgenden Betrachtungen ergiebigere Elektrizitätsquellen, Batterien oder Dynamomaschinen voraus, welche beliebig starke und dauernde Ströme liefern.

Welche Vorstellung man sich auch vom Wesen der Elektrizität bilden mag, mit dem elektrischen Strom ist stets verbunden, daß Energie längs der elektrischen Leitung fließt. Dies ist am bequemsten einzusehen, wenn man sich den Vorgang bei der Verteilung der Elektrizität in Städten vergegenwärtigt. Die Kohlen, welche unter dem Dampfkessel verbrannt werden, geben die in ihnen aufgespeicherte Energie als Wärme an das Wasser und den Dampf ab und treiben durch letzteren die Dampfmaschinen. Letztere drehen die Dynamomaschinen, welche den Strom erzeugen; die Energie wird also durch Riemen oder andere Kuppelungen an die stromliefernden Maschinen übertragen. Der Strom wird den Lampen und den Elektromotoren zugeführt. Die aus den Kohlen erzeugte Energie fließt also in Form heißen und stark gespannten Dampfes durch die Dampfleitung und in Form elektrischen Stromes durch die elektrische Leitung.

Es ist nun für viele Betrachtungen bequem, die Elektrizität wie eine Flüssigkeit anzusehen, sie etwa mit dem Wasser zu vergleichen. Wie man die Menge des Wassers nach Litern mißt, so hat man für die Menge der Elektrizität das Coulomb (C). Mißt man einen Wasserstrom, so bestimmt man die Anzahl der Liter, welche während einer Sekunde an einer bestimmten Stelle der Leitung vorüberfließen; so wäre z. B. eine einfach gewählte Einheit diejenige Wasserstromstärke, bei der in 1 Sekunde 1 Liter vorüberfließt. So bestimmt man auch die Einheit des elektrischen Stromes: 1 Coulomb in 1 Sekunde; diese Einheit nennt man Ampere.

Fließt der Strom längere Zeit, so wird im ganzen eine gewisse Strommenge befördert; wird z. B. eine Sammlerbatterie 5 Stunden lang mit 120 Ampere geladen, so hat man ihr die Strommenge 600 Amperestunden (Ah) zugeführt. 1 Ah = 3600 C.

Elektrische Spannung, Arbeit und Leistung. Wir haben die Spannung kennen gelernt als das Streben der entgegengesetzten Elektrizitäten, sich zu vereinigen (Seite 10). Wir haben die Spannung verglichen mit dem Höhenunterschied, wenn es sich um wägbare Massen, z. B. Wasser, handelt. Steht uns

z. B. ein Wasservorrat von 50 000 Litern zur Verfügung, und können wir ihn durch ein Gefälle von 10 m ausnutzen, so ist das als ein **Arbeits**vorrat anzusehen. Ins Elektrische übersetzt sprechen wir von einer Elektrizitätsmenge (entsprechend Wassermenge), die wir nach Coulomb messen, und der Spannung (Gefälle, Höhenunterschied), deren Einheit **Volt** genannt wird.

Wird nun die Arbeit wirklich verrichtet, so ist dazu eine gewisse Zeit erforderlich. Lassen wir in jeder Sekunde 100 Liter Wasser strömen, so brauchen die 50 000 Liter 500 Sekunden; fließen in der Sekunde nur 20 l, so braucht die ganze Menge 2500 Sekunden. Im ersten Falle ist die Stromstärke 100 l in der Sekunde, im zweiten Falle 20 l in der Sekunde. Da dieser Strom durch 10 m Gefälle fließt, so ist die **Leistung** (= Gefälle × Menge i. d. Sekunde) 1000 m × l/s bzw. 200 m × l/s.

Da nun die Leistung 1000 während 500 Sekunden und die Leistung 200 während 2500 Sekunden jedesmal dieselbe Arbeit 500 000 = 50 000 l × 10 m ergibt, so sieht man, daß

$$\text{Arbeit} = \text{Leistung} \times \text{Zeit}$$

oder

$$\text{Leistung} = \frac{\text{Arbeit}}{\text{Zeit}}.$$

Im Elektrischen wird die Stromstärke nach Ampere gemessen, die Leistung demnach durch Volt × Ampere, wofür man den kürzeren Namen **Watt** gebraucht.

Die Leistung eines elektrischen Stromes von der Stärke I Ampere zwischen zwei Punkten, deren Spannung E Volt beträgt, ist demnach

Leistung (Stromleistung):

$$EI \text{ Volt-Ampere oder } EI \text{ Watt}.$$

Die ganze, während der Zeit t geleistete Arbeit beträgt

Arbeit (Stromarbeit):

$$EI.t \text{ Volt-Coulomb oder } EI.t \text{ Joule}.$$

Der elektrische Widerstand. Verbindet man zwei mit Wasser gefüllte Gefäße durch eine Rohrleitung miteinander, so strömt durch letztere das Wasser so lange, bis die Oberfläche des Wassers in beiden Gefäßen gleich hoch liegt. Es ist uns bekannt, daß dieser Ausgleich des Niveauunterschiedes, der Wasserstrom, rascher vor sich geht, wenn das Verbindungsrohr kurz und weit ist, langsamer, wenn es lang und eng ist. Im ersteren Falle strömt die ganze Menge, die von einem Gefäß zum anderen fließen muß, in kurzer Zeit, die Stromstärke ist hoch. Im zweiten Falle strömt zwar im ganzen auch dieselbe Menge, aber sie braucht lange Zeit, der Strom ist schwach. Die Stromstärke wird also nicht allein durch die Größe des Niveauunterschiedes, sondern auch durch die Eigenschaften der Verbindungsleitung bestimmt.

Ähnlich bei der elektrischen Leitung. Verbindet man zwei Leiter, die verschiedenes Potential haben, durch eine kurze, dicke Leitung miteinander, so erfolgt der Ausgleich sehr rasch, die Stromstärke wird groß; besteht die Verbindung aus einem dünnen, langen Draht, so findet der Ausgleich langsamer statt, die Stromstärke ist gering. Nur tritt beim elektrischen Vorgang noch etwas hinzu, wofür wir keine volle Ähnlichkeit beim Wasserstrom haben; es kommt wesentlich auf den Stoff des elektrischen Leiters an.

Wir schreiben daher dem elektrischen Leiter einen Leitwiderstand R zu, der bei gegebener Spannung (Potentialunterschied) die Stromstärke bestimmt. Dieser Widerstand steht in geradem Verhältnis zur Länge L und im umgekehrten Verhältnis zum Querschnitt Q des Leiters:

$$R = \rho \cdot \frac{L}{Q},$$

worin ρ den Einfluß des Stoffes des Leiters bedeutet und der spezifische Widerstand heißt; L ist in Metern, Q in Quadratmillimetern zu messen. Diese Formel darf nur angewandt werden auf Fälle, in denen der Strom den Querschnitt des Leiters gleichmäßig erfüllt, demnach insbesondere, wenn die Abmessungen des Querschnitts klein sind gegen die der Länge, also bei Drähten, Bändern, dünnen Stäben. In anderen Fällen, z. B. bei kurzen dicken Stäben oder breiten Platten, wenn die Zuführungen schmal sind, gibt die Formel unzuverlässige Werte.

Die Formel läßt sich mit guter Annäherung noch anwenden auf Widerstände aus minder gut leitendem Stoff zwischen gut leitenden großen Stromzuführungen, z. B. bei galvanischen Elementen und Sammlern; deren innerer Widerstand ist um so geringer, je größer die Metall- oder Kohlenplatten und je geringer ihr Abstand ist.

Spezifische Widerstände.
Metalle.

	$ImL./mm q$ Ω bei mittl. Temp.	a $0°$
Aluminium	0,032 bis 0,05	+ 0,004 bis + 0,007
Blei	0,2	+ 0,004
Eisen	0,10 bis 0,12	+ 0,0045
Gold	0,02	+ 0,004
Kupfer	0,018/7	+ 0,004
Nickel	0,10	+ 0,004
Platin	0,12 bis 0,16	+ 0,003
Quecksilber	0,95	+ 0,0009
Silber	0,017	+ 0,004
Zink	0,061	+ 0,004
Zinn	0,10	+ 0,004

Legierungen.

Bronze für Leitungen	0,018 bis 0,056	+ 0,003 bis + 0,004
Konstantan	0,50	− 0,000005
Kruppin	0,85	+ 0,0008
Manganin	0,42	+ 0,00001
Messing	0,07	+ 0,0015
Neusilber	0,15 bis 0,36	+ 0,0002 bis + 0,0004
Nickelin	0,40	+ 0,0001
Rheotan	0,47	+ 0,00023

Kohle.

Graphit etwa	10	
Glühlampenfaden etwa	30 bis 40	etwa − 0,0002 bis − 0,0004
Gaskohle, auch Bogenlichtkohle etwa	50 bis 70/00	
Bleistift etwa	1000	

Wässerige Lösungen.

Der Prozentgehalt bedeutet Gewichtsteile wasserfreien Salzes (oder Säure) in 100 Gewichtsteilen der Lösung.

a ist durchweg gleich 0,015 bis 0,025 und negativ.

%	Kochsalz NaCl ρ_{18}	Bittersalz $MgSO_4$ ρ_{18}	Zinkvitriol $ZnSO_4$ ρ_{18}	Kupfervitriol $CuSO_4$ ρ_{18}	Salmiak NH_4Cl ρ_{18}	Schwefelsäure H_2SO_4 ρ_{18}
5	150 000	380 000	520 000	520 000	110 000	48 000
10	83 000	240 000	310 000	310 000	56 000	26 000
15	61 000	210 000	240 000	240 000	39 000	18 000
20	51 000	210 000	210 000	—	30 000	15 000
25	47 000	240 000	210 000	—	25 000	14 000

Spezifischer Widerstand.

Die Einheit des Widerstandes ist das Ohm. Es ist nach theoretischen Überlegungen festgelegt; sein praktisches Maß wird bestimmt durch den Widerstand einer Quecksilbersäule von 1 mm² Querschnitt und 1,063 m Länge bei 0°. Daraus ergibt sich der spezifische Widerstand des Quecksilbers bei 0° zu

$$\frac{1}{1{,}063} = 0{,}941.$$

Der spezifische Widerstand hängt von der Temperatur ab. Bei den reinen Metallen und den meisten ihrer Legierungen nimmt der spezifische Widerstand bei steigender Temperatur zu. Bei einigen wenigen Legierungen, bei Kohle und den flüssigen, nichtmetallischen Leitern, ebenso bei den Isolationsstoffen nimmt der spezifische Widerstand (also auch die Isolierfähigkeit) ab, wenn die Temperatur steigt.

Bei den Metallen, ihren Legierungen, Kohle und den wässerigen Lösungen läßt sich diese Abhängigkeit darstellen durch die Formel

$$\rho_t = \rho_0\,(1 + \alpha\,t),$$

worin ρ_t der spezifische Widerstand bei t^0, ρ_0 der bei 0^0 ist, während α der Temperaturkoeffizient genannt wird. Für die Metalle und die meisten Legierungen ist α positiv, für Kohle und wässerige Lösungen ist es negativ.

Der spezifische Widerstand von guten Guttaperchasorten und vulkanisiertem Kautschuk beträgt 100 bis 250 Trillionen bei gewöhnlicher Temperatur; s. Seite 10. Er ist bei allen Isolationsstoffen in so hohem Maße von der Temperatur abhängig, daß die obige einfache Formel nicht ausreicht. Vielmehr lautet sie hier

$$\rho_t = \rho_0 \cdot \alpha^t$$

Da diese Formel für das Rechnen nicht bequem ist, stellt man die Abhängigkeit des Widerstandes besser durch Tafeln dar, etwa wie die auf der folgenden Seite.

Die Zahlen dieser Tafel sind nur für Guttapercha einigermaßen zuverlässig; bei Faserstoff und Papier sind sie nach der Art des Stoffes und seinem Feuchtigkeitsgehalt verschieden.

Abhängigkeit des Widerstandes von Isolationsstoffen von der Temperatur.

Der Widerstand bei 15⁰ C gilt als Einheit. Die Zahlen gelten: unter G für Guttapercha, F für Faserstoff, P für Papier.

t	G	F	P	t	G	F	P	t	G	F	P
0	7,3	16	1,7	12	1,5	1,8	1,1	22	0,40	0,29	0,69
2	5,6	13	1,6	14	1,1	1,2	1,05	24	0,30	0,23	0,61
4	4,3	10	1,5	15	1,0	1,0	1,0	26	—	0,18	0,54
6	3,3	6,7	1,4	16	0,88	0,82	0,95	28	—	0,13	0,47
8	2,5	4,1	1,3	18	0,67	0,57	0,86	30	—	0,10	0,42
10	1,9	2,7	1,2	20	0,52	0,41	0,78				

Ein Guttaperchakabel, dessen Isolationswiderstand bei 15⁰ 1000 Millionen Ohm beträgt, hat bei 0⁰ 7,3 . 1000 und bei 20⁰ 0,52 . 1000 Millionen Ohm.

Luftfeuchtigkeit und ihr Einfluß auf die Isolation. Atmosphärische Luft, die man mit Wasser ausgiebig in Berührung bringt, sättigt sich mit Wasserdampf und nimmt dabei die in der nebenstehenden Tafel angegebenen Mengen Wasser auf. Kühlt man gesättigte Luft von 25⁰ auf 15⁰ ab, so scheidet 1 m³ 23,0 — 12,8 = 10,3 g Wasser aus, die sich auf den mit dieser Luft in Berührung befindlichen Gegenständen niederschlägt. Erwärmt man die Luft wieder auf 25⁰, ohne ihr Wasser zuzuführen, so enthält sie nur noch 12,8 : 23,0 = 0,56 oder 56 % der möglichen Wassermenge. Man nennt absolute Feuchtigkeit die vorhandene Wassermenge, ausge-

1 m³ bei t⁰ mit Wasserdampf gesättigte Luft enthält fg Wasser			
t	f	t	f
—25	0,55	5	6,8
—20	0,88	10	9,4
—15	1,38	15	12,8
—10	2,14	20	17,3
—5	3,24	25	23,0
0	4,84	30	30,3

drückt, wie in der Tafel, durch die Zahl der Gramm Wasser im Kubikmeter Luft; die vorhandene und in Prozenten der bei der obwaltenden Temperatur möglichen (f der Tafel) angegebenen Feuchtigkeit heißt relativ. Die relative Feuchtigkeit der Luft, wie wir sie als angenehm empfinden, beträgt etwa 60 bis 70 %; unter 60 % erscheint uns die Luft trocken (geheiztes Zimmer im kalten Winter, Ostwind), oberhalb 70 % feucht oder schwül (Treibhaus, Waschküche, strömender Regen). — Luft von 20⁰ und 70 % Feuchtigkeit, die in 1 m³ 0,70 · 17,3 = 12,1 g Wasser enthält, würde bei 25° nur 52%, bei 15° schon 95% haben und bei Abkühlung unter 14° Wasser ausscheiden.

Zahlreiche Körper haben die Eigentümlichkeit, auch aus ungesättigter Luft Feuchtigkeit aufzunehmen, man kann sagen: anzuziehen; man nennt sie hygroskopisch. Das Haar, das diese Eigenschaft besitzt, wird deshalb zum Messen der Feuchtigkeit im Haarhygrometer benutzt. Hygroskopisch sind vor allem viele pflanzliche Faserstoffe, Baumwolle, Papier; dagegen nicht oder wenig Seide und Wolle. Manche Stoffe, wie z. B. Chlorkalzium, $CaCl_2$, und Chlormagnesium, $MgCl_2$, nehmen das Wasser so begierig auf, daß sie bei dauernder Berührung mit der Luft zerfließen, d. h. wäßrige Lösungen bilden. Die hygroskopischen Faserstoffe, zu denen auch die Isolierhüllen vieler Leitungen gehören, nehmen Feuchtigkeit nur im Verhältnis der relativen Feuchtigkeit der Luft auf, sind also verhältnismäßig trocken in trockner Luft, feuchter in feuchter Luft. Viele feste Körper, darunter Holz, Glas und Hartgummi, bilden an der Luft auf ihrer Oberfläche eine dünne Wasserhaut, die ebenso in feuchter Luft mehr Wasser enthält, als in trockner. Erwärmt man diese Körper und Faserstoffe, so wird die relative Feuchtigkeit der nächsten Luftschicht verringert, so daß der Körper Wasser abgibt. Durch fortgesetzte Umspülung mit warmer oder künstlich getrockneter Luft kann man noch mehr Wasser fortnehmen.

Das auf einem Körper niedergeschlagene Wasser, die Wasserhaut, das hygroskopisch angesaugte Wasser, bildet mit den Spuren löslicher Salze, die sich auf und in allen Körpern finden, leitende Lösungen, die die Isolation dieser Körper beeinträchtigen (Seite 9). Durch sorgfältige Reinigung und Erwärmung kann man die Wasserhaut auf einige Zeit beseitigen. Bei Faserstoffen gelingt es nur durch Trocknung bei höherer Temperatur (wesentlich über 100°, etwa 140 bis 180°), das Wasser auszutreiben; vgl. das „Dämpfen" der Papierkabel bei Herstellung von Verbindungsstellen. Feucht gewordene Papierkabel trocknet man, indem man künstlich getrocknete Luft hindurch treibt; kann man auch nicht alles Wasser entfernen, so erzielt man doch wieder einen guten Isolationszustand.

Es ergibt sich hieraus, dass es wichtig ist, die Enden von Kabeln mit Papier-, Baumwolle- oder Jute-Isolation sorgfältig gegen Feuchtigkeit, sogar schon gegen den Zutritt der Luft zu schützen, und Räume, in denen Kabel endigen, trocken und warm zu halten.

Oberflächenleitung. Der Kriechweg. Die besten der bekannten Nichtleiter, Porzellan, Guttapercha, Hartgummi u. a. haben ein so geringes Leitvermögen (vgl. Seite 10), daß in der Regel durch Körper aus diesen Stoffen der Strom nicht merklich abgeleitet wird. Dagegen bildet sich auf ihrer Oberfläche nach dem vorigen eine leitende Schicht, über die Strom verloren wird. Man nennt diesen Stromweg bildlich den Kriechweg; man sucht ihn nach Möglichkeit lang zu machen und den stärkeren Einwirkungen der Feuchtigkeit zu entziehen. Das bekannteste Beispiel ist die Porzellandoppelglocke, bei der der Weg von der Leitung zur metallenen Stütze über den äußeren und den gegen Feuchtigkeit geschützten inneren Mantel geht. Ein weiteres Beispiel zeigt der Stangen-Blitzableiter (Abb. 306, S. 368), die vom Bleimantel befreiten Enden der Bleirohrkabel u. a.

Die Erdleitung. Das Erdreich besitzt ein Leitvermögen, das zwar gegen das der Metalle sehr gering und dem der wässerigen Lösungen vergleichbar ist (vgl. die Zahlentafel auf Seite 26); aber da sich dem Strom ein sehr großer, nahezu beliebig großer Querschnitt darbietet, ist trotzdem der Widerstand langer Strecken nahezu Null. Nur an der Stelle, wo der Strom aus dem metallischen Leiter in das Erdreich übertritt, wo er also zunächst nur einen kleinen Querschnitt erfüllt, der sich nach der Berührungsfläche des Metalls mit dem Erdreich richtet, ist der Widerstand erheblich. Es kommt also darauf an, diese Berührungsfläche groß zu machen; man läßt daher die Leitung in eine Platte, die Erdplatte, auslaufen; es ist aber nicht nötig, daß die Erdplatte eine ununterbrochene Metallfläche ist, es genügt schon ein weitmaschiges Drahtnetz; auch kann man den metallischen Leiter in eine größere Masse festgestampften Koks einbetten, die selbst ein verhältnismäßig gutes Leitvermögen hat. Man nennt den Widerstand vom metallischen Leiter bis zu diesem großen Querschnitt im Erdreich den Ausbreitungswiderstand; er ist von der Anordnung und Größe der Erdplatte und vom Leitvermögen des Erdreichs abhängig; trocknes Erdreich hat geringes, feuchtes gutes Leitvermögen.

Die Erde wird meist als Teil der Telegraphenleitung statt der Rückleitung benutzt; man läßt dann die Telegraphenleitung an beiden Enden in Erdleitungen endigen und kann sich vorstellen, der Strom fließe durch die Telegraphenleitung hin und durch die Erde zurück; hierbei breitet sich der Strom nach allen Richtungen an der Oberfläche und im Innern der Erde aus.

Bei elektrischen Bahnen wird gleichfalls in der Regel die Erde als Teil der Leitung mitbenutzt, und auch bei anderen Starkstromanlagen treten entweder planmäßig oder als Fehler Erdleitungen ins Spiel. Die Ströme, die sich in der Erde ausbreiten, gelangen dann häufig auf große Entfernungen hin über andere Erdleitungen in Telegraphenleitungen (S. 62), oder sie wirken durch Induktion auf Telegraphenleitungen ein (S. 126).

Die Erdleitung dient außerdem dazu, atmosphärische Entladungen, die in die Leitungen gelangen, abzuführen.

Berührungswiderstand. Zwei locker aufeinander gelegte Leiter bieten an der Berührungsstelle dem Strom einen Widerstand, welcher sich ändert mit dem Druck, der die beiden Körper aufeinanderpreßt. Der wachsende Druck vermehrt die Zahl der Berührungspunkte und macht die Berührung an jedem Punkt inniger; hierdurch wird der Widerstand kleiner. Im Mikrophon verwendet man in der Regel Kohlenstücke oder Kohlenpulver; der wechselnde Druck rührt von den Bewegungen der Schallplatte her. Den letzteren entsprechend nimmt der Widerstand des Mikrophons in raschem Wechsel ab und zu. Im Fritter oder Kohärer verwendet man meist Metallkörner, manchmal auch Kohlenstücke, die unter leichtem Druck einen sehr erheblichen Widerstand besitzen; werden rasch wechselnde elektrische Schwingungen (Hertzsche Wellen, vgl. Seite 146) hindurchgeleitet, so nimmt der Widerstand plötzlich bedeutend ab. Bei Verwendung von Kohle nimmt er nach dem Verschwinden der elektrischen Wellen von selbst wieder zu; metallische Fritter erlangen ihren hohen Widerstand erst durch eine leichte Erschütterung (auch durch Erwärmung u. a.) wieder. Ein schlechter Kontakt wirkt auf Sprechströme weniger störend, wenn er dauernd von einem ganz schwachen Gleichstrom durchflossen wird (dauernde Frittung).

Das Ohmsche Gesetz und die Kirchhoffschen Sätze.

Das Ohmsche Gesetz. Die Ursache für das Zustandekommen eines elektrischen Stromes ist das Vorhandensein einer Spannung oder Potentialdifferenz. Die Stärke des erzeugten Stromes steht im geraden Verhältnis zur Spannung.

Das unbegrenzte Anwachsen des Stromes verhindert der Widerstand. Die Stromstärke steht im umgekehrten Verhältnis zum Leitungswiderstand.

Diese Tatsachen drückt man aus durch die Formel

$$I = \frac{E}{R},$$

worin I die Stromstärke, E die Spannung, R der Widerstand ist.

Das Ohmsche Gesetz gilt in dieser einfachen Form für den Strom, der seine Richtung und Stärke beibehält. Es gilt besonders nicht für den Augenblick, wann der Stromkreis geschlossen oder geöffnet, oder wo die Widerstände erheblich geändert werden.

Das Ohmsche Gesetz läßt sich auch schreiben

$$E = I \cdot R,$$

d. h. wenn durch einen Widerstand R der Strom I fließt, so herrscht zwischen den Enden des Widerstandes die Spannung $E = I \cdot R$.

Der erste Satz von Kirchhoff. Die Grundform des Ohmschen Gesetzes bezieht sich auf den einfachen Stromkreis. Bei Stromverzweigungen haben wir den Vorgang an der Verzweigungsstelle zu betrachten. Offenbar müssen die zu- und die abfließenden Ströme je zusammen gleich sein; denn wären die ersteren stärker, so würde sich am Vereinigungspunkt Elektrizität anhäufen, wären sie schwächer, so müßte Elektrizität von außen hereintreten; nach der Erfahrung geschieht keines von beiden. Bezeichnet man die zufließenden Ströme mit +, die abfließenden mit —, so ergibt sich für Abb. 17

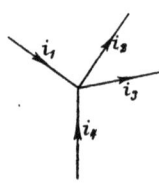

Abb. 17. Stromverzweigungsstelle.

$$i_1 - i_2 - i_3 + i_4 = 0$$

oder für einen beliebigen Verzweigungspunkt

$$\Sigma \, i = 0,$$

wo jede Stromstärke mit dem Vorzeichen einzusetzen ist, welches angibt, ob sie zu- oder abfließt. (Σ = Summe).

Ohmsches Gesetz und Kirchhoffsche Sätze. 33

Der zweite Satz von Kirchhoff. Wenn sich zwischen zwei Punkten a und b (Abb. 18) der Strom verzweigt, so daß im einen Zweige der Strom i_1, im anderen der Strom i_2 fließt, so erhalten wir nach dem Ohmschen Gesetz für die Spannung zwischen den Endpunkten a und b einmal $i_1 r_1$, das andere Mal $i_2 r_2$; da diese Spannung in beiden Fällen dieselbe ist, folgt

$$i_1 r_1 = i_2 r_2$$

oder

$$i_1 r_1 - i_2 r_2 = 0.$$

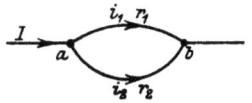

Abb. 18. Einfache Verzweigung.

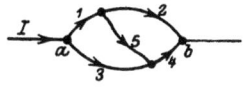

Abb. 19. Doppelte Verzweigung.

Gehen wir von a aus um den in sich zurücklaufenden Stromweg (das stark Gezeichnete) herum, so gehen wir im oberen Zweig nach b mit dem Strom, im unteren gegen den Strom. Es folgt daraus:

Geht man um einen in sich zurücklaufenden Stromweg und bildet für jedes Stück den Ausdruck i r, wobei das i das positive oder negative Vorzeichen hat, je nachdem man mit oder gegen den Strom geht, so ist

$$\Sigma\, i\, r = 0.$$

Dieser Satz gilt auch für mehrfach verzweigte Stromkreise; z. B. ist für Abb. 19

$$i_1 r_1 + i_5 r_5 - i_3 r_3 = 0.$$

Denn das Potential von a ändert sich bis zum Ende des Leiters 1 um $+ i_1 r_1$, bis zum Ende von 5 um $+ i_5 r_5$, bis wieder zu a zurück um $- i_3 r_3$; da nun das Potential wieder den Anfangswert hat, so ist die Änderung Null, was die obige Gleichung ergibt.

Enthält nun aber ein Zweig eine Elektrizitätsquelle, so ändert sich die Betrachtung. Nach Abb. 20 wäre die Erhöhung von a bis zum Ende des Leiters 1 wieder $i_1 r_1$, bis zum Ende von 5 zunächst wieder

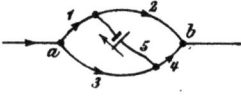

Abb. 20. Verzweigung mit Stromquelle.

$+ i_5 r_5$; aber da die Batterie mit der Spannung E dem Strome entgegengeschaltet ist, so muß die Spannung im Leiter 5 um e erhöht werden, damit derselbe Strom i_5 zustande kommt; alsdann wird das Potential im Leiter 5 wieder um $-i_3 r_3$ erhöht; also im ganzen
$$i_1 r_1 + i_5 r_5 + e - i_3 r_3 = 0$$
oder
$$i_1 r_1 + i_5 r_5 - i_3 r_3 = -e.$$

Geht man um einen in sich zurücklaufenden Stromweg, der eine oder mehrere Stromquellen enthält, so ist die Summe der Produkte i r gleich den Spannungen der Stromquellen mit dem im Sinne des Umgangs genommenen Vorzeichen.
$$\Sigma\, i\, r = \Sigma\, e.$$

Folgerungen und Anwendungen. Parallele Stromwege. (Abb. 18.) Nach dem zweiten Kirchhoffschen Satz ist
$$i_1 r_1 - i_2 r_2 = 0,$$
woraus sich ergibt:
$$i_1 : i_2 = r_2 : r_1,$$
d. h.: Die Zweigströme stehen im umgekehrten Verhältnis der Widerstände.

Der Gegensatz des Leitwiderstandes R ist der Leitwert G:
$$R = \frac{1}{G}.$$

Der gemeinsame Leitwert G zweier nebeneinander liegender Stromwege vom Leitwert G_1 und G_2 ist gleich der Summe der letzteren:
$$G = G_1 + G_2.$$
Daraus folgt
$$\frac{1}{R} = \frac{1}{R_1} + \frac{1}{R_2} \quad \text{oder} \quad R = \frac{R_1 \cdot R_2}{R_1 + R_2}.$$

Sind R_1 und R_2 gleich, so wird $R = \frac{1}{2} R_1$. Hat man n gleiche Widerstände r nebeneinander geschaltet, so ist der gemeinsame Widerstand r/n.

Beträgt z. B. der Isolationswiderstand von 1 km oberirdischer Leitung 3 Megohm, so ist er für die ganze 500 km lange

Parallele Stromwege. Meß-Nebenschluß. Spannungsmessung. 35

Strecke = 3 000 000 : 500 = 6000 Ohm (wegen genauerer Rechnung s. Seite 42).

Meß-Nebenschluß. Um einen Strom I zu messen, der zu stark ist, um ungeteilt durch den Strommesser fließen zu dürfen, gibt man diesem einen Nebenschluß. Unter Nebenschluß versteht man einen Widerstand, der einem anderen wesentlich größeren parallel geschaltet wird. Der Widerstand des Strommessers sei r_1, der des Nebenschlusses r_2, dann ist nach Abb. 18 und der Proportion $i_1 : i_2 = r_2 : r_1$

$$\frac{i_1 + i_2}{i_1} = \frac{r_2 + r_1}{r_2} = 1 + \frac{r_1}{r_2}$$

$$I = i_1 + i_2 = i_1 \left(1 + \frac{r_1}{r_2}\right).$$

Damit der Faktor $1 + \frac{r_1}{r_2}$ eine für die Rechnung bequeme Größe sei, macht man $\frac{r_1}{r_2}$ gewöhnlich gleich 9 oder 99 oder 999 usf.; alsdann hat man die Angabe des Strommessers mit 10, 100, 1000 usf. zu vervielfältigen[1]).

Spannungsmessung. Ist zwischen zwei Punkten eine Spannung zu messen, so verbindet man sie durch einen Strom-

---

[1]) In den Sammleranlagen werden häufig diese Meßnebenschlüsse benutzt, um mit einem einzigen Strommesser an zahlreichen Stellen der Anlage den Strom zu messen; vgl. Abb. 147. Man führt, was in Abb. 147 nicht dargestellt ist, von den Enden jedes Meßwiderstandes zwei Drähte zu einem Umschalter nach Abb. 21; wie hier 5, so kann jede beliebige Anzahl Meßwiderstände an den Umschalter (Sparschalter, auch Spinne genannt) geführt werden. Der drehbare Hebel ist in der Mitte durch Isolation unterbrochen und trägt hier einen Griff. Die mit den Klemmen des Meßinstrumentes verbundenen Ringsektoren werden durch die leitenden Arme des Hebels mit zwei zum gleichen Meßwiderstand führenden Drähten verbunden.

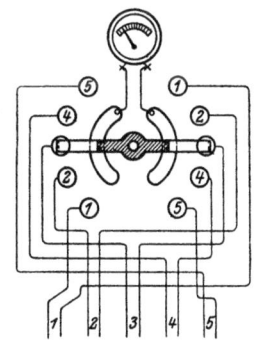

Abb. 21. Sparschalter.

Der in Abb. 21 dargestellte Sparschalter wird auch zur Umschaltung des Spannungsmessers auf verschiedene Stellen eines Stromkreises benutzt.

messer von großem Widerstand; durch diesen fließt dann nur ein sehr geringer Strom, der keinen merklichen Einfluß auf die Verteilung der Spannungen und Ströme im Stromkreis hat. Ist der Widerstand des Strommessers R, der in ihm fließende Strom I, so ergibt sich die Spannung

$$E = IR.$$

Man teilt das Meßinstrument nicht nach Strom, sondern gleich nach dem Produkt I R und liest die Spannung ab. Man nennt es dann Spannungsmesser.

Ist die zu messende Spannung E zu groß, um sie mit dem vorhandenen Spannungsmesser zu bestimmen, so verbindet man die beiden Punkte durch zwei in Reihe geschaltete Widerstände r_1, r_2, von denen der erste der zur Verfügung stehende Spannungsmesser ist. Der Strom in diesen Widerständen ist

$$I = \frac{E}{r_1 + r_2}$$

und die Spannung am ersten Widerstand

$$r_1 I = E \cdot \frac{r_1}{r_1 + r_2}$$

Den Wert von $r_1 I$ kann man am Spannungsmesser ablesen; dann ist die zu messende Spannung

$$E = [r_1 I] \cdot \frac{r_1 + r_2}{r_1}.$$

Wie vorher (S. 35) macht man $\frac{r_1 + r_2}{r_1}$ zu einem für die Rechnung bequemen Wert; man wählt z. B. $r_2 = 9 \cdot r_1$; dann sind die Angaben des Spannungsmessers mit 10 zu multiplizieren, um die Spannung E zu erhalten.

Brücke. Für die beiden Zweige zwischen a b (Abb. 22) können wir die Potentiale von a aus rechnen und müssen, wie auf Seite 33, auf beiden Wegen bis b zum gleichen Potential kommen. Sei z. B. das Potential in a gleich Null, in b = 100 gesetzt. Dann liegen die Potentiale sämtlicher Punkte beider Zweige zwischen 0 und 100. Zu jedem Punkte des einen Zweiges findet man einen Punkt des anderen Zweiges, der das gleiche Potential hat. Seien c_1 und c_2 zwei solche Punkte, so kann durch den Draht, der c_1 und c_2 verbindet, kein Strom fließen; denn zwischen c_1 und c_2 besteht keine Spannung. Dann müssen die Ströme in $a\,c_1$ und $c_1\,b$ gleich i_1, in $a\,c_2$ und $c_2\,b$ gleich i_2 sein, weil ja bei c_1 und c_2 nichts abfließt. Die Potentiale in c_1 und c_2 sind, von a aus gerechnet $= i_1 \cdot r_1$ und $i_2 \cdot r_2$; von b aus gerechnet, $100 - i_1 r_3$ und $100 - i_2 r_4$. Da diese nun paarweise gleich sind, so folgt

$$i_1 r_1 = i_2 r_2$$
$$i_1 r_3 = i_2 r_4,$$

durch Division $\quad \dfrac{r_1}{r_3} = \dfrac{r_2}{r_4}.$

Durch die Brücke fließt kein Strom, wenn für die 4 Widerstände das angegebene Verhältnis besteht; diese Brücke heißt die **Wheatstone**sche.

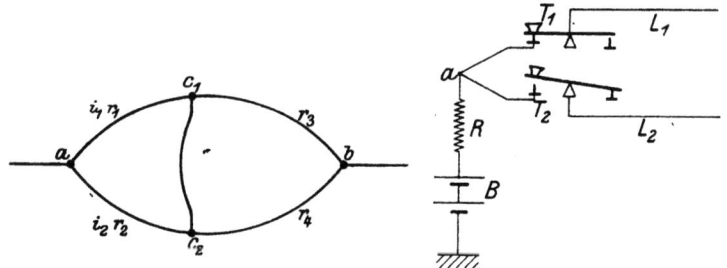

Abb. 22. Brücke.   Abb. 23. Gemeinsamer Stromweg.

Gemeinsamer Stromweg. Bei Stromverzweigungen pflegt ein Teil des Weges ungeteilt zu sein, insbesondere bei gemeinsamen Batterien für mehrere Telegraphenleitungen, bei der Speisung der Amtsmikrophone u. ähnl. Es möge in Abb. 23 B die Batterie (von der EMK E) und R der Widerstand des gemeinsamen Stromweges bis zum Punkte a sein. Die Leitungswiderstände von der Taste bis zur Erde am fernen Amte seien L_1 und L_2. Ist nur T_1 geschlossen, so ist

$$I_1 = \frac{E}{R + L_1}.$$

Schließt man währenddessen auch T_2, so wird der Strom in L_1

$$I_1' = \frac{E}{R\left(1 + \dfrac{L_1}{L_2}\right) + L_1}.$$

Für den Unterschied $I_1 - I'$, d. i. für die Änderung der Stromstärke I_1, wenn die Taste T_2 bewegt wird, erhält man den Näherungswert[1])

$$I_1 - I_1' = I_1 \cdot \frac{R}{L_2}.$$

Für jede weitere Abzweigung kommt ein weiterer Betrag $I_1 \cdot \frac{R}{L_3}$, $I_1 \cdot \frac{R}{L_4}$ usw. hinzu, um den der Strom der Leitung 1 schwankt. Stromabzweigungen sind also nicht voneinander unabhängig; der Strom im einen Zweig ist größer, wenn der andere Zweig offen ist; kleiner, wenn dieser geschlossen wird. Der Unterschied

---

[1]) Die Rechnung ergibt:

$$I_1 - I_1' = E \cdot \left[\frac{1}{R + L_1} - \frac{1}{R + L_1 + \frac{R L_1}{L_2}} \right]$$

$$= \frac{E}{R + L_1} \cdot \left[1 - \frac{1}{1 + \frac{R L_1}{L_2(R + L_1)}} \right]$$

In dem Ausdruck

$$\frac{R L_1}{L_2 (R + L_1)}$$

sind L_1 und L_2 von gleicher Größenordnung, R ist dagegen klein; man macht nur einen geringen Fehler, wenn man in der Summe $R + L_1$ das R wegläßt; dann wird der Wert des Ausdrucks

$$\frac{R L_1}{L_2 \cdot L_1} = \frac{R}{L_2}.$$

Auch dies ist eine kleine Größe; wir dürfen sie zwar nicht ganz weglassen neben der viel größeren 1, weil sich sonst $I_1 - I_1'$ zu Null ergeben würde; aber wir dürfen doch $\left(\frac{R}{L_2}\right)^2$ gegen 1 vernachlässigen. Unter dieser Voraussetzung ist angenähert

$$\frac{1}{1 + \frac{R L_1}{L_2(R + L_1)}} = 1 - \frac{R}{L_2}.$$

Setzt man z. B. $L_1 = 3000$, $L_2 = 2000$, $R = 100$, so ergibt die linke Seite 0,9538, die rechte 0,950, demnach genügende Übereinstimmung. Demnach wird nun

$$I_1 - I_1' = \frac{E}{R + L_1} \cdot \frac{R}{L_2} = I_1 \cdot \frac{R}{L_2}.$$

hängt vom Verhältnis des gemeinsamen Widerstandes zum Leitungswiderstand des bald offenen, bald geschlossenen Zweiges ab und wird um so geringer, je kleiner der gemeinsame Widerstand ist. Bei gemeinsamen Telegraphenbatterien aus Sammlern ist der Batteriewiderstand stets so klein, daß die Leitungen voneinander unabhängig gemacht werden können. Es ist dazu nötig, die etwaigen Sicherheitswiderstände aus dem gemeinsamen Stromweg zu entfernen; in den Einzelleitungen stören sie nicht. Bei der Speisung der Amtsmikrophone macht man den Batteriewiderstand gleichfalls gering durch Parallelschalten der Elemente, wenn es nicht schon Sammler sind; die Batteriezuführungen müßten, wenn sie einigermaßen lang sind, großen Querschnitt erhalten, um ihren Widerstand zu ermäßigen. (Wo dies nicht ausreicht, benutzt man die Natronzelle o. dgl., s. S. 534).

Die Zentralbatterie großer Fernsprechämter (s. S. 531, 534) hat einschließlich der Entladeleitungen, soweit sie gemeinsamer Stromweg für alle Anschlußleitungen sind, sehr geringen Widerstand, und das macht in erster Linie möglich, alle Anschlussleitungen aus gemeinsamer Batterie mit Mikrophonstrom zu versorgen, ohne daß die Sprechströme aus einer Leitung in eine andere eindringen.

Widerstand und Ableitung einer Telegraphenleitung[1]). Eine am fernen Ende geerdete Einzelleitung bietet dem Strom nicht nur den Weg über den Draht, sondern auch über die Isolationsfehler (Ableitung). Wir wollen voraussetzen, daß die Ableitung längs der ganzen Leitung gleichmäßig verteilt sei[2]). Eine solche Leitung stellt

---

[1]) Diese und die nächstfolgenden Betrachtungen und Rechnungen lassen sich auf ober- und unterirdische Leitungen anwenden. Indessen treten bei langen Kabeln die Erscheinungen der Ladefähigkeit in den Vordergrund, während die Ableitung eine minder große Rolle spielt. Praktisch gesprochen beziehen sich die Abschnitte auf Seite 40 bis 63 in erster Linie auf Leitungen, die im wesentlichen aus frei gespannten Drähten bestehen.

[2]) Diese Bedingung wird niemals genau erfüllt sein. Am nächsten gilt sie noch für dauernd warmes und trockenes Wetter, bei dem alle Isolatoren ihren besten Zustand erreichen. Bei dauerndem Regen und Nebel werden die Isolatoren aber in verschiedenem Maße schlechter. Man darf indes annehmen, daß längere Leitungsstrecken, z. B. 10 bis 20 km, in der durchschnittlichen Beschaffenheit der Isolatoren untereinander gleich bleiben, so daß also, auf so lange Einheitsstrecken bezogen,

Abb. 24 dar; rechts das ferne Ende, der Widerstand wird von der linken Seite her gemessen und dabei = R gefunden. Wenn r der Widerstand von 1 km Draht in Ohm, l die Länge der Leitung in km ist, so ergibt sich in erster Annäherung $R = l \cdot r$. Um etwas

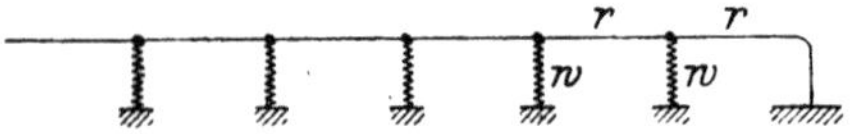

Abb. 24. Leitung mit verteilter Ableitung.

genauer zu rechnen, denkt man sich die Ableitung, die auf 1 km Leitung den Wert w Ohm hat, etwa in der Mitte der Leitung zusammengefaßt. Man erhält dann[1])

$$R = l\,r\left(1 - \frac{l^2}{4} \cdot \frac{r}{w}\right).$$

die Leitung noch als gleichmäßig angesehen werden kann. Dies gilt im allgemeinen, solange der Isolationswiderstand sich nicht geringer als der Leitungswiderstand ergibt und solange sich der Telegraphenbetrieb aufrecht erhalten läßt. Es gilt aber nicht mehr, sobald die Leitung meßbare Isolationsfehler aufweist.

[1]) Die Leitung denken wir uns bestehend aus zwei Hälften vom Widerstand $\tfrac{1}{2}\,l\,r$; an der Mitte liegt ein Widerstand $\tfrac{w}{l}$ in Abzweigung zur Erde; der ganze Widerstand wird

$$R = \frac{l\,r}{2} + \frac{\frac{l\,r}{2}\cdot\frac{w}{l}}{\frac{l\,r}{2}+\frac{w}{l}} = \frac{l\,r}{2}\cdot\left(1 + \frac{1}{1+\frac{l^2}{2}\cdot\frac{r}{w}}\right) = l\,r\cdot\frac{1+\frac{l^2}{4}\cdot\frac{r}{w}}{1+\frac{l^2}{2}\cdot\frac{r}{w}}.$$

Durch Ausdividieren erhält man

$$R = l\,r\cdot\left\{1 - \frac{1}{2}\left[\frac{l^2 r}{2w} - \left(\frac{l^2 r}{2w}\right)^2 + \left(\frac{l^2 r}{2w}\right)^3 - \cdots\right]\right\}.$$

r hat einen Wert von einigen Ohm, z. B. etwa 10 Ω; w dagegen rechnet nach Megohm; der Quotient r/w beträgt demnach etwa einige Hunderttausendtel oder Milliontel.

Ist die Leitung kurz (etwa bis $l^2 r/w = 1/3$), so genügt in der Regel das erste Glied der eckigen Klammer

$$R = l\,r\left(1 - \frac{l^2}{4}\,\frac{r}{w}\right).$$

Setzen wir r/w = 0,000 005 und $l = 300$, so wird der Wert der Klammer 0,89; der gemessene Leitungswiderstand würde also unter solchen Umständen etwa 0,9 des aus Drahtstärke und Länge der Leitung errechneten sein.

Widerstand und Ableitung einer Telegraphenleitung.

Wir wollen aber noch ein wenig genauer rechnen, indem wir uns die Leitung stückweise zusammensetzen und das Ergebnis Schritt für Schritt verfolgen. Dabei wollen wir den häufig vorkommenden Ausdruck $l^2 r/w$ durch den Buchstaben m ersetzen. Dann erhalten wir[1])

$$R = lr\left(1 - \frac{m}{3}\right) \quad \ldots \ldots \quad (1)$$

---

[1]) Fig. 24 soll die Leitung in km zerlegt darstellen. Der Widerstand von der Erde bis zum ersten Abzweigepunkt ist r; hier ergibt sich ein Weg zur Erde vom Widerstand w; der gemeinsame Widerstand ist $rw/(r + w)$. Dann setzen wir ein Stück Leitung vor und haben rechts vom zweiten Abzweigepunkt den Widerstand

$$\frac{rw}{r+w} + r = 2r \cdot \frac{1 + \dfrac{r}{2w}}{1 + \dfrac{r}{w}} = 2r \cdot \left(1 - \frac{1}{2}\frac{r}{w}\right).$$

Das letzte ist wieder ein Näherungswert. Bis zum dritten Abzweigepunkt ist der Widerstand

$$\frac{2r \cdot \left(1 - \dfrac{1}{2}\dfrac{r}{w}\right) \cdot w}{2r \cdot \left(1 - \dfrac{1}{2}\dfrac{r}{w}\right) + w} + r = 3r\left(1 - \frac{5}{3}\frac{r}{w}\right).$$

Man hat bei der Ausrechnung zu beachten, daß Ausdrücke, welche $\left(\dfrac{r}{w}\right)^2$ und höhere Potenzen von $\dfrac{r}{w}$ enthalten, sehr klein sind, noch sehr viel kleiner als $\dfrac{r}{w}$; man kann sie also, wo sie als Summanden neben der 1 vorkommen, weglassen. Rechnet man in dieser Weise weiter, so bekommt man für die Widerstände an den Abzweigepunkten Ausdrücke von der Form

$$nr \cdot \left(1 - A_n \cdot \frac{r}{w}\right),$$

und die Zahlen A_n haben der Reihe nach folgende Werte (die beiden schon berechneten werden nochmals aufgeführt):

$$\frac{1}{2}, \frac{5}{3}, \frac{14}{4}, \frac{30}{5}, \frac{55}{6}, \frac{91}{7}, \frac{140}{8}, \frac{204}{9}, \frac{285}{10}$$

usf.; man kann diese Werte darstellen durch den Ausdruck

$$A_n = \frac{n^2}{3} + \frac{5n}{6} + \frac{1}{2}.$$

Für Telegraphenleitungen von einiger Länge (schon von etwa 50 km an, n = 50) treten die beiden letzten Ausdrücke bei weitem zurück

Diese Formel ist zwar richtig, aber sie gilt wegen der bei ihrer Ableitung vorgenommenen Vernachlässigungen nur für kurze, gut isolierte Leitungen. Die genaue Formel abzuleiten, würde Bekanntschaft mit höherer Mathematik voraussetzen. Wir beschränken uns daher darauf, der vorigen Formel ein Glied einzufügen, das sie innerhalb der für uns wichtigen Grenzen in ausreichende Übereinstimmung mit der strengen Formel bringt. Die so vervollständigte Rechenformel lautet:

$$R = l\,r \cdot \left(1 - \frac{1}{3} \cdot \frac{m}{1 + 0{,}4\,m}\right) \quad \ldots \quad (2)$$

Während die Formel (1) nur für Werte von m unter 0,45 gilt, kann man die Formel (2) benutzen bis $m = 4$, ohne einen Fehler von mehr als 1 % zu begehen.

Für die Isolation der Leitung erhält man eine ähnlich gebildete Formel; wir isolieren am rechten Ende und setzen wieder die Leitung stückweise zusammen[1]). Dann erhalten wir für den Isolationswiderstand

$$W = \frac{w}{l}\left(1 + \frac{m}{3}\right) \quad \ldots \quad (3)$$

Auch dies ist nur eine Näherungsformel, die durch Zufügung eines weiteren Gliedes in die Rechenformel

$$W = \frac{w}{l}\left(1 + \frac{1}{3} \cdot \frac{m}{1 + 0{,}06\,m}\right) \quad \ldots \quad (4)$$

übergeht.

---

gegen das erste Glied $\frac{1}{3} n^2$, und man findet dann den Widerstand (l für n gesetzt):

$$R = l\,r\left(1 - \frac{l^2}{3} \cdot \frac{r}{w}\right).$$

Mit den früher angewandten Zahlen ergibt sich für den Klammerausdruck 0,85, also etwas weniger als oben.

[1]) Der Isolationswiderstand am ersten Abzweigungspunkt beträgt w, hinter dem zweiten $r + w$, hinter dem dritten

$$\frac{(r+w)\,w}{r + 2\,w} = \frac{w}{2}\left(1 + \frac{5}{2}\,\frac{r}{w}\right)$$

usf. Führt man die Rechnung wie oben, so erhält man

$$W = \frac{w}{l}\left(1 + \frac{l^2}{3} \cdot \frac{r}{w}\right) = \frac{w}{l}\left(1 + \frac{m}{3}\right),$$

was wieder nur für kurze Leitungen gilt.

Widerstand und Ableitung einer Telegraphenleitung. 43

Die Klammerausdrücke der rechten Seiten der Formeln (2) und (4) sind einander reziprok, ihr Produkt ist 1. Dies ergibt sich zwar nicht genau, wenn man sie multipliziert, da es nur Näherungswerte sind, wohl aber, wenn man Zahlenwerte einsetzt[1]). Daher findet man durch Multiplikation der Formeln (2) und (4):

$$RW = rw \quad \ldots \ldots \quad (5)$$

Dieselben Formeln liefern durch Division

$$\frac{R}{W} = m \cdot \frac{1 - \frac{1}{3} \cdot \frac{m}{1 + 0{,}4\,m}}{1 + \frac{1}{3} \cdot \frac{m}{1 + 0{,}08\,m}}$$

Setzt man hier der Reihe nach wachsende Werte von m ein, so erhält man

für m =   1   2   3   4   5   6
R/W = 0,58 0,79 0,89 0,94 0,97 0,99

d. h. bei steigendem m wird R immer näher gleich W; dies verlangt auch die strenge Formel.

Denken wir uns den Grenzfall $R = W$, so bedeutet dies, daß der abgehende Strom unverändert bleibt, ob man am fernen Ende die Leitung erdet oder isoliert; das kann aber nur der Fall sein, wenn dort beim Stromschluß kein Strom zur Erde fließt, einerlei welche Betriebsspannung am Anfange der Leitung herrscht. Bei abnehmender Isolation nähert man sich also diesem Zustand, ohne ihn völlig zu erreichen.

Für den Grenzfall $W = R$ folgt aus Formel (5)

$$W = R = \sqrt{rw} \quad \ldots \ldots \quad (6)$$

Zum Rechnen mit den Formeln (2), (4) und einigen der später folgenden empfiehlt es sich, Rechentafeln anzulegen, aus denen man zu jedem Wert von m den zugehörigen Wert des in der Formel vorkommenden Ausdrucks entnehmen kann[2]).

---

[1]) S. die Rechentafel S. 44.
[2]) Die nachstehende kleine Tafel dient als Anhalt; zum raschen und sicheren Rechnen benutzt man Tafeln mit weit mehr Werten, für die hier der Platz fehlt. Über m = 4 hinaus braucht man nicht zu gehen, für die meisten praktischen Fälle reicht schon m = 2 als Grenze aus.

Elektrodynamik.

Wenn man R und W gemessen hat, erhält man die wahren Werte des Leitungswiderstandes und des Isolationswiderstandes von 1 km Leitung zu (R/W = q gesetzt)[1])

$$r = \frac{R}{l}\left(1 + \frac{1}{3} \cdot \frac{q}{1 - 0{,}6\,q - 0{,}14\,q^2}\right) \quad . \ . \ (7)$$

$$w = W\,l\left(1 - \frac{1}{3} \cdot \frac{q}{1 - 0{,}28\,q - 0{,}1\,q^2}\right) \quad . \ . \ (8)$$

Auch diese beiden Gleichungen ergeben $RW = rw$.

Der Strom in einer Telegraphenleitung. Wegen der Ableitung hat der Strom längs der Leitung einen nach dem geerdeten Ende hin abnehmenden Wert. Man unterscheidet den abgehenden oder Anfangsstrom I_a und den ankommenden oder Endstrom I_e. Um einen Näherungswert für das Verhältnis dieser beiden, $I_a : I_e$, zu erhalten, nehmen wir an, die ganze Ableitung $W = w/l$ liege an der Mitte der Leitung, also beiderseits die Widerstände $1/2\,rl$; in dem rechten, geerdeten Leitungsteil fließt der Strom I_e, im linken I_a, über die Ableitung i. Dann ist

Rechentafel zu den Formeln auf S. 42 bis 45.

$$F_1 = 1 + \frac{1}{3}\cdot\frac{m}{1 + 0{,}06\,m} \qquad f_1 = 1 - \frac{1}{3}\cdot\frac{m}{1 + 0{,}4\,m} \qquad F_1\cdot f_1 = 1$$

$$F_2 = 1 + \frac{1}{6}\cdot\frac{m}{1 - 0{,}05\,m} \qquad F_3 = 1 + \frac{1}{2}\cdot\frac{m}{1 - 0{,}07\,m}$$

$$F_4 = 1 + \frac{1}{3}\cdot\frac{q}{1 - 0{,}6\,q - 0{,}14\,q^2} \qquad f_4 = 1 - \frac{1}{3}\cdot\frac{q}{1 - 0{,}28\,q - 0{,}1\,q^2} \qquad F_4\cdot f_4 = 1$$

m =	0,1	0,2	0,4	0,6	0,8	1,0	1,2	1,5	2,0	2,5
$F_1 =$	1,033	1,066	1,130	1,193	1,255	1,315	1,373	1,459	1,594	1,725
$f_1 =$	0,968	0,938	0,886	0,839	0,799	0,762	0,730	0,688	0,630	0,583
$F_2 =$	1,017	1,034	1,068	1,103	1,139	1,176	1,213	1,270	1,370	1,476
$F_3 =$	1,050	1,102	1,206	1,315	1,425	1,539	1,655	1,837	2,160	2,515

q =	0,1	0,2	0,3	0,4	0,5	0,6	0,7	0,8	0,85	0,9
$F_4 =$	1,036	1,076	1,124	1,188	1,251	1,340	1,456	1,620	1,729	1,857
$f_4 =$	0,966	0,929	0,890	0,847	0,801	0,749	0,692	0,625	0,590	0,550

[1]) Diese Gleichungen ergeben sich aus den Formeln (2) und (4), wenn man beachtet, daß $1 - \dfrac{1}{3}\cdot\dfrac{m}{1 + 0{,}4\,m} = \dfrac{1}{\left(1 + \dfrac{1}{3}\cdot\dfrac{m}{1 + 0{,}06\,m}\right)}$ ist.

Der Strom in einer Telegraphenleitung.

$$i : I_e = \frac{rl}{2} : \frac{w}{l}$$

$$I_a = I_e + i = I_e\left(1 + \frac{m}{2}\right); \quad i = \frac{m}{2} I_e.$$

Diese Annäherungsformel wird mit der genauen Formel in genügende Übereinstimmung (brauchbar bis m = 4) gebracht durch Zufügung eines Faktors zu $\frac{m}{2}$:

$$I_a = I_e \cdot \left(1 + \frac{1}{2} \cdot \frac{m}{1 - 0{,}7\,m}\right) \quad \ldots \quad (9)$$

$$i = I_e \cdot \frac{1}{2} \cdot \frac{m}{1 - 0{,}07\,m} \quad \ldots \ldots (10)$$

Ist die Betriebsspannung am Anfang der Leitung P_a, so ergibt sich

$$I_a = \frac{P_a}{R} \quad \ldots \ldots \ldots \ldots \ldots (11)$$

und unter Beobachtung von (2) und (9)[1])

$$P_a = I_a \cdot lr \cdot \left(1 + \frac{1}{6} \cdot \frac{m}{1 - 0{,}05\,m}\right) \quad \ldots (12)$$

Es ergibt sich ferner aus (1) und (11):

$$I_a = \frac{P_a}{lr} \cdot \frac{1}{1 - \frac{m}{3}},$$

nach (12) ist angenähert

$$I_e = \frac{P_a}{lr} \cdot \frac{1}{1 + \frac{m}{6}},$$

---

[1]) Nach (1) ist $R = lr\left(1 - \frac{m}{3}\right)$, nach dem obigen $I_a = I_e\left(1 + \frac{m}{2}\right)$, demnach $P_a = I_e \cdot \left(1 + \frac{m}{2}\right) \cdot lr\left(1 - \frac{m}{3}\right) = I_e \cdot lr \cdot \left(1 + \frac{m}{2} - \frac{m}{3} - \frac{m^2}{6}\right) = I_e \, lr \left(1 + \frac{m}{6}\right)$, indem man das Glied mit m^2 vernachlässigt. Rechnet man mit den vollständigen Formeln (2) und (9), so ergibt sich die Gleichung (12), allerdings zunächst nicht mit dem Koeffizienten 0,05 für das m im Nenner; diese Zahl ist mit Hilfe der strengen Formel ermittelt und berücksichtigt, daß bei der Abkürzung der Formel andere Glieder vernachlässigt werden mußten.

und für eine vollkommen isolierte Leitung
$$I = \frac{P_a}{lr}.$$

Hieraus erhellt, daß der abgehende Strom stets stärker, der ankommende Strom stets schwächer ist, als er bei vollkommen isolierter Leitung sein würde.

Graphische Darstellung von Spannung, Strom, Widerstand und Ableitung. In Abb. 25 werden die Widerstände der hintereinander geschalteten Teile des Stromkreises, z. B. Batterie, Leitung, Apparat, bzw. durch die Längen O B, B L, L A dargestellt, während O E die EMK der Batterie ist. Es sei, wie gewöhnlich bei einer Telegraphenleitung, der Endpunkt des Apparatwiderstandes A an Erde gelegt, also auf dem Potential Null; der Anfang der Leitung hat das Potential des Batteriepols, und längs der Leitung nimmt die Spannung ab, wie die schräge Linie angibt. Sie beträgt an der Leitungsklemme der Batterie nur noch B F; im Batteriewiderstand $R_B = O B$ ist ein Spannungsverlust E K = I · R_B eingetreten. Ebenso geht in der Leitung die Spannung F H verloren, und es bleibt zur Wirkung am Apparat nur noch L G übrig. Nur die letztere wirkt nützlich, während die in der Batterie und die in der Leitung verzehrten Spannungen einen Verlust (Spannungsverlust) darstellen. Man sucht letzteren klein zu machen. Bei Telegraphenleitungen haben diese Verluste nicht allzuviel zu bedeuten, weil die Kosten des Stromes neben den sonstigen Betriebskosten nicht erheblich ins Gewicht fallen. Bei Starkstromleitungen dagegen ist die Frage, welche Verluste in der Leitung zugelassen werden dürfen, von hervorragender Wichtigkeit.

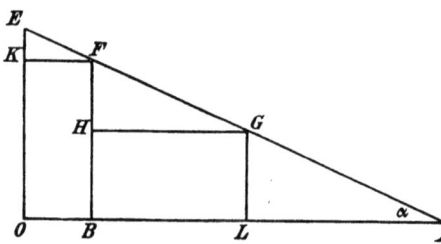

Abb. 25. Spannungsabnahme längs der Leitung.

Die Linie E A gibt die Abnahme der Spannung längs der Leitung an; bei gleichmäßig verteilter Ableitung stellt sie auch die Stärke der Ableitung an jeder Stelle dar, und die Summe aller Ableitungsströme wird ausgedrückt durch die Fläche des Dreiecks O E A.

Graphische Darstellung der elektr. Größen. Telegraphenleitung. 47

Aus Abb. 25 ergibt sich ferner: $E:R = OE:OA = \operatorname{tg}\alpha = I$. Der Strom läßt sich also durch die Neigung der Spannungslinie ausdrücken.

Nach dem Vorhergehenden nimmt der Strom längs der Leitung ab; die Spannungslinie AE ist also keine Gerade, wie in Abb. 25, sondern eine gekrümmte Linie. Wie diese Linie zu berechnen ist, wird im Nachfolgenden gezeigt.

Telegraphenleitung mit Batterie und Apparaten. Der einfachste Fall ist die durch Abb. 26 dargestellte Arbeitsstromschaltung, die beim Hervorbringen eines Zeichens Batterie am gebenden, Elektromagnet des Apparats am empfangenden Ende hat. Die Spannung am Anfang der Leitung gegen Erde sei P_a,

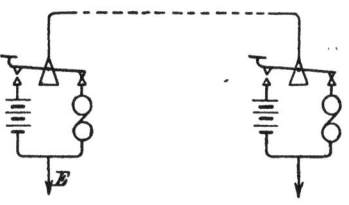

Abb. 26. Arbeitsstromschaltung.

die Stromstärke am Ende der Leitung und im Empfangsapparat I_e, der Widerstand des Apparats R_e. P_a setzt sich zusammen aus $I_a \cdot R$ (vgl. Formel (11)) und der Endspannung $P_e = I_e \cdot R_e$. Nach dem früheren ist angenähert $I_a = I_e \cdot \left(1 + \dfrac{m}{2}\right)$ und $R = lr\left(1 - \dfrac{m}{3}\right)$, das Produkt also $I_e \cdot lr \cdot \left(1 + \dfrac{m}{2}\right)\left(1 - \dfrac{m}{3}\right)$ $= I_e \cdot lr \cdot \left(1 + \dfrac{m}{6}\right)$. Der zweite Teil bedarf noch einer Ergänzung; damit am Ende die Spannung P_e übrig bleibe, muß, wie oben für den Strom gezeigt wurde, am Anfang der Leitung die Spannung $P_e\left(1 + \dfrac{m}{2}\right)$ verfügbar sein. Demnach ist

$$P_a = P_e\left(1 + \frac{m}{2}\right) + I_e \cdot lr \cdot \left(1 + \frac{m}{6}\right) \quad \ldots \quad (13)$$

Ebenso setzt sich I_a aus zwei Teilen zusammen, wovon der eine, wie früher $I_e\left(1 + \dfrac{m}{2}\right)$, der andere in erster Annäherung P_e/W ist. Damit am Ende der Leitung die Spannung P_e übrig bleibe, muß sie am Anfang der Leitung $P_e\left(1 + \dfrac{m}{2}\right)$

48 Elektrodynamik.

betragen; W ist gleich $\frac{w}{l}\left(1+\frac{m}{3}\right)$. Demnach ist für P_e/W zu setzen

$$P_e \cdot \frac{l}{w} \cdot \frac{1+\frac{m}{2}}{1+\frac{m}{3}} = P_e \cdot \frac{l}{w}\left(1+\frac{m}{6}\right).$$

Es ergibt sich

$$I_a = I_e\left(1+\frac{m}{2}\right) + P_e \cdot \frac{l}{w}\left(1+\frac{m}{6}\right) \quad \ldots \ldots (14)$$

Setzt man wieder die genaueren Werte in die Formeln ein, so kommt

$$P_a = P_e\left(1+\frac{1}{2}\cdot\frac{m}{1-0{,}07\,m}\right) + I_e \cdot lr \cdot \left(1+\frac{1}{6}\cdot\frac{m}{1-0{,}05\,m}\right) (15)$$

$$I_a = I_e\left(1+\frac{1}{2}\cdot\frac{m}{1-0{,}07\,m}\right) + P_e \cdot \frac{l}{w}\left(1+\frac{1}{6}\cdot\frac{m}{1-0{,}05\,m}\right) (16)$$

Telegraphische Übertragung. Diese Formeln zeigen uns einige für den Betrieb sehr wichtige Umstände. Um zunächst eine Übersicht zu gewinnen, wollen wir von den beiden Gleichungen nur die wichtigsten Teile beibehalten; bei längeren Leitungen tritt P_e zurück und wir erhalten als erste Annäherung

$$P_a = I_e \cdot lr\left(1+\frac{m}{6}\right)$$

$$I_a = I_e \cdot \left(1+\frac{m}{2}\right).$$

Setzt man bestimmte Werte von m ein, so erhält man für Anfangsstrom und -spannung folgende Werte:

m =	0,4	0,8	1,2	1,6	2,0	2,4	2,8	3,2	3,6	4,0
$P_a = I_e \cdot lr \cdot$	1,07	1,13	1,20	1,27	1,33	1,40	1,47	1,53	1,60	1,67
$I_a = \quad I_e \quad \cdot$	1,20	1,40	1,60	1,80	2,00	2,20	2,40	2,60	2,80	3,00

und die vollständigeren Formeln (15,16) zeigen, daß bei genauerer Rechnung noch höhere Werte herauskommen.

Geht man bei der Betrachtung von den Werten am Anfang der Leitung, P_a und I_a, aus, so erscheinen sie durch die Leitung geschwächt zu werden in dem Maße, in dem m wächst;

Telegraphische Übertragung. 49

wir wollen daher m die **Schwächungszahl** der Leitung nennen.

Die Schwächungszahl $m = l^2 r/w$ ist zunächst von der Länge und der Drahtart der Leitung abhängig. Bei gegebener Leitung hat sie indes keinen ein für allemal bestimmten Wert, sondern schwankt mit der Isolation der Leitung auf und nieder[1]). w nimmt Werte an, die bei sehr schlechtem, nebligem und regnerischem Wetter bis auf $3 \cdot 10^6$, bei minder guter Beschaffenheit der Leitungen auch noch tiefer, sinken und bei trocknem, warmem Wetter und Sonnenschein auf $100 \cdot 10^6$ und höher steigen können. Wenn z. B. eine Leitung von 550 km Länge aus 5 mm starkem Eisendraht, deren Widerstand $r = 6{,}62\ \Omega/\text{km}$ gesetzt werden möge, besteht, so ist $m = 550^2 \cdot 6{,}62/w = 2 \cdot 10^6/w$, d. h. für $w = 0{,}5 \cdot 10^6$ wird $m = 4$. Für eine solche Leitung würden also die oben (S. 48) berechneten Zahlen gelten, d. h. die erforderliche Betriebsspannung würde von etwa $1{,}1 \cdot I_e \cdot r$ bei trockenem bis $1{,}67 \cdot I_e \cdot r$ bei nassem Wetter schwanken. Der abgehende Strom und die erforderliche Betriebsspannung würden in so starkem Maße vom Wetter abhängen, daß an einen regelmäßigen Betrieb nicht zu denken wäre. Wählen wir statt des Eisendrahtes von 5 mm Stärke den besser leitenden Bronze- oder Kupferdraht von 3 mm Stärke ($r = 2{,}5$ gesetzt), so wird $m = 0{,}75 \cdot 10^6/w$ und für $w = 0{,}5 \cdot 10^6$ bekommen wir $= 1{,}5$; d. h. die nötige Betriebsspannung schwankt nur noch zwischen dem einfachen und

---

[1]) Messungen an einer gut unterhaltenen Leitung aus 5 mm starkem Eisendraht von 434 km Länge, die von Norden nach Süden verlief, ergaben bei stark wechselnder Witterung (am Anfang und Ende starker Regen, dazwischen wechselnd bis zum Sonnenschein) folgende Zahlen:

Zeit	R	W	r	w	m	Zeit	R	W	r	w	m
					10^6	nachm. $1^h\,30$	2880	18 400	7,0	7,6	0,1
vorm. 10^h	2660	9 700	6,8	3,8	0,34	„ 2^h	2970	14 400	7,4	5,8	0,2
„ $10^h\,30$	2750	19 600	6,6	8,1	0,15	„ $2^h\,30$	3030	22 700	7,3	9,4	0,1
„ 11^h	2635	11 200	6,6	4,4	0,28	„ 3^h	3020	26 100	7,3	10,9	0,1
„ $11^h\,30$	2670	11 700	6,7	4,7	0,27	„ $3^h\,30$	3110	39 400	7,4	16,7	0,0
„ 12^h	2800	17 600	6,8	7,4	0,17	„ 4^h	3035	25 800	7,8	10,8	0,1
nachm. $12^h\,30$	2980	25 800	7,3	10,8	0,13	„ $4^h\,30$	2900	15 400	7,2	6,3	0,2
„ 1^h	3190	35 200	7,6	14,7	0,10	„ $4^h\,45$	2700	9 500	6,9	3,7	0,3

Die Schwankungen von r sind durch Temperaturunterschiede zu erklären.

dem 1,25fachen, je nach dem Wetter. Damit würde sich ein geordneter Betrieb schon aufrecht erhalten lassen.

Nehmen wir nun von dem 3 mm starken Kupferdraht eine Leitung von 900 km, so wird $m = 2 \cdot 10^6/w$, d. h. für $w = 0,5 \cdot 10^6$ wieder $m = 4$. Also in diesem Falle wäre auch mit dem Kupferdraht von 3 mm nicht mehr auszukommen.

Statt nun noch stärkeren Kupferdraht zu nehmen, was sehr kostspielig ist, unterteilt man die Leitung und verbindet die Teile durch Übertragungen (vgl. S. 243). Im vorliegenden Falle würde man z. B. zwei Teilstrecken zu 450 km erhalten, auf deren jeder der Betrieb sich bei allen Witterungsverhältnissen glatt abwickeln würde.

Ebenso würde man die Leitung aus Eisendraht von 550 km Länge in zwei Teile, z. B. zu 250 und 300 km zerlegen und würde bei $w = 0,5 \cdot 10^6$ Werte von m erhalten, die unter $m = 1,2$ blieben, also gleichfalls einen sicheren Betrieb erwarten lassen.

Eine Übertragung ist nun zwar ein gutes Mittel, aber sie kostet Apparate und Überwachung und bildet durch Apparatfehler und Mängel der Bedienung eine Störungsquelle. Man sucht demnach die Zahl der Übertragungen gering zu halten. Daher gibt man den einzelnen Leitungsstrecken so große Längen, als es die Sicherheit des Betriebes zuläßt; hierbei sollte die Schwächungszahl m selbst für den äußersten vorkommenden Wert von w, als welcher $0,5 \cdot 10^6 \, M\Omega \cdot km$ angenommen werden mag, den Wert 2 nicht übersteigen. Man nimmt eben die Unbequemlichkeit in Kauf, daß man genötigt ist, von Zeit zu Zeit dem Isolationszustand der Leitung entsprechend die Batteriespannung zu ändern.

Arbeitsstromleitung. Die Formeln (15) und (16) kann man benutzen, um für eine gegebene Leitung mit Endapparat und Batterie den Verlauf von Spannung und Strom zu berechnen. I_e und P_e sind durch den Betriebsapparat gegeben, l, r, w und m durch die Leitung. Man kann der Reihe nach die Länge der Leitung, die z. B. 500 km betrage, zu 100, 200, 300, 400, 500 km setzen und so für 5 Punkte der Leitung P und I berechnen. Dies wird man ausführen für verschiedene Isolationszustände der Leitung, z. B. für $w = 10^6 \, \Omega/km$, $1,69 \cdot 10^6 \, \Omega/km$ und $4 \cdot 10^6 \, \Omega/km$. Die Leitung bestehe aus 5 mm starkem Eisen-

Strom und Spannung in der Leitung. 51

draht, dessen Widerstand 6,76 Ω/km betrage. $I_e = 0{,}012$ A, $P_e = 6$ V.[1])

Abb. 27 zeigt das Ergebnis der Berechnung. Die oberen Kurven P_a und I_a gelten für $w = 10^6$, die mittleren und unteren für $w = 1{,}69 \cdot 10^6$ bez. $4 \cdot 10^6$; die Gerade P_a ist aus dem Draht- und Apparatwiderstand und dem Endstrom $(3880 \cdot 0{,}012)$ berechnet, gilt also für den Grenzfall vollkommener Isolation.

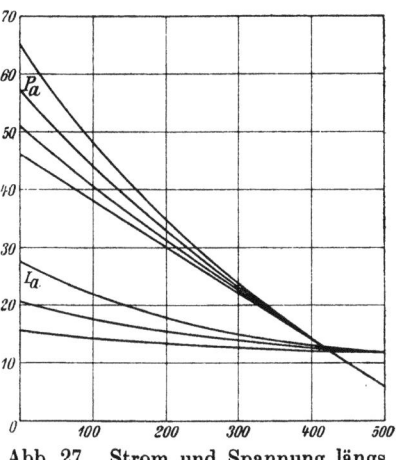

Abb. 27. Strom und Spannung längs der Leitung.

Solche Rechnungen dienen dazu, die Vorgänge auf den Leitungen während des Betriebes zu untersuchen; die Batteriespannungen werden nach praktischen Vorschriften bestimmt und müssen der Sicherheit des Betriebes wegen im allgemeinen höher sein, als diese Rechnungen ergeben.

Omnibusleitung mit Arbeitsstrombetrieb. Der Fall, daß mehrere Ämter mit Apparat und Batterie in der Leitung liegen, stellt Abb. 345 auf Seite 419 dar. Die Rollen der Morseapparate pflegt man hierbei parallel zu schalten, wodurch ihr Widerstand auf etwa 140 Ω kommt; Klopfer behalten ihre hintereinander geschalteten Rollen (150 Ω); für die übrigen Widerstände des Amtes möge noch ein Zuschlag gemacht

---

[1]) Man schreibt zum Zwecke der Ausrechnung die Gleichungen (15) und (16) in anderer Form

$$P_a = P_e + I_e \cdot lr + m \cdot \left(\frac{1}{2} \frac{P_e}{1 - 0{,}07\,m} + \frac{1}{6} \cdot \frac{I_e lr}{1 - 0{,}05\,m} \right) \text{ und}$$

$$I_a = I_e + P_e \cdot \frac{l}{w} + m \left(\frac{1}{2} \cdot \frac{I_e}{1 - 0{,}07\,m} + \frac{1}{6} \frac{P_e l}{w} \cdot \frac{1}{1 - 0{,}05\,m} \right)$$

und findet z. B. für $l = 400$, $w = 1{,}69 \cdot 10^6$

$$P_a = 6 + 0{,}012 \cdot 400 \cdot 6{,}76 + 0{,}64 \cdot \left(\frac{1}{2} \cdot \frac{6}{0{,}955} + \frac{1}{6} \cdot \frac{0{,}012 \cdot 400 \cdot 6{,}76}{0{,}968} \right) = 44{,}03.$$

52   Elektrodynamik.

werden, so daß sich 160 Ω im ganzen ergeben. Die Leitungslängen pflegen nicht groß zu sein; sie mögen betragen I—II 20 km, II—III 8 km, III—IV 50 km. Als Draht werde Bronze von 2 mm (6 Ω/km) angenommen: $w = 0{,}6 \cdot 10^6 \, \Omega \cdot \text{km}$. Amt IV möge die Taste gedrückt haben, und es soll auf Amt I noch ein Strom von 0,025 A ankommen. Man hat auf jeden Abschnitt der Leitung die Formeln (15) und (16) anzuwenden; die Werte P_a und I_a des einen geben P_e und I_e des nächsten Abschnittes. Auf Amt IV wird außer der Batterie noch Galvanoskop, Sicherungen u. dergl. eingeschaltet, wofür ein Widerstand von 30 Ω angesetzt werden möge. Da die m von 1 wenig verschieden sind, genügen hier auch die Formeln (13) und (14).

Die Rechnung[1]) ergibt, daß die Spannung der Batterie 24,95 V und der abgehende Strom 0,0270 A betragen muß, damit der ankommende Strom die verlangte Stärke von 0,0250 A habe; der Ableitungsstrom ist hiernach = 0,0020 A.

Nun möge Amt III die Taste drücken. Die Rechnung bleibt die gleiche wie vorher bei Amt IV; bei Amt III sind nur 30 Ω und die Batterie eingeschaltet, und der Strom erreicht hier seinen höchsten Wert. Man rechnet nun ebenso vom anderen Ende aus bis Amt III und erhält $P_a = 11{,}58$, $I_a = 0{,}02564$. Da der Strom, von beiden Seiten berechnet, denselben Wert haben muß, ist nun eine Umrechnung nötig. Wir multiplizieren die im ersten Teil berechneten Werte von I und P mit 0,02564/0,02534, wonach sich der Strom in Amt III von beiden Seiten her zu 0,02564 ergibt, der Strom in Amt I zu 0,02529, in Amt II zu 0,02548 und in Amt IV zu 0,0250. Die Batteriespannung ist $13{,}16 + 11{,}58 = 24{,}74$ V; die Spannung in der Leitung gegen Erde an beiden Enden Null und am einen

---

[1]) Unter Weglassung der Nebenrechnungen ergibt sich folgendes:

Leitungs-strecke	Widerstände	I_e	P_e	m	I_a	P_a
Amt I . . .	160 Ω	0,0250	0	—	—	4
Ltg. I, II . .	20 km, 120 Ω	0,0250	4	0,004	0,02518	7,01
Amt II . . .	160 Ω	0,02518	—	—	—	11,04
Ltg. II, III .	8 km, 48 Ω	0,02518	11,04	0,0064	0,02534	12,25
Amt III . .	160 Ω	0,02534	—	—	—	16,30
Ltg. III, IV .	50 km, 300 Ω	0,02534	16,30	0,025	0,02702	24,14
Amt IV . .	30 Ω	0,02702	—	—	—	24,95

Batteriepol $+ 13,16$, am andern $- 11,58$. Die Ableitungsströme betragen einerseits 0,0003, anderseits 0,0006, zusammen 0,0009; daß es weniger als im vorigen Fall ist, rührt von der geringeren Spannung gegen Erde her.

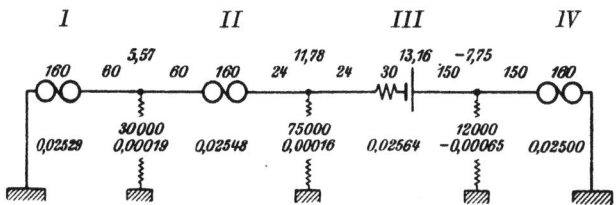

Abb. 28. Omnibusleitung mit Arbeitsstrombetrieb.

Der vorliegende Fall mit seinen kurzen Leitungsstrecken erlaubt eine einfachere und übersichtlichere Behandlung. In Abb. 28 wird die Leitung dargestellt. Die Zahlen dicht oberhalb der Leitung bedeuten Apparat- und Leitungswiderstände in Ohm; in der Mitte jeder Leitungsstrecke ist der Ableitungswiderstand (w/l) angelegt. Die oberste Zahlenreihe gibt die Spannungen an den Abzweigepunkten, aus denen sich durch Division mit den Ableitungswiderständen die darunter stehenden Ableitungsströme ergeben. Der dargestellte Fall ist der eben betrachtete, daß in Amt III die Taste gedrückt wird; man rechnet wieder von beiden Seiten bis zur Batterie und bringt dann die Zahlen durch Multiplikation, wie vorher, in Übereinstimmung. Die Spannung an einem Batteriepol ist $+ 13,16$, am andern $- 7,75 - 150 \cdot 0,02564 = - 11,60$, die Batteriespannung demnach 24,76 V.

Omnibusleitung mit Ruhestrombetrieb. Auch die Schaltung nach Abb. 343, Seite 419 stellt den Fall mehrerer Ämter in einer Leitung dar. Hier liegen die Batterien ständig in der Leitung, es fließt dauernd Strom, der nur zur Hervorbringung eines Zeichens unterbrochen wird (Ruhestrom). Wir wollen zunächst annehmen, die ganze Batterie liege an einem Ende der Leitung, bei Amt I; die Ämter II, III und IV seien ohne Batterie. Nun ist die Spannung gegen Erde bei Amt I gleich der Batteriespannung OE (Abb. 25), und der gesamte Ableitungsstrom wird durch die Fläche OEA dargestellt. Wenn man aber die Batterie auf die Ämter verteilt, so steigt die Spannung gegen Erde nur auf einen Bruchteil der Gesamtspannung; in Abb. 29 ist angenommen, daß man 5 Ämter habe und daß ihre Abstände gleich seien. Bei O ist die Leitung geerdet: durch die erste Teilbatterie wird die Spannung der Leitung auf Oe_0 gebracht. Dann sinkt sie längs der Leitung und ist beim nächsten Amt Null; hier wird sie durch die zweite Teilbatterie wieder erhöht usf. Sie steigt an keiner Stelle über den fünften Teil von OE. Der gesamte Ableitungsstrom, der jetzt durch die 5 schraffierten kleinen Dreiecke dargestellt wird, beträgt nur noch $1/5$ des Ableitungsstroms im ersten Fall.

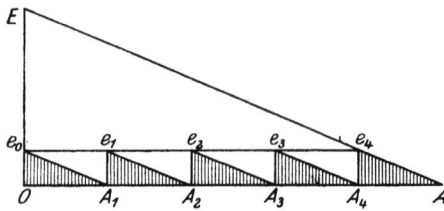

Abb. 29. Ruhestromleitung, verteilte Batterie.

Dies hat wohl auch den Erfolg einer Ersparnis an Batterie; doch ist diese Wirkung nur gering. Ein wesentlicher Vorteil ist die größere Beständigkeit des Stromes. Denn der gesamte, in der Leitung fließende Strom ist die Summe aus Leitungs- und Ableitungsstrom; dieser aber ist in hohem Maße vom Wetter und anderen äußeren Umständen abhängig. Je kleiner also der Ableitungsstrom, desto beständiger der Strom in der Leitung.

Der wichtigste Vorteil aber ergibt sich aus einer Betrachtung der Eigentümlichkeit des Ruhestrombetriebs. Infolge der Ableitung verschwindet nämlich der Strom niemals ganz aus der Leitung; denn stets bleibt die Batterie in der Leitung, und sie erzeugt, auch wenn die Leitung an einer Taste unterbrochen ist, über die Ableitung zur Erde immer noch einen Strom, den Reststrom. Es mögen die 3 Abstände der Ämter je 100 km betragen, die Leitung bestehe aus Eisendraht von 4 mm Stärke ($r = 10 \,\Omega$), und der Ableitungswiderstand betrage für 1 km $w = 0,5 \cdot 10^6$. Die Apparate haben 540 Ω für jedes Amt, der Strom im Endapparat soll mindestens 0,012 A betragen. Die ganze Batterie befinde sich zunächst auf Amt I. Führt man die Rechnung wie vorher, so ergibt sich Spannung und Strom beim Eintritt der Leitung in Amt III: 19,4 und 0,0146; II 45,1 und 0,0217; I 85,0 und 0,0360; Gesamtspannung 104,4 V. — Drückt man nun die Taste in Amt IV, so wird hier $I_e = 0$;

P_e ist unbekannt. Man kann aber unter Beibehaltung von P_e die Spannungen und Ströme längs der Leitung berechnen[1]) wie vorher und findet schließlich die Spannung in Amt I einschließlich des Apparates auf Amt I zu $2{,}972 \cdot P_e$, den Strom in Amt I zu $0{,}00090 \cdot P_e$; da nun $2{,}972 \cdot P_e = 104{,}4$ V ist, ergibt sich P_e zu 35,2 V, I_a zu 0,0317 A. Der Strom auf Amt II beträgt noch 0,0168, auf Amt III 0,0023 A. Weiter sinkt der Strom nicht, wenn man in Amt IV die Taste drückt.

Abb. 30. Ruhestromleitung, verteilte Batterie, geschlossen.

Dieser starke Ableitungsstrom rührt wesentlich von der geringen Isolation her; setzt man $w = 10^6$, so ergibt sich als Gesamtspannung der Batterie 64,7 V und Strom in Amt I 0,0249 A bei ruhender, 0,0092 A bei gedrückter Taste des Amtes IV.

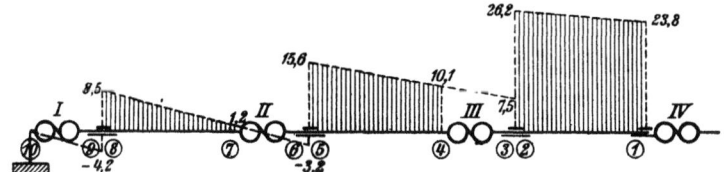

Abb. 31. Ruhestromleitung, verteilte Batterie, offen.

Im ersten Falle wird der Apparat auf Amt I nicht ansprechen, wenn man auf Amt IV die Taste drückt; denn der Strom wird nur um etwa den zehnten Teil schwächer (0,0317 statt 0,0360 A). Auch im zweiten Fall ist es zweifelhaft, ob der Apparat anspricht, weil der Reststrom noch zu erheblich ist; man müßte jedenfalls sehr genau einstellen, und würde doch, sobald die Isolation sich nur wenig verschlechtert, nicht mehr arbeiten können.

Verteilt man aber die Batterie auf die Ämter nach Maßgabe der Widerstände, so ergibt sich ein wesentlich anderes Bild.

Abb. 30 stellt die Leitung mit Apparaten und Batterien dar; die Widerstände werden durch wagerechte Längen aus-

---

[1]) Beispiel solcher Rechnung siehe S. 56, Fußnote.

gedrückt. Wir denken uns die Batterie so verteilt, daß jeweils in der Mitte zwischen zwei Ämtern die Spannung gegen Erde $= 0$ ist; dann ist hier der Strom am schwächsten, und er sei gleich 0,012 A gesetzt. Eine halbe Leitungsstrecke von 50 km Länge und den früher angegebenen Eigenschaften ($r = 10$, $w = 0{,}5 \cdot 10^6$) weist ein $m = 0{,}05$ auf; $P_e = 0$, $I_e = 0{,}012$. So ergibt sich für P_a 6,05 und für I_a 0,0123. Daraus findet man die in Abb. 30 angeschriebenen Spannungen an den Enden der Leitungsstrecken. Für jedes Amt ist $540 \cdot 0{,}0123 = 6{,}64$ V zu rechnen; hieraus ergeben sich die angeschriebenen Batteriespannungen. Die schraffierten Flächen stellen den Ableitungsstrom dar.

Wir unterbrechen nun in Amt IV durch Tastendruck. Die Batterie IV liegt zwar noch an der Leitung, aber sie trägt zum Stromverlauf nichts bei und kann unberücksichtigt bleiben. Wir rechnen[1]), wie vorher angegeben, indem wir die unbekannte

---

[1]) In Abb. 31 ist die Leitung wie in Abb. 30 dargestellt; die wichtigeren Punkte der Leitung sind mit Ziffern in Kreisen bezeichnet, auf die sich in der nachfolgenden Rechnung die kleinen Ziffern neben den P und I beziehen. Für eine Leitungsstrecke ist $m = 0{,}2$, bei $w = 0{,}5 \cdot 16^6$; es genügt, mit den einfachen Formeln (13) und (14) zu rechnen.

$P_1 = P_e$ . . . . . $I_1 = 0$	23,8 V
$P_2 = 1{,}10 \cdot P_e$ . . . $I_2 = P_e \cdot 2 \cdot 10^{-4} \cdot 1{,}033 = 0{,}000207\, P_e$ . .	26,2 V,
	4,9 mA
$P_3 = 1{,}10 \cdot P_e - 18{,}74$	7,5 V
$P_4 = 1{,}10 \cdot P_e - 18{,}74 + 540 \cdot 0{,}000207\, P_e = 1{,}21 \cdot P_e - 18{,}74$.	10,1 V
$P_5 = (1{,}21 \cdot P_e - 18{,}74)\, 1{,}10 + 0{,}000207 \cdot 1000 \cdot 1{,}033\, P_e$	
$\quad = 1{,}54 \cdot P_e - 20{,}61$	15,6 V
$I_5 = 0{,}000207 \cdot 1{,}10 \cdot P_e + (1{,}10 \cdot P_e - 18{,}74)\, 2 \cdot 10^{-4} \cdot 1{,}033$	
$\quad = 0{,}000455\, P_e - 0{,}00387$	6,9 mA
$P_6 = 1{,}54 \cdot P_e - 20{,}61 - 18{,}74 = 1{,}54 \cdot P_e - 39{,}35$	— 3,2 V
$P_7 = 1{,}54 \cdot P_e - 39{,}35 + 540 \cdot (0{,}000455\, P_e - 0{,}00387)$	
$\quad = 1{,}79 \cdot P_e - 41{,}44$	1,2 V
$P_8 = (1{,}79\, P_e - 41{,}44)\, 1{,}10 + (0{,}000455\, P_e - 0{,}00387) \cdot 1000 \cdot 1{,}033$	
$\quad = 2{,}44 \cdot P_e - 49{,}59$	8,5 V
$I_8 = (0{,}000455 \cdot P_e - 0{,}00387)\, 1{,}10 + (1{,}79 P_e - 41{,}44) \cdot 2 \cdot 10^{-4} \cdot 1{,}033$	
$\quad = 0{,}000870 \cdot P_e - 0{,}01283$	7,8 mA
$P_9 = 2{,}44 \cdot P_e - 49{,}59 - 12{,}69 = 2{,}44 \cdot P_e - 62{,}28$	— 4,2 V
$P_{10} = 2{,}44 \cdot P_e - 62{,}28 + 540 \cdot (0{,}000870 \cdot P_e - 0{,}01283)$	
$\quad = 2{,}91 \cdot P_e - 69{,}20 = 0$	

Da $P_{10} = 0$ ist, ergibt sich aus der letzten Gleichung $P_e = 23{,}8$ V; daraus können sämtliche P und I berechnet werden; die erhaltenen Werte stehen in der Spalte rechts.

Endspannung P_e an der Stelle, wo die Leitung in Amt I eintritt, als Unbekannte beibehalten. Die Ergebnisse der Rechnung zeigt Abb. 31.

Der Reststrom beträgt auf Amt I 7,8 mA, Amt II 6,9 und Amt III 4,9 mA, ist demnach wesentlich schwächer, als wenn die Batterie auf dem einen Endamt steht.

Nimmt man $w = 10^6$ an, so wird der Reststrom in I 5,9, II 5,4, III 3,5 mA.

Diese Restströme sind allerdings gegen den Ruhestrom von 12,3 mA erheblich. Man sieht daraus, daß der Betrieb langer Ruhestromleitungen gewisse Schwierigkeiten bietet, indem der Apparat bei dem Betriebsstrom von 12 bis 15 mA seinen Anker anziehen, und bei einem etwa halb so starken Strom loslassen soll.

Nicht nur die Länge der Leitungen ist von Einfluß, sondern auch die Zahl der Ämter; denn für jedes Amt ist ein Widerstand von etwa 540 Ω zu rechnen, was einer Erhöhung der Batteriespannung um etwa 6,5 V entspricht. Mit der Spannung wächst aber auch der Reststrom. Man schaltet daher in der Regel nicht mehr als 8 Ämter in eine Ruhestromleitung ein; nur in Ausnahmefällen steigt die Zahl der Ämter über diese Zahl bis auf 12.

Man könnte es für zweckmäßig halten, den Widerstand der Apparate dadurch zu vermindern, daß man die Magnetrollen parallel schaltet. Es ergibt sich aber aus dem folgenden, daß dieses Mittel nur bei geringem durchschnittlichen Abstand der Ämter vorteilhaft ist. Da in diesem Fall aber der Reststrom bei einigermaßen guter Isolation genügend gering ist, so werden nur bei einigen Leitungen in besonders feuchtem Klima (Meeresküste) Apparate mit parallel geschalteten Rollen verwendet.

Reihen- oder Zweigschaltung der Magnetrollen. Viele Apparate haben Elektromagnete mit 2 Drahtspulen, z. B. der Morseapparat. Die Frage, ob die Rollen hinter- oder nebeneinander zu schalten seien, läßt sich nicht für alle Fälle in derselben Weise beantworten; indes kann folgendes allgemein gesagt werden: Die Widerstände (R) der beiden Rollen sind in der Regel untereinander gleich; dann ist der Widerstand der Rollen hintereinander 2 R, nebeneinander $^1/_2$ R, demnach dieser nur ein Viertel von jenem. Auf jede Spule kommt nur die Hälfte des Leitungsstromes; wird durch die Verminderung des Widerstandes die Stromstärke auf das Doppelte und mehr gesteigert, so kann die Parallelschaltung vorteilhaft sein. Es sei E die EMK der Linienbatterie, R_i deren innerer Widerstand, R_e der Widerstand der Leitung, Erdleitung, Nebenapparate wie Galvanoskope, und es mögen n Ämter in der Leitung liegen, dann ist der Strom bei Reihenschaltung der Rollen

$$I_1 = \frac{E}{R_i + R_e + nR \cdot 2},$$

bei Zweigschaltung $I_2 = \dfrac{E}{R_i + R_e + nR \cdot 1/2}.$

Soll $I_1 = 1/2 \, I_2$ sein, so muß

$$2(R_i + R_e + \frac{n}{2}R) = R_i + R_e + 2nR \text{ sein,}$$

oder
$$R_i + R_e = \frac{3n}{2}R.$$

Wenn R_i vernachlässigt wird, $R_e = l \cdot r$ und $r = 10 \, \Omega$, $R = 300 \, \Omega$ ist, so ergibt sich

$$\frac{l}{n} = 45 \text{ km},$$

d. h. bei einer durchschnittlichen Entfernung der Ämter von 45 km (Eisendraht von 4 mm) erhält man bei gleichbleibender Batterie in jeder der beiden Schaltungen denselben Strom; bei kleinerer Entfernung gibt die Zweigschaltung stärkeren, bei größerer schwächeren Strom.

Im Kabelbetrieb wünscht man oft, um die Entladung des Kabels zu fördern, den Widerstand des Endapparates zu verkleinern; wenn die Empfindlichkeit des Apparates ausreicht, ist dann die Parallelschaltung der Rollen das geeignete Mittel.

Rechnung mit dem Leitwert. Man hat in den letzten Jahren begonnen, neben dem Leitwiderstand den Leitwert zu benutzen (S. 34); dies hat für die Anschauung und für die Rechnung gewisse Vorteile und soll daher an einem Beispiel hier vorgeführt werden.

Die Vorteile kommen hauptsächlich bei der Nebeneinanderschaltung von Stromwegen zutage, weil der gemeinsame Leitwert mehrerer nebeneinander geschalteter Leiter gleich der Summe der Leitwerte dieser Leiter ist. Wir wollen daher bei einer Aufgabe von der Art der im vorigen behandelten die Ableitung nicht mehr als Widerstand, sondern als Leitwert auffassen. Bezeichnet man mit G den Gesamtleitwert der Ableitung längs der ganzen Leitung und mit g den Leitwert für 1 km, so ist

$$W = 1/G \quad \text{und} \quad w = 1/g.$$

Danach ändern sich alle Formeln, welche W und w enthalten. Dagegen bleiben $m = l^2 rg$ und $q = RG$, die ihre Zahlenwerte nicht ändern, in den Formeln unverändert stehen.

Während also die Formeln (1), (2), (7), (9) bis (13) und (15) von der Änderung gar nicht berührt werden, ist in den Formeln (14) und (16) im zweiten Glied der rechten Seite der Bruch l/w durch das Produkt $l \cdot g$ zu ersetzen. Nur folgende Formeln ändern ihr Aussehen wesentlich:

$$G = l \cdot g \cdot \left(1 - \frac{m}{3}\right) \quad \ldots \quad (3\,\text{a}) \qquad \frac{R}{G} = \frac{r}{g} \quad \ldots \ldots \quad (5\,\text{a})$$

$$G = l \cdot g \cdot \left(1 - \frac{1}{3} \cdot \frac{m}{1 + 0{,}4\,m}\right) \quad (4\,\text{a}) \qquad R = \frac{1}{G} = \sqrt{\frac{r}{g}} \quad \ldots \quad (6\,\text{a})$$

$$g = \frac{G}{l}\left(1 + \frac{1}{3} \cdot \frac{q}{1 - 0{,}6\,q - 0{,}14\,q^2}\right) \quad \ldots \quad (8\,\text{a}).$$

Durch Vergleich von (3a) mit (1), (4a) mit (2) und (8a) mit (7) findet man, daß die Klammerfaktoren der rechten Seiten dieser Gleichungen paarweise gleich geworden sind; dies ist eine beträchtliche Erleichterung für die Rechnung.

Während bisher die Ableitung in Megohm, $M\Omega$ oder $10^6\,\Omega$, ausgedrückt wurde, bemessen wir sie nun in Mikrosiemens, μS oder $10^{-6}\,S$. Eine und dieselbe Ableitung wird dargestellt durch 1 Megohm und 1 Mikrosiemens, ebenso eine andere durch 0,5 $M\Omega$ und 2 μS usf. Der Vorteil für die Anschauung ist, daß über eine Ableitung von 5 μS bei gleicher Spannung fünfmal soviel zur Erde abfließt, als über eine Ableitung von 1 μS.

Von einer Leitung, deren Länge = 542 km bekannt ist, liegen Messungen bei verschiedenem Isolationszustand vor. Es soll der Drahtwiderstand, die Ableitung (4a), (8a), der abgehende

Strom I_a (16) und die Betriebsspannung P_a (15) bestimmt werden, wenn $I_e = 0{,}012$, $R_e = 150\ \Omega$ betragen.

gemessen		berechnet					
R Ω	W Ω	G μS	g μS/km	w $M\Omega \cdot$ km	r Ω/km	I_a A	P_a V
2120	15400	65	0,126	7,94	4,11	0,0129	29,2
2040	8600	116	0,235	4,25	4,11	0,0139	30,1
1830	7900	253	0,570	1,78	4,11	0,0170	34,2
1765	1920	523	1,22	0,83	4,11	0,0235	37,2
1290	1500	670	2,13	0,47	4,11	0,0339	44,9

Doppelleitungen. Die hier entwickelten Rechnungen und Formeln gelten auch für Doppelleitungen, das sind Leitungen aus zwei gleichen, parallel geführten und von der Erde isolierten Drähten, die zu einem Stromkreis verbunden werden unter Einschaltung von Stromquelle und Apparat. Man kann eine solche Leitung (Abb. 32), deren beide Zweige durch die Ableitungen verbunden sind, der Länge nach halbieren und sämtliche Halbierungspunkte an Erde legen. Wenn die Batterieteile, Leitungen, Ableitungen und Apparatteile beiderseits gleich sind, haben alle Punkte der Halbierungslinie die gleiche Spannung gegen Erde, die man durch Ausführung der Erdung zu Null macht; am Stromverlauf ändert dies nichts. Nun ist r der früheren Formeln der Widerstand von 1 km Hin- und

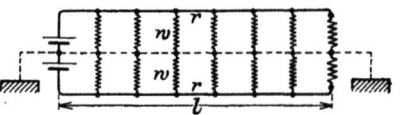

Abb. 32. Doppelleitung.

Rückleitung, demnach doppelt so groß wie früher; ebenso ist w doppelt so groß, weil es der Isolationswiderstand von einem Leitungszweig zum anderen über 2 Isolatoren ist[1]); entsprechend g halb so groß. Das gleiche gilt von R, W und G. Dagegen bleiben m und q ungeändert. Auch P_a und I_a behalten ihre frühere Bedeutung; insbesondere ist P_a auch hier die ganze Batteriespannung, da in Formel (11), (12), (13) und (15) r für

---

[1]) Nicht streng richtig, weil bei Einzelleitung die Stange bis zur Erde, bei Doppelleitung nur ein Stück der Stange im Wege der Ableitung liegt.

Doppelleitungen. Leitungsfehler.

Hin- und Rückleitung gilt. l dagegen ist die Länge der Linie, nicht des Leitungsdrahtes.

Leitungsfehler. Wird die Leitung unterbrochen, so verschwindet der Strom. Die Unterbrechung kann unvollständig sein, z. B. in einer locker gewordenen und verrosteten oder verschmutzten Verbindungsstelle bestehen; dann bleibt ein schwacher, oft wechselnder Strom in der Leitung. Auch bleibt über die Ableitungen bis zur Bruchstelle ein gewisser Strom bestehen. Aber diese Restströme betragen nur einen geringfügigen Bruchteil des Betriebsstromes; der Betrieb hört in jedem Fall auf.

Hat die Leitung einen Isolationsfehler, Neben- oder Erdschluß, so vermindert sich ihr Gesamtwiderstand. Von A (Abb. 33) aus beträgt er $r_1 + \dfrac{r_2 w}{r_2 + w}$, von B aus $r_2 + \dfrac{r_1 w}{r_1 + w}$; z. B. für $r_1 = 2000$, $r_2 = 1000$, $w = 5000$, von A aus 2833, von B aus 2428. Bei reiner Leitung würde der Betriebsstrom von beiden Ämtern aus (Batterien $= 50$ V, Apparatwiderstand $a = 500 \, \Omega$) 14,3 mA betragen; nach Eintritt des Fehlers ist der abgehende Strom von A aus 15,8 mA, von B aus 18,7 mA (man hat jeweils zu einem Leitungsabschnitt den Apparatwiderstand hinzuzurechnen).

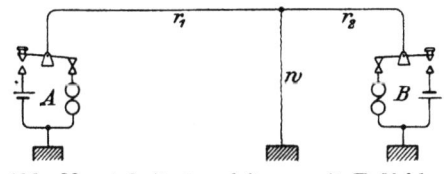

Abb. 33. Arbeitsstromleitung mit Erdfehler.

Diese Ströme kommen also nicht ungeteilt an, vielmehr verzweigen sie sich an der Fehlerstelle, und es gelangt von A nach B nur 12,2, von B nach A nur 12,5 mA; zur Erde fließen in jenem Fall 3,6, in diesem 6,2 mA. Der Strom vor der Fehlerstelle verhält sich zu dem Strom dahinter wie $\left(1 + \dfrac{a + r_2}{w}\right) : 1$; ist der Fehler stark, d. h. w klein, so geht nur wenig Strom weiter; ist $w = 0$, so gelangt kein Strom ans zweite Amt. — Wenn mehrere Fehler in derselben Leitung auftreten, so wird die Rechnung verwickelter; die Erscheinungen sind aber im wesentlichen dieselben.

Treten in benachbarten Telegraphenleitungen Erdfehler auf, so werden die Leitungen zu einem einzigen Stromkreis und ihre Ströme vermischen sich. Ein Beispiel wird in Abb. 34 dargestellt; die gestrichelten Linien bedeuten Stromwege in der Erde, die in Wirklichkeit nicht einfache Linien, sondern breite Bahnen sind, die sich auch nach der Tiefe erstrecken. Die Erdleitungen sollten zwar der Annahme nach auf dem Erdpotential sein, das für alle gleich Null wäre. Aber diese Annahme ist niemals erfüllt, vielmehr herrscht zwischen der Erdplatte und dem in der Tiefe des Erdreiches bestehenden Nullpotential eine merkliche und für verschiedene Erdleitungen je nach Stromstärke und Widerstand verschiedene Spannung. Bei der gewählten Schaltung fließt z. B. ein Stromanteil aus jeder Batterie über die beiden Fehlerstellen und gelangt auch in den Apparat der anderen Leitung. Bei Telegraphenleitungen wird man indes selten Störungen aus diesem Grunde beobachten, weil die übertretenden Stromanteile gering und die Apparate nicht so sehr empfindlich sind. Wohl aber kommt es bei Fernsprech-Einzelleitungen vor, daß aus diesem Grunde Gespräche der einen Leitung in der Nachbarleitung mitgehört werden. — Handelt es sich um Erdfehler in mehr als zwei Leitungen, so werden auch hier die Verhältnisse verwickelter, die Erscheinungen bleiben aber im wesentlichen gleich. — Stärker als gleichzeitige Erdfehler pflegen Berührungen der Leitungen untereinander zu wirken; hierbei treten oft Störungen des Telegraphenbetriebes auf.

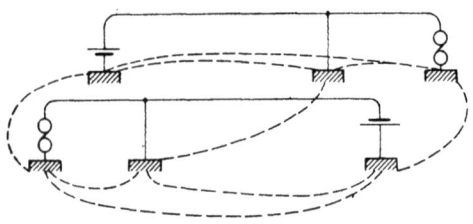

Abb. 34. Gegenseitige Störung zweier Leitungen.

Bei Doppelleitungen (Fernsprechleitungen) sind die Wirkungen von Erd- und Berührungsfehlern zwar im wesentlichen dieselben, die Vorbedingungen sind aber in einem Punkte andere, da die Leitungen im reinen Zustande von der Erde völlig getrennt sind. Ein einziger Fehler hat noch keine Wirkung; erst der zweite, hinzukommende Fehler kann Störungen veranlassen. Wenn in der Doppelleitung der Abb. 35 in jedem Zweig ein Erdfehler besteht, so fließt ein Teil der Sprechströme über diese Verbindung ($E_1 E_2$) und nicht nach dem fernen Amt. Kommt eine zweite Leitung mit Fehlern hinzu, so können Stromteile aus der einen Leitung über die Apparate der anderen gelangen, z. B. in Abb. 35 aus F_1 über E_1 und E_3 nach F_3 und F_4 und über $E_4 E_2$ nach F_1 zurück; die Folge davon kann sein, daß die Gespräche der einen Leitung auch in der anderen gehört werden.

Auch aus Starkstromleitungen können Ströme über Erdfehler in die Telegraphen- und Fernsprechleitungen gelangen. In Abb. 35 stellt die dritte Leitung die Fahrleitung einer elektrischen Bahn dar; zwischen der Erde in der Maschinenanlage und dem fahrenden Wagen hat man oft erhebliche Spannungen, so daß durch die Nebenwege von E_m über E_3, $F_3//F_4$, E_4, E_w und von E_m über E_1, $F_1//F_2$, E_2, E_4, E_w der Starkstrom in die Fernsprech-Doppelleitungen gelangt. Der Maschinenstrom ist nicht von vollkommen gleichbleibender Stärke (vgl. Seite 108), er macht sich im Fernhörer bemerkbar mit einem hohen Ton, der hauptsächlich vom Motor des Wagens herrührt und beim Anhalten und Anfahren in seiner Höhe stark wechselt. — Auch die Stromstöße in den Telegraphenleitungen können auf diese Weise in die Fernsprechleitungen eindringen und gehört werden.

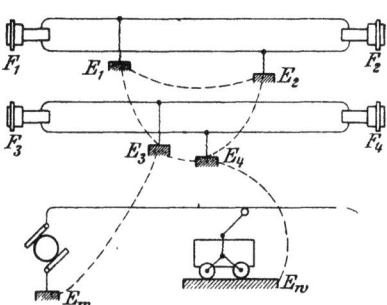

Abb. 35. Fernsprechleitungen und elektrische Bahn.

Diese Erscheinungen des Stromübergangs sind schwer von denen der Induktion (Seite 119) zu unterscheiden; es bedarf stets einer genauen Untersuchung, wenn man feststellen will, auf welchem Wege die störenden Ströme in die Leitung gelangen.

II. Die Wärmewirkung des elektrischen Stromes.

Erwärmung des Leiters. Jeder Strom erzeugt in seinem Leitungsweg Wärme. Ist der Widerstand des Leiters = R, der Strom = I, so ist die Spannung an seinen Enden $E = IR$. Die ganze Leistung des Stromes ist (nach S. 24) $= EI$, also $= I^2 R$. Die erzeugte Wärmemenge steht demnach im geraden Verhältnis zum Widerstand und zum Quadrat der Stromstärke (Joulesches Gesetz).

Diese Wärmemenge wird in dem Leiter erzeugt; sie bleibt aber nicht darin, sondern es wird stets ein Teil davon — und um so mehr, je wärmer der Leiter gegenüber seiner Umgebung geworden ist — an die Umgebung abgeführt. Dieser nach außen abgegebene Teil ist nun von der Oberfläche des Leiters abhängig. Spannen wir einen Draht gerade in der Luft aus, so hat er eine große Oberfläche, wickeln wir ihn zu einer Spule, so deckt die äußere Windungslage alle anderen zu und die ausstrahlende Oberfläche ist gering. Der aufgespulte Draht kann von einem Strom stark erwärmt werden, den er frei gespannt ohne Erhitzung erträgt. Auch die Umgebung des Leiters ist von Einfluß. Liegt er auf anderen festen Körpern auf, oder wird er von letzteren bedeckt, so nehmen diese an der Wärmeabgabe teil; die Erwärmung kann geringer sein, als wenn der Leiter frei in der Luft ausgespannt ist. Ein Leiter und die mit ihm verbundenen Körper erhöhen infolge des Stromdurchgangs ihre Temperatur so lange, bis die von ihnen ausgestrahlte Wärmemenge gleich ist der in derselben Zeit vom Strom erzeugten Wärmemenge.

Die Telegraphenleitungen werden von den Telegraphierströmen nicht merklich erwärmt; dazu sind die Ströme zu schwach und ist die Oberfläche der Telegraphenleitung zu groß. Selbst starke Ströme von 20 bis 50 Ampere werden von den Telegraphenleitungen ohne schädliche Erwärmung vertragen. Die Bewickelungen der Apparate werden gleichfalls von den Betriebsströmen nicht merklich erwärmt; wohl aber können von außen eindringende Ströme die Bewickelungsdrähte stark erwärmen. Die Rolle eines Morseapparates erträgt dauernd etwa 0,25 Ampere, die Spule eines Telephons etwa 0,12 Ampere.

Erwärmung als Zweck. Die Erwärmung eines Leiters wird in manchen Fällen beabsichtigt. Die Glühlampen sollen so hoch erhitzt werden, daß sie in heller Glut strahlen. Bei einem Verfahren der elektrischen Zündung gebraucht man als Zünder dünne Platindrähte, die vom Strom erhitzt werden. Die Schmelzsicherungen, die man zum Schutze der Leitungen einschaltet, bestehen aus Leitern, die vom Strom geschmolzen werden und beim Zerfließen den Stromkreis unterbrechen. In einigen Meßinstrumenten (Hitzdrahtinstrumenten) wird die Erwärmung eines ausgespannten Drahtes zur Messung des Stromes benutzt. Auch zu Heizungszwecken wird der elektrische Strom verwendet.

Erwärmung als Verlust. In den meisten Fällen ist aber die Wärmeerzeugung des Stromes nur eine lästige und verlustbringende Beigabe, besonders bei Starkstromanlagen und -apparaten. Die erzeugte Wärme muß abgeführt werden, damit sich die Apparate nicht zu stark erwärmen, und sie kostet Geld, weil sie ja vom elektrischen Strom erzeugt wird.

III. Elektrochemie.

Leiter erster und zweiter Klasse. Die Metalle, ihre Legierungen, die Kohle leiten, ohne eine stoffliche Änderung zu erfahren; ebenso verhalten sich noch einige andere Körper, wie Braunstein, Bleisuperoxyd. Im Gegensatz dazu findet man, daß viele chemisch zusammengesetzte Körper, wenn sie überhaupt den Strom leiten, dies nur unter chemischer Veränderung tun. Taucht man z. B. zwei Platinbleche in verdünnte Schwefelsäure und schickt einen Strom hindurch, so sieht man an dem Platin beiderseits Gasblasen aufsteigen, die dem flüssigen Leiter entstammen. Diese Art der Leitung ist also im Wesen von jener verschieden; man nennt Leiter von der Art der Metalle Leiter erster Klasse, solche von der Art der verdünnten Schwefelsäure Leiter zweiter Klasse.

Benennungen. Die Stromzuführungen, die den Leiter zweiter Klasse mit dem im übrigen metallischen Stromkreis verbinden, werden Elektroden genannt; die, durch welche der Strom eintritt, Anode, die andere, durch die der Strom austritt, Kathode. Der Vorgang der chemischen Zerlegung durch den Strom heißt Elektrolyse, der der Elektrolyse unterworfene Leiter das Elektrolyt, seine Bestandteile Ionen, und zwar das zur Anode gehende Anion, das zur Kathode gehende Kation[1]).

Dissoziation. Um die elektrolytische Leitung zu erklären, macht man eine eigentümliche Annahme über die Beschaffenheit der elektrolytisch leitenden Flüssigkeiten.

In Abb. 36 werde der vorher besprochene Vorgang dargestellt, daß in verdünnte Schwefelsäure, H_2SO_4, zwei Platinelektroden eintauchen, welche dem Elektrolyt den Strom einer Batterie

---

[1]) Die Worte sind aus dem Griechischen abgeleitet. Hodos heißt Weg, Elektrode demnach: Weg für die Elektrizität; ana heißt hinauf, kata hinab, demnach Anode Aufweg, Kathode Abweg. Elektrolyt wird gebildet von lyein, lösen; Ion = wandernd.

zuführen. Bei der Lösung der H_2SO_4 in Wasser (Verdünnung) zerfällt ein großer Teil der Moleküln in H, H, SO_4, die Ionen; dieser Zerfall heißt Dissoziation. Die Ionen sind keine Moleküln oder Atome; denn der Wasserstoff müßte als Gas entweichen, und die Gruppe SO_4 müßte sich mit dem Lösungswasser verbinden und aus letzterem Sauerstoff frei machen. Die Ionen unterscheiden sich von den Moleküln und Atomen dadurch, daß sie eine elektrische Ladung haben, und zwar ist der Wasserstoff positiv, das SO_4 negativ geladen, und SO_4 so stark, wie die beiden H zusammen, so daß ihre Verbindung zu H_2SO_4 unelektrisch war. Die Ionen (doppelt so viel H als SO_4) sind in regelmäßiger Verteilung ins Lösungswasser eingestreut, ihre Ladungen werden durch

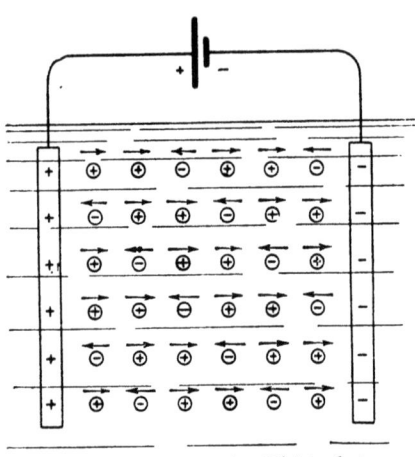

Abb. 36. Ionen im Elektrolyt.

+ und — angegeben. Nicht alle Moleküln müssen dissoziiert sein; das Verhältnis der Zahl der dissoziierten zur Gesamtzahl der Moleküln heißt Dissoziationsgrad.

Elektrolyse. Die positiv geladene Anode zieht nun in ihrer Nachbarschaft die negativ geladenen Anionen an, stößt die positiv geladenen Kationen ab, während an der Kathode der entgegengesetzte Vorgang sich abspielt. Die Bewegung der Ionen pflanzt sich durch die ganze Flüssigkeit fort. Es treten daher an die Anode die von ihr angezogenen Anionen aus der Nachbarschaft und dazu noch so viel Anionen, als von der Kathode abgestoßen werden; sinngemäß an der Kathode die Kationen. Diese Ionen geben an die Elektroden ihre Ladungen ab, neutralisieren demnach eine gleichgroße ungleichnamige Elektrizitätsmenge, welche nun aus der Stromquelle ersetzt werden muß. Dieser Ersatz, der fortwährend nötig ist, bildet den elektrischen Strom. Die entladenen Ionen sind aber keine Ionen mehr; sie sind gewöhnliche Atome und verbinden sich entweder untereinander, z. B. zwei Wasser-

Elektrolyse. Faradaysches Gesetz. Elektrolytisches Leitvermögen.

stoffionen H zu einer Molekel Wasserstoffgas H_2, welches entweicht; oder sie verbinden sich mit dem Lösungswasser, z. B. zwei entladene Anionen SO_4 mit zwei Wassermolekeln H_2O:

$$2 SO_4 + 2 H_2O = 2 H_2SO_4 + O_2,$$

wobei Sauerstoff in Gasform frei wird; oder mit der Elektrode, wenn man z. B. eine Anode aus Zink verwendet hätte:

$$SO_4 + Zn = ZnSO_4.$$

Kationen sind Wasserstoff, Ammonium NH_4 und die Metalle, Anionen Sauerstoff, Chlor und seine Verwandten und die Säureradikale wie SO_4, NO_3 usf.

Faradaysches Gesetz. Die an den Elektroden ausgeschiedenen Mengen sind der durchgeflossenen Elektrizitätsmenge (Strom mal Zeit) und ihrem chemischen Äquivalentgewicht proportional. Durch genaue Messungen ist ermittelt worden, daß 1 Ampere in 1 Sekunde 0,001 118 g Silber ausscheidet. Daraus ergeben sich für einige andere Körper folgende Werte:

	chem. Formel	Äquivalentgewicht	1 A scheidet in 1 s aus in mg
Silber	Ag	107,66	1,118
Chlor	Cl	35,36	0,367
Kupfer	Cu	31,6	0,328
Sauerstoff	O	7,98	0,083
Wasserstoff	H	1	0,0104
Zink	Zn	32,55	0,338
Schwefelsäure-Anion	SO_4	47,91	0,498

Das elektrolytische Leitvermögen. Da die elektrolytische Leitung auf der Bewegung von Massenteilchen, Ionen, beruht, so ist also ihre erste Vorbedingung das Vorhandensein der Ionen. Solche Körper, die keine Ionen bilden, leiten nicht elektrolytisch; z. B. Benzol, Petroleum u. a. leiten nicht. Körper, die nur sehr wenig Ionen bilden, leiten sehr schlecht; dies ist der Fall bei reinem Wasser[1]), welches in äußerst geringer Menge die Ionen H und OH bildet und etwa so schlecht leitet wie die auf S. 10 als Halbleiter angeführten Stoffe. Löst man in solchem Wasser eine Säure oder eine Base, so bilden diese dagegen reichlich Ionen,

---

[1]) Gewonnen durch Destillation im Vakuum bei niedriger Temperatur; der spez. Widerstand (vgl. S. 9 u. 26) betrug 25 Millionen; das gewöhnliche reine Wasser enthält noch Verunreinigungen.

z. B. die Salzsäure HCl die Ionen H und Cl, das Ätznatron NaOH die Ionen Na und OH; auch bei Lösung von Salzen entstehen Ionen, z. B. aus Kochsalz NaCl die Ionen Na und Cl. Je reichlicher die Ionenbildung, desto größer das Leitvermögen.

Diffusion. Ein Gefäß (Abb. 37) möge im unteren Teil eine Lösung von Kochsalz (NaCl) und darüber reines Wasser enthalten. Das Kochsalz ist weitgehend dissoziiert; es mögen aber auch unzerlegte Molekeln vorhanden sein. Die Na-Ionen seien durch die vollen, die Cl-Ionen durch die leeren Kreise dargestellt; die Kreise mit einem Punkt bedeuten Wasser-, die mit einem Kreuz NaCl-Molekeln.

Die kleinsten Teilchen der Körper sind in fortwährender Bewegung; diese Bewegung nennen wir Wärme. Sie legen, ohne eine Richtung zu bevorzugen, stets kleine Wege zurück, bis sie mit einem anderen kleinsten Teilchen zusammenstoßen; dann ändern sie ihre Richtung und bewegen sich weiter.

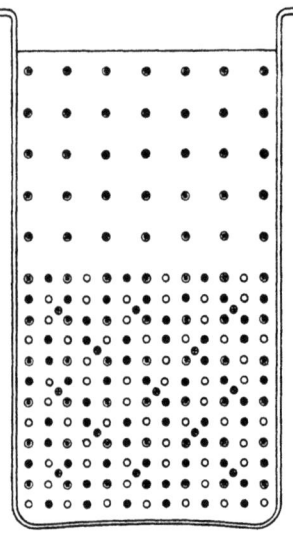

Abb. 37. Diffusion.

Diese Bewegung ändert den Zustand im Innern einer gleichmäßigen Flüssigkeit nicht; z. B. nicht im oberen Teil des Glases, wo nur Wasser ist, und ebensowenig im unteren Teil, wo sich die gleichmäßige Kochsalzlösung befindet. Aber an der Grenzfläche findet ein Austausch verschiedenartiger kleinster Teilchen statt; für diejenigen Na-Ionen, Cl-Ionen, NaCl-Molekeln, welche durch die Grenzfläche nach oben treten, dringen Wassermolekeln nach unten. Zwar kehren von den übertretenden Teilchen auch einige zurück; aber die Mehrzahl bleibt in dem Raum, in den sie eingetreten ist, und bewegt sich darin weiter. Man sieht, daß auf diese Weise die Flüssigkeiten sich mischen. Der Vorgang dauert so lange, bis alles gleichmäßig gemischt ist; alsdann kann die Bewegung der kleinsten Teilchen keine Änderung mehr hervorbringen.

Dieser Vorgang spielt auch im Kupferelement eine wichtige

Rolle; die übereinandergeschichteten Lösungen, oben Zinksulfatlösung, unten eine Mischung von Zink- und Kupfersulfatlösung, tauschen durch Diffusion ihre Teilchen aus; läßt man das Element offen, d. h. ohne Stromschluß, stehen, so dringt die Kupferlösung bis zum Zinkring.

Wandernde Ionen. Die von der Wärmebewegung getriebenen Ionen finden in der Flüssigkeit einen Reibungswiderstand, der für verschiedenartige Ionen verschieden groß ist. Daraus folgt, daß sie sich verschieden schnell bewegen.

Wenn z. B. das Chlorion sich rascher bewegt als das Natriumion, so müßte das Chlorion vorangehen und im oberen Teil des Gefäßes vorwiegen. Allein mit den Ionen wandern auch ihre elektrischen Ladungen; die voraneilenden Chlorionen werden von den zurückbleibenden Natriumionen mit so großer Kraft angezogen, daß sie sich nicht weit von ihnen entfernen können; die Ionen trennen sich also bei der Diffusion nicht vollständig, sondern wandern mit gemeinsamer Geschwindigkeit.

Anders ist es, wenn eine äußere Spannung an die Flüssigkeit gelegt wird. Nun werden die Chlorionen gegen die Anode, die Natriumionen gegen die Kathode gezogen. Der Vorgang läßt sich mit dem vergleichen, den wir bei der Betrachtung der Magnete angestellt haben (vgl. Abb. 1 und 2). Im Elektrolyt liegen die Ionenpaare zunächst ohne Bevorzugung einer Richtung durcheinander. Legt man Spannung an, so werden die Paare gerichtet, alle Anionen auf die Anode zu, alle Kationen nach der Kathode hin.

Flüssigkeitsketten. Schichtet man zwei verschiedenartige Lösungen oder gleichartige von verschiedener Konzentration übereinander, so bringt der Vorgang der Diffusion eine Wanderung der Ionen und damit eine Elektrizitätsbewegung hervor. Senkt man in jede der beiden Flüssigkeiten eine unangreifbare Elektrode, so kann man diese Elektrizitäten ableiten und in einem die Elektroden verbindenden Leiter einen Strom erhalten. Er ist aber nur sehr schwach und spielt praktisch keine Rolle[1]).

Osmose. In dem Gefäß der Abb. 38 möge der untere Teil mit einer Kupfersulfatlösung gefüllt sein. Diese Lösung werde

---

[1]) Zwei verschieden starke Silbernitratlösungen mit Silberelektroden z. B. liefern eine EMK von etwa 0,06 V.

von dem Wasser im oberen Teil getrennt durch eine Haut, welche nur das Wasser hindurchläßt; eine solche Haut erhält man z. B. im Innern einer porösen Tonplatte, die auf der einen Seite von einer Lösung gelben Blutlaugensalzes, auf der anderen von einer Kupfersulfatlösung bespült wird; an der Berührungsstelle der beiden Flüssigkeiten bildet sich eine Haut aus Ferrozyankupfer. Diese Haut verhindert den Durchgang der Cu- und der SO_4-Ionen. Aber es dringt jetzt Wasser aus dem oberen Teil durch die Haut zur Kupfersulfatlösung, so daß in einer Glasröhre, die durch die poröse Tonplatte gesteckt ist, die Lösung in die Höhe steigt. Nach einer gewissen Zeit stellt sich Gleichgewicht her, und das Wasser in der Röhre behält seinen Stand bei.

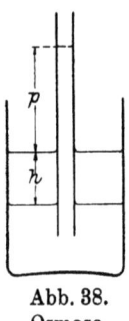

Abb. 38.
Osmose.

Auf das Wasser an der trennenden Haut wirken von außen der Druck der Wassersäule von der Höhe h und eine **osmotischer Druck** genannte Kraft, welche auf der Verschiedenheit der beiden aneinander grenzenden Flüssigkeiten beruht; von innen der Druck der Flüssigkeitssäule im Rohr oberhalb der Tonplatte, von der Höhe p + h. Sieht man der Einfachheit wegen von der Verschiedenheit der spezifischen Gewichte ab (man denkt sich die Lösung aus der Röhre oberhalb der Tonplatte entfernt und durch reines Wasser ersetzt), so bleibt als Maß des osmotischen Druckes die Länge der Säule p übrig, durch die das Gleichgewicht hergestellt wird.

In diesem osmotischen Druck können wir eine Kraft sehen, die von den Ionen ausgeht und auf Verdünnung der Lösung gerichtet ist. Da die Lösung auch verdünnt wird, wenn sich Ionen daraus entfernen, so kann man den osmotischen Druck auch gleich der Kraft setzen, mit der die Lösung Ionen ausstoßen würde.

Der osmotische Druck einer Lösung ist von der Natur des gelösten Stoffes abhängig und dessen Menge in der Raumeinheit der Lösung proportional.

Lösungsdruck. Jeder Körper, den man in ein Lösungsmittel bringt, sucht sich aufzulösen; er stößt seine kleinsten Teilchen ab mit einer Kraft, die man Lösungsdruck nennt. Die Auflösung findet so lange statt, bis der osmotische Druck der entstandenen Lösung gleich dem Lösungsdruck des festen Stoffes geworden ist.

Auch wenn man ein Metall in Wasser oder eine wäßrige Lösung bringt, beobachtet man einen Lösungsdruck. Das Eigentümliche ist aber, daß die Metalle sich nur in Ionenform auflösen, daß sie also nur positiv geladene kleinste Teilchen in die Lösung aussenden.

Wenn die Lösung, in die das Metall getaucht wird, schon Ionen derselben Art enthält, so wirken wieder Lösungsdruck und osmotischer Druck einander entgegen, und man kann zwei verschiedene Fälle unterscheiden.

Taucht Zink in eine Zinkvitriollösung, so ist der Lösungsdruck, der die Zn-Ionen aus dem Zink austreibt, größer als der osmotische Druck der Zinklösung; es werden also Ionen aus dem Zink austreten. Diese Vermehrung der Ionen in der Lösung erhöht deren osmotischen Druck; der Austritt von Zn-Ionen aus dem Zink dauert demnach so lange, bis der osmotische Druck der Lösung dem Lösungsdruck des Metalles gleich geworden ist. Es ist daher zu beachten, daß die Zinkelektrode beliebig viele Ionen würde ausstoßen können, da sie sich aus dem großen Metallvorrat stets von neuem bilden; aber schon eine verhältnismäßig kleine Menge, die man mit der Wage noch gar nicht feststellen kann, reicht aus, den osmotischen Druck in der Lösung sehr beträchtlich zu verstärken.

Das Umgekehrte spielt sich an einem Kupferblech ab, das in eine Kupfervitriollösung taucht. Der osmotische Druck der Kupferlösung ist größer als der Lösungsdruck des Kupfers; es werden demnach Ionen aus der Lösung an die Kupferplatte übertreten, bis auch hier die beiden entgegengesetzten Druckkräfte gleich geworden sind.

Elektromotorische Kraft. Stellen wir nun zwei solcher Elektroden mit ihren Flüssigkeiten zusammen, so erhalten wir ein galvanisches Element, im vorliegenden Falle das Kupfer-Zink-Element. Das Zink stößt Zn-Ionen mit positiver Ladung in die Zinklösung; diese wird positiv elektrisch, der Zinkring selbst negativ. Umgekehrt laden die aus der Kupferlösung an die Kupferplatte übergehenden Cu-Ionen die Kupferplatte positiv, während die Kupferlösung ihr gegenüber negativ erscheint. Die am Kupfer austretenden Cu-Ionen verwandeln sich dadurch, daß sie ihre Ladung abgeben, in unelektrische Atome.

Bleibt das Element ungeschlossen stehen, so kommt der

Vorgang sehr rasch zum Stillstand, weil in kürzester Zeit an beiden Metallstücken elektrisches Gleichgewicht eintritt.

Verbindet man aber die beiden Pole des Elementes durch einen leitenden Körper, so gleichen sich die entgegengesetzten Ladungen aus. Nunmehr ist das Gleichgewicht gestört, und es treten am Zink abermals Ionen in die Flüssigkeit ein, beim Kupfer aus, wobei wieder das Zink negativ, das Kupfer positiv elektrisch wird. Dies setzt sich fort, solange die leitende Verbindung der Pole währt, d. h. es fließt nun durch diese Verbindung ein elektrischer Strom.

Hierbei müssen also am Zink fortwährend Zn-Ionen in die Flüssigkeit eintreten (das Zink löst sich auf), beim Kupfer scheiden sich Cu-Ionen aus. Man kann sich leicht klar machen, daß dies nicht geschehen kann, ohne daß sich dabei die Metallionen durch die ganze Flüssigkeit hindurch verschieben; denn wenn ein positiv elektrisches Cu-Ion sich ausscheidet und seine Ladung abgibt, so bleibt das zugehörige SO_4-Ion mit negativer Ladung zurück. Dieses zieht nun eins der nahegelegenen Cu-Ionen noch näher an sich heran. Die gleiche Erscheinung wirkt im gleichen Sinne weiter bis zum Zinkring. Es wandert also gewissermaßen die positive Ladung, mit der ein Zinkion den Zinkring verläßt, durch die Flüssigkeit hindurch zum Kupfer.

Die Kraft eines galvanischen Elements, in einem Leiter, der seine Pole verbindet, Strom zu erzeugen, beruht also auf der Verschiedenheit der Lösungs- und osmotischen Drucke an den beiden Elektroden; man nennt diese Kraft elektromotorische Kraft. Sie ist unabhängig von der Größe des Elements und nur abhängig von dessen chemischer Zusammensetzung.

Einfluß der Konzentration der Lösungen. Da der osmotische Druck einer Lösung ihrer Konzentration proportional ist, darf man schließen, daß eine Änderung des osmotischen Drucks, etwa durch Anwendung einer stärkeren oder schwächeren Lösung, die EMK des Elements beeinflußt. Tatsächlich ist dies auch der Fall; um die EMK des Kupferelements zu erhöhen, würde man die Zinklösung verdünnen und die Kupferlösung verstärken müssen. Die EMK ändert sich dabei aber nur um einige Prozent, was wir hier außer Betracht lassen können.

Polarisation. Schickt man durch ein Elektrolyt einen Strom, so bringt dieser im allgemeinen an beiden Elektroden stoffliche Änderungen hervor.

In der auf Seite 66 betrachteten Zersetzungszelle tauchen zunächst zwei völlig gleiche Platinbleche in eine gleichmäßige Flüssigkeit; es fehlt also jeder Anlaß zu einer Elektrizitätserzeugung. Schicken wir nun von außen einen Strom in die Zelle, so entsteht an dem einen Platinblech Wasserstoff, am anderen Sauerstoff. Die vorher gleichen Platinbleche werden nun ungleich; das eine ist mit Wasserstoffgas, das andere mit Sauerstoffgas beladen, und es kommen nun die Lösungsdrucke des Wasserstoffs und Sauerstoffs gegen die osmotischen Drucke der beiderlei Ionen in der Lösung in Betracht. Schalten wir die Zelle aus dem Stromkreis aus und auf einen empfindlichen Strommesser, so bemerken wir, daß sie Strom liefert; sie besitzt also eine elektromotorische Kraft. Gegenüber dem anfänglichen neutralen Zustand hat sie nun Pole erhalten, sie ist polarisiert. Verwendet man in dem gleichen Elektrolyt als Elektroden zwei mit Bleiglätte (PbO) bestrichene Bleiplatten, so wird die Kathode durch den entstehenden Wasserstoff zu Blei reduziert, die Anode durch den Sauerstoff zu Bleisuperoxyd oxydiert; nach dem Ausschalten zeigt die Zelle eine EMK (Sammler, vgl. S. 75).

Stellt man zwei Kupferbleche als Elektroden in Natronlauge und schickt einen länger dauernden Strom durch die Zelle, so bildet sich auf der einen Elektrode ein Überzug von Kupferoxyd (Natronzelle, s. S. 534).

Diese Polarisationskraft E_p besteht natürlich schon zur Zeit, wo der Strom von außen eingeleitet wird; sie ist der von außen wirkenden EMK entgegengerichtet. Ist R wieder der Widerstand des ganzen Stromkreises, so ist der Strom

$$I = \frac{E - E_p}{R}.$$

Polarisation in galvanischen Elementen. Bilden wir ein Element z. B. aus Zink und Kohle in Salmiaklösung, so erscheint im Anfang die Kohle als Trägerin des Luftsauerstoffs; die Kohle selbst bildet keine Ionen und spielt demnach als chemischer Körper keine Rolle in diesem Element. Schließen wir nun das Element, so schickt das Zink seine positiv geladenen Zinkionen in die Lösung und treibt dadurch auf der anderen Seite positiv geladene Wasserstoffionen heraus, die sich an der Kohle ausscheiden und sich mit Sauerstoff verbinden, solange solcher vorhanden ist. Ist er aber verbraucht, so belädt der Wasserstoff die Kohle. Die EMK des Elements wird dadurch wesentlich geändert; an der Kohlenelektrode wirkt nicht mehr der Lösungsdruck des Sauerstoffs gegen den osmotischen Druck der spärlich vorhandenen Sauerstoffionen, sondern der Lösungsdruck des Wasserstoffs gegen den osmotischen Druck der reichlich entstehenden Wasserstoffionen. Die EMK sinkt; das Element polarisiert sich.

Depolarisation. Um die EMK auf der ursprünglichen Höhe zu erhalten, muß der Wasserstoff beseitigt werden. Hierzu genügt manchmal schon Umrühren oder Einblasen von Luft; auch wenn ein polarisiertes Element offen stehen bleibt, „erholt" es sich langsam, indem der Wasserstoff weggeht. In der Regel verwendet man besondere Depolarisatoren, Körper, die leicht Sauerstoff hergeben und damit den Wasserstoff oxydieren, wie Mangansuperoxyd oder Braunstein (bei dem Leclanchéelement und den Trockenelementen der deutschen Telegraphie), Salpetersäure, Chromsäure, Übermangansäure (letztere beiden meist in ihren Salzen verwendet). Eine mit Braunstein umgebene Elektrode verhält sich wie eine Sauerstoffelektrode.

Das Kupfervitriol im Kupferelement läßt sich ähnlich auffassen. Stellt man ein Element ohne Kupferlösung zusammen, so kann man beobachten, wie es bald nach dem Stromschluß in seiner Spannung beträchtlich sinkt. Ein kleines Stück Kupfervitriol, auf die Kathode geworfen, läßt die Spannung rasch wachsen und erhält sie auf der vollen Höhe. Der an der Kupferelektrode ausgeschiedene Wasserstoff wird dadurch beseitigt, daß $CuSO_4 + H_2$ sich zu $H_2SO_4 + Cu$ umsetzt. Ist von vornherein $CuSO_4$ vorhanden, so entsteht kein Wasserstoff, also auch keine Polarisation.

Vorgang im Kupfer-Zink-Element. Abb. 39 stellt das in der deutschen Telegraphie gebräuchliche Krügersche Element dar. Im Wasser sehen wir die Metallionen, Zink als ausgefüllten Kreis, Kupfer als Kreis mit Punkt, und die Schwefelsäureionen (SO_4) als leere Kreise. Die positiv geladenen Metallionen werden vom Strom auf die Kupferkathode zu befördert. Unten scheiden sich Kupferionen nach der Entladung als Metall aus, Zinkionen dringen von oben nach und verdrängen das gelöste Kupfer allmählich. Die Anionen gehen zum Zink und verbinden sich mit ihm zu $ZnSO_4$, das bei der Auflösung im Wasser wieder die Ionen Zn und SO_4 bildet.

Sammler oder sekundäre Elemente. Blei-Schwefelsäure-Sammler. Wenn wir, wie auf Seite 73 betrachtet, zwei mit Bleiglätte bestrichene Bleiplatten in Schwefelsäure stellen und den Strom hindurchsenden, so bekommen wir nach einiger Zeit der Einwirkung eine rein metallische Bleiplatte und eine mit Bleisuperoxyd PbO_2 überzogene Platte[1]). Schließen wir dann das auf diese Weise erhaltene galvanische Element durch einen äußeren Kreis, so liefert es Strom, wobei sich die rein metallische Bleiplatte oxydiert und Bleioxyd, PbO, bildet, das sich mit der Schwefelsäure zu $PbSO_4$ verbindet; zugleich wird das PbO_2 der anderen Platte zu PbO reduziert, und es bildet sich auch hier $PbSO_4$.

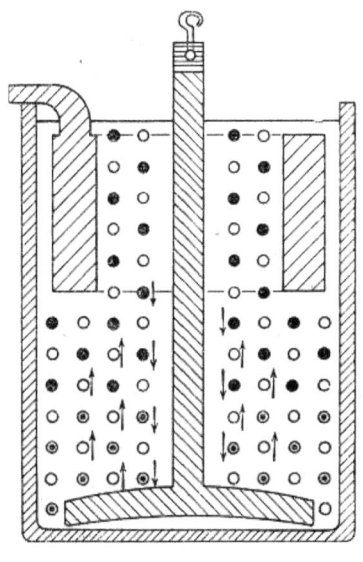

Abb. 39. Vorgang im Kupferelement.

Aus dem $PbSO_4$, das in diesem Zustand beide Elektroden an der Oberfläche enthalten, können sich unter Mitwirkung des Wassers verschiedene Ionen bilden: die Anionen PbO_2, OH, SO_4 und die Kationen Pb, H[2]). An beiden Elektroden scheiden sich unter Strom aus der Flüssigkeit diejenigen Ionen aus, die die kleinste Spannung brauchen, das sind PbO_2 und Pb; beide bilden sich in dem Maße, wie sie aus der Lösung ausgefällt werden, aus dem $PbSO_4$ der Elektroden fortwährend neu. Die anderen Ionen OH, SO_4 und H wandern unter dem Einfluß der an die Elektroden angelegten Spannung. Jedes Ion nimmt seine Ladung mit, und diese durch die Flüssigkeit hindurch wandernden elek-

---
[1]) Abbildungen von Sammlern s. Seite 186 bis 190.
[2]) $2 PbSO_4 + 4 H_2O = 4 OH, 4 H + 2 Pb, 2 SO_4 = PbO_2, Pb, 4 H, 2 SO_4, H_2O$. Diese Ionen bilden sich an beiden Elektroden.

trischen Ladungen machen zusammen den Strom aus. In der Umgebung der Anode verbindet sich das dort gebildete Kation Pb stets mit SO_4 und zerfällt von neuem, dabei wieder PbO_2 bildend; an der Kathode verbindet sich das PbO_2 mit H_2SO_4, indem es 2 Teile $PbSO_4$, 2 Teile Pb-Ionen und Wasser bildet. Das Blei geht also wohl in Lösung, bleibt aber in der Nähe der Elektroden und wird an diesen wieder abgeschieden. Die Stromleitung wird durch die Säure vermittelt.

Schließt man den geladenen Sammler, so senden die Elektroden die Ionen aus: PbO_2 bildet mit H_2SO_4 wieder $PbSO_4$ und 2 HO, Pb mit H_2SO_4 gibt $PbSO_4$ und 2 H. 2 HO liefern mit den 2 H der Schwefelsäure Wasser, während das SO_4-Ion weiter wandert und am anderen Ende der Kette mit den 2 H wieder H_2SO_4 bildet. Es spielt sich also wieder der Vorgang so ab, daß das Blei bei den Elektroden bleibt.

Man sieht ferner, daß bei der Ladung das von den Elektroden in Ionenform abgelöste Blei auf die Platte zurückkommt, während die SO_4-Gruppe in die Lösung geht. Bei der Entladung kehren die von den Elektroden ausgesandten Ionen PbO_2 und Pb aus der Lösung in Verbindung mit SO_4-Ionen zurück. Bei der Ladung geht demnach Schwefelsäure aus den Elektroden in die Flüssigkeit, bei der Entladung aus der Flüssigkeit in die Elektroden. Dieser Vorgang ist mit einer Änderung der Dichte der Schwefelsäure verbunden, den man mit der Senkwage (Aräometer) beobachten kann. Am Ende der Ladung beträgt das spezifische Gewicht der Säure 1,20, am Ende der Entladung 1,17; die Zahlen sind für die verschiedenen Ausführungen der Sammler etwas verschieden. Das spezifische Gewicht der Säure kann als Maß der im Sammler enthaltenen Strommenge dienen.

Den Vorgang im Sammler kann man in die Formeln kleiden:

$PbSO_4 + H_2$ | $SO_4 + PbSO_4 + 2 H_2O =$ }
$Pb + SO_4H_2$ | $+ SO_4H_2 + SO_4H_2 + PbO_2 =$ } Ladung,
$PbSO_4 + H_2$ | $SO_4 + PbSO_4 + 2 H_2O$ } Entladung.

Bei dem senkrechten Strich hat man sich eine beliebig lange Reihe Schwefelsäuremolekeln eingeschaltet zu denken. Man sieht, wie das Blei bei den Elektroden bleibt und wie bei der Ladung die Säure in das Elektrolyt, bei der Entladung in die Platten geht.

Die Ladung geht zu Ende, wenn auf den Platten kein Bleisulfat mehr ist, das die Ionen PbO_2 und Pb aussendet; in dem Maße, wie das Bleisulfat fehlt, mangeln auch diese beiden Ionen, und es scheiden sich dann, unter Erhöhung der Spannung, die Ionen OH und H aus; vier OH-Ionen geben $2 H_2O$ und O_2, Sauerstoffgas. Die OH-Ionen stehen nicht sehr reichlich zur Verfügung; lädt man mit starkem Strom weiter, so steigt die Spannung so hoch, daß auch die SO_4-Ionen ausgeschieden werden, die mit Wasser wieder Schwefelsäure und Sauerstoffgas bilden.

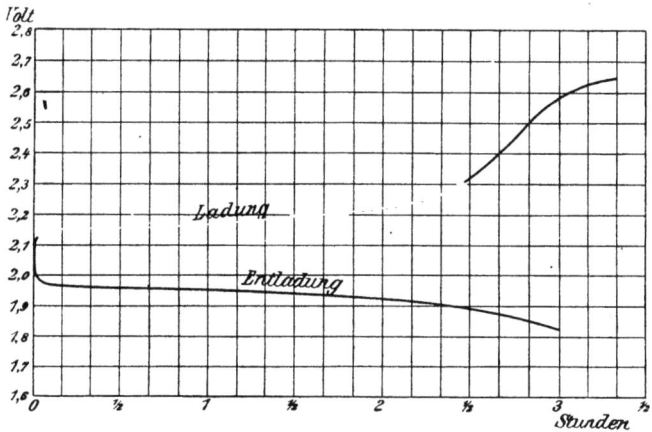

Abb. 40. Stromkurven eines Bleisammlers.

Am Ende der Entladung würden nach der Formel beide Elektroden aus $PbSO_4$ bestehen; sie wären dann gleichartig und erzeugten keine Spannung mehr. In Wirklichkeit darf man es nicht so weit kommen lassen, sondern muß mit der Stromentnahme aufhören, wenn die Spannung auf einen bestimmten Grenzwert gesunken ist. Andernfalls wird zuviel Bleisulfat erzeugt, welches dann eine feste weiße Kruste bildet und den Widerstand des Elementes beträchtlich erhöht (Sulfatierung).

Da die Vorgänge bei der Ladung und Entladung einander entgegengesetzt gleich sind, so ergibt sich, daß der Anfangszustand wieder erreicht wird, wenn dieselbe Strommenge aus dem Element genommen worden ist, die man vorher hineingeladen hat. Es muß aber, um die unvermeidlichen Verluste — Stromwärme, Gasentwicklung usw. — zu decken, noch etwas mehr Strom, etwa 10—15% mehr, hineingeladen werden, als man herausnehmen will. Außerdem ist die elektromotorische Kraft bei der Ladung infolge der starken Polarisation höher als bei der Entladung. Abb. 40 zeigt die Kurve der Ladung und Entladung eines Sammlers. Im ganzen verliert man beim Sammler von der hineingeladenen elektrischen Arbeit etwa ein Viertel. Die Strommenge, die ein geladener Sammler hergeben kann, ehe seine EMK unter die zulässige Grenze sinkt, heißt seine **Kapazität**.

Die Elektroden der Sammler bestehen aus Bleiplatten mit Rippen oder anderen Erhöhungen oder aus Bleigittern; das Blei, welches am Stromvorgange teilnehmen soll, wird in Form von Bleiverbindungen (Mennige, Bleiglätte) auf die Platten aufgetragen, oder es wird auf den Platten eine sog. „aktive Schicht" erzeugt durch den häufig und in entgegengesetzten Richtungen wiederholten Lade- und Entladevorgang (Formierung).

Alkalischer Sammler. Statt der Bleielektroden und Schwefelsäure kann man auch Nickel und Eisen in Kalilauge verwenden (Edison). Nickel und Eisen haben wie das Blei zwei Oxydationsstufen. Der Vorgang der Ladung wird durch

$$2\,Ni(OH)_2 + Fe(OH)_2 = Fe + 2\,Ni(OH)_3,$$

der der Entladung durch die umgekehrte Gleichung dargestellt. Die Rolle des gelösten Elektrolyts KaOH besteht darin, daß seine beiden Ionen Ka und OH den Elektroden OH-Gruppen entziehen oder anlagern; es verändert sich dabei selbst nicht.

Elektrolytische Vorgänge an Telegraphenleitungen. Auch an den Telegraphen- und Fernsprechleitungen spielt sich eine Elektrolyse ab, nur, entsprechend der geringen Stromstärke, in schwachem Maße; erst im Laufe längerer Zeit kommen merkliche Wirkungen zustande. Die mit dem positiven Pol verbundenen Leitungen oxydieren in Berührung mit Feuchtigkeit; oberirdische Kupferleitungen werden unter Mitwirkung des Regens usw. merklich angegriffen; u. U. leidet auch die Hülle isolierter Leitungen. Bei ZB-Betrieb (S. 531) erdet man daher den $+$-Pol der ZB, so daß die Leitungen Kathode sind. Bei Telegraphenkabeln macht man umgekehrt den Leiter zur Anode. Er überzieht sich infolgedessen an Fehlerstellen, wo er mit der Bodenfeuchtigkeit in Berührung kommt, mit einer Schicht von Kupferoxyd oder bei Salzgehalt des Bodens von anderen Kupferverbindungen, welche schlecht leiten und daher den Fehlerwiderstand vergrößern. Auch Polarisationserscheinungen können an Leitungen und Spulen, deren Isolation nicht vollkommen trocken ist, hervorgerufen werden.

Eine sehr nachteilige Wirkung der Elektrolyse beobachtet man an Lötstellen, bei denen verschiedene Metalle aneinanderstoßen. Wenn eine solche Lötstelle nicht mit einem gut schützenden, nicht leitenden Überzug versehen ist, wird sie ·durch den Einfluß der Elektrolyse mit der Zeit völlig zerstört. Man bestreicht sie deshalb sorgfältig mit Adiodon, Asphaltlack, Asphaltteer oder einem ähnlichen, nach der Natur der zu schützenden Metalle und der Umgebung zu wählenden Stoff.

IV. Der elektrische Strom in Nichtleitern.

Isolierstoffe. Die Stoffe, welche benutzt werden, um elektrische Leitungen zu isolieren: Porzellan, Ebonit, Guttapercha, Seide, Baumwolle, Papier u. a., lassen, wie wir auf Seite 9 gesehen haben, stets noch einen schwachen Strom durch; sie haben demnach einen Isolationswiderstand und bieten dem Strom eine Ableitung. Für den Stromdurchgang durch diese Isolierstoffe gilt das Ohmsche Gesetz, aber nur in grober Annäherung. Insbesondere ist der Isolationswiderstand abhängig von der Zeit, während deren eine angelegte Spannung wirkt; er steigt während mehrerer Stunden auf einen Grenzwert, der selbst wieder von der Höhe der angelegten Spannung abhängt und bei höherer Temperatur beträchtlich niedriger ist als bei niederer. Für Wechselstrom ergibt sich der Isolationswiderstand erheblich niedriger als für Gleichstrom.

Gase. Jedes Gas besitzt ein geringes Vermögen, die Elektrizität zu leiten; für praktische Zwecke, insbesondere für Luft oder ein anderes Gas unter dem gewöhnlichen atmosphärischen Druck, kann man dies aber wegen seiner Geringfügigkeit vernachlässigen. Das Leitungsvermögen wird erhöht durch starke Erhitzung und durch Bestrahlung mit manchen Strahlenarten, sehr erheblich durch Verminderung des Gasdrucks bis auf einige Tausendstel des atmosphärischen Drucks. Man hat sich die Leitung im Gase ähnlich vorzustellen wie im Elektrolyt, vermittelt durch Ionen, das sind positiv und negativ geladene Teilchen. Die Ionen entstehen im Gas durch die erwähnte Erhitzung oder Bestrahlung, oder sie werden von glühenden Körpern ausgesandt (Ionisierung des Gases). Sie bewegen sich im Gase unter Wirkung der elektrischen Kräfte ebenso wie in der Flüssigkeit (S. 66).

Die negativ geladenen Teilchen sind sehr viel kleiner, als die Atome, etwa 2000 mal kleiner als das Wasserstoffatom; sie sind für alle Gase gleich. Man nennt sie Elektronen. Der Rest des vorher neutralen Atoms, von dem das Elektron abgetrennt ist, bildet das positive Ion. In dem nicht ionisierten Gas findet keine Elektrizitätsleitung statt. Wenn aber durch eine innere oder äußere Ursache Elektronen abgespalten und positive Ionen gebildet werden, bewegen sich in der Richtung von der Kathode zur Anode die Elektronen, in der entgegengesetzten die positiven Ionen, getrieben durch die Kraft, die das elektrische Feld auf sie ausübt. Sie stoßen unterwegs häufig aufeinander und trennen bei genügender Stoßkraft noch mehr Elektronen von den Atomresten ab.

Für diese Leitung gilt das Ohmsche Gesetz nicht mehr; der Zusammenhang zwischen Spannung und Strom ist für jede Entladungsform anders. Ein Lichtbogen kommt zustande, wenn die heiße Kathode genügend Gasionen aussendet, um die Gasstrecke bis zur Anode zu ionisieren oder leitend zu machen. In den gewöhnlichen Bogenlampen verwendet man zwei Kohlenelektroden. Im Quecksilberdampf-Gleichrichter besteht die eine Elektrode aus Quecksilber, die andere aus Eisen oder Graphit. Die Quecksilberelektrode wird durch den Strom stark erhitzt, während die Eisen- oder Graphitelektrode vor Erwärmung geschützt wird. Dann vermag der Strom nur in der einen Richtung überzugehen, die durch die von der heißen Elektrode ausgesandten negativ geladenen Ionen bestimmt wird.

Die beim Unterbrechen von Kontakten auftretenden Funken sind kleine Lichtbogen, die rasch erlöschen. Gelegentlich bleibt ein solcher Lichtbogen stehen, wenn bei geringem Abstande der Kontakte die im Stromkreis herrschende EMK ausreicht, um einen zur Erhitzung der Kathode ausreichenden Strom zu erzeugen.

Verstärkerröhren. Die Leitung in einem verdünnten ionisierten Gase folgt nicht dem Ohmschen Gesetz, zeigt vielmehr einen anderen Zusammenhang. In Abb. 41 stellt L ein Glasgefäß (nach Lieben und Reiß) dar, aus dem die Luft völlig

Strom in Gasen. Verstärkerröhre. 81

entfernt ist und das nur noch Quecksilberdampf von niederer Spannung enthält. K ist die Kathode, ein im Zickzack an den Aufhängedrähten um den Glasstiel herumgeführtes Metallband, das mit einem Gemisch von Kalzium- und Bariumoxyd bestrichen ist; eine solche Kathode (Wehneltsche Kathode) sendet beim Glühen einen starken Strom Elektronen aus. A ist die Anode, ein um das obere Ende des Glasstiels in Windungen herumgelegter Aluminiumdraht. G ist eine Zwischenelektrode, ein dünnes Alumiumblech, das siebartig durchlöchert ist, Gitter genannt. Die Zuleitungen sind sämtlich durch den Glasstiel geführt, und endigen am Fuße des Gefäßes in 4 Steckkontakten.

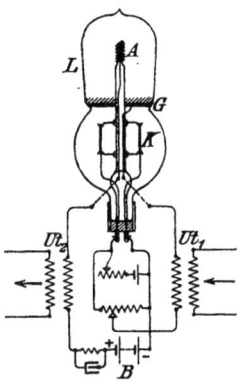

Abb. 41. Verstärkerröhre nach Lieben und Reiß.

Man legt nun eine Spannung von 200 bis 250 V mit dem negativen Pol an die Kathode, zugleich über einen Regelwiderstand und eine Wicklung des Übertragers Ut_1 (dessen Aufgabe nachher zu besprechen sein wird) an das Gitter. Zugleich schaltet man an das Metallband der Kathode etwa 30 V, wodurch es auf etwa 1000° erhitzt wird, so daß es Elektronen aussendet. Nun geht durch das verdünnte Gas ein Strom.

Man regelt die Spannung von G so, daß darüber ein dunkler Raum von etwa 6 mm Höhe (Kathoden-Dunkelraum) entsteht, während der übrige Raum von blauem Glimmlicht erfüllt ist; diese Spannung sei, von A aus gemessen, OP (Abb. 42), der zugehörige Strom OI. Die Kurve zeigt den Zusammenhang zwischen Strom und Spannung in der Röhre; man sieht zunächst bei geringer Spannung einen langsamen Anstieg, dann

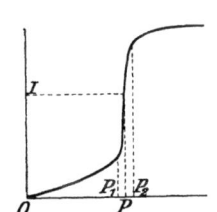

Abb. 42. Strom und Spannung in verdünntem Gase.

ein plötzliches Emporschnellen und schließlich einen bei weiterer Erhöhung der Spannung gleichbleibenden Strom. Ändert man durch eine Einwirkung von außen die Spannung OP nur um ganz wenig (innerhalb der Grenzen OP_1 und OP_2), so sieht man, daß der Strom sehr erheblich beeinflußt wird. Der Widerstand der Gasstrecke nimmt bei steigender Spannung sehr stark

Strecker, Die Telegraphentechnik. 6. Aufl. 2. Abdr. 6

ab. Um dies zu benutzen, legt man die beiden Zweige einer Fernsprechleitung (durch einen Übertrager, um die Spannung der Batterie B von der Leitung fernzuhalten; S. 116[1])) zwischen Kathode und Gitter; die aus der Leitung kommenden Spannungsschwankungen (Wechselstrom, Sprechstrom; S. 112) werden an G übertragen und verwandeln sich in gleichartige Stromschwankungen von sehr viel größerem Betrage. Für diese Wechselströme ist der Widerstand von 2000 Ω durch einen Kondensator von 2 μF überbrückt (S. 140). Im Hauptstromkreis liegt ein zweiter Übertrager, der den verstärkten Wechselstrom an die weiterführende Leitung abgibt. Der abgehende Strom erreicht die 30fache Stärke des ankommenden. Durch Hintereinanderschaltung (Stufenschaltung) mehrerer solcher Verstärker kann man den Strom noch bedeutend mehr verstärken.

Für hin- und hergehenden Verkehr benutzt man eine Wechselschaltung, die dadurch erhalten wird, daß die Übertrager Ut_1 und Ut_2 unterteilt und von jedem ein Teil in beide Leitungen eingeschaltet werden. Diese Schaltung läßt sich aber nur anwenden, wenn die Leitungsabschnitte selbst in ihren elektrischen Eigenschaften in gewissem Maße übereinstimmen, was bei gewöhnlichen oberirdischen Leitungen leicht, bei Kabelleitungen dagegen manchmal schwer zu erreichen ist.

Die Verstärkerröhre hat in den letzten Jahren bei Herstellung langer Verbindungen außerordentlich gute Dienste geleistet; sie ist an vielen Orten in Gebrauch. Für den Zweck dieses Buches genügt indes diese kurze allgemeine Darstellung, ohne auf die praktische Ausgestaltung und Handhabung des Verfahrens näher einzugehen.

Außer diesem Quecksilberdampf-Verstärker ist auch eine Verstärkerröhre in Gebrauch, aus der alles Gas so weit als möglich ausgepumpt ist, das Audion; man arbeitet dann mit reinem Elektronenstrom.

V. Elektromagnetismus.

Ablenkung der Magnetnadel durch den Strom. Führt man einen elektrischen Strom in der Nähe einer leicht drehbaren Magnetnadel (z. B. Taschenkompaß) vorüber, so wird letztere

---

[1]) Es ist zweckmäßig, den 1. Absatz dieser Seite erst später (nach S. 119) sorgfältiger zu lesen.

aus der Nord-Südrichtung, in der sie sich eingestellt hatte (vgl. S. 2), abgelenkt.

Der Sinn der Ablenkung läßt sich bestimmen durch die Ampèresche Schwimmerregel: „Schwimmt man im Drahte mit dem Strom und blickt nach der Magnetnadel, so wird der Nordpol nach links abgelenkt.

Die Stärke der Ablenkung dient als Maß für die Stärke des Stromes; hierauf beruhen manche Strom- und Spannungsmesser. Erzielt man mit einem einfachen Draht oder einer Windung keine meßbare Wirkung, so führt man den Strom in mehreren, ganz schwache Ströme in vielen tausend Windungen um die Magnetnadel (Multiplikator).

Die Ablenkung ist gegenseitig. Ein feststehender Magnet dreht eine leichte vom Strom durchflossene Drahtspule. Darauf beruhen der Heberschreiber und die neueren Strom- und Spannungsmesser, z. B. der des Universal-Meßinstruments.

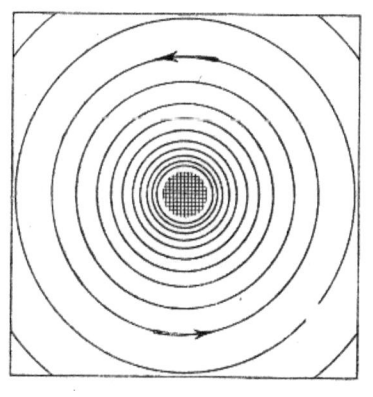 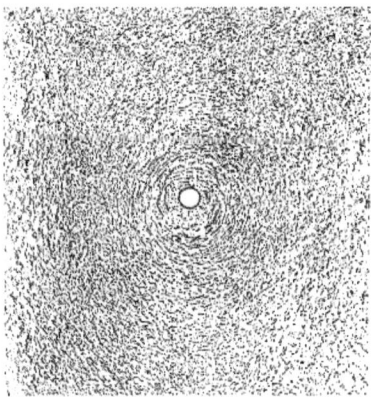

Abb. 43.　　　　　　　Abb. 44.
Magnetisches Feld eines Stromleiters.

Magnetisches Feld des stromdurchflossenen Leiters. Aus der Ablenkung der Magnetnadel durch den Strom schließen wir, daß von dem stromdurchflossenen Leiter magnetische Kraft ausgeht, daß er ein magnetisches Feld besitzt. Das letztere wird durch Abb. 43 und 44 dargestellt; Abb. 43 ist nach der Rechnung gefertigt, Abb. 44 die Aufnahme mit Eisenfeile. Der innerste Kreis ist ein Schnitt durch den Leiter; die Kraftlinien umgeben ihn in Form konzentrischer Kreise.

Abb. 45 zeigt das magnetische Feld einer Drahtspule. Die Felder der einzelnen Windungen schließen sich zusammen und erzeugen ein Feld, das dem des geraden Magnetes, Abb. 4, ziemlich ähnlich ist. Im Innern gehen die Linien parallel und breiten sich von den Enden fächerartig aus, um sich rückläufig zu schließen. Eine solche Spule nennt man, magnetisch betrachtet, ein Solenoid; sie verhält sich genau wie ein Magnet.

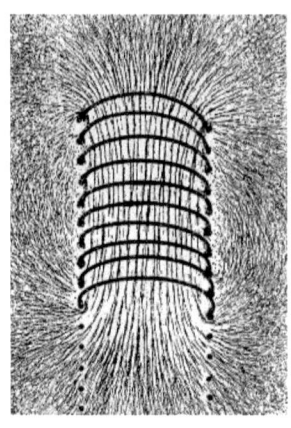

Abb. 45. Magnetisches Feld einer Spule.

Elektromagnet. Bringen wir in eine solche Spule oder Solenoid einen Eisenkern, so wird die Menge der Kraftlinien einige hundert- bis einige tausendmal größer. Das Eisen verhält sich nun auch wie ein Magnet, solange der Strom dauert; es ist ein Elektromagnet.

Seine Stärke ist abhängig von der Zahl der Windungen und der Stärke des Stromes, aber nicht von der Weite der Windungen, außerdem von der magnetischen Güte des Eisens und der Anordnung des letzteren.

Mit dem Strom verschwindet auch der Magnetismus, aber meist nicht vollständig; es bleibt ein Rest, in gutem weichen Schmiedeeisen am wenigsten (Remanenter Magnetismus, vgl. S. 2).

Der magnetische Kreis. Das Produkt aus Windungszahl und Stromstärke (Windungsampere oder Amperewindungen) nennt man magnetisierende Kraft. Diese erzeugt den Magnetismus, den wir uns durch die Kraftlinien darstellen; letztere verlaufen im Eisen des Elektromagnets und schließen sich durch die Luft und durch den Anker des Elektromagnets.

Man hat nun gefunden, daß für einen solchen, entweder nur aus Eisen oder aus Eisen und Luft gebildeten magnetischen Kreis eine Beziehung besteht, die dem Ohmschen Gesetz gleicht. An Stelle der elektromotorischen Kraft tritt die magnetisierende (deshalb auch magnetomotorische genannte) Kraft, an Stelle der elektrischen Stromstärke der magnetische Kraftfluß, und für den elektrischen haben wir hier einen magnetischen Widerstand, der genau ebenso aus Länge und Querschnitt berechnet wird wie dort, nur daß für den spezifischen elektrischen ein spezifischer magnetischer Widerstand tritt:

$$\text{Kraftfluß} = \frac{\text{magnetisierende Kraft}}{\text{magnetischer Widerstand}}$$

Diese Beziehung wird beim Bau der Elektromagnete vielfach benutzt und leistet vorzügliche Dienste. Uns genügt es, daraus die Lehre zu ziehen, daß zur Erzeugung eines großen Kraftflusses zweckmäßig der magnetische Widerstand möglichst klein genommen wird.

Der magnetische Widerstand $\mathfrak{W}$ ist nach der Formel zu berechnen:

$$\mathfrak{W} = \nu \cdot \frac{l}{q}.$$

Darin bedeutet l die Länge des Eisenstückes, q dessen Querschnitt, ν den spezifischen magnetischen Widerstand des Eisens[1]). l wird in cm, q in cm^2 gemessen.

Die Kraftlinien können nicht immer in Eisen verlaufen; bei Apparaten, die Bewegung erzeugen sollen, z. B. dem Magnete des Morse- und des Hughes-Apparates befinden sich Zwischenräume zwischen den Rollen des Elektromagnets und dem Anker, die mit Luft oder Papier oder einem anderen unmagnetischen Stoffe ausgefüllt werden. Der spezifische Widerstand der letzteren ist = 1, der des Eisens läßt sich nicht einfach angeben; er ist vom Zustande der Magnetisierung abhängig, groß bei geringer und bei sehr starker Magnetisierung, am kleinsten bei einer mittelstarken Magnetisierung.

Bei gutem, zu Elektromagneten zu verwendenden Eisen kann man als geringsten Wert etwa $\nu = 0{,}0003$ bis $0{,}0007$, im Mittel $0{,}0005$ annehmen, während als allgemeiner Durchschnittswert $0{,}001$ gelten kann. Solches Eisen ist schwedisches Eisen, gutes Schmiedeeisen und Flußeisen. Dagegen ist Gußeisen höchstens halb so gut wie die vorgenannten Eisensorten.

---

[1]) ν ist das Reziproke der magnetischen Permeabilität oder Durchlässigkeit μ; vgl. S. 7.

Der magnetische Widerstand des Morsemagnetes ergibt sich unter Bezug auf Abb. 46 folgendermaßen:

$$\mathfrak{W} = \nu \cdot \frac{l_1}{q} + 2 \cdot \nu \cdot \frac{l_2}{q_2} + 2 \cdot \nu \cdot \frac{l_3}{q_3} + \nu \cdot \frac{l_4}{q_4} + 2 \cdot \frac{l_5}{q_5}.$$

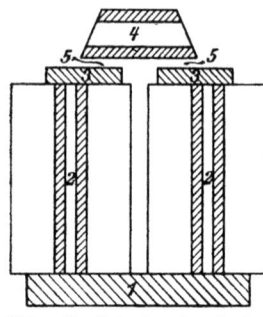

Abb. 46. Schnitt durch den Elektromagnet des Morseapparates.

Hier ist für jedes Stück der Widerstand angeschrieben. l ist die Länge des Stückes in der Richtung der Kraftlinien, q der Querschnitt. Die einzelnen Widerstände sind, da sie der Reihe nach von den Kraftlinien durchdrungen werden, also hintereinander geschaltet sind, zu addieren.

Da nun das ν ein sehr kleiner Bruch ist, so sieht man, daß sehr viel von dem letzten Glied, welches die beiden Luftzwischenräume darstellt, abhängt. Diese sind möglichst kurz (l_5 klein), aber breit (große Flächen q_5) zu halten.

Hysterese. Wenn wir ein Stück Stahl oder Eisen der Magnetisierung durch eine stromdurchflossene Spule unterwerfen, so wissen wir von einer früher (S. 3) angestellten Betrachtung her, daß die Teilchen des Eisens, welche kleine Magnete sind, gedreht werden müssen; der Drehung widerstrebt die Koerzitivkraft, die wir uns wie eine innere Reibung der Teilchen aneinander vorzustellen haben.

Lassen wir den Strom ansteigen, so dreht er die Teilchen langsam immer mehr; er hat die Koerzitivkraft gegen sich. Lassen wir darauf den Strom abnehmen, so drehen sich die Teilchen wieder zurück, aber die Koerzitivkraft hindert sie daran, der magnetisierenden Kraft frei zu folgen; auch jetzt wirkt die Koerzitivkraft gegen die Drehung der Teilchen. Die Magnetisierung bleibt demnach stets hinter der magnetisierenden Kraft zurück. Für den gleichen magnetisierenden Strom erhält man verschiedene Magnetisierungen, je nachdem der Strom im Wachsen oder im Abnehmen begriffen ist.

Diese Erscheinung nennt man **Hysterese**[1].

---

[1] Griechisch, vorletzte Silbe lang und betont.

Die Hysterese ist mit einem Arbeitsverlust verbunden. Wenn man ein Stück Eisen mit dem Strom magnetisiert und dann den Strom wieder abstellt, so haben sich die Eisenteilchen gegen die Koerzitivkraft hin- und hergedreht, und dazu ist, wie bei jeder anderen Reibung, Arbeit verwendet worden, die sich in Wärme verwandelt. Bei einem einzigen Magnetisierungswechsel wird freilich nur sehr wenig Wärme erzeugt, die man nicht wahrnimmt. Aber bei rascher Folge der Wechsel, wie sie z. B. im Anker der Dynamomaschinen, mehr noch in den Eisenkernen der Wechselstromapparate für Starkstrom stattfinden, werden die Erwärmungen und Verluste erheblich. Auch bei den Fernsprechapparaten hat man auf den hysteretischen Verlust zu achten. Nicht der Erwärmung wegen, denn diese ist äußerst gering, aber der Stromverluste und besonders der Stromverzerrung (vgl S. 139) wegen, welche die Eigenart dieser Verluste mit sich bringt.

Zug- oder Tragkraft. Bedeutet N die Windungszahl, I die Stromstärke, q die Größe der Polflächen des Magnets in cm², $\mathfrak{W}$ den magnetischen Widerstand, so wird die Zugkraft für beide Pole zusammen

$$P = 0{,}00013 \cdot \frac{1}{q} \cdot \frac{(N\,I)^2}{\mathfrak{W}^2} \text{ Gramm.}$$

Die Formel zeigt besonders den großen Einfluß des magnetischen Widerstandes. Aus der Betrachtung auf Seite 86 sieht man, daß die Einfügung eines kleinen Luftspalts in das Eisen den magnetischen Widerstand bedeutend erhöht, demnach die Zugkraft beträchtlich schwächt. Von großer Wichtigkeit ist die Wahl guten Eisens, am besten weichen Schmiedeeisens.

Ferner sieht man aus der Formel, daß man die Polflächen q klein halten soll, während das Eisen im übrigen großen Querschnitt, aber kleine Länge bekommt, damit der magnetische Widerstand klein bleibt.

Für den Morse- und den Klopfermagnet ist die Zugkraft durch Versuche bestimmt worden. Abb. 47 zeigt die Ergebnisse für den Morsemagnet; man liest z. B. ab: bei 1 mm Abstand des Ankers ist die Zugkraft für 15 Milliampere 5 g, für 8,6 Milliampere 2 g. Abb. 48 zeigt dasselbe für den Klopfermagnet.

Die Formel, wonach die Zugkraft dem Quadrate der Breite des Luftspaltes umgekehrt proportional sei, ist irrig.

88   Elektromagnetismus.

Neutrale und polarisierte Elektromagnete. Ein Elektromagnet aus gutem Eisen besitzt im stromlosen Zustande keinen oder nur schwachen Magnetismus. Beim Eintritt eines genügend starken Stromes zieht er seinen Anker an, und die Richtung des

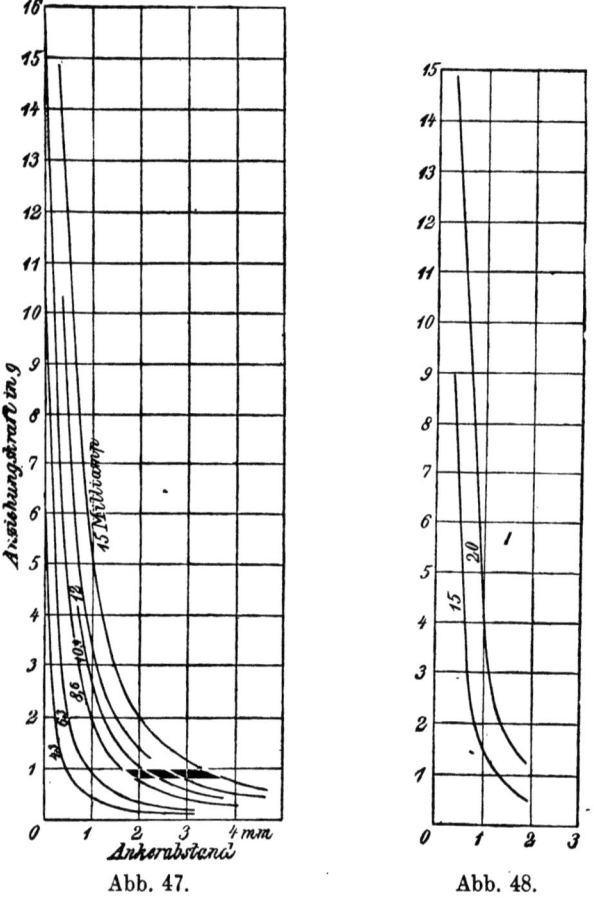

Abb. 47.   Abb. 48.

Zugkraft des Morse- und des Klopfermagnets.

Stromes hat darauf keinen Einfluß. Will man mit dem Strom je nach seiner Richtung zweierlei Wirkung erzielen, so muß dem Elektromagnet schon zur Zeit der Stromlosigkeit eine bestimmte magnetische Polarität verliehen werden; dann wird die eine Stromrichtung den vorhandenen Magnetismus verstärken, die andere ihn schwächen. Elektromagnete dieser Art, denen durch Verbindung mit einem Stahlmagnet eine Polarität schon im stromlosen Zustande verliehen wird, heißen **polarisiert** im Gegensatz zu den **neutralen** Elektromagneten.

Empfindlichkeit der Elektromagnete. Nach der Formel auf Seite 87 (vgl. noch S. 2) wächst die Zugkraft mit dem Quadrat des Kraftflusses. Setzen wir $q = 1,3$ cm² und statt $N I/\mathfrak{W}$ das Zeichen für den Kraftfluß Φ, so ist

$$P = 0{,}0001 \cdot \Phi^2.$$

Wir lassen jetzt Φ um die kleine Größe $\Delta \Phi$ wachsen; dann wird auch P wachsen auf P′, und der Zuwachs ist

$$\Delta P = P' - P = 0{,}0001 \cdot [(\Phi + \Delta\Phi)^2 - \Phi^2]$$
$$= 0{,}0001 \cdot 2 \cdot \Delta\Phi \cdot \Phi,$$

wobei ähnlich wie bei früheren Rechnungen das Glied mit dem Quadrat der kleinen Größe $\Delta\Phi$ weggelassen wird. Man sieht, daß die Kraftzunahme nicht nur von der Zunahme des Kraftflusses $\Delta\Phi$ abhängt, sondern auch um so größer wird, je stärker der Kraftfluß von vornherein ist. Daher haben die polarisierten Magnete mit ihrer schon im Ruhezustande vorhandenen starken Magnetisierung den Vorteil großer Empfindlichkeit.

Gegenkraft. Der Kraft des Telegraphierstromes muß eine andere Kraft entgegenwirken, die den Anker in die Ruhelage zurückführt. Als solche Kraft verwendet man entweder eine Federkraft oder eine magnetische Kraft. Federn (Abreißfedern) benutzt man hauptsächlich bei den neutralen Apparaten. Bei diesen ist im stromlosen Zustand die magnetische Kraft praktisch gleich Null, die Federkraft verhältnismäßig gering. Mit dem Strom tritt die magnetische Kraft auf, die erheblich stärker ist als die Federkraft und diese überwindet. Beim Verschwinden des Stromes hört fast plötzlich die magnetische Kraft ganz auf, und die Federkraft wirkt allein weiter. Es ist also ein ziemlich grobes Kräftespiel.

Bei den polarisierten Elektromagneten besteht schon im Zustand der Ruhe eine ziemlich große magnetische Kraft. Wirkt ihr eine Feder entgegen (z. B. im Hughesmagnet, Abb. 195), so ist diese schon im Zustand der Ruhe stark angespannt, so daß sie den größten Teil der magnetischen Kraft ausgleicht. Es bleibt also im Zustand der Ruhe die Differenz zweier Kräfte wirksam, und der Elektromagnet ist um so empfindlicher, je kleiner diese Differenz ist, d. h. je näher gleich die magnetische und die Federkraft sind.

Beide Kräfte ändern sich mit der Temperatur, aber in verschiedener Weise; ihre Differenz ist demnach von der Temperatur abhängig. Soll sie von der Temperatur unabhängig werden, so müssen beide Kräfte von derselben Art sein. Daher verwendet man bei den empfindlichsten Apparaten gern statt der Feder eine magnetische Gegenkraft, z. B. einen Stahl- oder einen Elektromagnet.

Die Federkraft hat auch noch den Nachteil, daß sie während des Anziehens erlahmt; die Kraft einer Feder ist ihrer Durchbiegung oder Verlängerung proportional, wird also geringer, während sie wirkt. Der Anzug einer magnetischen Kraft hat im Gegenteil den Vorzug, während der Wirkung zu steigen, da der Abstand bis zu dem zu bewegenden Eisenstück abnimmt.

Eine magnetische Gegenkraft benutzt man auch beim Doppelstrombetrieb (S. 254); der Anker des polarisierten Elektromagnets wird vom Zeichenstrom nach der einen Seite, vom entgegengesetzten Trennstrom nach der anderen Seite bewegt. In diesem Fall sind die einander entgegenwirkenden Kräfte von genau gleicher Art, die vorher besprochenen nachteiligen Einflüsse fehlen demnach.

Hauptformen der Elektromagnete. 1. Gerader, stabförmiger Elektromagnet. Der Anker wird vor dem einen Ende angebracht. Einfach und billig, aber wenig empfindlich.

2. Hufeisenmagnet, gewöhnlich in Form eines Vierecks aus Eisen. Auf dem Joch stehen die beiden Schenkel, entweder nur der eine oder — in der Regel — beide bewickelt. Die vierte Seite ist der bewegliche, meist unbewickelte Anker. Diese Form ist auch noch billig herzustellen, aber weit empfindlicher als die vorige.

3. Topfmagnet, auch Romershausenscher Magnet genannt. Einen inneren Kern umgibt die Spule, und diese wieder wird von einem Mantel umschlossen. Kern und Mantel hängen durch eine Jochplatte, den Boden des „Topfes", zusammen. An der oberen Seite wird der Anker angebracht, der meist wie ein Deckel auf dem Topf liegt. Dies ist die empfindlichste Anordnung.

4. **Geschlossene Form.** Der Eisenkern geht ohne Unterbrechung durch einen Luftspalt in den Mantel über (Ringmagnet). Diese Form findet man bei Fernsprechübertragern und bei den Induktionsrollen. Bei dem Münchschen Fernsprechübertrager ist die Form nicht geschlossen, Kern und Mantel sind beiderseits durch Lufträume getrennt.

Elektromagnete für Telegraphen- und Fernsprechapparate. Wo genügend Strom zur Verfügung steht und auf besonders rasche Wirkung kein Wert gelegt wird, benutzt man den billigen und einfachen neutralen Elektromagnet, gewöhnlich in Form des Hufeisenmagnets mit zwei Spulen, oft auch nur mit einer Spule, als Gegenkraft die Abreißfeder oder Gewichtswirkung. Beispiele: Normalfarbschreiber (S. 86 und 226), neutraler Klopfer (S. 234), Hörnerpolrelais (S. 246), Fernsprechrelais (S. 282—284). — Beispiel eines Topfmagnets: Linienrelais, S. 243; eines Ringmagnets: Ringübertrager, S. 395.

Handelt es sich um rasche Wirkung oder steht nur ein sehr schwacher Linienstrom zur Verfügung, so verwendet man polarisierte Apparate.

Bei einigen dieser Magnete verwendet man als Gegenkraft die Abreißfeder; dann steht der Anker entgegengesetzten Polen gegenüber und wird mit großer Kraft angezogen. Der Telegraphierstrom kann entweder diese Kraft verstärken (Anziehung) oder schwächen (man nennt dies Abstoßung, richtiger wäre Abreißen). Beispiele: der Hughesmagnet (S. 259) und das deutsche polarisierte Relais (S. 247). Auch der Fernsprecher (S. 472) weist diese Bauart auf; die Schallplatte ist zugleich Anker und Abreißfeder.

Die Mehrzahl der polarisierten Apparate zeigt eine Anordnung, wobei der Anker zwischen gleichnamigen Polen in unbeständigem Gleichgewicht steht, so daß er bei geringer Abweichung aus der Mittelstellung sofort bis zum Anschlag herübergezogen wird; vgl. S. 254.

In der Regel ist der Anker von der Mitte aus polarisiert und dreht sich um seine Mittelachse, z. B. das Relais mit Flügelanker (S. 249), der polarisierte Klopfer (S. 237), das Baudotrelais (S. 253), der Wechselstromwecker mit einer Glocke (S. 334). Die anderen Wechselstromwecker (S. 332, 333) zeigen eine davon nur wenig abweichende Polarisierung und dieselbe Anordnung der Drehachse.

92 Elektromagnetismus.

Der Magnet des Wheatstone-Empfängers (S. 320), das kleine polarisierte Relais von Siemens & Halske (S. 252), der Wecker großer Form (S. 335) und einige andere, in diesem Buche nicht beschriebene Apparate zeigen einen Anker, der sich um sein eines Ende dreht und von dort her polarisiert ist; man nennt einen Anker dieser Form auch Zunge.

Der Undulatormagnet (S. 295) hat einen Anker aus Stahlmagneten, der eine der bisher beschriebenen entgegengesetzte Polarisierung zeigt. Auch hier handelt es sich um ein unbeständiges Gleichgewicht; die schwachen Spiralfedern sollen den Anker in der Mittellage halten, wirken aber nicht wesentlich als Abreißfedern.

Bei den Apparaten, deren Anker zwischen gleichnamigen Polen steht, benutzt man die entgegengesetzte Wirkung der beiden Stromrichtungen; die eine Stromrichtung führt den Anker nach der einen, die andere nach der entgegengesetzten Seite. Man kann auch die Zunge oder den Anker so stellen, daß er im stromlosen Zustand von dem einen, ihm näheren Pol angezogen, beim Einschalten des Stromes aber durch Schwächen des näheren und Verstärken des entfernteren Pols auf diesen zu bewegt wird (vgl. Abb. 191). Hier würde der Magnetismus als Gegenkraft auftreten. Über die Einstellung der Relais s. auch S. 254.

Schließlich ist noch die Drehspule zu erwähnen, die im Heberschreiber (S. 323) verwendet wird.

Außerdem gibt es noch zahlreiche andere Anordnungen, die zu besprechen hier zu weit führen würde.

Der Differentialmagnet. Ein Elektromagnet, dessen Wicklung in zwei Hälften gleicher Windungszahl geteilt ist, läßt sich in zweierlei Weise benutzen. Abb. 49 stellt den Eisenkern und die beiden Wicklungen dar, die aus zwei miteinander aufgewickelten gleichen Drähten, jede aus n Windungen, bestehen. Verbindet man I_e (Ende der Wicklung I) mit II_a, so entsteht für einen Strom, der bei I_a ein- und bei II_e austritt, ein Elektromagnet der Windungszahl 2 n; führt man aber den Strom bei den verbundenen Enden I_e und II_a zu und seine Teile bei I_a und II_e ab — wobei die beiden Teilströme gleich stark sein sollen — so ist die Windungszahl in algebraischem Sinne 0; denn der Strom umfließt den Eisenkern

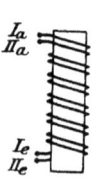

Abb. 49. Differentialmagnet, bifilar gewickelt.

ebensooft in der einen, wie in der entgegengesetzten Richtung, hat also keine magnetisierende Wirkung.

Man kann zwar die Wicklung des Magnets in der in Abb. 49 angedeuteten Weise ausführen, es ist aber umständlich, und die beiden Drähte sind schwer gegeneinander zu isolieren. Meist wickelt man erst den einen Draht auf den Kern, darüber den zweiten, und trennt die beiden Wicklungen durch eine besondere isolierende Zwischenlage (Abb. 50). Bei dieser Ausführung bekommt man aber zwei Spulen von ungleichem Widerstand; denn der mittlere Durchmesser der äußeren Wicklung ist erheblich größer, als der der inneren, und gleiche Windungszahlen ergeben dann ungleiche Drahtlängen. Den äußeren Draht etwas stärker zu nehmen, ist ein unbefriedigendes Hilfsmittel. Wo die Gleichheit der Widerstände wichtig ist, stellt man die Wicklung aus 4 Teilen her, wie es

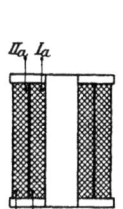
Abb. 50.
Differentialmagnet mit zwei Spulen.

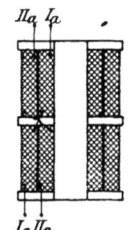
Abb. 51.
Differentialmagnet mit vier Spulen.

Abb. 51 zeigt, und verbindet je einen inneren und äußeren Teil in Reihe zu einer Spule. Manchmal führt man alle 8 Spulenenden zu Klemmen heraus; vgl. Abb. 334, S. 395. In manchen Fällen, wo dies zu umständlich ist, stellt man die Gleichheit der Widerstände dadurch her, daß man der inneren Spule eine Zusatzspule vorschaltet.

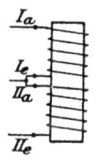
Abb. 52.
Differentialmagnet, Schaltung.

Bei der Darstellung der Stromläufe ist es häufig zu umständlich, auch unübersichtlich, die Einzelheiten der Wicklung auszudrücken; man stellt dann den Differentialmagnet wie in Abb. 52 dar, wo es den Anschein hat, als bedecke je eine Spule die Hälfte des Eisenkerns; eine solche Anordnung würde nicht ganz die gewünschte Wirkung haben, insbesondere dann nicht, wenn der Elektromagnet die gewöhnliche Hufeisenform hätte. Jede dieser Hälften würde für sich magnetisiert werden, in der Mitte entstünde ein Magnetpol, an den Enden zwei Pole der anderen Polarität. Der Magnetismus würde wegen des ungünstigen magnetischen Kreises zwar

94   Induktion.

wesentlich schwächer als bei gleichzeitiger Wirkung der beiden Spulen sein, aber nicht verschwinden.

Ein Strom, der bei I_e, II_a eintritt und sich in zwei gleiche starke Teile teilt (vgl. Abb. 118b, S. 158), hat — Wicklung nach Abb. 51 vorausgesetzt — keine magnetische Wirkung, bringt also den Anker des Elektromagnets nicht zum Ansprechen, wohl aber ein bei I_a eintretender und bei I_e oder bei II_a austretender Strom.

VI. Induktion.

Grundbedingung der Induktion. Ein Stahlmagnet, ein Elektromagnet, ein vom Strom durchflossener Leiter irgendwelcher Form sendet magnetische Kraft aus oder besitzt ein Kraftfeld, welches wir durch die magnetischen Kraftlinien darstellen.

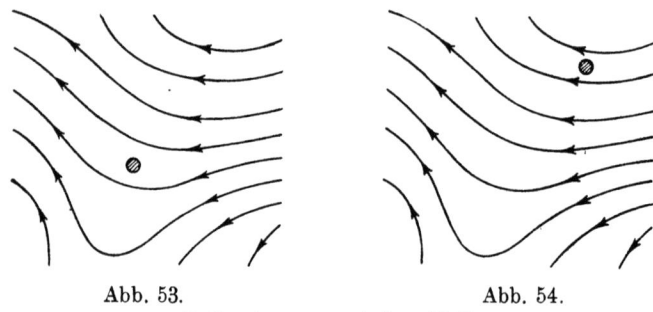

Abb. 53.   Abb. 54.
Leiter im magnetischen Feld.

Ein solches Feld möge das in Abb. 53 gezeichnete sein. Wir sehen nur die Kraftlinien, und es soll unentschieden bleiben, woher sie rühren. In diesem Feld befindet sich ein elektrischer Leiter, z. B. ein Draht, der auf der Ebene des Papiers senkrecht steht und sich daher nur in seinem Querschnitt als Kreis zeigt.

Solange alles in Ruhe bleibt, wird auch der Leiter nicht beeinflußt.

In Abb. 54 befindet sich der Leiter an einer anderen Stelle. Wir wissen nicht, wie er dahin gekommen ist; entweder ist er im Felde auf dem geraden Wege von seinem früheren an seinen jetzigen Ort verschoben worden, oder er hat dabei Umwege gemacht, oder auch, er ist in Ruhe geblieben, und das Feld ist verschoben worden. Aber wie dem auch sei, er befindet sich nun an einem anderen Orte, und es hat eine gegenseitige Verschiebung des Feldes und des Leiters stattgefunden.

Nun ist der Leiter wieder in Ruhe, und es findet deshalb so wenig wie bei Abb. 53 irgend eine Wirkung statt.

Während der Bewegung aber liegt die Sache anders. Ob wir uns den Leiter ruhend, das Feld bewegt, oder umgekehrt denken, in jedem Falle bewegt sich die Kraft gegen den Leiter, die Verteilung des Magnetismus ändert sich gegen den Leiter, **der Magnetismus fließt**. Das Fließen des Magnetismus greift auf alle benachbarten Leiter über und bewegt auf diesen die Elektrizitäten; es wird auf jedem dieser Leiter eine EMK induziert. Drücken wir den Vorgang im Bilde der Kraftlinien aus, so sehen wir, daß während der Bewegung der Leiter und die Kraftlinien einander schneiden. Das ist der gewöhnlich gebrauchte Ausdruck, um die Bewegung im magnetischen Felde zu bezeichnen.

In einem Leiter, der magnetische Kraftlinien schneidet, wird eine elektromotorische Kraft induziert.

Arten der Induktion. Es ist nun zu betrachten, in welchen Fällen ein Leiter Kraftlinien schneidet.

1. **Bewegung**; ein Leiter bewegt sich im ruhenden magnetischen Felde, oder das magnetische Feld bewegt sich, während der Leiter ruht.

2. **Änderung des Feldes**; der das Feld erzeugende Magnet ändert seine Stärke, oder sein Anker wird bewegt, wodurch die Verteilung der Kraftlinien sich ändert

3. **Stromänderung**; das Feld rührt von einem stromdurchflossenen Leiter oder Elektromagnet her. Alle Stromänderungen ändern die Verteilung der Kraftlinien; das Aufhören des Stromes läßt das Feld verschwinden, das Auftreten des Stromes läßt es wieder erscheinen.

Richtung der Induktion. Wir haben praktisch zwei Fälle zu unterscheiden, denjenigen, wo sich Leiter und Magnete gegeneinander bewegen, und den anderen, wo nur die Kraftlinien sich verschieben, während die Leiter in Ruhe bleiben.

Für den ersteren Fall kann man die Richtung der Induktion durch folgendes Hilfsmittel bestimmen. In Abb. 55 bedeuten die schraffierten Flächen Magnetpole, und zwar der linke, wo die Schraffurlinien stehen, wie der schräge Balken im N, einen Nordpol, der andere einen Südpol. Der zu induzierende Leiter, der vor den Nordpol gezeichnet ist, wird noch besser dargestellt durch einen schmalen Schlitz in einem Stück Papier, das man auf die Abbildung legt. Verschiebt man das Papier in der Richtung, in der sich der Leiter bewegt, so gleiten die Schraffurlinien in ihm entlang und geben damit die Richtung der Induktion an.

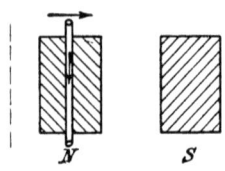

Abb. 55. Richtung der Induktion.

Man sieht leicht, daß diese Richtung vor dem Südpol entgegengesetzt wie vor dem Nordpol ist, und daß mit der Umkehr der Bewegung auch der Sinn der Induktion wechselt.

Der Fall, wo keine körperliche Bewegung eintritt, wird gewöhnlich dann vorliegen, wenn zwei Leitungsdrähte auf einander wirken, von denen mindestens der eine Strom führt. Dafür gibt es folgende Regel:

Wenn in einem Draht der Strom entsteht oder zunimmt, so wird in benachbarten Drähten eine EMK induziert, welche der Richtung des induzierenden Stromes entgegengesetzt ist. Wenn im induzierenden Draht der Strom verschwindet oder abnimmt, so ist die Richtung der induzierten EMK derjenigen des induzierenden Stromes gleich.

Diese Regel gilt für Leitungen und für aufgespulte Drähte, sei es, daß sie einen Eisenkern umgeben, oder daß sie nur auf unmagnetischen Stoff gewickelt sind.

Stärke der Induktion. Die induzierte EMK steht im geraden Verhältnisse zur Länge des induzierten Leiters und zur Geschwindigkeit, mit der er die Kraftlinien schneidet. Rasche Bewegung, rasche Stromänderungen erzeugen starke Induktionen. Es kommt aber auch darauf an, wie der Leiter gegen die Kraftlinien steht. Bewegt man ihn z. B. die Kraftlinien entlang, so daß er keine schneidet, so wird auch nichts induziert; ebenso, wenn im Felde von rasch wechselnder Stärke die Kraftlinien sich immer dem Leiter entlang hin- und herbewegen. Am günstigsten ist es für die Induktion, wenn der Leiter von den Kraftlinien senkrecht geschnitten wird; denn dann kann er in einer bestimmten Zeit die meisten Kraftlinien schneiden.

Induktion in einer Schleife.

Schleife. Ein sehr häufiger Fall ist der, daß nicht ein einzelner Leiter, sondern eine geschlossene oder nahezu geschlossene Leiterschleife sich im Felde bewegt. Abb. 56 möge ein magnetisches Feld darstellen, dessen Kraftlinien senkrecht zur Ebene des Papiers stehen und daher als Punkte erscheinen; darin bewegt sich ein zum Rechteck gebogener Draht. In der ersten Lage links schließt das Rechteck einen bestimmten Kraftfluß ein; an den gezeichneten Punkten können wir ihn auf 12 Kraftlinien abschätzen. In der zweiten Lage sind es noch ebensoviel. Die beiden Längsseiten des Rechtecks haben bei der Bewegung gleichviel Kraftlinien geschnitten; daher sind in ihnen gleich große EMK entstanden,

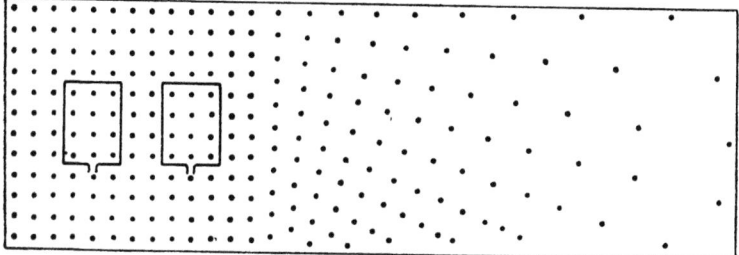

Abb. 56. Leiterschleife im Magnetfeld.

die im Felde gleichgerichtet, im Leiterviereck aber entgegengesetzt gerichtet sind und sich aufheben. Bewegt man ein Blatt Pauspapier mit dem darauf gezeichneten Leiterviereck in dem linken Teil des Feldes in beliebiger Richtung, auch unter Drehung in der Ebene des Papiers, so sieht man, daß jedesmal, wenn ein Leiterteil eine Kraftlinie schneidet, ein gegenüberliegender Leiterteil dies gleichfalls tut, daß also gleiche, im Leiterviereck entgegengesetzt gerichtete Kräfte induziert werden, deren Summe Null ist. Kommt aber das Viereck aus dem linken Teil in den schwächeren rechten Teil des Feldes, so schneidet der eine Leiter mehr Kraftlinien als der andere, die in jenem induzierte EMK überwiegt. Wenn der eine Leiter mehr Kraftlinien schneidet als der gegenüberliegende, so verändert sich dabei die vom Leiterviereck umschlossene Kraftlinienmenge.

In einer Leiterschleife steht die EMK im geraden Verhältnis zur Geschwindigkeit, mit der der von der Schleife umschlossene Kraftfluß sich ändert.

Drehung. Der umschlossene Kraftfluß kann sich auch dadurch ändern, daß die Leiterschleife sich um ihre Achse dreht. Ziehen wir zu dem Viereck die Mittellinie und drehen es um diese, so daß es aus der Zeichenebene heraustritt, so schließt es einen mit der Zeit fortwährend wechselnden Kraftfluß ein. Dieser Vorgang wird auf S. 100 genauer betrachtet.

Selbstinduktion. Bei einem Draht, in den ein Strom eintritt, entwickelt sich das magnetische Feld (s. Abb. 43) aus seiner Achse heraus; demnach schneiden alle Kraftlinien, die der Leiter erzeugt, ihn selbst und induzieren in ihm selbst eine EMK. Die Richtung und Stärke dieser Kraft ist nach dem Vorigen zu bestimmen; es ergibt sich hierfür folgende Regel:

Die durch Selbstinduktion hervorgerufene EMK ist stets so gerichtet, daß sie sich der induzierenden Stromänderung entgegenstellt.

Die durch die elektromagnetischen Eigenschaften eines Leiters bedingte Größe seiner Selbstinduktion wird Induktivität (auch Koeffizient der Selbstinduktion) genannt.

Da die induzierte EMK durch die Menge der geschnittenen Kraftlinien bestimmt wird, so folgt zunächst, daß sie bei stärkerer Stromänderung größer ist. Außerdem ist leicht einzusehen, daß die Gegenwart des Eisens, weil sie die Bildung der Kraftlinien begünstigt, auch die Induktivität erhöht.

Nimmt man nicht einen, sondern mehrere Drähte, z. B. eine Spule aus N Drähten, so ist der erzeugte Kraftfluß N mal so groß; es wird also in jedem Draht eine N mal so große EMK induziert, in den N zusammen also eine N^2 mal so große. Die Induktivität einer Spule wächst mit dem Quadrate der Windungszahl.

Die Einheit der Induktivität heißt Henry. Einfache Telegraphenleitungen (auch Kabelleitungen) haben, wenn sie aus Kupfer oder Bronze bestehen, etwa 0,003 Henry auf das Kilometer, für Eisen etwa das Vier- bis Fünffache. Bei Doppelleitungen ist die Induktivität geringer, weil die Induktion aus dem zweiten Draht der Schleife ihr entgegenwirkt; sie beträgt z. B. für eine Doppelleitung aus 3 mm starkem Bronzedraht mit 20 cm Abstand der beiden Drähte 0,001 Henry auf 1 km. Für die Fernhörer ist das Verhältnis der Induktivität zum Widerstand etwa 0,001, beim Morseapparat, Klopfer und ähnlichen zur Erzeugung von

Bewegung hergestellten Apparaten durchschnittlich 0,03 bis 0,09, bei den Induktionsrollen oder Drosselspulen höher, bis 0,2, je nach der Dicke der Bewickelung.

Die Selbstinduktion der Apparate zeigt sich z. B. bei Unterbrechung des Stromes in dem Öffnungsfunken. Die EMK der Selbstinduktion ist bei großer Windungszahl so hoch, daß sie den an der Unterbrechungsstelle hergestellten Luftzwischenraum zu durchbrechen vermag. Um diesen Öffnungsfunken zu beseitigen, gibt man der induzierten EMK einen geeigneten Stromweg, indem man z. B. die Unterbrechungsstelle durch einen kleinen Kondensator, unter Umständen mit vorgeschaltetem Widerstand überbrückt.

Verschiedene Fälle der Induktion.
Induktion durch Bewegung. Bewegter Leiter, Dynamomaschine.

Wechselstrom. Im magnetischen Felde, z. B. eines Stahlmagnets oder Elektromagnets (Abb. 57) mit rund ausgebohrten Polschuhen, bewege sich ein Leiter parallel der Oberfläche der Polschuhe auf dem punktierten Kreise herum; in diesem Leiter werden elektromotorische Kräfte induziert. In der gezeichneten Lage des Leiters ist die Induktion am stärksten, weil die Kraftlinien senkrecht und also am raschesten geschnitten werden. Bewegt sich der Leiter weiter, so schneidet er die Kraftlinien schräger, also langsamer; im obersten Punkte, wo er sich den Kraftlinien parallel bewegt, ist die Induktion Null.

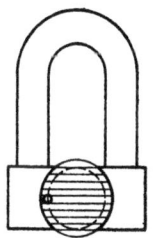

Abb. 57.
Einfachster Wechselstromerzeuger.

Denken wir uns die zylindrische Fläche, die der Leiter bei seiner Bewegung beschreibt, der Achse parallel aufgeschnitten und eben ausgebreitet (abgewickelt), so erhalten wir Abb. 55, S. 96. Der Leiter bewegt sich von links nach rechts; tritt er rechts aus dem Bilde heraus, so tritt er am linken Rande sofort wieder ein. Man kann an Abb. 55 leicht verfolgen, wie die Richtung der EMK bei jeder Umdrehung zweimal wechselt, nämlich während der Leiter durch die Zwischenräume zweier Polflächen geht.

Abb. 58 zeigt, wie eine größere Länge des Leiters unterzubringen ist, um eine höhere EMK zu erzielen. Die Leiter werden so verbunden, daß ihre EM-Kräfte sich addieren. Auf diese Weise entsteht eine Schleife.

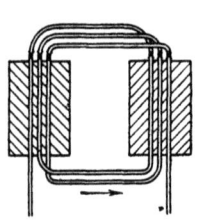 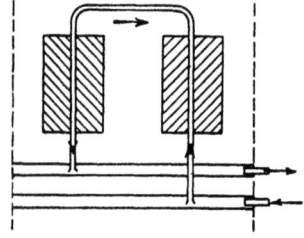

Abb. 58. Spule im Magnetfeld.   Abb. 59. Ableitung des Stromes.

Den bewickelten Teil dieser Maschine nennt man Anker. Man wickelt die zu induzierenden Leiter auf Eisen, weil das letztere den Raum zwischen den Polschuhen fast ganz ausfüllt und hierdurch der magnetische Widerstand des Kreises vermindert, das Feld in dem verbleibenden Luftspalt zwischen Polfläche und Eisenkern des Ankers verstärkt wird.

Der induzierte Leiter wird durch Schleifringe und Kontaktfedern[1]) mit der äußeren Leitung verbunden (Abb. 59). Um den Vorgang in dieser Schleife zu untersuchen, betrachten wir Abb. 60. Zwischen den beiden Polflächen sehen wir wie in Abb. 54 ein magnetisches Feld, welches in Wirklichkeit nahezu gleichmäßig ist und hier zur Vereinfachung der Betrachtung als genau gleichmäßig angesehen wird. Die Schleife zeigt sich nur durch die beiden Drahtquerschnitte; sie nimmt zu Anfang die Lage A A', dann nach einander B B', C C' usw. ein, indem sie sich dreht. Hierbei umschließt sie Kraftlinien, deren Menge wechselt, und es folgt daraus, daß in der Schleife eine EMK entsteht[2]).

---

[1]) Die Kontaktfedern, die auch jetzt noch häufig aus zahlreichen Drähten oder dünnen Blechen hergestellt werden, nennt man in der Regel nach dieser älteren Form Bürsten, selbst dann, wenn es sich, wie bei den Kohlenbürsten, um Klötze handelt.

[2]) Um sich dies anschaulich zu machen, steche man in ein Blatt steifes Papier mit einer feinen Nadel Löcher in gleichmäßiger Verteilung, wie die Punkte in Abb. 56 links. Hält man das Blatt gegen das Fenster, so stellen die hellen Punkte die Kraftlinien vor. Das Leiterviereck biege

Um den Vorgang übersichtlich darzustellen, betrachten wir zunächst den Kraftfluß, der in jeder Lage der Schleife von ihr umschlossen wird; wir sehen, daß wir dies aus Abb. 60 an den Abschnitten auf der Geraden A A' ablesen können; z. B. umschließt die Schleife in der Lage C C' die Kraftlinien, die zwischen den

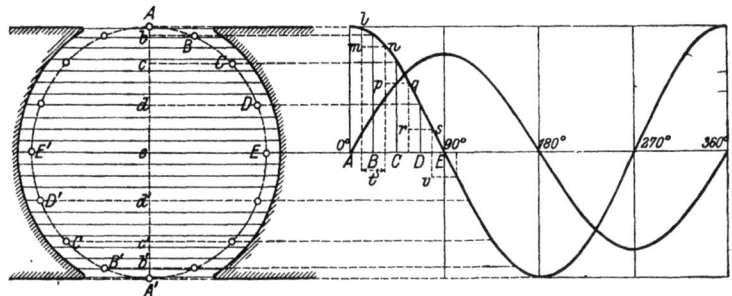

Abb. 60. Induktion in der Dynamomaschine.

Punkten c c' durch A A' hindurchgehen. Da auf die Längeneinheit von A A' überall dieselbe Zahl Kraftlinien kommt, steht also der Kraftfluß, den die Schleife C C' umschließt, im einfachen geraden Verhältnis zu dem Abschnitt c c'; ebenso für die Lage D D' zu d d' usw. Für die Zeichnung ist es bequemer, statt der ganzen Abschnitte c c', d d' deren Hälfte e c, e d zu nehmen. Dann braucht man nur die Lote B b, C c usw. nach rechts zu verlängern, um durch die Abstände zwischen der Achse E' E und den Verlängerungen die Kraftfläche darzustellen.

Die Schleife, die im Anfang die Lage A A' einnimmt, durchläuft mit gleichmäßiger Geschwindigkeit den Kreisumfang; tragen wir dies auf der Achse E' E ab, so entsprechen den aufeinanderfolgenden Lagen der Schleife Punkte von gleichem Abstand auf der Achse E' E, die mit den Buchstaben der Lage bezeichnet

man aus Draht und drehe es vor dem Papier. Man sieht dann die in der Zahl wechselnden umschlossenen Kraftlinien vor sich. — Die Kraftlinien verlassen das Eisen der Polschuhe in einer Richtung, die nahezu oder genau senkrecht zur Oberfläche steht, und treten in das Eisen des Ankers, womit wir uns den inneren Raum ausgefüllt zu denken haben, ebenso senkrecht ein; man kann sich leicht überzeugen, daß es keinen Unterschied für die Betrachtung ausmacht, ob man die Kraftlinien genau richtig zeichnet oder so, wie es der Übersichtlichkeit wegen oben geschehen ist.

sind, in der sich der anfänglich in A liegende Leiter befindet. Errichten wir in diesen Punkten Lote, so geben deren Längen bis zu den Schnittpunkten mit den wagerechten Geraden die umschlossenen Kraftflüsse an. Die Kurve, welche diese Schnittpunkte verbindet, gibt auch für alle Zwischenlagen den umschlossenen Kraftfluß an.

Um daraus die EMK zu finden, die in jedem Augenblick in der Schleife induziert wird, wollen wir bedenken, daß sie im einfachen geraden Verhältnis steht zu der Änderung des Kraftflusses in der Zeiteinheit. Diese können wir beliebig wählen. Sie sei gleich dem doppelten des Abstandes t; die Änderung des Kraftflusses in dieser Zeit t ist gleich dem Unterschied der Lote, die in l und n endigen, demnach $= l$ m; die Änderung in der doppelt so großen Zeiteinheit demnach $2\,l$ m, was wir in B auftragen. Diese Länge stellt die mittlere EMK dar, welche während der Zeit t in der Schleife fließt, also näherungsweise die EMK in dem gezeichneten Zeitpunkt. Dieselbe geometrische Konstruktion liefert für die Lage C die Länge $2\,n\,p$, für D die Länge $2\,r\,q$. Die Zeichnung wird um so richtiger, je schmaler die Streifen t in der Zeichnung werden; die Kurve, welche in Abb. 60 die Endpunkte von $2\,l\,m$, $2\,n\,p$, $2\,r\,q$ usw. verbindet, ist für ganz schmale Streifen gezeichnet[1]).

Wir müssen nun noch den Augenblick betrachten, wann die Schleife von A A' kommend die Stellungen E E' und A' A erreicht hat.

In der Stellung E E' umschließt sie keine Kraftlinien mehr. Bis dahin nahm der umschlossene Kraftfluß ab; beim Weiterdrehen nimmt er wieder zu; das würde also eine Umkehrung der EMK liefern. Aber gleichzeitig treten die Kraftlinien von der anderen Seite, gewissermaßen vom Rücken her in die Schleife ein; das gibt eine nochmalige Umkehr der Richtung, so daß sie die gleiche bleibt, wie auf dem Wege A bis E. Sie bleibt die gleiche bis zur Lage A' A; hier treten noch immer die Kraftlinien vom Rücken her in der Schleife ein, zugleich aber wechselt der umschlossene Kraftfluß von der Zunahme zur Abnahme; es findet also nur ein Wechsel statt. Daher wechselt hier die EMK ihr

---

[1]) Es wird dem Leser empfohlen, Abb. 60 in mehrfach größerem Maßstab selbst zu zeichnen und die Konstruktionen genau durchzuführen.

Vorzeichen. Von diesem Punkte an tragen wir die EMK von der Achse E E' aus nach unten ab; sie behält die Richtung bei, bis die Schleife wieder die Lage A A' erreicht. Alsdann wiederholt sich das Spiel[1]). Es entsteht auf diese Weise ein Strom von ständig wechselnder Stärke und von periodisch wechselnder Richtung, ein Wechselstrom oder ein schwingender Strom.

Die niedrigere der beiden Kurven der Abb. 60 stellt die EMK dar, welche während einer vollen Umdrehung in der Schleife induziert wird. Die Hauptlagen bezeichnen wir mit 0^0, 90^0, 180^0, 270^0 und 360^0. Die höchsten Werte nach oben und unten heißen Scheitelwerte. Die Zeit, welche die EMK gebraucht, um von einem bestimmten Zustand wieder genau zu demselben zurückzukehren, z. B. vom positiven Scheitelwert wieder zum positiven Scheitelwert, nennt man eine Periode. Während einer Periode finden zwei Richtungswechsel oder kurz Wechsel statt. Die Zahl der Perioden in der Sekunde heißt Frequenz. Ein bestimmter Punkt während der Veränderung wird Phase genannt; man versteht unter Phase einen Augenblickswert der veränderlichen Größe und bezeichnet sie durch die Zeit, die seit dem Durchgang durch die Nullage verstrichen ist (im Winkelmaß, vgl. Abb. 60 rechts, 90^0, 180^0 usf.). Die beiden Kurven in Abb. 60 haben einen Phasenunterschied von 90^0 oder einer Viertelperiode, weil die Zeitpunkte, zu denen gleiche Phasen (z. B. der positive Scheitelwert) erreicht werden, um 90^0 oder eine Viertelperiode auseinanderliegen. Bei 180^0 Phasenunterschied spricht man von entgegengesetzter Phase.

Die Kurven der Abb. 60 nennt man Sinuskurven, weil sie sich

---

[1]) Mit Hilfe der Trigonometrie findet man, daß der umschlossene Kraftfluß im geraden Verhältnis steht zu $b \cdot \cos \alpha$, worin b die Breite der Schleife $A A_1$ und α den Winkel bedeutet, den ihre Ebene mit der Richtung $A A_1$ einschließt. Die Lote in der Kurve rechts in A, B usw. sind also Werte von $b \cdot \cos \alpha$. Die Geschwindigkeit, mit der sich diese Lote ändern, ist $[b \cdot \cos (\alpha - \Delta \alpha) - b \cos (\alpha + \Delta \alpha)] : \Delta t$, worin Δt eine bestimmte kleine Zeit ist, in der sich die Schleife um $2 \Delta \alpha$ dreht. Diese Geschwindigkeit ist also, wie eine Rechnung nach bekannten Formeln ergibt, $2 b \sin \alpha \sin \Delta \alpha : \Delta t$. Für den sehr kleinen Winkel $\Delta \alpha$ ist Sinus und Bogen gleich; $2 \cdot \Delta \alpha : \Delta t$ ist die gleichbleibende Drehungsgeschwindigkeit v der Schleife. Es steht also die EMK im Verhältnis zu $b \cdot v \cdot \sin \alpha$. Ein Vergleich der beiden Kurven mit einer Tafel der trigonometrischen Zahlen wird zeigen, daß Rechnung und Zeichnung übereinstimmen.

mathematisch durch die Sinuszahlen darstellen lassen. Dies ist die einfachste Gestalt einer Schwingungskurve; wenn man einen Kiesweg entlang gehend den Spazierstock hinter sich herzieht und ihn hin- und herschwingen läßt, so zeichnet er eine ebensolche Kurve; in der Schrift des Heberschreibers, vgl. S. 321, Abb. 244 a u. 244 b, kann man in den Buchstaben k, r, y, a, l und e stets beim Wechsel der Stromrichtung die Sinuslinien erkennen.

Meist wird der Verlauf eines Wechselstroms nicht durch eine so einfache Kurve dargestellt. Schon in der Dynamomaschine liegen die Verhältnisse nicht so einfach, wie oben angenommen worden ist. Besonders hat man im Magnetfeld den vom Strom umflossenen und daher magnetischen Anker mit einem eigenen Magnetfeld, das sich mit dem Hauptfeld zusammensetzt und dieses schräg stellt. Seine Richtung und Stärke bleiben nicht gleichmäßig, und daher wird auch die Kurve der EMK anders wie in Abb. 60.

Abb. 61 zeigt die Kurve der EMK eines Magnetinduktors. Das Ankereisen hat die aus Abb. 151 ersichtliche Gestalt; beim Drehen ist der Punkt besonders ausgezeichnet, wann der Rand des breiten Teils des Ankereisens sich vom Rand des Polschuhs trennt; diesen Punkt fühlt man auch bei langsamem Drehen der Kurbel deutlich. In diesem Augenblick wird der höchste Wert der EMK erreicht, die hohe Spitze in Abb. 61. Diese Kurve I stellt die EMK dar, während der Anker keinen Strom liefert. Läßt man ihn 60 Milliampere leisten, so hat man eine starke Rückwirkung der Ankermagnetisierung auf das Feld, wodurch die Spannung vermindert wird; vgl. die niedrige Kurve II.

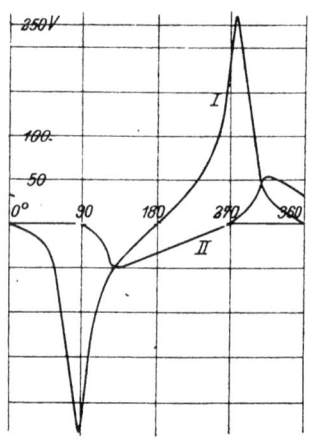

Abb. 61. Spannungskurven eines Magnetinduktors.

Einphasenstrom. Der gewöhnliche, auf zwei Drähten fortzuleitende Wechselstrom, z. B. der des Magnetinduktors, hat in den beiden Zweigen der Doppelleitung entgegengesetzte Phase. Man nennt diesen Strom in der Regel Wechselstrom;

soll er aber von dem im folgenden besprochenen unterschieden werden, so spricht man von Einphasenstrom.

Mehrphasenstrom. In Abb. 62 ist ein gewöhnliches Magnetfeld mit abwechselnden Polen dargestellt. Die darin bewegten Leiterschleifen sind so geordnet, daß ihre EMK in der Phase gegeneinander verschoben sind. Man kann offenbar auf diese Weise beliebig viele Ströme von beliebigen Phasenunterschieden erzeugen. Diese Ströme können unabhängig voneinander dem Anker entnommen werden; man braucht dann für jede Schleife zwei Drähte, wie in Abb. 59.

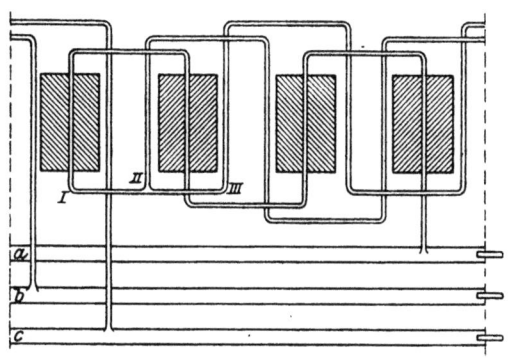

Abb. 62. Mehrphasenstrom.

Besonders wichtig ist die Anordnung nach Abb. 62 mit drei um 120° verschobenen Strömen; man braucht zu ihrer Fortleitung nicht 6, sondern nur 3 Drähte, weil gerade bei diesem Phasenunterschied stets ein Draht die Rückleitung für die beiden andern bildet[1]). Man nennt diesen Strom Dreiphasenstrom oder Drehstrom.

In Abb. 62 sind die drei Schleifen mit ihren Anfängen verbunden; dies nennt man Sternschaltung. Der Verbindungs- oder Neutralpunkt kann über das Maschinengestell geerdet werden. Verbindet man die drei Schleifen in Reihe, so daß eine in sich geschlossene Ankerwicklung entsteht, und führt von den Verbin-

---

[1]) Trigonometrisch ausgedrückt: $\sin \alpha + \sin (\alpha + 120°) + \sin (\alpha + 240°) = 0$. Die Summe der Ströme in den drei Leitungen an irgend einer Stelle ist Null, wie bei dem gewöhnlichen Wechselstrom und Gleichstrom auf zwei Leitungen.

dungspunkten Leitungen zu den drei Schleifringen, so entsteht die **Dreiecksschaltung**. Um diese in Abb. 62 herzustellen, hat man die Sternverbindung aufzulösen und den Leiter I mit dem Schleifringe c, II mit a, III mit b zu verbinden.

Mittelwert. Wenn ein Wechselstrom nach seiner Stärke gemessen werden soll, pflegt man nicht den ganzen Stromverlauf festzustellen, sondern einen Mittelwert des Stromes. In der Regel benutzt man Wirkungen, die im Verhältnis zum Quadrat des Stromes stehen und von dessen Richtung unabhängig sind, z. B. die Wärmewirkung; man nennt diesen meßbaren Wert den **quadratischen Mittelwert** oder auch den **Effektivwert** des Wechselstroms. In Abb. 60 gibt die untere der wagerechten Linien am rechten Rande den Effektivwert der EMK an.

Verschiedene Frequenzen. Der Kurbelinduktor des Fernsprechgehäuses liefert bei der üblich raschen Drehung (3 Kurbeldrehungen in der Sekunde) etwa 25 Perioden, der Polwechsler gleichfalls 25 Perioden. Der in der Starkstromtechnik zur Beleuchtung und zum Motorenbetrieb in der Regel verwendete Wechselstrom hat etwa 25 bis 50 Perioden in der Sekunde. Für Zwecke der drahtlosen Telegraphie werden Maschinen für 500, neuerdings auch solche für 10 000 bis 15 000 Perioden in der Sekunde gebaut.

Der Strom der Gleichstrommaschinen ist nach Seite 108 kein vollkommen gleichmäßiger; während der Zeit, in der ein Stromwenderteil unter den Bürsten hindurchgeht, macht die EMK und damit auch der Strom eine kleine Schwingung; die Frequenz dieser Schwingungen beträgt etwa einige Hundert in der Sekunde.

Die Fernsprechströme sind Wechselströme, deren Frequenz zwischen etwa 50 und 5000 liegt; für die Sprechverständigung kommt es hauptsächlich auf den Teil an, dessen Frequenz etwa 800 beträgt.

Die von Tesla mit einer gewissen Schaltung von Kondensatoren und Induktionsapparaten erzeugten Stromschwingungen weisen viele tausende, ja hunderttausende Perioden in der Sekunde auf, während die kürzeren der jetzt in der Funkentelegraphie verwendeten Hertzschen Wellen etwa eine Million Perioden in der Sekunde haben.

Einfache und zusammengesetzte Schwingungen. Die tatsächlich vorkommenden zusammengesetzten Schwingungen lassen sich in einfache Schwingungen zerlegen; man kann sie sich aus letzteren zusammengesetzt denken. Daher gilt das, was für einfache Schwingungen gefunden wird, stets auch für alle Schwingungen, wenn man den Einfluß der Zusammensetzung berücksichtigt. Abb. 63 zeigt eine zusammengesetzte Schwingung und ihre Teilschwingungen. Das Zusammensetzen ist leicht; man hat nur an

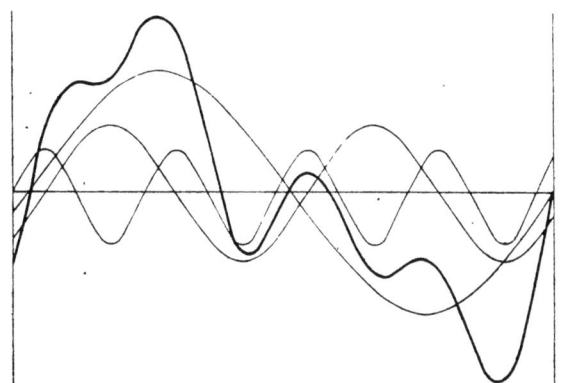

Abb. 63. Zusammengesetzte Schwingung.

jeder Stelle der wagerechten Achse die Lote unter Beachtung ihrer Richtung zu addieren. Für die Zerlegung bedarf man besonderer mathematischer Methoden; man hat auch geeignete Apparate dafür.

Gleichstrom. Verbindet man die Schleife in Abb. 59 nicht mit den beiden den ganzen Umfang bedeckenden Schleifringen, sondern mit dem zweiteiligen Stromwender oder Kommutator, auch

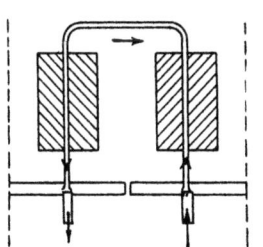
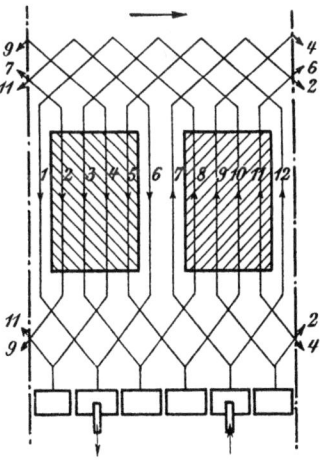

Abb. 64. Zweiteiliger Stromwender.　Abb. 65. Vielteiliger Stromwender.

108 Induktion.

Kollektor, wie in Abb. 64, so erhält man im äußeren Kreise zwar Strom gleichbleibender Richtung, weil in dem Augenblick, in dem die Richtung der Induktion in den Ankerleitern wechselt, auch die Verbindungen zum äußeren Stromkreis vertauscht werden; aber dieser Strom wechselt noch fortwährend in seiner Stärke.

Soll der Strom auch (wenigstens annähernd) gleiche Stärke haben, so muß man einen vielteiligen Stromwender anwenden, wie ihn Abb. 65 zeigt. Um den Vorgang zu verstehen, zeichne man die Polflächen, die Pfeilspitzen und die Stromabnahmebürsten der Abb. 65 auf ein besonderes Blatt, die übrigen Linien auf ein Blatt Pauspapier und verschiebe das letztere in der Richtung des oberen Pfeiles; man wird in jeder Lage den Stromlauf leicht verfolgen können und sehen, daß dabei keine erheblichen Änderungen der EMK eintreten, weil die Lage der induzierten Leiter im Felde stets annähernd die gleiche bleibt.

Felderregung. Die Magnetfelder der Dynamomaschinen werden in der Regel durch Elektromagnete erzeugt. Nur kleine Maschinen, wie der Magnetinduktor, benutzen Stahlmagnete.

Die Wechselstrommaschinen werden gewöhnlich aus einer fremden Stromquelle, Batterie, Gleichstrommaschine gespeist. Manchmal wird auch der Erregerstrom dem eigenen Anker entnommen und durch einen Kommutator gleichgerichtet.

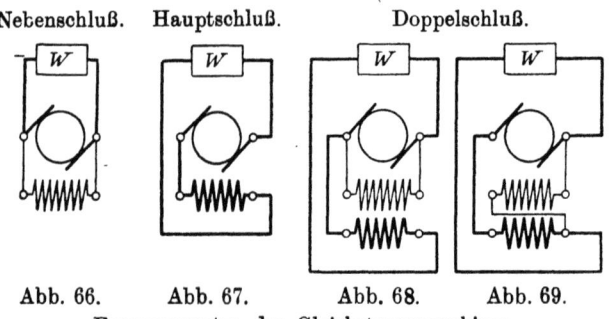

Nebenschluß.   Hauptschluß.   Doppelschluß.

Abb. 66.   Abb. 67.   Abb. 68.   Abb. 69.
Erregungsarten der Gleichstrommaschinen.

Die Gleichstrommaschinen baut man stets mit Selbsterregung, d. h. der eigene Anker liefert den Strom zur Erregung der Feldmagnete. Die Bewicklung der Magnete wird entweder in Nebenschluß zum Anker gelegt, wobei nur ein kleiner Teil des Ankerstroms zur Felderregung dient, Nebenschlußmaschine; oder

der Ankerstrom geht ungeteilt durch den Feldmagnet, **Hauptstrom-**, **Hauptschluß-**, **Reihenmaschine**. Für bestimmte Zwecke baut man auch Nebenschlußmaschinen, die noch eine Hilfswicklung mit Hauptstrom haben, Maschinen mit gemischter Wicklung, **Doppelschlußmaschinen** oder Compoundmaschinen.

Diese Erregungsarten sind in den Abb. 66 bis 69 dargestellt; der äußere Stromkreis wird durch einen Widerstandskasten W vertreten.

Bau der Dynamomaschinen. Während es früher sehr mannigfaltige Anordnungen gab, hat man jetzt durchweg eine und dieselbe, ein zylindrisches feststehendes Gehäuse, in dem sich ein gleichfalls zylindrischer oder ein sternförmiger Körper dreht.

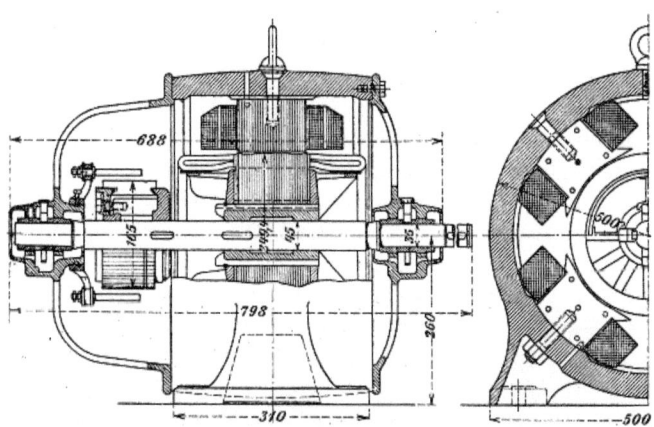

Abb. 70. Gleichstrommaschine.

Abb. 70 stellt als Beispiel einen Gleichstrommotor für 7,5 Kilowatt dar; der rechte Schnitt ist der Raumersparnis wegen nur halb gezeichnet. Das Gehäuse ist der Feldmagnet; vom äußeren Ring ragen in den Innenraum vier aus Blech zusammengesetzte Pole mit Bewicklungen. Der innere Zylinder ist der Anker; der Kern besteht aus runden Eisenblechscheiben. In die äußere Fläche des Kerns sind Nuten eingearbeitet, in denen die Bewicklungsdrähte oder -stäbe liegen; sie sind mit dem auf der Ankerachse sitzenden Stromwender oder Kommutator verbunden; diese Verbindungen, wie auch die Bürsten, sind nicht gezeichnet. Die Zahl der Polpaare richtet sich nach der Größe der Maschine, beträgt z. B. bei einer Maschine für 500 Kilowatt 24 Paar. Manchmal ist das Gehäuse der induzierte Teil; die innere Fläche trägt keine Pole, sondern Nuten zur Aufnahme der Bewicklungsdrähte. Der drehbare Teil ist dann der Feldmagnet, entweder mit vorspringenden ausgeprägten Polen oder gleichfalls genutet und mit einer Wicklung versehen (Innenpolmaschine).

Für hohe Spannungen braucht man viele Windungen auf dem Anker. Für starke Ströme müssen die Ankerleiter dick sein. Rasch laufende Maschinen leisten mehr als gleich schwere langsam laufende, sind aber auch etwas größerer Abnutzung unterworfen.

Elektromotor. Die Dynamomaschine ist umkehrbar; leitet man ihr Strom von außen zu, so wird sie zum Elektromotor. Denkt man sich zu den Stromschleifen der Abb. 59 und 64 die Ersatzmagnete (vgl. S. 84), so sieht man sogleich, daß diese von den Feldmagneten in bestimmtem Sinne angezogen werden.

Beim Wechselstrommotor (Abb. 59) braucht man ein von Gleichstrom erregtes Feld und eine mechanisch eingeleitete, genügend rasche Anfangsdrehung. Dann wird der Ersatzmagnet der Stromschleife jedesmal, wenn er die Polfläche erreicht hat, von der er angezogen wird, gerade stromlos werden; er wird dann unter dem Einfluß seiner eigenen Drehung, die nicht plötzlich aufhören kann, ein wenig weiter bewegt; zugleich tritt der Strom in entgegengesetzter Richtung in den Anker. Dies bewirkt Abstoßung von der Polfläche, die die Schleife gerade erreicht hatte, und Anziehung durch die nächste. Der Wechselstrommotor läuft nur mit einer bestimmten, durch die Frequenz des Wechselstroms und die Polzahl des Motors bestimmte Geschwindigkeit; er muß mechanisch in Gang gesetzt werden.

Bei Gleichstrom ist der Vorgang ähnlich; nur wird die Stromumkehr vom Stromwender besorgt und tritt daher selbsttätig ein, auch schon bei langsamer Drehung. Der Gleichstrommotor läuft also an, wenn man ihn in den Stromkreis einschaltet, auch unter Last. Seine Feldmagnete werden wie bei der Dynamomaschine entweder in Nebenschluß- oder in Hauptschlußschaltung erregt, oder man verwendet gemischte Schaltung. Der Nebenschlußmotor läuft mit nahezu gleichbleibender Geschwindigkeit bei jeder Belastung, wenn man nicht durch Einschalten von Widerstand regelt. Man darf den Elektromotor im ruhenden Zustande nicht ohne Vorschaltwiderstand in den Stromkreis einschalten; denn der ruhende Anker setzt der äußeren Spannung noch keine Gegenkraft entgegen, so daß der Strom bei dem geringen Widerstand des Ankers gewaltig ansteigen und den Anker beschädigen würde. Der zum Einschalten dienende Widerstandskasten heißt **Anlasser**. Abb. 161 zeigt einen solchen Apparat in schematischer Darstellung.

Man baut auch Wechselstrommotoren, die wie Gleichstrommotoren beim Einschalten von selbst und unter Last anlaufen und in ihrer Geschwindigkeit geregelt werden können, die Drehstrommotoren und die verschiedenen Arten der Wechselstrom-Kommutatormotoren. Es würde zu weit führen, auch diese noch zu betrachten.

Bewegtes Eisen. Telephon.

Statt den Leiter im Feld kann man auch das Feld gegen den Leiter bewegen. Das letztere geschieht, wenn man den ganzen Magnet oder anderen Träger des Magnetfeldes bewegt; es geschieht aber auch schon, wenn man nur den magnetischen Kreis ändert.

Man baut nach diesem Grundsatz auch Dynamomaschinen, insbesondere solche für Wechselstrom; die Wickelungen ruhen, die Maschine hat keine Schleifringe, sondern nur feste Verbindungen.

Eine für uns wichtige Anwendung macht man von diesem Grundsatz beim Telephon.

Es sei in Abb. 71 M ein Stahlmagnet mit Polschuhen p aus weichem Eisen, welche Spulen aus Kupferdraht s tragen. Vor den Polschuhen befindet sich eine Scheibe B aus Weißblech (verzinntes Eisenblech). Zur Zeit der Ruhe gehen die Kraftlinien vom Magnet durch die Polschuhe und durch

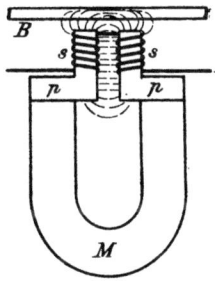

Abb. 71. Telephon.

die Blechscheibe in einer durch die Abmessungen des Apparates, besonders durch die Weite des Luftspaltes bestimmten Verteilung. Wird durch eine äußere Kraft die Blechscheibe auf die Polschuhe hin bewegt, so verkleinert sich hierdurch der magnetische Widerstand nach der Blechscheibe hin, die Kraftlinien vermehren sich; wird letztere von den Polschuhen entfernt, so geschieht das Umgekehrte. Die Zahl der Kraftlinien, welche die Polschuhe durchsetzen, ändert sich auf und nieder, und ihre Änderung induziert in den Spulen s elektromotorische Kräfte wechselnder Richtung.

Auf dieser Einrichtung beruht der Fernsprecher. Die Schallwellen, welche die Blechscheibe treffen, bewegen sie im Zeitmaß der ankommenden Schwingungen auf die Polschuhe hin und wieder zurück; es werden also elektromotorische Kräfte induziert, welche ein elektrisches Bild des auf die Blechscheibe wirkenden Schalles sind.

Als Empfänger wirkt der Fernsprecher, den man dann richtiger Fernhörer nennt, auf elektromagnetischem Wege. Die eingehenden Wechselströme erzeugen in den Spulen s des Fernhörers wechselnde magnetische Kräfte, welche die gleichbleibende Wirkung des Stahlmagnets auf die Polschuhe p abwechselnd stärken und schwächen. Diesen wechselnden Magnetisierungen folgt die Blechscheibe, indem sie sich den Polschuhen bald nähert, bald von ihnen entfernt. Da der ankommende Strom ein Bild der ihn erzeugenden Schallwellen, die Bewegungen der Blechscheibe des Empfängers ein Bild des ankommenden Stromes sind, so folgt, daß die im Fernhörer erzeugten Bewegungen der Blechscheibe die beim Fernhörer ankommenden Schallwellen nachbilden. Die Änderungen, die der Strom unterwegs erfährt, ändern natürlich auch die Wiedergabe der Laute.

Induktion durch Stromänderung.

Induktionsapparate. Da die Induktion auf der Wirkung der Kraftlinien beruht, wählt man Eisen als Grundlage der Konstruktion, und zwar gutes Schmiedeeisen. Wenn der Kern aus einem vollen Eisenstück hergestellt wird, so induziert der in der Bewicklung fließende Strom während seiner Änderungen auch im Metall des Kernes Ströme, die hier in kurz geschlossenen Bahnen verlaufen. Sie erzeugen Wärme, was einen Verlust bedeutet, und wirken in magnetischer Beziehung den Strömen in der Bewicklung entgegen. Solche Ströme nennt man Wirbelströme oder Foucaultsche Ströme. Um ihre Bildung zu vermeiden, wird das Eisen entweder in Form von Draht oder von Blech angewandt. Blech ist im magnetischen Sinne besser, weil man mehr Eisen in den gleichen Raum bringt als mit Draht; doch lassen sich viele kleinere Apparate besser mit Hilfe von Eisendraht bauen.

Die Leitungsdrähte, welche aufeinander wirken sollen, der induzierende oder primäre und der induzierte oder sekundäre, werden parallel zueinander auf den Kern gewickelt. In der Regel gehören die beiden Drähte verschiedenen Stromkreisen an, die von einander gut isoliert sein sollen. Um dies zu erreichen, wird erst der eine Draht aufgewickelt, mit Isolation gut umhüllt, und dann der zweite Draht darüber gebracht.

Den Eisenkreis schließt man meist vollständig; manchmal läßt man aus Gründen des Baues einen kleinen Luftraum im Kraftlinienweg.

Die Wirkungsweise eines Induktionsapparates ist folgende (Abb. 72): Lassen wir in die primäre Wicklung I den Strom I_1 eintreten, so entstehen im Eisenkern Kraftlinien, die sich in den äußeren Raum fortsetzen (wie in Abb. 45), und die während ihres Entstehens, da sie auch die sekundäre Wicklung II schneiden, hier eine EMK induzieren. Nach Seite 96

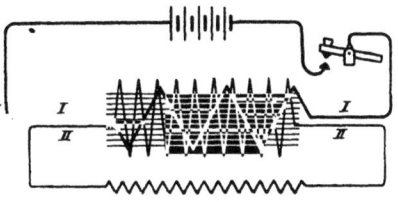

Abb. 72. Induktionsapparat.

umfließt der von dieser hervorgebrachte Strom den Eisenkern im entgegengesetzten Sinne wie der primäre Strom. Nimmt jetzt der letztere wieder ab, so wird in der sekundären Wicklung ebenso eine EMK induziert, diesmal aber von der Richtung des verschwindenden primären Stromes, also dem vorherigen sekundären Strom entgegengesetzt.

Während man demnach den primären Strom gleichbleibender Richtung mit der Taste schließt und öffnet, erhält man als sekundären einen Wechselstrom.

Die induzierte EMK ist um so höher, je größer die sekundäre Windungszahl und je stärker der primäre Strom ist.

Ein Induktionsapparat mit nur einer Wicklung wird benutzt, wenn man eine hohe Selbstinduktion im Stromkreise braucht. Die vom Strom erzeugten Kraftlinien induzieren während jeder Stromänderung im eigenen Kreise eine EMK; vgl. Seite 98. Solche

Apparate heißen Drosselspulen, kürzer Drosseln, auch Induktionsrollen, Gegenstromrollen, Graduatoren.

Der Transformator und die Drossel. Wenn man den Induktionsapparat Abb. 72 primär mit Wechselstrom speist, kann man den Stromunterbrecher entbehren, da der Strom von selbst zweimal in jeder Periode (vgl. Abb. 60) den Wert Null annimmt und dazwischen seinen Höchstwert erreicht. Der sekundäre Wechselstrom hat dieselbe Frequenz wie der primäre. In den Scheitelpunkten ist der primäre Strom, da er zu wachsen aufhört und abzunehmen beginnt, für einen kurzen Augenblick als gleichbleibend anzusehen; dann induziert er nicht, in diesem Augenblick ist demnach die sekundäre EMK Null. Wenn der primäre Strom durch Null geht, ändert er seine Stärke am raschesten und induziert daher am stärksten; diesem Augenblick entsprechen danach die Scheitelwerte der sekundären EMK. Daher erscheint die sekundäre EMK gegen den primären Strom zeitlich verschoben um eine Viertelperiode (wie die beiden Kurven in Abb. 60).

Der primäre Strom erzeugt den Magnetismus im Eisen; die Schwingungen des Magnetismus bringen die sekundäre EMK hervor, und wenn die sekundäre Spule Strom zu liefern hat, so wirkt auch dieser Strom auf den Magnetismus. Diese Vorgänge sind ziemlich verwickelt; sie lassen sich besser betrachten, wenn man annimmt, der Magnetismus, als periodisch veränderliche Größe, sei gegeben. Dann erzeugt er während seiner periodischen Änderungen in jeder einzelnen Drahtwindung eine bestimmte Wechsel-EMK e; in den N_1-Windungen der primären Spule die EMK $E_1 = e \cdot N_1$, welche der von außen angelegten Spannung V_1 entgegenwirkt (vgl. S. 98); ebenso in der sekundären Spule $E_2 = e \cdot N_2$. Die primäre EMK wird annähernd so groß, wie die primäre Klemmenspannung V_1, die man auch die aufgedrückte Spannung nennt; der Unterschied der beiden Größen ist nur so groß, daß er den Strom durch den geringen Widerstand des Transformators treiben kann. Die primäre und die sekundäre EMK stehen im Verhältnis der Windungszahlen der Spulen. Die sekundäre Klemmenspannung V_2 ergibt sich also annähernd zu

$$V_2 = V_1 \cdot \frac{N_2}{N_1}$$

N_2/N_1 heißt das **Übersetzungsverhältnis** des Transformators.

Da die entnommene Leistung = Spannung mal Strom bis auf den Verlust im Transformator (meist nur einige Prozent) der zugeführten gleich ist, gilt für die Ströme das umgekehrte Verhältnis. Beides aber ist nur eine Annäherung, die um so genauer gilt, je geringer der Verlust im Transformator ist. Dieser Verlust besteht in der Stromwärme (S. 63) und dem Aufwand für Ummagnetisierung (Hysterese, S. 86).

Die primäre EMK ist der aufgedrückten Spannung in jedem Augenblick entgegengesetzt. Da die sekundäre EMK in ebensolchen Drahtwindungen zustande kommt, wie die primäre, so ist sie mit dieser gleichphasig, der aufgedrückten Spannung entgegengesetzt. Die sekundäre EMK hat demnach gegen die aufgedrückte Spannung 180^0 Phasenunterschied. Wenn im sekundären Kreis keine erhebliche Induktivität oder Kapazität wirkt, wenn also der Strom mit der Spannung wesentlich gleiche Phase hat, ist demnach auch der sekundäre Strom dem primären entgegengesetzt gerichtet. Die Ströme verhalten sich annähernd umgekehrt wie die Windungszahlen, daher sind ihre magnetisierenden Kräfte annähernd gleich, aber entgegengesetzt; der Eisenkern erfährt also nur eine geringe Magnetisierung; der Transformator bietet bei geschlossenem sekundärem Stromkreis nur geringe Induktivität. Ist aber die sekundäre Spule offen oder nur durch einen hohen Widerstand geschlossen, so tritt die ganze Induktivität auf und der Transformator wird zur Drosselspule.

Sparschaltung. Speist man einen Elektromagnet, der nur eine Spule trägt, mit Wechselstrom, so erhält man wieder in jeder Windung eine EMK e; ein Teil N_0 der Gesamtzahl N der Windungen gibt also eine EMK $e N_0$, die ganze Spule die EMK $e N$, welche wieder etwas kleiner ist als die von außen angelegte Klemmenspannung V. Es wird also die von N_0 abgezweigte Spannung V_0 annähernd gleich sein $V \cdot N_0/N$ (Abb. 73). Man braucht demnach, um die Spannung zu ändern, nur eine Spule und erspart die zweite. N_0 kann auch größer als N sein (vgl. Abb. 156).

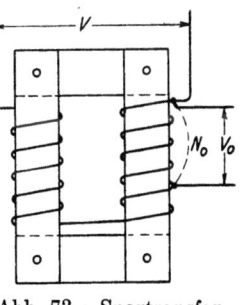

Abb. 73. Spartransformator.

Das Verhalten der Induktionsspulen läßt sich auf diese Weise ebenfalls erklären (s. S. 113). Der im Eisenkern schwingende Magnetismus erzeugt in den Windungen eine EMK, die der von außen angelegten entgegenwirkt.

Bau der Transformatoren und Drosselspulen. Der Eisenkern muß unterteilt sein (vgl. S. 112) und wird bei größeren Apparaten aus Blech hergestellt. Man baut häufig einen viereckigen Eisenrahmen (Abb. 73), der aus geraden Blechstreifen zusammengesetzt wird. Auf zwei Seiten des Rahmens schiebt man die vorher fertiggewickelten Spulen auf. Vgl. S. 115 u. 209.

Fernsprechübertrager. Im Fernsprechbetrieb verwendet man kleine Transformatoren, die man Übertrager nennt. Sie erhalten einfacher gebaute Kerne aus Blech (vgl. S. 210) oder aus Draht (vgl. S. 477/8).

Die Differentialdrossel. Ein Differentialmagnet nach Abb. 49 bis 52 kann dazu dienen, einem Wechselstrom, der beide Wicklungen in gleichem Sinne durchfließt (Eintritt bei I_a, Austritt bei II_e, Abb. 52), große Induktivität und zugleich einem andern Wechselstrom, der die Wicklungen in entgegengesetztem Sinne durchfließt (Eintritt bei I_e, II_a, Austritt bei I_a und II_e), keine Induktivität in den Weg zu legen, vgl. Abb. 124, 125, S. 164, 165.

Das Mikrophon (vgl. S. 31). In seiner einfachsten Gestalt — die für technischen Gebrauch nicht geeignet ist und nur zur Erläuterung der Vorgänge hier besprochen wird — besteht das Mikrophon aus drei Stückchen harter Kohle K_1, K_2 und S (Abb. 74). Das Kohlenstückchen S ist ein Stift mit zugespitzten Enden, mit denen es in Vertiefungen der Klötzchen K_1 und K_2 gelagert ist. Der Strom eines galvanischen Elementes B wird bei K_1 ein- und bei K_2 ausgeführt; er findet einen Widerstand (Seite 31) an den Stellen, wo der Stift S die beiden Klötzchen K_1 und K_2 berührt. Hier stehen nämlich die Kohlenflächen in ziemlich lockerer Berührung; nur die Schwere des Stiftes S übt den Druck aus, durch den die Kohlenstückchen aufeinander gepreßt werden. Gerät der Stift S in Bewegung, so ändert sich der Druck in rascher Folge, so daß ein fortwährender Wechsel in

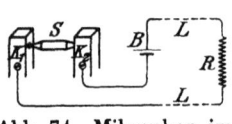

Abb. 74. Mikrophon im Linienkreis.

der Innigkeit der Berührung und damit der Größe des Widerstandes eintritt.

Wenn wir nun die drei Kohlenstückchen K_1, S, K_2 an einer leichten Holzplatte befestigen und gegen die letztere sprechen, so kommt S in Bewegung, und zwar um so stärker, je lauter wir sprechen, um so rascher, je höher die Stimmlage der sprechenden Person ist; auch die anderen Eigentümlichkeiten der Sprache drücken sich in entsprechenden Eigentümlichkeiten der Bewegung des Stiftes S aus, die sich in Veränderungen des Mikrophonwiderstandes umsetzen.

In Abb. 75 werde der Strom im ruhenden Mikrophon durch die Strecke OA dargestellt, die sich zeitlich nicht ändert. Trägt man nach rechts hin die aufeinander folgenden Zeitpunkte t_1, t_2 ... t_n auf, so wird also der zeitliche Verlauf der Stromstärke im ruhenden Mikrophon durch die wagrechte Gerade AB dargestellt.

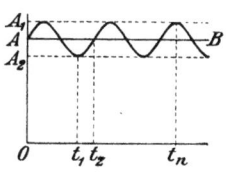

Abb. 75. Strom im Mikrophon.

Lassen wir aber auf das Mikrophon einen musikalischen Ton wirken, z. B. von 250 ganzen Schwingungen in der Sekunde, so schwankt der Widerstand des Mikrophons um seinen Ruhewert M in regelmäßiger Weise auf und ab; er ändere sich in einer Viertelschwingung, d. i. in 0,001 s, allmählich um den Betrag m (bald aufwärts, bald abwärts); B, L und R seien die übrigen Widerstände des Stromkreises (Abb. 74), E die EMK der Batterie. Dann sind die Ströme

$$OA = \frac{E}{M + B + L + R} = I_0$$

$$OA_1 = \frac{E}{M + B + L + R - m} = I_1$$

$$= I_0 \left(1 + \frac{m}{M + B + L + R}\right) \text{ angenähert}[1]$$

---

[1] Vorausgesetzt, daß m klein ist gegen die Summe W der Widerstände $M + B + L + R$, kann man hier Quadrate und höhere Potenzen von m/W vernachlässigen. Dann ist

$$I_1 = I_0 \cdot \frac{W}{W - m} = I_0 \cdot \frac{1}{1 - m/W} = I_0 \left(1 + \frac{m}{W}\right); \quad I_1 - I_2 = I_0 \cdot \frac{2m}{W}.$$

$$OA_2 = \frac{E}{M + B + L + R + m} = I_2$$

$$= I_0 \left(1 - \frac{m}{M + B + L + R}\right) \text{ angenähert}^{1)}$$

$$I_1 - I_2 = I_0 \frac{2m}{M + B + L + R}.$$

Beim Sprechen sind die Schwingungen der Schallplatte weniger einfach wie nach Abb. 75, sondern wesentlich verwickelter und nicht gleichmäßig; die allgemeine Betrachtung bleibt aber die gleiche.

Da das Mikrophon alle Bewegungen von S in Stromänderungen umsetzt, so erhalten wir in der Leitung L ein genaues elektrisches Bild der gegen die Mikrophonplatte gesprochenen Worte. Wir können diese Ströme einem Fernhörer zuführen und sie dadurch wieder in Sprachlaute zurückverwandeln (vgl. S. 112). Im Fernhörer wirken nur die Änderungen des Stromes; daher ist für den Empfang der Sprache in erster Linie der Unterschied $I_1 - I_2$ maßgebend, der im geraden Verhältnis steht zum Strom im ruhenden Mikrophon und der Änderung des Mikrophonwiderstandes und im umgekehrten Verhältnis zum Widerstand der Leitung und der Apparate. Man sieht hieraus, daß es wichtig ist, die EMK der Batterie groß zu wählen; man darf damit aber nicht beliebig hinauf gehen, weil bei zu starkem Strom die Kohlen des Mikrophons sich zu stark erhitzen und verbrennen und zugleich das Mikrophon in eigentümlicher Weise pfeift. Ferner ist es günstig, ein Mikrophon zu wählen, dessen Widerstand sich stark ändert, während die Widerstände des Stromkreises klein sein sollen. Insbesondere kommt es auf den Widerstand der Leitung an. Bei kurzer Leitung (kleinere L) ist die in Abb. 74 dargestellte Schaltung zweckmäßig; sie wird daher bei Anlagen innerhalb eines Grundstücks von mäßiger Größe gewöhnlich verwandt. Wenn die Leitung aber von erheblicher Länge ist, pflegt man eine andere Schaltung anzuwenden.

Die obigen Gleichungen zeigen, daß die Änderungen des Mikrophonwiderstandes nur einen verhältnismäßig geringen

---

[1]) Vgl. Fußnote auf voriger Seite.

Einfluß haben, wenn das Mikrophon in eine Leitung von erheblicher Länge eingeschaltet wird. In solchem Falle verwendet man die Übertragerschaltung, Abb. 76.

Das Mikrophon liegt im Ortskreis; dieser ist mit der Leitung durch einen Übertrager verbunden[1]).

Der Strom in I_1 ist der Gleichstrom mit überlagertem Wechselstrom aus Abb. 75. Der Kern des Übertragers wird also vom Gleichstrom dauernd magnetisiert; diese dauernde Magnetisierung hat nur insofern

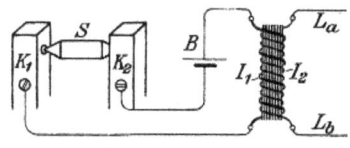

Abb. 76. Mikrophon im Ortskreis.

eine Wirkung, als das Eisen des Kerns bis zu einem gewissen Grade magnetisch gesättigt wird. Steigt die Sättigung zu hoch, so kann hierdurch die Induktionswirkung, deren Stärke nach dem vorhergehenden von der Magnetisierbarkeit des Eisens abhängt, beeinträchtigt werden.

Im übrigen wirkt induzierend nur der übergelagerte Wechselstrom; die Wirkung ist also, von der eben erwähnten Rücksicht auf die Magnetisierbarkeit des Eisenkerns abgesehen, genau die gleiche, als wenn man nur einen einfachen Wechselstrom verwendet.

Einer möglichst starken Stromänderung im Mikrophon-Ortskreis entspricht ein möglichst starker induzierter Wechselstrom in der Sprechleitung.

Weitere Mikrophonschaltungen s. Seite 468 bis 470.

Induktion zwischen Telegraphenleitungen. Es seien mehrere Leitungen am gleichen Gestänge geführt; eine senkrecht zur Richtung der Leitungen gelegte Ebene schneidet die Leitungen, welche sich in Abb. 77 als kleine Kreise zeigen. Wenn in einer diese Leitungen ein Strom fließt, so entsteht ein magnetisches Feld,

---

[1]) In der vorigen Rechnung ist $L + R$ zu ersetzen durch den Widerstand U_1 der primären Übertragerspule. Es sind

$$I_1 - I_2 = I_0 \cdot \frac{2m}{M + B + U_1}.$$

Da m ungefähr im Verhältnis zu M wächst, wählt man ein Mikrophon, dessen Widerstand merklich größer ist als $B + U_1$; da zugleich I_0 von M abhängt, darf M nicht zu groß genommen werden.

welches die Leitung, wie in Abb. 43 dargestellt, in Form konzentrischer Kreise umgibt.

Die beim Eintritt des Stromes vom Leiter ausgehenden Kraftlinien schneiden die benachbarten Drähte; aber man sieht, daß die entfernteren Drähte nur von weniger Kraftlinien geschnitten werden als die näheren. Hieraus folgt, daß die Induktion von der Entfernung der beiden Drähte, des induzierenden und des induzierten, abhängt. Je größer diese Entfernung, desto geringer die Induktion. Aber die Stärke der Induktion nimmt weit langsamer ab, als die Entfernung wächst.

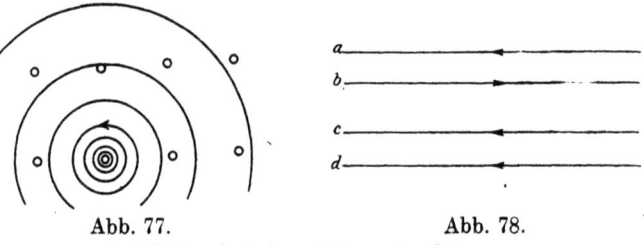

Abb. 77.   Abb. 78.
Induktion zwischen Telegraphenleitungen.

In Abb. 78 wird ein Leitungsstrang aus vier Leitungen von oben gesehen dargestellt. In b tritt ein Strom der angegebenen Richtung ein. Dann wird in dem gleichen Augenblick, d. h. während der Strom in b ansteigt, in jedem der anderen Drähte eine EMK induziert, welche die entgegengesetzte Richtung hat. Die Kraft in a ist am größten, die in c ist kleiner, die in d am kleinsten, entsprechend den verschiedenen Abständen von b.

Sind diese Leitungen an den Enden zur Erde geführt und enthalten sie Fernhörer, so vernimmt man die Induktion in diesen.

Wenn nun aber c und d zu einer Doppelleitung vereinigt sind, so wirken in dieser die beiden erzeugten EM-Kräfte einander entgegen, wie Abb. 79 erkennen läßt, und es bleibt daher nur ihr

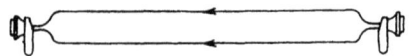

Abb. 79. Schleifleitung als Induktionsschutz.

Unterschied wirksam, um Strom zu erzeugen. Dieser Unterschied ist um so geringer, je weiter die beiden Leitungen von der induzierenden entfernt und je näher sie einander sind. Eine solche

Leitungsführung gibt demnach schon einen gewissen Schutz gegen Induktion, der bei geringerer Länge der Leitungen ausreicht.

Wenn auch a und b zu einer Doppelleitung gehören, wie Abb. 80 darstellt, so wird in diesen der gleiche Strom fließen, und er wird in a die entgegengesetzte Richtung wie in b haben. Nun werden in den Drähten c und d in jedem zwei EM-Kräfte induziert, im ganzen vier, welche durch die Pfeilspitzen 1 bis 4 angedeutet sind.

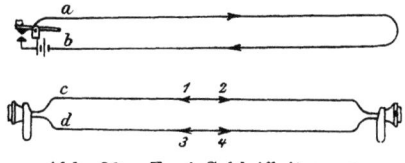

Abb. 80. Zwei Schleifleitungen.

Von diesen rühren 1 und 3 von der Induktion aus der Leitung b, 2 und 4 aus Leitung a her. Die Kraft 1 ist die größte, 2 und 3 sind von mittlerer Stärke, 4 ist am kleinsten. Nr. 1 und 4 wirken im gleichen Sinne, 2 und 3 ihnen entgegen; es bleibt also nur noch der Unterschied, der im allgemeinen klein ist, kleiner als im vorigen Fall, so daß diese Anordnung schon besser wirkt wie die vorige.

Ordnet man die vier Leitungen nach Abb. 81, so daß die Ebene der einen Schleife senkrecht steht auf der Ebene der anderen, so wird die Induktion noch geringer. Denn nun induziert a in c und d wegen des gleichen Abstandes gleiche EM-Kräfte, die im Stromkreis gegeneinander wirken, b ebenfalls und die übrigbleibende Induktion ist Null.

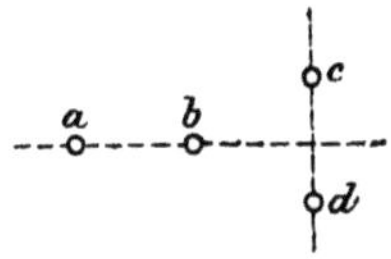

Abb. 81. Induktionsfreie Anordnung.

Daher hat man in Fällen, wo Doppelleitungen auf längere Strecken nebeneinander zu führen sind, in erster Linie dafür zu sorgen, daß die zusammengehörigen Drähte einer Schleife geringen Abstand voneinander haben, dann, daß die Doppelleitungen untereinander größere Abstände erhalten, und schließlich, daß benachbarte Doppelleitungen mit ihren Ebenen senkrecht zueinander stehen.

Diese Bedingungen können oft nicht erfüllt werden. Es bleiben dann Induktionen übrig, die auf anderem Wege beseitigt werden müssen. Wenn z. B. neben einer Telegraphenleitung für Morsebetrieb, die bekanntlich stets eine einfache Leitung mit Erdrückleitung ist, eine Fernsprech-Doppelleitung geführt wird,

122 Induktion.

so bleibt in dieser eine Induktion übrig, welche daher rührt, daß der eine Leitungszweig der induzierenden Leitung näher liegt und daher stärker induziert wird als der andere. Auch dafür gibt es noch eine Abhilfe, indem man die induzierte Schleife nach Abb. 82 kreuzt. Man sieht, daß jetzt in der Schleifenleitung 4 EM-Kräfte induziert werden, von denen 1 und 2 größer sind

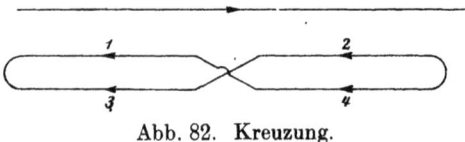

Abb. 82. Kreuzung.

als 3 und 4. Wenn die Kreuzung in der Mitte stattfindet, so sind die Kräfte 1 und 2 einander gleich, ebenso 3 und 4 untereinander. Im Stromkreis wirken nun 1 und 2 gegeneinander, heben sich also auf, ebenso 3 und 4, und es bleibt keine Induktion übrig.

Diese Maßregel wird zum Schutz der Fernsprechleitungen gegen störende Induktion allgemein verwendet. Damit es nicht nötig sei, auf Vermehrung und Verminderung der gleichlaufenden Leitungen Rücksicht zu nehmen, teilt man den Linienzug in kurze Abschnitte von 1 km Länge und kreuzt an bestimmten der so gewonnenen Punkte die Zweige der Doppelleitung. Viele Fernsprech-Doppelleitungen werden mit anderen zusammen als Viererleitungen zum doppelten Fernsprechen benutzt (vgl. S. 163); dann läßt man die zusammengeschalteten Doppelleitungen an bestimmten Stellen die Plätze tauschen (Platzwechsel). Abb. 83 zeigt die Anordnung für eine Viererleitung.

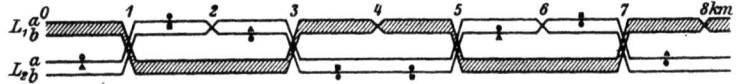

Abb. 83. Kreuzungen und Platzwechsel.

Nachdem 8 km durchlaufen sind, wiederholt sich die Anordnung. Um die Induktionsfreiheit rechnerisch zu prüfen, mögen für den Zweig L_2 a die Beträge der Induktion auf je 1 km Leitung durch die Zeichen ▲●■ ausgedrückt werden; das Dreieck soll die Stärke der Induktion bei kleinstem Abstand, z. B. von L_1 b auf L_2 a im ersten Kilometer, der Kreis bei mittlerem, das

Viereck bei größtem Abstand bedeuten; die Induktion im einen Sinn soll über der Leitung, die im entgegengesetzten Sinn unter der Leitung verzeichnet werden. Addiert man zum Schluß über eine Strecke von 8 km, so. erhält man gleichviel Kreise, Drei- und Vierecke über wie unter der Leitung, d. h. die Induktion ist im ganzen Null.

Besonders wirksam gegen Induktion von und nach außen ist die schraubenförmige Führung, die man bei den Fernsprech-Doppelleitungskabeln anwendet. Man verdrillt entweder die beiden zur Doppelleitung gehörigen Drähte miteinander und verseilt diese Doppeldrähte zum Kabel; oder man verseilt zwei Doppeladern in der Viererstellung

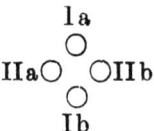

miteinander und mehrere solche Paare von Doppeladern zum Kabel.

Die miteinander verseilten Drähte liegen einer äußeren Leitung gegenüber alle gleich, da sie nach einander dieselben Lagen durchlaufen.

Die schraubenförmige Führung kann auch für oberirdische Leitungen verwandt werden; stehen an der ersten Stange die Leitungen in der Folge: $\frac{\text{I a II a}}{\text{II b I b}}$, so haben wir an der zweiten die Stellung $\frac{\text{II b I a}}{\text{I b II a}}$, an der dritten $\frac{\text{I b II b}}{\text{II a I a}}$. Diese Bauweise ist aber in der RTV nicht üblich, weil sie sich bei der großen Zahl der an an einem Gestänge zu führenden Leitungen nicht anwenden läßt.

Bei den bisherigen Betrachtungen waren die aufeinander wirkenden Leitungen parallel angeordnet. Es möge nun a in Abb. 84 die induzierende Leitung sein, welche feststeht, b die darunter liegende induzierte, der wir beliebige Lagen gegenüber a geben können. Lassen wir zunächst b parallel zu a;

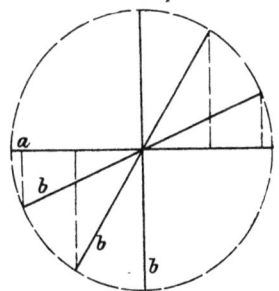

Abb. 84. Verschiedene Stellung der induzierten Leitung.

beim Eintritt des Stromes schneidet eine gewisse Menge Kraftlinien die Leitung b. Drehen wir nun b, so sieht man, daß die Stellung von b ungünstiger für das Schneiden der Kraftlinien wird. Auch werden bei gleichbleibender Länge von b mit wachsendem Winkel die wirksamen Längen von a immer geringer. Schließlich, bei senkrechter Kreuzung, hört die Induktion auf, weil die Leitung b mit den Kraftlinien von a in einer Ebene liegt, so daß sie von ihnen überhaupt nicht (genauer: nur von einer sehr dünnen Schicht) geschnitten wird[1]).

Wenn Leitungen einander im Winkel kreuzen, so ist die Induktion von diesem Winkel abhängig. Sie ist am größten, wenn die Leitungen parallel, und gleich Null, wenn sie zueinander rechtwinklig laufen.

Einfluß von Isolationsfehlern. Bei diesen Betrachtungen ist vorausgesetzt worden, daß die Leitungen gut isoliert seien. Treten aber Isolationsfehler auf, so bieten sie den induzierten Strömen neue Wege, die Ströme verzweigen sich. Es möge Abb. 85 eine Doppelleitung vorstellen, die so geführt ist, daß die auf ihr induzierten EMKe (durch die Pfeilspitzen in der Leitung dargestellt) sich genau ausgleichen. Durch die beiden Fehler wird die Leitung geteilt; in jedem Abschnitt von dem einen Fehler zum andern überwiegt diejenige Spannungsrichtung, die auf der größten Länge wirkt. Dies ergibt die durch die neben die Leitung gesetzten Pfeile angegebenen Ströme, die beide Fernhörer durchfließen, also hörbar werden können.

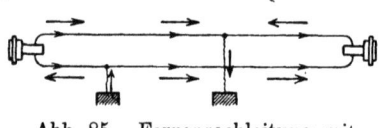

Abb. 85. Fernsprechleitung mit Erdfehlern.

Ebenso wie Isolationsfehler wirken auch stärkere Ungleichmäßigkeiten in der Kapazität. Die hierdurch hervorgerufenen Ladeströme fließen gleichfalls über die Endapparate.

Isolationsfehler der induzierenden Leitung wirken ähnlich; die bei der Herstellung einer induktionsfreien Anordnung vorausgesetzte Gleichheit der Ströme in beiden Zweigen einer Doppelleitung oder des Stroms längs einer Einzelleitung ist gestört, und es bleibt daher eine Induktion übrig.

---

[1]) Die trigonometrische Betrachtung zeigt, daß die Induktion dem Kosinus des Winkels zwischen a und b proportional ist.

Symmetrie der Leitungen. Da die Leitungen, wenn ordnungsgemäß unterhalten, Ableitung und Kapazität in gleichmäßiger Verteilung auf die Länge aufweisen, ist die Grundbedingung für Induktionsfreiheit symmetrische Führung der Leitungen; die Anlage muß sich in zwei Hälften zerlegen lassen, die in bezug auf Anordnung der Leitungen, Widerstand, Ableitung, Kapazität und Induktivität einander genau gleich sind; die Trennungslinie muß durch die Mitte der Gebe- und Empfangsapparate gehen. Bei der außerordentlich großen Empfindlichkeit des Fernhörers können schon geringe Abweichungen von der Symmetrie erhebliche Störungen der Induktionsfreiheit hervorbringen. So muß bei den Schaltungen der Fernsprechämter darauf geachtet werden, daß die Abzweigungen von den beiden Hauptleitungen (a- und b-Draht) zur Erde oder zur geerdeten Batterie immer paarweise gleich sind, daß sie insbesondere gleichen Widerstand für den Sprechstrom haben. Hierdurch wird die Kapazität der beiden Hauptleitungen gegen Erde gleichgemacht und das Übersprechen infolge Influenz ferngehalten.

Induktion aus Starkstromleitungen. Was über die Induktion aus Telegraphenleitungen im allgemeinen gesagt wurde, gilt auch für die Induktion aus Starkstromleitungen. Bei hoher Betriebsspannung der Starkstromanlage überwiegt die Influenz, vgl. S. 18, bei niederer Spannung und hohem Strom die Induktion. Die Maßregeln sind im allgemeinen: großer Abstand, Überkreuzung unter rechtem Winkel (Abb. 84), Verdopplung einfacher Leitungen, Kreuzung von Fernsprech-Doppelleitungen (S. 122), schließlich Verkabelung.

Erdstrom. In einer Einzelleitung — ober- oder unterirdisch — die zwei verschiedene Stellen der Erdoberfläche verbindet, beobachtet man stets einen Strom, ohne daß eine besondere Stromquelle eingeschaltet wäre. Dieser Strom kann zum Teil von chemischen Verschiedenheiten der benutzten Erdleitungen oder des Erdreichs, in dem sie ruhen, herrühren; aber auch wenn man diese Ursache völlig ausschließt, bleibt ein Strom übrig. Die Stärke des Erdstroms ist meist gering, von der Größenordnung 0,1 mA. Infolgedessen macht er sich im Telegraphenbetrieb gewöhnlich nicht bemerkbar; im Fernsprecher dagegen hört man (bei Einzelleitungen) seine Änderungen als brodelndes Geräusch, das die Verständigung erschwert.

Die Spannung des Erdstroms ist um so größer, je weiter die Erdplatten voneinander entfernt sind; liegen sie in nord-südlicher Richtung voneinander, so ist sie größer als bei ost-westlicher. Die Stärke des Erdstroms ist daher nicht von der Länge der Leitung abhängig; denn Spannung und Widerstand wachsen gleichmäßig mit der Länge. Sie ist dagegen abhängig von Querschnitt und Leitfähigkeit des Leitungsdrahtes, z. B. in dem starken Kupferdraht eines Telegraphenkabels (7 Ω für 1 km) größer als in einem Eisendraht von 4 mm Stärke (10,5 Ω für 1 km).

Die Ursache des Erdstroms ist nicht völlig aufgeklärt. Es scheint sich um elektromagnetische Wirkungen zu handeln, die von der Sonne ausgehen und mit den Sonnenflecken zusammenhängen; das zeitliche Zusammentreffen der Sonnenflecken mit stärkeren Erdströmen ist durch Beobachtungen festgestellt.

Die Stärke des Erdstroms schwankt fortwährend, und diese Schwankungen gehen mit denen des Erdmagnetismus parallel. Manchmal stört der Erdstrom den Telegraphenbetrieb; für diesen Fall sind besondere Erdstromschaltungen vorgesehen, um den Erdstrom von den Telegraphenleitungen fernzuhalten; vgl. S. 427/8, 444.

Der in der Erde fließende Strom kann auch auf Einzelleitungen induzieren.

VII. Der veränderliche elektrische Strom.

A. Stromquelle von gleichbleibender Spannung.

Lade- und Entladestrom eines Kondensators (Abb. 86). Wenn die Leitung durch einen Kondensator unterbrochen ist, so wird dieser im Augenblicke des Stromschlusses geladen. Positive Elektrizität strömt vom +-Pole der Batterie über die Leitung zur einen Belegung, negative einerseits vom anderen Pol der Batterie zur Erde und anderseits von der Erde zur zweiten Belegung des Kondensators. Der Vorgang spielt sich ab, als wenn der Kondensator durch einen Leitungsdraht überbrückt wäre. Die Stromstärke richtet sich im ersten Augenblick nach den Leitungs-

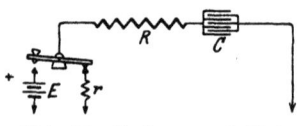

Abb. 86. Ladung und Entladung eines Kondensators.

widerständen, die außerhalb des Kondensators vorhanden sind; die Elektrizität aus der Stromquelle fließt in den leeren Kondensator, ähnlich wie Wasser in einen leeren Behälter strömt. In dem Maße, wie der Kondensator sich lädt, steigt seine Spannung, und die Überspannung der Batterie und der Ladestrom werden geringer, bis schließlich die Spannung am Kondensator gleich der der Batterie geworden ist. Dann ist der Kondensator geladen, und der Ladestrom hört auf.

Läßt man nun die Taste los, so wird die Leitung mit dem geladenen Kondensator beiderseits geerdet; der Kondensator wird sich entladen, und zwar wird im ersten Augenblick seine Spannung noch die der ladenden Batterie sein, also auch einen hohen Strom erzeugen, so hoch wie vorher der Ladestrom im ersten Augenblick, aber von der entgegengesetzten Richtung. Der Widerstand r ist dem inneren Widerstand der Batterie gleich. Bei fortschreitender Entladung nimmt die Spannung rasch ab und damit auch der Strom; beide werden schließlich gleich Null. Abb. 87 stellt diesen Vorgang dar¹); es wird angenommen:

E = 20 Volt,
R = 1000 Ohm,
C = 2 Mikrofarad.

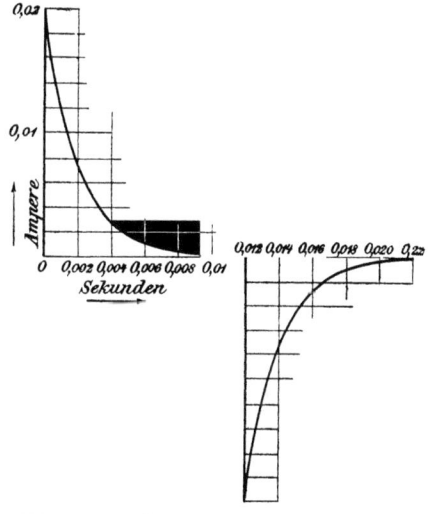

Abb. 87. Ladung und Entladung eines Kondensators.

Die Ladung setzt mit 0,02 Ampere ein und ist nach 0,01 Sekunde nahezu beendet; nach 0,012 Sekunde wird die Taste losgelassen, und es spielt sich nun die Entladung ab.

---

[1]) Die Formel lautet für den ersten Teil: $I = \dfrac{E}{R} \cdot e^{-\dfrac{t}{CR}}$

worin e = 2,718 .., t die Zeit seit Stromschluß bedeutet; für den zweiten Teil ist nur vor E/R das negative Vorzeichen zu setzen.

Man beobachtet den Entladungsstrom häufig im Telegraphenbetrieb. Wenn C die Kapazität einer längeren oberirdischen oder einer Kabelleitung, R der Empfangsapparat ist, so fließt durch den Apparat nach Beendigung eines Zeichens der in Abb. 87 rechts dargestellte Entladungsstrom oder **Rückschlag**.

Magnetisierung und Entmagnetisierung eines Elektromagnetes. Legen wir in die Leitung einen Elektromagnet, Abb. 88, so stellt

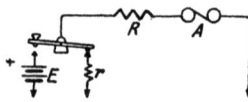

Abb. 88. Magnetisierung eines Elektromagnets.

sich nach S. 98 dessen Induktivität dem Anwachsen des Stromes als Hemmnis entgegen.

Dieses Hemmnis ist im Anfang, wenn der Strom von Null anwächst, am größten und nimmt allmählich ab, wenn der Strom sich seinem Grenzwert, Beharrungswert, nähert, vgl. Abb. 89. Während dieses Vorganges ist der Apparat A magnetisiert worden; dazu mußte elektrische Arbeit aufgewendet werden, indem die kleinsten Eisenteilchen gegen die Koerzitivkraft gedreht wurden. Diese Arbeit ist im Magnet aufgespeichert. Man kann demnach sagen, der Apparat sei magnetisch geladen worden.

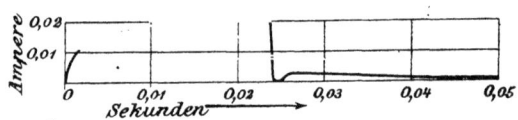

Abb. 89. Magnetisierung eines Elektromagnets.

Der Magnetismus verschwindet, sobald wir die Taste loslassen. Aber die magnetisch aufgespeicherte Energie kann nicht einfach vergehen; wenn die Kraftlinien verschwinden, so wird nach S. 96 zugleich in der Bewicklung des Apparates eine EMK induziert, welche die Richtung des verschwindenden Stromes hat. Sie erzeugt in dem geschlossenen Stromkreis einen Strom, welcher im Widerstand des Kreises nach dem Jouleschen Gesetz in Wärme verwandelt wird. Diese wird an die Umgebung abgeführt.

Abb. 89 zeigt den elektrischen Vorgang[1]). Anfangs steigt der

---

[1]) Die Formel lautet für den ersten Teil:

$$I = \frac{E}{R}\left(1 - e^{-\frac{R}{L}t}\right),$$

für den zweiten: $I = I_0 e^{-\frac{R}{L}t}.$

Strom langsam an, erreicht den Beharrungswert und nimmt beim Loslassen der Taste im ersten Augenblick, während der Schwebelage der Taste, sehr rasch ab. Nachdem aber die Taste die Ruhelage erreicht hat, kommt der vom verschwindenden Magnetismus induzierte Strom noch zur Geltung.

Geltung des Ohmschen Gesetzes. Die im vorigen betrachteten Vorgänge haben das Gemeinsame, daß sie in hohem Maße von der Zeit abhängen. Dies findet aber im Ohmschen Gesetz keinen Ausdruck. Demnach gilt das Gesetz nicht für die Zeit, während deren sich Ladung und Entladung von Kondensatoren und Elektromagneten vollziehen, sondern nur für den Beharrungszustand, der sich nicht mit der Zeit ändert.

Die Zeit des veränderlichen Zustandes ist bei gleichbleibender Spannung der Stromquelle meist sehr kurz, ihre Dauer hängt davon ab, ob die Ladevorgänge erheblich sind. Wenn der Widerstand des Stromkreises sehr beträchtlich, Induktivität oder Kapazität oder beides dagegen sehr gering sind, so sind die Abweichungen vom Ohmschen Gesetz nur unbedeutend. Das gilt z. B. für oberirdische Telegraphenleitungen mit wenigen Apparaten. Bei Kabelleitungen von größerer Länge dagegen ist die Kapazität groß, so daß beim betriebsmäßigen Telegraphieren der Beharrungszustand überhaupt nicht erreicht wird.

Ladespannung. Der Kondensator wirkt bei der Ladung so, als wenn er eine EMK von der Richtung des Ladestromes besäße, gewissermaßen einen Vorspann, der Elektromagnet dagegen wie ein Hemmnis. Bei der Entladung sind beide entgegengesetzt; die Spannung des Kondensators hat die dem verschwindenden Strom entgegengesetzte, die des Elektromagnets die ihm gleiche Richtung. Jene beschleunigt also das Verschwinden des Stromes, wirkt demnach auch hier wie ein Vorspann, dieser verzögert den Strom, ist also wieder ein Hemmnis.

Diese angenommenen Spannungen wollen wir **Ladespannungen** nennen; mit ihrer Hilfe kann man sich in verwickelteren Stromkreisen mit Kapazität und Selbstinduktion leicht zurechtfinden. Die Ladespannungen sind zeitlich veränderlich, am stärksten im Beginn der Ladung, Null an deren Ende.

Angenommen $E = 10$ V, $L = 1,25$ Henry, R (Widerstand des ganzen Stromkreises) $= 500$ Ohm, $I_0 = 0,02$ A; der erste Teil des Stromabfalls wird durch die Schwebelage der Taste unterdrückt. $e = 2,718\ldots$

Scheinwiderstand. Der Kondensator wirkt auch so, als sei im Augenblick des Stromschlusses sein Widerstand Null und wachse in kurzer Zeit auf einen sehr hohen Wert; ebenso bei der Entladung. Der Elektromagnet scheint im Augenblick des Stromschlusses einen sehr hohen Widerstand zu haben, der aber in kurzer Zeit auf den Leitwiderstand zurückgeht. In manchen Betrachtungen dient auch dieser Begriff des „Scheinwiderstandes" zur Erleichterung.

Der elektrische Vorgang in einer Telegraphenleitung (Abb. 90). Eine elektrische Leitung besitzt Leitwiderstand, Isolationswiderstand, Kapazität und Induktivität. Die Abbildung stellt diese Eigenschaften schematisch dar; die Unvollkommenheit der Isolation wird durch die zur Erde führenden Ableitungen angegeben, die Kapazität durch die zwischen Leitung und Erde geschalteten Kondensatoren, die Induktivität der Leitung durch die kleinen Drahtwindungen, welche in jene eingezeichnet sind. Die Ableitung ist bei einer gut unterhaltenen Leitung in der Regel gering und braucht uns hier nicht zu beschäftigen.

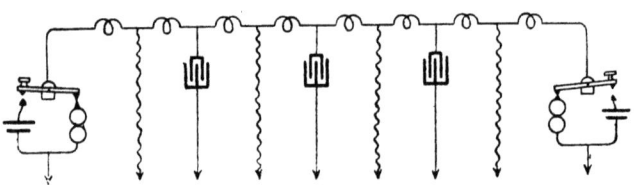

Abb. 90. Schematische Darstellung einer Leitung.

Schließen wir den Strom, so haben wir nach dem Vorigen bei jeder Induktionsrolle eine Ladespannung gegen den Strom, bei jedem Kondensator eine Ladespannung mit dem Strom anzunehmen. Bei oberirdischen Leitungen sind beide meist klein und kommen für den gewöhnlichen Telegraphenbetrieb nicht in Betracht (wohl aber für Schnelltelegraphen- und Fernsprechbetrieb, vgl. S. 145). Bei Kabelleitungen überwiegen die Kondensatorspannungen beträchtlich. Es strömen also in die Kondensatoren Ladungen ein, der abgehende Strom schwillt sofort gewaltig an. Von diesem Strom kommt aber zuerst sehr wenig an das empfangende Ende, weil fast die ganze Elektrizität in den Kondensatoren unterwegs bleibt. Langsam nur, in dem

Scheinwiderstand. Vorgang in der Leitung. 131

Maße, wie die Leitung sich lädt, steigt auch der Strom am empfangenden Ende, der ankommende Strom.

Die Kurve des abgehenden Stromes (Abb. 91) ähnelt der in Abb. 87 dargestellten. Man sieht die hohe Ladespitze; nach kurzer Zeit fällt der Strom auf den Beharrungswert. Der wirkliche Verlauf weicht im Anfang von dem gezeichneten ab; wegen der Selbstinduktion der Leitung kann ein so steiler Anstieg des Stromes und eine so scharfe Spitze nicht zustande kommen. Bei Stromunterbrechung erhält man die aus Abb. 87 bekannte Entladungskurve, welche bei langen Kabeln in die gestrichelte Kurve übergeht. Die Kurve des ankommenden Stromes zeigt Abb. 92; auch hier wird der Beharrungswert, und zwar der gleiche wie beim abgehenden Strom, erreicht. Bei Stromunterbrechung am gebenden Ende unterhält die Ladung des Kabels noch eine Weile den Strom. Längere Kabel geben Kurven ähnlich wie die gestrichelte, weil der Entladungsstrom durch den Widerstand des Kabels verzögert wird.

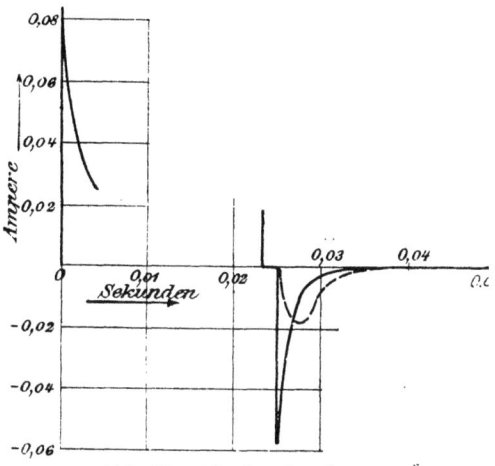

Abb. 91. Abgehender Strom.

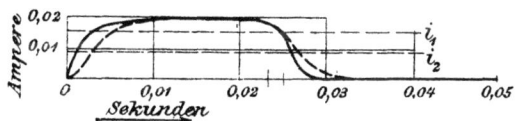

Abb. 92. Ankommender Strom.

Ansprechen der Telegraphenapparate. Der in Abb. 92 dargestellte ankommende Strom dient zum Betrieb des Empfangsapparates. Dieser möge bei der Stromstärke i_1 ansprechen, d. i. seinen Anker anziehen, wenn der Strom von einem niedrigen Werte zu i_1 ansteigt; dann läßt er ihn erst bei einem erheblich

9*

schwächeren Strom i_2 wieder los, weil jetzt der Anker so viel näher liegt.

Man sieht leicht, daß ein Telegraphierzeichen am Ende der Leitung länger ist, als am Anfang. Zwar kann der Strom i_1 (Abb. 92) um ebensoviel später nach Beendigung wie nach Beginn der Stromgebung erreicht werden; aber, da zum Ansprechen des Apparates noch weiteres Sinken bis i_2 nötig ist, so wird das empfangene Zeichen mindestens um die Zeit länger, die der Strom braucht, um von i_1 auf i_2 abzunehmen. Um dies auszugleichen, muß man die Pausen der Telegraphierzeichen größer machen, d. h. langsamer telegraphieren. Hierdurch wird das Telegraphieren verzögert, und zwar um so mehr, je langsamer die Stromkurven steigen und fallen, je flacher sie sind.

Beim Telegraphieren kann man nicht warten, bis der Strom von i_2 aus zu Null abgenommen hat; man beginnt vielmehr schon vorher ein neues Zeichen. Die Kurve des ankommenden Stromes erhält dann eine Gestalt wie in Abb. 93 dargestellt.

Abb. 93. Ankommende Zeichen.

Damit diese Zeichen von einem Relais aufgenommen werden können, muß es möglich sein, eine gerade Linie so zu legen, daß sie unterhalb der oberen Kurvenspitzen, und eine zweite so, daß sie oberhalb der Kurvensenkungen bleibt. Kann man das Relais so einstellen, daß die obere Gerade die Stromstärke bedeutet, bei der der Apparat seinen Anker anzieht, die untere diejenige, bei der er losläßt (vgl. i_1 und i_2 in Abb. 92), so lassen sich die Zeichen mit diesem Relais aufnehmen, und die Telegraphiergeschwindigkeit kann solange gesteigert werden, als die beiden Geraden in den Kurvenzug noch hineinpassen.

Die Geschwindigkeit des Telegraphierens hängt also davon ab, daß die Kurven rasch ansteigen und abfallen, daß sie steil sind.

Im Augenblick des Stromschlusses folgt der Strom nicht dem Ohmschen Gesetz (vgl. S. 129); die Abweichungen rühren her von den elektrischen und magnetischen Ladevorgängen (vgl. S. 126 bis 128), sie sind also abhängig von der Größe der Kapazität und Induktivität des Stromkreises. Die Abweichungen vom Ohmschen Gesetz sind zeitlich eng begrenzt; bei den Telegraphenleitungen und Apparaten handelt es sich um Tausendstel- bis Hundertstel-Sekunden, bis der Strom den Wert angenommen hat, der dem Ohmschen Gesetz entspricht. Aber diese anscheinend sehr kurzen Zeiten sind im Verhältnis zu der Zeit zu betrachten, in der ein telegraphisches Zeichen gegeben werden soll; beim Baudot-Apparat z. B. steht zur Abgabe eines Stromstoßes bei Vierfachbetrieb (vgl. S. 293) nur eine Zeit von 0,014 Sekunden zur Verfügung.

Um die Abweichung vom Ohmschen Gesetz mathematisch auszudrücken, hat man ihm ein Glied einzufügen, welches nach dem vorigen die Kapazität, die Induktivität und die Zeit enthält[1]). Hierin kommen Kapazität C und Induktivität L immer in Verbindung mit dem Widerstand R vor, entweder als L/R oder als CR; das Reziproke dieser Verbindung ist mit der Zeit zu multiplizieren; daher hat man ihr den Namen Zeitkonstante Z gegeben. Für einen Telegraphenapparat von der Induktivität L und dem Widerstand R ist $Z = L/R$; kommt eine oberirdische Leitung von nicht zu großer Länge (Widerstand r) hinzu, so ist $Z = L/(R + r)$. Bei einer längeren Kabelleitung überwiegt die Kapazität C der Leitung; die Zeitkonstante hat die Form $Z = C \cdot R'$, worin R' sich aus dem Widerstand der Leitung und des Endapparates zusammensetzt. Erdet man das Kabel, ohne den Apparat einzuschalten (Abb. 94, Kurve A), so ist $Z = C \cdot R$, worin R der Widerstand der Leitung; vgl. das Beispiel auf S. 135, wo $Z = 0,3$. Die auf S. 132 besprochene Verzögerung des Telegraphierens ist von dieser Zeitkonstante abhängig; daher gilt allgemein das Produkt $C \cdot R$ als Maß der Sprechgeschwindigkeit eines Telegraphenkabels.

Die Zeit, die ein Apparat zur Ausführung seiner Ankerbewegung braucht (im allgemeinen wenige Tausendstel-Sekunden), hängt außer von den besprochenen elektrischen auch von seinen mechanischen Eigenschaften ab. Ein leichter, kurzer Anker bewegt sich rascher als ein schwererer, langer, und eine kräf-

---

[1]) Vgl. die Fußnoten auf Seite 127 und 128.

tige Feder, ein starkes Magnetfeld trägt gleichfalls wesentlich zur Schnelligkeit der Bewegung bei.

Telegraphische Hilfsschaltungen. Da die Ladespannungen in Kondensatoren und Induktionsspulen entgegengesetzt sind, kann man manchmal die eine benutzen, um die unangenehmen Wirkungen der anderen zu bekämpfen. Besonders dienen solche Schaltungen dazu, die Kurve des ankommenden Stromes steiler zu machen.

1. Abschlußkondensator. Wenn man am Ende einer Telegraphenleitung einen Kondensator einschaltet, wie in Abb. 86, so wirkt er nach S. 129 mit seiner Ladespannung im Augenblick des Stromschlusses stromfördernd, im Augenblick der Stromunterbrechung stromverkürzend. Aber man sieht zugleich, daß der Dauerwert des Stromes Null sein muß, da die Leitung durch den Kondensator unterbrochen ist. Man kann also die Schaltung nicht benutzen, um längere Zeichen, Striche, hervorzubringen; vielmehr dient sie nur zur Erzeugung von kurzen Zeichen gleicher Länge. Der Vorspann, den der Kondensator leistet, ist um so kräftiger, je weniger Ladung der Kondensator noch aufgenommen hat, verglichen mit der Ladung bei dauerndem Stromschluß. Soll der Kondensator längere Zeit wirken, so wird man die Spannung der Telegraphierbatterie recht hoch und den Kondensator von erheblicher Größe nehmen. Außerdem wird man, um nur die Zeit der besten Wirkung auszunutzen, den Strom schon abbrechen, wenn die Kurve des ankommenden Stromes nur den anfänglichen steilsten Teil ihres Anstieges hinter sich hat; denn daß der Strom danach minder rasch zunimmt, ist ein Zeichen dafür, daß der Kondensator bereits eine merkliche Ladung angenommen hat.

In Abb. 94 stellt A den ankommenden Strom in einem längeren Telegraphenkabel dar, wenn man lediglich an den Anfang eine Spannung legt und das Ende erdet;

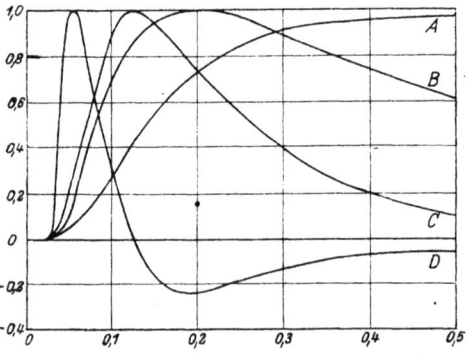

Abb. 94. Ankommender Strom eines Kabels, A ohne, B, C, D mit Abschlußkondensator.

der Strom erreicht nach einiger Zeit seinen vollen Wert, der durch die Höhe der Zeichnung angegeben wird. Diese Zeit ist aber im Vergleich zur Dauer telegraphischer Zeichen sehr lang; man gibt daher besser an, wann der Strom einen minder hohen, noch im starken Anstieg gelegenen Wert, z. B. 0,8 seines Endwertes, erreicht. In einem Kabel von 500 km Länge, 0,2 µF und 6 Ω für 1 km entspricht die Breite der Zeichnung 0,15 s; die Stromstärke von 0,8 des Dauerstroms würde nach etwa 0,07 s erreicht werden[1]).

B ist der Strom, der ankommt, wenn man am Ende einen Kondensator von einem Zehntel der Kabelkapazität einschaltet. Ohne Verstärkung der Batterie würde sein höchster Wert durch den Punkt oberhalb der Zahl 0,2 angegeben werden; erhöht man die Spannung auf das Sechsfache, so entsteht die gezeichnete Kurve. Man sieht, wie der Strom verhältnismäßig früh einen höchsten Wert erreicht; im Beispiel würde das nach 0,06 s sein.

Der Abschlußkondensator kann ebensogut an den Anfang der Leitung gelegt werden; er hat dann dieselbe Wirkung. Erhöhte Wirkung erhält man, wenn man sowohl an den Anfang wie ans Ende einen Kondensator legt, wie man es beim Betrieb langer Seekabel macht; vgl. S. 451. In diesem Falle erhält man die Kurve C; die Abschlußkondensatoren betragen je ein Zehntel der Kabelkapazität; der höchste Strom tritt schon nach 0,04 s ein; damit er den vollen Wert habe, muß die Spannung auf das Dreißigfache erhöht werden.

D ist der Verlauf des Stromes, wenn man ihn nach einer Dauer gleich dem kurzen wagerechten Strich links oben neben der Zahl 0,8 in der Zeichnung (im Beispiel 0,004 s) unterbricht. Die verkürzende Wirkung des Kondensators spricht sich in den Kurven B, C und D deutlich aus.

2. **Maxwellsche Erde.** Sollen durch das Kabel Zeichen verschiedener Dauer gesandt werden, so ist es nötig, dem Kondensator einen Widerstand als Nebenschluß zu geben, Abb. 95.

---

[1]) Das Zeitmaß der Zeichnung ist t/CR, worin t in Sekunden, C in Farad, R in Ohm auszudrücken ist; für CR ergibt sich im Beispiel 0,3, also sind 0,15 s im Zeitmaß der Zeichnung 0,15/0,3 = 0,5. Man kann auf diese Weise für jedes Kabel die Abb. 94 benutzen, nur daß die Zeiten andere sind. Die gestrichelte Kurve in Abb. 91 würde einem Kabel von 100 km und den eben angegebenen Eigenschaften entsprechen.

136 Veränderlicher elektrischer Strom.

Der Widerstand R muß groß sein, damit der Kondensator Ladung aufnehmen und wirken kann; man bemißt ihn etwa gleich dem Leitungswiderstand, bis zu dessen mehrfachem Betrag[1]). Der Dauerstrom würde sich dann aus der Batteriespannung und dem gesamten Widerstand ergeben; soll er so hoch werden wie ohne die Hilfsschaltung, so muß die Spannung im Verhältnis der Widerstände erhöht werden. Bei Stromschluß leistet der Kondensator wieder Vorspann, d. h. die Kurve steigt steiler an; der Dauerwert ist aber, wie bei der Kurve A in Abb. 94, nicht Null. Man erhält also eine Kurve nach Art von A, aber mit steilerem Anstieg, und kann diesen Anstieg sehr steil machen.

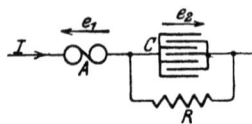
Abb. 95. Maxwellsche Erde.

Abb. 95 zeigt noch den Empfangsapparat A eingeschaltet; dessen Selbstinduktion bringt eine Ladespannung hervor, die der des Kondensators stets entgegengesetzt ist. Ein Teil der Kapazität muß also dazu verwandt werden, um die Induktivität auszugleichen. Bei oberirdischen Leitungen überwiegt meist die Induktivität des Empfangsapparats über die Kapazität der Leitung. Dann dient die Maxwellsche Schaltung lediglich zum Ausgleich der Induktivität.

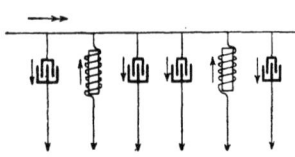
Abb. 96. Leitung mit drosselnden Nebenschlüssen.

3. Nebenschluß mit hoher Induktivität, Drosselspulen, Induktionsrollen. An eine Kabelleitung (Abb. 96) mit großer Kapazität legt man an passend gewählten Stellen, sowohl an den Enden als an Übertragungen, Elektromagnete mit hoher Windungszahl und daher großem Widerstand und großer Induktivität in Abzweigung von der Leitung zur Erde. Wenn nun ein Strom von der links beigesetzten Richtung in die Leitung eintritt, so haben die Kondensatoren und die Induktionsrollen Ladespannungen von der Richtung, welche durch die kleinen einfachen Pfeile angegeben wird. Man sieht, daß der Vorgang sich so abspielt, als wenn während der Ladung und Entladung die Induktionsrollen den Ladestrom für die Kondensatoren liefern,

---
[1]) Es muß das Produkt CR für die Hilfsschaltung ungefähr halb so groß wie für das Kabel sein.

Telegraphische Hilfsschaltungen.

und umgekehrt (vgl. hierzu S. 145). Die so ausgerüstete Kabelleitung verhält sich bei guter Abgleichung der Induktionsrollen annähernd wie eine Leitung ohne Kapazität und Selbstinduktion, erlaubt demnach sehr rasches Arbeiten.

4. **Schutz gegen seitliche Induktion.** Abb. 97. Der starke abgehende Strom einer Kabelleitung ist leicht imstande, durch Induktion in Nachbaradern zu stören. Es mögen L_1 und L_2 zwei Adern eines Kabels sein; die starke Pfeilspitze zeigt den in der einen Leitung L_1 abgehenden Strom an, die einfachen kleinen Spitzen geben die elektromagnetische Induktion in L_2 an, während die doppelte Spitze die Ladespannung des Kondensators C ist, der als Induktionsschutz zwischen die beiden Adern geschaltet wird. Durch passende Wahl von C und r gleicht man die Induktion in L_2 aus. In manchen Fällen leitet man den Induktionsstoß durch einen größeren Kondensator am Empfangsapparat vorbei (Querkondensator); vgl. Abb. 376.

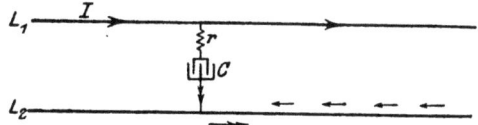

Abb. 97. Schutz gegen Induktion aus Nachbaradern.

5. **Stromverlängerung.** In einem Elektromagnet mit induktionsfreiem Nebenschluß kann sich nach Verschwinden des Linienstromes der durch Selbstinduktion erzeugte Nachstrom im Ortskreis entwickeln und den Anker noch länger festhalten (vgl. Abb. 234, VR). — Eine kurzgeschlossene Wicklung, z. B. kupferne Hülse über dem Eisenkern oder der Wicklung, verlangsamt das Ansprechen eines Elektromagnets, weil der in der Hülse induzierte Strom dem induzierenden bei der Magnetisierung des Kerns entgegenwirkt (Verzögerungsrelais; vgl. Abb. 529, V_1, V_2 und S. 665, Z. 11 v. u.).

B. Stromquelle von veränderlicher Spannung. Wechselstrom.

Periodische Vorgänge. Unter den Stromquellen mit veränderlicher Spannung sind die, welche Wechselstrom erzeugen, am wichtigsten. Wenn man eine solche Stromquelle, z. B. den Magnetinduktor oder eine andere Wechselstrommaschine, auf eine Leitung schaltet, so erhält man im ersten Augenblick einen Vorgang wie die im vorigen Abschnitt beschriebenen. Dieser (Ausgleichsvorgang genannt) verläuft rasch, innerhalb weniger Perioden des Wechselstroms. Alsdann stellt sich ein Zustand her, der in rein periodischen Änderungen der Spannung und des Stromes besteht, der eingeschwungene Zustand. Von diesem ist im folgenden die Rede.

Kapazität und Induktivität im Wechselstromkreise. In Abb. 98 sei I der in die Leitung fließende Wechselstrom, C ein Kondensator. Da der Strom nie seinen Beharrungszustand erreicht, findet ein fortgesetzt wechselnder Lade- und Entladevorgang statt; der Strom scheint durch den Kondensator zu fließen, obgleich er ihn nur im wechselnden Sinne lädt. Der Kondensator scheint sich also wie ein Widerstand zu verhalten, er bietet dem Strom einen Scheinwiderstand. Für einen Wechselstrom von einfacher Gestalt und von n Perioden in der Sekunde ist der Scheinwiderstand

$$R_s = \frac{1}{2 \pi n C}$$

z. B. für $C = 2 \mu F = 2 \cdot 10^{-6}$ F und $n = 50$ Per/s R_s annähernd 1600 Ω, bei der Frequenz der Sprechströme (etwa 800 Per/s) annähernd 100 Ω.

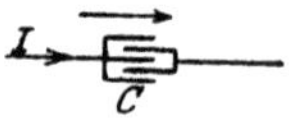

Abb. 98.    Abb. 99.
Kondensator und Drossel im Wechselstromkreis.

In Abb. 99 sei statt des Kondensators ein Elektromagnet A mit der Induktivität L eingeschaltet. Die Ladespannung wirkt als Hemmnis, der Strom I erscheint geringer, als wenn statt A ein gleich großer Drahtwiderstand eingeschaltet wäre. (Die Selbstinduktion drosselt den Strom.) Ein Wechselstrom von einfacher Gestalt und n Perioden in der Sekunde findet in einem Elektromagnet vom Leitwiderstande R und der Induktivität L einen Scheinwiderstand von

$$R_s = \sqrt{R^2 + (2 \pi n L)^2}.$$

Für Telegraphenapparate aller Art hat $L/R = Z$ (Zeitkonstante S. 133) einen Wert, der vom magnetischen Kreis und der Dicke der Wicklung abhängt (Zahlenwerte s. S. 98/99). Hierdurch wird

$$R_s = R \cdot \sqrt{1 + (2 \pi n Z)^2}$$

z. B. für Z = 0,08 (Morseapparat)
$$R_s = R \cdot \sqrt{1 + 0{,}25\,n^2},$$
für Z = 0,16 (Induktionsrollen)
$$R_s = R \cdot \sqrt{1 + n^2}.$$

Für langsame Schwingungen unterscheidet sich demnach R_s nicht sehr beträchtlich von R. Bei schnelleren Schwingungen, schon bei der Frequenz technischer Wechselströme (Bahnstrom $n = 16^2/_3$, Lichtstrom $n = 50$), verschwindet die 1 unter dem Wurzelzeichen gegenüber dem Wert von $(2\pi n Z)^2$; dann wird
$$R_s = 2\pi n Z \cdot R = 2\pi n \cdot L$$
d. h. der Scheinwiderstand steht im geraden Verhältnis zur Frequenz und Induktivität und ist (vgl. die Zahlenwerte auf S. 98/99) ungefähr $^1/_5$ n R bis n R. Etwas Genaueres läßt sich darüber nicht angeben, da die Zeitkonstante der Apparate von zu vielen Umständen und die Induktivität noch von der Stromstärke abhängt.

Aus den beiden Formeln für den Scheinwiderstand ergibt sich, daß diese Größe beim Kondensator in umgekehrtem Verhältnis zur Frequenz und der Kapazität, bei der Spule im geraden Verhältnis zur Frequenz und der Induktivität steht.

Eine Telegraphen- oder Fernsprechleitung mit der nach Abb. 90 seitlich angelegten Kapazität zeigt die Unterschiede des abgehenden und ankommenden Stromes auch bei Wechselstrom. Bei den hohen Frequenzen der Fernsprechströme wirkt die Kapazität der Leitung so, daß der abgehende Strom stark, der ankommende dagegen nur schwach ist. Durch Einschaltung von Spulen mit Induktivität in die Leitung kann man diese schädliche Wirkung ausgleichen; vgl. oben und S. 145. Die Schwingungen des Sprechstromes, die aus den verschiedensten einfachen Schwingungen zusammengesetzt sind (S. 106), werden durch die Dämpfung stark verändert, weil die Schwingungen hoher Frequenz mehr geschwächt werden, als die niederer (Stromverzerrung). Vgl. hierzu S. 171.

Gemischter Strom. Gleich- und Wechselstrom lassen sich gleichzeitig über denselben Draht fortleiten. Der tatsächlich herrschende Strom läßt sich für jeden Augenblick berechnen, indem man die Ströme jeder Art für sich berechnet und addiert. Auch Wechselströme verschiedener Frequenz fließen in dieser Art ohne gegenseitige Störung über dieselbe Leitung.

Man macht von dieser Tatsache Gebrauch in der Mehrfachtelegraphie und bei den Fernsprechschaltungen. Von besonderem Interesse ist die Art, wie man Gleich- und Wechselstrom dem gemeinsamen Leiter zuführt und entnimmt. Man benutzt die beiden Tatsachen, daß eine Spule mit hoher Induktivität dem Wechselstrom einen hohen Widerstand entgegensetzt, und daß ein Kondensator keinen Gleichstrom durchläßt. Die Spule nennt man Drosselspule oder nur Drossel, den Kondensator Sperrkondensator, beide zusammen Stromsperren. Beispiele finden sich auf S. 166 und im 28. und 29. Abschnitt, Abb. 464, 475, 476 und viele andere. Der Gleichstrom fließt über die Leitung zum Mikrophon, der Wechselstrom nimmt seinen Weg an den Elektromagneten vorbei über die Kondensatoren.

VIII. Elektrische Schwingungen.

Schwingungskreis. Der Kondensator C und die Spule L (Abb. 100) sind hintereinandergeschaltet. Durch Druck auf die Taste wird der Kondensator aus der Batterie geladen; er enthält nun eine bestimmte elektrische Energiemenge. Lassen wir die Taste los, so wird der Kondensator mit der Spule verbunden und entlädt sich. Er erzeugt im Stromkreis eine gewisse Stromstärke, die wegen der Induktivität der Spule all-

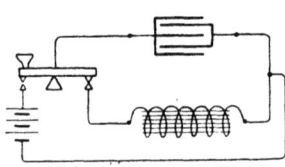
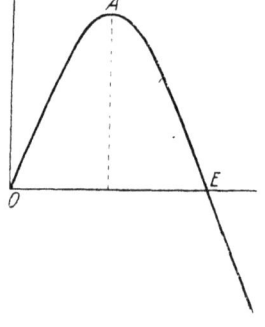

Abb. 100. Schwingungskreis.   Abb. 101. Elektrische Schwingung.

mählich ansteigt (Kurve OA in Abb. 101) und den Eisenkern der Spule magnetisiert; hierdurch wird ein Teil der elektrischen Energie des Kondensators in Form von magnetischer Energie aufgespeichert. Ein Teil der Energie des Kondensators wird in den Widerständen des Kreises durch Stromwärme verzehrt.

Ist der Widerstand des Kreises, abgesehen von dem inneren Widerstand des Kondensators, groß, so kann die Energie des Kondensators schon bei der ersten Entladung aufgezehrt werden. Der Strom nimmt dann vom Werte bei A rasch ab und verschwindet. Handelt es sich aber um größere Kondensatoren und Spulen, und ist der Widerstand der Zuleitungen und der Spule selbst gering, so geht ein großer Teil der elektrischen Energie des Kondensators in magnetische Energie der Spule über. Ist nun der Kondensator entladen, so nimmt der Strom ab; dann beginnt der Magnetismus der Spule zu verschwinden. Allein der verschwindende Magnetismus induziert in der Spule nun eine EMK, die einen Strom hervorbringt und den Kondensator wieder lädt, Kurve A E. Der Strom hat die vorherige Richtung, der Kondensator wird also in entgegengesetztem Sinne geladen. Auch hierbei geht ein gewisser Teil der Energie durch Stromwärme verloren, aber (bei geringem Widerstande) das meiste wird verwandt, um den Kondensator zu laden. Ist der Magnetismus verschwunden, so ist die Ladung beendet; nun ist der Kondensator wieder geladen wie zu Anfang; nur ist ein Teil seiner Energie bei dem Hin- und Herströmen in Wärme verwandelt worden, er enthält jetzt nicht mehr die ganze Energie, sondern nur noch einen Teil davon. Die Ladung hat nun das entgegengesetzte Vorzeichen. Der Vorgang wiederholt sich, nur ist die Fortsetzung jetzt in Abb. 101 nach unten anzutragen. Nachdem sich der Kondensator wieder entladen und abermals geladen hat, besitzt er eine Ladung vom gleichen Vorzeichen wie zu Anfang.

Da seine Kapazität unverändert geblieben ist, die Energie aber sich vermindert hat, muß sich die Spannung erniedrigt haben. War sie zu Anfang E, so ist sie nun p · E, worin p ein echter Bruch, z. B. $^2/_3$.

Nun wiederholt sich der Vorgang; am Ende der zweiten vollständigen Periode ist der Kondensator wieder geladen, aber noch schwächer als nach der ersten Periode; seine Spannung ist nun p · p · E oder p² E (z. B. $^4/_9$ · E).

Der Vorgang geht in derselben Weise weiter; die Spannung am Kondensator verringert sich auf p³ E, p⁴ E usw. Man überzeugt sich leicht, daß selbst bei einem so hohen Werte von p wie $^2/_3$ nach einigen Schwingungen die Spannung am Kondensator nahezu verschwunden, d. h. die ganze Ladungsenergie in Wärme verwandelt ist.

142   Elektrische Schwingungen.

Der Vorgang spielt sich in der Weise ab, wie es Abb. 102 dar
stellt. Die Ladung haben wir uns nach dem linken Teil der Abb. 8
vorzustellen. Im Augenblick, wo der Ruhekontakt sich schließt, be
ginnt der Entladestrom. Da sich ihm die Induktivität der Spule ent
gegenstellt, wächst er von Null an. Je größer die Induktivität, dest
weniger steil steigt die Kurve an (vgl. Abb. 89 links); je größe
die Kapazität, desto länger dauert die Steigung. Die Zeit, die nöti
ist, damit der Strom seinen höchsten Wert erreicht, bestimmt sic
also nach der Größe von C und L. Darauf entlädt sich der Elek

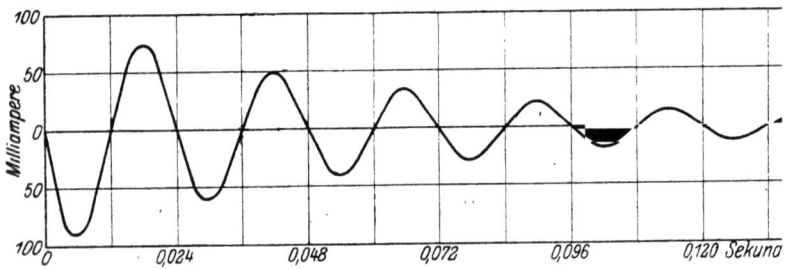

Abb. 102. Gedämpfte Schwingung.

tromagnet, wie oben betrachtet. Das Spiel wiederholt sich mi
dem entgegengesetzten Vorzeichen. Die Dauer einer Schwingung is

$$T = 2\pi\sqrt{CL},$$

worin L in Henry, C in Farad einzusetzen ist. Abb. 102 ist berechne
für L = 3 Henry, C = 4,9 Mikrofarad = 0,000 004 9 Farad
woraus T = 0,024 Sekunde. Der Widerstand des Stromkreises
ist zu 100 Ohm angenommen; hieraus ergibt sich p zu $^2/_3$. Di
Spannung der Ladebatterie sei 80 Volt; dann ergibt sich ein Strom
der mit einem Scheitelwert von rund 90 Milliampere beginnt un
in etwa $^1/_8$ Sekunde auf rund 10 Milliampere abnimmt.

Aus der Schwingungsdauer T und der Fortpflanzungsge
schwindigkeit berechnet man die Wellenlänge der Schwingun
zu λ = v T. Für Wellen im freien Raum ist v = 300 000 km/s
längs metallischer Leitungen ist sie geringer und von de
Frequenz abhängig, z. B. bei einem Seekabel (5,5 Ohm/km
0,23 μF/km) 70 000 km/s, bei einer Fernsprech-Doppelleitun
(Kupferdraht 2 mm, 10 cm Abstand) 236 000 km/s, beides fü
eine Frequenz von 500 Per/s.

Dämpfung. Ungedämpfte Schwingungen. 143

Stabförmiger Schwingungserzeuger. Eine sehr einfache Form eines Schwingungskreises ist der Hertzsche Oszillator, Abb. 103. Zwei gleichlange Stäbe von etwa 10 cm Länge, an den Enden abgerundet oder mit Kugelansätzen versehen, stehen einander gegenüber; die inneren Enden sind mit einer Hochspannungsquelle, z. B. einer Elektrisiermaschine oder einem Funkeninduktor verbunden. Die Stäbe werden entgegengesetzt geladen; die beiden Oberflächen bilden gegeneinander einen Kondensator von sehr kleiner Kapazität. Wenn die Spannung so hoch gestiegen ist, daß die Luftstrecke durchbrochen wird, geht ein Funke über. Der Funke als heiße Gasstrecke leitet die Elektrizität;

Abb. 103. Einfacher Schwingungserzeuger.

die Ladungen gleichen sich aus, und es entsteht ein Strom. Die beiden Leiter besitzen eine sehr kleine Induktivität. Während der Funke besteht, verläuft einekurze Reihe solcher Schwingungen, ähnlich wie die in Abb. 102; ihre Schwingungsdauer ist von der Größe des tausendmillionsten Teils der Sekunde.

Dämpfung. Eine Schwingung der in Abb. 102 dargestellten Art nennt man gedämpft. Zwei aufeinander folgende Scheitelwerte gleichen Vorzeichens stehen in dem Verhältnis p, welches Dekrement (Abnahme) genannt wird[1]).

Ungedämpfte Schwingungen. Wenn man dem schwingenden Stromkreis stets die Energie, die er infolge der Wärmeerzeugung verliert, nachliefert, so entstehen die ungedämpften Schwingungen, bei denen die aufeinander folgenden Scheitelwerte gleich sind. Solche Schwingungen sind die von Dynamomaschinen erzeugten Wechselströme, wie sie zur Beleuchtung und zum elektrischen Antrieb geliefert werden. Man kann die Frequenz dieser Maschinenströme steigern bis zu mehreren tausend Perioden in der Sekunde.

Schaltet man einen aus Kondensator und Spule in Reihe bestehenden Schwingungskreis neben einen Lichtbogen, so entstehen gleichfalls Schwingungen; diese sind ungedämpft, weil der Lichtbogen die verbrauchte elektrische Energie nachliefert.

---

[1]) Bei der mathematischen Betrachtung drückt man die Dämpfung der Welle durch den Faktor $e^{-\beta t}$ aus, worin e die Basis der natürlichen Logarithmen 2,718..., t die Zeit in Sekunden und $\beta = R/2L$ die Dämpfungskonstante ist. Die Dämpfung p (vgl. S. 141) ist $= e^{-\beta T}$; βT heißt das logarithmische Dekrement.

Ihre Frequenz beträgt mehrere tausend Perioden in der Sekunde; kühlt man die Elektroden des Lichtbogens stark, so erzielt man beträchtlich höhere Frequenzen und Schwingungen, die in der drahtlosen Telegraphie verwandt werden können.

Fernsprechströme. Auch die Fernsprechströme sind schwingende Ströme; sie werden von der sprechenden Stelle aus unterhalten, bleiben aber nicht konstant, weil ja gerade in ihrem Wechsel die Möglichkeit der Sprechverständigung beruht. Auch die Fernsprechströme erfahren längs der Leitung bei der Fortpflanzung eine Dämpfung, welche in der Erzeugung von Stromwärme und in Stromverlusten über die Ableitungen besteht.

Wenn das Verhältnis der Stromstärke am Ende des ersten Kilometers der Leitung zu der am Anfang $= p$ gesetzt wird, so sieht man leicht, daß sie am Ende des 2., 3., ... l ten Kilometers p^2, p^3...p^l von der am Anfang ist[1]).

Diese Dämpfung bleibt auch bestehen, wenn man dauernd vom einen Ende her denselben Strom in die Leitung schickt,

---

[1]) Setzt man wie oben $p = e^{-\beta}$, so wird die Stromstärke, die am Anfang der langen Leitung I ist, l km vom Anfang entfernt $I \cdot e^{-\beta l}$. βl heißt **Dämpfungsexponent**, β **spezifische Dämpfung**.

Beträgt der gesamte Dämpfungsexponent einer Leitung (einschl. der Verluste in Ämtern und Apparaten) 3 oder weniger, so ist die Verständigung gut, bei 3,8 ist sie ausreichend, bei 4,3 dürftig, bei 4,8 kaum möglich; bei nicht pupinisierten und nicht gekreuzten, zum Doppelsprechen benutzten Doppelleitungen von etwa 300 km Länge hört man in der Viererleitung das in einer Stammleitung Gesprochene und umgekehrt mit, als wäre $\beta l = 4$ bis 4,5; sind die Leitungen gut gekreuzt, so als wäre $\beta l = 5$ bis 5,5; bei benachbarten, nur einfach betriebenen, nicht pupinisierten Doppelleitungen gleicher Länge so, als wäre $\beta l = 6$. Bei pupinisierten, nicht gekreuzten Leitungen ist das Mitsprechen stark, als wäre $\beta l = 2,5$ bis 3.

Das Verhältnis des ankommenden (I_e) zum abgehenden Strom (I_a) ist für

$\beta l =$	1,5	2,0	3,0	4,0	5,0	6,0	7,0
$I_e : I_a =$	0,22	0,14	0,05	0,018	0,007	0,003	0,001

Der Wert von β läßt sich für reine Leitungen aus deren Eigenschaften berechnen; er beträgt für Freileitungen aus Kupferdraht von

	3	4	4,5	5 mm Drahtstärke
bzw. $\beta =$	0,0047	0,0030	0,0025	0,0022.

Bei einem Kabel mit 0,8 mm starkem Kupferleiter ist $\beta = 0,076$.

Diese Werte können durch künstliche Erhöhung der Induktivität (Pupinisierung, S. 145) bedeutend vermindert werden.

z. B. wenn man einen gleichbleibenden Ton vor dem Mikrophon erzeugt. Ein wesentlicher Teil der Dämpfung rührt daher, daß die zum Laden der Leitung dienende Elektrizität über die ganze Leitung fließen muß; wenn ein Ton von 800 Perioden in der Sekunde übertragen wird, so muß die Leitung 1600 mal in der Sekunde geladen und entladen werden, was erhebliche Energieverluste mit sich bringt.

Diese Ladeströme kann man zum wesentlichen Teil vermeiden. Auf S. 137 haben wir gesehen, daß die aus dem Kondensator entladene Energie im Eisen einer Spule aufgespeichert und zu gegebener Zeit wieder zum Laden des Kondensators benutzt werden kann. Wir teilen nun die Leitung in Schwingungskreise (Abb. 104); da die Induktivität der Leitung nicht ausreicht, schalten wir noch besondere Spulen L ein; die gezeichneten Kondensatoren stellen die natürliche Kapazität der beiden Zweige der Doppelleitung gegen einander dar.

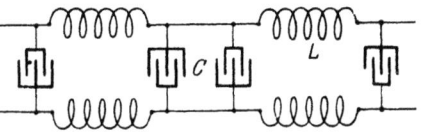

Abb. 104. Eine in Schwingungskreise unterteilte Leitung.

Es sollten, um den Vorgang vollständig anzugeben, auch noch Kapazitäten zwischen den Drähten und Erde gezeichnet werden; allein die Abbildung würde dadurch weniger übersichtlich. Die Spulen, die sich in den beiden Zweigen gegenüberliegen, werden auf denselben Eisenkern gewickelt.

Die verschwindende Ladung dient nun zur Magnetisierung der Eisenkerne der Spulen und kommt von dort wieder hervor, um von neuem die Leitung zu laden. Bei passender Bemessung haben demnach die zur Ladung dienenden Ströme nur kurze Wege innerhalb jedes Abschnitts zurückzulegen, und vom Anfang der Leitung her muß nur das nachgeliefert werden, was auch auf den verkürzten Stromwegen noch an Energie verloren geht. Die Ausrüstung der Leitung mit solchen Spulen nennt man Pupinisierung, die Spulen selbst Pupinspulen nach dem Erfinder des Verfahrens, Pupin.

Ein anderes, von Krarup herrührendes Verfahren, die Induktivität der Leitung zu erhöhen, besteht darin, den Leitungsdraht mit feinem Eisendraht zu bespinnen, ähnlich wie die schweren Saiten von Musikinstrumenten hergestellt werden. Dieses Verfahren läßt sich aber nur bei Kabeln verwenden.

IX. Drahtlose Telegraphie.

Langsame und rasche Schwingungen. Die Fortpflanzung der elektrischen Bewegung ist im freien Raume der des Lichtes gleich; sie ist längs der Leitungen zwar geringer, erheblich geringer bei Kabeln, aber immer noch sehr groß (vgl. S. 142). Bei Frequenzen bis zu etwa 1000 Perioden in der Sekunde rechnet die Wellenlänge nach mehreren hundert bis tausend Kilometern. Kilometerlange Strecken sind also stets in gleicher Phase, haben gleiche Spannung und gleiche Stromstärke.

Gehen wir nun zu einer Frequenz von 600 000 Perioden in der Sekunde über, so kommen wir zu einer Wellenlänge von 500 m (Hertz). Schicken wir diese Schwingungen in einen von der Erde aufragenden starken Draht von 125 m Länge, so werden sie am Ende des Drahtes reflektiert, und die hingehende Bewegung setzt sich mit der zurückfließenden zu einer stehenden Welle (vgl. S. 170) zusammen.

Diesen Versuch hat zuerst Marconi gemacht. Abb. 105 zeigt die Anordnung; sie ist zu vergleichen mit Abb. 100. Der Funkeninduktor J lädt den emporführenden Draht S gegen die Erde E; springt der Funke über, so entstehen die Schwingungen, und es bildet sich in der Funkenstrecke der Strombauch, am oberen Ende von S der Stromknoten, an der Funkenstrecke der Spannungsknoten, am oberen Ende der Spannungsbauch. Im Bauch der Schwingung findet die stärkste Bewegung, im Knoten keine Bewegung statt. Der 125 m lange Draht reicht gerade aus, um ein Viertel der 500 m langen Welle aufzunehmen. Wir haben auf dem Leiter demnach auf verhältnismäßig geringe Entfernungen große Phasenunterschiede.

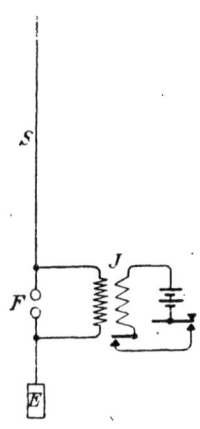

Abb. 105. Marconischer Sender.

Erdung, Gegengewicht. Während der emporführende Draht S wie die eine Hälfte des Hertzschen Oszillators (Abb. 103) schwingt, entsteht an der Funkenstrecke die stärkste Strombewegung; dies kann natürlich nicht am Ende eines Leiters stattfinden. Daher war es nötig, den Draht S jenseits der Funkenstrecke zu erden oder einen ihm gleichartigen Leiter, das Gegengewicht, anzusetzen.

Die Erde spielt bei der Ausbreitung der Wellen eine wichtige Rolle, die indes noch nicht völlig aufgeklärt ist. Die Kraftlinien des Feldes fußen an der Erdoberfläche und schreiten darauf fort; daraus erklärt man, daß die Wellen, die an sich geradlinig fortschreiten, der Krümmung der Erdoberfläche folgen.

Antennen. Statt des einzelnen, gerade emporführenden Drahts wendet man auch andere Drahtgebilde an. Sie haben ihren Namen von den Antennen genannten Fühlern der Insekten. Die Bandantenne besteht aus mehreren wagerecht nebeneinander geführten Drähten; zusammen wirken sie genau wie ein Band aus Metallblech. Solche Bandantennen werden entweder an Türmen aufgehängt oder zwischen Masten wagrecht ausgespannt. Letzteres geschieht besonders bei Schiffen; als Zuleitung dienen einige zur Mitte des Bandes aufsteigende Drähte; die auf diese Art entstehende Form wird T-Antenne genannt. Die Schirmantenne besteht aus einem senkrecht emporführenden Leiter, der sich oben in einzelne Drähte auflöst, die sich schirmförmig weit ausbreiten; die äußeren Enden sind an Masten verspannt. Wagrechte Antennen werden aus langen Drähten errichtet; man kann schon bei geringer Höhe über der Erde (Erdantennen, Niedrigantennen) gute Fernwirkung erzielen; besser wird sie, wenn man die Drähte an hohen Türmen befestigt. Andere Formen sind: Harfenantenne, Trichter- oder Konusantenne u. a. m.

Elektrische Strahlung. Wir wissen, daß die Energie eines Stromes nicht nur im Leiter oder auf dem Leiter sitzt; sie erfüllt den umgebenden Raum, das elektromagnetische Feld des Leiters, und wir stellen dies durch die elektrischen und magnetischen Kraftlinien dar. Abb. 106 zeigt die elektrischen Kraftlinien einer geraden einfachen Antenne; sie verlaufen ebenso nach allen Richtungen des Raumes.

Die den Raum um die Antenne erfüllende Energie wird von der von unten

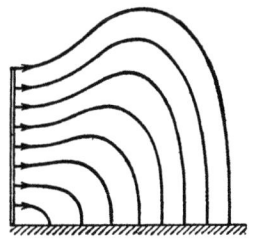

Abb. 106. Elektrisches Feld einer Antenne.

nachströmenden neuen Energie vom Leiter abgedrängt, die Kraftlinien werden abgeschnürt, und die elektrische Kraft wandert, losgelöst von dem Leiter, geradlinig in den Raum hinaus; sie wird von der Antenne ausgestrahlt (Abb. 107).

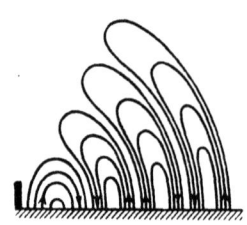

Abb. 107. Ausstrahlung einer Antenne.

Bei der ersten Marconischen Erregungsart lieferte die Antenne bei jedem Funken nur eine Halbwelle; die zweite Halbwelle war infolge der starken Dämpfung schon so schwach, daß sie nicht mehr wirkte. Da nun in der Sekunde nur einige Hundert Funken gebildet werden, die Dauer einer Halbwelle aber etwa ein Milliontel Sekunde betrug, so sandte die Antenne nur sehr vereinzelte Stöße aus. Das Bestreben der späteren Schaltungen war darauf gerichtet, längere gedämpfte Wellenzüge ohne größere Pausen oder ununterbrochene (ungedämpfte) Wellen auszusenden.

Empfang der Strahlung. Jede Antenne, die zum Ausstrahlen dient, ist auch fähig, elektrische Strahlen, die sie treffen, aufzunehmen und hierdurch in elektrische Schwingungen zu geraten.

Detektoren. Um aufgefangene Strahlen wahrzunehmen, benutzt man verschiedene Hilfsmittel. Das älteste ist der Fritter oder Kohärer nach Branly, eine Glasröhre G (Abb. 108), in der sich feines Metallpulver zwischen den Metallklötzchen K befindet. Das Pulver bietet einen hohen Widerstand, so daß die Batterie B keinen merklichen Strom durch das Relais R schicken kann. Treffen Wellen in D ein, die über das Röhrchen zur Erde fließen, so wird hierdurch das Metallpulver gut leitend. Nun kann die Batterie das Relais zum Ansprechen bringen. Um das Zeichen zu beenden, muß gegen das Röhrchen ein leichter Schlag geführt werden; dies geschieht dadurch, daß von dem Relais der Stromkreis eines Weckers (ohne Glocke) geschlossen wird, dessen Klöppel gegen das Röhrchen schlägt. Infolge der Erschütterung nimmt das Metallpulver seinen ursprünglichen hohen Widerstand wieder an, der Strom hört auf. Dauert

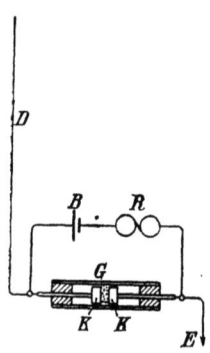

Abb. 108. Fritter und Empfangsschaltung.

das Zeichen länger an (Strich), so wiederholen sich Ansprechen und Schlag mehrmals. — Der Fritter ist nicht sehr empfindlich und ziemlich unzuverlässig; er wird jetzt wenig mehr verwendet.

Man benutzt jetzt meist einen Kontaktdetektor, in dem eine feine Stahlspitze sich auf einen leitenden Kristall, meist die Schwefelverbindung oder das Oxyd eines Metalls, legt. (Pyrit oder Schwefelkies, Bleiglanz, Molybdänglanz, Zinnstein usw.) Sie verwandeln die eintreffenden Wellenzüge in Gleichstrom.

Der elektrolytische Detektor beruht auf der Polarisation einer feinen Platinspitze in Schwefelsäure durch eine besondere Batterie; die hinzutretenden Schwingungen verstärken den Strom in der einen Richtung.

Der magnetische Detektor benutzt die Erscheinung, daß Eisen durch die abschwingenden Wechselströme entmagnetisiert wird. Das Eisen läuft als endloses dünnes Drahtseil zwischen Stahlmagneten durch, wo es magnetisiert wird, und gelangt dann in die Spule, welche mit der Antenne verbunden ist; diese ist von einer zweiten mit einem Telephon verbundenen Spule umgeben. Wenn ein Wellenzug ankommt, induziert der verschwindende Magnetismus auf die äußere Spule, und man hört dies im Telephon.

Das Audion ist eine Art Glühlampe mit luftverdünntem Raum, deren Glühfaden mit einem Metallmantel umgeben ist oder einem Metallblech gegenübersteht. Der glühende Faden sendet negative Ionen (Elektronen, S. 80) zum Metallmantel und läßt mit diesem Ionenstrom nur die ihm gleichgerichteten Halbwellen hindurch.

Die einzelnen Schwingungen eines Wellenzuges nach Abb. 102 folgen einander sehr rasch; man kann sie im Telephon nicht mehr als Schwingungen hören. Vielmehr nimmt man mit dem Telephon nur jeden Wellenzug, der vom anderen durch eine Pause getrennt ist, wahr, also die einzelnen Funken, welche die Wellenzüge auslösen. Wenn die Antenne ungedämpfte Wellen in ununterbrochenem Zuge aussendet, so würde man mit dem Detektor nur den Beginn und das Ende des Zuges wahrnehmen; man braucht dafür also einen anderen Hilfsapparat.

Der Ticker besteht aus einem sehr rasch arbeitenden Selbstunterbrecher, der im Takt der Unterbrechung einen Kondensator mit parallel geschaltetem Telephon an den Antennenkreis legt und wieder abtrennt. Treffen Wellen ein, so hört man, wie der Kondensator sich lädt, d. h. man hört die Bewegungen des Tickers.

Offener und geschlossener Schwingungskreis. Die Marconische Antenne, Abb. 105, nennt man einen offenen Kreis, den aus Kondensator und Spule gebildeten nach Abb. 100 einen geschlossenen. Jener hat die auf S. 148 geschilderte Eigentümlichkeit, nur einzelne Halbwellen, d. h. Stöße, keine Wellenzüge auszusenden; er nimmt nur geringe Energie auf, seine Wirkung reicht nicht sehr weit. Man ließ daher die Schwingungen zunächst in einem geschlossenen Kreis entstehen, der infolge der großen Kapazität, die man darin unterbringen konnte, größere Energiemengen aufnahm. Dieser geschlossene Kreis mußte dann mit der Antenne verbunden, gekoppelt werden.

Kopplung. Man kann den geschlossenen Kreis nach Abb. 109 mit der Antenne durch einen Transformator verbinden; der Transformator enthält kein Eisen, welches wegen der Hysterese (S. 86) sehr hohe Verluste bedingen würde, besteht vielmehr nur aus Drahtspulen, die gewöhnlich in ihrer gegenseitigen Stellung veränderlich sind, um verschiedene Kopplungsgrade hervorzubringen. Diese Kopplungsart heißt magnetisch oder induktiv. Außerdem benutzt man häufig die galvanische Kopplung, bei welcher die Antenne mit dem Schwingungskreis leitend verbunden wird. Die sog. direkte Kopplung ist eine Vereinigung der galvanischen und der magnetischen Kopplung, so daß eine Schaltung nach Art des Spartransformators entsteht (Abb. 110). Die elektrische Kopplung überträgt die Energie auf dem Wege der Kondensatorladung.

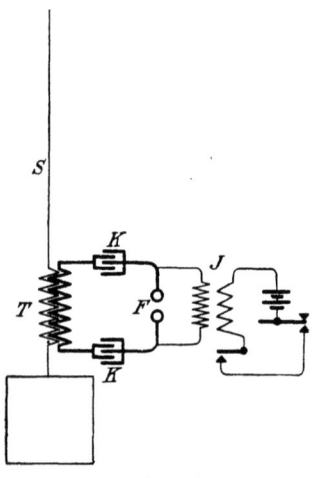

Abb. 109. Geschlossener Schwingungskreis, mit der Antenne magnetisch gekoppelt.

Durch die Kopplung erzielt man noch den wichtigen Vorteil, die Funkenstrecke mit ihrem Widerstand aus dem Sendekreis zu entfernen. Der Strombauch entsteht nun in der im Sendekreis liegenden Spule des Transformators.

Freie und erzwungene Schwingungen. Jedem Schwingungsvorgang ist eine Periode eigen; wenn diese allein von den Eigenschaften des schwingenden Körpers oder Systems bestimmt wird, so heißt sie freie Schwingung; z. B. sind die Schwingungen einer Klaviersaite, eines Uhrpendels freie Schwingungen. Dagegen sind die Schwingungen eines Resonanzbodens, der Schallplatte eines Mikrophons oder Telephons erzwungene Schwingungen. Die freie Schwingung einer Antenne hat eine Schwingungsdauer, die durch Kapazität und Induktivität des Drahtgebildes bestimmt wird (Formel s. S. 142). Will man die Schwingung der Antenne ohne Zusatzapparate bezeichnen, so spricht man von der Eigenschwingung; die Eigenschwingung eines geraden Drahtes, der am einen Ende einen Bauch und am anderen Ende den nächsten Knoten hat, besteht in einer Welle von der vierfachen Länge des Drahtes.

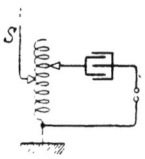

Abb. 110. Direkte Kopplung.

Bei loser Kopplung erhält man die freie Schwingung am reinsten; bei fester Kopplung kann man der Antenne Schwingungen aufzwingen.

Abstimmung. Der geschlossene Schwingungskreis bietet die Möglichkeit einer zuverlässigen Abstimmung der Wellen. Wellen von bestimmter Frequenz werden am besten aufgenommen von Empfangsantennen, die auf diese Frequenz abgestimmt sind, d. h. die selbst in freier Schwingung diese Frequenz aussenden würden (Resonanz). Weicht die Frequenz der eintreffenden Welle nur um einige Prozent von der Resonanz ab, so wird sie nur noch schwach, schließlich gar nicht mehr aufgenommen.

Das Mittel zur Abstimmung ist die passende Wahl der Induktivität und Kapazität; man pflegt sowohl die Spule als auch den Kondensator stellbar zu machen.

Zunächst stimmt man den Schwingungskreis des Senders ab. Damit muß die Antenne übereinstimmen; ist ihre Eigenfrequenz zu hoch, d. h. die ihr entsprechende Wellenlänge zu klein, so vergrößert man die Wellenlänge durch Einschaltung von Induktivität; die hierzu bestimmte Spule heißt Verlängerungsspule. Abb. 110 läßt erkennen, wie man verfährt. Zur Verkürzung der Wellenlänge dient ein in die Erdverbindung geschalteter Kondensator, der in Reihe mit der Kapazität des Luftleiters gegen Erde liegt und demnach die Kapazität des Schwingungsgebildes verringert (Abb. 110). Der gleiche Kondensator kann auch zur Verlängerung der Welle benutzt werden, wenn man ihn parallel zur Induktionsspule schaltet. An der Empfangsstelle hat man gleichfalls die Antenne, in manchen Schaltungen auch den Schwingungskreis abzustimmen.

Die Antennen wirken am besten mit ihrer Eigenschwingung allzu große Zusatzspulen oder -kondensatoren beeinträchtigen die Wirkung.

Kopplungswellen. Bei der Schaltung nach Abb. 109 oder 110 wirkt nicht nur der Schwingungskreis auf den Antennenkreis, sondern auch dieser auf jenen; es kehrt also ein Teil der Schwingungsenergie in den geschlossenen Kreis zurück, in dem nun Schwebungen der Schwingung entstehen. Bei einigermaßen fester Kopplung erhält man daher zwei verschiedene Wellen.

Stoßerregung. Um dies zu vermeiden, wird der geschlossene Schwingungskreis nach den ersten Schwingungen völlig unterbrochen (Wien). Bei den Löschfunken ge-

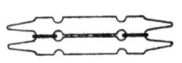

Abb. 111. Löschfunkenstrecke.

schieht dies durch Unterteilung und Kühlung der Funkenstrecke. Statt der anfangs üblichen beiden Kugeln mit größerem Abstande (vgl. Abb. 109) nimmt man zahlreiche ebene Scheiben, die unter Zwischenlage von Glimmerringen aufeinandergeschichtet werden; der Abstand zweier Scheibenflächen beträgt etwa 0,2 mm, die Spannung zur Überwindung dieses Zwischenraums etwa 1000 Volt, und man schichtet eine größere Zahl davon, z. B. 10 Stück, aufeinander, so daß die Zündspannung z. B. 10 000 Volt beträgt. Abb. 111 gibt den Schnitt durch ein Paar aufeinanderliegender Scheiben mit der Glimmerzwischenlage. Die äußeren Ansätze bilden Kühlrippen. Zum Speisen der Funkenstrecke dient eine Wechselstrommaschine, welche Strom von 500 Perioden in der Sekunde erzeugt. Ist die Spannung genügend hoch gestiegen, so werden die Funkenstrecken durchschlagen; aber sogleich macht sich die Kühlwirkung der großen leitenden Flächen geltend, der Funke erlischt augenblicklich wieder, nachdem er lange genug gedauert hat, daß einige wenige Schwingungen im Schwingungskreis verlaufen konnten, welche ihre Energie an die Antenne abgaben.

In Abb. 112 stellt der obere Kurvenzug diese Schwingungen dar; der untere zeigt die Schwingungen im Antennenkreis, die anfangs infolge der Energiezufuhr rasch zunehmen. Nachdem der Funke erloschen ist, sendet die Antenne einen schwach ge-

Erregung der Schwingungen. 153

dämpften Wellenzug aus. Solche Züge folgen 1000 in der Sekunde, man hört daher auf der Empfangsstation einen hohen Ton (tönende Löschfunken). Diese Erregungsart wird in Deutschland viel verwendet (Telefunken).

Mit umlaufenden Funkenstrecken kann man eine ähnliche Wirkung erzielen. Marconi besetzt ein schnelllaufendes Metallrad am Rande mit seitlich ausladenden Kupferzähnen, die zwischen feststehenden Kupferelektroden hindurchlaufen. Im Augenblick, in dem die Kupferzähne den festen Elektroden nahe genug stehen, setzt der Funke ein; bei der großen Geschwindigkeit der Bewegung wird er aber sehr bald abgerissen.

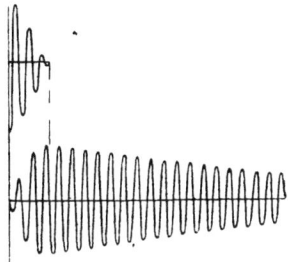

Abb. 112. Schwingungsbild bei Löschfunken.

Man hört auf der Empfangsstation gleichfalls einen Ton entsprechend der Funkenfolge.

Lichtbogenspeisung (Poulsen). Nach S. 144 erzeugt ein Lichtbogen, der aus einer Starkstromquelle gespeist wird, in einem schwingungsfähigen Stromkreis, der ihm parallel geschaltet wird, Schwingungen. Ihre Frequenz berechnet sich ebenso wie beim geschlossenen Schwingungskreis. Bei guter Kühlung erhält man Schwingungen bis zu etwa 400 000 Perioden in der Sekunde, und zwar ungedämpfte Schwingungen. Die Lichtbogenspeisung wird nicht so allgemein verwendet, wie die Funken- und Stoßerregung; man kann die ungedämpften Schwingungen nur mit dem Ticker aufnehmen, während für alle anderen Erregungsarten der Detektor geeignet ist. — Der Schwingungskreis wird mit der Antenne ebenso verbunden, wie S. 150 beschrieben.

Hochfrequenzmaschine. Die Erregungsarten, welche Funkenstrecken benutzen, und die Lichtbogenspeisung sind in der Leistung sehr beschränkt. Die Erfahrungen im Bau von Dynamomaschinen erlaubten nur Wechselstrommaschinen bis zu 15 000 Perioden in der Sekunde zu bauen. Um darüber hinaus zu gelangen, war es nötig, die Frequenz des Stromes durch besondere Schaltungen und Einrichtungen zu erhöhen.

Man erzielt nun Leistungen von mehreren 100 Kilowatt bei Frequenzen von 30 000 und mehr Perioden in der Sekunde (Goldschmidt, Graf Arco).

Empfangsschaltung. Wie bereits erwähnt, dient die Sendeantenne in der Regel auch zum Empfang. Bei den neueren Riesenstationen pflegt man getrennte Sende- und Empfangsantennen zu errichten.

In Abb. 113 bedeutet wieder S den Luftleiter, T den Transformator, D den Detektor, K_1 einen veränderlichen sog. Drehkondensator, K_2 einen sog. Blockkondensator, dem das Telephon parallel geschaltet wird. Bei direkter

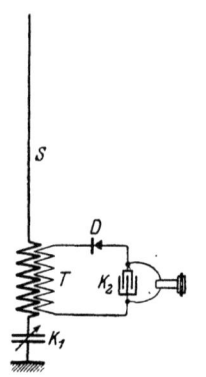
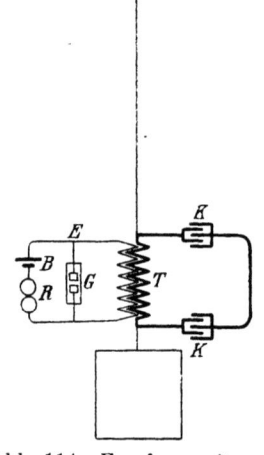

Abb. 113. Empfangsschaltung. Abb. 114. Empfang mit geschlossenem Schwingungskreis.

Kopplung tritt die Schaltung nach Abb. 110 für den Transformator ein. Abb. 114 stellt eine Schaltung mit abgestimmtem geschlossenem Schwingungskreis dar.

Gerichtete Telegraphie. Gewisse Antennen strahlen nicht nach allen Seiten gleichmäßig aus; sie bevorzugen eine Richtung, strahlen nach den anderen Richtungen schwächer und nach zwei gegenüberliegenden Richtungen nur sehr schwach oder gar nicht.

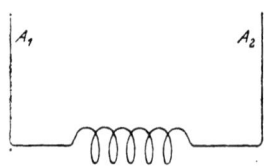

Abb. 115. Gerichtete Antenne mit senkrechtem Strahler.

Eine derartige Einrichtung stellt Abb. 115 dar. A_1 und A_2 sind zwei Antennen, die miteinander durch eine wagrechte Leitung verbunden sind; in dieser befindet sich die Kopplungsspule. Das Gebilde schwingt als halbe Welle; dabei sind die Wirkungen, die von

Empfangsschaltung. Gerichtete Telegraphie. Drahtlose Telephonie. 155

A_1 ausgehen, stets die entgegengesetzten wie die von A_2. Ist nun die räumliche Entfernung zwischen A_1 und A_2 gleich einer halben Welle, so hat die Wirkung, die von A_1 ausgeht, bei ihrem Eintreffen in A_2 die gleiche Phase wie die in diesem Augenblick von A_2 ausstrahlende Wirkung, die Wirkungen verstärken sich also; ebenso in der umgekehrten Richtung. Ein Punkt, der senkrecht zur Ebene der Zeichnung der Mittellinie zwischen A_1 und A_2 gegenüberliegt, empfängt von den Antennen die gleichen, aber entgegengesetzten Wirkungen, die einander aufheben. Senkrecht zur Ebene der Zeichnung in der Mittelebene ist also die Wirkung Null, in der Zeichenebene ist sie am stärksten, in der Zwischenrichtung ist sie von mittlerer Stärke. Die Betrachtung gilt auch für den Fall, daß die Entfernung $A_1 A_2$ nicht genau eine halbe Wellenlänge, sondern wesentlich kleiner ist.

Abb. 116. Gerichtete wagerechte Antenne.

Man bekommt die Wirkung schon, wenn man die emporragenden Antennen $A_1 A_2$ wegläßt und nur mit einem Paar wagrechter Antennen arbeitet, Abb. 116. Die Kopplungsspule ist unterteilt und enthält in der Mitte einen Kondensator zur Abstimmung; auf Kondensator und Spule zusammen entfällt eine halbe Welle, die beiden wagerechten Antennen bilden je eine Viertelwelle. Auch hier ist die Wirkung senkrecht zur Antennenrichtung beiderseits Null, in der Richtung der Antennen am stärksten (Kiebitz).

Telephonie ohne Draht. Wenn eine Antenne einen ununterbrochenen Zug ungedämpfter Wellen aussendet, so können diese auf einer Empfangsstation ankommen und durch ein mit der Antenne verbundenes Telephon fließen, ohne daß man etwas davon hört. Denn Frequenzen von über 40 000 Perioden in der Sekunde sind unhörbar. Wie aber Unterbrechungen des Wellenzugs sich als Knacken zeigen würden, so kann man auch alle sonstigen Änderungen in der Stärke der Wellen mit dem Telephon wahrnehmen. Man koppelt mit dem Schwingungskreis oder mit der Antenne ein durch eine Batterie gespeistes Mikrophon; die durch die Sprache hervorgebrachten Schwingungen von geringer Frequenz überlagern sich den raschen Schwingungen und werden als deren Änderungen durch den Raum getragen und am fernen Orte gehört.

Andere Verfahren drahtloser Telegraphie.

Telegraphie durch Stromausbreitung. (Abb. 117.) Der Strom der Batterie B wird durch die beiden Erdleitungen in die Erde gesandt und breitet sich hier an der Oberfläche (ebenso nach der Tiefe) in den punktiert angegebenen Stromlinien aus (ähnlich den Kraftlinien der Abb. 3). Längs der Stromlinien sinkt das Potential; zwischen zwei Punkten e_1, e_2 besteht daher eine Spannung, und wenn man dort Erdleitungen eingräbt und sie durch einen Fernhörer verbindet, kann man die Bewegungen der Taste T als Knacken hören. Verwendet man statt der Batterie eine Wechselstrommaschine, so hört man in F einen Ton. Zwischen Gebe- und Empfangsleitung kann z. B. ein Fluß oder ein Meeresarm liegen. Auf 10—30 km Entfernung sind gute Erfolge erzielt worden.

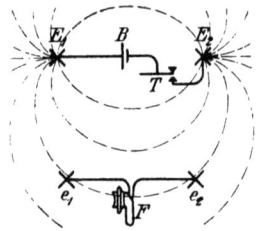

Abb. 117. Telegraphie durch Stromausbreitung.

Induktionstelegraphie. Die Erscheinung, die den Fernsprechbetrieb so häufig stört, kann man zur Telegraphie nützlich verwenden. Wenn zwei Leitungen auf eine längere Strecke parallel gezogen sind, so kann man auch bei größerem seitlichen Abstand die Stromvorgänge in der einen als Induktionsvorgänge in der anderen wahrnehmen.

Vierter Abschnitt.

Die physikalischen Grundlagen der Mehrfachtelegraphie.

Allgemeines. An den Enden einer Telegraphen- oder Fernsprechleitung denken wir uns zunächst nur je einen Apparat in Tätigkeit, am einen Ende den Geber, am andern den Empfänger, an jedem einen Beamten oder Teilnehmer beschäftigt.

Dies wäre einfache Ausnutzung der Leitung. Wenn aber gleichzeitig an beiden Enden gegeben und empfangen wird, oder wenn gleichzeitig mehrere Nachrichten in derselben Richtung über den Draht fließen, so nennt man dies mehrfache Ausnutzung der Leitung, Mehrfachtelegraphie. Die Möglichkeit zu mehrfacher Ausnutzung kann durch eine dauernde Schaltung oder durch fortwährende Umschaltung geschaffen werden; in jenem Falle fließen die zu zwei verschiedenen Nachrichten gehörigen Ströme gleichzeitig über die Leitung, gleichzeitige Mehrfachtelegraphie; in diesem wird die Leitung mit Hilfe eines Umschalters, des Verteilers, in raschem Wechsel von einem Apparat zum andern fortgeschaltet, wechselzeitige Mehrfachtelegraphie.

Bei der gleichzeitigen Mehrfachtelegraphie unterscheidet man Gegensprechen oder Duplextelegraphie (2 Nachrichten in entgegengesetzten Richtungen), Doppelsprechen (Diplex, 2 Nachrichten in derselben Richtung) und Doppelgegensprechen (Quadruplex, 2 Nachrichten in beiden Richtungen). Die wechselzeitige Mehrfachtelegraphie, bei der die Zahl der gleichzeitig zu sendenden Nachrichten grundsätzlich nicht beschränkt ist, nennt man auch Multiplextelegraphie. Die wechselzeitige kann mit der gleichzeitigen Mehrfachtelegraphie vereinigt angewandt werden.

A. Gleichzeitige Mehrfachtelegraphie.

Die Grundbedingung für die Schaltung ist, daß der abgehende Strom den Empfangsapparat des eigenen Amtes, obgleich er dauernd im Stromwege liegt, nicht bewegen darf. Dies läßt sich auf zweierlei Weise erreichen, durch den Differential-Elektromagnet (S. 92) und durch die Wheatstonesche Brücke (S. 37).

Differentialschaltung. Die ersten Verfahren zur Mehrfach-Telegraphie wurden schon bald nach der praktischen Einführung des elektrischen Telegraphen angegeben. Der erste Vorschlag wurde 1853 von Gintl, einem Österreicher, gemacht; sein Verfahren hat praktisch keine Bedeutung gewonnen. Im folgenden Jahre wurde von Frischen und gleichzeitig von Siemens & Halske ein Verfahren angewendet, dessen Grund-

158   Mehrfachtelegraphie.

gedanke, die Differentialschaltung, noch heute ausgedehnte Verwendung findet. Der Empfangsapparat ist ein Differential-Elektromagnet (vgl. S. 92). Der ankommende Strom (Abb. 118a) durchfließt von der Leitung L aus die eine Wicklung ungeteilt; durch die zweite Wicklung fließt nur noch ein kleiner Teil des Stromes, indes im gleichen Sinne wie in der ersten. Der Elektromagnet spricht an. Der abgehende Strom (Abb. 118b)

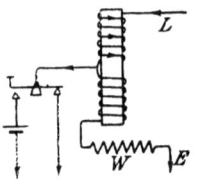 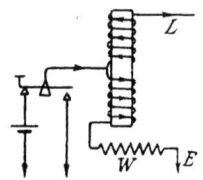

Abb. 118a. Differentialschaltung, Empfangsstellung.   Abb. 118b. Differentialschaltung, Gebestellung.

kommt von der Batterie zum Verzweigungspunkt, durchfließt also die beiden Wicklungen in entgegengesetztem Sinne; gleicht man W so ab, daß die beiden Stromteile gleich sind, so heben ihre Wirkungen auf den Elektromagnet einander auf. dieser spricht nicht an.

Wenn zwei derart ausgerüstete Ämter miteinander arbeiten, sind verschiedene Fälle zu unterscheiden. Jede der beiden Tasten kann entweder in der Ruhe- oder in der Arbeits- oder in der Schwebelage sein. Wir brauchen aber diejenigen Fälle nicht mehr zu betrachten, wo eine der beiden Tasten in Ruhelage ist; denn dies ist schon durch Abb. 118a und 118b erledigt. Es bleiben nur noch drei Fälle übrig: einerseits Arbeits-, anderseits Schwebelage, beiderseits Schwebelage und beiderseits Arbeitslage.

Zur Erklärung des ersteren Falles dient Abb. 118a, wenn wir uns die Taste vom Ruhekontakt abgehoben und noch nicht auf den Arbeitskontakt niedergedrückt denken. Auf der fernen Station ist die Taste in Arbeitslage, daher kommt der Strom durch die Leitung. Wie man sieht, fließt er jetzt nicht nur durch die eine, sondern durch beide Wickelungen; allerdings ist wegen des Widerstandes W seine Stärke nur halb so groß, aber die Windungszahl ist die doppelte, da er die Windungen

Differential- und Brückenschaltung.

im gleichen Sinne durchfließt; der Anker wird demnach mit derselben Kraft angezogen, wie bei Ruhelage der Taste.

Haben die Ämter beiderseits Schwebelage, so gelangt kein Strom in die Leitung.

Im dritten Fall werden beiderseits die Batterien an die Leitung geschaltet. Liegen sie mit gleichen Polen an der Leitung, so heben sich in dem Kreis, der die Leitung enthält, ihre gleichen elektromotorischen Kräfte auf, und es fließt kein Strom durch die Leitung, also auch nicht durch die mit der Leitung verbundenen Wickelungen der Elektromagnete. Wohl aber fließen beiderseits die Ströme durch die anderen Wicklungen, und beide Elektromagnete ziehen ihre Anker an.

Brückenschaltung. Auf Seite 37 ist gezeigt worden, daß die Diagonale in einem Widerstandsviereck stromlos bleibt, wenn die Widerstände in einem bestimmten Verhältnis stehen. Man hat also nur den Empfangsapparat des gebenden Amts in die Diagonale eines solchen Vierecks zu bringen, um ihn von der Einwirkung des abgehenden Stromes frei zu halten.

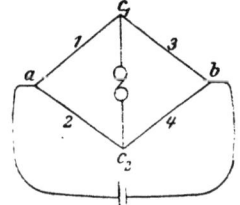
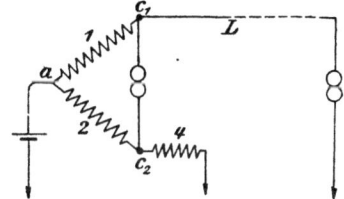

Abb. 119. Wheatstonesche Brücke.

Abb. 120. Wheatstonesche Brücke mit einer Telegraphenleitung.

Abb. 119 zeigt ein Widerstandsviereck $a\, c_1\, b\, c_2$ mit einer Brücke $c_1\, c_2$ und einem Batteriezweig. In der Brücke fließt kein Strom, wenn $r_1 : r_2 = r_3 : r_4$. Wir fügen nun in dieses Viereck an Stelle des Zweiges 3 eine Telegraphenleitung L (Abb. 120) mit dem Empfangsapparat am fernen Ende und Erde. Dies bedingt, daß der Punkt b der Abb. 119 an Erde gelegt wird, daß also auch der Zweig 4 und der Batteriezweig zur Erde führt, wie dies in Abb. 120 dargestellt wird. Wenn mit L der Widerstand der Leitung und des ganzen Amtes am fernen Ende bis zur Erde verstanden wird, so ist nun die Brücke $c_1\, c_2$ stromlos, wenn $r_1 : r_2 = L : r_4$. Das ferne Amt muß natürlich ebenso mit einer Stromverzweigung ausgerüstet werden. Auch müssen beide Ämter zum Geben Tasten bekommen, die in den Batteriezweig geschaltet werden. Abb. 121 zeigt die vollständige Anordnung. Bei den Tasten ist die Schwebelage vermieden; dies geschieht, weil während der Schwebelage der Widerstand des Amtes für den ankommenden Strom viel höher

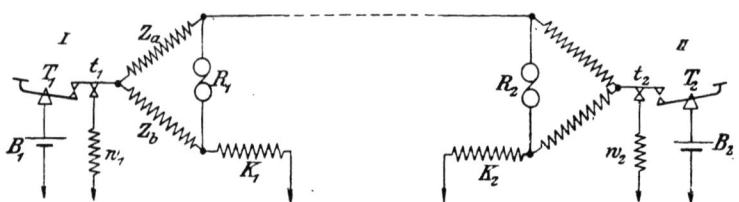

Abb. 121. Brückenschaltung zum Gegensprechen.

wäre, als in einer der beiden Endlagen. Drückt man in Amt I auf die Taste T_1, so legt sie die Batterie B_1 an t_1 an, ehe sie letzteren Hebel von dem Zweig mit dem Widerstande w_1 abhebt; dieser ist gleich dem Batteriewiderstand. Im praktischen Betriebe hat sich die Vermeidung der Schwebelage nicht als nötig erwiesen. Nun tritt der Strom aus B in die Verzweigung ein; wenn die Widerstände Z_a und Z_b einander gleich, und der Widerstand K_1 gleich dem Widerstande der Leitung bis zur Erde im fernen Amte ist, so teilt sich der Strom in zwei gleiche Teile, von denen der eine über K_1 zur Erde geht, während der andere in die Leitung fließt. Der eigene Empfangsapparat R_1 (meist ein Relais) bleibt stromlos. Auf dem fernen Amte verzweigt der Strom sich wieder, ein Teil geht über R_2, ein anderer Teil durch die Verzweigungswiderstände; von letzteren fließt wieder ein Teil über t_2 und w_2, ein Teil über R_2 und K_2 zur Erde. Über den Brückenarm zwischen K_2 und t_2 fließt ein Ausgleichsstrom, dessen Richtung und Stärke von den Widerständen der Brückenverzweigung abhängt.

Man sucht die Widerstandsverhältnisse so zu wählen, daß etwa die Hälfte des Stromes durch den Empfangsapparat fließt. In der Zahlentafel[1]) auf der nächsten Seite findet man für

---

[1]) Zur Berechnung der Ströme in den 5 Leitungszweigen setzt man nach den beiden Kirchhoffschen Sätzen die Gleichungen an für 3 Ver-

R	K	Z_a	Z_b	w	P
500 9,52	2000 3,60	1000 10,48	1000 5,92	120 16.40	12,45 V
500 2,45	2000 9,45	450 10,55	—	1800 10,55	16,67 V
500 8,89	4000 2,22	1000 11,11	1000 6,67	120 17,78	13,24 V
500 12,64	4000 4,24	2000 7,36	1000 8,40	120 15.76	14,53 V

verschiedene Widerstände die Ströme berechnet; die obere Zahl bedeutet den Widerstand in Ohm, die untere den Strom in Milliampere, wenn der ankommende Strom $= 20$ mA gesetzt wird. Die Spalte P gibt die Spannung am Ende der Leitung und ersten Verzweigungspunkt an. Der Strom in Z_b fließt von K nach t hin. Wählt man $Z_a : R = w : K$, so bleibt Z_b vom ankommenden Strom frei (Doppelbrücke); dies hat den Vorteil, daß man für den abgehenden Strom an Z_b stellen kann, ohne das Gleichgewicht für den ankommenden Strom zu stören. Die zweite Zahlenreihe gibt ein Beispiel, aus dem man sieht, daß der Vorteil mit einer mäßigen Erhöhung der Spannung erkauft werden muß. Ist der Widerstand der Leitung groß (muß also auch K groß sein), so bietet es Vorteil, die Brückenarme ungleich zu wählen, was die beiden letzten Zahlenreihen zeigen. Es sei $K = 4000$, $Z_b = 1000 \,\Omega$; wählt man $Z_a = 1000 \,\Omega$, so ist der Strom im Empfangsapparat 8,9 mA; vergrößert man Z_a auf $2000 \,\Omega$, so steigt der Strom auf 12,64 mA.

Wegen der Symmetrie der Schaltung gilt die Betrachtung auch für Stromsenden von II aus, während die Taste in I in Ruhe ist.

Werden beide Tasten gleichzeitig gedrückt, so tritt im Widerstandszweig 3 (Abb. 119) ein EMK auf, das Gleichgewicht wird also gestört und es fließt auch Strom durch den eigenen

---

zweigungspunkte und 2 in sich zurücklaufende Stromwege. Der ankommende Strom und die Widerstände sind als gegeben anzusehen. Die Spannung am Ende der Leitung findet man, indem man für einen von der Erde bis dorthin führenden Leitungsweg die Einzelspannungen der Strecken berechnet und addiert.

Apparat. Liegen die Batterien beiderseits mit demselben Pol an der Leitung, so ist der Strom in der Leitung Null, liegen sie mit entgegengesetzten Polen an der Leitung, so ist der Strom in der Leitung doppelt so stark.

Künstliche Leitung. Bei den beiden beschriebenen Methoden werden Widerstände, W in Abb. 118, K in Abb. 121 benutzt, um das Gleichgewicht im Stromlauf herzustellen, damit der Apparat nicht auf den Strom des eigenen Amtes anspricht. Damit das Gleichgewicht in jedem Augenblick bestehe, ist nötig, daß diese Widerstände die Eigenschaften der wirklichen Leitung besitzen. Neben einer kürzeren oberirdischen Leitung genügt als künstliche Leitung ein einfacher Widerstand. Bei langen oberirdischen und bei unterirdischen Leitungen muß neben dem Leitungswiderstand auch die Kapazität nachgebildet werden; dies geschieht durch die Schaltung nach Abb. 122. Die Widerstände R_1, R_2, R_3, Verzögerungswiderstände, dienen dazu, die Wirkung der Kondensatoren auf eine etwas längere Zeit zu verteilen, um so der verteilten Kapazität der Leitung (Abb. 90) näher zu kommen.

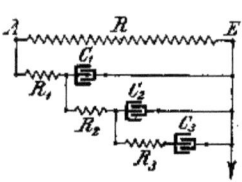

Abb. 122. Künstliche Leitung.

Für wissenschaftliche Zwecke und für gewisse Betriebszwecke (längere Seekabel) gibt es Anordnungen und Einrichtungen künstlicher Kabel, welche die Eigenschaften der Leitungen noch genauer nachahmen.

Doppelsprechen. Von den vielen Verfahren möge nur dasjenige beschrieben werden, das in Verbindung mit einer Gegensprechmethode als Doppelgegensprechen praktisch verwendet wird.

Zum Geben dienen zwei Tasten T_1 und T_2, die die Abbildung 123 in der Ruhelage zeigt. Die Leitung führt über den Hebel h_3 und den Drehpunkt von T_2 zum Drehpunkt von T_1 und über den federnden Hebel h_2 zum Pol -1 der Batterie. Wird nun T_1 gedrückt, so tritt hierdurch nur ein Wechsel in der Polrichtung, nicht aber in der Stärke der Batterie ein; denn der Weg führt dann über h_1 nach dem Pol $+1$. Drückt man aber die Taste T_2 nieder, so legt sich h_3 an den darüber stehenden Kontakt, wodurch die Leitung mit dem vorderen, vom übrigen isolierten Teil von T_1 in Berührung kommt. Bei

Künstliche Leitung. Doppelsprechen. 163

Ruhestellung von T_1 liegt sie dann am Pol — 3, bei Arbeitsstellung am Pol + 3. Man sieht also, daß die Taste T_1 nur die Polrichtung bestimmt, ohne auf die Stärke der Batterie einen Einfluß zu haben, während T_2 nur die Stärke der Batterie bestimmt.

Als Empfänger schaltet man in die Leitung einen polarisierten und einen neutralen Apparat hintereinander, der Telegraphierstrom durchfließt also beide Apparate. Der erstere bewegt seinen Hebel, wenn der Strom seine Richtung ändert; er ist so empfindlich, daß er schon bei der geringeren Stromstärke anspricht, und tut dasselbe auch noch bei der hohen. Auf den letzteren wirken beide Stromrichtungen gleichartig; aber er ist so unempfindlich gestellt, daß er bei der geringeren Stromstärke nicht anspricht, sondern nur bei der höheren. Hiernach spricht der polarisierte Apparat nur auf die Bewegungen von T_1, der neutrale nur auf die von T_2 an.

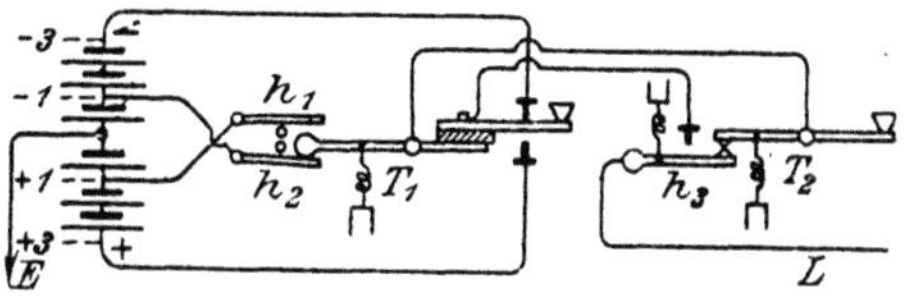

Abb. 123. Schaltung zum Doppelsprechen.

Doppelgegensprechen. Das Doppelsprechen wird nur in Verbindung mit einer Gegensprechmethode benutzt. Führt man die Leitung L in Abb. 123 an den Eckpunkt einer Brückenanordnung (Abb. 121), während man in den Brückenzweig den polarisierten und den neutralen Empfänger hintereinander legt, so hat man eine Quadruplexschaltung. Ebenso kann man L an den Verzweigungspunkt am Elektromagnet in Abb. 118a führen. Die beiden Empfänger müssen in diesem Falle differential gewickelt sein; die Wickelungen des zweiten Empfängers werden jede hinter eine der Wickelungen des ersten geschaltet.

Mehrfaches Fernsprechen und gleichzeitiges Telegraphieren und Fernsprechen. Wenn in Abb. 124a L_a, L_b die beiden Zweige einer Fernsprech-Doppelleitung sind, so wird in den Scheitel ein Differentialmagnet (Abzweigspule genannt) wie in Abb. 118a gelegt, während der Fernsprecher (eine vollständige Sprechstelle mit Amtseinrichtung) in F angeordnet wird. Die aus der Leitung ankommenden Fernsprechströme finden als rasch wechselnde Ströme in der Magnetbewickelung der Abzweigspule,

11*

deren beide Teile sie hintereinander zu durchfließen haben, eine sehr große Selbstinduktion; die werden also hier abgesperrt und gehen nur durch den Fernsprecher F. Ebenso finden die in F erzeugten Fernsprechströme am Elektromagnet keinen Durchgang und fließen ungeteilt in die Leitung. Am Scheitel der Abzweigspule kann man nun einen anderen Apparat, z. B. einen Morse- oder Hughes-Apparat anschalten. Dessen Ströme umfließen den Elektromagnet in entgegengesetzten Richtungen. Da sie sich in die beiden gleichen Zweige verteilen, sind sie an Stärke gleich und magnetisieren

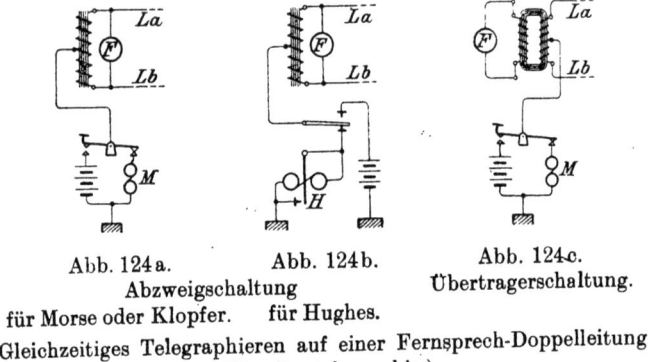

Abb. 124a.   Abb. 124b.   Abb. 124c.
Abzweigschaltung   Übertragerschaltung.
für Morse oder Klopfer.   für Hughes.
Gleichzeitiges Telegraphieren auf einer Fernsprech-Doppelleitung.
(Simultantelegraphie.)

den Magnet nicht, finden demnach hier auch keine Selbstinduktion. Sie gehen also ungehindert in die Leitung. Der Apparat F liegt für diese Ströme in der Brücke, an deren Enden jederzeit das gleiche Potential herrscht; daher dringen die von der Telegraphenbatterie kommenden Ströme nicht in F ein.

In manchen Fällen ist es erwünscht, den Fernsprecher nicht unmittelbar an die Leitung zu legen. Man verwendet dann die Übertragerschaltung, Abb. 124c, welche gegenüber der Abzweigschaltung den Vorteil bietet, daß die Schaltvorgänge im Fernsprechkreis, insbesondere Schaltfehler, keinen Einfluß auf den Betrieb auf der Doppelleitung haben.

In beiden Fällen, nach Abb. 124a und 124b, herrscht längs der ganzen Doppelleitung — gute und gleichmäßige

Simultantelegraphie.   165

Isolation und symmetrische Anordnung vorausgesetzt — zwischen gleichgelegenen Punkten der beiden Zweige dasselbe Potential, demnach keine Spannung. Eine Brücke zwischen zwei solchen Punkten an beliebiger Stelle der Doppelleitung bleibt stromlos.

Abb. 125a und b zeigen, wie man auf 4 Drähten gleichzeitig drei Ferngespräche führen und außerdem noch telegraphieren kann. Mit dem Fernsprecher F_1 spricht man in der Doppelleitung L_1, mit F_2 in L_2; der Fernsprecher F_3 benutzt als einen Zweig der Doppelleitung die parallel geschalteten Drähte L_1 a und b als den anderen L_2 a und b, spricht also unter Ausschluß der Erde über vier Drähte, und der Hughes- oder Morseapparat benutzt die vier Drähte nebeneinander wie eine Einzelleitung mit Erde.

Das Verfahren von Van Rysselberghe, das in Belgien seit langer Zeit angewandt wurde, um auf Eisendraht-Einzelleitungen

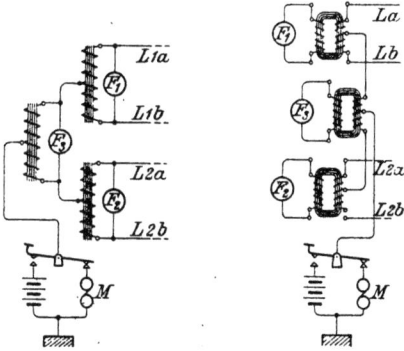

Gleichzeitiges Telegraphieren und Mehrfachsprechen.
Abb. 125a.   Abb. 125b.
Abzweigschaltung.   Übertragerschaltung.

gleichzeitig zu telegraphieren und fernzusprechen, zeigt in einfachster Form Abb. 126. Den aus dem Fernsprecher herrührenden Strömen wird durch D der Weg durch den Telegraphenapparat, den aus der Telegraphenbatterie stammenden Strömen durch C der Weg zum Fernsprecher gesperrt. Der Kondensator C wird allerdings durch die Telegraphierströme geladen und entlädt sich dann wieder; Lade- und Entladeströme fließen auch durch den Fernhörer; aber diese Ströme sind durch die drosselnde Wirkung von D und C so stark abgeflacht, daß sie im Fernhörer nicht mehr gehört werden.

Dieses Verfahren hat Van Rysselberghe nach Abb. 127 erweitert. Mit der Taste I arbeitet man wie nach Abb. 126, die Ströme aus II finden nach I hin große Induktivitäten; nach der Seite der Leitung ist der Vorgang der gleiche, wie nach Abb. 126. Das Verfahren ist früher nach einer Schaltung von Dejongh in der RTV auf den Hughesbetrieb angewandt worden; bei I und II ist je ein Hughesapparat anzunehmen.

Neuerdings wird wieder das einfache Verfahren nach Abb. 126 verwandt, nur mit der Änderung, daß man jeden der beiden Zweige einer Doppelleitung wie die Einzelleitung der Abb. 126 ausrüstet. Der Fernsprechapparat kommt auf diese Weise wie nach Abb. 127 zwischen 2 Kondensatoren zu liegen. Die Telegraphenapparate werden an die Zweige der Doppelleitung wie in Abb. 126 angeschlossen; um die Abflachung der

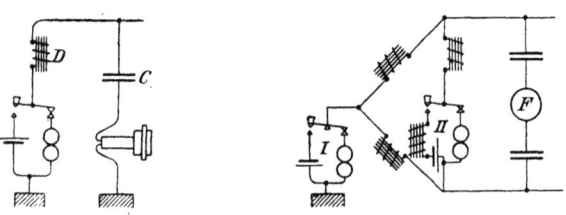

Gleichzeitiges Telegraphieren und Fernsprechen
Abb. 126   Abb. 127
auf Einzelleitung.   auf Doppelleitung.

Stromstärke zu verbessern, kommt noch, wie in Abb. 127, in den Batteriezweig eine Drossel und zwischen Tastenkörper und Erde ein Kondensator. Außerdem werden die Zweige der Doppelleitung durch eine Brücke verbunden, symmetrisch aus 2 Kondensatoren und 2 Drosseln zusammengesetzt und in der Mitte über einen induktionsfreien Widerstand geerdet; ihre Aufgabe ist, die etwa noch auftretenden Stromspitzen des Telegraphierstroms vom Fernsprecher abzuhalten und Ladungen der Leitung zur Erde abzuführen.

Mehrfaches Fernsprechen (Doppelbetrieb). Abb. 125a und b zeigen die Grundlagen der Schaltung, die aus dem Gesagten schon verständlich sind. Die beiden Doppelleitungen der Abb. 125a und b heißen Stammleitungen und werden zu einer Viererleitung verbunden. Man könnte auch zwei Viererleitungen, deren jede nach dem vorigen zu drei Verbin-

Mehrfaches Fernsprechen. Wechselzeitige Telegraphie.

dungen benutzt werden kann, noch einmal zusammenschalten und demnach auf 8 Drähten 7 Gespräche gleichzeitig führen; doch wird diese Erweiterung nicht verwendet.

B. Wechselzeitige Mehrfachtelegraphie.

Verteiler. Der Vorgang des Telegraphierens läßt sich in mehrere Teile zerlegen, in die mechanischen Bewegungen des Gebers und des Empfängers und die eigentliche Stromsendung. Die letztere läßt sich auf einen kurzen Augenblick beschränken, während die ersteren einen verhältnismäßig längeren Zeitraum in Anspruch nehmen. Statt nun während dieser Vorbereitungszeit die Leitung unbenutzt zu lassen, kann man sie inzwischen verwenden, um die Stromsendungen anderer Apparate zu befördern, die ihre Vorbereitung zur Stromsendung beendet haben.

Zu diesem Zwecke ist ein Paar sog. Verteiler erforderlich, die auf den beiden Ämtern, die in Verkehr stehen, sich befinden, und die sich genau gleich geschwind drehen. Jeder Verteiler (Abb. 128) besteht aus einer feststehenden Scheibe mit mehreren, z. B. 6 voneinander isolierten Sektoren, und einer über diese streichenden, an der Drehachse befestigten Bürste. Die Bürsten stehen beiderseits mit der Leitung in Verbindung, die Sektoren mit Apparaten, von denen die Abbildung nur den einen, an den ersten Sektor angeschlosseneu Satz zeigt. Der umlaufende Verteilerarm verbindet zu jeder Zeit je einen Apparatsatz der beiden, an den Enden der Leitung liegenden Ämter miteinander. Die Sätze wechseln in ihrer Reihenfolge. Bei der praktischen Ausführung ist es nötig, den Gleichlauf der beiden Bürsten sehr genau zu regeln. Zu diesem Zwecke werden häufig außer den mit Apparaten verbundenen Sektoren noch ein oder zwei besondere, nur zur Reglung dienende Sektoren eingesetzt.

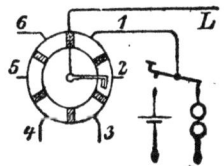

Abb. 128. Verteiler für wechselzeitige Mehrfachtelegraphie.

Man kann einen solchen Mehrfachtelegraphen zugleich noch in Gegensprechschaltung betreiben, so daß die Leitung in jedem Augenblick nicht nur ein Paar Apparate, wie in Abb. 128 dargestellt, sondern deren zwei Paare verbindet.

Fünfter Abschnitt.
Der Schall.

Wesen des Schalles. Der Schall besteht in einer raschen, meist hin- und herschwingenden Bewegung der Körperteilchen. Die Bewegungen einer tönenden Glocke oder Saite kann man sehen und fühlen. Ganz langsame und außerordentlich rasche Bewegungen sind nicht hörbar; vielmehr hört man nur Bewegungen, deren Geschwindigkeit einem mittleren Gebiete angehört.

Der Schall besteht in der uns umgebenden Luft in einer longitudinalen oder Längsbewegung der Teilchen, d. h. die Teilchen bewegen sich in derselben Richtung hin und her, in der sich die Bewegung fortpflanzt. Um sich dies vorzustellen, benutze man Abb. 129 und ein Blatt starken Papiers mit dem in der Abbildung oben angegebenen Schlitz. Zieht man das Papier ziemlich rasch über die Abbildung, so daß der Schlitz, seiner Anfangslage parallel darüber gleitet, so scheinen sich die im Schlitz erscheinenden Punkte zu bewegen[1]). Man sieht, daß die Bewegung in einer Verdichtung und Verdünnung des Stoffes besteht, indem die Teilchen einander näher rücken oder sich voneinander entfernen.

Abb. 129. Darstellung eines Längsstoßes.

Die Geschwindigkeit, mit der sich eine solche Verdichtung in der Luft fortpflanzt, beträgt etwa 330 m in der Sekunde; in den

---

[1]) Richtiger wäre es, die Zeichnung unter dem Schlitz zu bewegen; das im Schlitz Erscheinende soll eine im ganzen feststehende Punktreihe darstellen, deren einzelne Teilchen hin- und herschwingen.

Wesen und Arten des Schalles. Wellen. 169

flüssigen und festen Körpern ist sie größer. Die letzteren leiten auch den Schall besser fort als die Luft.

Der Schall wird an der Grenze zweier verschiedener Mittel, z. B. der Luft und eines bewaldeten Bergs oder einer Felswand, zurückgeworfen (reflektiert): Widerhall, Echo. Dasselbe findet auch an den Wänden der Zimmer statt.

Abb. 130. Fortschreitende Welle.   Abb. 131. Stehende Welle.

Arten des Schalles. Der Ton. Man bezeichnet den Schall je nach seiner Eigentümlichkeit mit verschiedenen Namen, Knall, Knistern, Rasseln, Rauschen u. a. m. Die verschiedenen Eindrücke, die das Ohr empfängt, beruhen auf der Art, wie die Luftteilchen schwingen; beim Knall ist es z. B. eine einzige große und sehr heftige Bewegung, beim Knistern zahlreiche aufeinanderfolgende schwächere Stöße usw. Alle diese mehr oder minder unregelmäßigen Arten des Schalles faßt man unter der Bezeichnung Geräusch zusammen.

Von diesen unterscheidet sich der Ton; er ist eine regelmäßige Bewegung, die darin besteht, daß die Teilchen Schwingungen um eine mittlere Lage ausführen, Schwingungen, die in einer gewissen gesetzmäßigen Art gebildet sind und sich in genau gleichbleibender Weise eine Zeitlang wiederholen. Abb. 130 zeigt hinter dem bewegten Schlitz eine solche Bewegung. Gelangt die schwingende Bewegung an die Grenze der Luft z. B. gegen die Zimmerwand, so wird sie hier zurückgeworfen. Die urspüngliche und die zurückgeworfene Bewegung setzen sich zu einer eigentümlichen Schwingungsform, der stehenden Welle (Abb. 131, zu benutzen wie Abb. 129 und 130) zusammen. Bestimmte Punkte der Welle sind dauernd in Ruhe (Knoten), dazwischen findet die stärkste Bewegung in den Bäuchen statt.

An einem Ton unterscheidet man seine Höhe und seine Stärke. Die erstere wird durch die Geschwindigkeit der Schwingungen bestimmt. Der tiefste hörbare Ton hat etwa 16 Schwingungen in der Sekunde, das Stimm-A deren 435, die höchsten musikalisch verwendeten Töne 4000; Töne von etwa 20 000 Schwingungen werden von manchen Menschen schon nicht mehr gehört, 40 000 ist etwa die obere Grenze des Hörbaren. Die Stärke des Tones wird bestimmt durch die Schwingungsweite der schwingenden Teilchen.

Klangfarbe. Obertöne. Derselbe musikalische Ton, von verschiedenen Instrumenten angegeben, z. B. Klavier, Geige, Flöte, Horn, menschliche Stimme, klingt je nach dem Instrument verschieden; dies unterscheidende Eigentümliche des Klanges nennt man Klangfarbe. Es rührt daher, daß die erzeugten Töne niemals einfach, sondern stets mit anderen hörbaren Tönen vermischt sind, und zwar mit solchen, die ganzzahlige Vielfache der Schwingungszahl des tieferen Grundtones haben. Man nennt sie Obertöne. Je nachdem einige dieser Obertöne stärker hervortreten, während andere schwach sind oder fehlen, bestimmt sich die Klangfarbe.

Tongemische. Jeder Klang, die Sprache, alle Geräusche sind aus Schwingungen verschiedener Frequenz und Schwingungsweite zusammengesetzt (Seite 107). Wenn man diese Zusammensetzung nach Anleitung der Abb. 63 auf dem Papier ausführt, z. B. für eine Grundschwingung und seine Oktave mit halber Schwingungsweite, so sieht man, daß die Gestalt der erhaltenen Schwingungskurve noch davon abhängt, mit welchen Phasen man die beiden Schwingungen zusammenfallen läßt. Diese Verschiedenheiten nimmt das Ohr nicht wahr, vielmehr kommt es für das Ohr nur darauf an, welche Frequenzen in dem Tongemisch vorhanden sind, und welche Schwingungsweiten sie haben.

Verzerrung. Wenn nun die Teilschwingungen eines solchen Tongemisches in verschieden starkem Maße geschwächt werden, wie es z. B. bei der Fortpflanzung elektrischer Schwingungen längs einer metallischen Leitung der Fall ist, so wird der Charakter des Gemisches geändert; es werden z. B. die hohen Oberschwingungen besonders stark geschwächt, die Grundschwingungen und die niederen Oberschwingungen weniger; dann gewinnt die daraus wiedererzeugte Sprache einen dumpfen Klang. Die Sprache ist gegen Verzerrung wenig empfindlich; die Deutlichkeit wird meist nicht beeinträchtigt.

Tonerreger. Zur Erzeugung von Schallschwingungen, seien es nun Töne oder weniger regelmäßiger Schall, z. B. Sprachlaute, dienen stab- oder plattenförmige Körper. Zu den Stäben gehören die Saiten, z. B. im Klavier, der Violine, der Harfe, und die Pfeifen, deren schwingender Teil eine Luftsäule (Lippenpfeifen, z. B. Flöte) oder eine Metall- oder andere Zunge (Zungenpfeifen, Blechinstrumente) ist; die Zungen sind schmale Blechstreifen, die am einen Ende eingespannt werden. Auch die Stimmgabel ist ein Stab, und zwar ein gebogener. Eine tönende ebene Platte ist das Trommelfell auf Trommel, Pauke oder Becken; im Mikrophon und Fernsprecher werden ebene Platten (Membranen) verwendet, welche entweder dazu bestimmt sind, Schallwellen aus der Luft aufzunehmen oder solche Wellen in der Luft zu erzeugen. Die Glocken sind gebogene Platten.

Diese Körper werden an bestimmten Stellen festgehalten und schwingen in stehenden Wellen, deren Knoten an den festgehaltenen Stellen, deren Bäuche zwischen letzteren oder an einem freischwingenden Ende liegen.

Eigenton. Mitschwingen. Resonanz. Die freie Schwingung (S. 151) eines Körpers bestimmt seinen Eigenton; die Tonerreger schwingen stets in ihren Eigenschwingungen. Körper, deren Eigenton sehr hoch oder sehr tief liegt, lassen sich Schwingungen „aufzwingen" (vgl. S. 151). Leichte Platten aus Holz und Blech, wie die Membranen der Mikrophone und Fernsprecher, schwingen mit beliebiger Schwingungszahl. Eine tönende Stimmgabel, die man auf einen festen Körper, z. B. einen Tisch, aufsetzt, bringt letzteren zum Mitschwingen, wodurch der Ton verstärkt wird. Man nennt diese Verstärkungsmittel Resonanzkästen oder -böden. Bei den Zungenpfeifen setzt man einen Schallbecher auf, bei den Blechinstrumenten dient die lange, oft gewundene Luftsäule mit der trichterförmigen Öffnung zur Schallverstärkung.

Wird ein Körper von Schallschwingungen getroffen, die mit seiner Eigenschwingung nicht zusammenfallen, während sie ihm auch nicht, wie vorher angegeben, aufgezwungen werden können, so wirken sie nicht auf ihn. Trifft aber die ankommende Schwingung den Eigenton des Körpers, so ertönt der letztere (Resonanz); schon bei kleiner Abweichung der beiden Töne hört die Resonanz auf. (Man sieht, daß es sich beim sog. Resonanzboden nicht um Resonanz, sondern um Mitschwingen handelt.)

Das Sprachorgan. Die Sprache kommt dadurch zustande, daß von den Lungen Luft ausgestoßen wird, welcher durch die Sprachorgane eigenartige Schwingungsbewegungen erteilt werden. Die Luft wird durch die Luftröhre zum Kehlkopf befördert, den man am Halse sehen und fühlen kann (Adamsapfel); der vortretende Teil heißt Schildknorpel. Im Kehlkopf befinden sich die beiden Stimmbänder, die ungefähr wagrecht neben einander ausgespannt sind. Beim ruhigen Atmen lassen sie einen Spalt frei, der der Luft den ungehinderten Durchgang gestattet. Beim Sprechen und Singen spannen sie sich und verengen den Raum (Stimmritze), bis sie sich schließlich berühren (Brustton). Die gespannten Bänder bilden die Zunge einer Zungenpfeife; sie erzeugen beim Durchpressen der Luft einen Ton (Ton der Sprache, Singstimme), der zunächst die in der Gaumen- und Rachenhöhle und im Mund befindliche Luft in Schwingungen versetzt und sich durch den geöffneten Mund der äußeren Luft mitteilt. Mund und Rachenhöhle bilden den „Schallbecher".

Die Sprachlaute selbst werden mit der Zunge, dem Gaumen und den Lippen hervorgebracht. Wirkt dabei der Kehlkopf nicht mit, so flüstert man. Auch die Sprachlaute bestehen in Schwingungen, zum Teil außerordentlich raschen, aber weniger regelmäßigen, als die Töne.

Das Ohr. Es besteht aus dem äußeren Ohr (Ohrmuschel und Gehörgang), dem mittleren und dem inneren Ohr. Das mitlere wird vom äußeren Ohr durch das Trommelfell getrennt; es ist eine Luftkammer, in der sich die Gehörknöchelchen befinden, drei sehr kleine, gelenkig miteinander verbundene Knochen, die die Bewegungen des Trommelfells auf das innere Ohr übertragen. Das letztere ist ein mit wässeriger Flüssigkeit erfüllter häutiger Sack von verwickelter Gestalt, den man deshalb das Labyrinth nennt. Es ist eingebettet in eine Höhlung der Schädelknochen, wo es vor unmittelbarer äußerer Einwirkung gesichert liegt. In dem Labyrinth breiten sich die Enden der Gehörnerven aus. An jedem Ende einer Nervenfaser setzt sich eine kleine Faser an, die in die wässerige Flüssigkeit des Labyrinthes ragt und deren schwingende Bewegungen mitmacht; sie dient dazu, den Gehörnerv anzuregen. Ein Teil dieser Ansätze ist abgestimmt; sie sitzen in einem Organ, der „Schnecke", durch dessen eigentümliche Bildung bewirkt wird, daß die Ansatzfasern, hier Cortische Fasern genannt, am Eingang der Schnecke lang sind und bei den folgenden Fasern immer kürzer werden. Ein Ton erregt nur diejenigen Fasern, deren Eigenschwingungen er enthält. Ein geübtes Ohr kann daher die gehörten Töne in ihre einfachen Bestandteile auflösen. Unregelmäßige Geräusche werden von den im sog. Vorhofe endigenden Nerven aufgenommen, deren Hörhaare nicht abgestimmt sind.

Zweiter Teil.
Stromquellen.

Einteilung. Zur Stromerzeugung werden entweder galvanische Elemente (S. 175 bis 206) oder elektrische Maschinen (S. 206 bis 219) benutzt. Die ersteren zerfallen in zwei Unterklassen: Die **primären Elemente** erzeugen Strom, indem sie Chemikalien verbrauchen, die ersetzt werden. Die **sekundären Elemente** erzeugen zwar auch den Strom auf Kosten chemischer Veränderungen; aber sie werden nicht mit frichen Chemikalien beschickt, sondern mit elektrischem Strom geladen, der die chemischen Vorgänge der Stromerzeugung rückgängig macht (S. 73). Sie dienen also zum Aufspeichern oder Sammeln des Ladestroms und werden daher auch **Sammler** genannt.

Der Strom aus elektrischen Maschinen steht entweder in den Verteilungsnetzen zur Verfügung (**Netzstrom**), die man in allen größeren und vielen kleineren Orten und in neuerer Zeit auch häufig in ländlichen Bezirken findet, oder er wird aus privaten oder reichseigenen Maschinenanlagen bezogen. In einigen Fällen kann man den Netzstrom unmittelbar zum Speisen der Telegraphenleitungen verwenden. Meist aber bedarf es einer Umformung, sei es, daß man zunächst **Sammler** damit lädt, sei es, daß man **Motorgeneratoren, Umformer, Gleichrichter** dazu benutzt, Wechselstrom in Gleichstrom zu verwandeln oder die Spannung des zur Verfügung stehenden Gleichstroms zu ändern.

Wechselstrom braucht man in der Regel nur für den Weckbetrieb. Man erzeugt ihn entweder mit dem **Kurbel-** oder **Magnetinduktor** oder mit dem **Polwechsler** oder durch einen Motorgenerator oder Umformer, welcher **Rufmaschine** genannt wird.

Sechster Abschnitt.
Die Primärelemente.

Nasse und trockene Elemente. Das Elektrolyt eines Elements ist stets eine Flüssigkeit.

Bei Teilnehmer-Fernsprechstellen, die sich in den Wohn- oder Geschäftsräumen der Teilnehmer befinden, kann man die Elemente nur in gebrauchsfertig zusammengestellter Form verwenden; das Elektrolyt wird zumeist durch Bindung an sog. Trockensubstanzen wie Weizenmehl, Sägespäne, Gips, Filz usw. am Auslaufen verhindert; derartige Elemente bezeichnet man als Trockenelemente. Im Gegensatz dazu nennt man die Elemente, bei denen das Elektrolyt seine flüssige Form behalten hat, nasse Elemente.

Von der Reichs-Telegraphenverwaltung wird von nassen Primärelementen nur das Zink-Kupfer-Element, kurzweg auch Kupferelement genannt, verwendet.

Von Trockenelementen werden mehrere, im Bau nur wenig verschiedene Arten verwendet.

I. Das Kupferelement.

Bestandteile des Kupferelements. Abb. 132. Das Kupferelement besteht aus folgenden Teilen:

a) einem weißen zylindrischen Glasgefäß a a von 10 bis 10,5 cm Weite, 14,5 bis 15,5 cm Höhe und 4 mm Wandstärke;

b) der Anode in Form eines 5 cm hohen gegossenen Zinkringes z von 7 mm Wandstärke, der an Nasen n im Batterieglase aufgehängt wird. In eine der Nasen ist der als Poldraht dienende Kupferdraht m eingegossen;

c) der Kathode in Form einer 7 bis 8 mm dicken, runden, gewölbten Bleiplatte p von 7 bis 7,5 cm Durchmesser, in deren Mitte ein 1 cm starker und etwa 17 cm langer Bleistab angegossen ist. Der Bleistab trägt an seinem freien Ende eine messingene Polklemme k;

d) dem Elektrolyt für die Anode, einer wäßrigen Lösung von Zinkvitriol. In der für ein Element ausreichenden Menge reinen Fluß- oder Regenwassers werden 15 g weißen Zinkvitriols aufgelöst; man wartet, bis sich die Verunreinigungen zu Boden gesetzt haben. Die klare gebrauchsfähige Lösung wird dann vorsichtig abgegossen. Meist kann man die aus älteren Elementen gewonnene Lösung verwenden; s. S. 179;

e) dem Elektrolyt für die Kathode, einer wäßrigen Lösung von Kupfervitriol. Die Lösung ergibt sich bei der Ansetzung der Elemente von selbst (s. weiter unten). Beim Ansetzen werden jedem Element 70 g Kupfervitriol mitgegeben, bei Elementen, die nur eine Leitung speisen, auch weniger, indes nicht unter 40 g. Gutes, gebrauchsfähiges Kupfervitriol zeigt eine reine, durchsichtige blaue Farbe; verliert es von seinem Krystallwasser, wodurch die Gebrauchsfähigkeit nicht beeinträchtigt wird, so wird es weiß. Eine etwa vorkommende gelbliche Färbung rührt von Verunreinigungen durch Eisen oder Schwefel her. Derartig unreines Kupfervitriol darf nicht benutzt werden.

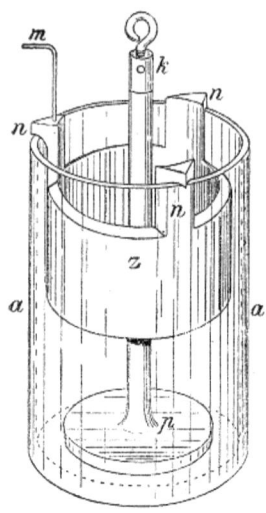

Abb. 132. Kupferelement.

Zusammensetzung des Kupferelements. Zunächst wird die Bleielektrode in das Glas gestellt; darauf wird der Zinkring eingehängt. Bleielektrode und Zinkring müssen eine metallisch reine Oberfläche zeigen. Danach wird die Zinkvitriollösung eingegossen. Als letztes werden die Kupfervitriolkristalle von Haselnuß- bis Walnußgröße in der vorgeschriebenen Menge (70 g) eingeworfen; sie fallen zu Boden und lösen sich langsam auf. Nachdem dies geschehen, befindet sich im oberen Teil des Gefäßes die leichtere farblose Zinkvitriollösung und im unteren Teil, ziemlich scharf abgegrenzt, die schwere blaue Lösung, welche sowohl Zink- als Kupfervitriol enthält. Es ist mit Rücksicht auf die Diffusion (S. 68, 180) sehr wichtig, daß sich im oberen Teil des Glases in der Umgebung des Zinkringes kein Kupfervitriol befindet.

Mischung der Flüssigkeiten. Auch ohne daß das Element Strom liefert, spielt sich darin die auf S. 68 geschilderte Diffusion ab, welche auf eine gleichmäßige Mischung der verschiedenen Flüssigkeiten hinarbeitet.

Bei Temperaturveränderungen entstehen in den Flüssigkeiten Wärmeströmungen; die erwärmten Teile werden leichter wie die kühleren von gleicher Zusammensetzung und steigen in die Höhe. Solche Wärmeströmungen entstehen im Element im oberen und im unteren Teil, gehen aber nicht aus dem unteren in den oberen über, weil die untere schwere Lösung durch die gewöhnliche Erwärmung nicht leichter wird als die obere.

Schütteln des Elements, Umrühren der Flüssigkeit, Strömungen, wie sie beim Einwerfen von Kupfervitriol entstehen können, tragen zur Mischung der Flüssigkeiten bei und sind wegen der chemischen Vorgänge (vgl. S. 180) daher strengstens zu vermeiden.

Hat das Element Strom zu liefern (vgl. S. 72) so erhalten die Ionen bestimmte Richtungen, die SO_4 nach oben, die Metallteilchen nach unten. Der elektrochemische Vorgang wirkt also dem Aufsteigen der Kupferionen entgegen, er verhindert es sogar nahezu, wenn die Elemente dauernd Strom liefern (Ruhestrom). Oben treten durch die Auflösung stets neue Zinkionen ein, während ebenso viele aus dem oberen Teil der Lösung nach unten befördert werden. Die Lösung im unteren Teile reichert sich demnach während der Stromlieferung mit Zinkvitriol an und wird allmählich gesättigt. In dem Maße, wie sie sich mit Zinkvitriol sättigt, nimmt ihre Aufnahmefähigkeit für Kupfervitriol ab; schließlich löst sie das letztere nur noch langsam, das Element beginnt sich zu polarisieren.

Verhalten und Behandlung des Kupferelements im Betriebe. Auf S. 74 ist der chemisch-elektrische Vorgang im Kupferelement beschrieben worden. Sind die Elektroden geladen, was sehr rasch geschehen ist, so kommt der Vorgang zum Stillstand. Im ungeschlossenen Element sollte also weder Zink noch Kupfervitriol verbraucht werden. Tatsächlich findet aber ein nicht unerheblicher Verbrauch statt infolge der Diffusion und der Verunreinigungen des Zinkes, s. S. 179 und 180. Im geschlossenen Element, bei welchem sich die Ladungen der Elektroden ständig als elektrischer Strom ausgleichen, dauert der Vorgang unbegrenzt weiter. Die Bleielektrode wird zur Kupferelektrode, sobald das Element geschlossen wird, da sie sich dann mit Kupfer überzieht.

Während der Stromerzeugung werden also Zink und Kupfervitriol verbraucht und dafür Kupfer und Zinkvitriol erzeugt. Sorgt man für regelmäßigen Ersatz des verbrauchten Kupfervitriols, so kann man die Stromlieferung sehr gleichmäßig machen. Man läßt unter Zuhilfenahme eines gebogenen Kupferdrahts hasel- bis wallnußgroße Kupfervitriolkrystalle vorsichtig auf den Boden des Glasgefäßes hinab, so daß dort stets einige Krystalle liegen und die Lösung gesättigt bleibt. Indessen darf nicht so viel Kupfervitriol zugeführt werden, daß der Spiegel der Kupfervitriollösung über das zulässige Maß erhöht und die Diffusion zum Zink begünstigt wird. Kupfervitriolgrus ist vor der Verwendung durch Befeuchten und Zusammenbacken zu Stücken passender Größe zu vereinigen.

Das an der Bleielektrode abgeschiedene Kupfer wird von Zeit zu Zeit gelegentlich des Umsetzens (S. 180) von der Bleielektrode abgelöst. Um die Ablösung zu erleichtern, wird jede neue Bleielektrode vor der Einstellung in das Element an den für die Verkupferung in Betracht kommenden Stellen dünn und gleichmäßig mit erwärmtem Schweinefett bestrichen. Das niedergeschlagene Kupfer ist von den Verkehrsanstalten zu späterer Veräußerung sorgfältig aufzubewahren.

Die Zinkvitriollösung wird im Verlaufe des elektrochemischen Prozesses immer stärker konzentriert. Im gleichen Sinne wirkt die allmähliche Verdunstung des Lösungswassers. Wenn nach einiger Zeit die Lösung mit Zinkvitriol gesättigt ist, scheidet sich das weiter gebildete Zinkvitriol in Gestalt eines weißen Salzes an allen erreichbaren festen Körpern aus, zerstört die Polklemme, scheidet sich am Batterieglase ab und kriecht unter Umständen über dessen Rand hinaus, schlägt sich auch wohl sogar an der Bleiplatte und den Kupfervitriolkrystallen nieder. Um den Zinkvitriolkrystallen das Anwachsen am Glasrande und das Überschreiten desselben möglichst zu erschweren, streicht man die Innenwand des Glases auf eine Breite von 10 mm vom Rande ab gerechnet, sowie den Rand selbst mit weißer Ölfarbe an. Der Anstrich muß vor der Ingebrauchnahme des Glases gut trocknen.

Um die Bildung von Zinkvitriolkrystallen zu verhindern, muß die Stärke der $ZnSO_4$-Lösung ab und zu geregelt werden, indem ein Teil der Zinkvitriollösung fortgenommen und durch schwache Zinkvitriollösung, wie sie zum Ansetzen der Elemente dient, ersetzt wird. Zum Entfernen der Lösung dient ein Heber aus Messing- oder Bleirohr; der Zinkring darf mit seinem unteren Rande nicht aus der Flüssigkeit kommen, da sonst die Batterie unterbrochen wäre. Umrühren und Mischen der Flüssigkeiten ist sorgfältig zu vermeiden.

Die aus den Elementen gewonnene Zinkvitriollösung kann zum Neuansetzen von Elementen gebraucht werden. Zuvor reinigt man die Lösung von etwa darin enthaltenem Kupfervitriol, indem man einige Stücke alten unbrauchbaren Zinks hineinwirft, welche das Kupfer aus der Kupfervitriollösung ausfällen. Ist die Lösung ganz farblos und klar geworden, so verdünnt man sie mit der achtfachen Menge Wasser; man gießt vom gebildeten Niederschlag ab und hat dann eine Zinkvitriollösung, welche ohne weiteren Zusatz von festem Zinkvitriol zum Ansetzen von neuen Elementen verwendet werden kann.

Nachzufüllende Flüssigkeit wird am besten in den Zwischenraum zwischen dem Zinkring und der inneren Glaswand eingegossen.

Um die Zinkringe vom Kupferschlamm zu befreien, dient ein Kupferdraht, der an einem Ende etwa 2 cm weit rechtwinklig umgebogen ist; mit diesem Ende wird vorsichtig am unteren Rande der Zinkringe entlang gefahren.

Verunreinigungen des Zinks, hauptsächlich durch Kohle und Eisen, verursachen einen nicht unerheblichen Zinkverbrauch. Wenn in dem Zinkring an der Oberfläche z. B. ein Kohlenteilchen sitzt, so bildet es mit dem umgebenden Zink ein galvanisches Element, welches durch die Masse des Zinkringes kurz geschlossen ist, also Strom erzeugt; es polarisiert sich zwar sofort, erzeugt aber doch fortwährend einen schwachen Strom, der Zink verzehrt.

Leistung des Kupferelements. Das vorschriftsmäßig angesetzte und gut gepflegte Kupferelement hat eine EMK von durchschnittlich 1,04 bis 1,06, rund 1 V. Solange es gut unterhalten wird und innerhalb der im nachfolgenden besprochenen Lebensdauer bleibt die EMK annähernd gleich. Der mittlere Widerstand eines Elements beträgt im Ruhestrombetriebe 3 Ω, im Arbeitsstrombetriebe etwa 5 Ω.

Unmittelbar nach dem Ansetzen und gegen Ende der Lebensdauer des Elements ist der Widerstand höher, so daß Ruhestromelemente bis zu 5 Ω, Arbeitsstromelemente bis zu 7 Ω Widerstand zeigen.

Nach dem Faradayschen Gesetz sollte das Kupferelement für 1 Ah etwa 4,5 g Kupfervitriol und 1 g Zink verbrauchen; wegen unvermeidlicher Verluste steigen diese Mengen auf das Doppelte bis Dreifache.

Lebensdauer. Die Lebensdauer eines Kupferelements müßte bei vorschriftsmäßiger Regelung der Stärke der Elektrolyte ihre Grenze erst finden, wenn die Zinkelektrode aufgebraucht ist.

Diese Lebensdauer kann nicht erreicht werden, weil sich die Diffusion und die Mischung der Flüssigkeiten niemals ganz vermeiden lassen wird. Ganz allmählich diffundiert das Kupfervitriol zum Zinkring, selbst bei den Ruhestromelementen. Gelangt ein Teilchen Kupfervitriol, $CuSO_4$, zum Zink, so tauscht sich das Cu gegen Zn aus; es scheidet sich Cu auf dem Zinkring ab, während das Zn sich mit dem SO_4 verbindet und in Lösung geht. Als erstes deutliches Anzeichen und zugleich als erste Wirkung dieser Diffusion bemerkt man, daß sich am unteren Rande des Zinkringes rotbraune Flocken ansetzen, welche nach und nach zu Zapfen auswachsen und schließlich bis in die Kupfervitriollösung hineinragen. Die rotbraunen, schwammigen Flocken und Zapfen enthalten das ausgeschiedene Kupfer. Der sich immer mehr über den Zinkring ausdehnende Überzug von Kupferschlamm setzt schließlich der Tätigkeit der Elemente ein Ende, da er die Auflösung des Zinks verhindert, und dies vor allem an denjenigen Stellen (z. B. dem unteren Rande des Zinkringes), die für die Lösung hauptsächlich in Betracht kommen. Dem sucht man vorzubeugen, indem man die Zinkringe von den Kupferschlammflocken, ehe diese sich zu Zapfen ausbilden können, vorsichtig befreit.

Bei Ruhestromelementen ist es wesentlich die zunehmende Sättigung der Lösung im unteren Teil des Glases mit Zinkvitriol (vgl. S. 177), wodurch die Lebensdauer beschränkt wird.

Nach den im Laufe vieler Jahre gemachten Erfahrungen beträgt die Lebensdauer eines Elements für Ruhestromleitungen 3 Monate. Nach Verlauf dieses Zeitraums müssen die Elemente ausgeschaltet und entweder durch neue ersetzt oder auseinandergenommen, in allen Teilen gereinigt, wieder neu zusammengesetzt und danach wieder eingeschaltet werden. Letzteren Vorgang bezeichnet man auch als **Umsetzen**.

Ein Drittel der in eine Ruhestromleitung eingeschalteten Anstalten hat ihre für diese Leitung vorhandenen Batterien bis zum

8. Januar, 8. April usw., das zweite Drittel bis zum 8. Februar, 8. Mai usw., das letzte Drittel bis zum 8. März, 8. Juni usw. umzusetzen. Die Verteilung der Ämter auf diese Drittel bestimmen die OPDen.

Bei der Umsetzung einer Kupferbatterie sind niemals gleichzeitig alle Elemente, sondern es ist höchstens eine Reihe von 7 Stück auf einmal auszuschalten und auseinanderzunehmen; durch das Herausnehmen der Elemente darf keine Lücke entstehen; man überbrückt die Stelle durch einen Kupferdraht.

Der den Zinkringen anhaftende Schmutz wird bei der Umsetzung mittels eines sog. Batterieschabers abgekratzt, so daß die Oberfläche wieder metallisch rein wird. Außerdem werden mit Vorteil Stahlkrätzenbürsten verwendet.

II. Die Trockenelemente.

Allgemeines. Die Trockenelemente unterscheiden sich von den nassen Elementen der Hauptsache nach darin, daß das Elektrolyt nicht in Form einer tropfbaren Flüssigkeit, sondern aufgenommen von einer porösen Masse (Weizenmehl usw.) oder als steifer Brei (z. B. ein mit dem Elektrolyt angesetzter Mehlbrei) beigegeben wird, und alle Teile des Elements fest eingebaut werden. Der feste Einbau wird z. T. schon dadurch erreicht, daß sich zwischen den beiden Elektroden die wenig nachgiebige Elektrolytpaste befindet. Die äußere Elektrode dient zuweilen gleichzeitig als Elementgefäß. Ist ein besonderes Gefäß aus emailliertem Eisenblech, Pappe oder dergleichen vorhanden, so wird manchmal zwischen das Gefäß und die äußere Elektrode noch eine Polsterung aus Sägespänen oder dergleichen gebracht. Schließlich wird der obere Teil des Elements, aus welchem die Elektroden herausragen, mit einer Art Pech vergossen; dieser Verguß sichert die unverrückbare Lage aller Elementteile zueinander.

Die Trockenelemente werden mit wenig Ausnahmen als Zink-Kohlenelemente konstruiert. Das Zink hat meistens die Form eines Bechers und bildet gewöhnlich die äußere Elektrode. Als Kohlenelektrode wird ein Kohlenzylinder, meist in Form einer Bogenlampenkohle, oder ein eckiger Kohlenstab verwendet und mit einer dicken Lage eines Gemisches aus fein gepulvertem Graphit und Depolarisatormasse umgeben.

Als Depolarisator findet man zumeist Braunstein; da dieser den Strom nicht gut leitet, wird ihm der gut leitende Graphit zugesetzt. Das Gemisch aus Braunstein und Graphit wird durch eine Leinwand- oder Mullumhüllung um den Kohlenstift zusammengehalten. Meist legt man Abzugsröhrchen an, durch welche die im Elemente frei werdenden Gase entweichen.

Bei der Reichs-Telegraphen-Verwaltung werden mehrere Arten Trockenelemente gebraucht, von denen die wichtigsten im nachstehenden beschrieben werden. Die äußeren Maße sind bei allen Elementen annähernd dieselben: Höhe 185 mm, Grundfläche 80 × 80 mm, oder Durchmesser 80 mm.

Das Eggertsche Trockenelement (Abb. 133). In einem viereckigen Isolitbecher steckt die gleichfalls viereckige Zinkanode Z; sie wird durch eine Paraffinschicht P am Boden des Isolitbechers festgehalten. Als Kathode dient der mit einer Messingkappe und Klemmschraube versehene Kohlenstab K, der durch die Glasplatte G vom Boden des Zinkbechers getrennt wird. Der Depolarisator B besteht aus einer mit aufgelöstem Salmiak angerührten Mischung von Braunstein und Graphit und wird durch einen Leinwandbeutel zusammengehalten. Das Elektrolyt C ist reine Salmiaklösung in einer weichen Masse. Der Zinkbecher wird oben durch eine Paraffinschicht P geschlossen. Der negative Poldraht (Kupferdraht) ist an die Zinkelektrode angelötet. Der obere Raum des Bechers wird mit Sägespänen angefüllt und durch einen Pechverguß V abgeschlossen. — Es sind auch Eggertsche Elemente mit rundem Zinkbecher in Gebrauch.

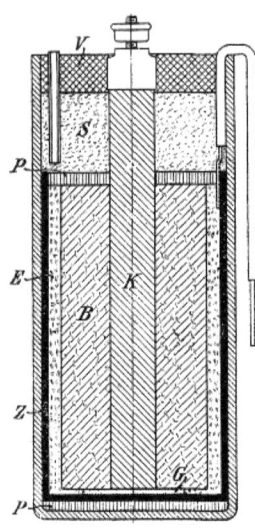

Abb. 133. Trockenelement von Eggert.

Das Hydra-Element. Die innere Einrichtung ist der vorigen sehr ähnlich. Die viereckige Zinkanode steht auf Pappscheiben in einem viereckigen Isolitbecher; die Kathode, ein runder Kohlenstab, steht auf einer Glasplatte. Der Depolarisator und das Elektrolyt sind ähnlich beschaffen und angeordnet wie beim vorigen

Element. Der Raum über dem Depolarisator und Elektrolyt ist mit Paraffin abgedichtet. Auf dem Zinkbecher liegt eine Pappscheibe mit einigen kleinen Öffnungen; darüber befindet sich eine Schicht trockener Füllmasse, wie Holzmehl, welche wieder mit einer Pappscheibe bedeckt wird. Den Abschluß bildet ein Verguß. Von der Füllmasse ausgehend, dringen zwei Entgasungsröhrchen durch den oberen Verschluß.

Das Element von Schneeweis (Abb. 134) weicht von den vorigen wenig ab. Der Zinkbecher Z ist viereckig; der runde Kohlenstab K steht auf einer paraffinierten Pappscheibe Pp. Der Depolarisator D ist viereckig gepreßt; das Elektrolyt E ist dasselbe wie bei den andern Elementen. Der Zinkbecher wird durch eine dünne Paraffinschicht P abgeschlossen. Das Element steht in einem viereckigen Isolitbecher. Der Hohlraum H wird nach oben durch eine Pappscheibe abgeschlossen; darauf folgt eine Schicht Holzmehl S, den Abschluß bildet ein Pechverguß. Ein Entgasungsrohr ragt aus dem Hohlraum bis über den Verguß.

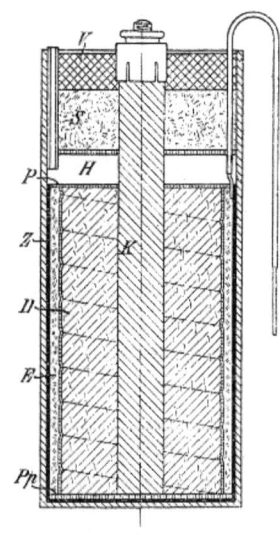

Abb. 134. Trockenelement von Schneeweis.

Das Daimon-Element von Schmidt & Co. enthält einen amalgamierten runden Zinkbecher, der auf einer Glasplatte in einem runden Pappbecher steht. Das Elektrolyt besteht aus Salmiak, Chlorzink und Chlormagnesium. Oberhalb des Zinkbechers befindet sich ein Gasraum, der oben durch einen Pechverguß abgeschlossen ist; durch den Verguß dringt ein Entgasungsröhrchen.

Das Dura-Element hat einen viereckigen Zinkbecher, der oben mit einer Korkplatte geschlossen ist, durch welche nur der runde Kohlenstab hindurchgeht. Der mit dem Depolarisator zylindrisch umpreßte Kohlenstab ruht auf einem Kreuz von zwei Pappstreifen, die ihn vom Boden des Zinkbechers isolieren. Das Elektrolyt besteht aus Chlorzink und Salmiak. Das Zinkgefäß steht in dem Pappbecher auf einer Schicht Reishülsen oder Sägemehl und ist von dem gleichen Stoff auch oben bedeckt; der Pappbecher wird von einem starken Korkdeckel abgeschlossen, durch den ein Entgasungsröhrchen geht.

Leistung der Trockenelemente. Die EMK eines Trockenelements beträgt anfänglich 1,45 bis 1,55 V, sinkt aber im Gebrauch bald; sie hält sich längere Zeit in der Nähe von 1 V. Der innere Widerstand beträgt bei neuen Elementen etwa 0,1 bis 0,15 Ω; er steigt durch die Bildung von Zinkoxydchlorid erheblich, auf etwa 1 Ω, auch höher. Dieses Salz entsteht auch schon, wenn man die Elemente längere Zeit unbenutzt stehen läßt; dies hat einen Verlust an elektrischer Energie zur Folge, der schon bei 3 Monate langem Lagern bemerkbar ist und von da an rasch wächst. Die Trockenelemente (von etwa 1,8 bis 2 kg Gewicht) halten als Mikrophonelemente der Fernsprechstellen gegenwärtig durchschnittlich über 3 Jahre lang aus. Schließt man ein solches Element alle Viertelstunde 3 Minuten lang über einen Widerstand von 5 Ω, so liefert es bis zu 100 Ah.

Verwendung der Trockenelemente. Die Elemente dienen hauptsächlich als Mikrophon-Stromquelle, außerdem in Polwechsler- und Schlußzeichenbatterien, vgl. S. 220.

Wenn sie im Betriebe so weit aufgebraucht sind, daß ihre Spannung, bei 10 Ω äußerem Widerstand gemessen, unter die Grenze von 0,7 V gesunken ist, können sie als Mikrophonelemente nicht länger dienen; sie können dann noch zu anderen Zwecken benutzt werden. Insbesondere werden solche Elemente allgemein zum Betrieb solcher Arbeitsstromleitungen für Morse-, Klopfer- und Hughesbetrieb verwendet, die nicht aus Sammlern gespeist werden. Ihre Klemmenspannung muß mindestens 0,55 V betragen und darf bei der Messung nicht zusehends abnehmen; wo sehr viele Elemente zur Verfügung stehen, wird die Gebrauchsgrenze höher festgesetzt; wo es nur eine geringere Zahl ist, unterscheidet man zwischen den besseren (mindestens 0,6 V) und den minder guten und verwendet zunächst jene. Die Elemente können bis zu einer Spannung von 0,4 V in der Batterie bleiben.

Außerdem dienen die alten Trockenelemente noch als Weckbatterie; hier kommt es auf die höhere oder niedrigere Spannung und den inneren Widerstand weniger an; eine besondere Untersuchung der Elemente ist nicht erforderlich.

Verbrauchte Trockenelemente werden zerlegt; man gewinnt

die Papp- oder Isolitbecher, die Polklemmen und hauptsächlich das übriggebliebene Zink, das nach sorgfältiger Reinigung von den anhaftenden Zinksalzen und vom Lötzinn, sowie Beseitigung des Kupferdrahts umgeschmolzen und zu Zinkringen für die Kupferelemente vergossen wird.

Siebenter Abschnitt.
Die Sekundärelemente (Sammler).

Für die meisten Zwecke des Telegraphen- und Fernsprechbetriebs werden Bleisammler verwendet; nur für einige besondere Zwecke dient der Edisonsche Sammler.

I. Beschreibung von Sammlern.
a) Bleisammler.

Allgemeines. Man teilt die Elektroden der Sammler (vgl. S. 75) ein in Großoberflächen-, Gitter- und Masseplatten. Erstere sind Platten oder Gitter aus reinem Blei, deren Oberfläche durch Reifelung oder zackige Ausbildung vergrößert ist, um dem Sammler große Aufnahmefähigkeit (Kapazität, S. 78) zu verleihen; durch die Formierung wird auf dem Blei die wirksame (aktive) Schicht erzeugt. Die Gitterplatten bestehen aus engmaschigen rechteckigen Gittern aus Hart- oder Weichblei, in welche ein steifer, später erhärtender Brei aus Bleiverbindungen eingepreßt wird. Die Masseplatten bestehen aus sehr weitmaschigen Gittern, etwa in der Form eines Fensterkreuzes, so daß die Platte fast ganz aus der eingetragenen Masse gebildet wird. Die Gitter- und Masseplatten enthalten verhältnismäßig mehr aktive Masse als die Großoberflächenplatten und besitzen bei gleichem Gewicht eine größere Kapazität. Dagegen haben die Großoberflächenplatten den wesentlichen Vorzug, daß sie stärkere Ströme aushalten und daher eine schnellere Aufladung zulassen. Als positive Elektroden verwendet man Großoberflächen-, Gitter- oder Masseplatten, als negative Elektroden nur Gitterplatten. Über den chemischen Vorgang im Sammler vgl. S. 75.

Telegraphensammler. Für den Betrieb der Telegraphenleitungen werden zurzeit hauptsächlich Großoberflächensammler

186 Die Sekundärelemente (Sammler).

der Accumulatorenfabrik A.-G. beschafft. Die Kapazität beträgt 13,5 Ah bei 1 A Entladestrom; der Ladestrom beträgt 2,5 A.

Der Telegraphensammler besteht aus einem parallelepipedischen Glasgefäß von den in der Abb. 135 angegebenen Ab-

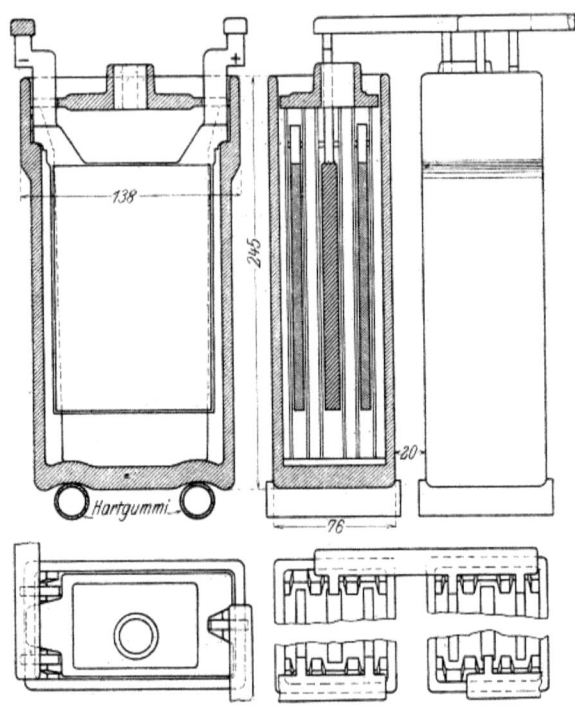

Abb. 135. Neuer Telegraphensammler der Accumulatorenfabrik A.-G.

messungen (mm). Die Schmalseiten des Glases sind mit Rippen versehen, die von oben nach unten gehen und zur Trennung der einzelnen Sammlerplatten voneinander dienen. An Platten enthält jeder Sammler 2 negative und 1 positive; die positive wird in die mittlere Rinne, die negativen in die beiden seitlichen Rinnen geschoben. Nasen am oberen Rande der Platten, die auf einen Vorsprung des Glases zu liegen kommen, verhindern, daß die Platten auf den Boden des Gefäßes aufstoßen, damit nicht die ausgefallene Plattenmasse, die sich am Boden des Gefäßes sammelt, Verbindung zwischen einer positiven und einer negativen Platte bilden und damit zu einem Kurzschluß der Zelle führen kann. Jede Platte ist mit einem Polansatzstreifen aus Blei versehen. In benachbarten Zellen stehen die Platten entgegengesetzt, so daß neben dem Polansatz der positiven Platte der einen Zelle beiderseits die Ansätze der negativen Platten der Nachbarzellen erscheinen. Die negativen Platten einer Zelle werden unter sich und in der Regel mit der positiven Platte der nächsten verlötet geliefert. Die Endpole einer Reihe tragen Klemmschrauben aus verbleitem Messing (Abb. 136). Um die Stelle, an welcher die bleierne Polableitung mit der Messingklemme verlötet ist, greift eine mit der Polableitung verschmolzene Rinne aus Blei herum. In die Rinne wird Öl oder Vaselin gefüllt, welches verhindert, daß Säure an die Lötstelle herantritt und hier unter Mitwirkung von Elektrolyse zerstörend wirkt. Auch werden die Endplatten jeder Gruppe mit angelöteten verbleiten Kupferdrähten geliefert, so daß leicht zerstörbare Metallteile sich nicht in der Nähe der Sammler befinden. Die Zelle wird mit einem Glasdeckel geschlossen, dessen Gestalt sich aus Abb. 135 ergibt. Die mittlere Öffnung dient zum Einführen der Senkwage (vgl. S. 76), zum Nachfüllen und der Entnahme von Säure.

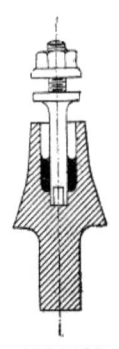

Abb. 136. Öl-Polschuh.

Die Großoberflächenplatte der Accumulatorenfabrik A.-G. besteht aus einer massiven Bleiplatte von 145 mm Länge, 100 mm Breite und 10 mm Dicke, in welche eine große Anzahl tiefer Längsfurchen eingeschnitten ist (Abb. 137). Man schätzt, daß die Oberfläche der gefurchten Platte ungefähr 8 mal so groß sei als die einer glatten Platte. Zur Versteifung der Platte dienen Querrippen.

Die negative Gitterplatte des Telegraphensammlers der Accumulatorenfabrik A.-G. (Abb. 138) ist 145 mm lang, 100 mm breit und 5,5 mm dick. Sie stellt sich dar als ein Netz aus Bleileisten mit ziemlich großen rechteckigen Maschen, die mit den Bleisalzen ausgefüllt werden.

Abb. 137. Großoberflächenplatte der Accumulatorenfabrik A.-G.

188 Die Sekundärelemente (Sammler).

Für manche Fälle, so besonders wenn die Zellen bald hinter-, bald nebeneinander geschaltet werden, gibt man jeder Zelle zwei Polklemmen, Abb. 139.

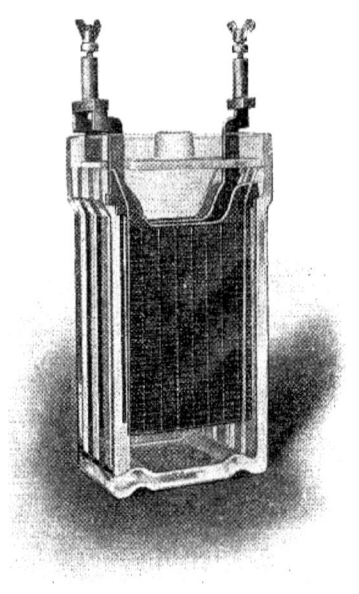

Abb. 138. Gitterplatte der Accumulatorenfabrik A.-G.

Abb. 139. Telegraphensammler der Accumulatorenfabrik A.-G. mit Polklemmen.

Auf manchen Ämtern ist noch die ältere Form des Telegraphensammlers der Accumulatorenfabrik A.-G. in Gebrauch; vgl. Abb. 70 der 5. Aufl. Die Platten sind von derselben Bauart wie bei der neuen Zelle. Das Gefäß bildet unten durch Verengung beiderseits eine Stufe, auf die sich die negativen Platten aufstützen, während die positive an Nasen aufgehängt ist. Der Glasdeckel hält durch kammartige Glasansätze die Platten in ihren Stellungen fest. Die Zelle hat zwei Polklemmen.

Der Telegraphensammler von Böse, der auf manchen Ämtern noch in Gebrauch ist, enthält eine positive Großoberflächenplatte und zwei Gitterplatten. Die Großoberflächenplatte (Abb. 140) ist aus einer Menge von dreieckigen Blättern aus massivem Blei zusammengesetzt, welche neben- und übereinander gelagert sind und zwischen sich eine große Zahl von Hohlräumen und Rinnen lassen. Diese Hohlräume und Rinnen überkleiden sich bei der Formierung mittels Stromes mit der aktiven Masse. Die Platte ist 120 mm lang, 86 mm breit und 13 mm dick.

Die negative Platte ist das Corrensche Gitter (Abb. 141). Es wird dadurch erhalten, daß zwei Bleigitter mit quadratischen Öffnungen so übereinandergelegt werden, daß die Öffnungen um die halbe Quadratseite gegeneinander verschoben sind. Beide Gitter stehen am Rande durch einen Bleirahmen miteinander in Verbindung. Außerdem sind die einander gegenüberstehenden Rippen der Bleigitter an ihren Kreuzungsstellen durch Bleistege verbunden. Die Platte ist 120 mm lang, 100 mm breit und 7 mm dick.

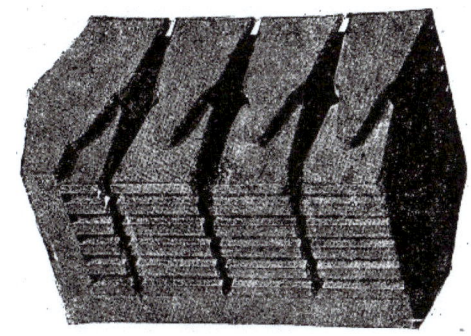

Abb. 140. Großoberflächenplatte von Böse (vergrößert).

Fernsprechsammler für ZB. Es werden Sammler der Accumulatorenfabrik A.-G. mit positiven Großoberflächen- und negativen Gitterplatten in Glasgefäßen oder von etwa 1000 Ah aufwärts in Holzkästen mit Bleiauskleidung und Anstrich aus säurefester Farbe benutzt. Die Platten ruhen mit Ansätzen auf dem Rand des Glases oder (in den Holzkästen) auf dem Rand besonderer Stützscheiben aus Glas. Sie sind voneinander getrennt durch Glasröhren oder (neuerdings) durch Holzbrettchen, welche etwas größer als die Platten sind und diese auf allen Seiten überragen. Holzstäbe dienen zur Versteifung der Brettchen. Die Platten können bei Verwendung der Brettchen enger zusammengebaut werden.

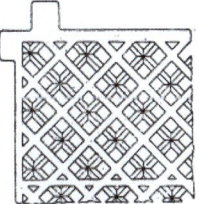

Abb. 141. Corrensches Gitter.

Ein Vorrat solcher Brettchen ist in angesäuertem Wasser, das halbjährlich zu erneuern ist, ein Vorrat von Holzstäbchen, zu Bündeln geschnürt, trocken aufzubewahren.

Der innere **Widerstand** der Bleisammler ist infolge der großen Oberfläche der Platten und der hohen Leitfähigkeit der verdünnten Schwefelsäure sehr gering. Er rechnet bei den kleinen Telegraphenzellen nach Hundertstel-Ohm, bei den großen Fernsprechzellen nach Tausendstel- und Zehntausendstel-Ohm. Am Ende der Entladung ist er um die Hälfte höher als zum Anfang. — Spannung, Strom, Strominhalt s. S. 199 und 200.

b) Alkalischer Sammler.

Der **Edisonsche Sammler.** Die wirksame Masse beider Elektroden befindet sich in Taschen aus sehr dünnem, vernickeltem und fein durchlöchertem Eisenblech, welche in Abb. 142 zu erkennen sind. Dem Nickeloxyd ist zur Erhöhung der Leitfähigkeit Nickel in Form kleiner Schuppen, dem Eisen Quecksilberoxyd beigemischt. Die Sammler werden entweder mit größeren plattenförmigen Elektroden wie die Bleisammler gebaut oder aus schmalen Platten in runden Büchsen; diese Form wird für Telegraphenzwecke benutzt. Die äußeren Elektroden, im ganzen vier, sind die negativen; innen sitzen je nach der Kapazität der Zelle 1 bis 3 positive. Diese Elektroden sind an isolierenden Trägern befestigt und mit dem Deckel verbunden; sie werden in ein zylindrisches, vernickeltes Gefäß gesetzt. Im Deckel befinlet sich ein Ventil. Das Elektrolyt ist 21 prozentige Kalilauge, deren verdunstendes Wasser von Zeit zu Zeit ersetzt werden muß.

Eine Zelle von den äußeren Maßen 17,5 cm Höhe und 3 cm Durchmesser vermag mit 1—2—3 positiven Elektroden 1,25—2,5—3,75 Ah herzugeben; der normale Lade- und Entladestrom beträgt 0,25—0,5—0,75 A. Zehn solcher Zellen werden in einem Kasten zusammengebaut und in Reihe geschaltet.

Abb. 142.
Edisonscher Sammler.

Die EMK des Sammlers beträgt 1,36 bis 1,4 V. Bei der Ladung steigt die Klemmenspannung bis auf 1,8 V, bei der Entladung sinkt sie langsam bis auf 1,2 V, dann etwas rascher auf 1,1 V. Der innere Widerstand ist klein, wenn auch nicht so klein, wie bei den Bleisammlern. Chem. Vorgang s. S. 78.

Der Vorzug des Edisonschen Sammlers ist, daß er durch minder sorgfältige Wartung nicht so leicht leidet wie der Bleisammler. Man kann ihn noch in Fällen verwenden, wo Bleisammler wegen mangelnder Wartung, zu langer -Ladepausen u. dgl. bald zugrunde gehen würden. Die geringere und minder gleichbleibende Spannung ist ein Nachteil; die Frage der Wirtschaftlichkeit ist noch nicht genügend geklärt.

II. Ladung und Entladung der Bleisammler.

Die Sammleranlagen bilden ein wichtiges Glied des Telegraphenbetriebes. Sie bedürfen der sorgfältigsten Pflege und Wartung, weil sie gegen Fehler in der Behandlung sehr empfindlich sind. Vorzeitiger Verfall der Batterie ruft nicht nur Schwierigkeiten im Betrieb hervor, sondern schädigt auch die Postkasse infolge der hohen Anschaffungskosten der Sammler.

Daher müssen die Beamten, welche mit den Sammleranlagen zu tun haben, gut unterrichtet sein. Die allgemeinen Vorschriften über die Einrichtung und Unterhaltung von Sammleranlagen sind in der „Anweisung zur Aufstellung und Unterhaltung von Sammlerbatterien" (Sammleranweisung) enthalten. Über die besonderen örtlichen Verhältnisse wird von der Ober-Postdirektion eine dem Reichs-Postamte vorzulegende Ergänzungs-Anweisung aufgestellt. Für jede Sammleranlage wird eine Bedienungsvorschrift aufgestellt, die im Maschinenraum aufzuhängen ist.

Außerdem werden alle Sammleranlagen in Zeitabständen von etwa 2 Jahren durch Telegrapheningenieure oder Beamte des TVA nachgeprüft.

Schaltungen für den Sammlerbetrieb. Um die Batterien zu laden und darauf für den Betrieb bereitzustellen, dienen bestimmte Schaltanlagen, von denen die wichtigsten im nachfolgenden beschrieben werden.

Bei den ersten Anlagen standen die Sammler in unveränderlicher Verbindung untereinander und mit den Telegraphenleitungen.

Das hatte den Nachteil, daß die verschiedenen Gruppen der Batterie sehr verschieden beansprucht wurden. Noch bei der älteren Einrichtung zur Ladung mit Starkstrom, die in den vorhergehenden Auflagen des Buches beschrieben worden ist, bestand dieser Übelstand; es war nur möglich, jede Gruppe für sich zu laden; daher mußten die stark beanspruchten Gruppen oft, die wenig beanspruchten Gruppen nur selten geladen werden, und dies bedeutete eine ungleichmäßige Abnutzung der Batterie.

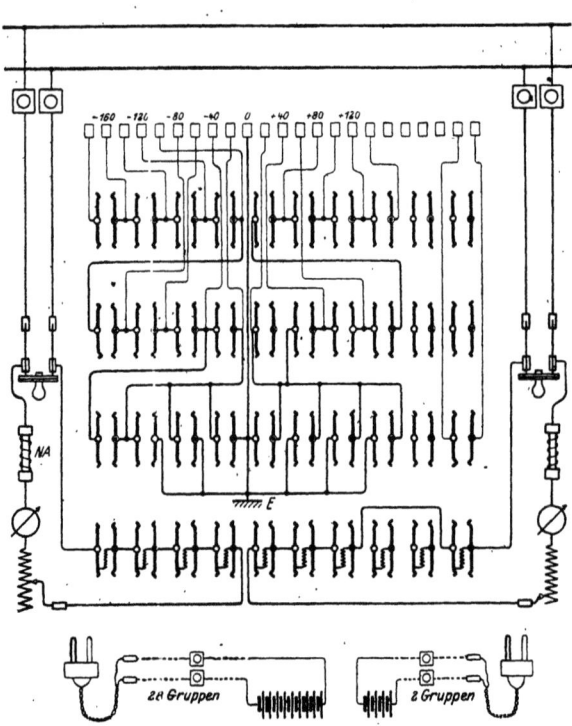

Abb. 143. Ladeanlage für Telegraphensammler. Stöpselverbindungen.

Daher legt man bei den neueren Schaltungen besonderen Wert darauf, die Batterien in Gruppen zu teilen, die man nach einem bestimmten Plan ihre Plätze in der Batterie wechseln läßt.

Stöpselverbindungen (Abb. 143). Die Batterie wird in Gruppen zu 10 Zellen (20 V) unterteilt und jede Gruppe über die erforderlichen Sicherungen mit einem Doppelstöpsel verbunden. Am

Ladeeinrichtungen. 193

Stöpsel enden die Leitungen in zwei Stiften, einem dickeren für den positiven, einem dünneren für den negativen Batteriepol. Sie werden in die auf der Schalttafel angebrachten (in Abb. 143 nicht dargestellten) Klinken eingeschoben. Die Abb. 143 zeigt lediglich die Klinkenfedern, welche in Abb. 144 und 145 etwas größer wiederholt sind. Es gehören immer zwei Klinkenfedern und Klinkenhülsen zu jedem Anschlußpunkt; dies hat den Zweck, beim Umschalten Unterbrechungen zu vermeiden. Soll eine Batterie ihren Platz wechseln, so muß zunächst eine neue Gruppe ihr an den Klinken parallel geschaltet werden; erst dann darf man den Stöpsel der zu versetzenden Batterie aus seinem Klinkenpaar herausziehen. Außerdem dienen die zweiten Klinken auch Messungszwecken; ein Spannungsmesser ist gleichfalls mit dem Doppelstöpsel ausgerüstet und kann damit auf jede im Betrieb befindliche Gruppe geschaltet werden. In der untersten Klinkenreihe sieht man Widerstände eingeschaltet; etwas genauer zeigt dies Abb. 145. Jeder dieser Widerstände soll bei der Ladung der Sammler so viel Spannung aufnehmen, als einer Batteriegruppe entspricht; wird z. B. mit 2,5 A geladen, so muß der Widerstand 8 Ω betragen, um 20 V aufzunehmen.

Abb. 144.

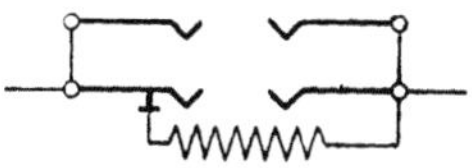

Abb. 145.
Ladeklinken.

Die untere Klinkenreihe enthält zwei Ladekreise zu vier Klinken. Es können also in jedem Kreis 4 Gruppen geladen werden, wozu eine Spannung von 110 V benutzt wird. In der gezeichneten Stellung würde in beiden Kreisen ein Strom von $110/32 = 3,4$ A fließen; durch die Schiebewiderstände kann man ihn auf 2,5 A verringern. Schiebt man eine zu ladende Gruppe ein, so wird durch das Anheben der Klinkenfeder der Widerstand abgeschaltet; dafür tritt die Gruppe in den Ladekreis ein. NA ist ein Nullausschalter oder Minimalausschalter, der den Ladekreis selbsttätig unterbricht, sobald der Strom unter eine bestimmte Grenze sinkt.

Die drei oberen Klinkenreihen dienen dazu, die Batteriegruppen für den Betrieb (Entladung) zu schalten. Die obere Klemmenreihe erlaubt, die Betriebsspannungen von —180 bis + 140 abzunehmen; von diesen Klemmen führen Leitungen zum Betriebssaal. Es kann auch Strom für Fernsprechzwecke entnommen werden, z. B. für den Polwechsler, oder unter Umständen sogar Strom für einige Lampen. Die Spannungen —20, +20, —40, +40 sind durch Parallelschalten mehrerer Gruppen hergestellt; dies wird auf manchen Ämtern erforderlich, wenn die Zahl der zu speisenden Leitungen in den unteren Gruppen besonders groß ist. Um die Schaltung bequem zu verstehen, denkt man sich in den Zwischenraum zwischen zwei zusammengehörigen Klinken je eine Batteriegruppe eingezeichnet.

Einige Klinken sind auf Vorrat angebracht.

Rechts sieht man eine besondere Batteriegruppe, die z. B. als Schlußzeichenbatterie für das Fernsprechamt dienen kann.

In bestimmten Zeiträumen, z. B. alle 2 oder 3 Tage, werden alle Batteriegruppen umgestöpselt. Die Gruppen der obersten Reihe kommen in die zweite, die der zweiten in die dritte usf., die der vierten, welche gerade frisch geladen sind, in die oberste Reihe. Auf diese Weise erzielt man eine gleichmäßige Beanspruchung aller Gruppen. Die kleinere Gruppe auf der rechten Seite wird nicht jedesmal, sondern nur nach Bedürfnis mitgeladen. Zur Ladung von einzelnen Zellen oder kleinerer Gruppen wird in der Regel noch ein weiterer Doppelstöpsel mit Schnur vorgesehen, an den zwei im Sammlerraum an Klemmen endigende Leitungen angeschlossen sind.

Umschaltegruppen (Abb. 146). Jede Batteriegruppe von 10 Zellen wird an einen doppelpoligen Umschalter mit zweimal vier Kontakten geführt; jede Reihe wird in regelmäßigen Zeitabständen, z. B. alle 4 Tage um einen Kontakt nach rechts weiterbewegt; die Gruppe, welche auf dem dritten Kontakt steht, wird schon nach 2 Tagen auf den vierten Kontakt und nach 4 Tagen auf den ersten Kontakt gestellt. Die isolierten Kupplungsstangen werden durch Schraubenspindeln bewegt. Die Batteriegruppen bleiben dabei nach der Ladung (1. Kontakt links) zuerst 4 Tage unbenutzt und können als Meßbatterie oder für andere Nebenzwecke verwendet werden (Leitung K K). Dann gelangen sie vom 5. bis 8. Tage auf die höheren Spannungsstufen mit geringem Stromverbrauch und vom 9. bis 12. Tage auf die unteren, stärker belasteten Stufen, wo sie nach 2 Tagen (11. Tag) nochmals gewechselt werden. Auf den besonders stark beanspruchten Stufen +20 und —20 V sind immer 2 Gruppen parallel geschaltet. Bei jedem Rundlauf wird den Gruppen annähernd die gleiche

Strommenge entnommen (etwa 10 bis 13 Ah), so daß die zusammengehörigen 80 Zellen unmittelbar aus dem Netz mit 220 V

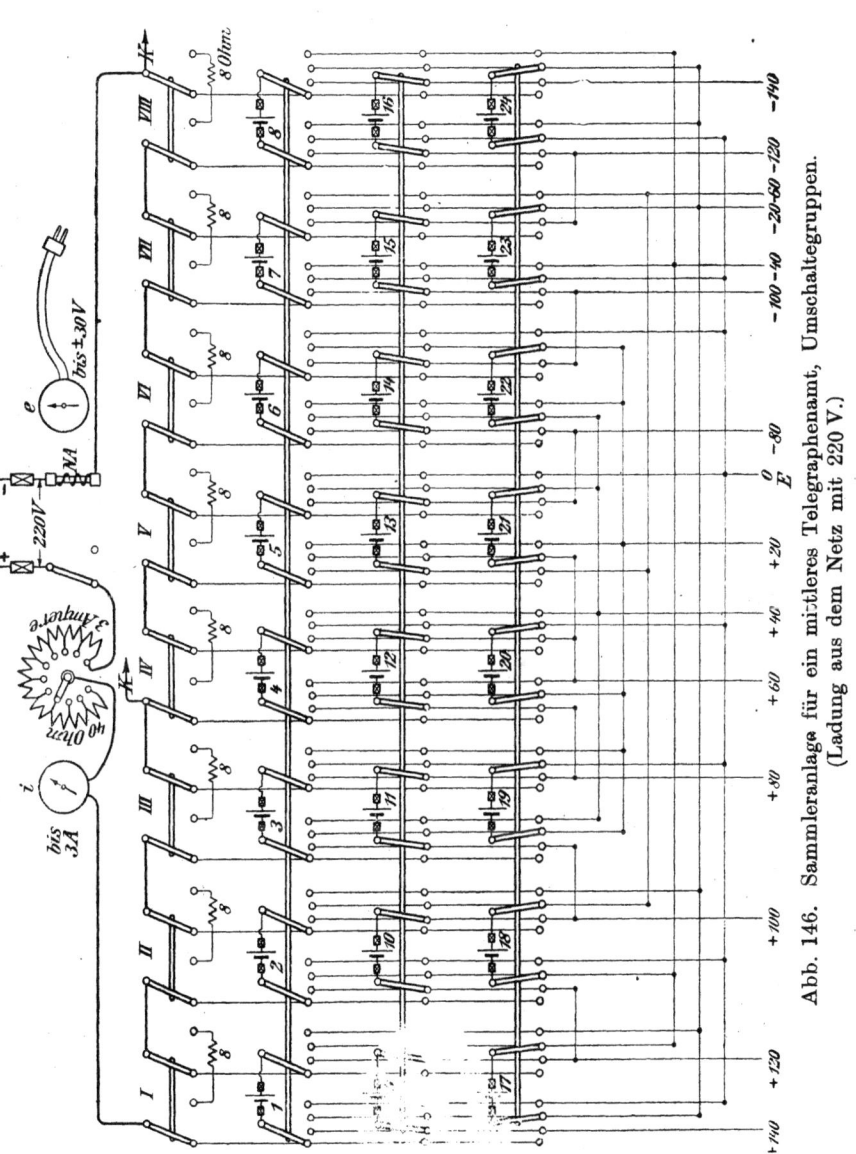

Abb. 146. Sammleranlage für ein mittleres Telegraphenamt, Umschaltegruppen. (Ladung aus dem Netz mit 220 V.)

Gleichstrom geladen werden können und die Ladezeit wesentlich verkürzt wird. Geladen wird nur jeden 4. Tag.

Zwischenverteiler. Wenn die Belastung der Batterie sich ändert, wird es manchmal nötig, die Verbindung der Batteriegruppen mit den Schalttafeln zu vertauschen. Um dies zu erleichtern, richtet man bei neueren Anlagen einen Zwischenverteiler ein, an den von der einen Seite die Batteriezuführungen, von der anderen Seite die Verbindungsdrähte zur Schalttafel geführt werden; man kann sie dort jederzeit mit geringer Mühe in der erforderlichen Gruppierung verbinden.

Mikrophonbatterien für den Amtsbetrieb, welche 2 V Entladespannung haben sollen, pflegt man aus 10 Zellen zusammenzusetzen, die mit Hilfe eines besonderen Umschalters für den Betrieb parallel, für die Ladung hintereinander geschaltet werden. Es gibt drei Formen dieser Umschalter; der ältere besteht aus zwei Umsteckleisten mit Kontaktstücken, die in andere, an dem Sammlerschrank befestigte Kontaktstücke eingreifen; mit diesen sind die 20 Zellen der beiden zusammengehörigen Batterien verbunden. Die eine Leiste dient zum Parallel-, die andere zum Reihenschalten. Die zweite Form des Umschalters ist eine Walze mit Kontakten zwischen Kontaktfedern. Die neueste Form, der Senkschalter, ähnelt der älteren; er besteht aus einer feststehenden und einer mit Kurbel und Zahntrieb zu hebenden und zu senkenden Leiste. Beide sind mit Kontaktfedern besetzt. Diese Gruppen können, wenn ihre 10 Zellen hintereinander geschaltet sind, wie die Telegraphensammler geladen werden.

Die Parallelschaltung der Sammler könnte bedenklich erscheinen, weil die Zellen in der Regel ungleiche Spannung haben; bei dem geringen inneren Widerstand könnten dann erhebliche Ströme zwischen den parallel geschalteten Zellen auftreten. In der Tat spielt sich ein ähnlicher Vorgang ab; die Ströme werden aber niemals sehr stark, weil im Augenblick der einsetzenden Entladung die EMK der stärkeren Zelle sinkt, die der schwächeren, welche Ladung empfängt, steigt; zu starker Strom würde Gasentwicklung, also noch besondere Polarisation und Spannungserhöhung liefern. Das Ergebnis der Parallelschaltung ist demnach ein Ausgleich der Ladungen, so daß die parallel geschalteten Zellen oder Zellengruppen nach einiger Zeit auf genau gleichem Ladungszustand stehen und gleiche EMK haben.

Fernsprechbatterien für Z-B-Betrieb. Die Schaltungen sind im allgemeinen einfach. Es handelt sich in der Regel um ungeteilte Batterien von 24 V; man lädt sie aus einem Motorgenerator oder einem Gleichrichter.

Handelt es sich darum, die vorhandene höhere Netzspannung auszunutzen, so zerlegt man die Batterie in Gruppen, die man zur Ladung in Reihe, zum Betrieb parallel schaltet. Abb. 147 zeigt eine Anlage für 6 Gruppen zu 12 Zellen. Die Batteriegruppen selbst sind nicht dargestellt; von den mittleren Kontakten der doppelpoligen Umschalter gehen Leitungen aus, die zu den

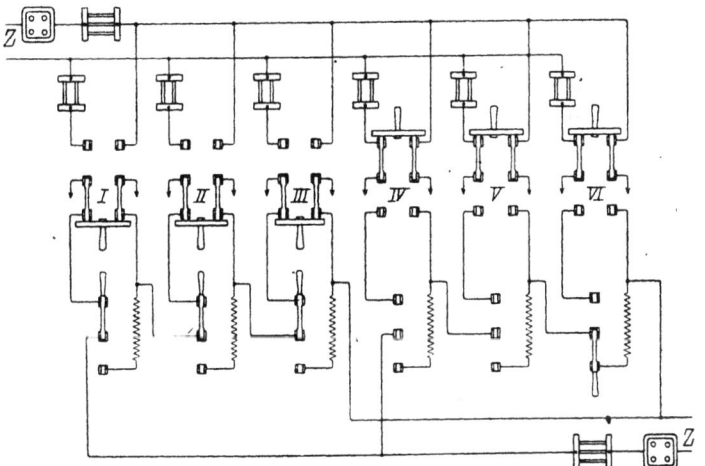

Abb. 147. Ladeanlage für Fernsprechsammler.

Batteriegruppen I bis VI führen. Die 3 Gruppen links sind auf Ladung, die 3 rechts auf Betrieb geschaltet. Die Ersatzwiderstände für einzelne Gruppen werden mit den unteren Umschaltern bedient. Stellt man die Griffe der Umschalter senkrecht zur Tafel, so sind die Umschalter offen.

In die Leitungen sind Meßwiderstände eingeschaltet, an denen man die Stromstärke messen kann. Mit einem Spannungsmesser kann man die Spannungen der einzelnen Gruppen wie auch der ganzen Batterien messen. Vgl. S. 35, Fußnote. In die Lade- und die Entladeleitung sind Elektrizitätszähler Z eingeschaltet.

Schalttafeln. Ladeapparate. Die Apparate, welche bei der Ladung der Sammler gebraucht werden, ordnet und befestigt man auf Schalttafeln, die in der Regel aus weißem Marmor bestehen und in viereckigen Rahmen aus Eisenröhren befestigt werden. Für kleine Anlagen braucht man eine oder zwei solcher Tafeln, für größere Anlagen mehr. Allgemein gültige Regeln über die Zusammenstellung der Apparate lassen sich nicht geben, vielmehr ist die Anordnung stets nach den örtlichen Verhältnissen der Anlage und den Bedürfnissen des Betriebes zu treffen.

Die hauptsächlichen bei der Ladung zu benutzenden Apparate sind:

1. **Aus- und Umschalter.** a) Hebelausschalter: doppelpolige Schalter zum Ein- und Ausschalten der Motoren und Dynamos, zum Aus- und Abschalten des Netzes oder des Gleichrichters usw. (vgl. Abb. 143). — b) Hebelumschalter, doppelpolige, zum Umschalten von Batterien vom Betrieb zur Ladung und umgekehrt (vgl. Abb. 147); einpolige zum Umschalten von Stromwegen (vgl. Abb. 147). — c) Kurbelumschalter zum Umschalten von Batteriegruppen (vgl. Abb. 146). — d) Klinken und Doppelstöpsel zum Umschalten von Batteriegruppen (vgl. Abb. 143) — e) Meßumschalter zur Verbindung des Spannungs- und des Strommessers mit verschiedenen Punkten der Anlage (vgl. Abb. 21, S. 35). — f) Minimal- oder Nullausschalter, elektromagnetische Apparate, welche den Stromkreis geschlossen halten, solange sie selbst vom Strom durchflossen sind, ihn aber sofort unterbrechen, wenn der Strom unter eine gewisse Grenze sinkt (vgl. N A in Abb. 143).

2. **Schmelzsicherungen**, meist doppelpolig, welche am Anfang jeder Leitung und jeder Abzweigung einzuschalten sind. Einige Hauptsicherungen pflegt man an der Schalttafel anzubringen (vgl. Abb. 143); die Sicherungen für die einzelnen Sammlergruppen werden auf einer Tafel vereinigt.

3. **Strom- und Spannungsmesser**, nebst den zugehörigen Meß- und Vorschaltwiderständen.

4. **Regulierwiderstände und Anlasser**, z. T. für die Motorgeneratoren, Umformer, Gleichrichter, z. T. zum Einstellen der Stromstärke in den Ladekreisen.

Sicherungen. (Vgl. S. 64.) Jede Sammlergruppe wird zweipolig gesichert. Die Sicherungen sollen so nahe wie möglich bei den Batterien sitzen; im Batterieraum selbst sind sie wegen der Säuredünste nicht anzubringen; daher pflegt man sie da einzuschalten, wo die Leitungen den Sammlerraum verlassen. Besonders zweckmäßig ist es, wenn der Maschinen- und Schaltraum neben dem Sammlerraum liegt, in die Trennwand eine Öffnung zu brechen, die durch eine Sicherungstafel verschlossen wird; durch diese Tafel führen die Leitungen hindurch; auf ihrer dem Maschinenraum zugewandten Seite sitzen die Sicherungen.

Batteriezuführungen. Für jede Spannungsstufe wird nur eine Leitung zum Betriebsraum geführt; daneben einige als Vorrat. Sie endigen dort an Klemmen oder Schienen; die von diesen abzweigenden Leitungen werden wieder gesichert.

Überwachung und Bedienung der Batterie. Spannung. Eine entladene Sammlerzelle hat in der Regel, solange sie in einem Stromkreis mit starkem Stromverbrauch eingeschaltet ist, noch eine Spannung von 1,80 bis 1,85 V; unter diese Grenze soll die Entladung nicht getrieben werden, vgl. S. 77. Bei der Ladung steigt die Spannung, erst rasch auf etwa 2,0 bis 2,1 V, dann langsam bis etwa 2,2 V und schließlich wieder rasch bis auf 2,5, sogar bei Ladung mit starkem Strom bis zu 2,7 V. Während der Entladung nimmt die Spannung der Sammlerzelle ab, zunächst rasch auf etwa 2,0, dann langsam bis auf etwa 1,85 V und, wenn man weiter entlädt, schließlich wieder rasch. Die zu einer Batterie vereinigten Zellen sind hintereinander geschaltet, daher ist die Batteriespannung das Vielfache der vorigen Zahlen. Vgl. Abb. 40.

Stromstärke. Lädt man mit gleichbleibender Spannung, so wird infolge des Wachsens der Batteriespannung die Stromstärke allmählich geringer. Bei der Reichs-Telegraphen-Verwaltung wird in der Regel mit gleichbleibender, jedenfalls mit vorher bestimmter Stromstärke geladen. Bedeutet E_L die zur Verfügung stehende Ladespannung, E_B die Batteriespannung, R_B den Widerstand der Batterie und R_S den übrigen Widerstand des Stromkreises, so ist die Stromstärke

$$I = \frac{E_L - E_B}{R_B + R_S}$$

Denn als wirksame Spannung bleibt nur der Unterschied zwischen den beiden vorhandenen, gegeneinander gerichteten Spannungen übrig. Um eine vorgeschriebene Stromstärke I zu erhalten, muß man also R_S veränderlich machen, indem man einen regelbaren Widerstand (vgl. Abb. 143) einschaltet; dieser wird nach den Angaben des Strommessers eingestellt, so daß die gewünschte Stromstärke erzielt wird. Die Entladung erfolgt im Telegraphen- und Fernsprechbetriebe gewöhnlich mit einer geringeren als der zulässigen Stromstärke.

Bei den geringen Entladestromstärken im Telegraphenbetrieb ist die Entladegrenze z. T. höher anzunehmen; sie beträgt bei sehr stark benutzten Batterien (Entladedauer 1 Tag) 1,85 V, bei mittlerer und schwacher Benutzung 1,90 bzw. 1,95 V. Wird die Entladung durch Zähler überwacht, so läßt man die Batterie solange zum Betrieb geschaltet, bis sie nahezu die gewährleistete Strommenge hergegeben hat.

Strominhalt, Kapazität. Die aus einer Zelle zu entnehmende Strommenge hängt von der Stärke des Entladestromes ab; man gibt sie in der Regel für zehnstündige Entladung an. Bei Sammlern mit positiven Großoberflächenplatten ist die Kapazität bei 3—5—7,5 stündiger Entladung oder mit der 2,5—1,65—1,2 fachen Stromstärke nur 0,75—0,83—0,9 derjenigen bei 10 stündiger.

Die Kapazität ist in geringem Maße von der Temperatur abhängig; sie vermindert sich bei Abkühlung um 1⁰ um etwa 1%. Für den Betrieb ist dies meist nicht von Belang. Bei Kapazitätsproben aber muß darauf Rücksicht genommen werden; in der Regel wird man diejenige Temperatur einhalten, für welche die Kapazität gewährleistet wird (15⁰).

Den Sammlern darf niemals mehr Strommenge entnommen werden, als ihre Kapazität unter Beachtung der Entladestromstärke beträgt.

Für jede Batterie ohne Elektrizitätszähler wird eine normale Entladedauer durch Beobachtung von fünf, durch sorgfältige Messung überwachten Entladungen und Ladungen im Betriebe festgestellt, indem man die gewährleistete Kapazität durch die bei der Ladung durchschnittlich aufgewandte Strommenge dividiert und mit der durchschnittlichen Entladedauer multipliziert. Ergeben sich dabei mehr als 14 Tage, so ist die Entladedauer auf 14 Tage festzusetzen.

Haupt- und Nachladung. Die Ladung muß sogleich nach Beendigung der Entladung beginnen; die Zellen dürfen nicht im entladenen Zustande bleiben. Keine Batterie darf länger als

14 Tage ohne Nachladung bleiben Für jede Zellengröße gibt die Lieferfirma eine höchste zulässige Ladestromstärke an; diese soll im folgenden normaler Ladestrom heißen.

Die Ladung beginnt stets mit dem normalen Ladestrom. Nach einiger Zeit tritt lebhafte Gasentwicklung an den Elektroden ein. Dies ist das Zeichen, daß der Hauptteil der Ladung beendet ist; die ausgeschiedenen Ionen finden nicht mehr in dem Maße, in dem sie entstehen, oxydier- und reduzierbare Bleiteilchen an der Oberfläche der Platten vor; der Vorgang muß verlangsamt werden, einerseits, um die Platten zu schonen, andererseits um Energieverluste durch Gasentwicklung zu vermeiden. Man ermäßigt demnach den Strom auf die Hälfte des normalen und lädt, ohne eine Pause eintreten zu lassen, bis wieder alle Platten lebhaft Gas entwickeln. Alsdann ist die Hauptladung beendet; nach einer Pause von mindestens einer Stunde wird abermals mit halbem normalen Ladestrom weiter geladen (Nachladung), bis sich wieder an allen Platten Gas entwickelt; zum Schluß bringt man auf kurze Zeit den Strom nochmals auf die normale Höhe und prüft, ob sich an allen Platten lebhaft Gas entwickelt.

Sicherheitsladung. Da man bei der Benutzung der Sammler nicht immer vermeiden kann, daß die Vorbedingungen für stärkere (harte) Sulfatbildung gegeben sind, wird alle drei Monate eine besonders gründliche und nachhaltige Ladung mit Ruhepausen vorgenommen. Der regelmäßigen Hauptladung folgen mehrere Nachladungen (halber normaler Ladestrom) mit Unterbrechungen von mindestens einer Stunde, bis sogleich nach dem Einschalten die Platten Gas entwickeln; dann folgt eine Überladung von drei Stunden Dauer mit halbem normalen Ladestrom. Bei den großen Zellen der ZB beträgt die Stromstärke bei der Überladung nur $1/6$ des normalen Ladestroms.

Das entscheidende Zeichen der beendeten Ladung ist, daß die Säuredichte nicht mehr steigt. Falls bei der Sicherheitsladung die Dichte noch zunimmt, so ist daraus zu schließen, daß die Ladung zu knapp bemessen war und daß in der Folge etwas reichlicher zu laden ist.

Bei der ersten Ladung nach der Neuaufstellung nehmen die Telegraphensammler die 4,5 fache, die großen Zellen der ZB die

6- bis 7 fache Energiemenge auf; die Ladung ist dementsprechend auszudehnen.

Die Holzbrettchen, die zum Trennen der Platten dienen, sondern anfänglich Schaum ab; dieser ist nicht zu entfernen, verschwindet vielmehr von selbst. In den ersten Wochen sind solche Sammler etwas reichlicher zu laden und alle 2—3 Tage nachzuladen. Holzstäbchen s. S. 189.

Die Säure. Am Ende der Ladung soll das spezifische Gewicht in allen Zellen gleichmäßig 1,20 betragen. Wie hoch sie am Ende der Entladung ist, hängt von der in der Zelle enthaltenen Flüssigkeitsmenge ab; unter den gewöhnlichen Verhältnissen ist sie um 0,03 geringer. Wie hoch sie sein soll, wird für jede Batterie in der Bedienungsvorschrift festgesetzt. Der Säurespiegel muß mindestens 10 mm über dem oberen Plattenrande stehen. Ist das spezifische Gewicht zu hoch geworden (durch Verdunstung des Wassers), so wird — wenn nötig unter Wegnahme von Säure aus der Zelle — destilliertes Wasser nachgefüllt. Ist dagegen das spezifische Gewicht auch nach einer Sicherheitsladung unter 1,20, so wird der entladene Sammler mit Schwefelsäure vom spezifischen Gewicht 1,18 nachgefüllt.

Die Säure und das destillierte Wasser müssen vor der Verwendung auf chemische Reinheit untersucht werden; vgl. Sammleranweisung, Anl. 2.

Sammlerraum, Gestelle, Leitungen usw. Die bauliche Einrichtung des Sammlerraums und der Gestelle zur Aufstellung der Batterien wird im 19. Abschnitt beschrieben (S. 403—405). Nach den Vorschriften des Verbandes Deutscher Elektrotechniker müssen Sammlerräume während der Ladung gelüftet werden. Offene Flammen und glühende Körper dürfen während der Überladung (Gasentwicklung) nur in besonderen Fällen und dann nur durch sachverständige Personen benutzt werden. Essen, Trinken und Rauchen ist im Sammlerraum zu vermeiden. Sammlerräume gelten als abgeschlossene Betriebsräume; sie sind unter Verschluß zu halten und dürfen nur zeitweise durch unterwiesenes Personal betreten werden.

Die Elementgefäße, Holzgestelle, Laufbühnen und der Fußboden sind stets sauber und trocken zu halten. Die Holzteile werden von Zeit zu Zeit mit zweimal gekochtem Leinölfirnis geölt.

Die Holzkasten und Holzgestelle werden jährlich ein- bis zweimal gereinigt und gefirnist; hierdurch bildet sich ein glasurartiger Überzug.

Die Abtropfkanten der Bleiblecheinsätze sind vom Kastenholz abzubiegen und am unteren Rande leicht einzufetten.

Die Glas- und Porzellanisolatoren sind öfter trocken abzureiben. Der Anstrich der Leitungen ist nach jeder Beschädigung sogleich auszubessern. Blanke Leitungen werden zunächst trocken und dann mit Vaselin oder Zylinderöl abgerieben. Alle sonstigen Metallteile sind ebenso wie die Leitungen zu behandeln.

Die Ölpolschuhe sind etwa alle 14 Tage mit frischem Öl zu versehen.

Alle Zellen sind täglich zu besichtigen.

Kurzschluß der Platten. Wenn eine positive mit einer negativen Platte in metallisch leitende Berührung kommt, so geht bei der Ladung ein wesentlicher Teil des Stromes über diese Brücke, und die geringere, von der Zelle aufgenommene Strommenge entlädt sich nach der Ladung gleichfalls über den Kurzschluß. Die Ursache kann ein metallener Fremdkörper (Drahtstück, Werkzeug) sein; oder die Platten haben sich bis zur Berührung gekrümmt; oder es ist aktive Masse abgefallen, ein Stück hat sich zwischen zwei Platten festgeklemmt, oder der abgefallene Schlamm füllt das Glas bis zum unteren Rande der Platten. Man erkennt fehlerhafte Zellen an der grauen Farbe der positiven Platten, an der geringen Spannung, am geringen spezifischen Gewicht der Säure oder schwacher Gasentwicklung bei der Ladung. Die Folge des Kurzschlusses ist außer der Verringerung der Batteriespannung die harte Sulfatierung der Platten in der fehlerhaften Zelle.

Um den Kurzschluß aufzusuchen, wird, wo dies möglich ist, die Zelle unter Zuhilfenahme einer Lampe besichtigt (Untersäurelampe). Wo dies nicht angeht, verwendet man den Kurzschlußsucher, eine kleine drehbare Magnetnadel in einem Hartgummigehäuse, welche entweder zwischen je zwei zur Bleileiste führenden Plattenfahnen auf die Tragfahne der dazwischenstehenden Platte oder auf die zur Bleileiste führenden Fahnen selbst aufgesetzt wird. Der infolge des Kurzschlusses auftretende Strom lenkt die Magnetnadel kräftig ab, und zwar zu den beiden Seiten der Kurzschlußstelle in verschiedenen Richtungen.

Fremdkörper und abgefallene Masse sind mit einem Holzstäbchen leicht zu entfernen. Gekrümmte Platten sind durch eingeschobene Glasröhrchen zu trennen; geht dies nicht mehr, so muß die Zelle aus der Batterie entnommen, die gekrümmten Platten herausgeschnitten und zwischen gehobelten Brettern wieder gerichtet werden. Nach Beseitigung des Kurzschlusses ist die Zelle wieder auf den Ladezustand der übrigen Zellen zu bringen; unter Umständen muß sie hierzu längere Zeit überladen werden, wie bei der Sicherheitsladung angegeben.

Bei Sammlern mit Brettcheneinlage werden zwischen gekrümmte Platten noch sog. Flickbrettchen eingeschoben; hierzu müssen die Platten mit Hilfe einer Holzleiste ein wenig auseinander gerückt werden.

Der Schlamm (abgefallene aktive Masse), der sich in den Zellen ansammelt, muß von Zeit zu Zeit, ehe er dem unteren Rande der Platten zu nahe kommt, entfernt werden. Kleinere Sammler können zu diesem Zweck auseinander genommen und entleert werden; bei größeren Sammlern muß man die Schlammpumpe anwenden, wozu die Vermittlung des TVA in Anspruch zu nehmen ist.

Messungen. Die zu messenden Größen sind Spannung, Strom, Strommenge oder Stromarbeit, Dichte der Säure; außerdem müssen manchmal Zeitdauern und Temperaturen festgestellt werden.

Die Spannung der Batterie muß täglich zweimal, zu Beginn des Tagesdienstes und nach dem stärksten Nachmittagsverkehr gemessen werden. Außerdem wird während der Ladung die Spannung beobachtet, um den regelmäßigen Fortgang zu überwachen und um etwa fehlerhafte Zellen zu entdecken.

Bei der Messung parallel geschalteter Gruppen würde man nur die gemeinsame Spannung der Gruppen erhalten; um diese Schwierigkeit zu umgehen, trennt man alle außer der zu messenden Gruppe durch Abschrauben der Sicherungen oder mittels besonderer Schalter ab.

Der Strom wird nur zur Regelung der Ladung gemessen.

Zur Bestimmung der Strommenge oder Stromarbeit werden die Elektrizitätszähler benutzt. Vor Beginn der Ladung und nach ihrer Beendigung liest man den Ladezähler ab; der Entladezähler wird zu Anfang und Ende jeder Entladung, außerdem täglich bei Dienstbeginn, abgelesen.

Die der Batterie zuzuführende Strommenge soll um 15 v. H., die Stromarbeit um etwa 35 v. H. höher sein als die vorher entnommene. Es ist daher nötig, Ladung und Entladung genau zu verfolgen, um einerseits keinen Strom zu vergeuden, andererseits die Platten in gutem Zustand und die Batterie leistungsfähig zu erhalten. Insbesondere muß der Zähler gegen Ende der Entladung öfter abgelesen werden, um nicht zu viel Strom zu entnehmen.

Die Säuredichte wird mit der Senkwage bestimmt; sie ist das wichtigste Mittel zur Überwachung des Ladezustandes der Batterie und der einzelnen Zellen (S. 76). Entweder kann die Senkwage in die Zelle selbst eingeführt werden; oder man entnimmt der Zelle mittels einer Pipette etwas Säure (aus der mittleren Schicht der Säure) und bestimmt deren spezifisches Gewicht in einem Standglas. Vor und nach jeder Ladung ist das spezifische Gewicht an einer Zelle der Batterie zu bestimmen; nur wenn man hierbei eine Abweichung vom Normalwert erhält, sind alle Zellen der Batterie zu messen. Vor und nach jeder Sicherheitsladung oder sonstigen Überladung ist das spezifische Gewicht in allen Zellen zu bestimmen.

Zur dauernden Überwachung der Batterie ist es nötig, in regelmäßigen kürzeren Zeitabständen (14 Tage) die Säuredichte und die Spannung jeder einzelnen Zelle zu messen. Die sich hierbei ergebenden Abweichungen sind sofort zu verfolgen, um etwa entstehende Fehler frühzeitig zu erkennen und zu beseitigen.

Batterietagebuch. Die Vorgänge bei der Ladung sind sorgfältig aufzuzeichnen. Hierzu dient das Batterietagebuch mit seinen beiden Abteilungen: A. Meßtagebuch und B. Ladetagebuch. Vor diesen beiden Abteilungen steht eine Zusammenstellung von Angaben über die Batterie, Kapazität, Zellenwechsel, normalen Ladestrom, Plan für die Sicherheitsladungen u. a. m. Das Meßtagebuch enthält die nötigen Spalten für die täglichen Spannungsmessungen. Im Ladetagebuch werden die Ladungen und Entladungen verzeichnet; Zeit und Dauer, Strommenge, Überschuß der Ladung über die Entladung, Spannung und Säuredichte am Schluß der Ladung und der Entladung. Für Batterien, deren Entlademenge nicht festgestellt wird, z. B. Telegraphenbatterien, ist ein vereinfachtes Überwachungsbuch vorgeschrieben, bei dem einige der vorher erwähnten Angaben weggelassen sind.

Außerdem wird noch bei Fernsprechämtern mit ZB eine Nachweisung der täglich den Batterien entnommenen Strommengen nach den Ablesungen der Zähler geführt. Nach Abschaltung einer entladenen Batterie ist sofort zu prüfen, ob sie die gewährleistete Kapazität ergeben hat; verneinendenfalls ist die Batterie zu untersuchen.

Signaleinrichtungen. Wenn eine Sicherung durchschmilzt, muß dies selbsttätig gemeldet werden, damit der Batteriewärter sogleich eingreifen kann. Bei den in die Einzelabzweigungen eingeschalteten Feinsicherungen mit Signalkappe (S. 377) läßt man die abschnellende Feder einen für eine größere Zahl Sicherungen gemeinsamen Weckerkreis schließen. Den großen Starkstromsicherungen schaltet man ein Relais oder eine Schwachstromsicherung mit Signalfeder (unter Umständen mit Widerstand in Reihe) parallel, die beim Durchschmelzen der Sicherung ansprechen; es empfiehlt sich hierbei durch Verwendung von Fallklappen auch anzeigen zu lassen, welche Sicherung durchgeschmolzen ist.

Etwaige Unterbrechungen in der Betriebsbatterie (z. B. Fehler in den Stöpselschnüren und Umschaltern) kann man dadurch anzeigen, daß in eine Abzweigung von der obersten Spannungsstufe über einen großen Widerstand ein Relais eingeschaltet wird. Dieses hält demnach seinen Anker angezogen, so lange die Batterie nicht unterbrochen ist. Das Abfallen des Ankers läßt sich in gewöhnlicher Weise durch einen Wecker melden.

Achter Abschnitt.

Maschinen zur Stromerzeugung oder Stromumformung.

1. Netzstrom ohne Umformung.

Auf kleinen Ämtern empfiehlt es sich manchmal, den Strom des Netzes ohne jede Umformung zum Betrieb der Leitungen zu verwenden. Die Voraussetzung ist, daß das Netz Gleichstrom liefert, und daß ein Pol, in der Regel der Mittelpol, geerdet sei. Von den beiden äußeren Polen, Abb. 148, gehen, wie am negativen

Pol gezeichnet, Leitungen ab, die mit 6 A gesichert sind. Sie führen zu einer Verteilungstafel, wo von Schienen mehrere mit 2 A gesicherte Leitungen zu den Abzweigschienen führen. Von diesen gehen die einzelnen Telegraphenleitungen ab; jede ist mit 0,5 A gesichert und enthält einen größeren stellbaren Widerstand, so daß die Stromstärke auf den gewünschten Betrag abgeglichen werden kann. Die Einrichtung ist sehr einfach und trotz der Abdrosselung der höheren Netzspannung für kleinere Ämter wirtschaftlich, eignet sich aber wenig für Kabelbetrieb.

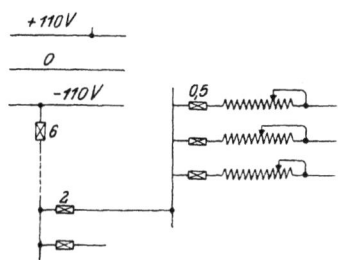

Abb. 148. Speisung von Telegraphenleitungen aus dem Starkstromnetz.

II. Der Kurbel- oder Magnetinduktor.

Zweck. Der Kurbelinduktor dient zur Erzeugung von Wechselstrom zum Anruf der Fernsprechstellen oder des Vermittlungsamts sowie für das Wecken in Telegraphenleitungen mit Fernsprechbetrieb.

Konstruktion. Die allgemeine Einrichtung zeigt Abb. 57 auf S. 99, die Einzelheiten ergeben Abb. 149 und 150. Das magnetische Feld wird von drei Hufeisenmagneten $M_1 M_2 M_3$ erzeugt, deren gleichnamige Pole je durch Polschuhe N und S aus weichem Eisen verbunden sind. Zwischen letzteren kann sich der $\underline{I}$-förmige Eisenanker B, C (Abb. 151, zu vgl. mit Abb. 57) drehen, um dessen Steg isolierter Kupferdraht in vielen Windungen gewickelt ist. Die Wickelung, deren Widerstand 200 Ω beträgt, wird gegen Beschädigung durch einen Wachstuchüberzug oder einen Verguß geschützt. Ihr eines Ende liegt mittels der Schraube x_1 am Anker und damit am Körper des Induktors; das andere Ende steht durch die mit Hartgummi isolierte Schraube x_2 mit dem Dorn u in Verbindung, der vom Ankerzapfen durch eine Hartgummihülse isoliert ist.

Zur Zeit der Ruhe liegt der Induktor nicht in der Leitung: $L_a k_1$ Körper, Achse A, $v_2 k_2$ Hör- und Sprechapparate oder Wecker $k_0 L_b$. Die Ankerwindungen sind für sich kurzgeschlossen.

Die Kurbel nimmt bei der Drehung anfänglich nur die Achse A mit; hierbei gleitet der Stift t in dem V-förmigen Schlitz der Buchse nach rechts und nimmt die Achse A in derselben Richtung mit; v_2 legt sich an k_0 und wird von A gelöst, der Induk-

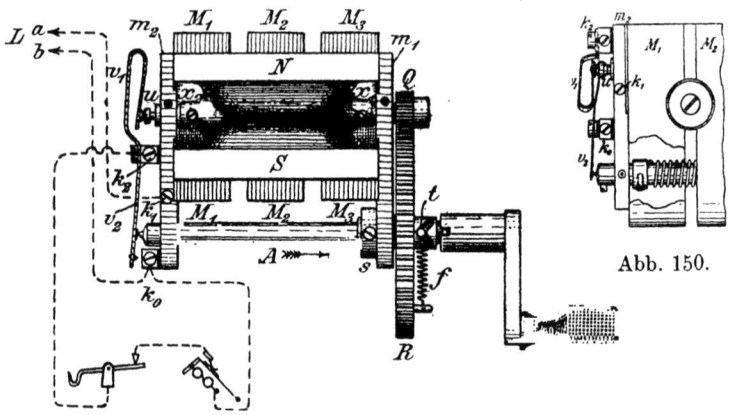

Abb. 149. Kurbelinduktor.

tor ist an die Leitung geschaltet: $L_a k_1 x_1$ Ankerwicklung, x_2 u v_1, $v_2 k_0 L_b$. Am Ende des V-förmigen Schlitzes angekommen, nimmt t die Buchse und das auf ihr sitzende Zahnrad R mit. Dieses greift in den Trieb Q ein und dreht den Anker, der nun seinen Wechselstrom in die Leitung sendet. Wird die Kurbel losgelassen, so finden die Vorgänge in umgekehrter Reihenfolge statt. Die Feder f hat dabei die Aufgabe, den Stift t in die Anfangslage zurückzuführen.

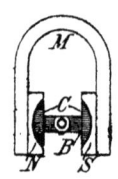

Abb. 151. Magnetische Anordnung des Kurbelinduktors.

Abb. 149 stellt die ältere Einrichtung des Induktors dar, Abb. 150 die an der neueren Form (M 04) getroffenen Verbesserungen. Die Kontakte sind besser angeordnet; die Achse A liegt in dem von den Magneten umschlossenen Raume; die Feder f ist durch eine kräftigere, die Achse A umgebende Feder ersetzt; v_2 macht, wie in der Hauptfigur, auf k_0 Kontakt.

Die **Klemmenspannung** des Induktors beträgt bei drei Umdrehungen der Kurbel in einer Sekunde etwa 30 V im Mittel; der zeitliche Verlauf ist aus Abb. 61 zu ersehen. Die Frequenz (vgl. S. 103, 106) beträgt etwa 25 Perioden in der Sekunde.

III. Stromumformungen.

Zweck. Wenn der zur Verfügung stehende Strom seiner Art oder Spannung nach für den vorliegenden Zweck nicht geeignet ist, muß er umgeformt werden. Dies geschieht z. B., um Telegraphenleitungen aus einem Wechselstromnetz zu speisen, oder um den Strom für die Zentralbatterie eines Fernsprechamtes (24 V) einem Gleichstromnetz für 2 × 220 V zu entnehmen.

Arten der Umformung. Der ruhende Induktionsapparat (Seite 112) dient als Transformator zur Umwandlung eines Wechselstroms in einen Wechselstrom derselben Frequenz, meist unter Änderung der Spannung. Er wird auch benutzt, um Stromkreise verschiedener Beschaffenheit zu verketten, z. B. einen Stromkreis von geringem mit einem von hohem Widerstand, einen geerdeten mit einem ungeerdeten (Übertrager). Soll Wechselstrom in Gleichstrom verwandelt werden, so benutzt man für kleine Leistungen den mechanischen Gleichrichter, für größere den Quecksilberdampf-Gleichrichter. Für die umgekehrte Aufgabe ist der Polwechsler bestimmt. Die sonstigen Umformungen werden durch umlaufende Maschinen ausgeführt, den Motorgenerator und den Umformer[1]).

Zu den Stromumformungen kann man auch Ladung und Entladung der Sammler rechnen, namentlich den Fall, daß bei der Ladung eine andere Zahl Zellen in Reihe geschaltet sind, wie bei der Entladung.

Der Transformator (vgl. S. 114). Er besteht (Abb. 152) aus einem Kern aus Eisenblech, der die Form eines Vierecks mit mittlerer Öffnung hat. Auf zwei Schenkeln des Vierecks sitzen die Drahtspulen; jede ist doppelt gewickelt, wie in Abb. 72. Die beiden kräftigen Klemmen und der Bolzen dienen zur Befestigung. Über das ganze kommt ein Schutzkasten. Die Wicklungen I auf

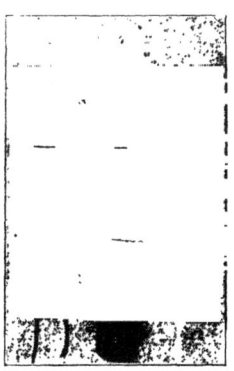

Abb. 152.
Transformator.

---

[1]) Die Namen Motorgenerator und Umformer sind in ihrer Bedeutung vom Verband Deutscher Elektrotechniker festgelegt.

beiden Spulen sind in Reihe geschaltet, ebenso die Wicklungen II für sich.

Zu den Transformatoren gehören auch die Fernsprechüberträger, vgl. S. 395 u. 477.

Der **Rufstromübertrager** ist ein kleiner Transformator von etwas anderer Bauart (Abb. 153) wie der vorher beschriebene. Er hat nur eine Spule, wieder mit doppelter Wicklung, die auf einen Kern aus langen Eisenbändern aufgeschoben ist. Die überstehenden Enden der Bänder sind beiderseits zurückgebogen und überlappen einander. Die primäre Wicklung besteht aus 1570 Umwindungen eines 0,45 mm starken seide-isolierten Kupferdrahtes und hat 25 Ω, die sekundäre zählt 2700 Umwindungen, der Draht ist 0,35 mm stark und der Widerstand beträgt 80 Ω.

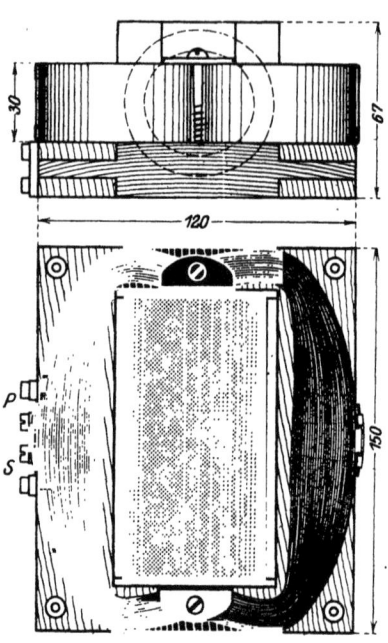

Abb. 153. Rufstromübertrager.

Mechanische Gleichrichter. Wir haben auf S. 103 gesehen, daß die Dynamomaschine zunächst Wechselstrom erzeugt, der durch den Stromwender (S. 107) gleichgerichtet wird. Die Verbindungen der Stromquelle mit der äußeren Leitung werden stets im geeigneten Augenblick vertauscht. Solche Einrichtung kann man an jeder Wechselstromquelle und für jede Wechselstromleitung treffen, und es gibt eine Anzahl Ausführungsarten dieses Gedankens. Auf einigen Telegraphenämtern waren sog. Gleichrichterelais, welche die Vertauschung ausführen, zur Ladung der Sammler aufgestellt. Die Vertauschungen werden durch den im richtigen Takt schwingenden Anker eines Relais ausgeführt. Da es aber schwer ist, bei den dort benötigten großen Leistungen die Verbindungen ohne starke Funken an den Kontakten zu vertauschen, und da die Apparate nicht mit gutem Wirkungsgrad arbeiten, wird davon abgesehen, weitere Anlagen dieser Art einzurichten.

Für solche Fälle, in denen nur kleine Leistungen gleichzurichten sind, besitzt man in dem (gleichfalls schwingenden) Gleichrichter der Deutschen Telephonwerke einen geeigneten Apparat (Abb. 154).

Ein Elektromagnet der in Abb. 73 gezeichneten Art dient als Spartransformator. Auf der einen Seite des Eisenrahmens ist der Eisenquerschnitt verringert; hierdurch wird ein Teil der magnetischen Kraftlinien gezwungen, aus dem Eisen auszutreten und ein besonderes Magnetfeld in der Luft, ein Streufeld zu bilden. In diesem Streufeld ist ein leichter Eisenanker drehbar aufgestellt; er wird durch den gestrichelt gezeichneten Stahlmagnet N S polarisiert. Da das Streufeld ein Wechselfeld ist, so wird

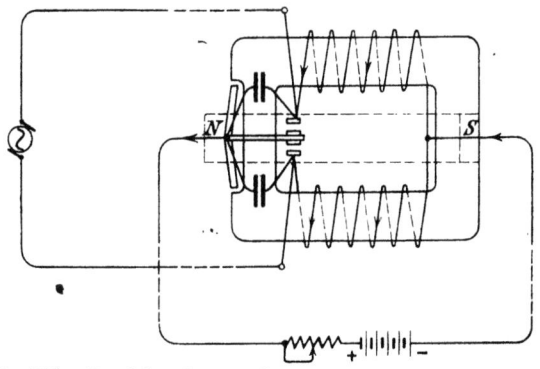

Abb. 154. Pendelumformer der Deutschen Telephonwerke.

der polarisierte Anker in Schwingungen versetzt; hierbei berührt die mit ihm verbundene Kontaktzunge abwechselnd die beiden Kontakte, zwischen denen sie steht. Hat während der ersten Halbperiode der Wechselstrom im Elektromagnet eine solche Richtung, daß das untere Ende des Ankers angezogen wird und die Zunge sich an den oberen Kontakt legt, so erhält man in dem Stromkreis, der die Batterie enthält, die eine Halbwelle, und zwar mit der halben Spannung, weil nur die halbe Windungszahl wirkt. Während der zweiten Halbwelle legt dann der polarisierte Anker das andere Ende der Elektromagnetspule an den positiven Pol der Batterie; man bekommt jetzt die zweite Halbwelle, die der ersten entgegengesetzt gerichtet ist; aber zugleich sind die Verbindungen vertauscht, so daß im äußeren Kreise der Strom die Richtung beibehält.

Dieser Strom ist allerdings kein Strom von gleichbleibender Stärke; wir bekommen sein Bild aus Abb. 60, wenn wir die nach unten gerichteten Wellenhälften nach oben umklappen. Es besteht nun die Möglichkeit, daß der Kontakt zu früh geschlossen wird, in einem Augenblick, wo die Spannung in der Spule noch nicht so groß geworden ist wie die Spannung der Sammler; dann würden diese sich durch die Spule entladen können. Allein die hierbei eintretende Stromumkehr würde auch den Anker zurückwerfen und den Kontakt wieder unterbrechen. Es stellt sich hierdurch selbsttätig der richtige Gang des Ankers ein, so daß die Kontakte stets gewechselt werden, wenn die Spannung der Spule annähernd der der Batterie gleich ist.

Während des Betriebes, insbesondere bei Spannungs- und Frequenzschwankungen im Netz entstehen Funken an den Kontakten; um sie zu vermeiden, dienen die zwei gezeichneten Kondensatoren.

Der Quecksilberdampf-Gleichrichter. In einem luftleeren Glasgefäß (Abb. 155) stehen einer Quecksilberkathode D zwei Anoden aus Eisen A, B gegenüber (vgl. S. 80). Der speisende Spartransformator hat eine geteilte Wicklung, deren mittlerer Punkt mit der Kathode und deren beide Abzweigpunkte mit den Anoden verbunden sind. Die Hilfsanode E besteht aus Quecksilber und ist über einen Widerstand mit der einen Anode verbunden. Neigt man den Apparat, so daß die beiden Quecksilberelektroden zusammenfließen, so entsteht ein Strom, und beim Zurückdrehen bildet sich an der Trennungsstelle der beiden Quecksilbermengen ein Lichtbogen, der das Quecksilber der Kathode D nun heiß genug erhält. Das Quecksilber verdampft, schlägt sich an den Gefäßwandungen nieder und läuft zur Kathode zurück. A und B werden abwechselnd Anoden; als Kathoden können sie niemals wirken, weil sie nicht heiß genug werden. Es fließt daher in der Leitung zu D stets Strom derselben Richtung, mit dem man die Sammlerbatterie laden kann.

Dieser Strom setzt sich zusammen aus den von A und B herkommenden Halbwellen; er würde nach jeder Halbwelle auf Null sinken, wobei der Lichtbogen erlöschen würde. Die Drosselspule S dient dazu, die beiden Halbwellen etwas in die Länge zu ziehen, so daß sie sich überlappen; hierdurch wird erreicht, daß der Strom an der Kathode D niemals völlig verschwindet

Abb. 156 zeigt die Schaltung bei Drehstrom; eine Drosselspule ist nicht nötig, weil die Ströme der drei Phasen einander genügend überdecken.

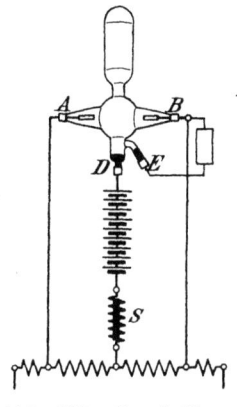 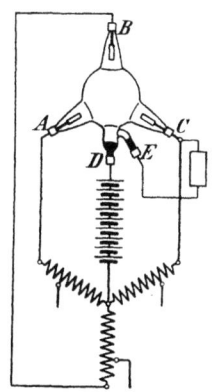

Abb. 155. Quecksilberdampf-Gleichrichter.   Abb. 156. Gleichrichter für Drehstrom.

Der Gleichrichter zeichnet sich aus durch einfache Bedienung, geringen Platzbedarf und erschütterungs- und geräuschloses Arbeiten.

Im Gleichrichter werden 13—15 V Spannung verloren. Ein gläserner Gleichrichter vermag etwa 30 A zu liefern; für stärkeren Strom schaltet man mehrere nebeneinander. Neuerdings baut man auch Gleichrichter mit Metallgefäßen für stärkeren Strom.

Der Polwechsler dient dazu, eine Batterie abwechselnd mit dem positiven (Kohle-, Kupfer-) und negativen (Zink-) Pole an eine Leitung zu legen und so Ströme von regelmäßig wechselnder Richtung in diese Leitung zu senden, z. B. beim Fernsprechbetriebe in der Absicht, polarisierte Wecker zum Ertönen zu bringen.

Ältere Form. Zwischen den Polschuhen c c eines Elektromagnets (Abb. 157) dreht sich die Ankerzunge d um die Achse a. Die Abreißfeder f_1 zieht die Zunge von den Polschuhen zurück und legt die Blattfeder f des oberen Ankerendes gegen den rechten Kontakt, der mit dem einen Pol der Ortsbatterie O B (zwei Kupferelemente) verbunden ist. Der Kontaktträger ist von dem Elektromagnet isoliert; der Anschlag hat eine Achatspitze, ist also von dem Träger isoliert. In der beschriebenen Stellung der Ankerzunge ist der Stromkreis der Ortsbatterie OB über die Elektromagnetumwindungen geschlossen, deren Enden einerseits mit dem Metallkörper des Gestells, also auch mit dem Anker d, und anderseits mit dem zweiten Pole von OB

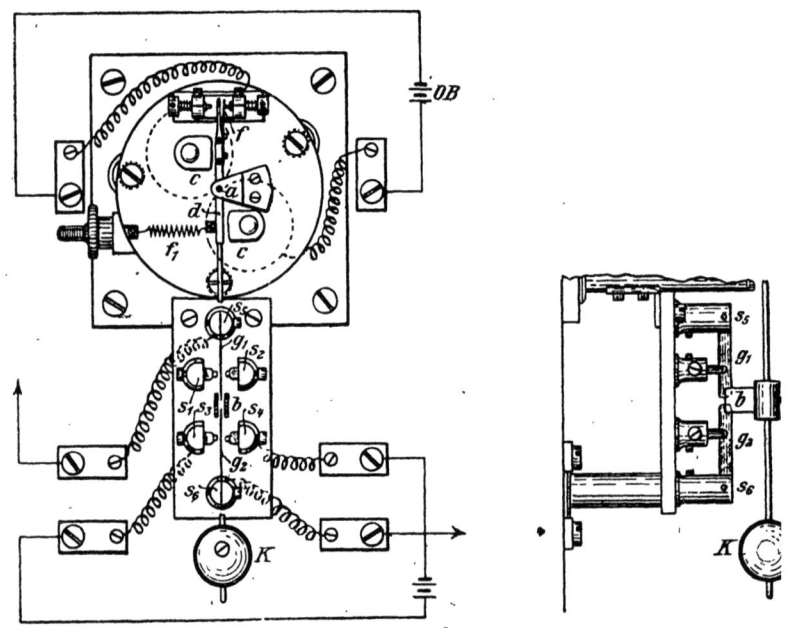

Abb. 157 und 158. Polwechsler alter Form.

verbunden sind. Der Anker wird infolgedessen von den Polschuhen angezogen, unterbricht dadurch den Ortsstromkreis, wird nun sofort wieder durch die Abreißfeder gegen den rechten Kontakt gelegt, schließt damit den Stromkreis wieder usw. Der Elektromagnet arbeitet demnach als Stromunterbrecher. Der Anker schwingt rasch hin und her, mit ihm zugleich also auch sein unterer Fortsatz, der als Pendelstange mit verschiebbarer Kugel K gestaltet ist. Die Frequenz beträgt 15—25 Per/s.

Etwa in der Mitte der Pendelstange sitzt die Elfenbeinklammer b und drückt die beiden in den Messingständern

s_5 und s_6 befestigten Blattfedern g_1 und g_2 abwechselnd an die Kontakte s_1, s_2 und s_3, s_4. Mit diesen stehen (vgl. Abb. 159) die Pole der Weckbatterie in Verbindung, während die Messingstäbe s_5, s_6 mit der Leitung und der Erde (oder bei Doppelleitungen mit den beiden Leitungszweigen) verbunden werden.

Die erforderliche Weckspannung wird entweder durch geeignete Bemessung der Batterie LB oder durch Verwendung eines Transformators (Abb. 160) erzielt.

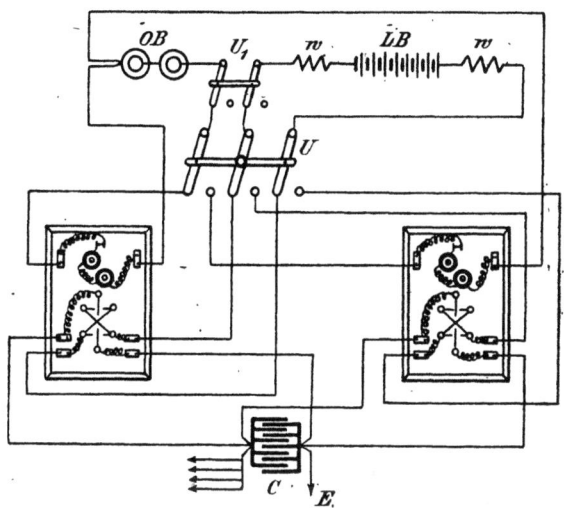

Abb. 159. Stromlauf des Polwechslers.

Gewöhnlich werden zwei Polwechsler nebeneinander aufgehängt, damit beim Versagen des einen der andere ohne Zeitverlust eingeschaltet werden kann. Die Umschaltung ermöglicht der dreifache Umschalter U (Abb. 159). Sollen beide Polwechsler außer Tätigkeit treten, so wird der zweifache Umschalter U_1 umgelegt, wodurch sowohl die Orts- wie die Weckbatterie (Linienbatterie) geöffnet werden. Die Linienbatterie besteht aus gebrauchten Trockenelementen (vorzugsweise Eggertsche oder Hydraelemente), die nach dem auf Seite 184 angegebenen Verfahren ausgewählt werden, oder aus Kupferelementen, die Ortsbatterie aus neuen Trockenelementen. Die Linienbatterie ist wöchentlich einmal zu messen.

Die in der Zeichnung angedeuteten Widerstände (w = 40 Ω) werden zur Verhütung von Kurzschlüssen gebraucht, wenn als Weckbatterie Sammler aufgestellt sind. Sind Kupferelemente als Weckbatterie im Betriebe, so sind die Widerstände entbehrlich.

Zwischen den Drähten, die zu den Batteriekontakten der Anruftasten führen, die also die schnell wechselnden Rufströme aufzunehmen haben, ist ein Kondensator von 10 μF eingeschaltet. Der Scheinwiderstand dieses Kondensators beträgt (S. 138) für die Frequenzen 50, 100, 200, 400, 800 der Reihe nach 320, 160, 80, 40, 20 Ω; er bildet demnach für die höheren Oberschwingungen einen besser leitenden Nebenschluß, als für die Grund- und niederen Oberschwingungen. Jene nehmen ihren Weg durch den Kondensator, diese, die weniger steilen Wellenteile, durch die Leitung. Diese „graduierten" Ströme äußern nur geringe Induktionswirkungen auf Nachbarleitungen.

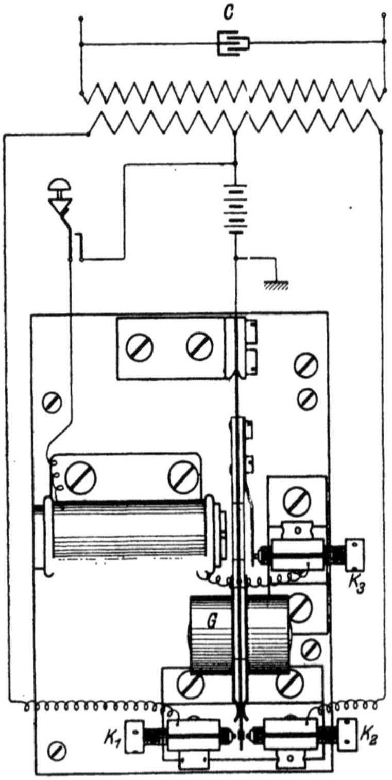

Neuere Form (Abb. 160). Der schwingende Anker ist an einer Blattfeder aufgehängt; vor den Polen des Elektromagnets ist der Anker verbreitert, am unteren schmalen Teil sind zwei Gewichte G befestigt, durch die man die erforderliche Frequenz (25 Per/s) erzielt. K_3 ist der Selbstunterbrecher-Kontakt, der nur in Tätigkeit tritt, wenn eine der Ruftasten niedergedrückt wird. Die Primärspule des Transformators ist in der Mitte geteilt; infolgedessen kann man mit zwei Kontakten K_1, K_2 auskommen. Der Antriebsmagnet hat 2×6700 Windungen eines Drahtes von 0,2 mm Stärke und 2×200 Ω. Der Transformator wird in zwei

Abb. 160. Polwechsler neuer Form.

Größen gebraucht; die größere hat primär 2 × 300 Windungen aus 0,9 mm starkem Draht, 1 Ω, sekundär 1700 Windungen aus 0,65 mm starkem Draht, 14 Ω, transformiert von 8 auf 35 V und liefert bis 100 mA; die kleinere hat primär 2 × 470 Windungen, 0,7 mm Draht, 4 Ω, sekundär 3500 Windungen, 0,2 mm Draht, 180 Ω, transformiert von 6 auf 40 V und liefert bis 15 mA (höchstens 3 Wecker). Der der Leitungsspule des Transformators parallel geschaltete Kondensator hat 2 bis 4 μF.

Der neue Polwechsler ist für Nebenstellenanlagen mit dem kleinen Umformer und für kleinere und mittlere OB-Anstalten mit dem großen Umformer bestimmt. Er hat gegenüber dem älteren zwei Vorteile. Er braucht nicht dauernd eingeschaltet zu werden, läuft vielmehr bei Tastendruck von selbst an; davon wird bei kleinern Anstalten Gebrauch gemacht, während man in Fällen, wo fortwährend Weckstrom gebraucht wird, den Polwechsler auch dauernd laufen läßt. Dann braucht er nur eine Stromquelle, die für den Orts- und Linienkreis gemeinsam ist. Die Weckerspannung kann leicht erhöht werden durch Zufügung weniger Elemente.

Als Stromquellen verwendet man neue Trockenelemente (5 bis 10 in Reihe, bei Dauerlauf mehrere Reihen nebeneinander) oder Sammler, 8 V, meist von der Schlußzeichenbatterie entnommen. Die sekundäre Spannung beträgt etwa 40 V.

Motorgenerator und Umformer. Zur Ladung der Sammlerbatterien dienen häufig Maschinen, die aus dem Netz einer Starkstromanlage gespeist werden. Die Aufgabe ist hier, entweder Wechselstrom in Gleichstrom oder Gleichstrom von höherer Spannung auf niedere Spannung, in der Regel 33 V, umzuformen. Abb. 161 zeigt die Schaltung einer Lademaschine. M ist der Motor, D der Stromerzeuger; beide Feldmagnete werden aus dem Netz gespeist. A ist der Anlasser für den Motor, R der Regelwiderstand für den Feldstrom des Stromerzeugers, wodurch man auf dessen EMK einwirkt.

Größere Fernsprechämter erhalten Rufmaschinen, die aus dem Netz einer Starkstromanlage oder aus der Sammlerbatterie des Amts gespeist werden. Es handelt sich hierbei stets darum, Gleichstrom in Wechselstrom zu verwandeln.

Der Motorgenerator ist eine Doppelmaschine, bestehend aus einem Motor und einem Generator (Stromerzeuger), die unmittel-

218 Maschinen zur Stromerzeugung oder Stromumformung.

bar miteinander gekuppelt sind. Der Umformer ist eine Maschin‹
in der die Umformung des Stromes in einem einzigen Ank‹
stattfindet.

Motorgenerator. Abb. 1‹ stellt den Stromerzeugerteil ein‹ Rufmaschine dar; der Motorte‹ der ihm äußerlich vollständ‹ gleicht, ist so mit ihm gekuppe‹ daß beide Achsen in eine gera‹ Linie fallen. Der linke Teil d‹ Abb. 162 zeigt auf der einen Häl‹ die Ansicht der Maschine n‹ Bürstenhalter und Bürste B, a‹ der anderen Hälfte einen Schn‹ durch einen Feldmagnet M (oh‹ Spule gezeichnet) und den Ank‹ kern A, in dessen Nuten eine I‹ wicklung nach Abb. 65 eingelegt zu denken ist. Statt c‹ Stromwenders in Abb. 65 sind Schleifringe S, wie in Abb. ‹ angebracht; mit dem einen Ring wird der Vereinigungspun‹

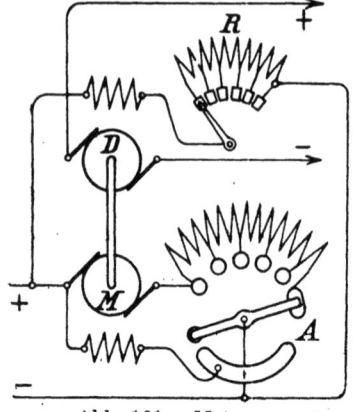

Abb. 161. Motorgenerator.

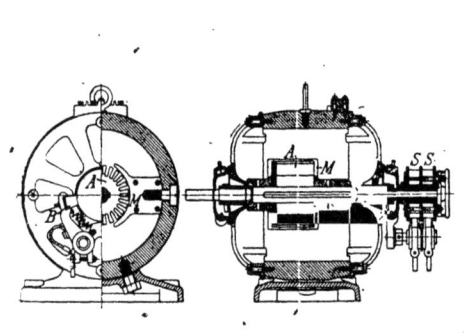

Abb. 162. Rufmaschine.

Abb. 163. Einanker-Umformer

der Leiter 1 und 6, mit dem anderen der der Leiter 7 und ‹ verbunden. Die isolierten Ringe S werden durch eine Längsbohru‹ der Achse hindurch mit der Ankerwicklung verbunden. Äuß‹ lich gleicht der Umformer einer Verdoppelung der Abb. 163.]‹ Spannung des Wechselstroms beträgt 50 V.

Umformer. Um den Rufstrom der Sammlerbatterie zu entnehmen, verwendet man die Maschine Abb. 163. Die Ankerwicklung (Sparschaltung) nach Abb. 65 hat einerseits den Stromwender, andererseits die Schleifringe. Dort wird der Strom von der Sammlerbatterie (24 V) zugeführt, hier wird Wechselstrom abgenommen, dessen Spannung etwa 17 V beträgt. Um diesen Wechselstrom auf die zum Rufen nötige Spannung zu bringen, benutzt man den Transformator. Neuerdings verwendet man einen Umformer mit doppelter Ankerwicklung; man kann alsdann die Spannung gleich in der Maschine erhöhen und erspart den Transformator. Dieser Umformer dient dem Fernsprechamt als Aushilfe. Er vermag etwa 3 A zu liefern und reicht für ein Amt von 10 000 Teilnehmern aus.

Signalmaschine. Um die im inneren Betrieb der Fernsprechämter erforderlichen hör- und sichtbaren Zeichen geben zu können, benutzt man eine Signalmaschine (Abb. 164). Sie wird angetrieben durch den Rufstromumformer, mit dem sie gekuppelt ist (Abb. 164 zeigt links die Kupplung), oder bei größeren Ämtern durch einen besonderen Motor. Die Maschine besteht aus zwei auf der Hauptwelle sitzenden Summerkollektoren für Summertöne von 133 und 400 Perioden in der Sekunde und aus

Abb. 164. Signalmaschine.

zwei bis drei Unterbrecherkollektoren für Flackerzeichen. Die Unterbrecherkollektoren sitzen auf einer besonderen Welle, die durch ein in Öl laufendes Übersetzungswerk (150:1) von der Hauptwelle in Umdrehung versetzt wird. Die Kollektoren werden an die ZB angeschlossen. Die Summerströme werden nicht unmittelbar, sondern über je einen oder mehrere Übertrager sekundär abgenommen.

Übersicht über die Verwendung der Stromquellen.

	Art der Verwendung	Art der Stromquelle
	Telegraphenbetrieb.	
1	Ruhestrom	Kupferelemente, Sammler, Netz
2	Arbeitsstrom	Sammler, Netz, alte Trockenelemente
3	Gegensprech-, Kabel- und Maschinentelegraphenbetrieb	Sammler
4	Ersatzbatterie für Sammler	Trockenelemente
5	Antrieb von Hughes- und anderen Motoren	Netz, Sammler
	Fernsprechbetrieb.	
6	Zentralbatterie	Sammler
7	Einzelbatterie bei Sprechstellen: bei Teilnehmerstellen mit zahlreichen Nebenstellen auch	Trockenelemente Sammler
8	Amtsmikrophonbatterie für Orts- und Fernbetrieb, soweit keine ZB vorhanden	Trockenelemente, seltener Kupferelemente, auch Sammler
9	Sp-Leitungen	Trockenelemente
10	Rufbatterie für Fernsprechleitungen	Abzweigung der Telegraphenbatterie, Rufstrommaschine mit Übertrager, Kurbelinduktor, Polwechsler mit Übertrager
11	Anruf der Sprechstellen vom Amt aus in Netzen mit OB-Betrieb	Polwechsler, Rufstrommaschine
12	Anruf des Amts und der Teilnehmer vom Teilnehmer aus in OB-Netzen	Kurbelinduktor
13	Polwechsler	Sammler, Trockenelemente
14	Antrieb der Rufstrommaschinen	Netz, ZB
15	Laden von Sammlern	Netz, Umformer, Gleichrichter
16	Schlußzeichen	Sammler, Trockenelemente, Kupferelemente.

Dritter Teil.
Telegraphenapparate.

Ältere Telegraphen.

Als der erste elektrische Telegraph gilt ein von Sömmerring 1809 gebauter Apparat, in dem durch die Wirkung einer galvanischen Batterie Wasser zersetzt wurde. Für jeden Buchstaben des Alphabets wurde eine besondere Leitung benutzt, deren Ende auf der Empfangsseite durch den Boden eines mit angesäuertem Wasser angefüllten Glasgefäßes trat und hier Gasblasen (vgl. S. 65) entwickelte, sobald auf der gebenden Seite der Stromweg der Batterie durch die Leitung geschlossen wurde. Zur praktischen Anwendung ist dieser Telegraph indessen nicht gekommen.

1833 stellten Gauß und Weber in Göttingen ihren elektromagnetischen Telegraphen her, der jahrelang den Austausch von Nachrichten zwischen der dortigen Sternwarte und dem physikalischen Kabinett vermittelte. Er beruht auf der Ablenkung der Magnetnadel durch den elektrischen Strom (vgl. S. 82). Als Stromquelle diente bei Gauß und Weber ein Magnetinduktor, als Empfänger ein von Drahtwindungen umgebener, leicht drehbar aufgehängter Magnetstab, dessen Ablenkungen nach rechts und links in bestimmten Gruppierungen das Alphabet bildeten.

In dem von Steinheil 1837 angegebenen Schreibtelegraphen wurden die Bewegungen zweier Magnetnadeln, an deren Enden kleine Farbgefäße befestigt waren, zur Hervorbringung bleibender Schriftzeichen auf einem durch ein Uhrwerk bewegten Papierstreifen benutzt. Je nachdem man den Anker eines Magnetinduktors nach rechts oder links drehte, wurde das eine oder das andere Magnetstäbchen in der Richtung des Papiers abgelenkt, wodurch Punkte in zwei Zeilen entstanden, die sich zu Schriftzeichen gruppieren ließen.

In England haben sich Cooke und Wheatstone um die Entwickelung der Nadeltelegraphen verdient gemacht. Ihr einfacher Nadelapparat bestand aus einem mit Drahtwindungen umgebenen Rahmen, der eine um eine wagrechte Achse drehbare Magnetnadel enthielt, in einem Gehäuse, auf dessen Vorderseite ein mit der Magnetnadel verbundener Zeiger leicht drehbar gelagert war; unterhalb des Zeigers befand sich ein Handgriff, mit dessen Hilfe die Batterie in der einen oder andern Richtung eingeschaltet werden konnte. Zahl und Richtung der Nadelausschläge dienten zur Zusammensetzung der Buchstaben.

Ein älterer Apparat von Cooke und Wheatstone, der Fünfnadeltelegraph, bildet den Übergang zu den Zeigertelegraphen, die eines vereinbarten Alphabets nicht bedürfen. Die Buchstaben waren hier auf einem Felde von rhombischer Form oberhalb und unterhalb der Nadeln so angeordnet, daß bei Ablenkung zweier Nadeln in entgegengesetztem Sinne die einander zugekehrten Enden auf den zu telegraphierenden Buchstaben zeigten. Statt der drehbaren Handgriffe dienten Tasten als Geber.

Die Nadeltelegraphen haben sich bis auf den heutigen Tag im Betriebe erhalten. Sie bedürfen nur einer geringen Stromstärke und sind deshalb besonders geeignet für lange Kabellinien, auf denen die Anwendung großer Batterien unzulässig ist. Das auf den transatlantischen Kabeln zur Anwendung gekommene Spiegelgalvanometer von Thomson ist nichts anderes, als ein sehr empfindlicher Nadeltelegraph.

Der erste eigentliche Zeigertelegraph wurde 1839 von Wheatstone hergestellt. Sein Empfänger besteht aus einem Uhrwerk mit elektromagnetischer Hemmung, die nur schrittweise die Bewegung des Zeigers über einer Buchstabenscheibe gestattet, wenn die beiden Enden des zweiarmigen Ankerhebels abwechselnd von der einen oder der anderen Rolle des Elektromagnetes angezogen werden. Als Geber dient ein metallenes Rad, an dessen Umfang vorspringende leitende Zähne mit isolierenden Zwischenräumen abwechseln; Schleifbürsten verbanden hier den einen Batteriepol in regelmäßiger Folge mit der einen und der anderen von zwei Leitungen, während der andere Pol an der dritten Leitung lag.

In Deutschland wurden die Zeigertelegraphen besonders durch Siemens verbessert, der Geber und Empfänger in einem Apparat vereinigte und zur Bewegung des Zeigers einen Elektromagnet mit Selbstunterbrechung verwendete. Zum Entsenden des Stromes dienten 30 um die Buchstabenscheibe angeordnete Tasten. Eine wesentliche Verbesserung, die Siemens an dem Zeigertelegraphen später anbrachte, war die Einführung des Zylinderinduktors (vgl. S. 99, 207.)

Auch in dem neuen Zeigertelegraphen von Wheatstone, dem sog. ABC-Instrument, wird als Geber ein Magnetinduktor benutzt, dessen Ströme den Zeiger schrittweise vorwärts bewegen und durch Niederdrücken von Tasten an beliebiger Stelle unterbrochen werden können.

Die chemischen Telegraphen bedürfen keiner elektromagnetischen Einrichtung; es genügt, einen mit der Leitung verbundenen Metallstift über das mit gewissen Metallsalzen getränkte und einen Weg zur Erde bietende Papier zu führen, um jeden aus der Leitung kommenden Strom in Gestalt eines farbigen Striches auf dem Papierstreifen sichtbar zu machen.

Derartige Apparate, z. B. die von Davy, Gintl und Stöhrer, arbeiten völlig geräuschlos und bedürfen besonderer Anrufvorrichtungen; in die Praxis haben sie aus diesem Grunde und wegen der mit dem Tränken des Papiers verbundenen Unzuträglichkeiten keinen Eingang gefunden.

Bei einem älteren chemischen Telegraphen machte Bain 1846 den Vorschlag, die zu telegraphierenden Zeichen in Form von Löchern in einen Papierstreifen zu stanzen und maschinenmäßig abzusenden.

Werden die Telegraphenapparate dazu benutzt, genaue Nachbildungen einer Urschrift hervorzubringen, so nennt man sie Kopiertelegraphen. Bakewell in England stellte 1847 einen elektrochemischen Kopiertelegraphen her, bei dem ein Eisenstift in engen Schraubenlinien über das auf eine Metallwalze gespannte chemisch vorbereitete Papier ging und eine blaue Linie darauf zog, in deren das Papier bedeckendem Zuge die übertragenen Zeichen als weiße Aussparungen erschienen.

Neunter Abschnitt.
Der Morseapparat.

Allgemeines. Der 1835 von dem amerikanischen Maler Morse erfundene Apparat gehört zu den elektromagnetischen Schreibtelegraphen. Er übermittelt die Telegramme in einer vereinbarten, aus Punkten und Strichen bestehenden Schrift, die durch kürzere oder längere Anziehungen eines Elektromagnetankers erzeugt und mit Hilfe einer an dem Ankerhebel befestigten Schreibvorrichtung auf einem mechanisch fortbewegten Papierstreifen sichtbar gemacht wird. Die Schriftzeichen werden entweder durch Schließung oder durch Öffnung des Stromkreises mittels einer Taste hervorgebracht. Im ersten Fall schickt die Batterie nur beim Arbeiten Strom in die Leitung (Arbeitsstrom); im andern gibt sie bei ruhender Leitung den Strom her, der beim Arbeiten unterbrochen wird (Ruhestrom).

Das Morse-Alphabet. Die jetzt benutzten Zeichen sind nicht von dem Erfinder des Apparats angegeben, sondern haben sich im Betriebe nach und nach entwickelt, und zwar in der Richtung, daß die in Depeschen am häufigsten vorkommenden Buchstaben sich aus den Elementarzeichen Punkt und Strich am einfachsten zusammensetzen. Die gleichmäßige Anwendung der Zeichen ist im internationalen Telegraphenvertrag vereinbart.

Abstand und Länge der Zeichen:
Ein Strich ist gleich 3 Punkten.
Der Raum zwischen den Zeichen eines Buchstabens ist gleich 1 Punkt.
Der Raum zwischen zwei Buchstaben ist gleich 3 Punkten.
Der Raum zwischen zwei Wörtern ist gleich 5 Punkten.

Buchstaben:

a	· —	e	·	k	— · —
ä	· — · —	é	· · — · ·	l	· — · ·
á, å	· — — · —	f	· · — ·	m	— —
b	— · · ·	g	— — ·	n	— ·
c	— · — ·	h	· · · ·	ñ	— — · — —
ch	— — — —	i	· ·	o	— — —
d	— · ·	j	· — — —	ö	— — — ·

Morsealphabet.

p	.−−.	t	−	w	.−−
q	−−.−	u	..−	x	−..−
r	.−.	ü	..−−	y	−.−−
s	...	v	...−	z	−−..

Ziffern:

1	.−−−−	abgekürzt:	.−
2	..−−−		..−
3	...−−		...−
4	....−		....−
5	.....		.....
6	−....		−....
7	−−...		−...
8	−−−..		−..
9	−−−−.		−.
0	−−−−−		−

Unterscheidungs- und andere Zeichen:

Punkt	.	......
Strichpunkt	;	−.−.−.
Komma	,	.−.−.−
Doppelpunkt	:	−−−...
Fragezeichen	?	..−−..
Ausrufungszeichen	!	−−..−−
Apostroph	'	.−−−−.
Bindestrich	−	−....−
Bruchstrich	/	−..−.
Klammer	( )	−.−−.−
Anführungszeichen	„	.−..−.
Unterstreichungszeichen	___	..−−.−
Doppelstrich	=	−...−
Anruf (zur Einleitung der Übermittlung)		−.−.−
Verstanden		...−.
Irrung		....
Schluß der Übermittlung		.−.−.
Aufforderung zum Geben		−.−
Warten		.−...
Aufgearbeitet		...−.−

Strecker, Die Telegraphentechnik. 6. Aufl. 2. Abdr.

226 Der Morseapparat.

Man bedient sich des Morse-Alphabets auch bei anderen Apparatsystemen, soweit sie mit zwei Elementarzeichen arbeiten; z. B. im Betrieb mittels Klopfers, Wheatstone-Apparates, Undulators, Heberschreibers usw.

Der Schreibapparat. An jedem Morseapparat lassen sich drei Hauptteile unterscheiden:

1. der mechanische Teil oder das Laufwerk,
2. der elektromagnetische Teil und
3. die Schreibvorrichtung.

Abb. 165. Morseapparat, Normal-Farbschreiber.

Der in der Reichs-Telegraphenverwaltung gebräuchliche Schreibapparat führt die Bezeichnung Normal-Farbschreiber (Abb. 165). Sein Gehäuse ruht auf einem hölzernen, mit einer Schieblade zur Aufnahme der Papierrolle versehenen Untersatzkasten. Rechts ist der elektromagnetische Teil (Elektromagnet und Anker) mit einem Teil des Schreibhebels N sichtbar; der andere Teil des letzteren ragt in das Gehäuse hinein und reicht bis zur Schreibvorrichtung J, welche über dem Farbkästchen L aus der Vorderwand des Apparates hervortritt. Das Laufwerk befindet sich in dem Gehäuse.

Laufwerk.

Das Laufwerk besteht aus dem Räderwerk, dem Windfang und der Federtrommel mit der Feder. Es hat den Papierstreifen voranzuziehen und eine kleine Scheibe (das Farbscheibchen oder Schreibrädchen) zu drehen, damit dessen Rand stets mit flüssiger Farbe benetzt wird.

Das Räderwerk und der Windfang sind in ein Messinggehäuse eingeschlossen, dessen Deckel D zwischen Nuten der Seitenwangen läuft und nach links abgezogen werden kann. In der zylindrischen Trommel F befindet sich eine starke flache Feder, welche durch Drehung der Trommel aufgewunden wird; sie liefert die erforderliche Kraft zum Umtreiben des Räderwerkes. Der Windfang regelt den Gang des Laufwerkes.

Das Räderwerk dreht die Papierwalze P_1 mit solcher Geschwindigkeit (28 mal in der Minute), daß das Papier, wenn die Beschwerungswalze P auf dem Streifen liegt, um 160 cm in der Minute voranbewegt wird. Zugleich dreht es die Achse mit des Farbscheibchens J, welche mit ihrem Rande durch die Farbe des Farbkastens L streicht.

Die Feder hält nach vollständigem Aufwinden den Apparat 23 Minuten lang in Bewegung. Die Achse des Windfanges (Abb. 166) steht im linken Teile des Gehäuses senkrecht zu der Bodenplatte; in die Schraube ohne Ende s greift das Räderwerk ein. Die Achse ss trägt den Flügel ww, der bei a drehbar befestigt ist. Im Ruhe-

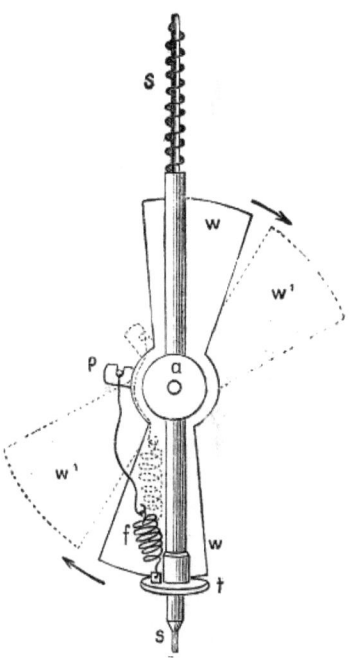

Abb. 166. Windfang.

stande zieht die Spiralfeder f den Flügel in die gezeichnete Lage; bei schneller Drehung wird durch die Zentrifugalkraft der Flügel aus seiner Ruhelage gebracht, wie dies in der Figur punktiert angedeutet ist. Je schneller sich die Achse dreht, desto weiter entfernt sich der Flügel aus seiner Ruhelage und desto größer wird der Widerstand (Luftreibung), den der Flügel der Bewegung entgegensetzt. Der Windfang macht beim regelmäßigen Lauf des Apparats 3000 Umdrehungen in der Minute.

Gegen den Rand der Scheibe t des Windfangs drückt eine an der Innenseite der vorderen Apparatwand befestigte Blattfeder und hemmt dadurch den Apparat. Wird der Hebel bei a (Abb. 165) nach links gelegt, so drückt ein an dem Hebel befestigter Stift die Blattfeder von der Scheibe t ab; dadurch hört die Hemmung auf und das Laufwerk beginnt seine Tätigkeit.

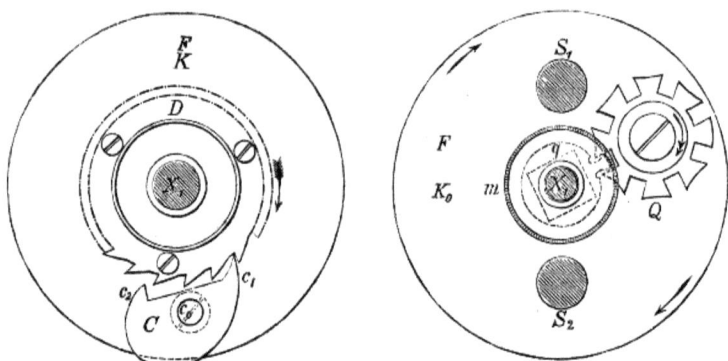

Abb. 167. Federtrommel von hinten.   Abb. 168. Federtrommel von vorne.

In der Federtrommel F (Abb. 165) ist eine stählerne Blattfeder von etwa 3,3 m Länge, 34 mm Breite und 0,5 mm Dicke eingeschlossen. Die Trommel besitzt in ihrer Mitte eine hohle runde Achse, welche im Trommelgehäuse leicht drehbar ist. Das eine Ende der Blattfeder ist an dem äußeren Umfange der hohlen Achse, das andere am inneren Umfange der Trommel befestigt. Die Abb. 167 zeigt die hintere Fläche der Trommel, vom Gehäuse aus gesehen. Die Trommel wird mit der hohlen Achse auf die Achse X_1 des Laufwerkes geschoben; zwei Schrauben, die etwas in den inneren Raum der Achse hineinreichen, gleiten über eine Abplattung der Achse X_1 und kuppeln nach einer kleinen Drehung die hohle mit der vollen Achse. Da der Sperrzahn C das Federhaus in der einen Richtung festhält, dreht die Feder beim Ablaufen die Achse X_1. Damit beim Aufziehen die Feder nicht zu stark gespannt werden kann, sitzt auf der vorderen Seite der Trommel ein gezahntes Rädchen Q — das Kontrollrad (Abb. 168). Die Zähne dieses Rädchens sind ausgerundet, so daß sie sich auf dem Umfange q abwälzen können. Das vordere ringförmige Ende q der Trommelachse besitzt einen Zahn', welcher bei jeder Drehung der Trommel das Rädchen Q um einen Zahn vorwärts schiebt. Kommt endlich der volle (an seinem Umfange nicht ausgerundete) Zahn, welcher rechts von dem Pfeil in der Figur sichtbar ist, dem Zahn der Trommelachse gegenüber, so läßt sich die Trommel nicht mehr weiter drehen.

Die Federtrommel darf nur abgenommen werden, wenn die Feder vollständig abgelaufen ist. Ist die Feder noch gespannt, so schnellt sie beim Abnehmen der Trommel in dieser plötzlich zurück und kann leicht zerbrechen. Man muß den Apparat durch Lösen der Hemmung ruhig ablaufen lassen oder das Ablaufen vermittels Aushebens der Sperrklinke bewerkstelligen.

Die Papierrolle liegt auf einer leichten Scheibe S (Abb. 169), auf welche in der Mitte ein Holzkern H gesetzt ist; das Ganze ist auf einer Stahlachse leicht drehbar. Das Papier wird auf der rechten Seite um ein Holzröllchen R geführt, geht dann mit einer Drehung von 90 Grad um den links befindlichen Stift T und durch einen im obern Deckel des Kastens befindlichen Schlitz m (Abb. 165) zu der Papierführung des Apparats. Durch eine kleine Glasscheibe in der obern Fläche des Kastens kann man beobachten, ob sich die Papierrolle ihrem Ende nähert. Das aus dem Schlitz m tretende Papier wird zwischen dem Farbkasten L und dem Stift j_1 hindurch über das Röllchen r (Abb. 165) geführt, um zwischen den Stift j_2 und die drehbare Stahlwelle i zu treten; dann umkreist der Papierstreifen die Papierwalze P_1 und wird auf deren oberer Seite durch die zurücklegbare Druckwalze P mittels Federkraft angedrückt. Darauf läuft der Papierstreifen über die Fläche N_0 ab.

Der elektromagnetische Teil des Apparats besteht aus dem **Elektromagnete** und dem **Anker**.

Die Magnetkerne und der Anker sind hohl und zur Verminderung der Wirbelströme der Länge nach geschlitzt; die Kerne sind auf dem wagerechten Teile eines eisernen Winkels e e befestigt, der an dem unteren Teile der Apparatwand U angeschraubt ist. Auf jeden Eisenkern ist ein Polschuh aus weichem Eisen gesetzt; zwischen den beiden Polschuhen bleibt ein Zwischenraum von 1 cm. Die Einrichtung des Elektromagnets ist aus Abb. 46 zu ersehen. Der Anker wird in dem ringförmigen Teil des Schreibhebels n mittels eines Schräubchens befestigt.

Die beiden Rollen des Elektromagnets E (Abb. 165) werden aus seideisoliertem Kupferdraht von 0,2 mm Durchmesser hergestellt. Der Draht wird auf Papierhülsen, die oben und unten mit Holzscheiben versehen sind, gewickelt; die Rollen haben etwa 6500 Umwindungen und einen Widerstand von 300 Ω und werden auf die eisernen Kerne aufgeschoben. Ein Überzug aus lackiertem Leder schützt die aufgesetzten Rollen.

Die Enden der Elektromagnetrollen führen zu zwei Klemmschienen (Abb. 169) an denen Zuführungsdrähte zum

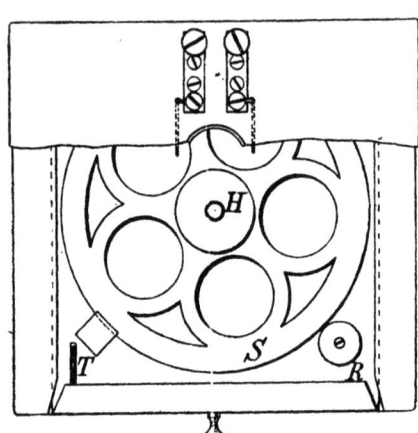

Abb. 169. Papierlade.

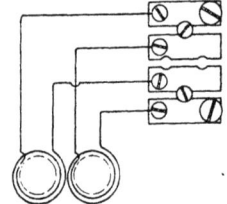

Abb. 170. Umschalter für die Magnetrolle.

Apparat festgelegt werden. Die Rollen der Elektromagnete sind hierbei hintereinander geschaltet.

In langen Ruhestromleitungen werden die Elektromagnetrollen nebeneinander geschaltet, sofern die durchschnittliche Entfernung der Ämter nicht über 25 km beträgt. Hierzu sind die Windungen mit vier Messingschienen verbunden, Abb. 170; werden die zweite und dritte Schiene verbunden, so sind die Rollen hintereinander geschaltet; verbindet man die Schienen 1 mit 2, 3 mit 4, so teilt sich der Strom und geht durch beide Rollen gleichzeitig.

Die Wand U (Abb. 165) ist an einem Eisenstab befestigt, der oben durch die Schraubenmutter w geht; durch deren Drehung wird der Abstand der Polschuhe vom Anker geändert.

Die Abreißfeder, welche der Anziehung des Elektromagnets entgegenwirkt, ist eine Spiralfeder, welche in einer Messingröhre rechts oben untergebracht ist; sie wird durch Drehung der

Schraubenmutter f angespannt oder nachgelassen, wodurch der Schreibhebel mehr oder weniger stark gegen die Anschlagschraube u (im oberen Teile des Ständers S) gelegt wird. Die zweite Anschlagschraube b begrenzt die Bewegung des Hebels nach unten.

Der Ständer S, der lediglich zwei Anschläge zur Begrenzung der Bewegungen des Schreibhebels trägt, wird bei einer anderen Ausführungsform des Apparats durch zwei von einander getrennte und durch Hartgummi isolierte Säulen ersetzt, deren jede einen der beiden Anschläge trägt. Diese Form hat auch elektrische Aufgaben zu erfüllen, indem solche Apparate benutzt werden, um in längeren Leitungen die aus dem einen Leitungsabschnitt eingehenden Zeichen in den nächsten Abschnitt zu übertragen (vgl. S. 242, 243 und Abb. 363).

Die Schreibvorrichtung besteht aus dem Schreibhebel, dem Farbscheibchen und dem Farbkasten. Der den Anker tragende Schreibhebel ist in Abb. 171 und 172 in der Seiten-

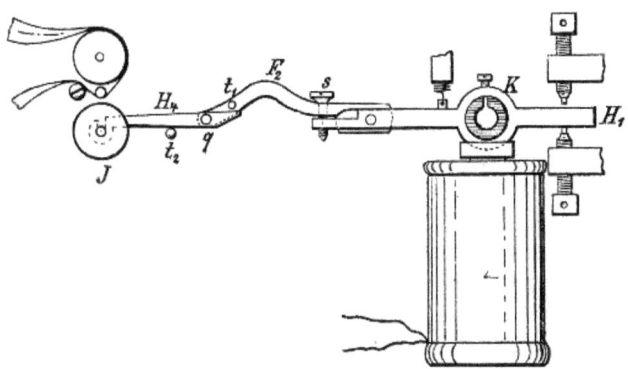

Abb. 171. Schreibhebel, Seitenansicht.

und Oberansicht dargestellt. Der Ring, der den schraffiert gezeichneten Anker K in der Mitte umfaßt, findet bei der Senkung des Ankers gegen die Kerne zwischen den Polschuhen Platz.

Der Schreibhebel besteht aus zwei durch ein Gelenk q verbundenen Teilen. Die Achse ist einerseits in H_4, andererseits in einem an H_4 geschraubten Winkel q_1 gelagert, so daß sich H_4 nur um q auf und ab bewegen kann. Am Ende des Hebels F_2 befindet sich ein kleiner Stift t_1, der über dem Ende von H_4 liegt. Ein zweiter durch die Apparatwand greifender Stift t_2 liegt unterhalb des Hebels H_4.

Das umgebogene federnde Ende von F_2 greift um das winkelförmig gestaltete Stück von H_1 und ist mit demselben durch s verschraubt.

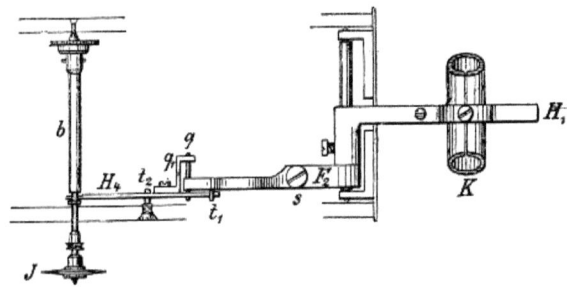

Abb. 172. Schreibhebel, Oberansicht.

Hebt man die Schraube s durch Linksdrehung, so legt sich der Stift t_1 gegen den Hebel H_4; H_4 ruht nun im Lager q und wird durch sein eigenes Gewicht gegen t_1 angedrückt; infolgedessen macht H_4 kleine Bewegungen von F_2 ebenso mit, als wäre er mit F_2 fest verbunden. Das Ende des Hebels H_4 greift mit einem Haken unter die Achse b des Schreibrädchens J (Abb. 172), welche nur in der hinteren Apparatwange gelagert ist; vorn geht sie durch die Apparatwand frei hindurch und ruht in dem hakenförmigen Ende des Schreibhebels, dessen Bewegungen sie demnach zu folgen genötigt ist. Der Hebel ist dann für Arbeitsstrom eingestellt. Berührt das Schreibrädchen das Papier noch nicht, so senkt man die untere Anschlagschraube des Schreibhebels.

Senkt man dagegen die Schraube s (Drehung rechts herum), so geht H_4 so weit herab, daß es auf dem Stift t_2 aufliegt, und der Stift t_1 trennt sich vom Hebel H_4, wie in Abb. 171 dargestellt. Bewegt sich nun der Anker K auf den Elektromagnet zu, so geht das Ende von H_4 mit; folglich muß das andere Ende, weil der Stift t_2 jetzt den Drehpunkt bildet, sich senken. Hebt sich der Anker K, so tritt das Umgekehrte ein, mit q senkt sich das rechte Ende von H_4, so daß sich das linke Ende hebt und das Schreibrädchen J gegen das Papier anschlägt. Der Hebel ist demnach für Ruhestrom eingestellt.

Schlägt das Schreibrädchen noch nicht gegen das Papier, so ist der obere Anschlag des Ankers zu heben.

Die Schraube s muß mit großer Vorsicht eingestellt werden, da der Hebel sehr leicht zu verstellen ist.

Der Farbkasten L wird mittels der Schraube s_4 (Abb. 165) an der Apparatwand befestigt; er ist leicht abzunehmen.

Hinter dem Farbscheibchen, das in die vordere große Öffnung des Farbebehälters eintaucht, sitzt auf der nämlichen Achse oberhalb einer kleineren Öffnung ein am Rande scharf eingekerbtes Abtropfscheibchen, dessen Zweck es ist, das Eindringen von Farbe in das Laufwerk zu verhüten.

Der Gebrauch des Farbschreibers hat infolge der Einführung des Klopferapparates seit einigen Jahren stark abgenommen und beschränkt sich jetzt fast ausschließlich auf den Betrieb von Ruhestromleitungen.

Unterhaltung und Reinigung der Apparate. Auf die Unterhaltung der Apparate ist die größte Sorgfalt zu verwenden, um sie in betriebsfähigem und sauberem Zustand zu erhalten.

Jeden Morgen vor Dienstbeginn ist der auf den Apparaten angesammelte Staub zu entfernen und die Betriebsfähigkeit durch Arbeiten an der Taste festzustellen. Zeigen sich hierbei Mängel, so sind diese sofort zu beseitigen. Dabei ist auch der richtige Gang des Laufwerks zu prüfen, und es sind bei mangelhaftem Gang die Achsen sowie die Windfangschraube mit Uhrenöl zu schmieren.

Zum Reinigen der Apparate werden Staubpinsel, Lederlappen oder Wischlappen und Fließpapier verwendet.

Die Farbe darf nicht zu dickflüssig sein, da sie sonst unterbrochene Schrift liefert. Die Farbe im Farbkasten ist öfter aufzurühren, auch neue Farbe, welche vor dem Zugießen nur umgeschüttelt zu werden braucht, zuzufüllen. Den Farbkasten kann man durch Auswaschen mit etwas Petroleum reinigen.

Schutz während der Nacht. Während der Nacht sind die Apparate mit den vorhandenen Schutzdecken oder Schutzkasten zu überdecken.

Besonders notwendig ist diese Maßregel bei vereinigten Ämtern, auf welchen während der Nacht oder doch spät abends und früh morgens Postgeschäfte besorgt werden, wodurch ebenso wie durch das Reinigen des Zimmers die Apparate leicht mit Staub bedeckt werden.

Auseinandernehmen der Apparate. Die Apparate sollen jährlich einmal gänzlich auseinandergenommen und gereinigt werden; dies darf nur von kundigen Beamten vorgenommen werden, und zwar zu Zeiten, wo der Betrieb das Ausschalten des Apparates gestattet.

Bei kleineren Ämtern, auf denen sich kein mit der Arbeit genügend vertrauter Beamter befindet, wird das Auseinandernehmen vom Telegraphen-Bauführer gelegentlich der Ausführung der Linien-Instandsetzungen besorgt.

Zehnter Abschnitt.

Die Klopfer.

Der Klopfer ist in allen bedeutenderen Leitungen an die Stelle des Farbschreibers getreten. Durch seine Benutzung wird nicht allein die Schnelligkeit, sondern vor allem auch die Sicherheit der

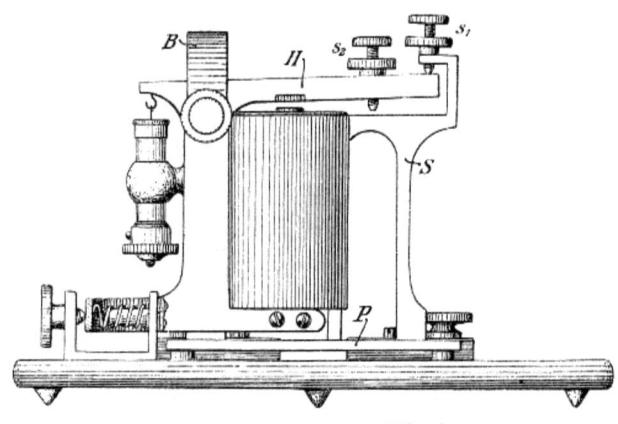

Abb. 173. Der neutrale Klopfer.

Übermittlung wesentlich gefördert. Erfahrungsgemäß kommen weit mehr Irrungen bei dem Ablesen vom Streifen als bei der Aufnahme nach dem Gehöre vor.

Der neutrale Klopfer. Der Klopfer (Abb. 173) ist ein elektromagnetischer Empfangsapparat, der durch seinen lauten Anschlag die Aufnahme der Telegramme nach dem Gehör ermöglicht. Der brückenartig geformte Ständer S trägt nur die obere An-

Schlagschraube s_1; die untere s_2 ist an dem Ankerhebel H selbst befestigt und trifft beim Niedergehen auf das Verbindungsstück der Brücke. Durch diese Einrichtung wird nicht nur eine erhöhte Lautwirkung, sondern auch eine Verschiedenheit des Tons bei der Auf- und Niederbewegung des Ankerhebels hervorgerufen und das Abhören der Zeichen erleichtert. Eine weitere Verstärkung erhält der Anschlag des Hebels durch die Befestigung seines bügelartig gebogenen Trägers B an einer messingnen Platte P, die ihrerseits auf einem dünnen, mit drei kleinen Metallfüßen versehenen Grundbrette so angebracht ist, daß zwischen ihr und dem Grundbrette ein schmaler Zwischenraum verbleibt.

Um der Achse des Ankerhebels eine große Beweglichkeit zu verleihen, ist sie beiderseits zugespitzt und in konisch ausgebohrte Achsschrauben gelagert, die durch die Schenkel des Ankerträgers greifen und zugleich als Drehpunkte für einen die Elektromagnetrollen tragenden horizontalen Bügel dienen. Dieser Bügel wird durch eine in dem Doppelwinkelstück gelagerte Spiralfeder wider eine Kordenschraube gedrückt, mit deren Hilfe der Abstand der Elektromagnetpole von dem Anker geregelt werden kann.

Der Anker besteht aus flachem Eisenblech und ist in den längern Arm des Ankerhebels eingelagert, während der kürzere Arm die Abreißfeder trägt, die ähnlich wie bei den Farbschreibern innerhalb eines kurzen Messingrohrs regulierbar angeordnet ist.

Der polarisierte Klopfer. Der neutrale Klopfer spricht bei längeren oberirdischen und bei Kabelleitungen leicht auf den Rückschlag (S. 128) an; im Ruhestrombetrieb ist er nicht ohne weiteres zu verwenden. Für beide Zwecke bedurfte es besonderer Schaltungen und Zusatzapparate. Erst durch Polarisierung des Klopfermagnets gelang es, einen für alle Betriebsarten geeigneten Apparat zu gewinnen, der seitdem allein noch beschafft wird.

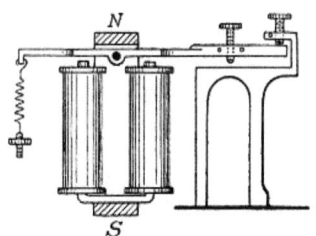

Abb. 174. Magnetsystem des polarisierten Klopfers.

Das Magnetsystem besteht aus dem Stahlmagnet N S (Abb. 174), dem Elektromagnet und dem Anker. Der Kraftfluß, der, vom Südpol ausgehend, sich durch die beiden Schenkel des Elektromagnets verzweigt, tritt oben in den Anker und von dessen mittlerem Teil zum Nordpol über. Die Elektromagnetspulen haben jede 5600 Windungen aus 0,15 mm starkem, mit Seide isoliertem Kupferdraht (300 Ω). Die Schenkelkerne sind geschlitzt, die Schlitze am oberen Ende durch Messingeinsatz geschlossen. Die Ankerachse läuft in Spitzen aus und ist in Schrauben gelagert, wovon die eine im Magnet selbst, die andere in einem messingenen Bock gelagert ist.

Für Arbeitsstrom wird die Abreißfeder angespannt; der Strom tritt bei der mit A bezeichneten Klemme ein und hat eine solche Richtung, daß er den linken Schenkel des Elektromagnets schwächt, den rechten verstärkt. Die Verlängerung des Ankers mit den Anschlagschrauben wird demnach abwärts bewegt. Die beiden Anschlagschrauben sind so einzustellen, daß unter Strom der Abstand zwischen Pol und Anker links 0,6 mm, rechts 0,3 mm und zwischen Verlängerungsstück und oberem Anschlag 0,3 mm beträgt; die Abreißfeder wird so gespannt, daß der Apparat auf 13 mA gut anspricht. Er arbeitet dann ohne Änderung der Einstellung bei Stromänderungen zwischen 2 und 40 mA.

Für Ruhestrom entspannt man die Abreißfeder. Der Strom tritt bei der Klemme R ein, so daß er die entgegengesetzte Richtung wie bei Arbeitsstrom hat; er verstärkt also den linken Schenkel des Elektromagnets, schwächt den rechten, der Anker geht links herab. Verschwindet der Strom, so überwiegt das Gewicht des Verlängerungsstücks und bewegt das rechte Ende des Ankers abwärts; die Bewegung wird verstärkt durch die Wirkung des Elektromagnets, sobald der Anker durch die wagerechte Lage hindurchgegangen ist. Man stellt den Apparat so ein, daß er trotz eines Reststroms (S. 54) von 4 bis 5 mA noch gut anspricht; er arbeitet dann mit 10 bis 40 mA Betriebsstrom ohne Änderung der Einstellung. Man ist in der Lage, selbst bei 10 mA Reststrom noch gute Einstellung zu finden.

Abb. 175 zeigt den polarisierten Klopfer in Ansicht. Es sind hier noch einige Zusatzteile dargestellt, die verwendet werden, wenn der Klopfer mit fliegendem Nebenschluß (S. 426) gebraucht wird; bei der gewöhnlichen Schaltung können sie fehlen. Diese Zusatzteile sind: ein kleiner Drahtwiderstand zwischen zwei Klemmen, vorn in der Mitte der Abb. 175 zu erkennen; zwei kleine Klemmschrauben, eine unten am Lagerbock des Ankers, die andere rechts an der Ecke der Messingplatte; Isolation für die Stelle, wo die obere Anschlagschraube das Verlängerungsstück des Ankers trifft (Elfenbeinbuchse), für den Lagerbock der Abreißfeder (Glimmerblatt), für das Magnetsystem (Hartgummiplatte); Platinspitze und Platinplättchen an der Stelle des unteren Anschlags.

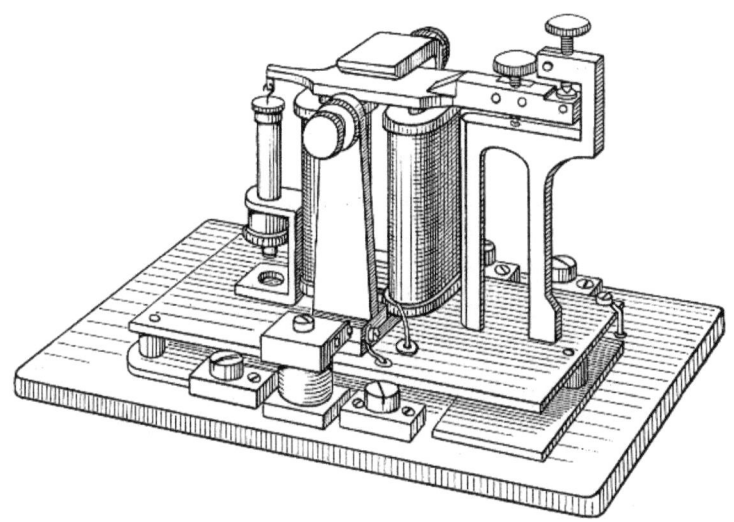

Abb. 175. Der polarisierte Klopfer.

Die beiden Elektromagnetspulen können wie beim Normalfarbschreiber hinter- und nebeneinander geschaltet werden. Die Nebeneinanderschaltung empfiehlt sich für Ruhestromschaltungen wegen der Verringerung des Widerstands und erlaubt bei längeren Kabelleitungen, eine größere Telegraphiergeschwindigkeit zu erreichen. Der fliegende Nebenschluß empfiehlt sich für längere Kabelleitungen bei hintereinander geschalteten Magnetspulen.

Schallkammer. Um den Ton des Klopfers dem Aufnahmebeamten in verstärktem Maße zuzuführen und zugleich von anderen Arbeitsplätzen abzuhalten, wird der Empfangsapparat in einer gewölbten hölzernen Schallkammer aufgestellt. Die ältere Form hat einen hohlen Messingfuß, auf dem sie sich drehen läßt und der zur Aufnahme der Zuleitungen dient. Die Kammer der neuen Form ist noch in der Höhe verstellbar und der Fuß wagrecht verschiebbar; die Drähte werden frei zugeführt. Zur Verbindung des Klopfers mit den Leitungsklemmen dienen 70 cm lange Lahnlitzenschnüre oder ausgesonderte Fernsprechschnüre, die gestatten, den Apparat aus der Schallkammer zu nehmen, ohne die Verbindungen zu lösen.

Elfter Abschnitt.
Die Tasten.

Zweck der Taste. Um die telegraphischen Schriftzeichen des Morseapparats oder des Klopfers hervorzubringen, ist ein Apparat erforderlich, welcher erlaubt, schnell hintereinander Ströme von verschiedener Dauer in die Leitung zu senden.

Zur Erzeugung eines Punktes ist ein kurz andauernder Strom erforderlich, da der Anker auf dem jenseitigen Amte nur einen Augenblick von dem Elektromagnete angezogen werden und das Farbscheibchen gegen den Papierstreifen schlagen darf. Zur Hervorbringung eines Striches bedarf es eines länger andauernden Stromes. Da die schnelle Abgabe eines Telegramms ein wesentliches Bedingnis des Telegraphenbetriebes ist, so muß der Apparat, mit dem die Zeichen gegeben werden sollen, leicht und schnell beweglich sein, damit die Striche und Punkte in genauer und regelmäßiger Gruppierung erscheinen.

Die zeichengebenden Apparate bezeichnet man mit dem Namen Tasten.

Die Morsetaste (Abb. 176) besteht aus dem Grundbrett, dem Tastenhebel T, der Mittelschiene (Körper) D, der Arbeits- oder Telegraphierschiene V und der Ruheschiene N.

Auf dem Grundbrett sind die drei Messingschienen befestigt, welche Klemmschrauben K tragen. Die Mittelschiene hat zwei Ansätze, zwischen welchen die stählerne Achse b mittels zweier Schrauben q auf Spitzen eingelagert ist. Eine in der Figur nicht sichtbare Schraube bei r dient dazu, die Schraube q fester einzuklemmen oder sie zu lockern.

Mit der Achse ist ein starker Messingbalken, der Tastenhebel T, fest verbunden. In Durchbohrungen des Balkens sitzen die Schrauben u_1 und v, die durch Gegenmuttern u und v_1 festgelegt werden können.

Die Morsetaste.

Die Schraube u_1 ist im unteren Teile vierkantig; ihr Ende ist mit einer starken stählernen Spiralfeder F verbunden. Die Spiralfeder liegt teilweise in einer Aushöhlung des Grundbrettes und ist mit ihrem anderen Ende an diesem befestigt (in Abb. 176 durch Weglassen des Holzes ersichtlich gemacht). Die Feder F zieht den linken Arm des Hebels herab und drückt den Kontakt n auf die kleine Platte c. Die sich berührenden Teile sind aus Platin. Durch Anziehen der Schraube u_1 kann die Druckkraft vergrößert werden.

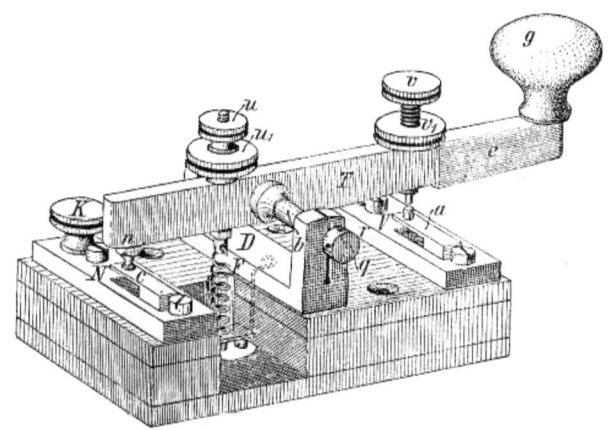

Abb. 176. Morsetaste.

Für die Schraube v trägt der Hebel T selbst das Gewinde; sie endigt unten in einem stählernen Stift, dem ein zweiter stählerner Stift auf der Platte a gegenübersteht. Das vordere Ende des Tastenhebels ist mit einer Ebonithülse e bedeckt, um Berührungen der Hand mit dem Metall zu vermeiden, durch welche man unter Umständen fühlbare elektrische Schläge erhalten kann.

Der Tastenhebel muß mit der Achse in deren Lagern leicht beweglich sein. Drückt man den Tastenhebel, den Knopf g fassend, nieder, so kommt v mit dem Stift a der Schiene V in Berührung, während n sich von dem Stift der Schiene N entfernt. Läßt man den Tastenhebel wieder los, so dauert die Berührung zwischen v und a etwas länger an, da das federnde Stück dem Hebel etwas folgt. Ebenso wird beim Niederdrücken des Hebels der Kontakt c dem Stift n noch etwas folgen. Infolge dieser Einrichtung wird auch das Geräusch beim Arbeiten wesentlich vermindert. Die Bewegung der federnden Kontakte ist unterhalb durch Stifte begrenzt.

Die Reinhaltung der Kontakte ist von großer Bedeutung für guten Betrieb. Die Kontakte werden am besten mit ganz feinem Schmirgelpapier abgerieben, indem ein Blättchen zwischen die Kontakte geschoben und unter dem auf die Taste wirkenden Druck der Hand zwischen den Kontakten durchgezogen wird. Meistens genügt schon gewöhnliches Papier. Die Benutzung der Kontaktfeile ist nur dann zulässig, wenn durch längeren Gebrauch größere Unebenheiten der Kontaktflächen entstanden sind. Zu häufiger Gebrauch der Kontaktfeile nutzt oft in kurzer Zeit die Kontakte ab.

Arbeitsstrom. Die Telegraphenleitung wird an die Mittelschiene D, der eine Pol einer anderseits geerdeten Batterie an die Arbeitsschiene V und der anderseits geerdete Empfangsapparat an die Ruheschiene gelegt. Beim Niederdrücken verbindet der Hebel T die Batterie über die Schiene V, die sich berührenden Kontakte a und v mit der Schiene D und der Leitung; es fließt also ein Strom zum fernen Amt. Läßt man die Taste in die Ruhelage zurückkehren, so wird durch die Entfernung des Kontaktstiftes v von dem Kontaktstift a der Schiene V die Batterie wieder abgenommen. Berühren sich die Kontakte v und a nur einen Augenblick, so dauert auch der abgehende Strom nur einen Augenblick; dauert die Berührung länger an, so wird ein längerer Strom erzeugt. Auf diese Art erzeugt man Ströme von kürzerer oder längerer Dauer, die am Apparat des fernen Amts Punkte und Striche hervorbringen.

Der eigne Apparat wird vom abgehenden Strom nicht beeinflußt, da er stets abgetrennt ist, wenn die Batterie angelegt wird.

Ruhestrom. Die Telegraphenleitung (bei Zwischenstellen der eine Zweig) liegt wieder an der Mittelschiene; die Arbeitsschiene wird nicht benutzt; an die Ruheschiene legt man den Apparat. Die Batterie wird zwischen Mittelschiene und Leitung eingefügt; von der zweiten Klemme des Apparats geht's entweder zur Erde oder zum anderen Leitungszweig. Im Ruhezustande der Taste fließt der Strom in der Leitung; durch Niederdrücken des rechten Hebelendes wird der Strom unterbrochen. Drückt

Die Klopfertaste. 241

man nur kurze Zeit, so dauert auch die Unterbrechung nur kurz. Man bringt also hier die Zeichen durch Stromunterbrechung hervor. Der eigne Apparat wird auch vom abgehenden Strom durchflossen.

Die Klopfertaste (Abb. 177) soll rascheres Arbeiten ermöglichen und ist daher leichter gebaut als die Morsetaste. Der bewegliche Hebel ist aus Stahlblech gestanzt; die Lagerspitzen sind eingesetzt.

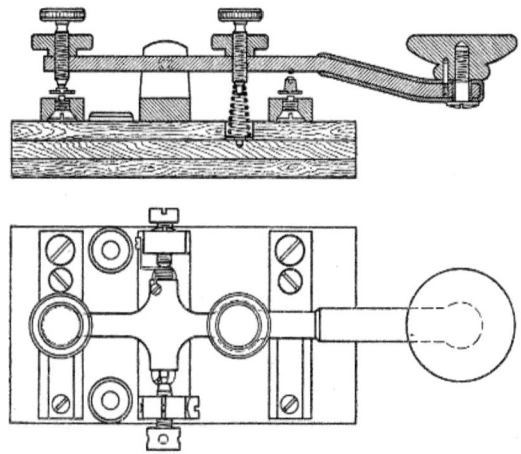

Abb. 177. Die Klopfertaste.

Auch die in der Mittelschiene befestigten Lagerschrauben bestehen aus Stahl. Am vorderen Ende ist der Tastenhebel herabgebogen. Der Tastenknopf besteht aus Ebonit; das vordere Ende des Tastenhebels ist mit einer 1,5 mm starken Hartgummihülle umpreßt; die Befestigungsschraube des Knopfes ist vom Tastenhebel isoliert. Eine kleine Spiralfeder sichert den Kontakt zwischen der Mittelschiene und dem Tastenkörper. Die Feder, welche den Arbeitskontakt öffnet, befindet sich vorn und drückt nach oben. Der Ruhekontakt ist einstellbar, der Arbeitskontakt ist fest. In allem übrigen ist die Klopfertaste der Morsetaste gleich.

Zwölfter Abschnitt.
Die Telegraphen-Relais.

Zweck der Relais. Ist der ankommende Strom nicht mehr stark genug, um den Empfangsapparat zu betreiben, so läßt man ihn zunächst auf einen leicht gebauten, besonders empfindlichen Elektromagnet, das Relais R, wirken, dessen Anker eine besondere, auf dem Empfangsamt aufgestellte Batterie (Ortsbatterie) schließt (Abb. 178). Diese wirkt dann auf den Empfangsapparat A mit der erforderlichen Kraft und genau im Zeitmaß des ankommenden Stromes.

Diese Schaltung reicht aus, um Zeichen aus der Leitung aufzunehmen. Wenn aber die Zeichen auch weitergegeben werden sollen, so muß die Schaltung so geändert werden, daß sie nach beiden Richtungen gleichartig arbeitet. Diese Aufgabe liegt besonders dann vor, wenn es nötig wird, eine lange Leitung, durch welche sich die Zeichenströme zu langsam fortpflanzen (vgl. S. 132), zu unterteilen. Durch eine halb so lange Leitung kann man viermal so rasch telegraphieren. Man stellt dann an der Teilungsstelle eine **Übertragung** aus zwei Relais auf, welche die beiden Teile wieder verbindet. Auch richtet man in längeren Arbeitsstromleitungen mit mehreren Ämtern Trennämter ein, die sowohl zur Aufnahme der Telegramme als auch zur selbsttätigen Weitergabe der für andere Ämter bestimmten Telegramme geeignet sind.

Einfache Relaisschaltung (Abb. 178). Der aus der Leitung L ankommende Strom legt den Anker des Relais R vom Ruhekontakt r an den Arbeitskontakt a um; damit wird der Kreis der Ortsbatterie geschlossen. Sobald der Strom aus L schwach genug geworden ist oder aufhört, geht der Anker von a an r zurück und unterbricht den Ortsstromkreis. Der Empfänger A erhält also einen Strom, der so lange dauert wie der ankommende Strom, in seiner Stärke aber unabhängig ist von der des ankommenden Stromes und nur abhängig von der Spannung der Ortsbatterie und dem Widerstand des Ortsstromkreises.

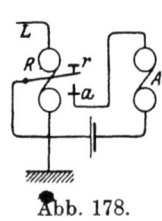
Abb. 178.
Relaisschaltung.

Übertragungsschaltung (Abb. 179). Die beiden Relais R_1 und R_2 wirken wie bei der einfachen Schaltung. Der Relaisanker liegt nicht in einem Orts-Stromkreis, sondern im andern Leitungsabschnitt. Ein in der Leitung L_1 ankommender Strom legt den Anker von R_2 um und an die Batterie B_2; diese schickt den Strom in die Leitung L_2. Da die Anordnung symmetrisch ist, wirkt sie ebenso nach der andern Seite. Sie überträgt demnach♦ die telegraphischen Zeichen aus dem einen Abschnitt der Leitung in den andern. Wenn die beiden Leitungsabschnitte verschieden lang sind, werden die Batterien verschieden stark bemessen, u. U. von verschiedenen Spannungsstufen der Batterie abgezweigt. Die Widerstände der Relais bedingen einen Verlust, der durch etwas höhere Batteriespannung auszugleichen ist.

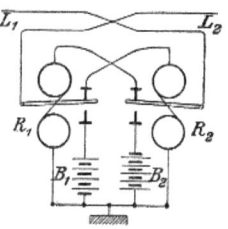

Abb. 179. Übertragungsschaltung.

Ältere Relais. Das neutrale Relais, das Siemenssche polarisierte Relais und das Relais mit drehbaren Kernen, welche früher viel verwandt worden sind, finden sich in den vorhergehenden Auflagen des Buches beschrieben.

I. Neutrale Relais.

Das Linienrelais (Abb. 180), welches in den auf Zentralanrufschränke geschalteten Leitungen verwendet wird, ist ein neutrales Topfrelais von 100 Ω Widerstand. Auf der messingenen Grundplatte, durch welche 5 Lötstifte s zu der Wicklung, dem Körper, dem Arbeits- und Ruhekontakt führen, sitzt das Relais; am Mantel ist der Ankerbock B befestigt, der auch den Halter für die Abreißfeder trägt, welche mit Hilfe der geränderten Scheibe k gespannt wird. Der Deckel des

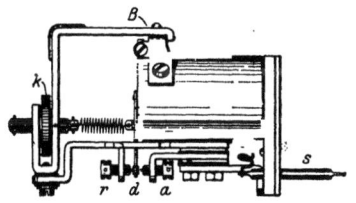

Abb. 180. Linienrelais.

Topfes ist der bewegliche Anker und trägt die Kontaktzunge d; Arbeits- (a) und Ruhekontakt (r) sind nach Art der Federumschalter auf dem Mantel befestigt. Bei der Einstellung des Linienrelais bedient man sich eines Stellblechs von 0,1 mm

244   Die Telegraphen-Relais.

Stärke, welches nach Lockerung des Ankerbocks und Zurückdrehen der Kontaktschrauben auf die Pole des Elektromagnets gelegt wird. Der Ankerbock wird nun festgeschraubt, der untere Kontakt bis zur Berührung gegen die Ankerzunge geschraubt. Alsdann legt man das Stellblech auf die Ankerzunge und dreht auch die obere Kontaktschraube bis zur Berührung herein. Zuletzt spannt man die Abreißfeder; das Relais muß kurzen Stromstößen von 6 mA sicher folgen, darf aber bei 4 bis 5 mA noch nicht ansprechen; es arbeitet dann bis 50 mA ohne Änderung der Einstellung.

Das Zwillingsrelais besteht aus zwei Linienrelais, von denen jedes zwei Kontaktzungen d hat, um im ganzen vier Kontakte zu schließen (vgl. Abb. 352).

Das Zeitrelais hat die Aufgabe, einen Schluß oder eine Unterbrechung des Stroms erst nach einer gewissen Zeit wirksam werden zu lassen. Es dreht (Abb. 182) mittels zweier Zahnradausschnitte und Sperrklinken eine Achse langsam herum; der Kontakt wird erst vollendet, wenn die Umdrehung bis zu einem gewissen Punkt gekommen ist; läßt man die Umdrehung früher aufhören, so wird auch der Kontakt nicht hergestellt.

Zum Zeitrelais gehört der langsame Unterbrecher, Abb. 181. Ein Elektromagnet mit winkelförmigem Anker ist auf

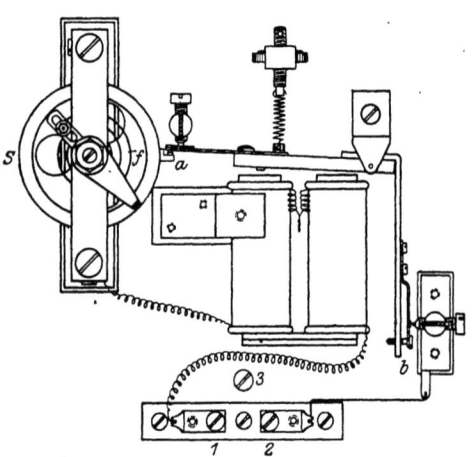

Abb. 181. Zeitrelais, langsamer Unterbrecher.

Selbstunterbrechung geschaltet (vgl. S. 214); wenn der Strom eintritt, erteilt der Anker, der auf dem Ansatz a des Schwungrades S liegt, diesem einen kräftigen Antrieb, so daß es sich dreht und dabei den Kontakt bei a aufhebt; der Magnet wird nun stromlos und läßt seinen Anker los. Allein das Schwungrad kehrt erst zurück, nachdem es einen größeren Bogen zurückgelegt und dabei die Spiralfeder f gespannt hat (ähnlich der Unruhe in der Taschenuhr). Erst wenn sich das Schwungrad in die Anfangslage zurückgedreht hat, wird der Kontakt bei a wieder geschlossen, so daß der Elektromagnet einen neuen Stromstoß empfängt.

Das eigentliche Zeitrelais (Abb. 182) besteht aus zwei Elektromagneten S (1000 Ω) und D (1500 Ω), je mit einem Zahnradausschnitt, in den eine Sperrklinke eingreift. Mit den Relais sind Federumschalter verbunden, die durch den Anker des Relais S gesteuert werden. Die Leitung L empfängt Stromstöße

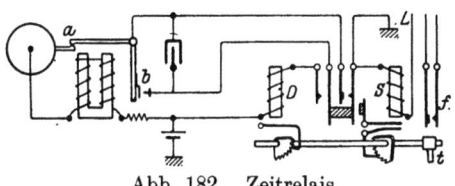

Abb. 182. Zeitrelais.

und länger dauernde Ströme. Ein Strom von längerer Dauer hebt den Anker des Elektromagnets S und bewegt den Federumschalter. Hierdurch erhält der langsame Unterbrecher Erde und beginnt seine Bewegung. Bei jedem Anzug des Ankers wird auch der Kontakt b geschlossen; hierbei wird der Elektromagnet D erregt und zieht seinen Anker an, der zum Haken ausgebildet ist und den Zahnradausschnitt schrittweise vorandreht. Zugleich hat der zweite Anker des Elektromagnets S sich als Sperrung in den anderen Zahnradausschnitt gelegt und verhindert die Achse an der Rückwärtsdrehung. Nach einigen Hüben, von denen jeder ungefähr 1 s dauert, hat der Stift t die beiden Federn f erreicht, die nicht (wie gezeichnet) neben-, sondern hintereinander stehen, und drückt sie aufeinander; dies ist der Kontakt, der wirken soll. Hört der Strom in L auf, so fallen die Anker von S ab, der Zahnradausschnitt ist nicht mehr gesperrt und die Achse kehrt unter dem Gewicht der beiden Zahnradausschnitte in die Anfangslage zurück.

Bei kurzen Stromstößen, wie sie den Telegraphierzeichen entsprechen, kommt es nicht bis zur Drehung der Achse.

Der Kondensator dient zur Funkenlöschung.

Das Relais mit Hörnerpolen (Abb. 183) dient hauptsächlich zum Anrufen der Übertragungsämter. Der Elektromagnet M

(450 Ω) trägt lange Polhörner P, welche den Anker E anziehen. Dieser ist an der senkrechten Drehachse befestigt — das Messingstück A dient als Gegengewicht — und wird von der Spiralfeder F nach dem spitzen Ende der Hörner geführt. Kurze Stromstöße bewegen den Anker nur wenig. Erst wenn der Strom mindestens 3 s lang wirkt, wird der Anker genügend weit angezogen, bis in die gezeichnete Lage. Nun gleitet die Sperrklinke K über den Sperrarm S; beim Aufhören des Stromes führt die Feder F den Anker zurück und schließt den Kontakt zwischen K und S und damit den Ortstromkreis eines Weckers. Dieser bleibt geschlossen, bis man mit dem Griff G den Sperrarm S aus dem Wege

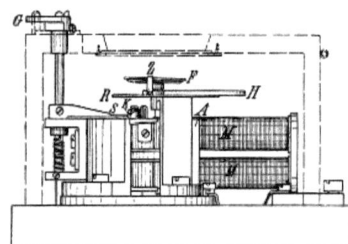 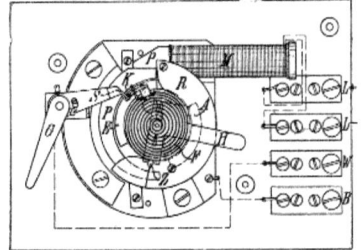

Abb. 183. Relais mit Hörnerpolen.

zieht; dann kehrt der Anker E in die Ruhelage zurück. Zum Regulieren der Feder F dient der Hebel H mit dem Zeiger Z, woran das eine Ende der Feder befestigt ist; dem Strom 0,012 A entspricht der Strich auf dem Blech R. 5 aufeinanderfolgende Morsestriche dürfen das Relais nicht zum Ansprechen bringen. Das Relais (Klemmen L L) wird zwischen dem Körper des Linienrelais (Abb. 180) und Erde eingeschaltet in Reihe mit einem Widerstand, der die Stromstärke auf 0,012 A herabsetzt. Bei der Hughesübertragung läßt sich unter Umständen dieser Widerstand ersparen, wenn man das Relais hinter den in Abb. 350 angegebenen Widerstand w legt.

II. Polarisierte Relais.

Das deutsche polarisierte Relais. Auf einer hölzernen Grundplatte G (Abb. 184) ist flach ein aus zwei Stablblättern zusammengesetzter Hufeisenmagnet M befestigt. Die Polenden des Magnets tragen die mit Polschuhen p versehenen Kerne E nebst den Rollen,

Das Hörnerpolrelais. Das deutsche polarisierte Relais. 247

so daß also der eine Kern einen Nordpol, der andere einen Südpol bildet. Der Hebel H, an welchem ein flacher eiserner Anker befestigt ist, spielt mit seinem Ende zwischen den Kontakten k_1 und k_2. Der die Kontaktschrauben tragende Ständer ist hohl; das Stück zwischen den beiden Kontakthaltern besteht aus Ebonit, die obere Schraube ist mit langem Stift durchgeführt bis auf die Unterseite des Grundbretts und durch einen Draht mit der Klemme 3 verbunden. Durch Drehung der Schraube S kann der Arm x, an dem die Spannfeder f befestigt ist, auf und ab verschoben und dadurch die Feder mehr oder weniger angespannt werden.

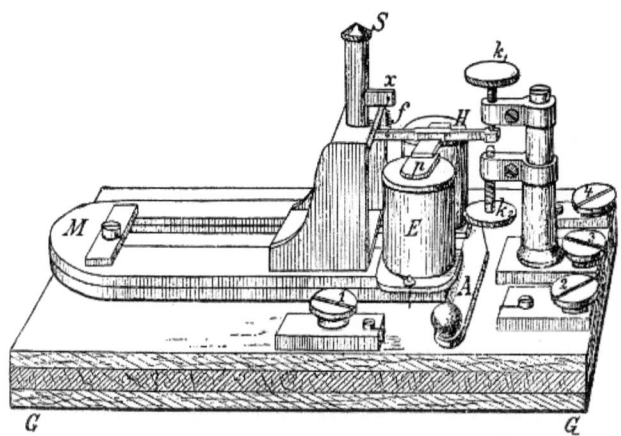

Abb. 184. Deutsches polarisiertes (Hughes-) Relais.

Der Strom fließt entweder so, daß er den Magnetismus beider Kerne verstärkt, oder so, daß er ihn schwächt. Spannt man die Feder f an, so daß sie den Anker stärker nach oben zieht, als der beständig vorhandene Magnetismus der Kerne nach unten wirkt, dann liegt der Ankerhebel gegen den oberen Kontakt. Fließt nun ein genügend starker Strom durch die Rollen, der den Magnetismus verstärkt, so wird die Kraft der Feder überwunden, und der Hebel schlägt gegen den untern Kontakt. Dann wirkt das Relais auf Anziehung.

Entspannt man die Feder f, so daß der beständige Magnetismus der Kerne eben hineicht, um den Anker anzuziehen und den Hebel gegen den untern Kontakt zu legen, und schwächt der eintretende Strom den Magnetismus der Kerne, so wird die Kraft der Feder überwiegen und den Hebel gegen den obern Kontakt legen. Das Relais wirkt nun auf **Abstoßung**, richtiger auf Abreißen.

Die Stärke des Magnetismus in den Kernen, welche von dem Dauermagnet M ausgeht, läßt sich regeln; hierzu dient ein weiches Stück Eisen, der sog. Schwächungsanker A. Schiebt man ihn mit voller Fläche gegen beide Polenden, so ist der Magnetismus in den Polschuhen am schwächsten, liegt er in geringer Ausdehnung an, so ist der Magnetismus stärker.

Einstellung. Beim Arbeiten auf Anziehung stellt man die Anschlagschrauben so, daß der Anker geringen Spielraum besitzt, den Kernen aber nicht sehr nahe liegt. Der Schwächungsanker ist möglichst weit an die Kerne zu schieben. Alsdann wird vorsichtig die Abreißfeder angespannt. Beim Arbeiten auf Abstoßung bringt man den Anker recht nahe an die Kerne, stellt die Anschlagschrauben auf recht geringen Ankerhub und zieht den Schwächungsanker so weit heraus, daß die Feder den Anker bei Stromeintritt eben noch sicher abreißt.

Das Relais wird in zwei Größen hergestellt; die kleinere Form besitzt einen Rollenwiderstand von etwa 200 Ω, die größere einen solchen von 1200 Ω. Die letztere Form wird besonders für Übertragungen verwendet.

Ist das Relais auf Anziehung eingestellt, so muß der Apparat nebst Ortsbatterie zwischen der Körperklemme 2 und der dem Kontakt k_2 entsprechenden Klemme 3 eingeschaltet werden; ist es auf Abstoßung eingestellt, zwischen den Klemmen 2 und 4.

Das polarisierte Relais mit Flügelanker (Abb. 185 bis 187) wird vorzugsweise im Gegensprechbetrieb benutzt. Die Pole NS eines hufeisenförmigen Dauermagnets mit federnden Schenkeln, die nach oben gerichtet sind und deren Abstand durch die in den Messingwinkeln W_1, W_2 gelagerten Regulierschrauben S_1, S_2 verändert werden kann, stehen einerseits den Polen, andererseits dem Verbindungsstück eines kurzen zweischenkligen Elektromagnets E gegenüber, der mit seinem Joch in einem Messingrahmen befestigt ist. Dieser Rahmen trägt zwei Messinglappen r r, deren Schlitze eine Verschiebung des Elektromagnets in der Richtung der Kraftlinien des Magnetfeldes zulassen. Der Widerstand der Drahtspulen beträgt in jeder Wicklung 75 Ω. Die Wicklung ist so geführt, daß der eine Magnetkern geschwächt, der andere verstärkt wird.

Zwischen den Polen des Elektromagnets und dem Pol S des Dauermagnets spielt um eine senkrechte Achse der Flügelanker in Form eines leichten viereckigen Eisenblatts d (Abb. 187), dessen unterer Rand die Kontaktzunge z mit einem quergelegten Platinstutzen trägt. Die Zapfen der Achse sind in einem Bügel B gelagert, der mit dem Stift y an dem Winkel w_3 festgeklemmt werden kann. Auf die senkrechten Ränder des Eisenblatts sind dünne Messingstreifen gelötet, die das Festkleben an den Magnetpolen verhindern. Die leitende Verbindung zwischen der Ankerzunge und dem Körper des Relais wird durch einen feinen, in

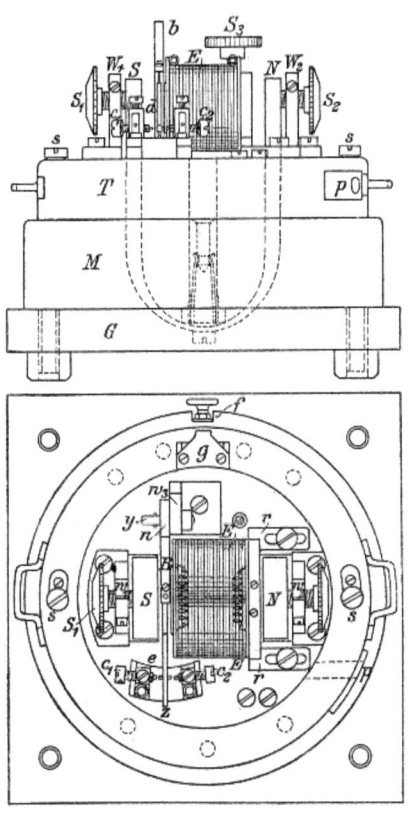

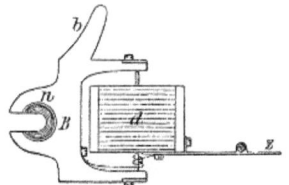

Abb. 185 und 186. Relais mit Flügelanker.   Abb. 187. Flügelanker.

wenigen Windungen um die Ankerachse gelegten Kupferdraht gesichert.

Der Platinstutzen der Ankerzunge spielt zwischen zwei Anschlagschrauben $c_1 c_2$ eines Kontaktschlittens e, der auf der Deckplatte des Relais mit dem Schlüssel S_3, der sich in eine Öffnung p der Tragplatte T einführen läßt, nach rechts oder links verschoben werden kann.

Die vier Drahtenden der Elektromagnetspulen, die Kontakte c_1 und c_2 und der Körper des Relais sind mit 7 Steckstiften verbunden, die in der Tragplatte befestigt sind und nach unten ragen. Sie passen in Federklemmen, die in dem hohlen hölzernen Sockel M befestigt sind. Eine solche Federklemme mit dem zugehörigen Steckstift ist in Abb. 185 in gestrichelter Zeichnung zu sehen. Abb. 186 zeigt die Orte der 7 Steckstifte. In dem Sockel sind ferner zwei Widerstandsspulen von je 425 Ω untergebracht, die den beiden Wicklungen des Relais vorgeschaltet werden können. Zwei Messingschrauben s dienen zur Befestigung der Tragplatte auf dem Sockel; nachdem sie gelöst sind, kann man an den beiden Handgriffen das Relais vom Sockel trennen. Von den Federklemmen führen die Verbindungsdrähte durch Öffnungen der Grundplatte G heraus. Auf der Tragplatte ist ein Messingdeckel mit Glasplatte befestigt (in Abb. 185 punktiert angedeutet), der sich aufklappen läßt; beim Aufklappen schnappt ein außen umgebogenes Blech g über eine Nase an der aufrecht stehenden Feder f und wird von dieser festgehalten, bis man die Feder mit Hilfe des Knopfes niederdrückt.

Einstellung. Man bringt den Schlitten in die Mittelstellung und legt den Elektromagnet in einer solchen Lage fest, daß seine Pole etwa 1 mm von dem Anker entfernt stehen. Für schwächere Ströme wird der Abstand verringert, für stärkere vergrößert. Den Pol S bringt man ebenfalls auf etwa 1 bis 1,5 mm an den Anker heran; der Pol N ist zunächst weit von dem Joche des Elektromagnets zu halten und zur Regulierung der Feldstärke allmählich zu nähern. Der Ankerhub soll klein sein; 0,1 mm ist schon reichlich. Meist nimmt man c_2 als Arbeitskontakt, c_1 als Ruhekontakt; man stellt den Schlitten so weit nach links, bis die Kontaktzunge sich gegen c_1 legt; dann ist die Entfernung des Ankers von den Elektromagnetpolen hinten kleiner und die Anziehung größer als vorne.

Reinigung der Kontakte. Damit die Platinkontakte an der Zunge und den Schrauben c_1 und c_2 stets ebene und zur Bewegungsrichtung senkrechte Flächen behalten, bedient man sich bei der Reinigung geeigneter Matrizen. Der Bügel B mit dem Flügelanker wird, nachdem der Stift y mittels des Schlüssels S_3 gelockert worden, mit Hilfe des Griffs b emporgedreht, dann der Bügel B herausgezogen und flach in ein geeignet ausgeschnittenes Stück Holz gelegt, so daß nur die Kontaktfläche des Platinstutzens eben über die Fläche des Holzes emporragt; diese wird dann mit der Schmirgelfeile, einem mit dem feinsten Schmirgelpapier beklebten flachen Holzstäbchen, abgerieben; dasselbe geschieht mit der zweiten Kontaktfläche. Die Kontaktwinkel werden abgenommen, mit der Fläche, aus der die Kontaktschraube vortritt, auf eine durchbohrte Scheibe gelegt, so daß die Kontaktfläche selbst gerade noch hervorsteht, und die Scheibe mit dem Kontaktwinkel auf einem Blatt des feinsten Schmirgelpapiers reibend herumgeführt. Ehe man die Teile wieder einsetzt, muß der entstandene Staub beseitigt werden. Diese Reinigung ist täglich vor Dienstbeginn auszuführen. Ist es untertags nötig, die Kontakte zu reinigen, so wird der Anker nur emporgedreht und die Kontakte aus freier Hand mit Schmirgelpapier abgerieben.

Fehler am Relais. Wenn der Anker klebt, so kann dies verschiedene Ursachen haben. Ist es nicht Dauerstrom von außen, so können die Kontakte zunächst angebrannt und dann zusammengeschweißt sein (gründliche Reinigung), oder die Ankerachse hat Reibung (ist verbogen oder verschmutzt), oder der Bügel B ist nicht genügend festgeklemmt, oder der Schlitten steht nicht fest; auch kann die Bewicklung einen Isolationsfehler haben oder im weichen Eisen des Relais Dauermagnetismus zurückgeblieben sein. Häufig verursacht der Draht vom Anker zum Bügel B Fehler, indem er zu steif oder unterbrochen ist. Einige dieser Fehler lassen sich leicht beseitigen, andere erfordern Ausbesserung durch den Mechaniker, u. U. unter Auswechslung des Relais.

Die Funken an den Kontakten verbrennen häufig die Flächen; sie entstehen durch die Selbstinduktion; vgl. S. 99.

Die meisten der angeführten Ursachen können auch dazu führen, daß das Relais nicht alle Zeichen gibt.

Polarisiertes Relais kleiner Form von Siemens & Halske, Abb. 188 und 189. Der eigentümlich gebogene Stahlmagnet M ist am einen Pole eingeschnitten und trägt hier die Eisenzunge Z; auf den andern Pol ist ein L-förmig gebogener Polschuh P gesetzt, in dessen geschlitzte Lappen die Kerne K der Elektromagnete eingeschraubt sind. Die Relaiszunge reicht in den Zwischenraum der Magnetpole und geht in einen nichtmagnetischen Ansatz über. Vorn sieht man die Kontakte. Die Wicklung der Rollen ist so geschaltet, daß der eine Pol verstärkt, der andere geschwächt wird. Das Relais ist im wesentlichen gebaut wie das alte, vielverbreitete Siemenssche Relais (vgl. 5. Aufl., S. 128). Es zeichnet sich durch hohe Empfindlichkeit und große Beweglichkeit aus und wird beim Ferndrucker (vgl. Abb. 237, F) und beim Schnelldrucker (vgl. Abb. 231) benutzt. Der Widerstand wird je nach Verwendung gewählt.

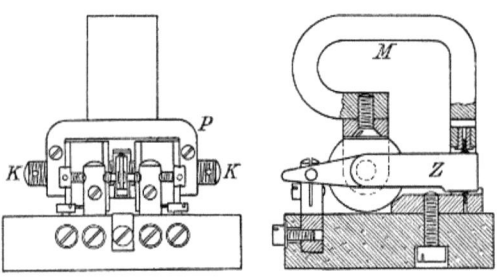

Abb. 188 und 189. Polarisiertes Relais von Siemens & Halske.

Das Baudot-Relais. Der Betrieb des Baudotschen Telegraphenapparats erfordert ein sehr empfindliches und sehr leicht bewegliches Relais; das von Baudot hierfür gebaute wird in Abb. 190 dargestellt.

Der Stahlmagnet besteht aus zwei hufeisenförmigen Blättern, die am Scheitel mit einem Messingblock B verschraubt und an den Polen durch eiserne Polstücke P verbunden sind. Der zylindrische Anker besteht aus 3 Teilen von ungleicher Länge; die beiden äußeren bestehen aus Eisen und sind durch das Zwischenstück aus Messing verbunden, das die Aufgabe hat, sie magnetisch zu trennen. An dem längeren Stück, in der Mitte des zylindrischen Ankers, ist ein zweiter, flacher Anker angeschraubt, der über den Polen zweier Elektromagnete liegt. Dieser flache Anker hat in seiner ganzen Ausdehnung die Polarität des magnetisch näher gelegenen Poles, in Abb. 190 also des rechts liegenden. Die beiden geraden Elektromagnete haben eiserne Polstücke p an den unteren Enden, sind aber nicht durch ein Joch verbunden. Vielmehr leiten die nach außen weisenden Polstücke die Kraftlinien, die von den beiden gleichnamigen Enden des flachen Ankers ausgehen, nach außen, um ihnen den Weg zu dem zweiten Pol des Stahlmagnets zu erleichtern. Die Stifte s gleiten in dem Block B, und die durch die Polansätze gehenden Schrauben mit vierkantigen Köpfen gestatten, die Magnete einzeln in der Höhe zu verstellen.

Der zylindrische Anker ruht mit Pfannen auf sehr scharfen und harten Nadelspitzen, die in der Höhe verstellbar sind; die eine Pfanne ist konisch, die andere dachförmig, so daß darin die

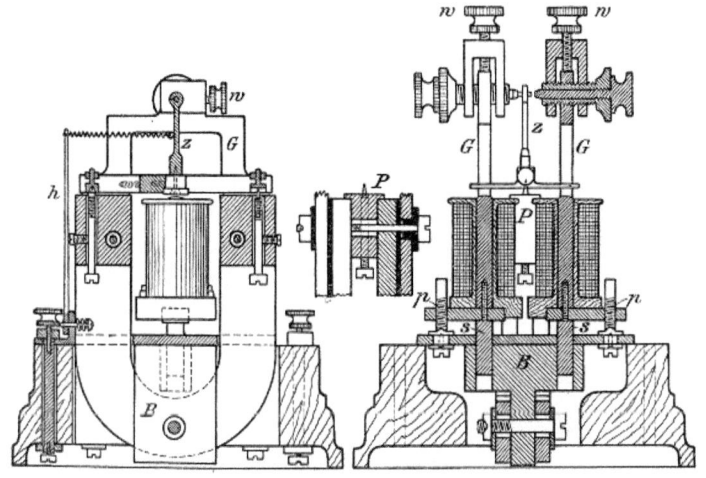

Abb. 190. Baudot-Relais.

Spitze eine gerade Furche findet. Hierdurch wird etwaiger Veränderung im Abstand der Spitzen oder der Pfannen Rechnung getragen. Auf der Mitte des Ankers steht die Zunge z, die oben einen Platinstift trägt, der mit einem der ihm gegenüberstehenden Stifte Kontakt macht.

Diese Kontaktstifte sitzen in dem isoliert an den Polen des Stahlmagnets befestigten Rahmen G. Jeder Stift besteht aus 2 Schrauben; die äußere bildet die Fassung für die innere und kann in ihrer Lage durch die Preßschraube w festgeklemmt werden; die innere läßt sich leicht herausnehmen, reinigen und wieder einsetzen (ganz hineinschrauben), ohne daß eine neue Einstellung nötig wäre.

Der mit genügender Reibung drehbar befestigte Hebel h

trägt oben eine schwache Spiralfeder, die die Zunge z mit geringer Kraft an den einen Anschlag legt.

Die 5 Klemmen des Apparats führen zu Anfang und Ende der Wicklung, Arbeits- und Ruhekontakt und Körper der Zunge. Der eintretende Strom bringt an den oberen Enden der beiden Elektromagnete entgegengesetzte Pole hervor, so daß der flache Anker am einen Ende angezogen, am andern Ende abgestoßen wird. Der ganze Anker dreht sich demnach auf den Nadelspitzen, die Zunge macht Kontakt nach der einen Seite. Kommt gleich darauf ein Stromstoß der anderen Richtung, so legt sich die Zunge auf die andere Seite. Kommt ein Stromstoß der gleichen Richtung, so führt die Zunge keine Bewegung aus.

Das Relais wird in ein Messinggehäuse mit Glasdeckel eingeschlossen.

Die einseitige und die neutrale Einstellung eines polarisierten Relais. Gewöhnlich wird das polarisierte Relais so gebraucht, daß der Dauermagnetismus die der Stromwirkung entgegengesetzte Kraft liefert. In Abb. 191 liegt die Relaiszunge

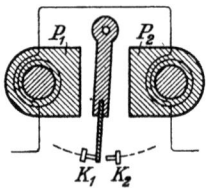
Abb. 191. Einseitige Einstellung eines polarisierten Relais.

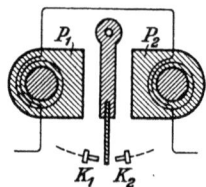
Abb. 192. Neutrale Einstellung eines polarisierten Relais.

in der Ruhe am Kontakt K_1, weil sie in jeder Lage, die sie einnehmen kann, dem Pol P_1 näher liegt, als dem gleichstarken Pol P_2. Tritt Strom der geeigneten Richtung ein, so wird P_1 geschwächt, P_2 gestärkt, und es ist Sache der Einstellung, daß schon bei schwachem Strom P_2 überwiegt und die Zunge an K_2 legt. Hier bleibt sie, solange der Strom fließt. Wenn der Isolationszustand der Leitung schwankt, ändert sich der Strom und die Kraft seiner Wirkung, während der Dauermagnetismus davon unberührt bleibt; die Einstellung des Relais müßte also dem Isolationszustand der Leitungen folgen. Dies ist zwar beim gewöhnlichen Betrieb und bei mäßiger Telegraphiergeschwindigkeit nicht erforderlich. Bei langen Leitungen und beim Schnellbetrieb muß man aber auch auf diese Umstände Rücksicht nehmen; man hilft sich dadurch, daß die abreißende Kraft gleichfalls vom Strom geliefert wird. Zu diesem Zwecke gibt man der Relaiszunge im stromlosen Zustand die mittlere (neutrale) Lage (Abb. 192), wobei sie K_1 und K_2 nicht berührt, während der Anker genau in der Mitte zwischen den Polschuhen steht. In dieser Lage bleibt die Zunge aber nicht, weil der geringste Antrieb sie gegen einen der beiden Anschläge legt. Kommt ein Zeichen an, so wird der eine Pol, z. B. P_1 gestärkt, P_2 geschwächt, und die Zunge legt sich an K_1; diese Stromrichtung nennt man Zeichenstrom. Ist das Zeichen zu Ende, so sendet man einen Strom der entgegengesetzten Richtung, den Trennstrom (Abb. 348). Nun wird P_2 gestärkt, P_1 geschwächt und die Zunge wieder an K_2 gelegt. Eine gleichmäßige geringe Schwankung des Stromes hat auf das Ansprechen keine Wirkung, weil beide Kräfte davon in gleichem Maße betroffen werden.

Diese Art der Stromwirkung heißt Doppelstrom. (Siehe S. 420.) Man erkennt sie z. B. beim Baudot-Apparat (Abb. 217) und beim Siemensschen Schnelldrucker (Abb. 229).

Die neutrale Stellung des Relais ist für den Betrieb am empfindlichsten und zugleich am leichtesten zu finden. Schon die schwächsten Ströme genügen, um das Relais ansprechen zu lassen.

Dreizehnter Abschnitt.

Der Hughesapparat.

Der 1855 von Hughes erfundene Typendrucktelegraph druckt die Telegramme in Letternschrift fortlaufend auf einen Papierstreifen, der an der Empfangsstelle zerschnitten und auf ein Aufnahmeblatt geklebt wird. Die Typen sind am Rande einer in gleichförmige Drehung versetzten Stahlscheibe, des Typenrads, erhaben aufgraviert; ein Farbrädchen benetzt sie mit Druckerschwärze. Durch den Linienstrom ausgelöst, wirft die Druckvorrichtung den über eine Walze gespannten Papierstreifen von unten her gegen das in vollem Laufe befindliche Typenrad und druckt so dasjenige Zeichen ab, das gerade die tiefste Stellung erreicht hat; zugleich schiebt sich der Streifen um eine Zeichenbreite vor. Die Typenräder der zum Telegraphieren verbundenen Apparate müssen sowohl unter sich wie mit dem Stromsender übereinstimmend gestellt sein, und der Gleichlauf beider Apparate muß während des Betriebes aufrecht erhalten werden. Der Geber hat die Form einer Klaviatur und ist mit dem Empfänger zu einem Apparat vereinigt.

An dem auf der Tafel am Schlusse des Buches in Ansicht dargestellten Hughesapparat mit elektrischem Antrieb lassen sich folgende Hauptteile unterscheiden:
1. das Tastenwerk, am Vorderteile der Tischplatte angebracht, mit der dahinterliegenden runden Stiftbüchse und dem Schlitten;
2. das Elektromagnetsystem, links von den aufrechtstehenden Apparatwangen in seinen oberen Teilen sichtbar;
3. das Laufwerk zwischen den Apparatwangen;
4. die Druckvorrichtung und der Einstellhebel an der Vorderwand des Apparats;
5. der aufrecht stehende Bremsregler an der Rückseite des Gehäuses; daneben rechts der Elektromotor;
6. der Papierkasten auf der rechten Tischseite;
7. der Stromwender, d. i. ein links an der hinteren Ecke der Tischplatte befestigter Knebelumschalter, und davor ein Gleitwechsel zum Unterbrechen des Stromwegs;
8. der Einschalter für den elektrischen Antrieb an der linken Seite der Tischplatte.

Das Tastenwerk. Zur Stromgebung dient eine in den vorderen Teil der Tischplatte eingelassene Klaviatur von 28 Tasten, die in zwei Reihen angeordnet sind. Die obere Tastenreihe ist schwarz und trägt als Aufschrift die Buchstaben A bis N; die Tasten der untern Reihe sind weiß und mit den Buchstaben O bis Z (aber in entgegengesetzter Reihenfolge, von rechts nach links) beschrieben. Auf jeder Taste steht außerdem eine Ziffer oder ein Satzzeichen; nur die erste und sechste Taste der untern Reihe von links besitzen überhaupt keine Aufschrift: sie dienen zum Wechsel zwischen Buchstaben und Ziffern, Satzzeichen usw. und zur Herstellung der Zwischenräume zwischen den Wörtern und Zahlengruppen.

Jede Taste trägt an ihrer Unterseite einen Stift mit weitem Ausschnitt, in welchen das vordere Ende eines zweiarmigen eisernen Hebels T (Abb. 193) greift. Die Tastenhebel haben ihre Drehpunkte in Achslagern auf der Unterseite einer mit dem Tisch verschraubten Gußeisenplatte P′ und sind so gebogen, daß sie sich nirgends berühren und daß ihre freien Enden in der nach dem Alphabet sich ergebenden Reihenfolge der Tasten in die untern Einschnitte der Stiftbüchse hineinragen.

Die Stiftbüchse (Abb. 193). Sie ist in einen kreisförmigen Einschnitt des Apparattisches eingelassen und ruht mit einem seitlichen Flansch R auf der Gußeisenplatte P′. Den 28 Einschnitten an ihrem untern Rande entsprechen ebenso viele rechtwinklige

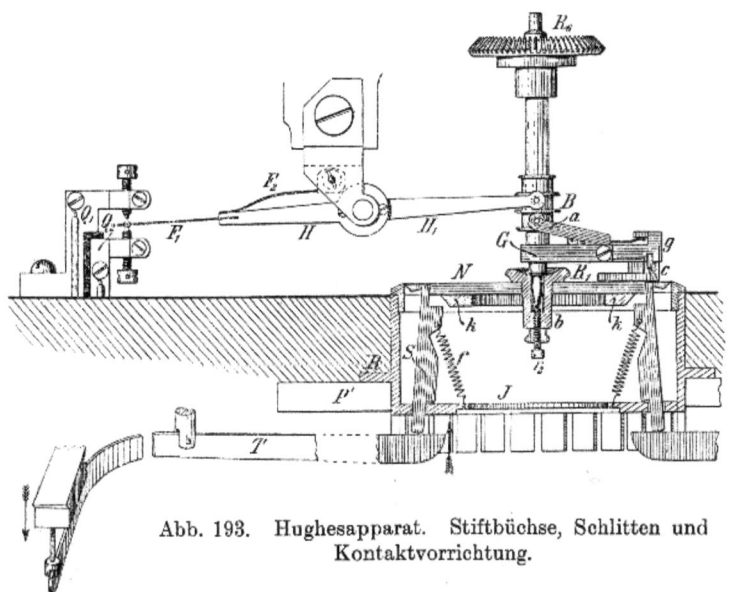

Abb. 193. Hughesapparat. Stiftbüchse, Schlitten und Kontaktvorrichtung.

Öffnungen in dem ringförmigen Zwischenboden J sowie an dem Umfange des Deckels N. In diesen Öffnungen bewegen sich die Kontaktstifte S S, und zwar ruht der untere schmale Teil im Ring, während das obere hakenförmig gestaltete Ende die Einschnitte der Stiftplatte im Ruhezustande verschließt. Da jeder Kontaktstift mit einer am innern Rande des Bodenrings eingehakten Spiralfeder f verbunden ist, die das Bestreben hat, ihn zugleich abwärts und einwärts zu ziehen, so läßt er sich durch die zugehörige Taste T beliebig heben und senken.

Beim Niederdrücken der Taste tritt der Stift aus seiner Öffnung in der Stiftscheibe heraus, wobei ein Vorsprung an seinem obern Ende auf den abgeschrägten Mantel eines an der Unterseite des Deckels befestigten konischen Stahlrings k trifft, der ihm eine nach außen gerichtete, schräg aufwärts gehende Bewegung, entgegengesetzt dem Zuge der Spiralfeder, verleiht; beim Loslassen der Taste zieht dagegen die Spiralfeder den Stift in seine Ruhelage zurück, und auch der Tastenhebel folgt dieser Bewegung.

Der Schlitten und die Kontaktvorrichtung (Abb. 193, 194). Über der Stiftscheibe N kreist, durch das Laufwerk getrieben, ein Kontaktarm, der Schlitten, der mit jedem gehobenen Stift in Berührung tritt, über ihn hinweggleitet und dabei die Verbindung zwischen Batterie und Leitung herstellt. Er erhält seine Bewegung durch das konische Zahnrad R_6, das in ein völlig gleiches Rad auf der Typenradachse eingreift, so daß Typenrad und Schlitten stets übereinstimmende Geschwindigkeit besitzen. Das obere Ende der Schlittenachse ist in einem an der vordern Apparatwand nach innen festgeschraubten Messingwinkel gelagert, das untere läuft im Mittelpunkt der Stiftschraube in einer ausgehöhlten starken Kordenschraube b. In dieses Lager ist von unten her eine Stahlschraube r_2 eingesetzt, auf deren poliertem obern Ende die Spitze der Schlittenachse ruht. Bei den neueren Apparaten ist die Kordenschraube b ein längeres, bis zum Grund der Stiftbüchse reichendes Rohr, und die entsprechend verlängerte Stahlschraube r_2 endet unten in einem gerändorten Kopf.

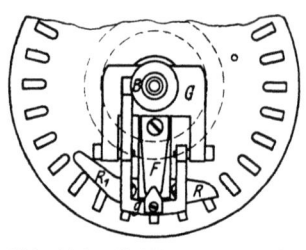

Abb. 194. Schlitten, von oben gesehen.

Der Schlitten besteht aus einem gabelförmigen Messingstück G, zwischen dessen vorspringenden Armen eine längere Zinke als Träger des Stößers R_1 hervorragt. Die beiden äußern Arme dienen als Achslager für den u-förmigen beweglichen Bügel g mit der abwärts gekehrten Lippe c, der durch die Blattfeder F emporgehoben wird. Der linke Schenkel dieses Bügels trägt oberhalb seines Drehpunktes eine rechtwinklig gebogene Verlängerung, deren freies Ende mit einem seitlich hervortretenden Stift a den untern vorspringenden Rand einer auf die Schlittenachse geschobenen Stahlhülse B berührt und diese heruntergedrückt, wenn die **Lippe** durch einen Kontaktstift emporgehoben wird.

Mit der Hülse senkt sich auch das rechte Ende des zweiarmigen, in einem Messingwinkel an der Vorderwand des Apparats gelagerten Kontakthebels HH_1, das mit einem seitlichen Stift unter den obern Rand der Hülse greift und durch die Wirkung einer Blattfeder F_2 leicht gegen ihn angedrückt wird. Links läuft der Kontakthebel in eine Blattfeder F_1 aus, die beim Auf- und Niedergang abwechselnd die obere oder untere Kontaktschraube zweier an einem Ebonitwinkel befestigten Messingschienen $Q_1 Q_2$ berührt und dadurch die Leitung entweder mit der Batterie oder mit der Erde in Verbindung bringt.

Der Stößer R_1 des Schlittens, ein vorne abgerundetes, hinten leicht geschweiftes Stahlstück, hat den Zweck, das obere Ende des gehobenen Kontaktstifts gegen den Rand der Stiftscheibe zu drängen und nach dem Darübergleiten der Lippe mit seinem Ende R ganz aus der Öffnung herauszudrücken, damit der Stift bei den nachfolgenden Umdrehungen des Schlittens nicht mehr berührt werden kann, und auch ein zu langes Niederdrücken der Taste keine Wiederholung des abgedruckten Zeichens zur Folge hat.

Das Elektromagnetsystem (Abb. 195). Unterhalb der Tischplatte ist ein kräftiger Stahlmagnet M

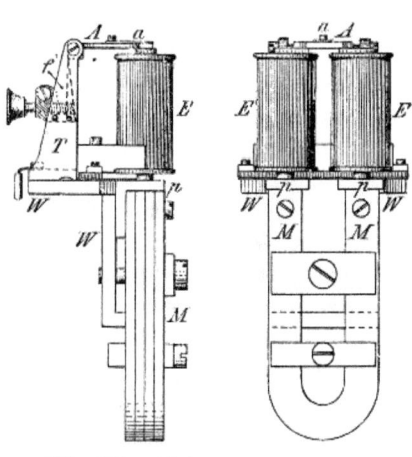

Abb. 195. Elektromagnetsystem.

von Hufeisenform befestigt, auf dessen Pole mittels eiserner Winkelstücke p p die hohlen Kerne des Elektromagnets E aufgesetzt sind. Der Stahlmagnet besteht aus 4 Lamellen, die durch Schrauben und Querverbindungen zusammengehalten werden. Das ganze System wird außerdem durch eine Schraube, die gleichzeitig zum Festhalten der oberen Querverbindung dient, mit dem senkrechten Teil eines Messingwinkels W verbunden, dessen wagrechter Schenkel mit starken Schrauben auf der oberen Fläche des Apparattisches befestigt ist und die Messingständer TT des Ankerlagers trägt. Die Umwindungsdrähte der Elektromagnetrollen sind unmittelbar auf die Eisenkerne gewickelt; jede Rolle hat ungefähr 8500 Umwindungen mit etwa 500 Ω Widerstand. Der benutzte Kupferdraht von 0,15 mm Durchmesser ist mit Seide umsponnen. Ein Klemmenumschalter (vgl. Abb. 371) dient dazu, die Rollen hinter- oder nebeneinander zu schalten.

Den Polen gegenüber und im Ruhezustande auf den Polschuhen aufliegend, ist ein flacher Eisenanker A zwischen den in halber Höhe durch ein Querstück verbundenen Messingständern T T mit Zapfenschrauben leicht drehbar eingelagert. Auf seiner oberen Fläche trägt er ein Schutzblech a von Stahl; an dem als Achse dienenden breitern Teile von A sind nach unten zwei stählerne Blattfedern f f angeschraubt, die sich gegen Stellschrauben anlegen und als Abreißfedern dienen. Die Stellschrauben greifen durch zwei auf das Querstück zwischen den Messingständern aufgesetzte Muttern und ermöglichen, die Spannung der Federn beliebig zu verändern; die kleinere besitzt einen eingeschnittenen und durchbohrten Kopf, wogegen die größere mit geränderter Scheibe versehen ist. Jene steht der sog. festen Ankerfeder gegenüber; ihre Einstellung ist mit Hilfe von Dorn und Schraubenzieher so zu regulieren, daß die feste Feder für sich allein den Anker mit genügender Stärke abzuschnellen vermag, wenn die anziehende Kraft der magnetischen Kerne durch einen die Rollen durchfließenden Strom von geeigneter Richtung geschwächt wird. Ihre Wirkung unterstützt die zweite, die veränderliche Ankerfeder, welche zur genaueren, der jeweiligen Stromstärke entsprechenden Anpassung der Gegenkraft dient und mit der Hand so zu stellen ist, daß auch bei ganz schwachen Stromstößen noch ein sicheres Abfliegen des Ankers erfolgt. Solange jedoch kein Strom die Windungen der Elektromagnetspulen durchfließt, muß die gesamte Gegenkraft der Ankerfedern geringer sein als die festhaltende Kraft der Magnetpole.

Ein weiteres Mittel, die Kraft der Ankeranziehung zu verändern, bietet der Schwächungsanker, ein vorne spitz zulaufender Stab aus Flacheisen, der die Pole des Stahlmagnets entlang vorgeschoben oder zurückgezogen wird, je nachdem die anziehende Wirkung verringert oder vergrößert werden soll (vgl. A in Abb. 184).

Um das Kleben des Ankers zu verhüten, befindet sich an seiner Unterseite gegenüber den Polschuhen ein dünnes Bronzeblech. Das vom Apparat her spritzende Öl wird von den Polschuhen durch ein ebenes viereckiges Schutzblech ferngehalten, welches an der dem Magnet zugewandten Seite des Laufwerks oberhalb des linken Arms des Auslösehebels g angebracht ist.

Wenn ein die Windungen des Elektromagnets durchfließender Strom das Abfliegen des Ankers und damit die Auslösung des Apparats bewirken soll, so muß er eine solche Richtung haben, daß er für sich allein eine der gewöhnlichen entgegengesetzte Polarität der Kerne herbeiführen würde. In Wirklichkeit darf er aber nicht so stark sein, daß tatsächlich eine Umkehrung der Polarität stattfindet oder auch nur der vorhandene Magnetismus ganz aufgehoben wird: er soll die anziehende Kraft des Magnets nur so weit schwächen, bis der auf den Polschuhen ruhende Anker dem Druck der Ankerfedern nachgibt und gegen die Anschlagschraube des Auslösehebels schnellt.

Der Auslösehebel (Abb. 196). Der zweiarmige Auslösehebel g, dessen Achse um zwei Zapfenschrauben in den Apparatwangen leicht drehbar eingelagert ist, überträgt die Wirkung des elektrischen Stroms auf den mechanisch Teil des Apparats nud setzt die Druckvorrichung in Tätigkeit. In seiner Ruhelage wird er urch eine Spiralfeder erhalten, die einerseits an einem kleinem Arm

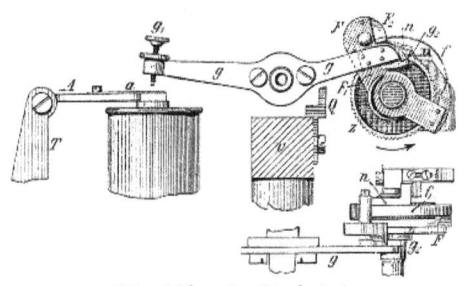

Abb. 196. Auslösehebel.

der Hebelachse, anderseits an einer auf der hintern Apparatwange befestigten Spannvorrichtung eingehängt ist, so daß sie den rechten Arm des Auslösehebels emporzuheben strebt. Dieser trägt an seinem Ende einen abgerundeten, oben mit einer vorspringenden Nase versehenen Ansatz g_2, während der linke Hebelarm in einer Anschlagschraube g_1 mit Gegenmutter endigt, die sich über dem Schutzblech des Ankers befindet, so daß sie von diesem beim Abschnellen getroffen und nach oben gedrängt wird. Eine zu große Abwärtsbewegung des rechten Arms verhindert ein an dem starken Querbalken v des Apparatgehäuses angeschraubter Messingwinkel Q.

Damit der Beamte die eigene Schrift mitlesen kann, wird bei den Apparaten mit elektrischer Auslösung auch der abgehende Strom durch die Elektromagnetrollen geleitet. Auf diese Weise muß der Magnet bald auf den stärkeren abgehenden, bald auf den schwächeren ankommenden Strom einreguliert werden, was umständlich und nachteilig ist. Daher wird die elektrische Auslösung nach und nach zugunsten der mechanischen aufgegeben.

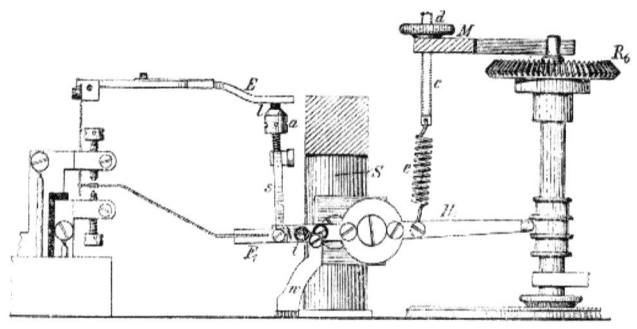

Abb. 197. Mechanische Auslösung.

An den Hughesapparaten mit mechanischer Auslösung der Druckachse wird der abgehende Strom nicht durch den Elektromagnet geschickt. Mit dem Batteriehebel ist ein aufwärts gebogener Stößerarm s (Abb. 197) verbunden, der in seinem geschlitzten Kopfstück die mit Kreuzlochbohrung und der Ebonitkuppel versehene Stößerschraube a aufnimmt und bei der Aufwärtsbewegung des Hebelarms F_1 von unten gegen einen gebogenen Fortsatz E des Ankers trifft. Durch den Stoß wird die anziehende Kraft des Magnets überwunden, der Anker schnellt ab und setzt die Druckvorrichtung des gebenden Apparats in Tätigkeit.

Die Achse des Batteriehebels ist mit einer Messingplatte an dem Ständer S befestigt. An H_1 ist die Spannfeder e mit ihrem untern Ende festgeklemmt; das andere Ende hängt in einer

Bohrung des vierkantigen Gewindebolzens c, der nach oben durch eine viereckige Öffnung im Lagerwinkel M des Schlittens geführt ist. Die Spannung der Feder wird durch die Mutter d geregelt. w ist eine winkelförmige Tischklemme, an der sich die Stromzuleitung i zu der vom Körper des Batteriehebels isolierten Feder F_1 befindet.

In einer älteren Ausführung der mechanischen Auslösung überträgt eine federnd gelagerte Zugstange die Bewegung des Batteriehebels in gleichem Sinne auf den Auslösehebel und macht dadurch die Sperrvorrichtung der Verkupplung frei; der Anker des gebenden Apparats bleibt also während des Abdrucks auf den Elektromagnetkernen liegen.

Bei Apparaten mit mechanischer Auslösung gelangt der abgehende Strom, ohne erst die Elektromagnetrollen zu durchlaufen, unmittelbar und in voller Stärke in die Leitung, was namentlich für den Kabelbetrieb von Wichtigkeit ist.

Das Laufwerk. Das Laufwerk der älteren Hughesapparate wird durch ein aus 5 oder 6 Bleiplatten von je 10 kg zusammengesetztes Gewicht betrieben, das mittels einer Gliederkette ohne Ende auf eine Kettenscheibe wirkt und ein Räderwerk von 5 wagerecht liegenden Achsen antreibt. Die vorletzte Achse (A_4, Abb. 207) trägt das Typenrad und ein konisches Zahngetriebe, das in ein gleichgeformtes, an der senkrecht stehenden Schlittenachse befestigtes Zahnrad (R_6, Abb. 193) eingreift. Die letzte Achse (A_2, Abb. 199) ist die Schwungradachse, die sich siebenmal rascher dreht als die Typenradachse. Für letztere wird die Umlaufgeschwindigkeit gewöhnlich in den Grenzen von 100 bis 125 Umdrehungen in der Minute gehalten.

Das Gewicht wird vom Beamten mit dem Fuße aufgezogen.

Seit längerer Zeit werden alle Hughesapparate mit elektrischem Antrieb versehen (vgl. die Abbildung am Ende des Buches). Die ältere Form des Elektromotors ist ein Gleichstrommotor, dessen Feldmagnet in einem Stück gegossen ist und im Joch die Feldspule trägt. Der Anker, dessen Kern aus Eisenblech zusammengesetzt ist, hat Ringwicklung; der Strom wird durch Kohlenbürsten zugeführt. Anker und Feldmagnet sind in Reihe geschaltet. Die Lager sind mit Ringschmierung versehen. Die Kupplung mit der Schwungradachse ist dieselbe wie bei der neueren Form des Motors.

Der neuere Elektromotor und seine Verbindung mit dem Apparat wird durch Abb. 198 und 199 dargestellt.

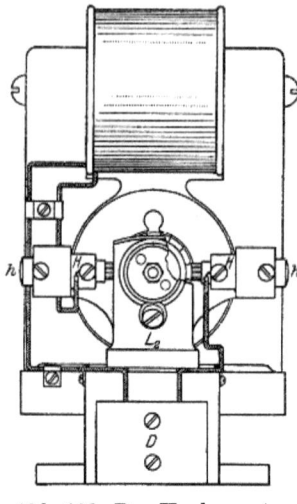

Abb. 198. Der Hughesmotor.

Der Feldmagnet ist aus Eisenblechen zusammengesetzt und trägt die Feldspule auf dem Joch. Zwei Schrauben befestigen ihn auf dem messingenen Untergestell. Der Anker hat einen Kern aus genuteten Eisenblechscheiben (vgl. Abb. 162) und Trommelwicklung (Abb. 65). Feldspule und Anker sind in Reihe geschaltet (Abb. 67).

Die Motoren sind für Gleich- oder Wechselstrom zu benutzen; die Wicklung wird für die zur Verfügung stehende Stromart und Spannung eingerichtet. Die Gleichstrommotoren brauchen mindestens 110 V; die Wechselstrommotoren für 110 V können auch mit Gleichstrom von 12 bis 20 V betrieben werden (Sammlerbatterie). Bei Drehstrom schließt man den Motor an zwei von den drei Leitungen an.

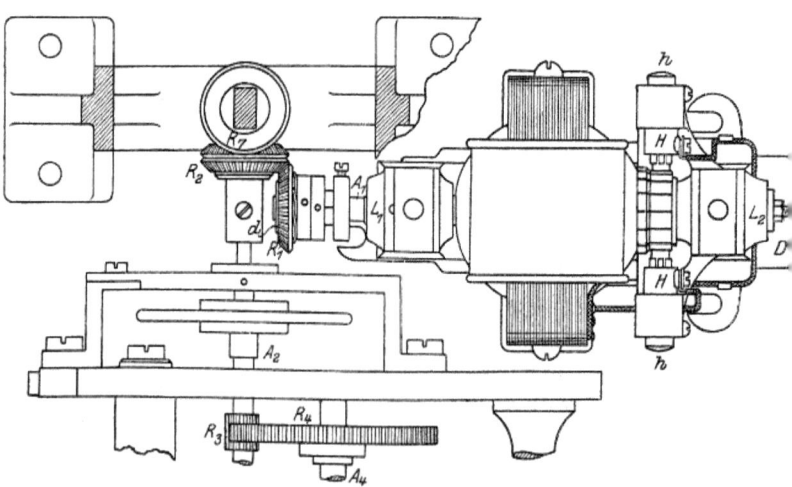

Abb. 199. Elektrischer Antrieb.

Die Ankerachse A_1 ist in den beiden Lagern L_1 und L_2 gelagert; der Anker kann nach Entfernung des Lagerbocks L_1 herausgenommen und bei Beschädigung durch einen Vorratsanker ersetzt werden.

An dem Lagerbock L_2 sitzen zwei Arme zur Aufnahme der Bürsten; nach Abb. 198 sind sie angegossen, neuerdings werden sie besonders hergestellt und angeschraubt. Die Bürstenhalter H tragen die Kohlenbürsten und enthalten Spiralfedern, welche die Bürsten gegen den Kommutator drücken. Zum Herausziehen der Bürsten dienen die Hartgummigriffe h.

Ein Teil der Motoren hat Ringschmierung; im Lagerbock ist ein Hohlraum hergestellt, durch den die Achse hindurchgeht und der im unteren Teil mit Öl gefüllt ist; ein Ring von größerem Durchmesser umgibt die Achse und hängt unten im Öl. Bei der Drehung der Achse läuft der Ring mit um und hebt an seiner Oberfläche fortwährend Öl empor, das die Achse benetzt. Die schrägsitzende Schraube vorn am Lagerbock verschließt die Öffnung, durch die man das Öl aus dem Lagerbock ablassen kann.

Die neuere Dochtschmierung zeigt Abb. 200. Auf dem Achslager sitzt ein mit dickerem Fett gefüllter Behälter, der mit dem Innern des Lagers durch einen Docht in Verbindung steht. Die

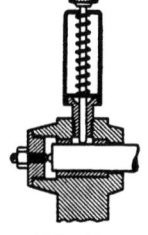

Abb. 200. Dochtschmierung.

Spiralfeder drückt mit der Scheibe auf das Fett im Behälter, so daß es allmählich durch den Docht zur Achse gelangt.

Der Kommutator nebst Bürsten und Stromzuführungen wird durch eine abgerundete Schutzkappe aus Pappmasse, die am Achslager befestigt ist, verdeckt. Die Anschlußklemmen für die Stromzuführung sitzen unter dem Hartgummideckel D. Mittels der u-förmig ausgeschnittenen Lappen wird der Motor am Tisch befestigt.

Zur Übertragung der Drehung des Motors auf den Apparat dient das konische Zahnradgetriebe $R_1 R_2$. Der Trieb R_1 sitzt lose auf der Verlängerung der Ankerachse und wird mittels einer Ringfeder und zweier Stellringe gegen die mit der Ankerachse fest verbundene Scheibe d gepreßt. Diese Teile sitzen auf einer geschlitzten Buchse, die durch einen Ring mit Preßschraube auf die zur Isolation mit Hartgummi umgebene Ankerachse festgezogen wird; man stellt die Buchse so ein, daß der Eingriff der Zahnräder R_1 und R_2 gut paßt. Die etwas nachgiebige Befestigung des Triebes R_1 ist nötig, um bei plötzlich auftretenden Bewegungshemmnissen im Räder- und Laufwerk des Apparats das Ausbrechen der Zähne der Räder zu verhüten.

Das Zahnrad R_2 ist mit einem ebenso großen Rad fest verbunden, welches in das Rad R_7 des Reglers (Abb. 210) eingreift. Der Elektromotor treibt die rascheste Welle des Apparats, die Schwungradachse A_2, an; von dieser wird die Drehung durch Trieb R_3 und Zahnrad R_4 auf die Typenradachse (A_4, Abb. 207) übertragen, welche nur $1/7$ der Geschwindigkeit der Schwungradachse hat.

Die Druckachse. Außer den im vorigen beschriebenen, im Betrieb sich stets drehenden Wellen ist in der Verlängerung der

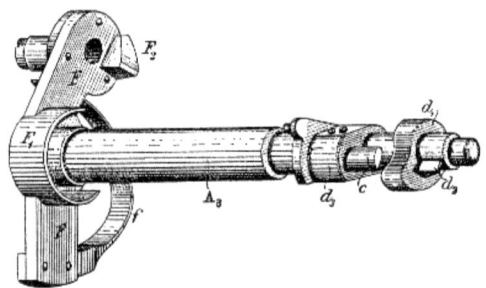

Abb. 201. Druckachse.

Schwungradachse noch eine weitere vorhanden, die an den Bewegungen des Laufwerks erst teilnimmt, wenn sie durch eine besondere Einrückvorrichtung mit der Schwungradachse verkuppelt wird. Dies ist die Druckachse A_3 (Abb. 201), deren eines Ende, an dem sie zwei seitlich ausladende Arme trägt, mit einer Ausbuchsung auf einem vorspringenden Zapfen der Schwungradachse, und deren anderes Ende in einem an der vordern Apparatwange nach außen angeschraubten Messingwinkel J (Abb. 206) gelagert ist und auf ihrem vorderen, außerhalb der Apparatwand befindlichen Teile eine Reihe verschieden geformter Ansätze und Nasen trägt, welche während des Druckvorganges in Tätigkeit treten.

Die Kupplung. Aus ihrem Lager auf der Innenseite der hintern Apparatwange ragt die Schwungradachse um etwa 1 cm

Die Druckachse. Die Kupplung. 267

heraus; sie trägt auf ihrem freien Ende ein mit feingeschnittenen Zähnen versehenes Sperrad z (Abb. 196, 202) und einen Zapfen, auf den die Druckachse mit ihrem hohlen Ende aufgeschoben ist. Das vordere Ende der Druckachse hat außer dem Messingwinkel J an der vordern Apparatwange noch ein zweites Lager in einem an die Vorderwand angeschraubten Messingbügel. Auf ihrem hintern Ende, unmittelbar gegenüber dem Sperrad der Schwungradachse, sitzt ein zweiflügeliges Querstück FF, das an dem einen Flügel nach vorn einen dreikantigen Ansatz F_2, nach hinten einen Sperrkamm n trägt, während an dem andern Flügel eine starke gebogene Feder f befestigt ist, die gegen den Sperrkamm drückt.

Der Dreikant F_2 legt sich im Ruhezustande (Abb. 196) des Auslösehebels gegen dessen vorspringende Nase und hemmt dadurch die Bewegung der Druckachse. Solange der Auslösehebel diese Lage beibehält, vermag auch die gebogene Feder den Sperrkamm nicht in die Zähne des Sperrades zu drücken, weil ein von dem Sperrkamm n seitlich ausladender Zahn (Abb. 196) mit seiner Unterkante auf der linken Fläche eines mit der Schneide nach oben auf dem Achslager der Schwungradwelle angebrachten Prismas (Abb. 202 zwischen F und F_1) steht, von dem es nur herabgleiten kann, wenn die Bewegung der Druckachse durch Senkung des Auslösehebels freigegeben wird. Dann greift der Sperrkamm in die Zähne des Sperrades und die Druckachse wird mit der Schwungradwelle gekuppelt (Abb. 202), aber nach Vollendung eines Umlaufs wieder angehalten, weil der Zahn des Sperrkamms n auf das Prisma trifft,

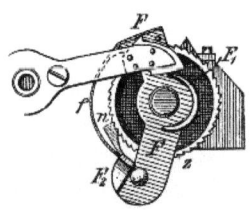

Abb. 202.
Kupplung nach Hughes.

an diesem in die Höhe gleitet und den Sperrkamm aus den Zähnen des Sperrades heraushebt. Freilich würde der Zahn des Sperrkamms auf der linken Seite des Prismas wieder herabgleiten, wenn nicht inzwischen der Einfallhebel durch die Wirkung der an ihm befestigten Spiralfeder seine Normalstellung wieder eingenommen und die Bewegung der Druckachse gehemmt hätte.

Die Zurückführung des Ankers hat Hughes einer sichelförmigen exzentrischen Leiste F_1 (Abb. 202) auf den Seitenarmen der Druckachse übertragen, die unter dem rechtsseitigen Ansatz des Auslösehebels schleift und ihn so weit emporhebt, daß die Anschlagschraube den Anker vollständig auf die Polschuhe niederdrückt, wo ihn der Magnetismus bis zum nächsten Stromstoß festhält. Der prismatische Ansatz F_2 des Seitenarms trifft im nächsten Moment auf die abgerundete Oberkante des Hebelansatzes und drückt den Hebel, indem er bis zu dessen Nase fortgleitet, so weit nieder, wie das Exzenter es gestattet, wobei sich dann auch die Anschlagschraube wieder etwas von dem Ankerblech entfernt. Im Ruhezustande (Abb. 196) ist die Exzenterleiste vollständig unter dem Hebelansatz fortgerückt, so daß dieser bei einem neuen Stromstoß wieder nach unten ausweichen kann.

Die Kupplungen neuerer Art von Siemens und Halske sowie von den Deutschen Telephonwerken verwenden seitlich gezahnte Sperräder und Klinken. Bei Siemens und Halske (Abb. 203) ist das feste Prisma m auf dem Lager der Schwungradwelle beibehalten, das bewegliche n_1 dagegen am obern Teil des durch ein Scharnier mit dem Endstück F der Druckachse verbundenen Sperrkamms befestigt, die durch eine Blattfeder in der Richtung wider das Sperrad z auf der Schwungradachse gedrückt wird. Im Ruhezustande liegt der keilförmige Anschlag F_2 am Vorsprung a des Auslösehebels; zugleich sind durch das Aufgleiten des prismatischen Ansatzes n_1 des Sperrkamms auf der schiefen Ebene des festen Prismas m die Zähne der Kupplungs-Vorrichtung außer Eingriff gebracht, so daß die Druckachse an der Bewegung der Schwungradwelle nicht teilnimmt. Senkt sich der Auslösehebel, so wird der Anschlag frei und der Sperrkamm kann nun, dem Druck der Blattfeder folgend, seine Zähne in das Sperrad der Schwungradwelle legen, wodurch beide Achsen auf die Dauer einer Umdrehung gekuppelt werden.

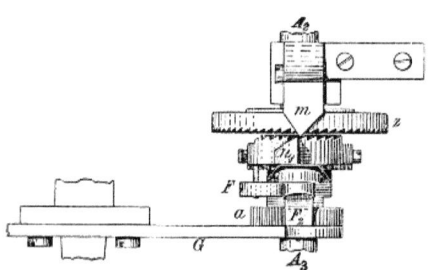

Abb. 203. Kupplung von Siemens und Halske.

Die Deutschen Telephonwerke haben auf die Druckachse A_3 (Abb. 204) eine Muffe F mit vierkantiger Nut gesetzt, in der ein Riegel mit dem gezahnten Sperrkamm und der schiefen Ebene n_1 verschiebbar gelagert ist. Unter dem Drucke einer spiraligen,

Die Kupplung. Die Druckvorrichtung. 269

wider einen festen Ring d_4 der Druckachse sich stützenden Blattfeder f kann der Riegel so weit vorgeschoben werden, daß die Zähne des Sperrkamms in das Sperrad z der Schwungradachse eingreifen, vorausgesetzt, daß diese Bewegung nicht durch die schiefe Ebene und das feste Prisma m gehemmt ist. Dieses sitzt nicht auf dem Lager der Schwungradwelle, sondern am untern Teile a des Auslösehebels (Abb. 205), dessen rechte Seite gabelförmig gestaltet ist. Der obere Teil a_1 wird vom Exzenter der Druckachse bei jedem Umlauf gehoben und bringt da-

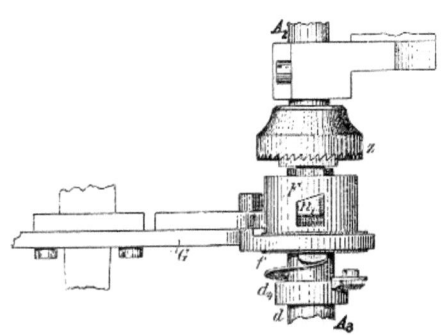
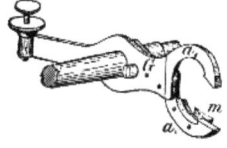

Abb. 204. Kupplung der Deutschen Telephonwerke.   Abb. 205. Auslösehebel der Deutschen Telephonwerke.

durch den hakenförmigen Ansatz des untern Armes mit dem seitlich daran befestigten Prisma in den Weg des schief abgeschnittenen Sperriegelansatzes, der sich darin festläuft und die Entkupplung bewirkt.

Die Druckvorrichtung. Die Buchstaben, Ziffern und Satzzeichen, welche mit dem Hughesapparat dargestellt werden können, sind auf dem Rande des scheibenförmigen Typenrades T (Abb. 206) in nachstehender Reihenfolge erhaben aufgraviert:

1 A 2 B 3 C 4 D 5 E 6 F 7 G 8 H 9 I 0 J . K , L ; M : N ? O ! P ' Q + R — S § T / U = V (W) X & Y ,, Z

Zwischen Z und 1 befindet sich eine Lücke, die den Raum von 2 Typen einnimmt und dem Buchstabenblank des Tastenwerks entspricht; eine zweite Lücke, zwischen V und (, stellt das Zahlenblank dar. Diese Lücken dienen zur Herstellung der Zwischenräume.

Die Typenradachse A_4 (Abb. 207) wird beim mechanischen Laufwerk von dem kleinen Zahnrad R_5 aus angetrieben und gibt die Bewegung durch das große Zahnrad an die Schwungradachse weiter. Beim elektrischen Antrieb wird sie vom großen Zahnrad R_4 aus angetrieben, das kleine R_5 fällt weg.

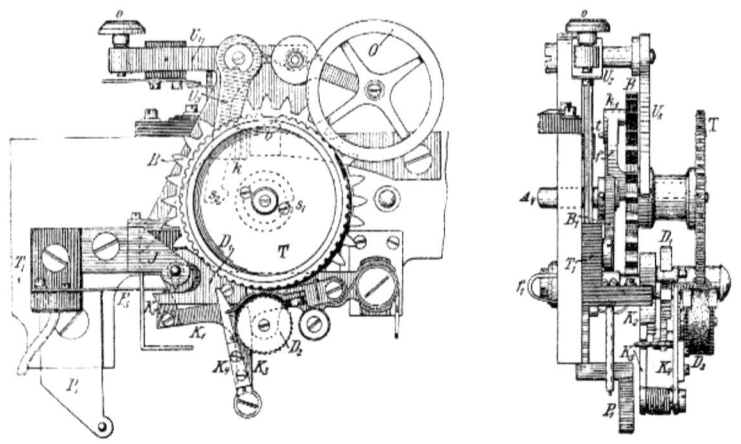

Abb. 206. Druckvorrichtung.

Das Typenrad T (Abb. 207) sitzt zusammen mit dem Korrektionsrad B und dem Friktionsrad B_1 auf der Typenradachse A_4, und zwar außerhalb der vordern Apparatwange. Das Friktionsrad, ringförmig und mit feinen Zähnen versehen, ist auf den scheibenartigen Ansatz einer mit der Typenradachse verschraubten

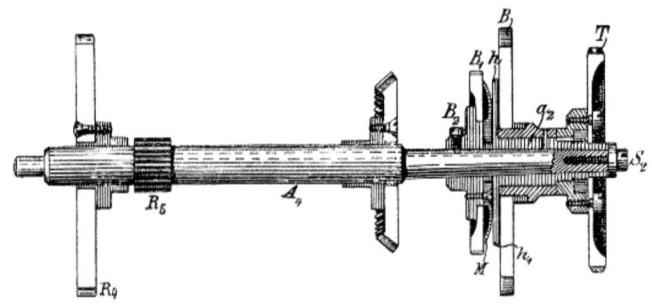

Abb. 207. Typenradachse.

Buchse B_2 geschoben und wird durch eine federnde Metallscheibe M in seiner Lage erhalten, kann aber bei Aufwendung einiger Kraft um seine Achse gedreht werden. An den Umdrehungen der Typenradachse nimmt das Friktionsrad ständig teil.

Mit dem Typenrad auf einer gemeinsamen Buchse, aber unabhängig von ihm drehbar befestigt ist das hinter ihm liegende, mit 28 scharfen Zähnen versehene Korrektionsrad B (Abb. 207, 208). Beide Räder werden auf der Typenradachse lediglich durch eine in deren Vorderende eingelassene Schraube S_2 mit Unterlegscheibe festgehalten, sind aber sonst frei verschiebbar und beteiligen sich an der Umdrehung nur dann, wenn sie mit dem Friktionsrad verkuppelt werden. Zu diesem Zwecke trägt das Korrektionsrad in der Nähe seines Umfangs eine Sperrklinke k_1 (Abb. 206, 208), deren feingezahnter Kamm unter der Wirkung einer gebogenen Feder f in die Zähne des Friktionsrades greift, aber ausgehoben wird, sobald in den Weg eines aus der Klinke vortretenden Stiftes t die schiefe Ebene v der Einstellvorrichtung tritt, an welcher er zwangläufig emporgleitet.

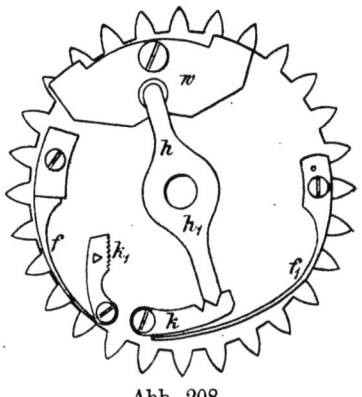

Abb. 208.
Typenrad mit Figurenwechsel.

Den Übergang von Buchstaben zu Ziffern und umgekehrt ermöglicht der **Figurenwechsel** (Abb. 208), bestehend aus einem mit dem Typenrad durch die Buchse a_2 fest verbundenen zweiarmigen Hebel $h\,h_1$, der mit dem Ende h innerhalb des abgerundeten Einschnitts einer stählernen Scheibe w, des sog. Wechselhebels, spielt. Dieser Wechselhebel ist um eine Schraube drehbar auf der Rückseite des Korrektionsrades angebracht; er besitzt zwei Vorsprünge, die abwechselnd eine Lücke zwischen zwei Zähnen des Korrektionsrades bedecken, und zwischen denen 4 Intervalle freigelassen sind. Das Ende h_1 des geraden Hebels wird festgehalten durch eine mit zwei Einkerbungen versehene Sperrklinke k, auf welche eine gebogene Feder f_1 drückt. Der Hebel kann infolgedessen nur zwei Stellungen einnehmen, die durch die Stellung des Wechselhebels bedingt werden; er geht aus der einen in die andere über, sobald die vorgeschobene Nase dieser Scheibe durch den Korrektionsdaumen c der Druckachse (Abb. 201) zurückgedrängt wird, was beim Greifen der entsprechenden Blanktaste geschieht. Mit dem Wechselhebel verschiebt sich gleichzeitig das Typenrad um ein halbes Intervall in der einen oder andern Richtung, und da es auf seinem Umfange abwechselnd Buchstaben und Ziffern oder Satzzeichen trägt, so gelangen jetzt Ziffern zum Abdruck, wenn vorher Buchstaben gedruckt wurden, und umgekehrt.

Der Figurenwechsel verbindet zugleich das Typenrad mit dem Korrektionsrad, so daß kleine Verschiebungen des einen sich auf das andere übertragen. Hieraus erklärt sich die Wirkung des Korrektionsdaumens c, der, in eine Öffnung des auf der Druckachse sitzenden Stahlstückes d_3 eingeschoben, sich bei jedem Umgang in eine Zahnlücke des Korrektionsrades legt und dessen Stellung berichtigt. Infolgedessen steht das abzudruckende Zeichen stets genau an der tiefsten Stelle des Typenrades der Druckrolle gegenüber. Bei der Verschiebung des Korrektionsrades ist dessen Verkupplung mit dem Friktionsrad dieser Bewegung nicht hinderlich, weil die Zähne der Sperrklinke über diejenigen des Friktionsrades weggleiten; die Zurückbewegung dagegen würde nicht möglich sein, wenn nicht das Friktionsrad wegen seiner eigenartigen Festklemmung mit einem gewissen Kraftaufwand um seine Achse verschoben werden könnte.

Der Abdruck der Zeichen geht beim Hughesapparat in der Weise vor sich, daß gegen die in voller Drehung befindliche Typenscheibe von unten das über eine Rolle geführte Papierband geworfen wird, wobei sich die an der tiefsten Stelle befindliche Type abdruckt. Die Hebung und Fortbewegung des Papierstreifens ist zwei auf die nämliche Achse geschobenen Hebeln zugewiesen, dem Druckhebel und dem Papierführungshebel.

Der Druckhebel D_1 (Abb. 206) trägt auf einem Ansatz leicht drehbar eingeschoben die mit einem Guttapolster belegte Druckrolle D_2, die an ihrer Rückseite mit einem Sperrade versehen und zu beiden Seiten des Polsters von feingezähnten Radkränzen eingefaßt ist, gegen welche die Bügel des darüber angebrachten federnden Messingsattels das Papierband drücken. An seinem freien Ende gabelförmig ausgeschnitten, liegt der Druckhebel mit dem oberen, geschweiften Arme dicht über der Druckachse und wird bei jeder Umdrehung der letzteren durch einen scharfkantigen, in das nierenförmige Stahlstück d_1 eingesetzten Daumen d_2 emporgeschleudert.

Die Druckvorrichtung. 273

Damit der Druckhebel mit seinem scharfen Ende nicht auf die Achse fällt, ist an der Abschrägung des Lagerwinkels J ein Auflager nach Abb. 209 angebracht, welches die Berührung zwischen Druckhebel und Druckachse verhindert.

Gleichzeitig mit diesem Vorgang rückt der Papierstreifen voran. Der Papierführungshebel K_1 besitzt an seinem freien Ende ein seitlich abgerundetes Ansatzstück K_2 und etwa in der Mitte seiner Länge einen nach unten gerichteten Arm K_3 mit einer hakenförmigen Klinke K_4. Diese wird durch eine Spiralfeder gegen die Zähne des Sperrades an der Druckrolle gepreßt, während eine an der Apparatwand befestigte gebogene Lamelle f_1 (Abb. 206) das federnde Auflager für einen seitlichen Stift des Papierführungshebels bildet. Infolge des hierdurch von unten ausgeübten Druckes legt sich der abgerundete Ansatz gegen das nierenförmige Stahlstück d_1 (Abb. 201) der Druckachse, das im geeigneten Zeitpunkt der Umdrehung den Hebel nach unten drückt, dessen Haken zum Eingriff mit den Zähnen des Sperrrades an der Druckrolle bringt und diese um einen Zahn fortrückt, wobei sich der Papierstreifen um eine Zeichenbreite vorschiebt. Die Tätigkeiten beider Hebel sind zeitlich so angeordnet, daß bei der Berührung das Typenrad sich auf der Druckrolle abwälzt, wodurch ein scharfer Abdruck des Zeichens herbeigeführt wird.

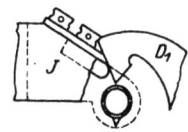

Abb. 209. Auflager für den Druckhebel.

Ein mit Tuch überzogenes Farbrädchen O (Abb. 206), an einem Hebel mit fester Drehachse beweglich angebracht und durch eine Spiralfeder nach unten gedrückt, legt sich leicht gegen den Rand des Typenrades und versieht die Typen stets mit frischer Farbe.

Bei ruhendem Apparat berührt der Korrektionsdaumen der Druckachse eine geschlitzte Blattfeder F_3 (die isolierte Feder), die auf einem Ebonitwinkel T_1 an der vordern Apparatwange neben dem Lager J der Druckachse befestigt und in den Stromkreis des Apparats geschaltet ist. Sie soll verhindern, daß beim Andrücken des Ankers in den Elektromagnetrollen Extraströme entstehen. Das Nähere hierüber wird sich bei der Besprechung des Stromlaufs ergeben (vgl. S. 444).

Der Einstellhebel. Der Einstellhebel (Abb. 206) dient dazu, Korrektionsrad und Typenrad außer Verbindung mit dem Laufwerk zu bringen und in der Ruhestellung festzuhalten, in welcher die dem Buchstabenblank entsprechende Lücke der Druckwalze D_2 gegenübersteht. Auch dieser Hebel ist mittels einer Büchse drehbar auf eine in die vordere Apparatwand oberhalb des Typenrades eingeschraubte Achse geschoben. Von seinen drei Armen befinden sich zwei in der nämlichen senkrechten Ebene dicht vor der Wand des Apparates; der dritte, am Ende mit einem hakenförmigen Ansatz versehen, liegt zwischen Korrektions- und Typenrad.

Der wagerechte obere Arm U_1 des Einstellhebels ist am freien Ende mit einer senkrechten Durchbohrung versehen, in der sich ein federnder Kontaktstift mit Druckknopf o bewegt, und trägt an seiner Unterseite eine isolierte Blattfeder, die sog. Ausschlußfeder, die durch eine Drahtspirale mit einem isoliert auf die vordere Apparatwange aufgesetzten Messingwinkel in Verbindung steht, von dem ein Draht zur Leitungsklemme führt. Ein auf den Knopf ausgeübter Druck bringt demnach die Leitung in unmittelbare Verbindung mit dem Körper des Apparats und schaltet den Elektromagnet aus; erst wenn diese Ausschaltung stattgefunden hat, folgt der Hebel dem Druck nach unten, wobei sich die Nase s_2 des vorderen Arms U_3 in einen Einschnitt s_1 der Buchse des Korrektionsrades legt und dieses samt dem Typenrad anhält.

Der mittlere, schräg nach unten gerichtete Arm U_2 hat an seiner rechten Seite einen Ansatz mit lotrechter Schneide k, die beim Niedergang des Hebels zwischen die Apparatwand und eine an ihr befestigte Blattfeder greift, diese von der Wand abdrängt und mit ihrem oben eingekerbten Stahlansatz v in den Weg des Stiftes t an der Sperrklinke des Korrektionsrades bringt. Dieser Stift gleitet an der schiefen Ebene des Federansatzes in die Höhe und legt sich in die Einkerbung; dadurch wird die Sperrklinke aus den Zähnen des Friktionsrades ausgehoben und die Verbindung der Druckvorrichtung mit dem Laufwerk unterbrochen. Erst wenn ein Strom die Druckachse auslöst, wird wieder die Druckvorrichtung eingeschaltet: der Auslösestift an der Druckachse (links von d_3 in Abb. 201) trifft auf den schrägen Arm des Einstellhebels und löst dessen Verbindung mit der Blattfeder; diese tritt zurück und gibt den Stift der Sperrklinke frei, worauf die Verkupplung des Friktionsrades mit dem Korrektionsrade eintritt und dieses samt dem Typenrad an den Umdrehungen ihrer Achse wieder teilnehmen.

Die Brems- und Reguliervorrichtung. Zwischen den Schenkeln P (Abb. 210) eines nach oben sich verjüngenden gußeisernen Bockes ist die Achse a gelagert, deren konischer Trieb R_7 in ein auf die Schwungradachse gesetztes gleichartiges Zahnrad eingreift. An ihr sind mittels kräftiger Blattfedern die Pendelstangen P_1 befestigt. Auf diese sind die Messingkörper P_0 lose aufgeschoben und mit Spiraldrähten an dem in einem Längsschlitz der Achse a verschiebbaren Messingstück m aufgehängt, dessen Stellung durch die Regulierschraube y am obern Ende des Bockes beliebig verändert werden kann. Jede Pendelstange trägt auf der Außenseite eine abgebogene Stahlfeder mit Bremsklotz. Die beiden Bremsklötze bewegen sich auf der Innenfläche des in halber Höhe des Bockes wagerecht angebrachten Bremsrings Q und werden beim Ausschlagen der Schwungkugeln gegen die Ringwand gepreßt. Dadurch entsteht für die Laufgeschwindigkeit eine Hemmung, die um so größer ist, je weiter die Regulierkugeln ausschlagen; der Apparat regelt also selbsttätig die Gleichmäßigkeit seines Ganges, während die Umlaufgeschwindigkeit wesentlich von der Pendellänge abhängt und durch Verschieben der Kugel auf der Pendelstange reguliert werden kann.

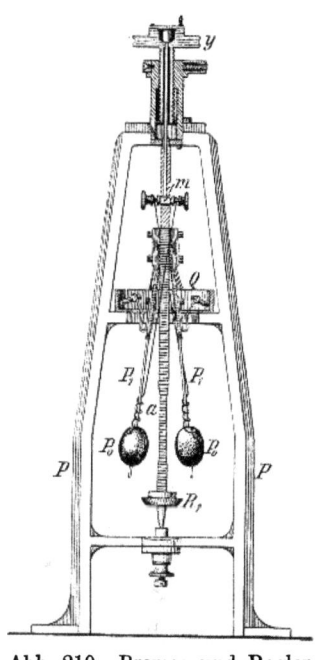

Abb. 210. Bremse und Regler.

Die Brems- und Reguliervorrichtung wird in eine trichterförmige Umkleidung aus lackiertem Zinkblech eingeschlossen, um das etwa aus der Bremse verspritzte Öl aufzufangen.

Die Anhaltevorrichtung (Abb. 211). Das Laufwerk wird bei den Apparaten mit Gewichtsantrieb durch einen an der linken Seite der hintern Apparatwange gelagerten Hebel w_1

276 Der Hughesapparat.

angehalten, der bei aufrechter Stellung mittels eines Exzenters den an einer starken Feder w_2 befestigten Bremsklotz l wider das Schwungrad preßt, wogegen der Bremsklotz von dem Schwungrad zurücktritt und das Laufwerk freiläßt, sobald der Hebel in die wagerechte Lage gebracht wird. Die Feder ist vom Apparatgestell isoliert und legt sich beim Öffnen des Apparats gegen ein gleichfalls vom Gestell isoliertes Messingstück m, während beim Schließen des Apparats der Kontakt beider Teile aufgehoben wird.

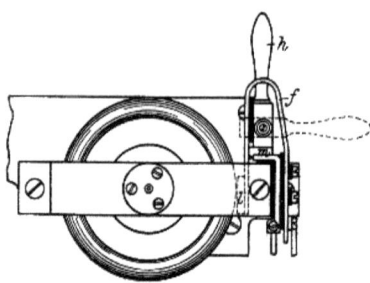

Abb. 211. Anhaltevorrichtung.

Zwischen den Kontaktstücken liegen die Elektromagnetrollen eines Weckers, der bei ruhender Korrespondenz empfangsbereit, bei geöffnetem Apparat aber kurzgeschlossen ist. Bei elektrischem Antrieb wird zum Anhalten der Motorschalter benutzt.

Stromwender und Ausschalter. Der Umstand, daß der polarisierte Elektromagnet des Hughesapparats nur auf Ströme bestimmter Richtung anspricht, macht die Anbringung eines

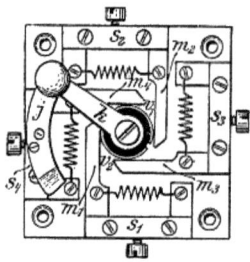 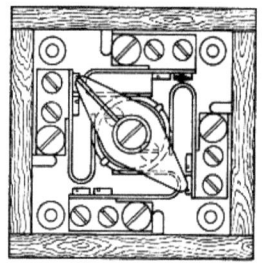

Abb. 212.　　　　　　　　　Abb. 213.
Stromwender, ältere Form.　　　Stromwender, neuere Form.

Stromwenders erforderlich. Dieser besteht in seiner älteren Form (Abb. 212) aus einer Messingkurbel k, auf deren Achse eine Ebonitscheibe mit zwei Metallstreifen v_1, v_2 aufgeschoben ist, und vier dagegen federnden Messingstücken m_1 bis m_4, die an den Enden der Messingschienen s drehbar eingelagert sind. An den Schienen s_1 und s_2 liegen Leitung und Erde, an s_3 und s_4 die Elektromagnetrollen des Apparats. Wird die Kurbel bis ans andere Ende der Blattfeder j gedreht, so wechseln die Verbindungen.

Bei der neueren, einfacheren Form des Umschalters (M 12) bilden Blattfedern aus Bronze die Kontaktstücke (Abb. 213). Statt der Kurbel dient ein Drehgriff, auf dessen oberer Fläche ein Strich als Marke für die Stellung angebracht ist. Der Umschalter ist in Holz eingeschlossen; die Zuführungen kommen durch die Grundplatten.

Eine kleinere Kurbel mit einer Gleitschiene links vom Elektromagnetsystem hat den Zweck, den Stromkreis nach Belieben zu unterbrechen. Sie heißt der Gleitwechsel oder Ausschalter.

Um den Motor an die Starkstromquelle anzuschließen, dient ein Dosenumschalter nach Abb. 214, wegen seiner sehr raschen Unterbrechung Moment-, auch Schnappschalter genannt. Bei diesem wird mit Hilfe des Griffes die Achse gedreht, auf der ein Körper aus isolierendem Speckstein befestigt ist. Dieser Körper ist an seinem Rande mit Gleitflächen versehen, die zum Teil wagrecht und isolierend, zum Teil schräg und mit Metall leitend belegt sind. Auf den Flächen schleifen Blattfedern, die an sieben Metallsäulen befestigt sind; zu den Metallsäulen führen die Leitungen von außen, 2 vom Motor, 2 von den W-Klemmen des Apparats, 2 vom Starkstromanschluß (Steckkontakt mit Leitungsschnur) und 1 ist für etwaigen Glühlampenanruf oder einen anderen Signalisierungszweck vorgesehen.

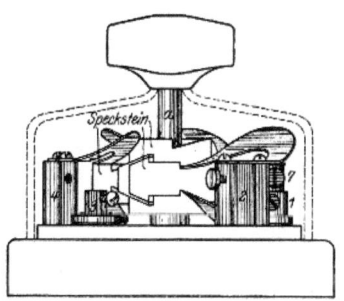

Abb. 214. Motorschalter in Dosenform.

Apparattische. Der ältere Apparat mit Gewichtsantrieb ist auf einem eisernen Untergestell aufgebaut, dessen Höhe mit Rücksicht auf den Aufzug des Gewichts gewählt ist. Die Tischfläche befindet sich 1 m über dem Fußboden, der Beamte arbeitet auf hohem Stuhle sitzend und zieht in dieser Stellung auch das Gewicht auf. Beim elektrischen Antrieb fällt dieser Grund weg; man nimmt Tische von gewöhnlicher Höhe, die Beamten arbeiten sitzend; Tischflächen: Apparattisch 750 × 550 mm, Klebetisch 730 mal

550 mm. Die neuesten Tische sind für zwei Beamte, d. i. von etwa doppelter Länge; der Apparatbeamte bedient den Apparat, der Kontrollbeamte klebt den Streifen auf und beseitigt die offensichtlichen Irrtümer. Auch gibt es Tische von vierfacher Länge und für zwei Hughesapparate. Bei allen Tischen bestehen die Untergestelle aus Eisenschienen.

Einstellung und Betrieb der Hughesapparate. Nachdem das Laufwerk in Tätigkeit gesetzt worden ist, wird durch abwechselndes Niederdrücken der 1. und 14. Taste (Buchstabenblank und N) das andere Amt angerufen. Hat dieses, bei dem sich der Rufstrom durch das Abwerfen des Ankers bemerkbar macht, in der gleichen Weise geantwortet, so sind zunächst die Apparate in Gleichlauf zu bringen. Zu diesem Zwecke verlangt das rufende Amt durch mehrmaliges Greifen der Zeichengruppe i t das fortgesetzte Niederdrücken einer und derselben beliebigen Taste und verschiebt, während die jedesmal durch einen vollen Schlittenumlauf getrennten Stromstöße ankommen, die Schwungkugeln der Reguliervorrichtung seines Apparats so lange, bis dieser stets das nämliche Zeichen druckt. In der Reihenfolge des Alphabets fortschreitende Buchstaben deuten darauf hin, daß der eigene Apparat zu rasch, rückliegende darauf, daß er zu langsam läuft. Die Einstellung muß so genau sein, daß die Übereinstimmung fortbesteht, auch wenn durch Ausschalten des Elektromagnets die Stromstöße von 10—20 Umläufen ausgelassen werden.

Um die Empfindlichkeit des Elektromagnets zu regulieren, wird die Zeichengruppe i n t verlangt und gegeben. Dabei ist der Schwächungsanker vorzuschieben, bis der Ankerhebel überhaupt nicht mehr zur Ruhe kommt und das sog. Fortlaufen des Apparats, eine ununterbrochene Reihe von Auslösungen eintritt; darauf ist der Schwächungsanker bis zur Beseitigung dieser Erscheinung langsam zurückzuziehen. In gleicher Weise wird auch mit dem Anziehen und Nachlassen der veränderlichen Stellschraube verfahren. Die Regelung des Elektromagnets ist auf beiden Ämtern vorzunehmen.

Beim Arbeiten, das bei jedem Richtungswechsel mit dem Feststellen des Typenrades durch Niederdrücken des Einstellhebels beginnt, ist zu berücksichtigen, daß die Stromsendungen in bestimmten, nicht zu kleinen und nicht zu großen Zwischenräumen aufeinander folgen müssen, wenn die Leistungsfähigkeit des Apparats voll ausgenutzt werden soll. Der Abdruck jedes Buchstabens wird durch die mechanische Arbeit der Druckachse hervorgebracht, die sich bei jeder Stromsendung mit der Schwungradachse auf die Dauer einer Umdrehung verkuppelt. Diese bewegt sich siebenmal schneller als der Schlitten und das Typenrad; während sich der Abdruck vollendet, wird also der Schlitten nur über 4 Stifte hinweggegangen sein. Hiernach ließe sich schon der 4. Buchstabe wieder drucken; da aber auch für die Verkupplung und Entkupplung der Druckachse eine kleine Zeit erforderlich ist, so darf immer nur die 5. Taste gedrückt werden, wenn der Mechanismus der Apparate sicher wirken soll, also nach dem Buchstabenblank der Reihe nach e, j, o, t, y usw. Wäre dagegen nach dem Blank als erster Buchstabe a zu drucken, so müßte dazu der zweite Schlittenumlauf abgewartet werden. Zum raschen Arbeiten ist es notwendig, daß die Beamten sich schon während des Ablesens der Telegramme die beim Abtelegraphieren möglichen Zusammenfassungen von Buchstaben oder Ziffern in einem Schlittenumlauf, die sog. Kombinationen, vergegenwärtigen. Je mehr die Umläufe ausgenutzt werden, um so besser erhält sich auch infolge der bei jedem Abdruck eintretenden Korrektion der Gleichlauf.

Anruf durch Glühlampe. Auf Ämtern mit einer größeren Zahl Hughesapparate wird zur besseren Überwachung der eingehenden Anrufe, besonders während der Nacht, der Anruf durch Glühlampe angezeigt. Für jeden Apparat wird eine Glühlampe angebracht (am Apparat selbst, am Beleuchtungskörper o. dgl.). Von der 10-V-Stufe der Sammlerbatterie führt die Leitung zu allen Glühlampen, von diesen zum Einschalter des Motors (bei mechanischem Antrieb zur Anhaltevorrichtung, wo noch ein Platinkontakt einzubauen ist) über Körper und Anker des Elektromagnets, den Auslösehebel zur Erde. Parallel zur Lampe kann man noch eine selbsthebende Klappe schalten, mit der ein (für alle Klappen gemeinsamer) Wecker verbunden ist. Trifft ein Anruf ein, der den Anker des Elektromagnets abwirft, so werden die Stromkreise für die Lampe, die Klappe und den Wecker geschlossen und bleiben es, bis der Apparat in Gang gesetzt wird.

Reinigen und Auseinandernehmen des Hughesapparats. Hughesapparate, die täglich im Gebrauch sind, müssen auch täglich mit Hilfe von weichen Lederlappen, halbseidenen Wischtüchern und geeigneten Bürsten gereinigt werden. Zugleich sind sämtliche im Stromwege liegende Kontakte zu säubern, wozu für gewöhnlich das Hindurchziehen eines Papierstreifens genügt; im Notfalle kann feines Schmirgelpapier benutzt werden. Alle reibenden Teile sind unter Benutzung der vorhandenen Öllöcher ausreichend mit gutem säurefreien Öl zu versehen.

Fehler am Hughesapparat. Die am Hughesapparat vorkommenden Störungen sind entweder auf mechanische Unregelmäßigkeiten oder auf Fehler im Stromwege zurückzuführen. Ihre Beseitigung erfordert eine genaue Kenntnis des Apparats, große Sorgfalt und gutes Werkzeug, sie ist daher im allgemeinen Sache des Mechanikers.

Dem Apparatbeamten liegt die Beseitigung von Fehlern nur dann ob, wenn sie offen zutage liegen und keinen großen Aufwand an Zeit beanspruchen.

Dahin gehört vor allem richtige Ölung, Reinigung aller Kontakte und der Ankerauflage auf dem Elektromagnet sowie Abgleichung der Stärke des Magnets durch den Schwächungsanker, der Abreißfedern des Ankers und der Geschwindigkeitsregelung. Ferner Ölung des Motors und Reinhaltung seines Stromabgebers.

Vierzehnter Abschnitt.

Der Baudotapparat.

Der von dem französischen Telegraphenbeamten Baudot 1874 erfundene Apparat bildet Zeichen von gleicher Länge aus je 5 Stromstößen durch ein Tastenwerk, von dem das vorbereitete Zeichen in einem sehr kurzen Zeitraum, etwa 0,1 s, abgenommen und der Leitung zugeführt wird. Die 5 Stromstöße des Zeichens gelangen alsdann über die Leitung zu einem mit dem Sender gleichlaufenden Empfänger und wirken dort auf 5 Elektromagnete, deren dem übermittelten Zeichen entsprechende Einstellung an eine Druckvorrichtung übertragen wird. In dieser läuft, ähnlich wie beim Hughesapparat, ein Typenrad mit den aufgravierten Zeichen um, und es wird im richtigen Augenblick der Papierstreifen gegen den zu druckenden Buchstaben geschlagen, so daß dieser abgedruckt wird.

Die Geschwindigkeit der Zeichenbildung würde erlauben, die Zeichen einander sehr rasch folgen zu lassen, z. B. 10 in der Sekunde; indes muß jedes ankommende Zeichen erst gedruckt werden, ehe der Empfänger ein neues Zeichen aufnehmen kann. Hierdurch entstehen Pausen in der Benutzung der Leitung, die dadurch ausgefüllt werden, daß man die Leitung der Reihe nach mit mehreren Apparaten verbindet, die einer nach dem anderen ihre Zeichen an die Leitung abgeben, während am anderen Ende ebensoviel Empfänger der Reihe nach die Zeichen aufnehmen. Während in einem Apparat sich die mechanischen Vorgänge des Druckens abspielen, übermitteln die anderen die elektrischen Zeichen über die Leitung (vgl. S. 167).

Abb. 215. Baudotapparat, Vierfachsatz. Verteiler und zwei Satz Geber und Übersetzer.

Allgemeine Anordnung. Abb. 215 stellt einen Teil eines Vierfach-Apparatsatzes dar, d. h. die Ausrüstung einer Leitung mit 4 Apparatsätzen zum Geben und Empfangen. Man erkennt, (von rechts beginnend) mehrere gleichartige Tische, auf deren jedem aufgestellt sind: der Geber, eine kleine und niedrige Klaviatur, dahinter die Pultfläche für das abzusendende Telegramm; rechts daneben auf einem hohen Untersatze der Empfänger mit der Papierrolle. Der Tisch links trägt den Verteiler, der die Leitung den verschiedenen Apparatsätzen zuteilt, ein Relais und einen Morseapparat zur Aushilfe. Der Verteiler und alle Empfänger werden durch Gewichtswerke betrieben,

Der Baudotapparat.

die mechanisch oder elektrisch aufgezogen werden; jeder der angetriebenen Apparate enthält im Untersatz ein Räderwerk, das durch mehrmalige Übersetzung ähnlich wie beim Morseapparat die Drehgeschwindigkeit steigert. Häufig erhalten die Apparate unmittelbaren elektrischen Antrieb.

Die Zeichenbildung. Hierzu dient ein Tastenwerk aus 5 Tasten (Abb. 216), die in 2 Gruppen, eine von 3 Tasten für die rechte Hand, die andere von 2 Tasten für die linke Hand, angeordnet sind; wo man sie mit Nummern bezeichnet, geschieht es in der nachstehenden Weise:

linke Hand	rechte Hand
5 4	1 2 3

	1	2	3	4	5	
a	●					1
b		●	●			8
c	●		●	●		9
d	●	●	●	●		0
e		●				2
e'	●	●				&
f		●	●	●		F
g			●		●	7
h	●	●		●		H
i		●	●		●	Q
j				●	●	6
k			●	●	●	(
l	●	●		●	●	=
m		●		●	●	)
n	●	●	●	●	●	N^o
o					●	5
p	●	●	●		●	%
q	●		●	●	●	/
r			●		●	—
s		●			●	;
t	●			●		!
u	●	●			●	4
v	●	●	●		●	,
w		●	●		●	?
x	●			●	●	'
y		●		●		3
z	●	●			●	:
$\ddot{u}$	●				●	.
*			●	●		*
□				●		□
⊠		●		●		⊠

Alphabet des Baudotapparates.

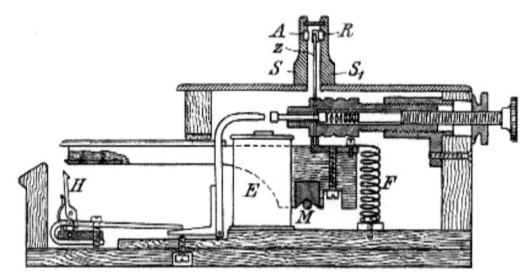

Abb. 216. Tastenwerk.

Eine niedergedrückte Taste sendet den Zeichenstrom, eine nicht berührte Taste den Trennstrom aus, jener in der Regel negativ, dieser positiv. Wie beim Hughesapparat werden die Zeichen mit Hilfe des Wechsels in doppelter Bedeutung verwandt. Die Zusammensetzung der Zeichen ist aus der nebenstehenden Tafel zu ersehen; der volle Kreis bedeutet Zeichenstrom, links steht die Bedeutung in Buchstaben, rechts Ziffern, Satzzeichen usw.; □, ⊠ bedeuten Zwischenraum und Wechsel, * Irrung.

Der hölzerne Tastenkörper (Abb. 216) ruht mittels eines eingeschnittenen Bronzestückes auf der Achse M, wird von der

Feder F rechts niedergezogen und links gegen ein Filzpolster gedrückt; an der Unterseite der Taste sitzt ein Metallstück, das beim Niederdrücken in den Haken H einschnappt.

Am rechten Ende der Taste ist ein Metallstück aufgesetzt, das mit der Leitung über die Feder F verbunden ist; es trägt die federnde Kontaktzunge Z, die oben in einem Silberblech endigt und sich damit an einen der Kontakte A und R in den metallenen Schienen S und S_1 legt. Diese Schienen sind mit den Polen der Linienbatterie verbunden.

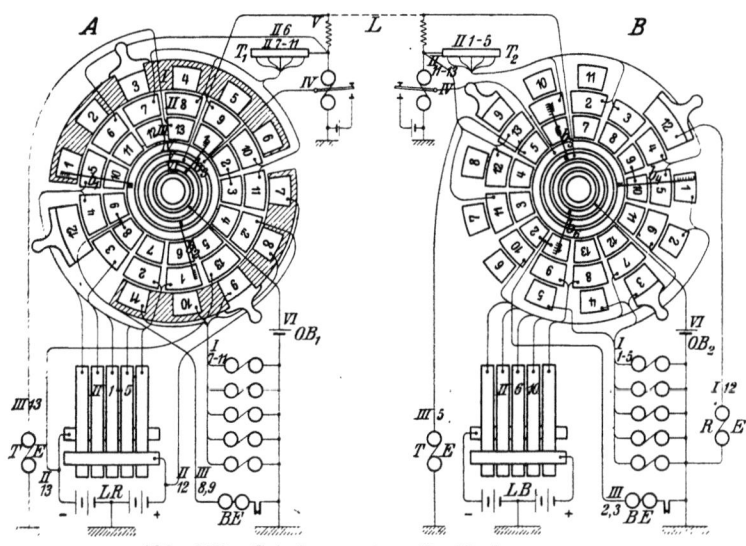

Abb. 217. Schaltung eines Zweifachapparates.

Nachdem die Tasten gedrückt sind, werden sie durch eine besondere, nachher zu beschreibende Vorrichtung, den Verteiler, in rascher Folge an die Leitung gelegt und senden dann die durch den Tastendruck bestimmten Stromstöße in die Leitung. Bis dies ausgeführt ist, halten die Haken die niedergedrückten Tasten fest; nachdem der letzte Stromstoß abgesandt ist, erhält der Elektromagnet E (TE Abb. 217) Strom (aus einer Ortsbatterie OB, Abb. 217, über VI, III 5 oder 13; Bedeutung der Zahlen s. S. 285) und zieht seinen gebogenen Anker an; hierdurch werden die Tasten wieder freigegeben und sind zum Empfang des nächsten Zeichens bereit. Der Anschlag des Ankers von E gegen den ihm gegenüberstehenden Stift dient zur Angabe des Taktes, in dem die Zeichen gesandt werden.

Neuerdings wird der Baudotapparat in ähnlicher Weise wie der Siemenssche Schnelldrucker (vgl. S. 294) mit einem Schreibmaschinensender betrieben.

Mehrfachschaltung. Der Verteiler (Abb. 218) hat die Aufgabe, die 5 Stromstöße der Einzelapparate in richtiger Folge der Leitung zuzuführen.

Er besteht (Abb. 217) aus 6 konzentrischen Metallringen (I bis VI), von denen die äußeren 3 unterteilt sind, und einem Satz Kontaktbürsten, die über diese Ringe umlaufen. Die Ringe haben gleiche Breite (vgl. Abb. 218) und sind nur zum Zweck besserer Übersichtlichkeit in Abb. 217 ungleich breit gezeichnet. Je nach der Zahl der angeschlossenen Apparatsätze unterscheidet man 2-, 3-, 4- und 6fach-Betrieb; Abb. 217 stellt einen 2 fach-Betrieb dar. Für die 5 Stromstöße, die jeder der beiden Apparate zu senden oder zu empfangen hat, werden 10 Ringteile, zum Zweck der Regelung und wegen der Stromverzögerung, außerdem 3 (oder 4) Teile gebraucht, so daß sich für jeden der 3 äußeren Ringe 13 (14) Teile ergeben; im äußersten Ring ist ein Teil weggelassen, so daß er nur 12 (13), darunter einen größeren, enthält. Die Teile des äußeren Ringes sind in 3 Gruppen geteilt, wie bei dem Verteiler A durch die aus Isolierstoff bestehenden gemeinsamen Unterlagen der Ringteile 1 bis 6 und 7 bis 11 angedeutet wird; der Teil 12 bildet eine Gruppe für sich. Die Gruppen sind gegeneinander verstellbar. Die Tasten sind nach Art der Doppeltaste (vgl. Abb. 245) dargestellt.

Abb. 218. Verteiler.

Der äußere geteilte Ring ist noch von einem nach innen gezahnten isolierten Metallring umgeben (vgl. Abb. 218, in Abb. 217 nicht dargestellt), dessen Zähne die Zwischenräume der Ringteile ausfüllen. Jeder Apparatsatz besteht aus Geber und Empfänger, damit man die Richtung des Telegraphierens frei wählen kann.

Der Zweifachapparat. In Abb. 217 sind nur die Geber und Empfänger dargestellt, die bei Zweifach-Betrieb benutzt werden. Auf beiden Ämtern steht noch je ein Geber und ein Empfänger, die mit den Teilen der Ringe I, II, III verbunden sind; die zweiten Geber sind in der Schaltung angedeutet. Soll die Telegraphierrichtung geändert werden, so sind ein Umschalter und einige Drahtverbindungen umzulegen.

Die 3 Ringe I, II, III werden durch Bürstenpaare (vgl. Abb. 218) mit den Ringen IV, V, VI verbunden. Die 3 Bürstenpaare sitzen isoliert an 3 Metallarmen, die zusammen auf der Drehachse angebracht sind und über die Ringe umlaufen.

Die vom Geber des Amtes A auszusendenden Stromstöße gehen also von den Tasten über die Ringteile II 1 bis 5 das Bürstenpaar b_2 den Ring V zur Leitung. Das Bürstenpaar b_2 gibt alle von den Gebern vorbereiteten Stromsendungen im richtigen Augenblick an die Leitung ab.

Die über die Leitung ankommenden Stromstöße gelangen auf dem Amte B zum Ring V und über das Bürstenpaar b_5, die Teile des Ringes II 1 bis 5, und die am Ruhekontakt liegenden Tasten T_2 zum Linienrelais, dessen Zunge die Stöße über den Ring IV und das Bürstenpaar b_4 an die Teile des Ringes I 1 bis 5 und die Empfangsmagnete weitergibt. Die Kontaktstücke des Ringes I sind auf die Hälfte verkürzt, um nur die mittleren Teile der Stromstöße den Elektromagneten zuzuführen. Man beseitigt auf diese Weise den Einfluß kleiner Unregelmäßigkeiten der Stromgebung und des Gleichlaufs. Die Mittellinie in Abb. 219 gibt die Oberfläche des Verteilers an und die Kontaktflächen werden durch Verstärkung hervorgehoben; der ankommende Strom wird durch die Kurve dargestellt, die wagrechten punktierten Linien bedeuten die kritische Stromstärke, bei der das Linienrelais anspricht. Man sieht, daß auch durch starke Veränderung der Kurve, durch zeitliche Verschiebung, wie durch etwaige Verzerrung, die für den Empfang maßgebenden Teile des ankommenden Stromes nicht beeinflußt werden. Dieser Umstand bildet einen großen Vorzug des Baudotschen Apparates.

Der Verlauf der von B nach A entsandten Ströme ergibt sich hiernach ohne weiteres.

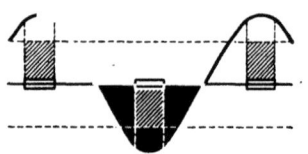

Abb. 219. Wirkung der kleinen Kontakte.

Bei dem in Abb. 217 dargestellten Betrieb, bei dem beide Ämter sowohl geben wie empfangen, werden also zunächst 5 Stromstöße von A aus über A 1 bis 5 entsandt, die in B über das Linienrelais gehen; darauf wechselt die Richtung und es gehen nun die 5 Stromstöße von B aus über B 6 bis 10 in die Leitung und in A über das Linienrelais. Außer diesen verlaufen noch zwei Stromstöße zur Regelung während jedes Umlaufs.

Es gehen demnach bei vollem Betrieb zahlreiche Stromstöße über die Leitung; es ist aber zu jeder Zeit nur ein bestimmter Stoß, zu dessen Beförderung die Leitung dient. Die Verteiler dienen dazu, die Leitung im richtigen Augenblick beiderseits an die richtigen Apparatverbindungen zu legen[1]).

Der Vierfachapparat. Wenn 4 Apparate anzuschließen sind, müssen in einem Ring 24 oder 25 Kontaktstücke untergebracht werden; hierbei muß zwischen je 2 Kontakten genügend Zeit für die mit dem Stromwechsel verbundenen Schwankungen (vgl. Abb. 219) und das Umlegen der Relaiszunge bleiben; dann würden die Kontaktstücke selbst zu schmal werden, um den Elektromagneten des Übersetzers den zum sicheren Ansprechen nötigen Strom zuzuführen. Für diesen Fall wird die Anordnung anders getroffen.

Die schmalen Kontakte des Ringes I, jeder nur $1/8$ so breit wie der Zwischenraum ($1/4$ der Kontaktlänge), sind sämtlich untereinander und mit der Zunge des Linienrelais verbunden, an dessen beiden Anschlägen +- und —-Pol einer Ortsbatterie liegen; die eingehenden Ströme werden also vom Linienrelais wiederholt und durch das Bürstenpaar b_1 oder b_4 von den Kontakten des Ringes I auf den Ring IV übertragen, von dem

---

[1]) Es wird dem Leser empfohlen, die Bürstensätze auf Pauspapier zu zeichnen und auf der Abb. 217 zu drehen; die Stromvorgänge lassen sich dann im einzelnen verfolgen.

Der Vierfachapparat. Die Stromverzögerung.

sie zu einem zweiten Relais fließen, dessen Zunge wie die des Linienrelais nach Abb. 217 zwischen einem Leeranschlag und einem Batteriepol liegt und mit dem Ring V verbunden ist. Dieses Relais gibt also die Ströme weiter wie bei der früheren Schaltung des Linienrelais, sie gelangen von da zu den Kontakten des Ringes II, an die die Elektromagnete des Übersetzers angeschlossen sind. Die hierfür erforderlichen 4 Ringe (und 2 unbenutzte) bilden eine Verteilerscheibe, die vordere verstellbare. Die für das Aussenden der Zeichen erforderlichen Kontakte sind auf 6 Ringen der zweiten Verteilerscheibe auf der Hinterseite des Gehäuses untergebracht.

Die neueren Übersetzer sind empfindlich genug, um auch auf die ganz kurzen Stromstöße der schmalen Kontakte (Dauer etwa 0,003 s) mit Sicherheit anzusprechen; man betreibt sie daher ohne Ortsrelais und kommt mit nur einer Scheibe aus, wie bei den Zwei- und Dreifachapparaten (Abb. 218).

Die Stromverzögerung. Durch die Eigenschaften der Leitung wird bewirkt, daß der Strom am Empfänger nur allmählich ansteigt (vgl. Abb. 92, 94). Der über den Ringteil A II, 5 ausgehende Stromstoß erreicht demnach in B die erforderliche Stärke erst eine gewisse Zeit später, als er von A abgeht, er würde dann mit dem Stromstoß zusammentreffen, der von B aus über den Ringteil II, 6 ausginge. Man verschiebt daher den Bürstensatz in B um eine halbe Ringteilbreite, so daß der über A II, 5 ausgehende Stromstoß ganz über B II, 5 eingeht. Da aber hierauf B das gebende Amt wird, kommt der über B II, 6 ausgehende Stromstoß nicht über A II, 6, sondern wegen der Stromverzögerung erst über A II, 7 an, daher läßt man den Ringteil A II, 6 frei und schließt den Empfänger in A an die Ringteile A II, 7 bis 11 an; nunmehr ist der Bürstensatz in B um eine halbe Ringteilbreite voraus.

Regelung der Geschwindigkeit und des Gleichlaufs. Um die Verteiler der miteinander arbeitenden Ämter im Gleichlauf zu erhalten, dient der Schwungkraftregler; die letzten für den Betrieb erheblichen Ungleichmäßigkeiten werden dadurch beseitigt, daß der eine der beiden Apparate, der etwas rascher läuft, von Zeit zu Zeit zurückgestellt wird, was bei jeder Umdrehung geschehen kann. In Abb. 217 ist A das regelnde, B das geregelte Amt.

Der Schwungkraftregler (Abb. 220). Auf der aus der Vorderseite des Apparates heraustretenden Schwungradachse ist der Regler festgeklemmt. Durch die bei der Drehung entstehende Schwungkraft wird der Schwungkörper M, der auf 2 Stangen gleitet, gegen die Kraft der beiden ihn haltenden Spiralfedern von der Achse entfernt und damit ein seitlicher Zug auf die Achse erzeugt, der die Reibung im Achsenlager erhöht. Dies dient dazu, die Veränderungen in der Reibung an anderen Stellen des Apparates, die während des Betriebes auftreten, auszugleichen. Bei richtiger Wahl und Abgleichung der Spiralfedern und kleiner Zusatzgewichte zum Schwungkörper M werden kleine, im Betrieb auftretende Änderungen der Apparatreibung und anderer Widerstände durch selbsttätige Verschiebung des Schwungkörpers ausgeglichen, ohne daß sich die Geschwindigkeit des Apparates ändert.

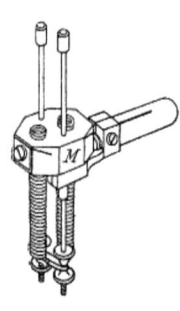

Abb. 220. Schwungkraftregler.

Erhaltung des Gleichlaufs (Abb. 221). Die beschriebene Regelung ist nicht fein und genau genug; der Gleichlauf wird außerdem durch folgende Vorrichtung berichtigt:

Auf der Achse A, welche die Bürstenträger aufzunehmen hat, ist leicht drehbar das doppelte Zahnrad $R_1 R_2$ angebracht; R_1 wird vom Laufwerk des Apparats angetrieben, R_2 treibt R_3, R_4, R_5. Diese Räder würden sich alle frei drehen und demnach die Bewegung nicht an die Achse A übertragen, wenn man nicht die Achse A_2 an der Drehung verhinderte. Dies geschieht durch das Sternrad St (Abb. 221 und 222), in dessen Zahnlücken ein Röllchen r eingedrückt wird. Nunmehr

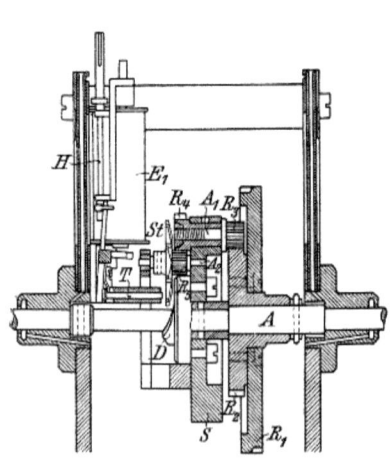

Abb. 221. Gleichlauf.

drehen sich weder A_1, A_2, noch R_3, R_4, R_5; vielmehr ist die Bronzescheibe S, die auf der Achse A festsitzt, mit den Rädern R_1, R_2 gekuppelt, und die Achse A dreht sich. Mit ihr läuft auch die Achse A_2 mit dem Sternrad um; dieses kommt bei jeder Umdrehung einmal dem Stift T gegenüber, der durch den Anker des Regelungsmagnets E vorgestoßen werden kann. Wird auf diese Weise Stift T zwischen 2 Zähne des Sternrades gebracht, so dreht sich das Sternrad, dessen Achse fortfährt, die Achse A zu umkreisen, um einen Zahn weiter, was infolge des Rädereingriffs eine Verdrehung der Achse A gegen die antreibenden Räder $R_1 R_2$ ergibt. Das Röllchen r schnappt in die nächste Lücke des Sternrades ein. Die Bürsten des voreilenden Apparates werden um ein wenig zurückgedreht; es handelt sich um Winkelbreiten von etwa $^1/_{10}$ der Ringteilbreite. Der Daumen D dient dazu, den Stift T wieder aus dem Eingriff zu entfernen und zugleich den Anker von E in die Ruhelage zurückzubringen. Der vom Magnetanker hin- und hergedrehte Stift H, in dessen Schlitz man ein Fähnchen steckt, erlaubt, die Tätigkeit des Gleichlaufmagnets zu überwachen. Die Stellung, in welcher der Stift T in das Sternrad eingreifen kann, tritt ein, während die Bürsten auf den Ringteilen stehen.

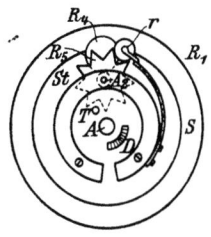

Abb. 222. Sternrad.

Der Empfänger. Das Relais ist auf Seite 252 bis 254 beschrieben worden; es ist polarisiert und legt seine Zunge nur dann an den Arbeitskontakt, wenn ein Zeichenstrom ankommt. Dem Zeichenstrom in der Leitung entspricht also Strom im Ortsstromkreis, dem Trennstrom in der Leitung dagegen Stromlosigkeit im Ortskreis.

Der Zweck des Relais ist wesentlich: Verstärkung des schwachen Linienstroms. Statt des Baudotschen Relais wird oft das Flügelankerrelais verwendet.

Der Übersetzer (Abb. 223). Für den empfangenden Teil des Apparates hat sich der Name Übersetzer eingebürgert. Er besteht (Abb. 224) aus 5 nebeneinander befestigten Elektromagneten E, die durch ihre Anker A mit Ansätzen auf ebensoviel Winkelhebel h wirken, den 5 von den Winkelhebeln eingestellten Suchern K, der Stellwalze mit Begrenzungsscheibe B,

Triebrad T und Zeichenfurche R, dem Buchstabenrad und der Druckvorrichtung. Die 5 letztgenannten Teile sitzen auf der in Abb. 224 sichtbaren Achse. Die Elektromagnete tragen zwei Wickelungen; die innere Lage von 50 Ω ist die Hauptwickelung, die äußere Lage von 200 Ω ist der inneren parallel geschaltet, um die Unterbrechungsfunken zu vermindern und die Stromstöße zu verlängern. Die Winkelhebel h sind durch passende Gestaltung ihrer wagrechten Arme schon etwas zusammengerückt; ihre senkrechten Arme sind noch mehr zusammengeführt, so daß die Sucher K ganz eng beieinander stehen können.

Abb. 223. Übersetzer.

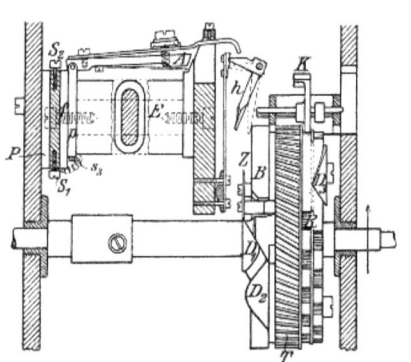

Abb. 224. Übersetzer.

Der wagrechte Arm des Winkelhebels springt in eine von 2 Rasten, so daß der Winkelhebel nur zwei bestimmte Stellungen einnehmen kann. Die in Abb. 224 ausgezogene Stellung entspricht dem stromlosen Zustand des Elektromagnets; trifft aber ein Stromstoß ein, so wird der Winkelhebel in die punktierte Lage übergeführt und bleibt darin, bis er auf mechanischem Wege (durch die Stellwalze) zurückgeführt wird.

Den Winkelhebeln gegenüber liegen in 2 Leisten leicht verschieb- und drehbar die Sucher. Wird der Winkelhebel vom Ansatz herabgedrückt, so erreicht sein senkrechter Arm die Achse des Suchers noch nicht. Erst wenn die Zunge Z (Abb. 224) der Stellwalze bei der Drehung zwischen die abwärts-

Der Empfänger. Der Übersetzer.

stehenden Arme der Winkelhebel fährt, werden die von ihren Magneten herabgedrückten durch den Daumen D noch weiter nach rechts gegen die Achsen der Sucher geführt und die zugehörigen Sucher verschoben.

Der Vorgang der Zeichenübermittelung läßt sich wie folgt darstellen:

Nummern der Tasten	1	2	3	4	5
Drückt man in A die Tasten . so erhält man in der Leitung die Stromstöße	↓ —	+	↓ —	+	↓ —
infolgedessen stellt sich in B das Linienrelais in	a	r	a	r	a
Die Elektromagnete in B erhalten die Ströme . . . . . . und es werden folgende Winkelhebel gedrückt	+ ↓	o	+ ↓	o	+ ↓
und folgende Sucher verschoben	→		→		→
Die Sucherköpfe erhalten hierdurch folgende Stellungen: ungeändert . . . . verschoben	/////	/////	/////	/////	/////

Jeder in A gedrückten Taste entspricht in B ein verschobener Sucherfuß.

Die 5 Sucher legen sich mit den Randflächen ihrer Köpfe aneinander (Abb. 225); ein sechstes ähnliches Stück ohne Fuß trägt einen Hebel d und eine Feder f. Da die Achslager der Sucher festliegen, kann sich jeder Sucher nur um seine Achse drehen. Da sie aber alle in gegenseitiger Berührung stehen, können sie sich nur zugleich drehen. Die hierbei aufeinander gleitenden Randflächen der Sucherköpfe sind genau gearbeitet und poliert.

Die Füße der Sucher gleiten in der Zeichenfurche der Stellwalze. In dieser Zeichenfurche sind Vertiefungen eingearbeitet, von denen man einige in Abb. 225 erkennt.

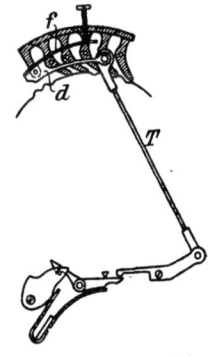

Abb. 225. Sucher und Druckhebel.

Die Zeichenfurche wird abgewickelt in Abb. 226 dargestellt; sie besteht aus 2 Streifen, dem Ruhe- und dem Arbeitsweg, die durch eine Leiste getrennt sind. Die Füße der nicht verschobenen Sucher gleiten auf dem Ruheweg, die der verschobenen auf dem Arbeitsweg, und der Daumen D_3 dient dazu, die verschobenen am Ende eines Umlaufs der Stellwalze wieder in den Ruheweg zu drücken. Nur wenn die Sucherfüße die Stelle der Zeichenfurche erreichen, wo sie alle gleichzeitig eine Vertiefung unter sich haben, drehen sich die Sucher. Hierbei wird die Stange T abwärts bewegt. Gleich danach werden die Sucher wieder gehoben und die Stange wird aufwärts bewegt, und dies geschieht mit einiger Heftigkeit, so daß das äußere Ende des mit

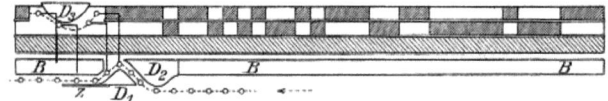

Abb. 226. Zeichenfurche, abgewickelt.

der Stange T verbundenen Hebels unter Überwindung der Feder f den kleinen Sperrhaken aushebt, der den Druckdaumen D bis dahin festgehalten hatte. Diese Bewegung veranlaßt, ähnlich wie beim Hughesapparat, daß der zur Aufnahme der Zeichen dienende Papierstreifen gegen das dauernd umlaufende Typenrad geschlagen und dadurch der gewünschte Buchstabe abgedruckt wird.

Mit dem Typenrad ist, gleichfalls wie beim Hughesapparat, ein Wechselhebel verbunden, der gestattet, das Typenrad um eine halbe Buchstabenbreite vor- und zurückzudrehen, so daß mit derselben Zusammenstellung von 5 Stromstößen 2 verschiedene Zeichen gegeben werden können. Zur Regelung der Geschwindigkeit des Übersetzers dient ein ähnlicher Schwungkraftregler wie beim Verteiler. Außerdem enthält der Übersetzer noch einen Bremselektromagnet; die Geschwindigkeit des Übersetzers wird etwas größer als die des Verteilers gewählt und bei jedem Umlauf wird durch den Bremsmagnet die Stellung des Übersetzers wieder berichtigt. In der Erdleitung des Bremsmagnets BE liegt (vgl. Abb. 217) eine Unterbrechungsstelle, zwei Blattfedern, die durch einen Druckdaumen bei jedem Umgang der Achse einmal auf gewisse Zeit verbunden werden. Wenn

Die Übertragung.

und solange während der Schlußzeit dieser Federn die Bürste b_8 oder b_6 die mit dem Bremsmagnet verbundenen Kontaktfedern $III_{8,9}$ oder $III_{1,2}$ bestreicht, wird der Bremsmagnet erregt und preßt sein Klötzchen aus Holz oder Kork gegen den Rand einer vom Werk getriebenen Scheibe; auf diese Weise wird die Geschwindigkeit stets wieder auf das richtige Maß zurückgeführt.

Übertragung. Für den Baudotbetrieb könnte nur eine Doppelstromübertragung (Abb. 351, S. 424), und zwar eine solche für Gegensprechen benutzt werden. Da indes die Telegraphierrichtung fortwährend, häufig von Buchstabe zu Buchstabe wechselt, so würde wegen der Stromverzögerung (S. 287) keines der beiden Ämter richtig empfangen. Beim gewöhnlichen Baudotbetrieb mit fortwährend wechselnder Telegraphierrichtung verwendet man daher zur Übertragung einen mechanischen Umschalter, der wie ein Verteiler gebaut ist; er trägt zwei Verteilerscheiben mit gleicher Achse, auf der die Bürsten sitzen. Die ankommenden Stromstöße, die sowohl von geringer Stärke als in der Form verzerrt sind, werden über die eine Scheibe zu einem Relais geleitet, das neue Stromstöße gleicher Polarität und genügender Stärke bildet; diese gelangen über die zweite Scheibe, wo sie mit Hilfe schmaler Kontaktstücke (vgl. S. 285/6) wieder gute Form bekommen, und werden durch ein Linienrelais über Kontakte der ersten Scheibe in die weiterführende Leitung gesandt. Die umlaufenden Bürsten besorgen die durch den Wechsel der Telegraphierrichtung erforderlichen Umschaltungen.

Wenn auf einer Leitung dauernd in derselben Richtung telegraphiert wird, kann man bei der Übertragung ohne Verteilerscheibe auskommen; man benutzt dann die gewöhnliche Doppelstromübertragung.

Leistung des Baudotapparats. Der Verteiler läuft meist mit 180 Umdrehungen in der Minute; da bei jeder Umdrehung ein Zeichen gegeben werden kann, lassen sich auf dem einzelnen Apparat 30 Wörter in der Minute befördern, mit dem Drei- oder Vierfachapparat 90 oder 120[1]). Der Baudotapparat kann auch im Gegensprechen (S. 157) betrieben werden; alsdann ist die Leistung auf der Leitung doppelt so groß; man braucht dann 2 Apparatsätze.

---

[1]) Bei Vierfachbetrieb entfallen auf 1 Umlauf 24 Kontakte; für 1 Stromstoß steht demnach $60/180 \cdot 24 = 0{,}014$ s zur Verfügung.

Fünfzehnter Abschnitt.
Der Siemenssche Schnelldrucker.

Der Schnelltelegraph von Siemens und Halske ist in der nachstehend bezeichneten Form im Jahre 1912 zuerst in den Betrieb eingeführt worden. Er bildet die Zeichen wie Baudot aus 5 gleichlangen Stromstößen von beliebiger Richtung (vgl. S. 282) und sendet sie wie Wheatstone mit Hilfe eines gelochten Papierstreifens und einer Sendemaschine mit großer Geschwindigkeit in die Leitung (vgl. S. 318 u. 445). Der ankommende Strom fließt über ein Linienrelais; mit Hilfe von synchronen Verteilerscheiben werden die Stromstöße den Relais im Ortskreis zugeführt und deren Einstellungen zur Auslösung des Druckvorgangs benutzt. Der bedruckte Streifen wird auf das Empfangsblatt geklebt; zugleich kann der Apparat zum Weitergeben des Telegramms einen neuen Lochstreifen liefern.

Eine hervorragende Eigentümlichkeit des Apparates besteht in der Verwendung der Lade- und Entladeströme von Kondensatoren, um die kurzen, kräftigen und der Zeit und Größe nach genau bestimmten Stromstöße hervorzubringen, die nötig sind, um die gewünschte große Genauigkeit und Geschwindigkeit des Arbeitens zu erzielen.

Der Tastenlocher dient zur Herstellung des gelochten Streifens; er ist wie eine Schreibmaschine mit Tasten ausgestattet, von denen Abb. 227 eine zeigt. Jede Taste hat nach unten 5 Vorsprünge, denen 5 unter allen Tasten quer durchlaufende Schienen (in Abb. 227 im Schnitt zu sehen) gegenüberstehen. Von jeder Schiene führt eine Leitung zu einem der 5 Stanzmagnete. An den Kreuzungspunkten der Tasten und Schienen tragen diese zum Teil (in Abb. 227 die 1., 3. und 5.)

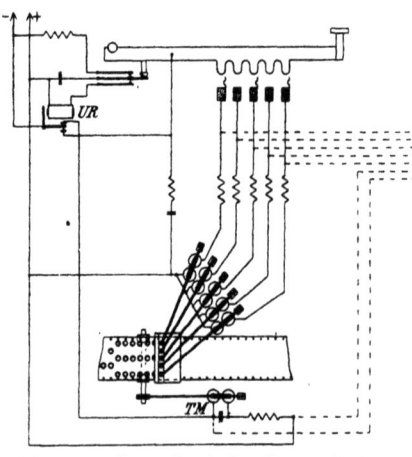

Abb. 227. Stromlauf des Tastenlochers.

Kontaktfedern, so daß je nach der gedrückten Taste einige der fünf Stanzmagnete mit der Taste in leitende Berührung gelangen. Zugleich legt die gedrückte Taste einen kleinen Federumschalter um; hierdurch wird der Kondensator, der gleich oberhalb UR zu sehen ist, und der vorher unter der Batteriespannung stand, über UR (1000 Ω) entladen; der Anker von UR, welcher für die Dauer dieser Entladung angezogen wird, legt den —-Pol der Stromquelle an seinen Arbeitskontakt. Nun fließt der Strom vom —-Pol über den Anker von UR, dessen Arbeitskontakt, Tastenkörper, Schienen 1, 3, 5, Widerstände (300 Ω) zu den Stanzmagneten (400 Ω) 1, 3, 5 und über deren gemeinsame Rückleitung zum $+$-Pol. Entsprechend der kurzen Dauer der Entladung des Kondensators über UR dauert dieser Stromstoß auch nur einen Augenblick; die Stanzmagnete schlagen Löcher in den Streifen und die Stanzen werden durch Rückstellfedern sogleich wieder aus dem Streifen emporgezogen. Beim Rückgang schließt der Anker von UR den —-Pol wieder an den Ruhekontakt, von dem der Strom den Weg zum Fördermagnet TM findet, der seinen Anker anzieht und mit der an dessen Ende befindlichen Klinke in das Sperrädchen eingreift, dieses um einen Zahn, den Papierstreifen um 2,5 mm voranbewegend. Der Strom durch den Fördermagnet dauert so lange, als keine Taste gedrückt wird. Die Kondensatoren, die dem Stanz- und dem Fördermagnete parallel geschaltet sind, dienen zur Unterdrückung der Funken. Die gestrichelten Linien bedeuten Verbindungen, die benutzt werden, wenn der Lochapparat als Empfänger dient.

	v			h	
a		●	●		.
b	●	●		●	/
c	●		●	●	,
d	●			●	&
e			●	●	3
f	●	●	●		!
g	●	●		●	"
h	●		●	●	;
i				●	8
j	●				=
k		●			§
l	●	●	●	●	+
m					?
n			●	●	—
o	●	●			9
p	●		●		0
q	●	●			1
r	●	●			4
s	●	●			:
t				●	5
u		●	●		7
v	●	●		●	)
w	●			●	2·
x	●		●		(
y		●		●	6
z	●		●		,
∗		●	●	●	∗
□	●	●	●		□
⊠	●	●	●		⊠
⌀					⌀
Hall	●	●	●	●	

Alphabet des Siemensschen Schnelldruckers.

Die Zusammensetzung der Zeichen ist aus der nebenstehenden Tafel zu ersehen; die Bedeutung von ∗ □ ⊠ ist dieselbe wie auf S. 282, ⌀ ist das Gleichlaufzeichen; v und h in der Kopfzeile bedeuten den vorderen und den hinteren Rand des Streifens.

— Außer den 27 Zeichentasten (jede für 1 Buchstaben und 1 Ziffer oder Satzzeichen) enthält der Tastensatz noch 2 breite Tasten für den Figurenwechsel und 2 vorläufig nicht mit Zeichen belegte Tasten, die nicht benutzt werden.

Der Maschinensender (Abb. 228 und 229). Der gelochte Streifen wird in den Sender eingeführt. Dieser besteht aus einer Tastvorrichtung, einer Verteilerscheibe und einer Stiftwalze

Abb. 228. Sender des Siemensschen Schnelldruckers.

zum Voranbewegen des mit Führungslöchern in 2 Reihen versehenen Streifens; der Verteilerarm und die Stiftwalze werden durch einen Elektromotor über ein Zahnradvorgelege angetrieben.

Die Tastvorrichtung ist in Abb. 229 schematisch dargestellt; sie besteht aus 5 Fühlhebeln, deren eine Enden mit Spitzen versehen sind und unter der Löcherreihe des Lochstreifens liegen; am rechten Hebelarm greift eine (nicht gezeichnete) Feder an und zieht die Hebel, welche auf ein Loch treffen, rechts herab, links empor. Man sieht, daß die rechten Enden der Hebel am $+$- oder am $-$-Pol der Batterie liegen, je nachdem sie auf volles Papier oder auf ein Loch treffen. Demnach verbinden sie die zugehörigen Abschnitte der Verteilerscheibe mit dem $+$-Pol oder dem $-$-Pol der Stromquelle, und die über die Verteilerscheibe laufende Bürste führt die negativen Stromstöße über das Senderelais SR, indem dabei der Kondensator vor dem Senderelais geladen wird. Gelangt die Bürste auf einen Abschnitt der Verteilerscheibe, der mit

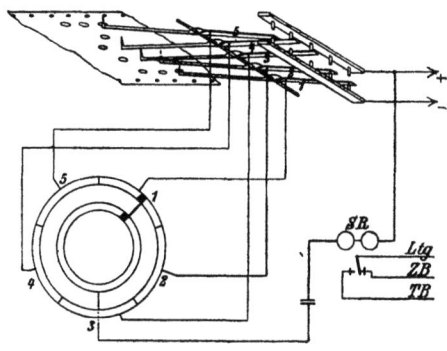

Abb. 229. Kontaktgebung des Senders.

dem $+$-Pol verbunden ist, so wird der Kondensator über SR entladen, erzeugt also den entgegengesetzten Stromstoß. Die Zunge an SR legt die Leitung an Zeichen- oder Trennstrom, je nachdem die Fühlhebel auf ein Loch oder auf volles Papier treffen.

Die Darstellung des Apparates ist hier zum leichteren Verständnis etwas gekürzt. Abb. 230 zeigt die vollständige Schaltung.

Neben den 5 Fühlhebeln für die Löcher des Streifens befindet sich ein 6. Hebel. Solange der Sender ohne Papierstreifen läuft, liegt dieser Fühlhebel am oberen Kontakt ($+$-Pol). Der Entkupplungsmagnet für die Stiftwalze wird erregt und schaltet die Voranbewegung des Streifens ab. Zugleich wird das Umschalterelais UR erregt, dessen Anker als Umschalter U_1 ausgestaltet ist und auf vier Federumschalter

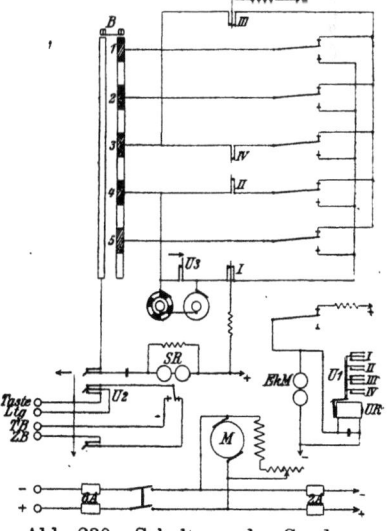

Abb. 230. Schaltung des Senders.

wirkt. Dies sind die in dem gleichen Stromlauf oben gezeichneten Umschalter I bis IV, auf deren Bedeutung sogleich einzugehen sein wird.

Die Verteilerscheibe ist in Abb. 230 abgewickelt gezeichnet; mit den Abschnitten sind die Fühlhebel verbunden, bei den Abschnitten 1, 2 und 5 glatt, bei 3 und 4 aber unter Anschalten von Abzweigungen und Einlegen der Umschalter I bis IV (Relaiskontakte) und U_3. Ist UR stromlos, so stehen die Kontakte I und III nach rechts und die Ruhekontakte der Fühlhebel (die unteren) liegen am $+$-Pol, die Arbeitskontakte am $-$-Pol; die Kontakte II und IV sind geschlossen; die Schaltung ist dieselbe wie in Abb. 229.

Liegt der 6. Fühlhebel am oberen Anschlag, so sind die Umschalter II und IV geöffnet, I und III schließen nach links; nun wird jedesmal auf dem Abschnitt 3 ein negativer Ladestoß durch das Senderelais geschickt, während bei 4 (Verbindung mit dem $+$-Pol über U_3 und I) der Kondensator entladen und dann erst beim nächsten Umlauf bei 3 wieder geladen wird. Die Stromstöße über den 3. Abschnitt der Verteilerscheibe werden beim Empfangsapparat zur Erhaltung des Gleichlaufs benutzt, was weiter unten zu betrachten ist. Solange also der Apparat läuft, ohne daß ein Streifen in der Sendevorrichtung liegt, schließen die Umschalter I und III nach links; dann sind die Anschläge für die 5 Fühlhebel von der Stromquelle getrennt. Während dieser Zeit sendet der Apparat das Gleichlauf- oder Regelungszeichen.

Legt man währenddessen den Umschalter U_3 um, so wird der vierteilige umlaufende Unterbrecher eingeschaltet, dessen Stromschließungen und Unterbrechungen bald die Wirkung haben, daß auf Abschnitt 4 der Kondensator, wie vorher betrachtet, entladen, bald daß er nicht entladen wird. Im ersten Falle geht nur ein Zeichen-Stromstoß auf dem 3. Abschnitt der Scheibe ab, im zweiten Falle, wo der Kondensator während zweier Umläufe des Verteilerarms geladen bleibt, fließt ein Dauerstrom von 11 Stromheiten Länge in die Leitung. Es erscheint am fernen Ende das Strombild: welches (vgl. das Alphabet, S. 295) zu lesen ist (⧄ für Halt): ⚬⚬ ⧄e⚬⚬⚬ ⧄e⚬ ... Zugleich ertönt ein Glockenzeichen.

Der Empfänger.

Durch Umlegen von U_2 (7 Federn) wird die Leitung an die Morsetaste gelegt, die Verbindung des Verteilers, der Leitung und der Zeichenbatterie mit dem Senderelais unterbrochen.

Der Motor des Senders macht in der Minute rd. 2000 Umdrehungen; regelt man das Feld mit Hilfe des rechts neben dem Motor stehenden Rheostaten, so kann man diese Umdrehungszahl nach oben und unten ändern. Je nach der Übersetzung am Zahnrad-Vorgelege erhält man für 2000 minutliche Umdrehungen des Motors rd. 400 oder 800 Umläufe der Verteilerbürsten, entsprechend der gleichen Zahl Zeichen in der Minute; durch Regelung am Motor kann man die zwischenliegenden Geschwindigkeiten einstellen, auch über und unter die angebenen Grenzen gehen; die Bürsten können von 220 bis 1000 Umdrehungen in der Minute machen.

Der Empfänger (Abb. 231) besteht aus der feststehenden Verteilerscheibe, durch deren Mittelpunkt die von einem Elektromotor über ein umschaltbares Zahnradvorgelege angetriebene Welle tritt, dem Bürstenhalter des Verteilers und dem Typenrad, welche auf dieser Welle sitzen. Mit den Abschnitten der Verteilerscheibe sind zweimal 5 polarisierte Relais AR (Gruppe neben dem Antriebsmotor) der auf Seite 252 beschriebenen Form verbunden, welche die ankommenden Zeichen aufnehmen und sich danach einstellen; diese Einstellung ergibt den Zeitpunkt für den Druckvorgang, wie beim Baudot-Apparat. Am andern Rande der Tischplatte stehen nochmals 10 Relais, wovon 5 Stanzrelais (SR in Abb. 234), die andern die Relais VR, RR_1, UR, WR und DUbR (Abb. 234) sind. Zwischen den beiden Relaisgruppen sieht man noch die von einem kleinen Motor getriebene Vorrichtung die den Gleichlauf zu erhalten hilft, und davor ein Relais (das Regelungsrelais RR_2, Abb. 234).

Die Verteilerscheibe ist in 8 Ringe[1]) geteilt, von denen je 2 zu einer Gruppe gehören; in Abb. 232 sind diese Ringe statt ineinander nebeneinander gezeichnet, um die zahlreichen Verbindungen darstellen zu können. Mit 5 schmalen Kontakten

---

[1]) Die Ringe sind mit Rücksicht auf Abb. 234 in der Reihe von außen nach innen wie folgt zu zählen: äußerer Ring Nr. 7 (Regelring), Nr. 1, 2, 3, 4, 5 geteilte, Nr. 6 ungeteilter Ring, zu Nr. 5 gehörig, Nr. 8 ungeteilter Ring, zu Nr. 7 gehörig.

des äußersten Rings sind 5 Empfangsrelais AR verbunden; die allen 5 Relais gemeinsame Rückleitung führt zum Anker des Verteilerrelais VR, der zwischen den beiden Kontakten des Spannungsteilers SpT_1 spielt. (Der Spannungsteiler ist ein Rheostat aus 2 gleichen Teilen, der links und rechts an den Polen einer Stromquelle liegt; die beiden Anschläge des Relaisankers sind positiv und negativ gegen die Mitte des Rheostaten).

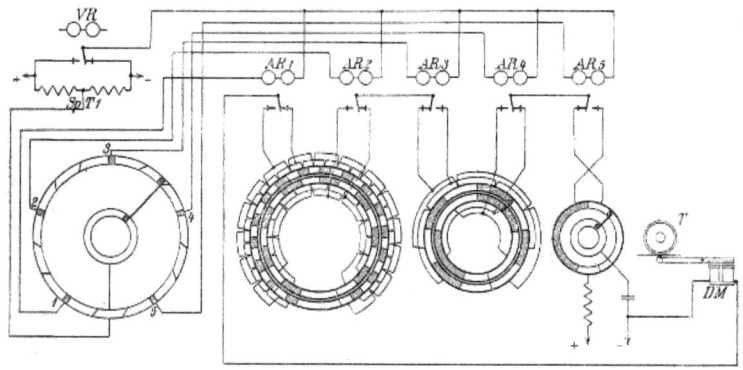

Abb. 232. Empfangsschaltung, Verteiler, Aufnahmerelais und Druckmagnet.

Je nach der Stellung der Zunge von VR erhält jedes der Relais AR im Augenblick, wo die Bürste über den schmalen Kontakt gleitet, einen positiven oder negativen Stromstoß von SpT_1 her und stellt hiernach seine Zunge ein.

Druckstromkreis. Die 5 Relaiszungen mit ihren Kontakten links (l_1 bis l_5) und rechts (r_1 bis r_5), die Ringe Nr. 1 bis 6, der Druckmagnet DM und ein Kondensator liegen in einem Stromkreis, der durch die Bürstenpaare über den Ringabschnitten (auch die Ringe 1 und 2 sind durch Bürsten verbunden) geschlossen werden kann (Abb. 232). Die 4 Bürstenpaare (neuerdings Kohlenbürsten) sind an einem Träger befestigt und stehen in gerader Linie. Der Kondensator wird über den 5. und 6. Ring geladen, wenn das zugehörige Bürstenpaar den mit dem $+$-Pol der Batterie verbundenen Abschnitt des 5. Ringes bestreicht; während dieser Zeit liegen die andern Bürstenpaare auf isolierten Ringteilen. Der übrige Umfang der Ringe 1 bis 5 ist in Abschnitte geteilt, und zwar der 5. in 2, der 4. in 2^2, der dritte in 2^3, der 2. in 2^4 und der 1. in $2^5 = 32$ Teile. Diese Anordnung bewirkt, daß während des Überstreichens der Bürsten für jede Stellung der 5 Relaiszungen einmal während des Umgangs und nur einmal der Stromkreis über die Relaiszungen und Ringteile geschlossen wird[1]). In diesem Augenblick, der durch die Stellung der Relaiszungen bestimmt wird, empfängt der Druckmagnet einen kräftigen Stromstoß, so daß sein Anker, wie aus Abb. 232 zu erkennen ist, den Papierstreifen gegen das Typenrad T schlägt. Da es sich um eine Kondensatorentladung handelt, bleibt es bei einem plötzlichen Schlag, nach dem der Anker des Magnets in seine Ruhelage zurückkehrt. Wegen der Kürze des Anschlags bleibt der Abdruck auch bei der höchsten Telegraphiergeschwindigkeit sauber.

Regelung der Geschwindigkeit. (Abb. 233.) Damit der richtige Buchstabe gedruckt werde, müssen, wie schon beim Baudot betrachtet, Sender und Empfänger bis auf einen kleinen Phasenunterschied genau gleich laufen. Zunächst werden die Motoren so geregelt, daß die beiden Geschwindigkeitszeiger (Tachometer), die in Abb. 228 und 231 neben den Verteilerscheiben zu sehen sind, die verlangte Geschwindigkeit angeben. Die Regelungszeichen, die über die Leitung ankommen, sind Stromstöße, die über den 3. Kontakt der Verteilerscheibe des Senders gegeben werden; sie müssen also auch auf dem 3. Fünftel des äußersten Ringes der Verteilerscheibe am Empfänger aufgenommen werden. Die von den Reglerrelais RR_1 und RR_2 zu diesem Ring führenden Leitungen sind mit den 3 Abschnitten des 3. Ringfünftels verbunden, von den anderen Abschnitten aber am Umschalter U getrennt. Der Stromstoß, der über die Leitung kommt, legt die Zunge des Linienrelais an den —-Pol; der Kondensator vor VR lädt sich nun, da seine zweite Belegung über VR zu RR_I führt, auf einem der 4 Wege zu den 3 Abschnitten des 3. Ringfünftels: über die Wicklung Z von RR_1, über die Wicklung U von RR_1, beides entweder unmittelbar oder über den einen

---

[1]) Man erkennt dies leicht durch folgende Überlegung: Während das Bürstenpaar über den größten weißen Abschnitt des 5. Ringes (entsprechend der Zunge von AR_5 nach links: l_5 und r_5) streicht, berührt das Bürstenpaar auf dem 4. Ring 2 Abschnitte, für l_4 und r_4, auf dem 3. Ring 4 Abschnitte, je zweimal l_3 und r_3, und zwar so, daß sowohl auf l_4 als auf r_4 einmal l_3 und r_3 entfallen, usf. Es werden also alle Möglichkeiten vorgesehen, aber jede nur einmal.

Teil des Ankers von RR_2. Die beiden erstgenannten Wege führen zu den äußeren, die zuletzt genannten zum mittleren Ringabschnitt.

Es wird vorausgesetzt, daß nach annähernder Einstellung der Geschwindigkeiten bald der Fall eintritt, daß der regelnde Stromstoß eintrifft, während die Bürsten an der Empfängerscheibe das 3. Fünftel bestreichen, und daß infolgedessen der Kondensator vor VR geladen wird.

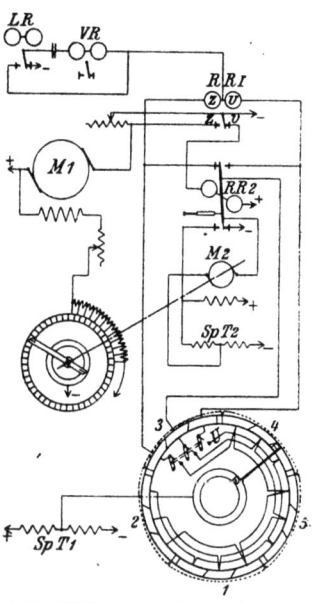

Abb. 233. Regelung der Geschwindigkeit am Empfänger.

Im Augenblick, wo die Zunge von LR nach rechts gelegt wird, möge das Bürstenpaar des Regelringes auf dem ersten der 3 Abschnitte des 3. Ringfünftels liegen; dann erfolgt die Ladung über Z von RR_1, die Zunge von RR_1 legt sich an den Anschlag z, der Regelwiderstand vor dem Motor M_1 wird kurzgeschlossen, M_1, der Antriebsmotor des Empfängers läuft rascher. Gleich danach legt LR seine Zunge um, worauf sich der Kondensator über VR entlädt.

Da zugleich RR_2 stromlos wird, legt die Abreißfeder dessen Anker um, wodurch der Strom im Anker des Motors M_2 (über den zweiten, vom ersten isolierten Teil des Ankers von RR_2) umgekehrt wird; M_a dreht, wenn diese Stellung des Ankers länger bestehen bleibt, den Einstellhebel des im Feldmagnetkreis von M_1 liegenden Rheostaten gleichfalls in dem Sinne, daß M_1 schneller läuft. Bis zum Eintreffen des nächsten Regelstoßes legt nunmehr das rascher laufende Bürstenpaar auf dem Regelring etwas mehr als eine Umdrehung zurück, ist also schon auf dem zweiten der 3 Abschnitte des Regelrings angelangt; nun geht die Ladung des Kondensators über den mittleren Abschnitt und den einen Teil des Ankers von RR_2, bei dessen neuer Lage aber über V von RR_1, legt dessen Zunge um, schaltet den Widerstand wieder vor M_1; infolgedessen erhält RR_2 wieder Strom, legt seinen Anker zurück, gibt dem Anker von M_2 wieder den Strom früherer Richtung. Folgen sich die Wechsel in der Stromrichtung von M_2 rasch, so hat der Motor keine Zeit anzulaufen, er dreht sich wohl hin und her, bewegt aber den Einstellhebel nicht nennenswert. Dauert eine Stromrichtung länger, so wird der Einstellhebel des Rheostaten im einen oder andern Sinne gedreht. Hätte dies die Wirkung, daß nach einiger Zeit der Regelstoß wieder über den 1. Abschnitt käme, so würde sich das Spiel wiederholen.

Trifft beim erstenmal der Regelstoß ein in dem Augenblick, wo die Bürsten am Regelring nicht auf dem 1., sondern auf dem 3. Abschnitt des 3. Ringfünftels stehen, so geht der Ladestoß für den Kondensator über V von RR_1; bei der entsprechenden Stellung läuft M_1 schneller als nötig, M dreht u. U. den Einstellhebel am Feldrheostaten im Sinne der Verlangsamung von M_1.

Wenn im Augenblick, wo der Regelstoß eintritt, die Bürsten am Regelring auf dem mittleren Abschnitt des 3. Ringfünftels stehen, so geht der Ladestoß zum Kondensator über den einen Teil des Ankers von RR_2 und (bei der Stellung der Abb. 233) die Wicklung Z von RR_1; dessen Anker wird umgelegt, wobei auch der Anker von RR_2 seine Lage ändert Der nächste Ladestoß geht wieder über den mittleren Ringabschnitt, Anker von RR_2, Wicklung V von RR_1, das abermals seinen Anker umlegt und dadurch auch RR_2 zum gleichen Schritt veranlaßt. Die beiden Anker pendeln also hin und her; dies hat für M_1 die Wirkung, daß er bald zu rasch, bald zu langsam läuft, durchschnittlich als wenn dem Anker ein mittlerer Widerstand vorgeschaltet wäre; M_2 aber spricht auf die kurz dauernden Stromstöße nicht wirksam an.

Hat man also unter Zuhilfenahme der Geschwindigkeitsmesser den Empfänger auf ungefähr dieselbe Drehgeschwindigkeit gebracht, wie den Sender des fernen Amtes, so regelt sich der Empfangsapparat von selbst allmählich ein; es wird aber keine unveränderliche Stellung der regelnden Teile erreicht, sondern es bleiben die Zungen von RR_1 und RR_2 stets in Bewegung. Dabei behält der Einstellhebel des Feldrheostaten von M_1 seine Stellung auf dem Kontaktring bei. Nur wenn eine länger

Regelung der Geschwindigkeit. 305

wirkende Ursache für eine Veränderung der Geschwindigkeit vorhanden ist, z. B. eine Verringerung der Speisespannung um einige Volt, bleibt die Zunge von RR_2 an demselben Kontakte liegen, und es dreht sich der Einstellhebel weiter auf eine andere Stelle des Kontaktrings. Ist die richtige Geschwindigkeit annähernd erreicht, so legt man U (Abb. 233) um; nun kann die Regelung auf allen 5 Ringfünfteln ausgeübt werden.

Die Regelung durch RR_1 kann Änderungen bis zu $3\,^0/_0$, die durch RR_2 solche bis $15\,^0/_0$ ausgleichen. Für gröbere Änderungen der Geschwindigkeit dient der besondere Regelwiderstand, der in Abb. 231 neben dem Motor zu sehen ist.

Die aus der Leitung ankommenden Stromstöße fließen über das Linienrelais LR zur Erde. Als Linienrelais dient ein polarisiertes Relais, bei der RTV gewöhnlich das Flügelankerrelais. Wird dessen Anker nach rechts gelegt (und ist der Gleichlauf erreicht), so wird der rechts von LR gezeichnete Kondensator geladen; geht der Anker von LR nach links, so wird der Kondensator entladen. Die Lade und Entladestöße gehen durch VR. Bleibt der Anker von LR liegen, so wird auch am Kondensator nichts geändert. Lädt sich der Kondensator, so bewegt VR seinen Anker nach rechts; entlädt er sich, so geht dieser Anker nach links; ändert sich am Kondensator nichts, so bleibt der Anker liegen.

Für einige Zeichen ist der Vorgang in der nachfolgenden Zusammenstellung dargestellt. Beim Kondensator bedeutet L Ladung, E Entladung, 0 keine Änderung des Zustands. Man erkennt, daß die 5 Aufnahmerelais die Polarität der 5 Stromstöße eines Zeichens durch die Stellung ihrer Zungen wiedergeben

Buchstabe	Linienströme	Zunge des Linienrelais	Kondensator	Zunge des Verteilerrelais	Zungen der Aufnahmerelais 1 | 2 | 3 | 4
a	(+)+ − − + +	/ \ \ / /	0 L 0 E 0	/ \ \ / /	/ \ \ / /
f	(+) − + − − +	\ / \ \ /	L E L 0 E	\ / \ \ /	\ / \ \ /
z	(+) − + − + −	\ / \ / \	L E L E L	\ / \ / \	\ / \ / \
Gleichlauf	(+) + + − + +	/ / \ / /	0 0 L E 0	/ / \ / /	/ / \ / /

Die vollständige Empfängerschaltung bringt Abb. 234; es sind darin die Abb. 232 und 233 wiederholt, wobei die Ringe

Strecker, Die Telegraphentechnik. 6. Aufl. 2. Abdr. 20

306 Der Siemenssche Schnelldrucker.

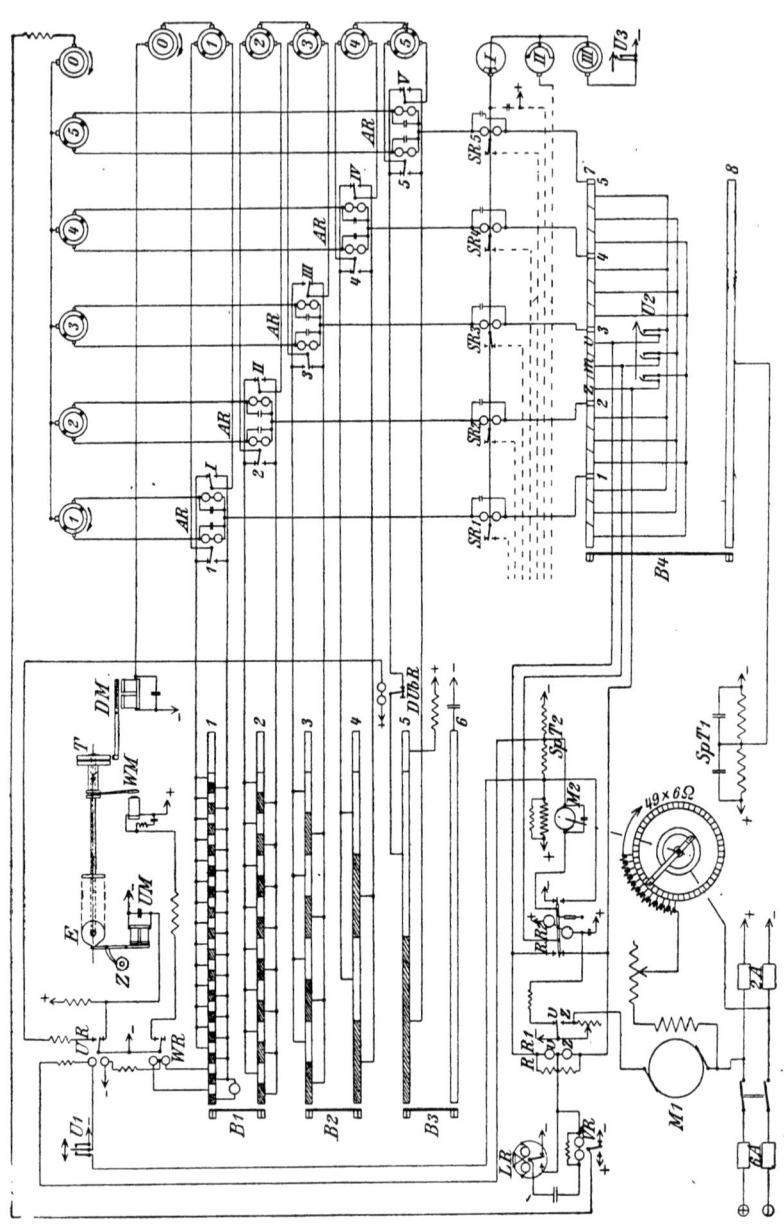

der Verteilerscheibe abgewickelt dargestellt sind. Im oberen Teil rechts sieht man noch eine Umschalteranordnung; sie besteht aus 12 metallenen Ringen, die auf eine gemeinsame Achse aufgereiht sind. Die beiden Ringe 0 sind ungeteilt, die anderen bestehen aus zwei voneinander getrennten Hälften, welche Stromwender nach Art des in Abb. 64 dargestellten bilden. Dieser Walzenumschalter wird vom Motor des Empfängers halb so rasch wie die Welle mit dem Bürstenträger der Verteilerscheibe gedreht; er ist in Abb. 231 hinter dem Motor noch zu erkennen. Seine Aufgabe ist, zwischen den zwei Gruppen von je 5 Aufnahmerelais AR zu wechseln; jede Gruppe hat zunächst die 5 Stromstöße eines Zeichens aufzunehmen, wird dann abgeschaltet und hat, während die zweite Gruppe das nächste Zeichen aufnimmt, das ihrige zu drucken. Die Vorgänge sind die oben beschriebenen. Für die Darstellung der Abb. 234 ist angenommen, daß die Walze sich im Uhrzeigersinn dreht; die Wicklungen der Relais AR_I bis AR_V sind an die Zunge des Verteilerrelais, ihre Zungen in den Stromkreis des Druckmagnets geschaltet. Die Kondensatoren neben den AR dienen der Funkenlöschung. Der Kondensator, dessen Entladungsstoß den Druckmagnet erregt, liegt zwischen dem negativen Batteriepol und dem mit 6 bezeichneten ungeteilten Ring.

Papierförderung. Auf der Hauptachse sitzt eine Exzenterscheibe E (in Abb. 234 um 90^0 in die Ebene des Papiers gedreht), die bei jeder Umdrehung der Achse einmal die Förderstange anstößt und deren Klinke in das Sperrad Z drückt; mit diesem ist die Druckwalze verbunden, die für jeden Zahn des Sperrads den Streifen um Buchstabenbreite voranschiebt. Dies ist indes nur möglich, solange der Anker von UR die gezeichnete Lage (Kurzschluß für UM nach dem —-Pol) einnimmt; in der andern Lage (d. i. bei ruhendem Verkehr) ist UM erregt und entzieht die Förderstange dem Angriff des Exzenters. Während dieser Zeit ist das Druckunterbrechungsrelais DUbR erregt und die Zuleitung zu dem Abschnitte des Ringes Nr. 5 unterbrochen, über dem das Gleichlaufzeichen zustande kommt. Infolgedessen kann der Druckmagnet nicht mehr durch das ankommende Regelungszeichen erregt werden. Beim Beginn des nächsten abzusendenden Telegramms wird Buchstabenweiß gesandt, hierdurch UR umgelegt, so dass über UM die Papierbewegung anfängt.

20*

UR hat zwei Wicklungen; die eine kann mit dem Kippschalter U_1 von Hand im einen oder andern Sinne erregt werden, die andere erhält einen Stromstoß zu Beginn des Telegraphierens, wenn eins der Weißzeichen gesandt wird.

Zeichenwechsel. Die Wicklung des Wechselrelais WR liegt an den zwei Abschnitten des äußersten Verteilerrings, und zwar so, daß der Stromkreis, in dem sich der Kondensator entlädt, nicht über den Druckmagnet DM, sondern über die eine oder die andere Wicklung von WR und über UR führt. Bei Buchstabenstellung wird die Zunge von WR auf den leeren Anschlag gelegt; WM, der Wechselmagnet, bleibt stromlos, das Typenrad befindet sich mit dem Buchstabenkranz über dem Papier. Bei Zahlenstellung legt sich die Zunge von WR an den Arbeitskontakt, WM bekommt Strom, das Typenrad wird verschoben und hält jetzt den Zahlen- und Zeichenkranz über das Papier.

Haltzeichen. Wie das Haltzeichen auf dem Papierstreifen aussieht, ist schon oben beschrieben worden. In die Zuleitung zum 1. Abschnitt des äußersten Verteilerrings ist ein Wecker eingeschaltet, so daß er bei Berührung des 1. Abschnitts im Entladestromkreis von DM liegt. Dieser Wecker schlägt jedesmal an, wenn das Zeichen ▨ eingeht.

Lochstreifen-Empfang. Mit den Aufnahmerelais AR sind Stanzrelais SR in Reihe geschaltet. Die punktierten Linien der Abb. 234 führen zu den Stanzmagneten des Lochers, Abb. 227. Die mit I, II, III bezeichneten Ringe sitzen auf der Hauptachse des Empfängers gleich hinter der Verteilerscheibe und sind daher in Abb. 234 nicht zu sehen. Wenn U_3 in der in Abb. 234 gezeichneten Stellung der Walzen geschlossen wird, so fließt der Strom vom $+$-Pol, SR_5 (Abb. 234) über den mittleren Stanzmagnet, (Abb. 227), Ring I, III, U_3 zum $-$-Pol; die anderen SR sind nicht in Stanzstellung; es wird nur ein Loch in die Mitte des Streifens gestanzt. Der leitende Abschnitt des Rings I hat die Winkelbreite, die der Ladung des Druckkondensators entspricht; diese Zeit reicht aus, daher braucht man zum Stanzen nur eine Reihe Relais. Dreht sich die Walze I, II, III weiter, so erhält über II der Papierförderungsmagnet des Lochers Strom und bewegt den Papierstreifen voran.

Stromquelle. In der Regel wird ein Starkstromnetz von 110 V benutzt; daraus werden die Elektromotoren zum Antrieb des Senders und Empfängers und die verschiedenen Magnete zum Stanzen, zur Papierförderung usw. gespeist, sowie die Kondensatoren geladen, deren Entladungsstöße die entscheidenden Bewegungen der Apparatteile veranlassen.

Leistungsfähigkeit. Wie oben angegeben, vermag der Apparat etwa 220 bis 1000 Zeichen in der Minute zu senden. Die geringste Geschwindigkeit beträgt somit etwa 30 Worte (zu 6 Buchstaben und 1 Zwischenraum) in der Minute, die höchste etwa 140 Worte. Darin liegt ein großer Vorzug des Apparats, da er sich mit seiner Geschwindigkeit sowohl dem Zustande der Leitung, als auch dem Bedürfnis des Verkehrs anpassen kann. Die Empfindlichkeit gegen Störungen ist gering; dies rührt hauptsächlich davon her, daß der Vorteil der kleinen Kontakte (vgl. S. 286) beim Stromempfang benutzt wird. Der Apparat wird meist im Gegensprechen betrieben.

Sechzehnter Abschnitt.

Der Ferndrucker.

Zum Betrieb kürzerer Leitungen, wie Stadtleitungen und Nebentelegraphenanlagen, wird in geeigneten Fällen der Ferndrucker verwendet, ein Typendrucker, der zum Geben ein Tastenbrett nach Art der Schreibmaschine besitzt. Im größeren Umfange dient er zur Übermittlung geschäftlicher und Zeitungsnachrichten von einer Zentrale aus. Der Apparat wird seit 1899 von Siemens & Halske gebaut.

Während bei den meisten Typendruckern zwischen Geber und Empfänger dauernder Gleichlauf unterhalten werden muß (S. 255/6; 287/9; 302/5), bedarf der Ferndrucker nur des wesentlich leichter zu erzielenden Gleichschritts (nach Art der Zeigertelegraphen, S. 222). Indem der Geber von einem Buchstaben zum nächsten fortschreitet, bringt er einen Stromwechsel oder eine Stromunterbrechung hervor; dieser Stromstoß, der über die

Leitung zum Empfänger gelangt, bewegt auch diesen um einen Buchstaben weiter. Besondere Vorkehrungen zur Erhaltung des Gleichschritts sind also nicht erforderlich, dagegen wird durch die Art des Fortrückens, das häufige Anhalten und Antreiben die erzielbare Geschwindigkeit herabgesetzt; sie beträgt 15—20 Wörter in der Minute.

Abb. 235 stellt den Apparat dar, nachdem das Schutzgehäuse von dem Werk heruntergenommen worden ist.

Stromsendung (Abb. 236). Ein Stromwender, der mit einer Stiftbüchse (zu vgl. Hughes-Apparat S. 257) verbunden ist, wird von einem Elektromotor über die Kammräder m (Abb. 237) und n angetrieben. Seine senkrechte Achse trägt einen wage-

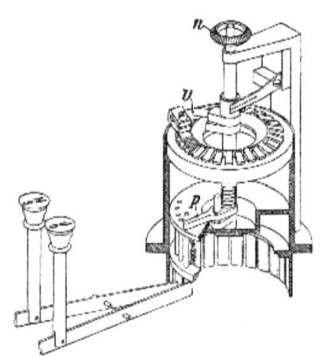

Abb. 235. Ferndrucker. Ansicht von oben.

Abb. 236. Stromwender, Stiftbüchse und Taster.

rechten Arm v mit einer Bürste, die über den Kranz des Stromwenders streicht (vgl. Abb. 238) und einen Schleifring, an dem eine Ableitungsfeder anliegt. Am Stromwender liegen die beiden Pole der in der Mitte geerdeten (oder mit der Rückleitung verbundenen) Batterie von $2 \cdot 12$ oder $2 \cdot 14$ Volt. In die Leitung werden also Wechselströme gesandt und zwar etwa 60 Stromstöße in der Sekunde, weil der Stromwender 2×14 Abschnitte enthält und die Achse etwa 130 Umdrehungen in der Minute macht.

Stromempfang (Abb. 238). Diese Stromstöße gelangen im eigenen Apparat zu dem polarisierten Relais R (Linienrelais, in Abb. 235 obere Ecke links; vgl. Abb. 252), dann über die Leitung zum Linienrelais des Empfängers. Beide Relais erhalten daher dieselben Stromstöße und bewegen ihre Zungen im gleichen Takt. Die Zungen legen sich dabei abwechselnd an die beiden Pole der Batterie, so daß in der von der Relaiszunge wegführenden Leitung an beiden Orten der gleiche Wechselstrom entsteht, wie ihn der Stromwender des Gebers erzeugt. Der Ortswechselstrom fließt über den Druckmagnet D (Abb. 237, 238), der infolge seiner Trägheit nicht auf die kurzen Stromstöße, sondern erst auf einen etwas länger dauernden Strom anspricht, und über den sehr leicht beweglichen Fortschaltmagnet F (Abb. 237, 238), dessen gabelförmigen Anker im Tempo des Wechselstroms hin- und herbewegend. Die Gabel ist bei den neueren Apparaten durch eine Zunge (Palette) ersetzt, die in Abb. 237 zu erkennen ist. Sie greift in ein Steigrad von 2×14 Zähnen, das auf der Hauptachse sitzt, die auch das Typenrad trägt. Die Hauptachse wird von einem Elektromotor angetrieben, der sie also bei jeder Bewegung des Fortschaltemagnets um einen Schritt vorausdreht. Da dies im Geber und Empfänger stets in genau gleicher Weise geschieht, so bewegen sich die beiden Typenräder stets im gleichen Schritt voran.

Zeichenbildung. Jeder Tastenhebel greift unter einen Stift (Abb. 236), der sich beim Niederdrücken der Taste in den Weg des Armes p stellt und damit den Lauf des Apparates aufhält. Wird die Taste losgelassen, so zieht eine kleine Spiralfeder den Stift zurück, worauf auch der Apparat weiterläuft. Ehe der Anker des Fortschaltmagnets seinen Hub vollendet hat, muß schon der nächste Stromstoß einsetzen, sonst würde der Apparat stehen bleiben. Die Bürste am Stromwender muß also dem Arm p ein wenig voreilen. Stößt nun p gegen einen emporgehobenen Stift, so würde bei starrer Verbindung von p mit der Achse in diesem Augenblick der ganze Apparat stillgesetzt, also auch das Typenrad festgehalten werden. Der von der voreilenden Bürste eingeleitete Stromstoß könnte das eigene Typen-

312   Der Ferndrucker.

rad nicht mehr bewegen; wohl aber würde das Typenrad des Empfängers noch um einen Buchstaben weitergehen, die Apparate kämen also außer Tritt. Daher wird dem Arm p ein kleiner Spielraum gegeben; er sitzt drehbar auf der Achse und durch eine etwas weitere Bohrung tritt ein mitnehmender Stift, der selbst mit der Achse verbunden ist. Eine Spiralfeder treibt den Arm p in der Richtung der Drehung voran; stößt er gegen einen Stift, so kann sich die Achse noch um einen kleinen Winkel weiterbewegen, und in dieser Zeit vermag der Fort-

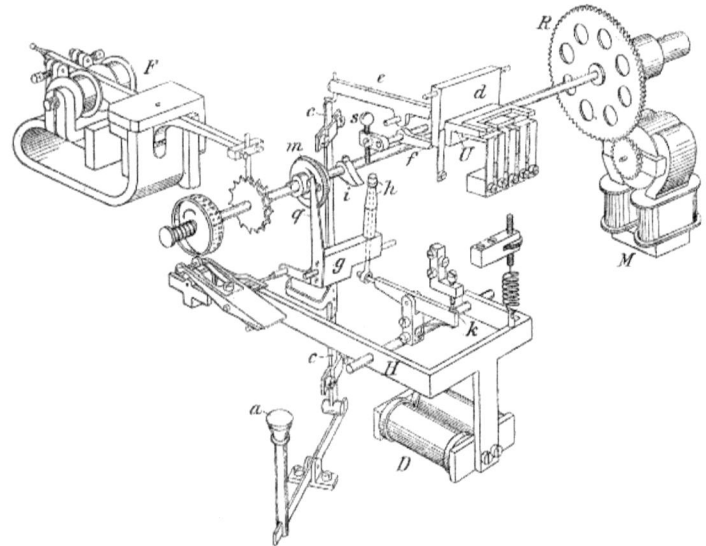

Abb. 237. Empfangsteile, Antrieb und Druckvorrichtung.

schaltmagnet und das Typenrad dem letzten Stromstoß noch zu folgen. Wird der Stift weggezogen, so schnellt die Spiralfeder den Arm p wieder vor, so daß er seine frühere Stellung zum Bürstenträger wieder einnimmt.

Antrieb. Als bewegende Kraft für den Apparat dient ein kleiner Elektromotor M (Abb. 237) in Abb. 235 hinten rechts, die Schaltung zeigt Abb. 238. Der Motor überträgt seine Drehung auf das große Zahnrad R, das mit der Hauptachse durch eine Spiralfeder gekuppelt ist. Die Spiralfeder sitzt in dem Federhaus, das in Abb. 235 und 237 hinter R zu erkennen ist; sie ist von derselben Art wie die Triebfeder des Morseapparates (S. 228) und bildet eine stets bereite Betriebskraft, da sie vom Motor immer nachgespannt wird. Wird die Hauptachse festgehalten, indem z. B. der Fortschaltungsmagnet still steht, so unterbricht der Motor mit Hilfe einer am Ende der Hauptachse sitzenden Kontaktvorrichtung (B in Abb. 238) den eignen Stromkreis, der erst wieder geschlossen wird, wenn die Feder den Apparat weiter bewegt.

Auslauf. Auf der Typenradachse sitzen außer den schon erwähnten Teilen noch die zum Anhalten dienende Nase i (Abb. 237) und das konische Zahnrad m mit einer Schnecke, auf welcher der an der Platte g gelagerte federnde Arm q schleift. Dreht sich die Typenradachse, so gleitet der Arm q auf der Schnecke und nähert sich dabei der Achse; zugleich neigt sich die Platte g mit dem Stift h, der in den Bereich der Nase i gelangt, sobald die Feder g am Ende der Schnecke angekommen ist. Die Nase hebt den Kopf des Stiftes h empor und öffnet hierdurch den Kontakt k des Ortsstromkreises. Außerdem stößt der Kopf von h gegen den isolierten Kopf s; hierdurch wird die Sperrklinke f gesenkt, der Umschalter U geht in die Ruhe- oder Empfangsstellung über; zugleich wird die Typenradachse am Drehen verhindert, der Apparat also stillgesetzt.

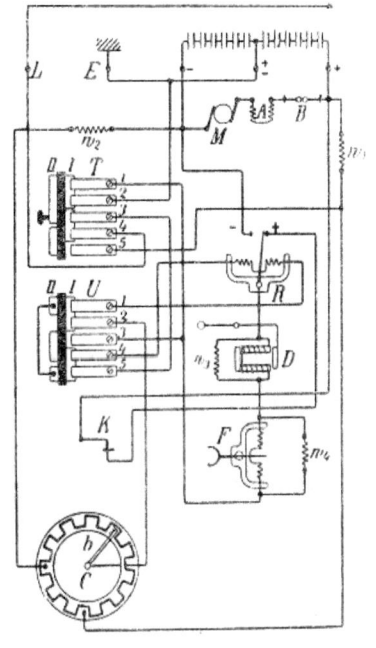

Abb. 238. Stromlauf, Gebestellung.

Der Apparat bleibt stets so stehen, daß das Buchstabenweiß die Druckstellung einnimmt.

Auslösung. Das Laufwerk wird wieder ausgelöst und der Ortsstromkreis geschlossen, indem beim Geben die Anfangstaste (a, Abb. 237) gedrückt oder beim Empfangen der Druckhebel (H, Abb. 237) emporgeschnellt wird. Beide wirken durch Ansätze auf die drehbare Platte g, auf der h sitzt, und befreien i; zugleich schließt sich k wieder. Solange der Apparat arbeitet, stößt bei jedem Druck eines Buchstabens der Ansatz des Druckhebels, wie eben beschrieben, gegen einen Teil der Platte g und zieht dadurch für einen Augenblick den Arm g von der Schnecke ab, so daß er unter der dauernden Wirkung der Blattfeder nach rechts, zum Anfang der Schnecke zurückschnellt. So lange am Apparat gearbeitet wird, erreicht also der Arm q das Ende der Schnecke nicht.

Umschaltung. Empfangs- und Gebestellung des Apparates sind in der Schaltung verschieden; zur Umschaltung, die selbsttätig geschieht, dient der Umschalter U (Abb. 237 und 238) aus 5 isoliert aufgesetzten Blattfedern und einem Schaltkörper, der zwei Stellungen einnehmen kann. Abb. 237 u. 238 zeigen die Gebestellung, I; die Nase f drückt den Schaltkörper d nach vorn. Stößt beim Stillsetzen des Apparates der Kopf von h gegen den isolierten Knopf s, so wird die Nase f weggenommen und die Blattfeder drückt den Schaltkörper zurück, wobei er sich dreht und die Federn 1 bis 5 anders verbindet: Empfangsstellung, II. Drückt man beim Beginn des Gebens die Taste a, so stößt das obere Ende des von der Taste bewegten Schiebers e auf den linken Arm des Hebels, dessen rechter Arm den Schaltkörper d wieder vorschiebt; hierbei gleitet er über f hinweg und wird von diesem festgehalten; damit ist die Gebestellung hergestellt. Die Wirkung der Umschaltung beschränkt sich darauf, das Linienrelais mit seinen Polen umzukehren und seinen von der Leitung abgewandten Pol das eine Mal mit der Schleife des Stromwenders, das andere Mal mit der Erde zu verbinden; im letzten Falle wird die Schleiffeder des Stromwenders isoliert. — Der Umschalter ist in Abb. 235 neben dem Linienrelais zu sehen; in Abb. 237 ist er der Übersichtlichkeit der Zeichnung wegen an eine andere Stelle gesetzt worden.

Typenrad und Figurenwechsel (Abb. 239). Das Typenrad trägt einen Gummimantel mit den erhaben gepreßten Zeichen, die in 2 Reihen (je 26) nebeneinander geordnet sind. Um von Buchstaben zu Ziffern überzugehen, wird das Typenrad längs der Achse verschoben. Hierzu dient der Stößer s, der beim

Druck jedes Buchstabens bewegt wird. In der Regel trifft sein oberes Ende keinen Widerstand, nur wenn die Buchstaben-Weißtaste gedrückt wird, stößt er, wie in Abb. 239, links, dargestellt, gegen eine mit dem Typenrad verbundene Nase v und drückt daher das Typenrad gegen die Kraft der Spiralfeder nach rechts. Dabei schnappt das Prisma r in eine Rast ein, so daß das Typenrad nicht zurückkehren kann, bis — beim Druck der Ziffern-Weißtaste — der Stößer bei seiner Bewegung auf die schräge Fläche des Prismas trifft und dieses aus seiner Rast aushebt. Unter

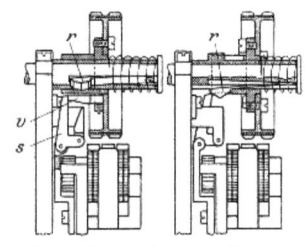

Abb. 239. Typenrad mit Wechsel.

dem Typenrad befindet sich die Druckvorrichtung, die den Papierstreifen gegen das Rad drückt; in der einen Stellung des Typenrades trifft der Streifen die Reihe der Buchstaben, in der anderen die der Ziffern und Zeichen. Das Typenrad ist in Abb. 235 zu erkennen, daneben sitzt das Farbrädchen, das sich mit dem Typenrad gleichzeitig dreht.

Die Druckvorrichtung. Der neutrale Druckmagnet (D, Abb. 237) kommt erst in Tätigkeit, wenn er einen etwas länger dauernden Strom erhält; dies tritt ein, wenn im Gebeapparat der Arm des Stromwenders durch einen Stift aufgehalten wird (Abb. 236). Alsdann zieht der Druckmagnet seinen Anker an und bewegt damit den Druckhebel H, der die Papierführung gegen das Typenrad schlägt. Bei der Rückbewegung wird, ähnlich wie beim Hughesapparat, der Papierstreifen um eine Zeichenbreite vorangeschoben. Der Druckmagnet sitzt auf der rechten Seite des Apparates unten.

Die Unterbrechungstaste ist in Abb. 235 über den Drucktasten zu sehen, ihre Schaltung erkennt man aus Abb. 238, T. Sie dient dazu, den gebenden Apparat vom Empfangsapparat aus zu unterbrechen, wie auch die Zentralstelle anzurufen. Ihre im Apparat untergebrachten Teile sind ebenso gebaut und angeordnet, wie die des Umschalters U.

Die Widerstände betragen: Linienrelais 300 Ω, Druckmagnet 30 Ω, Fortschaltemagnet 30 Ω, Widerstände r_1 und r_2 je 50 Ω, r_3 300 Ω, r_4 600 Ω.

Besondere Bauarten. Der Ferndrucker kann auch so gebaut werden, daß er imstande ist, an mehrere Empfänger gleichzeitig zu geben. Zu diesem Zweck wird das Linienrelais mit seinem erheblichen Widerstand entfernt; der Kommutator sendet den Strom unmittelbar in die Leitung.

Ältere Apparate haben noch Federantrieb, größeres Typenrad mit nur einer Reihe Zeichen und demgemäß auch einen anderen Figurenwechsel. Auch findet man noch zahlreiche Apparate, bei denen die Achse des Antriebsmotors senkrecht steht und eine andere als die hier angedeutete Vorrichtung zur Selbstschaltung des Motors verwendet wird.

Betrieb. In der Ruhestellung befindet sich das Typenrad mit dem Buchstabenweiß in Druckstellung; das Linienrelais hat seine Zunge an den positiven Batteriepol gelegt, aber der Kontakt k ist geöffnet. Der Umschalter U nimmt die Stellung II ein.

Will man geben, so drückt man zunächst die Anfangstaste a, die Buchstaben-Weißtaste (Abb. 235 links von A); hierdurch wird die Nase i freigegeben, der Kontakt k geschlossen, der Umschalter U in Gebestellung gebracht und die Kommutatorbürste mit dem Relais und der Leitung verbunden, was einen positiven Stromstoß über die Leitung hervorruft. Das Relais behält seine Stellung bei, da seine Zunge schon auf der positiven Seite liegt. Zugleich entsteht im Ortskreis ein positiver Stromstoß, der auf den Fortschaltmagnet wirkt; hierdurch kommt der Apparat in Gang, er läuft weiter, bis sich der Arm p an dem Stift für Buchstabenweiß fängt. Die vom Geber ausgehenden wechselnden Stromstöße bringen am Empfänger keine Wirkung hervor, weil hier der Kontakt k noch unterbrochen ist und die Typenradachse festgehalten wird. Hierdurch kommt ein länger dauernder Stromstoß zustande, der den Druckmagnet des Empfängers und damit auch diesen in Gang setzt; der Empfangsapparat druckt hierbei kein Zeichen, da das Buchstabenweiß sich in Druckstellung befindet. Derselbe Stromstoß hat auch im Geber den Druckmagnet erregt, so daß an beiden Enden der Leitung sich derselbe Druckvorgang abspielt (Buchstabenweiß). Von da an sind die Apparate in Gleichschritt.

Man drückt nun der Reihe nach die Tasten, deren Zeichen

gegeben werden sollen, nieder. Dem Druck einer Taste entspricht das Emporgehen eines Stiftes in der Stiftbüchse; der vom vorher emporstehenden Stift freigegebene Arm p läuft in der beschriebenen Weise um und bringt die Stromwechsel hervor, die auf beiden Ämtern die Typenräder weiterdrehen, bis er an den nun emporgehobenen Stift stößt. Alsdann entsteht der etwas länger dauernde Stromstoß, der den Druckmagnet bewegt usf.

Wichtig ist hierbei, daß man eine Taste erst losläßt, nachdem man die nächste schon gegriffen hat. Achtet man hierauf nicht, so werden leicht Umläufe des Apparates nicht ausgenützt, der Gleichschritt gestört oder der Apparat läuft aus.

Geht der Gleichschritt verloren, so läßt man den Apparat auslaufen; dann stehen beide Apparate auf Buchstabenweiß und der Gleichschritt ist wieder hergestellt.

Der Übergang von Buchstaben zu Ziffern und Satzzeichen wird durch Niederdrücken der mit „Zahl" bezeichneten weißen Taste (Abb. 235 zwischen O und P) ausgeführt, die in der oben beschriebenen Weise wirkt; der entgegengesetzte Übergang durch Niederdrücken der weißen Anfangstaste. Die weißen Tasten dienen auch zur Bildung der Zwischenräume.

Kommen im Empfänger falsche Zeichen an, so drückt hier der Beamte die Unterbrechungstaste (Abb. 238, T in Stellung II). Der Empfangsapparat schickt infolge dieser Umschaltung einen positiven Dauerstrom in die Leitung, so daß der Gebeapparat keinen positiven Stromstoß mehr entsenden kann und daher stehen bleibt. Auch der Empfangsapparat bleibt stehen, weil sein Relais kurzgeschlossen wird und der Ortsstrom nicht mehr wechselt. Nachdem beide Apparate zum Stillstand gekommen, läßt man die Unterbrechungstaste los, worauf beide Apparate auslaufen. Alsdann ist der Gleichschritt wieder hergestellt.

Werden bei beiden Apparaten gleichzeitig die Anfangstasten gedrückt, so kommt keiner von ihnen in Gang; man hat dann die Unterbrechungstaste zu drücken und nach dem Auslauf des Apparates von neuem zu beginnen.

Am Ende einer Übermittelung wird die Anfangstaste gedrückt, um das Typenrad um so sicherer in den richtigen Ruhestand zu bringen.

Siebzehnter Abschnitt.
Der Wheatstonesche Maschinentelegraph, der Heberschreiber und der Undulator.

Der Wheatstonesche Maschinentelegraph wird nur auf wenigen Ämtern der R. T. V., der Heberschreiber nur auf dem T. A. in Emden benutzt; der Undulator wird in der R. T. V. gar nicht verwandt. Es genügt bei diesen Apparaten, von der Einrichtung und Wirkungsweise das Wesentliche darzustellen, über Einzelheiten aber hinwegzugehen.

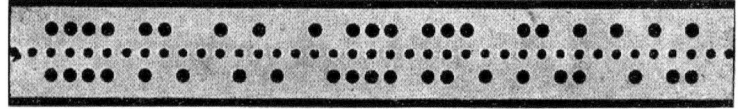

Abb. 240. Gelochter Streifen.

I. Der Wheatstonesche Maschinentelegraph (1858).

Oberirdische Leitungen können weit raschere Zeichenfolgen übermitteln, als sie ein Telegraphist mit der Hand geben kann. Soll eine Leitung derartig ausgenutzt werden, so kann man ihr die Telegramme in Form geeignet durchlöcherter Streifen, Abb. 240, zuführen. Die mittlere Löcherreihe dient zur Führung des Streifens, die äußeren bedeuten Stromschließungen. Diesen Streifen läßt man mit großer Geschwindigkeit durch den Geber laufen, welcher dann imstande ist, die Handarbeit mehrerer Telegraphisten, von denen jeder einen Teil der eingehenden Telegramme in die Form von Lochstreifen zu bringen hat, über die Leitung zu befördern.

Außer der erzielbaren großen Geschwindigkeit bietet dieses Verfahren noch den Vorteil großer Genauigkeit in der Zeichengebung, ein Vorteil, der bei dem Betrieb der langen Unterseekabel und in der Funkentelegraphie ausgenutzt wird.

Der Lochapparat zur Herstellung des Gebestreifens ist eine Stanzvorrichtug mit drei Stempeln, von denen der eine die Punkte, der andere die Striche und der dritte die Zwischenräume erzeugt. Jedes Elementarzeichen besteht aus einem positiven und einem negativen Stromstoß, deren zeitlicher Ab-

Der Sender. 319

stand die Länge des Zeichens bestimmt. Die Lochgruppe für einen Punkt hat die Form $\overset{\circ}{\circ}$, es wird zuerst mittels des oberen Loches der positive Strom gesandt und rasch darauf mittels des unteren der negative. Ein Strich sieht so aus: $\overset{\circ}{\circ}\circ$, wogegen die Zwischenräume durch Löcher der Mittelreihe $\circ$ gebildet werden. Hierdurch kommt der Streifen nach Abb. 240 zustande.

Abb. 241. Wheatstone-Sender.

Der Maschinensender, Abb. 241 und 242, enthält ein kräftiges, durch Gewicht oder Elektromotor angetriebenes Laufwerk, welches den Balken B in Schaukelschwingungen versetzt und das Führungsrad W umtreibt. W greift mit seinen Zähnen in die Führungslöcher des Streifens und zieht diesen vorwärts. Die Federn $f\,f_1$ drücken die Hebel $d\,d_1$ stets gegen die Stifte von B und stoßen daher die Nadeln $b\,b_1$ abwechselnd nach oben. Trifft eine

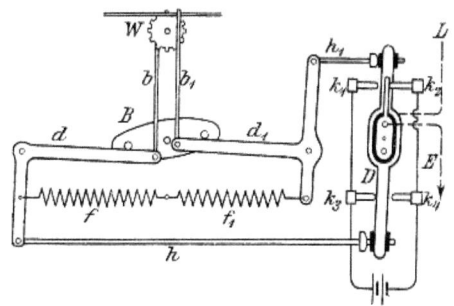

Abb. 242. Schema des Wheatstone-Senders.

Nadel, z. B. b_1, eine Öffnung im Papierstreifen, so stößt sie hindurch und legt durch Vermittelung des Winkelhebels d_1 und der wagerechten Schubstange h_1 den Kontakthebel D an k_3.

Abb. 243. Wheatstone-Empfänger.

Eine auf dem Kontakthebel isoliert befestigte Stahlzunge kommt dabei in Berührung mit k_2. Dann liegt der negative Pol der Batterie über k_3 an Leitung, der positive an Erde. Trifft die Nadel b auf ein Loch im Streifen, so ist die Stromrichtung die entgegengesetzte. Treffen aber die Nadeln auf das Papier des Streifens, so bleiben die Hebel d d_1 in ihrer Ruhelage, weder h noch h_1 bewegen sich, der Hebel D bleibt in der zuletzt eingenommenen Lage und sendet einen entsprechend länger dauernden Strom.

Der Empfänger ist ein polarisierter Farbschreiber von großer Empfindlichkeit (nach Art des Morseapparates, mit Gewichtsantrieb) (Abb. 243), dessen Laufgeschwindigkeit sich innerhalb weiter Grenzen verändern läßt.

II. Telegraphen für lange Seekabel.

Kabelschrift. Kürzere Seekabel können ebenso betrieben werden wie Landkabel, z. B. mit Morse- oder Hughesapparaten, vgl. Seite 436.

Bei längeren Seekabeln dagegen tritt die verzögernde Wirkung der Ladefähigkeit (vgl. Seite 131) so stark hervor, daß eine besondere Betriebsweise und sehr empfindliche Apparate gewählt werden müssen. Abb. 92 auf Seite 131 zeigt den Stromverlauf am Ende eines längeren Landkabels. Je länger das Kabel ist, desto flacher werden die Stromwellen, um bei gleichbleibender Telegraphiergeschwindigkeit bei Kabeln von erheblicher Länge völlig ineinander zu fließen, so daß sie unleserlich werden. Der am fernen Ende ankommende Strom würde alsdann nur unmerklich geringe Schwankungen um einen mittleren, annähernd gleichbleibenden Wert ausführen. Verwendet man zum Geben nicht Ströme der gleichen, sondern abwechselnder Polarität (z. B. + für die Punkte, — für die Striche), so erzielt man den Vorteil, daß die Stromstärke um den Wert Null schwankt; vgl. in Abb. 244a den Stromverlauf,

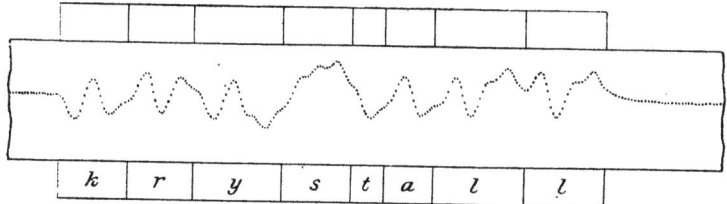

Abb. 244a. Schrift des Heberschreibers.

wenn das Wort „Krystall" gegeben wird. Sie entfernt sich bei Abgabe mehrerer aufeinander folgender Punkte immer mehr nach der positiven, bei Strichen nach der negativen Seite, wie der Streifen in Abb. 244b mit dem Wort „Eisscholle" zeigt.

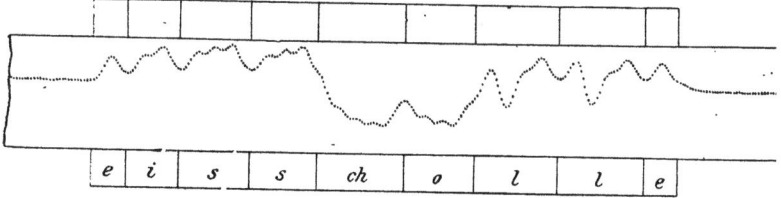

Abb. 244b. Schrift des Heberschreibers.

Wollte man nach jedem Elementarzeichen warten, bis der Strom wieder unter einen bestimmten Wert gefallen ist, wie bei Abb. 93 (Seite 132) erläutert, so würde man nur sehr langsam telegraphieren können. Man wählt daher die Empfangsapparate nicht so, daß sie auf bestimmte Werte der Stromstärke ansprechen, sondern benutzt das Zu- und Abnehmen und den Richtungswechsel des Stromes, indem man den ganzen Stromverlauf aufzeichnet.

Strecker, Die Telegraphentechnik. 6. Aufl. 2. Abdr.

Als Geber zur Erzeugung der Wechselströme dient entweder der Wheatstonesche Sender oder die Doppeltaste.

Der Wheatstonesche Sender wird entweder in der Form der Abb. 241/2 verwandt, wobei einzelne Stromstöße (+ und —) in die Leitung entsandt werden (vgl. S. 320). Oder in Form des ähnlich gebauten Kurbsenders, der mit Hilfe eines weiteren Umschalthebels und zweier Batterien Stromstoßpaare (+ — und — +) entsendet; diese liefen kürzere und schärfere Wellen und die Leitung wird rascher entladen.

Die Doppeltaste. (Abb. 245.) Sie besteht

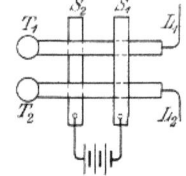

Abb. 245. Doppeltaste.

Abb. 246. Heberschreiber.

aus zwei durch Querschienen verbundenen Tasten. Im Zustande der Ruhe liegen beide Tasten an der Ruheschiene S_1, so daß die beiden Leitungszweige kurz miteinander verbunden sind. Drückt man eine Taste, z. B. T_1, nieder, so geht der Stromkreis von L_1 über T_1 auf S_2, zum negativen Pol der Batterie, durch letztere zu S_1 und von da zu L_2. Der Strom hat die Richtung von L_1 nach L_2. Beim Druck auf T_2 wird die Richtung umgekehrt.

Als Empfangsapparate dienen je nach den besonderen Verhältnissen der Heberschreiber oder der Undulator.

Der Heberschreiber (1867)

(engl. Siphon Recorder) von Sir William Thomson, später Lord Kelvin (Abb. 246) erzeugt die telegraphischen Schriftzeichen in Form einer Zickzacklinie auf einem bewegten Papierstreifen (Abb. 244 a und b). An Stelle der Nadel schwingt in einem starken, durch einen Elektromagnet (Abb. 246) gebildeten Magnetfeld eine leichte Drahtspule S (Abb. 247). Im Innern der letzteren befindet sich ein Eisenkern, der zur Verminderung des magnetischen Widerstandes dient und an der Platte P befestigt ist. Tritt der Strom über die Klemmen K_1 K_2 und die als Drahtlocken ersichtlichen Zuführungsleitungen in die Spule, zu deren Rechten und Linken die Pole des Magnetes stehen, so wird die Spule gedreht,

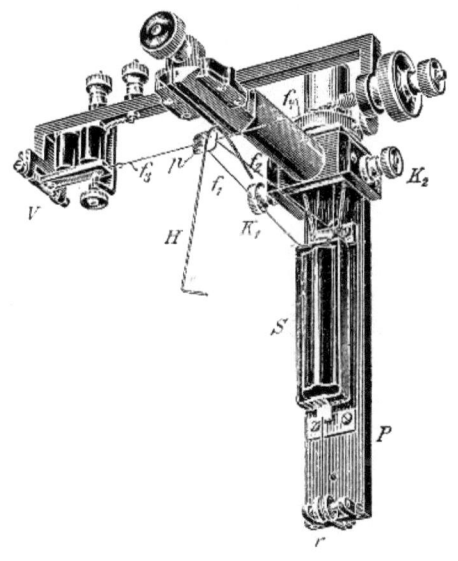

Abb. 247. Spule und Schreibröhrchen des Heberschreibers.

und zwar je nach der Stromrichtung links oder rechts; vgl. S. 83 oben. Die Spule ist an zwei dünnen Fäden aufgehängt, die nach unten gespannt werden durch den an der Spule befestigten und über das Röllchen r auf der Rückseite der Platte P wieder nach oben führenden Faden. An den beiden Fäden f_3 und f_4 ist das kleine Plättchen p befestigt; auf diesem wird der Glasheber H, ein feines Röhrchen, angeklebt, das Plättchen p mit der Spule S durch die Fäden f_1 und f_2 verbunden. Die Bewegungen der Spule werden demnach auf den Heber H übertragen. Das kurze

Abb. 248. Undulator.

Ende des Hebers taucht in ein Gefäß mit Farbe ein, die durch das Röhrchen ausfließt. Das längere Ende von H hängt dicht vor einem Papierstreifen (Abb. 246), der vorangezogen wird. Die hin- und hergehenden Bewegungen des Hebers zeichnen sich demnach als Zickzacklinie auf das Papier. Um die Reibung des Röhrchens am Papier zu beseitigen, dient der Schwingmagnet, Vibrator, V. Er empfängt einen rasch unterbrochenen Batteriestrom, der seinen Anker in auf- und abgehende Bewegung versetzt; diese wird durch den Faden f_3 dem Heber mitgeteilt. Der Heber führt also rasche Schwingungen gegen das Papier aus; er betupft es nur, wie auch die Schriftproben in Abb. 244 a, b zeigen.

Der Undulator (1876)

(Zickzackschreiber, Wellenschreiber) von Lauritzen (Abb. 248 und 249) ist ein polarisierter Farbschreiber für Zickzackschrift. Er enthält zwei aufrecht stehende Magnetrollen, deren Abstand durch eine Schraubvorrichtung geregelt werden kann, und zwischen deren Polschuhen ein aus zwei dünnen Magnetstäben mit den ungleichnamigen Polen zusammengesetzter, durch Spiralfedern in einer mittleren Lage erhaltener Anker um eine senkrechte Achse spielt. In Abb. 249, oben, ist der eine Elektromagnet weggenommen, damit der Anker zu sehen ist. Die Bewickelung der Elektromagnetrollen ist so gewählt, daß die gegenüberliegenden Polschuhe ungleichnamig magnetisiert werden. Mit der Achse des Ankers ist ein heberförmig gebogenes feines Glasröhrchen H fest verbunden, dessen kürzeres Ende in einen Tintenbehälter taucht, während das längere (in der Abb. 249 abgebrochen) auf dem bewegten Papierstreifen hin- und hergeht, wobei der aus der Röhre hervortretende Tintentropfen mit dem Papier in Berührung kommt und auf ihm eine Wellenlinie beschreibt. Als Geber wird der automatische Sender von Wheatstone oder eine Handtaste mit Vorrichtung zur Entsendung von Doppelstrom benutzt. (Abb. 250 zeigt eine Schriftprobe, und zwar den größten Teil des mit dem Streifen in Abb. 240 über ein langes Kabel gegebenen Wortes Hamburg.)

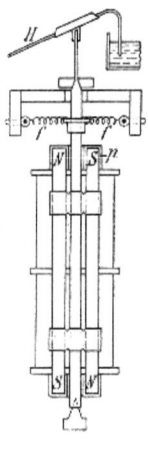
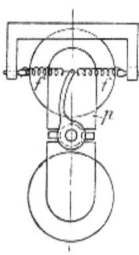

Abb. 249. Magnetsystem des Undulators.

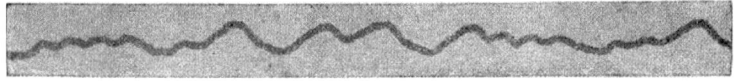

Abb. 250. Schrift des Undulators.

Achtzehnter Abschnitt.
Nebenapparate.

In diesem Abschnitt werden neben den im Telegraphenbetrieb gebrauchten auch z. T. die gleichartigen Nebenapparate für den Fernsprechbetrieb beschrieben.

I. Die Wecker.

Zum Anruf einer Telegraphenanstalt nach Dienstschluß oder während der Nacht, in Telegraphenleitungen für den Fernsprechbetrieb allgemein, dient ein Wecker, der laut tönende Signale gibt.

Ein Wecker besteht im wesentlichen aus einem Elektromagnet mit Anker; dieser hat einen längeren Ansatz, der in einer Kugel endigt. Zieht der Elektromagnet den Anker an, so schlägt der Klöppel an die dicht dabei befindliche Glocke. Man unterscheidet:

1. Gewöhnliche (neutrale) Wecker mit Selbstunterbrechung des Stromes oder mit Selbstausschluß der Elektromagnetrollen, mit Batterie zu betreiben.
2. Polarisierte Wecker (Wechselstromwecker), mit der Rufmaschine, dem Induktor oder Polwechsler zu betreiben.

Der gewöhnliche Wecker (Abb. 251). Eine Holzplatte P trägt einen Eisenwinkel r, die Glocke G und einen Elektromagnet. Auf dem kürzeren Schenkel des Eisenwinkels r ist eine Messingplatte t, welche durch eine Unterlage von Ebonit von dem Eisenwinkel isoliert ist, aufgesetzt. An einem Fortsatz dieser Platte t ist die mit einem Kontakt c versehene Feder t angeschraubt, die mittels der Stellschraube s reguliert werden kann. Die Feder f legt sich mit ihrem Kontakt c gegen einen Kontakt der Klöppelstange k, welche mit einer kurzen Blattfeder b an dem einen Schenkel des Eisenwinkels r befestigt ist. Ihre Lage kann durch die kleine Schraube u etwas verändert und dadurch der Klöppel gegen die Feder f mehr oder weniger stark angepreßt werden. Die Feder b ist die Abreißfeder für den Anker.

Die Elektromagnetrollen sind mit 0,18 mm starkem, mit

Seide umsponnenem Kupferdrahte bewickelt. Jede Rolle hat etwa 2300 Umwindungen und 80 Ω Widerstand.

Schaltung auf Selbstunterbrechung (Abb. 251). Die Leitung ist mit dem isolierten Stück t verbunden, während der Eisenwinkel und der daran befestigte Klöppel mit dem einen Ende der Umwindungen des Elektromagnets in Verbindung stehen, das andere Ende der Umwindungen an Erde oder am andern Batteriepol liegt.

Der Weckstrom fließt von der Leitung über t, f, c durch den Anker über b, r zum Elektromagnet, durch die Umwindungen und zur Erde. Sobald der Elektromagnet den Anker anzieht, wird der Kontakt bei c und damit der Stromweg unterbrochen, der Anker wird durch die Feder b gegen den Kontakt c zurückgelegt, schließt damit wieder den Strom, und das Spiel beginnt von neuem. Der Klöppel k

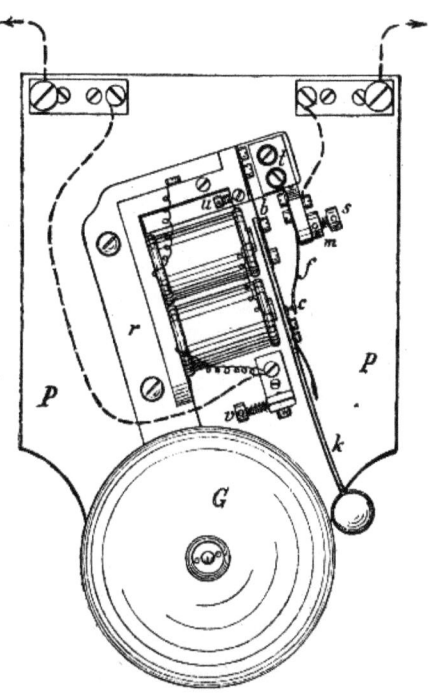

Abb. 251. Gewöhnlicher Wecker mit Schaltung auf Selbstunterbrechung.

wird demnach schnell schwingend gegen die Glocke G angeschlagen, so lange Strom in die Leitung entsendet wird.

Bei den Weckern mit Stromunterbrechung tritt nicht selten der Mißstand ein, daß der Kontakt zwischen der Feder und dem Anker unsicher und hierdurch eine Unterbrechung der Leitung herbeigeführt wird. Auch können nicht mehrere solche Wecker hintereinander in einen Stromkreis eingeschaltet werden, ohne daß der sichere Betrieb beeinträchtigt wird.

Schaltung auf Selbstausschluß (Abb. 252). Um diesen Übelständen zu begegnen, werden die gewöhnlichen Wecker in geeigneten Fällen auf Selbstausschluß der Elektromagnetrollen geschaltet. Zum Übergang aus der vorigen in diese Schaltung bedarf es nur einer Umlegung der Leitung von t an r; außerdem ist die Kontaktschraube v so weit vorzudrehen, bis sie bei angezogenem Anker die auf dem Anker sitzende kleine Blattfeder berührt. Der Strom fließt gleich von der Leitung über r durch die Rollen zu v und von dort zur Erde. Der Anker wird angezogen und der Kontakt v geschlossen. Nunmehr findet der Strom einen andern Weg über den Anker, den Kontakt v zur Erde oder zum andern Batteriepol so daß die Elektromagnetrollen stromlos werden und der Elektromagnet seinen Magnetismus verliert. Nun kehrt der federnde Anker in seine Ruhelage zurück, so daß der Strom den früheren Weg durch die Rollen nehmen muß, der Anker demnach wieder angezogen wird. Die Bewegung wiederholt sich in schneller Folge, und der Klöppel kommt wie bei der Schaltung auf Selbstunterbrechung zum Schwingen.

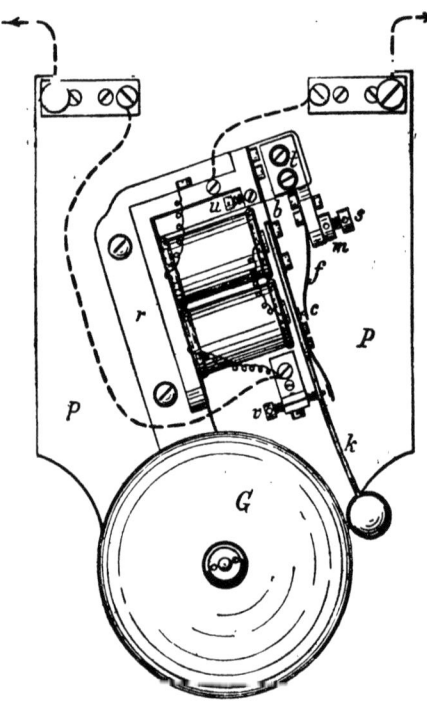

Abb. 252. Gewöhnlicher Wecker mit Schaltung auf Selbstausschluß.

Einstellen der Wecker. Die den Anker tragende Blattfeder b wird mittels der Schraube u eingestellt, welche von unten durch den Ansatz von r gegen b gepreßt werden kann, so daß die Feder mehr oder weniger von dem Eisenwinkel sich abdrücken läßt. Die Lage der Stellschraube u wird durch eine Preßschraube gesichert.

Eine andere Einrichtung ist aus Abb. 253 zu ersehen: In dem

Ansatz des Eisenwinkels ist ein Bolzen c mit kegelförmiger Durchbohrung angebracht, in die die Schraube d mit ihrem kegelförmig zugespitzten Ende eingreift. Wird die Schraube rechts herum gedreht, so drückt ihr kegelförmiges Ende gegen den Bolzen c und durch dessen Vermittlung gegen die oberhalb liegende Blattfeder. Durch Herausdrehen der Schraube d wird die Spannung der Blattfeder nachgelassen.

Die Blattfeder ist so zu spannen, daß der Anker, wenn er nicht angezogen ist, und auch die Kontaktfedern den Anker nicht mehr berühren, etwa ½ mm von den Elektromagnetkernen absteht. Der Abstand des Klöppels von der Glocke muß alsdann etwa 2 bis 3 mm betragen. Mit einer Batterie von 3 bis 4 V muß die Glocke klar ertönen, auch wenn die Stromschlüsse schnell aufeinanderfolgen. Für die weitere Einstellung ist es sicherer, wenn die Blattfeder eher zu schwach als zu stark gespannt wird.

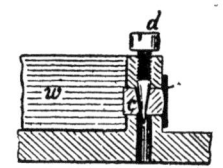

Abb. 253. Einzelstellvorrichtung für den Wecker.

Den Abstand zwischen Glocke und Klöppel kann man durch Drehen der Glocke ändern.

Damit bei Weckern mit Selbstunterbrechung der Kontakt c sicher geöffnet und geschlossen wird, schraubt man die Kontaktfeder f ganz zurück, erteilt der Blattfeder b die richtige Spannung und schraubt die Feder f vorsichtig gegen den Kontakt c. Nun darf die Feder f nicht zu stark gegen den Anker drücken; deshalb wird die Schraube s, welche auf f wirkt, nur so weit angezogen, bis ein sicherer Kontakt bei c besteht. Bewegt man nun den Anker gegen die Kerne, so muß die Feder f dem Anker erst ein wenig folgen, dann aber eine sichtbare Trennung des Kontaktes eintreten.

Sollte das Anschlagen des Klöppels unter Strom zu schwach erscheinen, so ist entweder die Spannung der Blattfeder noch zu stark und muß vermindert werden, oder der Kontakt bei c wird zu früh unterbrochen; die Feder f ist also mittels der Schraube s noch etwas dem Anker zu nähern. Klebt der Anker und fällt er erst beim Unterbrechen des Stromes wieder ab, so ist die Feder f zu stark gespannt, so daß der Strom bei c nicht unterbrochen wird.

Bei der Schaltung auf Selbstausschluß dient die Feder f nur zur Begrenzung des Ankerhubes. Der Kontakt zwischen der zweiten auf dem Anker sitzenden Feder und der Schraube v muß schon gebildet sein, bevor der Anker seinen Weg gegen die Kerne ganz zurückgelegt hat.

Zum Einstellen spannt man zunächst die Feder f ab und schraubt v zurück. Die Blattfeder b des Ankers wird so weit gespannt, daß der Anker genügend stark angezogen wird und der Klöppel gegen die Glocke schlägt. Jetzt wird f so weit gespannt, daß der Kontakt mit leichtem Druck gegen den Anker anliegt. Nunmehr läßt man den Strom dauernd durch die Rollen fließen und dreht die Kontaktschraube v vorsichtig so lange vorwärts gegen die zweite Feder, bis ein regelmäßiges Spiel des Klöppels erfolgt. Hiernach werden die Kontakte mittels der Preßschrauben und Gegenmuttern festgelegt.

Schnarrwecker (Abb. 254) werden vielfach aus alten Gleichstromweckern hergestellt, die nach der Einführung des Induktionsweckbetriebes in großer Anzahl verfügbar geworden sind. Der Klöppel nebst Kurzschlußfeder und Kontaktwinkel werden abgeschraubt und das freigewordene Ende der Spulen mit dem von der linken Klemme kommenden Zuführungsdrahte verbunden. Ferner ist der die Glocke tragende Schenkel des Eisenwinkels und das Grundbrett zu verkürzen.

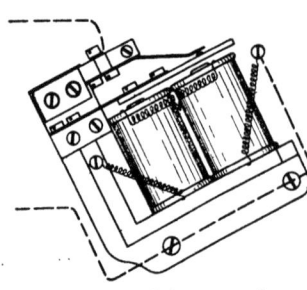

Abb. 254. Schnarrwecker.

Die Fallscheibe (Abb. 255 und 256). Auf einem Grundbrett, das an der Wand zu befestigen ist, befindet sich ein Elektromagnet M mit einem Anker A, der an den Spitzenschrauben ss gelagert ist und sich in einen Hebel h fortsetzt. Der Hebel reicht über den Metallmantel des Magnets fort und endigt in einer Nase, welche die (in Abb. 255 punktiert gezeichnete) Scheibe F am Fallen verhindert. Tritt ein Strom in den Magnet ein, so wird der Anker angezogen, der Hebel h bewegt sich ein wenig nach aufwärts und gibt die Scheibe F frei; diese fällt und schließt bei c einen Kontakt, der zum Stromkreis eines Weckers gehört; vgl. Abb. 256:

Die Fallscheibe.

WB, c, Kontaktspitze der Scheibe, Drehpunkt d, gestrichelte Verbindung nach dem Mantel von M, W.

Unter dem Magnet M befindet sich ein Schieber S, der die drei in Abb. 255 angegebenen Stellungen einnehmen kann. Ganz links hält er die Scheibe F fest und verhindert sie am Fallen. Bei der mittleren Stellung, die in Abb. 255 dargestellt ist, kann die Scheibe F zwar fallen, aber ihr Arm a wird vom Schieber aufgefangen, ehe der Kontakt c geschlossen wird. Erst wenn man den Schieber S ganz nach rechts stellt, schließt die

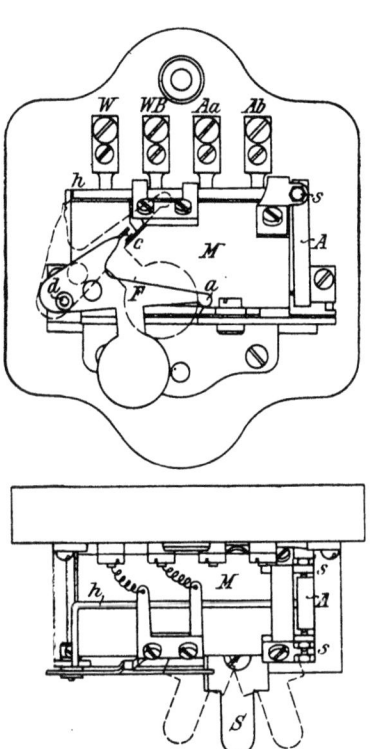

Abb. 255. Fallscheibe.

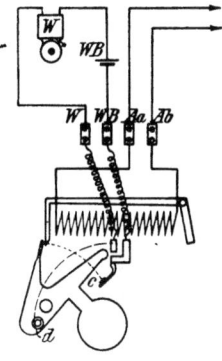

Abb. 256.
Stromlauf zur Fallscheibe.

Scheibe F beim Fallen auch den Stromkreis des Weckers.

Die Elektromagnetwindungen des Hauptapparats und der Fallscheibe werden stets hintereinander geschaltet.

Die Leitungen von A a und A b führen zum Fernsprechgehäuse.

Über den Magnet wird ein Gehäuse gesetzt, aus dem oben die Klemmen und unten nur die Fallscheibe in ihrer tiefsten Stellung heraustreten.

332 Nebenapparate.

Der Wechselstromwecker (Abb. 257) ist ein polarisierter Apparat; er besitzt gewöhnlich zwei Glocken, die auf den Ansätzen einer Messingplatte w durch Schrauben befestigt sind. An w ist eine Eisenplatte g rechtwinklig angeschraubt, die einerseits den unteren Schenkel des Stahlmagnets NS, anderseits einen Elektromagnet trägt. Die Pole des Elektromagnets sind demnach gleichnamig und ungefähr gleich stark, ziehen also je das gegenüberliegende Ende des Ankers a ungefähr gleich stark an. Die Bewicklung der Elektromagnete ist so geführt, daß ein Strom, der

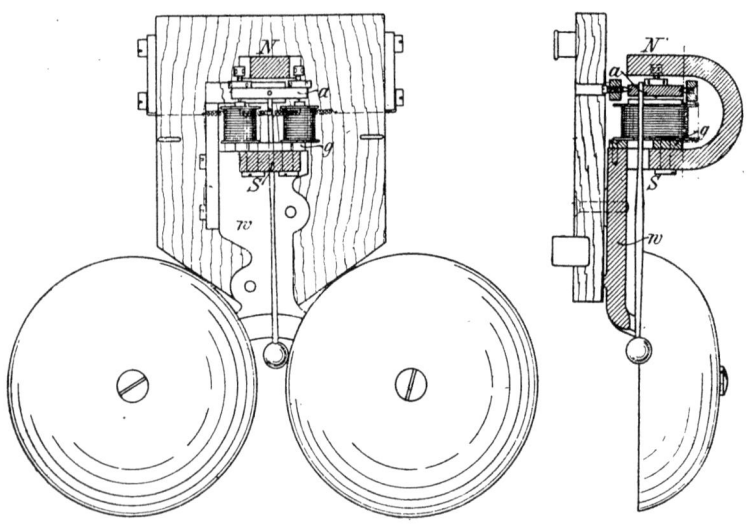

Abb. 257. Wechselstromwecker.

den linken Elektromagnetkern stärkt, den rechten schwächt, und umgekehrt. Tritt also ein Strom in die Wicklung, so erhält jedesmal einer der Elektromagnete das Übergewicht. Bei Wechselstrom wechselt demnach das Übergewicht, und der Anker führt Schwingungen aus, bei denen er bald die eine, bald die andere Glockenschale berührt.

Die Rollen des Elektromagnets sind mit einem außerordentlich feinen, nur 0,05 mm starken, mit Seide umsponnenen Kupferdraht bewickelt. Jede Rolle enthält 1800 bis 2000 Umwindungen. Der Gesamtwiderstand des Elektromagnets beträgt 1400 bis 1700 Ω. Während diese Form in Sp-Leitungen verwendet wird, findet man in den Orts-Fernsprechnetzen meist den Wecker Stf., dessen elektromagnetischen Teil Abb. 258 wiedergibt. Zwei [-förmige Stahlmagnete sind am einen (unteren) Ende durch ein Eisenstück verbunden. Auf dem hierdurch gebildeten gemeinsamen Pol erheben sich zwei Eisenkerne mit den Spulen; zwischen den Enden der Eisenkerne und den oberen Polen der Stahlmagnete schwebt der Anker, wie in Abb. 257. Die Rollen haben nur 300 Ω.

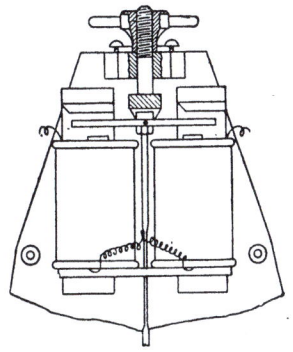

Abb. 258.
Wechselstromwecker Stf.

Der Wechselstromwecker Stf (M 1903), Abb 259, dient sowohl als Einzelwecker wie zur Ausrüstung der schrankförmigen Wandgehäuse. Er enthält einen rechtwinklig gebogenen Dauermagnet M, mit dessen aufgebogenem Schenkel der Lagerbock für den Anker a verschraubt ist. Die Kerne des Elektromagnets e e sind mit ihrem Joch auf einer ebenfalls rechtwinklig gebogenen Messingplatte m befestigt.

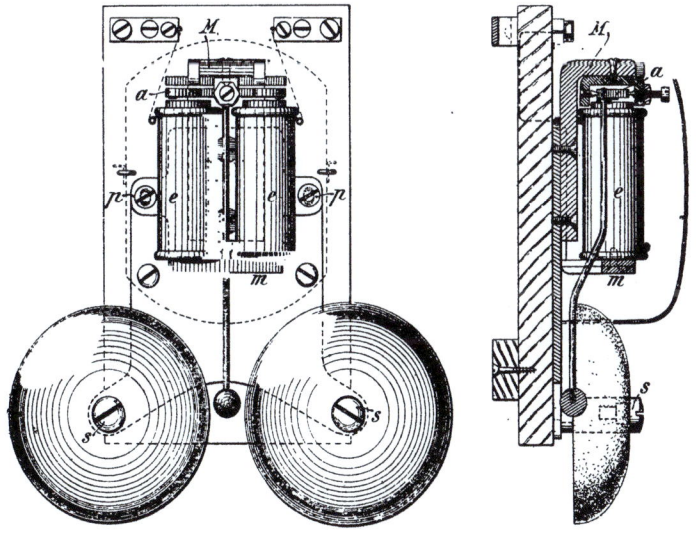

Abb. 259. Wechselstromwecker Stf. (M 1903).

Die Elektromagnetrollen dieses Weckers sind bei dem gleichen Widerstand von 300 Ω länger und mit stärkerem Draht bewickelt als die älteren Formen, um die Induktivität und die Empfindlichkeit zu erhöhen. Bei richtiger Einstellung spricht der Wecker auf den Strom eines Induktors Stf. mit 35 V Spannung in einem Schließungskreise bis zu 15 000 Ω Widerstand an.

Zur Einschaltung in Sp-Leitungen wird der Wecker mit größerem Elektromagnet gebaut; der Kern des letzteren wird aus Eisenblech zusammengesetzt (geblättert), um Wirbelströme zu verhüten (S. 112), die sonst im vollen Metall der Kerne durch die Fernsprechströme erzeugt würden. Die Rollen dieses Weckers — Sp (M. 1904) — haben zusammen 1500 Ω und 22 000 Windungen.

Ein zuerst von Mix & Genest hergestellter Wechselstromwecker mit nur einer Glocke (Abb. 260) unterscheidet sich auch dadurch von dem beschriebenen, daß die Schenkel des Elektromagnets samt Anker und Klöppel von der Glocke vollständig überdeckt werden. Der Klöppel schlägt abwechselnd gegen zwei an der Innenseite der Glockenschale angebrachte Metallansätze.

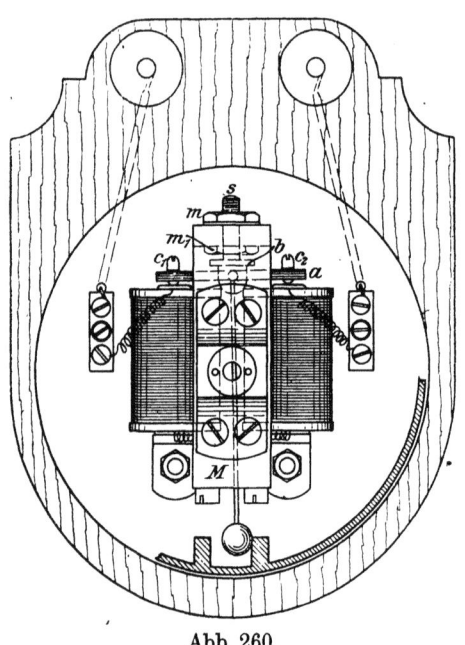

Abb. 260.
Wechselstromwecker mit einer Glocke.

Der Wechselstromwecker großer Form (Abb. 261) ist zur Anbringung im Freien bestimmt; er besitzt zwei große Kelchglocken und ein wasserdicht abgeschlossenes Elektromagnetsystem. Die Glocken sind an zwei schräg nach unten gerichteten Armen der messingenen Grundplatte verschiebbar befestigt.

Die Kerne der Elektromagnetspulen sind oben durch ein Eisenstück q, unten durch eine Messingplatte m verbunden, durch welche die dreieckigen Polschuhe p_1 p_2 hindurchgreifen; mit dem Eisenstück q sind die Dauermagnete M_1 M_2 verschraubt. Zwischen den Polschuhen p_1 p_2 spielt der Anker a um die Achse a ; seine Verlängerung trägt den hammerförmigen Klöppel. Über den Elektromagnet, dessen Umwindungen 300 Ω Widerstand besitzen, und den Anker wird eine Messingkappe gestülpt und mit drei Schrauben an der Grundplatte befestigt, wobei sich der untere Rand auf einen Gummiring preßt.

Wechselstromwecker großer Form werden auch mit nur einer Glocke gebaut.

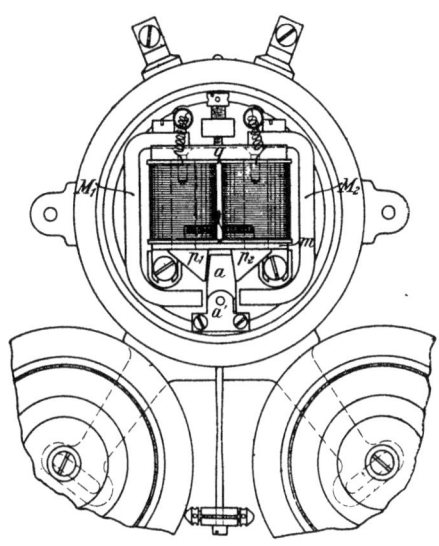

Abb. 261. Wechselstromwecker großer Form.

Ankerumlegefeder. Im ZB-Betrieb kommt es vor, daß beim Trennen einer Verbindung ein Induktionsstoß in die Anschlußleitung gelangt. Damit auf diesen Stoß der Wecker nicht anspreche, wird sein Anker durch eine Blattfeder (Ankerumlegefeder) gegen den einen der Magnetpole, der Richtung des Stromstoßes entsprechend, angedrückt; vgl. Abb. 414 und 415.

Einstellen und Regulieren der Wechselstromwecker. Bei den meisten Formen läßt sich der Anker gegen die Magnetpole verschieben. In Abb. 258 dient hierzu die oben mit Kreuzkopf versehene Schraubenmutter, deren Spindel den Anker trägt, bei anderen Weckerformen sind exzentrische Scheiben angebracht, um diese Verschiebung bequem auszuführen, bei Abb. 260 dient zu gleichem Zwecke die Schraube s mit Mutter m. Bei anderen Formen verschiebt man den Magnet; so bei Abb. 259, wo die beiden Schrauben p durch Schlitze der Grundplatte des Magnetsystems fassen;

nach Lösen der beiden Schrauben kann man den Magnet bewegen. Bei Abb. 261 dient zu gleichem Zwecke die oberhalb q sichtbare Schraube. Außerdem werden bei den Wechselstromebenso wie bei den Gleichstromweckern die Glocken gedreht, um den richtigen Abstand vom Klöppel zu finden. In Abb. 261 sind zu gleichem Zwecke im Glockenträger Schlitze angebracht.

Die auf S. 332 bis 334 beschriebenen Wecker werden mit Hilfe eines stählernen Stellblechs von 0,3 mm Stärke eingestellt; drückt man den Anker einerseits auf den Magnet nieder, so muß das Stellblech sich eben noch im andern Zwischenraum zwischen Magnet und Anker bewegen lassen. Der Klöppel muß in den Endlagen bis auf Papierdicke den Glocken genähert werden. Der Wecker Stf. 03 mit 300 Ω Widerstand spricht noch auf 3 mA, der ältere Stf.-Wecker (Abb. 257) mit 300 Ω noch auf 5 mA an.

II. Die Umschalter.

Zu den Verbindungen der Apparate, Leitungen und Stromquellen miteinander sind oft Veränderungen vorzunehmen. Eine Leitung soll mit einem anderen Apparat wie gewöhnlich oder mit stärkerer Batterie betrieben werden, man will eine Leitung isolieren oder erden, eine Messung daran ausführen u. a. m. Soweit es sich um wiederkehrende und vorauszusehende Änderungen handelt, werden sie zweckmäßigerweise vorbereitet, indem man die Leitungen, Zuführungen zu Apparaten, Batterien u. dgl. an Umschalter führt, an denen die Drähte unverändert liegen bleiben, während man durch Stöpsel, Kurbeln u. dgl. die gewünschten Schaltungsänderungen ausführt.

Stöpselumschalter. Auf einem isolierenden Grundbrett (Holz, Hartgummi u. dgl.) werden mehrere Messingschienen mit Klemmschrauben befestigt.

Die Schienen sind voneinander durch Luftzwischenräume isoliert und haben an passenden Stellen Ausbohrungen, so daß durch Einstecken eines Messingstöpsels je zwei oder je drei Schienen leitend miteinander verbunden werden können. Um die leitende Verbindung sicher herzustellen, sind die Stöpsel konisch, so daß sie recht fest eingesteckt werden können. Auch sind Stöpsel im Gebrauch, welche von unten bis zur Hälfte aufgeschlitzt sind, beim Einstecken daher federnd wirken und die metallische Verbindung noch sicherer herstellen.

Stöpselumschalter.

Die einzelnen Arten der Umschalter werden mit Nummern bezeichnet. Die Anzahl der gebräuchlichen Umschalterarten beträgt 8, und zwar:

Nr. I: Linienumschalter für 5—12 Leitungen,
„ II und II a: Linienumschalter für 4 od. 6 Leitungen,
„ III: Ausschalter,
„ IV: Umschalter mit 3 Schienen,
„ V und V a: Kurbelumschalter, s. S. 342,
„ VI, VI a und VII: Umschalter für Zwischenämter,
„ VIII: Stromwender.

Die Leitungen der großen unterirdischen Telegraphenlinien werden an besondere Kabelumschalter gelegt.

Der Umschalter I, Linienumschalter (Abb. 262), be-

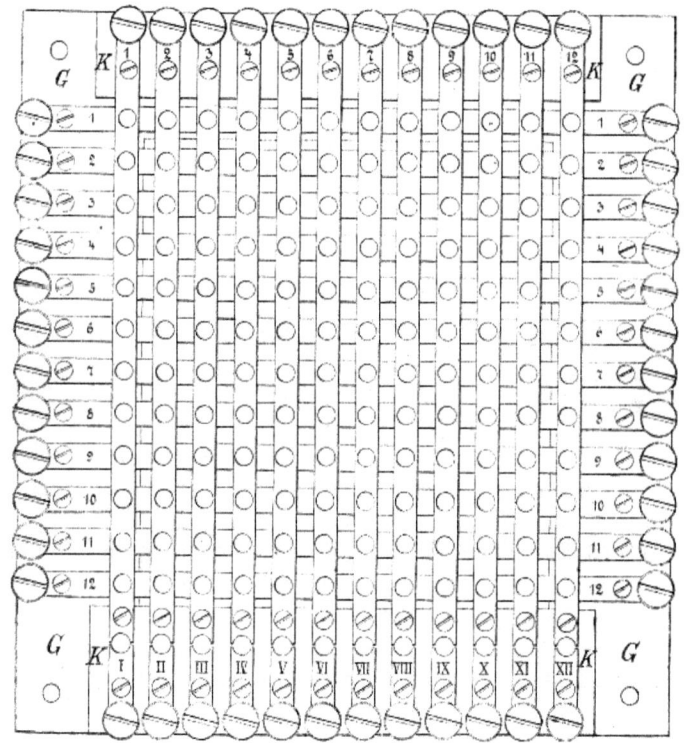

Abb. 262. Linienumschalter (Nr. I) für 12 Leitungen.
Strecker, Die Telegraphentechnik. 6. Aufl. 2. Abdr.

steht aus 24 isolierten mit Klemmschrauben versehenen Messingschienen, die auf einem Holzrahmen G befestigt sind. Diese Schienen bilden zwei Gruppen, eine obere und eine untere. Die Schienen der oberen Gruppe kreuzen die der unteren Gruppe mit Einhaltung eines geringen Abstands unter rechtem Winkel. An den Kreuzungsstellen sind die Schienen durchbohrt, so daß vermittels eines Stöpsels je zwei sich kreuzende Schienen leitend miteinander verbunden werden können. Gegenüber den unteren Enden der senkrechten Schienen stehen kleine mit Klemmschrauben versehene Ansatzschienen, mit den römischen Zahlen I bis XII bezeichnet, welche mit den senkrechten Schienen durch Stöpsel ebenfalls verbunden werden können.

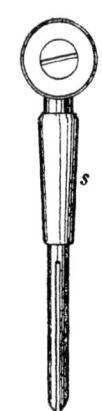

Abb. 263.
Stöpsel zum Umschalter I.

Die Messingstöpsel sind konisch, ihr unteres zylindrisches Endstück ist aufgeschlitzt und federt daher beim Einsetzen (Abb. 263).

Diese Umschalter werden auf mittelgroßen Ämtern verwendet. An die senkrechten Schienen werden die von den Blitzableitern kommenden Leitungsdrähte geführt, an die Ansätze I—XII die zu den Apparaten führenden Drähte. Die wagrechten Schienen dienen zur Verbindung von Leitungen untereinander; die letzte wagrechte Schiene 12 steht mit der Erdleitung in Verbindung.

Nach Bedürfnis werden mehrere solcher Linienumschalter, in geeigneter Weise verbunden, aufgestellt.

Für gewöhnlich sind die Ansatzschienen oder Apparatschienen durch Stöpsel mit den senkrechten Schienen 1—12 verbunden. Liegen an den senkrechten Schienen 1—12 Leitungen, so steht jede Leitung mit ihrem zugehörigen Apparat in Verbindung.

a) Es soll eine Leitung isoliert werden. Der Stöpsel zwischen Leitungs- und Apparatschiene wird entfernt.

b) Es soll eine Leitung mit Erde verbunden werden. Der Stöpsel zwischen der Leitungs- und der Apparatschiene wird herausgenommen und in die Kreuzungsstelle mit der Erdschiene (wagrechte Schiene 12) eingesetzt.

c) Zwei Leitungen sollen unmittelbar miteinander verbunden werden. Es seien z. B. die an die Schienen 2 und 8 geführten

Leitungen miteinander zu verbinden. Zu diesem Zwecke benutzt man eine freie, wagrechte Schiene, etwa die Schiene 3, entfernt die Stöpsel zwischen 2 und II sowie zwischen 8 und VIII und setzt den einen Stöpsel in die Kreuzung der senkrechten Schiene 2 mit der wagrechten 3, den zweiten in die Kreuzung der senkrechten Schiene 8 mit der wagrechten Schiene 3.

d) Eine Leitung soll mit dem Untersuchungsinstrument, zu welchem von der wagrechten Schiene 11 aus eine Leitung führt, verbunden werden. Man entfernt den Stöpsel zwischen der Leitungs- und Apparatschiene und setzt ihn in die Kreuzungsstelle der Leitungsschiene mit der wagrechten Schiene 11.

e) Eine Leitung soll auf einen Aushilfsapparat gelegt werden, welcher mit der wagrechten Schiene 10 in Verbindung steht. Man entfernt den Stöpsel zwischen der Leitungs- und Apparatschiene und setzt ihn in die Kreuzungsstelle der Leitungsschiene mit der wagrechten Schiene 10 ein.

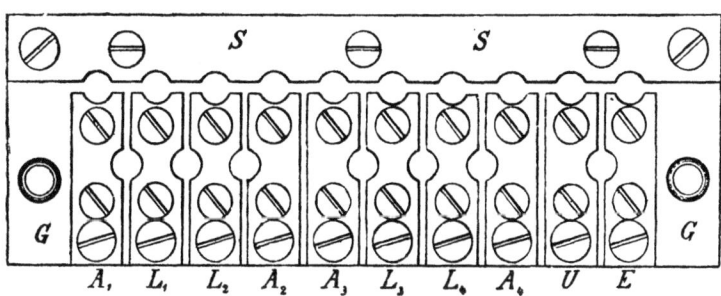

Abb. 264. Umschalter II, ältere Form.

Der Umschalter II, Linienumschalter (Abb. 264), besteht aus 10 kurzen parallelen Schienen und einer vor dieser liegenden langen Schiene. An die mit L_1 bis L_4 bezeichneten Schienen werden die Leitungen gelegt, mit der Schiene U kann ein Meßinstrument verbunden werden, an Schiene E liegt die Erdleitung. Von den Schienen A_1 bis A_4 führen Drähte zu den Apparaten. Die Schiene S dient zur Verbindung zweier Leitungen untereinander oder einer Leitung mit Erde oder dem Meßinstrument, endlich auch, um eine Leitung auf einen anderen Apparat zulegen.

Die neuere Form des Umschalters II, als II a bezeichnet, zeigt Abb. 265. Zwischen zwei Längsschienen E und U liegen 6 Paare

340 Nebenapparate.

Querschienen; die Schienen jedes Paares können unter sich, alle Schienen mit den Längsschienen durch Messingstöpsel verbunden werden. Der Umschalter läßt sich durch Entfernen der beiden Schrauben s s in zwei Hälften zerlegen. An die mit arabischen Zahlen bezeichneten Querschienen werden die Leitungen, an die mit römischen Zahlen bezeichneten die Zuführungen zu den Apparaten gelegt. Der Umschalter dient für 6 Leitungen.

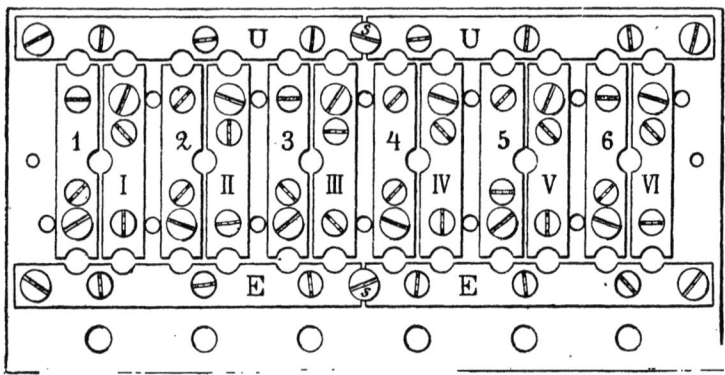

Abb. 265. Umschalter II a, neuere Form.

Die Schiene E wird mit der Erdleitung verbunden; an die Schiene U kann ein Meßinstrument gelegt werden, auch läßt sie sich benutzen, um eine Leitung auf einen andern Apparat zu schalten. Entfernt man den zwischen zwei Schienen eines Paares sitzenden Stöpsel, so wird die Leitung isoliert. Neben E befinden sich im Grundbrett Löcher zur Aufbewahrung der Stöpsel.

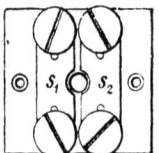 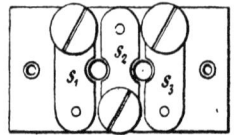

Abb. 266. Umschalter III.   Abb. 267. Umschalter IV.

Der Umschalter III (Abb. 266) besteht aus zwei Schienen und einem Stöpsel und wird lediglich zum Ausschalten benutzt. Um einen Apparat zeitweise aus dem Stromkreise ausschließen zu können, führt man seine Zuleitungen zu den oberen Enden der beiden Schienen und schaltet den Apparat zwischen die unteren Enden der Schienen ein. Wenn der Stöpsel steckt, so ist der Apparat ausgeschaltet, da der Strom dann von der einen Schiene über den Messingstöpsel seinen Weg zur anderen Schiene findet.

Der Umschalter IV (Abb. 267) wird benutzt, um eine an die Mittelschiene gelegte Leitung nach Belieben mit einem von zwei Stromwegen, die von den beiden äußeren Schienen ausgehen, in Verbindung zu setzen.

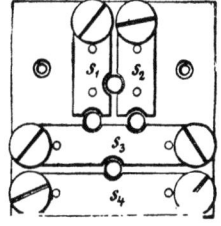
Abb. 268. Umschalter VI.

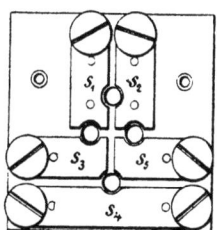
Abb. 269. Umschalter VI a.

Die Umschalter VI (Abb. 268) und VI a (Abb. 269) unterscheiden sich dadurch, daß die Schiene s_3 des Umschalters VI bei dem Umschalter VI a in zwei Hälften zerlegt ist. Beide Umschalter werden für Trennstellen in Ruhestromleitungen benutzt. (Siehe S. 430.)

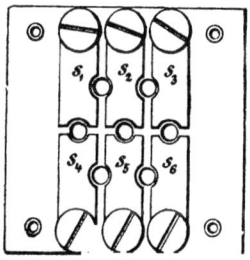
Abb. 270. Umschalter VII.

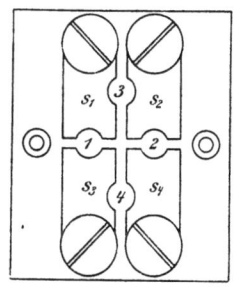
Abb. 271. Umschalter VIII.

Der Umschalter VII (Abb. 270) besteht aus sechs Schienen und findet Verwendung bei Trennstellen in Arbeitsstromleitungen (vgl. Abb. 363, S. 434).

Der Umschalter VIII (Abb. 271) besteht aus vier Schienen. Je nachdem die Stöpsel in Loch 1 und 2 oder in Loch 3 und 4 eingesetzt werden, läßt sich die Stromrichtung einer zwischen s_2 und s_3 eingeschalteten Batterie umkehren.

Kabelumschalter. Die Linienumschalter für die großen unterirdischen Linien sind mit besonderer Sorgfalt isoliert. Ihre Längs- und Querschienen, deren Zahl sich nach der Aderzahl des Kabels sowie danach richtet, ob der Umschalter für End- oder Zwischenanstalten mit Apparat oder lediglich für Untersuchungsstellen bestimmt ist, ruhen auf einem von vier Hartgummisäulchen getragenen Rahmen aus dem gleichen Material und sind durch einen verschließbaren Holzkasten mit Glasdeckel gegen das Eindringen von Staub und Feuchtigkeit geschützt. Sie werden in drei Formen gebaut, welche die Bezeichnung Kabelumschalter Nr. I, II und III führen. Die Umschalter I finden Verwendung bei Endstellen, die Umschalter II bei Zwischenstellen mit mehreren Apparaten oder mit Übertragung, die Umschalter III bei solchen Zwischenstellen, die nur zur Untersuchung in das Kabel eingeschaltet sind. Zur Ausführung der Leitungsverbindungen dienen bei den Kabelumschaltern I nur Stöpsel, bei den Umschaltern II und III außer den Stöpseln auch kleine, zum Aufschrauben eingerichtete Verbindungsschienen. Abb. 272 stellt einen Kabelumschalter Nr. III für 4 Leitungen in Ober- und Seitenansicht dar.

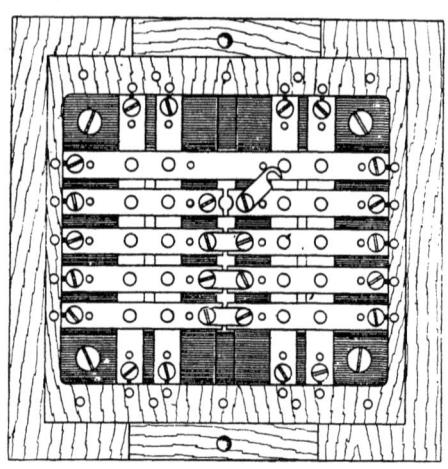

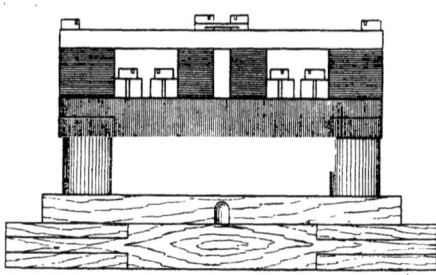

Abb. 272. Kabelumschalter III.

Kurbelumschalter (Abb. 273 bis 276). Ein Metallarm, die Kurbel, ist auf einer Schiene drehbar befestigt; die gut leitende Verbindung zwischen Schiene und Kurbel wird durch eine mit beiden Teilen verschraubte Spiralfeder gesichert. Die Kurbel läßt sich durch Drehung mit einer der beiden vor ihr befestigten Messingklemmen verbinden. Diese Umschalter sind mit isolierenden Kästen abgedeckt, aus denen nur der Griff hervorschaut; dieser besteht entweder selbst aus Isolierstoff (Abb. 274) oder er ist von den stromführenden Teilen isoliert (Abb. 275, 276).

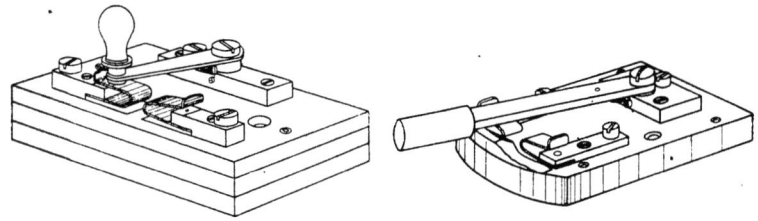

Abb. 273. Umschalter V.   Abb. 274. Umschalter V (M. 1900).

Bei dem Umschalter Nr. V (M 00), Abb. 274, bildet der Kurbelgriff die Verlängerung der Kurbel und sind die Messingschienen senkrecht zu den Kontaktfedern angebracht.

Der Umschalter Nr. Va (M 00), Abb. 275, auch Doppelkurbelumschalter genannt, besteht aus der Verbindung zweier Umschalter Nr. V. Die beiden Messingkurbeln sind durch einen isolierenden Steg verbunden, der zugleich den Griff trägt. An ihrer Unterseite sind starke Blattfedern festgeschraubt, deren nach unten ausgewölbte Enden auf den Kontaktschienen schleifen. In jedem Schienenpaar ist der Zwischenraum zur Erleichterung des Hinübergleitens mit Vulkanfiber ausgefüllt.

Der Kurbelumschalter wird auch in Dosenform verwendet unter der Bezeichnung Kurbelumschalter V (M 12); vgl. Abb. 276. Grundbrett und Deckel sind aus Tolsit, einem Isolierstoff, gepreßt. Aus der Kappe ragt nur der Stellhebel hervor, der von den stromleitenden Teilen isoliert ist. Er bewegt einen kleineren Hebel, der mit dem Kontakt-

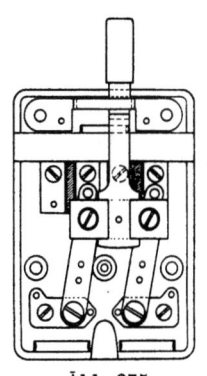

Abb. 275.
Umschalter V a
(M 00).

stück, auf dem er dauernd liegt, zur Sicherung der Stromleitung noch durch eine Feder verbunden ist. Zur Bezeichnung der Hebel-

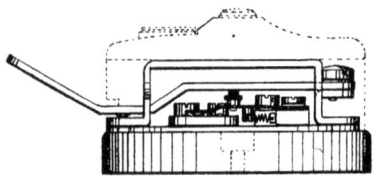

stellungen dient ein Bezeichnungsschild aus Metallrahmen mit Zelluloidscheibe und Papiereinlage, auf welche die Bezeichnung geschrieben wird.

Federumschalter. Die zu verbindenden oder umzu-

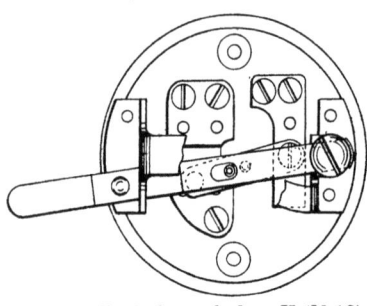 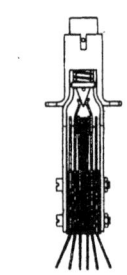

Abb. 276. Kurbelumschalter V (M 12).　　Abb. 277. Wecktaste.

schaltenden Leitungen werden zu Federn aus hartem Neusilberblech geführt, die unter Zwischenlage von Isolierschichten (meist Hartgummi) aufeinandergeschichtet sind. Solche Umschalter werden zu mannigfachen Zwecken benutzt; als Beispiel stellt Abb. 277 eine Wecktaste dar. Zu den sechs Federn, die in Lötösen endigen, werden sechs Drähte geführt, zur 2. und 5. die Zweige der Leitung, in die der Weckruf gesandt werden soll, zur 1. und 6. die Zuleitungen von der Stromquelle und zur 3. und 4. die Weiterführungen; vgl. z. B. T_1 und T_2 in Abb. 419a u. 454. Bei gehobenem Druckknopf (Ruhestellung), welche die Abb. 277 darstellt, sind 2 und 3, 4 und 5 verbunden; bei Druck auf die Taste 1 mit 2, 5 mit 6. Andere Beispiele sind der Hör- und Sprechumschalter, Abb. 399, die Dienstleitungstaste, Abb. 400. Häufig benutzt man solche Umschalter, um mit einem Betriebsvorgang, der einen anderen Zweck hat, eine erforderliche Umschaltung zu verbinden; Beispiele sind der Stöpselsitzumschalter, Abb. 401, der Hakenumschalter des Fernsprechgehäuses, Abb. 409.

Die Federumschalter werden gewöhnlich nach der Art des

Feder- und Klinkenumschalter.

bewegenden Mechanismus, z. B. Kippumschalter, oder nach dem Verwendungszweck, z. B. Sprechumschalter, benannt.

Klinkenumschalter. Eine Klinke besteht aus isolierten Metallfedern (Klinkenfedern) mit Kontaktspitzen und -flächen und einer Metallhülse (Klinkenhülse, Buchse); mit den Metallfedern sind die Leitungen verbunden. Zur Änderung der Schaltung führt man Stöpsel in die Klinken ein; diese sitzen meist an einer Leitungsschnur (Stöpselschnur), welche bei der Umschaltung mitwirkt.

In Abb. 278 sieht man 3 Klinkenfedern, die einen Federumschalter bilden, und den in der Buchse steckenden dreiteiligen Stöpsel, der sich in eine dreiadrige Leitungsschnur (Adern a, b, c) fortsetzt. Eine Doppelleitung legt man mit einer Abzweigung vom einen (dem b-) Zweig an die längste Feder; Klinken, die nur solche Federn haben, heißen Parallelklinken; vgl. Abb. 446, 475, 476. Der andere (a-) Zweig wird zur zweiten Feder hinzu- und von der dritten weggeführt (Unterbrechungsklinke).

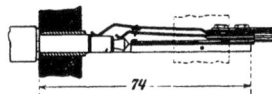
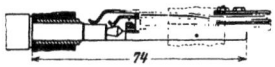

Abb. 278. Dreiteilige Klinke.   Abb. 279. Doppelunterbrechungsklinke.

Die Buchse ist in der Regel ein Teil des metallenen Auflagers der Federn, welches durch die beiden Packungsschrauben mit der obersten Lötfahne verbunden ist; dort kann eine dritte Leitung, die c-Leitung, angelegt werden, welche auch Buchsenleitung genannt wird und meist zu Prüfzwecken dient. Abb. 279 zeigt eine Feder mehr und zwei Unterbrechungskontakte (1. Feder mit der 4., 2. mit der 3., Doppelunterbrechungsklinke). Diese beiden Klinken werden bei dem Vielfachumschalter OB 02, vgl. Abb. 464, verwandt. Führt man den Stöpsel ein, dessen innere Einrichtung aus Abb. 282 zu erkennen ist, so kommt seine Spitze mit der a-Feder, der Mittelteil mit der b-Feder, der Hals mit der Buchse in Berührung; die Verbindungen dieser Federn mit ihren Auflagern werden aufgehoben, der b-Zweig der Doppelleitung mit der b-Ader der Schnur, der a-Zweig der Doppelleitung mit der a-Ader, die Buchse mit der c-Ader verbunden. Am anderen Ende der Schnur sitzt ein ebensolcher Stöpsel; hat man beide in Klinken eingeführt, so sind die a-Zweige der zwei zu diesen Klinken gehörigen Leitungen miteinander, die b-Zweige miteinander und die Buchsenleitungen der Klinken untereinander verbunden.

Die Klinken und Stöpsel werden sehr verschieden gebaut, je nach der Verwendung, wie aus den zahlreichen Abbildungen dieses Buches zu ersehen ist. Die schematische Darstellung der Klinken und Stöpsel für Stromläufe ersieht man aus den Abb. 445, 464, 475 u. a.

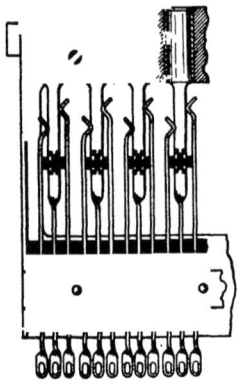

Abb. 280. Klinkenstreifen.

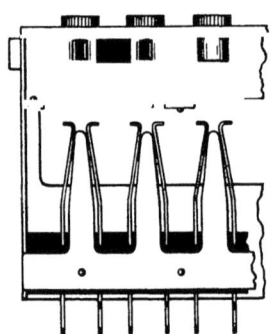

Abb. 281. Glühlampenstreifen.

Die Klinken werden entweder als Einzelklinken gebaut und sind dann verhältnismäßig kräftig und groß; oder man vereinigt sie zu 10 oder 20 in Klinkenstreifen (Abb. 280), wo sie durch den Ein- und Zusammenbau den nötigen Halt gewinnen und im einzelnen nicht so stark gebaut zu werden brauchen. Diese Klinkenstreifen werden dann in Reihen übereinander und nebeneinander zum Klinkenfeld aufgebaut. In vielen Fällen werden Bezeichnungsstreifen zwischen die Klinkenstreifen gelegt (vgl. Abb. 292, 467), in anderen Fällen werden die Klinken nur nach ihrer Lage im Feld numeriert; neuerdings werden die Nummern weggelassen, die Streifen nur zur Erleichterung des Abzählens in der Mitte mit 3 weißen Punkten abgeteilt. Wo als Anrufzeichen Glühlampen verwendet werden, baut man auch diese in Streifen von derselben Länge wie die Klinkenstreifen zusammen (Abb. 281) und legt sie so zwischen die Klinkenstreifen, daß die Anruflampe über der zugehörigen Anruf- oder Abfrageklinke liegt; vgl. Abb. 467. Die Umschalter für Telegraphenleitungen haben nur kleine Klinkenfelder mit 30, 50 bis zu einigen 100 Klinken; die Umschalter für Fernsprechbetrieb bekommen häufig Felder mit mehreren tausend Klinken (vgl. Abb. 468).

Die Stöpsel sind meist dreiteilig (Abb. 282): Spitze, Ring und Hals oder Schaft; manchmal nur zwei-, manchmal einteilig. Zwei der drei Adern der Leitungsschnur werden an den in Abb. 282 zu erkennenden Klemmen angelegt, die dritte, zum Hals führende, wird beim Zusammen-

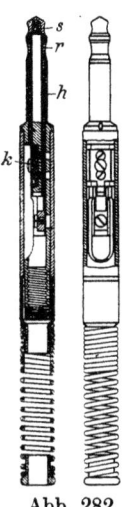

Abb. 282.
Dreiteiliger
Stöpsel mit
Schnurschutz.

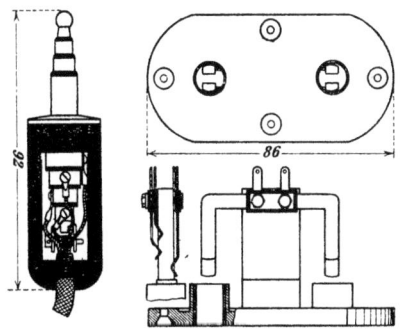

Abb. 283. Vierteiliger Anschlußstöpsel mit Doppelklinke.

setzen des Stöpsels in das grobe und verrundete Gewinde am Ende des Griffs eingeklemmt.

Der Griff ist außen mit einer Fiberhülle versehen, welche bei den älteren Einrichtungen schwarz für den Abfragstöpsel, rot für den Verbindungsstöpsel, jetzt für alle Stöpsel rot ist.

Abb. 283 zeigt einen vierteiligen Stöpsel, der zum Anschluß des Hör- und Sprechapparates der Beamtin an einen Vielfachumschalter zum Fernsprechbetrieb dient. Die Klinke ist doppelt, damit der Aufsichtsbeamte sich neben der Platzbeamtin einschalten kann.

Die Schnüre bestehen, um sie recht biegsam zu machen, aus Litzen von Lahnfäden. Ein Lahnfaden ist ein seidener oder baumwollener Faden, der mit einem dünnen Kupferband

(0,01×0,3 mm) dicht umsponnen ist; 3×7 Lahnfäden werden verseilt, mit Baumwolle umsponnen; 2 solche Adern und 2 blinde Adern aus Faden zur Schnur verseilt, mit Baumwollfäden umwickelt und mit Leinenpapier umklöppelt. Die Schnur ist starker Abnutzung unterworfen, die zahlreichen Biegungen verbrauchen sie besonders stark an der Stelle, wo sie aus dem Stöpsel tritt. Das dünne Kupferband bricht, die entstehenden freien Enden stechen durch die Bespinnung, bilden Kurzschluß, verursachen Geräusch im Fernhörer und können auch bei genügend starkem Strom zur Entzündung der Schnur führen. Sind viele Kupferbändchen an der gleichen Stelle der Schnur gebrochen, so stören die Widerstandsänderungen, die durch die wechselnden Berührungen der freien Enden in der Schnur hervorgebracht werden.

Man schützt daher die Schnur in der aus Abb. 282 ersichtlichen Weise durch eine Spiralfeder aus Stahldraht.

Die zum gleichen Paar gehörigen Schnüre sind gleichfarbig; zur besseren Kennzeichnung erhalten jetzt nebeneinanderliegende Paare verschiedene Farben. Diesen Farben entsprechen die der Decklinsen zu den Schlußlampen.

Es ist vorteilhaft, die Schaltung so zu gestalten, daß der Mikrophonspeisestrom nicht durch die Leitungsschnur fließt.

Ruf- und Prüfzeichen. Um die Aufmerksamkeit des bedienenden Beamten zu erregen und damit eine Verbindung einzuleiten, um den Fortgang einer Schaltung, das Aussenden von Strömen (Rufstrom) u. dgl. zu überwachen, bedarf man gewisser sicht- und hörbarer Zeichen; sie werden weiter unten (S. 362) beschrieben. Zum Teil werden sie einzeln, zum Teil reihenweise angebracht; auch die Klappen werden in Streifen zu 10 und 20 vereinigt, vgl. Abb. 450 und 463.

Die Klinkenumschalter erhalten die Form von Schränken, wie sie Abb. 291 für den Telegraphenbetrieb, Abb. 463 und 468 für den Fernsprechbetrieb zeigen. Abgesehen von der Höhe des Schrankaufsatzes, die durch die Größe des Klinkenfeldes bedingt wird, ist die allgemeine Einrichtung dieser Umschalteschränke immer dieselbe. Die Breite der Schränke ist verschieden. Sie werden bei größerer Breite in Arbeitsplätze eingeteilt, die so bemessen sind, daß eine Person, ohne sich wesentlich aus der Mitte des Arbeitsplatzes zu entfernen, den ganzen Platz bedienen kann. Der Arbeitsplatz wird in Paneele unterteilt, vgl. Abb. 463, 468.

In der Vorderfläche des Aufsatzes befindet sich das Klinkenfeld nebst den Anrufvorrichtungen (Klappen oder Glühlampen) und gewissen für den Betrieb nötigen Schauzeichen. Unterhalb des Klinkenfeldes schließt sich das Spiegelbrett an, auf dem einzelne Signalmittel, wie Glühlampen und Schauzeichen, auch Tasten, sitzen. Auf dem hinteren Teil der wagerechten Tischfläche ist das Stöpselbrett angebracht; die Stöpsel ruhen darin aufrecht, die Schnüre gehen durch das Brett ins Innere des Schranks und werden durch Gewichte gespannt gehalten, damit sie sich nicht verwirren. In der Tischfläche sitzen außerdem einige Umschalter, die für die Bedienung nötig sind. Ein Schrank umfaßt je nach der Zahl der zu bedienenden Leitungen einen, zwei oder drei Arbeitsplätze.

Der Schrank ist auf der Rückseite durch Einsatztüren abgeschlossen, ebenso im Unterteil der Vorderseite. Im Innern befinden sich auf der Rückseite des Klinkenfeldes und bei großen Umschaltern auch im Unterteil die Kabel, welche die zu den Klinken führenden Leitungen enthalten, die Systemkabel.

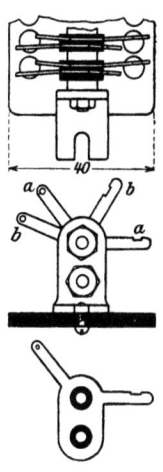

Abb. 284. Lötösenstreifen v. Zwietusch.

Leitungen, die von außen in den Schrank eintreten, werden zu den Lötösenstreifen geführt, die an Eisengittern im Unterteil des Schrankes, von der Rückseite zugänglich, befestigt werden. Eine Lötöse ist eine schmale Fahne aus Messingblech mit einem Loch oder Einschnitt, worin der Leitungsdraht festgelötet wird; vgl. Abb. 280, 323, 324.

Wenn man Blechstücke geeigneter Form, je mit zwei Lötösen, unter Zwischenschaltung von Isolation, ähnlich wie die Federn in Abb. 278 und 279 aneinanderreiht, so gibt dies ein billiges und raumersparendes Mittel, um Leitungen einer Art in solche anderer Art überzuführen. Eine ankommende Leitung wird an die eine Lötöse eines Bleches gelötet, ihre im Schrank zu führende Fortsetzung an die andere. (Lötösen-

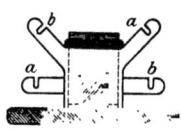

Abb. 285. Lötösenstreifen d. Deutsch. Telephonwerke.

streifen, Abb. 291 und 449.) — Wenn noch weiterer Raum im Schrank ist, so bringt man Sicherungen, Relais, Kondensatoren und andere zum Betrieb der zum Schrank geführten Leitungen nötige Apparate darin unter.

Klinkenumschalter für Telegraphenleitungen. In der älteren Form (1902) hatte das Klinkenfeld senkrechte Streifen; Feld und Stöpsel befanden sich hinter einem Schiebefenster (beschrieben in der 5. Auflage dieses Buches).

Der Klinkenumschalter M 08 hat wagrechte Klinkenstreifen; das Stöpselbrett tritt um 55 cm vor dem Schrank vor, das Schiebefenster zum Abschluß fehlt. Er ist so hoch, daß er, um die Übersicht des Betriebssaals nicht zu stören, nahe der Wand aufgestellt werden muß. Es gibt davon drei Größen: großer Hauptumschalter (1,86 m hoch, 1,53 m breit), mit zwei Klinkenfeldern, kleiner Hauptumschalter (1,86 m hoch, 1,10 m breit) mit einem Klinkenfeld, und Nebenumschalter (1,63 m hoch, 1,00 m breit) mit einem Klinkenfeld.

Ein Klinkenfeld der Hauptumschalter enthält 19 oder 20 wagerecht angeordnete Klinkenstreifen zu 20 Klinken. Die Klinkenstreifen werden durch gleichbreite Holzstreifen, auf denen die Bezeichnungen angebracht werden, voneinander getrennt. Das Feld kann 120 Leitungszweige aufnehmen.

Der obere Teil des Feldes (1. Abteilung) enthält 4 Gruppen aus je 3 übereinander liegenden Streifen für die zum Betriebe und zur Übertragung eingeführten Leitungen; Schaltung siehe Abb. 286, a bis d. Dann folgen 2 Abteilungen mit je zwei zusammengehörigen Streifen für die zur Untersuchung eingeführten Leitungen (Abb. 286 l) und für Aushilfsbatterien (Abb. 286 e). Die 4. Abteilung enthält nur einen Streifen für Untersuchungsapparate, Meßinstrumente und Aushilfsübertragungen (Abb. 286 g, f, k), die 5. einen Streifen für Klappen, Widerstände (Abb. 286 h, i) und Erden. Es bleiben noch 1 oder 2 Streifen mit Vorratsklinken übrig.

Über dem Klinkenfelde befinden sich 5 Klappen, die zur 5. Abteilung des Feldes geführt sind; außerdem befinden sich dort 2 oder 3 Strommesser, die an zweiadrigen Stöpselschnüren endigen. Der Beamte kann mit diesen den in einer Leitung fließenden Strom messen; die Klappen dienen zur Überwachung gestörter Leitungen.

Am hinteren Rande der Tischplatte befindet sich das Stöpsel-

Klinkenumschalter für Telegraphenleitungen.

brett mit zweiteiligen Stöpseln; die zweiadrigen haben schw:
Griffe, die einadrigen, deren Spitze zur Vermeidung von K
schlüssen isoliert ist, rote Griffe.

Unter dem Klinkenfelde steht im Schrank das Lötöseni
ein Eisenrahmen mit zahlreichen Lötösenstreifen, die von
Rückseite des Schrankes zugänglich sind.

Der große Klinkenumschalter enthält keinen Platz für
Blitzableiter, Leitungs- und Batteriesicherungen; diese mü:
in besonderen Schränken oder auf Eisengestellen untergebr:

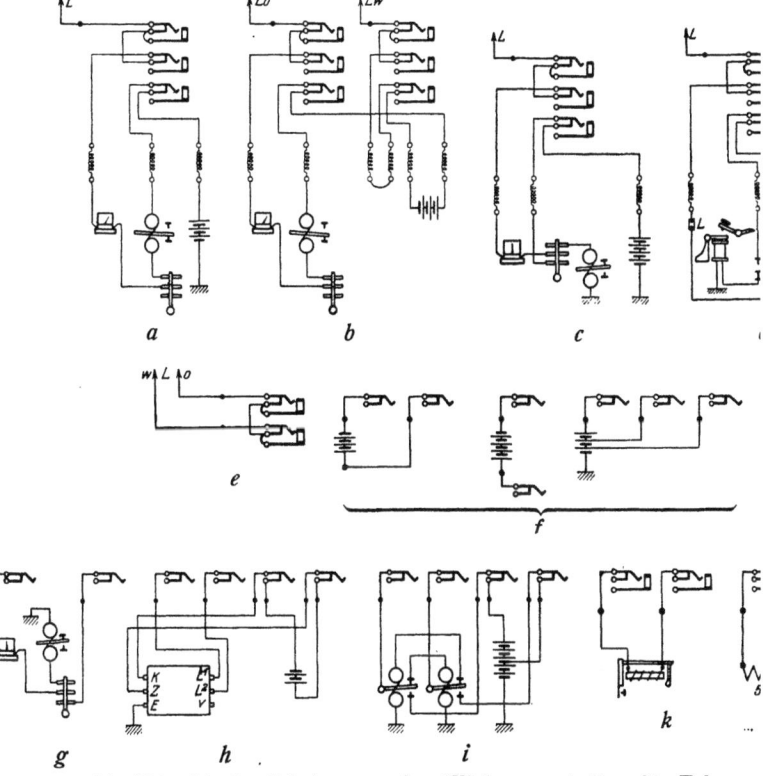

Abb. 286 a bis *l*. Schaltungen der Klinkenumschalter für Telegrap
leitungen M 08 und M 13.

a Ruhestrom, Endamt. *b* Ruhestrom, Zwischenamt. *c* Arbeitsst
Endamt. *d* Hughesleitung. *e* Zur Untersuchung eingeführte Leit
f Aushilfsbatterien. *g* Untersuchungsapparat. *h* Meßeinrichtung. *i*
hilfsübertragung. *k* Klappe. *l* Widerstände.

werden. Bei dem kleinen Klinkenumschalter sind die Batteriesicherungen an zwei Eisengittern befestigt, die von den Seitenwänden her zugänglich sind; jedes Gitter kann 56 Feinsicherungen mit Zusatzwiderstand und 2 zehnteilige Sätze Grobsicherungen zu 3 A aufnehmen; auch sind daran zwei Schienen mit 20 und 40 isolierten Klemmen angebracht, an denen man die durch zwei Kästen aus Eisenblech emporgeführten Batteriezuführungen befestigt und verzweigt.

Der Neben-Klinkenumschalter ist für 60 Leitungen eingerichtet und ist dazu bestimmt, den Hauptumschalter zu ergänzen, wenn dieser nicht ausreicht. Die auf den Nebenumschalter gelegten Leitungen werden indes auch über den Hauptumschalter geführt, erhalten dort aber nur zwei Klinken.

Der Umschalter M 08 wird nicht mehr beschafft; an seine Stelle tritt der nachstehend beschriebene.

Der Klinkenumschalter M 13 ist von geringerer Höhe, aber größerem Fassungsvermögen als M 08. Seine Höhe beträgt 1,22 m, die Breite für den großen Schrank 1,51 m, für den kleinen 0,92 m und für den Nebenumschalter 0,56 m. Der große Schrank hat ein Klinkenfeld aus 7 senkrechten und nebeneinanderliegenden Reihen (Paneelen) zehnteiliger Klinkenstreifen, die (wie bei dem vorher beschriebenen Umschalter) zu 3 oder 2 zusammengefaßt werden. Die beiden äußeren Paneele auf jeder Seite sind für die Betriebsleitungen bestimmt, von denen 200 untergebracht werden können. (Schaltung siehe Abb. 286 a bis d.) Das dritte und das fünfte Paneel enthalten im oberen Teil je 5 Paar Klinken für 200 zur Untersuchung eingeführte Leitungen (Abb. 286 l), im untern Teil je 2 Paar Klinken für 40 Erdstromschleifen (S. 427), das mittlere Paneel 8 Streifen für 80 Aushilfsspannungen (Abb. 286 e); der Rest dient für die übrigen Nebenzwecke, die bei M 08 besprochen worden sind. Der kleine Umschalter hat nur 4 Paneele und kann aufnehmen: 100 zum Betrieb, 100 zur Untersuchung eingeführte Leitungen, 20 Erdstromschleifen, 80 Aushilfsspannungen. An der Rückseite des Schrankes befindet sich ein Eisengitter zur Aufnahme der Lötösenstreifen und Verteilerösen, um die Außenkabel anzulegen und die eingeführten Leitungen zu verteilen. Auf dem Schrank werden 1 oder 2 Strommesser und Ohmmeter aufgestellt.

Zur Herstellung der Verbindungen dienen einadrige Schnurpaare mit dreiteiligen Stöpseln, deren Spitze isoliert ist. Für die Strommesser dienen zweiadrige Schnüre mit zweiteiligen Stöpseln. Die Blitzableiter, Leitungs- und Batteriesicherungen werden auf besonderen Eisengestellen untergebracht.

Die Innenverbindungen der Klinkenumschalter bestehen aus LB-Draht mit 0,8 mm starkem Kupferleiter.

Die Stromläufe[1]) Abb. 286 a bis l zeigen die Anordnung; die Leitungen kommen vom Zwischenverteiler, der nicht dargestellt ist. Bei den Leitungsklinken ist die Klinkenhülse mit der Auflagefeder verbunden, um zu verhüten, daß beim Einsetzen des Stöpsels für den Strommesser die Leitung unterbrochen wird.

Schiebt man einen Stöpsel in die oberste Klinke ein, so hebt man mit dessen isolierter Spitze die obere Klinkenfeder ab und verbindet sie dann über den b-Teil des Stöpsels mit der Schnur; setzt man nun den zweiten Stöpsel des Paares in eine andere Apparatklinke, so verbindet man die erste Leitung mit dem zweiten Apparatsatz. Auf dieselbe Weise kann man statt der gewöhnlich gebrauchten Batterie eine andere an die Leitung legen; zu diesem Zweck werden die Aushilfsbatterieklinken benutzt, deren Schaltung Abb. 286 f zeigt. Soll die Leitung gemessen werden, so setzt man den einen Stöpsel in die Leitungsklinke, den andern in die obere Meßklinke (Abb. 286 h) ein; handelt es sich um eine Schleifenleitung, so wird der andere Zweig durch ein zweites Stöpselpaar mit der zweiten Meßklinke verbunden. Die Schaltung nach Abb. 286 g dient dazu, eine Leitung zur Untersuchung auf ein Apparatsystem zu stöpseln. Die Klappen (Schaltung Abb. 286 k) dienen zur Überwachung gestörter Leitungen; ist z. B. eine Leitung unterbrochen, so verbindet man sie durch ein Stöpselpaar mit der Klappe und legt durch ein zweites Stöpselpaar an das andere Ende der Klappe eine passende geerdete Batterie oder Erde. Ist die Leitung wieder stromfähig, so fällt die Klappe. Ähnlich kann man Widerstände einschalten (Abb. 286 l). Die Aushilfsübertragung (Abb. 286 i) wird durch zwei Stöpselpaare eingeschaltet, Abb. 286 e stellt eine direkt verbundene Leitung dar, die nur zur Untersuchung eingeführt ist. Soll eine Leitung isoliert werden, so setzt man einen losen Stöpsel ohne Schnur in die

---

[1]) Um die Beschreibung des Umschalters nicht zu zerreißen, werden die Stromläufe gleich hier besprochen; es ist zweckmäßig, diesen Teil erst nach dem 20. Abschnitt sorgfältiger zu lesen.

354 Nebenapparate.

Leitungsklinke. Um die Leitung zu erden, verbindet man sie durch Stöpsel und Schnur mit einer geerdeten Klinke.

Der Klinkenumschalter M 15 für 10 Telegraphenleitungen ist ein Schränkchen, wie es Abb. 453 zeigt. Im oberen Teil befinden sich 5 Klappen, darunter 5 Streifen zu 10 Klinken. Die oberen 3 Klinken dienen wie die Klinken in den Abb. 286 a,b,c,d; die letzten 5 Klinken des untersten Streifens führen zu den Klappen, die übrigen 15 Klinken werden wie in Abb. 286 g, h, i usw. verwendet. Aus dem untersten Teil des Schrankes treten 7 bis 11 Paar Stöpselschnüre.

Anrufschränke. Solche Telegraphenleitungen, deren Verkehr nicht die ständige Bedienung durch einen besonderen Beamten erfordert, können zu mehreren vereinigt auf einen Klappenschrank gelegt werden. Der eingehende Anruf zeigt sich hier zunächst durch den Fall einer Klappe. Erst dann wird die Leitung mit einem Empfangsapparat verbunden.

Diese Anrufschränke werden in verschiedenen Größen gebaut: der Klappenschrank M 11 für 4 Ltgn., die Zentralanrufschränke für 20, 30, 50 und 60 Ltgn. und in Vielfachschaltung für 200 Ltgn.

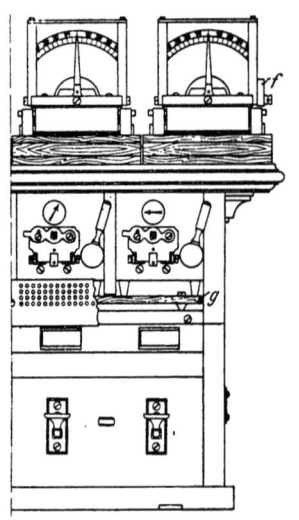

Abb. 287. Klappenschrank M 11 zu 4 Leitungen für Telegraphenbetrieb.

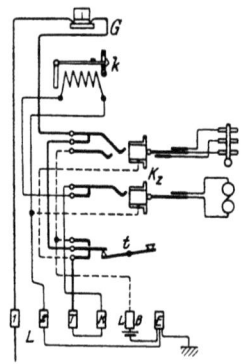

Abb. 288. Arbeitsstrom, Endstelle.

Der Klappenschrank M 11 zu vier Leitungen für Telegraphenbetrieb faßt bis zu vier Leitungen zusammen und weist sie einem Beamten zu. Abb. 287 zeigt die Hälfte eines solchen Schrankes, Abb. 288 die Schaltung. Die Betriebsapparate sind mit Stöpselschnüren verbunden und werden an den Klinken eingeschaltet; in den Leitungen liegen dauernd die Klappe k, die Taste t und das Galvanoskop G. Für gewöhnlich wird die Klappe mit ihrer ganzen Bewicklung eingeschaltet; bei Leitungen mit erhöhter Stromstärke, z. B. wenn die Magnetspulen

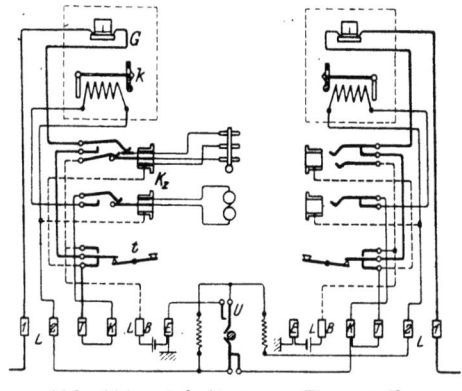

Abb. 289. Arbeitsstrom, Trennstelle.

der Betriebsapparate parallel geschaltet sind, benutzt man nur einen Teil der Bewicklung.

Die Klappen sind nicht fest eingebaut, sondern tragen auf der Rückseite Kontaktfedern, die sich gegen feste Anschlüsse an der Rückwand des Schrankes anlegen. Die Klappen stehen auf einem Schallbrett g; der Schallraum ist mit einem durchlöcherten Messingblech abgeschlossen. Der Hebel rechts von der Klappe ist mit dem Joch des Klappenmagnets verbunden; durch seine Drehung kann man das Joch an

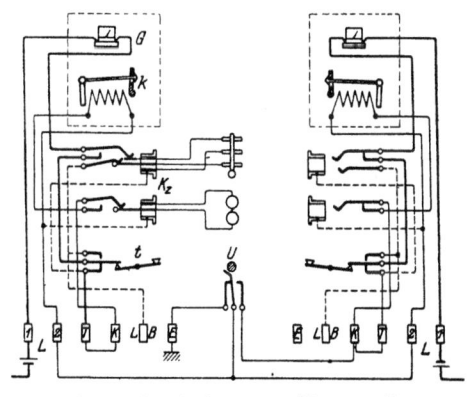

Abb. 290. Ruhestrom, Trennstelle.

beide Magnetschenkel anlegen oder es von dem einen entfernen; durch letztere Maßnahme verringert man die Anziehungskraft des Elektromagnets erheblich. Der Knopf über der Klappe dient zur Regelung der Abreißfeder des Klappenmagnets; sie ist am stärksten gespannt, wenn der Pfeil nach unten weist.

Die Fallklappe kann für Arbeits- und für Ruhestrom eingestellt werden.

Bei polarisierten Galvanoskopen benutzt man ein kleines Eisenstück f, um die etwaige gegenseitige Beeinflussung auszugleichen.

Die in Abb. 288 dargestellte Schaltung[1]) ist eine Endstelle in einer Arbeitsstromleitung; läßt man die Klemme LB unbesetzt (isoliert) und legt die Batterie zwischen L_2 und E, so erhält man eine Endstelle in einer Ruhestromleitung. Handelt es sich um Trenn- und Übertragungsämter, so wird für jeden Zweig ein Klinkensatz genommen und die beiden Sätze durch einen besonderen Federumschalter U verbunden, der 3, 4 oder 6 Federn enthält, je nachdem er einen Umschalter V, VI oder VII zu vertreten hat; er wird zwischen den beiden Tasten t in den Schrank eingebaut. Die Schaltung von Trennämtern für Arbeits- und für Ruhestrom, aus denen auch die Bedeutung des Umschalters U zu ersehen ist, zeigen die Abb. 289 und 290.

Die älteren Anrufschränke dieser Art (M 11) sind anders geschaltet. Vier Betriebstasten sind auf dem Apparattisch fest aufgestellt und je in eine bestimmte Leitung eingeschaltet; ein Empfangsapparat dient für die vier Sätze und wird durch einen Schalter in die Leitung gelegt; an den Klinken kann ein Aushilfssystem eingeschaltet werden. Beschreibung siehe die vorige Auflage dieses Buches.

Die Zentral-Anrufschränke für Telegraphenleitungen, M 13, dienen der gemeinsamen Zentralisierung der Arbeits- und Ruhestromleitungen größerer Ämter und werden für 20, 30, 50 und 60 Leitungen gebaut. Der Umschalter besteht in einem oder mehreren Schränken, deren Arbeitsplätze mit den Schrankbeamten besetzt sind; diese haben die eingehenden Anrufe entgegenzunehmen, abzufragen und die Verbindungen mit den Apparaten herzustellen. Zu jedem Schrank gehört eine Gruppe Betriebsapparate. Ein Schnitt durch einen solchen Schrank zeigt Abb. 291.

Die Einrichtung dieser Schränke ist nach ihrer Verwendung in dreierlei Art verschieden: Schränke zu 20, 30 und 50 Leitungen

---

[1]) Vgl. Fußnote zu S. 353.

werden so gebaut, daß man die darauf liegenden Leitungen sowohl auf Apparat nehmen als auch untereinander verbinden kann; diese Schränke werden hauptsächlich auf mittleren Ämtern verwandt. Für größere Ämter, wo mehr als zwei Schränke zu 50 Leitungen aufzustellen wären, versieht man sie mit Vielfachfeld, d. h. jede Leitung erhält in jedem Schrank eine Klinke. Auf großen Ämtern besteht oft kein Bedürfnis, die Leitungen untereinander zu verbinden; die Schränke zu 60 Leitungen werden nur mit den Einrichtungen versehen, um die Leitungen auf Apparat zu nehmen.

Die äußere Gestalt dieser Schränke gleicht der in Abb.

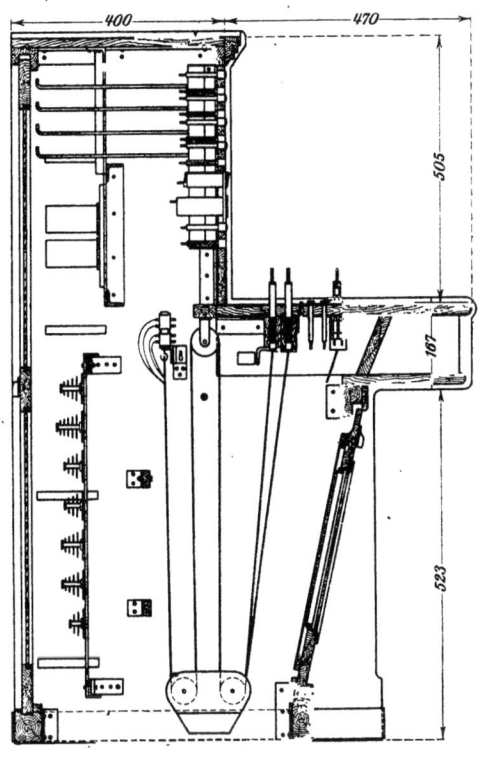

Abb. 291. Zentralanrufschrank M 13 für 50 Leitungen mit Vielfachfeld.

291 dargestellten. Der Schrank für 20 Leistungen hat kein eigenes Unterteil, muß vielmehr auf einen vorhandenen Tisch, in dem Ausschnitte für die Stöpselschnüre angebracht sind, aufgestellt werden.

Größe der Zentralanrufschränke M 13.

Aufnahmefähigkeit	20 Ltgn.	30 Ltgn.	50 Ltgn.	200 Ltgn.	60 Ltgn.
Höhe	0,40	1,10	1,10	1,29	1,21
Tiefe	0,60	0,87	0,87	0,87	0,87
Breite	0,73	0,92	1,50	1,50	0,92
Arbeitsplätze . .	1	1	2	2	1

358 Nebenapparate.

Abb. 292 und 293 zeigen Paneele der Klinkenfelder von zweien dieser Schränke, des zu 50 Leitungen mit Vielfachfeld und des zu 60 Leitungen. Die Klinkenfelder der Schränke zu 20, 30 und 50 Leitungen stimmen mit Abb. 292 überein, wenn man den größeren Teil der Leitungsklinken wegnimmt.

Zu jedem Arbeitsplatz gehört eine Klopfertaste, die auf der Tischfläche rechts, und ein Klopfer, der ohne Schallkammer

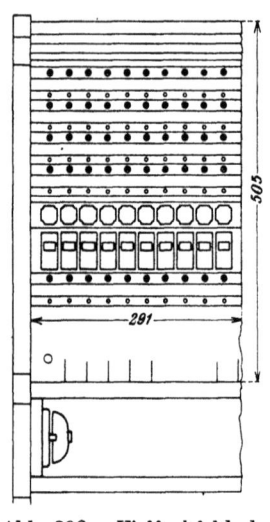
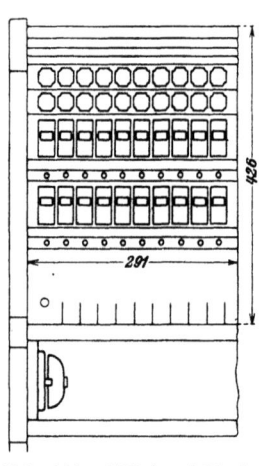

Abb. 292. Vielfachfeld des Zentral-Anrufschranks M 13 für 50 Leitungen.

Abb. 293. Klinkenfeld des Zentral-Anrufschranks M 13 für 60 Leitungen.

auf dem Tische links steht. Die zum Klopfer führende Leitungsschnur geht durch das im Spiegelbrett angebrachte Loch. Zum Abfragen dienen zwei Stöpselschnüre, von denen jede durch einen Kippschalter (Stöpselwähler) mit dem Abfrageapparat verbunden werden kann (Abb. 294). Ein Wecker ist unterhalb der Tischplatte, eine Platzüberwachungslampe unterhalb des Klinkenfeldes angebracht. Im Unterteil des Schrankes befindet sich das Eisengitter für die Lötösenstreifen. Hinter dem Klinkenfeld sind die Schlußrelais angebracht. Linien- und Zeitrelais, die Umschaltrelais der Schränke mit Vielfachfeld sowie die Sicherungen der Ortsstromkreise werden in besonderen Eisengestellen aufgestellt.

Die in diesen **Anrufschränken** verwendeten Relais werden im 12. Abschnitt beschrieben.
Abb. 294 bis 298 zeigen die Stromläufe[1]).

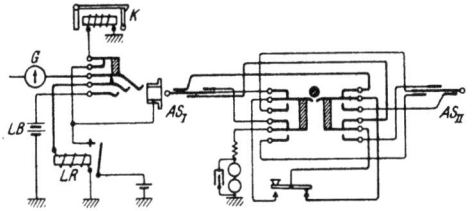

Abb. 294. Arbeitsstrom.

In den einfachen Schränken zu 20, 30, 50 und 60 Leitungen führt jede Leitung über ein Galvanoskop zur Klinkenfeder; im Ruhezustande ist über eine zweite Feder das Linienrelais LR angeschlossen, dessen Anker beim Eintreffen des Anrufs der Klappe Strom zuführt (Abb. 294). Bei Ruhestromleitungen ist noch das Zeitrelais ZtR (vgl. S. 244) zwischengeschaltet (Abb. 295).

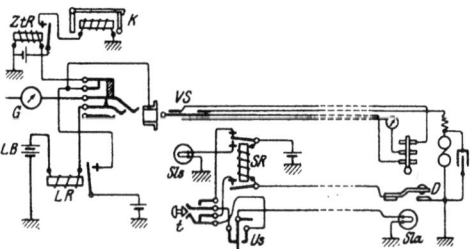

Abb. 295. Ruhestrom.

Der Beamte führt den Abfragestöpsel AS_I oder AS_{II} ein, setzt sich mit dem rufenden Amt in Verbindung, gegebenenfalls auch mit dem zu rufenden, und schaltet entweder den Verbindungsstöpsel VS zu einem Empfangsapparat (Abb 295) oder eine Übertragung ein.

Zur Verständigung des Schrankbeamten mit den Apparatbeamten dienen Glühlampenzeichen (Abb. 295). Der Apparatbeamte hat sich beim Schrankbeamten zu melden, wenn er seinen

---

[1]) Vgl. Fußnote zu S. 353.

360   Nebenapparate.

Platz einnimmt und wenn er ihn verläßt; je nachdem wird die Taste t geschlossen oder geöffnet, so daß der Schrankbeamte am Stande dieser Tasten sehen kann, welche Apparate besetzt sind. Wird t gedrückt, so leuchtet am Apparat die Lampe Sl_a auf. Hebt der Schrankbeamte den Stöpsel VS an, so bewegt er den Stöpselsitzschalter U_s (auf dessen wagerechtem Hebel der Stöpsel ruhte), worauf Sl_a erlischt und den Beamten aufmerksam macht. Der Stöpsel wird in die Klinke geführt, das Telegramm aufgenommen. Um den Schluß anzuzeigen, drückt der Apparatbeamte den Druckknopf D; das Schlußrelais SR erhält Strom, die Schlußlampe Sl_s erglüht und zeigt dem Schrankbeamten den Schluß an. Die Lampe Sl_a kann nicht leuchten, weil der hohe

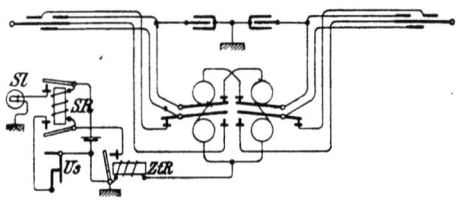

Abb. 296. Übertragung.

Widerstand von SR davor liegt; der auf diesem Weg zur Erde fließende Strom dient aber dazu, die Anker von SR festzuhalten, bis der Schrankbeamte den Stöpsel wieder auf U_s gesetzt hat. In diesem Augenblick wird SR stromlos, Sl_s erlischt und Sl_a leuchtet wieder auf.

Die Übertragungen werden mit Hilfe der auf S. 243 Abb. 180 beschriebenen Relais ausgeführt. Der Relaissatz (aus 2 Relais, Zwillingsrelais) ist in ein vieradriges Schnurpaar eingeschaltet und arbeitet in den Ortsstromkreisen der Linienrelais der verbundenen Leitungen (Abb. 296). Das Schlußzeichen wird von beiden verbundenen Ämtern gegeben. Sie drücken zu diesem Zweck etwa 7 s lang die Taste; hierauf spricht ein an das Zwillingsrelais angeschaltetes Zeitrelais an und läßt die Schlußlampe aufleuchten. Diese Übertragungseinrichtungen fehlen bei dem Schrank für 60 Leitungen.

Bei dem Zentralanrufschrank mit Vielfachfeld, von dem stets mehrere nebeneinander aufgestellt werden, hat jede Leitung in jedem Klinkenfeld eine Klinke. Abb. 297 stellt dies für 2 Schränke und für Arbeitsstrom dar. Kommt ein Ruf aus der Leitung, so schließt das Linienrelais den Stromkreis für die Klappe und für die zur Besetztanzeige dienenden Glühlampen, die unmittelbar über den zugehörigen Klinken sitzen. Führt der Schrankbeamte den Stöpsel ein, so erhält das Umschalterelais UR über die beiden oberen Klinkenfedern Erde und damit Strom aus der Ortsbatterie und zieht seine Anker beiderseits an. Hierdurch wird die Leitung L an die lange Klinkenfeder gelegt, die Glühlampen erhalten ihren Strom auf einem anderen Wege, das Linienrelais wird an die zweite Klinkenfeder gelegt und die Klappe wird abgeschaltet. Die Schaltung ist nun dieselbe wie in Abb. 294.

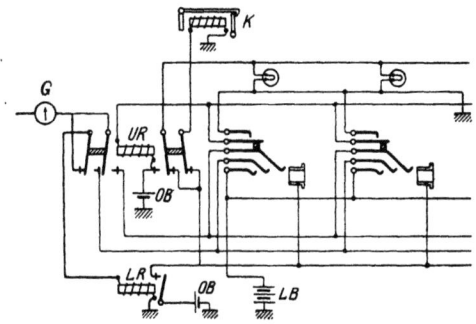

Abb. 297. Schaltung im Vielfachfeld.

Wenn das Kreistelegramm[1]) an mehr Leitungen abzugeben ist, als Apparate zur Verfügung stehen, so kann man mit Hilfe der Schaltung nach Abb. 298 von einem Apparat aus gleichzeitig 5 Leitungen bedienen; man wählt zweckmäßig diese Leitungen so aus, daß sie nur je ein Amt enthalten. Die Klinken K_1, K_2 usw. werden durch Stöpselschnüre mit den Klinken der zu bedienenden Leitungen verbunden. Die Batterie B besteht aus 3 guten, in Reihe geschalteten Trockenelementen, unter Umständen zwei solcher Reihen nebeneinander. Bei Tastendruck fließt der Batteriestrom durch die Linienrelais LR und überträgt in alle Einzelleitungen. Die Vergleichung muß von den fernen Ämtern nacheinander gegeben werden.

---

[1]) d. i. ein vom R.P.A. an sämtliche Telegraphenanstalten des Reichstelegraphen-Gebietes gegebenes Telegramm.

Das jeden Tag um 8^h vorm. abzugebende Uhrzeichen kann bei den an einen Zentralanrufschrank angeschlossenen Leitungen mittels eines 5 fachen Stöpsels in 5 Leitungen gleichzeitig gesandt werden. Bei größeren Anlagen verwendet man Gruppenumschalter, über die alle Leitungen, in die das Uhrzeichen zu

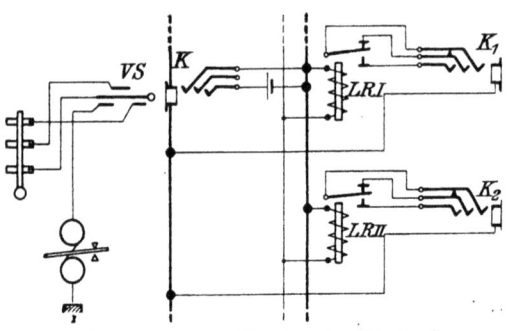

Abb. 298. Schaltung zur Abgabe des Kreistelegramms.

geben ist, geführt werden; zu jeder Leitung gehört ein Federsatz aus 4 Federn, und es erhalten beim Umlegen eines Umschalters je 20 Leitungen das Uhrzeichen. Auch wo das Uhrzeichen selbsttätig von der Normaluhr gegeben wird, bieten diese Gruppenumschalter Vorteil.

Anruf- und Überwachungsmittel für den Betrieb der Umschalteschränke.

Die Anrufklappe (Abb. 299) ist ein Topfmagnet (Mantelklappe), dessen Deckel am oberen Rande drehbar aufgehängt ist und eine zur Magnetachse parallele, bis über das vordere Ende reichende

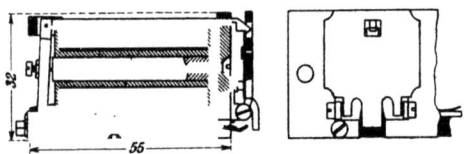

Abb. 299. Anrufklappe.

Hakenstange trägt. Der Haken, dessen Gewicht zugleich die Abreißkraft bildet, greift in den Ausschnitt der am unteren Rande drehbar gelagerten Klappe und hält sie so lange fest,

Klappen. Glühlampen. 363

bis ein Stromstoß den Anker bewegt und den Haken hebt. Beim Fallen schließt die Klappe mit ihrem unteren Fortsatz einen Kontakt, der in einem Weckkreis liegt. Vgl. Abb. 463.

Die **Rückstellklappe mit Abfrageklinke** (Abb. 300) ist ein einfacher einschenkliger Elektromagnet mit ähnlichem Anker und Hakenstange wie die Anrufklappe. Statt der Klappe wird

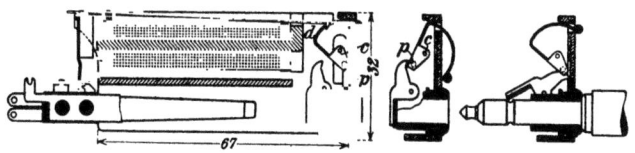

Abb. 300. Rückstellklappe mit Abfrageklinke.

hier ein Drehkörper d verwendet, der infolge seiner besonderen Form von dem in die Abfrageklinke eingeschobenen Stöpsel wieder aufgerichtet wird. In der Ruhe wird er vom Haken gehalten; gibt dieser ihn frei, so fällt er nach vorn, indem er sich um die Achse c dreht, bis der Stift p an den einen Arm eines Hebels anstößt, dessen anderer Arm die Klinke abschließt und vom eindringenden Stöpsel so verschoben wird, daß nun der Drehkörper wieder in die Ruhelage zurückkehrt. Vgl. Abb. 440.

Die **Glühlampe** als Ruf- und Schlußzeichen. Beim ZB-Betrieb steht eine genügend starke Stromquelle zur Verfügung, um statt der Anrufklappe die weit einfachere Glühlampe zu verwenden. Sie beansprucht weniger Raum am Umschalter und weniger Bedienung; sie läßt sich in jeder Lage anbringen, fällt leichter auf und arbeitet rasch und geräuschlos; man kann sie zur Abgabe von zusammengesetzten Zeichen (Flackerzeichen u. dgl.) und von farbigen Zeichen (durch farbige Decklinsen) benutzen. Allerdings muß man für jede Glühlampe ein Relais aufwenden, das von dem schwachen Linienstrom bewegt wird und den erheblichen stärkeren Strom für die Lampe aus der ZB entnimmt. Nur die innerhalb des Amtes zu gebenden Zeichen können ohne Relais durch unmittelbare Schaltung erzeugt werden. Die Relais bringt man nicht im Klinkenfelde an, sondern an einer entfernten Stelle, wo der Raum nicht schwierig zu beschaffen ist.

Die Glühlampe (Abb. 301) ist ein kleines rohrförmiges

Lämpchen für niedere Spannung. Die Zuführungsdrähte des Glühfadens enden an zwei Blechbelegungen des Glases. Diese

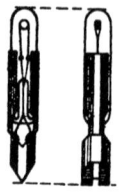

Abb. 301. Glühlampe.

Lampe wird in eine klinkenartige Fassung eingeschoben, die mit einer milchweißen oder farbigen Decklinse abgeschlossen wird. 10 oder 20 Lampen werden zu einem Glühlampenstreifen (Abb. 281) vereinigt. Die Schlußzeichen- und Kontrollampen (vgl. Abb. 468/9 u. a.) werden einzeln eingebaut.

Eine solche Glühlampe verbraucht etwa 2 W und liefert etwa $1/_{20}$ Kerze.

Das Schauzeichen (Abb. 302), zugleich als Drossel gebaut, wird hauptsächlich zur Abgabe des Schlußzeichens im OB-Betrieb

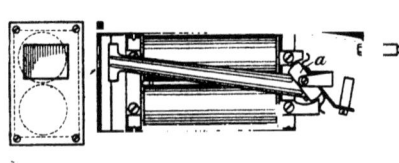

Abb. 302. Schauzeichen

benutzt. Ein zweischenkliger Elektromagnet trägt am abgewandten Ende den um seine Achse drehbaren Anker a, der einen langen Arm aus Aluminiumblech mit einer Fahne trägt. Das rechts ersichtliche Gewicht dient zum annähernden Gewichtsausgleich für den langen Arm. Im stromlosen Zustand sinkt der Arm links herab; der Strom dreht den Anker, und die Fahne erscheint hinter dem Fenster. (Vgl. Abb. 292, 293, 440, 463 u. a.)

Der Wechselstromanzeiger (Abb. 303) ist ähnlich gebaut wie ein polarisierter Wecker. An einer Eisenplatte (wagrecht

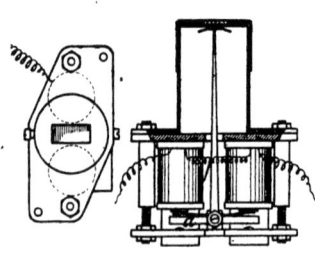

Abb. 303. Wechselstromanzeiger.

in der Mitte der Abb.) sitzen zwei gerade Elektromagnete und zwei rechtwinklig gebogene Stahlmagnete mit gleichnamigen Polen. Die anderen beiden Pole sind an einer Messingplatte befestigt, die den freien Enden der Elektromagnete gegenübersteht. Im Zwischenraum spielt der Anker a, der sich mit 2 Blattfedern gegen die Elektromagnetpole stützt. Der Wechselstrom läßt den Zeiger hin und her zittern; am Zeiger ist eine Fahne befestigt, die in 3 Felder, ein mittleres schwarzes und zwei äußere weiße, geteilt ist. In der Ruhelage sieht man die Fahne nicht; bei der Bewegung erscheinen die weißen Felder und erzeugen einen hellgrauen Schimmer.

Das Sternzeichen (Abb. 304), ein Schauzeichen für Gleich- und Wechselstrom, wird benutzt mit einem Gleichstromwiderstand von 300 Ω als Rufstromanzeiger (z. B. beim Rückstellklappenschrank S. 513, beim Vielfachumschalter OB 02, S. 562), mit einem Widerstand von 100 Ω als Besetztzeichen (Reihenapparate, S. 516). Es enthält einen zweischenkligen Elektromagnet, auf dessen Polschuhen eine Messingscheibe befestigt ist. Darüber bleibt der Raum für den um die Mittelachse drehbaren Anker a; der Raum wird oben abgeschlossen durch ein Blech mit kreuzförmigem Ausschnitt und darüber einer Glasscheibe. Der Anker aus dünnem Eisenblech mit herabgebogenen Enden trägt ein weißes Kreuz von derselben Form wie der Ausschnitt. Im stromlosen Zustand wird der Anker von einer feinen Spiralfeder zurückgedrückt, so daß das weiße Kreuz verschwindet; der Strom läßt es erscheinen.

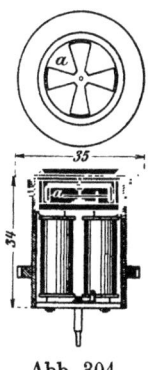

Abb. 304. Sternzeichen.

III. Die Blitzableiter.

Wenn atmosphärische Elektrizität bei einem Gewitter in eine Telegraphenleitung gelangt, so wird ein Teil davon den benachbarten Ämtern zugeführt; vgl. S. 21.

Sie tritt gewöhnlich als starker, kurzdauernder Strom auf und gelangt, wenn nicht vorgebeugt wird, aus der Leitung in die Apparate; hier werden die feinen Kupferdrähte, welche die Umwindungen der Elektromagnete in den Apparaten bilden, erhitzt und schmelzen ab, oder es wird die isolierende Umspinnung durch die Hitze zerstört, so daß sich die Kupferdrähte der Umwindungen berühren. Es tritt infolge dieser Vorgänge entweder eine gänzliche Unterbrechung des Stromweges durch Abschmelzen ein, oder es werden viele Umwindungen durch gegenseitige metallische Berührung ganz ausgeschaltet, so daß der Strom dann nicht mehr genügend auf die Empfangsapparate einwirken kann. In gleicher

366   Nebenapparate.

Weise können die Umwindungsdrähte des Galvanoskops beschädigt werden.

Infolge der hohen Induktivität der Apparate kann auch die atmosphärische Elektrizität vor dem Apparat abspringen und sich einen guten Weg zur Erde suchen. Auf S. 22 ist besprochen worden, wie man die aus beiden Ursachen drohenden Gefahren durch den Blitzableiter beseitigt.

Der Platten-Blitzableiter (Abb. 305) Ein massiver Messingrahmen RR mit dem Deckel P bildet die mit der Erde in Verbindung

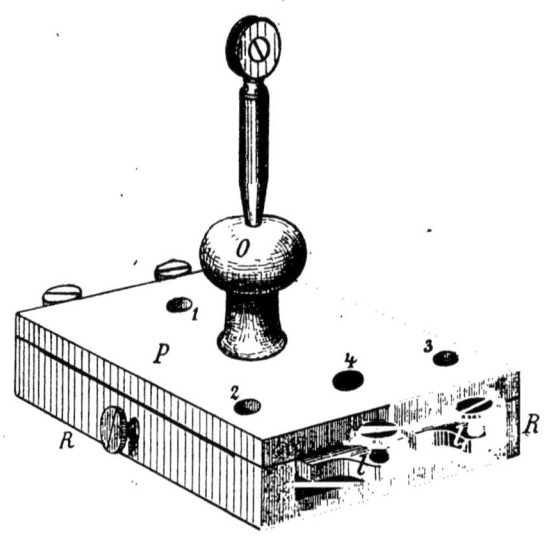

Abb. 305. Platten-Blitzableiter.

stehende Platte, an deren seitlicher Klemme der Erddraht befestigt ist. Die beiden Messingplatten $l\,l_1$ sind, von dem Rahmen durch Ebonitunterlage und unter sich durch einen Luftzwischenraum isoliert, auf dem Rahmen befestigt. Jede dieser Platten trägt an der vordern und hintern Seite eine Klemmschraube.

Der Deckel P steht nur mit dem Rahmen in Verbindung. Zwischen der Deckplatte und den Leitungsplatten $l\,l_1$ ist ein Luftzwischenraum von 0,25 bis 0,50 mm. Die der Deckplatte zugewandten Seiten der Platten $l\,l_1$ sind mit parallelen Reifeln versehen; die Reifeln der Deckplatte verlaufen senkrecht gegen die der

Platten ll_1'. Zu den hintern Klemmen führen die Leitungen, zu den vordern Klemmen die Apparatdrähte.

Die durch die Leitungen einströmende atmosphärische Elektrizität gelangt zu den Leitungsplatten, überspringt den Zwischenraum zwischen diesen Platten und der Deckplatte und findet ihren Weg durch den Rahmen zur Erde.

Die Platten-Blitzableiter haben vier Stöpsellöcher und einen Stöpsel. Die vordern drei Löcher gehen durch die Deckplatte und die Leitungsplatten hindurch; durch Einstecken des Stöpsels in das Loch 2 oder 3 verbindet man die eine oder andere Leitungsplatte mit der Erdplatte, schaltet demnach die Leitung unmittelbar auf Erde. Das Loch 4 der Deckplatte ist mit Ebonit gefüttert, so daß der hindurchgesteckte Stöpsel von der Deckplatte isoliert bleibt und nur die beiden Leitungsplatten und damit die beiden Leitungen verbindet.

Durch Einstecken des Stöpsels in das Loch 1 werden sowohl die beiden Leitungsplatten unter sich als auch mit der Deckplatte, beide Leitungen demnach mit Erde verbunden.

Der Stangen-Blitzableiter ist eine andere Form des Platten-Blitzableiters. Er dient an denjenigen Stellen, wo oberirdische Leitungen mit unterirdischen verbunden sind, zum Schutze der letzteren (Kabel) gegen das Eindringen der atmosphärischen Elektrizität; die letztere würde die isolierende Hülle der im Kabel befindlichen Kupferleitung beschädigen.

Der Stangen-Blitzableiter (Abb. 306 und 307) besteht aus einer Doppelglocke von Hartgummi (Ebonit), um deren Kopf ein starker Messingring r mit Ansatz und Holzschraube s gelegt ist. Auf den Ring wird ein Deckel m mit kreisförmigen Reifeln und mittels Bajonettverschlusses eine Kapsel k aufgesetzt. Durch das Innere der Glocke führt eine Messingstange t, die in eine kreisförmige Platte mit Querreifeln eingeschraubt ist. Diese Platte ist außer Berührung mit der unteren Fläche der Kapsel k und dem Metallring r; von beiden ist sie durch einen geringen Luftzwischenraum getrennt. Wird t an die Leitung angeschlossen, während s mit der Erde in Verbindung steht, so springt die über t gelangende atmosphärische Elektrizität auf den Deckel m und (durch den Ring r) zur Erde über, so daß der Blitzableiter ebenso wie der beschriebene Platten-Blitzableiter wirkt.

Der aus d und m bestehende doppelte Deckel soll die Ansammlung von Feuchtigkeit zwischen den Blitzableiter-Platten verhindern. Die erste Deckelplatte m mit leicht gewölbter Oberseite und gereifelter Unterseite greift mit einem schmalen Rande über den Ring r hinweg. Auf sie legt sich der äußere Deckel d, der mit seinem zylindrischen, an der Unterkante nach innen vorspringenden, aber mehrfach durchbrochenen Rande p den Ring berührt, wodurch ein mit der äußeren Luft in Verbindung stehender Hohlraum zwischen den beiden Deckeln entsteht. Der Durchmesser der Kreisfläche, mit welcher die Leitungsplatte auf dem Ebonitkopf aufliegt, ist so klein wie möglich gehalten und der Ebonitkopf selbst noch mit einer ringförmigen Einkerbung versehen worden (langer Kriechweg, S. 30).

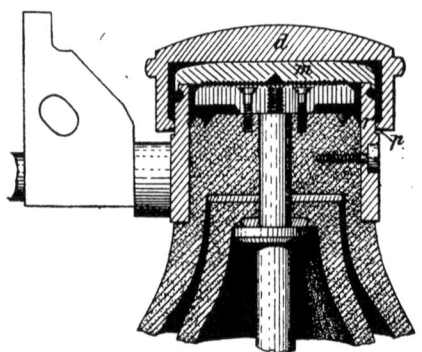

Abb. 306. Stangen-Blitzableiter.

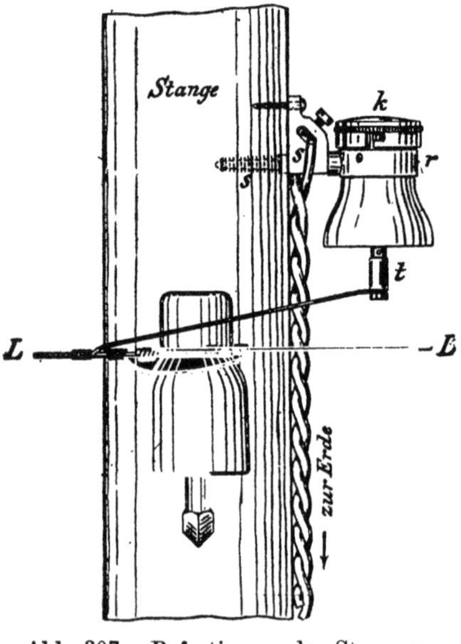

Abb. 307. Befestigung des Stangen-Blitzableiters an der Stange.

Zum Schutze der unterirdischen Telegraphen- und Fernsprechlinien werden manchmal an den Überführungssäulen Stangen-Blitzableiter für 7 und 14 Leitungen verwendet. Die Apparate sind nach Art der gewöhnlichen Platten-Blitzableiter eingerichtet und mit einer für alle Leitungsplatten gemeinsamen Kappe wetterdicht abgeschlossen.

Die ältere Form des

Stangen-Blitzableiters hatte nur einen einfachen Deckel; die Leitungsplatte lag mit ganzer Fläche auf den Hartgummikörper auf, und zwischen der Leitungsplatte und dem Ring war nur eine schmale Isolation. Störungen durch eindringende Feuchtigkeit waren nicht selten.

Eine neuere Form verwendet die Patrone des Luftleer-Blitzableiters, welche in eine Ebonitglocke oder in ein besonderes Gehäuse eingesetzt wird; diese Form steht noch nicht endgültig fest.

Der Kohlen-Blitzableiter. Dies ist ein Platten-Blitzableiter mit kleiner Oberfläche und aus sehr harter Kohle. Zwei vierseitige Prismen aus Kohle werden unter Zwischenlegung eines isolierenden Blättchens aus Zellit, das siebartig durchlöchert ist, aufeinandergelegt, so daß ein Zwischenraum von 0,15 mm entsteht (vgl. Abb. 322 bis 324, S. 381 u. 382). Das eine Kohlenprisma steht mit der Leitung, das andere mit der Erde in Verbindung. Die Kohle hat den Vorteil, unschmelzbar zu sein, so daß auch beim Übergang starker Entladungen die beiden Platten nicht zusammenschmelzen. Die Kohlen-Blitzableiter werden verwendet in den Sicherungskästchen und Sicherungsleisten, die auf S. 381 beschrieben werden.

Der Luftleer-Blitzableiter (Abb. 308). In Luft von passend gewählter Verdünnung gehen Entladungen leichter über als in Luft von Atmosphärendruck; man kann auf diese Weise empfindliche Blitzableiter gewinnen, die schon bei mäßiger Spannung ansprechen.

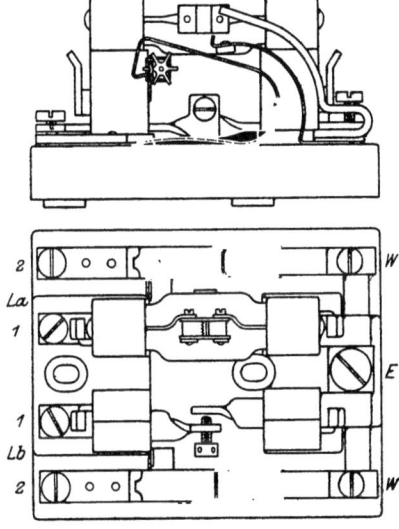

Abb. 308. Luftleer-Blitzableiter.

Die auf der Leitung angehäufte Elektrizitätsmenge ist $Q = C \cdot E$ (vgl. S. 12). Sie ist also um so größer, und ihre Wirkung um so störender, je höher die Spannung E ist, zu der die Leitung mit der Kapazität C aufgeladen werden kann. Ein empfindlicher Blitzableiter, der die Spannung nur auf 300 bis 400 V ansteigen läßt, wie der Luftleer-Blitzableiter, verhütet demnach in höherem Maße die schädlichen Wirkungen der atmosphärischen Elektrizität als der Kohlen-Blitzableiter, der erst bei 700 bis 800 V oder der Platten-Blitzableiter, der erst bei 2000 bis 3000 V wirkt. Die Einsatzpatrone des Luftleer-Blitzableiters (Abb. 308) besteht aus einer Glasröhre, aus der man den größten Teil der Luft entfernt hat und welche ein Paar gereifelter Kohlenklötzchen enthält. Die beiden Kohlenklötzchen, ihre metallenen Zuführungen und zwei die Kohlenklötzchen mechanisch verbindende, aber elektrisch trennende Glimmerplättchen bilden ein starres Ganzes. Die Röhren tragen Fassungen mit Kontaktschneiden, durch welche sie wie die Grobsicherungen (Abb. 313) in Kontaktfederpaare eingesetzt werden können. Die Leitungsschiene hat zwei Schrauben für die Leitung und die Apparate.

Unter jedem Luftleer-Blitzableiter befindet sich noch ein grober Blitzableiter aus einer Platte und einer ihr mit einem Abstand von 0,2 mm gegenüberstehenden stumpfen Spitze. Sie dient als Schutz, wenn der empfindlichere Luftleer-Blitzableiter (z. B. infolge Beschädigung) versagen sollte. Die beiden Schienen dieses Blitzableiters sind Fortsetzungen der Leitungsschiene und der Erdschiene, welche außerdem noch zwei emporgebogene Ansatzstücke tragen, um zu verhindern, daß die Patrone nach der Seite herausgedrückt wird.

Die Haltefedern und der grobe Blitzableiter mit Leitungs- und Erdschiene werden auf einem Sockel aus Porzellan oder neuerdings Steatit, dieser auf einer Metallplatte befestigt; die Schrauben auf der Seite der Erdschiene gehen bis zur unteren Metallplatte durch. Diese ist am einen Ende geschlitzt und läßt sich unter eine Schraube auf einer größeren metallenen Grundplatte schieben; anderseits wird sie mit einer Schraube auf der Grundplatte befestigt, welche zur Erde abgeleitet wird.

Auf einer gemeinsamen Grundplatte werden diese Blitzableiter zu 2, 4, 6, 8, 10 oder 12 Stück vereinigt; jedes einzelne Stück kann nach Lösen der Befestigungsschraube von der Grundplatte abgenommen werden. Um die Leitungen bequem erden zu können, wird in die Haltefedern ein der Patrone

Die Blitzableiter.

nachgebildeter Holzkörper gesetzt, dessen Metallschneiden durch einen Kupferdraht verbunden sind.

Außerdem werden die Blitzableiter zu 2 Stück nach Abb. 308 zusammengebaut und mit Dreharmsicherung (S. 378) und Alarmkontakt versehen.

Um die Patronen auf Güte der Luftleere zu prüfen, werden sie in einen dazu bestimmten Prüfapparat eingesetzt, der einen Magnetinduktor enthält; wenn man diesen dreht, soll eine gute Patrone mit gleichmäßigem Lichte strahlen.

Verwendung und Einschaltung der Blitzableiter. Der Luftleer-Blitzableiter, der bei der niedersten Spannung wirkt, ist aus diesem Grunde der beste. Er ist dazu bestimmt, den Platten-Blitzableiter allenthalben und den Kohlen-Blitzableiter in großem Umfange zu ersetzen; auch als Stangen-Blitzableiter wird er eingeführt werden (s. S. 369). Solange noch Platten-Blitzableiter vorhanden sind, werden diese weiter verwendet, es werden aber keine mehr beschafft. Bei Ämtern, deren Blitzschutzanlagen schon ganz auf Luftleer-Blitzableiter eingerichtet sind, werden auch die neu hinzutretenden Leitungen mit solchen ausgerüstet.

Alle Telegraphenleitungen erhalten in jedem Leitungszweig einen Blitzableiter; ausgenommen sind nur die zur Untersuchung eingeführten Leitungen der großen unterirdischen Kabel. Die zum Betrieb eingeführten Fernsprech-Verbindungsleitungen werden mit zwei Blitzableitern in jedem Zweig geschützt; der Einführung zunächst ein Platten-Blitzableiter oder ein Luftleer-Blitzableiter, dessen Strom-Feinschutz überbrückt ist; der zweite stets ein Luftleer-Blitzableiter. Für die zur Untersuchung eingeführten Fernsprech-Verbindungsleitungen genügt ein Blitzableiter in jedem Zweig.

Die Sp-Leitungen und die Fernsprech-Anschlußleitungen werden durch Kohlen-Blitzableiter gesichert. Bei den Sp-Leitungen und den Fernsprechstellen der Teilnehmer benutzt man die Sicherungskästchen, auf den Fernsprechämtern die Sicherungsleisten.

Bei den Überführungssäulen werden die unterirdischen Leitungen gegen die aus den anschließenden oberirdischen Teilen eindringende atmosphärische Elektrizität geschützt; nur Leitungsstücke von höchstens 100 m Länge, die am anderen

Ende schon durch einen Blitzableiter (z. B. Amtseinführung) geschützt sind, können einen solchen an dem ans Kabel angrenzenden Ende entbehren. Einzelne Leitungen erhalten Stangen-Blitzableiter (s. S. 367), mehrere Leitungen werden an solche zu 7 Leitungen (s. S. 368) geführt. Bei Kabelaufführungspunkten werden Kohlen-Blitzableiter in Form der Sicherungsleisten (S. 382) eingeschaltet; wenn aber auf der Vermittlungsanstalt bereits Kohlen-Blitzableiter eingeschaltet sind, so bleiben sie am Aufführungspunkt weg. Fernsprechanschlußleitungen erhalten Kohlen-Blitzableiter in Form von Sicherungsleisten.

Alle Blitzableiter werden so weit wie möglich an die Freileitungsstrecke gebracht, in Ämtern demnach so nahe als möglich an die Einführung. Nur wo Grobsicherungen nötig werden, kommen diese noch vor die Blitzableiter. Bei der Aufstellung der Blitzableiter ist stets zu beachten, daß sie eine gewisse Feuersgefahr mit sich bringen.

IV. Die Schmelzsicherungen.

Leitungen, Apparate, Stromquellen sind nur für begrenzte Stromstärken gebaut; steigt der Strom über den zulässigen Höchstwert, so entwickelt er zuviel Wärme, die zu Beschädigungen führt; bei Leitungen und Elektromagneten verkohlt oder verbrennt die Umhüllung der Drähte, bei den Sammlern ruft der zu starke Strom leicht Krümmung der Platten hervor.

Das übermäßige Steigen des Stromes kann seinen Grund darin haben, daß ein Stromkreis von zu geringem Widerstand geschlossen wird, z. B. wenn die Batteriezuführungen einer Sammlergruppe durch einen Metallgegenstand leitend verbunden werden (Kurzschluß); der zu starke Strom kann aber auch von außen eindringen, indem z. B. eine Fernsprechleitung in Berührung kommt mit einer Starkstromleitung. In beiden Fällen besteht infolge der Erwärmung Feuersgefahr, beim Eindringen hochgespannter Ströme auch wohl Gefahr für die Beamten.

Man bringt daher an geeigneten Stellen in der Leitung Sicherungen an; bei der Stromsicherung wird durch den zu starken Strom eine absichtlich zu schwach gewählte Stelle der Leitung durchgeschmolzen und die Leitung entweder durch Wegfließen des geschmolzenen Metalls oder auf mechanischem

Die Schmelzsicherungen.

Wege unterbrochen; **Schmelzsicherungen**, auch Sicherungen schlechthin.

Gegen das Eindringen des hochgespannten Stroms wendet man entwender einen empfindlichen Blitzableiter oder eine auf den Eigenschaften schlechter Kontakte (vgl. S. 31) beruhende, als **Spannungssicherung** bezeichnete Vorrichtung an.

Die **Hauptsicherung** ist eine Schmelzsicherung für Starkstrom; sie wird zum Schutz von Starkstromleitungen und in den Sammleranlagen benutzt. In die Leitungen zwischen Stromerzeuger und Schalttafel und in die weiterführenden Ladeleitungen werden solche Sicherungen eingeschaltet; jede Batteriegruppe wird doppelpolig gesichert, d. h. jede Zuführuug zwischen Batterie und Schalttafel enthält eine Sicherung.

Die gebräuchlichste Form der Starkstromsicherungen ist der **Edison**sche Stöpsel, der in einer neuen Ausführung der AEG in Abb. 309 und 310 dargestellt ist. Der Stöpsel besteht aus Kopf, Gewinde und Fuß, zwischen den beiden letzten ist der Schmelzdraht in zwei parallelen Stücken gespannt; das eine davon führt über eine kleine Kennmarke, die emporspringt, wenn der Draht schmilzt.

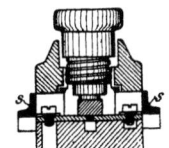

Abb. 309. Edisonstöpsel der AEG.

Abb. 310. Unverwechselbare Sicherung mit Edisonstöpsel.

Das grobe, in Blech gedrückte Gewinde paßt in das Muttergewinde der Fassung, die mit einer Klemmschraube für den einen Leitungspol verbunden ist; der Fuß wird auf ein Paßstück niedergeschraubt, das auf der Kontaktschiene für den anderen Leitungspol sitzt. Damit nicht Stöpsel für höhere Stromstärken in den Sockel für niederen Strom gesetzt werden können, haben die Stöpsel und die Paßstücke auf der Schiene bestimmte Höhen, ein Stöpsel für höhere Stromstärke stößt mit dem unteren Rande des Kopfes gegen den Rand der Sockelöffnung, ehe sein Fuß das Paßstück berührt. (**Unverwechselbarkeit**.)

Den hohen Anforderungen an Sicherheit, wie sie neuerdings gestellt werden, entsprechen besser als die älteren die von einigen Firmen gebauten Sicherungen mit zweiteiligen Stöpseln. Sie werden zur Zeit hergestellt von der **Allgemeinen**

374 Nebenapparate.

Elektrizitätsgesellschaft (als System Zede); von den Siemens-Schuckertwerken (als Normal-Diazed-System) und von Voigt und Haeffner (als System PD). In den Anlagen der Reichspost- und Telegraphen-Verwaltung sollen für Starkstromleitungen, einschließlich der Ladeleitungen der Sammleranlagen und der Polleitungen der Sammler nur noch Sicherungen dieser Art verwandt werden.

Die walzenförmige Patrone (Abb. 311) ist so kräftig gebaut, daß der Schmelzdraht selbst bei Spannungen von 500 V an den Klemmen der Sicherungen durchschmilzt, ohne daß die Patrone explodiert. Die Patronen für verschiedene Schmelzstromstärken haben gleichen Durchmesser und gleiche Länge;

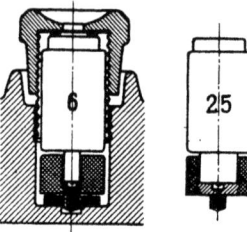
Abb. 311. Unverwechselbare Patronensicherung Zede.

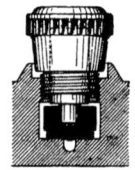
Abb. 312. Unverwechselbare Patronensicherung Normal-Diazed.

sie unterscheiden sich innerlich durch die Stärke des Schmelzdrahts, äußerlich durch den Fuß, dessen Durchmesser mit der Stromstärke zunimmt. Der Fuß soll in eine im Sockel befestigte Paßschraube mit Isolierkragen (Abb. 312) eingreifen, deren Durchmesser gleichfalls mit der Stromstärke wächst; man kann also keine Patrone in einen Sockel für eine niedrigere Stromstärke einsetzen, als wofür sie bestimmt ist.

Wenn die Sicherung anspricht, d. h. der Draht durchschmilzt, ist nur die Patrone zu ersetzen, der Stöpselkopf bleibt unversehrt. Die Patronen tragen an der Stirnseite eine farbige Kennvorrichtung, die von außen und, ohne daß die Sicherung berührt zu werden braucht, zu sehen ist. Eine durchgeschmolzene Patrone muß durch eine neue von der gleichen Schmelzstromstärke ersetzt werden; es ist aus Gründen der Sicherheit unzulässig, Patronen auszubessern oder ausgebesserte Patronen zu verwenden.

Die neuen Patronen mit Stöpselkopf passen auch in die alten Sockel mit Edisongewinde, wenn man deren Kontaktschrauben durch die neuen Paßschrauben ersetzt. Zu den Siemensschen Ringbolzensicherungen verwendet man statt der eben beschriebenen die FP-Patrone für 250 V der Siemens-Schuckertwerke. Die Sicherung bekommt einen Kopf mit Fenster.

Die Sicherungen mit Klein-Edison-Gewinde (Mignon-Gewinde) werden wegen ihrer geringen Zuverlässigkeit allmählich ausgewechselt.

Überwachung der Sicherungen. Um das Durchschmelzen einer Sicherung zu melden, legt man ihr einen Klappenelektromagnet parallel, dem u. U. noch ein passender Widerstand und eine Glühlampe vorgeschaltet ist. Spricht die Sicherung an, so erhält der Klappenmagnet Strom; die abfallende Klappe schließt einen Ortsstrom und dieser läßt einen Wecker ertönen.

Die Grobsicherung ist eine Schmelzsicherung für Telegraphen- und Fernsprechleitungen und -Apparate; sie wird in der Regel für 2 und 8 A, seltener für 1 und 6 A gebaut. Grobsicherungen werden allgemein in die oberirdischen Telegraphen- und Fernsprechleitungen eingeschaltet, denen sie Schutz gewähren sollen, wenn sie oberirdische Starkstromleitungen kreuzen oder sich ihnen bis zur Berührungsgefahr nähern oder wenn sie mit anderen, in dieser Art gefährdeten Leitungen auf Teilstrecken nebeneinander laufen (indirekte oder mittelbare Gefährdung). Die Grobsicherung dient ferner in den Batterieanlagen zum weiteren Schutz und wird in alle von der Schalttafel zum Batterieschalter oder sonstwie zu den Betriebsräumen führenden Leitungen bei der Verzweigung eingeschaltet.

Die Grobsicherung beruht, wie die Hauptsicherung, auf dem Durchschmelzen eines Metalldrahtes. In einer Glasröhre (Abb. 313) von 8 mm Durchmesser, die beiderseits durch Metallkappen abgeschlossen ist, befindet sich ein 0,3 mm starker Rheotandraht, der an die Metallkappen angelötet und in der Achse der Röhre geführt ist. In der Mitte der Glasröhre ist über diesen Schmelzdraht ein 5 mm langer Abschnitt eines dünnen Glasröhrchens geschoben und durch Scheibchen aus Asbestpapier verschlossen; zwischen diesen Scheibchen und den Metallkappen ist die weitere Glasröhre beiderseits mit Schmirgelpulver (schwärzlich-braun) gefüllt. Diese Sicherung ist für eine

Schmelzstromstärke von 8 A gebaut; für 2 A wird ein schwächerer Schmelzdraht (Feinsilber 0,06 mm stark) gewählt. Als äußeres Zeichen dient eine Füllung von hellem Quarzsand.

Die älteren Patronen (vgl. 5. Aufl., S. 234, Abb. 209, 210) haben zylindrische Kappen, mit denen sie zwischen zwei leierförmig gebogenen Bronzefedern eingeschoben werden. Bei der neuen Form (M 07) geht von der zylindrischen Kappe ein messerähnlicher Fortsatz aus, der zwischen doppelt U-förmig gebogene Federn paßt (Abb. 313); durch winkelförmig gebogene Ansatzstücke wird die Verschiebung längs der Achse begrenzt.

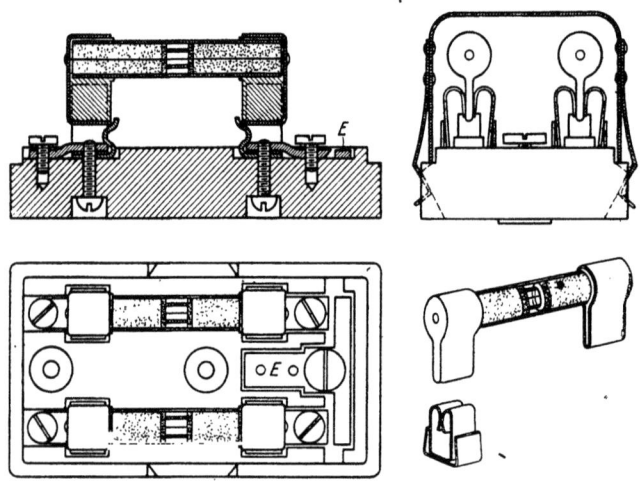

Abb. 313. Grobsicherung M 07.

Die Sicherungen werden zu zwei, zu fünf und zu zehn auf einer Grundplatte aus Porzellan angeordnet, auf der die nötigen Zuführungsklemmen und Haltefedern befestigt sind. An der Leitungsklemme ist noch ein grober Blitzableiter angebracht, der aus 2 Messingstreifen besteht, deren einer mit der Leitung und deren anderer mit der Erde in Verbindung steht; sie nähern sich bis auf 1,35 mm. Die Grundplatte für 5 oder 10 Sicherungen trägt die Erdschiene an der einen Längsseite; bei der Platte für 2 Sicherungen ist die Erdplatte in einer Einsenkung der oberen Fläche befestigt, ähnlich wie bei den Sicherungskästchen.

Die Batteriesicherung.

Die **Batteriesicherung** wird auf den Fernsprechämtern gebraucht, um die inneren Amtseinrichtungen gegen stärkere Ströme zu schützen. Sie enthält einen im Stromkreis liegenden Schmelzdraht. In der Regel werden zunächst 20 Stück in Streifen und solche Streifen in größerer Zahl an besonderen Eisengestellen vereinigt. Spricht eine Sicherung an, so schließt sie zugleich einen Signalstromkreis und läßt eine Glühlampe aufleuchten. Die Signale werden auf größeren Ämtern an bestimmten Plätzen vereinigt, um die durchgeschmolzene Sicherung rasch und sicher auffinden zu können.

Batteriesicherung mit Signalkappe (Zwietusch & Co., Abb. 314). Der Schmelzdraht s ist zwischen der Zunge z und der Kappe k ausgespannt und beiderseits festgelötet. Schmilzt er durch, so legt sich z an die Signalschiene S, während die Kappe in die punktierte Stellung übergeht und anzeigt, welche Sicherung angesprochen hat. Die Sicherungen werden für 1,5 A, 3 A und 5 A gebaut. Um den Schmelzfaden zu ersetzen, spannt man die Sicherung in eine Leere, die die Kappe k und

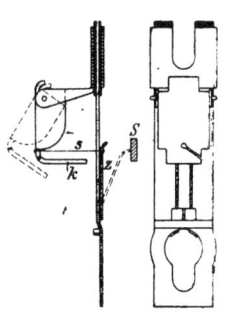

Abb. 314. Batteriesicherung mit Signalkappe.

die Zunge z bis zum Erkalten des Lots festhält. 5 Sicherungen werden auf einen Porzellansockel mit durchlaufender Batterie- und Signalschiene gesetzt; an jene werden die unteren Enden der Sicherung eng angeschlossen; die oberen Enden liegen isoliert an Anschlußbolzen mit Lötschwänzen vereinigt. — Diese Sicherung wird nicht mehr neu beschafft.

Batteriesicherung mit Patrone (Abb. 315). Ein Steatitstück trägt nahe den Enden Kontaktkappen mit Blattfedern, die über der Durchbohrung des Steatitstückes endigen. Der Schmelzdraht verbindet die beiden Federn durch die Durchbohrung hindurch. Mit den Kappen werden die Patronen in Kontaktfedern nach Art der in Abb. 313 dargestellten eingesetzt. 20 solcher Kontaktfedern sitzen auf einer durchlaufenden Batterieschiene, welche auf

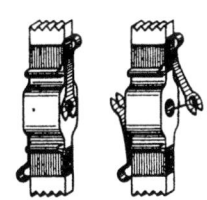

Abb. 315. Patrone zur Batteriesicherung.

4 Sockelplatten aus Steatit angebracht ist, die je 5 Kontaktfedern tragen. Zwischen den Kontaktfedern auf der Batterieschiene und denen auf den Sockelplatten verläuft eine Signalschiene, die unter den Durchbohrungen sämtlicher Patronen liegt. Schmilzt der Draht einer Patrone, so werden die beiden Federn frei; die untere schlägt auf die Signalschiene, die obere zeigt die durchgeschmolzene Patrone an. Um einen neuen Schmelzdraht einzuziehen, wird die Patrone in eine besondere Vorrichtung eingesetzt, die beide Federn niederhält bis das Lot erkaltet ist. Der Schmelzdraht ist für 3 A bestimmt; die Sicherung ist nur bis 60 V geeignet.

Die **Feinsicherung**. Um Leitungen und Apparate gegen schwache Ströme von 0,5 A und weniger zu schützen, kann man nicht, wie bei den vorher beschriebenen Sicherungen, Schmelzdrähte nehmen, denn diese müßten außerordentlich dünn sein und würden infolgedessen zu zahlreichen Störungen Veranlassung geben. Man verwendet daher in den Feinsicherungen eine Heizspule von erheblichem Widerstand, die eine Lötstelle aus leicht schmelzbarem Lot erhitzt; ist das Lot durch Stromwärme weich geworden, so lassen sich die vorher fest miteinander verbundenen Teile leicht bewegen und man kann auf diese Weise mit Hilfe einer Federkraft den Stromkreis öffnen. Als Lot dient Woodsches Metall (Legierung aus Bi, Pb, Sn, Cd die bei etwa $80°$ schmilzt).

Die ältere Feinsicherung mit Abreißstift besteht aus der Patrone nach Abb. 316, die zwischen Federn eingespannt wird. Der äußere Mantel und der Kopf s_2 bestehen aus Metall; der mittlere Bolzen ist rechts durch eine Fiberscheibe, links durch eine Ebonitbüchse isoliert. Der dünne Stift s_1, an dem der Kopf sitzt, ist in die Hülse, auf der der Heizdraht (Nickelin, etwa 30 Ω) aufgewickelt ist, mit Woodschem Metall eingelötet; beim Erweichen reißt die Feder den Stift aus der Hülse, wodurch der Stromkreis unterbrochen wird. Die Sicherung wirkt bei etwa 0,25 A in 15 s.

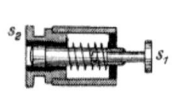

Abb. 316. Feinsicherungspatrone mit Abreißstift.

Die Feinsicherung mit Drehstern enthält eine Patrone nach Abb. 317. Die Heizspule ist auf eine hohle vierkantige Metallhülse gewickelt, durch Fiberscheiben abgeschlossen und

Die Feinsicherung.

von einem Metallmantel umgeben, dessen Ränder nicht ganz zusammenschließen, sondern mit zwei Lappen etwas zurückgebogen sind, die zur Befestigung der Patrone an ihrem Platze dienen. In der Metallhülse ist ein runder Stift mit Woodschem Metall eingelötet, der einen sechsstrahligen Stern trägt. Der Widerstandsdraht ist am Mantel und an der Tülle angelötet. Die Art der Einschaltung erkennt man aus Abb. 318. Eine gebogene Blattfeder, die im Stromweg liegt, greift an einem Zacken des Sterns an und dreht diesen beim Erweichen des Lots; hierdurch wird die Feder frei, schnellt ab und unterbricht den Stromkreis. Nach etwa $1/_2$ Minute ist das Lot wieder fest; die Sicherung kann durch Niederdrücken der Feder wieder eingeschaltet werden. Das Ende der Feder ist mit einem Schlitz versehen und die beiden entstehenden Lappen sind umgebogen, um eine Führung für den Stern zu bilden.

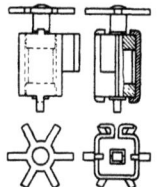 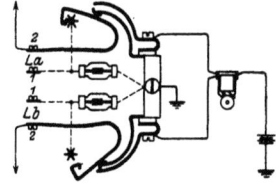

Abb. 317. Drehsternpatrone.   Abb. 318. Schaltung der Drehsternsicherung.

Nach dem Ansprechen muß geprüft werden, ob die Spule unbeschädigt ist, was durch Messung ihres Widerstandes geschieht. Damit die Spulen nach dem Ansprechen nicht ohne weiteres wieder verwendet werden können, haben sie neuerdings statt des sechsstrahligen Sterns nur einen einfachen Arm, der von der Feder um etwa 60 Grad gedreht wird und erst durch Umlöten in die frühere Lage zurückzubringen ist. Zur elektrischen Umlötung dient eine besondere Vorrichtung.

Die Drehstern- und Dreharmsicherungen für Sicherungskästchen und Luftleer-Blitzableiter zu 2 Leitungen haben etwa 30 Ω und sprechen bei 0,25 in etwa 15 s an; die Dreharmsicherungen für Zusatzwiderstände (Abb. 321) haben 14 Ω und sprechen bei 0,3 A nach 45 s an.

Die Umkehrpatrone (Abb. 319) besteht aus einem Messingröhrchen, in das ein längerer Stift mit Woodschem Metall eingelötet ist; er ragt auf der einen Seite um 6 mm, auf der anderen um 1,5 mm heraus. Der Widerstandsdraht ist am Messingröhrchen und am Mantel angelötet. Beim Erweichen des Lotes wird der Stift durch Federkraft verschoben. Wie diese Verschiebung zustande kommt und wirkt, ist aus Abb. 323

 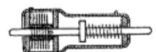

Abb. 319. Umkehrpatrone.   Abb. 320. Umlötpatrone.

zu ersehen. Die Patrone ist sogleich wieder verwendbar und braucht nur umgekehrt zu werden, vorher muß sie aber auf Unversehrtheit geprüft werden (Widerstandsmessung). Die Sicherungen für OB-Betrieb (vernickelt) haben 33 Ω und sprechen bei 0,25 A nach etwa 30 s an; die Sicherungen für ZB (verkupfert, 5 Ω) sprechen bei 0,5 A nach etwa 40 s an.

Ähnlich ist die Umlötpatrone (Abb. 320) gebaut. Sie enthält eine Spiralfeder, die beim Erweichen des Lotes den Stift verschiebt; er wird hierdurch (Abb. 324) einer Feder aus dem Wege gezogen, die nun frei wird und die erforderlichen Umschaltungen ausführt. Um die Patrone wieder verwenden zu können, muß sie umgelötet werden, was durch eine besondere Vorrichtung auf elektrischem Wege ausgeführt wird. — Ein kleiner Stift, der aus dem schmalen Teil seitwärts vorsteht, soll verhindern, daß die Patrone sich in der Hülse dreht.

Feinsicherung mit Zusatzwiderstand. Die Zusatzwiderstände, die in die Abzweigungen der Sammlerbatterien zu den einzelnen Telegraphenleitungen geschaltet werden (Seite 412), verbindet man mit Feinsicherungen. Die älteren Apparate enthalten hölzerne, mit Draht bewickelte Spulen, auf deren oberer Fläche eine Sicherung mit Abreißstift angebracht ist. Die neuen Zusatzwiderstände (Abb. 321) sind auf hohle Metallspulen gewickelt; darauf sitzt eine Dreharmsicherung; der Dreharm steht einem Stift im Wege, der

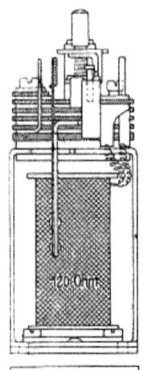
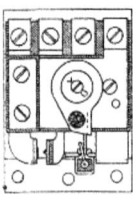

Abb. 321. Zusatzwiderstand mit Dreharmsicherung.

von einer Spiralfeder in der Uhrzeigerrichtung gedrückt wird. Steigt der Strom im Widerstand zu hoch an, so daß das Lot der Feinsicherung erweicht, so kann der Stift der Kraft der Spiralfeder folgen. Er trifft dann auf eine Blattfeder mit Kontakt und drückt diesen gegen eine Schiene, wodurch ein Weckerkreis geschlossen und ein Zeichen gegeben wird. Ist die Ursache der Störung beseitigt, so wird mittels des schwarzen isolierenden Griffes der drehbare Teil zurückgenommen, dabei die Spiralfeder gespannt und eine neue Feinsicherung eingesetzt.

Sicherungskästen und -leisten. Da bei den Fernsprechteilnehmern und in vielen Fällen auch auf den Ämtern in die Leitungen Blitzableiter und Feinsicherungen eingeschaltet werden, hat man diese Apparate in geeigneter Zusammenstellung und Zahl vereinigt.

Das Sicherungskästchen M 08, Abb. 322 ist für 2 Leitungen (1 Doppelleitung) bestimmt und enthält Grobsicherung mit Grobschutz gegen Blitzgefahr, Kohlen-Blitzableiter und Feinsicherung mit Drehstern oder Dreharm. Die Erdschiene am Leitungsende kann ein wenig verstellt werden, um den Abstand am Grobschutz zu verändern. Die Grundplatte besteht aus Porzellan. Über das Ganze kommt ein kastenförmiger Deckel aus schwarzlackiertem Eisenblech, der nur Öffnungen zum Durchlassen der Zuführungsdrähte hat: er greift mit 2 federnden Ansätzen in seitliche Aussparungen der Grundplatte. Wo es nötig ist, den Verschluß wettersicher zu machen (feuchtes Klima, Räume mit feuchter Luft usw.), wird zwischen Deckel und Grundplatte eine mit Wachs getränkte Schnur gelegt, der Deckel durch einen Metallbügel festgehalten.

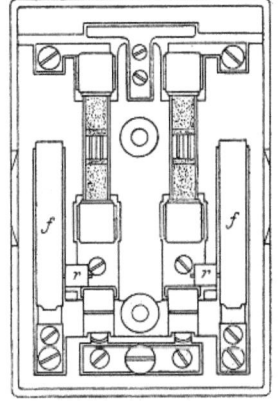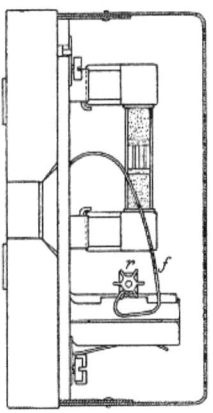

Abb. 322. Sicherungskästchen M 08.

382 Nebenapparate.

Die ältere Form des Sicherungskästchens (M. 07) ist in der vorigen Auflage des Buches beschrieben.

Sicherungskasten für 6 und 25 Doppelleitungen. Für Fernsprechstellen, bei denen mehr als 4 Leitungen einmünden, werden größere Sicherungskästen, für 6 oder 25 Doppelleitungen verwendet; sie enthalten für jeden Leitungszweig Kohlen-Blitzableiter, Feinsicherung und Grobsicherung, die zu einer Art Sicherungsleiste vereinigt werden.

Die Sicherungsleiste ist hauptsächlich für Fernsprechämter bestimmt und enthält die Feinsicherungen und Kohlen-Blitzableiter für 25 Doppelleitungen. Abb. 323 zeigt einen Schnitt durch die Sicherungsleiste von Zwietusch & Co. Auf einer

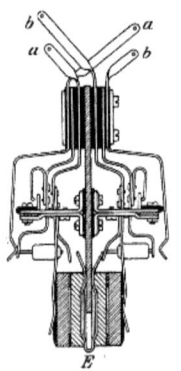 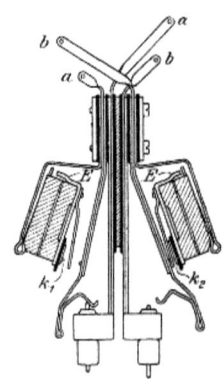

Abb. 323. Sicherungsleiste von Zwietusch & Co.

Abb. 324. Sicherungsleiste von Siemens & Halske.

durchlaufenden Metallplatte sind nahe dem einen Rande mehrere Reihen Kontaktfedern, die in Lötösen auslaufen, isoliert befestigt; in der Mitte trägt die Platte beiderseits durchlaufende Schienen, die dazu dienen, beim Ansprechen einer Feinsicherung (nach Abb. 319) einen Alarmstromkreis zu schließen. Am zweiten Rande der durchlaufenden Metallplatte sind, von Federn getragen, die Kohlen-Blitzableiter und die Feinsicherungen befestigt. Spricht eine Feinsicherung an, so drückt (vgl. rechte Seite der Abb. 323) eine Feder den Stift auf der anderen Seite heraus und bringt auf diese Weise Schaltungsänderungen hervor. Abb. 323 zeigt links die normale Beschaffenheit, rechts die Schaltung, wenn die Sicherung angesprochen hat. Wenn beide

Sicherungen ansprechen, wird die Innenleitung (in Abb. 323 von rechts kommend) isoliert; die Außenleitung wird geerdet, indem der Lötstift die vor ihm befindliche Blattfeder an eine geerdete Feder legt. Die beiden durchlaufenden wagrechten Kontaktschienen erhalten über die gebogene Kontaktfeder, Lötstift und Blattfedern Erde. Das abgebildete Modell war zunächst nur für OB-Einrichtungen bestimmt, für ZB-Ämter diente ein wenig davon verschiedenes Muster; jetzt wird für beide Fälle das erstere benutzt.

Abb. 324 stellt die Sicherungsleiste von Siemens & Halske dar. Die Feinsicherung ist die auf Seite 380, Abb. 320 beschriebene. Der Vorgang beim Ansprechen einer Sicherung ist ungefähr der gleiche wie vorher beschriebene, die Erdschiene ist E; k_1 und k_2 sind mit der Signaleinrichtung verbunden. Die Sicherungsleisten sind 340 mm lang.

Ein besonderer Prüfstöpsel mit 6 Federn dient zur Prüfung der Sicherungsleisten (vgl. Abb. 519 und 520). Indem man ihn in die Leiste einführt, ruft man die zur Prüfung der Leitungen und Sicherungen erforderlichen Umschaltungen hervor.

Hochspannungssicherungen. Wo Hochspannungsleitungen die Reichs-Telegraphenleitungen kreuzen oder sich ihnen nähern, wird verlangt, daß jene ganz besonders stark und widerstandsfähig hergestellt werden, so daß eine Gefährdung der Reichsleitungen im allgemeinen ausgeschlossen ist. Obwohl aus dem Fehlen besonderer Hochspannungssicherungen noch kein Unfall entstanden ist, scheint doch eine größere Sicherheit angesichts der raschen Vermehrung der Hochspannungsleitungen erstrebenswert, daher werden zurzeit Versuche mit solchen Sicherungen angestellt. Diese Sicherung, deren Form noch nicht endgültig feststeht, ist im wesentlichen nach Art der Grobsicherung eingerichtet und wird unmittelbar an der Gefahrstelle in die Leitung eingeschaltet, zu beiden Seiten der Kreuzungs- oder Näherungsstelle. Die Patrone besteht aus einer etwa fingerlangen Röhre aus starkem Glas, mit Metallkappen und Schmelzdraht; der Innenraum ist völlig ausgefüllt mit Talkum, einem feinpulverigen schwer schmelzenden Mineralpulver. Hinter dieser Sicherung, in der Richtung von der Gefahrstelle weg, ist ein Luftleer-Blitzableiter als Spannungssicherung an die Leitung gelegt. Das Ganze wird von einem kräftigen, luft- und wasserdicht abgeschlossenen Porzellangehäuse eingeschlossen.

Schutz gegen Knallgeräusch. Ein plötzlich in den Fernhörer eintretender starker Strom verursacht eine sehr heftige Bewegung der Schallplatte, die einen lauten Knall hervorruft. Hat der Beamte gerade den Fernhörer am Ohr, so kann dieser scharfe Knall höchst unangenehme Wirkungen auf das Ohr haben. Die Ursache solcher Ströme liegt entweder in atmosphärischen Vorgängen und ist mit dem Auftreten von Sturm mit Schnee-, Hagel- und Graupelschauern verknüpft; die Schneeflocken usw. geben ihre elektrische Ladung an die Leitungen ab und diese entladen sich in rascher Folge über die Kohlen-Blitzableiter. Oder es handelt sich um die Ströme aus den Weckinduktoren, die bei besonders ungünstig zusammentreffenden Schaltvorgängen gleichfalls starkes Knallgeräusch im Fernhörer erzeugen können. Auch kann das Geräusch durch Ladung der Fernsprechleitungen unter der Einwirkung benachbarter Hochspannungsleitungen (Ab- oder Anschalten von Leitungszweigen u. dgl.) hervorgerufen werden.

Zur Verhütung der ersterwähnten Aufladung der Leitungen legt man an diese (an jeden Zweig) Erdabzweigungen an, die aus Drosselspulen oder hohen induktionsfreien Widerständen (10000 bis 20000 Ω) bestehen; auch Luftleer-Blitzableiter beseitigen die Ladung genügend. Außerdem kann man, was für die aus den Induktoren herrührenden Ströme gewöhnlich geschieht, Nebenschlüsse zu den Fernhörern anbringen, die für gewöhnlich sehr hohen Widerstand haben, aber beim Auftreten höherer Spannungen sofort einen niederen Widerstand annehmen. Solche Widerstände werden in den Frittröhren gefunden (S. 31, 148). Auch hat man ähnlich wirkende lose Kontakte zwischen Metallfedern und einer umlaufenden Scheibe benutzt. Für beide Zwecke sind die endgültigen Formen der Apparate noch nicht festgestellt, es schweben vielmehr noch Versuche.

V. Die Galvanoskope.

Der durch die Leitung fließende Strom macht sich in den Apparaten durch das Anschlagen des Ankerhebels gegen die Kontakte bemerkbar. Allein diese durch das Ohr vermittelte

Wahrnehmung erlaubt noch kein genügendes Urteil über die Stärke des Stromes. Man muß zu jeder Zeit auch einen Aufschluß darüber erhalten können, ob der Strom den regelmäßigen Verhältnissen entspricht, oder ob er vielleicht infolge einer Ableitung geschwächt wird. Man muß ferner beurteilen können, ob die auf dem Amte befindliche Batterie genügenden Strom liefert. Diesen Zwecken dient das Galvanoskop, das auf jedem Amt in den Stromkreis eingeschaltet wird. Die Einrichtung des Apparates beruht auf der Eigenschaft des galvanischen Stromes, einen beweglichen Magnet abzulenken (vergl. S. 82).

Das gewöhnliche Galvanoskop. Auf dem Grundbrett GG (Abb. 325) sind um zwei Messingständer die horizontal liegenden Windungen aus feinem, mit Seide umsponnenen Kupferdrahte angebracht und mit einem Überzuge aus lackiertem Leder geschützt; von der Grundplatte G und der Messingplatte P P sind sie durch zwei Ebonitplättchen getrennt.

Die Messingplatte P hat einen kreuzförmigen Ausschnitt (in der Abbildung nicht sichtbar); in diesem schwingt der kleine winkelig gestaltete Magnet mm um eine in Spitzen gelagerte, zur Bildfläche der Abbildung senkrecht stehende Achse; die Enden des Magnetes befinden sich innerhalb der Windungen. An dem Magnete ist der Zeiger Z befestigt, dessen Schwingungen auf der Rückwand des Gehäuses, die aus einer im oberen Teile mattgeschliffenen Glasplatte mit Teilung besteht, beobachtet werden können. Durchläuft der Strom die Windungen, so wird der Magnet und der mit ihm fest verbundene Zeiger je nach der Richtung des Stroms nach rechts oder links abgelenkt.

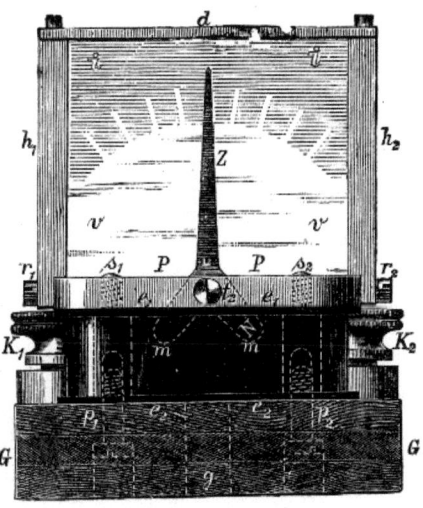

Abb. 325. Galvanoskop.

Aus der Größe des Ablenkungswinkels kann man erkennen, ob der Strom stark oder schwach ist. Vorn ist das Gehäuse durch eine Glasplatte abgeschlossen. Die Klemmen K_1 und K_2 für die Zuführungsleitungen befinden sich an der hintern Seite der Grundplatte.

Das Galvanoskop kann seinen Zweck nur erfüllen, wenn die Umwindungen nicht unterbrochen sind und der Magnet hinreichenden Magnetismus besitzt.

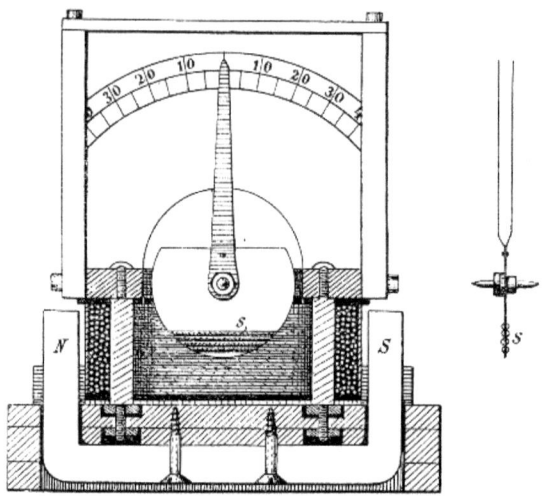

Abb. 326. Polarisiertes Galvanoskop.

Die Unterbrechung der Umwindungen ist besonders deshalb von großem Nachteil, weil zugleich die Leitung selbst, in der sich das Galvanoskop befindet, unterbrochen wird. Wenn der Magnet nicht mehr hinreichenden Magnetismus besitzt, so wirkt der Strom nur schwach ablenkend, der Zeiger wird sich träge bewegen und geringen Ausschlag zeigen, bei noch weiter vermindertem Magnetismus schließlich kaum mehr eine Bewegung ausführen. In solchen Fällen muß der Magnet herausgenommen und von neuem (durch Streichen, vgl. S. 1) magnetisiert werden, was nur von kundigen Beamten ausgeführt werden darf.

Das polarisierte Galvanoskop M 02 (Abb. 326) hat statt des schwingenden Winkelmagnets einen beweglichen Körper s aus weichem Eisendraht; auf eine Aluminiumscheibe werden mehrere einerseits flache Eisendrähte aufgeklebt. Bei den neuesten Galvanoskopen werden auch noch am oberen Rande der Scheibe Eisendrähte befestigt. Die Windungen werden von einem kräftigen ⊔förmigen Stahlmagnet umgeben, der im Innenraum der Spule ein starkes magnetisches Feld erzeugt. Die Eisendrähte stellen sich in die Richtung der magnetischen Kraftlinien wagerecht ein. Der in die Windungen eintretende Strom erzeugt ein zweites magnetisches Feld, dessen Linien im Innern der Spule senkrecht stehen (vgl. Abb. 45). Unter der gleichzeitigen Wirkung beider Felder stellen sich die Eisendrähte schräg, und zwar um so schräger, je stärker das Feld der Spule, d. h. der Strom ist. Man erhöht die Empfindlichkeit durch Vorlegen eines Schwächungsankers, etwa eines Stückes Eisenblech oder eines Eisendrahtes. — Widerstand 100 Ω.

Für Telegraphenleitungen mit stärkeren Stromschwankungen werden die Galvanoskope M 1902 geeicht. Man stellt fest, wieviel Milliampere den Teilstrichen 5, 10, 15 usf. entsprechen, und verzeichnet dies in einem Papiertäfelchen, das sich unter einer durchsichtigen Zellonplatte auf dem Deckel des Galvanoskops befestigen läßt. Die Eichung ist alljährlich zu wiederholen.

Das Differentialgalvanoskop mit Drehspule (Abb. 327 a und b) besteht aus einem Hufeisenmagnet mit angesetzten Polschuhen, deren zylindrischer Zwischenraum noch zum größten Teil durch einen zylindrischen Eisenkörper ausgefüllt ist. In dem verbleibenden ringförmigen Spalt ist ein Metallrähmchen drehbar angebracht, auf dem sich zwei gleiche Bewicklungen befinden.

Die magnetische Anordnung ist im wesentlichen die gleiche, wie beim Magnetinduktor, vgl. Abb. 151. Der Unterschied besteht darin, daß beim Magnetinduktor der Eisenkern mit der Bewicklung gedreht wird, weil es zu schwierig ist, ihn festzuhalten, und daß er tief eingeschnitten ist, um die hohe Zahl Windungen aufnehmen zu können.

Die Achse der Drehspule stimmt mit der des zylindrischen Zwischenraums der Polschuhe und des ausfüllenden Eisenzylinders überein. Ihre Windungsfläche steht wagrecht; zwei kleine Gewichtchen, die sich auf Gewindestiften verschieben lassen, dienen zur genauen Regelung der Lage.

Tritt ein Strom in die Windungen, so erzeugt er ein senkrechtes Magnetfeld, das von dem wagerechten Feld des Hufeisenmagnets gedreht wird; die Spule würde sich also senkrecht stellen. Als Gegenkraft dienen flache Spiralfedern nach Art der Unruhfedern, die im Verhältnis der Stärke des eintretenden Stromes gespannt werden; sie werden zugleich als Stromzuführung benutzt. Die Spule und der mit ihr verbundene Zeiger drehen sich also um einen Winkel, der den Strom angibt.

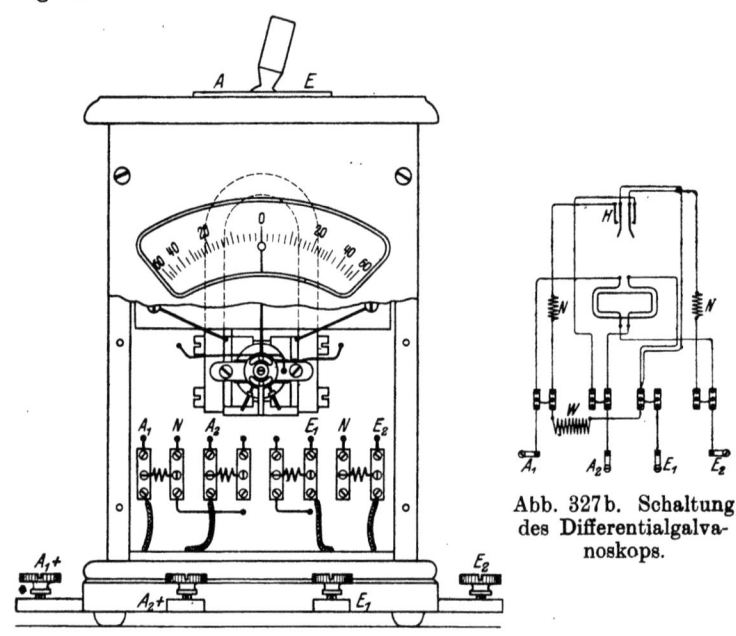

Abb. 327a. Differentialgalvanoskop.

Abb. 327b. Schaltung des Differentialgalvanoskops.

Das Differentialgalvanoskop dient dazu, die Gleichheit zweier Ströme zu überwachen. Daher besitzt es zwei voneinander getrennte Wicklungen, deren Schaltung Abb. 327b zeigt. Die Ströme müssen so eingeleitet werden, daß sie einander entgegenwirken.

Den Windungen, deren Widerstand 32 Ω beträgt, können durch den Federumschalter H Nebenschlüsse N von 8 Ω parallel geschaltet werden, wodurch der Meßbereich von 12 auf 60 mA steigt. Dem einen Nebenschluß ist noch zur genauen

Abgleichung ein größerer Widerstand W (6000 bis 8000 Ω) parallel geschaltet. Ist das Instrument richtig abgeglichen, so darf es keinen Ausschlag zeigen, wenn man A_1 mit A_2, E_1 mit E_2 verbindet, H umlegt und zwischen A und E eine Stromquelle, z. B. ein Trockenelement, dem man noch etwa 10 Ω vorlegt, einschaltet.

VI. Die künstlichen Widerstände[1]).

Für die Abgleichung in Telegraphenschaltungen, z. B. bei Mehrfachtelegraphie, zur Abdrosselung zu hoher Spannungen oder zur Stromschwächung, zu Meßzwecken braucht man Drähte mit hohem Widerstand. Man benutzt dazu Drähte aus Metalllegierungen mit hohem spezifischen Widerstand. Kommt es außerdem darauf an, daß die Drahtwiderstände sich nicht stark mit der Temperatur ändern, so wählt man eine Legierung mit niederem Temperaturkoeffizienten (S. 26). Die am meisten benutzten Legierungen sind Manganin und Konstantan. Die Spulen werden in der Regel bifilar gewickelt, d. h. der Draht wird ebensooft in der einen wie in der entgegensetzten Richtung aufgespult, damit die Induktivität verschwinde.

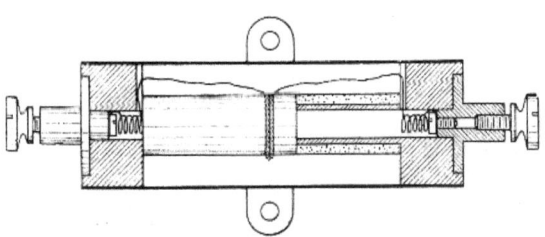

Abb. 328. Künstlicher Widerstand aus Manganindraht.

Spule mit Manganindraht (Abb. 328). Eine Holzspule ist mit feinem, durch Seidenumspinnung und Schellacktränkung isolierten Manganindraht bewickelt. Die Enden der Umwindungen sind innerhalb des Hohlraums der Spule zu kleinen

---

[1]) Widerstand bezeichnet eine Eigenschaft. Es ist unrichtig, auch die Verkörperung dieser Eigenschaft, eine Spule, einen Kasten als Widerstand zu bezeichnen; die richtige Benennung ist Rheostat, wofür kürzlich das Wehr als Verdeutschung vorgeschlagen worden ist.

Spiralen geformt und an die Messingklemmen auf den Stirnflächen geführt. Gegen äußere Beschädigungen wird die Spule durch einen Messingmantel geschützt, der ebenso wie ein messingner mit lappenartigen Ansätzen versehener Fuß durch kleine Holzschrauben mit der Spule verbunden ist. Diese Spulen werden mit verschiedenen Widerstandswerten hergestellt und als Einzelwiderstände in Schaltungen benutzt.

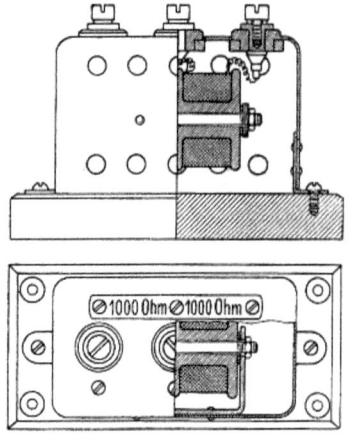

Abb. 329. Verzweigungswiderstand für eine Brückenschaltung.

Verzweigungswiderstand, Brückenarme (Abb. 329). Für die Gegensprechschaltung nach der Wheatstoneschen Brückenmethode braucht man meist zwei gleiche Widerstände; in der Regel wählt man $2 \times 1000\ \Omega$. Unter einer Blechkappe mit Lüftungslöchern sitzt eine Porzellanrolle mit zwei Wicklungsräumen, die mit feinem isolierten Draht vollgewickelt sind. Von

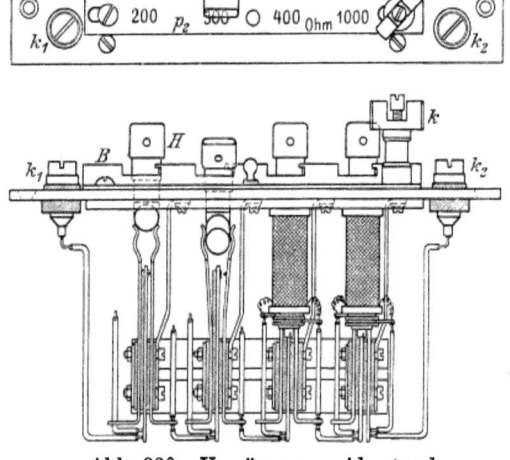

Abb. 330. Verzögerungswiderstand.

den 3 Klemmschrauben führt die mittlere an den Vereinigungspunkt der beiden Wicklungen, die äußeren an deren Enden.

Verzögerungswiderstand (Abb. 330). Vier Widerstandsspulen (von denen 2 in der Abbildung weggelassen sind, um die Schaltfedern zu zeigen) sind hintereinander zwischen die Klemmen k_1 und k_2 geschaltet. Zu jeder Spule gehört ein Federumschalter aus 3 Federn; in der Ruhelage schließen sie den Widerstand kurz. Die äußeren Federn können durch ein Hartgummiröllchen auseinandergedrängt werden, wodurch die zugehörige Drahtrolle eingeschaltet wird; das Röllchen sitzt an einem kleinen Kipphebel, der in beiden Endlagen feststeht. Durch ein verschiebbares, passend gebogenes Blech mit Ausschnitten und Nasen n kann man die Kipphebel in ihrer Lage dauernd festlegen; das Blech kann mit Hilfe der Schraube K festgeklemmt werden. Mehrere solcher Sätze lassen sich zu einem Widerstandskasten

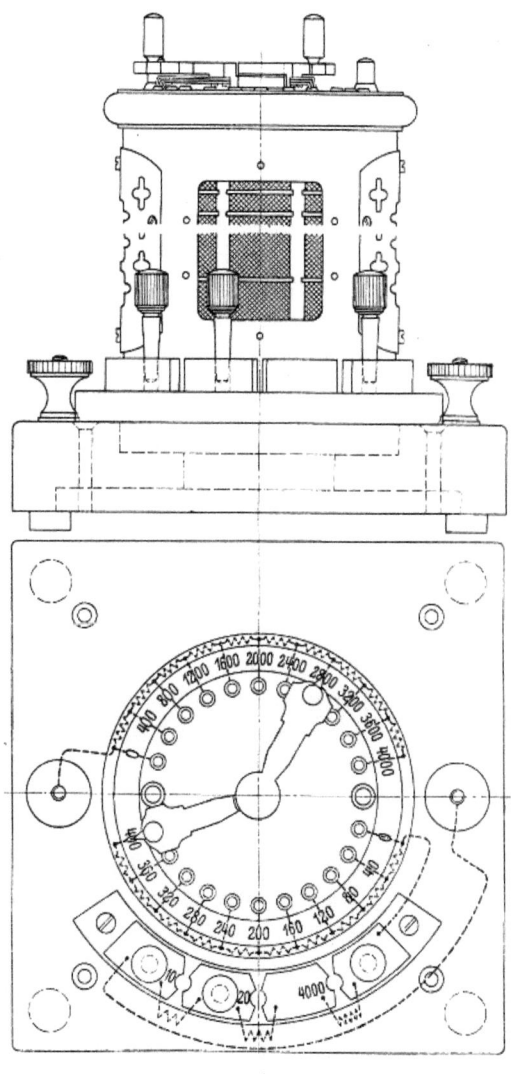

Abb. 331. Kurbelleitungsrheostat.

vereinigen. Diese Sätze werden verwendet als Teile der künstlichen Leitung beim Gegensprechen (Abb. 122, R_1, R_2, R_3).

Der Kurbelleitungsrheostat (Abb. 331) ist hauptsächlich als Bestandteil R (Abb. 122) der künstlichen Leitung gebaut; er ist in weiten Grenzen einstellbar. 3 Spulen sind durch Stöpsel zu schalten, die übrigen mit 2 Kurbeln; der Stromweg führt über den Drehpunkt der beiden Kurbeln. Man kann jeden durch 10 teilbaren Widerstand bis 8430 Ω darstellen. Die Widerstandsdrähte sind auf Rollen im Innern des säulenförmigen Körpers aufgespult; die Verkleidung der Säule ist zum Zwecke guter Lüftung durchlöchert. Der Apparat ist im ganzen 25 cm hoch.

Der Zusatzwiderstand mit Feinsicherung zur Abdrosselung der zu hohen Betriebsspannung in den Sammleranlagen der Telegraphenämter s. S. 380, Abb. 321.

Glühlampen als Widerstand. Wenn für eine Fernsprech-Verbindungsleitung zum Weckbetriebe eine geerdete Sammlerbatterie benutzt wird, schaltet man als Sicherheitswiderstand in die Zuführung zum Arbeitsplatz des Fernsprechamts eine Siriuslampe ein. Die Lampe hat einen metallenen Glühfaden, dessen Widerstand bei Erwärmung erheblich steigt (S. 27); die zu benutzende Lampengröße ist für 37 V, 12 HK bestimmt und hat kalt einen Widerstand von etwa 6 Ω; wird sie vom Strom durchflossen, so leuchtet sie schwach bei 20 V und 0,26 A, hell bei 37 V und 0,38 A; ihr Widerstand ist in diesen beiden Fällen rd. 80 und 100 Ω. Regelmäßig soll die Lampe mit nicht mehr als 0,1 A belastet werden, wobei sie eben glüht; sie wirkt also zu starker Stromentnahme (z. B. durch Nebenschließungen) entgegen und zeigt sie an. Beispiel s. WL in Abb. 498.

VII. Drosseln und Übertrager.

Die Drosseln werden hauptsächlich gebraucht, um einem rasch veränderlichen Strom einen großen Scheinwiderstand entgegenzustellen, während sie gegen langsam veränderliche und gleichbleibende Ströme nur mit dem wirklichen Leitwiderstande zur Geltung kommen. In der Telegraphie werden sie daher als Hilfsmittel benutzt, um die Stromwellen steiler zu machen. Beim gleichzeitigen Telegraphieren und Fernsprechen, wie auch in den Fernsprechschaltungen dienen sie als Stromsperre für

Drosseln. 393

den Sprechstrom. Man unterscheidet einfache Drosseln mit einer Wicklung und Differentialdrosseln mit mehreren Wicklungen. Die Übertrager sind Transformatoren, welche zur magnetischen Verkettung zweier Stromkreise bestimmt sind. Vgl. S. 119, Abb. 76; S. 165, Abb. 125a; S. 579, Abb. 479.

Einfache Drosseln. Es gibt für Telegraphenzwecke drei verschiedene Ausführungen. Bei der einfachsten Art ist die Drahtspule auf einen runden Eisenkern geschoben und mit einem eng angepaßten, der Länge nach aufgeschlitzten Eisenmantel umgeben; die Stirnseiten dieses Mantels sind durch Eisenscheiben geschlossen. Über eine dieser Scheiben läßt sich der Mantel beliebig weit abziehen, wodurch der Eisenkreis eine Unterbrechung erleidet. Je weiter der Mantel abgezogen ist, desto schwächer wird die Magnetisierung, desto kleiner die Induktivität.

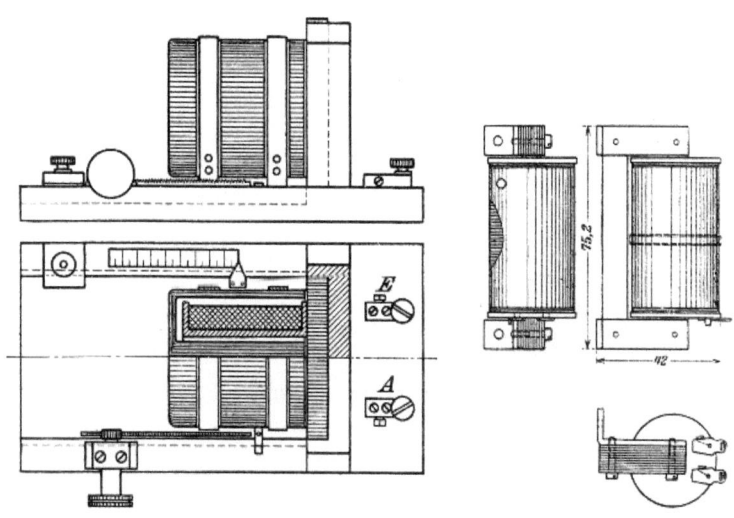

Abb. 332. Stelldrossel. Abb. 333. Drosselspule für Fernsprechämter.

In der zweiten Ausführung bestehen Kern und Mantel aus aufrecht stehenden Eisenstäbchen, die beiderseits durch Eisenscheiben abgeschlossen und mittels eines durchgehenden Bolzens mit Unterlegscheibe und Mutter zusammengepreßt werden. Durch Zwischenlegen von verschieden dicken Scheiben aus nicht magnetischem Material, oder durch Wegnehmen der einen oder schließlich beider Eisenscheiben kann auch hier der Eisenkreis geöffnet und die Induktivität abgeglichen werden.

Bei der dritten Ausführung der Drossel (Abb. 332) ist die Drahtspule auf einer Platte aus dicht nebeneinander gelegten Eisenblechstreifen befestigt. Eisenkern und Mantel sind in einem Stück aus einem Bündel feiner Eisendrähte in der äußeren Form eines Hutes gebildet und auf einem hölzernen Schlitten befestigt, der sich mit Hilfe einer Zahnradstange und eines Triebes derart verschieben läßt, daß der Hut entweder an die Eisenplatte gepreßt oder in beliebigem Abstand (an einer Teilung abzulesen) von ihr gehalten wird.

Induktivität der Drosseln für Telegraphenleitungen.

Bei der Drossel	Der Widerstand in Ohm etwa	Die Induktivität in Henry bei etwa 40 mA	
		bei ganz geschlossenem Eisenkreis etwa	bei am weitesten geöffnetem Eisenkreis etwa
1. mit festem Eisenmantel und Eisenscheiben .... (liegende Rolle)	a) 1500 b) 600	45 16	13,2 5
2. mit Drahtkern, Drahtmantel und Eisenscheiben . (stehende Rolle)	a) 1000 b) 600	150 80	50 20
3. mit Drahtkern und Drahtmantel in der äußeren Form eines Hutes (Abb. 332)	1000	120	5

Die Drosseln für Telegraphenzwecke werden als Nebenschließung zu Kabelleitungen geschaltet.

Die Drosseln für Fernsprechzwecke (Abb. 333) sind nicht veränderbar; der Kern aus Eisenblechstreifen ist magnetisch geschlossen. Diese Drosseln werden je nach ihrer Verwendung in sehr verschiedener Weise bewickelt. Es hatte, bei 800 Per/s gemessen, eine Drossel: Widerstand 120 Ω, Induktivität 1,95 H, Zeitkonstante 0,016, eine andere 200 Ω, 2,8 H, Zeitkonstante 0,014. Wenn die Drosseln zwei Wicklungen erhalten, so werden diese durch den in Abb. 333 zu erkennenden Flansch getrennt.

Auch die Pupinspulen sind Drosseln; es geht aber über den Rahmen des Buches, auch diese zu beschreiben.

Die **Differentialdrossel**, Abzweigspule, für die Schaltungen der Simultantelegraphie (Abb. 124 a, b, 125 a), ist ähnlich gebaut wie der Münchsche Fernsprechübertrager (S. 478). Sie besteht aus einem Eisenkern, zwei nebeneinander angebrachten Wicklungen aus je 15 000 Windungen eines 0,2 mm starken seidenumsponnenen Kupferdrahtes von 1100 bis 1160 Ω und einem darüber iegenden Eisenmantel. Das Eisen ist unterteilt und besteht aus 0,2 mm starkem Draht. Die Induktivität der hintereinander geschalteten Wicklungen einer Spule beträgt 50 H, die Zeitkonstante demnach etwa 0,022. Die gleichartige Spule für mehrfaches Fernsprechen unterscheidet sich von der beschriebenen durch etwas geringere Abmessungen und durch die Bewicklung; es sind 4 Spulen von je 1900 Windungen eines 0,2 mm starken, seidenumsponnenen Kupferdrahtes, die nach Abb. 51 geschaltet sind. Jede Wicklung aus 2 Spulen hat 220 Ω. Induktivität aller Wicklungen bei Reihenschaltung 7 H, Zeitkonstante etwa 0,015. — Die Abzweigspule wird nicht mehr beschafft, vielmehr allmählich durch den Ringübertrager ersetzt.

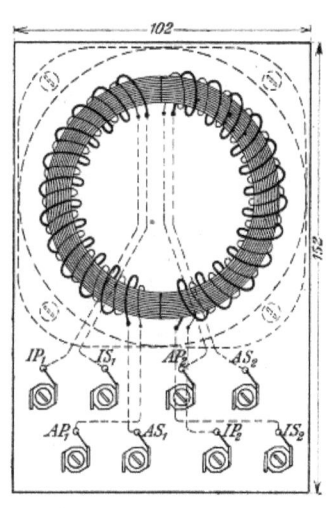

Abb. 334. Ringübertrager, kleine Form.

Der Ringübertrager (Abb. 334) besteht aus einem ringförmig in sich geschlossenen Eisenkern (Drahtbündel), auf den 4 Spulen aufgebracht sind. Es wird in großer und kleiner Form gebaut. Der bewickelte Ring ist mit einer Blechhaube bedeckt, die beim großen Übertrager durch eine runde aufgelötete Blechplatte abgeschlossen ist, während sie beim kleinen Übertrager (Abb. 334) auf einer hölzernen Grundplatte sitzt. Auf der Grundplatte sind die 8 Lötösen aufgeschraubt; der große Übertrager trägt eine ähnliche Klemmplatte an der Seite. Die Klemmen werden neuerdings anders bezeichnet; an Stelle des I (J) ist A (Anfang), an Stelle des A ist E (Ende) getreten; P heißt primär, S sekundär, das Anhängsel 1 oder 2 bezeichnet die linke oder rechte Hälfte. Die 4 Spulen des großen Übertragers, der für Doppelsprechen und Simultanbetrieb verwandt wird, haben je 1200 Windungen eines seidenumsponnenen Kupferdrahtes und 20 Ω; die Induktivität von 2 Spulen hintereinander beträgt 2,2 H, die Zeitkonstante 0,055. Aus letzterer Zahl geht hervor, daß der Ringübertrager der Abzweigspule wesentlich überlegen ist. — Der Ringübertrager kleiner Form wird als Fernsprechübertrager für Fernleitungen benutzt; er hat in der älteren Ausführung 4 Spulen von 2800 Windungen und 100 Ω, in der neueren 4 × 1600 Windungen und 4 × 51 Ω; vgl. S. 479.

VIII. Kondensatoren.

Die Kondensatoren werden gebraucht zur Nachahmung der Ladefähigkeit einer Leitung in der Mehrfachtelegraphie und als Stromsperre für Gleichstrom, Stromdurchlaß für Wechselstrom hauptsächlich im Fernsprechwesen.

Platten- oder **Blätterkondensatoren** enthalten, in einem viereckigen Kasten eingeschlossen, als Leiter Stanniolblätter, die durch paraffingetränktes Papier oder durch Glimmerscheiben getrennt sind; alle Blätter werden möglichst dünn genommen. Die Stanniolblätter sind abwechselnd mit den beiden Polklemmen verbunden, wie es z. B. die schematische Darstellung in Abb. 159 andeutet. Die Paraffinkondensatoren sind billiger, die Glimmerkondensatoren in ihren elektrischen Eigenschaften zuverlässiger. Diese Kondensatoren werden nur noch zu Meßzwecken verwendet.

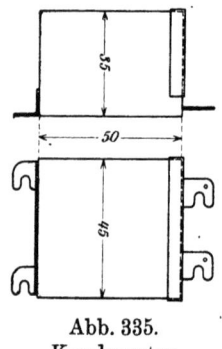

Abb. 335. Kondensator.

Rollen- oder **Wickelkondensatoren** erhält man durch Aufeinanderlegen langer Streifen Zinnfolie und dünnes Papier (4 Streifen abwechselnd), die man alsdann zu einem Wickel rollt, in viereckige Form preßt und in ein Kästchen, Abb. 335, einschließt. Das Papier muß sehr sorgfältig getrocknet und getränkt werden.

Die Wickelkondensatoren werden in der Telegraphie und im Fernsprechwesen in großem Umfange gebraucht; sie sind wesentlich billiger als die Blätterkondensatoren und sind für alle Zwecke, außer für genaue Messungen, ausreichend. Für künstliche Leitungen baut man sie in derselben Weise, wie nach Abb. 330 die Widerstandsspulen, zu schaltbaren Sätzen zusammen.

Vierter Teil.
Telegraphenbetrieb.

Allgemeines. Je nachdem ein Telegraphenamt den Endpunkt einer Leitung bildet oder so liegt, daß die von einer Seite zum Betriebe eingeführte Leitung sich nach einer andern Richtung fortsetzt, unterscheidet man Endstellen und Zwischenstellen.

Ein Amt kann zugleich für eine Leitung Endstelle, für eine andere Leitung Zwischenstelle sein. Dies trifft in der Regel bei allen größeren Ämtern zu, da in diesen sowohl Leitungen endigen, als auch einmündende Leitungen sich nach andern Richtungen wieder fortsetzen. Auch die größeren Telegraphenbetriebsstellen der Postämter sind nicht selten sowohl End- als Zwischenstellen.

Zwischenstellen werden häufig so eingerichtet, daß die Leitung in zwei Zweige getrennt und jeder als besondere Leitung benutzt werden kann. (Trennstellen.)

Jeder Beamte muß mit der Einrichtung der Ämter, für welche genaue einheitliche Vorschriften bestehen, bekannt sein. Denn von der richtigen, zweckmäßigen Anordnung und Unterhaltung der Einrichtungen hängt der Betrieb der Leitung wesentlich ab, und die genaue Kenntnis der gesamten Einrichtungen bietet dem Beamten bei der Ausübung und Leitung des Betriebes, besonders aber bei Ermittelung und Beseitigung der Betriebsstörungen ein unentbehrliches Hilfsmittel dar.

Neunzehnter Abschnitt.
Die technische Einrichtung des Telegraphenamtes.

I. Die Leitungseinführung.

Oberirdisch. Bei dem Übergang von der blanken Außenleitung zu der umhüllten Innenleitung entsteht eine Schwierigkeit. Die Stelle, wo der Innenleiter seine Hülle verläßt, bedarf eines besonderen Schutzes, den man in der Regel durch einen langen Kriechweg (Seite 30) und Abschirmung gegen Feuchtigkeit erreicht. Der blanke Draht darf nicht mit der Hauswand oder andern Gebäudeteilen, auch nicht mit den äußeren Teilen seiner Befestigungsmittel (Trennglocken u. dgl.) in Berührung kommen; die Verbindungsstelle, insbesondere ein Teil der vom Bleimantel befreiten Isolierhülle, muß tief im Innern der Schutzglocken sitzen, und der metallische Mantel der Innenleitung, der als geerdet anzusehen ist, muß genügend weit zurückgeschnitten werden.

Die gebräuchlichsten Arten der Einführung werden durch Abb. 336 bis 339 dargestellt.

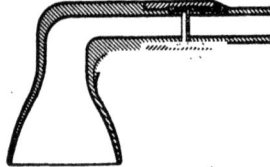

Abb. 336. Einführungsrohr.

Zur Einführung der Telegraphenleitungen dient in der Regel das Einführungsrohr aus Hartgummi (Abb. 336) mit Schutzglocke. Das Rohr wird in eine Durchbohrung der Mauer eingesetzt. Sollen mehr als 4 Leitungen eingeführt werden, so setzt man in die Wand ein Bohlenstück oder einen Kasten aus hartem Holz mit Durchbohrungen; oder man befestigt den Kasten auf Konsolen an den Außenwänden und bringt in der Hauswand nur eine mit Holz ausgekleidete Öffnung für die Kabel an. Durch das Rohr wird starkes einadriges Bleirohrkabel geführt und an seinem Ende bis in die Höhlung der Schutzglocke von Bleimantel und Hülle befreit, der Mantel um 3 cm weiter als die Isolierhülle entfernt. Dieser Teil nebst 2 cm des heraustretenden Kupferdrahtes müssen sich noch innerhalb der Schutzglocke befinden. Unterhalb der Schutzglocken sind an der Außenwand Doppelglocken kleiner Form (III) befestigt, an denen die oberirdische Leitung abgespannt ist. Hier wird die Ader des Bleirohrkabels mit der oberirdischen Leitung durch sorgfältige Lötung verbunden; der Draht darf den Rand der Hartgummiglocke nicht berühren.

Können die oberirdischen Leitungen mit Starkstromleitungen in Berührung kommen, so verwendet man den Endisolator für Überführungssäulen (Abb. 337). Er besteht aus einer gußeisernen Glocke, deren Innenraum sich in ein wagrechtes Rohr fortsetzt. Dieses Rohr tritt durch eine Bohrung der Wand in das Gebäude; mittels des Flansches sind die Glocken an der Außenwand befestigt. In der Glocke sitzt ein Stift,

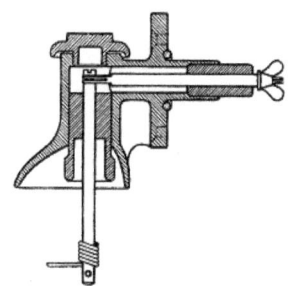  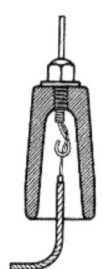

Abb. 337. Endisolator für Überführungssäulen.   Abb. 338. Einführung einer Anschlußleitung.   Abb. 339. Ebonit-Schutzglocke.

der nach unten vorragt, und an dem die Außenleitung angelötet wird. Der Trennkörper für den Stift hat selbst Glockenform. Der von der Röhre her eingeschobene wagrechte Leitungsstift wird am oberen Ende des senkrechten Stiftes festgeschraubt, alsdann die Glocke mit dem Schraubdeckel verschlossen. Die Innenleitung schließt sich an den wagrechten Stift an. Die Holzteile der Einführung werden mit Eisenblech verkleidet oder statt des hölzernen Kastens ein eiserner angebracht.

Die beiden anderen Einführungsarten sind hauptsächlich für Fernsprechleitungen vorgesehen, Abb. 338 für die Einführung von Anschlußleitungen, die Ebonit-Schutzglocke (Abb. 339) für die Einführung der Verbindungsleitungen in die Ämter. Sie werden aber auch für Telegraphenleitungen verwandt, Abb. 338

für Anstalten mit Fernsprechbetrieb und für kleinere Anstalten mit Morsebetrieb, Abb. 339 für Sp-Leitungen.

Die Einführung nach Abb. 338 besteht in einer Glocke III auf U-förmiger Stütze; an der Glocke wird die Leitung abgespannt, das Bleikabel wird an der Stütze mehrmals mittels Kupferdrahtes festgebunden.

Die Ebonit-Schutzglocke hängt an dem Leitungsdraht, der von der Abspannglocke kommt; innerhalb der Schutzglocke befindet sich die Lötstelle.

Unterirdisch. Die Leitungen werden in dem Kabel, das sie enthält, unmittelbar in die Gebäude der Telegraphenanstalten eingeführt. In der Regel wird die Grundmauer durchbrochen, in die Öffnung ein eisernes Rohr eingesetzt und durch dieses das Kabel hindurchgezogen, um dann weiter in einem eisernen Rohre oder hölzernen Kasten geführt zu werden. Die Leitungen der großen Kabellinien endigen am Kabelumschalter, die Stadtkabel an einem Kabelschrank oder am Blitzableiterpult. Sind die Adern des Kabels mit Guttapercha isoliert, so muß es vor starker Erwärmung geschützt werden, weil sonst die Guttapercha erweicht wird. Es darf demnach Heizungsanlagen nicht zu nahe kommen und der Bestrahlung durch die Sonne nicht ausgesetzt werden. An Faserstoffkabel muß ein Endstück aus wetterbeständigem Kabel angespleißt werden.

II. Die Zimmerleitung.

Die Zimmerleitung besteht aus den Zuführungsdrähten der Leitung zu den Klemmen des Apparattisches, den Zuführungsdrähten zu den Polen der Batterie und dem Zuführungsdraht zur Erdleitung. Sie wird aus Bleirohrkabeln, bei größeren Betriebsstellen aus Lackkabeln hergestellt.

Die zur Einführung benutzten Bleirohrkabel werden ohne Unterbrechung bis zu den Doppelklemmen am Tisch geführt, wenn der Blitzableiter sich auf dem Tische befindet. Ist dies nicht der Fall, oder bildet ein Fernsprechgehäuse mit vorgeschaltetem Platten-Blitzableiter den Apparat, so werden die Bleirohrkabel ohne Unterbrechung bis zu dem gesondert aufgestellten Blitzableiter oder Sicherungskästchen geführt. Vom Blitzableiter aus erfolgt dann die Verbindung mit den Apparaten oder, falls ein Linien- oder Klinkenumschalter vorhanden ist, zunächst die Verbindung mit diesem und von da aus mit den Apparaten. Von der Batterie aus werden die Zuführungen, falls mehr als zwei notwendig werden, aus vieradrigem Bleirohrkabel hergestellt. Die Zuführung zur Erdleitung besteht aus einadrigem Bleirohrkabel.

Ist die Möglichkeit vorhanden, daß die Telegraphenleitungen außerhalb des Amts mit stromführenden Teilen von Starkstromanlagen (z. B. den Fahrdrähten elektrischer Straßenbahnen, den Freileitungen von Beleuchtungsnetzen usw.) in Berührung kommen, so werden nahe der Leitungseinführung im Innern des Amts Schmelzsicherungen und zwar Grobsicherungen (siehe S. 375) eingeschaltet.

Auf kleineren Anstalten werden die Bleirohrkabel gewöhnlich auf Wandleisten an den Wänden entlang geführt, jedoch kommt es auch vor, daß sie unter ausgekehlten Deckleisten oder in Holzkästen an den Scheuerleisten entlang verlegt werden.

Bei größeren Ämtern erhalten die Kabel ihren Platz meist unter der Bedielung, indes nur, wenn sie durch Blitzableiter und Sicherungen geschützt sind. Hierbei wird dafür gesorgt, daß das Kabellager überall leicht geöffnet werden kann, damit die Kabel jederzeit zugänglich sind.

Bei den Sp- und den kleinen Morseanstalten kann die Zimmerleitung aus Zimmerleitungsdraht auf Isolierröllchen (wie bei den Sprechstellen der Teilnehmer) hergestellt werden. Wo die Leitungen in Kanälen unterzubringen oder an feuchten Wänden zu führen sind, müssen indes auch hier Bleikabel verwandt werden.

Die Bezeichnung der Zimmerleitung. Um die Übersichtlichkeit zu fördern, werden an den Bleirohrkabeln und den einzelnen Drähten Bezeichnungen angebracht. An den in das Zimmer eintretenden Leitungsdrähten ist zunächst auf einer Wandleiste eine kleine Papptafel mit der Bezeichnung der Leitung und des Endamtes anzubringen, z. B.:

Ltg. 836 Ost. Coblenz
Ltg. 836 West. Trier.

An allen den Stellen, wo Bleikabel hinzukommen, sind wiederum Tafeln mit Bezeichnungen anzubringen. Ebenso ist bei den Leisten zu verfahren, in denen nur Zuleitungen der Batterie befestigt werden. K = Kupferpol, Z = Zinkpol, E = Erde.

Eine regelmäßig und genau durchgeführte Bezeichnung leistet besonders für die Untersuchung des Amtes bei Betriebsstörungen wesentliche Dienste, erspart Mühe, Zeit und störende Verwechselungen bei einer Änderung der technischen Einrichtungen.

Für jeden Apparat wird endlich eine Mappe angelegt, in der sich die Angaben über die Nummer der Leitung, Bezeichnung der eingeschalteten Anstalten, Zahl der Elemente, Rufzeichen, Dienststunden der Anstalten, eine Zeichnung des Verlaufes der Leitung, sowie des Stromlaufes im Amte vorfinden müssen. Diese Mappe findet ihren Platz in der offenen Lade des Apparattisches oder an der Schreibkonsole neben dem Fernsprechgehäuse.

III. Die Batterie.

Schränke und Gestelle für die Batterie. Die Kupferelemente werden auf den kleineren Anstalten gewöhnlich in einem flachen Holzschrank untergebracht, der in 5 Abteilungen je 7, im ganzen also 35 Elemente, faßt (Abb. 340). Der Schrank ist mit verschließbaren Glastüren versehen. Seine innern Wände müssen weiß angestrichen sein; sie sind stets rein zu halten, ebenso die Glasscheiben der Türen, damit die Elemente jederzeit auch ohne Öffnung der Türen genau besichtigt werden können. Die Türen sind stets verschlossen zu halten, um das Eindringen von Staub möglichst zu verhüten. Der Schrank muß möglichst in oder nahe dem Betriebsraume an einem hellen Orte hängen, wo er weder großer Wärme oder Kälte noch Feuchtigkeit ausgesetzt ist; er darf aber nicht über einem Apparattisch angebracht werden. Er wird entweder an starken, ins Holz eingetriebenen oder fest ins Mauerwerk eingegipsten oder einzementierten Haken aufgehängt, nicht so niedrig, daß die Glasscheiben leicht

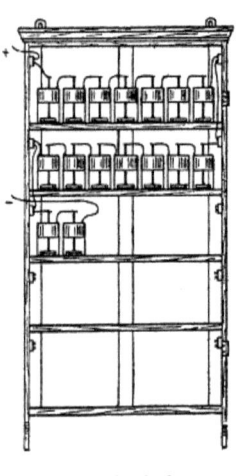

Abb. 340. Batterieschrank.

Die Batterie.

einer Beschädigung ausgesetzt sind, jedoch auch nicht zu hoch, damit man bequem zu den obersten Reihen der Elemente gelangen kann.

Im Innern des Schrankes werden an den Seitenwänden Klemmen angebracht, um die Verbindung zwischen den einzelnen Reihen herstellen zu können. Die Zuführungskabel zu den Polen der Batterie werden durch eine Seitenwand zu Klemmen im Innern des Schrankes geführt, an denen je ein Poldraht der Batterie endigt. Alle Klemmen sind je nach dem Pol, der mit ihnen verbunden wird, mit „Kupfer" oder „Zink" zu bezeichnen. Enthält der Schrank mehrere Batterien, so wird den Endklemmen eine entsprechende Bezeichnung hinzugefügt.

Bei Telegraphenanstalten, deren Betrieb nicht mehr als 12 Elemente erfordert, und wo Raum erspart werden muß, kann ein kleiner Schrank angebracht werden, der in 3 Abteilungen je 4 Elemente faßt, im übrigen aber dem oben beschriebenen gleichartig eingerichtet ist.

Zur Aufstellung einer größeren Zahl Elemente verwendet man freistehende Fachwerke, die in einem besonderen Batteriezimmer stehen; es können auch im Betriebsraume selbst große Batterieschränke, die 100 bis 200 Elemente fassen, aufgestellt werden.

Die Mikrophonelemente für die Fernsprechgehäuse der kleinen Telegraphenanstalten mit Fernsprechbetrieb werden in der Regel in verschließbaren, flachen Holzkästchen (von etwa 27 cm Höhe und 25 cm Breite) dicht unter dem Gehäuse oder in der Nähe des Apparats an der Wand aufgehängt.

Die Sammler für den Telegraphenbetrieb werden entweder auf Holzgestellen oder in besonderen Schränken aufgestellt; letzteres geschieht in solchen Fällen, wo zu befürchten ist, daß die Sammler allmählich verstauben. Die Sammlerschränke sind größer wie die Schränke für primäre Elemente (2 m hoch, 1,2 m breit und 0,28 m tief); sie sind innen mit säurebeständiger Farbe hell gestrichen. Sie enthalten drei starke zweiteilige Einlagebretter und besitzen in der Decke einen aus Holzrahmen mit Drahtgazefüllung hergestellten Luftabzug. Die Holzgestelle gestatten die Aufstellung von drei Sammlerreihen zu je 10 Zellen übereinander. Die Einlagebretter sind mit zwei Ebonitröhren zu belegen, wenn die Sammler nicht auf Porzellan gestellt werden.

Die Sammler werden in Reihen zu 10 Stück, im ganzen also bis zu 40 in einem Schrank, aufgestellt. Sammler mit Polklemmen können auch in 5 Reihen (ein Einlagebrett mehr) aufgestellt werden. Zwischen den Zellen und der Rückwand des Schrankes bleibt soviel Raum, daß man eine kleine Lampe hinter die Zellen bringen kann.

Für größere Sammler, wie sie insbesondere für den Fernsprechbetrieb dienen, werden entweder Etagengestelle oder Bodengestelle verwendet. Die Etagengestelle sind für kleinere und mittlere Zellen mit einer Kapazität bis etwa 500 Ah bestimmt, um sie in zwei Reihen übereinander aufstellen zu können. In der Ausführung haben sie Ähnlichkeit mit gewöhnlichen Batteriegestellen. Die Bodengestelle bestehen aus zwei parallelen Balken, die durch Querhölzer verbunden sind; sie werden für große Zellen allgemein verwendet. Die Hölzer der Gestelle dürfen nur mit Holzpflöcken, nicht mit metallenen Nägeln und Schrauben zusammengefügt werden. Die Gestelle werden zweimal mit säurefestem Lack gestrichen.

Um den unteren Teil des Schrankes oder Gestelles ist durch aufgenagelte Latten ein flacher Behälter herzustellen, der nach Auskitten der Fugen und Streichen mit säurebeständiger Farbe imstande ist, bei etwaigem Zerspringen einer oder mehrerer Sammlergefäße die auslaufende Säure zurückzuhalten. Unter die Füße der Schränke oder Gestelle kommt eine säurebeständige Unterlage von genügender Dicke. Die etwa in den Fußboden oder die Wände eindringende Säure würde die Gebäude ernstlich beschädigen.

Sammlerraum. Räume, in denen viele Sammlerzellen aufgestellt werden, sind besonders für ihren Zweck herzurichten. Sie erhalten einen Bodenbelag aus Gußasphalt, der nach Beseitigung der Fußleisten und des Verputzes 6—10 cm hoch an den Wänden emporzuführen ist. Die Wände und die Decke sind mit säurefester Farbe zu streichen. Die Füße der Schränke und Gestelle werden nicht auf den Asphaltbelag gestellt; vielmehr werden in letzteren säurefeste Platten (z. B. Mettlacher Fliesen) eingelassen; auf diese legt man zur Isolation Glasplatten mit einer Bleiunterlage. Bei Bodengestellen kommen auf die eingelassenen Platten paraffinierte Holzklötze und darauf die Glasplatten. In feuchten Räumen verwendet man statt

Der Sammlerraum. Die Batteriespannung. 405

der glatten Glasplatten solche mit Abtropfkante (stets auf paraffinierten Holzklötzen).

Die Sammlerräume sind gut zu lüften. Zur Beleuchtung darf nur elektrisches Glühlicht (mit eingeschlossenem Leuchtkörper) verwandt werden.

Die Batteriespannung. Aus dem Widerstand des Stromkreises und der erforderlichen Stromstärke ergibt sich (vgl. S. 32 u. 48) die zum Betriebe nötige Spannung. Man pflegt sie im allgemeinen nach Volt anzugeben; bei Kupferelementen rechnet man häufig für jedes Element 1 V und drückt die Batteriespannung durch die Zahl der Elemente aus.

1. Ruhestrom. In jeden Stromkreis werden eingeschaltet: Für 5 km Leitung 1 Element, für jeden Satz Apparate 9 Elemente.

Sind die Magnetrollen der Apparate nebeneinander geschaltet, so werden für 8 km Leitung 3 Elemente und für jeden Satz Apparate 6 Elemente aufgestellt.

Die Batterie wird auf die Ämter verteilt; vgl. S. 55. Jede Endanstalt bekommt 10 Elemente; wenn aber die nächste Anstalt weiter entfernt ist als 60 km bei hintereinander, 18 km bei nebeneinander geschalteten Magnetrollen, oder wenn die nächste Anstalt ohne Batterie gelassen wird, so bekommt die Endanstalt 20 Elemente. Hat die Endanstalt eine Sammlerbatterie, so wird deren Spannungsstufe von 20 V für die Ruhestromleitungen mitbenutzt; die Nachbaranstalt bleibt, wenn sie nicht über 30 km entfernt ist, ohne Batterie. Die übrigen Elemente der Batterie sind annähernd im Verhältnis der Entfernungen auf die Anstalten zu verteilen; einzelne Anstalten, die nahe bei anderen liegen, können dabei ohne Batterie bleiben.

2. Oberirdische Arbeitsstromleitungen: Die Batteriespannung richtet sich nach dem Gesamtwiderstand des Stromkreises. Der Widerstand der Außenleitung wird durch Messung ermittelt: Der Widerstand jeder Zimmerleitung (einschließlich Blitzableiter, Taste und Galvanoskop) wird durchschnittlich zu 30 Ω gerechnet. Dazu treten die bekannten Widerstände der beim Telegraphieren in den Stromkreis eingeschalteten Elektromagnetrollen der Apparate und der Zusatzwiderstände. Für jedes Kupferelement sind 8 Ω anzusetzen. Bleibt der Gesamtwiderstand unter 1000 Ω, so wird er durch künstliche Widerstände (S. 392) auf diesen Betrag erhöht.

Die Batteriespannung beträgt für Leitungen zu Morse- und Klopferbetrieb bei einem Gesamtwiderstand von

1000 bis 1400	bis 2100	2800	3500	4200	5600	7000 Ω
20	30	40	50	60	80	100 V

	bis 10000	13000	16000 Ω
	140	180	220 V.

Für Hughesbetrieb sind diese Spannungen bis zum $1^1/_2$ fachen unter Abrundung auf eine durch 10 teilbare Zahl zu erhöhen.

Wo keine Sammlerbatterie zur Verfügung steht, verwendet man in der Regel alte Trockenelemente, die am besten wie die Kupferelemente aufgestellt werden (S. 184). Ihre Zahl wird dem Bedürfnis angepaßt; in der Regel reichen zur Erzeugung des nötigen Stromes 1 bis 1,5 mal soviel Trockenelemente aus, als man Kupferelemente aufstellen würde; mehr als die doppelte Zahl dürfen nicht verwendet werden; reichen diese nicht aus, so sind die völlig verbrauchten Elemente durch bessere (stets durch gebrauchte) zu ersetzen. Bei stärkerer Beanspruchung kann man zwei Batterien in täglichem Wechsel benutzen. Die Trockenelemente werden monatlich einmal gemessen und schwache Elemente (unter 0,4 V) durch bessere ersetzt. Kupferelemente werden in Arbeitsstromleitungen kaum noch verwandt.

3. **Kabelleitungen.** Die Betriebsspannung wird vom RPA festgesetzt. Im allgemeinen benutzt man in Kabelleitungen wegen der größeren Stärke der Fremdströme einen etwas stärkeren Betriebsstrom als in oberirdischen Leitungen, nämlich 20—30 mA.

4. Für einen **Ortsstromkreis**, in dem ein Normalfarbschreiber mittels Relais betrieben werden soll, genügen 6 Elemente, die hintereinander zu schalten sind.

Die Ortsstromkreise der Zentral-Anrufschränke werden — wenn angängig — aus der Z B des Fernsprechamts von 24 Volt gespeist. Wo dies nicht möglich ist, erhalten sie den Strom aus dem öffentlichen Starkstromnetz oder aus einer besonderen Sammlerbatterie oder (bei kleineren Anlagen) aus einer mehrplattigen Trockenbatterie.

5. **Simultanbetrieb.** Werden Fernsprechleitungen zum gleichzeitigen Betrieb mit Hughes oder Klopfer benutzt (S. 164, 165, 452), so darf die Spannung wegen der Gefahr, die mitbenutzten Fernsprechleitungen zu stören, nicht stärker als unbedingt nötig

gewählt werden. Man berechnet nach der folgenden Übersicht die Grundspannung und benutzt als Betriebsspannung die nächst höhere verfügbare Batteriespannung. Wenn nur Spannungsstufen zu 20 V verfügbar sind, muß ein zu großer Spannungsüberschuß abgedrosselt werden. Ist die Grundspannung höher als die verfügbare Batteriespannung, so werden Elemente (Trockenelemente) vorgeschaltet. Die Ämter nehmen am besten die gleichen Batteriepole an die Leitung.

Grundspannungen
für den Telegraphenbetrieb auf Fernsprechleitungen.

Die Grundspannung setzt sich zusammen aus 2 Teilen:

a) für die Leitung $0,016\,l/n$ Volt, worin l der Widerstand eines Drahtes der Doppel- oder Viererleitung, n die Zahl der die Leitung bildenden Drähte (2 oder 4) ist.

b) für den Apparat:

Schaltung	Abb.	Zahl der Drähte	Apparat		
			Hughes	Klopfer	
				polar.	neutr.
Brücke	124 a, b	2	38 V	29 V	22 V
„	125 a	4	46 „	37 „	31 „
Übertragung	124c u. 125b	2 oder 4	21 V	12 V	5 V

6. **Mikrophonspeisung.** Die Mikrophonkreise der Sp-Gehäuse erhalten 2 Trockenelemente, die zunächst neben-, später hintereinander geschaltet werden. Auf den Fernsprechbetriebsstellen ist, wenn keine Sammler zur Verfügung stehen, für jeden Arbeitsplatz eine besondere Batterie vorzusehen; sie besteht entweder aus 2 Trockenelementen, die anfangs neben-, später hintereinander geschaltet werden, oder aus 6 Kupferelementen, die in 2 Reihen zu je 3 Elementen angeordnet werden, wenn Trockenelemente nicht ausreichen würden. Die Klemmenspannung einer solchen Kupferbatterie darf im Fernverkehr nicht unter 1,6 V, im Ortsverkehr nicht unter 1,4 V sinken.

Beim ZB-Betrieb werden alle Amtsmikrophone nebeneinander auf die ZB geschaltet; ist die Zuleitung von den Batterien einigermaßen lang, so besteht die Gefahr des Mitsprechens, zu deren Beseitigung Querzellen (s. S. 534) benutzt werden.

7. **Schlußzeichen- und Prüfbatterie für Vielfachumschalter OB02**, wenn keine Sammler vorhanden sind: 5 oder 6 Trockenelemente in Reihe, die zu erneuern sind, wenn ihre Spannung auf 1,1 V gesunken ist; auf größeren Ämtern wird für je 3 bis 5 Schränke eine besondere Batterie aufgestellt, auf kleineren Ämtern benutzt man 2 Batterien in täglichem Wechsel, eine zum Betrieb, eine als Vorrat und zur Erholung.

8. **Schlußzeichenbatterie für Fernsprechumschalter OB**, wenn keine Sammler vorhanden sind: Kupferelemente, 6 bis 8 V.

Die Schaltung der Batterie. 1. In der Regel sind die Elemente hintereinander zu schalten, so daß also der Zinkpol jedes Elementes mit dem Kupferpol des nächsten Elementes verbunden ist.

Bei allen Ruhestromleitungen ist der Kupferpol der Batterie mit dem Leitungszweige zu verbinden, der zu dem am meisten westlich gelegenen Endamte derselben Leitung führt. Diese Schaltung ist notwendig, damit die über die Leitung verteilten verschiedenen Batterien im gleichen Sinne arbeiten.

Für oberirdische Leitungen, die mit Arbeitsstrom betrieben werden, sind in der Regel die Batterien mit dem negativen Pol an die Leitung, mit dem positiven an Erde zu legen, bei Kabelleitungen, deren Betriebsspannung mehr als 100 V beträgt, umgekehrt.

Bei langen Leitungen (500 km) legt man auf der einen Anstalt den negativen, auf der anderen den positiven Pol an die Leitung. Enthält die Leitung eine Übertragung, so muß hier der eine, an den Enden der andere Pol an die Leitung gelegt werden, um Störung durch den Rückschlag zu verhüten.

Bei Doppelstrom braucht man zwei Batterien, jede für Arbeitsstrom berechnet (vgl. S. 420, Abb. 348). Von der einen wird der positive, von der anderen der negative Pol geerdet. Die freien Pole werden zum Sender geführt.

2. **Gemeinschaftliche Batterien.** Für die Arbeitsstromleitungen eines Amtes und für die Ruhestromleitungen, die hier enden, kann man eine gemeinschaftliche Batterie benutzen. Sie wird für die Leitung vom höchsten Widerstand bemessen und erhält Abzweigungen für die anderen Leitungen.

In den meisten Fällen dient als gemeinschaftliche Stromquelle eine Sammlerbatterie, manchmal wird der Maschinenstrom einer Starkstromanlage benutzt (vgl. S. 191 u. f.). Die Zahl der von einem Spannungspunkte abzweigenden Leitungen ist beliebig.

Aus Batterien alter Trockenelemente (S. 184) kann man ebenso mehrere Leitungen speisen. Man kann solche Batterien aus parallelen Reihen bilden, die an den Abzweigpunkten verbunden werden, an Punkten, zwischen denen nur geringe Spannung herrscht, was mit Hilfe des Spannungsmessers zu ermitteln ist. U. U. empfiehlt es sich, zwei Batterien in täglichem Wechsel zu benutzen.

Bemessung der Sammlerbatterie. Die Zahl der Zellen wird wie bei Kupferbatterien gefunden; die Spannung eines Sammlers wird dabei zu 2 V gerechnet; die Batterien sind stets für alle Leitungen oder die Mehrzahl gemeinsam und werden in Spannungsstufen von 20 zu 20 V abgeteilt. Den Leitungen, deren normale Betriebsspannung 30 oder 50 V beträgt, wird soviel künstlicher Widerstand vorgeschaltet, daß die nächste Stufe für sie paßt. Die Kapazität der Batterie wird aus dem Strombedarf des Amtes nach Erfahrungszahlen ermittelt. Man berechnet für eine voll belastete oberirdische Leitung als durchschnittlichen Strom für den ganzen Tag:

Apparat	Betriebsweise	Arbeits-strom	Doppelstrom	
			Trennstr. +	Zeichenstr. −
Morse oder Klopfer	einfach	0,0023		
	„ Übertragg. . . .	0,0646		
	Gegensprechen	0,006		
	„ Übertragg.	0,01		
Hughes . .	einfach	0,002	0,027	0,003
	„ Übertragg. . . .	0,004	0,036	0,004
„	Gegensprechen	0,0063	0,05	0,02
	„ Übertragg.	0,009	0,06	0,025
Wheatstone .	einfach		0,015	0,015
„	„ Übertragg. . . .		0,020	0,020
	Gegensprechen		0,040	0,030
	„ Übertragg.		0,045	0,035
Siemenscher Schnell-drucker	einfach		0,0375	0,0125
	„ Übertragg. . . .		0,039	0,013
	Gegensprechen		0,05	0,02
	„ Übertragg.		0,06	0,025
Morse oder Klopfer	Magnetrollen in Reihe „ nebeneinander	Ruhestr. 0,017 0,030		

Bei Übertragungen ist für jede Seite der angegebene Strombedarf anzusetzen. Beispiel der Berechnung s. S. 410.

Da Spannungen bis + und − 100 V gebraucht werden, müssen für den Betrieb der Arbeitsstromleitungen 10 Gruppen zu 20 V aufgestellt werden; außerdem für die Ruhestromleitungen am + Pol eine Gruppe, für eine durchgehende Ruhestromleitung eine weitere, und schließlich 3 Gruppen, die zum Auswechseln dienen und geladen werden, während die anderen im Betriebe gebraucht werden, zusammen 15 Gruppen. Diese schaltet man in der Art, wie es auf Seite 193 u. 194 angegeben und in Abb. 143 u. 146 dargestellt wird, teils in eine Reihe hintereinander, wobei sich die Abzweigungen an den einzelnen Spannungsstufen durch die an der Schalttafel vorgesehenen Leitungen von selbst ergeben, teils fügt man sie in den Ladekreis ein. In

Strombedarf für den Telegraphenbetrieb in N.

Spannung	Sammlergruppe	Apparat	Betriebsweise	Zahl der Leitungen	Strom d. Leitgn. A	Strom in der Stufe A	Täglicher Bedarf Ah
a) Positive Spannungen							
+ 100	VII	Siemens	Gegensprech-Übertragung	1	0,120		
		Hughes	Doppelstrom . . .	1	0,027	0,147	3,53
+ 80	XII	—	—	—	—	0,147	3,53
+ 60	II	Klopfer	Arbeitsstrom . . .	1	0,002	0,149	3,58
+ 40	XIV	„	„	3	0,007	0,156	3,74
+ 20	IX	„	„ . . .	7	0,016	0,172	4,13
+ 20 R	IV	Morse	Ruhestrom	7	0,119		
		Fernweck-Batterie und Polwechsler			0,030	0,149	3,58
						zusammen:	22,09
b) negative Spannungen							
− 100	VI	Siemens	Gegensprech-Übertragung	1	0,050		
		Hughes	Doppelstrom . . .	1	0,003	0,053	1,27
− 80	XI	„	Arbeitsstrom . . .	1	0,002		
		Klopfer	„ . . .	1	0,002	0,057	1,37
− 60	VIII	„	„	2	0,005	0,062	1,49
− 40	XIII	„	„	5	0,011	0,073	1,75
− 20	III	Morse	Ruhestrom	2	0,034		
		Fernweck-Batterie und Polwechsler			0,030	0,137	3,29
						zusammen:	9,17
c) ungeerdete Spannung							
20	I	Morse	Ruhestrom	1	0,017	0,017	0,41

der vorstehenden Tafel wird in der zweiten Spalte angegeben, welche Batteriegruppen dazu dienen, die aufeinander folgenden Spannungsstufen (erste Spalte) zu bilden; man sieht, daß die Gruppen V, X und XV frei sind, sie stehen auf Ladung oder auf Vorrat. Die Gruppen werden täglich um eine Stufe weitergerückt.

Die oberste Spannungsstufe liefert nur den Strom der dort abgehenden zwei Leitungen, welche beide Batterien beanspruchen (wegen des Doppelstroms); die nächste Gruppe speist die beiden Leitungen der obersten Stufe und die bei 80 V abgehenden, die folgende Gruppe die vorhergehenden und die bei der dritten Abzweigung abgehenden Leitungen; für jede folgende Gruppe ist demnach der Strom der vorangehenden zu dem der hier abgehenden (Spalte 6) Leitungen zuzufügen (Spalte 7). Die Gruppen 20 R und 20 ungeerdet sind für sich zu betrachten. Das 24fache der Zahlen in Spalte 7 ergibt die Strommengen für den Tag (Spalte 8). Man wählt nun die Spannungsstufen, durch welche eine Sammlergruppe während der Entladung geführt wird, so aus, daß alle Gruppen in gleicher Zeit annähernd die gleiche Strommenge herzugeben haben, und bestimmt den für alle gleichen Zeitraum nach der Kapazität der Sammler und dem Strombedarf der Spannungsstufen, im Beispiel zu 4 Tagen. Demnach:

Gruppe I bis V durch die Stufen: 20 V ungeerdet, $+ 60$ V, $- 20$ V, $+ 20$ V Ruhestrom; dies ergibt $0{,}41 + 3{,}58 + 3{,}29 + 3{,}58 = 10{,}86$.

Gruppe VI bis X: $- 100$, $+ 100$, $- 60$, $+ 20 : 1{,}27 + 3{,}53 + 1{,}49 + 4{,}13 = 10{,}42$.

Gruppe XI bis XV: $- 80$, $+ 80$, $- 40$, $+ 40 : 1{,}37 + 3{,}53 + 1{,}75 + 3{,}74 = 10{,}39$.

Dies bedingt zugleich die Anordnung der Spannungsstufen auf der Schalttafel; die erste Reihe von 5 Doppelklinkenpaaren enthält die Stufen 20 V ungeerdet, $+ 60$ V, $- 20$ V, $+ 20$ V Ruhestrom, eine Ladungsklinke, usf.

Überwachung der Batterien. Sammlerbatterien siehe Seite 199. Die Batterien aus alten Trockenelementen bedürfen nur sehr geringer Aufsicht; im allgemeinen sind nur bei nachlassender Spannung Elemente zu ersetzen; vgl. oben. Die Kupferbatterien der Ruhestromleitung prüft man täglich bei Dienstbeginn und außerdem beim Eintritt und nach der Beseitigung einer Störung, indem man die beiden Leitungsklemmen am Apparattisch (oder die eine Leitungsklemme und die Erdklemme) durch einen angedrückten Draht verbindet. Hierdurch wird die Batterie über das Galvanoskop geschlossen. Der Ausschlag soll immer der gleiche bleiben, der aus den Zeiten regelrechten Betriebs bekannt ist.

Trockenelemente werden mit dem kleinen Spannungsmesser einzeln geprüft.

Sicherheitsvorkehrungen. Um die Sammlerbatterien vor zu hohem Strom (Kurzschluß, vgl. Seite 203, zu rasche Entladung) zu schützen, schaltet man Sicherungen in die Leitungen. Jede Batteriegruppe wird doppelpolig durch Hauptsicherungen geschützt (S. 198, 373); in die Zuleitung von der Schalttafel zum Betriebssaal werden Grobsicherungen (Seite 375), in die vom Umschalter abgehenden Einzelleitungen Feinsicherungen (Seite 378) eingeschaltet; auf den Fernsprechämtern dienen zu letzterem Zweck die Batteriesicherungen (S. 377), auch Glühlampen (S. 392).

Damit der Telegraphierstrom nicht zu hoch ansteigt, schaltet man in die Leitungen künstliche Widerstände ein, die mit den Feinsicherungen verbunden werden (Seite 380); diese Zusatzwiderstände betragen 20 Ω für Leitungen, deren Betriebsspannung 20 V beträgt, und 120 Ω für Leitungen von höherer Betriebsspannung, für Kabelleitungen allgemein nur 20 Ω.

IV. Das Sicherungs- und Blitzableitergestell.

Die Leitungssicherungen, die Blitzableiter und die Grob- und Feinsicherungen für die Batteriezuleitungen werden an einem Gestell (BF) aus eisernen Schienen angebracht.

Im oberen Teil sitzen die Batteriesicherungen; es ist Platz für 20 Grobsicherungen M 07 zu zwei Leitungen vorgesehen. Für ein Paar dieser Grobsicherungen, deren eine an die Sammlerbatterie, deren andere an die Ersatzstromquelle angeschlossen wird, dient eine gemeinsame Patrone, die in der Regel in der zur Sammlerbatterie führenden Sicherung sitzt. An das Paar Grobsicherungen sind 10 Feinsicherungen M 12 mit Zusatzwiderstand parallel angeschlossen. Auf der linken Gestellhälfte sitzen die Sicherungen der positiven, auf der rechten die der negativen Abzweigungen, die Sicherungen für Betriebsspannungen oberhalb der für Aushilfsspannungen.

Die Grobsicherungen sind mit Fallklappen und einem Wecker verbunden (vgl. S. 206), um anzuzeigen, wenn eine durchschmilzt, und um das Auffinden zu erleichtern; bei den Feinsicherungen wird statt der Fallklappe eine kleine Glühlampe benutzt.

Hat das Telegraphenamt keine Sammlerbatterie, sondern nur primäre Elemente, so fallen die Grob- und Feinsicherungen und Fallklappen weg. An ihre Stelle treten Lötösenstreifen, an die die Zuführungen zur Batterie und zur Verbrauchsstelle angelötet werden.

Unter den Batteriesicherungen befinden sich die Blitzableiter, entweder zwei- oder zehnteilig; das Gestell bietet Platz für 100 bzw. 250 Leitungen.

Ganz unten sind die Grobsicherungen für die Leitungen (zehnteilig) angebracht.

Zu dem Gestell ist eine gute Erdleitung nötig, die an jeden der dazu bestimmten Schraubenbolzen angeschlossen wird.

Zu einem Klinkenumschalter für Telegraphenleitungen gehören 2 solcher Gestelle.

Kann das Gestell nicht alle (zweiteiligen) Blitzableiter aufnehmen, so wird noch ein besonderes Blitzableitergestell (B) für 50 zweiteilige Platten-Blitzableiter und 10 zehnteilige Grobsicherungen aufgestellt.

V. Der Apparattisch und die zugehörigen Apparate.

Die Einrichtung und Aufstellung der Tische für Morse- und Klopferbetrieb. Die Apparattische sind für je 1 Apparat oder für 4 Apparate hergerichtet. Der Tisch für 1 Apparat ist 1 m lang, 65 cm breit, 78 cm hoch, der Tisch für 4 Apparate 2 m lang, gewöhnlich 1,05 m (ausnahmsweise 1,15 m) breit und 0,78 m hoch. Der Fuß a des Tisches für 1 Apparat (Abb. 341) enthält an der Seite b zur Aufnahme des Bleirohrkabels eine Auskehlung, die mit einer Leiste bedeckt wird. Die Auskehlung wird benutzt, wenn die Bleirohrkabel vom Fußboden aufwärts herangeführt werden. Reicht die Auskehlung nicht aus, so wird ein fünfter hohler Tischfuß hergestellt und die Leitungen in diesem emporgeführt.

An der innern Seite der Tischzarge bei c befindet sich eine hölzerne aufgeschraubte Leiste mit Doppelklemmen, an denen die Adern der Bleirohrkabel befestigt werden.

Ein einfacher Apparattisch wird am besten mit der Längsseite nach dem Fenster zu aufgestellt. Sind zwei Apparattische vorhanden, so kann man diese mit der Längsseite gegeneinander stellen und zwar so, daß die Querseite dann dem Fenster zugewendet ist. Vier Tische können zu einem Tisch in ähnlicher Weise vereinigt und aufgestellt werden. Die vierteiligen Apparattische werden ebenfalls mit ihrer schmalen Seite der Fensterwand zugekehrt. Auf größeren Ämtern werden die Tische, mit den schmalen Seiten aneinanderstehend, in Reihen aufgestellt.

Die Aufstellung der Morse- und Klopferapparate. Die zum Betriebe der Leitung erforderlichen Apparate müssen auf dem Tische so gruppiert werden, daß sie bequem übersehen und gehandhabt werden können, und daß dem Beamten zum Aufnehmen der Telegramme genügende Beweglichkeit bleibt.

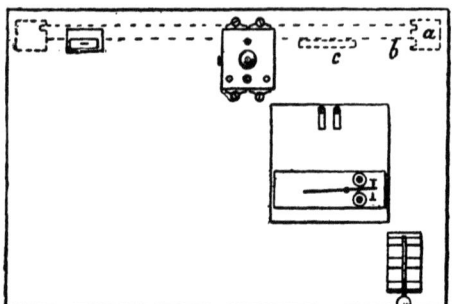

Abb. 341. Aufstellung der Morseapparate.

In der Abb. 341 ist angedeutet, wie ein Satz Apparate, Farbschreiber, Taste, Platten-Blitzableiter und Galvanoskop zweckmäßig aufzustellen sein würde. Die Aufstellung auf vierteiligen Tischen ist die gleiche, nur daß die Blitzableiter nicht auf den Tisch, sondern auf Wandkonsole oder in Schränke gestellt werden.

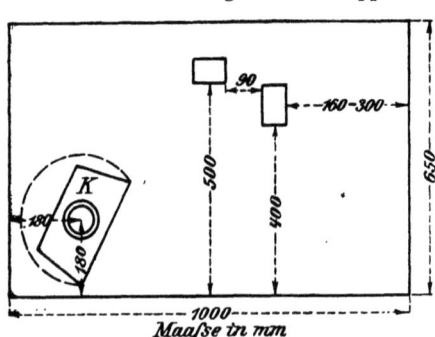

Abb. 342. Aufstellung des Klopfers.

Abb. 342 zeigt die Anordnung eines Satzes Klopferapparate. Der Blitzableiter ist hier weggelassen, um ein Beispiel der Aufstellung auf einem größeren Amte zu zeigen, wo die Blitzableiter nicht auf den Tischen, sondern auf einem besonderen pultförmigen Schranke oder auf einer Wandkonsole aufgestellt werden. K = Klopfer mit Schallkammer; das Galvanoskop steht in der Mitte der hinteren Tischseite, die Taste rechts davon. Die Schallkammer mit verstellbarem Fuß wird so befestigt, daß die wagerecht verschiebbare Stange parallel zur schmalen Tischseite liegt und mit ihrer Mittellinie 12 cm von ihr entfernt ist, während die Mitte der Haltemuffe 34 cm vom vorderen Tischrand absteht.

Von den auf dem Tische aufzustellenden Apparaten wird nur die Taste und die Schallkammer mit Holzschrauben befestigt.

Zur festen Aufstellung des Galvanoskopes genügen die Zuleitungsdrähte, ebenso für den Platten-Blitzableiter.

Relais und Schreibapparat werden auf der Tischplatte nicht festgeschraubt, sondern es werden nur die Standorte für beide durch Holzschrauben, die man in die Tischplatte einsetzt, unverrückbar festgestellt. Für das Relais verwendet man zwei Holzschrauben ohne Köpfe, für den Schreibapparat werden an den Endpunkten der Diagonale des Untersatzes zwei Holzschrauben mit halbkugelförmigen Köpfen in die Tischplatte geschraubt, so daß die Köpfe vorstehen. Die hölzernen Bodenteile des Apparates erhalten an den entsprechenden Stellen zur Aufnahme der Schraubenköpfe Vertiefungen, so daß der Apparat nicht verschoben werden kann.

Zur Verbindung der Apparate unter sich und mit den Klemmen der Leiste wird blanker Kupferdraht von 1,5 mm Durchmesser benutzt. Wo örtliche Verhältnisse, z. B. sehr feuchte Diensträume, sehr nebliges Klima, es erforderlich machen, werden die Tischleitungen auch in isoliertem Drahte ausgeführt.

Die Tischverbindungen werden an der unteren Fläche der Tischplatte hergestellt. Sind Kreuzungen der Drähte nicht zu vermeiden, so wird zu beiden Seiten des einen an der Tischplatte fortlaufenden Drahtes je ein Holzklötzchen von etwa 3 cm Höhe und Breite sowie der erforderlichen Länge festgeschraubt und der andere Draht über die Klötzchen weg geführt. Die Klötzchen sind mindestens 2—3 cm voneinander entfernt zu halten. In Entfernungen von etwa 30 cm sind die Drähte durch Drahtklammern (Reiter) aus 2 mm starkem hartem Messingdraht, die in die Platte eingeschlagen werden, festzulegen. Wo ein Draht zu einer Klemme geführt werden soll, biegt man den Draht mit der Formzange zu einer passenden Öse; auch läßt man etwas Vorrat für eine neue Öse übrig.

Fernsprechbetrieb. Die Zimmerleitung wird wie bei den anderen Telegraphenanstalten angelegt. Das Fernsprechgehäuse erhält seinen Platz an einer gut beleuchteten Stelle der Zimmerwand. Es muß sicher befestigt werden, damit es durch das Drehen der Induktorkurbel nicht erschüttert werden und herabfallen kann. Dicht neben dem Gehäuse bringt man für das Aufnehmen der Telegramme eine einfache hölzerne Wandkonsole an, die auch die Blitzschutzapparate aufnehmen kann, wenn sie sich in nächster Nähe der Leitungseinführung befindet.

Tische für Hughesapparate siehe S. 277.

VI. Die Erdleitung.

Über Natur und Zweck der Erdleitung vergl. S. 21, 30.

Der Anlage der Erdleitung ist große Sorgfalt zu widmen Die Erdplatten müssen an besonders ausgewählte Stellen gebracht werden, wo das Erdreich stets feucht ist, z. B. ins Grundwasser. Wo man das Grundwasser nicht erreichen kann, muß die Erdplatte besonders große Abmessungen erhalten und sich im Erdreich weit ausbreiten; man läßt dann z. B. die metallische Leitung als Bleidraht in einer größeren Koksschüttung endigen. Manchmal empfiehlt es sich, wenn erst in einiger Entfernung vom Amt ein guter Platz für eine Erdleitung zu finden ist, eine besondere Leitung aus 5 mm starkem Eisen- oder 2 mm starkem Bronzedraht dorthin zu führen. Die Blitzableitererden müssen aber stets in der nächsten Umgebung des Amtes endigen.

Unter einfachen Verhältnissen genügt eine Erdleitung für alle Telegraphenleitungen eines Amtes und die Blitzableiter. Für große Ämter werden zwei oder mehr Erdleitungen angelegt. Für die Messungen an unterirdische Leitungen ist eine Erdleitung nötig, als welche die Kabelschutzdrähte dienen können. Den Hughesleitungen gibt man gleichfalls gern eine eigene Erdleitung.

Die Betriebs-Erdleitungen sind stets an die schon in der Nähe vorhandenen Blitzableitererden, an Wasser- und Gasleitungen und Heizungsanlagen anzuschließen (soweit dies von den Besitzern dieser Anlagen gestattet wird).

Die Erdleitung.

Die Erdleitung wird je nach der Bedeutung der Telegraphenanstalt in verschiedener Weise ausgeführt.

1. Kleine Anstalten mit einfachem Betrieb und nicht mehr als 4 Leitungen erhalten eine Erdleitung aus einem Seile von mindestens vier verzinkten Eisendrähten von 4 mm Stärke; das Seil wird bis ins Grundwasser in einen Brunnen oder fließendes Wasser geführt und dort in einem Ring von 1 m Durchmesser und 6 bis 8 Lagen aufgeschossen; noch weitere Ausbreitung des Drahtes verbessert die Leitung.

Das Drahtseil wird durch die Mauer (unter Umständen durch die Einführung neben dem Ebonitrohr) in das Amt geführt. Nach außen hin ist die der Mauer entlang geführte Erdleitung durch eine Deckleiste oder einen Deckkasten zu schützen. Das ganze Seil, ausschließlich des Ringes, der als Erdplatte dient, ist gut zu asphaltieren; es soll am Mauerwerk nicht anliegen. Im Innern des Dienstraumes wird mit dem Drahtseil die Kupferseele eines einadrigen Bleirohrkabels sorgfältig verlötet. Dieses Bleikabel führt dann weiter bis zu den Erdklemmen am Tisch oder am Blitzableiter.

2. Größere Anstalten erhalten in der Regel eine aus Gasrohr oder aus einem größeren Eisenstück bestehende Erdleitung. Das Gasrohr hat 3 cm äußeren Durchmesser und 5 mm Wandstärke; die einzelnen Längen werden durch Löten (außerhalb des Gebäudes liegende Lötstellen in Hartlot) verbunden und bis auf den im Grundwasser zu versenkenden Teil mit Asphaltteer überzogen. Das Gasrohr endigt im Betriebsraum und wird hier mit vieradrigen Bleirohrkabeln verlötet, die zu den Apparaten, Umschaltern, Batterien usw. führen. Die Lötstelle und die anschließenden blanken Metallteile sind durch Überzug zu schützen. Das untere Ende des Gasrohrs wird in Länge von mindestens 1 m ins Grundwasser getrieben; dieser Teil bleibt ohne Überzug.

Läßt sich das Gasrohr nicht ins Gebäude einführen, so versenkt man ein Stück Eisenbahnschiene von 1 m Länge oder ein ähnliches größeres Eisenstück als Erdplatte ins Grundwasser, nachdem man 2 vieradrige Bleirohrkabel daran festgelötet hat; die Lötstellen sind gut zu schützen. Die Bleirohrkabel werden in den Dienstraum eingeführt.

3. **Telegraphenämter mit Hughesbetrieb** erhalten Erdleitungen mit größeren Bleierdplatten, die aus zwei Tafeln Walzblei von 1 m Höhe, 50 cm Breite und 5 mm Stärke bestehen und an einem hölzernen Gerüst befestigt werden. Als Zuleitung dient ein am Gerüst befestigtes Bleirohr, das bis mindestens 0,5 m oberhalb des Erdbodens emporgeführt und mit einem Gasrohr verbunden, das wie unter 2. angegeben in den Betriebsraum geführt wird. Das Holzgerüst mit den Bleitafeln steht aufrecht im Grundwasser.

4. In Gegenden, wo das Grundwasser schwer zu erreichen ist, z. B. auf Hochflächen mit felsigem Untergrunde, leistet auch eine Erdleitung aus Bleidraht in Koksschüttung gute Dienste. Zu dem Zweck wird ein 8 bis 10 mm starker Bleidraht möglichst tief in eine feuchte Erdschicht hinabgeführt und dort in einen Ring von etwa 1 m Durchmesser zu 5 bis 6 Lagen aufgeschossen. Der Ring wird allseitig mit Koks umpackt. Ist eine feuchte Erdschicht etwa wegen des felsigen Bodens nicht erreichbar, so legt man Bleidraht von 10 bis 15 m Länge gestreckt oder in Form eines großen Kreises oder der Ziffer 8 in einem 50 cm tiefen Graben aus und umgibt ihn in seiner ganzen Länge mit Koks. Der Bleidraht wird in der Regel nicht unmittelbar in das Innere des Gebäudes eingeführt, sondern in geringer Höhe über dem Erdboden mit einem vierfachen Eisendrahtseile gut verlötet, das dann als Fortsetzung bis in das Apparatzimmer hinein dient.

Zwanzigster Abschnitt.

Telegraphenschaltungen.

I. Schaltungsarten.

1. **Reihen- oder Hintereinanderschaltung.** Der einfache, unverzweigte Stromkreis enthält die Stromquelle, die Leitung und die Apparate sämtlicher Ämter in einer Reihe hintereinander (Abb. 343). Die Stromstärke ist (abgesehen von den etwaigen Ableitungsverlusten, vgl. S. 44) an allen Stellen die gleiche. Die Stromquelle hat nur die Stromstärke für einen Apparat zu erzeugen.

Schaltungsarten. 419

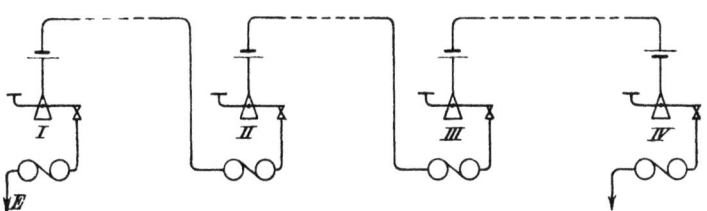

Abb. 343. Ruhestromschaltung, einfacher Stromkreis.

2. Zweig- oder Nebeneinanderschaltung, auch Brücken- oder Parallelschaltung. Die Ämter sind mit ihren Zuführungen als Brücke zwischen gemeinsame Leitungen oder zwischen die gemeinsame Leitung und Erde geschaltet (Abb. 344), Schaltung für Sp-Leitungen. Der Strom verzweigt sich; die Stromquelle hat u. U. bis zum Mehrfachen des Stromes für ein Amt zu erzeugen.

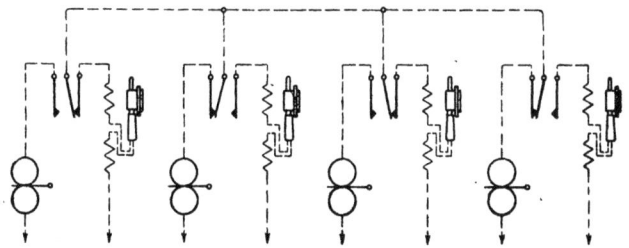

Abb. 344. Zweigschaltung, Sp-Leitung.

3. Wahlschaltung. Durch einen beweglichen Apparat, Taste, Umschalter, Relaiszunge u. dgl. wird einer von zwei Stromwegen geschlossen, während der andere geöffnet wird. Der Stromkreis ist seiner Anlage nach verzweigt; in jedem Augenblick wird aber ein unverzweigter Kreis hergestellt, indem die übrigen Teile außer Tätigkeit treten (vgl. Abb. 345).

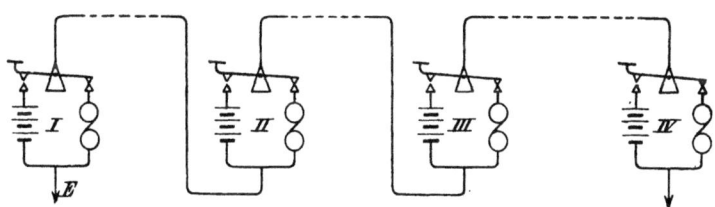

Abb. 345. Arbeitsstromschaltung.

4. Gemischte Schaltung. In vielen Fällen werden in einer Anlage mehrere Schaltungsarten gleichzeitig verwandt. Die

27*

Schaltung der Sp-Leitungen nach Abb. 344 ist z. B. nicht ausschließlich Parallelschaltung, weil jedes Amt für sich Wahlschaltung hat. In der Arbeitsstrom-Leitung (Abb. 345) hat jedes Amt für sich Wahlschaltung, die Ämter liegen in Reihe.

II. Betriebsarten.

Wird in eine Leitung zum Zweck, ein telegraphisches Zeichen hervorzubringen, Strom gesandt, d. i. mit dem Strom gearbeitet, so spricht man von Arbeitsstrom. Wird das Zeichen durch Stromunterbrechung hervorgebracht, d. i. fließt zur Zeit der Ruhe Strom in der Leitung, so nennt man dies Ruhestrom.

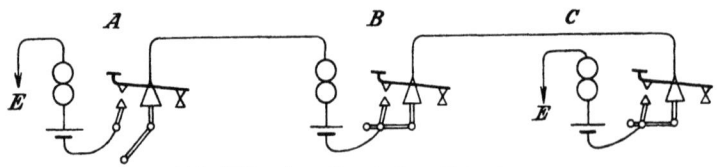

Abb. 346. Amerikanischer Ruhestrom.

Beim amerikanischen Ruhestrom (Abb. 346) hat man zur Zeit der Ruhe (Ämter B und C) Ruhestrom-, beim Arbeiten (Amt A) aber Arbeitsstromschaltung. Diese Betriebsart wird in der RTV nicht mehr verwendet; Beschreibung vgl. die vorige Auflage dieses Buches.

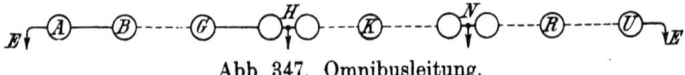

Abb. 347. Omnibusleitung.

Beim Doppelstrombetrieb (Abb. 348, vgl. auch S. 254/5) hat man stets Strom in der Leitung. Bei Morse-, Hughes- und Wheatstonebetrieb werden die Zeichen mit der einen Stromrichtung gesandt (Zeichenstrom), in der Regel der negativen, und durch den Strom der entgegengesetzten Richtung voneinander getrennt (Trennstrom). Bei Baudot, Siemens u. a. dienen beide Stromrichtungen zur Zeichenbildung.

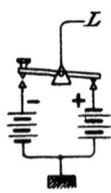

Abb. 348. Doppelstrom.

Die **Ruhestromschaltung** wird durch Abb. 343 dargestellt; der Stromkreis ist einfach, vgl. oben. Zur Zeit der Ruhe fließt der Strom in der Leitung; wird, um ein Zeichen hervorzubringen, eine Taste gedrückt, so verschwindet der Strom auf allen Ämtern gleichzeitig. Für alle Ämter zusammen reicht eine Batterie aus, welche aus den auf S. 56 und 57 dargelegten Gründen auf die Ämter verteilt wird. Sie ist bei gleicher Leitungslänge nicht wesentlich größer als eine der beiden (oder mehreren) Arbeitsstrombatterien (Abb. 345). Der Stromverbrauch findet aber während der ganzen Zeit, außer den Pausen für die Zeichengebung, statt. Da der Austausch von Nachrichten zwischen zwei beliebigen Ämtern die ganze Leitung mit allen Ämtern beanspruchen würde, so pflegt man in einen Stromkreis nur etwa 8 Ämter zu legen. (Einen weiteren Grund vgl. S. 57.) Will man eine größere Zahl in einer Ruhestromleitung vereinigen, so zerlegt man letztere in Abschnitte, vgl. Abb. 347. Die Ämter A bis H liegen im ersten Abschnitt, H bis N im zweiten, N bis U im dritten und letzten. A und U sind **Endämter**, H und N **Trennämter**, die übrigen **Zwischenämter**. H und N sind so eingerichtet, daß sie nach beiden Seiten sprechen können. Will z. B. B mit K sprechen, so muß H die Verbindung des ersten und zweiten Abschnitts herstellen, **Durchsprechstellung** nehmen. Vgl. Abb. 357.

Der Ruhestrom ist die gebräuchlichste Art, mehrere Ämter in eine Leitung einzuschalten. Man braucht am wenigsten Batterie und hat den einfachsten Betrieb. Er wird deshalb benutzt, um viele Ämter kleineren Umfangs und von geringerer gegenseitiger Entfernung zu verbinden (Omnibusleitungen).

Die **Arbeitsstromschaltung** zeigt Abb. 345. Zur Zeit der Ruhe sind nur die Apparate in einfacher Reihenschaltung mit der Leitung verbunden. Drückt man, um ein Zeichen zu geben, die Taste z. B. auf Amt I, so wird der Apparat I aus-, die Batterie I aber eingeschaltet (Wahlschaltung); letztere liefert nun Strom durch die Leitung nach Amt II. Jedes der beiden (oder auch mehreren) Ämter muß eine Batterie haben, die allein für die ganze Leitung ausreicht. Der Stromverbrauch beschränkt sich auf die Zeit der Zeichengebung.

Arbeitsstrom verwendet man bei der Verbindung weniger Ämter von großem gegenseitigen Abstand. Bei großen Entfernungen ist die Zeichengebung durch Arbeitsstrom zuverlässiger. Es gibt hierbei nur Endämter und Trennämter. Vgl. Abb. 363.

Die Schaltung nach Abb. 345 erlaubt auch, viele Anstalten

in eine Leitung zu schalten (Omnibusschaltung); sie wird neuerdings auch in der RTV verwandt, zunächst nur in beschränktem Umfange und versuchsweise.

Der **Doppelstrom** wird bei Schnellbetrieb und für sehr lange Leitungen angewandt. Die Schaltung ist für Isolationsschwankungen wenig empfindlich, und vermag schon mit sehr schwachem Linienstrom zu arbeiten. Ein Nachteil ist der hohe Stromverbrauch, vgl. S. 409 und 410. Schaltung siehe beim Hughes- und Baudotapparat und beim Siemensschen Schnelldrucker.

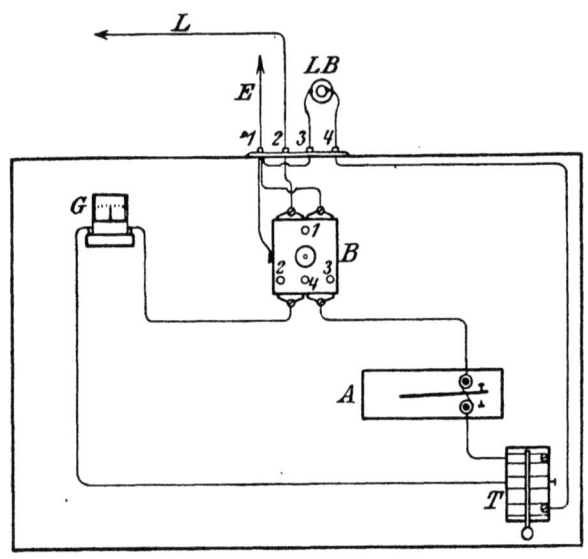

Abb. 349. Endstelle in einer Arbeitsstromleitung.

Anordnung der Batterien in der Leitung. Bei Arbeitsstrom ist der Batterie eine bestimmte Stelle in der Schaltung (Arbeitskontakt) zugewiesen. Daher muß jedes Amt seine eigene Batterie haben, die für die ganze Leitung ausreichen muß.

Bei Ruhestrom dagegen können wir für die Batterie denjenigen Platz auswählen, der aus anderen Gründen der beste ist. Auf S. 56/7 wird dargelegt, daß es am zweckmäßigsten ist, die Batterie den Leitungswiderständen entsprechend auf die Ämter zu verteilen (vgl. Abb. 343). Auf S. 405 wird die nähere Vorschrift hierfür gegeben.

Stromläufe. Die Darstellung der Verbindungen zwischen Gebe- und Empfangsapparat und den Nebenapparaten nennt man Stromlauf. Man kann sich darauf beschränken, nur die elektrischen Verhältnisse des Stromkreises darzustellen, wie dies in den Abb. 343, 345 und 346 geschehen ist, oder man kann auch (Abb. 349) die Apparate in solcher gegenseitigen Lage zueinander zeichnen, wie sie aufgestellt werden. Die erstere Darstellung ist für die Verfolgung der elektrischen Vorgänge bequemer als die zweite; letztere dagegen ist erforderlich für die praktische Ausführung, für die Aufstellung der Apparate, Prüfung der Richtigkeit einer Aufstellung u. dgl.

Relais und **Relaisschaltungen** siehe S. 242.

Die Übertragung. In langen Leitungen ist die Stromschwächung so bedeutend, daß bei unmittelbarer Verbindung des gebenden mit dem empfangenden Amte auf letzterem nur ein ungenügender Strom ankommt. Zerschneidet man die Leitung in zwei oder mehr Teile, so kommt über jede Teilstrecke einzeln genommen ein genügend starker Strom; denn bei Verminderung der Länge auf die Hälfte geht die Schwächungszahl m auf ein Viertel zurück. (Vgl. S. 49.)

Ähnlich verhält es sich in langen Kabelleitungen. Die Stromverzögerung (Abflachung der Wellen, vgl. S. 131/2) ist so bedeutend, daß die Telegraphiergeschwindigkeit zu gering wird. Da nach S. 133 das Produkt $C \cdot R$ das Maß der Sprechgeschwindigkeit eines Telegraphenkabels ist, so kann man diese erhöhen, wenn man das Kabel unterteilt; für jede Hälfte ist sowohl C, als R halb so groß, das Produkt demnach der vierte Teil. Nun ist der theoretische Zusammenhang zwischen der Telegraphiergeschwindigkeit und dem Produkt $C \cdot R$ nicht so einfach; aber nach praktischer Erfahrung darf man innerhalb der Grenzen des Betriebs rechnen, daß die Telegraphiergeschwindigkeit im umgekehrten Verhältnis zum Wert des Produktes $C \cdot R$ steht; wird dies auf $1/4$ verringert, so steigt jene auf das vierfache. Man hat davon bei den großen deutschen Telegraphenlinien Gebrauch gemacht, indem man sie fast durchgehends in Strecken von höchstens 250 km Länge zerlegt hat, die man durch Übertragung verbindet (vgl. S. 446).

Um von den Relais R_1 und R_2 (Abb. 179) Induktionsstörungen fernzuhalten, schaltet man ihnen (Abb. 349a) einen

Querkondensator (S. 137) C von 20 μF parallel; ein zweiter Kondensator c von 0,35 μF nebst Widerstand von 300 Ω dient als Funkenschutz (S. 99) für den Relaiskontakt.

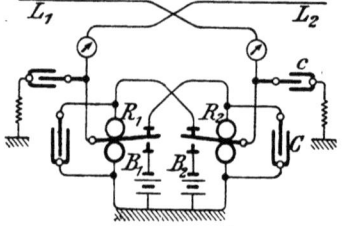

Abb. 349a. Einfach-Übertragung M 15.

Statt der Relais kann man in Arbeitsstromleitungen für Morsebetrieb auch Farbschreiber mit Übertragungsvorrichtung (S. 231) verwenden. Da aber die Farbschreiber zu schwerfällig arbeiten, wird diese Schaltung wenig benutzt.

In langen Hughes-Kabelleitungen hat man die Schaltung der Abb. 350 verwandt. Wenn der aus L_1 kommende Strom die Zunge von R_1 umlegt, so fließt aus B_1 der Telegraphierstrom nach L_2, außerdem ein Stromteil über w_1 und R_1; bei passend gewählter Stromrichtung wird die Zunge von R_1 sehr rasch zurückgelegt; hierdurch will man der Stromverlängerung im Kabel entgegenwirken. Dauert aber der Strom aus L_1 noch an, so legt er den Anker von R_1 nochmals um. Ferner fließt ein Stromteil aus L_1

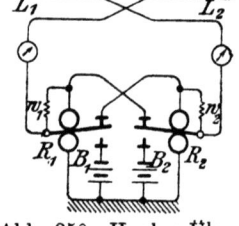

Abb. 350. Hughes-Übertragung für lange Kabel.

über w_2 und R_2; ist R_2 sehr empfindlich eingestellt, so zittert seine Zunge. w_1 ist das 1,5fache des Widerstandes der Leitung L_2, ebenso $w_2 = 1,5 L_1$.

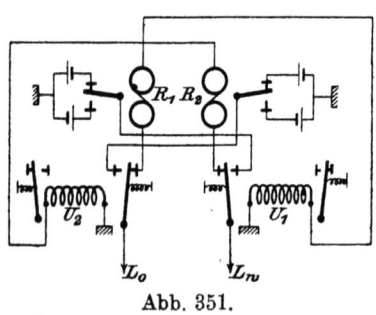

Abb. 351. Übertragung für Doppelstrom.

Übertragung für Doppelstrombetrieb (Abb. 351). Da die Relaiskontakte mit den beiden Batteriepolen besetzt werden müssen, ist eine so einfache Schaltung wie nach Abb. 179 hier nicht möglich. Vielmehr muß durch selbsttätige Umschalter U der abgehende Leitungszweig jedesmal an die Zunge des im ankommenden Zweige liegenden Relais gelegt werden. U_1 und

Die Übertragung.

U_2 sind neutrale Relais, die also bei Doppelstrom dauerndansprechen. Abb. 351 zeigt die Schaltung im stromlosen Zustand; kommt aus L_0 Strom an, so legt U_1 durch seinen Anker L_w an die Zunge des polarisierten Relais R_1, welche vom Doppelstrom hin- und herbewegt wird. Die zweiten Anker von U dienen dazu, einen Mitleseapparat einzuschalten; die Drehpunkte der Anker sind durch diesen Apparat verbunden, die Arbeitskontakte mit den Zungen der Relais R und die Ruhekontakte über Widerstände geerdet.

Übertragungsrelais. Für die Zentralanrufschränke (S. 356) braucht man eine Übertragung, die zwischen Arbeits- und Ruhestromleitungen beliebig überträgt; die hierzu dienenden Relais haben doppelte Hebel mit drei Kontakten. Abb. 180 zeigt den Bau eines solchen Relais, die paarweise auf gemeinsamer Grundplatte befestigt werden. Abb. 352 zeigt die Schaltung; L_1 ist eine Arbeitsstrom-, L_2 eine Ruhestromleitung; in jeder Leitung

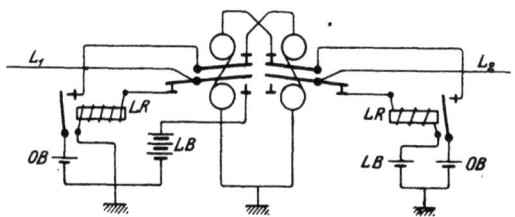

Abb. 352. Übertragung zwischen Arbeits- und Ruhestrom.

liegt ein Linienrelais L R. Im vorliegenden Falle werden die Stromstöße, die aus L_1 ankommen, vom rechten Übertragungsrelais in Stromunterbrechungen auf L_2 verwandelt, da die Linienbatterie von L_2 im Leitungskreise liegt und der Linienbatteriekontakt des rechten Übertragungsrelais leer bleibt. Die Kontakte der Übertragungsrelais müssen so eingestellt werden, daß die Verbindung nach dem Linienrelais etwas später geöffnet wird als die nach dem andern Übertragungsrelais; es würde sonst das Linienrelais der Ruhestromleitung einen Strom aus seiner Ortsbatterie durch das Übertragungsrelais der Arbeitsstromleitung senden.

Neuerdings verwendet man als Übertragung für die Anrufschränke sog. Zwillingsrelais, d. i. ein Paar Linienrelais mit etwas geänderter Kontaktvorrichtung. Auf dem Anker sitzen statt einer Kontaktfeder (Abb. 180) deren zwei, und auf dem Grundbrett noch ein weiterer Ruhekontakt. Die Schaltung bleibt dieselbe.

Fliegender Nebenschluß. Es möge in Abb. 353 die obere punktierte Kurve den Stromverlauf im Relais am Ende einer langen Kabelleitung darstellen; vgl. auch Abb. 92, S. 131. Das Relais wird nach Abb. 354 geschaltet.

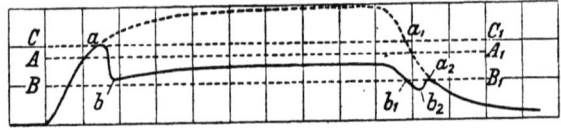

Abb. 353. Fliegender Nebenschluß, Stromverlauf.

Wenn der Strom bis AA_1 gestiegen ist, zieht das Relais R seinen Anker an und schließt damit den Stromkreis des Morseapparates M, der seinerseits, indem sein Schreibhebel sich an den unteren Kontakt legt, den Widerstand r in Nebenschluß zum Relais legt. Bis dies geschehen ist, vergeht eine kleine Zeit, in welcher der Strom bis a gestiegen ist; durch Anlegen des Nebenschlusses sinkt er nun bis b, und es muß r so abgeglichen sein, daß bei der jetzt vorhandenen Stromstärke der Anker noch festgehalten wird. Wird das Zeichen beendet, so sinkt der Strom; der ungeteilte Strom vor dem Relais (punktierte Linie) sinkt auf a_1, der Relaisstrom auf b_1; bei dieser Stromstärke wird der Anker losgelassen. Da nun auch M den

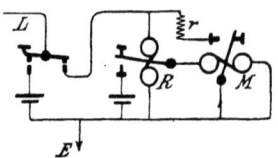   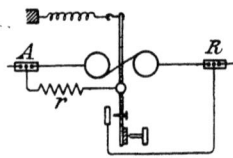

Abb. 354. Fliegender Nebenschluß, Schaltung.   Abb. 355. Fliegender Nebenschluß für den polarisierten Klopfer.

Nebenschluß öffnet, steigt der Relaisstrom, der inzwischen bis b_2 gesunken war, wieder etwas an, doch nicht so hoch (a_2), daß er den Anker wieder anzieht; dann fällt der Strom von a_2 ab weiter. Ohne den fliegenden Nebenschluß würde der Anker erst in dem a_2 entsprechenden Zeitpunkte abfallen; der Nebenschluß läßt das Zeichen um die Zeit zwischen b_1 und a_2 rascher beendigen, erlaubt also rascheres Telegraphieren. Wenn man r zu gering bemäße, würde der Anker von R sogleich abfallen, sobald der Anker von M den Widerstand r einschaltet; dann würde der Anker von R in rasch schwingende Bewegung geraten, solange die Stromsendung aus L dauert.

Der fliegende Nebenschluß für den polarisierten Klopfer (S. 235) wird durch Abb. 355 dargestellt. Im stromlosen Zustand ist der Klopfer allein eingeschaltet; beim Ansprechen legt er den Widerstand r zu den eigenen Windungen parallel.

Erdstromschaltung. Von Zeit zu Zeit wird der Telegraphenbetrieb durch den Erdstrom (vgl. S. 125) gestört; oft sind die Störungen so stark, daß der Betrieb auf Einzelleitungen für halbe und ganze Tage unmöglich wird. Bei Seekabeln dient der Abschlußkondensator (S. 451) zur Abhilfe. Bei Landleitungen geht man zum Betrieb auf Doppelleitungen über. Diese Änderung der Schaltung ist durch genaue Vorschriften geregelt und technisch so vollständig vorbereitet, daß sie jederzeit leicht und rasch ausgeführt werden kann.

Da man Doppelleitungen benutzen muß, würde man nur die Hälfte der sonst vorhandenen Verbindungen aufrecht erhalten können. Aber durch gleichzeitige Benutzung von Fernsprech-Doppelleitungen im Simultanbetrieb ist es möglich die fehlenden Telegraphenleitungen zu ersetzen (vgl. S. 163, 452).

Für jede von der Erde völlig isolierte Doppelleitung müßte man eine eigene Batterie verwenden; es wäre also nötig, eine sehr große Zahl Batterien dauernd bereit zu halten. Um dies zu vermeiden, und um mit einer gemeinsamen Batterie für mehrere oder auch für alle Leitungen eines Amtes auszukommen, wird die Erdstromschaltung so eingerichtet, daß die Doppelleitung auf dem gebenden Amte unterbrochen und mit dem einen Ende an die geerdete gemeinsame Batterie, mit dem andern Ende an Erde gelegt wird. Bei dem geringen Abstand der beiden Erden kann hierbei kein Erdstrom in die Leitung gelangen, vorausgesetzt, daß die Leitungen keine Isolationsfehler aufweisen. Diese Schaltung wird auch bei Übertragungen angewandt.

Man kann besondere Umschalter verwenden, die beim Wechsel der Telegraphierrichtung umzustellen sind; dies ist aber ein in der Handhabung umständliches und unsicheres Mittel. In der Regel wird die Schaltung so eingerichtet, daß der Geber selbst, z. B. die Klopfertaste, die Umschaltung bei jedem auszusendenden Stromstoß vornimmt.

Abb. 356 stellt die Erdstromschaltung für Klopferbetrieb dar. Der Tastenhebel ist über den Ruhekontakt hinaus verlängert und greift mit einem Hartgummischeibchen unter eine Blattfeder f. Bei jedem Tastendruck wird die Feder f gehoben und stellt die Verbindung zwischen zwei emporgebogenen Metallschienen her, von denen die eine mit der Erdleitung, die andere über einen Umschalter V mit der Rückleitung L_2 verbunden ist. Bei Tastendruck fließt der Strom aus der Batterie über L_1 hinaus, kehrt über L_2 zurück und findet über die Feder f Erde. Wird die Erdstromschaltung nicht benutzt, d. h. im gewöhnlichen Betrieb, steht der Umschalter nach links; die Feder f ist dann abgeschaltet und der Empfangsapparat findet über den Umschalter V Erde. Aus Abb. 371 (S. 442) ist die Einrichtung am Hughesapparat zu erkennen, die in einem unter dem einen Arme des Batteriehebels angebrachten Erdkontakt besteht; dieser Kontakt wird an den Apparaten angebracht, die als Geber dienen sollen (S. 444). Die Wirkung ist die gleiche wie bei der Klopfertaste.

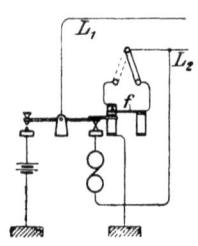

Abb. 356.
Erdstromschaltung für Klopferbetrieb.

III. Die in der Reichs-Telegraphie gebräuchlichen Telegraphenschaltungen.

A. Schaltungen für Morse- und Klopferbetrieb.

Ruhestrom.

Für alle Schaltungen bei Ruhestrom sind in erster Linie folgende Regeln festzuhalten: Die **vordere** Schiene der Taste (Arbeits- oder Telegraphierkontakt) wird **niemals** zum Anlegen eines Drahtes benutzt. Die Linien-Batterie muß im **Leitungswege liegen**.
Abb. 357 zeigt die einfacheren Schaltungen.

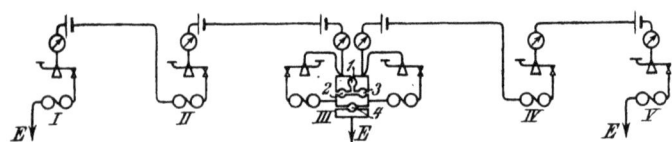

Abb. 357. Ruhestromschaltungen.
I. und V. Endstelle mit Batterie. II. Zwischenstelle mit Batterie. III. Trennstelle. Stöpsel in Loch 1: Apparate und Tasten ausgeschaltet. Stöpsel in Loch 2 oder 3: Durchsprechstellung. Stöpsel in Loch 4: Trennstellung.
IV. Zwischenstelle ohne Batterie.

Morse- und Klopferbetrieb. Ruhestrom.

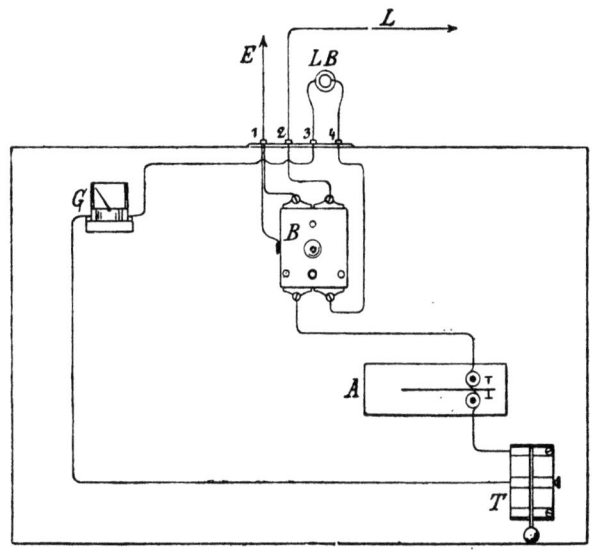

Abb. 358. Endstelle mit Batterie in einer Ruhestromleitung.

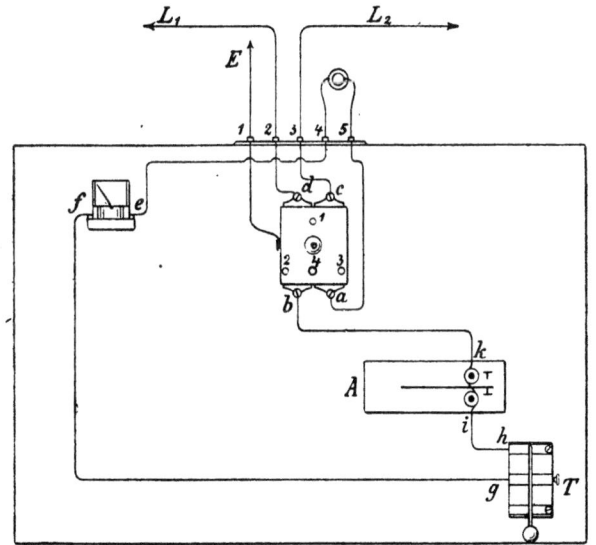

Abb. 359. Zwischenstelle mit Batterie in einer Ruhestromleitung.

Damit die Teile der Batterie alle in gleichem Sinne wirken, besteht die Bestimmung, daß auf jedem Amt der nach Osten führende Leitungszweig mit dem Zinkpol, der nach Westen führende mit dem Kupferpol der Amtsbatterie verbunden wird.

Die Anordnung der Apparate auf dem Tisch wird für einige Fälle durch Abb. 358 bis 361 angegeben. Apparat, Taste, Galvanoskop und Blitzableiter (in Abb. 357 weggelassen) werden auf den Tisch gestellt; die Batterie kommt in den Schrank und wird durch zwei Leitungen herangeführt. Die Leitung führt zuerst durch den Blitzableiter; dies gilt für beide Leitungszweige. Erforderliche Umschalter kommen auf die Mitte des Tisches.

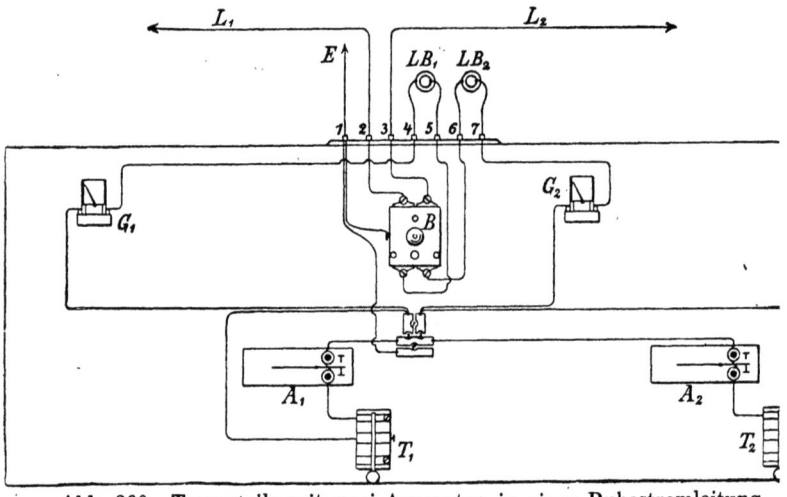

Abb. 360. Trennstelle mit zwei Apparaten in einer Ruhestromleitung.

Trennstellen. Um die auf S. 420/21 erläuterte Zerlegung einer langen Ruhestromleitung mit vielen Ämtern vornehmen zu können, richtet man Trennämter ein; als solche verwendet man in der Regel größere Ämter. (Schaltung s. Abb. 360.)

Die Umschaltungen werden mit dem Umschalter VI (S. 341) ausgeführt.

1. Stöpsel in Loch 2 (links). Stromlauf: L_1 — Kl. 2 — B — Kl. 5 — LB_1 — Kl. 4 — G_1 — Stöpsel — A_2 — T_2 — Umsch. VI — G_2 — Kl. 7 — LB_2 — Kl. 6 — B — Kl. 3 — L_2.

Apparat A_2 spricht an, Apparat A_1 ist durch den Stöpsel kurzgeschlossen. *Durchsprechstellung.*

Morse- und Klopferbetrieb. Ruhestrom. 431

2. Stöpsel in Loch 3 (rechts). Die Schaltung ist der vorigen symmetrisch. Apparat A_1 spricht.

3. Stöpsel in Loch 4 (unten). Stromlauf: L_1 — Kl. 2 — B — Kl. 5 — LB_1 — Kl. 4 — G_1 — T_1 — A_1 — Stöpsel — Kl. 1 — Erde. Ebenso symmetrisch von L_2 über T_2 und A_2 zur Erde.

Beide Apparate sprechen unabhängig voneinander, A_1 nach L_1, A_2 nach L_2. Leitung und Amt sind sonach in zwei Teile zerlegt; die beiden Hälften des Amtes arbeiten als zwei voneinander unabhängige Endstellen. *Trennstellung.*

4. Stöpsel in Loch 1 (oben). Stromlauf: L_1 — Kl. 2 — B — Kl. 5 — LB_1 — Kl. 4 — G_1 — Stöpsel — G_2 — Kl. 7 — LB_2 — Kl. 6 — B — Kl. 3 — L_2. Die Batterien und Galvanoskope liegen im Stromkreis, die Tasten und Apparate sind durch Kurzschluß ausgeschaltet.

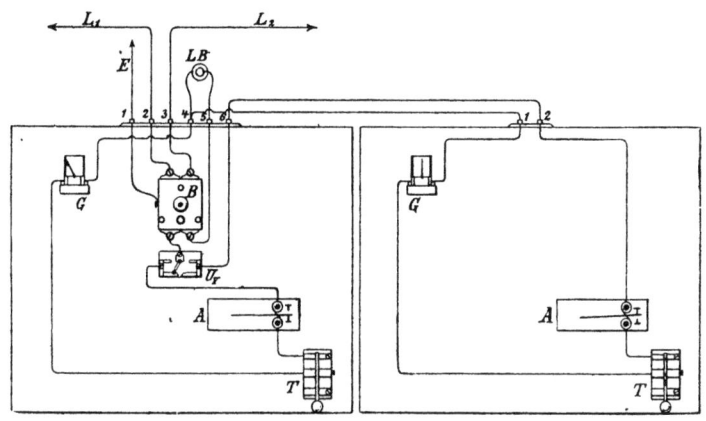

Abb. 361. Zwischenstelle in einer Ruhestromleitung mit einem zweiten Apparatsystem.

Zwischenstelle mit zweitem Apparatsystem. Aus Betriebsrücksichten wird es zuweilen erforderlich, in einem andern als dem Apparatraume einen zweiten Schreibapparat aufzustellen, um nach Belieben die Leitung umschalten und zum Empfang von Telegrammen in jedem der beiden Arbeitsräume bereit sein zu können.

Hierzu dient die Schaltung Abb. 361, deren linker Teil sich von Abb. 358 nur durch Einsetzung des Umschalters V unterscheidet. Stellt man die Kurbel des Umschalters nach links, so ist das Apparatsystem links eingeschaltet. Stellt man den Umschalter nach rechts, so fließt der Strom nach dem System rechts, das z. B. in einem anderen Stockwerk des Hauses aufgestellt sein kann.

Wecker. Um den Beamten auch zu Zeiten an den Apparat rufen zu können, zu denen dieser nicht dauernd beaufsichtigt wird, dient die Schaltung mit Wecker (Abb. 362). Steht der Umschalter V nach links, so hat man die gewöhnliche Ruhestromschaltung; der Wecker ist kurzgeschlossen und stromlos. Stellt man die Kurbel nach rechts, so tritt der Linienstrom in den Wecker ein und zieht dessen Anker an. Wird nun auf einem Amte der Strom unterbrochen, so fällt der Anker ab, schaltet aber sofort durch Berührung der Feder einen Teil der Linienbatterie auf den Wecker, der nun mit Selbstunterbrechung weiter arbeitet.

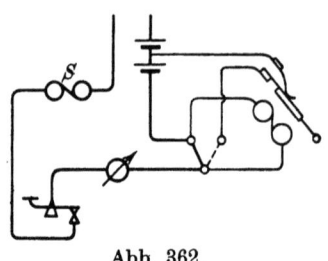

Abb. 362.
Zwischenstelle in einer Ruhestromleitung mit Wecker.

Arbeitsstrom in oberirdischen Leitungen
für Morse- und Klopferbetrieb.

Abb. 363 (auf Seite 434) zeigt die einfacheren Schaltungen.

Die Anordnung der Apparate auf dem Tisch ergibt sich aus den für die Ruhestromschaltungen gegebenen Abb. 358 bis 360. Die Tischleitungen sind allerdings anders zu ziehen, wie sich aus Abb. 349 leicht ergibt.

Die Schaltung Abb. 363 zeigt, daß bei ruhender Taste kein Strom in der Leitung fließt. Durch Niederdrücken der Taste verbindet man den einen Pol der anderseits geerdeten Batterie mit der Leitung. Zugleich wird der eigene Apparat von der Leitung getrennt. Der ankommende Strom fließt (bei ruhender Taste) durch den Empfangsapparat zur Erde, während die daneben liegende Batterie von der Leitung getrennt ist.

Trennämter. Da in der Regel die Leitungsstrecken verschieden lang sind und also verschiedene Widerstände haben, würde man ohne besondere Hilfsmittel wechselnde Stromstärken je nach den miteinander arbeitenden Batterien haben. Die 3 Ämter I, II, III der Abb. 363 mögen nach ihren Entfernungen nachstehend dargestellt werden:

I   II   III
──
    100 km   250 km

Wenn von I nach II und auch nach III telegraphiert werden soll, so muß die Batterie in I so stark sein, daß sie auf 350 km Entfernung den Apparat in III[1]) noch in Tätigkeit setzen kann. Diese Batterie wird auch imstande sein, den Apparat in II zu bewegen; für guten Empfang muß aber der Apparat auf den stärkeren Strom besonders eingestellt werden. Danach kommt aber III und gibt auch an II ein Telegramm. III hat zwar dieselbe Batterie wie I, allein III ist von II 250 km entfernt, während die Entfernung von I nach II nur 100 km beträgt. Der Strom, welcher von III nach II kommt, ist von anderer Stärke, als der, welcher von I nach II gelangt. II muß seinen Apparat wieder einstellen. Soll nachher nun II wieder mit I arbeiten, so muß II seinen Apparat abermals auf die von I entwickelte Stromstärke einstellen. Dieser umständliche Wechsel des Einstellens läßt sich durch das Einschalten eines künstlichen Widerstandes (Abb. 328, S. 389) vermeiden, der so gewählt werden kann, daß er den Strom in demselben Maße schwächt, wie es das Durchlaufen einer bestimmten Leitungslänge tun würde. Wenn I mit II spricht, so ist in II ein Widerstand einzuschalten, welcher 250 km Leitung vertritt; verkehrt III mit II, so schaltet II einen Widerstand ein, der den Strom ebenso schwächt, wie 100 km Leitung. Nunmehr wird der Strom immer der gleiche sein, ob I mit II oder III, oder III mit II spricht.

Hat II seinen Apparat einmal richtig eingestellt, so spricht der Apparat demnach sowohl auf den von I, als auch auf den von III kommenden Strom an.

Wenn die Zwischenstelle nach einer Seite hin spricht, so darf ihr eigener Strom den Widerstand nicht durchlaufen,

---

[1]) In Abb. 363, III sind zunächst Schreibapparate mit Übertragungsvorrichtung (S. 424) gezeichnet; meist verwendet man hier Relais mit Klopfer im Ortskreis, die dann wie in Abb. 367 u. 368 geschaltet werden.

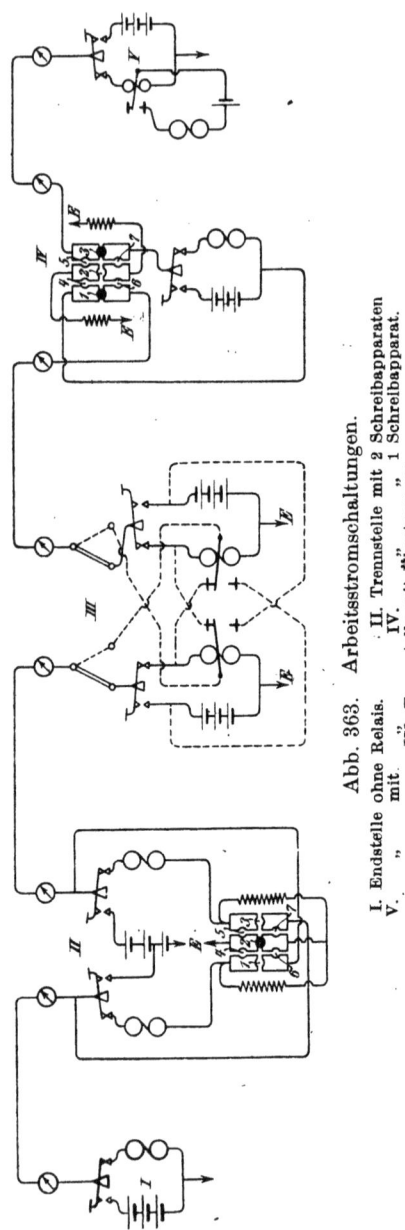

Abb. 363. Arbeitsstromschaltungen.
I. Endstelle ohne Relais. II. Trennstelle mit 2 Schreibapparaten
V. „ mit „ III. Trennstelle mit Übertragung. IV. „ „ 1 Schreibapparat.

weil sonst der von II nach I oder III fließende Strom unnötig geschwächt werden würde.

Es versteht sich von selbst, daß die Zwischenstelle nicht mit ein und derselben Batterie nach I und nach III hin arbeiten kann, wenn I und III nicht gleichweit von II entfernt sind. Die Batterien in II müssen diesen Entfernungen angepaßt sein. Es wird in II eine Batterie aufgestellt, welche für das am weitesten von II entfernte Amt ausreicht; von dieser wird die kleinere Batterie abgezweigt.

In der Abb. 363, II ist eine solche Abzweigung dargestellt. Die drei Elemente bedeuten die große Batterie; sie liegt mit einem Pol an Erde, mit dem andern an der rechten Taste. Von dieser Batterie ist eine kleinere abgezweigt, indem von dem ersten Element ein neuer Poldraht abgeht und zur linken Taste führt.

Der abgehende Strom berührt die künstlichen Widerstände nicht.

Wenn man den Stöpsel in Loch 3 des Umschalters setzt, so ist der linke Apparat kurzgeschlossen und der rechte ist in

Durchsprechstellung in die Leitung geschaltet; man kann auf ihm die Schrift der beiden anderen Ämter mitlesen. Dagegen kann man mit der zugehörigen Taste nur nach rechts hin telegraphieren. Steckt man den Stöpsel in Loch 1, so ist der linke Apparat in Durchsprechstellung eingeschaltet. Man kann mit der linken Taste nach links hin telegraphieren.

Amt IV zeigt die Durchsprechstellung; hier gibt man aber mit der Taste Strom nach beiden Seiten. Nimmt man in IV Trennstellung, so hat man entweder die Löcher 1, 5, 7 oder 3, 4, 6 zu stöpseln. Im ersten Falle liegt die Mittelschiene der Taste über dem rechten Widerstand an Erde, IV ist Endamt für die von links kommende Leitung; der rechte Leitungszweig ist ohne Apparat über den anderen künstlichen Widerstand geerdet. Im zweiten Falle liegt die Mittelschiene der Taste an der von rechts kommenden Leitung, während der positive Batteriepol und die damit verbundene Apparatklemme über den linken Widerstand geerdet sind. IV ist dann wie ein gewöhnliches Endamt mit der rechten Leitung verbunden, während die linke Leitung über den anderen künstlichen Widerstand ohne Apparat geerdet ist. Man kann in jedem Falle nur nach einer Seite hin arbeiten.

Übertragung. Bei großer Länge der Leitung ist es infolge der Stromverluste oft schwer, selbst bei Aufwendung starker Batterien von einem Ende der Leitung nach dem anderen gute Zeichen zu senden. Vgl. S. 45, Formel für I_e, und S. 48.

Die Leitung in Abb. 363 zeigt ein Beispiel; III ist ein Übertragungsamt. Die Batterie von I reicht bis III; stehen hier die Umschalter nach links, so ist III in zwei einfache Endämter (wie I) zerlegt (Trennstellung); für diesen Fall haben die punktierten Linien nichts zu bedeuten. Will nun I mit IV oder V arbeiten, so werden in III die Umschalter nach rechts gestellt. Jetzt fließt ein von I gesandter Strom über den linken Umschalter, den Hebel des rechten und die Windungen des linken Apparates zur Erde; der Hebel des linken Apparates (Relais) legt sich an seinen Arbeitskontakt und schließt hierdurch die rechte Batterie an die zu IV und V führende Leitung. Sobald in I die Taste losgelassen wird, verläßt auch der Hebel den Arbeitskontakt; er ist also nichts weiter, als eine von I aus bewegte Taste.

Bemessung der Batterien. Die Entfernungen zwischen den einzelnen Ämtern (Abb. 363) mögen der Reihe nach sein: 100 + 250 + 150 + 200 km, die ganze Länge demnach 700 km. Die Leitung bestehe aus 5 mm starkem Eisendraht, dessen Widerstand 6,72 Ω für 1 km beträgt. Ein Farbschreiber hat einen Widerstand von 550 Ω, ein Relais 200 Ω. Die Widerstände der Batterien und des Galvanoskops mögen bei dieser überschläglichen Rechnung außer Betracht bleiben.

Die Batterie in I muß so stark sein, daß sie für die Leitung bis III einschließlich zweier Apparate ausreicht. 350 km Leitung haben 2350 Ω, 2 Apparate 1100 Ω, zusammen 3450 Ω; die Batterie in I muß demnach 50 V besitzen (Seite 406). Ebenso stark muß die linke Batterie in III sein. Die Batterien in II haben nur kleinere Leitungslängen und je einen Apparatwiderstand zu überwinden. Die linke Batterie muß ausreichen für 100 km + 1 Apparat = 672 + 550 Ω = 1222 Ω; ihre Stärke muß also 20 V betragen. Die rechte Batterie ist zu bemessen für 250 km + 1 Apparat = 1680 + 550 Ω = 2230 Ω; daraus ergeben sich 40 V.

Ebenso berechnen sich die Batterien in III rechts: 350 km + 2 Apparate = 2350 + 1100 = 3450 Ω; d. h. 50 V wie in I. IV und V müssen ebenso starke Batterien haben.

Die künstlichen Widerstände müssen folgende Werte erhalten: In II links für 250 km + 1 Apparat = 1680 + 550 = rund 2300 Ω. In II rechts für 100 km + 1 Apparat = 1200 Ω. In IV links für 150 km + 1 Apparat = 1600 Ω. In IV rechts für 200 km + 1 Relais = 1550 Ω.

Arbeitsstrom in unterirdischen Leitungen.

In den unterirdischen Leitungen beobachtet man wegen ihrer hohen Ladungsfähigkeit starke Verzerrung des ankommenden Stromes (vgl. S. 131). Um die ankommenden Zeichen (vgl. Abb. 93) aufnehmen zu können, muß man einen leicht beweglichen Apparat von geringem Widerstand verwenden, der bei geringster Ankerbewegung (i_1 und i_2 nahe gleich, S. 131/2) sicher anspricht. In den wenigen Fällen, in denen noch der Farbschreiber benutzt wird, schaltet man ihn mittels Relais ein. Man benutzt hierzu das Flügelankerrelais oder das deutsche polarisierte Relais (Schaltung auf Anziehen), und zwar bei Endstellen und

Trennstellen ohne Übertragung die kleine Form, bei Übertragungsstellen die große Form mit nebeneinander geschalteten Rollen.

In der Regel verwendet man jetzt den polarisierten Klopfer, der ohne Relais eingeschaltet wird; nur bei Übertragungsstellen (Abb. 364, 367 u. 368) werden Relais erforderlich. Statt S, und in Abb. 365, und 366 statt der Gruppe R und S ist daher ein polarisierter Klopfer anzunehmen.

Für kürzere unterirdische Leitungen. Endstellen und gewöhnliche Trennstellen werden wie bei oberirdischen Linien geschaltet. Eine Trennstelle mit Übertragung zeigt Abb. 364. Die Stöpsel sind so eingesetzt, wie es für Übertragung nötig ist. Die zugehörigen Drahtleitungen sind durch starke Linien angegeben, der linke Leitungszweig ausgezogen, der rechte ähnlich den Eisenbahnlinien, die Batterieleitung punktiert. Nach Anleitung der Abb. 363, III läßt sich dieser Stromlauf leicht verstehen. Steckt man alle Stöpsel um ein Loch nach rechts, so erhält man Trennstellung. Ein aus L ankommender Strom geht über U und die schwach ausgezogene Leitung zur Mittelschiene der Taste T, über den Ruhekontakt und fließt durch das Relais R zur Erde. Der zugehörige Relaishebel schließt den Ortskreis der Batterie OB über den Empfänger S, den rechten unteren Kontakt des Umschalters U und den Arbeitskontakt des Relais. Der abgehende Strom geht von der Batterie LB über den Arbeitskontakt und Mittelschiene von T und über den rechten oberen Kontakt von U in die Leitung.

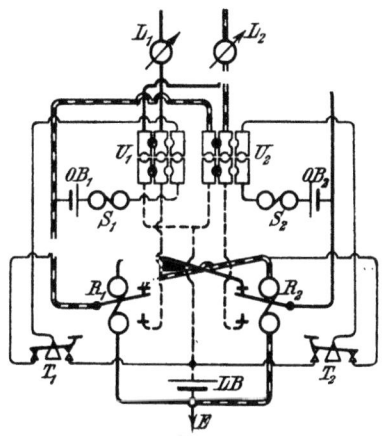

Abb. 364. Trennstelle mit Übertragung in einer kürzeren unterirdischen Leitung.

Für längere unterirdische Leitungen. Hier macht sich die Ladungsfähigkeit in so hohem Grade bemerkbar, daß außer den empfindlichen Relais und Klopfern noch weitere Hilfsmittel benutzt werden müssen: es werden bei den End- und Übertragungsstellen Drosseln (S. 136 u. 393; Abb. 365, 367, 368) angeschaltet und die Relais und Klopfer erhalten den „fliegenden Nebenschluß" (S. 426; Abb. 365 bis 368). Bei langen Leitungen ist die Batterie der Übertragung mit demjenigen Pol an Leitung zu schalten, der bei den nächsten Ämtern an Erde liegt; andernfalls würde der Rückstrom, der das ruhende (polarisierte) Relais durchfließt, dessen Zunge bewegen. Da die großen unterirdischen Linien in neuerer Zeit mehr und mehr mit Hughes und Schnelltelegraphen betrieben werden, kommen die hier beschriebenen Schaltungen immer seltener in Anwendung. Der fliegende Nebenschluß wird z. Zt. überhaupt nicht, die Drossel (Induktanzspule) nur wenig verwendet.

Endstelle, Abb. 365. Über die Wirkung der Drossel J vgl. Seite 136, über die des fliegenden Nebenschlusses Seite 426.

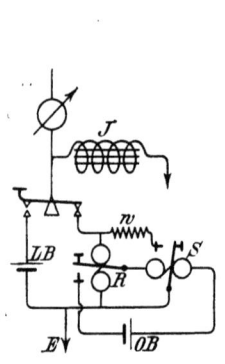
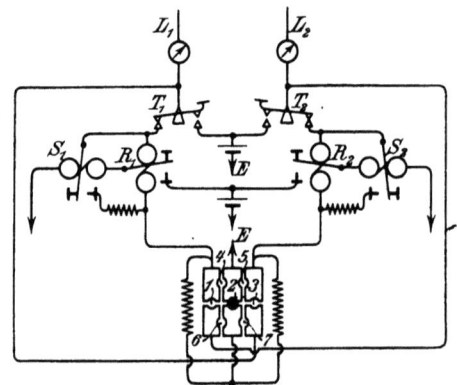

Abb. 365. Endstelle in einer längeren unterirdischen Leitung.

Abb. 366. Trennstelle ohne Übertragung in einer längeren unterirdischen Leitung.

Trennstelle ohne Übertragung, Abb. 366. Sie unterscheidet sich von der Trennstelle II in Abb. 363 nur dadurch, daß Relais R mit Empfängern S (s. oben) in Ortstromkreisen und fliegenden Nebenschlüssen verwendet werden. Durchsprech- und Trennstellung werden durch dieselben Stöpselungen wie in Abb. 363, Amt II hervorgebracht.

Trennstelle mit Übertragung, Abb. 367. Die Auf-

Morse- und Klopferbetrieb. Arbeitsstrom. 439

stellung hat Ähnlichkeit mit Abb. 364, wenn man in letzterer Relais mit zeitweiligen Nebenschlüssen und Drosseln einsetzt. Man erkennt aber, daß in Abb. 367 nur eine Batterie benutzt wird, welche sowohl die Leitungen, als auch die Ortskreise speist. Die Stöpselungen sind dieselben wie in Abb. 364. Abb. 367 zeigt Trennstellung. Der aus L kommende Strom geht über U, T (Mittelschiene und Ruhekontakt), U und R zur Erde; R schließt den Kreis der Batterie über den unteren Widerstand und den Empfänger S, der den oberen Widerstand als fliegenden Nebenschluß an das Relais legt. Der untere Widerstand ist gleich dem doppelten des Leitungswiderstandes L zu nehmen, um den Strom für den Empfänger S genügend abzuschwächen; und zwar wird der linke untere Widerstand gleich dem doppelten des Widerstandes des rechten Leitungszweiges gemacht, und umgekehrt.

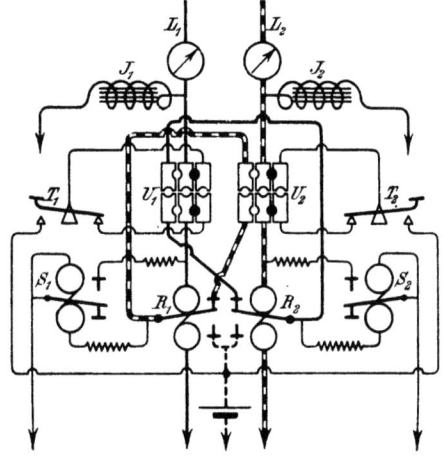

Abb. 367. Trennstelle mit Übertragung in einer längeren unterirdischen Leitung.

In der Übertragungsstellung, deren Stromlauf wie in Abb. 364 leicht zu erkennen ist, sprechen die Empfänger S mit.

Übertragung, Abb. 368. Die Schaltung entsteht aus der vorigen, wenn die Umschalter und die nur zur Trennstellung gehörigen Drahtleitungen beseitigt und statt des Empfängers ein Hilfsrelais R' eingeschaltet

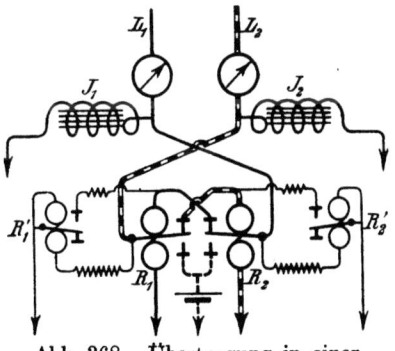

Abb. 368. Übertragung in einer längeren unterirdischen Leitung.

wird, dessen Aufgabe nur darin besteht, den fliegenden Nebenschluß anzulegen und abzunehmen.

B. Schaltungen für Telegraphenbetrieb mit Fernsprecher.

Um dem Telegraphenbetrieb eine möglichst große Ausdehnung zu geben, ist für einfache Verhältnisse, besonders für kleine Orte, der Betrieb mit Fernsprecher eingeführt worden der an die technischen Fertigkeiten der Beamten die geringsten Anforderungen stellt.

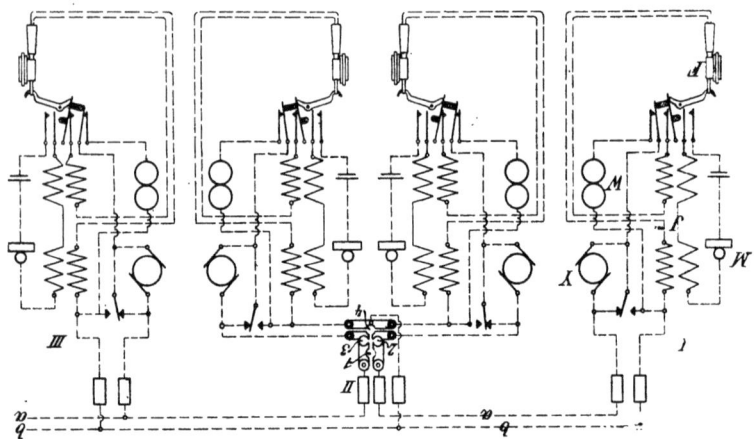

Abb. 369. Telegraphenbetrieb mit Fernsprecher.

Die zu einer solchen Telegraphenbetriebsstelle gehörigen Apparate sind in einem Fernsprechgehäuse vereinigt, das im 24. Abschnitt beschrieben wird. Außer diesem Gehäuse werden noch Sicherungskästchen und Mikrophonbatterien gebraucht.

Die Stellen liegen durchweg in Nebeneinanderschaltung, wie Abb. 344 darstellt.

Die mit Fernsprecher betriebenen (Sp-)Leitungen sind zum Teil einfache, zum Teil Doppelleitungen. In Abb. 369 und 370 ist letzteres angenommen; soll die Schaltung für Einzelleitung ausgeführt werden, so ist nur nötig, statt des b-Zweiges die Erde zu setzen.

Betrieb mit Fernsprecher. 441

Abb. 369 zeigt die Schaltung. Die Leitung führt über die durch längliche Vierecke angedeuteten Blitzableiter im Sicherungskästchen zu den Apparaten. Die Schaltung der letzteren verfolgt man am besten mit Hilfe der später gegebenen Beschreibungen der Fernsprechgehäuse, vgl. S. 494. Amt I ist eine Endstelle, II eine Trennstelle, III eine gewöhnliche Zwischenstelle. Wird in II der Umschalter bei 2 und 3 gestöpselt, so hat das Amt Trennstellung und kann nach beiden Seiten sprechen. Wird 1 und 2 gestöpselt, so ist das Amt als gewöhnliches Zwischenamt wie III geschaltet, und zwar ist die linke Hälfte zu benutzen, die rechte ist abgeschaltet. Stöpselt man 1 oder 3, so kann man auf der rechten Hälfte sprechen, die linke ist abgeschaltet. Abb. 370 zeigt eine Trennstelle mit nur einem Apparat und einem zweiten Wecker W_2. Stöpselt man 3 und 4, so hat das Amt Trennstellung; es kann nach links sprechen, von rechts auf W_2 einen Weckruf erhalten. Stöpselt man 1 und 2, so ist es umgekehrt. Setzt man die Stöpsel in 2 und 3, so liegt das Amt wie I und III in Abb. 369 an der Leitung, der Wecker W_2 ist abgeschaltet (Durchsprechstellung).

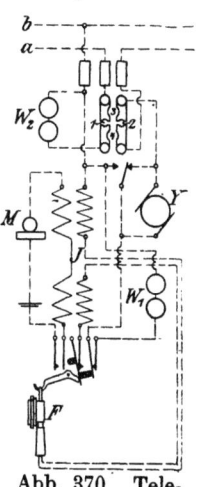

Abb. 370. Telegraphenbetrieb mit Fernsprecher. Trennstelle mit einem Apparat.

C. Schaltungen für Hughesbetrieb.

Der Hughesapparat enthält Geber und Empfänger vereinigt; die Schaltung ist bereits zum größten Teil am Apparat ausgeführt, so daß man nur noch die Leitung, die Batterie und den Wecker an die dazu bestimmten Klemmen anzulegen hat. Die Anordnung der Apparate auf dem Tische ist aus Tafel I (am Schlusse des Buches) zu ersehen.

Hughesapparate mit Gewichtsantrieb werden nicht mehr beschafft, die vorhandenen bei kleineren Anstalten und als Übungsapparate aufgebraucht. Ihre Schaltung ist in den früheren Auflagen dieses Buches beschrieben worden.

442 Telegraphenschaltungen.

Normalschaltung. Für die Apparate mit elektrischem Antrieb ist eine Normalschaltung festgesetzt worden, die in Abb. 371 dargestellt wird; sie berücksichtigt mechanische Auslösung (S. 262) und Einfachbetrieb, Gegensprechen und Erdstromschaltung. Die Apparate mit elektrischer Auslösung werden wegen der auf S. 262 erwähnten Nachteile dieser Schaltung nach und nach in solche mit mechanischer Auslösung umgeändert.

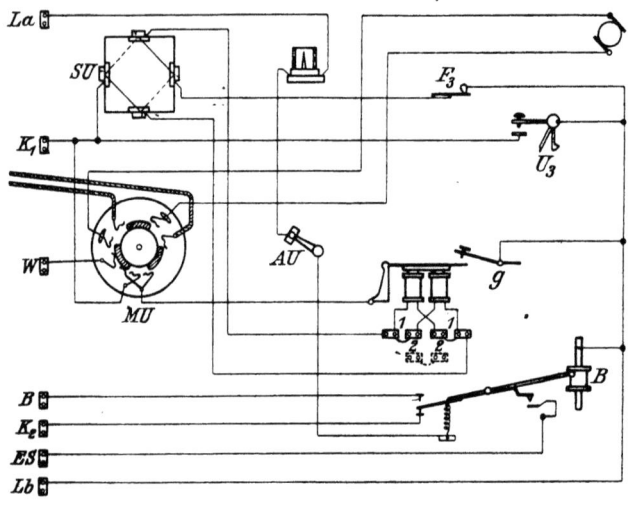

Abb. 371. Normalschaltung für den Hughesapparat mit mechanischer Auslösung.

An L_a liegt die Leitung, an B die Batterie, deren andrer Pol geerdet ist, an W eine Überwachungsvorrichtung nach S. 279 oder ein Relais zum Schließen eines Weckerkreises. Der besondere Kontakt am Batteriehebel ist für die Erdstromschaltung bestimmt (s. S. 444).

Einfachbetrieb. K_1 und K_2 werden verbunden, an L_b kommt Erde, ES bleibt frei. Der aus L_a ankommende Strom fließt über das Galvanoskop, den Apparatschalter AU, die Batteriefeder, über K_2 und K_1, Stromwender SU, Elektromagnet, Stromwender SU, isolierte Feder F_3, L_b, Erde. Der erste Stromstoß wirft den Anker ab, der den Weckerkreis über den Auslösehebel g erdet. Setzt man durch eine Drehung des

Motorschalters MU den Apparat in Gang, so wird gleichzeitig der Weckerkreis abgeschaltet und der Ankerträger des Apparats an K_1 gelegt. Der ankommende Strom hat denselben Weg wie vorher; der Anker legt beim Berühren des Auslösehebels die Klemme K_1 an Erde, so daß der Rest des ankommenden Stromes den Apparat auf dem kürzeren Wege umgeht. Zugleich wird die Drehachse mit dem Laufwerk gekuppelt (S. 267). Gleich darnach verläßt der Daumen die isolierte Feder, wodurch die Verbindung zwischen Magnetwicklung und Apparatkörper (Erde) unterbrochen wird. Inzwischen ist der Elektromagnet stromlos geworden und hat seinen früheren stärkeren Magnetismus wieder erlangt; der Anker ist ihm aufgelegt worden (S. 267), und er hält ihn fest, weil auch der Stromstoß abgelaufen ist. Die Druckachse hat ihren Umgang vollendet, und der Apparat ist zum Empfang eines neuen Zeichens bereit.

Der abgehende Strom wird aus der Batterie dadurch entnommen, daß eine Taste einen Stift aus der Stiftbüchse in die Höhe drückt (vgl. Abb. 193 u. 197), welcher die Hülse auf der Schlittenachse herunter zieht und damit das andere Ende des Kontakthebels heraufbewegt. Hierdurch schlägt die Batteriefeder an den Arbeitskontakt, der Strom geht über die Batteriefeder und Apparatschalter in die Leitung. Zugleich bringt der Kontakthebel mit Hilfe einer Stange (Abb. 197, H_1,s) den Anker zum Abfallen, so daß die Kuppelung eingreifen kann; der Apparat wird also mechanisch ausgelöst und druckt den abgehenden Buchstaben. Ist der Schlitten über den Stift weggeglitten, so geht die Hülse wieder in die Höhe, der Kontakthebel kehrt in die Ruhelage zurück; auch der Auslösehebel nimmt wieder die Stellung ein, in der er am Schlusse einer Umdrehung die Drucksache abkuppelt.

Man sieht, daß sofort nach Beendigung des zeichengebenden Stromstoßes die Leitung über den Anker, den Auslösehebel und den Körper des Apparates an Erde gelegt wird; diese Verbindung dient zu rascher Entladung der Leitung.

Bei elektrischer Auslösung ist der Stromweg nur wenig anders. Die Normalschaltung Abb. 371 ist nicht dafür eingerichtet, doch kann man sie benutzen, um die Unterschiede beider Schaltungen zu zeigen. Bei elektrischer Auslösung wird K_2 geerdet, L_b isoliert. Vom Apparatschalter führt die Leitung nicht zum Kontakthebel, dessen Isolation wegfällt, sondern zu K_1. Der ankommende Strom wird genau so empfangen wie bei der mechanischen Auslösung. Die Stromsendung liegt am Ende der Schaltung; der abgehende Strom fließt über die isolierte Feder durch den Apparat und schnellt, wie der ankommende, den Anker ab; der Apparat druckt also genau wie beim Empfang.

So oft der Anker von dem Elektromagnete losgerissen oder auf ihn zurückgeführt wird, induziert der Magnetismus der Kerne in den umgebenden Spulen elektromotorische Kräfte. Beim Losreißen ist die EMK dem Telegraphierstrom entgegengesetzt (vgl. S. 96); sie wirkt wie eine Vermehrung des Widerstandes und wird wie eine solche überwunden, verursacht aber keine Störung. Wird der Anker wieder aufgelegt, so ist der Elektromagnet über den Umschalter U einerseits mit der isolierten Feder und dem Körper des Apparates, anderseits über das Magnetgestell mit dem Auslösehebel und dem Körper verbunden. Während der Niederbewegung des Ankers würde in diesem Stromkreis eine EMK induziert werden, die dem Telegraphierstrom gleichgerichtet wäre. Wenn der Stromkreis geschlossen wäre, so würde der entstehende Strom den Anker nochmals abwerfen. Da aber der Daumen an der isolierten Feder die Verbindung unterbricht, ehe noch der Anker zurückgeht, so kann der Selbstinduktionsstrom sich nicht entwickeln.

Doppelstrom (S. 254, 420, 422). Die Schaltung ist die gleiche wie bei Einfachstrom, s. S. 442; die Trennbatterie kommt an L_b (in die Erdleitung), die Zeichenbatterie an B.

Erdstromschaltung (vgl. S. 427). Die beiden Leitungen werden an L_a und L_b gelegt, ES bekommt Erde, B Batterie, K_1 und K_2 werden verbunden. Beim Stromempfang ist die Schaltung genau wie oben beschrieben, nur daß statt der Erde an L_b die Rückleitung liegt. Beim Senden geht gleichfalls wie vorher beschrieben der Strom ab; er fließt aber nicht am anderen Ende zur Erde, sondern kehrt über die Rückleitung zum sendenden Amte zurück und fließt von L_b über die Schlittenachse und den einen Arm des Kontakthebels zum Erdkontakt und über ES zur Erde. Um von der gewöhnlichen zur Erdstromschaltung überzugehen, benutzt man wie in Abb. 356 einen Umschalter V;

sein Drehpunkt wird mit der Klemme L_b verbunden, der linke Kontakt mit ES und Erde, der rechte mit der Rückleitung.

Gegensprechen mit dem Hughesapparat s. S. 447.

Abgekürzte Darstellung des Hughesapparats (Abb. 372). Man zeichnet nur die Magnetrollen, dazu den Anker A wie eine Relaiszunge und den Auslösehebel als Anschlag k_4, schließlich den Batteriehebel B.

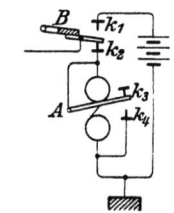

Abb. 372. Abgekürzte Darstellung des Hughesapparats.

IV. Schnelltelegraphie.

Arten der Schnelltelegraphie. Der kostspieligste Teil einer Telegraphenanlage ist die Leitung. Es ist also von großer wirtschaftlicher Bedeutung, diese nach Möglichkeit auszunutzen. Hierzu kommt in vielen Fällen die Schwierigkeit, für die zahlreichen Telegraphenleitungen den nötigen Platz an Landstraßen und Eisenbahnen zu finden, ein Umstand, der im gleichen Sinne wirkt.

Um die Ausnützung der Leitungen zu erhöhen, bieten sich zwei verschiedene Möglichkeiten, die man getrennt und vereint anwenden kann. Bei der **Mehrfachtelegraphie** arbeiten an der Leitung gleichzeitig mehrere Beamte; die Leitung wird entweder allen gleichzeitig oder nacheinander zur Verfügung gestellt; sie arbeiten unmittelbar in die Leitung. Bei der **Maschinentelegraphie** arbeiten gleichfalls mehrere Beamte an derselben Leitung; sie senden aber die telegraphischen Zeichen nicht unmittelbar in die Leitung, sondern ihre Tätigkeit besteht lediglich darin, die Zeichen in Form von Löchern in einen Papierstreifen zu stanzen. Dieser wird nicht von Menschenhand, sondern von einem maschinenmäßig laufenden Apparat abtelegraphiert. In beiden Fällen werden die Zeichen rascher durch die Leitung befördert, als sie ein Telegraphist selbst bei der größten Geschicklichkeit mit der Hand zu geben vermag. Man spricht dann von **Schnelltelegraphie**.

Eine scharfe Trennung der Apparate in Mehrfach- und

Maschinentelegraphen ist indes nicht möglich, wie folgende Betrachtung zeigt:

Der Wheatstonesche Apparat ist ein einfacher Maschinentelegraph.

Auch der Siemenssche Schnelldrucker ist ein Maschinentelegraph. Er benutzt indes auch das Verfahren der Mehrfachtelegraphie, indem er das einzelne Zeichen mit Hilfe der Verteilerscheibe bildet.

Der Baudotapparat ist zunächt ein Mehrfachtelegraph; er teilt die Leitung mittels der Verteilerscheibe mehreren Apparatsätzen der Reihe nach zu. Neuerdings ist er gleichzeitig ein Maschinentelegraph, indem die Baudotzeichen mittels eines Schreibmaschinensenders und gestanzten Papierstreifens in die Leitung gesandt werden.

Diese und andere Telegraphenapparate kann man sowohl in Einfach- wie in Gegensprechbetrieb verwenden.

Die Verteilerscheibe und der gestanzte Streifen sind also nicht mehr die wahren Kennzeichen; man unterscheidet besser einfache Schnelltelegraphen, bei denen an jeder Seite der Leitung nur ein Apparatsatz steht, und mehrfache Schnelltelegraphen, bei denen sich an jedem Ende mehrere Apparatsätze befinden, zwischen denen die Leitung gewechselt wird. (Arendt.)

Die Schaltung für Baudot und Siemens ist schon besprochen (S. 284/6, 297/307); daher bleibt hier nur noch zu behandeln: das Gegensprechen mit dem Hughesapparat und den Schnelltelegraphen, die Schaltung für die Seetelegraphen, die in der Regel in Gegensprechschaltung betrieben werden, und die Benutzung der Fernsprechleitungen zum gleichzeitigen Telegraphieren (Simultantelegraphie).

Kabelbetrieb. Für den Schnellverkehr wählt man gern die Kabellinien wegen ihrer Betriebssicherheit und Freiheit von Störungen. Wegen der Stromverzerrung (S. 131) teilt man die Kabellinien in Strecken von höchstens 250 km Länge, die man dann durch Übertragungen verbindet. Die Übertragungen müssen für alle Adern eines Kabels in demselben Amt liegen. Man stellt entweder eine Gegensprechübertragung für Doppelstrom (Abb. 376) für Leitungen mit Wechselverkehr, oder eine Einfachübertragung (Abb. 349a) für Leitungen mit stets gleicher Telegraphierrichtung auf.

Gegensprechen mit dem Hughesapparat. Zur praktischen Ausführung des Gegensprechbetriebs mit Hughesapparaten wird auf oberirdischen Leitungen die Brückenschaltung, auf unterirdischen Leitungen und bei Übertragungen die Differentialschaltung verwendet. Bei der Brückenschaltung kommt man nämlich ohne Relais aus. Wo indes ein Relais nicht zu umgehen ist, nimmt man die Vorteile der Differentialschaltung wahr, mit einer kleineren Batterie auszukommen und besonders vor das Kabel nur geringen Widerstand zu legen.

Man verwendet auf jedem Amt zwei Apparate; der eine dient zum Geben (HG in Abb. 374 u. 375), sein Empfangsteil wird für Kontrolldruck benutzt; der andere ist zum Empfänger (HE) bestimmt, sein Gebeteil wird nicht benutzt.

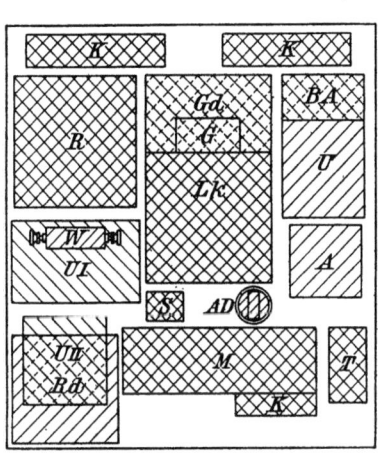

Zeichen	Apparat
Lk	= Künstliche Leitung
R	= Kurbelleitungsrheostat
M	= Morseapparat
T	= Taste
AD	= Anschlußdose für einen Strommesser
S	= Feinsicherung
K	= Klemmenschutzkasten
U	= Umschalter

Rd	= Flügelankerrelais
Gd	= Differentialgalvanoskop
A	= Strommesser
W	= Manganinwiderstand

BA	= Brückenarme
G	= pol. Galvanoskop.

Abb. 373. Aufstellung der Nebenapparate für Hughes-Gegensprechen.

Abb. 373 zeigt die Aufstellung der Nebenapparate. Hierzu dient die obere Platte (50 × 55 cm) eines Schränkchens von Tischhöhe. Die zur Differentialschaltung gehörigen Apparate sind in Abb. 373 von links unten nach rechts oben, die zur Brückenschaltung gehörigen senkrecht dazu schraffiert. Die zu beiden Aufstellungen nötigen Apparate (1. Abteilung) erscheinen daher in Kreuzschraffierung. In der 2. und 3. Abteilung stehen die Apparate, die nur zur Differential- bzw. Brückenschaltung gehören. Auf der künstlichen Leitung Lk steht das Differentialgalvanoskop Gd bzw. das polarisierte Galvanoskop G. Die Funkenschutzapparate sind unterhalb der Tischplatte angebracht.

Die Differentialschaltung wird durch Abb. 374 dargestellt, und zwar durch die starken Linien. L_1 ist die Gegensprechleitung, HG und HE Hughes-Geber und -Empfänger, beide mit mechanischer Auslösung. Die im oberen Teil angegebenen Klinken befinden sich am Klinkenumschalter des Amtes.

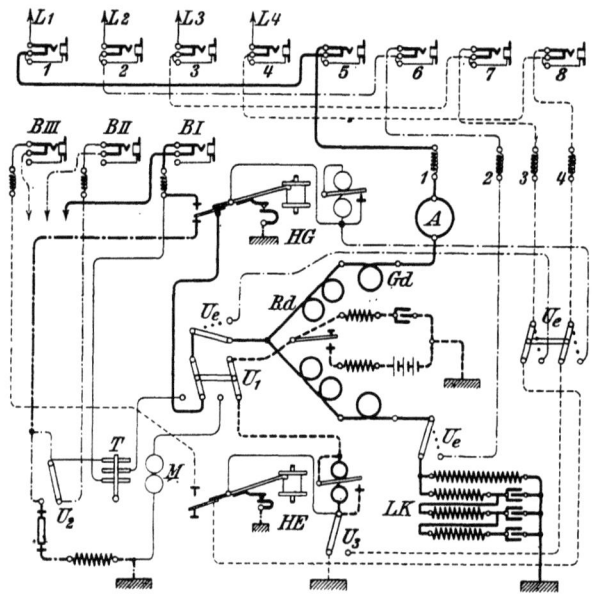

Abb. 374. Hughes-Gegensprechen in Differentialschaltung.

Der abgehende Strom (einschließlich des durch die künstliche Leitung R und Lk abfließenden Anteils) nimmt den durch starke ausgezogene Linien dargestellten Weg von der Batterie B I über HG, U_1, Rd, Gd, A zu L_1 und Lk zur Erde. Das Differentialrelais wie auch das Differentialgalvanoskop werden nicht beeinflußt. Der ankommende Strom gelangt von L_1 durch nur eine Windung des Galvanoskops Gd und die Hälfte der Relaiswindungen, die Batteriefeder von HG und durch die starke strichpunktierte Leitung über U_2 (die andere Verbindung zur Erde besteht jetzt nicht, s. nächste Seite) zur Trennbatterie B II. Das

Relais spricht an und schließt den Ortsstrom des Hughes-Empfängers (gestrichelt). Beim Gegensprechbetrieb mit Einzelstrom wird die vom Ruhekontakt der Batteriefeder von HG kommende (strichpunktierte) Leitung vom Scheitelpunkt von U_2 abgenommen und an den linken Wechselkontakt gelegt.

Die schwachen strichpunktierten Linien, die an den Umschaltern U_3 endigen, geben an, was in der Erdstromschaltung hinzukommt. Die schwachen gestrichelten Linien bedeuten die Leitungen, die notwendig werden, wenn beide Apparate im Einfachbetrieb mit Doppelstrom benutzt werden sollen; in diesem Fall ist noch die Leitung, die vom rechten Kontakt von U_1 zu HE führt, zu unterbrechen und U_1 mit dem freien Ende von HG, das freigewordene Ende von HE mit dem freien Erdkontakt unter der Batteriefeder von HE zu verbinden; auch ist HG da, wo die strichpunktierte Leitung ansetzt, zu erden. Die Leitung L_1 kann unter Umgehung von G_d, R_d und U_1 gleich an HG geführt werden. Sollen beide Apparate einfach und mit Einzelstrom betrieben werden, so wird nun noch HG von U_1 und U_2 getrennt und ebenso wie HE geschaltet.

Die schwachen ausgezogenen Linien zeigen die Verbindungen zu dem Morse-Hilfssystem. Um mit diesem in die Gegensprechschaltung einzutreten, legt man U_1 um. Mit dem Umschalter U_2 geht man vom Doppel- zum Einzelstrom über. Mit U_3 wählt man Gegensprech- oder Einfachbetrieb. Drei Umschalter U_e werden umgelegt, um die

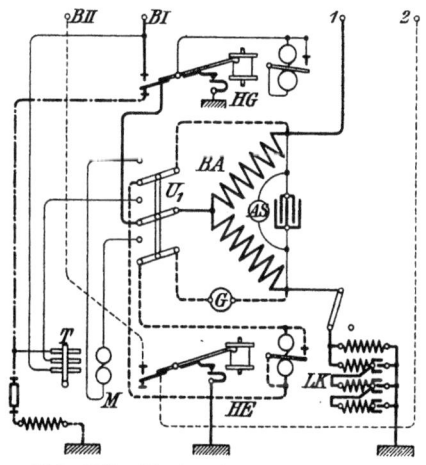

Abb. 375. Hughes-Gegensprechen in Brückenschaltung.

Erdstromschaltung herzustellen. Die Schalter sind so vereinigt, daß man beim Übergang von einer Betriebsweise zur andern nur einen Umschalter mit mehreren (5 bis 7) Hebeln umzulegen hat

Abb. 375 stellt die Brückenschaltung für Apparate mit

mechanischer Auslösung dar. Die Klinken sind weggelassen; die Ziffern 1, 2 und B_I und B_{II} entsprechen den ebenso bezeichneten Punkten in Abb. 374.

Der abgehende Strom nimmt den Weg, der durch die stark ausgezogene Linie angegeben wird; beim Verzweigungswiderstand (Brückenarme) BA (2 mal 1000 Ω) geht ein Teil des Stroms durch die künstliche Leitung zur Erde. Der ankommende Strom geht von L_1 zu einem Teil über die gestrichelte starke Linie zum Empfangsapparat und von da einerseits über den unteren Brückenarm, die Batteriefeder und den Erdkontakt des Gebers, anderseits über die künstliche Leitung zur Erde. Ein Teil des ankommenden Stromes geht auch von L_1 über den oberen Brückenarm zur Batteriefeder des Gebers und vereinigt sich dort mit einem Teil des ersten Stromteils; liegt die Batteriefeder nicht am Batteriekontakt, so findet dieser Stromteil Erde über den unteren Brückenarm und die künstliche Leitung. Alle diese Nebenwege brauchen nicht abgesperrt zu werden; die Widerstandsverhältnisse sind so bemessen, daß keine Störungen durch die Nebenströme verursacht werden.

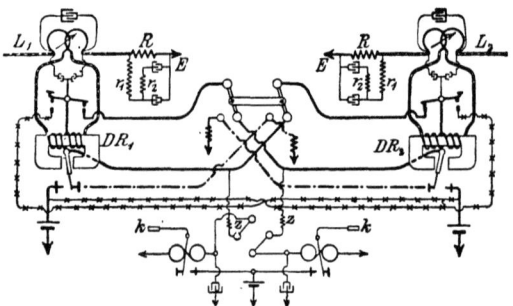

Abb. 376. Übertragung in einer Hughesleitung zum Gegensprechen.

Die für guten Betrieb wichtige Abgleichung der künstlichen Leitung wird mit Hilfe des Galvanoskops ausgeführt; das letztere darf weder bei dauernder, noch bei kurzer Stromsendung einen Ausschlag oder eine Zuckung angeben. Die Zuckungen sind allerdings manchmal nicht ganz zu beseitigen; sie sollen dann möglichst gering gemacht werden. Als besonderes Hilfsmittel kann man bei der Abgleichung einen empfindlichen Spannungsmesser oder den Undulator (Seite 324) benutzen. Eingehende Anleitung zum Abgleichen der künstlichen Leitung ist in der dienstlichen Anweisung zum Hughes-Gegensprechen zu finden. Der Empfangsapparat muß einen Strom von mindestens 10 mA erhalten; wie hoch der in der Leitung ankommende Strom sein muß, läßt sich nach S. 160 ermitteln.

Eine Übertragung in einer Hughes-Gegensprechleitung zeigt Abb. 376. In den beiden Leitungen L_1 und L_2 liegen die beiden Hälften des Differentialrelais und die des Differentialgalvanometers hintereinander, woran sich die künstlichen Leitungen schließen. Der ankommende Strom bewegt das zugehörige Differentialrelais, legt dessen Zunge an den Batteriekontakt und sendet den Strom ab, der sich hinter der Morsetaste verzweigt. Der obere Umschalter dient zum Trennen, wenn man mit der Morsetaste geben will. Die untere Gruppe sind Relais, die mittels der großen Widerstände z (in anderen Fällen über Kondensatoren) abgezweigt sind und zum Anschluß der Mitlese-Hughesapparate (Klemmen k) dienen. Man erkennt an diesen, ob die Übertragung die Stromstöße gut weitergibt.

Gegensprechen mit Schnelltelegraphen. Die Schaltungen sind grundsätzlich dieselben, wie für den Hughes beschrieben. Insbesondere wird dieselbe Übertragung, Abb. 376, verwandt.

Schaltung für lange Seekabel. Die große Ladefähigkeit eines langen Kabels ruft erhebliche Stromverzögerungen hervor (vgl. S. 131/2). Man zeichnet daher den ganzen Stromverlauf auf (S. 321). Um leserliche Zeichen zu erhalten, schaltet man an beiden Enden des Kabels Abschlußkondensatoren ein, die außer dem auf S. 134 dargelegten Zweck noch dazu dienen, Strömen, die durch die Potentialdifferenz zwischen den weit auseinander liegenden geerdeten Enden der Leitung bestehen, den Weg abzuschneiden; durch die Kondensatoren hindurch wirken nur die verhältnismäßig langsam verlaufenden Änderungen der Potentialdifferenz, welche die rasch verlaufenden Stromkurven des Telegraphierstroms in der Regel nicht stören.

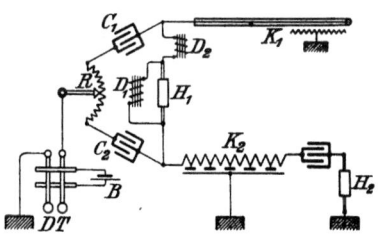

Abb. 377. Schaltung für lange Seekabel.

Da die langen Kabelleitungen außerordentlich kostspielig sind, werden sie in der Regel durch ein Gegensprechverfahren (S. 157) doppelt ausgenutzt, so daß in beiden Richtungen gleichzeitig telegraphiert werden kann.

Abb. 377 zeigt die in Emden gebräuchliche Brückenschaltung. K_1 ist das Seekabel, dessen Ladefähigkeit durch die geschlängelte geerdete Linie dargestellt wird, K_2 die künstliche Leitung, dahinter ein Abschlußkondensator. H_1 und H_2 sind zwei Heberschreiber; H_1, der Empfangsapparat, liegt in der Brücke, neben und vor ihm Drosselspulen D_1 und D_2, die zur Verbesserung der Kurvenform des ankommenden Stroms dienen; H_2 ist ein Mitleseapparat für die abgehenden Zeichen. Statt der Verzweigungswiderstände werden zwei Kondensatoren benutzt, die zugleich Abschlußkondensatoren sind. Am Verzweigungspunkt ist ein Rheostat R eingeschaltet, der zum genauen Abgleichen dient. Die Doppeltaste DT (S. 322) wird in der Regel durch einen Wheatstoneschen Maschinengeber ersetzt.

Telegraphieren auf Fernsprechleitungen (Simultanbetrieb). Das Verfahren wird auf Fernsprech-Doppelleitungen angewandt, und zwar einerseits zur Unterstützung des Fernsprechbetriebs, indem dienstliche Mitteilungen während der Gespräche über die Leitung gegeben werden, anderseits um dem Telegraphenverkehr eine größere Zahl Leitungsverbindungen zur Verfügung zu stellen.

Die Grundschaltungen sind auf S. 163 u. f. dargestellt worden. Die gewöhnliche Schaltung mit dem Differentialmagnet (Abb. 124a und 125a) findet man betriebsmäßig dargestellt in Verbindung mit dem Klinkenumschalter, Abb. 501, S. 625.

Man kann entweder (Abb. 124a) eine Doppelleitung außer zum Fernsprechbetrieb noch als eine Telegraphenleitung verwenden; La und Lb parallel mit Erde als Rückleitung; oder (Abb. 125a) zwei Doppelleitungen, die zu drei Sprechverbindungen dienen, noch zu einer Telegraphenleitung ausnutzen. Es ist denkbar, auch F_3 durch einen Telegraphenapparat zu ersetzen; indes ist die Ausnutzung der Doppelleitung mit dem Fernsprecher im allgemeinen wertvoller.

Die in Abb. 124 c und 125 b dargestellte Übertragerschaltung wird angewandt, um die anzuschließende Leitung, die den Fernsprecher enthält, und die Amtseinrichtung gegeneinander abzuschließen. Denn die etwaigen Ungleichmäßigkeiten und Fehler sowohl der Anschlußleitung, insbesondere Nebenschließungen, als auch der Amtseinrichtung und die im Betriebe vorkommenden Schaltfehler würden auf die beiden Spulen des Differentialmagnets verschieden einwirken; bei der Übertragerschaltung ist dies ausgeschlossen. Auch verhindert diese, daß die angeschlossene Leitung von den Telegraphierströmen geladen wird. Daher wird zum gleichzeitigen Telegraphieren auf Fernsprechleitungen meist die Übertragerschaltung unter Verwendung von Ringübertragern benutzt. Neue Ämter werden nur noch mit Ringübertragern (doppelt unterteilt, 4 mal 23 Ω) ausgerüstet. Die Fernleitungen erhalten Wechselstromanruf. Wo noch Abzweigspulen benutzt werden, ist ein Rufstromübertrager nötig.

Man kann mehrere zum Simultanbetrieb eingerichtete Leitungen aneinanderschalten, vgl. Abb. 378. Der Kreis I wird mit dem Kreis II verbunden durch die Telegraphenverbindung Vt und durch die Fernsprechverbindung Vf. Man kann sich auch

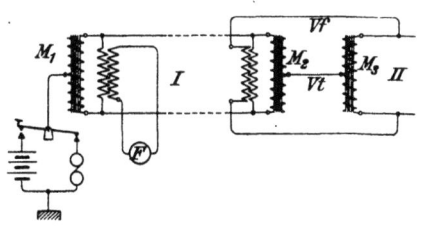

Abb. 378. Verkettung von simultan betriebenen Doppelleitungen.

mit einer dieser Verbindungen begnügen, z. B. I und II zu einer langen Fernsprechleitung vereinigen und statt der Verbindung Vt zwei Telegraphenapparate aufstellen, die in derselben Art wie bei M_1 an M_2 und M_3 angeschlossen werden. Oder man stellt Vt her, läßt aber Vf weg und stattet die Enden der beiden Leitungen ebenso aus wie den Anfang von I.

Die Verbindung Vf muß einen Übertrager erhalten und darf nicht beiderseits leitend angeschlossen werden, damit die Widerstände der Kreise I und II nicht durch die Herstellung und Unterbrechung der kurzen leitenden Brücke Vf geändert werden.

Die Verbindung Vt kann auch eine längere Einzelleitung sein; es ist also möglich, zwei Simultanleitungen, die auf verschiedenen Ämtern endigen, zum Telegraphenbetrieb zusammenzuschalten, wenn zwischen diesen Ämtern eine Einzelleitung zur Verfügung steht.

Es lassen sich auf diese Art mehr als zwei, fast beliebig viele Leitungen aneinandersetzen. Indes wächst bei zunehmender Länge der Leitungen die Wahrscheinlichkeit, daß irgendwo ein Fehler auftritt, und die erforderliche höhere Spannung der Telegraphenbatterie erhöht die Störungsgefahr, und so findet das Aneinanderschalten seine Grenze. Bei langen Leitungen kann man sich noch durch Einfügen von Übertragungen helfen; man hat nur für die Verbindung Vt eine Übertragung nach Abb. 179 einzusetzen.

Die Schaltung nach Van Rysselberghe in der Art, wie sie in der RTV auf Doppelleitungen angewandt wird (vgl. S. 166), zeigt Abb. 379. Die stark ausgezogenen Leitungen bedeuten die Fernsprech-Doppelleitung, die bei Normalstellung von U (links)

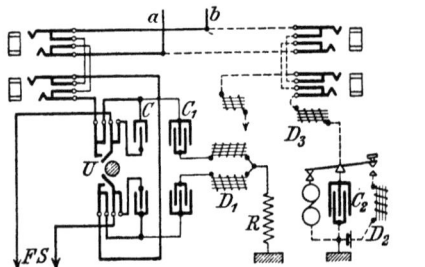

Abb. 379. Simultanbetrieb auf Doppelleitungen.

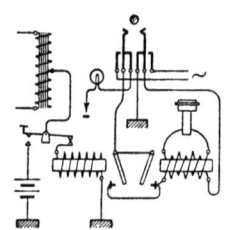

Abb. 380. Simultan-telegraphischer Meldeverkehr.

in gewöhnlicher Weise auf dem Fernschrank FS liegt. Die gestrichelten Linien geben die Telegraphierstromkreise an, von denen an jedem Zweig der Doppelleitung einer liegt. Außerdem ist zwischen die beiden Zweige eine in der Mitte induktionsfrei geerdete Brücke aus Kondensatoren und Drosseln gelegt. C_1 und $C_2 = 2\ \mu F$, $C = 0{,}5\ \mu F$; D_1 10 Ω, 0,2 H; D_2 1000 Ω, 40 H für Klopfer-, 200—300 Ω, 2—3 H für Hughesbetrieb; D_3 300—500 Ω, 2—3 H; $R = 3000\ \Omega$. Die für guten Betrieb passenden Werte müssen durch den Versuch ermittelt werden. — Als Telegraphierapparat kann der Klopfer und der Hughes benutzt werden.

Zur Hilfe im Fernsprechverkehr benutzt man die Schaltung nach Abb. 380 (Simultan-telegraphischer Meldeverkehr). Während auf der Doppelleitung in der schon erläuterten Weise gesprochen wird, kann man mittels der Taste und des Summers Gesprächsmeldungen und andere dienstliche Mitteilungen über die Leitung geben; hierdurch ist eine Verbesserung von $10^0/_0$ in der Ausnutzung der Fernsprechleitungen erzielt worden. Der ankommende Strom schließt den Ortskreis für eine Glühlampe, worauf die Beamtin den Kopffernhörer, den sie etwa abgelegt hatte, aufnimmt und einschaltet; damit zugleich wird die Summerstromquelle (vgl. S. 219) mit dem Ortskreis in Verbindung gebracht. Die Morsezeichen erscheinen nun in Gestalt längerer und kürzerer Summerströme im Kopffernhörer. Wo keine Summermaschine vorhanden ist, kann man in den Ortskreis auch ein auf Selbstunterbrechung geschaltetes Relais legen.

Einundzwanzigster Abschnitt.
Telegraphen-Betriebsstörungen.

Auf den Leitungen und innerhalb der Ämter können aus verschiedenartigen Ursachen Störungen auftreten; sie zerfallen in drei große Gruppen:

1. der Telegraphierstrom nimmt nicht oder nicht vollständig den ihm vorgeschriebenen Weg;
2. es dringt fremder Strom von außen in die Leitung;
3. die beweglichen Apparatteile führen nicht oder nicht genau die ihnen zugedachten Bewegungen aus.

Je nach diesen Ursachen sind auch die beobachteten Erscheinungen und die Mittel und Wege zu ihrer Untersuchung verschieden.

In allen Fällen aber hat der Beamte ohne Verzug Maßregeln zu ergreifen, die Störungen, ihre Ursachen und Wirkungen zu beseitigen oder wenigstens zu verringern, auch wenn sie nicht gleich zur Einstellung des Betriebs führen.

Ferner ist jede Störung sofort der vorgesetzten Oberpostdirektion zu melden, im allgemeinen telegraphisch; schriftlich, wenn der Fehler gleich gefunden wird.

Schließlich ist, wenn der Fehler im eigenen Amte liegt, der Betrieb auf einem Aushilfsapparat aufrecht zu erhalten. Auf dem Endamt einer Ruhestromleitung kann man die Leitung erden, damit die andern Ämter noch verkehren können. Wenn die Leitung weiterführt oder eine Doppelleitung ist, so ist sie kurz zu verbinden und im Falle der Nebenschließung von der Amtseinrichtung zu trennen. Auch während ein Fehler in der Amtseinrichtung aufgesucht wird, muß dafür gesorgt werden, daß der Verkehr der übrigen Ämter weitergehen kann; das ist insbesondere bei Ruhestrom zu beachten.

l. Elektrische Fehler in der Telegraphenanlage.

Messung und Eingrenzung. Die Verfahren zur Ermittlung und örtlichen Bestimmung der Störungsursachen bestehen in Messung oder in Eingrenzung. Die Meßverfahren beruhen im allgemeinen darauf, den Widerstand, u. U. die Kapazität, der fehlerhaften Leitung bis zur Fehlerstelle zu ermitteln und mit Hilfe des bekannten Widerstandes der fehlerlosen Leitung die Stelle des Fehlers zu berechnen. Diese Verfahren werden in der Telegraphen-Meßordnung beschrieben, sie setzen feine Meßinstrumente und viel Übung und Erfahrung voraus; ihre Behandlung würde den Rahmen dieses Buches überschreiten. Die Verfahren der Eingrenzung lassen sich mit einfacheren Mitteln ausführen; im allgemeinen wird nur das Galvanoskop, die Batterie und der Platten-Blitzableiter in seiner Eigenschaft als Stöpselumschalter mit Erdverbindung gebraucht, statt des Galvanoskops reicht manchmal der Fernhörer aus. Man bestimmt durch Eingrenzung, in welchem Teil der Anlage der Fehler liegt und ermittelt den genauen Ort durch Besichtigung.

Es wird dabei vorausgesetzt, daß es sich um oberirdische Leitungen handelt; für Kabelleitungen benutzt man stets Meßverfahren.

Arten der Leitungsfehler. Man unterscheidet Unterbrechung des Stromwegs und Nebenschließung. Die Unterbrechung kann vollständig sein, d. h. der Stromweg ist vollständig unterbrochen, es fließt kein Strom mehr in der Leitung, das Galvanoskop zeigt stets auf Null (für Ruhestrom bei ruhender, für Arbeitsstrom bei gedrückter Taste). Dies ist z. B. der Fall, wenn die Leitung gerissen oder der Draht in den Apparatwindungen gebrochen ist und die Enden an der Bruchstelle sich nicht mehr berühren. Häufig ist die Unterbrechung unvollständig; z. B. wenn die Reißenden sich noch berühren, wenn eine Löt- oder Klemmstelle lose geworden ist u. dgl.; dann zeigt das Galvanoskop verminderten, oft auch wechselnden Ausschlag (vgl. S. 60/1). Die Zeichen, die etwa noch ankommen, sind undeutlich, bei Ruhestrom verlängert, sie „laufen zusammen", bei Arbeitsstrom verkürzt, „spitz". Die Nebenschließung besteht in einem Mangel der Isolation; es kann über einen schadhaften Isolator sich ein Weg zur Erde bilden; ein Baumzweig legt sich auf die Leitung; die Leitung ist vom Isolator gefallen und berührt die Stange oder einen metallenen, zur Erde abgeleiteten Körper, z. B. eine Regenrinne. Eine solche Nebenschließung heißt Erdschluß.

Bei Erdschluß zeigt sich in der Regel Erhöhung des abgehenden Stromes (vgl. S. 46). Bei Arbeitsstrom ist der ankommende Strom verringert, je nach der Stärke und der Lage des Erdschlusses bis zum Verschwinden; bei Ruhestrom kann er gleichfalls verstärkt sein. Über einen Erdschluß hinaus sind die Ämter schwer oder nicht zu errufen; die über die Fehlerstelle gelangenden Zeichen sind schwach und verkürzt („spitz"). Bei Ruhestrom spricht der eigene Apparat kräftig an, nach der nicht gestörten Seite ist die Verständigung gut.

Eine andere Art Nebenschließung ist die Berührung einer Telegraphenleitung mit einer andern; sie wirkt meistens wegen der vorhandenen Erdleitungen wie ein Erdschluß. Es kommt aber hinzu, daß die Ströme der beiden Leitungen sich vermischen, wodurch die Telegramme unleserlich werden. Bei Einschleifungen kann eine Leitung sich selbst, d. h. ihre Fortsetzung berühren und das Amt völlig ausschalten. Der Verkehr der andern Ämter wird hierdurch meist nicht gestört.

Unterbrechung und Erdschluß können gleichzeitig auftreten, wenn z. B. eine gerissene Leitung mit ihrem Ende einen zur Erde abgeleiteten Körper oder den Erdboden selbst berührt.

Mittel der Prüfung. Außer der schon erwähnten Batterie, Galvanoskop und Platten-Blitzableiter benutzt man noch die Untersuchungsstellen, die in Abständen von etwa 15 km in die Leitungen eingebaut sind. An diesen Stellen sind an der Telegraphenstange für jede Leitung ein Paar Doppelglocken auf gemeinsamem eisernen Träger (Konsole o. dgl.) befestigt; die Leitung wird von beiden Seiten an einem der Isolatoren abgebunden und in dem Zwischenraum der Glocken, wo sie vom

Drahtzug frei bleibt, durch eine Doppelklemme verbunden. Diese Verbindungsstelle kann gelöst, die Leitungsenden getrennt werden; dann entsteht in der Leitung eine Unterbrechung. Ferner kann jedes der entstandenen Leitungsenden durch einen Hilfsdraht mit einer an der Stange vorhandenen Erdleitung verbunden (geerdet) werden.

In derselben Weise wie die Untersuchungsstangen können auch die Überführungssäulen, Tunnelkästen u. dgl. benutzt werden, an denen kürzere Kabelstrecken in die im ganzen oberirdische Linie eingeschaltet werden.

Verfahren bei der Eingrenzung. Der erste Grundsatz ist, durch fortgesetzte Teilung der Anlage den fehlerhaften Teil immer mehr einzuengen; man entscheidet bei jeder Prüfung, indem man die Anlage in zwei annähernd gleiche oder gleichwertige Teile zerlegt, welcher Teil fehlerfrei ist und welcher den Fehler enthält.

Die zweite Regel ist, eine Unterbrechung der Anlage mit Hilfe von Nebenschließungen, eine Nebenschließung der Anlage mit Hilfe von Unterbrechungen zu suchen.

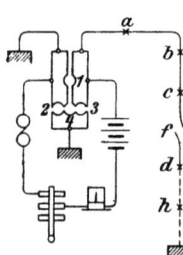

Abb. 381. Eingrenzung eines Leitungsfehlers.

Es sei in der Anlage bei f (Abb. 381) eine Unterbrechung, so daß das Galvanoskop keinen Ausschlag zeigt. Setzt man den Stöpsel in Loch 3 des Blitzableiters, so erdet man den negativen Batteriepol, der Strom wird geschlossen und das Galvanoskop schlägt aus; demnach liegt die Unterbrechung nicht in der Amtseinrichtung. Wenn irgend angängig, läßt man nun das nächste Amt erden und bemerkt, daß diese Maßnahme den Fehler nicht beseitigt; er liegt also auf der Leitung bis zum nächsten Amt. Es sei c eine Untersuchungsstange in der Mitte dieser Strecke; man läßt hier erden und findet die Leitung bis c fehlerfrei. Dann läßt man in der Mitte zwischen c und dem Nachbaramt (bei h) erden und findet, daß der Strom ausbleibt. Der Fehler liegt also jenseits c und diesseits h und kann in derselben Weise noch näher eingegrenzt werden. Ebenso geht man mit Unterbrechungen im Amt (Abnehmen der Leitung an den Klemmen) und an den Untersuchungsstellen vor, wenn man eine Nebenschließung eingrenzen will.

Handelt es sich um die Feststellung, ob ein bestimmter Teil der Anlage, der nicht ohne weiteres besichtigt werden kann (Bleikabel, Apparat), einen versteckten Fehler enthält, so lassen sich folgende elektrische Prüfungen anstellen:

Isolationsprobe, hauptsächlich für Bleirohrkabel, Abb. 382. Batterie und Galvanoskop werden in Reihe mit dem Kupferleiter des Kabels verbunden, der zweite Batteriepol an die Bleihülle gelegt. Ein Isolationsfehler (Kupferleiter in Berührung mit der Bleihülle) zeigt sich durch einen heftigen Ausschlag des Galvanoskops an.

Leitungsprobe, für Bleirohrkabel, Apparate, auch für beliebige Leitungsteile, Abb. 383. Die vorige Schaltung wird insofern geändert, als der zweite Batteriepol an das andere Ende des zu prüfenden Stückes gelegt wird; ist dieses ohne Unterbrechung, so erhält man einen Ausschlag. Ist es aber unterbrochen und zeigt deshalb das Galvanoskop keinen Ausschlag, so erzielt man einen solchen durch Überbrücken des fehlerhaften Stückes mit einem Hilfsdraht. Wenn man, wie in Abb. 384, einen längeren Stromkreis vor sich hat, dessen einzelne Teile man überbrücken kann, und wenn zunächst das Galvanoskop stromlos ist, so zeigt es einen Ausschlag, wenn man den fehlerhaften Leitungsteil überbrückt.

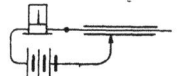

Abb. 382. Isolationsprobe.

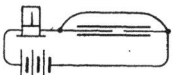

Abb. 383. Leitungsprobe.

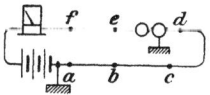

Abb. 384. Auftrennen.

Auftrennen des Stromkreises, Abb. 384, wird angewendet, um eine Nebenschließung zu finden. Trennt man die Verbindung bei a, so bleibt der Strom über den Erdschluß bestehen, auch beim Auftrennen bei c und d; erst wenn bei e aufgetrennt wird, verschwindet der Ausschlag, woraus sich ergibt, daß der Fehler zwischen d und e liegt.

Den Anfang der Prüfung bildet die Untersuchung des Galvanoskops, der Batterie und des Platten-Blitzableiters, weil diese für die weitere Prüfung dienen sollen. Das Galvanoskop und die Batterie werden in der Leitungsprobe untersucht, zunächst das Galvanoskop mit einem guten Element, dann die Batterie nach eingehender Besichtigung in ihren Teilen mit dem in Ordnung befundenen Galvanoskop. Im Falle der Nebenschließung ist in erster Linie der Blitzableiter zu besichtigen, da zwischen den Platten und dem Deckel öfter Nebenschließungen entstehen; am besten ist es, den Deckel während der ganzen Prüfung abzunehmen; Galvanoskop und Batterie werden nur besichtigt. Bei Ruhestrom ist die richtige Schaltung der Batterie (Seite 428) mit Hilfe des Galvanoskops zu prüfen.

Dann ist die Frage zu entscheiden: Liegt der Fehler im eigenen Amt oder außerhalb? Man besichtigt die ganze Amtseinrichtung, insbesondere auch die Tischleitung, zieht die Klemmen nach, entfernt alle Gegenstände mit größeren metallenen Teilen (wegen der Möglichkeit der Ableitung) vom Tisch. Aus den Kohlen-Blitzableitern nimmt man die Kohlen, aus den Luftleer-Blitzableitern die Patronen heraus. Wird hierbei der Fehler nicht gefunden, so geht man zur elektrischen Prüfung über, die sich, je nachdem Unterbrechung oder Nebenschluß vorliegt, verschieden gestaltet, aber stets vom Blitzableiter ausgeht.

Beispiele der Untersuchung von Morse- und Klopferanstalten.
1. **Unterbrechung** bei einer Endstelle für Arbeitsstrom, Abb. 349, Seite 422[1]): Stöpsel in Loch 2 des Blitzableiters, Arbeitsschiene der Tasten mit der Mittelschiene leitend verbunden (z. B. durch Herabschrauben des Arbeitskontaktes). Zeigt das Galvanoskop Strom und spricht der Apparat (bei genügender Federspannung) an, so ist die Amtseinrichtung zwischen Blitzableiter und Erdleitung in Ordnung. Bleibt einer dieser Zweige stromlos, so wird der Fehler durch Überbrückung gefunden. Liegt die Unterbrechung in der Erdleitung, so ergibt diese Prüfung gleichfalls, daß die Amtseinrichtung in Ordnung sei. Außerdem kann der Fehler in der Einführung liegen. Beide müssen untersucht werden, ehe man weiß, daß der Fehler außerhalb des Amtes liegt.

Man untersucht die Erdleitung von der Tischklemme an durch Besichtigung; findet sich kein Fehler in den über dem Erdboden liegenden Teilen, so versucht man zunächst, ob man

---

[1]) Der Leser wird leicht durch genaue Verfolgung der Stromläufe die Begründung für die einzelnen Maßregeln finden.

mit der Wasserleitung an Stelle der Erdleitung Strom bekommt. Ist dies der Fall, so ist die Erdleitung fehlerhaft. Handelt es sich um eine Erdleitung für mehrere Telegraphenleitungen, und zeigt sich die Unterbrechung in allen Leitungen, so liegt der Fehler im gemeinschaftlichen Teil der Erdleitung. Um die Untersuchung noch weiter zu führen, wird die Erdleitung angegraben, am Seil gezogen und gerüttelt, das Erdreich stark begossen. Wird sie durch das Begießen verbessert, so ist zu prüfen, ob sie anders zu legen sei, was zu beantragen ist. Die Einführung wird in der Leitungsprobe geprüft.

2. **Unterbrechung in einer Trennstelle in einer Arbeitsstromleitung.** Das Amt wird in zwei Endstellen zerlegt und diese nach dem vorigen untersucht. Es bleiben aber noch die Drähte von den Mittelschienen der Tasten zum Umschalter und die beiden Widerstände zu untersuchen. Im Umschalter Stöpsel in Loch 1 oder 3 (Abb. 363, II) (Durchsprechen), im Blitzableiter Stöpsel in Loch 2 und 3 (Endstellung; in Abb. 363, II beide Leitungen vor den Galvanoskopen zu erden). Auf Tastendruck sollen die Galvanoskope ansprechen, wenn die Leitungen von den Tasten zum Umschalter in Ordnung sind. Die Widerstände werden mit der Leitungsprobe untersucht.

3. **Unterbrechung bei einer Zwischenstelle in einer Ruhestromleitung.** Man setzt den Stöpsel in Loch 1 oder 4 des Platten-Blitzableiters (Abb. 359, Seite 429). Schlägt das Galvanoskop auch jetzt nicht aus, so liegt der Fehler im Amte; man findet ihn durch Überbrückung. Erhält man aber einen Ausschlag, so ist noch die Einführung zu prüfen; in diesem Falle verbindet man die beiden Zweige der Leitung unterhalb der Einführungsisolatoren durch einen Hilfsdraht. Ergibt sich auch hier Fehlerfreiheit, so wird Loch 2 gestöpselt, wodurch man den Leitungszweig L_1 erdet. Verschwindet nun der Fehler, so liegt er im Zweig L_1. Dasselbe nimmt man auf der andern Seite des Blitzableiters vor (Loch 3). Erhält man in beiden Fällen keinen Strom, so sind beide Leitungszweige unterbrochen.

Hat das Amt keine Batterie, so sucht man zunächst durch Besichtigung den Fehler zu finden. Führt dies zu keinem Ergebnis, so schaltet man das Galvanoskop zwischen die Klemmen 2 und 3 (Abb. 359). Erhält man Ausschlag, so liegt der Fehler im Amt; in diesem Falle wird er durch Überbrückung gefunden, nachdem man das Galvanoskop an seinen Platz zurückgebracht hat.

4. **Nebenschließung bei einer Endstelle für Arbeitsstrom,** Abb. 349, Seite 422. Leitung an der Tischklemme isoliert; zeigt bei Tastendruck das Galvanoskop Strom, so liegt der Fehler im Amt. Zur näheren Eingrenzung verlegt man den Batteriedraht von der Arbeitsschiene an die Tischklemme 2 (Einführungsdraht abgenommen); Galvanoskop zwischen Tischklemme 3 und Batterie; man erhält einen geschlossenen Stromkreis, den man nach Abb. 384 durch Auftrennen prüft.

5. **Nebenschließung bei einer Zwischenstelle für Ruhestrom.** Man löst zunächst den einen, dann den andern Leitungszweig von der Leitungsklemme; verschwindet beidemal der Strom, so ist die Amtseinrichtung von der Leitungsklemme an in Ordnung. Verschwindet in einem Fall der Strom nicht, so untersucht man auch hier durch Auftrennen.

6. **Untersuchung der Leitung.** Liegt der Fehler außerhalb des Amtes, so ist noch zu ermitteln, ob er im Ortslinienbezirk oder im Leitungsabschnitt bis zum nächsten Amt liegt. Das Verfahren ist oben (Seite 458) angegeben; der Fehler muß mit Hilfe der Untersuchungsstangen durch Erdung oder Trennung unter fortgesetzter Halbierung der Leitung eingegrenzt und, wenn dies Mittel erschöpft ist, durch Begehung der Strecke gefunden werden.

Kleinere Anstalten geben die Untersuchung der in größerer Entfernung liegenden Fehler an die hierzu bestimmten Untersuchungs- oder Übertragungsanstalten ab.

Die von untersuchenden Ämtern verlangten Leitungsverbindungen, Trennungen, Erdungen müssen rasch und sorgfältig ausgeführt werden.

Anstalten mit Fernsprechbetrieb. Bei Sp-Anstalten kann die Untersuchung, wenn Galvanoskop und Batterie vorhanden sind, in ähnlicher Weise ausgeführt werden; meist kommt man durch Besichtigung schneller zum Ziel. Gewöhnlich liegt der Fehler im Sicherungskästchen, am Hakenumschalter oder in den Leitungsschnüren.

Die elektrische Prüfung kann auch ohne Batterie und Galvanoskop ausgeführt werden. Zunächst nimmt man die Außenleitungen am Sicherungskästchen ab und verbindet die Leitungsklemmen. Dann schiebt man am Kurbelinduktor zwischen die gerade Feder v_2 (Abb. 149) und den Kontakt k_0 ein Blättchen Papier. Dreht man nun die Kurbel, so soll der Wecker ansprechen und der abgenommene Fernhörer rasseln. Befriedigt diese Probe nicht, so nimmt man die a-Leitung bei k_1 ab und schaltet einen Aushilfshörer in die Leitung zwischen k_2 und den Haken; nun dürfte beim Drehen der Kurbel weder der Wecker ansprechen, noch der Aushilfshörer oder der abgehängte Fernhörer rasseln. Hört man dennoch eins dieser Geräusche, so liegt ein Nebenschluß im Weck- oder Hörstromkreis vor, der durch Auftrennen gefunden wird. — Um den Mikrophonkreis zu prüfen, verbindet man im Sicherungskästchen die Leitungen miteinander und streicht dann leicht mit dem Finger über die Membran oder das Schutzgitter des Mikrophons; das Geräusch sollte im abgenommenen Fernhörer deutlich wahrzunehmen sein. Hört man nichts, so liegt eine Unterbrechung im Mikrophon- oder Hörerkreis, die durch Überbrücken zu finden ist. Nebenschließungen im Mikrophonkreis werden erst merkbar, wenn es wenigstens zwei sind. Man findet sie, indem man in die Batteriezuführung ein Galvanoskop oder einen Fernhörer einschaltet und den anderen Batteriepol erdet; dann trennt man den Stromkreis von Klemme zu Klemme auf, bis beide Fehler gefunden sind.

II. Eindringender Fremdstrom.

Berührung von Telegraphenleitungen. Wenn zwei Telegraphenleitungen einander berühren, gelangen Stromteile aus der einen in die andere; im allgemeinen vermischen sich die telegraphischen Zeichen und werden undeutlich. Wird auf der einen Leitung nicht gearbeitet, so können auf deren Ämtern die Zeichen aus der anderen Leitung erscheinen, während für die andere Leitung jene als Erdschluß wirkt. Dies kann dazu benutzt werden, den Fehler einzugrenzen.

Aus Sp-Leitungen gelangen nur die Weckströme in berührte Telegraphenleitungen. Die in Sp-Leitungen übergehenden Telegraphierströme erzeugen heftiges Knacken in den Fernhörern.

Eindringender Starkstrom. Infolge der Berührung einer Telegraphenleitung mit einer Starkstromleitung würden erhebliche Gefahren für die Beamten und die Anlagen entstehen. Es wird daher durch verschiedenartige Sicherungen für deren Vermeidung gesorgt. Zunächst werden an den Näherungs- und Kreuzungsstellen die Leitungen so ausgeführt, daß Berührungen unwahrscheinlich sind, selbst im Falle von Leitungs- oder Stangenbruch; ferner werden Strom- und Spannungssicherungen in die Telegraphenleitungen eingeschaltet, um eine trotz aller Vorsicht eingetretene Berührung unschädlich zu machen.

Immerhin führt in manchen Fällen die gemeinsame Benutzung der Erde zu Stromübergängen aus einer Starkstromanlage in eine Telegraphenanlage, so besonders in der Nachbarschaft elektrischer Bahnen, die in der Regel die Schienen und damit die Erde als Rückleitung benutzen; auch können stärkere Isolationsfehler in Starkstromanlagen wie Erdableitungen wirken.

Wenn die Sicherungen durchschmelzen und Funken am Blitzableiter auftreten, so vermeide man, Leitungs- und Apparatteile ohne zwischenliegende Isolierschicht anzufassen; hat man an der Telegraphenanlage zu tun, so achte man darauf, daß die Schuhe trocken sind und lege unter die Füße ein gut getrocknetes Brett, das man noch auf einige Porzellanglocken stellen mag. Man darf aber natürlich nicht mit anderen Körperteilen, Hand oder Arm, oder mit den Händen geerdete Körper berühren (der zweite Arm wird fest auf den Rücken gelegt). Wenn man isoliert steht, ist die Gefahr einer Berührung mit einer Leitung, die keine allzu hohe Spannung führt, nicht mehr gefährlich.

Influenz und Induktion (S. 18, 119 u. f.). Telegraphenleitungen für Klopfer- und Morsebetrieb sind nicht leicht durch Induktion oder Influenz aus Telegraphen- und Fernsprechleitungen zu stören; eher schon Hughesleitungen und die mit Schnelltelegraphen betriebenen Leitungen. Benachbarte Hochspannungsleitungen, die den Telegraphenleitungen auf längere Strecken parallel laufen, können in diesen nicht nur Betriebsstörungen, sondern sogar gefahrdrohende Spannungen erzeugen. Daher werden alle solche Fälle im T. V. A. sorgfältig geprüft und, soweit erforderlich, die nötigen baulichen Maßnahmen veranlaßt, um jede Gefahr für die Beamten auszuschließen. Diese Maßnahmen können in Verdopplung, Verlegung und Verkabelung von Leitungen bestehen; auch kann, wo er sich bietet, der

Schutz durch benachbarte Bäume benützt werden, die ähnlich wirken, wie der Schutzdraht (Abb. 16).

Die Telegraphenapparate werden durch Induktion und Influenz weit weniger gestört als die Fernsprechapparate, weil die störenden Ströme Wechselströme von hoher Frequenz sind, denen die Telegraphenapparate erheblichen Scheinwiderstand entgegensetzen, und weil die Stromempfindlichkeit der gewöhnlichen Telegraphenapparate wesentlich geringer ist als die der Fernhörer. Die Stromempfindlichkeit der übrigen Fernsprechapparate (Relais) ist noch geringer als die der Telegraphenapparate.

III. Fehler in den Apparaten.

Diese Fehler sind entweder rein mechanischer Art, wie lockere Achsen, klemmende Teile, oder zugleich mechanisch und elektrisch, wie verschmutzte Kontakte, unterbrochene Drahtwindungen in Spulen.

Kontakte müssen häufig, mindestens täglich, gereinigt werden; meist genügt es, ein Stück starken, rauhen Papieres, u. U. feines Schmirgelpapier, zwischen den leicht aufeinandergedrückten Kontakten hindurchzuziehen. Nur wenn dies nicht ausreicht, darf man die Kontaktfeile anwenden; es ist aber hierbei große Vorsicht nötig, um die Kontakte nicht zu rasch abzunutzen. Eine gute Art der Reinigung ist die für das Flügelankerrelais vorgeschriebene; vgl. Seite 250/1.

Klebender Anker. Der Arbeitsanschlag des Ankers muß so stehen, daß der Anker das Eisen der anziehenden Pole nicht berührt. In manchen Apparaten, z. B. dem Hughesmagnet (Seite 261) wird die Berührung durch ein aufgelötetes Bronze- oder Messingblech verhindert; auch legt man manchmal ein Stück Papierstreifen auf die Pole.

Lockere Schrauben. Stell- und Anschlagschrauben werden meist durch besondere Preßschrauben festgelegt; werden diese locker, so verstellen sich jene, und der Apparat wirkt fehlerhaft. Klemmschrauben für Leitungsdrähte müssen gleichfalls stets sicher angezogen werden.

Der Überbrückungsdraht, z. B. der, welcher beim Flügelankerrelais (Abb. 187) den Bügel B mit dem Anker d verbindet, bricht häufig; Widerstands- und Stromschwankungen sind die Folge. Hat man den Draht, um den Bruch zu vermeiden, zu dick gewählt, so übt er eine zu große Kraft aus und schädigt die Empfindlichkeit des Relais. Der gebrochene oder zu dicke Draht ist zu ersetzen.

Ölbedürftige Achsen müssen rechtzeitig geschmiert werden; ein schlecht geschmiertes Laufwerk (Morse, Hughes) stockt und schreit, die Achse des Kurbelinduktors kann sich im Lager festreiben.

Das Galvanoskop wird gelegentlich durch atmosphärische Elektrizität entmagnetisiert; man erkennt dies an träger Schwingung und schwachem Anschlag; dann ist es auszuwechseln.

Der Blitzableiter zeigt häufig Erdschluß infolge leitender Berührung der Leitungs- mit der Erdplatte; im Platten-Blitzableiter kommt dies vor infolge von Schmelzungen durch Blitzentladungen, im Kohlen-Blitzableiter durch Ablagerung von leitendem (Kohlen-) Staub, im Stangen-Blitzableiter durch Bildung von Tropfwasser.

Der Wecker schlägt nicht an, wenn der Klöppel nicht richtig zur Glocke steht; es darf nur die Glocke verstellt, aber nicht der Klöppel gebogen werden.

Leitungsschnüre zeigen Fehler durch Unterbrechung. Entweder sind sie vollständig unterbrochen, der Fernhörer bleibt dauernd stumm, oder die beiden Teile der leitenden Ader berühren einander mehr oder minder lose; alsdann hört man bald leiser, bald lauter. Fließt Batteriestrom darin, so hört man es „rauschen". Solche Schnüre müssen ausgewechselt werden.

Spulenbruch. Wenn die Apparatwindungen unterbrochen sind, muß der Apparat ausgewechselt werden.

Fünfter Teil.
Fernsprechapparate.

Zweiundzwanzigster Abschnitt.
Telephon und Mikrophon.

Zusammenwirken der Apparate. Die Wirkungsweise des Fernsprechers ist auf Seite 111 und 112 erklärt worden. Danach reichen zwei Telephone aus, um eine Fernsprechverbindung herzustellen (Abb. 385). Dem einen Fernsprecher fällt die Aufgabe zu, die Schallwellen in elektrische Stromwellen zu übersetzen, der andere verwandelt diese, nachdem sie über die Leitung geflossen sind, in Schall zurück.

Die Rolle des ersteren können wir einem Mikrophon über-

Abb. 385. Einfachste Fernsprechverbindung.

tragen (S. 118), das für gleichstarke Schallwellen stärkere Ströme als das Telephon liefert, weil es aus der Energie der Stromquelle schöpft, während dem Telephon nur die des Schalles der menschlichen Stimme zur Verfügung steht. Man kann hierbei die einfache Reihenschaltung (Abb. 74, S. 116) oder die Übertragerschaltung (Abb. 76, S. 119) wählen, je nachdem es sich um kürzere oder längere Leitungen handelt.

Die Übertragerschaltung wird in Abb. 386 vervollständigt wiedergegeben; Beispiele zeigen Abb. 407 und 409. Auf jeder Sprechstelle besteht ein geschlossener Stromkreis aus Mikrophon, Induktionsspule und Batterie, in dem, solange er geschlossen ist, ein Gleichstrom fließt; der hierin durch die Widerstandsänderungen des Mikrophons erzeugte, übergelagerte Wechselstrom

(Abb. 75, S. 117) induziert aus I_1 auf I_2; der in der Leitung induzierte Strom gelangt unmittelbar in den Fernsprecher.

Wird das Mikrophon aus einer Zentralbatterie gespeist (S. 532), so benutzt man eine andere Schaltung (Abb. 387). Der Fernhörer des Teilnehmers liegt mit der einen Wicklung der Induktionsspule im Ortskreis, das Mikrophon mit der anderen Wicklung in der Leitung. Alle Teilnehmerleitungen werden auf dem Amte an die Pole der ZB (24 V) geführt. Jeder Sprechkreis enthält also zwei Mikrophone und zwei Wicklungen der Induktionsspulen, welche über die Leitung in Reihe verbunden sind. Diesem geschlossenen Kreis wird an zwei Stellen Gleichstrom zugeführt; der Sprechstrom gelangt durch Induktion

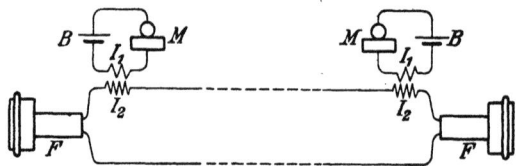

Abb. 386. Fernsprechverbindung unter Verwendung des Mikrophons im Ortskreis.

in den Fernhörer. Damit der Sprechstrom nicht über die Brücke, welche die ZB bildet, fließe, werden in die Zuführungen von der ZB Drosseln geschaltet (in Abb. 387 weggelassen; vgl. Abb. 448).

Beispiele für die Gehäuseschaltung zeigen Abb. 412, S. 490 und Abb. 417b, S. 493. Der Wecker wird, durch einen Kondensator für Gleichstrom gesperrt, als Brücke zwischen die Leitungen gelegt und bleibt in der Regel unverändert angeschlossen; vgl. Abb. 412, S. 490. Ausnahme s. S. 393, Abb. 317b.

Bei der Speisung der Amtsmikrophone im ZB-Betrieb benutzt man den Umstand, daß der positive Pol der ZB geerdet ist. Man bildet zwei Stromkreise mit einem gemeinsamen Mittelglied, dem Mikrophon in Reihe mit der Induktionsspule oder allein (vgl. Abb. 475 u. 476, S. 575). Der eine Stromkreis für Gleichstrom führt vom negativen Pol der ZB über eine Drossel und das gemeinsame Mittelglied zur Erde; er bringt den Speisestrom. Der andere Kreis enthält außer dem Mittelglied nur einen Kondensator und nimmt nur den Sprech(wechsel)strom auf. Aus diesem Kreis gelangt der Sprechstrom durch Induktion in die Sprechleitung, die durch einen Kondensator gesperrt wird (Abb. 475

u. 476), wenn sie mit der ZB in Verbindung steht, aber im anderen Fall keiner Gleichstromsperre bedarf (Abb. 481, 484).

Eine ähnliche Schaltung finden wir auch bei den Nebenstellen, z. B. Abb. 433, S. 504; hier wird aus Mikrophon, Induktionsspule und Drosseln ein Gleichstromkreis gebildet und diesem an zwei Punkten der speisende Gleichstrom zu-, der Sprech(wechsel)strom abgeführt; der für beide Stromarten gemeinsame Teil enthält wieder das Mikrophon und die Induktionsspule; die Sprechleitung enthält nach der Amtsseite einen Kondensator als Gleichstromsperre, nach der Endstelle hin nicht.

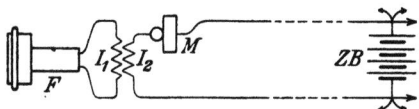

Abb. 387. Fernsprechschaltung für Zentralbatterie.

Die Schaltung des Gehäuses ZB 04 (Abb. 413, S. 490) enthält gleichfalls einen aus Mikrophon, Induktionsspule und Kondensator gebildeten Kreis, dem über einen durch den Wecker als Drossel gesperrten Weg Gleichstrom zugeführt wird, fast genau wie in Abb. 476. Der Fernhörer liegt, mit der zweiten Wicklung der Induktionsspule in Reihe und durch einen Kondensator für den Gleichstrom gesperrt, an den Sprechleitungen. Die Wirkungsweise ist dieselbe wie in den schon beschriebenen Fällen; man hat aber den hohen Widerstand des Weckers vor dem Mikrophon und braucht zwei Kondensatoren. Diese Schaltung wird daher nicht mehr verwendet.

Bei den ZB-Schaltungen wird stets dafür gesorgt, daß der Fernhörer nicht vom Gleichstrom durchflossen wird. Der Gleichstrom würde je nach seiner Stärke die Membran verschieden stark durchbiegen, also öfteres Einstellen erfordern; er könnte den Dauermagnetismus des Telephons schwächen; etwaige Schnurstörungen würden sich durch starkes Geräusch bemerkbar machen.

Damit das Mikrophon in Handapparaten nicht durch Schütteln oder andere Bewegungen stromlos werde, was das Schlußzeichen auf dem Amte zur Folge hätte, wird das Mikrophon durch einen Widerstand, eine Drossel, den Wecker usw. überbrückt. Diese Überbrückung soll 1500 Ω Gleichstromwiderstand haben.

Die Worte des Sprechenden gelangen bei den bisher beschriebenen Schaltungen entweder durch Leitung oder durch

470 Telephon und Mikrophon.

Übertragung in den eigenen Fernhörer, was den abgehenden Strom schwächt und den Sprechenden stört; um dies zu vermeiden, insbesondere um auf Vermittlungsstellen das störende Saalgeräusch vom Fernhörer abzuhalten, trennt man den Übertrager in zwei Teile und schaltet nach Abb. 388. Für den abgehenden Strom entsteht eine Art Wheatstoneschen Vierecks[1]). Wenn man die Bedingungen, unter denen der Fernhörer keinen Strom erhält, wegen der wechselnden Leitungslänge auch nicht genau erfüllen kann, so läßt sich doch näherungsweise der Fernhörer

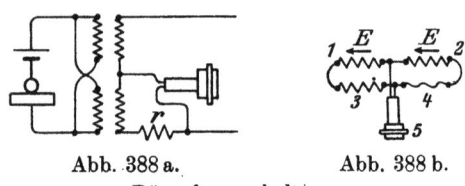

Abb. 388 a.   Abb. 388 b.
Dämpfungsschaltung.

stromlos halten. Für den ankommenden Strom bildet dagegen die eine Hälfte der Übertragerwicklung nebst r nur eine Nebenschließung von ziemlich hohem Widerstand zum Fernhörer, die den Strom nicht wesentlich schwächt (Dämpfungsschaltung).

I. Der Fernhörer.

Der Fernhörer mit seitlicher Schallöffnung (M 86 u. 93) enthält einen Hufeisenmagnet mm aus Stahl (Abb. 389), an dem die Polschuhe e_1 und e_2 aus weichem Eisen seitlich von den Polen angeschraubt sind. Dicht vor den Polschuhen ist die Eisenblechscheibe s (Membran, Schallplatte) mit dem Schalltrichter M angebracht; um den Abstand der Eisenscheibe von den Polschuhen verändern zu können, ist der ganze Kopfteil

---

[1]) Abb. 388 b zeigt den hier in Betracht kommenden Teil der Schaltung; die Zweige 1 und 2 vom Widerstand R sind die Spulen des Übertragers, in deren jeder eine EMK E wirksam ist; 3 ist der Widerstand r und 4 die Leitung vom Widerstand W; F ist der Widerstand des Fernhörers. Die Widerstände sind Wechselstrom- oder Scheinwiderstände (S. 130). Es ist
$$Ri_1 + ri_3 - Fi_5 = E$$
$$Ri_2 + Wi_4 + Fi_5 = E$$
$$R(i_2 - i_1) + Wi_4 - ri_3 + 2Fi_5 = 0$$
Wenn $i_5 = 0$ wird, werden $i_2 = i_1$ und $i_4 = i_3$; dies kann nur eintreten, wenn $W = r$ ist.

Fernsprechers, Schalltrichter, Eisenscheibe und Hals g um das Gewinde des Ringes b drehbar. Auf dem Rande a sind Marken angebracht, an denen man die für die Einstellung zulässigen Grenzen mittels des Zeigers t erkennen kann.

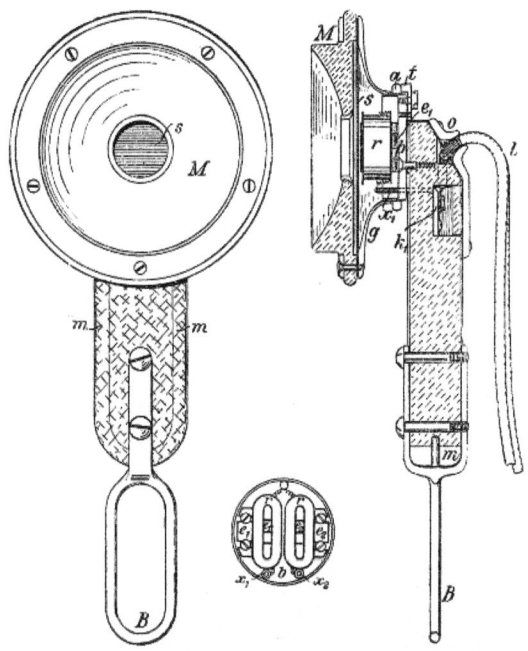

Abb. 389. Fernhörer M 86 und M 93 mit seitlicher Schaltöffnung.

Auf den Polschuhen sitzen die Drahtrollen r; ihre Enden sind zu den Klemmen k_1 und k_2 geführt, an welche die Lahnlitzenschnur anschließt; die letztere tritt durch das Stück o heraus. Die Polschuhe sind geschlitzt; hierdurch wird vermieden, daß die in den Drahtrollen r verlaufenden Ströme in dem Eisen der Polschuhe durch Induktion Wirbelströme erzeugen (vgl. S. 112).

Der Raum zwischen den Schenkeln des Stahlmagnets ist durch Holz ausgefüllt, das zur Befestigung des Bügels B (der zum Aufhängen dient), der Klemmen k_1 und k_2 und des Stückes o dient. Der Magnet ist mit einer dünnen Lederhülle umgeben

Der elektrische Leitwiderstand eines Fernhörers beträgt etwa 200 Ω.

Der Fernhörer mit Ringmagnet (M 1900) (Abb. 390) enthält an Stelle des schweren Hufeisenmagnetes ein System aus zwei halbringförmigen Scheibenmagneten AB, deren gleichnamige Pole einander zugekehrt sind, und die durch die Unterlegeplatten der Polschuhe zu einem geschlossenen Ringe vereinigt werden. Polschuhe und Spulen sind ähnlich gestaltet, wie bei den älteren Fernsprechern. Das leichte Magnetsystem befindet sich in einer vernickelten Messingkapsel, auf welche die hölzerne Hörmuschel nebst der Membran festgeschraubt ist, und wird mit den unteren Flächen der Polschuhe durch zwei auf Führungsstifte gesetzte Spiralfedern gegen die zur Rückwand der Kapsel parallele Fläche des Schraubenkopfes k gedrückt. Dieser sitzt in der Mutter m, die an der Rückwand befestigt ist. Ein besonderer Schlüssel, der auf den aus der Rückwand vortretenden Stumpf aufgesetzt wird, erlaubt, k zu drehen, wodurch das ganze Magnetsystem gegen die Schallplatte verschoben wird. Die Drehung von k ist durch zwei kleine Schräubchen (in m und k) auf nicht ganz einen Umgang beschränkt. Da die Fernhörer vorher genau eingestellt sind, reicht dieser Spielraum aus. Die Membran ist kleiner und dünner als in den älteren Apparaten, was zur Verbesserung der Lautwirkung beiträgt. Leitwiderstand etwa 200 Ω.

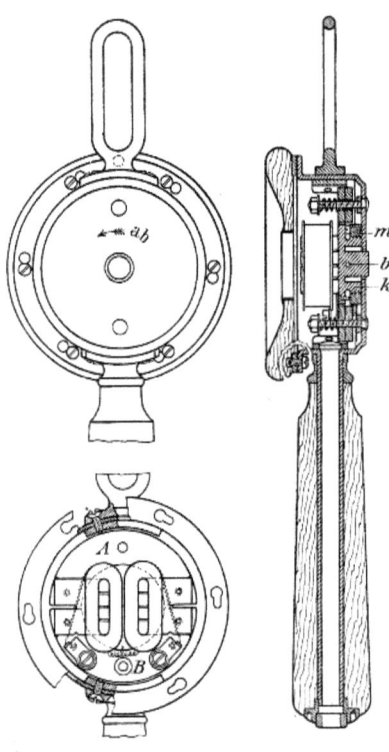

Abb. 390. Fernhörer M 1900 mit Ringmagnet.

Zur Verbindung der durch den Holzgriff gezogenen Leitungsschnur mit den Enden der Drahtumwindungen dienen zwei im Innern des Gehäuses angebrachte Schnittschrauben mit Lötösen, an welche die Wicklungsdrähte angeschlossen sind. Der zum Aufhängen des Fernhörers bestimmte Bügel, der bei den älteren Apparaten mit der Metallkapsel leitend verbunden war, wird neuerdings an letzterer isoliert angebracht.

Die ältere Form dieses Fernhörers ist in der vorigen Auflage beschrieben worden.

Kopffernhörer. Bei den Vermittelungsanstalten mit Vielfachbetrieb werden als Fernhörer in der Regel sog. Dosentelephone ohne Griff verwendet, deren Bauart dem eben beschriebenen Fernhörer ähnlich ist. Der Kopffernhörer (Abb. 391) enthält in einem dosenförmigen Metallgehäuse einen halbringförmigen Magnet, dessen Pole mit rechtwinkligen Polschuhen versehen sind. Die Drahtspulen haben je nach dem System, bei dem sie verwendet werden, verschiedenen Widerstand. Zu Prüfzwecken erhält der Fernhörer manchmal noch eine besondere Wickelung (Abb. 485 bis 487). Eine dünne Eisenmembran wird durch den aufgeschraubten Gehäusedeckel, an dem auch die Hörmuschel aus Hartgummi sitzt, gehalten.

Abb. 391. Kopffernhörer.

Mit dem Gehäuse ist ein dünnes, mit Leder überzogenes Stahlblatt in Form eines gebogenen Bandes verbunden, das am freien Ende ein Polster trägt und von dem Beamten über den Scheitel des Kopfes gelegt wird, wobei die Hörmuschel das eine Ohr bedeckt. Der hintere Teil der Kapsel besteht aus Hartgummi. Der Fernhörer trägt eine Zuführungsschnur, die in einen der Einschaltungsklinke entsprechenden Stöpsel endigt. (Abb. 391 zeigt nur ein kurzes Stück der Zuführungsschnur). — In manchen Fällen werden doppelte Kopffernhörer verwandt, die an einem Stahlband zwei Telephone tragen, um beide Ohren zum Hören zu benutzen.

II. Das Mikrophon.

Die Wirkung des Mikrophons beruht auf der Eigenschaft loser Kontakte (S. 31), ihren Widerstand bei Druckänderungen leicht zu ändern. Man hat zunächst nach Art der in Abb. 74 dargestellten Kohlenklötzchen Walzen- und Scheibenmikrophone und andere Gestalten mit einer geringen Mehrzahl von Kontakten gebaut (vgl. 5. Aufl., S. 345, 346). Dann wurde die Zahl der Kontakte dadurch gesteigert, daß man Kohlenkörner und -pulver verwandte (5. Aufl., S. 347 bis 349). Das feinere Pulver erlaubte, den Widerstand des Mikrophons zu erhöhen, wodurch die Betriebs-Stromstärke herabgesetzt und die Batterie geschont wird. Im nachfolgenden werden die beiden bei der RTV gegenwärtig gebrauchten Mikrophone nach Lewert beschrieben, die in ihrer Bauart nur wenig voneinander abweichen; sie unterscheiden sich im wesentlichen nur durch die Gestalt der Kohlenkörner, bei dem ersten Kugeln von 1 mm Durchmesser, beim zweiten Körner von unregelmäßiger Gestalt, die durch Siebmaschen von 1,5 bis 2 mm² fallen.

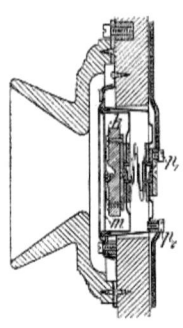

Abb. 392. Kohlenkörner-Mikrophon.

Das **Kohlenkugel-Mikrophon** (für OB), Abb. 392. In das Gehäuse hinter dem Schallbecher wird eine Blechkapsel eingesetzt, die die wirksamen Teile des Mikrophons enthält. Bei p_1 und p_2 sind die Zuleitungen anzulegen. Die Kapsel wird vorn abgeschlossen von einer 0,5 mm starken Kohlenmembran, die auf der dem Sprechtrichter zugewandten Seite gegen Feuchtigkeit durch Lacküberzug geschützt ist; davor ist noch ein Schutzgitter angebracht. (Abb. 393 a.) Der runde Kohlenblock k ist auf der Vorderseite mit 7 trichterförmigen Vertiefungen versehen, wovon Abb. 392 die mittlere im Schnitt zeigt; sie sind mit Kohlenkugeln etwa halb gefüllt. (Abb. 393 c.) Der vorstehende Trichterrand läßt hinter der Membran nur einen geringen Zwischenraum, durch den die Kugeln nicht hindurchfallen können. Der Kohlenblock ist mit einer Metallplatte verschraubt und diese mit einem vorstehenden Bolzen; Platte und Bolzen sind gegen das Gehäuse der Kapsel durch Hartgummi isoliert. Eine Schneckenfeder vermittelt die eine Stromzuführung, die andere geht über die Kapsel. Die Kapsel kann leicht ausgewechselt werden.

Das **Kohlenkörner-Mikrophon** (für ZB), Abb. 393 d. In den Kohlenblock k ist ein Ring aus weichem Filz eingesetzt, der

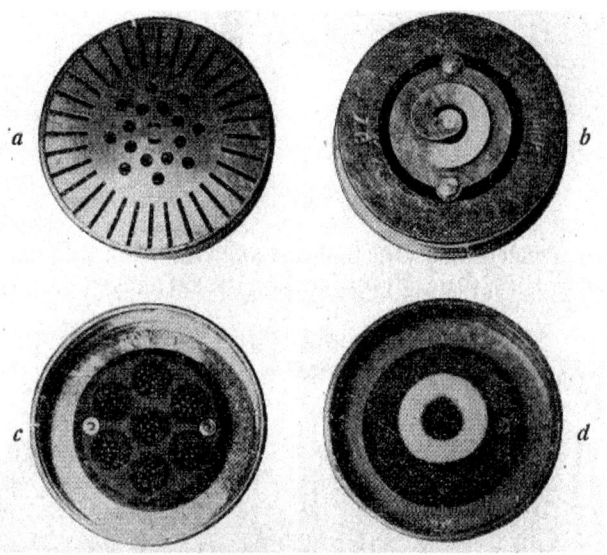

Abb. 393. Kapsel des Kohlenkugel-Mikrophons.
a Ansicht von vorn, Schutzblech. b Ansicht von hinten, Schneckenfeder.
c OB-Mikrophon, geöffnet. d ZB-Mikrophon, geöffnet.

sich leicht an die Membran legt. Der Innenraum des Ringes enthält das Kohlenpulver. In allem übrigen ist dieses Mikrophon dem vorigen gleich.

Das OB-Mikrophon hat etwa 30 bis 50 Ω, das ZB-Mikrophon etwa 250 bis 300 Ω.

Mikrophonarm. Die Mikrophonkapsel wird in den Behälter (Abb. 394) eingesetzt, der von dem Mikrophonarm getragen wird. Dieser erlaubt durch Parallelverschiebung das Mikrophon höher und niedriger zu stellen. Die Zuführungsdrähte sind isoliert bis ins Innere des Behälters geführt.

476 Telephon und Mikrophon.

Der **Handapparat** ist eine Vereinigung von Mikrophon und Telephon und wird daher oft auch Mikrotelephon genannt Abbildungen s. S. 492.

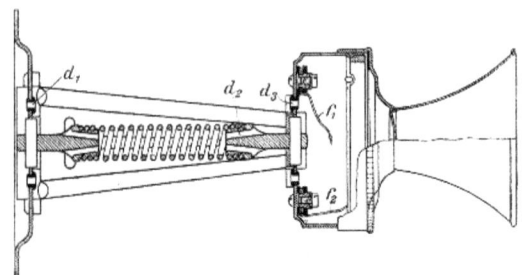

Abb. 394. Mikrophonarm.

Die Pendel- und Brustmikrophone (Abb. 395 und 396) sind zum Gebrauch der Beamtinnen an den Schränken der Vermittlungs-

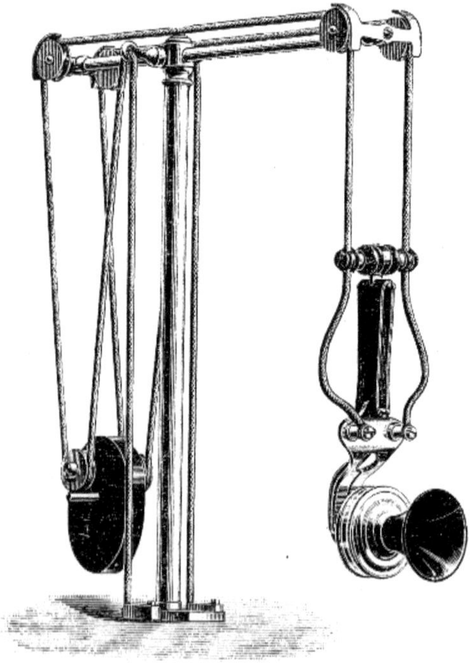

Abb. 395. Pendelmikrophon. 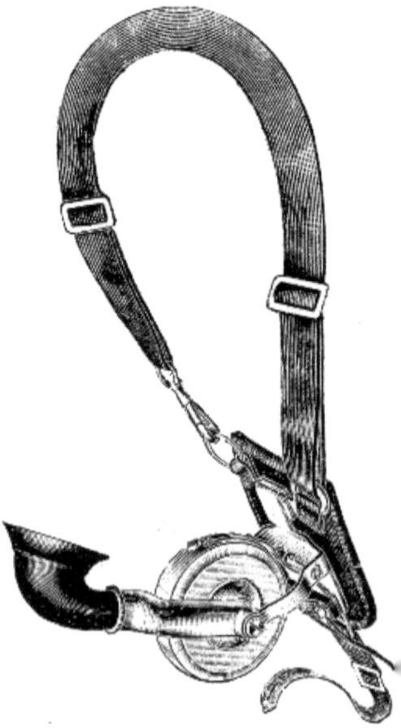 Abb. 396. Brustmikroph

anstalt bestimmt. Das Pendelmikrophon hängt der Beamtin vor dem Mund und kann in der Höhe leicht verstellt werden. Das Brustmikrophon wird am Riemen um den Hals getragen und hat den Vorzug, bei jeder Körperhaltung vor dem Mund der Beamtin zu bleiben. Die zugehörige Induktionsrolle wird im Umschalteschrank untergebracht. Mit dem Brustmikrophon ist ein Kopffernhörer (vgl. S. 473) verbunden, dessen Zuleitungen mit denen des Mikrophons zu einer fünfadrigen, in einem Zwillingsstöpsel endigenden, neuerdings zu einer vieradrigen, in einem starken Stöpsel (Abb. 283, S. 347) endigenden Leitungsschnur zusammengefaßt werden.

Dreiundzwanzigster Abschnitt.

Fernsprech-Nebenapparate.

I. Die Fernsprech-Übertrager.

Die Fernsprech-Übertrager sind Transformatoren (S. 114), die zur Übertragung der Sprechströme aus einer Leitung in eine andere, z. B. aus dem Mikrophonkreis in die Leitung, vgl. S. 119, oder aus Anschlußleitungen in Verbindungsleitungen und umgekehrt dienen.

Die Induktionsspule. Um ein Bündel dünner, durch Lacküberzug untereinander isolierter Eisendrähte, die an den Enden

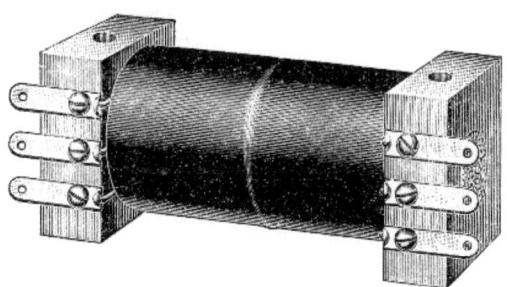

Abb. 397. Induktionsspule. Fernsprechübertrager für Teilnehmerstellen.

durch Holzfassungen zusammengehalten werden, ist ein dickerer Draht (I_1 der Abb. 76, 386, primäre Spule) in einer geringen

Zahl Windungen und darüber ein dünnerer (I_2, sekundäre Spule) in vielen Windungen herumgewickelt. (Spule für OB-Gehäuse.) Die Enden der Drähte sind zu kleinen Schrauben mit Unterlegscheiben geführt; an diesen wird die Verbindung mit den Stromkreisen (vgl. Abb. 407, S. 486) hergestellt. Die Drahtbewickelung ist durch einen Lederüberzug gegen Beschädigung geschützt. Abb. 397 zeigt eine neuere Form der Spule, der die alte äußerlich gleich ist bis auf die Enden der Drähte, die hier an Blechstreifen mit Lötösen geführt sind. Bei dieser neueren Spule, die bei bestimmten Apparaten verwandt wird, ist außerdem die sekundäre Spule in zwei Hälften geteilt, deren Trennungswand die Abb. 397 erkennen läßt. Der Fernhörer wird aus Gründen der Symmetrie (S. 125) zwischen die beiden Hälften geschaltet, vgl. z. B. Abb. 409 und 418. Die Spule für ZB-Gehäuse hat Wicklungen von nicht sehr verschiedener Windungszahl, Drahtstärke und Widerstand; vgl. S. 492.

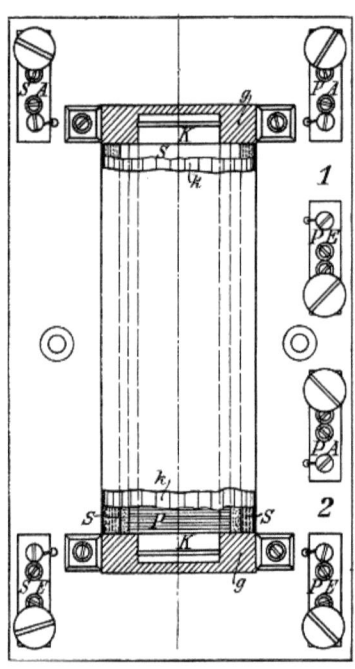

Abb. 398. Einschenkliger Fernsprechübertrager nach Münch.

Der einschenklige Fernsprechübertrager nach Münch (Abb. 398) ist ähnlich gebaut wie die Induktionsspule; sein Kern besteht aus einem Bündel lackierter Eisendrähte K; die Wickelungen P und S sind eingeschlossen zwischen zwei auf die Enden des Kernes geschobene Holzplatten g. Jede Spule enthält 4000 Windungen, deren Widerstand im inneren Kreis etwa 200, im äußeren etwa 240 Ω beträgt. Zur Erhöhung der Wirkung ist auch die Außenseite der Rolle mit Bündeln k aus feinem Eisendraht umgeben, die ein Lacklederüberzug gegen äußere Beschädigungen schützt. Die Primärwickelung ist in zwei Hälften geteilt. Der Übertrager wird im Fernverkehr benutzt; an seiner Stelle wird jetzt verwendet

der Ringübertrager kleiner Form (S. 396/6), der jenem in der magnetischen Anordnung und der Wicklung überlegen ist.

II. Federumschalter
für Gehäuse und Amtseinrichtungen.

Der Hakenumschalter hat diejenigen Umschaltungen oder Schaltvorgänge zu vermitteln, die beim Übergang von der Gesprächsruhe zum Gespräch und zurück erforderlich sind. Je nachdem es sich um OB- oder um ZB-Betrieb handelt, ist daher seine Aufgabe im einzelnen verschieden.

Während der Gesprächsruhe muß an der Leitung ein Wecker liegen, der den Anruf aufnimmt. Bei OB-Betrieb darf dieser Wecker während des Sprechens nicht eingeschaltet bleiben; bei seinem geringen Scheinwiderstand würde er die Verständigung beeinträchtigen. Man fügt also einen Umschalter ein, den man so gestaltet, daß seine beiden Stellungen durch Benutzung oder Nichtbenutzung des Fernhörers bedingt werden. Er bekommt die Gestalt eines Hakens, an dem der Fernhörer aufgehängt wird; in diesem Fall hat er den Wecker an die Leitung zu schalten, die Sprech- und Hörapparate dagegen abzutrennen. Nimmt man den Fernhörer ab, so zieht eine Feder den Haken in die zweite Lage, wobei die Umschaltung erfolgt. In dieser zweiten Lage hat der Haken bei OB-Gehäusen auch die Aufgabe, den Mikrophon-Stromkreis zu schließen, da dieser zur Schonung der Batterie während der Gesprächsruhe offen steht.

Bei ZB-Betrieb wird mit der Bewegung des Hakenumschalters der Anruf des Amtes und das Schlußzeichen und wie bei OB-Betrieb die Stromversorgung des Mikrophons verbunden; der Wecker bleibt, durch einen Kondensator für Gleichstrom gesperrt, als Brücke an der Leitung liegen.

Die älteren Hakenumschalter hatten Amboß- oder Schleifkontakte; vgl. Abb. 407 und 5. Aufl. S. 354 u. 355. Die neueren Formen benutzen Federumschalter. Beispiele s. Abb. 409, 413 u. a.

Dem Hakenumschalter ähnlich ist der **Gabelumschalter**, der bei den Tischgehäusen verwendet wird. Beispiele s. Abb. 411, 417a.

Der Hör- und Sprechumschalter, auch Sprechschlüssel, nach seiner Bewegung auch Kippschalter oder seinem Erfinder Kelloggschalter genannt (Abb. 399), dient in den Abfragesystemen zur Einschaltung der Beamtin in die Verbindungsschnur und zum Anruf des Teilnehmers; er wird in den Schaltbildern in der Regel mit A U (Abfrageumschalter) bezeichnet. An der messingenen Deckplatte sitzt ein Eisenwinkel, in dem der zweiarmige Hebel mit Griff und Gleitrolle aus Isolierstoff gelagert ist; die Gleitrolle kann sich frei um ihre Achse drehen.

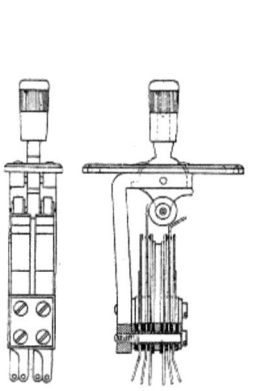
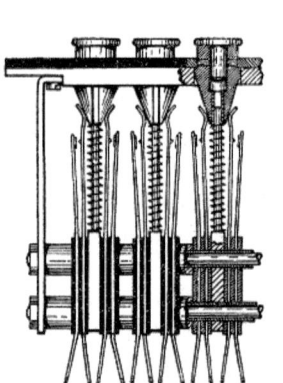
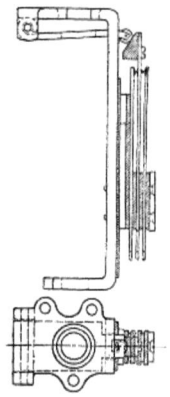

Abb. 399. Hör- und Sprechumschalter.   Abb. 400. Dienstleitungstasten.   Abb. 401. Stöpselsitz-Umschalter.

Die Umschaltefedern, die z. T. versteift sind, und deren Zahl sich nach dem vorliegenden Zweck richtet, werden, zu 2 Packungen vereinigt, am Eisenwinkel festgeschraubt. Bei Ruhestellung des Umschalters steht der Griff senkrecht; legt man ihn nach vorn (in Abb. 399 Griff nach links) um, so werden die gebogenen längeren Federn beider Packungen, welche mit dem Abfragestöpsel verbunden sind, auf den Sprechapparat der Beamtin geschaltet; der Umschalter bleibt stehen, bis man ihn zurückführt. Legt man den Griff nach hinten um, so trifft die Gleitrolle gegen die längeren geraden Federn, die den Umschalter beim Aufhören des Druckes sogleich zurückführen. Die längeren geraden Federn sind mit dem Verbindungsstöpsel verbunden und werden durch das Umlegen an die Rufstromquelle angeschlossen; die Beamtin sendet Rufstrom.

Die Dienstleitungstaste (Abb. 400) für den Anruf in der Dienstleitung wird öfter zu Sätzen vereinigt verwendet. Dem Druckknopf wirkt eine Spiralfeder entgegen; die Schaltung ist aus den Abbildungen des 6. Teils, z. B. Abb. 479 und 480, zu erkennen.

Der Stöpselsitz-Umschalter (Abb. 401) soll Umschaltungen an die ihnen vorangehenden Schaltvorgänge knüpfen, um sie sicherzustellen und um Bewegungen und Zeit zu sparen. Vgl. z. B. Abb. 295, Us; auch in Abb. 291, bei dem hinteren Stöpsel, ist ein solcher Umschalter zu erkennen.

Die Wecktaste ist auf S. 344 (Abb. 277) beschrieben worden.

III. Die Fernsprechrelais.

In den neueren Fernsprechämtern wird in großem Umfange von Relais Gebrauch gemacht, die dazu dienen, Ortsstromkreise für die als Anruf-, Schluß- und Überwachungszeichen benutzten Glühlämpchen zu schließen und zu öffnen und Umschaltungen in den Sprechstromkreisen auszuführen. Für diese Relais, die in sehr großer Zahl gebraucht werden, hat sich rasch eine eigenartige Form herausgebildet, die folgenden Hauptbedingungen genügen muß: 1. Gedrungene Bauart der Platzersparnis halber. 2. Bequeme Befestigung (auf Querschienen an eisernen Gestellen). 3. Gute Zugänglichkeit der Kontakte und der etwa vorhandenen Reguliervorrichtungen. 4. Schutz gegen Verstauben der Kontakte. 5. Abschließung der Relais, wo es nötig ist, vor induktorischer Beeinflussung durch die Nachbarrelais. Daß 6. die Empfindlichkeit der Relais ihrer jeweiligen Aufgabe entsprechen und daß das Schließen und Öffnen der Kontakte sicher vor sich gehen muß, ist eine Forderung, die das Fernsprechrelais so gut erfüllen muß wie das Telegraphenrelais; immerhin brauchen an die Schnelligkeit des Kontaktwechsels nicht die gleich hohen Ansprüche gestellt zu werden, wie bei den Telegraphenrelais; auch stehen zum Betrieb der Relais stärkere Ströme zur Verfügung, so daß auch in dieser Beziehung keine so hohen Anforderungen zu stellen sind.

Aus der ziemlich großen Zahl von Fernsprechrelais, die in den Fernsprechbetrieb der RTV Eingang gefunden haben, werden nachstehend einige neuere Formen mitgeteilt (Abb. 402 bis 405).

Alle zeigen ein nahezu geschlossenes, längliches Eisenviereck, dessen eine Langseite eine oder zwei Spulen isolierten Drahts trägt.

Das Normalrelais (Abb. 402), mit einer oder zwei Spulen, wird zu verschiedenen Aufgaben benutzt, insbesondere zu Schlußzeichen und anderen Glühlampenzeichen. Der Eisenkern endigt einerseits in einer Polfläche p, anderseits in einem längeren Stift mit Schraubengewinde, auf dem eine sechskantige Schraubenmutter m sitzt; dieses Ende dient zur Befestigung des Relais am Relaisgestell. Wo der Eisenkern die Spule verläßt, ist eine Fläche angearbeitet hier wird der Eisenwinkel,

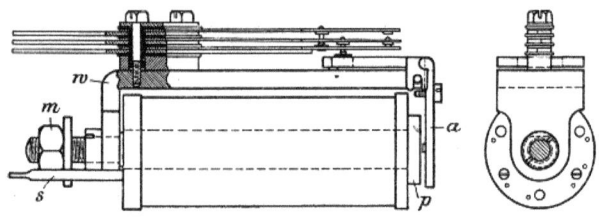

Abb. 402. Fernsprech-Normalrelais.

der den zweiten, unbewickelten Magnetschenkel bildet, aufgeschoben, und durch eine kleine Schraubenmutter gegen den stärkeren Teil des Eisenkerns gepreßt. Der rechtwinklig gebogene Relaisanker a ist auf den beiden Enden eines in den Eisenwinkel eingesetzten dünnen Stiftes gelagert; der senkrechte Teil wird nach unten schmaler und endigt halbkreisförmig; der wagrechte Teil ist rahmenartig ausgeschnitten und trägt am äußeren Rande einen Bronzestift als Anschlag gegen den Eisenwinkel und einen Hartgummiknopf, um nach oben auf den Federumschalter zu wirken, der isoliert auf den Eisenwinkel aufgeschraubt ist. Ein gleicher Hartgummiknopf sitzt auf der untersten Feder. Auf diesen Hartgummiknöpfen liegen Messingknöpfe, deren Stiele in den beiden oberen Federn sitzen. Die Kontakte bilden sich an den äußeren Enden der Federn. Es können bis zu 3 solcher Federsätze mit Arbeits-, Ruhe- oder Wechselkontakten aufgesetzt werden. Die Spulenflanschen aus Fiber sind auf den Eisenkern geschoben; die Spule ist mit Kaliko überzogen. Bei einer Drahtstärke von 0,14 mm trägt das Relais 10300 Windungen und hat 500 Ω Widerstand. Die Wicklung endigt an Lötstiften s, die aus der Spule hervorragen.

Die Relais werden zu zwei oder mehreren gemeinsam durch Blechkästen abgedeckt.

Das Anruf- und Schlußzeichenrelais von E. Zwietusch & Co., Abb. 403. Das Eisengerüst ist dem vorigen ähnlich; der Anker a besteht aus einer kleinen Eisenplatte, die, auf die untere, als Schneide ausgebildete Kante gestellt, in der Ruhelage, d. h. bei

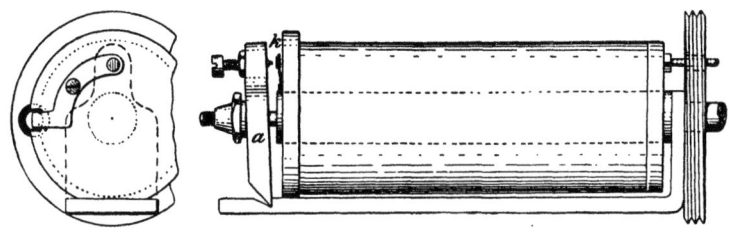

Abb. 403. Anruf- und Schlußzeichenrelais von Zwietusch.

stromloser Spule, den Kontakt k geöffnet läßt. Die Schlußzeichenrelais werden einzeln in zylindrischen Schutzkappen eingeschlossen, die auf das rechts erkennbare Gewinde aufgeschraubt werden. Die Anrufrelais unterscheiden sich in der magnetischen Konstruktion von den Schlußzeichenrelais nicht;

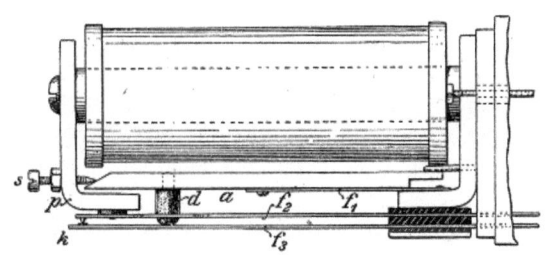

Abb. 404. Trennrelais von Zwietusch.

sie werden mit den Trennrelais (Abb. 404) in Sätzen zu 10 Stück auf einem Relaisgestell befestigt und mit einem für den ganzen Satz gemeinsamen Schutzkasten abgedeckt.

Die Spule des Anrufrelais hat in der Regel 17500 Windungen bei 2000 Ω, die des Schlußrelais 3650 Windungen und 50 Ω.

Das Trennrelais von E. Zwietusch & Co. (Abb. 404) benutzt als Anker a den unbewickelten Schenkel des Elektromagnets. Die Blattfeder f_1 hält den Anker in der Ruhe (bei stromlosem Relais) von dem als Polschuh dienenden Eisenwinkel p fern und drückt sein abgeschrägtes Ende gegen die Stellschraube s. In dieser Ankerstellung sind die Kontakte k der beiden nebeneinander liegenden Federpaare f_2, f_3 (in der Abbildung ist nur eins sichtbar) geschlossen. Erhält das Relais Strom, und wird infolgedessen a von p angezogen, so drücken die Ebonitknöpfe d, die durch Augen der Federn f_2 frei hindurchgreifen, die Federn f_3 zurück und öffnen die Kontakte k. Vgl. Abb. 473 u. 475. Das Trennrelais hat 2800 Umwindungen und 30 Ω Leitungswiderstand.

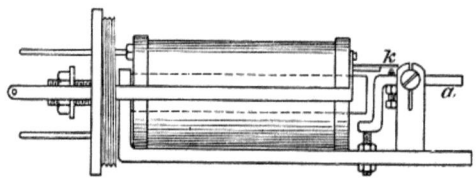

Abb. 405. Wechselstromrelais von Zwietusch.

Das Kipprelais. In dem älteren von Siemens & Halske gebauten Vielfachsystem (s. Seite 591) wird als Anrufrelais ein Relais verwendet, das einen eigentümlichen magnetischen Kreis hat (vgl. AR in Abb. 485). Der feststehende Kern hat in der Mitte einen Polansatz, rechts und links eine Spule (a mit 9000 Windungen, 800 Ω, h 4500 W, 150 Ω), der ⌒-förmige Anker ist in der Mitte an dem Polansatz gelagert und einseitig durch ein Gewicht beschwert, das die Abreißkraft darstellt. Ausführliche Beschreibung s. 5. Aufl. S. 362.

Wechselstromrelais. Unter dem Einfluß des Rufstroms von 25 Per/s würde der Anker eines der vorher beschriebenen Relais in zitternde Bewegung geraten, schwirren; der Kontakt würde daher unsicher, u. a. sogar in der Frequenz des Rufstroms geöffnet und wieder geschlossen werden. Man kann dem durch eine weiche, sehr nachgiebige Kontaktfeder oder durch eine besondere von Gleichstrom durchflossene Haltewicklung entgegenwirken. Wo dies nicht ausreicht, verwendet man

Wechselstromrelais, deren Anker vermöge seiner größeren Trägheit den Stromschwingungen nicht folgt, und gibt dem Kontakt einen Weg, auf. dem er nicht so rasch die Kontaktfeder verläßt. Als Beispiel kann das Wechselstromrelais von Zwietusch (Abb. 405) dienen, welches bis auf Anker und Kontaktfeder gebaut ist, wie das Anrufrelais (Abb. 403). Der etwas schwerfällige, in Spitzen gelagerte Anker trägt den Kontakt nahe bei der Drehachse unter einer weichen Kontaktfeder, die sich auf eine kürzere, steife Feder auflegt. Wenn der Anker schwirrt, so reibt nur der Kontakt auf der Feder hin und her.

Vierundzwanzigster Abschnitt.

Die Fernsprechgehäuse.

Allgemeines. Die Fernsprechgehäuse enthalten die auf den Sprechstellen erforderlichen Apparate in gedrängter, dem praktischen Gebrauche angepaßter Anordnung. Ältere Gehäuse zeigen die Form hölzerner Schränkchen, Abb. 406. Die neueren Gehäuse werden entweder in Pultform, Abb. 408, oder in Kästchenform, Abb. 414, zum Anhängen an die Wand eingerichtet oder als Tischaufsätze, Abb. 410, 416 hergestellt. An älteren Pultgehäusen läßt sich die Platte aufklappen; die neueren Pulte können ganz heruntergeklappt werden. An den Schrankgehäusen läßt sich in der Regel die Vorderwand als Tür öffnen.

Die Gehäuse für Telegraphenleitungen mit Sprechbetrieb (Sp-Gehäuse) unterscheiden sich von denen für Anschlüsse in Ortsfernsprechnetzen nur noch hinsichtlich des Weckers. Der Wecker des gewöhnlichen Anschlußgehäuses für OB-Betrieb hat 300 Ω, des Gehäuses für ZB-Betrieb 1000 Ω, der Wecker des Sp-Gehäuses 1500 Ω und hohe Selbstinduktion; vgl. S. 332.

Die Gehäuse für Fernsprechanschlüsse erhalten durchweg nur einen Fernhörer. Auf besonderen Wunsch des Teilnehmers wird auf dessen Kosten noch ein zweiter Fernhörer angebracht, wie beispielsweise in Abb. 415 dargestellt. Als zweite Wecker sind in der Regel polarisierte Wechselstromwecker von 300 Ω (in Reihe mit dem Gehäusewecker) im Gebrauch. Bei ZB-Sprechstellen werden als zweite Wecker auch solche (ZB 12) von 1000 Ω mit vorgeschaltetem Kondensator benutzt, die an beliebiger Stelle als Brücke an die Leitung gelegt werden. Zum Anrufen des Amts und der anderen Sprechstellen dient in Fernsprechnetzen mit Induktoranruf ein dreilamelliger (auch zweilamelliger) Kurbelinduktor mit selbsttätiger Ein- und Ausschaltevorrichtung.

I. Fernsprechgehäuse für den OB-Betrieb.

Wandgehäuse. Das Gehäuse in Schrankform ist in Abb. 406 dargestellt. Den Stromlauf zeigt Abb. 407.

An der Unterseite des Gehäuses ist zum Anlegen des von der Mikrophonbatterie abgezweigten Kontrollelements eine dritte

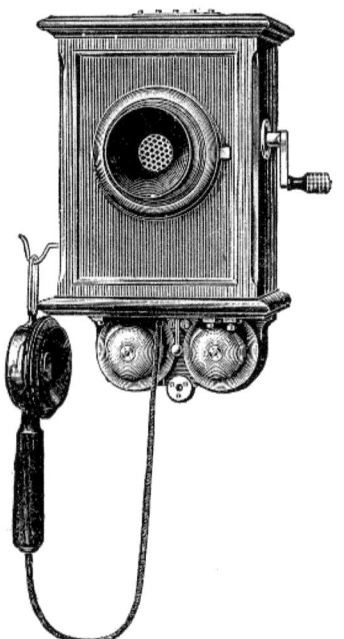

Abb. 406. OB-Fernsprechgehäuse in Schrankform.

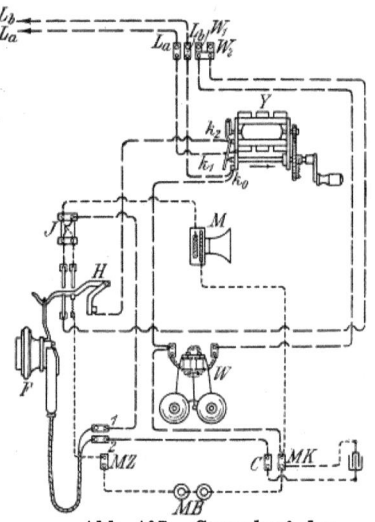

Abb. 407. Stromlauf des OB-Gehäuses.

Klemme C angebracht. Wird kein Kontrollelement gebraucht, so fällt die Verbindung von der Klemme C nach der Batterie weg; C wird dann mit MK verbunden. Bei Einrichtung des selbsttätigen Schlußzeichens (S. 525) ist zwischen den Klemmen C und MK ein Kondensator einzuschalten; zugleich ist die Verbindung zwischen C und der Mitte der Mikrophonbatterie aufzuheben. Soll mit dem Gehäuse ein zweiter Wecker verbunden werden, so ist die Messingspange zwischen den beiden W-Klemmen zu öffnen und der Wecker je nach Lage des Falles entweder so anzuschließen, daß er bei Ausschaltung des Gehäuseweckers, oder gleichzeitig mit diesem in Tätigkeit tritt.

Dieses Gehäuse wird nicht mehr beschafft; die vorhandenen Stücke werden mit beweglichem Mikrophonträger und Pultbrettchen ausgerüstet.

An dem Gehäuse in Pultform Stf 04 (Abb. 408) sind ein kleiner Rahmen für die Anschlußnummer, der Mikrophonarm und die Weckerglocken frei auf der oberen Hälfte der Rückwand sichtbar, die übrigen Apparatteile (Induktor, Hakenumschalter, Induktionsspule, Weckerelektromagnet und u. U. ein Kondensator) sitzen im Innern des pultförmigen Kastens. Die Einrichtung des Hakenumschalters und der Induktionsrolle ergibt sich aus dem Stromlauf (Abb. 409). Sämtliche Zuführungsklemmen befinden sich auf der linken Seitenwand, aus der auch der Umschalterhaken zum Anhängen des Fernhörers herausragt, während die Induktorkurbel rechts eingesetzt ist. Die Pultplatte trägt zwei Schienen zur Befestigung eines Papierblocks.

Sämtliche Apparatteile sind auf der Rückwand befestigt und die Drahtverbindungen so weit wie möglich an Lötösen fest verlötet, nicht mehr wie früher an Klemmen gelegt. Das Innere der Gehäuse ist dadurch zugänglicher geworden, und Stromunterbrechungen lassen sich besser verhüten.

Tischgehäuse. Das Gehäuse Stf 00 (Abb. 410) enthält in einem schwarzlackierten Blechkasten mit hölzerner Grund- und Deckelplatte den Magnetinduktor, den Wecker und die Induktionsrolle zum Mikrophon. Auf der Deckelplatte ist ein vernickelter Metallständer mit zwei senkrechten Armen zur Aufnahme eines Handapparats festgeschraubt. Die Glocke des polarisierten Weckers besitzt nur eine Schale, aber zwei Hämmer, die abwechselnd gegen sie schlagen. Zur Ingangsetzung des Induktors sind zwei Kurbeln vorhanden. Zur Umschaltung auf Wecker- oder Sprechkreis dient der Metallständer, dessen oberer Teil bei Abnahme des Handapparats emporgeht; hierbei wechselt

488 Die Fernsprechgehäuse.

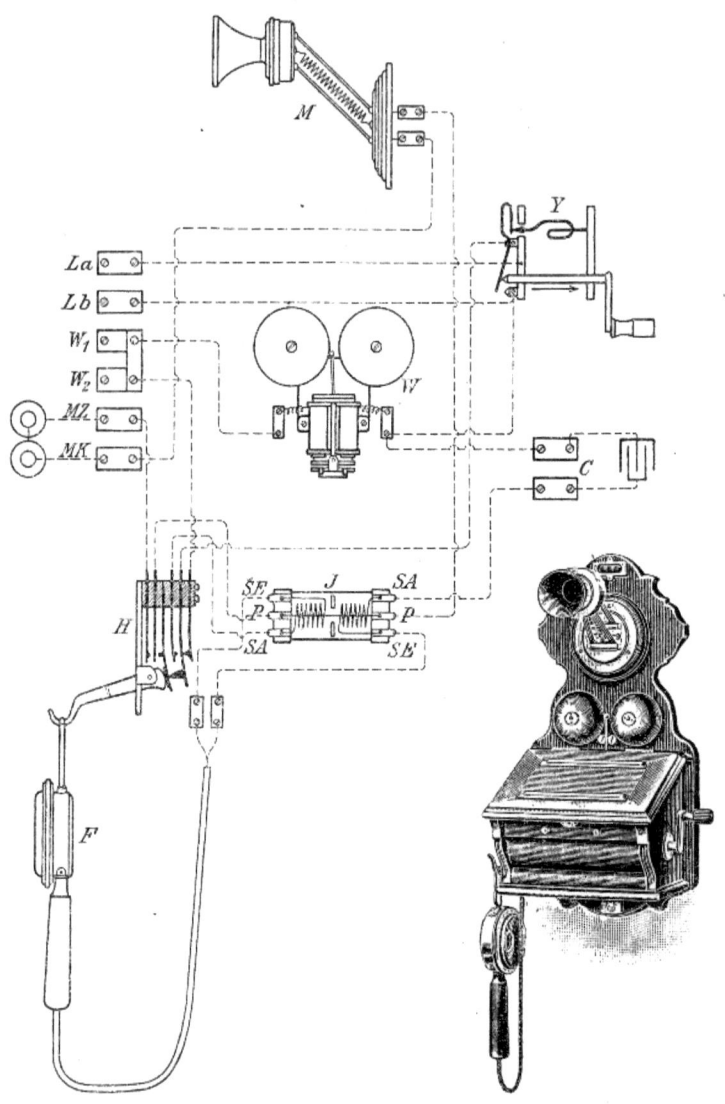

Abb. 409. Stromlauf des OB-Gehäuses Stf 04.

Abb. 408. OB-Gehäuse Stf 04 in Pultform.

s_1 den Kontakt von s_3 auf s_2 und q berührt p. Die Federn f sind am Deckel des Gehäuses befestigt, so daß dieser abgenommen werden kann, ohne Leitungen von den Klemmen zu lösen. Der in Abb. 410 aus der Deckplatte des Gehäuses hervortretende Druckknopf dient dazu, beim Hören die Induktionsspule aus der Leitung auszuschalten; hierdurch wird der Widerstand des Stromkreises verringert und die Stromübertragung in den Mikrophonkreis vermieden und so die Lautwirkung verbessert. Bei den neuesten Apparaten (Stf 05) befindet sich dieser Druckknopf am Handapparat. Den Stromlauf gibt Abb. 411.

Auf der unteren Fläche des Grundbretts sitzen die 11 Zuführungsklemmen, geschützt durch ein darüber geschraubtes Eisenblech; von ihnen führen zwei fünfadrige Leitungsschnüre einerseits zum Handapparat, andererseits zu einem

Abb. 410. OB-Tischgehäuse, Stf 00 u. 05.

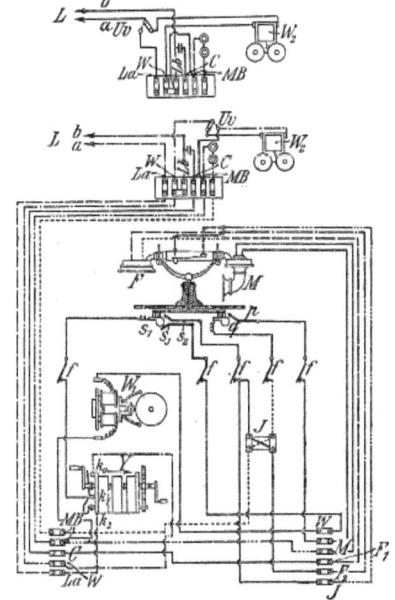

Abb. 411. Stromlauf des OB-Tischgehäuses Stf 00 und Stf 05.

490   Die Fernsprechgehäuse.

besonderen Anschlußkästchen, an dem die Zuführungen zu den Anschlußleitungen, den Batterieelementen sowie u. U. zu einem zweiten Wecker endigen. Die Hauptabbildung zeigt die beiden Wecker in Reihe, die obere Nebenabbildung gibt die Schaltung für den Fall, daß nur einer der beiden Wecker ansprechen soll.

Die älteren Tischgehäuse M 99 (vgl. 5. Aufl., S. 372) werden nicht mehr beschafft, vorhandene in M 05 geändert.

II. Fernsprechgehäuse für ZB-Betrieb.

Der Mikrophon- und der Anrufstrom wird von einer auf dem Vermittelungsamte aufgestellten Sammlerbatterie geliefert. Die Gehäuse der Stellen bedürfen daher keiner eigenen Elemente und keines Induktors mehr.

Der Stromlauf eines solchen Gehäuses wird in Abb. 412 dargestellt. H bedeutet den Hakenumschalter, der im Ruhezustande offen steht. Dann ist an die Leitung der Wecker W angeschaltet, dieser Stromweg aber

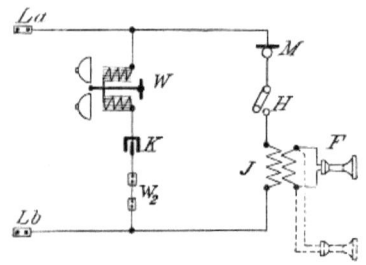
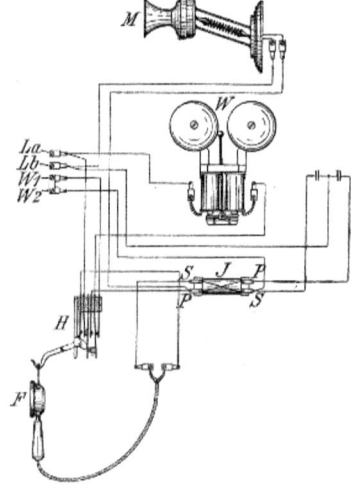

Abb. 412. Schaltung eines Gehäuses für ZB-Betrieb.

Abb. 413. Stromlauf des ZB-Gehäuses in Pultform ZB 04.

durch den Kondensator K für den Gleichstrom der ZB gesperrt. Der Rufstrom (Wechselstrom) findet aber seinen Weg zum Wecker. Nimmt der Teilnehmer den Fernhörer vom Haken, so wird der Stromkreis der ZB über M und J geschlossen; auf dem Amt fließt dieser Strom durch das Anrufrelais und gibt so das Rufzeichen. Wird bei Beendigung des Gesprächs der

Hörer wieder angehängt, so wird der Gleichstrom unterbrochen, was auf dem Amt das Schlußzeichen hervorbringt (vgl. S. 572 Abb. 473 u. 474 und S. 576/7).

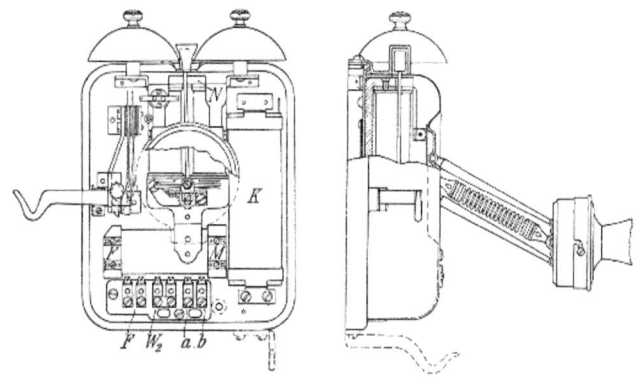

Abb. 414. Wandgehäuse ZB 06.

Der Fernhörer liegt im Ortskreis, um ihn dem Strom der ZB zu entziehen. Dieser würde die Empfindlichkeit verringern, u. U.. ihn entmagnetisieren. Während des Sprechens bleibt der Wecker nebst Kondensator den Sprechapparaten parallel geschaltet; die hohe Induktivität des Weckers sperrt den Sprechströmen diesen Weg fast vollkommen. Die aus dem Gehäuse tretenden stromführenden Teile müssen isoliert sein, um die Teilnehmer gegen Ströme aus der Leitung zu schützen.

Wandgehäuse. Das Gehäuse ZB 04 in Pultform (wie Stf 04, Abb. 408) hat die in Abb. 413 wiedergegebene Schaltung, die in der 5. Auflage Seite 369 schematisch erläutert wird; sie weicht von der Schaltung der Abb. 412 wesentlich ab; vgl. auch S. 469.

Das neuere Wandgehäuse

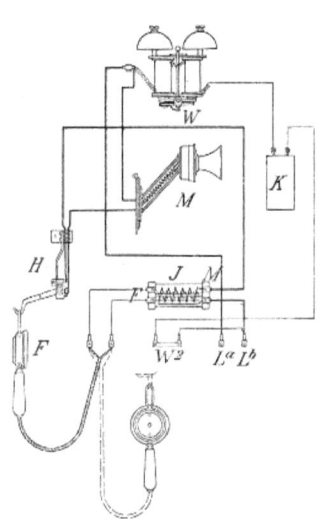

Abb. 415. Stromlauf des Wandgehäuses ZB 06.

ZB 06 hat eine gedrängte Form erhalten und wird in allen Teilen aus Metall gefertigt (Abb. 414); Schaltung s. Abb. 415. Der Wecker (mit Umlegefeder, S. 335) hat 19 000 Windungen eines 0,14 mm starken Kupferdrahtes und 1000 Ω. Die mit M bezeichnete Wicklung der Induktionsspule, die mit dem Mikrophon in Reihe liegt, hat 1700 Windungen eines 0,4 mm starken Drahtes und 16 Ω, die andere Spule 1400 Windungen eines 0,25 mm starken Drahtes und 22 Ω.

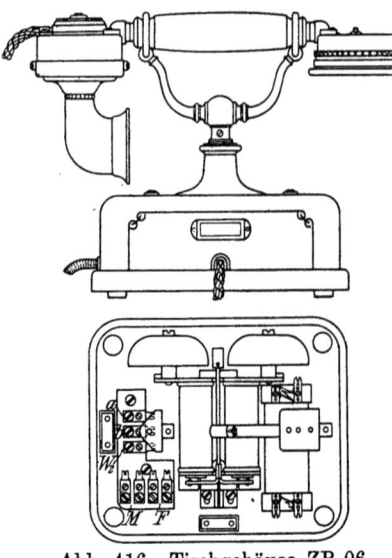

Abb. 416. Tischgehäuse ZB 06.

Das vorher erwähnte Gehäuse ZB 04 in Pultform, Abb. 408, wird allmählich nach Art des Stromlaufs von ZB 06 geändert, das Mikrophon gegen ein solches mit hohem Widerstand ausgewechselt; der Wecker erhält die Ankerumlegefeder (S. 335); K und W_2 sind vertauscht, damit man K auch bei Parallelschaltung der Wecker benutzen kann. Diese Gehäuse heißen ZB 06a.

Das Wandgehäuse ZB 07 unterscheidet sich von ZB 06 nur durch einige kleine bauliche Änderungen, sowie dadurch, daß K und W_2 (Abb. 412) wie bei ZB 06a vertauscht sind.

Tischgehäuse. Das Tischgehäuse ZB 06 (Abb. 416) trägt auf einem Blechkasten, der dem des Wandgehäuses ZB 06 ähnlich ist, die Gabel für den Handapparat, die au den Umschalter wirkt. Der Konden-

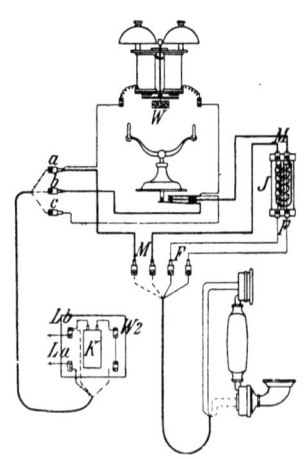

Abb. 417a. Stromlauf des Tischgehäuses ZB 06.

sator ist in dem Anschlußkästchen untergebracht. Die Schaltung (Abb. 417a) ist grundsätzlich dieselbe wie nach Abb. 412, nur liegt der Umschalter an anderer Stelle und hat zwei Kontakte, einen zum Ein- und Ausschalten des Mikrophons, den andern zum Kurzschließen des Kondensators, wodurch der Wecker während des Gesprächs als Gleichstrombrücke parallel zum Mikrophon gelegt wird, damit nicht bei etwaigen Stromunterbrechungen im Mikrophon das Amt ein Schlußzeichen erhält.

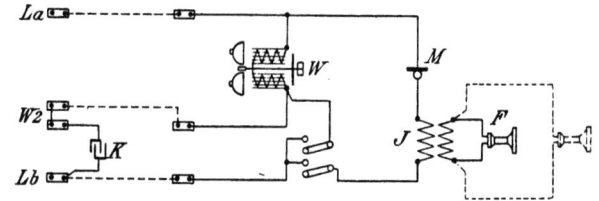

Abb. 417b. Schematischer Stromlauf des Tischgehäuses ZB 06.

Das Tischgehäuse mit Beikasten ZB 04 (5. Aufl. Fig. 312a) wird ebenso wie das Wandgehäuse ZB 04 geändert, so daß es mit dem Tischgehäuse ZB 06 in der Schaltung übereinstimmt und heißt ZB 06a. Es hat gleichfalls einen Blechkasten, der aber niedriger ist als bei ZB 06, weil die Nebenapparate im Beikasten untergebracht sind.

Das Tischgehäuse ZB 08 ist in der äußeren Form und der Schaltung dem ZB 06 gleich. Es weist nur einige Verbesserungen im Bau auf, die seine Zugänglichkeit erhöhen.

III. Verschiedene Fernsprechgehäuse.

Das **Fernsprechgehäuse für Telegraphenleitungen** (Sp 04) gleicht bis auf den Wecker in allen Hauptteilen dem Wandgehäuse Stf 04. Sein Wecker hat jedoch 1500 Ω Leitungswiderstand und besitzt hohe Induktivität. Diese Bauart hat sich als notwendig erwiesen, damit in den häufig langen Leitungen mit ihren zahlreichen Sprechstellen der Stromverlust beim Sprechen — insbesondere im Fernverkehr — in erträglichen Grenzen bleibt. Denn wenn von einer Anstalt aus gesprochen wird, liegen während des Gesprächs die Wecker sämtlicher übrigen Anstalten in Brücke und bilden einen Nebenschluß zur Leitung, dessen Wechselstromwiderstand bei wachsender Zahl der Anstalten abnimmt und so durch Stromentziehung die Lautwirkung verschlechtert. Den Stromlauf zeigt Abb. 418.

Das **Abfragegehäuse** der **Fernsprechvermittelungsämter** (Stromlauf s. Abb. 419) enthält außer dem für den Anruf im

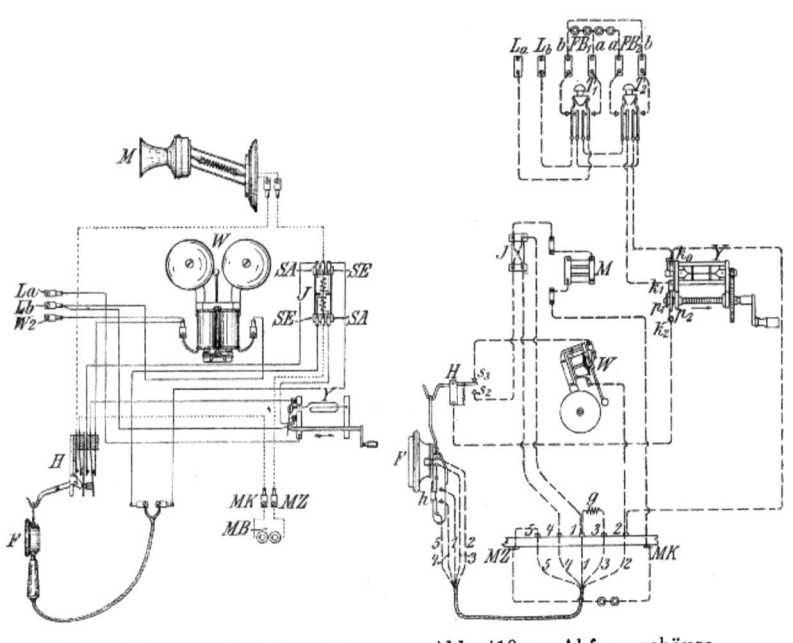

Abb. 418. Fernsprechgehäuse für Sp-Leitungen (Sp 04).

Abb. 419a. Abfragegehäuse (Stromlauf).

Teilnehmerverkehr bestimmten Kurbelinduktor Y zwei Doppeltasten T_1, T_2 zum Wecken in Fernleitungen mittels großer oder kleiner Batterie. Der Fernhörer F ist mit einem zweikontaktigen Schalthebel h ausgerüstet, der beim Abfragen niedergedrückt, beim Kontrollieren aber losgelassen wird. Wie die Schaltungszeichnung ersehen läßt, ist dem Fernhörer eine Drossel g vorgeschaltet, um zu verhüten, daß beim Kontrollieren die Lautwirkung in nachteiligem Maße geschwächt wird; durch das Niederdrücken des Schalthebels beim Abfragen wird der Mikrophonstromkreis über 4, 5 geschlossen und zugleich die Drossel durch Kurzschließung über 1, 3 ausgeschaltet.

Die neueren Gehäuse erhalten an Stelle der Doppeltasten T_1 und T_2 zwei Hebelumschalter von der Bauart, wie sie beim Vielfachumschalter OB 02 (Abb. 399) angewandt wird. Die Änderung des Stromlaufs ergibt sich aus Abb. 419b.

Fernsprechautomaten. Um auch dem nicht an das Ortsfernsprechnetz angeschlossenen Publikum Gelegenheit zur Benutzung des Fernsprechers zu geben, werden in den Schaltervorräumen der Postanstalten, auf Bahnhöfen, in öffentlichen Gebäuden usw. sog. Fernsprechautomaten aufgestellt, die als öffentliche Sprechstellen dienen.

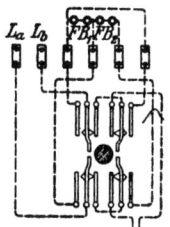

Abb. 419b.
Batteriewähler zum Abfragegehäuse.

Abweichend von sonstigen Einrichtungen ähnlicher Art beginnt die Benutzung der Fernsprechautomaten nicht mit dem Einwerfen der Geldstücke, sondern der Benutzer ruft zunächst durch Drehen der Induktorkurbel — in ZB-Netzen durch Abnehmen des Hörers — das Amt an. Die Beamtin des Vermittelungsamts nimmt die Gesprächsanmeldung entgegen und ruft den verlangten Teilnehmer an den Apparat; erst wenn dieser zum Gespräche bereit ist, wird die Person am Automaten zur Entrichtung der Gesprächsgebühr aufgefordert; das Geld wird in den dazu bestimmten Schlitz gesteckt. (10 Pfennig für Verbindungen innerhalb der Stadt, 2×10 Pfennig für Verbindungen nach den Vororten.)

Während früher besondere Gehäuse mit Münzeneinwurf, Prüfeinrichtung und Meldung nach dem Amt verwendet wurden (vgl. 5. Aufl. S. 377/378), überträgt man jetzt diese Aufgaben einer Kassiervorrichtung (M 08 und M 10), die neben einem gewöhnlichen Fernsprechgehäuse aufgehängt wird und mit diesem keine elektrische Verbindung hat.

Abb. 420 zeigt die Vorrichtung als geschlossenen Kasten; nach der Aufforderung zum Zahlen wird das Zehnpfennigstück in den Schlitz gesteckt, der Hebelgriff H nach vorn gezogen und dann wieder losgelassen, worauf er zurückkehrt. Die Maße des Kästchens sind: 178 mm hoch, 88 mm breit, 120 mm tief. Abb. 421 gestattet einen Blick ins Innere. Das Geldstück gleitet die Geldrinne entlang; ist es zu dünn oder stark abgeschliffen, so gleitet es über den Anschlag c hinweg und fällt durch die Rinne d wieder hinaus. Ein gutes Stück bleibt in der Rinne b liegen; es ragt aus der Öffnung b vor und streicht beim Voranbewegen von H, wobei sich der mit H verbundene Teil, einschließlich der Geldrinne, um die Achse a dreht, über die beiden Hebel e_1 und e_2, die mit den Stielen der Hämmer f_1 und f_2 auf den gleichen Achsen sitzen, so daß also die

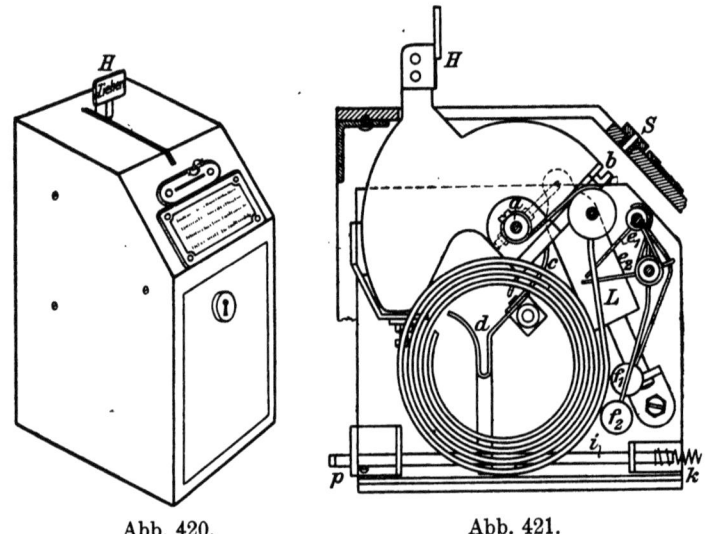

Abb. 420. Abb. 421.
Kassiervorrichtung für öffentliche Fernsprechstellen.

beiden Hämmer durch das voranbewegte Geldstück rasch nacheinander gehoben werden und zurückfallen, wobei sie an die beiden Klangfedern anschlagen, von denen die Abbildung nur eine zeigt. Ist die Münze an e_1 und e_2 vorbeigeführt worden, so fällt sie aus b heraus in den unteren Teil des Kästchens, woraus später von einem Beamten die zusammengekommenen Stücke entnommen werden. Der Fortsatz des Stieles von f_2 jenseits der Drehachse verschiebt zugleich eine Dämpfung für die beiden Klangfedern, so daß sie frei schwingen können, die Luftpumpe L sorgt dafür, daß der Hebel H nur langsam zurückkehrt. Der Klang der Federn überträgt sich durch das gemeinsame Befestigungsbrett auf das Mikrophon des daneben angebrachten Gehäuses und gelangt so zum Ohr der Beamtin.

Die Stange i wird benutzt, um das unbefugte Öffnen der

Tür des Kästchens (Beraubung) zu melden; die Feder k legt sich gegen die Tür, das Ende p gegen einen Stromschlüssel, der den Stromkreis eines Weckers schließt oder öffnet.

Der Streckenfernsprecher ist ein tragbares Gehäuse (verschließbarer Holzkasten), in das ein Handapparat mit Druckknopf für die Ein- und Ausschaltvorrichtung, eine Induktionsspule, ein Kurbelinduktor, ein Gleichstromwecker und ein kleines Trockenelement für das Mikrophon eingebaut sind. Alle Teile sind mit Rücksicht auf geringes Gewicht kleiner als normal gebaut. Mikrophon und Fernhörer sind in einer Kapsel vereinigt, in der auch die Ein- und Ausschaltvorrichtung sitzt. Das Sprachrohr ist ausziehbar. Die Klemmen des Apparates werden durch biegsame Leitungsschnüre und geeignete Kabelschuhe mit der Leitung, an die man sich anschließen will, verbunden.

Fünfundzwanzigster Abschnitt.

Nebenstellen.

Die Anschlußleitungen der gewöhnlichen Sprechstellen werden häufig nicht genügend ausgenutzt. Zur Verbesserung der Wirtschaftlichkeit hat daher die RTV zugelassen, daß bis zu 6 Sprechstellen über eine gemeinsame Anschlußleitung mit dem Amt verbunden werden. Hierbei gilt eine Sprechstelle als Hauptstelle, die andern fünf sind Nebenstellen. Die 6 Sprechstellen können demselben oder auch verschiedenen Inhabern gehören.

Die Nebenstellen haben den Vorteil niedriger Gebühren gegenüber den Hauptstellen, da der auf die gemeinsame Anschlußleitung entfallende Kostenteil nur der Hauptstelle angerechnet wird. Eine weitere Annehmlichkeit ist, daß die Nebenstellen untereinander verkehren können, ohne das Amt in Anspruch zu nehmen.

Grundschaltungen. 1. Zentralschaltung (Abb. 422). Von der Hauptstelle H gehen Leitungen strahlenartig zum Amt und nach jeder Nebenstelle N. An der Hauptstelle findet die Ver-

498 Nebenstellen.

bindung der Nebenstellen mit dem Amt und untereinander statt. Daher sind bei der Hauptstelle, auch Nebenstellenzentrale genannt, Einrichtungen ähnlich denen eines Vermittlungsamtes nötig und zwar:

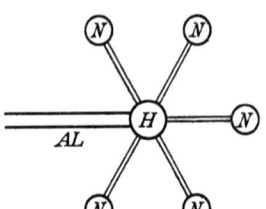

Abb. 422. Zentralschaltung.

Anrufzeichen für alle Nebenstellen und für das Amt: Klappen, Glühlampen, Schauzeichen in Verbindung mit einem Wecker,

Rufstromquelle für den Anruf der Nebenstellen und für das Amt, soweit hier der Anruf nicht selbsttätig erfolgt. Verwendung finden hier der Induktor (S. 207) und für größere Anlagen ein Polwechsler (S. 213).

Verbindungseinrichtungen zur Ausführung der Verbindungen und zwar Stöpsel mit Klinken und Schnüren, Drucktasten und Hebelumschalter,

Schlußzeichen, und zwar Klappen, Schauzeichen, Glühlampen, u. U. in Verbindung mit einem Wecker.

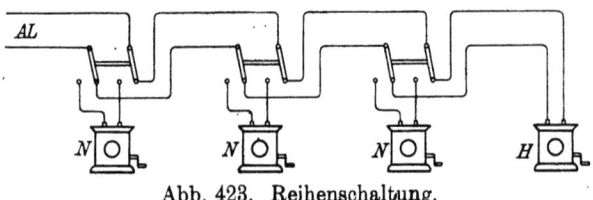

Abb. 423. Reihenschaltung.

2. Reihenschaltung (Abb. 423). Die Amtsleitung führt zu allen Sprechstellen nacheinander; jede Sprechstelle kann sich selbst mit dem Amt verbinden. Der Anruf vom Amt aus kommt bei der Hauptstelle, meist der letzten Sprechstelle, an und ist von ihr zu beantworten. Wird eine Nebenstelle vom Amte verlangt, so muß sie von der Hauptstelle benachrichtigt und aufgefordert werden, sich in die Amtsleitung einzuschalten.

Hiernach unterscheidet sich die Einrichtung bei einer Hauptstelle nicht von der einer Nebenstelle. Nur befindet sich bei der Hauptstelle ein Wechselstromwecker für den Amtsanruf.

Zur Benachrichtigung der Nebenstellen und zum Verkehre der Sprechstellen untereinander sind besondere Umschalter und

Grundschaltungen. Stromversorgung. 499

Leitungen (Linienwähler) vorgesehen, die jeder Sprechstelle erlauben, jede andere unmittelbar anzurufen.

In einzelnen Fällen werden auch Nebenstellenschaltungen angewendet, die auf einer Mischung der Zentral- mit der Reihenschaltung beruhen.

Stromversorgung. Die Mikrophone der Nebenstellen werden bei den verschiedenen ZB-Schaltungen in verschiedener Weise mit Strom versorgt. Im allgemeinen wird der Speisestrom der ZB des Amtes entnommen bei Gesprächen über die Amtsleitung und zwischen Neben- und Hauptstelle. Die Zuführung des Stroms erfolgt über den a- oder den b-Draht der Anschlußleitung mit Erde als Rückleitung.

Beim Verkehre der zu einer Hauptstelle gehörenden Nebenstellen untereinander benutzt man eine besondere Stromquelle, die gleichsam eine Zentralbatterie für alle Nebenstellen darstellt. Aus ihr wird auch der für die Anruf- und Schlußzeichen notwendige Strom entnommen. Siehe Schaltung Abb. 441.

Als Stromquellen werden Sammler (Blei- und Edisonsammler), bei kleinen Anlagen auch Trockenelemente benutzt, die an der Hauptstelle aufgestellt werden. Die Sammler werden gewöhnlich aus der Zentralbatterie des Amtes über die Anschlußleitung oder über eine besondere Ladeleitung geladen, bei großen Anlagen auch aus dem Lichtnetz.

Bei geringer Entfernung vom Amt ist es meist vorteilhafter, an Stelle einer besonderen Batterie die Amtsbatterie zu verwenden, die durch eine besondere Speiseleitung herangeführt wird und auch mit den Sprechstellen Verbindung erhält. (Rückleitung Erde.) Siehe Abb. 434, 435, 438, 439.

Die besonderen Speiseleitungen bilden das Speiseleitungsnetz.

Zusatzeinrichtungen. Unter Nebenstelleneinrichtungen werden zuweilen auch Vorkehrungen verstanden, die die Anschaltung eines zweiten Weckers in einem anderen Raume ermöglichen. Hierher gehören auch Anschlußdosen, mit deren Hilfe ein beweglicher Sprechapparat an verschiedenen Stellen im Gebäude an eine und dieselbe Anschlußleitung angeschaltet werden kann.

Die Zusatzeinrichtungen sollen, weil sie die einfachsten Nebenstellenanlagen darstellen, zuerst besprochen werden.

Apparate und Schaltungen.
Zusatzeinrichtungen.

Besonderer Wecker. Er wird so an den Sprechapparat geschaltet, daß entweder der Gehäusewecker allein oder der zweite Wecker allein (Abb. 424) oder beide gleichzeitig (Abb. 425 und 426) auf einen vom Amte kommenden Anruf ansprechen. Der zweite Wecker nach Abb. 426 wird meist durch den Umschalter V kurzgeschlossen.

Anschlußdose. Sie ermöglicht, einen beweglichen Apparat, z. B. ein Tischgehäuse an mehreren Stellen einer Wohnung zu benutzen. Abb. 427 gibt einen Schnitt; der Kopf trägt 6 nach

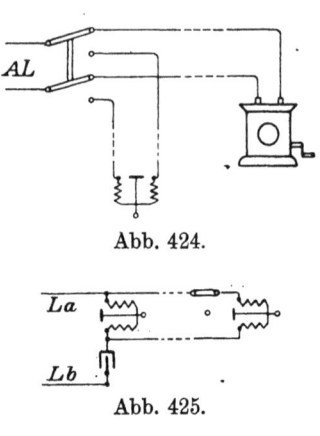

Abb. 424.

Abb. 425.

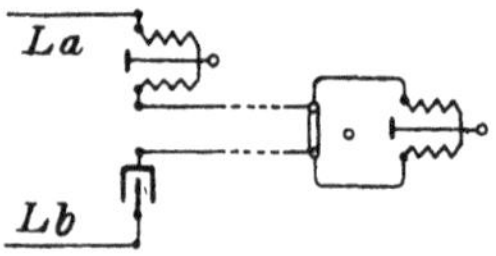

Abb. 426.
Abb. 424 bis 426. Schaltung besonderer Wecker.

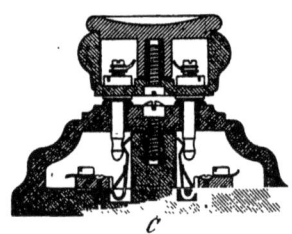

Abb. 427. Anschlußdose.

unten gehende Anschlußbolzen, die in ebenso viel Buchsen des Unterteils passen und mit den Federn, wie ersichtlich, Kontakt machen; einer der Bolzen ist stärker und paßt nur in die etwas weitere Buchse, damit der Kopf nicht falsch in den Unterteil eingesteckt werden kann. Auf der Grundplatte sitzen 6 gleich große Klemmen, jede mit zwei Klemmschrauben, an denen die Leitungen, die Apparat- und die Batteriezuführungen befestigt werden (vgl. Abb. 428 und 429). Die Abb. 428 und 429 geben zwei Beispiele solcher Schaltungen, die eine für OB-, die andere für ZB-Betrieb. In beiden Fällen ist an einer beliebigen Dose ein besonderer Wecker angeschaltet, damit auch dann ein Weckruf wahrgenommen werden kann, wenn das Sprechgehäuse gerade nicht eingeschaltet ist. Beim Einsetzen des Stöpsels wird dieser Wecker durch die am Stöpsel angebrachte Verbindung kurzgeschlossen. Dem

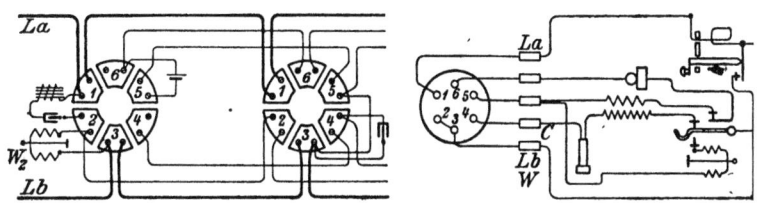

Abb. 428. Anschlußdose; Stromlauf für OB-Betrieb.

Wecker sind eine Drosselspule und ein Kondensator vorgeschaltet, wodurch verhindert wird, daß mit dem Wecker gleichzeitig auch die Leitung kurzgeschlossen wird. Der andere Kondensator, der mit dem einen Pol an Lb liegt, ist bei

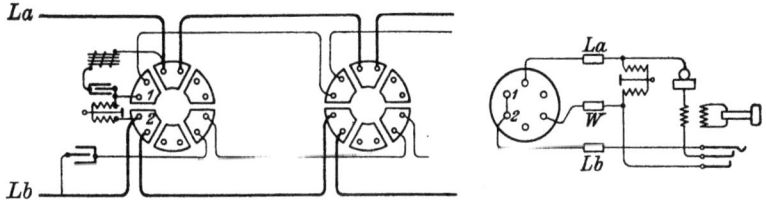

Abb. 429. Anschlußdose; Stromlauf für ZB-Betrieb.

der OB-Schaltung für die selbsttätige Schlußzeichengebung notwendig und befindet sich im Beikasten zum Tischgehäuse.

Bei der ZB-Schaltung (Abb. 429) werden nur 4 Kontakte benutzt.

Zwischenstellenumschalter.

Ist mit der Hauptstelle nur eine Nebenstelle nach der Zentralschaltung (Abb. 422) verbunden, so heißt die Hauptstelle auch Zwischenstelle und die Nebenstelle Endstelle. Die Schaltvorrichtung der Zwischenstelle, der Zwischenstellenumschalter, gestattet die drei möglichen Verbindungen zwischen dem Amt und den beiden Sprechstellen.

Zwischenstellenumschalter OB 08. (Abb. 430.) Der Umschalter ist in einem niedrigen Eisengehäuse untergebracht; aus dem Deckel ragt der gestrichelt angegebene Griff heraus, der drei Stellungen (links Durchsprechen, Mitte Amt, rechts Endstelle) einnehmen kann. Diesen Stellungen entsprechen die gleichen Stellungen des Umschalters in der Schaltung Abb. 431. Der Wechselstromwecker W hat 300 Ω, die Drosselspule D 10 Ω, der Kondensator C 4 μF. Dieser Umschalter ist hauptsächlich für Netze mit selbsttätigen Schlußzeichen bestimmt.

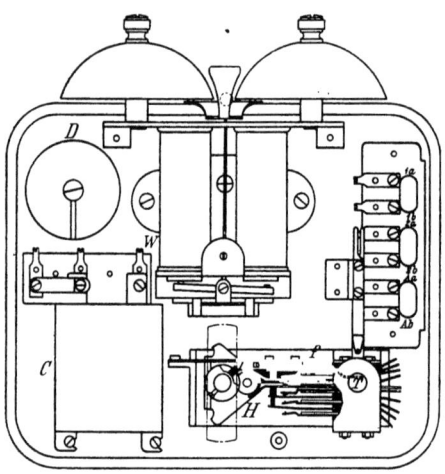

Abb. 430. Zwischenstellenumschalter OB 08.

Verfolgt man die Verbindungen in der dargestellten Amtsstellung, so sieht man, daß der ganze Sprechapparat der Zwischenstelle mit dem Amt verbunden ist; nur der Wecker W ist nach der Endstelle geschaltet. — Legt man den Umschalter nach links, so wird die Sprechleitung vom Amt nach der Endstelle durchverbunden; es wird dann eine Brücke gebildet, die mit der Drosselspule D an der a-Leitung beginnt und über C und W zur b-Leitung führt; im Nebenschluß zu D liegt der Sprechapparat der Zwischenstelle, die infolgedessen mithören kann. Die Drosselspule kann an den Klemmen, wie in Abb. 430

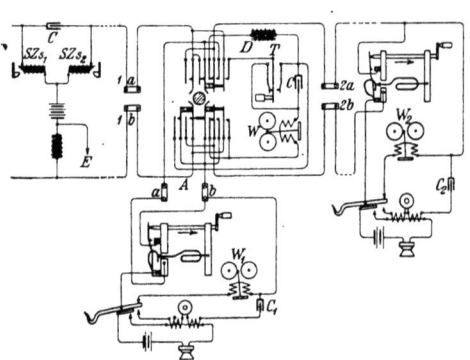

Abb. 431. Stromlauf des Zwischenstellenumschalters OB 08.

ersichtlich, kurz geschlossen werden, wodurch auf Wunsch des Teilnehmers die Mithöreinrichtung beseitigt wird. — Legt man den Umschalter nach rechts, so wird die Zwischenstelle vom Amt getrennt und mit der Endstelle verbunden; W bleibt (über T) an der Amtsleitung.

Damit die Zwischenstelle nach Beginn eines Gesprächs über das Amt bei der Endstelle eine Rückfrage halten kann, ohne den Umschalter nach rechts umzulegen (worauf das Schlußzeichen erscheinen und die Verbindung getrennt würde), ist die Rückfragetaste T eingebaut. Bei Mittel- und Rechtsstellung des Umschalters kann die Blattfeder f in einen Ausschnitt des Schaftes der Taste T einspringen und sie festhalten, wenn sie niedergedrückt wird. Die Taste wirkt auf einen in Abb. 430 dargestellten Federumschalter, durch den beim Niederdrücken die obere rechte Feder des Umschalters (Abb. 431) von W abgenommen und an C gelegt wird. Nunmehr kann der Umschalter nach rechts gedreht werden, ohne daß das Schlußzeichen erscheint; denn durch C ist die Leitung für Gleichstrom gesperrt. Geht man aus der Endschaltung wieder in Amtsschaltung über, so wird die Feder f gehoben und T springt zurück.

In Abb. 430 sind keine Verbindungsdrähte gezeichnet, um das Bild deutlicher zu halten; die Bedeutung der Klemmen rechts geht aus der Schaltung hervor; von dem Federumschalter ist nur der untere Teil aus Abb. 431 gezeichnet, der obere liegt verdeckt. Die Klemmen zur Drosselspule erscheinen kurzgeschlossen.

Der **Zwischenstellenumschalter ZB 08** hat die Form eines kleinen Schrankes. Zum Sprechen dient ein Handapparat (Abb. 432).

Der Stromlauf ist aus Abb. 433 zu ersehen. Er soll hier etwas eingehender besprochen werden, weil er mehrere Eigentümlichkeiten enthält, die in den Schaltungen der später zu behandelnden Klappenschränke mehr oder weniger wiederkehren. Ein Abfrageumschalter AU mit einer Reihe von Federkontakten ermöglicht durch seine drei Stellungen die drei Verbindungen: Mittelstellung: Zwischenstelle-Endstelle. — Hebel oben (in Abb. 433 nach links): Endstelle-Amt. — Hebel unten (in Abb. 433 nach rechts): Zwischenstelle-Amt.

Die Zwischenstelle wird angerufen aus der im Amte

einseitig geerdeten Rufstrommaschine über die a-Leitung, den Wechselstromwecker und einen geerdeten Kondensator C_1 zu 0,5 μF der Zwischenstelle. Die b-Leitung bleibt stromlos.

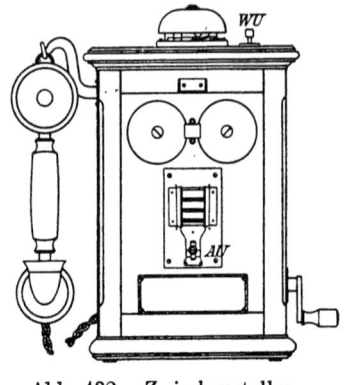

Abb. 432. Zwischenstellenumschalter ZB 08.

Das Amt wird von der Zwischenstelle aus durch Abhängen des Handapparates (in Abb. 433 ist der Apparat angehängt) und Umlegen von AU nach unten angerufen. Hierdurch wird die a-Leitung über AU, den Hakenumschalter, das Mikrophon, die Induktionsspule und die Induktanzrolle D_3 geerdet, so daß das mit der a-Leitung verbundene Anrufzeichen AR des Amtes anspricht.

Derselbe Strom speist auch das Mikrophon der Zwischenstelle. Indessen wird auch der b-Zweig der Anschlußleitung zur Mikrophonspeisung herangezogen. Zu diesem Zweck befindet sich beim Amt eine aus zwei Drosselwick-

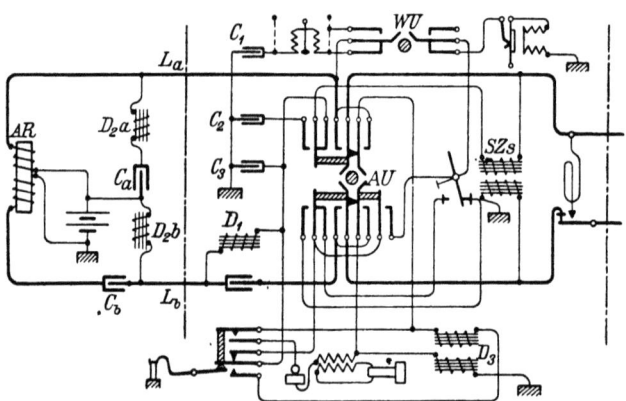

Abb. 433. Stromlauf des Zwischenstellenumschalters ZB 08.

lungen D_2 und dem Kondensator C_a von 0,25 μF und einer Zuleitung zur ZB bestehende, für Sprechstrom undurchlässige Speisebrücke, durch die der nach außen führende b-Draht mit der ZB verbunden wird. Der zum Ortsamt führende b-Draht ist für den Gleichstrom durch den Kondensator C_b (2 μF) verriegelt, ebenso ist die Zuleitung von der ZB zum a-Draht durch den Kondensator C_a gesperrt. In der Zwischenstelle vereinigt sich dieser Speisestrom über die Drosselspule, den Hakenumschalter, und eine Wickelung der zweiteiligen Drosselspule mit dem schon erwähnten über die a-Leitung kommenden Speisestrom.

Die im Mikrophon erzeugten Schwankungen des Speisestroms bilden mit Hilfe des Kondensators (in Abb. 433 unbezeichnet) in bekannter Weise (S. 469) den Sprechstrom, der über die a- und b-Draht einen für Wechselstrom geschlossenen Stromkreis findet. Für den Sprechstrom sind alle Nebenschließungen und Abzweigungen in den Drahtverbindungen durch Drosselspulen gesperrt.

Die Zwischenstelle wird von der Endstelle durch Abheben des Hörers angerufen, indem hierdurch der a- mit dem b-Draht der zur Endstelle führenden Leitung verbunden werden, so daß ein Strom aus Lb über D_1, AU, eine Wicklung des Schauzeichens SZs, die Leitung zur Endstelle und zurück und die zweite Wicklung des Schauzeichens zur Erde fließt. Zugleich spricht noch der Gleichstromwecker an, der durch die Bewegung des Schauzeichens Verbindung mit der ZB über Lb, D_1, Haken- und Abfrageumschalter erhält.

Durch Abheben des Handapparates wird unter Abschaltung des Gleichstromweckers die Sprechverbindung hergestellt.

Der Speisestrom der Endstelle ist der schon erwähnte Anrufstrom, der der Zwischenstelle wird wie leicht ersichtlich ebenfalls aus Lb entnommen. Der Weg des Sprechstroms ist ohne weiteres zu erkennen.

Die Endstelle wird von der Zwischenstelle mittels Induktors angerufen.

Um Endstelle und Amt zu verbinden, stellt man AU nach oben. Hierdurch wird das Amt angerufen, indem La über die Endstellenleitung und das Schauzeichen geerdet wird. Dieser Strom speist zugleich das Endstellenmikrophon. Vom Schluß des Gesprächs erhält die Zwischenstelle durch das Schauzeichen Kenntnis.

Die Fahne des Schauzeichens (S. 364, Abb. 302) ist in 3×3 Felder (9 Querstreifen) abwechselnd mit den Farben rot, schwarz und weiß eingeteilt. Vor der Fahne ist ein gitterartig durchbrochener Schieber (Abb. 432) so angebracht, daß jeweilig 3 gleichfarbige Felder der Fahne sichtbar bleiben. Erhält das Schauzeichen durch Abheben des Hörers der Endstelle Strom, so erscheinen statt der im Ruhezustande sichtbaren schwarzen die weißen Felder. Beim Umlegen des Hebelumschalters nach oben zur Amtsverbindung wird der Schieber um eine Feldbreite gehoben, so daß nunmehr wieder die schwarzen Felder sichtbar werden. Nach Schluß des Gesprächs zeigt das stromlos werdende Schauzeichen somit die roten Felder als Schlußzeichen.

Wie bei allen neueren OB- und ZB-Schaltungen von Orts- und Fernschränken, Klappenschränken u. dgl. ist der a- und b-Draht symmetrisch in bezug auf die Erde angeordnet; vgl. S. 125.

Beispiele bieten hier die Anordnung der Speisebrücke im Amt, des Wechselstromweckers und der Drosselspule D_1, der Aufteilung des Schauzeichens in zwei Spulen und ebenso der Speisespule D_2 in zwei Teile.

Der Zwischenstellenumschalter ZB 10 hat nur in geringem Umfange Verwendung gefunden. Die Schaltung (Abb. 434) ist nach dem vorigen leicht verständlich.

AU hat nur zwei Stellungen: Ruhestellung für die Verbindungen Zwischenstelle-Amt und Zwischenstelle-Endstelle; Stellung nach unten (in Abb. 434 links) für Verbindung Amt-Endstelle.

Zur Verbindung der Zwischenstelle mit dem Amt oder der Endstelle ist nur die entsprechende Taste zu drücken und der Handapparat abzunehmen. Die Mikrophonspeisung erfolgt beim Amtsgespräch über den a-Draht und die Drosselspule, beim Gespräch mit der Endstelle über den b-Draht der Amtsleitung. An Stelle des b-Drahtes kann auch ein besonderer mit der Amts-ZB verbundener Draht, die Speiseleitung, oder auch eine besondere Batterie durch Anschalten an die Klemme B verwendet werden, wie bereits S. 499 ausgeführt worden ist. In diesem Fall werden die Verbindungen 1 bis 2 und 3 bis 4 gelöst, 2 bis 3 hergestellt.

Beim Verkehr Amt-Endstelle wird das Mikrophon über La gespeist. Ein besonderes Überwachungszeichen Sp (Sternzeichen S. 365, Abb. 304) erscheint während des Gesprächs, nach dessen Schluß der Wecker über den losgelassenen Anker des Speiserelais R anspricht, bis AU in die Ruhelage zurückgebracht wird.

Um die Zwischenstelle am Mithören eines Gesprächs der Endstelle über die Amtsleitung zu verhindern, kann die Induktionsspule durch AU in der Stellung „Amt-Endstelle" kurzgeschlossen werden. (Die Klemmen Mh sind dann zu verbinden.)

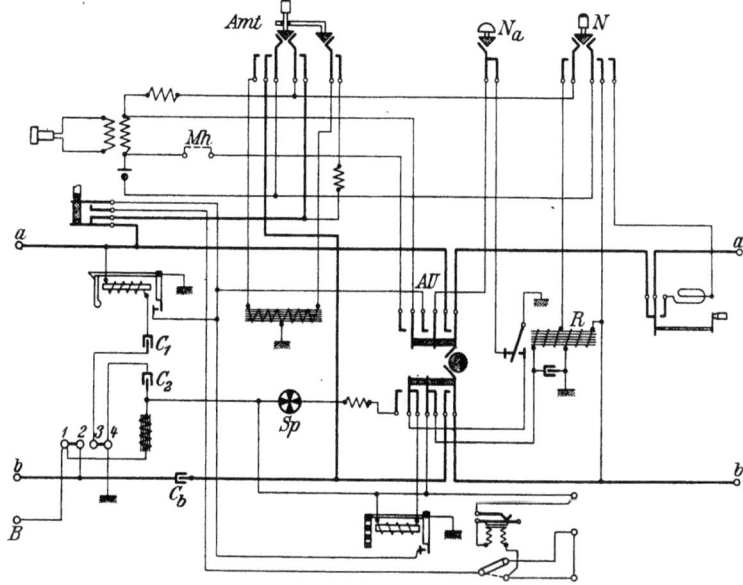

Abb. 434. Stromlauf des Zwischenstellenumschalters ZB 10.

Wird im Laufe eines von der Hauptstelle geführten Amtsgesprächs eine Nebenstellentaste gedrückt, um eine Rückfrage bei der Nebenstelle zwischendurch zu stellen, so wird die Amtstaste ausgelöst. Um zu vermeiden, daß infolgedessen während der Rückfrage das Schlußzeichen beim Amt erscheint, was zum Eintreten des Amts oder zur Trennung der Verbindung führen würde, ist die Amtstaste mit dem Seitenschalter versehen, der mit ihr zugleich gedrückt wird und beim nächsten Druck auf die Endstellentaste in seiner Lage (Arbeitsstellung) verbleibt. Hierdurch wird der Stromkreis für den Gleichstrom ZB geschlossen gehalten, so daß das Schlußzeichen auf dem Amt nicht erscheint. Erst beim Anhängen des Hörers geht auch der Seitenschalter in die Ruhelage zurück.

Der Druckknopf der Amtstaste bewegt sich in einer Durchbohrung des Seitenschalterknopfes, so daß dieser gewissermaßen einen Ring um die Amtstaste bildet.

Der Nachtschalter N_a dient dazu, bei Dauerverbindung Amt-Endstelle den Stromkreis des Schrankweckers zu unterbrechen und dauerndes Läuten zu verhindern (vgl. auch Abb. 435, 438, 439).

Der Zwischenstellenumschalter ZB 13 ist so eingerichtet, daß er in allen ZB-Netzen mit Handbetrieb, halb- und vollautomatischem Betriebe verwendet werden kann. Dies ist da-

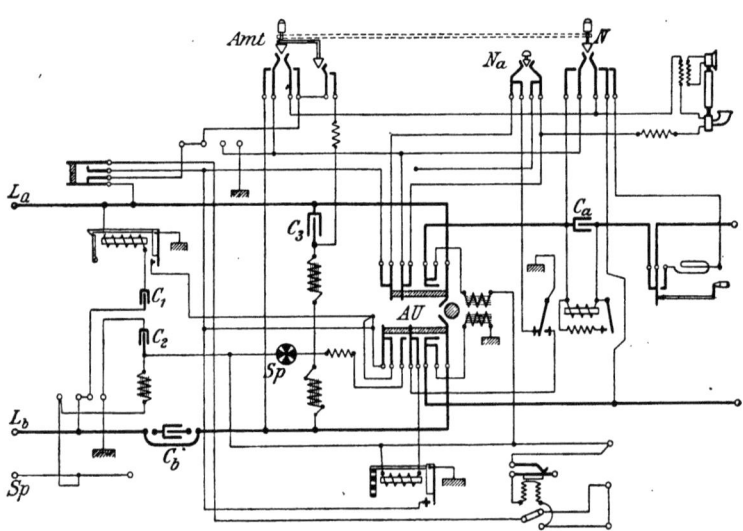

Abb. 435. Stromlauf des Zwischenstellenumschalters ZB 13.

durch erreicht, daß die einzelnen, dem jeweiligen System entsprechenden Schaltungsänderungen mit Hilfe zahlreicher Klemmen, an die die Apparatteile herangeführt sind, vorgenommen werden können. Welche Verbindungen im einzelnen in Betracht kommen, kann, ohne den Rahmen des Buches zu überschreiten, nicht für jedes System besprochen werden. Die Abb. 435 zeigt den Stromlauf des Apparats, der in Schrank- und Tischform hergestellt wird, unter der Voraussetzung des zweiadrigen ZB-

Systems von Siemens & Halske, des dreiadrigen Ericssonsystems oder des halbautomatischen Schleifensystems und Benutzung der Speiseleitung. Der Stromlauf ist leicht verständlich. Bemerkenswert ist, daß das Überwachungszeichen (Steinzeichen S. 365, Abb. 304) und das Schauzeichen von einem Relais gesteuert werden, das in der a-Leitung von Zwischenstelle nach Endstelle liegt, und in seinen Bewegungen von der Endstelle abhängt.

Klappenschränke.

Gehören zu einer Hauptstelle zwei oder mehr Nebenstellen, so verwendet man an der Hauptstelle Klappenschränke, mit deren Hilfe man die Verbindungen wie bei einem kleinen Amte vornehmen kann. Im allgemeinen wird vom Amte mit Wechselstrom (Rufstrom) angerufen, von der Hauptstelle nach dem Amte beim OB-Betriebe mit Induktor, beim ZB-Betriebe selbsttätig durch den Speisestrom des Mikrophons. Die Nebenstellen werden von der Hauptstelle durch Induktor, die Hauptstelle wird von den Nebenstellen beim OB-Betriebe ebenso, beim ZB-Betriebe durch den Speisestrom des Nebenstellenmikrophons selbsttätig angerufen.

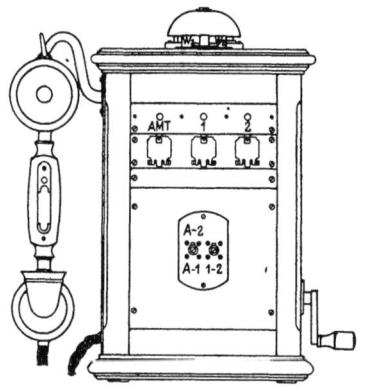

Abb. 436. Klappenschrank OB 07 für 3 Leitungen.

Die Klappenschränke werden für eine verschiedene Zahl von Nebenstellen eingerichtet. Die älteren Schränke sind in früheren Auflagen dieses Buches beschrieben worden. Zurzeit sind hauptsächlich noch die Klappenschränke OB 05 für 3 Leitungen und OB 05 für 5, 10 und 20 Leitungen in Gebrauch. Von den neueren Schränken seien folgende beschrieben:

Der **Klappenschrank OB 07** für 1 Amts- und 2 Nebenstellenleitungen (Abb. 436). Der Handapparat der Hauptstelle wird mit der Amts- und den Nebenstellenleitungen durch Drucktasten, die Nebenstellen untereinander und mit dem Amt durch zwei Federumschalter (S. 480, Abb. 399) nach dem Stromlauf der Abb. 437 verbunden. Die Drucktasten sind mechanisch derartig miteinander verbunden, daß beim Drücken einer Taste eine vorher gedrückte andere in die Ruhelage zurückspringt.

Durch Anhängen des Handapparates wird jede Taste in die Ruhelage zurückgeführt. Die beiden Federumschalter, von denen der eine die beiden Nebenstellen miteinander, der andere mit dem Amte verbindet, sind durch eine Verriegelung derart voneinander abhängig, daß jeder nur zu bewegen ist, wenn der andere in der Ruhelage ist. Auf diese Weise werden Doppelverbindungen vermieden.

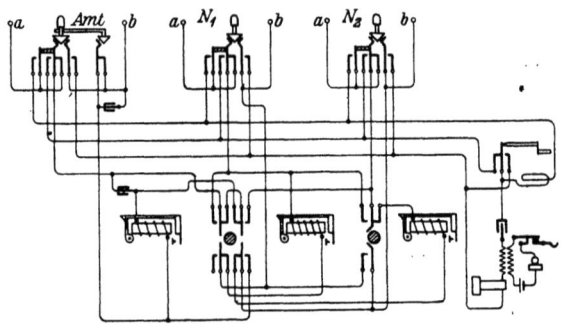

Abb. 437. Stromlauf des Klappenschranks OB 07 für 3 Leitungen.

Zum Zwecke der Rückfrage bei einer Nebenstelle während eines Amtsgespräches ist die Amtsdrucktaste mit einem Seitenschalter, ähnlich wie beim Zwischenstellenumschalter ZB 10, versehen, der beim Drücken der Nebenstellentaste nicht zurückspringt und so das Erscheinen des Schlußzeichens auf dem Amte und die Trennung verhindert. Der Stromlauf (Abb. 437) ist leicht zu übersehen und bedarf keiner Erläuterung.

Der **Klappenschrank ZB 10 für 3 Leitungen** hat ebenfalls Schrankform und sieht äußerlich den bisher beschriebenen Schränken ähnlich. Den Stromlauf zeigt Abb. 438. Er besitzt wie der Klappenschrank OB 07 drei Drucktasten zum Anschalten des Handapparates an die Leitungen und zwei Federumschalter zur Verbindung der Nebenstellen miteinander und mit dem Amte. Als Anrufzeichen dienen für die Amtsleitung eine Anrufklappe und für die Nebenstellenleitungen Schauzeichen (Gitterzeichen). Letztere sprechen an, sobald die Nebenstelle den Hörer abnimmt und damit das Mikrophonspeiserelais (R_1 oder R_2) unter Strom setzt. Der Wecker spricht in Verbindung mit den Anrufzeichen und außerdem beim Schluß eines Gespräches einer Nebenstelle an, solange, bis der Federumschalter in die Ruhelage zurückgeführt wird.

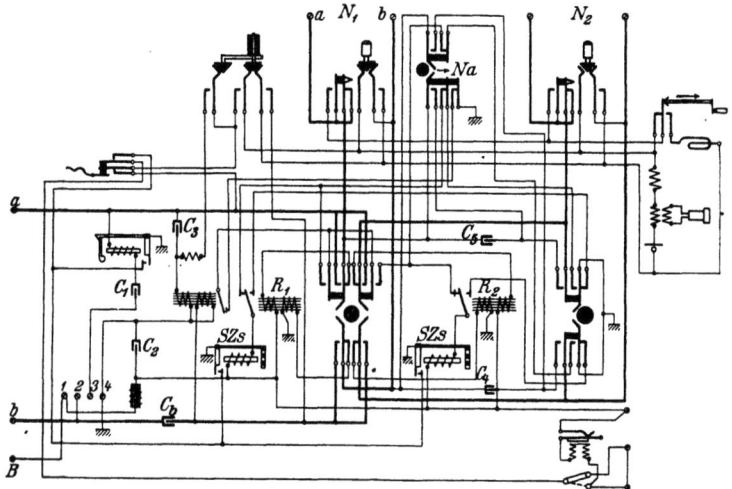

Abb. 438. Stromlauf des Klappenschranks ZB 10 für 3 Leitungen.

Als Schlußzeichen dienen in diesem Falle ebenfalls die Schauzeichen, die durch das Abfallen des Ankers am Speiserelais Erdverbindung und somit Strom erhalten.

Bei besonderer Speiseleitung wird Klemme 2 mit 3 verbunden, sonst 1 mit 2 und 3 mit 4.

Der **Klappenschrank ZB 10 für 6 Leitungen** ist gebaut wie der zu 3 Leitungen, nur größer. Den Stromlauf zeigt Abb. 439. Als Anrufzeichen dient eine Klappe für die Amtsleitung und je ein Schauzeichen für die Nebenstellenleitungen. Zum Anschalten des Handapparates an diese Leitungen sind Abfragetasten oberhalb der Anrufzeichen vorgesehen, die in gleicher Weise mechanisch voneinander und vom Hakenumschalter abhängig sind, wie beim Klappenschrank ZB 10 für 3 Leitungen. Zur Verbindung der Nebenstellen mit der Amtsleitung ist unterhalb jedes Schauzeichens eine zweite Taste vorgesehen. Diese fünf unteren Tasten sind mechanisch so miteinander verbunden, daß nach dem Niederdrücken einer Taste

512 Nebenstellen.

eine zweite nicht mehr bewegt werden kann. Der Schluß des Gesprächs wird durch das Schauzeichen der betreffenden Nebenstelle angezeigt. Zur Aufhebung der Verbindung dient eine besondere gelbe Auslösetaste, bei deren Niederdrücken die vorher gedrückte Taste in die Ruhelage zurückspringt.

Unterhalb der unteren Tastenreihe befindet sich eine Reihe von Klinken, die mit den Nebenstellenleitungen in Verbindung

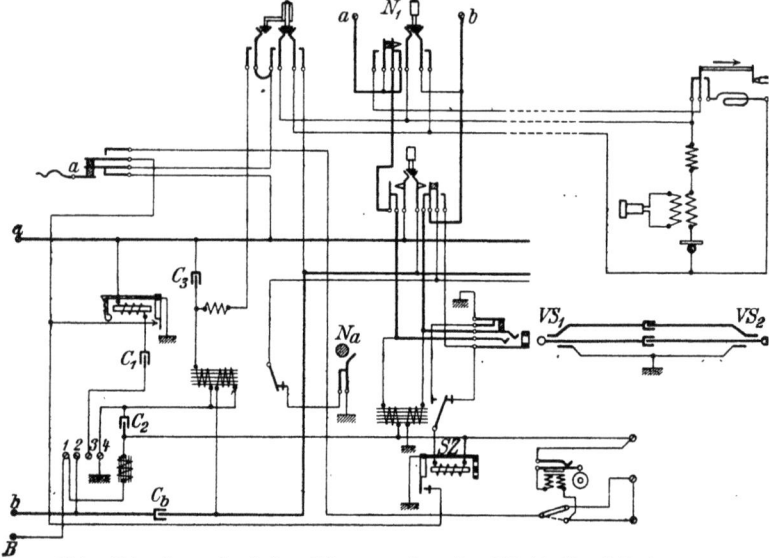

Abb. 439. Stromlauf des Klappenschranks ZB 10 für 6 Leitungen.

stehen. Mit Hilfe von dreiadrigen Verbindungsschnüren werden die Nebenstellen unter sich an diesen Klinken verbunden.

Die Schaltung ist in Abb. 439 für die Hauptstelle und eine Nebenstelle dargestellt. Bei besonderer Speiseleitung wird Klemme 2 mit 3 verbunden, sonst 1 mit 2 und 3 mit 4.

Die **Klappenschränke ZB 13 für 3 und 6 Leitungen,** die jetzt allgemein an Stelle der Schränke ZB 10 verwandt werden, stimmen in den Grundsätzen der Bauart und Schaltung untereinander überein. Die Schränke ZB 13, eine Vervollkommnung der Schränke ZB 10, können in den ZB-Netzen für Hand- nnd für Selbstanschlußbetrieb verwandt werden. Im Schrankinnern sind Klemmen vorgesehen, die der Amtseinrichtung entsprechend miteinander zu verbinden sind; dadurch werden die Zusatzteile

(Kondensatoren, Drosseln u. dgl.) ein- oder ausgeschaltet, Erdverbindungen angelegt oder abgetrennt usw. An der Vorderseite ist die Öffnung zum Einbau der Wählerscheibe für selbsttätige Netze vorgesehen. In der Bedienung stimmen die Schränke ZB 13 und ZB 10 überein.

Größere Verbindungsschränke. Bei Nebenstellenanlagen mit einer größeren Zahl von Nebenstellen und Amtsleitungen verwendet man größere Verbindungsschränke, die nach der Art der Anrufzeichen Rückstellklappen- oder Glühlampenschränke genannt werden. Die Rückstellklappe ist S. 363 beschrieben worden. Bei der größeren Zahl der Nebenstellen sind zu deren Verbindung untereinander und mit den Amtsleitungen Klinken und Stöpsel mit Schnur erforderlich. Im folgenden wird ein derartiger Schrank beschrieben.

Der **Rückstellklappenschrank M 11 für 20 bis 40 Leitungen** kann sowohl im ZB- als auch im OB-Betriebe Verwendung finden. Er ist aufnahmefähig für 20 bis 40 Anrufzeichen, darunter 4 bis 7 für Amtsleitungen. Die Rückstellklappen sind zusammen mit den zugehörigen Klinken auf 10-teiligen Streifen untergebracht (Abb. 440). Unterhalb derselben befinden sich 6 bis 10 Paar Schauzeichen, die den auf der Tischplatte ruhenden 6 bis 10 Stöpselpaaren zugeordnet sind. Der Stromlauf ist aus Abb. 441 zu erkennen.

Zu jedem Schnurpaar gehören zwei Schlußzeichen SZs deren zwei Wicklungen auf den a- und b-Draht verteilt sind. Ähnlich wie beim Vielfachumschalter OB 02 ist somit zweiseitiges Schlußzeichen für den Verkehr der Nebenstellen untereinander vorgesehen.

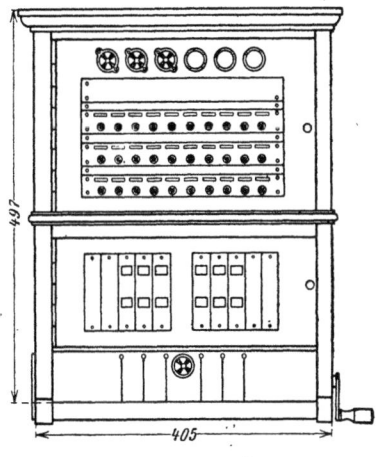

Abb. 440. Rückstellklappenschrank M 11 für 20 bis 40 Leitungen.

Die Schlußzeichenbatterie und die entsprechende Erde sind über zwei Ruhekontakte eines Batterietrennrelais (Schaltrelais) BTR geführt. Dieses erhält Strom, sobald die *c*-Ader des Abfrage- oder Verbindungsstöpsels in einer Klinke Erde findet. Wie man sieht, ist dies bei Amtsklinken (links), nicht aber bei Nebenstellenklinken (rechts) der Fall.

BTR hat 2 Ruhekontakte (in der Abb. 441 links) und 2 Arbeitskontakte (rechts). Der Anker ist rechtwinklig gebogen und dreht sich um die Linie der Biegung als Achse. Der eine Teil des Ankers liegt alsdann vor dem Magnetkern, der andere unter den Federsätzen (vgl. Abb. 402). Der Anker kann

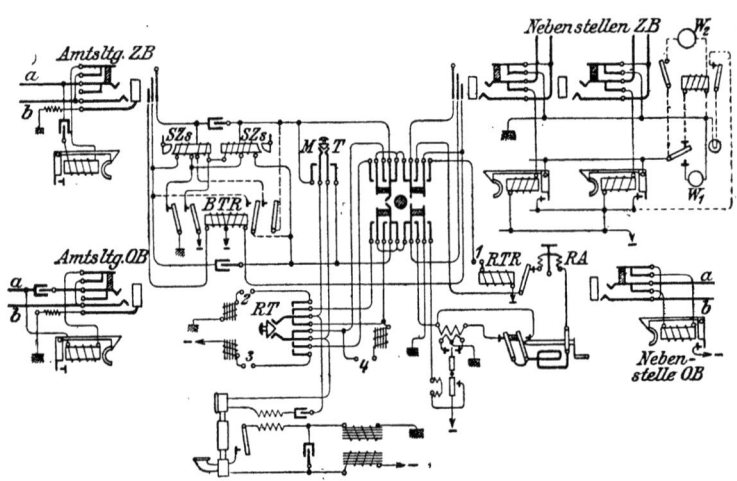

Abb. 441. Stromlauf des Rückstellklappenschranks M 11 für 20 bis 40 Leitungen.

leicht umgedreht werden, so daß seine beiden Schenkel ihre Lage vor dem Magnetkern und unter den Federsätzen vertauschen. Dabei wird durch verschieden geformte Ansätze erreicht, daß in beiden Lagen verschiedene Federsätze in Betracht kommen und zwar werden in einem Falle die Ruhekontakte (ZB-Schaltung), im anderen Falle die Arbeitskontakte (OB-Schaltung) bewegt.

Die Bedeutung der Mithörtaste MT und der Rückfragetaste RT ist ohne weiteres klar. Als Rufstromquelle dient ein Polwechsler oder ein Induktor. RA ist ein Rufstromanzeiger.

OB-Schaltung (Abb. 441). Wird der Stöpsel in eine Amtsklinke gesteckt, so spricht das Batterietrennrelais bezüglich der Arbeitskontakte an und schließt die zwischen den Schlußzeichen liegenden Kondensatoren kurz, so daß die Schlußzeichen nunmehr parallel geschaltet sind und beide gleichzeitig von der Nebenstelle abhängen. Ist das Gespräch Nebenstelle-Amt zu Ende, so gibt demnach zuerst die Nebenstelle der Hauptstelle durch Anhängen des Fernhörers, dann die Hauptstelle dem Amt durch Herausziehen des Stöpsels aus der Amtsklinke selbsttätig das Schlußzeichen.

ZB-Schaltung (Abb. 441). Die Klemmenpaare 1 bis 4 sind zu verbinden. Die Arbeitskontakte des Batterietrennrelais sprechen nicht an, dagegen die Ruhekontakte. Bei einer Verbindung des Amts mit einer Nebenstelle wird die Schrankbatterie abgeschaltet. Nunmehr hängen beide Schlußzeichen und das Schlußzeichen auf dem Amt von der Nebenstelle ab. Die Mikrophone der Nebenstellen werden bei einem Amtsgespräch in üblicher Weise über die Amtsleitung gespeist, bei einem Gespräch der Nebenstellen untereinander aus der Schrankbatterie (12 V). Das Mikrophon der Hauptstelle wird immer in sogenannter ZB-Schaltung aus der Schrankbatterie gespeist. Damit bei einer Verbindung von einer Nebenstelle zum Amt kein Rufstrom zum Amt gesandt werden kann, wird der Rufstromkreis mit Hilfe des Rufstromtrennrelais RTR unterbrochen, sobald der Verbindungsstöpsel in die Amtsklinke gesetzt wird; das an der Schrankbatterie liegende Relais findet über einen Kontakt des Hebelumschalters Stromschluß über die c-Ader, die über die Hülse der Amtsklinke mit dem andern Batteriepole verbunden ist.

IV. Reihenanlagen.

Die Grundzüge der Reihenschaltung sind auf S. 498 bereits dargelegt worden. Als Beispiel einer ausgeführten Schaltung sei die Reihenanlage ZBSpl 10 (Abb. 442) besprochen, das ist eine Reihenschaltung für ZB-Betrieb mit Zuführung des Speisestroms für den Linienwählerverkehr durch eine besondere Speiseleitung. Wie man sieht, führt die stark ausgezogene Amtsleitung durch alle sechs Sprechstellen (von denen nur die Hälfte gezeichnet ist) der Reihe nach hindurch und dann wieder zurück zu einem Wecker an der Sprechstelle, bei der der Amtsanruf beantwortet werden soll (Hauptstelle). In der Abb. 442 ist dies die erste Sprechstelle. An jeder Sprechstelle kann die Leitung durch Drücken der Amtstaste AT unterbrochen und mit dem Abfrageapparat verbunden werden. Das Mikrophon wird hierbei über die Amtsleitung gespeist. Der Speisestrom dient zugleich zur Hervorbringung des Amtsanrufes und des Schlußzeichens,

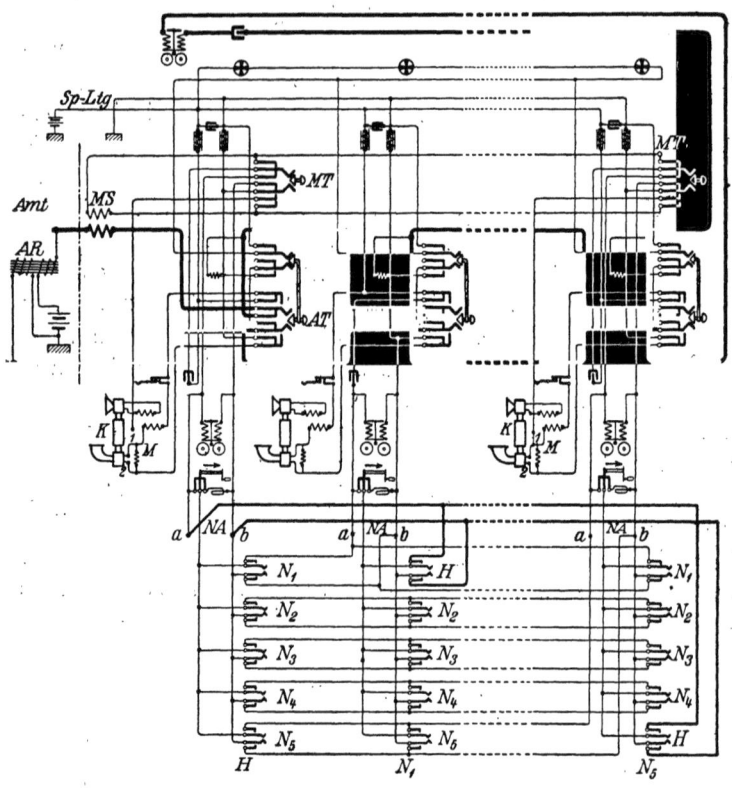

Abb. 442. Stromlauf einer Reihenanlage ZB Spl 10.

das, wie beim ZB-Betriebe üblich, von der Unterbrechung des Stromes beim Anhängen des Hörers abhängig ist. Dem Mikrophon ist ein Widerstand von 1000 Ω parallel geschaltet, damit eine unbeabsichtigte Unterbrechung im Mikrophon (bei wagerechter Lage der Membrane) nicht auch eine Unterbrechung des Speisestromes verursacht, wodurch nach dem oben Gesagten das Schlußzeichen auf dem Amt erscheinen würde. Neuerdings wird für diesen Zweck eine kleine Drosselspule von 1500 Ω mit hohem Scheinwiderstand verwendet.

Das Amtsgespräch einer Sprechstelle würde unterbrochen werden, wenn eine andere Sprechstelle, die dem Amte näher liegt, sich durch Drücken der Amtstaste in die Leitung einschaltet. Um dies zu verhüten, ist am Apparate jeder Sprechstelle ein besonderes Sternzeichen (vgl. S. 365) angebracht das ein weißes Kreuz auf schwarzem Grunde zeigt, sobald die Amtsleitung von irgendeiner Sprechstelle benutzt wird. Die sechs Stern- oder Sperrzeichen sind, wie Abb. 442 zeigt, hintereinandergeschaltet und liegen an Spannung der Speiseleitung. Das andere Ende der Sperrzeichenleitung ist wieder über sämtliche Sprechstellen zurückgeführt und zwar durch besondere Abzweigungen zum Seitenschalter der Amtstaste. Hier wird die Leitung beim Drücken der Amtstaste geerdet, so daß sämtliche Sperrzeichen ansprechen.

Um einzelnen Sprechstellen die Möglichkeit zu geben, die Amtsgespräche zu überwachen, wird auf Wunsch der Teilnehmer eine Mithörtaste MT eingebaut. (In Abb. 442 bei der Hauptstelle und der 5. Nebenstelle.) Beim Niederdrücken dieser Taste wird ein Teil des Sprechstroms aus der Amtsleitung über die vor der ersten Sprechstelle liegende Mithörspule MS in den Empfänger der Mithörstelle geleitet. Die Mithörspule liegt je mit einer Hälfte im a- und b-Zweig, sie ist zur Vereinfachung der Darstellung in Abb. 442 in nur einen Zweig gezeichnet worden.

Das Mikrophon der Mithörstelle erhält, wenn die Amtstaste wie in diesem Falle nicht gedrückt ist, aus der Speiseleitung Strom. Daher ist der überwachende Teilnehmer auch imstande, selbst in das mitgehörte Gespräch sprechend einzugreifen. (In Abb. 442 die Hauptstelle.) Soll die Möglichkeit des Mitsprechens beseitigt werden, so wird das Mikrophon durch die Verbindung des Mikrophons mit der Mithörtaste kurzgeschlossen. (Nebenstelle 5 in Abb. 442.)

Die Linienwählerschaltung ist aus Abb. 442 ebenfalls zu ersehen. Jede Reihenstelle erhält eine besondere doppeldrähtige Leitung, die Linienwählerleitung, die bei allen übrigen Reihenstellen an den äußeren Federn der Linienwählertaste N isoliert endigt, am eignen Apparat dauernd mit dem Gehäusewecker verbunden ist. An die hiernach freibleibende Taste des eigenen Apparats wird die Linienwählerleitung der Hauptstelle geführt. Will z. B. die Stelle 5 mit der Stelle 1 sprechen, so nimmt sie den Handapparat ab und drückt die Taste N_1 nieder; hierdurch wird die Linienwählerleitung 1 mit dem Sprechapparat der Reihenstelle 5 verbunden. Nun dreht die Stelle 5 ihre Induktorkurbel und bringt hierdurch den Wecker der Stelle 1

Abb. 443. Tischgehäuse für 2 Amtsleitungen und 10 Nebenstellen; Gehäuse für eine Nebenstelle.

zum Ertönen. Die Stelle 1 meldet sich, indem sie den Handapparat abnimmt; sie verbindet dadurch ihren Sprechapparat über einen Kontakt am Hakenumschalter mit ihrer Linienwählerleitung. Die Stellen 1 und 5 können nun miteinander sprechen; die Gehäusewecker bleiben als Brücken an der Sprechverbindung liegen.

Den Mikrophonstrom für den Linienwählerverkehr erhalten die Sprechstellen bei einer Anlage nach Abb. 442 aus der Speiseleitung. Der Gleichstromkreis für das Mikrophon wird über einen Kontakt der Ein- und Ausschaltevorrichtung geschlossen, sobald der Handapparat abgenommen wird. In Anlagen ohne Speiseleitung wird der Mikrophonstrom für den Linienwählerverkehr aus der ZB des Amts über den b-Zweig der Amtsleitung zugeführt, wie bei den Zwischenstellenumschaltern und Klappenschränken zu 3 und 6 Leitungen.

Soll während eines Amtsgespräches eine Rückfrage bei einer anderen Sprechstelle erfolgen, so wird im Linienwählerverkehr die Zwischenverbindung hergestellt. Die Amtstaste springt außer dem Seitenschalter in die Ruhelage zurück. Das Schlußzeichen im Amt wird dadurch verhindert, daß ein Stromweg über den Seitenschalter und einen Widerstand von 600 Ω gebildet wird.

Die Reihenanlagen für den OB-Betrieb sind grundsätzlich in gleicher Weise geschaltet. Die Abweichungen sind nur durch die örtliche Mikrophonspeisung gegeben.

Als Gehäuse für Reihenanlagen kommen zur Verwendung für 1 Amtsleitung und 5 Nebenstellen Wandgehäuse in Pultform und Tischgehäuse mit und ohne Mithörtaste,
für Anlagen mit 2 und 3 Amtsleitungen und 10 bzw. 15 Nebenstellen Wandgehäuse in Schrankform und Tischgehäuse, und
für Anlagen mit 4 bis 6 Amtsleitungen und 20 bis 30 Nebenstellen Tischgehäuse in niedriger Pultform.

Bei den Hauptstellen-Apparaten für mehr als eine Amtsleitung ist für jede Amtsleitung eine Klappe als Anrufzeichen vorgesehen, die ein leichtes Auffinden der betreffenden Leitung ermöglicht. Abb. 443 zeigt die Ansicht eines Tischgehäuses für 2 Amtsleitungen und 10 Nebenstellen, und zwar ein solches für die Nebenstellen.

Die Reihenapparate zu 4 bis 6 Amtsleitungen sind an Stelle der Tasten mit 2 Drehschaltern ausgerüstet, wovon einer mit 6 Kontaktsätzen für den Amtsverkehr, der andere mit 30 Stellungen für den Linienwählerverkehr dient. Die Amtsleitungen werden gleichfalls parallel nach allen Stellen abgezweigt. Schaltrelais in den Apparaten verbinden mit den Amtsleitungen nur, wenn sie frei sind. Beim Teilnehmer ist allgemein eine Batterie von 12 V erforderlich.

Eine eingehende Beschreibung der verschiedenen Apparate mit ihren mehr oder weniger geringfügigen Abweichungen voneinander würde den Rahmen dieses Buches überschreiten.

Sechster Teil.

Fernsprech-Vermittlungseinrichtungen für Handbetrieb.

Handbetrieb und Selbstanschluß. Die Anschlußleitungen der Fernsprechteilnehmer werden zu einer Zentralstelle, dem Vermittlungsamt, geführt, wo sie nach Bedarf miteinander verbunden werden.

Die Schalteinrichtungen der Fernsprechämter sollen die Arbeit, die zur Verbindung zweier Teilnchmer erforderlich ist, erleichtern und verringern; dies geschieht insbesondere dadurch, daß ein gewisser Teil dieser Arbeit maschinenmäßig oder selbsttätig eingerichtet wird. Auf den kleineren Ämtern ist es ein geringerer Teil, auf den größeren ein mit der Größe wachsender Teil. Bei den Klappenschränken der kleinen Ämter hat z. B. das Einsetzen des Stöpsels die Folge, daß der Abfrageapparat mit der Anschlußleitung verbunden, die Rufklappe davon getrennt wird. Bei den großen ZB-Schränken wird durch denselben Vorgang — Einsetzen des Stöpsels — noch die Verbindung der Anschlußleitung mit der ZB und das Aufleuchten einer Überwachungslampe veranlaßt. Es wird also in steigendem Maße die Schaltarbeit den mechanisch wirkenden Hilfsmitteln übertragen. Auf den ganz großen Ämtern mit vielen stark besetzten Schränken wird die Tätigkeit der Verbindungsbeamtinnen so mechanisch und daneben infolge ihrer Menge so anstrengend, daß man auch die Verbindungsarbeit ganz oder zum Teil von Maschinen ausführen läßt. Obschon dies also nur eine Fortentwicklung in der gegebenen Richtung bedeutet, liegt doch betriebstechnisch ein gewisser Gegensatz darin, wie man die Verbindungen ausführt.

Wenn die verlangte Leitung von einer Verbindungsbeamtin ausgewählt und die Verbindung mit der Hand ausgeführt wird, so nennt man dies Handbetrieb, das Amt wohl auch ein Handamt. Wird dagegen die verlangte Leitung auf die vom rufenden Teilnehmer vorgenommenen Einstellungen hin von einem maschinenmäßig arbeitenden Umschalter ohne besonderes Zutun einer Beamtin ausgewählt, so spricht man von **Selbstanschluß, Selbstanschlußamt** oder **automatischem Betrieb**. Zwischen diesen beiden steht eine Übergangsform, bei der wie im Handbetrieb die Teilnehmer ihren Wunsch einer Beamtin aussprechen; diese wählt aber nicht selbst die Leitung aus, sondern bereitet lediglich die Wahl vor, so daß sie durch einen maschinenmäßigen Wähler ausgeführt werden kann; dies nennt man **halbautomatischen Betrieb**.

Die Selbstanschlußämter sind zwar in der Herstellung eurer als Handämter; aber der Betrieb bringt so große Ersparnisse, besonders beim Bedienungspersonal, daß die wirtschaftliche Rechnung doch nicht ungünstiger wird, sogar bei großen Ämtern Vorteile für das Selbstanschlußsystem ergibt. In betriebstechnischer Beziehung bietet dieses hauptsächlich raschere Bedienung, Unabhängigkeit des Teilnehmers vom Amtspersonal, geringen Raumbedarf und leichte Erweiterungsmöglichkeit der Einrichtungen.

Beim halbautomatischen System braucht der Teilnehmer nicht das mit der etwas verwickelten Wählscheibe versehene Selbstanschlußgehäuse, sondern nur das gewöhnliche Gehäuse. Beim heutigen Stande der Technik ist aber die Wählscheibe als genügend betriebssicher anzusehen; auch sind ihre Kosten nicht mehr besonders hoch. Der hier möglichen Ersparnis steht gegenüber, daß die Wähleinrichtungen auf dem halbautomatischen Amte umfangreicher und kostspieliger sind, als bei dem vollautomatischen. Das halbautomatische System ist daher weniger wirtschaftlich als das vollautomatische. Es kommt nur als Übergang in Betracht; vgl. S. 670. Gegenüber dem Handbetrieb bleiben die obengenannten Vorzüge größtenteils erhalten; man hat indes wieder die von der erhöhten menschlichen Mitwirkung herrührenden Störungen in Kauf zu nehmen. In der letzten Zeit sind einige große Ämter nach dem halbautomatischen System gebaut worden; im allgemeinen kann man annehmen, daß diese mit der Zeit in vollautomatische Ämter umgewandelt werden.

Gegenwärtig besteht auf weitaus den meisten Fernsprechämtern Handbetrieb; dieser wird deshalb hier, da er auch die ältere Betriebsweise ist, vorangestellt. Der automatische und halbautomatische Betrieb wird im 7. Teil behandelt.

Sechsundzwanzigster Abschnitt.
Allgemeine Einrichtungen der Fernsprechämter.

I. Allgemeine Einrichtungen der Umschalter.

Schränke und Tische. Zur Verbindung der ins Amt geführten Anschlußleitungen untereinander dienen ähnliche Schränke wie für den Telegraphenbetrieb (vgl. S. 356 u. f.)

Die Tischform, die sich noch auf einigen Ämtern findet, ist als veraltet anzusehen. Beschreibungen solcher Umschalter findet man in früheren Auflagen dieses Buches (vgl. 5. Aufl., S. 445 bis 452). Ihr Vorteil bestand darin, daß das Klinkenfeld von beiden Seiten zugänglich war, daß also beiderseits Arbeitsplätze angebracht werden konnten und hierdurch die Hälfte der Klinken erspart wurde. Dies hatte nicht nur eine Verminderung der Anlagekosten, sondern auch der im Stromweg liegenden Unterbrechungsstellen zur Folge. Seitdem man allgemein die billigeren Abzweigungsklinken verwendet, sind diese Vorteile nicht mehr so bedeutend wie früher. Gegen diese Umschalter spricht die der Verstaubung ausgesetzte Form der nach oben offenen Klinken, die größere Schwierigkeit der Bedienung bei der großen Tischfläche und die bei dem für Tischumschalter erforderlichen Oberlicht geringere Sichtbarkeit der Glühlampensignale, auch die geringere Zugänglichkeit der im Innern der Tischumschalter geführten Kabel.

Arten der zu verbindenden Leitungen. Die größte Mehrzahl der zu den Umschaltern geführten Leitungen sind die Anschlußleitungen der Teilnehmer; man unterscheidet Haupt- und Nebenanschlüsse, je nachdem der Teilnehmer für sich allein oder mit anderen gemeinsam die Leitung benutzt (S. 497). Pauschgebührenanschlüsse sind solche, bei denen die Gebühr von der Zahl der geführten Gespräche unab-

Allgemeine Einrichtungen der Umschalter. 523

hängig ist, während bei **Grundgebührenanschlüssen** eine Gebühr für eine bestimmte Zahl von Gesprächen und Einzelgebühr für die darüber hinaus geführten Gespräche erhoben wird. Zwischen mehreren Ämtern in derselben Stadt und deren Vororten, in einigen Fällen auch zwischen den Ämtern benachbarter Städte (Bezirksnetze) wird der Verkehr auf **Verbindungsleitungen (Nahverkehr)** abgewickelt, wobei die Beamtinnen für ihre dienstlichen Mitteilungen besondere **Dienstleitungen** benutzen. Zu Gesprächsverbindungen über größere Entfernungen dienen die **Fernleitungen (Fernverkehr)**. Zum Anschluß einzelner zerstreut liegender öffentlicher Sprechstellen (Posthilfsstellen, Postagenturen u. dgl.) an eine oder mehrere größere F. V.-Stellen und zum Verkehr dieser Sprechstellen untereinander dienen **Überland-** oder **Sp-Leitungen** (vgl. auch S. 440).

Anrufzeichen. Die Schränke enthalten die nötigen Vorrichtungen für den Anruf des Vermittlungsamts. Zu diesem Zwecke ist in jede Anschlußleitung ein Elektromagnet eingeschaltet, dessen Anker, durch die Wirkung des vom Teilnehmer ausgehenden Weckstroms (Kurbelinduktor bei OB-, Gleichstrom bei ZB-Betrieb) angezogen, entweder eine Fallscheibe (Klappe) mit der Nummer des rufenden Teilnehmers auslöst (S. 362, Abb. 299), oder mit Hilfe der Batterie des Amts eine kleine Glühlampe zum Aufleuchten bringt (S. 363/4, Abb. 301), was wegen der Geräuschlosigkeit und des geringen Raumbedarfs, besonders bei großen Ämtern, vorgezogen wird.

Verbindungsmittel. Zur Herstellung der Verbindungen dienen Klinken, Stöpsel und Leitungsschnüre, im wesentlichen gleicher Art, wie auf S. 345 u. f. beschrieben. Die Klinken, welche zwei-, drei- und mehrteilig sein können, werden entweder hinter- oder nebeneinander in die Leitung geschaltet. Die Reihenschaltung (vgl. Abb. 445 und 464, a-Zweig) hat den Nachteil, daß die Unterbrechung einer einzigen Klinke (durch Staub, Erschlaffung einer Feder u. dgl.) die ganze Leitung stört. Man bevorzugt daher die **Parallelklinken** (vgl. Abb. 475, 476). Die fünfteiligen Klinken mit doppelter Unterbrechung, wie VK in Abb. 464, heißen **Doppelunterbrechungsklinken**.

Zur Verbindung zweier Leitungen werden in der Regel zwei durch eine Schnurleitung verbundene Stöpsel verwendet, wie in Abb. 464. Diese Schnurleitung, in die Umschalter,

Drosselspulen, Kondensatoren u. a. eingeschaltet sind, wird deshalb meist aus zwei Stücken gebildet, die mit den einen Enden im Innern des Umschalters befestigt und dort mit den einzuschaltenden Apparaten verbunden sind; vgl. Abb. 463, wo auch die zum Spannen der Schnüre dienenden Rollgewichte zu erkennen sind. An den beiden äußeren Enden sitzen die Stöpsel. Es entstehen also zwei Schnüre, Zweischnursystem; die zu verbindenden Leitungen endigen beide in Klinken. Man kann auch die Leitungen statt in Klinken in Stöpselschnüren endigen lassen; dann wird diese eine Stöpselschnur zur Verbindung benutzt, Einschnursystem. Dieses System wird in der RTV nicht mehr an Teilnehmerschränken benutzt, sondern nur an Fern- und Verbindungsschränken; eine kurze Beschreibung des Systems enthält die vorige Auflage dieses Buches, S. 382/3; die jetzige Verwendung ersieht man aus Abb. 479 u. 480.

Beim Schnurpaar des Zweischnursystems ist der eine Stöpsel zum Abfragestöpsel bestimmt, der in die Abfrageklinke (s. S. 528) des rufenden Teilnehmers gesteckt wird, der andere zum Verbindungsstöpsel, der zur Freiprüfung (s. S. 528) und zur Herstellung der Verbindung mit dem gewünschten Teilnehmer dient. Die beiden Stöpsel sind gleich und die Schaltung der Schnur ist zur Mitte im wesentlichen symmetrisch.

Stromsperren. Um die ohnehin schon verwickelten Schaltungen der Fernsprechanlagen nicht noch umständlicher zu gestalten, benutzt man nach Möglichkeit dieselben Stromwege für die verschiedenen Zwecke: Sprechen und Hören, Anruf, Zeichengeben. Die Sprechströme sind rasch schwingende Wechselströme; für den Anruf benutzt man hauptsächlich Gleichstrom, zum Teil auch Wechselstrom von niederer Periodenzahl (15 bis 25 Per/s.). Dem Gleichstrom kann man durch Kondensatoren, den Sprechströmen durch Drosselspulen den Weg sperren, die Weckströme gehen durch beide hindurch. Vgl. S. 140.

Schlußzeichen. Mit der Stöpselschnur wird ein besonderes Schlußzeichen in den Stromweg gebracht; vgl. Abb. 451, SKp. Der Teilnehmer soll bei Beendigung des Gesprächs durch eine besondere Stromsendung die Schlußklappe zum Fallen bringen. Allein dies hat sich als zu unsicher erwiesen. Daher war es in größeren Fernsprechnetzen nötig, das Schlußzeichen mit einer der Handlungen, die vom Teilnehmer am Schluß des Gespräches

Allgemeine Einrichtungen der Umschalter.

regelmäßig vorgenommen werden, nämlich mit dem Anhängen des Fernhörers zu verknüpfen. (Selbsttätiges Schlußzeichen, vgl. Abb. 461, 464 u. a.).

Im OB-Betrieb stellt man auf dem Amte eine Schlußzeichenbatterie von 6 bis 8 V auf (vgl. Abb. 464). Der positive Pol dieser Batterie ist geerdet (vgl. S. 78), vom negativen Pol geht über eine Drosselspule und ein Schlußzeichen SZ eine Abzweigung zur a-Ader der Verbindungsschnur (Abb. 444a). Nach der Seite des Abfragestöpsels ist die Leitung ununterbrochen, nach

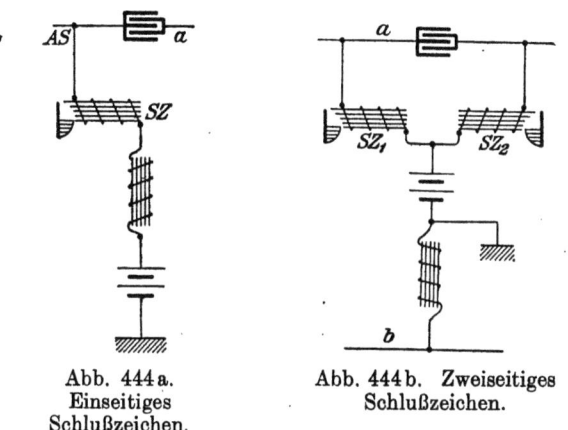

Abb. 444a. Einseitiges Schlußzeichen.   Abb. 444b. Zweiseitiges Schlußzeichen.

der andern ist sie für Gleichstrom gesperrt. Beim Teilnehmer liegt vor dem Fernhörer ein Kondensator; vgl. Abb. 407. Während des Sprechens ist hierdurch die a-Ader auch auf der Seite des rufenden Teilnehmers gesperrt, bis dieser seinen Hörer anhängt. In diesem Augenblick wird die Leitung über den Wecker geschlossen, das Schlußzeichen zeigt Strom, die Beamtin (von jedem sind 4 Klinken und eine Klappe dargestellt), wird in trennt die Verbindung. Vgl. 5. Aufl., S. 440, Abb. 346 und S. 443.

Dieses einseitige Schlußzeichen ließ nur Vorgänge beim rufenden Teilnehmer erkennen; um auch dem gerufenen die Möglichkeit zu geben, sich mit der Beamtin zu verständigen, hat man das einseitige Schlußzeichen allgemein durch das ähnlich eingerichtete zweiseitige (Abb. 444b) ersetzt. Die a-Ader ist in der Mitte durch den Kondensator unterbrochen, vom negativen Pol der Batterie geht beiderseits eine Abzweigung über den Schlußzeichenmagnet zur a-Ader.

Beim Fernamt liegt das Schlußzeichenrelais als Brücke zwischen a- und b-Ader der Verbindungsschnur, die durch Kondensatoren geteilt ist, um das Schlußzeichen zweiseitig zu machen (vgl. Abb. 498). Statt die Verbindungsschnur durch Kondensatoren zu unterbrechen, kann man auch die Übertragerschaltung anwenden (Abb. 479).

Bei ZB-Systemen verknüpft man das Schlußzeichen mit der Mikrophonspeisung. Der Kondensator des Teilnehmergehäuses wird aus dem Sprech- in den Weckerkreis gelegt (vgl. Abb. 412). Hängt der Teilnehmer bei Beendigung des Gesprächs den Fernhörer an den Haken, so unterbricht er den Strom der ZB, der während des Gesprächs geschlossen war und ein Relais durchfloß, dessen Anker nun abfällt und den Stromkreis einer Glühlampe schließt. Das Nähere ergibt sich aus S. 576/7, auch Abb. 485.

Hilfsapparate. Jeder Umschalter wird mit Tasten, Hebelumschaltern, Abfrageapparaten, das Amt mit Rufmaschinen oder anderen Wechselstromquellen u. dgl. ausgerüstet.

II. Besondere Einrichtungen der Umschalter.

Einfachumschalter. Für kleinere Orte, wo die Zahl der Fernsprech-Teilnehmer nicht mehr als etwa 150 beträgt, kann man mit wenigen kleineren Umschalteschränken auskommen; da alsdann sämtliche Klinken der Teilnehmer nahe beieinander liegen, lassen sich je zwei Klinken stets durch eine Stöpselschnur verbinden. Es reicht dann aus, wenn jede Teilnehmerleitung auf dem Amte ein Rufzeichen und eine einzige Klinke besitzt.

Diese Klappenschränke sind für 3, 5, 10, 20, 40, 50 und 100 Anschlußleitungen eingerichtet.

Vielfachumschalter. Sind in einer Vermittelungsanstalt mehr als drei Klappenschränke gewöhnlicher Art aufgestellt, so müssen sich die Beamten über alle Verbindungen, bei denen zwei nicht benachbarte Schränke zu benutzen sind, durch Zuruf verständigen. Das hierdurch entstehende Stimmengewirr wird um so störender und Mißverständnisse werden um so häufiger, je größer die Anzahl der Klappenschränke ist.

Diesem Übelstande helfen die Vielfachumschalter ab.

Besondere Einrichtungen der Umschalter. 527

Das Klinkenfeld, in dem die Klinken aller Teilnehmer der Nummer nach geordnet sind, erstreckt sich über höchstens drei Arbeitsplätze; an jedem Arbeitsplatz liegen soviel Rufzeichen zu Auschlußleitungen, als eine Beamtin bedienen kann. Solcher Felder werden so viele nebeneinander gestellt, daß die für die Bedienung aller Teilnehmer nötige Zahl Arbeitsplätze erreicht wird. Jede Anschlußleitung muß in jedem dieser Felder an

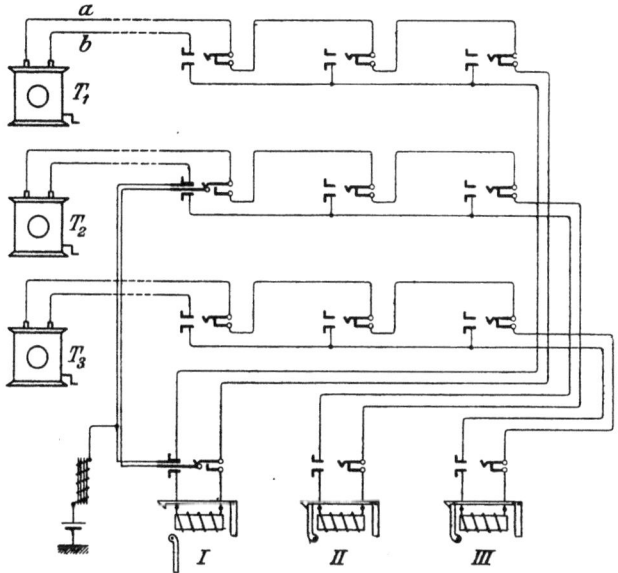

Abb. 445. Schema eines Vielfachumschalters.

ihre Klinke geführt werden; jede Beamtin kann dann jede Anschlußleitung am eignen oder an einem benachbarten Arbeitsplatz erreichen.

Der Grundgedanke des Vielfachumschalters wird in seiner einfachsten Gestalt durch Abb. 445 dargestellt. I, II, III sind drei nebeneinanderstehende Klinkenfelder, T_1, T_2, T_3 drei Sprechstellen. Jede Leitung führt in jedem Feld durch eine Klinke, die a-Leitung über die Klinkenfedern, die b-Leitung über die Hülsen und schließlich an einem der Schränke zu dem Elektromagnet, der das Rufzeichen bildet. Um der abfragenden Beamtin das Aufsuchen der Klinke im großen Feld zu ersparen, wird in einem besonderen Abfragefeld für jede Leitung eine Klinke, die Anruf- oder Abfrageklinke, angebracht (vgl. Abb. 463, 468); wenn als Anrufzeichen Glühlampen verwendet werden, setzt man diese gleich unter die Abfrageklinke (vgl. Abb. 467, 468). Der Teilnehmer 1 (Abb. 445) hat gerufen; die Beamtin beim Feld I hat ihn darauf mit Hilfe der Stöpselschnur an ihrem Arbeitsplatz mit dem gewünschten Teilnehmer 2 verbunden. Jeder Arbeitsplatz ist mit einer Abfrageeinrichtung und den nötigen Schalthebeln, Schnurstöpseln und Batterietasten ausgerüstet.

Freiprüfung. Die räumliche Ausdehnung der Vermittelungsämter macht es notwendig, daß jede Beamtin von ihrem Platze aus prüfen kann, ob eine verlangte Leitung frei oder anderweitig besetzt ist. Dazu dient eine Prüfleitung, die die Klinkenhülsen desselben Teilnehmers untereinander verbindet.

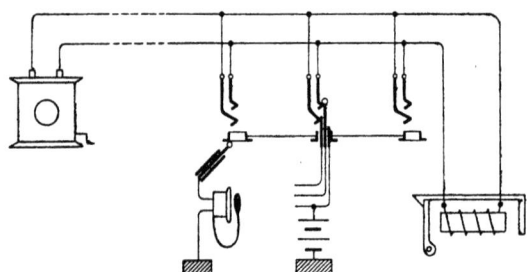

Abb. 446. Freiprüfung.

Beim Einsetzen eines Stöpsels in eine Klinke wird an die Hülsenleitung eine Batteriespannung gelegt (Abb. 446). Berührt an einem andern Arbeitsplatze die Beamtin mit der Spitze des zweiten Stöpsels die Klinke eines schon verbundenen Teilnehmers, so hört sie im Abfrageapparat einen Knack, indem von der Prüfbatterie über die Hülsenleitung und die berührende Spitze ein Strom in den Fernhörer des Abfrageapparats dringt (vgl. S. 563).

Zwei- und dreidrähtige Leitungsführung. In Abb. 446 wird die c-Leitung als Prüfleitung benutzt; Umschalter dieser Art nennt man dreidrähtig. Die zweidrähtige Führung (vgl. Abb. 445) spart an Leitungen und an Raum zu deren Unterbringung; Klinken, Stöpsel und Schnüre bleiben einfacher. Dagegen hat sie den Nachteil, daß die zum Prüfen dienende Hülsenleitung von den

Freiprüfung. Zwei- und dreidrähtige Leitung. Größen der Schränke. 529

Vorgängen auf der Außenleitung beeinflußt, daher die Prüfung selbst beeinträchtigt wird, ferner daß das Prüfen vom Teilnehmer wahrgenommen werden und ihn stören kann; insbesondere aber kann die zweidrähtige Anordnung nicht symmetrisch sein, was die Entstehung störender Nebengeräusche durch Induktion, Stromübergang, Erdströme begünstigt (vgl. S. 125). Man zieht daher meistens, besonders für die großen Ämter, dreidrähtige Leitungsführung vor; die beiden Teilnehmerleitungen werden über die Klinkenfedern geführt und eine besondere, von der Teilnehmerleitung getrennte Prüfleitung, die die Hülsen verbindet, gelegt. Beide Fälle lassen sich mit Unterbrechungs- oder mit Parallelklinken ausführen. Abb. 475 zeigt eine dreidrähtige Führung mit Parallelklinken.

Bei zweidrähtiger Führung bezeichnet man den über die Klinkenfedern geführten Zweig mit a, den mit den Hülsen verbundenen mit b; die Stöpselspitze gehört zum a-Teil. Bei dreidrähtiger Führung gehört zur kurzen Klinkenfeder die a-Leitung, zur langen Feder die b-Leitung, zu den Hülsen die c-Leitung.

Größen der Schränke. Je nach der Größe der Vermittlungsanstalt gelangen Umschalteschränke kleiner Form (für 1600 Teilnehmerleitungen, zu erweitern bis 4800), mittlerer (für 6300 Teiln.) oder großer Form (10000 Teiln.) zur Aufstellung.

Die Vielfachumschalter besitzen 1 oder 3 Arbeitsplätze, von denen jeder für 100, 200 oder für 300 Teilnehmerleitungen eingerichtet ist; manchmal werden die Plätze für 200 oder 300 Leitungen nicht vollständig mit Anrufvorrichtungen besetzt. Die Teilnehmer, die Pauschgebühr zahlen, pflegen wesentlich (etwa 5 bis 6 mal) häufiger zu sprechen, als die, die Grund- und Gesprächsgebühr zahlen; man legt häufig die Teilnehmer jeder Art zusammen, kann dann von P-Teilnehmern nur erheblich weniger auf einen Arbeitsplatz legen als von G-Teilnehmern; in andern Fällen mischt man sie, um eine einigermaßen gleichmäßige Belegung der Arbeitsplätze zu erzielen. Feste Regeln dafür gibt es nicht.

Die zum Verkehr auf den Stadt- und Vororts-Verbindungsleitungen dienenden Leitungen werden je nach der Richtung des Verkehrs in abgehende und ankommende

530   Allgemeine Einrichtungen der Fernsprechämter.

Leitungen eingeteilt. Jene sind für den Verkehr vom eigenen nach den anderen Ämtern bestimmt, werden durch das Vielfachfeld geführt und bedürfen keines Anrufzeichens; diese haben nur eine Anrufklappe und Abfrageklinke, aber keine Klinken im Vielfachfeld. In der Regel werden für die ankommenden Verbindungsleitungen besondere Schränke aufgestellt, an denen keine Teilnehmer-Anrufzeichen liegen.

Fernschränke. Soweit die Schränke nur zur Aufnahme von Verbindungsleitungen zwischen verschiedenen Ortsfernsprechnetzen bestimmt sind, heißen sie Fernschränke. Sie sind dann in der Regel für 2, 4 oder 8 Doppelleitungen eingerichtet und ermöglichen die Verbindung der Fernleitungen sowohl untereinander, wie mit Teilnehmeranschlüssen. Man unterscheidet zwischen Fernschränken großer und kleiner Form. Bei älteren Vermittlungsanstalten kamen auch Fernumschalter in Tischform zur Anwendung, die 8 und 16 Fernleitungen aufzunehmen vermögen. Um die Fernleitungen mit den Apparatsystemen oder untereinander oder mit einem Meßsystem zu verbinden, dienen Klinkenumschalter.

Beim Orts-Vermittlungsamt führen die von den Fernschränken oder Ferntischen kommenden Verbindungsleitungen (die Vorschalteleitungen, auch Ortsverbindungsleitungen genannt werden) an Vorschaltetafeln in Schrank- oder Tischform, deren Klinken für sämtliche Teilnehmerleitungen mit Doppelunterbrechungskontakten ausgerüstet sind, so daß die Fernleitungen und Anschlußleitungen unter Abschaltung der übrigen Vielfachumschalter des Ortsamtes verbunden werden können (s. Abb. 464, VK). Neuerdings wird hiervon abgesehen; vgl. Abb. 481, 484.

Die Anmeldung der vom Orte ausgehenden Gespräche wird bei den großen Fernämtern an besonderen Meldetischen, früher zu 4 oder 6, jetzt zu 2 Arbeitsplätzen entgegengenommen, die mit dem Ortsamt durch eine vom Bedarf abhängige Zahl Meldeleitungen verbunden sind. An Stelle der Anruf- und Schlußklappen gelangen bei den Einrichtungen dieser Art jetzt vielfach Glühlampen zur Anwendung.

Aufstellung der Schränke. Die älteren Klappenschränke kleiner Form bis zu 20 Leitungen (auch der Fernschrank kleiner Form) werden an der Wand befestigt; alle anderen Arten, auch die neuen Schränke zu 3, 5, 10 und 20 Leitungen, sind frei

Fernschränke. Aufstellung. Dienstleitung.

aufzustellen. Im Betriebssaal des Fernsprechamtes werden die Schränke in einer oder mehreren Reihen, auch hufeisenförmig aufgestellt. Am Ende jeder Reihe bleibt der letzte Arbeitsplatz unbesetzt; sein Vielfachfeld dient zur Vervollständigung des Feldes des Nachbarschrankes.

Außer den Vielfachumschaltern werden noch Meldetische, Auskunftstische und Aufsichtstische aufgestellt.

Bei Anstalten mit großen Schrankumschaltern der neuen Systeme werden Haupt- und Zwischenverteiler und Relaisgestelle in einem besonderen Geschoß untergebracht, das sich am besten unter dem Betriebssaal befindet.

Dienstleitungsbetrieb. Wenn zur Herstellung einer Verbindung mehrere Beamte zusammenwirken müssen, weist man ihnen häufig zur gegenseitigen Verständigung Dienstleitungen zu. Diese werden zwischen die Abfrageapparate gelegt und können ohne besondere Rufeinrichtung benutzt werden. Der rufende Beamte drückt die Dienstleitungstaste (z. B. DT in Abb. 484), um sogleich mit dem gewünschten Beamten sprechen zu können; er hat nur aufzumerken, ob nicht schon in der Leitung gesprochen wird. Der rufende Beamte nennt in der Dienstleitung die Nummer des gewünschten Teilnehmers, der gerufene gibt die Nummer der zu benutzenden Verbindungsleitung zurück. Zuzeiten schwächeren Verkehrs schaltet der zu rufende Beamte seinen Anfrageapparat von der Leitung ab, dafür aber ein Dienstrelais mit Dienstlampe an (vgl. D_tAR und D_tAL in Abb. 498).

III. Stromversorgung. Zentralbatterie.

OB und ZB. Der Teilnehmer bedarf einer Stromquelle für den Anruf des Amtes und für sein Mikrophon. In kleineren Netzen erhält er daher einen Kurbelinduktor und eine Mikrophonbatterie aus 1 oder 2 Trockenelementen (vgl. Abb. 409). In großen Netzen ist das unwirtschaftlich; die Beschaffung der vielen Kurbelinduktoren und Trockenelemente, ihre Unterhaltung, die Erneuerung der Elemente ist kostspielig, insbesondere auch wegen der häufigen langen Wege vom Amt zum Teilnehmer. Es ist in der Beschaffung und in der Unterhaltung billiger und für den Betrieb besser, statt der vielen tausend Induktoren und

Trockenelemente bei den Teilnehmern eine einzige größere Sammlerbatterie mit Ladeeinrichtung auf dem Amt aufzustellen, die (vgl. S. 191 u. folg.) bequem zu überwachen und mit verhältnismäßig wenig Personal zu bedienen und zu unterhalten und daher gleichmäßiger in der Wirkung ist, während die zahlreichen durch Induktoren und Trockenelemente veranlaßten Störungen wegfallen. Allerdings ist die OB-Speisung, wenigstens bei Verwendung guter Elemente, wegen des geringen Widerstandes im Mikrophonkreise in der Lautwirkung besser; wegen der schwierigen Unterhaltung ist sie aber nicht gleichmäßig.

Zunächst wurde die Zentralbatterie nur zur Speisung der Mikrophone verwandt; die Teilnehmer behielten noch den Induktor (vgl. 5. Aufl. S. 449). Solche Ämter werden nicht mehr gebaut.

Die neuen großen Ämter werden jetzt durchweg so eingerichtet, daß der Teilnehmer keine Stromquelle erhält. Er ruft, indem er den Fernhörer vom Haken nimmt und gibt das Schlußzeichen, indem er ihn wieder anhängt.

Für die Zentralbatterie hat sich die Abkürzung ZB eingebürgert; die Ämter heißen ZB-Ämter. Im Gegensatz dazu nennt man solche Ämter, wo die Teilnehmer ihre Stromquellen an ihrem Ort haben, Ortsbatterie-Ämter, OB-Ämter.

Die Grenze, wo man vom OB- zum ZB-Amt übergehen soll, läßt sich nicht einfach angeben. Die Vielfachumschalter OB 02 können bis zu 4800 Anschlußleitungen aufnehmen, die Vielfachumschalter ZB 10 sind für 3000, ZB 11 für 6300 bestimmt. Wenn z. B. ein OB-Umschalter mit 2000 Leitungen voll besetzt ist, so wird man ihn, wenn er noch gut erhalten ist, als OB-Umschalter vergrößern, wenn er aber der Erneuerung bedarf und weitere Entwickelung des Netzes vorauszusehen ist, wird man ihn durch einen ZB-Umschalter ersetzen.

Speisung der Teilnehmerstellen. Damit die Teilnehmer jederzeit das Amt anrufen können, müssen die Anschlußleitungen dauernd an den Polen der Batterie liegen. Im Stromkreis jedes Teilnehmers befindet sich hierbei ein Relais, das Anrufrelais AR, das den Anruf vermittelt; vgl. die Schaltbilder Abb. 473, 474. Auf den Anruf setzt die Beamtin den Abfragestöpsel AS in die Abfrageklinke AK ein. Entweder wird hierbei das Anrufrelais abgeschaltet (Westernsche Schaltung, Abb. 473, 475); dann erhält die Teilnehmerleitung den Strom der Batterie über einen

Stromversorgung. Zentralbatterie. 533

vom Abfragestöpsel hergestellten neuen Stromweg. Oder das Anrufrelais bleibt im Stromkreis (Ericssonsche Schaltung, Abb. 474, 476), so daß die Speisung nicht geändert wird. Dieser Strom speist nun das Mikrophon des Teilnehmers. Führt die Beamtin noch den Verbindungsstöpsel VS in die Vielfachklinke des gerufenen Teilnehmers ein, so erhält dieser, wenn er den Hörer abnimmt, ebenfalls Mikrophonstrom, und die beiden können nun miteinander sprechen.

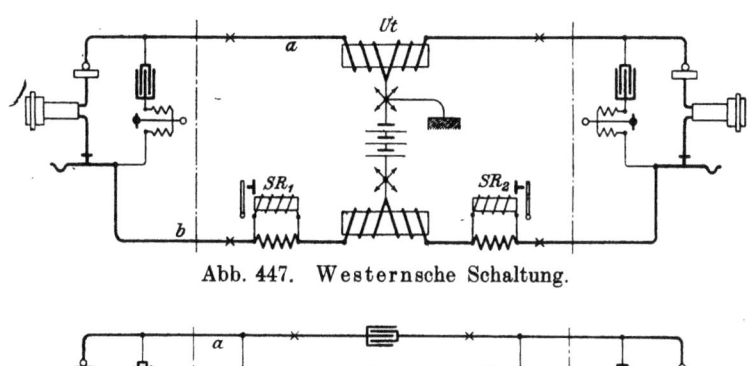

Abb. 447. Westernsche Schaltung.

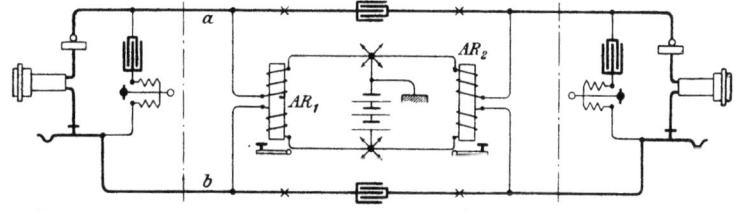

Abb. 448. Ericssonsche Schaltung.
ZB-Schaltungen für Fernsprechämter.

Die während des Sprechens bestehenden Verbindungen stellen Abb. 447 und 448 dar, wobei alle sonstigen Leitungsteile weggelassen sind. Zwischen den Kreuzen $\times$ liegen die Schnurpaare, die strichpunktierten Linien trennen das Amt von der Anschlußleitung. Die Zentralbatterie ZB von 24 V ist mit dem positiven Pol geerdet (vgl. S. 535); von ihren beiden Polen führen Abzweigungen nach allen Schnurpaaren (Abb. 447) oder nach allen Anrufrelais (Abb. 448), schließlich zu den Teilnehmerleitungen.

Verhütung des Mitsprechens. Die ZB bildet also einen für alle bestehenden Sprechverbindungen gemeinsamen Teil der

Stromwege, und es müßte durch die Stromverzweigungen allgemeines Mitsprechen eintreten, indem Stromteile aus jeder Sprechverbindung in alle anderen gelangten. Zunächst steht dem der Umstand entgegen, daß der Widerstand der ZB außerordentlich klein ist (vgl. S. 190). Außerdem erschwert man den Sprechströmen, die bekanntlich Wechselströme sind, den Weg durch die ZB, indem man Drosselspulen von erheblicher Induktivität einschaltet, die anderseits dem gleichbleibenden Speisestrom aus der ZB nur den geringeren Gleichstromwiderstand entgegensetzen; schließlich gibt man den Wechselströmen noch einen besonders günstigen Weg an den Selbstinduktionen vorbei über Kondensatoren (vgl. S. 533, Abb. 448).

Die getroffenen Maßnahmen sind im einzelnen die folgenden:

Ut (Abb. 447, 475) ist ein Übertrager; er ist so gewickelt, daß der von einem Teilnehmer zum andern fließende Sprechstrom — der über den Gleichstrom gelagerte Wechselstrom — den Eisenkern gleich oft in beiden Richtungen, also ohne merkliche Selbstinduktion umläuft; dagegen würde ein Wechselstrom, der vom Teilnehmer ausgehend über die ZB zum gleichen Teilnehmer zurückflösse, in den Übertragern — wo er je nur die Hälfte der Windungen, aber alle im gleichen Sinne durchliefe — starke Selbstinduktion finden; er wird also nicht durchgelassen. Man kann den Vorgang auch so erklären: Der vom Teilnehmer T_1 in beide Übertrager eintretende und über die ZB geschlossen gedachte Sprechstrom erzeugt in den zweiten Windungen der Übertrager durch Induktion gleiche und den Eisenkern in entgegengesetzter Richtung umkreisende Ströme, die über den Teilnehmer T_2 verlaufen, während sie in dem beiden gemeinsamen Stromweg, der ZB, einander aufheben.

In Abb. 448, 476 wird den Sprechströmen das Anrufrelais als Stromsperre entgegengestellt; sie verlaufen über die Kondensatoren von einem Teilnehmer zum andern. Der eine der beiden Kondensatoren kann auch durch ein Stück Leitung ersetzt werden.

Querzellen werden benutzt, um bei gemeinsamer Batterie für die Amtsmikrophone das Mitsprechen zu verhüten. Zwischen die Zuleitung zu den Mikrophonen wird nahe beim Umschalteschrank eine polarisierbare Zelle geschaltet; man nahm zuerst einen Sammler, später die Natronzelle, neuerdings ein Trockenelement. Die Zelle hält die Spannung an der Stelle, wo sie eingeschaltet wird, auf gleicher Höhe (der Polarisationsspannung) und drosselt die Stromänderung ab.

Erdung der ZB. Trotz dieser Vorsorge würde häufiges Mitsprechen eintreten, weil durch die Isolationsfehler einer Leitung Gelegenheit zu Stromübergängen geboten wird. In einem weitverzweigten Netz werden solche Fehler an ziemlich vielen Stellen gleichzeitig auftreten. Wie auf Seite 62 gezeigt wird, fließen zwischen allen Paaren von Fehlerstellen Zweigströme, die u. U. genügend stark werden, um zu stören. Diese Ströme treten aus einer Leitung aus und in andere Leitungen über, und dies wechselt mit den Änderungen der Widerstandsverhältnisse an den Fehlerstellen. Erst die Erdung an bestimmter Stelle macht die Verhältnisse beständig. Man erdet einen Batteriepol, weil dadurch das Erdpotential (Nullpotential) an diesen Pol gelegt wird; die Folge ist, daß die Ableitungsströme, die von den Fehlerstellen einmal zur Erde gegangen sind, nicht wieder in andere Leitungen eintreten, sondern in der Erde bis zum geerdeten Batteriepol fließen. Man erdet den positiven Pol, damit die stromführenden Leitungen der Erde gegenüber den negativen Pol vertreten und nicht durch Oxydationsvorgänge angegriffen werden (S. 78). In der Regel wird die a-Leitung geerdet; die Hülsenleitung führt immer Spannung.

Auch die Freiprüfung verlangt bestimmte und beständige Spannungsverhältnisse in der Anlage, die am besten durch die Erdung eines Batteriepols erzielt werden.

Die Erdung der ZB gestattet, die nicht geerdete, in der Regel die b-Leitung als Einzelleitung mit Erdrückleitung zu Signalzwecken zu benutzen.

Die Rückleitungen zum positiven Batteriepol braucht man nur bis zum nächsten eisernen Schrank-, Relais- oder Umschaltegestell zu führen, wodurch viel an Leitungen gespart wird. In die am positiven Pol liegenden Leitungen braucht man keine Sicherungen einzuschalten, so daß deren Zahl auf die Hälfte vermindert wird.

Bemessung der Zentralbatterie. Mit Rücksicht auf die im Stromkreis liegenden Widerstände (Apparate, Anschlußleitungen) wird die Spannung der ZB allgemein auf 24 V festgesetzt. In einigen Anlagen benutzt man noch eine Zwischenstufe von 12 V, meist aber verwendet man nur die eine Spannung. Die Größe der Zellen richtet sich nach dem Strombedarf des Amtes; sie wird in der Regel so bemessen, daß sie auch nach der mutmaßlichen Verkehrssteigerung der nächsten 10 Jahre noch ausreicht, den Bedarf eines Tages zu decken. Einen Anhalt für eine solche Berechnung gibt folgendes Beispiel.

Beispiel für die Berechnung des Strombedarfs eines kleinen Fernsprechamts.

Zahl der Anschlüsse: 940 auf Pausch-, 650 auf Grundgebühren, 18 Dienstanschlüsse, 12 Automaten.

	Verbindungen		Stromverbrauch	
	gezählt in der Hauptverkehrsstunde	am ganzen Tage	für 1000 Verbindungen	werktäglich
			Ah	Ah
innerhalb des Amts	480	4080	13,8	56,2
nach andern Ämtern ...	1500	12750	6,7	85,4
von andern Ämtern:				
im D-L-Betrieb	720	6120	10,7	65,5
im Abfragebetrieb ...	1000	8500	11,7	99,8
Vorschalteschrank	—	—	—	3,5
16 Amtsmikrophone ...	—	—	—	8,0
Zuschlag	—	—	—	41,6
Zusammen				360,0

Bei großen Ämtern rechnet man im allgemeinen für jede Verbindung 0,025 Ah; der Strombedarf ist aber von der gewählten Amtsschaltung und von örtlichen Verhältnissen abhängig, so daß die genannte Zahl nur für einen angenäherten Überschlag benutzt werden kann.

IV. Einführung der Anschlußleitungen.

Die ober- oder unterirdisch ins Amt eingeführte Leitung — **Außenleitung** — endigt am **Hauptverteiler**. An diesem kann sie in beliebiger, leicht zu ändernder Weise mit der zu der Amtseinrichtung führenden **Innenleitung** verbunden werden.

Kabeleinführung. Die vielpaarigen und schweren Fernsprechkabel, welche in einem Kellerraum des Amtes einmünden, werden entweder sogleich oder nachdem sie an einem Verteilungsgestell geordnet sind, in einem Kabelschacht im Innern des Gebäudes oder an der Außenwand emporgeführt oder im Kellerraum aufgeteilt und in Form leichterer Kabel fortgesetzt. Das ersterwähnte Verfahren hat zwar den Vorteil der Einfachheit, aber die Führung und Befestigung der langen und schweren Kabel macht große Schwierigkeiten; daher ist die Aufteilung vorzuziehen.

Zur Aufteilung der Kabel benutzt man **Endverschlüsse** oder **Verbindungsmuffen**. Jene sind Kästen, in denen die starken Kabel einmünden und von denen die leichteren Kabel ausgehen; die Klemmen, an denen jene mit diesen zusammengeschaltet werden, sitzen entweder im Innern oder an der Außenseite der Kästen. Da die von außen kommenden Kabel mit Papierisolation gegen Feuchtigkeit sehr empfindlich sind, müssen sie geschützt werden, was durch Ausgießen der Endverschlüsse mit Isoliermasse erzielt wird. — Die Endverschlüsse sind kostspielig und beanspruchen ziemlich viel Raum; in beiden Beziehungen sind die Verbindungsmuffen günstiger. In diesen werden die Leiter des starken Kabels mit denen der leichten Kabel durch Verdrillen verbunden, über die Drillstellen Papierröhrchen geschoben und die Adern jedes weiterführenden Kabels zusammengeschnürt; alsdann wird eine vorher auf das starke Kabel geschobene Bleiröhre (Muffe) übergezogen, am Bleimantel dieses Kabels verlötet und am Grunde mit Isoliermasse vergossen. Die leichten Kabel gehen durch den in die Muffe eingesetzten Hartgummi- und den aufgelöteten Zinndeckel, deren Zwischenraum mit Isoliermasse vergossen sind; an ihrer Durchtrittsstelle ist sie am Zinndeckel verlötet. Als weiterführende Kabel werden auch solche mit Gummi- oder mit Baumwolle- und Seideisolation verwendet.

Die Kabelschächte werden am besten gleich bei der Errichtung des Gebäudes vorgesehen; sie sollen breit und nicht tief sein, damit die Last der Kabel auf eine große Tragfläche verteilt werden kann und die Kabel zugänglich bleiben. Es gibt indes auch Anordnungen, die bei tiefen Kanälen die einzelnen Kabel zugänglich halten. Neuerdings sucht man die

Abschlußkabel in mehreren flachen Einzelschächten emporzuführen. Wegen der Feuersgefahr dürfen die Schächte keine brennbaren Baustoffe enthalten; die Türen dazu sollen aus Eisen bestehen; außerdem ist es zweckmäßig, den Luftraum durch bewegliche Querwände zu unterbrechen und die freien Stellen der Kanäle mit Sandsäckchen u. dgl. abzudichten, damit kein stärkerer Luftzug entstehen kann.

Die Kabel werden, da sie sich in größerer Länge nicht selbst tragen können, an zahlreichen Stellen durch Tragleisten, an denen man sie anklemmt, oder auf ähnliche Weise unterstützt oder durch Schellen festgelegt, die in der Wand angebracht oder auf wagerechten Eisenschienen im Kabelschacht gelagert werden.

Die emporgeführten Kabel treten an den Hauptverteiler; Papierkabel werden vorher noch mit einem kürzeren Stück Gummi- oder Baumwoll-Seidenkabel verbunden.

Oberirdische Leitungen, die meistens als blanke Drähte zum Amtsgebäude kommen, werden am Abspanngestänge mit einem wetterbeständigen Kabel verbunden und dieses wird zu einem Sicherungsgestell geführt, das dem Einführungspunkt möglichst nahe liegt. Von hier führen andere Kabel (Baumwolle-, Seide- oder Gummi-Isolation) zum Hauptverteiler. — Luftkabel gehen unmittelbar bis zum Hauptverteiler.

Der Hauptverteiler. Die Anschlußleitungen müssen mit bestimmten Klinken- und Anrufsätzen der Umschalteschränke verbunden und zu diesem Zwecke vom Hauptverteiler ab in entsprechender Ordnung weitergeführt werden. Ein Teilnehmer, der seine Wohnung wechselt, will nach Möglichkeit die Anschlußnummer beibehalten, d. h. seine neue Außenleitung muß mit der früheren Innenleitung verbunden werden. Daher enden Außen- und Innenleitung am Hauptverteiler und werden hier durch Schaltdrähte verbunden.

Die einfachste Einrichtung, die bei kleinen Ämtern ausreicht, besteht in zwei Reihen Klemmen; an der einen Reihe enden die Außen-, an der anderen die Innenleitungen, dazwischen verlaufen die Schaltdrähte. Bis zu etwa 100 Leitungen dienen die Sicherungsschränke M 12 zugleich als Hauptverteiler. Bei größeren Ämtern kann man aber damit nicht mehr auskommen; man errichtet dort besondere, aus eisernen Schienen und Röhren gebildete Gestelle, an denen Klemmenleisten sitzen. Auf der einen Seite des Gestells treten die Außen-, auf der anderen die Innenleitungen heran, den inneren Raum durchqueren die Schaltdrähte. Da diese bei größerer Zahl ein oft unlösbares Gewirr bilden würden, hat man die Gestelle in Laubenform gebaut und die Schaltdrähte über das Dach der Laube geführt; um die Leitungen geordnet zu führen, werden sie an geeigneten Punkten durch aufgeschnittene Ringe geführt (wie in Abb. 449), die an der Innenseite des Gestells befestigt sind, und in die man die Drähte einlegt.

Das neuerdings verwendete Gestell ist amerikanischen Ursprungs; es wird in Abb. 449 dargestellt. Zu seinem Aufbau werden ausschließlich eiserne Schienen, Winkel-, Flach- und Bandeisen benutzt; die Außenleitungen treten an senkrecht verlaufende Sicherungsleisten (Seite 382), welche Blitzableiter und Feinsicherungen enthalten, die Innenleitungen nehmen ihren Anfang von wagrechten Lötösenstreifen (S. 349). Das Gestell wird am Boden und an der parallel zum Verteiler verlaufenden Wand, manchmal auch an der Decke befestigt. Man

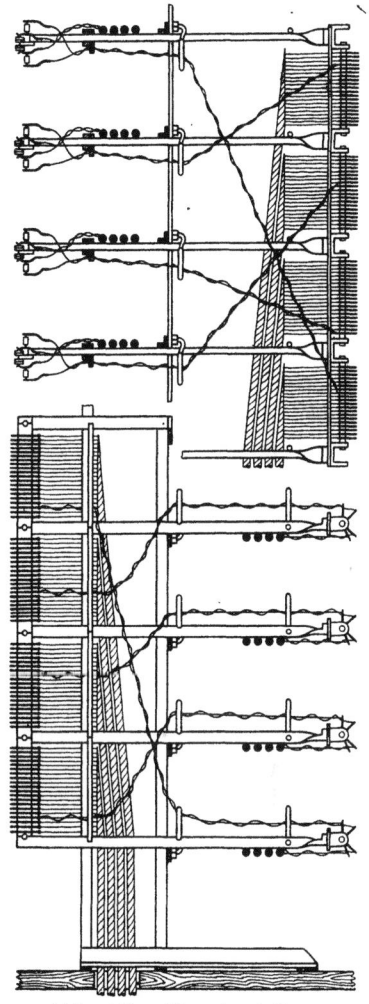

Abb. 449. Hauptverteiler.

verwendet nach Möglichkeit nur ein einziges Gestell, dem man die nötige Höhe und Länge gibt. Bei großer Höhe (über 6 Abteilungen) verwendet man Rolleitern; diese lassen sich auf Schienen verschieben, die an der Decke oder an der vom Hauptverteiler zum Zwischenverteiler und Relaisgestell führenden Gestelldecke angebracht sind. Mehrere Gestelle nebeneinander würden wegen der Führung der Schaltdrähte sehr ungünstig sein; ein langes, weniger hohes Gestell bedingt größeren Drahtverbrauch und längere Wege. Auf der Vorderseite des Gestells entstehen zwischen den senkrechten Reihen der Sicherungsstreifen Räume, welche **Buchten** genannt werden; meist versteht man jetzt unter Bucht den Sicherungsstreifen.

Der Schaltdraht nimmt seinen Weg von dem Sicherungsstreifen durch eine Führungsleiste und geht dann durch einen Schaltring in die wagerechte Ebene über, in der der aufzusuchende Lötösenstreifen liegt. Vom Ring aus geht er in dieser Ebene schräg zu der Lötöse. Der zweiadrige Schaltdraht enthält Kupferleiter von 0,8 mm mit Gummiisolation, für ganz trockene Räume Draht von 0,6 mm mit Seidenisolation. Die Ringe sind emailliert, um den Draht zu schonen.

Wie die Kabel zu und von dem Gestell verlaufen, zeigt die Abbildung; sie sind am Gestell befestigt, was in der Zeichnung nicht dargestellt ist.

Der Zwischenverteiler. Von den wagrechten Lötösen des Hauptverteilers führen die Anschlußleitungen, nach der Nummer geordnet in Kabeln zu 20 Leitungen, bei OB-Ämtern zunächst nach den Vielfachumschaltern und schließlich über den Zwischenverteiler zu den Anrufzeichen und Abfrageklinken; bei ZB-Ämtern führen sie in der Regel zuerst zum Zwischenverteiler, dann zum Vielfachfeld der Umschalter und im Anschluß daran oder zugleich zum Abfragefeld. Während die Lage einer Leitung von bestimmter Nummer im Vielfachfeld ein für allemal gegeben ist, braucht die zugehörige Anrufeinrichtung nicht auf einem bestimmten Platz zu liegen; denn die Beamtin braucht im allgemeinen die Nummer des Anrufenden nicht zu wissen, sie stöpselt die Klinke, die zu dem erscheinenden Anrufzeichen gehört. Auf der andern Seite ist es oft nötig, zur gleichmäßigen Verteilung der Teilnehmer mit verschiedenen und zeitlich wechselndem Sprechbedürfnis, die Anrufzeichen zu verlegen. Daher werden diese über den Zwischenverteiler angeschlossen, der ebenso eingerichtet ist wie der Hauptverteiler, nur daß an Stelle der Sicherungsleisten Lötösenstreifen treten. Kleine Zwischenverteiler können oft im Umschalteschrank selbst untergebracht werden; vgl. Abb. 463. Größere Zwischenverteiler baut man nach amerikanischem Vorbilde (s. Abb. 449).

Anordnung der Räume einer Fernsprechvermittlungsstelle. Die Vielfachumschalter werden im Betriebssaal aufgestellt; dieser wird in der Regel in das oberste Stockwerk verlegt, um gutes Licht und Ruhe vor dem Straßenlärm zu haben. Seitliche, hochgelegene Fenster sind besser als Oberlicht. Für Erneuerung der Luft wird meist durch besondere Anlagen gesorgt. Staub ist nach Möglichkeit fernzuhalten; feuchte Luft beeinträchtigt die Isolation. Die Fern- und Meldeschränke werden, wenn der Platz ausreicht, in demselben Saal aufgestellt wie die Ortsschränke. Möglichst nahe (um an Leitungen zu sparen) beim Betriebssaal, wird der Verteilerraum eingerichtet, der Haupt- und Zwischenverteiler und Relaisgestelle, Sicherungsgestell, Zählergestell und die Störungsstelle aufnimmt. Gleichfalls in der Nähe stellt man die Lademaschine auf, z. B. im Verteilerraum, und die Sammlerbatterie, für die wegen der Säuredämpfe stets ein besonderer Raum benutzt werden muß (Batterieraum). Dann ist noch ein Raum für die Einführung der Kabel nach Möglichkeit senkrecht unter dem Hauptverteiler, im Kellergeschoß erforderlich. Ferner sind Baumaterialien verschiedener Art und Zubehörteile der Heizungs-, Lüftungs- und Beleuchtungsanlage unterzubringen. Außer diesen zu technischen Zwecken bestimmten Räumen sind noch für die Beamten und Beamtinnen einige Dienstzimmer vorzusehen (Kleiderablage, Erfrischungsraum, Krankenzimmer).

Siebenundzwanzigster Abschnitt.

Einfachumschalter.

Klappenschrank alter Art (abgeändert) für 50 Anschlußleitungen (OB 00). (Abb. 450). Der Oberteil des Schrankes enthält 5 Reihen zu 10 Klappen und 10 Teilnehmerklinken; im Rahmen sind Verbindungs-, Fern- und Kontrollklinken, im Sockel Fern- und Schlußklappen untergebracht. Der Unterteil ist als gewöhnlicher Schrank zu benutzen.

Die Klappen bestehen aus einschenklig bewickelten Elektromagneten, deren Anker-Abreißfeder von der Vorderseite des Schrankes aus gespannt werden kann. Die fallende Klappe legt sich auf einen aus der Vorderwand ragenden Stift; diese Berührung kann zum Schluß eines Weckerkreises benutzt werden.

Klinken. In den Seitenteilen des Rahmens befinden sich beiderseits 10 Klinken, nämlich je 8 (KS) zur Verbindung mit den Nachbarschränken, wenn die Stöpselschnüre nicht ausreichen, und je 2 (die unteren) als Vorschaltklinken (Ka) für die Fernleitungen. Einige leere Klinken dienen zur Aufbewahrung von Stöpseln. Der wagerechte Teil des Rahmens enthält in der Mitte 2 Fernklinken und an den Seiten je 5 Kontrollklinken.

Im Sockel sind in der Mitte 2 Fernklappen FK von je 1500 Ω und daneben 2×3 Schlußklappen von 600 Ω angebracht. Für den Betrieb von Sp-Leitungen mit nebeneinander geschalteten Sprechstellen sind die Klappen der untersten Reihe zu benutzen, denen ein die Rufzeichen wiedergebender Wechselstromwecker Stf 03 vorzuschalten ist.

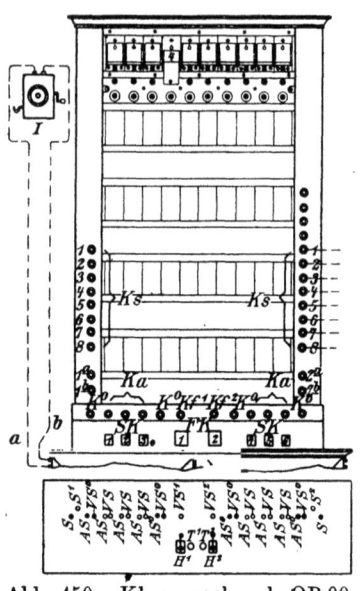

Abb. 450. Klappenschrank OB 00 für 50 Leitungen.

Stöpsel und Schnüre. Auf dem wagerechten Stöpselbrett befinden sich in der Mitte die Hilfsapparate für den Fernbetrieb: die beiden Fernleitungsstöpsel VS^1, VS^2, davor 2 Doppeltasten T^1, T^2 und 2 Knebelumschalter H^1, H^2; rechts und links davon je 3 Paar rote (AS, VS) und 2 Paar schwarze (AS^0, VS^0) Stöpsel mit doppeladrigen Leitungsschnüren, zwischen welche bei den roten je eine Klinke als Brücke geschaltet ist. Zusammengehörige Stöpsel, Klappen und Klinken liegen in einer senkrechten Reihe. Ferner ist je ein schwarzer und ein roter Einzelstöpsel vorhanden, gleichfalls mit zweiadrigen Schnüren (alle

Stöpsel sind zweiteilig), der schwarze (S) mit dem Abfrageapparat, die roten (S^1, S^2) mit der Vorschalteklinke der Fernleitungen verbunden; sie treten in Tätigkeit, wenn in Störungsfällen die Fernverbindung als Einzelleitung betrieben werden soll. Die roten Stöpselpaare dienen zur Verbindung der Teilnehmerleitungen untereinander, die schwarzen zur Aushilfe bei Benutzung der seitlichen Klinken Ks.

Die Schaltung der Teilnehmerleitungen zeigt Abb. 451; die Schaltung der Fernleitungen ergibt sich aus Abb. 452. Die beiden Drähte jeder Schleife führen über die Vorschalteklinken zu den zweiteiligen Stöpseln S^1, S^2 und von da über die Doppeltasten T^1, T^2 zu den Knebelumschaltern H^1, H^2, mittels deren die Induktionsübertrager Ue^1, Ue^2 ein- und ausgeschaltet werden. Am Knebelumschalter liegen auch die Verbindungsstöpsel VS^1, VS^2; dazwischen in der Brücke die Fernklappen FK^1, FK^2 und Fernklinken Kf^1, Kf^2. Die der einen Wicklung der Übertrager vorgeschalteten Kondensatoren lassen wohl die Sprechströme, aber nicht

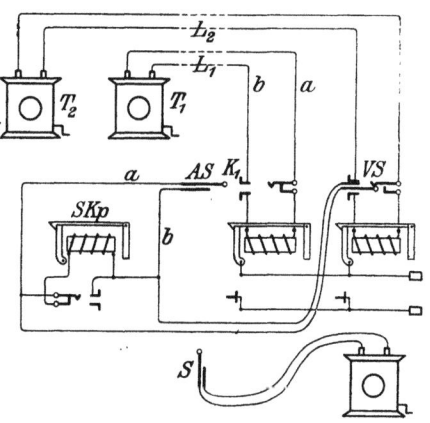

Abb. 451. Stromlauf des Klappenschranks OB 00 für Ortsverbindungen.

die gleichgerichteten Weckströme hindurch, so daß die Fernklappe auch dann noch sicher abfällt, wenn sie parallel zum Induktionsübertrager geschaltet ist.

Der Abfrageapparat ist nach Abb. 419a eingerichtet; die Klemmen La und Lb sind mit dem Stöpsel S verbunden. Der zweite Stöpsel S kann mit einem zweiten Abfrageapparat verbunden werden; liegen Sp-Leitungen mit nebeneinander geschalteten Sprechstellen auf dem Klappenschrank (Klappen 41 bis 50), so wird ein Fernsprechgehäuse Sp als zweiter Abfrageapparat verwandt.

Ortsbetrieb. Auf den Anruf des Teilnehmers fällt seine

Klappe; der Stöpsel AS wird in die zur gefallenen Anrufklappe gehörige Klinke gesteckt und der Abfragestöpsel S in die Klinke, die im Verbindungsschnurpaar mit der Klappe SKp als Brücke eingeschaltet ist, darauf wird abgefragt. Nachdem der zu AS gehörige Verbindungsstöpsel VS in die Klinke der verlangten Teilnehmerleitung gesteckt ist, wird der rufende Teilnehmer aufgefordert, zu wecken, und der Abfragestöpsel aus der Klinke entfernt.

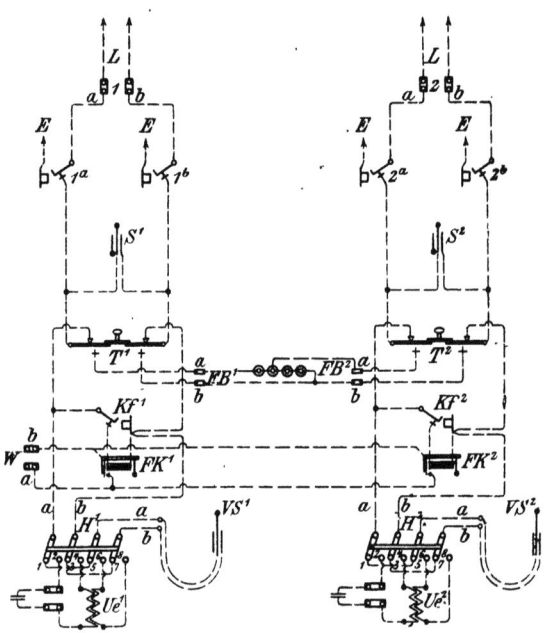

Abb. 452. Stromlauf des Klappenschranks OB 00 für Fernverbindungen.

Die zum Stöpselpaar gehörige Schlußklappe bleibt eingeschaltet, die beiden Klappenmagnete sind ausgeschaltet. Liegt die verlangte Leitung auf einem anderen Schrank, so setzt man den roten Stöpsel VS in eine seitliche Klinke, die mit einer gleichliegenden am anderen Schrank verbunden ist. Dort wird ein schwarzer Stöpsel AS eingeführt und der zugehörige VS in die verlangte Klinke gesetzt. — Zum Mithören setzt man den Stöpsel des Abfrageapparats in die Klinke des verwendeten

Klappenschränke M 99.

Schnurpaares; der Hebel am Fernhörer darf nicht niedergedrückt werden.

Fernbetrieb. Sollen in der Ruhe L_1 und L_2 verbunden sein (Durchsprechstellung), so ist VS^1 in Kf^2 (oder VS^2 in Kf^1) zu setzen; H^1 (H^2) so zu stellen, daß Ue und C ausgeschaltet sind; FK^1 (FK^2) bleibt als Brücke geschaltet. Die Schaltung nach Abb. 452 zeigt beide Leitungen in Endstellung. Fällt eine Fernklappe, z. B. FK^1, so setzt man den Stöpsel S in die zugehörige Klinke Kf^1 und fragt ab (Hebel h gedrückt). Stöpsel S in die verlangte Teilnehmerklinke, Teilnehmer herbeirufen; S zurück in Kf^1, VS^1 in die verlangte Klinke. Zeigt sich Erdgeräusch, so wird Ue eingeschaltet. Alsdann S gezogen, wodurch FK^1 als Schlußklappe eintritt.

Ist eine Verbindung mit einer Fernleitung an einem anderen Schrank herzustellen, z. B. L_1 mit L_6, so kommt VS^1 in eine Klinke Ks, die zum Schrank 6 führt; dort setzt man AS^0 in Ks, VS^0 in Kf^6.

Wünscht ein Teilnehmer eine Fernverbindung, so wird S in die Fernklinke gesetzt und das ferne Amt mit der Taste T^1 angerufen.

Bei Störungen der Fernleitung wird der gestörte Zweig an der Vorschaltklinke durch Einsetzen eines losen roten oder schwarzen Stöpsels isoliert bzw. geerdet. Der zur Fernleitung gehörige Stöpsel S^1 wird in die Vorschaltklinke des ungestörten Leitungszweiges gesetzt.

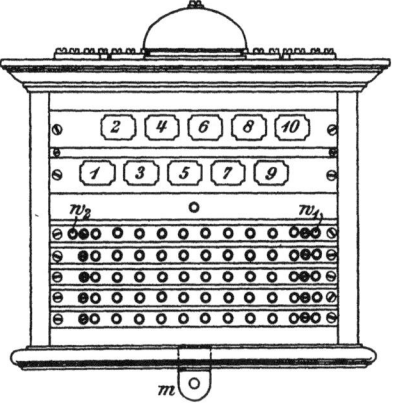

Abb. 453. Klappenschrank M 99 für 10 Leitungen.

Um zu prüfen, ob in einer hergestellten Verbindung noch gesprochen wird, setzt man den Abfragestöpsel bei losgelassenem Hebel des Fernhörers in die Fernklinke.

Klappenschränke M 99 zu 5, 10 und 20 Anschlußleitungen. In diesen Klappenschränken werden die Leitungen untereinander oder mit den Abfrageapparaten in ähnlicher Weise wie

546   Einfachumschalter.

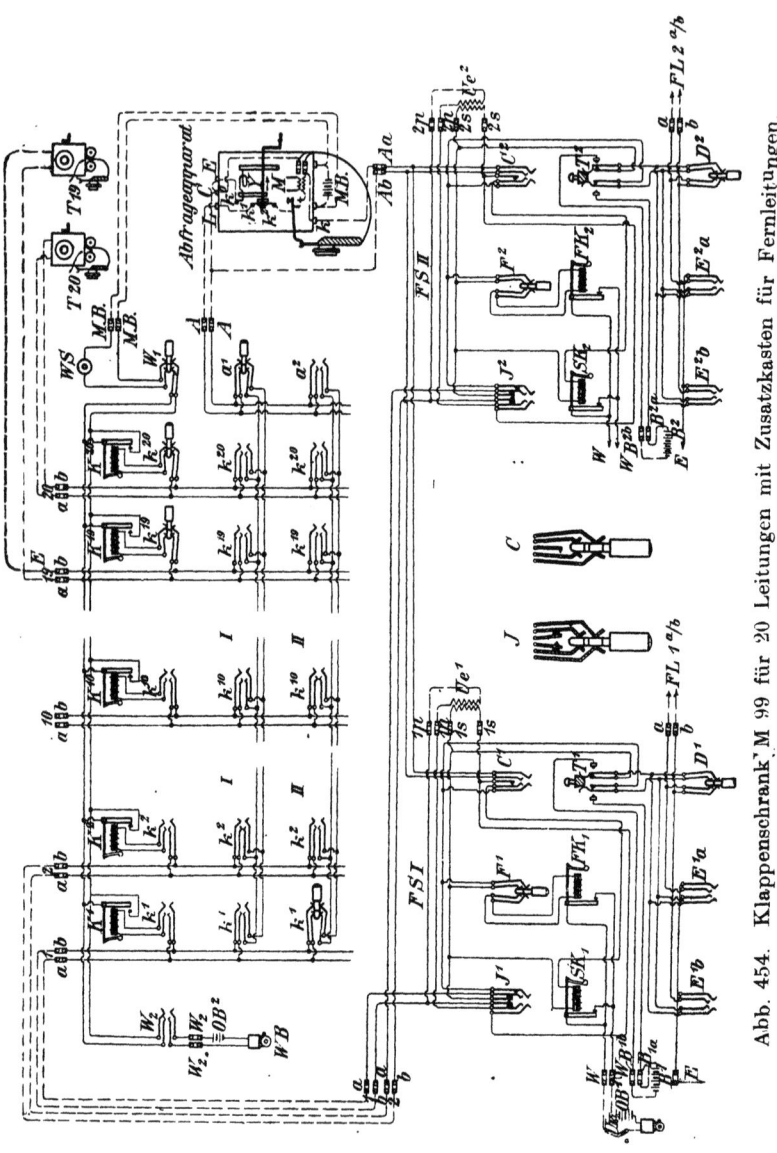

Abb. 454. Klappenschrank M 99 für 20 Leitungen mit Zusatzkasten für Fernleitungen.

bei den Umschaltern I für Telegraphenzwecke lediglich durch Stöpselungen verbunden; Leitungsschnüre sind dazu unter gewöhnlichen Verhältnissen nicht erforderlich.

Abb. 453 gibt die Vorderansicht eines Klappenschrankes für 10 Doppelleitungen, Abb. 454 die Stromlaufzeichnung eines Schrankes für 20 Doppelleitungen mit 2 Fernleitungssystemen. Unterhalb der Anrufklappen K (600 Ω) sind 5 wagrechte Klinkenreihen angeordnet, die oberste mit 12, die beiden unteren mit je 11 Klinken, alle vierteilig und durch feste Drähte verbunden. Die Stöpsel sind zweiteilig; der Schaft besteht aus zwei hintereinander liegenden, durch ein ringförmiges Zwischenstück voneinander isolierten Teilen, die beim Einsetzen in die Klinke je zwei gegenüberliegende Federn in leitende Verbindung bringen.

In der obersten Reihe sind die Klinken gewöhnlich mit Stöpseln besetzt, um die Klappen in die Anschlußleitungen einzuschalten. Die W-Klinken dienen zum Einschalten von Weckern, die a-Klinken der unteren Reihen, die während der Ruhe stets gestöpselt sind, zum Anlegen des Abfrageapparats. Beim Klappenfall ist demnach der Stöpsel der rufenden Leitung jeweils aus der obersten Reihe in eine der folgenden einzusetzen. Die Verbindung der Teilnehmer untereinander geschieht durch Stöpselung der entsprechenden Klinken in einer unteren Querreihe, wobei der Stöpsel aus der Abfrageklinke zu entfernen ist, während die Klappe des gerufenen Teilnehmers als Schlußklappe eingeschaltet bleibt. Für jede Verbindung braucht man einen wagrechten Klinkenstreifen.

Fernleitungssysteme zu kleinen Klappenschränken. Um die Klappenschränke zu 5, 10 und 20 Doppelleitungen auch für den Fernverkehr nutzbar zu machen, werden ihnen Zusatzkasten (Abb. 455) zu 2 oder 3 Fernleitungen beigegeben, die für jedes Fernleitungssystem je eine Fernklappe mit 1500 Ω, eine Schlußklappe mit 600 Ω, eine Batterie-Doppeltaste und 6 Klinken verschiedener Art von der aus Abb. 454 ersichtlichen Einrichtung enthalten. Jedes System ist durch zwei Drähte mit einer freien Klappe des Teilnehmerschranks verbunden. Die Stöpselung in der Ruhestellung ergibt sich aus dem Stromlauf (Abb. 454).

Von den Klinken dient J zum Einschalten des Übertragers Ue und der Schlußklappe SK, F zum Einschalten der Fernklappe FK und C zum Kontrollieren. Der Stöpsel in F wird derjenigen Klinke des Klappenschranks entnommen, an die

die Fernleitung herangeführt ist. In der Klinke D steckt der Stöpsel nur, solange die Fernleitung sich in normalem Zustande befindet und als Doppelleitung betrieben wird; soll dagegen in Störungsfällen der Betrieb in Einzelleitung aufrecht erhalten werden, so kommt der Stöpsel in Ea oder Eb.

Fällt z. B. die Fernklappe FK_1, so wird zum Zwecke des Abfragens der Stöpsel aus F^1 in die Verbindungsklinke k^1 einer freien Klinkenreihe des Klappenschranks umgesetzt, nach Abnahme der Anmeldung aber an seine Stelle zurückgebracht und

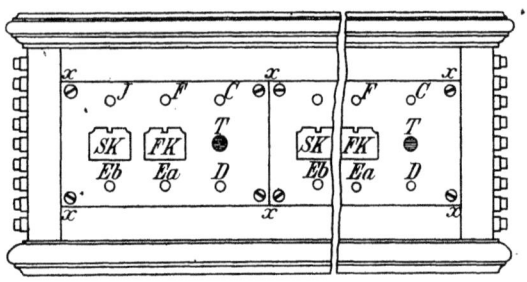

Abb. 455. Zusatzkasten für Fernleitungen.

dafür der Stöpsel aus der Klappenklinke des gewünschten Teilnehmers in die entsprechende Verbindungsklinke gesteckt. Darauf erfolgt der Anruf des Teilnehmers über die Klinke a^1 mit dem Induktor des Abfrageapparats. Sobald der verlangte Teilnehmer sich gemeldet hat, kommt der Stöpsel aus F^1 wieder in die Verbindungsklinke k^1; soll der Übertrager eingeschaltet werden, so ist außerdem ein Stöpsel in J^1 einzusetzen. Zur Ausübung der Kontrolle ist endlich der Stöpsel aus a^1 in die Kontrollklinke C^1 umzusetzen, wodurch Fernhörer und Schlußklappe hintereinander als Brücke in die Fernleitung geschaltet werden.

Wird dagegen von einem Teilnehmer eine Fernverbindung verlangt, so ist, sobald die Fernleitung frei ist, der Stöpsel aus der Fernklinke in die entsprechende Verbindungsklinke einer freien Reihe umzusetzen, das Amt mittels der Batterietaste anzurufen und zur Ausführung der gewünschten Verbindung zu veranlassen. Sobald der verlangte Teilnehmer sich meldet, wird die Verbindung im eigenen Amt herbeigeführt.

Bei der Durchsprechstellung steckt in den entsprechenden

Verbindungsklinken einer wagrechten Reihe, sowie in einer der beiden Fernklinken je ein Stöpsel; die zugehörige Abfrageklinke ist leer. Indem man den Stöpsel aus der eingeschalteten Fernklinke entnimmt und in die Kontrollklinke einführt, kann man prüfen, ob in der Verbindung noch gesprochen wird.

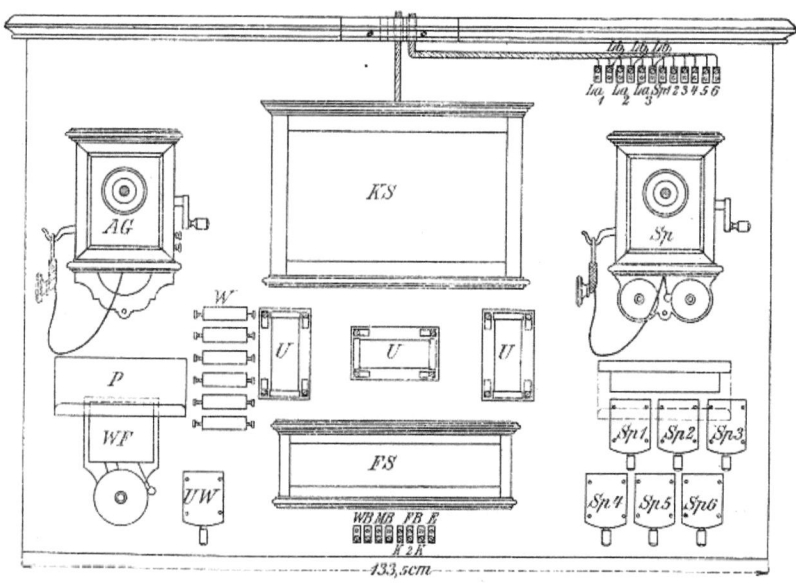

Abb. 456. Schaltbrett für kleine Fernsprechanstalten.

Schaltbrett für kleine Fernsprechanstalten. Bei Fernsprechanstalten geringeren Umfangs werden die Apparate für die Verbindungsleitungen, die Telegraphenleitungen mit Sprechbetrieb und die Anschlußleitungen übersichtlich an einem hölzernen Schaltbrett nach dem Muster der Abb. 456 befestigt. Die obere Abschlußleiste des Schaltbretts hat ein herausnehmbares Mittelstück, das als Klemmenleiste für die Aufnahme der Zuführungskabel und Drähte eingerichtet ist. Des besseren Aussehens halber und zur Erleichterung des Beziehens der Tafel werden die Drahtverbindungen auf der womöglich zugänglich zu lassenden Rückseite angelegt. Die Form und die Abmessungen des Schaltbrettes, sowie die Verteilung der Apparate,

Klemmen und Schreibpulte auf der Vorderfläche ergeben sich aus der Zeichnung.

Klappenschrank M 99 für 40 Anschlußleitungen. Der Klappenschrank für 40 Anschlußleitungen (Abb. 457) wird ebenfalls ohne Verbindungsschnüre bedient. Er ist nach dem gleichen Grundsatz gebaut, wie die kleineren Klappenschränke und wird

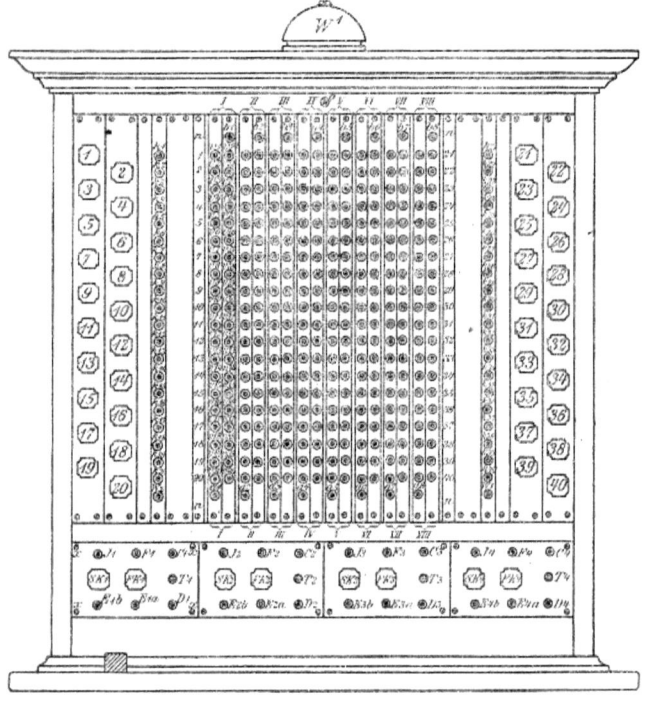

Abb. 457. Klappenschrank für 40 Doppelleitungen.

ebenso betrieben. Die Klappen und Klinken sind in senkrechten Reihen angeordnet, im Sockel liegen 4 Fernleitungssysteme. Die beiden Reihen Klappenklinken, k_1—k_{20} und k_{21}—k_{40}, vertreten die obere Klinkenreihe in Abb. 453, die im Mittelraum liegenden 8 mal 40 Verbindungsklinken entsprechen den unteren 4 Reihen in Abb. 453. Unterhalb der Klappenklinken ist noch je eine Klinke zur Einschaltung von Weckern, unterhalb der Verbindungsklinken je eine solche für den Abfrageapparat angebracht. Als solcher dient in der Regel ein Handapparat mit Kontakthebel. Die oben noch sichtbaren Klinken b_1—b_6 ermöglichen die Einschaltung eines Aushilfsapparats zum Abfragen.

Einrichtung und Schaltung der Fernleitungssysteme stimmen mit den Zusatzkasten für Fernleitungssysteme der kleineren Klappenschränke überein. Der Klappenschrank ruht auf einer Tischplatte, an deren rechter Seite ein Kurbelinduktor zum Anrufen der Teilnehmer im Ortsverkehr angebracht ist; links befindet sich eine Klinke zum Anschalten des Handapparats mittels Zwillingsstöpsels und Leitungsschnur.

Klappenschrank M 99 für 50 Anschlußleitungen (Abb. 458 u. 459). Dieser Schrank wird mit Verbindungsschnüren bedient und besitzt außer den Klappen nur Abfrage-, aber keine Verbindungsklinken. Für die Anschlußleitungen enthält er in seinem oberen Drittel 50 Klappen K_1—K_{50}, in 5 wagrechten Reihen zu je 10 angeordnet, und in seinem unteren Drittel die Doppelklinken A_1—A_{50} und B_1—B_{50}. Die Klinken A sind zweiteilig, die Klinken B dreiteilig. Im mittleren Drittel des Klappenschrankes werden die Fernleitungssysteme(bis zu 4) eingesetzt, sowie links und rechts davon ein Kurbelinduktor und

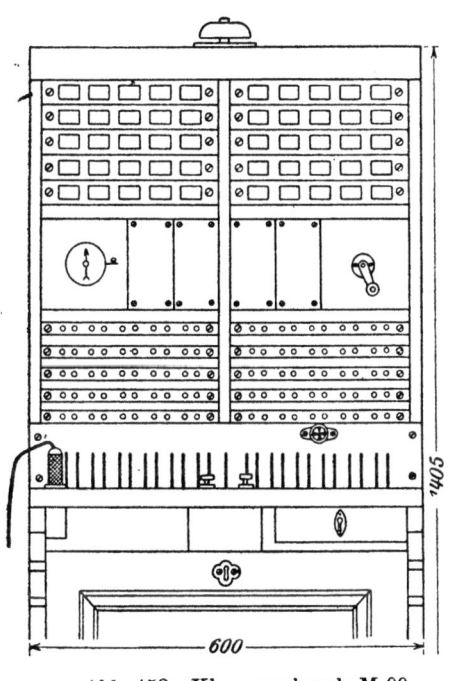

Abb. 458. Klappenschrank M 99 für 50 Leitungen.

oben ein Wecker. Jedes Fernleitungssystem setzt sich zusammen aus einer Fernklappe FK (Abb. 459) und 4 Klinken A, B, C, D, die bez. aus 2, 4, 6 und 3 Federn bestehen. Die Klinken A

552   Einfachumschalter.

und B sind zum Abfragen, Kontrollieren und Verbinden d
Fernleitungen bestimmt; C und D kommen nur für die Dau
von Störungen zur Benutzung, wobei besondere Zwillingsstöps

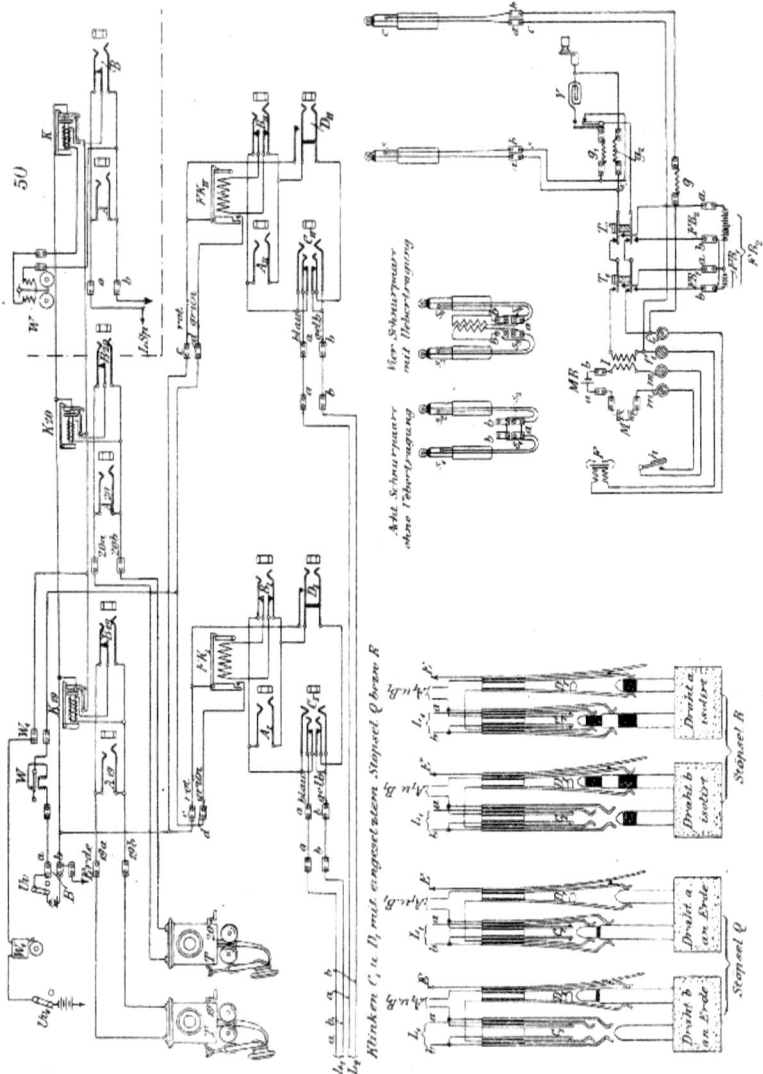

Q und R, die auf der Handhabe mit erläuternden Inschriften versehen sind (Abb. 459), verwandt werden.

Zur Verbindung der Leitungen untereinander sind 8 zweiadrige Schnurpaare (Abb. 459, rechts) mit Doppelstöpsel s_1, s_2 und Laufgewicht in dem Stöpselbrett des Untersatzes angeordnet; 4 weitere Schnurpaare mit den Doppelstöpseln s_3, s_4 enthalten Übertrager zum Gebrauch bei störendem Erdgeräusch.

Zum Abfragen (Abb. 459, rechts unten) dient sowohl in den Anschluß-, wie in den Fernleitungen ein Handapparat oder ein Brustmikrophon mit Kopffernhörer, die sich mit Hilfe des Stöpsels s einschalten lassen. Der Mikrophonstromkreis wird beim Abfragen durch Niederdrücken des Hebels am Fernhörer geschlossen, beim Mithören durch Loslassen des Hebels geöffnet.

Zum Anrufen in den Fernleitungen sind die zwei Doppeltasten $T_1 T_2$ auf dem Stöpselbrett bestimmt; doch kann in diesen Leitungen auch mit dem zum Wecken der Teilnehmer dienenden Induktor gerufen werden, dessen Klemmenspannung 60 V beträgt und dem zur Abflachung der Weckströme eine Drossel mit 2 Wickelungen $g_1 g_2$ von je 150 Ω vorgeschaltet ist. Für die Kontrolle der Ferngespräche dient ein besonderer Stöpsel c mit Schnur, bei dessen Benutzung der Fernhörer F und eine Drossel g von 500 Ω in den Abfragestromkreis eingeschaltet werden. Sämtliche Zuführungsklemmen befinden sich auf der Rückseite des Schrankes hinter dem Stöpselbrett.

Die Stöpsel c und s stehen in der Mitte des Stöpselbretts voreinander; links und rechts von der Mitte und ganz außen die 4 Paare $s_3 s_4$; dazwischen beiderseits 4 Paare $s_1 s_2$. — s, s_1, s_2 rot; c, s_3, s_4 schwarz.

Auf der rechten Seite des Klappenschranks wird in manchen Fällen ein Klinkenkasten (Bezeichnung Klinkenumschalter IV) angefügt, der in erster Linie für Feuermeldezwecke bestimmt ist und 20 Doppelklinken enthält, deren gleichartige Federn zu Gruppen vereinigt werden. Im Bedarfsfalle können die Klinkenkasten auch zur Ausführung von Teilnehmerverbindungen über zwischenliegende Schränke dienen; es sind alsdann beispielsweise die Klinkenfedern des ersten Kastens mit den gleichliegenden Federn eines am dritten Schranke befestigten Klinkenkastens zu verbinden.

Der Wecker W liegt in der Regel in einem Ortskreis der

554   Einfachumschalter.

Fernklappen, deren Anker mit einer Kontaktvorrichtung versehen sind, kann aber auch für die Teilnehmerleitungen nutzbar gemacht werden; zu diesem Zwecke ist die Klemme W_1 mit der unmittelbar darunter liegenden Zuführungsklemme dieses Weckers zu verbinden. Für die Teilnehmerklappen ist sonst der besondere Wecker W_1 bestimmt.

Betrieb der Teilnehmerleitungen. Klappe K_{19} fällt ab: Abfragestöpsel s in Klinke B_{19}; Abfragen durch Mikrophon M und Fernhörer F bei niedergedrücktem Hebel h. Ist die Leitung des verlangten Teilnehmers T_{20} frei, Stöpsel s_1 in Klinke A_{19}, Stöpsel s_2 in Klinke B_{20}; Aufforderung zum Rufen. Klappe K_{19} bleibt nach Herausnahme des Abfragestöpsels aus Klinke B_{19} als Brücke oder Abzweigung zum Empfang des Schlußzeichens eingeschaltet. Gesprächskontrolle durch Einsetzen des Abfragestöpsels bei losgelassenem Hebel h in Klinke B_{19}.

Betrieb der Fernleitungen. A. Die Fernleitungen L_1 a/b und L_2 a/b seien vollständig betriebsfähig. In den Klinken C_I, D_I, C_{II}, D_{II} stecken keine Stöpsel.

Bei Endstellung sind auch die Klinken A_I, B_I, A_{II}, B_{II} leer.

a) Klappe FK_1 fällt ab: Abfragestöpsel s in Klinke B_I Abfragen durch Mikrophon M und Fernhörer F bei niedergedrücktem Hebel h.

1. Teilnehmer T_{19} werde verlangt: Stöpsel s in Klinke B_{19}; Anruf des Teilnehmers durch Induktor, sodann Stöpsel s_1 n Klinke A_I, Stöpsel s_2 in Klinke B_{19}; Klappe FK_1 bleibt zum Empfang des Schlußzeichens als Brücke eingeschaltet.

Macht sich bei der unmittelbaren Verbindung der Fernleitung mit der Anschlußleitung Erdgeräusch bemerkbar, weil vielleicht die Anschlußleitung mit Nebenschließungen behaftet ist, so muß ein Übertrager eingeschaltet werden. Zu diesem Zwecke ist die Verbindung mittels der Schnurpaare s_3 s_4 auszuführen.

2. Fernleitung L_2 a/b werde verlangt: Stöpsel s in Klinke B_{II}, Anruf des verlangten Amtes durch Taste T_1 oder T_2 oder durch Induktor, sodann Stöpsel s_1 in Klinke A_I, Stöpsel s_2 in Klinke B_{II}. Klappe FK_1 bleibt zum Empfang des Schlußzeichens eingeschaltet.

b) Es liege eine Gesprächsanmeldung des Teilnehmers T_{19} für Leitung L_1 a/b vor; Stöpsel s in Klinke B_I; Anruf des fernen Amtes durch Taste oder Induktor. Stöpsel s in Klinke B_{19}, Anruf durch Induktor, sodann s_1 in A_I, s_2 in B_{19}. Klappe FK_1 bleibt eingeschaltet. Bei Erdgeräusch ist die Verbindung mittels der Schnurpaare $s_3\,s_4$ auszuführen.

In allen Fällen ist nach Herstellung der Verbindung Stöpsel s, bei losgelassenem Hebel des Fernhörers, in Klinke B_I einzuführen, um zu prüfen, ob das Gespräch zustande kommt. Nur wenn der Beamte genötigt ist, sich an der Unterhaltung zu beteiligen, ist Hebel h niederzudrücken und hierdurch das Mikrophon einzuschalten. Soll während der ganzen Dauer des Gesprächs mitgehört werden, so ist Stöpsel c an Stelle des Stöpsels s zu benutzen.

Bei Durchsprechstellung: Stöpsel s_1 in Klinke A_I, Stöpsel s_2 in Klinke B_{II}. Klappe FK_1 zeigt die Anrufe an. Zur Gesprächskontrolle Stöpsel c in Klinke B_I.

B. **Einzelleitungsbetrieb in Störungsfällen.** Ist Draht L/b unterbrochen, so kommt Zwillingsstöpsel Q mit der Bezeichnung „Draht b an Erde" so in die Klinken C_I, D_I, daß die Aufschrift sich oben befindet. Ist dagegen die Störung durch Berührung, Neben- oder Erdschluß verursacht, so wird Zwillingsstöpsel R, mit der Aufschrift „Draht b isoliert" nach oben, in die Klinken C_I, D_I gesteckt. In beiden Fällen ist Draht a ohne weiteres für den Betrieb als Einzelleitung auf Klappe FK_1 geschaltet.

Klappenschrank OB 14 für 100 Anschlußleitungen (Abb. 460). Der Schrank ist für Anstalten mit 50 bis 100 Anschlußleitungen bestimmt und vermag 10 Sp-Leitungen und 4 Fernleitungen aufzunehmen. Abbildung zeigt ein wenig mehr als die Hälfte der Vorderseite (unter Weglassung des Unterteils) und ebensoviel von der Tischplatte, auf der die Stöpsel, Tasten und Umschalter stehen.

Im Oberteil sieht man die Anrufklappen, von denen von vornherein wenigstens 60, die andern bei Bedarf angebracht werden. Die Sp-Leitungen werden auf die ersten 10 Klappen gelegt. Links und rechts des Klappenfeldes sitzen je zwei Fernleitungssysteme. Darunter befinden sich Schlußzeichen nach Abb. 302. Den unteren Teil der senkrechten Fläche nehmen die 100 Klinken ein, welche Abfrage- und Verbindungsklinken zugleich sind. Darunter ist noch Platz für zwei Streifen zu 10 Klinken für besondere Zwecke. Im Spiegelbrett sieht man noch ein Sternzeichen nach Abb. 304. In der Tischfläche sitzen bis 14 Stöpselpaare, wovon bis 10 für den Ortsverkehr, bis 4 (am rechten Ende der Fläche) für Fernleitungen; die Stöpsel sind dreiteilig, die Schnüre zweiadrig und mit Schnurschutz (Abb. 282) versehen. Vor den Stöpseln sitzen die Sprechumschalter (Abb. 399); in derselben Reihe außen links und rechts eine Mithörtaste, in der Mitte ein Stöpselwähler, nach rechts hin die Sprechumschalter für Fernverbindungen. Rechts vor dieser Reihe sitzen die Übertragerumschalter (bis zu 4), Wecker, Doppeleinschalteklinken, je ein Kondensator, eine Mithördrossel und Induktionsspule sitzen unter der Tischfläche. Für Dauerverbindungen benutzt man lose Doppelschnüre.

Oben auf dem Schrank können einige Gesprächsuhren (vgl. Abb. 494) angebracht werden. Wenn nur zwei Fernleitungssysteme vorhanden sind, sitzen die Gesprächsuhren an den freien Plätzen der beiden fehlenden Systeme.

Die Fernleitungssysteme enthalten eine zweischenklige Fallklappe in Eisenblechkappe ($2 \times 750\ \Omega$), darunter die Leitungsklinken, wovon die linke (A) benutzt wird, wenn die Fallklappe als Schlußzeichen dienen soll, die rechte (B), wenn die Fallklappe nicht eingeschaltet wird. Die oberen Klinken sind Störungsklinken; die linke (C) ist dem a-Zweig, die rechte (D) dem b-Zweig der Fernleitung zugeordnet. Die zwei Störungsstöpsel sind dreiteilig; beim einen (rot) sind die 3 Teile isoliert, beim andern (schwarz) sind Spitze und Ring leitend verbunden.

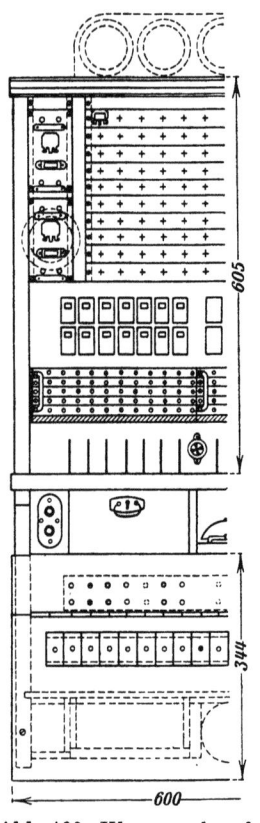

Abb. 460. Klappenschrank OB 14 zu 100 Leitungen.

Der Schrankbeamte braucht entweder Brustmikrophon und Kopffernhörer oder den Handapparat. Die Doppeleinschalteklinken können durch den Stöpselwähler getrennt oder vereinigt werden, so daß entweder die Ortsverbindungen mit Hilfe des linken, die Fernverbindungen mit Hilfe des rechten Abfrageapparats oder alle Verbindungen von nur einem Platz bedient werden.

Außerhalb des Klappenschranks werden noch an Schaltbrettern angebracht: für jedes Schnurpaar 1 Übertrager und 2 Kondensatoren, und für jede Sp-Leitung 1 Drosselspule. Batterien (2 V für Mikrophon, 6 bis 8 V für Schlußzeichen), Wecker und Polwechseler (neuer Bauart mit Rufstromübertrager) werden zu Klemmen an der linken Seitenwand geführt.

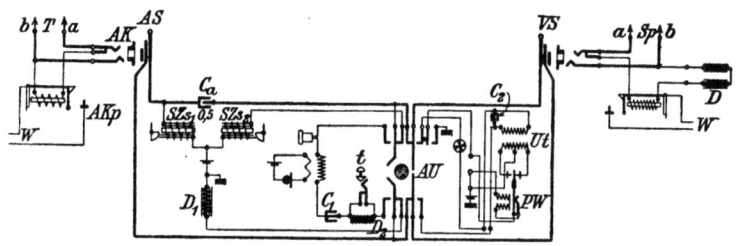

Abb. 461. Klappenschrank OB 14. Verkehr auf Anschluß- und Sp-Leitungen.

Werden besondere Fernschränke (OB 05 oder OB 09) neben dem Klappenschrank OB 14 aufgestellt, so wird unter dem Klinkenfeld von OB 14 ein 10 teiliger Klinkenstreifen eingelegt und dessen Klinken mit den Ko-Klinken des Fernschranks verbunden. Die selbsttätige Zeichengebung zwischen beiden Schränken wird in der Regel weggelassen, da man sich leicht durch Zuruf verständigt.

Betrieb der Teilnehmerleitungen (Abb. 461): Ein Teilnehmer ruft, seine Klappe AKp fällt, der Stöpsel AS in Klinke AK, Sprechumschalter AU nach vorn (in der Zeichnung nach links) gelegt, abgefragt. Ist die verlangte Anschlußleitung frei, Stöpsel VS in deren Klinke eingeführt, der Sprechumschalter nach hinten gedrückt und damit Weckstrom des Polwechslers entsandt (2 s lang). Zum Mithören drückt man die Taste t, wodurch die Drossel D_2 (28 Ω) dem Fernhörer vorgeschaltet wird und legt AU in Abfragestellung Wenn beide Schlußzeichen erschienen sind, wird die Verbindung wieder getrennt.

Betrieb der Sp-Leitungen (Abb. 461). Vorgang wie im vorigen Fall. Damit kein zu starker Weckstrom über die Anrufklappe fließt, wenn Sp-Anstalten in derselben Leitung einander anrufen, d. h. um gleichmäßige Verzweigung des Weckstroms über die Sp-Anstalten zu erzielen, wird D $(2 \times 100 \Omega)$ vor die Anrufklappe geschaltet. Das Schlußzeichen, das mit der Sp-Leitung verbunden ist, bleibt während des Gesprächs sichtbar.

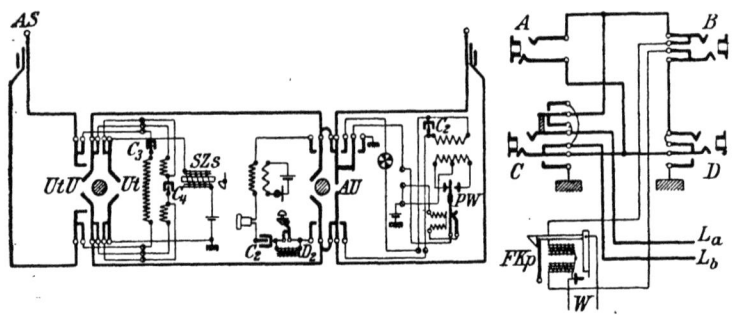

Abb. 462. Klappenschrank OB 14. Fernverkehr.

Betrieb der Fernleitungen (Abb. 462). A. Die Fernleitungen seien betriebsfähig. a) Ein Ruf aus der Fernleitung bringt die zugehörige Fernklappe zum Fallen. AS in die zugehörige Klinke A, AU nach vorn (links), Abfragen.

1. Ein Teilnehmer werde verlangt; VS in die Klinke des verlangten Teilnehmers, AU zum Anruf nach hinten (rechts). UtU bleibt stehen, der Übertrager Ut bleibt eingeschaltet. Mithören wie oben. Das Schlußzeichen aus der Fernleitung wird durch Abfallen der Klappe gegeben.

2. Eine Fernleitung werde verlangt. VS in die Klinke B der verlangten Fernleitung, Anruf mit AU; UtU wird umgelegt (nach links), Ut ausgeschaltet. Die Klappe der rufenden Leitung bleibt eingeschaltet.

b) Ein Teilnehmer verlangt eine Fernverbindung. VS in Klinke B der verlangten Fernleitung, Anruf mit AU; nach dessen Beantwortung AS in Klinke A derselben Fernleitung, VS in die Klinke des rufenden Teilnehmers. Ut bleibt eingeschaltet.

Klappenschrank OB 14.

Zwischenamtsstellung. Die beiden Zweige einer durchgehenden Fernleitung werden auf dem Zwischenamt auf getrennte Systeme gelegt und durch eine lose Schnur verbunden, deren Stöpsel in die Klinke A der einen, B der andern F-Leitung gesteckt werden; eine Fallklappe bleibt als Rufzeichen in Brücke geschaltet. Ehe man in die Leitung eintritt, hat man durch Mithören zu prüfen, ob sie frei ist. Hierzu wird AS eines freien Schrank-Schnurpaars in die Klinke B des einen Fernleitungssystems gesteckt und in der üblichen Weise mitgehört.

B. Einzelleitungsbetrieb bei Störung. Ist ein a-Draht unterbrochen, so wird der schwarze Störungsstöpsel (Spitze und Ring verbunden) in die Klinke C gesteckt; ebenso in Klinke D. falls der b-Draht unterbrochen ist. Handelt es sich um Berührung, Neben- oder Erdschluß, so benutzt man den roten Stöpsel (Spitze und Ring getrennt). Steckt man den schwarzen Stöpsel in Klinke C, so wird L_a von Klinke A abgetrennt und über den schwarzen Stöpsel und die b-Feder von C geerdet, L_b dagegen mit der a-Feder von A verbunden, die b-Feder von A über die b-Feder von C geerdet. Steckt man den schwarzen Stöpsel in Klinke D, so wird L_b über die b-Federn von C und D abgetrennt und geerdet, L_a bleibt mit der a-Feder von A verbunden, die b-Feder von A wird über die b-Feder von D geerdet. In beiden Fällen ist also der fehlerhafte Leitungszweig abgetrennt, die zugehörige Klinkenfeder über A geerdet; am anderen Ende geschieht dasselbe, man arbeitet also nun über den fehlerfreien Zweig als Einzelleitung. Steckt man den roten Stöpsel ein, so ändert sich die Wirkung nur insofern, als der fehlerhafte Leitungszweig lediglich abgetrennt, aber nicht geerdet wird. Die Verbindung eines Teilnehmers mit einer Fernleitung geht ebenso vor sich, wie bei ungestörter Leitung. Bei Verbindung von Fernleitungen miteinander bleibt der Übertrager eingeschaltet (UtU wird nicht umgelegt). Ein Zwischenamt in der Fernleitung hat die beiden Zweige einer gestörten Leitung dauernd getrennt zu halten und Anrufe der Ämter zu vermitteln. Bei der Verbindung der beiden Zweige muß der Übertrager eingeschaltet bleiben, das Schlußzeichen des Schnurpaares wird abgeschaltet.

Achtundzwanzigster Abschnitt.

Vielfachumschalter OB für Teilnehmerstellen mit eigener Stromquelle.

Vielfachumschalter OB 02 (Abb. 463—465). Diese Vielfachumschalter sind in der Regel für 1000 Verbindungsklinken eingerichtet; ausnahmsweise wird das Klinkenfeld so groß gemacht, daß es 1600 Teilnehmerklinken faßt. Jeder Schrank enthält außerdem 100 Anrufklappen (S. 362, Abb. 299) und 100 Abfrageklinken oder 20 Klappen und 20 Abfrageklinken für ankommende Verbindungsleitungen; ferner 14 aus je einem Schnurpaar mit dreiteiligen Stöpseln und einem Hebelumschalter bestehende Verbindungsvorrichtungen, die mit ebensoviel selbsttätigen zweiseitigen Schlußzeichensätzen verbunden sind; schließlich das Abfrageapparatsystem, bestehend aus Brustmikrophon, Kopffernhörer und Induktionsspule nebst Anschlußstöpsel, sowie ein Schauzeichen für den abgehenden Rufstrom. Die frühere Form dieses Umschalters (vgl. 5. Aufl., S. 438) hatte nur ein einseitiges Schlußzeichen, als das ein Galvanoskop diente; in dessen Fenster erschien als Stromanzeiger ein gelbes Blatt; es wird in jenen Schränken als eins der beiden Schlußzeichen weiter verwendet.

Je zwei Schränke werden mit einem Platzumschalter ausgerüstet, um in den Zeiten schwächeren Verkehrs zwei Arbeitsplätze zu einem einzigen vereinigen zu können. Die Hälfte der Anschlußleitungen wird auf die Schränke mit ungerader Nummer, die andere Hälfte auf die Schränke mit gerader Nummer gelegt. Die Verbindungsschnüre sind so lang bemessen, daß sie über zwei Tafeln reichen; daher läßt sich die Aufnahmefähigkeit eines Amtes auf 2000 oder 3200 Teilnehmerleitungen steigern. Verteilt man das Klinkenfeld auf drei Arbeitsplätze (S. 527), so kann ein Amt sogar bis zu 4800 Anschlußleitungen aufnehmen.

Die Klinkentafel wird durch eine senkrechte Leiste in zwei Abteilungen zerlegt. Jede Abteilung enthält in der Richtung von oben nach unten 5 (oder 8) Felder zu 100 Teilnehmerklinken, einen Streifen zu 20 Verbindungsklinken und 5 Streifen

Vielfachumschalter OB 02.

zu 10 Abfrageklinken; darunter befinden sich in dem Winkel, den die Klinkentafel mit dem Stöpselbrett bildet, in zwei Reihen die Schlußzeichen SZ; dann folgt das wagerechte Stöpselbrett, das den oberen Abschluß für das Klappenfeld bildet; endlich unterhalb dieser das Schlüsselbrett mit den Hebelumschaltern U und Tasten.

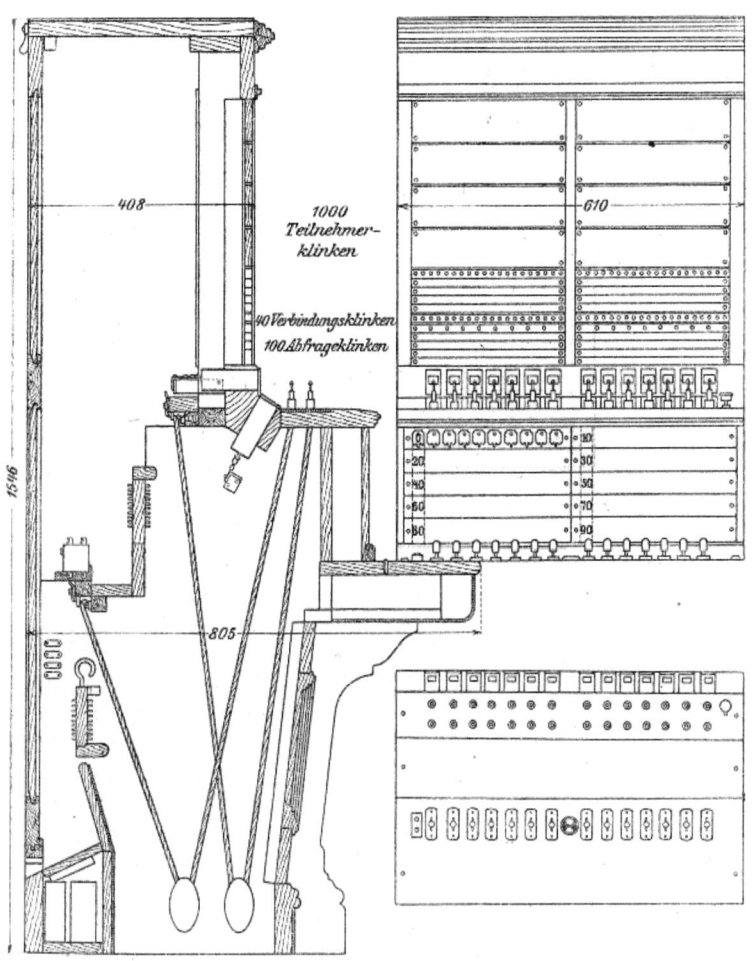

Abb. 463. Vielfachumschalter OB 02. Schnitt durch den Schrank, Klinkenfeld und Tischplatte.

Die Teilnehmerleitungen durchlaufen zunächst die **Vielfachklinken**, von denen diejenigen des ersten Vielfachfeldes doppelte, die übrigen einfache Unterbrechungskontakte erhalten; von den Klinken der beiden letzten Vielfachumschalter werden sie zu den an der Rückseite angebrachten unteren Lötösenbrettern eines **Zwischenverteilers** Vz (Abb. 464; s. a. Abb. 463) geführt. Die Abfrageklinken und Anrufklappen sind dagegen mit den

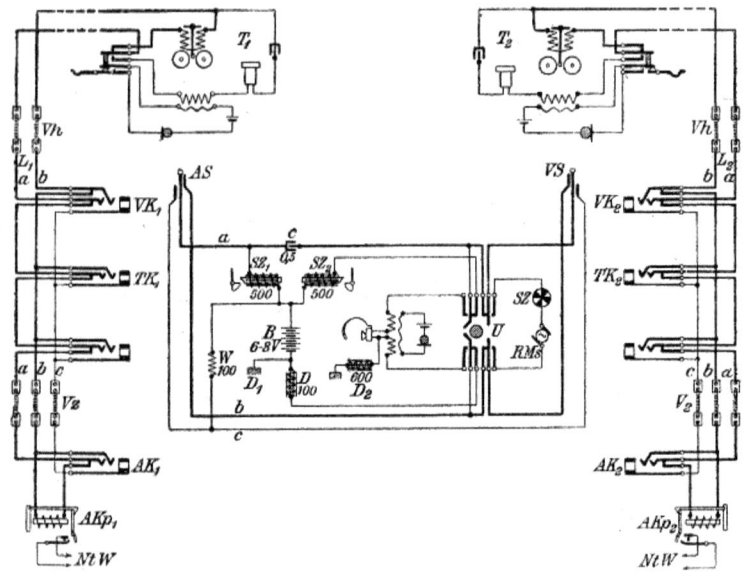

Abb. 464. Vielfachumschalter OB 02. Stromlauf.

oberen Lötösen fest verbunden. Durch leicht auswechselbare Drahtverbindungen zwischen den unteren und oberen Lötösen können also die Anschlußleitungen im Bedarfsfalle ohne Änderung ihrer Nummern auf beliebige Klappen geschaltet und etwaige Lücken unter den besetzten Klappen, wie sie beim Übergang der Teilnehmer von der Pauschgebühren- zur Einzelgebührenzahlung oder aus anderer Veranlassung entstehen, sogleich wieder ausgefüllt werden.

Abb. 464 gibt den **Stromlauf** des Vielfachumschalters OB 02. Die untereinander gezeichneten Klinken, Vorschaltklinke VK, mehrere Vielfach- oder Teilnehmerklinken TK, auch Feldklinken genannt, und eine Abfrageklinke AK sind auf die Arbeitsplätze verteilt; jede Vielfachklinke TK liegt in einem anderen Schrank; AK kann mit einer der TK an einem Schrank zusammentreffen, wobei jene im Vielfachfeld, diese im Abfragefeld liegt. Die Teilnehmerklinken und die Abfrageklinke sind vierteilig (Abb. 278, S. 345). An den Vorschalteklinken VK tritt eine weitere Klinkenfeder hinzu (Abb. 279). Die Stöpsel sind dreiteilig (Abb. 282, S. 347).

Der zugehörige Sprechumschalter U (Abb. 464) ist auf S. 480, Abb. 399 dargestellt. Die Schlußzeichen SZ_1 und SZ_2 liegen über den Sprechumschalter U in der Brücke zwischen der a- und b-Ader des Schnurpaares. Durch Umlegen des Hebels nach vorn (in Abb. 464 nach links) wird der Umschalter in die Abfragestellung gebracht; hierbei wird SZ_2 von der a- und b-Leitung abgetrennt. Die Beamtin kann mit dem rufenden Teilnehmer sprechen. Durch Zurücklegen des Hebels (in Abb. 464 nach rechts) entsteht die Rufstellung. Der Rufstrom (meistens von einem Polwechsler erzeugt) gelangt über die a- und b-Ader des Stöpsels VS in die verlangte Teilnehmerleitung. Beim Loslassen des Hebels geht dieser von selbst in die Ruhestellung zurück. Soll in einer Verbindung mitgehört werden, so ist der Hebel in die Abfragestellung zu bringen.

Betrieb. Der rufende Teilnehmer sendet mit dem Induktor (in Abb. 464 nicht dargestellt; die Hakenumschalter sind in Ruhestellung, Hörer am Haken gezeichnet) Strom zum Amt, worauf die Anrufklappe AKp fällt. Die Beamtin richtet AKp auf, führt AS in AK ein, legt U nach vorn (links) und fragt ab. Darauf prüft sie mit der Spitze von VS die Feldklinke des gerufenen Teilnehmers, berührt demnach die c-Ader, die als Prüfleitung mit den Klinkenhülsen aller Vielfachklinken einer Anschlußleitung in Verbindung steht. Steckt in einer beliebigen Klinke dieses Teilnehmers ein Stöpsel AS oder VS, so hat dessen Schaft über die c-Ader der Schnur und den Widerstand W Verbindung mit dem negativen Pol der Schlußzeichenbatterie B, deren positiver Pol geerdet ist. Von der Spitze des prüfenden Stöpsels führt nun die Leitung weiter zu U, Kopf-Fernhörer F, Drossel D_2 und Erde; die Beamtin hört den Knack. Ist die verlangte Leitung frei, so wird VS in TK gesteckt — wobei der Weg zur Anrufklappe unterbrochen wird

— U nach hinten (rechts) gelegt und gerufen. Der Rufstrom, dessen Abgang durch das Sternzeichen ersichtlich gemacht wird, geht über U, VS, TK, Teilnehmerleitung, Wecker; die Leitung des rufenden Teilnehmers ist abgeschaltet. Beim Loslassen geht U in die Ruhelage zurück. Das Schauzeichen SZ_2 zeigt Strom, der erst verschwindet, wenn der gerufene Teilnehmer den Fernhörer vom Haken nimmt; hierdurch ist nun die Sprechverbindung hergestellt; von der Verbindungsschnur liegen nur die a-Ader mit U und C und die b-Ader mit U im Sprechkreis. Hängt beim Schluß des Gesprächs ein Teilnehmer seinen Fernhörer an den Haken, so tritt der Wecker an die Stelle des Fernhörers; die Anschlußleitung ist nun nicht mehr für Gleichstrom gesperrt, so daß das Schlußzeichen anspricht. Wenn beide Schlußzeichen erschienen sind, wird die Verbindung getrennt.

Will sich ein Teilnehmer der Beamtin während der Verbindung bemerklich machen, so bewegt er seinen Haken auf und nieder, was vom Schlußzeichen wiedergegeben wird (Flackerzeichen). Die Beamtin geht in Abfragestellung und nimmt den Wunsch des Teilnehmers entgegen.

Verbindungsleitungen (Abb. 465). Die Verbindungsleitung VL liegt auf der abgehenden Seite (Amt I), auf einem unterhalb des Vielfachfelds befindlichen Klinkenstreifen (vgl. Abb. 463), und da, wo sie ankommt (Amt II), im Abfragefeld. Amt I verfährt in gewöhnlicher Weise; findet es eine freie Verbindungsleitung zum Amt II, so steckt es seinen Stöpsel VS_1 in die Vielfachklinke VVK und ruft Amt II wie einen Teilnehmer, worauf dort AKp_v fällt. Die Verbindungsschnur auf Amt II ist anders geschaltet, wie auf Amt I. AS_2 in AK_v (AKp_v wird abgetrennt), U_{II} in Abfragestellung. Amt I teilt Amt II die gewünschte Teilnehmernummer mit. Freiprüfung, Verbindung über VS_2 mit T_2. Der Teilnehmer T_2 wird von Amt I gerufen.

Das Schlußzeichen SZ_2 erscheint beim Einführen von VS_1 in VVK, verschwindet bei der Beantwortung des Anrufs durch Amt II, erscheint wieder, wenn VS_2 in T_2K eingeführt wird und verschwindet, wenn der Teilnehmer T_2 seinen Hörer vom Haken nimmt. SZ_1 und SZ_2 erscheinen wieder beim Schluß des Gespräches; Amt I trennt. Nun erscheint SZ_3, weil aus

B_1 ein Strom über die b-Ader der Verbindungsleitung, AS_2, b-Ader der Schnur, SZ_3 zur Erde fließt. Obgleich VS_1 schon gezogen ist, bleibt nun über den Anker von R. die Hülsenleitung der VVK unter Spannung, so daß die Verbindungsleitung noch besetzt erscheint, bis AS_2 gezogen ist.

Verbindungen mit dem Fernamt werden am Vorschalteplatz (Doppelunterbrechungsklinken) ausgeführt. Das

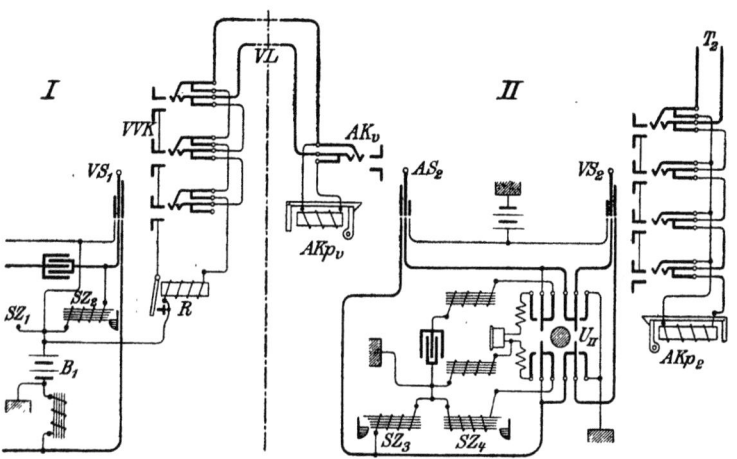

Abb. 465. Vielfachumschalter OB 02. Stromlauf für Verbindungsleitungen.

Verfahren wird beim Fernschrank OB 05, Seite 614, beschrieben; die Verbindungsschnur der Vorschaltebeamtin wird in Abb. 495 unten rechts dargestellt.

Der Vielfachumschalter OB 13 ist die neuere Ausführungsform des Vielfachumschalters OB 02.

Neunundzwanzigster Abschnitt.
Vielfachumschalter für Zentralbatteriebetrieb.

In neuerer Zeit werden nur noch Schrankumschalter einheitlichem Muster aufgestellt; ihre Bezeichnungen sind Z ZB 11 m, ZB 11 gV, ZB 11 gB. Die Leitungsführung ist drähtig. Es werden zwei verschiedene Schaltungen angev die von Ericsson (Cedergren) und die der Western] tric Company. Außer diesen sind im wesentlichen nocl schalter älterer Art von Siemens & Halske im Gebi Diese sind zweidrähtig und haben ihre eigene Schaltung.

Im Nachstehenden werden zunächst die neuen drei tigen Umschalter, später auch der zweidrähtige beschrieb

I. Dreidrähtige Vielfachumschalter ZB 10, ZB 11

Über Größe und Ausrüstung der neuen Umschalter die nachfolgende Zusammenstellung Auskunft:

Muster	Maße			Arbeitsplätze	Schnurpaare	Paneele	Art der Benutzung	Teilnehmerleitungen		1 Schrank enthält		Ve
								Vielfachfeld				abg(
								Zahl d. Klinken im Feld	Zahl d. Paneele im Feld	Anrufzeichen	Abfrageklinken	Das un Klinke
	hoch	breit	tief									
ZB 10	1480	660	930	1	15 bis 18	3	A, B, V	3000¹)	6	300	300	600
ZB 11 m	1879	1800	1060	3	45 bis 54	9	A	6300	9	810 bis 900	810 bis 900	600
							B	—	—	990 bis 1080	990 bis 1080	2100
ZB 11 gV	2200	1800	1160	3	45 bis 54	9	A	10800	9	810 bis 900	810 bis 900	600
ZB 11 gB	2200	1800	1060	3	90 120	9	B	10800	6	—	—	—
							V	10800	6	—	—	—

[1]) ZB 10 enthält im Schrank 1500 Klinken; 2 Schränke bild Feld.

Vielfachumschalter ZB 10 und 11.

Die Schränke für Teilnehmer- und abgehende Verbindungsleitungen werden mit Zweischnurstöpseln (Stöpselpaaren), die für ankommende Verbindungsleitungen (B- und Vorschalteschränke) mit Einschnurstöpseln ausgerüstet.

Als Anruf-, Schluß- und ähnliche Betriebszeichen dienen Glühlampen, die durch Relais eingeschaltet werden.

Die Klinkenstreifen der Vielfachfelder sind 10- oder 20-teilig. In den Abfragefeldern verwendet man lieber die 10-teiligen, weil sie für die Bedienung bequemer sind, als die 20 teiligen mit ihrer engen Anordnung. Die Klinken sind in der Regel drei-, nur selten vierteilig.

ZB 10 ist wesentlich für Teilnehmerleitungen und für kleinere Fernsprecheinrichtungen (bis 3000 Anschlüsse) bestimmt. Der Aufbau des Schrankes gleicht dem in Abb. 463 dargestellten; die Seitenwände sind aus Holz gefertigt, mit denen die übrigen Holzteile durch Nutung oder durch Verschraubung mit einem Winkel verbunden sind. Werden mehrere

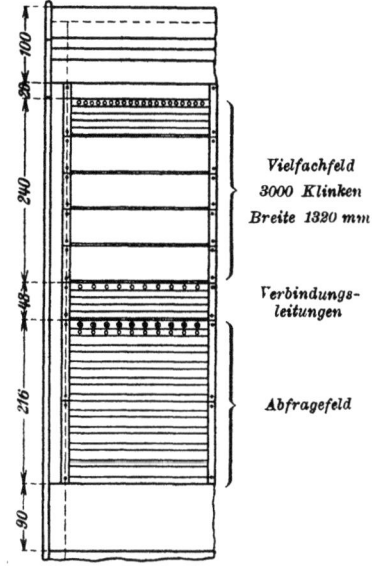

Abb. 467. Vielfachumschalter ZB 10, ein Paneel des Klinkenfeldes.

Schränke nebeneinander gestellt, so verbindet man die Seitenwände durch Bolzen. Klinkenfeld s. Abb. 467; die Tischplatte weicht nur wenig von der für ZB 11 m (Abb. 469) ab.

Die Schränke ZB 11 (Abb. 468) haben als Grundlage für den Aufbau ein Gestell aus eisernen Schienen, die bei ZB 11 m fest miteinander vernietet sind. Bei den großen Umschaltern ZB 11 g sind an einigen Stellen (in Abb. 468 durch volle Kreise angegeben) die Nieten durch Schraubbolzen ersetzt; solche Gestelle lassen sich in Ober- und Unterteil, nebst einer Verbin-

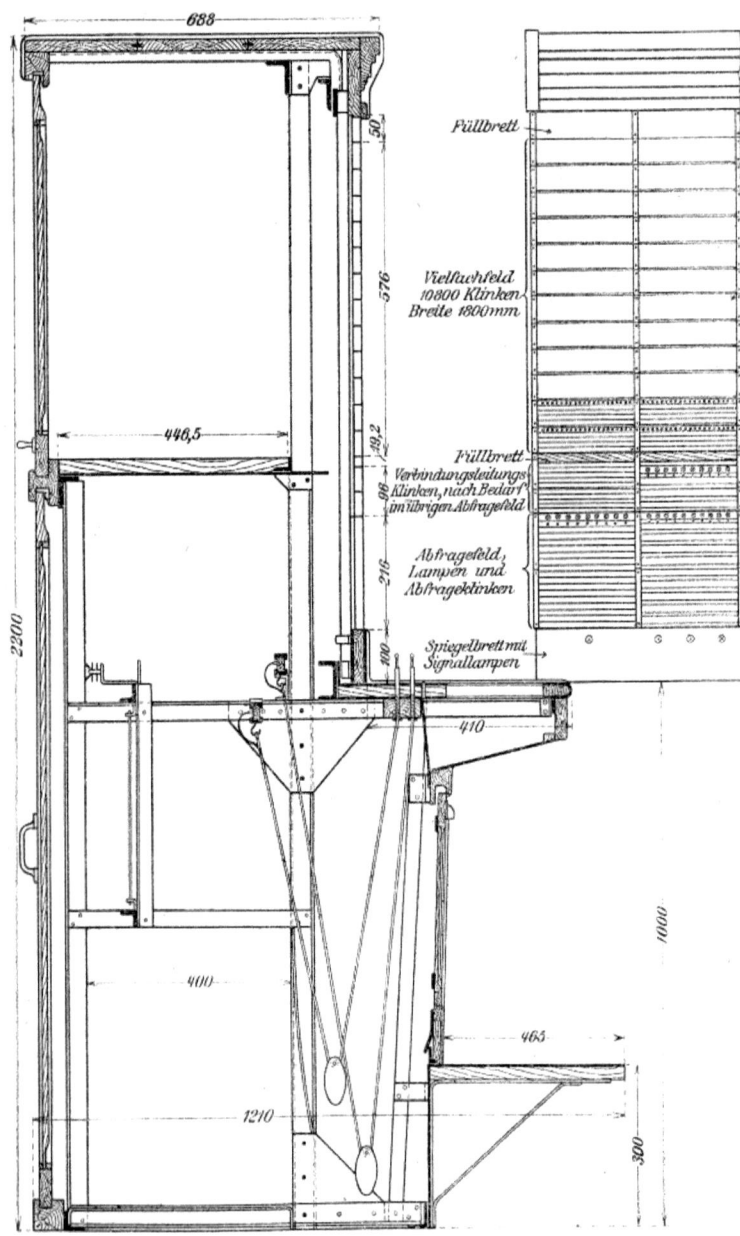

Abb. 468. Vielfachumschalter ZB 11 gV.

dungsschiene zerlegen. Die Schränke werden ohne besonderen Unterbau auf den Fußboden gestellt. Um die Kabel in die Schränke zu führen, werden in der Schrankreihe besondere, zu den Vielfachschränken passend gestaltete Kabelschränke aufgestellt, denen die Schrankkabel von unten zugeführt und in denen sie emporgeführt werden.

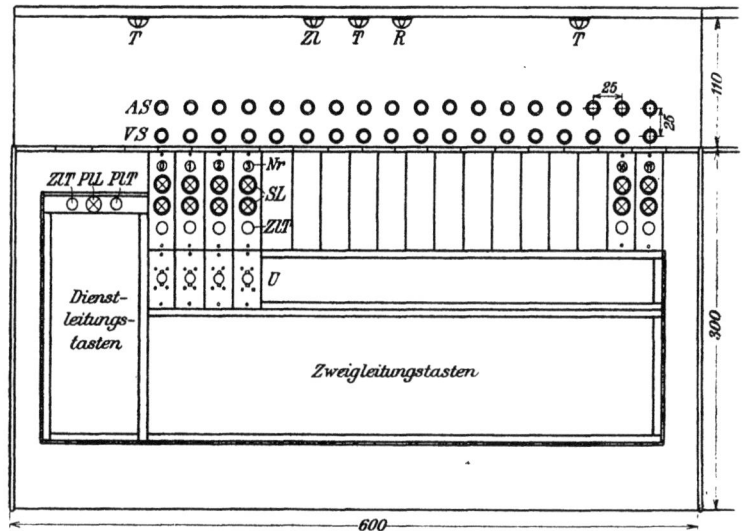

Abb. 469. Vielfachumschalter ZB 11. Tischplatte für A-Plätze.

ZB 11 m wird für mittlere Einrichtungen (bis 6300) verwendet, entweder wie ZB 10 als Teilnehmerschrank, oder als Verbindungsschrank für abgehende (A) oder ankommende (B) Verbindungsleitungen. Bemerkenswert ist, daß das Teilnehmer-Vielfachfeld der Abfrageschränke über 3 Arbeitsplätze (9 Paneele) geht, während das Feld der abgehenden Verbindungsleitungen der A-Schränke und das Teilnehmer-Vielfachfeld der B-Schränke nur 2 Arbeitsplätze (6 Paneele) breit ist. Die Verringerung in der Breite soll die Bedienung erleichtern und beschleunigen; da die Bedienung der Verbindungsleitungen schon bedeutend vereinfacht ist, macht die weitere kleine Zeit- und Müheersparnis viel aus, während sie bei der etwas umständlichen Bedienung der Teilnehmerleitungen weit weniger ins Gewicht fallen würde. Durch die verschiedene Breite der Felder ist erreicht worden, daß die Schränke alle die gleiche Höhe haben und in einer Reihe aufgestellt werden können.

Die Tischplatte wird durch Abb. 469 dargestellt. In dem dafür vorgesehenen Raum werden 12 Streifen mit im ganzen 60 Dienstleitungstasten angebracht, neuerdings an Stelle zweier dieser Tastenstreifen ein Streifen mit der Taste für den Leistungszähler, einer Platzabfragetaste und einer Platzanruflampe.

Mit dem Leistungszähler (Schaltung s. Abb. 475) wird die Zahl der an einem Arbeitsplatze in gegebenen Zeiträumen hergestellten Verbindungen ermittelt. Die Platzabfragetaste soll auf das mit der Platzanruflampe gegebene Zeichen gedrückt werden, um die Beamtin mit dem Aufsichtstisch zu verbinden; vgl. S. 578.

ZB 11 g sind große Umschalter mit einem Fassungsvermögen von 10800 Anschlüssen. Abb. 468 gibt den Umschalter ZB 11 gV in seiner Gesamtanordnung wieder. Abb. 469 zeigt die Tischfläche. Die im Spiegelbrett liegenden Lampen sind Kontrollampen: T für die Teilnehmer, R für den ausgehenden Weckruf, Zl für die Zählung der Gespräche. Im unteren Teil des Schrankes werden die Abfrage- und Lampenkabel geführt, auf dem oberen Kabelbrett die Kabel für das Teilnehmer-Vielfachfeld, oder wenn dieses fehlt, für das Verbindungsleitungsfeld.

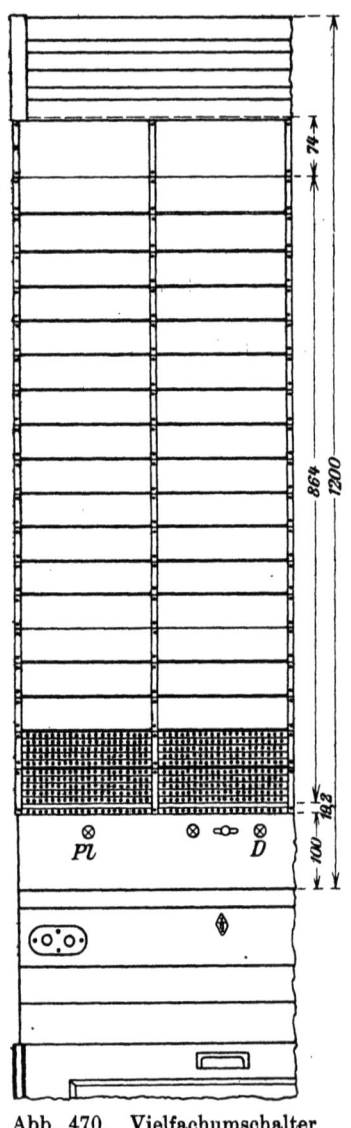

Abb. 470. Vielfachumschalter ZB 11 gB.

Vielfachumschalter ZB 11.

Die Kabel für ein kleineres Verbindungsleitungsfeld werden gleich unter diesem Kabelbrett in eisernen Bügelträgern geführt. Zur Einführung der Kabel für die großen Vielfachfelder werden Kabelschränke (S. 569) eingebaut. Im unteren Teil sind ferner die zu den Schnurpaaren und der Platzschaltung gehörigen Apparate (Relais, Spulen, Kondensatoren, Widerstände, Lötösenstreifen usw.) an starken Rahmen befestigt.

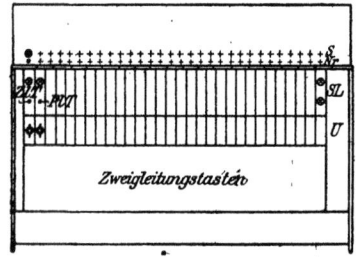

Abb. 471. Vielfachumschalter ZB 11. Tischplatte für B-Plätze.

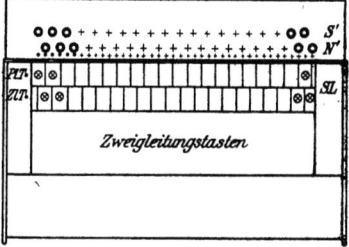

Abb. 472. Vielfachumschalter ZB 11. Tischplatte für Vorschalteplätze.

ZB 11 gB ist dem vorigen an Größe annähernd gleich. Er ist nur für ankommende Verbindungsleitungen bestimmt (B-Schrank), erhält demnach kein Abfragefeld. Da auch das Feld für abgehende Verbindungsleitungen fehlt, hat das Teilnehmer-Vielfachfeld, das über 6 Paneele geht und deshalb um $^1/_8$ höher als bei ZB 11 gV ist, doch in der gleichen Schrankhöhe Platz (Abb. 470). Im Spiegelbrett liegen nur unter dem 1. und 2. Paneel eines Arbeitsplatzes Signal- und Kontrollampen: Pl die Platzlampe, D die Signallampe für die Dienstleitungen, daneben die Kontrollampe für die Schlußzeichen der Teilnehmer; D wird durch den daneben angebrachten Hebelumschalter eingeschaltet, wenn die Beamtin den Fernhörer abnimmt; zugleich wird die Dienstleitung auf das Dienstleitungsrelais gelegt (vgl. Abb. 481; s. a. Abb. 486). Abb. 471 und 472 zeigen die Einteilung der Tischflächen an B- und an Vorschalteplätzen. Die ankommenden Verbindungsleitungen endigen in Stöpseln, von denen 30 auf einen B-Arbeitsplatz entfallen. Die neueren B-Schränke erhalten keine Sprechumschalter mehr; der Weckruf wird selbsttätig gegeben. In der Regel wird jeder Schnur nur eine Schlußlampe zugeordnet, die aufleuchtet, wenn die Verbindung am A-Platz aufgehoben wird. Der Vorschalteplatz bekommt 40 Einzel-Stöpselschnüre in 2 Reihen. In den Schränken werden die Kabel und die zu den Schnüren gehörigen Apparate wie bei ZB11gV untergebracht.

Schaltvorgänge im einfachen Ortsverkehr.

Anruf. Mit jeder Teilnehmerleitung ist ein Anrufrelais AR verbunden, das Strom aus der ZB erhält, sobald der Teilnehmer den Hörer abnimmt. Alsdann schließt das Anrufrelais den Kreis einer Glühlampe, der Anruflampe AL, die aufleuchtet; die Beamtin, hierdurch aufmerksam gemacht, setzt nun den Abfragestöpsel in die Abfrageklinke ein, wodurch sie —

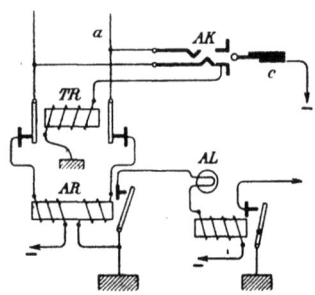

Abb. 473. Anruf- und Trennrelais bei Westernscher Schaltung.

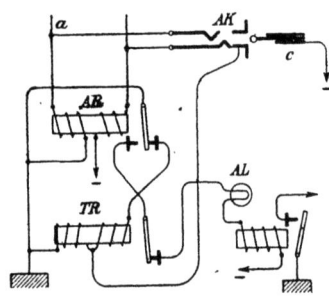

Abb. 474. Anruf- und Trennrelais bei Ericssonscher Schaltung.

nach Umlegen des Hörschlüssels, s. S. 575 — mit dem rufenden Teilnehmer verbunden wird. Die Abfrageklinken und Anruflampen sind zu Klinkenstreifen vereinigt im Abfragefeld untergebracht; jede Glühlampe sitzt unmittelbar über ihrer Abfrageklinke. Beim Einschieben des Abfragestöpsels soll die Anruflampe erlöschen, was auf verschiedene Weise erreicht wird.

Abb. 473[1]) und 474 stellen den Anruf nach der Westernschen und Ericssonschen Schaltung dar; wie der Strom für

---

[1]) Zeichenerklärung zu Abb. 473 u. folg. und den zugehörigen Beschreibungen der Schaltvorgänge. .

Zur vollständigen Angabe eines Apparates wird eine Gruppe von 3 großen und u. U. einigen kleinen Buchstaben und Ziffern benutzt. Der 1. große Buchstabe bedeutet die Gruppe, in der der Apparat steht, der 2. seine Aufgabe, der 3. die Art des Apparats: TAR Teilnehmer-Andie Anruflampe AL zustande kommt, läßt sich leicht verfolgen. Das Zeichen — bedeutet den negativen Pol der mit dem positiven Pol geerdeten ZB. Das Anrufrelais hat aus Symmetriegründen zwei Wicklungen; beim Westernschen System, wo dies wegen der Abschaltung des Relais nicht besonders wichtig ist, findet man oft Relais mit nur einer Wicklung. Das neben AL befindliche Relais, das für die Leitungen eines Arbeitsplatzes gemeinsam angebracht ist, schließt den Strom nach einer Kon-

ruf-Relais. Dem 2. und dem 3. großen Buchstaben muß öfter zur Ergänzung ein kleiner Buchstabe beigefügt werden: VUwR Verbindungs-Überwachungs-Relais, Ut Übertrager, U Umschalter. Der 1. große Buchstabe kann wegbleiben, wenn dadurch keine Verwechselungen entstehen können, und in diesem Falle kann auch noch der 2. Buchstabe wegbleiben. In den Abbildungen wird der 1. Buchstabe in der Regel weggelassen, in den Beschreibungen wird er fast stets vorgesetzt. Den großen Buchstaben können noch als Anhängsel (Index) kleine Buchstaben, arabische und römische Ziffern beigesetzt werden: TSL_1, SR_n, TA_kR, Schlußlampe des 1. Teilnehmers neben der des zweiten, Neben- oder Hilfs-Schluß-Relais, wenn schon ein Hauptschlußrelais SR in der Schaltung vorkommt, Teilnehmer-Anruf-Kontroll-Relais usw.; Ut_{aII} ist die zweite (rechts oder unterhalb stehende) Wickelung des Übertragers im a-Zweig; D_b die am B-Platz einmündende Dienstleitung. Der Anker eines Relais wird durch ein A bezeichnet, dem das Zeichen für den Apparat in Klammer beigefügt wird; Ruhe- oder Arbeitsstellung wird durch ein der Klammer angehängtes r oder a angegeben: $A_2(VFlR)_r$ ist der 2. Anker (von links nach rechts, oder von oben nach unten zu zählen) des Vorschalteleitungs-Flacker-Relais in Ruhestellung. Die Nummern der Anker und Wicklungen werden in den Zeichnungen nicht angegeben.

Ein wagrechter Pfeil vor einem Relais bedeutet ansprechen: → TTR: das Teilnehmertrennrelais spricht an. Hinter einer Signallampe steht ✳ oder ●; die Lampe leuchtet auf oder erlischt; ✳ und ● bedeuten stets Zeichen für die Beamtin, deren Platz durch den ersten der 3 großen Buchstaben angegeben wird. Die Beschreibungen der Stromkreise beginnen mit dem positiven geerdeten Pol E und schließen mit dem negativen der ZB; beim Lesen faßt man zunächst den hinter E stehenden Apparat ins Auge, um den gesuchten Stromlauf zu finden. Es ist hierbei nicht nötig, die angegebenen Verbindungen stets im Stromlauf peinlich zu verfolgen; man braucht sein Augenmerk nur auf die mit → ✳ ● hervorgehobenen Stellen zu richten, welche den Zweck der Bildung dieser Kreise angeben. ZB: S. 580, Zeile 6 v. o. bis Zeile 5 v. u.: Die A-Beamtin stöpselt; infolgedessen spricht BUwR an, (SR_2 nicht), weiter $BUwR_n$, worauf BSL aufleuchtet und der B-Beamtin anzeigt, daß die A-Beamtin gestöpselt hat. Nur wenn man nachprüfen will, wie die Verbindungen zustande kommen, verfolgt man die in den Formeln angegebenen Stromwege.

trollampe. In der Regel schaltet man dieser Kontrollampe noch eine zweite parallel und vereinigt die zweiten Kontrolllampen aller Arbeitsplätze in einer Überwachungstafel.

Wird der Stöpsel in die Abfrageklinke AK eingeführt, so erhält die Klinkenhülse Verbindung mit dem —Pol der ZB. Bei der Westernschen Schaltung bekommt nun das Trennrelais TR Strom; es trennt die Teilnehmerleitung in beiden Zweigen vom Anrufrelais. Erst nach Beendigung des Gesprächs, wenn der Stöpsel entfernt wird, erhält die Teilnehmerleitung wieder Verbindung mit dem Anrufrelais. Die Verbindung der Leitung mit der ZB muß also während des Gesprächs über die Stöpselschnur hergestellt werden (vgl. Abb. 447). Bei der Ericssonschen Schaltung unterbricht das Trennrelais, dessen zweite Wicklung stromlos ist, solange das Anrufrelais den Anker angezogen hält, den Stromkreis der Anruflampe.

Den Zustand bei eingeschobenem Abfragestöpsel zeigen die linken Teile der Abb. 475 und 476.

Vergleich der Westernschen und Ericssonschen Schaltung. Mit dem Anrufrelais ist ein Teil der Schaltung verbunden, der in der Regel Symmetrie- und Isolationsmängel aufweist. Beim Abschalten des Anrufrelais wird die Leitung von diesem für die Sprechverständigung unerwünschten Anhängsel befreit. Dafür ist, wenn man das Anrufrelais nicht abtrennt, die Schnurschaltung wesentlich einfacher; die Schnuradern bleiben von Gleichstrom frei, was für die Sprechverständigung vorteilhaft ist (S. 348, 469). Da in diesem Fall das Stecken und Ziehen der Stöpsel die Stromverzweigung nicht ändert, verursacht es auch kein Knacken im Hörer. Die dauernde Verbindung mit dem Anrufrelais hat den Vorteil größerer Sicherheit für den eingehenden Anruf (als wenn die beiden Kontakte des Trennrelais im Rufkreise liegen), dagegen den Nachteil, daß bei Aufsuchung von Fehlern häufig erst die Batterie durch Ablöten abgetrennt werden muß. Der vom Amt abgehende Rufstrom wird durch das dauernd anliegende Anrufrelais geschwächt. Wenn das Anrufrelais abgetrennt wird, können Schaltungen ausgeführt werden, bei denen über die Zweige der Doppelleitung verschiedene Ströme bestimmter Stärke und Richtung gesandt werden müssen (Zweigleitungen, Selbstanschluß). Das abtrennbare Anrufrelais kann keine Sprechstörungen verursachen, bedarf daher keines Induktionsschutzes und kann in Reihen enger angeordnet werden.

Abfragen. Die Beamtin verbindet ihren Hör- und Sprechapparat mit der Leitung des rufenden Teilnehmers durch Umlegen des Hörschlüssels AU in derselben Weise, wie bei den OB-Umschaltern (S. 563).

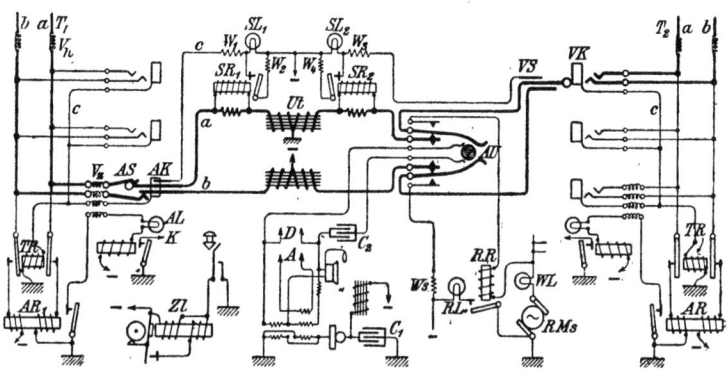

Abb. 475. Stromlauf der Westernschen Schaltung.

Freiprüfung. Durch Einführung des Abfragestöpsels in AK haben die Hülsen der zugehörigen TK über die c-Leitung Spannung vom — Pol der ZB erhalten, was man in Abb. 475 und 476 links verfolgen kann. Berührt nun die Beamtin mit der Spitze eines Verbindungsstöpsels eine Vielfachklinke des

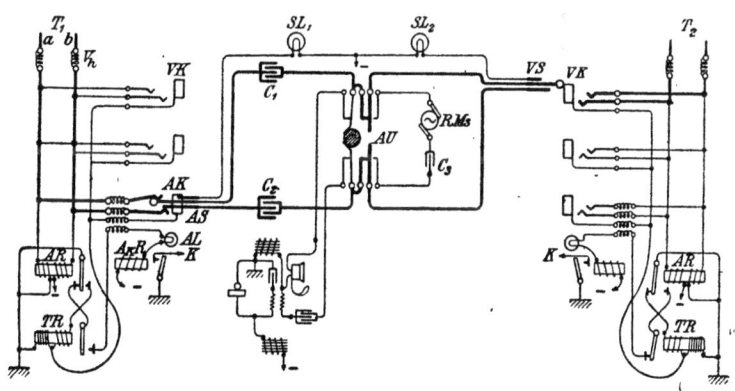

Abb. 476. Stromlauf der Ericssonschen Schaltung.

verlangten Teilnehmers, so ergeben sich folgende Stromläufe: Westernsche Schaltung (Abb. 475): Da AU auf Abfragen steht, ist C_2 aus der ZB geladen; Federn 2, 3 von AU über SR_2 an Erde. Der Teilnehmer sei frei (rechte Seite von Abb. 475); TVK ist ohne Spannung. Wenn VS an TVK anstößt, ändert dies an dem elektrischen Zustande nichts. Ist der Teilnehmer besetzt (linke Seite von Abb. 475), so hat seine c-Leitung einerseits über AS oder VS und SL_1 oder SL_2 Verbindung mit — ZB, anderseits Erde über TTR. Die prüfende Beamtin stößt also mit der Spitze ihres Verbindungsstöpsels auf einen Punkt, dessen Spannung von 0 verschieden ist; hierdurch wird C_2 teilweise entladen, was im Kopffernhörer einen Knack erzeugt. — Ericssonsche Schaltung: TVK (— Pol der ZB), Spitze von VS, AU (Federn 1 bis 4), Abfrageapparat, Erde.

Weckruf. Bleibt der Knack aus, so wird VS eingeschoben und der Teilnehmer angerufen. Hierzu legt die Beamtin AU nach rechts und verbindet hierdurch die Rufmaschine RMs mit der Leitung des gewünschten Teilnehmers. Nach Abb. 475 verläuft der Weckstrom von Erde über RMs, zugehörige Relais und Signallampen, AU (Federn 1, 2), a-Ader der Schnur, TVK, zum Teilnehmer und zurück, AU (Federn 7, 8), ZB. Da der Stöpsel VS die Hülsenleitung unter Spannung gesetzt hat, sind die Anker von TR_2 angezogen, AR_2 abgetrennt. Nach Abb. 476 hat der Weckstrom einen ungeerdeten Stromkreis RMs, C_3, AU (Federn 10, 9), TK, zum Teilnehmer und zurück, AU (Federn 4, 5), RMs. Neuerdings nimmt man die Leitung bei Feder 10 ab, erdet RMs und entfernt C_3; dann verläuft der Weckstrom über die a'-Leitung und eine Wicklung von AR_2 zur Erde. Zum Zeichen, daß der Rufstrom zum Teilnehmer abgeht, erglüht die Rufüberwachungslampe. Das Anrufrelais schnarrt nicht, weil es vom —-Pol der ZB über b-Leitung, AU (Feder 9,10), RMs, Erde, Strom hat und festgehalten wird. Die Schlußzeichenlampe des gewünschten Teilnehmers leuchtet von der Einführung von VS an, bis er seinen Hörer abnimmt. Bei Beendigung des Gesprächs, wenn beide Teilnehmer die Hörer anhängen, erscheinen die Schlußzeichen; die Stöpsel werden gezogen, die TR werden stromlos, die AR sind es schon, alles kehrt in die Ruhelage zurück.

Schlußzeichen. In der c-Ader der Verbindungsschnur

Vielfachumschalter ZB 10 und 11.

sitzt beiderseits eine Glühlampe SL, die das Schlußzeichen gibt (Schlußlampe). Diese Glühlampe würde aufglühen, sobald der Stöpsel in eine Klinke eingeführt wird. Wenn aber zu gleicher Zeit der Teilnehmer einen Hörer abgenommen hat, glüht SL nicht. Denn bei der Westernschen Schaltung führt dann die a-Leitung der Verbindungsschnur Strom für das Mikrophon, der das Relais SR erregt und den Nebenschluß zu SL schließt. Der Widerstand W_2 ist so bemessen, daß nun die Lampe SL nicht leuchtet. In der Ericssonschen Schaltung hat das Anrufrelais seinen Anker angezogen und daher die eine Wicklung des Trennrelais mit geringem Widerstand unterbrochen; vor SL liegt also nur die andere Wicklung von hohem Widerstand, die Lampe glüht nicht. Hängt ein Teilnehmer an, so wird in jenem Fall der Nebenschluß aufgehoben, in diesem Fall die Wicklung mit geringem Widerstand der mit hohem parallel geschaltet; in beiden glüht die Lampe hell auf. Leuchten beide Lampen, so hat die Beamtin beide Stöpsel aus den Klinken zu ziehen.

Gesprächs- und Leistungszähler. Mithören der Aufsicht. Wo die Gespräche mit Hilfe eines Apparates gezählt werden sollen, ordnet man der Teilnehmerleitung einen Zähler zu. Er liegt an der c-Leitung (Abb. 477) und erhält demnach beim Einschieben des Abfragestöpsels Batterieverbindung, über geringen Widerstand aber erst beim Druck der Zähltaste (in der punktiert angedeuteten Verbindung mit der ZB liegt beträchtlicher Widerstand). Der Zähler zieht seinen Anker an und rückt das Sperrad um einen Zahn weiter. Hierbei wird die zweite

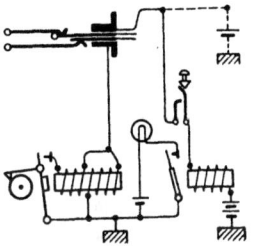

Abb. 477. Schaltung des Gesprächszählers.

Wicklung des Zählers von geringem Widerstand geschlossen; diese hält den Anker auch fest, wenn die Zähltaste losgelassen wird, so daß während einer Verbindung nur einmal gezählt werden kann. Zugleich zieht das Relais seinen Anker an und schließt dadurch den Kreis einer Zählerlampe, deren Aufleuchten die erfolgte Zählung anzeigt. Beim Lösen der Verbindung geht der Zähler in die Ruhelage zurück. Ähnlich ist der Leistungszähler geschaltet (vgl. Abb. 475), der erlaubt, die von einer Beamtin während einer bestimmten Zeit ausgeführten Verbindungen zu zählen.

Die Zähltasten sitzen in der Tischfläche neben den Hörumschaltern, die Taste des Leistungszählers links in der Tischfläche, die Zählerlampen im Spiegelbrett.

Die Gesprächszähler werden an besonderen Gestellen angebracht, wo ihre Stellung bequem abgelesen werden kann.

Die Leistungszähler werden an einem anderen Gestell vereinigt. Jedem Leistungszähler wird eine Mithörklinke zugeordnet, die von den Enden einer besonderen Spule des Übertragers im Hör- und Sprechapparat der Beamtin abzweigt (in Abb. 475 mit A bezeichnet). Dort kann sich die Aufsicht zum Mithören einschalten.

Bei der Ericssonschen Schaltung wird für die Zählung eine besondere Zählader benutzt; die Abfrageklinke und der Abfragestöpsel müssen vierteilig sein.

Platzleitung. Abb. 478 zeigt das Schema einer Platzleitung; sie dient dazu, die Beamtin mit dem Aufsichtstisch zu Mitteilungen über den Betriebsdienst zu verbinden. Am Aufsichtstisch befinden sich 3 Klinken; stöpselt die Aufsicht die 1., so verbindet sie sich mit den 1. Plätzen aller Schränke, mit der 2., 3. mit allen 2., 3. Plätzen; dies geschieht, um durch die dienstlichen Mitteilungen keine größeren Störungen zu verursachen. Beim Einstecken des Stöpsels erhält das Relais Strom; an die von seinem Anker zu schließende Leitung sind die Platzlampen aller 1. Plätze angeschlossen; diese glühen auf, die Beamtinnen drücken ihre Platztasten und sind mit der Aufsicht verbunden.

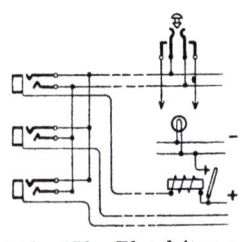

Abb. 478. Platzleitung.

Vorgänge im Verkehr auf Verbindungsleitungen.

Verbindungsleitungen zwischen zwei Ämtern und zwischen Abfrage (A)- und Verbindungs (B)-Plätzen (S. 569) desselben Amtes können zwei- oder dreiadrig sein; Abb. 479 stellt eine zweiadrige Verbindungsleitung zwischen zwei Ämtern nach Westernscher, Abb. 480 eine dreiadrige Leitung nach Ericssonscher Schaltung dar.

Die Ortsverbindungs- oder Vorschalteleitung (s. Seite 530) endet an der A-Seite (links in Abb. 479 u. 480) in Vielfachklinken, an der B-Seite (rechts) in dem Einschnurstöpsel. Daneben liegt die Dienstleitung. Die A-Beamtingibt in der Dienstleitung die Nummer des verlangten Teilnehmers an die B-Beamtin und erhält von dieser die Nummer der zu benutzenden Verbindungsleitung zurück. Die B-Beamtin prüft die verlangte Anschlußleitung und führt den Stöpsel der Verbindungsleitung in die Vielfachklinke dieser Leitung ein. Die A-Beamtin steckt ihren

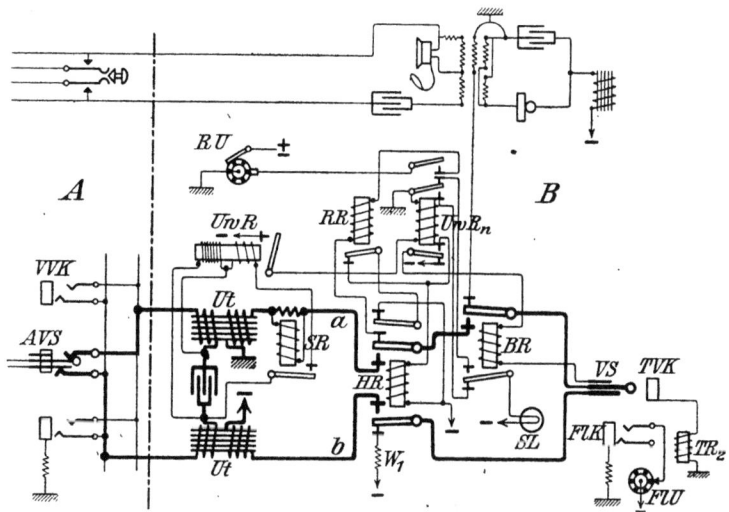

Abb. 479. Verkehr auf Verbindungsleitungen, Westernsche Schaltung.

Verbindungsstöpsel in die Klinke der Verbindungsleitung. Bei Beendigung des Gesprächs erscheinen die Schlußzeichen zunächst am A-Schrank; dort wird die Verbindung getrennt, woraufhin auch das Schlußzeichen am B-Platz erscheint.

Die Verbindungsleitungen haben am B-Platz keinen Sprechumschalter, sondern nur die Schlußlampe. Die a-Ader liegt über einen Ruhekontakt, $A_1(VBR)_r$, an der Prüfspule des Kopffernhörers, um die Freiprüfung ausführen zu können; beim Einsetzen des Stöpsels in die geprüfte Klinke wird die a-Ader von der Prüfspule getrennt und durchgeschaltet. Vom B-Platz aus wird selbsttätig geweckt.

580 Vielfachumschalter für Zentralbatteriebetrieb.

Westernsche Schaltung (Abb. 479). Die strichpunktierte senkrechte Linie gibt die Trennung von A- und B-Amt oder -Platz an; man kann sich die beiden Teile beliebig voneinander entfernt denken. Die A-Beamtin hat abgefragt, den Abfragestöpsel eingeführt und sich mit der B-Beamtin verständigt.

Es möge nun die A-Beamtin zuerst stöpseln (wegen des Lesens der Formeln vgl. S. 572, Fußnote): AVS in VVK. Um dies der B-Beamtin durch Aufleuchten von BSL anzuzeigen, erfolgen selbsttätig als Wirkung des Stöpselung folgende Umschaltungen:

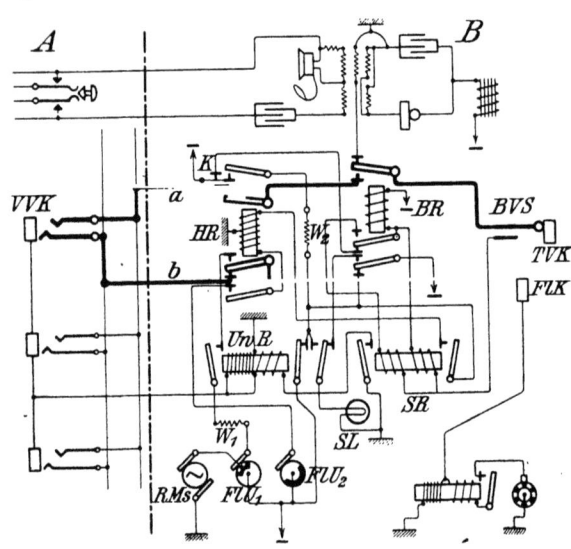

Abb. 480. Verkehr auf Verbindungsleitungen.
Ericssonsche Schaltung.

1: A-Platz (s. Abb. 475) E, Ut_{aII}, SR_2, AU, VS(a); (Abb. 479) AVS, VVK, B-Platz Ut_{aI}, → $BUwR_I$, Ut_{bI}, (A-Platz) VVK, AVS; (Abb. 475) VS(b), AU, Ut_{bII}, ZB. Wegen des hohen Widerstands von $BUwR_I$ (12000 Ω) spricht SR_2 nicht an; dagegen zieht BUwR seinen Anker an. — **2:** E. → $BUwR_n$, A(BUwR)a, ZB; **3:** E, $A_2(BUwR_n)a$, $A_2(BBR)r$, BSL ✱, ZB. Da $BUwR_n$ 3 Stromschlüsse herzustellen hat, ist der Strom, der über Leitungen und Apparate (Strkr. 1) ankommt, zu schwach; damit die Stromschließen mit genügender Kraft aufeinandergedrückt werden, wird $BUwR_n$ in den Ortskreis (Strkr. 2) von BUwR gelegt. Die gleiche Maßregel findet man in mehreren anderen Schaltungen, z. B. Abb. 481, VBR und VBR_n; Abb. 479, BUwR und $BUwR_n$; Abb. 484, VBR und VBR_1.

Das Aufleuchten von BSL zeigt der B-Beamtin an, daß die verabredete Verbindungsleitung gestöpselt ist; sie stöpselt nun gleichfalls, nachdem die Prüfung ergeben hat, daß der zu rufende Teilnehmer frei ist: BVS in TVK. Dadurch wird die Schaltung für den Anruf des Teilnehmers vorbereitet; es bildet sich: **4**: E, → TTR_2, TVK, BVS(c), → BBR, $A_3(BUwR_n)_a$, $A(BRR)_r$, $A_1(BHR)_r$, ZB; BHR ist über $A(BRR)r$ und $A_1(BHR)r$ kurz geschlossen. Stromkreis 3 bei $A_2(BBR)r$ unterbrochen: BSL ●. $A_1(BBR)_a$ schließt die a-Ader der Vorschalteleitung. TTR_2 trennt TAR_2 ab; vgl. Abb. 473. **5**: RU, $A_1(BUwR_n)_a$, → BRR, $A_2(BHR)r$, $A_2(BBR)_a$, BVS(a), TVK, zum Teilnehmer zurück, BVS(b), $A_3(BHR)r$, W_1, ZB.

Der umlaufende Unterbrecher gibt abwechselnd Wechselstrom aus einer Rufmaschine und erdet. Während der Erdung ist der Kreis stromlos, weil der Kondensator beim Teilnehmer den Gleichstrom verriegelt. Die Wechselstromstöße reichen nicht aus, BRR zum Ansprechen zu bringen, dagegen lassen sie den Wecker des Teilnehmers ertönen (selbsttätiger Anruf).

Nimmt dieser seinen Hörer ab, so vermindert sich der Widerstand und die Verriegelung für den Gleichstrom hört auf. BRR spricht an, was folgende Änderung im Stromkreis 4 hervorbringt: **4**: Der Kurzschluß für BHR wird aufgehoben, hierdurch BHR eingeschaltet, so daß es seine Anker anzieht. Der 1. Anker unterbricht den Kurzschluß nochmals, so daß er auch beim Zurückfallen von A(BRR) nicht wieder geschlossen wird; der 2. und 3. Anker schließen die Verbindungsleitung, wobei zugleich der Weckstrom unterbrochen wird, BRR wird stromlos. Dem Teilnehmer fließt aus der ZB des B-Platzes Mikrophonstrom zu, wodurch BSR erregt wird und seinen Anker anzieht; hierdurch wird die zweite Wicklung von BUwR (27 Ω) eingeschaltet, der Strom im 1. Stromkreis verstärkt, TSR_2 (ASR_2)[1]) (Abb. 475) spricht an, TSL_2 (ASL_2) ●.

Stöpselt die B-Beamtin zuerst, so bildet sich der Stromkreis 4 mit einigen Änderungen: **4a**: E, → TTR_2, TVK, BVS(c),

---

[1]) ASR und ASL im Unterschied zu BSR und BSL.

→ BBR, $A_3(BUwR_n)r$, ZB. — **3a**: E, $A_2(BUwR_n)r$, $A_2(BBR)_a$, BSL ✷, ZB.

Stöpselt nun auch die A-Beamtin, so bilden sich wieder die Stromkreise 1, 2 und 5; Stromkreis 3a wird unterbrochen, BSL ●. Der Wecker beim Teilnehmer T_2 ertönt. Nimmt dieser den Hörer ab, so ergibt sich genau dieselbe Wirkung wie oben. Die Verbindung ist nun hergestellt.

Hängen bei Gesprächsschluß die Teilnehmer wieder an, so leuchtet in der früher besprochenen Weise TSL_1 (ASL_1) auf. Bei T_2 wird der Mikrophonstrom abgeschaltet, BSR wird stromlos, die zweite Wicklung von BUwR wird unterbrochen, der Strom in ASR_2 sinkt, so daß dessen Anker abfällt und ASL_2 gleichfalls leuchtet. Die A-Beamtin trennt beiderseits. Hierdurch wird BUwR stromlos; sein Anker unterbricht den Strom für $BUwR_n$, dessen Anker abfallen. Der zweite Anker schließt den Strom für BSL wieder, welche aufleuchtet. Auf dieses Zeichen hin trennt auch die B-Beamtin. Nachdem beide Stöpsel gezogen sind, kehren alle Teile der Schaltung in die Anfangslage zurück.

Flackerzeichen. Ist die verlangte Teilnehmerleitung besetzt oder gestört, so steckt die B-Beamtin den Stöpsel in eine von mehreren Flackerklinken FlK. Die c-Ader erhält an der Hülse Erde, BBR spricht an, $A_1(BBR)_a$ schließt die a-Ader der Schnur; da die A-Beamtin gestöpselt hat, sind die Stromkreise 1 und 2 gebildet, BUwR und $BUwR_n$ haben angesprochen: **6**: E, BFlK, BVS(c), → BBR, $A_3(BUwR_n)_a$, A(BRR)r, $A_1(BHR)_r$ ZB. BHR ist wie oben (4) kurzgeschlossen. Ferner bildet sich Stromkreis 5, BRR zieht seinen Anker an, wodurch BHR eingeschaltet, die a- und die b-Ader durchgeschaltet werden. Nun können in dem Stromkreis **7**: E, $BUt_{a\,II}$, → BSR, $A_2(BHR)_a$, $A_1(BBR)_a$, BVS(a), FlK, FlU, ZB Stromstöße entstehen, die A(BSR) hin- und herbewegen, wodurch die Wicklung II von BUwR abwechselnd geschlossen und geöffnet wird. Nach dem vorhergehenden wird hierdurch der Strom in Stromkreis 1 abwechselnd verstärkt und geschwächt, ASR_2 bewegt seinen Anker hin und her, ASL_2 flackert. Die A-Beamtin erkennt aus dem Zeichen, daß die Verbindung nicht hergestellt werden kann, benachrichtigt den rufenden Teilnehmer und zieht den Stöpsel zurück.

Ericssonsche Schaltung (Abb. 480). Wie bei der vorigen Schaltung ergibt sich: **1**: E, → $BUwR_I$, VVK, VS(c) (Abb. 476)

SL_2, ZB. SL_2 bleibt dunkel, weil von BUwR nur die Wicklung I mit hohem Widerstand eingeschaltet wird; vgl. 3. **2**: E, BSL ✻, A_3(BUwR)a, A_3(BBR)r, ZB. Führt nun die B-Beamtin die Verbindung aus (BVS in TVK), so bildet sich: **3**: E, TTR_2 (I und II parallel), TVK, BVS(c), → BSR_{II}, A_3(BBR)r, K, ZB; solange K an ZB liegt, ist BBR stromlos. — Über E, A_1(BSR)a wird im Stromkreis 1 $BUwR_{II}$ (kleiner Widerstand) eingeschaltet: ASL_2 ✻ — **4**: E, → BHR_I, A_2(BSR)a, A_3(BBR)r, ZB. — Die 4 Anker von BHR bringen folgende Änderungen hervor: Der 1. Anker trennt K; hierdurch wird BBR in den Stromkreis 1 eingeschaltet: **3a**: E, TTR_2, TVK, BVS(c), BSR (I und II parallel), → BBR, ZB. Stromkreis 2 wird bei A_3(BBR) unterbrochen, BSL ●. A_2 und A_3(BHR) öffnen die Sprechadern; A_4(BHR) bereitet einen Schaltekreis für BHR vor. Alle Relais haben ihre Anker angezogen; die Schaltung für den selbsttätigen Anruf ist nun vorbereitet.

5: E, RMs, FlU_1, W_1, A_1(BUwR)a, A_3(BHR)a, b-Ader BVS(b), TK (zum Teilnehmer und zurück, s. Abb. 476), TAR_2(a), E (selbsttätiger Anruf). Zu diesem Stromkreis liegt TAR(b), ZB im Nebenschluß; jedesmal in dem Augenblick der Rufstromsendung (Erdung über RMs) entsteht ein Strom durch TAR_2(b); AR_2 spricht an, sein Anker unterbricht die Wicklung von TTR_2 mit geringem Widerstand, wodurch im Stromkreis 3 die Stromstärke erheblich abnimmt. BSR läßt seine Anker los. BHR wird indessen gehalten durch einen Strom, der aus der ZB über die zweite Unterbrecherscheibe FlU_2 und A_4(BHR) kommt; BUwR hält sich durch seine erste Spule (Stromkreis 1). ASL_2 ●.

Ist der Rufstromstoß zu Ende, so gehen all diese Änderungen zurück, ASL_2 leuchtet wieder auf. ASL_2 flackert demnach während des Rufens; daraus erkennt die Beamtin, daß der Rufstrom abgeht. Da BUwR seine Anker dauernd hält, und da in dem Stromweg **6**: E, BSL, A_3(BUwR)a, W_2, A_1(BHR)a, ZB W_2 mit 350 Ω liegt, bleibt BSL dunkel.

Nimmt der verlangte Teilnehmer den Hörer ab, so zieht TAR_2 seinen Anker dauernd an und unterbricht die eine Wicklung von TTR_2. Infolgedessen kann auch BSR seine Anker nicht wieder anziehen; von BUwR bleibt nur die Wicklung mit hohem Widerstand eingeschaltet, ASL_2 erlischt dauernd. Auch der Stromkreis 4 ist bei A_2(BSR) unterbrochen, die Anker von

BHR fallen ab; infolge dessen kann sich BHR nicht wie unter 5 halten. Hierdurch wird die Rufmaschine abgeschaltet, die Sprechadern durchverbunden. Die Sprechverbindung ist nun hergestellt.

Hat die B-Beamtin zuerst gestöpselt, so bildet sich zuerst der Stromkreis 3 (BUwR erhält noch keinen Strom), wie vorher; dann Stromkreis 4 mit der Änderung, daß neben $A_3(BBR)_r$ noch $A_2(BUwR)_r$ liegt. Da BHR sogleich anspricht, wird der Stromschluß bei K unterbrochen, BBR spricht an, der Weg über $A_3(BBR)$ wird unterbrochen: 4a: E, → BHR_I, $A_2(BSR)_a$, $A_2(BUwR)_r$, ZB. — BSR und BHR sprechen an; $A_1(BHR)$ unterbricht K, schaltet BBR ein, BSL ✱. BUwR ist noch stromlos, der Rufstrom kann noch nicht über $A_1(BUwR)_a$ abgehen. Führt nun auch die A-Beamtin die Verbindung aus, so werden beide Wicklungen von BUwR gleichzeitig eingeschaltet. Alle Relais haben angesprochen, der Zustand ist derselbe wie oben beschrieben.

Hängt der verlangte Teilnehmer wieder an, so wird TAR_2 stromlos, die Wicklungen von TTR_2 werden nebeneinander geschaltet, der Stromkreis 3a wird wiederhergestellt. Im Stromkreis 3 liegen wieder die beiden Wicklungen von BSR; ASL_2 ✱ und veranlaßt die A-Beamtin, die Verbindung zu trennen; TSL_2 ●. Zugleich wird BUwR stromlos, E, BSL ✱, $A_3(BUwR)_r$, $A_3(BBR)_a$, ZB. Nun trennt auch die B-Beamtin, worauf alles in die Anfangslage zurückkehrt; BSL ●.

Um das Zeichen „besetzt" oder „gestört" an den A-Platz zu geben, dienen Flackerklinken FlK, deren Hülsen mit doppeltgewickelten Relais verbunden sind. Ein umlaufender Unterbrecher erdet und trennt die Spule mit niedrigem Widerstand; infolgedessen arbeitet BSR im gleichen Takte, sein Anker erdet und trennt die zweite Spule von BUwR, die Schlußlampe am A-Platz, TSL_2, flackert.

Verbindung mit dem Fernamt.

Vorschalteleitungen. Zur Verbindung einer Fernleitung mit einer Teilnehmerleitung dient die Vorschalteleitung oder Ortsverbindungsleitung; sie endigt auf dem Fernamt in Vielfachklinken, am Vorschalteschrank in einer Stöpselschnur. Zur Verständigung zwischen den Beamtinnen dient die Dienstleitung.

Vielfachumschalter ZB 10 und 11.

Die Vorschaltebeamtin hat keinen Sprechumschalter; sie prüft auf Freisein mit Hilfe der a-Leitung und der Prüfspule. Die Teilnehmersprechstellen werden bei Fernverbindungen vom Ortsamt aus gespeist. Die Fernbeamtin ruft mit der Dienstleitungstaste; die Vorschaltebeamtin gibt in der Dienstleitung die Nummer der zu benutzenden Vorschalteleitung an, welche die Fernbeamtin mit der rufenden Fernleitung, die Vorschaltebeamtin mit der verlangten Teilnehmerleitung verbindet. Sind mehrere Vorschalteschränke im Betriebe, so ist erst zu prüfen, ob die Anschlußleitung nicht schon vom Fernamt aus besetzt ist. Wenn dies der Fall ist, so erhält die Vorschaltebeamtin ein Summer-

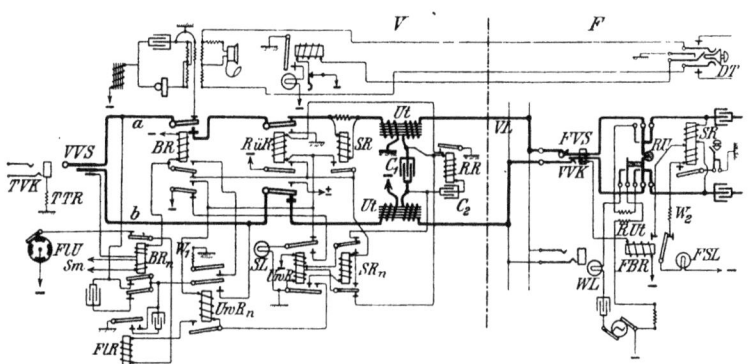

Abb. 481. Verbindung mit dem Fernamt. Westernsche Schaltung.

zeichen, das Fernamts-Besetztzeichen. In Abb. 481 führt eine Wicklung auf VBR_n den Summerstrom Sm; er wird durch Induktion auf die zweite, in die c-Leitung gelegte Wicklung übertragen. In Abb. 484 dient ein besonderer Übertrager RUt zur Überleitung des Summerstromes an die c-Ader. Wird die Vorschalteklinke an einem andern Platz geprüft, so gelangt der Summerstrom über die Stöpselspitze und die Prüfspule in den Fernhörer der prüfenden Beamtin.

Westernsche Schaltung (Abb. 481). Zunächst möge die verlangte Teilnehmerleitung im Ortsamt frei sein; die V(Vorschalte)-Beamtin stöpsle zuerst: VVS in TVK. Hierdurch wird gebildet: 1: E, TTR, VVS(c), → VBR_n, → VBR, ZB. — $A_1(VBR)_a$ schließt die a-Ader für den Anruf. 2: E, VSL ✳, $A_1(VUwR)_r$, $A_3(VBR)_a$, ZB. — $A_1(VBR_n)_a$ schaltet den Unterbrecher FlU ab. (Die beiden andern Anker desselben Relais treten jetzt noch nicht in Tätigkeit; auch VFlR ist vorläufig nicht zu beachten.) $A_2(VBR)_a$ bereitet einen weiteren Stromkreis (s. 4) vor.

Nun stöpsle auch die F(Fern)-Beamtin: FVS in VVK: **3**: E, → $VUwR_{II}$, $A_2(VSR_n)_r$, $Ut_{a\,II}$, VVK, FVS(a), FRU, → FSR_I, FRU, FVS(b), VVK, $Ut_{b\,II}$, $A_1(VSR_n)_r$, $VUwR_I$, ZB. — Stromkreis 2 wird bei $A_1(VUwR)_a$ unterbrochen, VSL ● (Stöpselung richtig). — **4**: E, $A(FSR)_a$, W_2, A(FBR), FSL ✱, ZB. (Zeichen für die F-Beamtin). — **5**: E, $A_2(VUwR)_a$, → $VUwR_n$, $A_3(VBR)_a$, ZB. — **6**: E, W_1, $A_1(VUwR_n)_a$, $A_2(VBR)_a$, → VBR, ZB; VBR wird gehalten. (Vorbereitung des Anrufs.) Folgende Relais haben angesprochen: VBR, VBR_n, VUwR, $VUwR_n$.

Die F-Beamtin schickt nun Rufstrom durch Umlegen von FRU; sie schließt den Ortskreis und den sekundären Kreis von FRUt zugleich: **7**: $FRUt_I$, FRU(a), FVS, VVK, $VUt_{a\,II}$, → VRR, C_2 (C_1 als Nebenweg), $VUt_{b\,II}$, VVK, FVS, FRU(b), $FRUt_I$. — **8**: E, $A(VRR)_a$, → VRüR, $A_3(VBR)_a$, ZB. — **9**: E, $A_1(VRüR)_a$, $A_1(VBR)_a$, VVS(a), TVK, T und zurück, VVS(b), $A_3(VRüR)_a$, RMs ± (Rufstromübertragung, der Teilnehmer wird angerufen), — **10**: E, $A_2(VUwR)_a$, → VSR_n, $A_3(VRüR)_a$, ZB. — **11**: E, → $VUwR_{II}$, $A_2(VSR_n)_a$, $A_1(VSR_n)_a$, UwR_I, ZB; VUwR hält sich über die Anker von VSR_n. — Während des Rufens ist Stromkreis 3 bei FRU unterbrochen, daher FSR stromlos, Stromkreis 4 bei A(FSR) unterbrochen, FSL ●. Bei Beendigung des Rufens werden die Stromkreise 7, 8, 9, 10, 11, unterbrochen, 3 und 4 wieder geschlossen, FSL ✱.

Der gerufene Teilnehmer nimmt seinen Hörer ab: **12**: E, $VUt_{a\,I}$, → VSR, $A_1(VRüR)_r$, $A_1(VBR)_a$, VVS(a), TVK, T und zurück, VVS(b), $A_3(VRüR)_r$, $Ut_{b\,I}$, ZB. (Mikrophonspeisung.) — **13**: E, $A_2(VUwR)_a$, → VSR_n, $A(VSR)_a$, $A_3(VBR)_a$, ZB. — Strkr. 11 wird gebildet, VUwR hält sich. Zugleich wird Strkr. 3 bei A_1 und $A_2(VSR_n)$ unterbrochen, Strkr. 2 bei A(FSR); FSL ●.

Hängt bei Beendigung des Gesprächs der verlangte Teilnehmer wieder an, so läßt VSR seinen Anker los. Hierdurch wird Stromkreis 11 bei A(VSR) unterbrochen; VSR_n läßt seine Anker los, die den Stromkreis 3 wieder herstellen; FSL ✱ (Schlußzeichen). Die F-Beamtin trennt (FSL ●); hierdurch wird Stromkreis 3 getrennt, VUwR stromlos, Stromkreis 2 wiederhergestellt; VSL ✱ (Schlußzeichen).

Nun trennt auch die V-Beamtin, worauf alles in die Anfangslage zurückkehrt; VBR wird stromlos, VSL ●.
Wenn die F-Beamtin zuerst stöpselt, so bildet sich Stromkreis 3; FSR spricht an, FSL ✱. Zugleich bildet sich **2a**: E, VSL ✱, $A_1(VUwR)_a$, $A_3(VBR)_r$, ZB. Wenn nun die V-Beamtin stöpselt und der Stromkreis 1 zustande kommt — wobei der Stromkreis 2a bei $A_3(VBR)$ unterbrochen wird, VSL ●, Stromkreis 5 und 6 bilden sich — kann der vom Fernamt kommende Rufstrom (VRR spricht an) übertragen werden: Stromkreis 7. Auch die Stromkreise 4, 8 und 9 sind zustande gekommen, $VUwR_n$ und VSR_n sprechen an, VBR und VUwR werden gehalten. Von da an geht alles wie im vorigen Fall.

Wenn die verlangte Leitung im Ortsamt besetzt ist, verlaufen die Vorgänge wesentlich anders. Da die V-Beamtin den Stöpsel ohne Freiprüfung einsetzt, die F-Beamtin ohne weiteres verbindet, muß nun beiden ein Zeichen (Flackerzeichen) gegeben werden. Wie oben (S. 585/6) würden die Relais VBR_n, VBR, VUwR und $VUwR_n$ ansprechen, wenn nicht für VBR_n eine besondere Lage bestände, die durch Abb. 482 dargestellt wird.

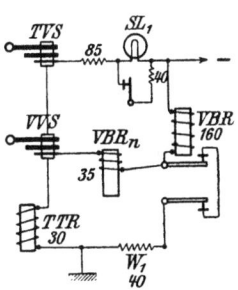

Abb. 482. Selbsttätige Besetztmeldung.

VBR_n bildet nämlich die Brücke in einem Wheatstoneschen Viereck. Aus den Widerständen ergibt sich, daß VBR_n stromlos ist; VBR dagegen wird erregt. — Beim Einsetzen des Stöpsels VVS kann VBR_n nicht ansprechen, da gleichzeitig $A_2(VBR)$ angezogen wird. FlU wird demnach nicht abgeschaltet; seine Stromstöße fließen in **12**: E, $A_2(VUwR)_a$, $A_3(VUwR_n)_a$, → VFlR, $A_1(VBR_n)_r$, FlU, ZB und bewegen den Anker von VFlR auf und nieder. Die Verbindung, die von der a-Ader zwischen VVS und $A_1(VBR)$ abgeht und über A_2, $A_3(VBR_n)$, $A_2(VUwR_n)$ zur b-Ader führt, ist nun geschlossen und wird von A(VFlR) im Takte des Unterbrecherstroms geerdet. Die Kondensatoren bei VFlR und VBR dienen zur Vermeidung der Funken.

Die Verbindungen zeigt Abb. 483. Ist VFlR stromlos, so bestehen die Stromwege (O = Ortsamt) **13**: OE_1, OUt_{aI}, OSR_1, OVS(a), VVS(a), g, h, VVS(b), OVS(b), OUt_{bI}, OZB (in Abb. 483

starke Linien). **14:** VZB, VUt$_{a\,I}$, VSR, g, h, VUt$_{b\,I}$, VZB. Beide SR, im Ortsamt und in der Vorschalteleitung, haben Strom und ziehen die Anker an. Empfängt VFlR Strom, so erdet sein Anker die Verbindung gh und schneidet hierdurch den beiden SR den Strom ab; beide SR lassen ihre Anker los.

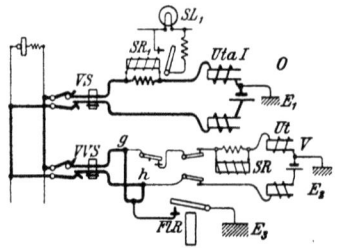

Abb. 483. Flackerzeichen.

Für OSR ersieht man die Wirkung aus Abb. 483: OSL flackert im Takt des Unterbrechers. Für VSR ergibt sich aus Abb. 481, daß VSR$_n$ im Takt des Unterbrechers Stromstöße empfängt und seine beiden Anker bewegt. Dies hat nach dem früheren die Wirkung, den Strom aus ZB (VUwR) bald zu FSR zu führen (Stromkreis 3), bald ihn abzuschneiden (Stromkreis 9); demnach flackert auch die von FSR abhängige Lampe FSL. VSL dagegen bleibt dunkel.

Auf das Flackerzeichen hin trennt die Orts-Beamtin die Verbindung. Hierauf spricht VBR$_n$ an (Stromkreis 1) und trennt den Unterbrecher ab; das Flackerzeichen erlischt auch auf dem Fernamt. Im übrigen ist jetzt der früher beschriebene Zustand hergestellt (Teilnehmerleitung frei), die Fernbeamtin kann den verlangten Teilnehmer anrufen.

Bewegt der Teilnehmer während des Bestehens der Verbindung seinen Haken, so verliert und erneuert VSR im gleichen Takte seinen Strom, bewegt also in derselben Weise seinen Anker, der auf dem vorher beschriebenen Wege die am 2. Anker von VBR liegende Batterie an VSR$_n$ anlegt und abnimmt, so daß die beiden Anker von VSR$_n$ hin- und hergehen. Damit wird der aus der Batterie bei VUwR zum Fernamt fließende Strom unterbrochen und wieder geschlossen, FSR bewegt seinen Anker hin und her, FSL flackert. VSL wird von diesen Vorgängen nicht beeinflußt.

Ericssonsche Schaltung (Abb. 484). Die verlangte Teilnehmerleitung sei im Ortsamt frei. Die V-Beamtin habe zuerst gestöpselt: VVS in TVK. — **1:** E, TTR, TVK, VVS(c), → VBR$_1$, RUt$_I$, ZB. — **2:** E, A(VBR$_1$)a, → VBR, ZB. (a-Ader für den Anruf geschlossen) — **3:** E, VSL *, A$_2$(VUwR)r,

$A_2(VBR)_a$, ZB. — Nun stöpsele die F-Beamtin: **4**: E, → $VUwR_{II}$, $K_2(VSR_n)$, Ut_{aII}, VVK(a), FVS(a), FRU, → FSR_I, FRU, FVS(b), VVK(b), Ut_{bII}, $K_1(VSR_n)$, $VUwR_I$, ZB. Stromkreis 3 bei $A_2(VUwR)_r$ unterbrochen, VSL ● (Stöpselung richtig). — **5**: E, A(VSR)r, → VTR_{II}, $A_1(UwR)_a$, $A_2(VBR)_a$, ZB. (c-Ader bei A(VTR) geerdet). — **6**: E, $A(FSR)_a$, $A(FBR)_r$, FSL ✱, ZB. — **7**: E, VTR_I, VVK(c), FVS(c), FBR, ZB. Da VTR_I hohen Widerstand (600 Ω) hat, spricht FBR nicht an.

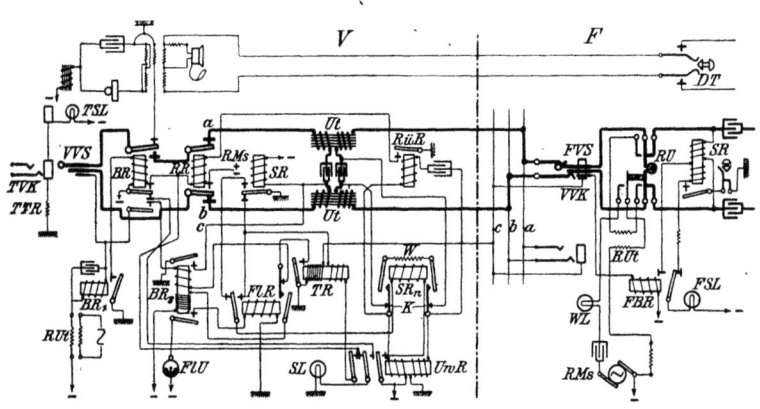

Abb. 484. Verbindung mit dem Fernamt. Ericssonsche Schaltung.

Stöpselt die F-Beamtin zuerst, so bilden sich zunächst die Stromkreise 4, 6 und 7; FSL ✱. Ferner **3a**: E, VSL ✱, $A_2(VUwR)_a$, $A_2(VBR)_r$, ZB. Verbindet nun auch die V-Beamtin, so entstehen die Stromkreise 1 und 2, VBR und VBR_1 sprechen an; Stromkreis 3a wird bei $A_2(VBR)$ unterbrochen, VSL ●. Stromkreis 5 wird gebildet.

Folgende Relais haben ihre Anker angezogen: VBR, VBR_1, VUwR, VTR, FSR.

Nun gibt die F-Beamtin Rufstrom mit FRU. Der Kreis der Rufmaschine wird geschlossen, der von $FRUt_I$ gleichfalls. Zugleich wird FSR abgetrennt, Stromkreis 6 unterbrochen, FSL ●. **4a**: E, → $VUwR_{II}$, $K_2(VSR_n)$, Ut_{aII}, VVK(a), FVS(a), FRU(a), $FRUt_I$, FRU(b), FVS(b), VUt_{bII}, $K_1(VSR_n)$, $VUwR_I$, ZB. In diesem Stromkreis fließen gleichzeitig Wechselstrom (aus FRUt) und Gleichstrom (aus ZB). — VRüR liegt in Nebenschluß an den beiden Federn von VSR_a und wird durch einen Kondensator gegen Gleichstrom gesperrt; der Rufstrom dagegen fließt hindurch, VRüR spricht an: **8**: E, A(VRüR)$_a$, $\rightarrow$ VRR, A$_2$(VBR)$_a$, ZB. — Die Anker von VRR öffnen die Sprechadern. **9**: E, VRMs, A$_2$(VRR)$_a$, VVS(b), TVK, zum Teilnehmer und zurück, über TAR(a) (Abb. 476) zur Erde. — Rufübertragung; der Teilnehmer erhält Rufstrom. Bei Beendigung des Anrufs stellt sich der Stromkreis 4 wieder her; VRüR wird stromlos, Stromkreis 8 unterbrochen, VRR stromlos, seine beiden Anker schließen die Sprechadern. FSL *.

Nimmt nun der Teilnehmer den Hörer ab, so ändert sich 9 in **9a**: E, TAR(a), Teilnehmer und zurück, TVK(b), VVS(b), A$_2$(VRR)$_r$, VUt$_{bI}$, $\rightarrow$ VSR, ZB. — **10**: E, A(VSR)$_a$, A$_1$(VFlR)$_r$, $\rightarrow$ VSR$_n$, A$_3$(VUwR), ZB. — Die beiden K werden geöffnet, Strkr. 4a unterbrochen, der Rufstrom der F-Beamtin abgetrennt. — **11**: E, VUwR$_{II}$, A$_2$(VSR$_n$)$_a$, W, A$_1$(VSR$_n$)$_a$, VUwR$_I$, ZB. — VUwR hält sich über W, der Rufstromkreis bleibt unterbrochen. — Der übrige Teil des Stromkreises 4 wird stromlos, FSR läßt den Anker los, FSL ●.

Hängt bei Beendigung des Gesprächs der Teilnehmer den Hörer an, so wird in Stromkreis 9a die Erde abgetrennt, VSR stromlos, der Stromkreis 10 bei A(VSR) unterbrochen. Auch VSR$_n$ verliert den Strom, die beiden K werden geschlossen, Stromkreis 11 unterbrochen, 4 gebildet, FSL *. Die F-Beamtin trennt. Der Stromkreis 4 wird zerstört, VUwR stromlos. Stromkreis 3 bildet sich, VSL *. Auch die V-Beamtin trennt.

Ist die verlangte Leitung im Ortsamt besetzt, so ist TVK(c) mit der ZB in Verbindung; vgl. Abb. 476, in Abb. 484 angedeutet. Von TTR ist nur die Wicklung mit hohem Widerstand eingeschaltet; für VBR$_1$ reicht diese Erdung aus. VBR$_1$ spricht beim Einsetzen des Stöpsels an, die Stromkreise 2 und 3 bilden sich, VBR spricht an, VSL *.

Setzt nun die F-Beamtin den Stöpsel ein, so bilden sich die Stromkreise 4 bis 6; es haben dann die Relais VBR, VBR$_1$, VUwR, VTR, FSR ihre Anker angezogen; VSL ●; FSL *. **12**: E, A(VTR)$_a$, K(VFlR), $\rightarrow$ VBR$_{2I}$, A$_3$(VBR)$_a$, VVS(c), TVK, TSL *, ZB. — VBR$_{2I}$ hat nur 35 Ω, TTR$_I$ dagegen 700 Ω. — **13**: E, A$_1$(VBR$_2$)$_a$, $\rightarrow$ VSR, ZB. — Es bildet sich Stromkreis 10, VSR$_n$ spricht an, beide K werden geöffnet; Stromkreis 11, VUwR hält sich über W. — **14**: E, VFlR, A$_3$(VBR$_2$)$_a$,

FlU, ZB. — Dieser Kreis wird durch FlU abwechselnd geschlossen und geöffnet. Im Takt dieses Stromes bewegt daher FlR seine beiden Anker. Im gleichen Takt wird auch Stromkreis 10 mit VSR_n unterbrochen und geschlossen, wodurch FSR abwechselnd stromlos und erregt wird. FSL flackert. — Während Strkr. 14 geschlossen ist, bildet sich **15:** E, $A(VTR)_a$, $A_2(FlR)_a$, $BR_{2\,II}$, ZB. — Der Kontakt K(FlR) wird im Takt des Unterbrecherstroms aufgehoben und wieder hergestellt. Während er unterbrochen ist, wäre VBR_2 stromlos; zur Überbrückung dieser Zeiten dient $BR_{2\,II}$. Die Unterbrechung des Kontaktes zeigt sich im Stromkreis 12, wo TSL erlischt, solange der Kontakt bei FlR unterbrochen ist. Auch TSL flackert und fordert die Beamtin zur Trennung auf. Sobald die Ortsverbindung getrennt ist, verliert bei der nächsten Stromunterbrechung bei FlU VBR_2 den Strom, seine Anker fallen ab, VSR_n behält den Strom [E, $A(VSR)_a$, $A_1(VFlR)_r$, VSR_n, $A_3(VUwR)$, ZB], FSR verliert ihn, FSL ●. Nun kann der von der F-Beamtin gesandte Rufstrom in der früher beschriebenen Weise zum Teilnehmer gelangen; alles spielt sich ab wie oben.

II. Der zweidrähtige Vielfachumschalter ZB von Siemens & Halske.

In der äußeren Ansicht und dem Aufbau gleicht dieser Umschalteschrank den vorher beschriebenen ZB-Schränken. Ein Schnitt und Teil der Voreransicht sind mit einer ausführlichen Beschreibung in der vorigen Auflage dieses Buches enthalten; da er zwar noch auf mehreren Ämtern in Gebrauch steht, aber nicht mehr neu beschafft wird, genügt hier eine abgekürzte Beschreibung.

Der Schrank, wie ZB 11 um ein Gerüst aus Eisenschienen erbaut, ist auf der Rückseite durch rollbare Wände abgeschlossen. Die Höhe über Fußboden beträgt 2150 mm; um 600 mm reicht er noch unter den Fußboden. Das Klinkenfeld ist bei 900 mm Höhe für 20000, bei 450 mm für 4000 Klinken bemessen.

Abb. 485 gibt die Schaltung. Bei dieser Darstellung sind alle Leitungen bis zu den durchlaufenden Batteriepolen durchgeführt, und es sind die Sicherungen angegeben.

Schaltvorgänge. Anruf. Zur Vermittelung des Anrufs

592   Vielfachumschalter für Zentralbatteriebetrieb.

dient das Kipprelais AR (vgl. S. 484). Nimmt der Teilnehmer I seinen Fernsprecher vom Haken, so durchfließt der Strom der ZB die beiden Spulen a und h des Relais hintereinander.

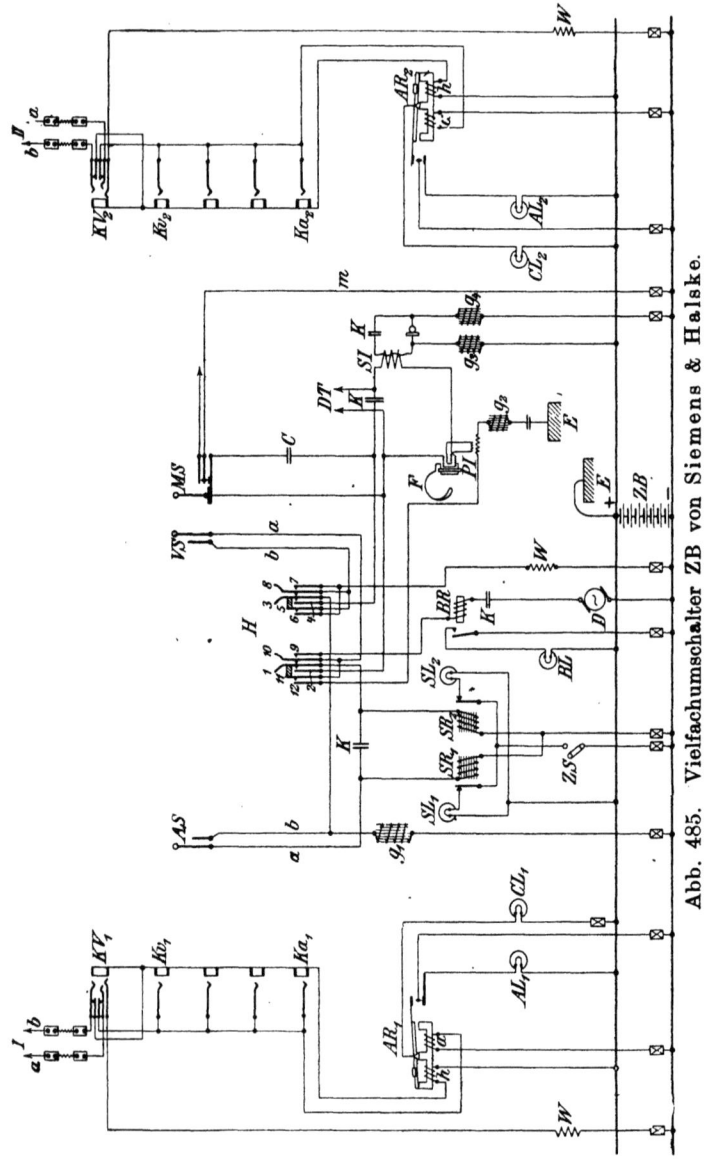

Abb. 485. Vielfachumschalter ZB von Siemens & Halske.

Vielfachumschalter ZB von Siemens & Halske.

Die Wirkung der Anrufspule a, die doppelt soviel Windungen wie h besitzt, überwiegt hierbei erheblich die vereinte Wirkung der Haltespule h und des Gewichtes g. Der Hebel kippt über und schließt die Kontakte der beiden Anruflampen AL_1 und CL_1, wovon die erstere neben der Abfrageklinke KA_1, die letztere — die für die Leitungen eines Arbeitsplatzes gemeinsame Kontrollampe — an einer besonderen Stelle des Umschalteschrankes sitzt.

Abfragen. Wird darauf der Abfragestöpsel in die Klinke Ka eingeführt, so entsteht eine mehrfache Stromverzweigung, durch die der Strom in a erheblich geschwächt wird, so daß nunmehr die Spule h das Übergewicht erhält, das noch durch das Gewicht verstärkt wird. Der Hebel kippt also zurück, öffnet die Kontakte, und die beiden Lampen erlöschen.

Als der Schrankbeamte den Stöpsel anhob, nahm die Stöpselschnur den beweglichen Hebel des Zugschalters ZS mit und schloß letzteren, so daß die beiden Schlußlampen SL Strom erhielten; beim Einführen von AS in Ka_1 erhält aber auch SR_1, das parallel zur Spule a des Kipprelais geschaltet wird, Strom, zieht seinen Anker an und unterbricht den Strom für SL_1, die erlischt.

Der Schrankbeamte legt nun den Hörschlüssel nach links (abfragen). Während dieser Vorgänge und für die ganze Dauer des Gespräches bleibt die Spule h im Übergewicht. Hängt der Teilnehmer seinen Fernsprecher wieder an, so wird die Spule h stromlos, und die Spule h behält ihr Übergewicht. Es bleibt also unter der gemeinsamen Wirkung des Stromes und des Gewichtes g der Anker auf der Seite von h niedergezogen.

Freiprüfung. Die Beamtin führt die Spitze des Verbindungsstöpsels VS an die Klinke Kv_2, die über die Spule h von AR_2 mit dem geerdeten positiven Pol von ZB verbunden ist. Die Spitze von VS ihrerseits liegt über a, 11, 12, PI, g_2, Kondensator gleichfalls an Erde. Ist der verlangte Teilnehmer frei d. h. keine seiner Klinken über den b-Teil eines Stöpsels mit dem negativen ZB-Pol in Verbindung, so entsteht kein Geräusch in dem mittels PI angeschlossenen Kopffernhörer F. Etwaige schwache Ströme, die aus den Erdleitungen in die Prüfleitung eindringen könnten, werden durch die Spule g_2 gedrosselt. Der

Fall, daß der Teilnehmer besetzt ist, wird weiter unten betrachtet.

Herstellung der Verbindung. Der Stöpsel VS wird eingeschoben. Die Beamtin ruft dann noch den Teilnehmer II an, indem sie H nach rechts bewegt. Nun gelangt der Rufstrom der Wechselstrommaschine D über K, BR, 9 10, a(VS), Kv_2, II, b(VS), 8, 7 zum Teilnehmer II. BR zieht seinen Anker an, BL leuchtet während des Rufens. Die Teilnehmer empfangen den Mikrophonstrom zum Teil über die Anrufrelais, hauptsächlich über die Schlußrelais SR. Die Relais SR liegen parallel zu den Spulen a der Kipprelais; jedes führt demnach so lange Strom, als der Teilnehmer den Hörer abgenommen hat; während derselben Zeit ist die zugehörige Lampe dunkel. Der Hörschlüssel H, den der Schrankbeamte einige Sekunden lang nach rechts gelegt hat, ist inzwischen selbsttätig in die Ruhelage zurückgekehrt.

Durchsprechen. Die von den Teilnehmern kommenden Sprechströme fließen über die Stöpselschnurleitungen a und b. Die Abzweigungen nach dem negativen ZB-Pol sind durch Drosselspulen gesperrt; in der a-Leitung liegt ein Kondensator K, der nötig ist, um getrennte Schlußzeichen zu erhalten.

Schlußzeichen. Solange das Gespräch währt, leuchtet weder SL_1, noch SL_2. Wenn einer der Teilnehmer seinen Fernhörer anhängt, wird SR stromlos, läßt seinen Anker los, und SL leuchtet auf. Leuchten beide Lampen, so wird die Verbindung getrennt.

Das Anrufrelais beim gerufenen Teilnehmer. Von dem abgehenden Rufstrom fließt ein kleiner Teil von der Feder der Klinke Kv_2 über die Anrufspule a von AR_2 zur Erde. Damit dieser Strom auf keinen Fall das Relais zum Überkippen bringt, wird der Haltespule h zugleich ein genügend starker Strom aus der Batterie ZB über W, Federn 7, 8, Kv_2 gesandt, der als Gleichstrom nicht auch seinen Weg zum Teilnehmer findet.

Der gerufene Teilnehmer ist besetzt. Alsdann ist seine Hülsenleitung durch einen Stöpsel AS oder VS mit dem negativen Pole von ZB verbunden. Legt die Beamtin nun die Spitze eines Stöpsels VS an eine Klinke Kv des Teilnehmers II und bringt H in die Prüfstellung (links), so fließt der Strom vom negativen Batteriepol über VS, Kv_2 oder AS, Ka_2 eines anderen Schnurpaares, die Hülsenleitung, die berührte Kv-Klinke des Teilnehmers II, Spitze des angehaltenen Stöpsels VS, Leitung a, Federn 11, 12, PI, g_2, Kondensator zur Erde. Auch wenn der Teilnehmer II gerade erst selbst angerufen hat, wenn aber noch kein Stöpsel AS oder VS in einer seiner Klinken steckt, erhält man aus der berührten Hülse einen Strom. Denn in diesem Fall fließt ein Strom über Kipprelais zur Teilnehmerleitung; der Spannungsabfall vom positiven Pol bis zur Hülsenleitung reicht zur Besetztanzeige aus. Der Schrankbeamte erhält im Kopffernhörer ein lautes Knacken.

Mithören. Hebt man den Mithörstöpsel MS an, so geht der Arm, auf dem er ruht, empor und legt die Leitung m, die vom negativen ZB-Pol kommt, einerseits an die Mithörlampe, die beim Aufsichtsbeamten aufgestellt ist und nun aufglüht, andererseits an die Leitung zum Kondensator C (Sperre gegen ZB) und weiter an die Hör- und Sprecheinrichtung des Beamten. Man braucht nun lediglich die Spitze des Stöpsels MS gegen eine Klinke eines der beiden verbundenen Teilnehmers zu halten; dann liegt die Hör- und Sprecheinrichtung des Beamten in Brücke an den verbundenen Leitungen.

Verbindungen über ein zweites Amt. Die Beamtinnen verständigen sich in der üblichen Weise (vgl. S. 531) über die zu benutzende Verbindungsleitung. Diese führt auf dem ersten Amt durch alle Umschalteschränke in Vielfachschaltung und endet an der letzten Klinke; auf dem zweiten Amt (Abb. 486) endet sie in einem Stöpsel VS (Einschnursystem). Wenn die erste Beamtin ihren Stöpsel VS in eine Klinke der Verbindungsleitung VL steckt, so erhält der b-Zweig der letzteren über H (3, 8) und g_1 Verbindung mit dem — ZB-Pol; der Strom fließt in Abb. 486 vom b-Zweig über SR_1 zur Erde. Hebt nun der zweite Beamte seinen VS-Stöpsel an, so schließt er zugleich den Zugschalter. Die Lampe SL_1 glüht nicht auf, wenn die erste Beamtin die richtige Leitung SL gewählt hat; läge ein Irrtum vor, so hätte die zweite Beamtin die Verbindung sofort wieder zu trennen. Der zweite Beamte hat inzwischen mit VS geprüft, ob der verlangte Teilnehmer frei ist.

Der Anruf geht von der ersten Beamtin aus und wird auf dem zweiten Amt auf folgende Weise selbsttätig weitergegeben.

Der Rufstrom kommt über die Leitung VL an und fließt über den Umschalter H und die beiden Ruhekontakte von R_2 zum Stöpsel VS und von da zum verlangten Teilnehmer. Das Relais SR_2 (150 Ω), das über ZB Erde hat, nimmt den Strom auf und läßt zu wenig zum Teilnehmer weitergehen. Es wird daher eine Rufübertragung eingerichtet; der Weg über C_1 und R_1 zur Erde läßt so viel Strom durch, daß R_1 anspricht und den Stromkreis von ZB über R_2 schließt. Die beiden Anker

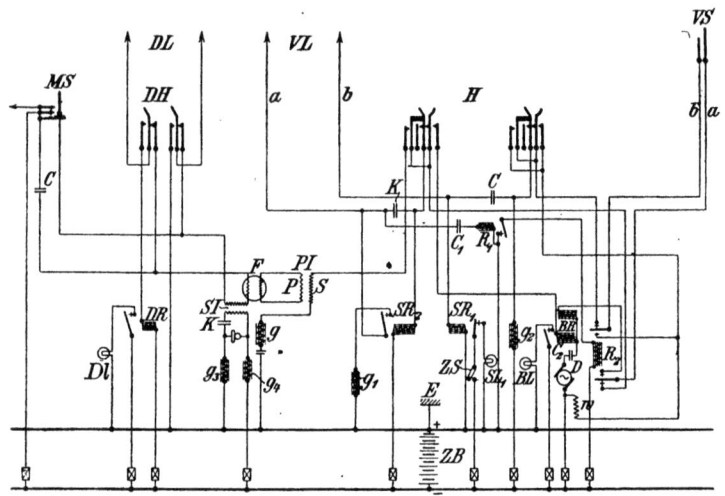

Abb. 486. Vielfachumschalter ZB von Siemens & Halske.
Verbindung über zwei Ämter. Rufübertragung.

des letzten Relais legen sich an die Arbeitskontakte und schalten dadurch die Rufmaschine des zweiten Amtes auf den Stöpsel VS. Zugleich wird BR erregt, und die Lampe BL glüht auf.

Der Schlüssel DH dient dazu, während der Zeit schwachen Betriebes die Dienstleitung auf ein Rufzeichen DR, DL zu schalten; wird auf dem ersten Amt die Dienstleitungstaste niedergedrückt, so fließt ein Strom durch DR, schließt dessen Anker und bringt DL zum Glühen.

Der Teilnehmer des ersten Amtes erhält seinen Mikrophonstrom aus der Z-Batterie seines Amtes. Der Teilnehmer des zweiten Amtes erhält seinen Strom über SR_2 und das Anrufrelais aus der Z-Batterie des zweiten Amtes.

Solange der verlangte Teilnehmer seinen Fernhörer noch nicht abgenommen hat, geht der Gleichstrom von ZB II noch nicht durch SR_2; so lange ist auch die Brücke g_1 offen. Nimmt der Teilnehmer bei II seinen Fernhörer ab, so wird SR_2 erregt und zieht seinen Anker an; jetzt ist die Brücke g_1 geschlossen, der Strom von ZB I fließt über VL; Erde, ZB I, SR_2 I, VS Ia, VLa, Anker SR_2 II, g_1 II, Erde. Hierbei wird auf dem ersten Amte SR_2 erregt, die zugehörige Lampe SL_2 erlischt. Hängt der gerufene Teilnehmer seinen Fernhörer wieder an, so wird die Brücke g_1 unterbrochen, der Strom in SR_2 I verschwindet, die Lampe SL_2 I leuchtet auf und gibt das Schlußzeichen. Trennt der Beamte I die Verbindung, so wird SR_1 II stromlos, SL_1 II leuchtet auf und gibt dem Beamten II das Schlußzeichen.

Vorschalteschrank. Zur Verbindung der Orts-Teilnehmer mit Fernleitungen dient der Vorschalteschrank, dessen Klinken in Abb. 487 mit KV bezeichnet sind. Wird der Verbindungsstöpsel in KV eingeschoben, so trennt er die beiden Leitungszweige von der Amtseinrichtung (Klinkenfeld, Leitungen in den Umschalteschränken) vollständig ab. Dies geschieht, damit die Verbindung mit der Fernleitung, die gegen Störungen äußerst empfindlich ist, von allen Einflüssen der etwaigen Isolationsmängel und der Kapazität der Amtseinrichtung frei wird.

Den Stromlauf des Vorschalteschranks und seine Verbindung mit dem Fernamt zeigt Abb. 487. Die Fernbeamtin drückt die Dienstleitungstaste DT (vgl. Abb. 498); nach Abb. 486 ist nun ihr Abfrageapparat mit dem der Vorschaltebeamtin verbunden. Zur Zeit schwächeren Verkehrs wird der Hebel DH nach links gelegt; hierdurch wird die Dienstleitung auf DR und ZB des Vorschalteschranks gelegt. Beim Druck auf DT des Fernamts wird der Stromkreis von DR geschlossen, und von da aus der von Dl; die Dienstlampe glüht auf, die Beamtin legt DH um und schaltet sich ein. Die Fernbeamtin nennt die Nummer des gewünschten Teilnehmers. Die Vorschaltbeamtin hat diese Leitung zu prüfen, wozu ein freier Stöpsel VS einer Ortsverbindungsleitung dient. Ist der Teilnehmer mit einem anderen Orts-Teilnehmer in Verbindung, so wird letztere getrennt, vorher aber die beiden Teilnehmer benachrichtigt. Der Verbindungsstöpsel VS bleibt hierbei mit seiner Spitze an der Klinke KV; der Dienstleitungshebel DH wird umgelegt (in der Abbildung nach links), wobei D1 aufleuchtet, H bleibt noch in Prüfstellung (links). Hierdurch wird der Abfrageapparat in Brücke zu der bestehenden Verbindung

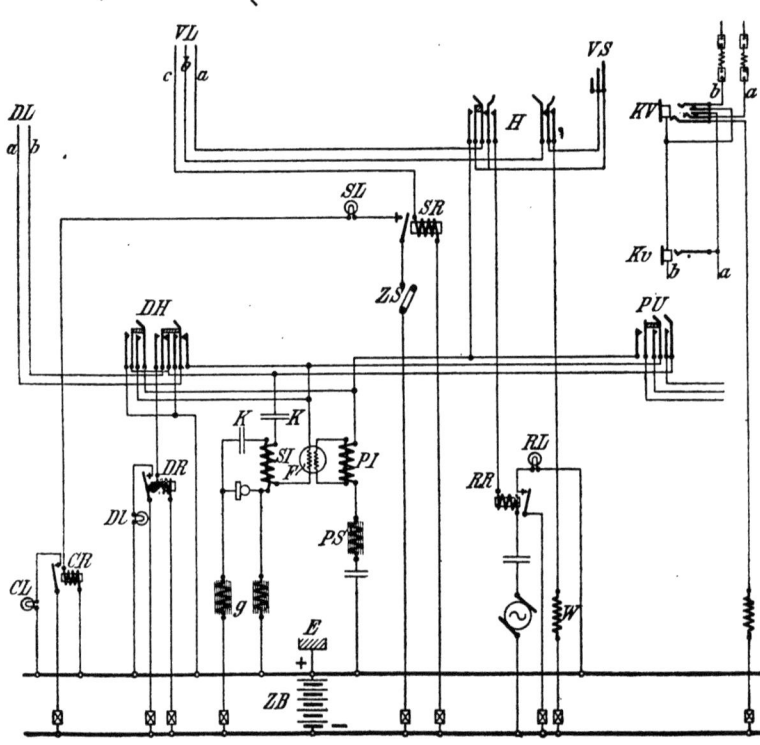

Abb. 487. Vielfachumschalter von Siemens & Halske.
Vorschalteschrank.

gelegt. Die Hülsenleitungen der verbundenen Teilnehmer liegen durch die b-Drähte der Stöpselschnüre (vgl. Abb. 485) an — ZB; von der Hülsenleitung geht es über KV, VS (Vorschalteschrank), H (Federn 1 und 2 von links), DH (Federn 3 und 4 von links), F, Kondensator K, DH (Federn 1 und 2 von links), Erde.

Nachdem beiden Teilnehmern zugleich mitgeteilt worden ist, daß eine Fernverbindung herzustellen ist, wird VS eingeschoben und die gewünschte Leitung einerseits von der Amtseinrichtung getrennt, anderseits auf die Ortsverbindungsleitung VL gelegt, deren Nummer inzwischen in der Dienstleitung der Fernbeamtin genannt worden ist. In dem Falle, wo die Teilnehmerleitung frei war, ist nach dem Einschieben von VS noch durch Umlegen von H zu rufen. Wenn VS eingesetzt wird, verbindet der dritte Teil des Stöpsels, der keine weiterführende Leitung trägt, lediglich die Hülse von KV mit der längsten der drei Federn und legt auf diese Weise die Hülsenleitung an — ZB, wodurch sie besetzt gemeldet wird. Infolge der Abtrennung der Leitung vom Ortsamt erscheint dort die Schlußlampe des einen Teilnehmers, die des andern beim Anhängen des Fernhörers, worauf die Verbindung getrennt wird.

Die Ortsverbindungsleitung VL enthält eine dritte Leitung c, die am Vorschalteschrank über ein Schlußrelais SR (600 Ω) an — ZB liegt. Der Zugschalter ZS, der in der Zuleitung der zugehörigen Schlußlampe SL liegt, wird beim Anheben von VS geschlossen; SL leuchtet auf, zugleich auch CL. Im Fernamt ist die c-Leitung in der Ruheschaltung isoliert; beim Einführen des Stöpsels FS in die Klinke der Ortsverbindungsleitung wird die c-Leitung über einen Widerstand von 80 Ω geerdet; nun bekommt SR Strom, und die beiden Lampen erlöschen. Hieran erkennt die Vorschaltebeamtin, daß das Fernamt die richtige Ortsverbindungsleitung gewählt hat.

Nachdem der Umschalter H wieder in die Mittelstellung gebracht worden ist, besteht eine durchgehende Sprechverbindung von der Fernleitung zum gerufenen Teilnehmer, deren Überwachung dem Fernamt obliegt. Der Ortsteilnehmer erhält seinen Mikrophonstrom vom Fernamt.

Wird die Verbindung im Fernamt getrennt, so wird dort die Leitung c wieder isoliert; SL und CL am Vorschalteschrank erglühen wieder, worauf auch hier die Verbindung getrennt wird. SL und CL erlöschen, wenn beim Zurückgehen des Stöpsels VS der Zugschalter ZS unterbrochen wird. Die Teilnehmerleitung erscheint im Ortsamt wieder frei.

Der Platzumschalter PU dient dazu, zwei benachbarte Vorschalteplätze auf eine Dienstleitung zu schalten, so daß sie von einem Beamten bedient werden können.

Dreißigster Abschnitt.
Das Fernamt.
1. Allgemeine Einrichtungen des Fernamtes.

Art und Gang der Verbindungen. Wo der Verkehr durch die früher erwähnten Fernleitungssysteme (S. 547, 555) nicht befriedigt werden kann, stellt man zur Bedienung der Fernleitungen einen oder mehrere besondere Schränke, die Fernschränke, auf (Fernamt). Ein Schrank ist nur zur Aufnahme weniger Fernleitungen bestimmt; diese Leitungen, die infolge ihrer Länge und Drahtstärke sehr kostspielig sind, müssen aufs sorgfältigste und rascheste bedient werden, damit sie so gut als möglich ausgenutzt werden und dem Verkehr so lange als möglich zur Verfügung stehen.

Wird aus einer Fernleitung ein Gespräch mit einem Ortsteilnehmer verlangt, so verständigt sich die Fernbeamtin in der Ortsdienstleitung mit der Beamtin am Vorschalteschrank über die zu benutzende Ortsverbindungs- oder Vorschalteleitung (vgl. S. 530 und 584/5); mit dieser wird einerseits die rufende Fernleitung, andererseits die verlangte Anschlußleitung verbunden.

Findet die Vorschaltebeamtin, daß die verlangte Anschlußleitung besetzt ist, so führt sie gleichwohl die Verbindung aus. Die bestehende Verbindung im Ortsamt wird hierdurch getrennt; die beiden Teilnehmer werden hiervon benachrichtigt. Hierzu dient z. B. beim Betrieb mit dem Vielfachumschalter OB 02 ein besonderer Stöpsel, Meldestöpsel, welcher der Vorschaltebeamtin ermöglicht, in die bestehende Verbindung einzutreten und mit beiden Teilnehmern gleichzeitig zu sprechen. Er hebt in der Vorschalteklinke nur die b-Feder ab und verbindet sie über den Abfrageapparat mit Erde. Die bestehende Verbindung wird auf diese Weise aufgetrennt, der Abfrageapparat zwischengeschaltet und der Kreis über die Erde des Abfrageapparates am Vorschalteplatz und die Erde am Verbindungsplatz geschlossen. Der eine Teilnehmer bekommt allerdings nur einen Teil des Sprechstroms, der aber zu der kurzen Verständigung ausreicht. Oder die Vorschaltebeamtin trennt durch Einschieben des gewöhnlichen Stöpsels und teilt dem einen

Allgemeine Einrichtungen. 601

Teilnehmer den Grund mit; durch eine geeignete Signalschaltung erfährt die Ortsbeamtin, welche die andere Teilnehmerleitung bedient, von der Trennung und ihrem Grunde und benachrichtigt den zweiten Teilnehmer. Das richtige Erscheinen der Schlußzeichen wird gleichfalls durch geeignete Schaltungen sichergestellt.

Wünscht ein Ortsteilnehmer eine Verbindung über eine Fernleitung, so wird er im Ortsamt mit dem Meldetisch oder Meldeamt verbunden: dort nimmt die Meldebeamtin die Anmeldung auf einem Gesprächszettel auf, der (durch Boten, durch Seil- oder Rohrpost) an das Fernamt weitergegeben wird. Auskunft über Wartezeit u. dgl. holt die Meldebeamtin auf der Ferndienstleitung oder, wenn Meldetische neuerer Form ohne Klinkenfeld für Dienstleitungen aufgestellt sind, durch Rohrpost oder Boten ein. Ist die Fernleitung frei, so leitet die Fernbeamtin das Gespräch mit dem nächstvorgemerkten Ortsteilnehmer ein, indem sie das Gespräch über die Fernleitung nach dem fernen Amte meldet (was in der Regel schon bei früherer Gelegenheit geschehen ist, vgl. auch S. 454/5) und dann ebenso verfährt, als wenn die Anmeldung vom fernen Amt eingegangen wäre.

Wird die Verbindung zweier Fernleitungen verlangt, so verständigen sich die Beamtinnen in der Ferndienstleitung und benutzen zur Ausführung der Verbindung die Fernklinkenleitung.

Da bei den Fernverbindungen die Gebühr nach der Zeit bemessen wird, muß die Fernbeamtin, welche die Verbindung eingeleitet hat, auch ihre Dauer überwachen; hierzu dienen Uhren, entweder Sanduhren (vgl. Abb. 488) oder Zeigeruhren (Abb. 497); die letzteren beginnen auf Druck auf einen Tastenhebel vom Nullpunkt aus zu gehen und zeigen daher die Dauer des Gesprächs an. Auf einzelnen großen Ämtern sind auch Zeitstempel in Gebrauch.

Klinkenumschalter. Bei kleineren Ämtern werden die F-Leitungen unmittelbar an die F-Schränke geführt, bei größeren dagegen über die Klinkenumschalter, deren Zweck ist, die Leitungen und Apparate beliebig miteinander verbinden zu können.

Während in Fällen von Leitungsstörungen auf den kleineren

Ämtern die Maßregeln zur Aufrechterhaltung des Betriebs an den F-Schränken selbst getroffen werden, dienen bei den größeren Ämtern hierzu die Klinkenumschalter.

II. Die Fernschränke OB.

Der Fernschrank OB 00 großer Form (Abb. 488 und 489) enthält in der Richtung von oben nach unten einen Schnarrwecker, 4 Sanduhren, eine Klappen- und Klinkentafel und mehrere Schlußzeichen. Von den Klappen sind 2 (FAKp) für die Fernleitungen, 1 zum Verkehr mit dem Ortsamt (VoKp) bestimmt. Die oberen Klinkenstreifen (1 bis 4) mit je 10 Vielfachklinken ($FKK_{3\ bis\ 6}$) sind zur Verbindung der auf verschiedenen Schränken liegenden Fernleitungen untereinander bestimmt, während der vorletzte 4 Paar Klinken (VoK) der Vorschalteleitungen und der untere 2 Fernklinken (FAK), 4 Vorschalteklinken für die Fernleitungen, sowie 4 jetzt unbenutzte Ortsklinken enthält; ferner ist ein Stöpsel- und Schlüsselbrett mit 7 Stöpseln (4 VS, 2 S, 1 AS), 2 Hebelumschaltern und 3 Doppeltasten

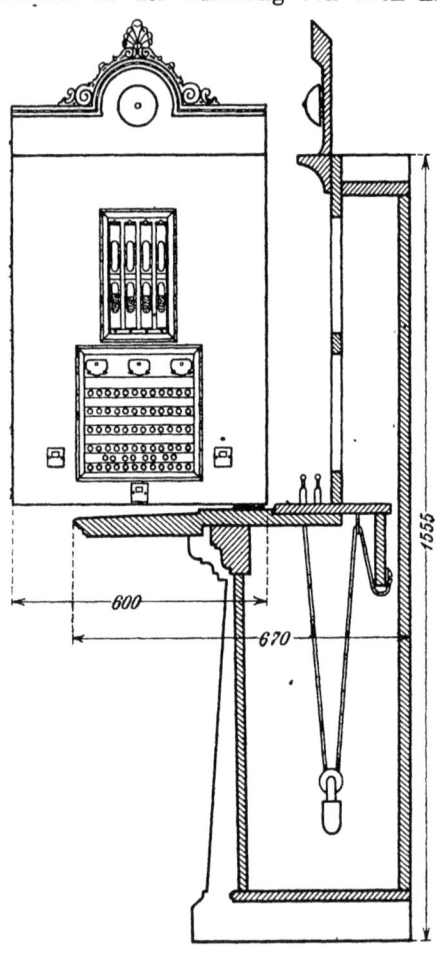

Abb. 488. Fernschrank OB 00 großer Form.

vorhanden. Die Fernklappen besitzen Relaiskontakte, durch welche die eingehenden Weckrufe auf den in den Schrank

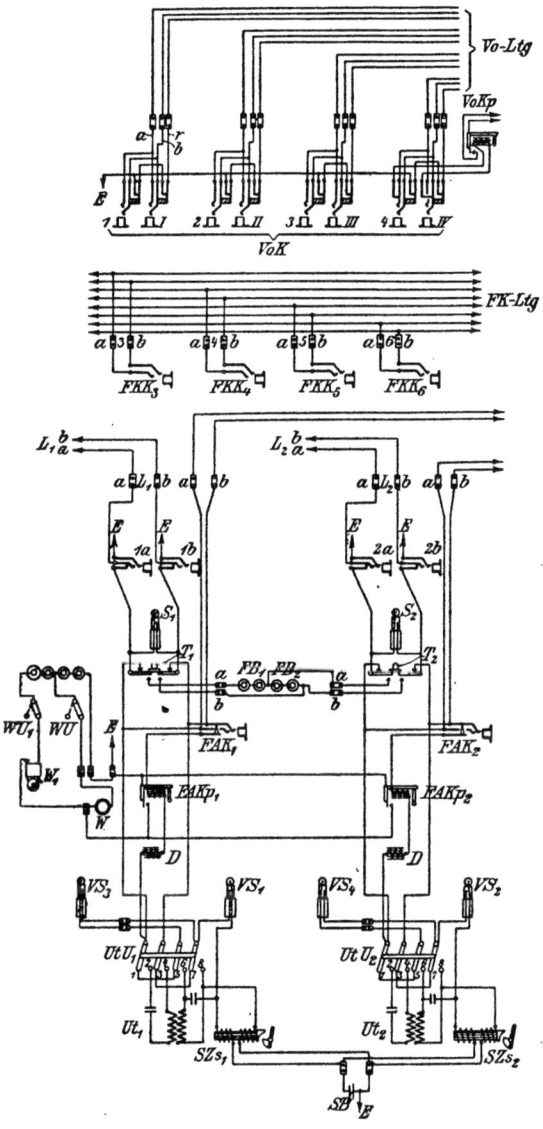

Abb. 489. Schaltung des Fernschrankes OB 00 großer Form.

eingebauten Schnarrwecker oder auf einen in einem andern Raum befindlichen Nachtwecker übertragen werden können.

Das Abfragesystem (Abb. 490) wird mittels eines besonderen Stöpsels S eingeschaltet; es besteht aus Mikrophon, Fernhörer mit Schalthebel und Doppeltaste. Der Hebelumschalter UtU dient zur Ein- und Ausschaltung des Induktionsübertragers.

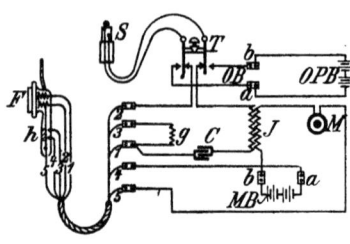

Abb. 490. Abfragesystem zum Fernschrank OB 00 großer Form.

Die beiden Drähte der Fernleitung L_1 a/b führen über die Vorschalteklinken 1a und 1b und den Stöpsel S_1 zur Doppeltaste T_1, mittels deren der Strom der Anrufbatterie in die Leitung gesandt werden kann; weiter über die Klinke FAK_1, die Fernklappe $FAKp_1$ und die Drossel D zum Übertrager-Umschalter UtU. An diesen sind ferner mit zweiadrigen Leitungsschnüren die Stöpsel VS_1 (rot) und VS_3 (schwarz) angeschlossen, von denen letzterer für die durchgehenden Fernverbindungen, der rote für alle anderen Verbindungen benutzt wird. Fernklappe und Drossel sind hintereinander als Brücke in die Fernverbindung gelegt.

Die von der Klinke FAK abführende Doppelleitung vereinigt sich mit den von den anderen Fernklinken kommenden Leitungen zu dem Zug von Fernklinkenleitungen FK, die in Vielfachschaltungen durch alle Schränke gehen.

Jede Fernleitung führt zunächst an den Schrank, wo sie bedient wird. Bei kleineren Ämtern wird jede Leitung durch alle Schränke, bei Ämtern mit mehr als 10 Fernleitungen wird die eine Hälfte der Leitungen durch die Schränke mit gerader, die andere Hälfte durch die Schränke mit ungerader Ordnungszahl geführt; da nun die Länge sämtlicher Schnüre so bemessen ist, daß sie bis zu den Klinken der Nachbarschränke reichen, so lassen sich von jedem Arbeitsplatze aus alle Verbindungen herstellen.

Die Übertragerwickelung, die parallel zur Fernklappe liegt (in Abb. 489 die linke), wird durch einen Kondensator verriegelt, damit der in der Fernleitung nach Beendigung des Gesprächs ankommende Schlußzeichenstrom ungeschwächt die Fernklappe durchfließen kann und sich nicht zwecklos in die Übertragerwickelung verzweigt. Zu den Mitteilungen über herzustellende Verbindungen, die zwischen Fern- und Ortsamt auszutauschen sind, dient die Leitung Vo_4; sie wird durch die Ortsschränke in Vielfachschaltung geführt, wenn die Gesprächsmeldungen am Fernschrank vorgemerkt werden. Die Ortsanschlüsse selbst werden nach Verständigung in VoK_4 auf eine der Leitungen VoK_1 bis VoK_3 gelegt.

A. Regelmäßiger Betrieb. Die Fernleitungen seien vollständig betriebsfähig: In den Vorschalteklinken 1^a, 1^b und 2^a, 2^b stecken keine Stöpsel.

Durchsprechstellung: Stöpsel VS_3 (schwarz) steckt in Klinke FAK_2 (oder VS_4 in FAK_1), Hebelumschalter UtU_1 (UtU_2) nach links (dem Schranke zugekehrt). Klappe FAKp mit vorgeschalteter Drossel D liegen als Brücke zwischen den Drähten der verbundenen Fernleitungen.

Endstellung: Sämtliche Stöpsel in Ruhestellung; Klappe $FAKp_1$ liegt in Leitung L_1 a/b, Klappe $FAKp_2$ in Leitung L_2 a/b. Hebelumschalter UtU nach links.

a) Klappe $FAKp_1$ fällt ab: Abfragestöpsel S (Abb. 490) in die Fernklinke FAK_1, wodurch die Klappe $FAKp_1$ aus-, das Abfragesystem dagegen eingeschaltet wird. Abfragen bei niedergedrücktem Hebel h des Fernhörers F.

1. Ein Teilnehmer des Ortsamts werde verlangt. Verständigung mit dem Ortsamt. Herbeirufen des Teilnehmers durch das Ortsamt; dann VS_1 in die Klinke der zu benutzenden Vorschalteleitung, z. B. VoK_{II}; S in FAK_1 zurück; UtU_1 nach rechts (vorn); inzwischen hat das Ortsamt diese Ortsleitung mit dem gewünschten Teilnehmer verbunden. Hat das Gespräch begonnen, so wird S (Abfragestöpsel) entfernt. Solange die Fernverbindung im Gange ist, muß eine der beiden Klinken VoK_2 und VoK_{II} gestöpselt sein, weil sonst das Schlußzeichen am Ortsschranke erscheinen und zur vorzeitigen Trennung der Verbindung führen würde. Hat der Teilnehmer sein Gespräch beendigt, so gibt er durch Anhängen seines Fernhörers selbsttätig das Schlußzeichen nach dem Fernschranke. Denn er schließt über seinen nicht verriegelten Wecker den Stromkreis der Batterie SB über das Schlußzeichen SZs_1. Der Beamte des

Fernschranks zieht hierauf den Verbindungsstöpsel aus der Klinke VoK_{II}, legt dadurch die dritte Ader r der benutzten Ortsleitung an Erde und schließt auf diese Weise den Stromkreis der Schlußzeichenbatterie des Ortsamts über das in der nämlichen dritten Leitungsader liegende Schlußzeichen am Vorschalteplatz. Nun hat der Beamte des Ortsschranks ebenfalls die Verbindung zu trennen.

2. Es werde von der Fernleitung L_1 a/b eine Verbindung mit der Fernleitung L_8 a/b verlangt. Rückfrage habe ergeben, daß L_8 frei ist. Auf dem Arbeitsplatze der Leitung L_1 a/b kommt der Abfragestöpsel S in FAK_1 und der Stöpsel VS_3 (schwarz) in die Vielfachklinke FKK_8 (obere Klinkenreihe des Fernschrankes) der Leitung L_8 a/b und ferner auf dem Arbeitsplatze dieser Leitung der Abfragestöpsel in die Fernklinke FAK_8. Beide Beamte können sich nunmehr über die auszuführende Verbindung mittels der Abfrageapparate verständigen. Sobald dies geschehen ist und der Beamte der Leitung L_8 a/b das verlangte Amt angerufen hat, setzt er den Verbindungsstöpsel (VS_4 der Leitung L_8 a/b) an Stelle des Abfragestöpsels S in die Fernklinke FAK_8. Bei L_1 a/b ist lediglich der Abfragestöpsel S aus FAK_1 zu entfernen. Fernklappe FAK_1 nebst Drosselspule D bleiben zum Empfang des Schlußzeichens eingeschaltet. Nach dessen Eingang ist Leitung L_8 a/b frei zu melden.

3. Es liege eine Gesprächsanmeldung aus dem Ortsamt für die Leitung L_1 a/b vor: Abfragestöpsel in die Fernklinke FAK_1; das ferne Amt wird mit der Taste T_1 angerufen. Das weitere Verfahren wie unter 1.

B. Betrieb in Störungsfällen. Ist ein Zweig einer Fernleitung gestört, z. B. L_1 a, so wird der zugehörige Stöpsel S_1 in die Vorschalteklinke des betriebsfähigen Zweiges L_1 b gesetzt; in die andere Vorschalteklinke 1 a kommt ein loser Stöpsel, der entweder den gestörten Zweig isoliert (bei Erdschluß oder Berührung) oder erdet (bei Unterbrechung). Im übrigen bleibt das Verfahren ungeändert.

C. Gesprächskontrolle. Zum Mithören wird der Abfragestöpsel in die Fernklinke eingeführt. Der Hebel h des Fernhörers wird nicht gedrückt, damit die Drosselspule D eingeschaltet bleibt und durch das Mithören nur möglichst wenig Strom entzogen wird.

Außer der hier beschriebenen Einrichtung des Fernschranks, die in Verbindung mit dem Vielfachumschalter OB 02 gebraucht wird, gibt es noch eine ältere, die von der hier beschriebenen in einigen unwichtigen Punkten abweicht; dieser ältere Schrank ist in der vorigen Auflage beschrieben worden. Er enthält 6 Klappen (2 Fern-, 4 Ortsklappen) und 2 Klinkenstreifen (1 mit 10 Vielfachklinken für die Fernleitungen und 1 mit 2 Fernklinken,

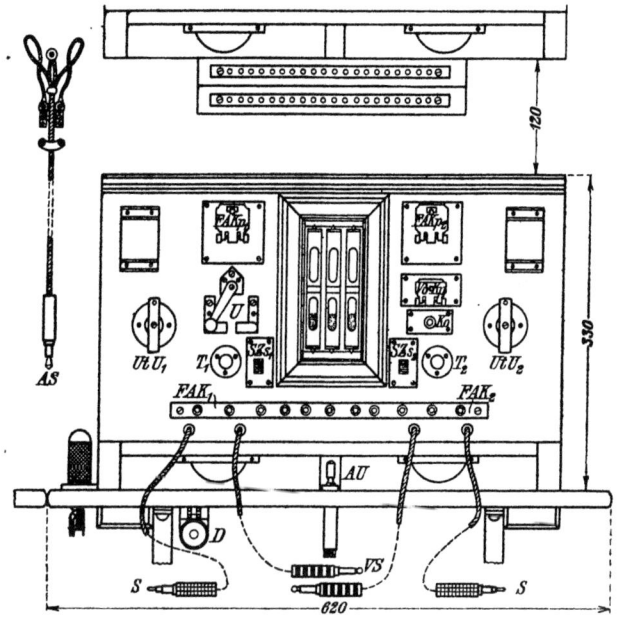

Abb. 491. Fernschrank OB 00 kleiner Form.

4 Vorschaltklinken und 4 Ortsklinken). Der Hauptteil der Schaltung ist derselbe wie in Abb. 489; die Stöpsel VS sind etwas anders mit den Umschaltern verbunden und es fallen die Gleichstromsperren weg. Die Vorschalteleitungen und -Klinken (VoK in Abb. 489) sind durch die erwähnten 4 Ortsklinken nebst Leitungen ersetzt.

Der Fernschrank OB 00 kleiner Form (Abb. 491) dient für kleinere Einrichtungen (bis 20 Fernleitungen) mit geringerem Verkehr, wo der Raum beengt ist und man ohne Dienstleitungen auskommen kann.

Jeder Schrank (52 cm breit, 33 cm hoch, 19 cm tief) ist für zwei Fernleitungen eingerichtet. Er enthält für jede dieser Leitungen eine Fernklappe FAKp, eine Fernklinke FAK und daneben zwei Vorschalteklinken, einen Übertrager nebst Kondensator und einen Hebelumschalter UtU zu deren Ein- und Ausschalten, eine Doppeltaste T, 1 dreiteiligen und 1 zweiteiligen Stöpsel, selbsttätiges Schlußzeichen; für die beiden Leitungen eines Schrankes gemeinsam 3 Sanduhren, 1 Schnarrwecker mit Ausschalter U, 1 Klappe und 5 Klinken (unter den Uhren) für den Verkehr mit dem Ortsamt. Dazu kommt ein Abfragesystem mit dem Stöpsel AS.

Wenn mehr als 2 Schränke vorhanden sind, so werden sie paarweise übereinander zu Arbeitsplätzen zusammengestellt. An einer hölzernen Rückwand wird eine wagrechte Tischfläche von etwa 60 cm Breite angebracht, die in Abb. 491 zu erkennen ist; die beiden Schränke des Platzes haben untereinander 12 cm, von den Nachbarschränken 10 cm Abstand.

Um die Verbindungen von Fernleitungen untereinander zu vermitteln, dienen besondere Klinkenstreifen und Leitungen. An jedem zweiten Arbeitsplatz wird unter den oberen Schrank ein Streifen mit 20 Klinken angeschraubt (Fernklinkenleitung).

Die Verbindungen mit den Ortsteilnehmern wurden früher ausschließlich durch die Klemmen VoK_1 bis VoK_4 (in Abb. 491 unbezeichnet) vermittelt. Später sind dafür besondere Klinkenstreifen mit 20 Klinken bestimmt worden, die an allen oberen Schränken befestigt werden; je 2 Klinken sind für eine Ortsverbindungsleitung bestimmt, wie in Abb. 489 dargestellt, jede 3. Klinke bleibt in der Regel frei.

Die Schaltung ist in allen wesentlichen Teilen der des Fernschranks großer Form (Abb. 489) gleich. Es fehlt die Abzweigung der Fernklinkenleitungen von der Fernklinke, und diese selbst ist etwas einfacher, indem ihre obere Feder in eine Verbindung der Buchse mit dem b-Zweig verwandelt ist; die mittlere Feder legt sich auf die untere. An den Vorschalteklinken fällt gleichfalls die obere Feder weg, die Buchse ist geerdet. Statt zweier Verbindungsstöpsel hat man nur einen, der dreiteilig ist mit einer isolierten Spitze.

Der Fernschrank OB 05.

Die Abfrageeinrichtung zeigt Abb. 492; Fernhörer und Mikrophon werden durch eine Doppelausschalteklinke angeschaltet, der Übertrager und die Drosselspule sitzen unter der Tischfläche, der Umschalter AU ragt aus ihr empor. Die drei Stellungen von AU sind: mittlere mithören, hintere rufen, vordere abfragen. Als Abfrageapparat dient ein Handapparat oder Brustmikrophon nebst Kopfhörer. Als Rufstromquelle wird ein Polwechsler benutzt. Die Fernklinkenleitung ist nach Abb. 493 geschaltet; die isolierte Spitze des Verbindungsstöpsels trennt die a-Leitung (FS = Fernschrank, LU = Linienumschalter).

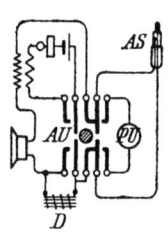

Abb. 492. Abfragesystem zum Fernschrank OB 00 kleiner Form.

Abb. 493. Führung der Fernklinkenleitung.

Der Betrieb wickelt sich genau wie beim Fernschrank großer Form ab. Nur wenn Fernleitungen an nicht benachbarten Arbeitsplätzen zu verbinden sind, tritt ein etwas anderes Verfahren ein. Der Beamte an der rufenden Leitung (z. B. L_1) benachrichtigt den an der verlangten Leitung (z. B. L_2) durch Zuruf; dieser Beamte ruft das verlangte Amt und zeigt an, wann es sich meldet. Der Beamte an der rufenden Leitung schaltet sich in die Fernklinke (20) der verlangten Leitung auf seinem Arbeitsplatz ein, übermittelt die Anmeldung und tauscht, wenn das Gespräch beginnen kann, AS gegen VS_1 aus.

Der Fernschrank OB 05 ist für 4 Fernleitungen eingerichtet und wird in Verbindung mit Vielfachumschaltern betrieben. Wenn nötig, werden ihm besondere Meldeschränke zur Aufnahme der Gesprächsanmeldungen beigegeben.

Abb. 494 zeigt das Klappen- und Klinkenfeld und das Stöpselbrett des Schrankes, Abb. 495 die Schaltung. Der Schrank bildet einen Arbeitsplatz und ist 600 mm breit, 1250 mm hoch und — in Höhe der Schreibfläche gemessen — 750 mm tief. Die Kabel für die Klinken und Klappen sind an den Seitenwänden entlang an Lötösenbretter geführt, wo die von außen kommenden Drähte und Kabel angeschlossen werden. Zu deren Aufnahme befindet sich unterhalb der Lötösenbretter ein Holzkanal, und passende Ausschnitte in den Seitenwänden gestatten das Übertreten der Kabel und Drähte von einem Schrank zum andern.

Jeder Fernleitung ist eine Fernklinkenleitung (Klinke KK) zugeordnet (vergl. Abb. 495), die zur Verbindung zweier in verschiedenen Schränken liegender Fernleitungen dient. Sie beginnt bei jeder Fernleitung in der neben der Abfrageklinke AK gelegenen Klinke KK und liegt in den anderen Schränken in Vielfachschaltung in den besonderen Klinkenfeldern. Ferner gehört zu jedem Schrank, also je 4 Fernleitungen, in der Regel eine Ferndienstleitung (Klinke FDK, Schauzeichen FDZs), die zur Verständigung der Beamten untereinander über die Vorbereitung der Gesprächsverbindungen usw. benutzt wird. Sie beginnt mit einer Klinke FDK im unteren linken Streifen des Feldes, wozu das darunter angebrachte Schauzeichen gehört, und führt in Vielfachschaltung über die F-Plätze zum Meldeamt. Bei größeren Fernverkehrsstellen (etwa mit mehr als 10 Schränken) gibt man jeder Fernleitung eine besondere Dienstleitung bei. Die Vorschalteleitungen mit doppelten Vielfachklinken VoK (vgl. S. 605) dienen zur Verbindung mit dem Vorschalteschrank des Ortsamts. Zwei Ortsdienstleitungen, wovon die eine als Vorrat, liegen an den F-Plätzen auf Diensttasten DT_1 und DT_2, am Vo-Platz über doppelpolige Umschalter am Abfragesystem (A), zugleich auf Schauzeichen[1]). Die Meldeleitungen (TMK)

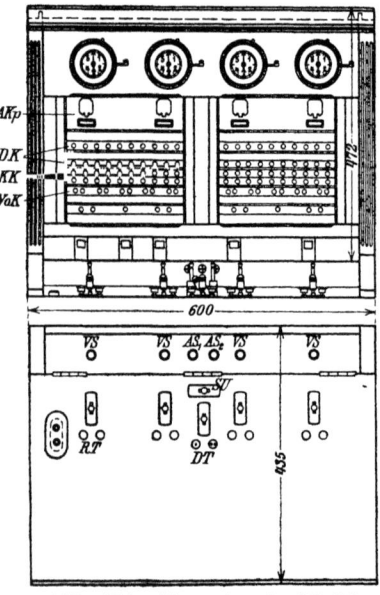

Abb. 494. Fernschrank OB 05.

---

[1]) Abb. 495 gibt zugleich die Schaltung zum Fernschrank OB 09. Bei diesem ist die Ortsdienstleitung anders eingerichtet; an Stelle der punktiert gezeichneten Leitungen mit Diensttasten tritt die gleichfalls punktierte Leitung mit Klinke und Klappe TDK und TDKp.

Der Fernschrank OB 05.

führen über Vielfachklinken der Ortsschränke und endiger
Meldeamt in Klinke und Schauzeichen TMKp.

Das Klinkenfeld des Schrankes ist in zwei gleiche]
geteilt. In jeder Feldhälfte liegt über dem untersten Beze
nungsstreifen der Streifen mit den Abfrage- und den Ver
dungsklinken AK und KK der Fernleitungen, der Abfragekl
FDK für die zu jedem Schranke gehörige Dienstleitung (in
linken Hälfte) und (in der rechten Hälfte an der gleichen St

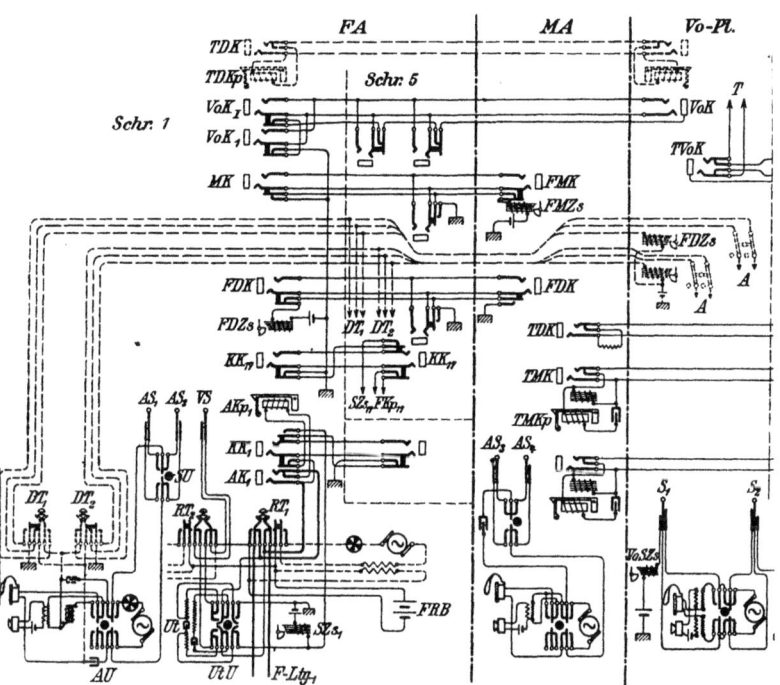

Abb. 495. Schaltung des Fernschrankes OB 05.

der Klinke FMK für die Dienstleitung nach dem Meldeschra
Die Anordnung der Klinken in diesem Streifen ist die folgen

AK KK FDK AK KK ‖ AK KK FMK AK I
 1   1   2   2   3   3   4

Ist für jede Fernleitung eine Dienstleitung vorhanden,
faßt man die 4 Dienstleitungen des Schrankes am Klink
umschalter zusammen und schaltet sie auf die erwähnte ⅃

frageklinke FDK. Der folgende Streifen enthält die Klinken der Ortsverbindungsleitungen VoK, dann kommen die Vielfachklinken KK der Fernklinkenleitungen und darüber die Vielfachklinken FDK der Ferndienstleitungen, sowie ein Streifen mit Bezeichnungstäfelchen. Den Abschluß nach oben bilden die Fernklappen AKp und die Gesprächsuhren. Unterhalb des Klinkenfeldes sitzen die 4 Schlußzeichen SZs der Fernleitungen und ein Anrufzeichen DZs für die Ferndienstleitung des Schranks. Außerdem werden hier die Sternzeichen für den abgehenden Rufstrom untergebracht.

Auf der Tischplatte stehen die Stöpsel, Tasten- und Hebelumschalter, die zur Herstellung der Verbindungen gebraucht werden. Es sind für jede Fernleitung vorhanden: 1 Stöpsel VS, in den sie ausläuft, davor 1 Hebelumschalter (Übertragerschalter) UtU und 2 Ruftasten RT, ferner in der Mitte vor dem Klinkenfelde 2 Abfragestöpsel AS mit dem Stöpselwähler SU, davor der Sprechschalter AU und die beiden Tasten DT für die Ortsdienstleitungen.

Im obersten Teile des Schranks sind auf einem einschiebbaren Brett die 4 Übertrager abwechselnd längs und quer befestigt; außerdem sind sie zur Verhütung gegenseitiger Beeinflussung durch leichte eiserne Schutzbleche voneinander getrennt.

Damit die von außen in den Fernleitungen ankommenden Rufsignale abgehört werden können, schließt der Anker der Fernklappen einen Kontakt, der einen Summer einschaltet. Dieser Summer ist an der linken Seitenwand des Schranks unter der Tischplatte befestigt.

Der Meldeschrank gleicht im Äußern dem Fernschrank; nur sein Klinkenfeld ist anders; es enthält in der obersten Reihe jeder Hälfte 5 Meldeklappen TMKp und darunter die zugehörigen Klinken TMK, deren Leitungen zum Ortsamt führen; darauf folgen Streifen mit je 10 Klinken der Ferndienstleitungen FDK. Im untersten Streifen sitzt links eine Fernmeldeklinke FMK, zu der ein Schauzeichen FMZs gehört (senkrecht darunter im Spiegelbrett), rechts die Klinke TDK einer Dienstleitung, die zum Ortsamt führt. Zum Abfragen und Rufen sind die beiden Abfragestöpsel $AS_{3,4}$ mit dem Stöpselwähler SU und der Sprechschalter AU auf der Tischplatte in der Mitte vor dem Klinkenfelde gruppiert. Als Abfrageapparat dient hier wie an dem

Fernschrank ein Brustmikrophon und ein Kopffernhörer, die mittels Doppelstöpsels eingeschaltet werden. Der Meldeschrank kann von jedem Fernplatz angerufen werden und selbst mit jedem Fernplatz und mit dem Ortsamte in Verbindung treten.

Die Fernleitung endigt im Fernschrank an der Ruftaste RT_1 und der Abfrageklinke AK; an dieser liegt die Anrufklappe AKp, an jener der Übertrager Ut in Brücke, dessen zweite Wickelung zur zweiten Ruftaste RT_2 und dem Fernverbindungsstöpsel VS führt. Durch Niederdrücken von RT_1 sendet man Strom aus der Fernrufbatterie FRB in die Fernleitung, durch Druck auf RT_2 über VS in die damit verbundene Leitung. Die punktiert gezeichnete Rufvorrichtung wird bei den Simultanleitungen und Doppelsprechverbindungen (s. S. 452, 632), in denen nicht mit Gleichstrom geweckt werden darf, benutzt. Legt man UtU nach links um, so wird Ut aus- und VS unmittelbar an die F-Leitung geschaltet; beim Umlegen nach rechts bleibt der Übertrager eingeschaltet und es wird an seinen Sperrkondensator das Schlußzeichen SZs nebst Batterie angelegt.

Der Abfrageumschalter AU der Fernbeamtin ist einerseits mit dem Stöpselwähler SU und zwei Abfragestöpseln, anderseits mit den Dienstleitungen und deren Tasten DT verbunden. Die mittlere Stellung von AU ist die Abfragestellung. Beim Umlegen nach links (Mithören) wird die Induktionsspule ab-, dafür eine Drosselspule eingeschaltet; der Zweck ist, einerseits das Saalgeräusch auszuschließen, anderseits die Stromentziehung zu verringern. Rechts wird Rufwechselstrom angelegt, der am Sternzeichen überwacht wird.

Die Meldebeamtin verfügt über einen ähnlichen Abfrageumschalter; er ist nur durch Wegfall der Drosselspule und des Sternzeichens vereinfacht; der als Gleichstromsperre dienende Kondensator sitzt an anderer Stelle. Zur Verbindung mit dem Ortsamt dient ihr die Dienstleitung mit TDK, zum Fernamt FMK mit FMZs. Ist das Ortsamt anzurufen, so setzt die M-Beamtin einen ihrer Stöpsel, z. B. AS_3, in TDK und schickt Rufstrom, worauf die zugehörige Klappe im Ortsamt fällt. Führt die Ortsbeamtin ihren Stöpsel in die Klinke ein, so sperrt der Kondensator hinter AS_3 den Gleichstrom; erst wenn AS_3 gezogen wird, kann der Gleichstrom über den in die Klinke TDK eingefügten Widerstand fließen und bringt die Klappe zum Fallen. Beim Anruf des Fernamts mittels AS_3 wird die c-Leitung bei FDK geerdet, worauf FDZs erscheint; beim Einführen des Stöpsels AS_1 in FDK am Fernplatz wird die c-Ader unterbrochen.

Betrieb. Anmeldung eines Teilnehmers aus dem Ortsamt. Die Beamtin des Ortsamts verbindet den Teilnehmer mit dem Meldeamt; dort fällt (Anruf mit Wechselstrom) TMKp. Die Meldebeamtin führt z. B. AS_3 in TMK ein, fragt ab, fertigt den Meldezettel aus und trennt wieder. Beim Ausziehen von AS_3 aus TMK schließt sich der Stromweg über die Drosselspule, so daß im Ortsamt das Schlußzeichen erscheint. Ist die F-Leitung frei, so ruft die F-Beamtin mit RT_1; die weitere Behandlung geht dann wie im nachstehenden beschrieben.

Anruf aus der Fernleitung. Wenn die Fernklappe $FAKp_1$ fällt, setzt die Fernbeamtin AS_1 in FAK_1 und fragt ab. $FAKp_1$ ist abgeschaltet, die Klappe wird aufgerichtet. Über DT_1 setzt sich die F-Beamtin mit der Vo-Beamtin in Verbindung und erfährt von dieser die Nummer der zu benutzenden Vo-Leitung. Die Vo-Beamtin prüft die Klinke TVoK des verlangten Teilnehmers und findet sie frei; sie verbindet sie durch ihr Stöpselpaar S_1, S_2 mit der zu benutzenden Vorschalteleitung. Die F-Beamtin führt AS_2 in VoK_1, legt SU um und ruft von AU aus den Ortsteilnehmer an. Dann wird VS in VoK_I eingesetzt, UtU nach rechts gelegt (Schlußzeichen SZs), AS_1 und AS_2 ausgezogen; für die F-Leitung dient AKp_1 als Schlußzeichen. Zum Mithören wird AS_2 in VoK_1 oder AK_1 eingesteckt. Wird nach Schluß des Gesprächs VS gezogen, so erhält die c-Ader der Vorschalteleitung Erde, am Vorschalteplatz erscheint das Schlußzeichen (VoSZs), worauf die Verbindung hier getrennt wird.

War die verlangte Anschlußleitung nicht frei, so wird die Verbindung nach Seite 600 behandelt.

Verbindung zweier F-Leitungen. Am Platz der F-Leitung 1 (Schrank 1) werde die F-Leitung 17 (Schrank 5) verlangt. Die Beamtin am Schrank 1, die AS_1 in AK_1 eingeführt hat, ruft mit AS_2 über FDK_{17} die Beamtin am Schrank 5 (Schauzeichen $FDZs_{17}$) und erhält von ihr die Nummer der zu benutzenden Fernklinkenleitung (17); zugleich wird am Schrank 5 VS_{17} in KK_{17} eingeführt, wodurch (vgl. bei KK_1) das Schauzeichen SZs_{17} zum Ansprechen gebracht wird. Steckt nun die Beamtin am Schrank 1 VS_1 in die Klinke KK_{17}, so unterbricht sie die Erdung von SZs_{17}, das verschwindet. Die Beamtin am Schrank 1 ruft nun das verlangte Fernamt mit RT_2. Als Schlußzeichen bleibt AK_1 eingeschaltet. Bei Eingang des Schlußzeichens wird hier zuerst VS_1 aus KK_{17} gezogen, worauf SZs_{17} erscheint; nunmehr wird auch VS_{17} aus KK_{17} gezogen, SZs_{17} verschwindet. Während des Gesprächs werden die Übertrager ausgeschaltet (UtU nach links); nur wenn die Leitungen zum Simultan- oder zum Doppelsprechbetrieb benutzt werden, muß ein Übertrager eingeschaltet bleiben.

Die Verbindung wird von der Beamtin am Schrank 1 überwacht.

Der Fernschrank OB 09 ist gleichfalls für 4 Fernleitungen eingerichtet. Er ist aus vorhandenen Fernschränken OB 00 großer Form durch Einbau von Klappen, Klinken und Schlußzeichen entstanden, so daß er im Aussehen der Abb. 488 gleicht, wenn man die Ansicht des Oberteils durch Abb. 496 ersetzt. In der oberen Reihe sitzen 4 Fernklappen; der erste Klinkenstreifen enthält die Klinken von 10 Ferndienstleitungen, die beiden folgenden die Klinken von zweimal 10 Fernklinkenleitungen. Im vierten Streifen sitzt eine Einzelklinke zur Ortsdienstleitung, zu der die mittlere der 5 Klappen gehört, und 4 Paar Klinken zu Vorschalteleitungen.

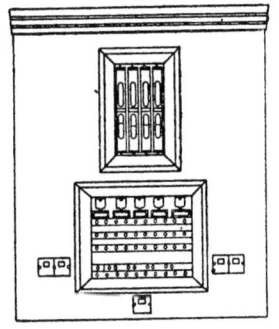

Abb. 496. Klinkenfeld des Fernschranks OB 09.

Der letzte Streifen enthält links und rechts je 2 Paar Klinken AK und KK der am Schranke liegenden Fernleitungen und in der Mitte die Klinke FDK der am Schranke endigenden Ferndienstleitung, zu der das daruntersitzende Schlußzeichen FDZs gehört, sowie die Klinke MK der Meldeleitung. Links und rechts sitzen die Schlußzeichen zu den 4 Fernleitungen.

Die Schaltung des Schrankes ist dieselbe wie für den Schrank OB 05, vgl. Abb. 495. Nur die Ortsdienstleitung ist anders. Die punktierten Leitungen mit den Dienstleitungstasten fallen weg; der Kondensator wird durch einen Draht ersetzt.

Dafür erscheint die in Abb. 495 oben punktiert angegebene Leitung, die mit Hilfe der Stöpsel AS benutzt wird. Mit dieser kleinen Abweichung ist auch der Betrieb genau der gleiche wie bei OB 05. Auch das Stöpselbrett enthält dieselben Teile wie das von OB 05 in derselben Anordnung, nur wenig verschoben; das Sternzeichen zu AU sitzt in der Fläche hinter dem Stöpselwähler.

III. Der Fernschrank ZB 10.

Ausstattung. Der Schrank — Höhe 1400, Breite 1300, größte Tiefe 1020 mm — hat zwei Arbeitsplätze, von denen einer durch Abb. 497 dargestellt wird. Das Klinkenfeld ist für die beiden Plätze gemeinsam, Abb. 497 zeigt 3 von seinen 5 Paneelen. Auf jedem Platz können bis zu 5 Fernleitungen bedient werden; zu jeder Leitung gehören eine Abfrage- und eine Mithörklinke, eine Anruf- und für die zugehörige Fernklinkenleitung eine Schlußlampe, d. i. zu jedem Platz ein Streifen mit 10 Fernklinken und ein Streifen mit 10 Lampen, die im äußeren Paneel des Schrankes nahe dem Spiegelbrett liegen. Die Lampen sind durch Tasten aus- und einzuschalten (Abb. 498); die Tasten liegen in einem Streifen über den Lampen. Auf der Tischplatte enthält jeder Arbeitsplatz 5 Schnurpaare, jedes mit 2 Überwachungslampen und

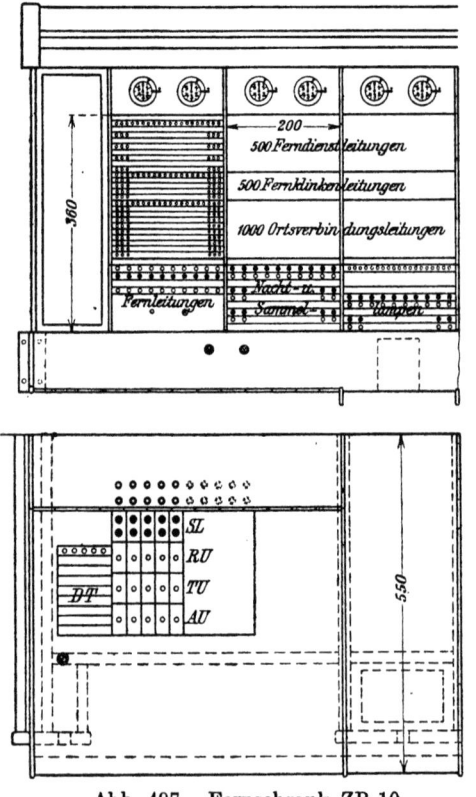

Abb. 497. Fernschrank ZB 10.

Der Fernschrank ZB 10. 617

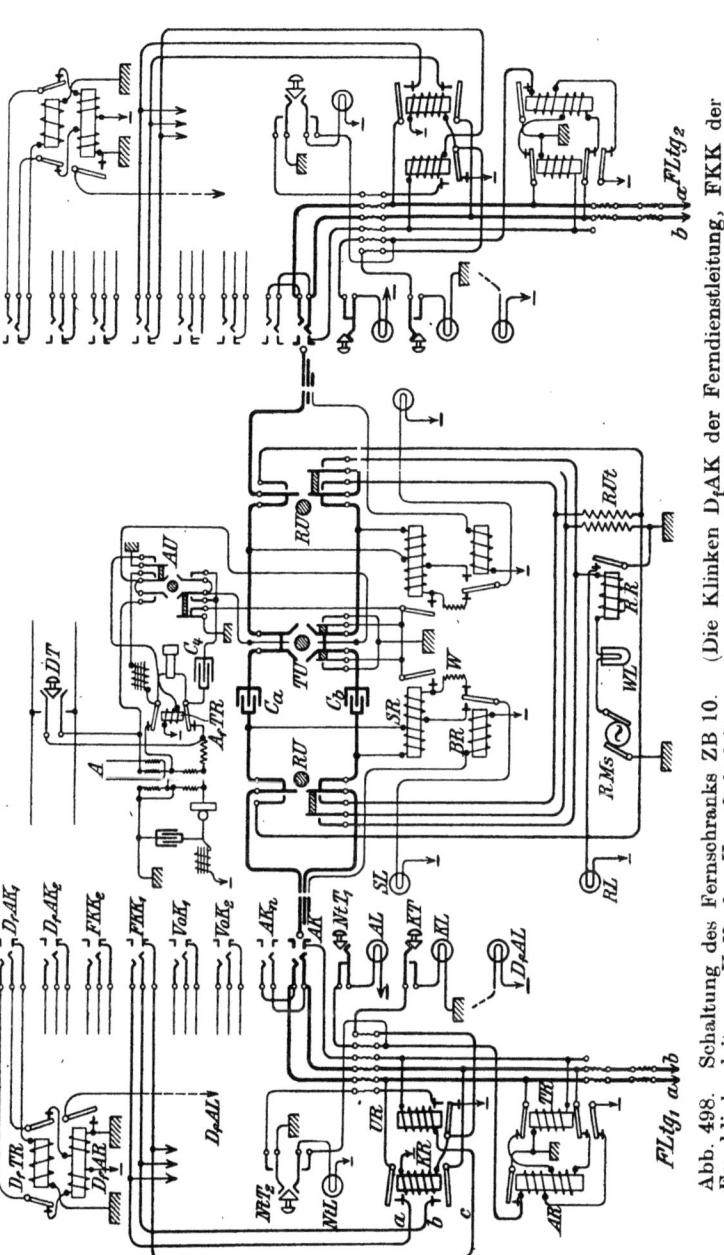

Abb. 498. Schaltung des Fernschranks ZB 10. (Die Klinken D_fAK der Ferndienstleitung, FKK der Fernklinkenleitung, VoK der Vorschalteleitung von gleicher Nummer sind durch alle Schränke in Vielfachschaltung verbunden, wie für FKK_1 angedeutet.)

3 Schaltern (s. Abb. 498); außerdem ist Platz für weitere 5 Schnurpaare vorgesehen.. Die Dienstleitungstasten liegen links von den Sprechumschaltern. Im Spiegelbrett liegen für jeden Arbeitsplatz eine Fernanruf- und eine Rufstromüberwachungslampe.

Im Mittelteil des Feldes liegen zwischen den Fernklinken die Nachtlampen, d. s. Anruflampen der an anderen Fernschränken endigenden Fernleitungen, deren Bedienung während der Nacht an einem Fernschrank vereinigt wird.

Der obere Teil des Feldes nimmt je 500 Klinken von Ferndienstleitungen, Fernklinkenleitungen und 1000 Ortsverbindungsleitungen auf. Nur für die Ferndienstleitungen sind Bezeichnungsstreifen vorgesehen, die anderen Hilfsleitungen werden von links nach rechts über die 5 Abteilungen des Feldes hinweg gezählt.

Beiderseits des Feldes sind Fächer zur Aufbewahrung von Dienstbehelfen vorgesehen. Etwaige Rohrpostsender und -empfänger werden in der Mitte des Schrankes eingebaut.

Ein Zwischenverteiler erlaubt, die Fernleitungen und Dienstleitungen auf andere Arbeitsplätze umzulegen, die Fernleitungen mit beliebigen Fernklinkenleitungen zu verbinden oder für Doppelsprechen mit einem Übertrager zu verbinden.

Während alles Zubehör für 10 Fernleitungen und 10 Schnurpaare von vornherein vollzählig eingebaut wird, bemißt man die Ausstattung mit den übrigen Relais, den Übertragern und den Nachtlampen nach dem augenblicklichen Bedarf. Die Schnur- und Platzrelais, Kondensatoren, Drosselspulen, Induktionsspulen und Rufstromübertrager werden im Fernschrank, die anderen Relais und Übertrager auf besonderem Gestell angebracht. Auch die Sicherungen kommen an ein besonderes Gestell.

Schaltung. Abb. 498 stellt die Schaltung eines Fernschranks dar; es sind nur 2 Fernleitungen gezeichnet. Im ganzen ist die Anordnung des Schrankes beibehalten. Den mittleren Teil nimmt das Schnurpaar ein, das im wesentlichen nach beiden Seiten symmetrisch ist; jeder der beiden Stöpsel kann zum Abfragen und zum Verbinden dienen. Der stark ausgezogene Teil enthält die Sprechadern und Sprech- und Rufumschalter; von diesen ist der eine RU der besseren Übersicht wegen

Der Fernschrank ZB 10.   619

in zwei Teilen gezeichnet worden. Darüber sieht man die Abfrageeinrichtung nebst einer Dienstleitung, darunter die Überwachungsrelais und -lampen und die Rufeinrichtung.

Jede Ferndienstleitung (Klinken D_fAK) läuft durch alle Arbeitsplätze, liegt aber nur auf einem auf Anrufzeichen. Die Fernklinkenleitung (Klinken FKK) läuft durch alle Schränke; sie wird im Bedarfsfall mit Hilfe der Taste KT und des Relais KR mit der F-Leitung verbunden. Die Ortsverbindungsleitungen laufen durch alle Schränke.

Die Fernleitung liegt auf ihrer Anrufklinke; die daneben befindliche Mithörklinke mit isolierter Buchse dient bei durchlaufenden Leitungen zum Mithören.

Schaltvorgänge. Anruf aus der Fernleitung mit Gleich- oder Wechselstrom: 1. $FLtg_a$, $A_1(FTR)_r$, $\rightarrow FAR_{II}$, $A_2(FTR)_r$, $FLtg_b$.

2. E, $A(FAR)_a$, FAL $*$, ZB. Hinter AL liegt noch (in Abb. 498 nicht dargestellt) ein Relais und die Anrufkontrolllampe FA_kL, die gleichzeitig mit AL aufleuchtet.

3. E, $A(FAR)_a$, $\rightarrow FAR_I$, $A_3(FTR)_r$, ZB. Haltewicklung für FAR, FAL und FA_kL leuchten weiter.

Die Fernbeamtin führt den Stöpsel zum Abfragen, daher als AS anzusehen, in FAK ein.

4. E, $\rightarrow$ FTR, FAK(c), AS(c), $\rightarrow$ FBR, ZB. Stromkreise 1 und 3 unterbrochen, FAR stromlos, FAL ●, FA_kL ●.

Abfragen. Der Abfragehebel AU wird nach links gelegt, wodurch der Abfrageapparat angeschaltet wird.

Verbindung der Fernleitung mit einem Teilnehmer. Nach Entgegennahme der Gesprächsanmeldung drückt die F-Beamtin die Dienstleitungstaste und vermittelt der Vorschaltebeamtin den Wunsch des fernen Teilnehmers, wobei die beiden sich über die zu benutzende Ortsverbindungsleitung verständigen. In deren Klinke setzt die F-Beamtin den Stöpsel ein, der nun VS ist. Das etwa am c-Draht der Ortsverbindungsleitung liegende Relais (D_fTR in Abb. 498 mit 1000 Ω) muß so hohen Widerstand haben, daß FBR durch den Strom nicht zum Ansprechen gebracht wird.

Inzwischen hat auch die V-Beamtin die Verbindung zwischen VL und dem gewünschten Teilnehmer hergestellt. Die F-Beamtin ruft durch Umlegen des Rufhebels RU nach der dem Ortsamt zugewandten Seite, wobei die andere Seite abgetrennt wird. Das Verfahren ist eingehend auf S. 584 u. f. beschrieben worden.

Verbindung zweier Fernleitungen. Geht aus $FLtg_1$ ein Anruf für eine andere Fernleitung ein, die am gleichen Schrank liegt, so ist das Verfahren sehr einfach. Liegt sie aber an einem andern Schrank, z. B. $FLtg_{23}$ am Platz 5, so setzt die Beamtin am 1. Platz, nachdem sie durch Umlegen von TU die AS-Seite abgetrennt hat, VS in die Klinke der zweidrähtigen Ferndienstleitung FDL_5, die am Platz 5 ebenso endigt wie FDL_1 am Platz 1:

5. (am Platz 5) E, → $D_f AR_{II}$, $A_2(D_f TR)r$, $FD_f L_{5b}$, (Platz 1) $D_f LK_{5b}$, VS(b), → FSR, VS(a), $D_f LK_{5a}$, (Platz 5) $FD_f L_{5a}$, $A_1(D_f TR)r$, $D_f AR_I$, ZB.

6. (Platz 5) E, $A(D_f AR)a$, $D_f AL$ *, ZB.

6a. (Platz 1) E(TU), A(FSR)a, W, A(FBR)r, FSL *, ZB.

Bei der rufenden Beamtin (Platz 1) leuchtet FSL, bei der gerufenen (Platz 5) $D_f AL$.

Die Beamtin am Platz 5 setzt ihren Stöpsel AS in die dreidrähtige Abfrageklinke $D_f AK_5$.

7. (Platz 5) E, → $D_f TR$, $FD_f Lc$, AS(c), FBR, ZB. — FBR spricht nicht an, weil $D_f TR$ 1000 Ω hat. $D_f TR$ zieht beide Anker an, unterbricht Stromkreis 5 und 6, $D_f AL$ ●.

Beide Beamtinnen legen ihre Sprechhebel AU nach links und verständigen sich. Die gerufene Beamtin zieht die Fernklinkentaste FKT der verlangten $FLtg_{23}$, wenn diese frei ist:

8. (Platz 5) E, FKL *, FKT, A(FUR)r, ZB und → FKR, ZB. — Die beiden Anker von FKR verbinden $FLtg_{23}$ mit der zugehörigen Fernklinkenleitung $FKLtg_{23}$, so daß die verlangte FLtg am Platz der rufenden Beamtin (wie auch an jedem andern Platz) erreichbar ist. Die F-Beamtin am 1. Platz setzt ihren VS in FKK_{23}:

9. (Platz 5) E, → FTR, $FLtg_{23}(c)$, → FUR, $FKLtg_{23}(c)$, (Platz 1) $FKLtg_{23}(c)$, VS(c), FBR, ZB. — A(FUR) am Platz 5 unterbricht die Verbindung zur ZB.

8a. (Platz 5) E, FKL ●, FKT, A(FUR), FKR, ZB. — FKL erlischt wegen des vorgeschalteten Widerstandes von FKR.

Nachdem TU wieder in die Mittelstellung gebracht worden, ist die verlangte Verbindung hergestellt.

FTR hat das FAR am Platz 5 von der FLtg abgeschaltet, so daß Anrufe dort nicht mehr wahrgenommen werden.

Schlußzeichen. Am Ende des Gesprächs geht aus der F-Leitung ein Schlußzeichen ein, das aus einem kürzeren oder längeren Stromstoß besteht: 10. $FLtg_a$, FAK_a, AS(a), → SR_I, AS(b), FAK_b, $FLtg_b$.
11. E(AU), $A(FSR)_a$, FSR_{II}, $A(FBR)_a$, FSL *, ZB. — FSR_{II} dient als Haltewicklung, so daß der Stromkreis geschlossen bleibt und FSL weiterleuchtet. Wird der Stöpsel aus der Klinke gezogen, so wird der Stromkreis 4 unterbrochen, FBR stromlos, dadurch auch FSR_{II} stromlos, FSL ●; FTR läßt beide Anker fallen. Die F-Beamtin kann mit dem Hebel AU den Stromkreis 5 unterbrechen und FSL auslöschen. — Über das Schlußzeichen aus der Anschlußleitung vgl. S. 586.

Mithören. AU wird nach rechts gelegt; A_1TR erhält Strom und trennt die Induktionsspulen der Abfragegruppe ab. Von den beiden mittleren Federn von TU führt der Weg über AU, einerseits den Sperrkondensator, anderseits über eine Drosselspule zum Fernhörer. Die hohe Induktivität der Drosselspule bewirkt, daß das Anlegen des Fernhörers an die bestehende Sprechverbindung infolge der äußerst geringen Stromentziehung nicht stört.

Verkehr der F-Beamtin mit dem Teilnehmer. Liegt AU links, so kann die Beamtin entweder mit beiden Teilnehmern gleichzeitig sprechen (TU in mittlerer Stellung) oder nach Umlegen von TU nach Wahl mit einem von beiden, indem der andere abgetrennt wird. Damit ein von diesem gegebenes Schlußzeichen empfangen werden kann, wird die bei AU abgetrennte Erde für A(FSR) bei TU durch eins der äußeren Federpaare wiederhergestellt. — Flackerzeichen s. S. 587, 591.

Nachtdienst. Bei Schluß des Tagesdienstes werden die F-Leitungen an einigen Fernschränken zusammengeschaltet, die an der dafür vorgesehenen Stelle des Feldes Nachtlampen als Anrufzeichen und außerdem 10 Schnurpaare statt 5 erhalten. Man zieht[1]) am Tagesplatz die zur FAL gehörige Taste NtT_1 und drückt am Nachtplatz (s. Abb. 498 beiderseits) die zur Nachtlampe NtL gehörige Taste NtT_2. Ein in der FLtg ankommender Ruf läßt also statt der FAL die NtL aufleuchten. Die Beamtin

---

[1]) NtT ist in Abb. 498 als Drucktaste gezeichnet.

am Nachtplatz setzt den Stöpsel in die zugehörige Fernklinkenleitung:

12. (Tagesplatz) E, → FTR, FLtg(c), → FUR, FKLtg(c), (Nachtplatz) FKLtg(c), VS(c) FBR, ZB.

12a. (Nachtplatz) E, $FNtT_2$, (Tagesplatz) $A(FUR)_a$, → FKR, ZB. — Die Fernleitung wird an ihre Fernklinkenleitung angeschaltet. FTR trennt FAR von der FLtg; NtL ●.

IV. Die Klinkenumschalter für Fernleitungen
dienen bei Fernsprechvermittelungsanstalten als Linienumschalter.

Der ältere **Klinkenumschalter für kleinere Betriebsstellen** besteht aus Klinkenstreifen von Vielfachumschaltern für Einzelleitungsbetrieb, die in die Tür eines schrankartigen Kästchens eingebaut und durch biegsame isolierte Drähte mit den im Innern des Kastens auf der Rückwand angebrachten Leitungs- und Apparatklemmen verbunden werden. Es stehen davon 3 Größen im Gebrauch:

Nr. V mit 5 Streifen,
„ VI „ 8 „ und
„ VII „ 17 „ zu 20 Klinken.

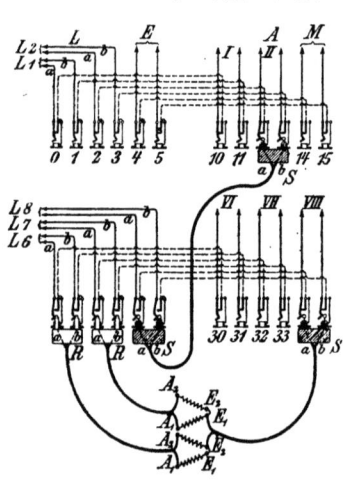

Abb. 499. Klinkenumschalter für kleine Betriebsstellen.

Sie besitzen alle die gleiche Schaltungsanordnung (Abb. 499). Die Drähte jeder Doppelleitung liegen an den Federn zweier Klinken in der mit L überschriebenen linken Umschalterhälfte, während die Zuführungsdrähte des zugehörigen Apparatsystems (Fernschrank usw.) an zwei symmetrisch gelegenen Klinken in der rechten, mit A bezeichneten Umschalterhälfte geführt sind. Zwei Klinken der linken Hälfte dienen zur Aufnahme von Erdleitungen, die entsprechenden Klinken der rechten Hälfte zum Anschließen des Meßinstruments. Unter gewöhnlichen Umständen stecken in den Klinken keine Stöpsel.

Die Klinkenumschalter.

Zu Umschaltungen dienen Verbindungsschnüre mit Zwillingsstöpseln und isolierenden Handgriffen; beim Einsetzen des Stöpsels S treten die Klinkenfedern über die Stöpselspitzen mit je einer Ader der Leitungsschnur in Verbindung, während die Klinkenkörper isoliert bleiben. Mit einer zweiadrigen Schnur mit 2 Zwillingsstöpseln lassen sich zwei Fernleitungen ohne Apparate miteinander oder eine Fernleitung mit einem Aushilfsapparat oder mit dem Meßsystem verbinden. Eine zweiadrige Schnur mit 3 Zwillingsstöpseln dient zur Verbindung zweier Fernleitungen unter Einschaltung eines beliebigen Apparatsystems. Mit einer einadrigen Schnur mit 2 Stöpseln verbindet man einzelne Leitungsdrähte. Drei zweiadrige Schnüre mit je einem Zwillingsstöpsel (R enthält 2 einteilige leitende Stöpsel) und Abzweigspulen erlauben die Herstellung von Doppelsprechschaltungen, ein Doppel- und ein Einfachstöpsel nebst Abzweigspulen die von Simultanschaltungen.

In Abb. 499 ist L_1 mit Apparat I verbunden, App. II von L_2 getrennt und mit L_3 verbunden, L_6 und L_7 mit ihren App. VI und VII verbunden und zum Doppelsprechen auf App. VIII geschaltet.

Der **Klinkenumschalter M 04** ist für die mit Dienstleitungen arbeitenden Fernämter bestimmt. Er hat die äußere Form der Vielfachumschalter M 02. Die ältere Ausführung, die noch im Gebrauch steht, ist in der vorigen Auflage dieses Buches beschrieben worden. Sie ist später geändert worden, wobei aber die Schaltung beibehalten wurde; daher wird hier nur die neuere Form beschrieben.

Der Umschalter kleiner Form (Ansicht des Oberteils siehe Abb. 500) faßt die Klinken für 60 Fernleitungen (die 12 oberen Reihen), 10 Doppelsprecheinrichtungen (10 × 4 Klinken, 2 Reihen im untern Teil) und 20 Leitungen, die nur zur Untersuchung eingeführt sind (2. und 3. Reihe von unten). Die letzte Reihe enthält 20 Parallelklinken für besondere Zwecke; für Erweiterung ist noch ein Raum für 20 Fernleitungen vorgesehen. Der Umschalter großer Form faßt das Doppelte; er hat zwei Klinkenfelder nach Abb. 500, durch einen Zwischenraum getrennt, nebeneinander (zwei Arbeitsplätze, ganze Breite 1300 mm), oben 2 Galvanoskope und 3 Klappen; die Klinken für Doppelsprecheinrichtungen und die zur Untersuchung eingeführten Leitungen liegen hier am oberen Rande der Klinkenfelder. Auf der Tischfläche stehen vor jedem Feld etwa 15 Stöpsel, Abfrage-, Untersuchungs-, Meß- und Erdungsstöpsel, und ein Sprechumschalter.

Schaltung. Für jede Fernleitung und jede Dienstleitung sind zwei Klinken vorgesehen, eine Leitungs- und eine Apparatklinke. Neben der Leitungsklinke einer Fernleitung liegt die Leitungsklinke der zugehörigen Dienstleitung; unter den Leitungsklinken liegen die zugehörigen Apparatklinken. Soll eine Fernleitung umgelegt werden, wobei stets auch die Dienstleitung umgelegt wird, so benutzt man dazu eine 5 adrige Stöpselschnur mit Zwillingsstöpseln, von denen der eine in die Leitungsklinke der umzulegenden Fern- und Dienstleitung, der andere in die Apparatklinke des mit ihr zu verbindenden Apparatsatzes gesteckt wird.

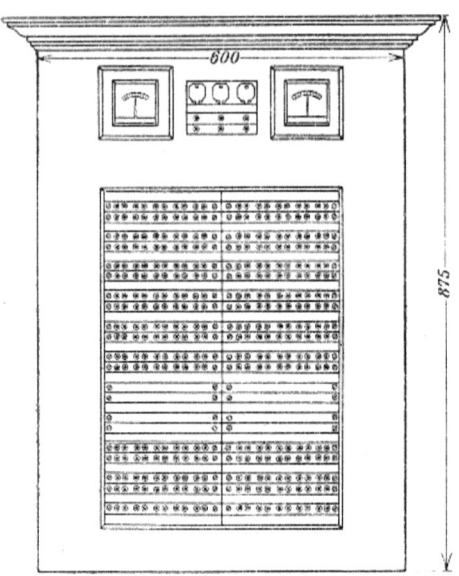

Abb. 500. Klinkenumschalter M 04.

Die beiden Klinken einer zur Untersuchung eingeführten Leitung liegen übereinander.

Bei den älteren Umschaltern werden die Klinken für das Doppelsprechen in Abzweigung zu den Hauptklinken der Leitung gelegt; vgl. 5. Aufl. S. 437, Abb. 343a.

Nachdem sich ergeben hat, daß die Ringübertrager den Abzweigspulen überlegen sind, werden diese überall durch jene ersetzt. Abb. 501 gibt die jetzige Schaltung mit Ringübertragern wieder, wobei die Klinke für Doppel- und Simultansprechen nach der Mitte der mit der äußeren Leitung verbundenen Wicklung eines Ringübertragers führt. Die Schaltung stellt drei F-Leitungen dar, wovon die eine FL_1, zum Simultanbetrieb, die beiden anderen, FL_2 und FL_3, zum Doppelsprechen geschaltet sind. Vom Hauptverteiler führt die

Leitung zunächst zur Leitungsklinke, hierauf über die beiden Klinken der Einrichtungen zum Doppelsprechen (Abb. 500, Reihe 4 und 5 von unten), dann über den Hauptverteiler und zurück zu den Klinken im oberen Teil des Feldes. Bei gewöhnlichen Fernleitungen fehlt der untere Teil dieser Führung; um eine solche Leitung ausnahmsweise auf eine Doppelsprecheinrichtung zu legen, dient eine dreistrahlige Stöpselschnur, deren 3 a-Adern untereinander und deren 3 b-Adern untereinander verbunden sind; zwei Stöpsel kommen in die Leitungs- und die Apparatklinke der F-Leitung, der dritte in die untere Klinke der Doppelsprecheinrichtung.

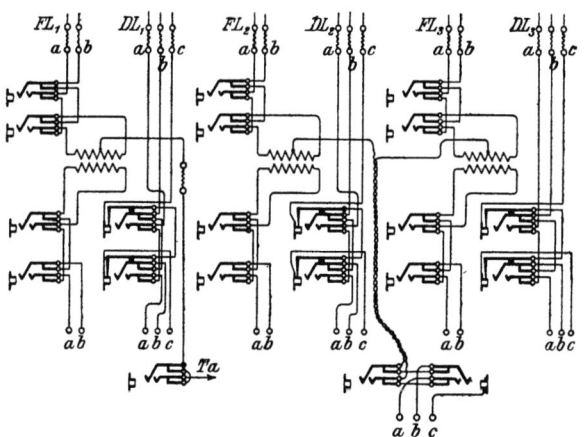

Abb. 501. Schaltung des Klinkenumschalters M 04.

Die 20 Parallelklinken (untere Reihe in Abb. 500) sind nicht mit Lötösen ausgerüstet und können nach Bedarf verwendet werden.

Mittels geeigneter schnurloser Stöpsel aus Metall und aus Ebonit kann man die Leitungszweige kurz verbinden oder erden.

Zum Abfragen dient ein Handapparat mit Zwillingsstöpsel. In Verbindung mit Vielfachumschaltern mit selbsttätigem Schlußzeichen ist es nötig, den Abfragestromkreis durch Einschalten von Kondensatoren zu 2 μF zu verriegeln. Die zu beobachtenden Leitungen sind durch zweiadrige Schnüre mit den zu den Klappen im oberen Teil des Schrankes gehörigen Leitungsklinken zu verbinden (untere Klinke); fällt die Klappe, so ist der zum Handapparat gehörige Abfragestöpsel in die obere Klinke zu stecken.

Meß- und Prüfeinrichtungen. Das Galvanoskop des Umschalteschranks ist in der Regel ein Ohmmeter, d. i. ein den Widerstand anzeigendes Instrument. Außerdem kann für genauere Messungen das Universal-Meßinstrument angelegt werden. Zur Einschaltung dienen Stöpselschnüre, Beispiele s. S. 646/47.

Leitungsstörungen. Um eine Doppelleitung, deren einer Zweig gestört ist, als Einzelleitung weiter zu betreiben, wird der gestörte Zweig in der Apparatklinke geerdet; er kann dann von der Leitungsklinke aus ohne Störung des andern Zweiges untersucht werden. Aus zwei Doppelleitungen, die zwischen denselben Ämtern verlaufen und beide in einem Zweige gestört sind, kann man noch eine betriebsfähige Doppelleitung herstellen, ähnlich wie auf Seite 631 gezeigt wird.

Klinkenumschalter OB 11 und ZB 11. Diese Umschalter, die in der äußeren Gestalt den Vielfachschränken ZB 10 gleichen und 80 Fern- und Sp-Leitungen (ZB 11 deren 150), 20 Simultan-, 20 Doppelsprech- und 20 zur Untersuchung eingeführte Leitungen aufnehmen können, haben dieselbe Schaltung, wie sie für die Schränke M 04 oben beschrieben worden ist. Es ist davon nur eine kleine Zahl in Betrieb gekommen.

Klinkenumschalter M 14. Der Umschalter besteht aus einem Schrank von der Art wie der Vielfachumschalter ZB 10 von 1480 mm Höhe, 690 mm Breite und 930 mm Tiefe und vermag 100 F- und Sp-Leitungen zum Betriebe aufzunehmen.

Das Klinkenfeld besteht aus 3 Paneelen, von denen Abb. 502 zwei wiedergibt; rechts ist noch ein Paneel wie das linke zu ergänzen. Die äußeren Paneele nehmen je 50 F- und Sp-Leitungen auf; für jede Leitung sind 5 Klinken eines Streifens bestimmt, so daß sich 5 Abteilungen zu 5 Klinkenstreifen ergeben. Das mittlere Paneel enthält zu oberst ein Meßinstrument, darunter Raum für 20 zur Untersuchung eingeführte Leitungen, 20 Simultanleitungen, 40 Dienstleitungen, 60 Parallelklinken für besondere Zwecke und 20 Klinken für Vorratssysteme zu Vierer- und Simultanleitungen; unterhalb dieses Paneels sind noch Lampen- und Klinkenstreifen für Störungsfälle und be-

Der Klinkenumschalter M 14.

sondere Zwecke vorgesehen. Die beiden Lampen im Spiegelbrett sind Rufkontrollampen (bei ZB-Betrieb).

Das Meßinstrument ist ein Ohmmeter, d. i. ein den Widerstand anzeigendes Meßinstrument. Die zugehörigen Umschalter sind im linken Paneel unten eingebaut; die zu messenden Leitungen werden mittels der Stöpsel MS auf das Instrument geschaltet.

In der Tischfläche befinden sich links die beiden Abfragestöpsel, 3 Umschalter und 2 Tasten des Abfragesystems (Abb. 507), 2 Stöpsel der Meßschaltung, in der Mitte 12 Erdstöpsel und rechts (nicht gezeichnet) der Stöpsel zur Aufsicht.

Der Abfrage-Handapparat hängt links vom Klinkenfeld.

Die Relais, Kondensatoren, Drosselspulen und Lötösenstreifen sind an einem eisernen Gestell im Unterteil des Schrankes selbst befestigt. Oben auf dem Schrank sitzt ein Nachtwecker.

Schaltungen (Abb. 503 bis 506). Die F- und Sp-Leitungen können außer als gewöhnliche Doppelleitungen noch gleichzeitig als Simultan- oder als Viererleitungen benutzt werden. Die 5 Klinken sind Leitungsklinke Kl, Apparatklinke Ka, Krl und Kra für den

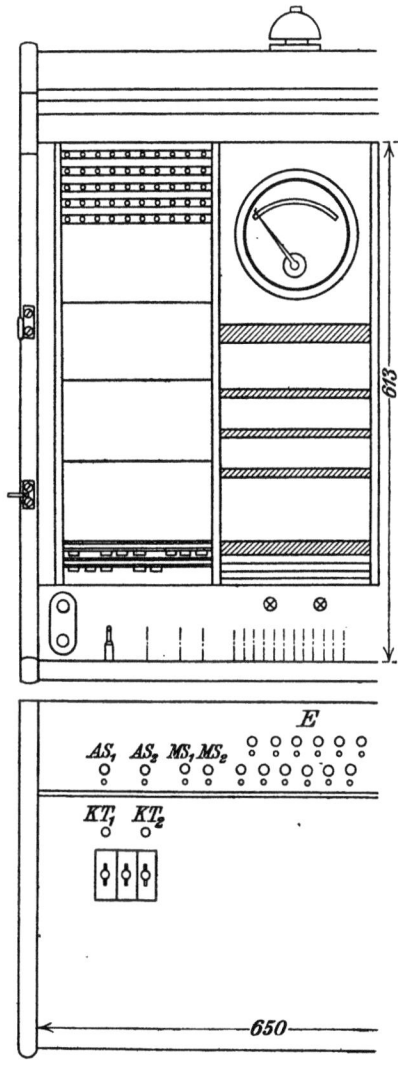

Abb. 502. Klinkenumschalter M 14.

40*

628 Das Fernamt.

Ringübertrager, Km zum Mithören; Kl und Ka liegen in Wirklichkeit nebeneinander, damit man sie im Notfall durch einen Doppelstöpsel verbinden kann. Die Hülse der Klinke Ka ist mit der der F- oder Sp-Leitung zugeordneten c-Leitung verbunden; durch Tastendruck (KT_1 oder KT_2 in Abb. 507) kann das Ferntrennrelais des Fernschranks ZB 10 erregt werden, so daß die Leitung rein und ohne Brücken am Abfragesystem liegt.

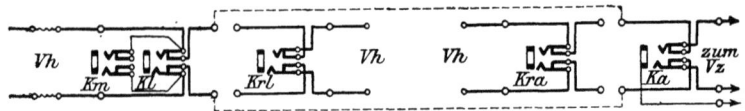

Abb. 503. Klinkenumschalter M 14. Gewöhnliche Schaltung einer Doppelleitung.

Die Schaltung der gewöhnlichen Doppelleitungen zeigt Abb. 503; die beiden Kr werden nicht benutzt und sind überbrückt. Die Simultanleitungen sind nach Abb. 504 geschaltet; die zugehörigen Ringübertrager sitzen am Übertragergestell. Vom Verzweigungspunkt des Ringübertragers führt ein Draht über den Hauptverteiler und zurück zu einer Klinke Ks im mittleren

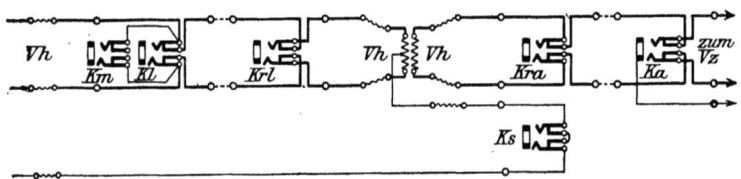

Abb. 504. Klinkenumschalter M 14. Simultanschaltung einer Doppelleitung.

Paneel und von dieser zum TA. Die für die Bildung von Viererleitungen erforderliche Schaltung erhält man durch Verdoppelung der Abb. 504; die Leitungen von den Verzweigungspunkten der beiden Ringübertrager werden zunächst zum Hauptverteiler und dann zurück zu einer Klinke Kl des Klinkenumschalters geführt.

Die Vorratssysteme für Simultan- und Viererleitungen bestehen aus Ringübertragern, deren Enden zu Klinken mit 2 Federn geführt sind (man denke sich in Abb. 504 von beiden

Klinken Kr die beiden Auflager der Federn entfernt). Von den Verzweigungspunkten führen die Leitungen wie bei den Betriebssystemen beschrieben. Die Vorratssysteme werden an den Klinken Kl und Ka der Leitungen durch Stöpselung eingeschaltet; für eine Simultanleitung werden 2, für eine Viererleitung 4 zweiadrige Stöpselschnüre einfachster Art gebraucht.

Die zur Untersuchung eingeführten Leitungen (Abb. 505) werden über den Hauptverteiler zu je 2 übereinander liegenden Klinken im mittleren Paneel geführt. Die zugehörige c-Leitung führt zu besonderen Relais im Blitzableiterraum, die die beiden Zweige der Leitung, die gewöhnlich durchverbunden sind, trennen und auf die beiden Klinken im Umschalter legen.

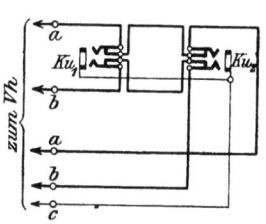

Abb. 505. Klinkenumschalter M 14. Zur Untersuchung eingeführte Leitung.

Die Dienstleitungen kommen vom Fernamt und endigen im mittleren Paneel in Klinken mit 2 Federn ohne c-Leitung.

Anrufzeichen. In der untersten Abteilung des mittleren Paneels befinden sich 10 Anrufzeichen nebst 2 × 10 Klinken. Davon dienen 6 der Überwachung gestörter Leitungen, 4 für den Verkehr mit dem Fernamt, dem Ortsamt, dem Prüfschrank und dem Aufsichtstisch. Abb. 506 zeigt die Schaltung eines Anrufzeichens der ersten Art für OB-Betrieb; die beiden Klinken liegen übereinander. Durch zweiadrige Stöpselschnüre

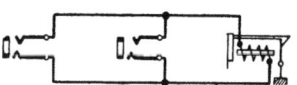

Abb. 506. Klinkenumschalter M 14. Klappe zur Überwachung einer gestörten Leitung.

werden die Klinke Kl der gestörten Leitung und die obere Klinke des Anrufzeichens verbunden; die untere Klinke dient zum Eintreten der Beamtin mittels der Stöpselschnur, Abb. 507. Die Anrufzeichen zweiter Art sind ebenso geschaltet, nur fehlt die Verbindungsklinke, und sie sind dauernd mit Leitungen nach den genannten Dienststellen verbunden. Für ZB-Betrieb tritt an Stelle der Klappe ein Anrufrelais mit Haltewicklung nebst einer Glühlampe als Anrufzeichen; die Klinken erhalten eine c-Leitung mit einem Trennrelais, das beim Ansprechen die Haltewicklung des Anrufrelais unterbricht.

Abfragen (Abb. 507). Zum Eintreten in eine der vorher genannten Verbindungen dient die Abfrageschaltung, die gestattet, nach beiden Seiten zugleich oder getrennt zu sprechen und zu hören, auch mitzuhören und anzurufen. Wegen der Tasten KT_1 und KT_2 s. S. 628. Abb. 507 zeigt die Schaltung für OB-Betrieb; für ZB-Betrieb wird ein anderes Sprechsystem und eine Ruf- und Rufkontrollampe verwendet. Als Batterie sind Sammler vorausgesetzt.

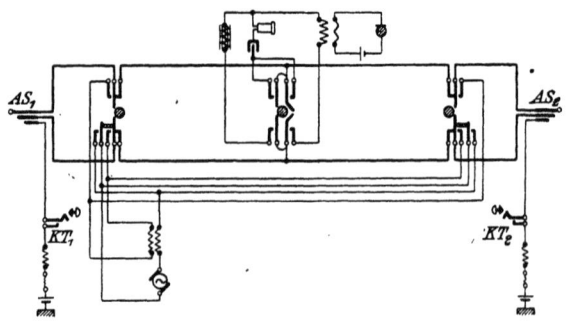

Abb. 507. Klinkenumschalter M 14. Abfragesystem.

Aufsicht. Zur Verbindung mit dem Aufsichtstisch dient eine von dort kommende Leitung, die in einem zweiadrigen Stöpsel am Klinkenumschalter endigt; dieser Stöpsel wird in die Mithörklinke der Fernleitung eingesetzt.

Prüfen und Messen. Als Meßinstrument dient das oben erwähnte Ohmmeter; als Meßbatterie wird eine besondere, nicht geerdete Batterie von 4 V oder bei bestimmten Messungen eine geerdete Batterie von 24 V (ZB) benutzt. Zur Verbindung der Meßschaltung mit der zu untersuchenden Leitung dienen zwei Meßstöpsel MS, deren c-Adern ebenso wie die der Abfrageschaltung Tasten zur Erregung des Ferntrennrelais enthalten. Die Stöpsel werden in die Klinken der zu messenden Leitung eingeführt; bei gestörter Leitung in Kl, bei Prüfung während des Betriebs in Km. 12 Umschalter gestatten alle vorkommenden Schaltungen rasch und sicher auszuführen. Die Einrichtung dieser Umschalter ist im wesentlichen die gleiche wie bei den nachher zu beschreibenden Prüfschränken.

Der Klinkenumschalter M 14.

Betrieb in Störungsfällen. Zeigt sich nur ein Zweig einer Doppelleitung gestört, so schaltet man diesen zur Untersuchung und versucht, mittels des anderen den Betrieb aufrecht zu erhalten. Dazu dienen besondere Prüfstöpsel PS und Prüfklinken PK. Abb. 508 zeigt die Schaltung bei gestörtem a-Zweig. Der linke a-Zweig liegt auf der Meßschaltung, der rechte ist geerdet, die b-Zweige sind durchverbunden. Bei gestörtem b-Zweig wird eine Stöpselschnur benutzt, die die a-Federn der Leitungsklinken verbindet und die b-Zweige auf die Prüfklinken schaltet.

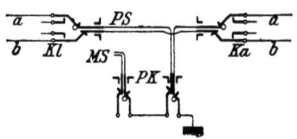

Abb. 508. Schaltung bei gestörtem a-Zweig.

Abb. 509 gibt die Herstellung einer betriebsfähigen Doppelleitung aus nicht gestörten Zweigen zweier nach demselben Amt verlaufenden Leitungen. Die b-Zweige beider Leitungen seien gestört; aus den beiden a-Zweigen wird eine betriebsfähige Leitung gebildet, die mit den Apparaten der einen Leitung verbunden ist. Das Meßinstrument wird mit dem einen oder dem anderen b-Zweig verbunden. Für die verschiedenen möglichen Fälle sind geeignete Stöpselschnüre vorbereitet.

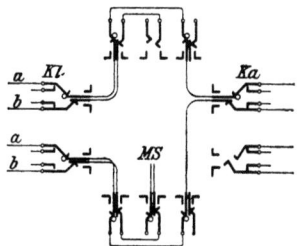

Abb. 509. Betriebsfähige Doppelleitung aus Zweigen zweier gestörter Doppelleitungen.

Außerdem sind Holz- und Metallstöpsel vorhanden, um Leitungen zu isolieren oder kurz zu verbinden, ferner Erdstöpsel, um den a-, den b-Zweig oder beide Zweige zu erden, und Zwillingsstöpsel, um die Ringüberträger zu überbrücken.

Einunddreißigster Abschnitt.
Mehrfaches Fernsprechen.

Die Grundlagen der Schaltung sind auf S. 163 bis 166 dargelegt worden. Es handelt sich praktisch um die Aufgabe, aus 2 Doppelleitungen 3 Sprechkreise herzustellen; die weitergehende Möglichkeit, aus 4 Doppelleitungen 7 Sprechkreise zu bilden, hat vorläufig praktisch keine Bedeutung. Es bieten sich zwei Möglichkeiten: Abzweigschaltung und Übertragerschaltung; die Vorzüge der letztgenannten Schaltung sind auf S. 452/3 dargelegt worden. Zurzeit werden die Abzweigspulen noch in ausgedehntem Maße verwendet. Allmählich werden sie durch die Ringübertrager verdrängt.

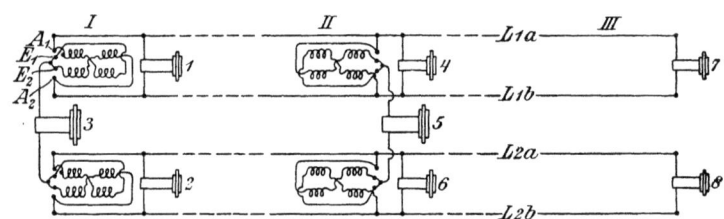

Abb. 510. Mehrfache Benutzung der Fernsprechleitungen; Abzweigspulen.

Abzweigschaltung. Wenn man sich in Abb. 510 die Leitungen rechts von den Fernsprechern 4 und 6 wegdenkt, so hat man den einfachsten Fall, daß zwei gleichlange Doppelleitungen, die zwischen den gleichen Ämtern verlaufen, zum Doppelsprechen benutzt werden. Die Abzweigspulen sind hier mit der Besonderheit ihrer Wicklung (vgl. S. 395) dargestellt. Es verkehren 1 mit 4, 2 mit 6 und 3 mit 5.

Die Schaltung am Klinkenumschalter würde ähnlich wie Abb. 501 aussehen, nur daß die dort dargestellten Ringübertrager für FL_2 und FL_3 durch Abzweigspulen nach Abb. 511 ersetzt werden.

Soll zwischen Amt I und II (Abb. 510) ein Zwischenamt eingeschaltet werden, so muß es in beide Doppelleitungen nach Abb. 512 eintreten. Die Abbildung zeigt Durchsprechstellung, wo-

Abzweigschaltung. Übertragerschaltung. 633

bei der eine Fernsprecher als Brücke zwischen den Zweigen der Doppelleitung liegen bleibt. Wird U geschlossen, U_1 geöffnet, U_2 umgelegt, so ist z. B. die Doppelleitung L_1 so zerlegt, daß Fernsprecher 1 mit dem linken, Fernsprecher 4 mit dem rechten Fernsprecher des Zwischenamtes sprechen kann; die Doppelleitung ist aber für den vom Fernsprecher 3 kommenden Strom nicht unterbrochen. Denn für diesen Strom sind die beiden Drähte von L_1 nebeneinander geschaltet; er tritt also gleichzeitig an den äußeren Klemmen der linken Abzweigspule (Abb. 512) ein, bei den inneren aus und durchfließt auch die rechte Spule in derselben Art. Er erfährt also in diesen Spulen keine Selbstinduktion. Anders der Strom, der die beiden Zweige der Doppelleitung L_1 hintereinander durchfließt; er findet in den Spulen eine sehr hohe Selbstinduktion.

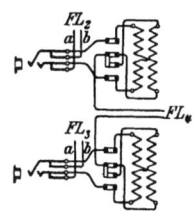

Abb. 511. Abzweigspulen am Klinkenumschalter.

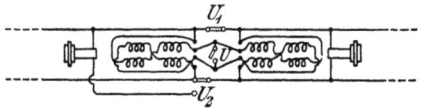

Abb. 512. Zwischenamt.

An den Fernschränken der beiden Doppelleitungen L_1 und L_2 wird wenig geändert. Die Schaltung der beiden Leitungen für einfachen Betrieb bleibt ungeändert; dagegen zweigen von den vier Leitungsklemmen (in Abb. 510 die Punkte, wo die Fernsprecher 1, 2, 4, 6 anschließen) Drähte ab zu einem vierfachen Kurbelumschalter, hinter dem die beiden Abzweigspulen liegen. Von den beiden Vereinigungspunkten E_1, E_2 führen je zwei Drähte zu den Apparatsystemen der Fernsprecher 3 und 5. In Abb. 499 (Seite 622) wird die Einschaltung der Abzweigspulen durch Zwillingsstöpsel dargestellt.

Verlängerungen der beiden Doppelleitungen, wie in Abb. 510 rechts dargestellt, lassen sich ausführen, wenn die Verlängerungen untereinander gleich sind. Einseitige oder ungleiche Verlängerungen werden durch Übertrager angeschlossen, indem

z. B. auf Amt II der Fernsprecher 4 durch einen Übertrager ersetzt wird, dessen eine Wickelung mit der in II ankommenden und deren andere Wickelung mit der weiterführenden Leitung verbunden wird.

Die **Übertragerschaltung** wird in Abb. 513 dargestellt. FL_{II} läuft glatt durch, in FL_I liegen 2 Zwischenämter. Will

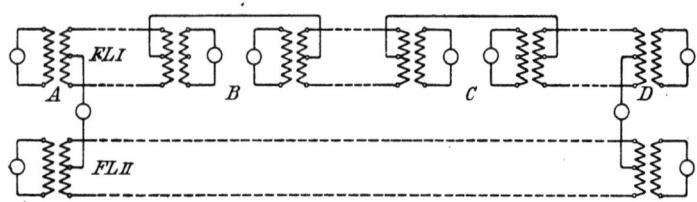

Schaltung mit leitender Verkettung.

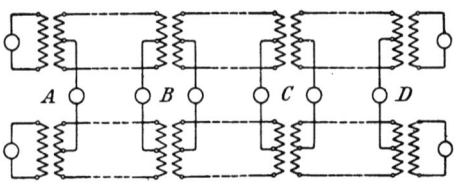

Verkettung durch Übertragung.

Abb. 513 u. 514. Mehrfache Benutzung der Fernsprechleitungen; Übertragerschaltung.

man die Weckschwierigkeiten, welche durch die vom Weckstrom zu durchlaufenden zahlreichen Übertrager entstehen, vermindern, so kann man die Schaltung nach Abb. 514 anwenden; hier liegen die Ämter B und C in beiden Stammleitungen.

Zweiunddreißigster Abschnitt.
Störungen im Fernsprechbetriebe.
I. Störungen im Orts-Fernsprechbetriebe.

Allgemeines. Während bei den Telegraphenanlagen nur zwischen Störungen außerhalb und innerhalb der Ämter zu unterscheiden ist, kommen bei den Stadt-Fernsprecheinrichtungen drei Fehlerlagen in Betracht: auf der Leitung, innerhalb der Sprechstellen und bei der Vermittelungsanstalt. Trotz dieser größeren Mannigfaltigkeit der Fehlerstellen ist die Störungseingrenzung im allgemeinen nicht schwieriger. Oft kann aus Stärke und Art der Störungserscheinung auf die Art des Fehlers (Unterbrechung, Nebenschließung, Berührung) und auch auf seine Lage geschlossen werden.

Hauptsächliche Störungserscheinungen bei Fehlern in Anschlußleitungen. Unterbrechung und Erdung beider Drähte heben Sprech- und Weckverständigung auf. Bei Erdung geht Weckstrom ab, bei Unterbrechung nicht.

Ist nur ein Draht unterbrochen, so ist die Sprechverständigung bei OB-Betrieb stark geschwächt, bei ZB-Betrieb aufgehoben, falls nicht die Mikrophonspeisung nur über den anderen Draht geschieht. (Vgl. verschiedene Speisestromschaltungen im Abschnitt Nebenstellen.) Alsdann wird die Sprechverständigung nur geschwächt. Das Anrufen ist bei OB-Schaltungen nicht möglich, bei ZB-Schaltungen nur dann nicht, wenn der Weckstrom den unterbrochenen Draht benötigt. Dies hängt vom System ab.

Unterbrechungen treten meist und auch zeitweise auf an losen Klemmen, schlechten Lötstellen, Sicherungen und den Ersatzstegen für Feinsicherungspatronen in Sicherungsstreifen auf Kabelaufführungspunkten.

Erdverbindung eines Drahtes ist im OB-Betriebe meist ohne Wirkung, unter Umständen bringt sie Geräusche (Starkstrom- oder Telegraphiergeräusche aus benachbarten Leitungen, brodelndes [kochendes] Geräusch), auch Übersprechen in die Leitung. Im ZB-Betriebe ist die Wirkung abhängig von der Benutzung des gestörten Drahtes. Je nach der Schaltung erscheint das Anrufzeichen im Amt, bleibt der Teilnehmer ohne Speisestrom oder ist er nicht zu errufen.

Hat die Erdverbindung merklichen Widerstand (Nebenschließung), so treten die vorstehend beschriebenen Erscheinungen in geringerem Maße auf.

Berührungen der Teilnehmerleitungen untereinander haben zur Folge, daß durch den Weckstrom des Amtes oder eines Teilnehmers auch die übrigen Wecker ansprechen oder auf dem Amte die sämtlichen Anrufzeichen erregt werden, welche zu den gestörten Leitungen gehören. In den Fernhörern sind fremde Gespräche mehr oder minder deutlich vernehmbar. Aus dem letzteren Umstande kann man aber nicht ohne weiteres auf das Vorhandensein einer Leitungsstörung schließen, da auch Mitsprechen infolge von Induktion vorliegen kann.

Bei ZB-Schaltungen kommen die Erscheinungen bei Erdschluß hinzu, sobald die Berührung zwischen einem a- und b-Draht stattfindet.

Bei Schleifenberührung (a- und b-Draht derselben Leitung) hört die Sprech- und Weckverständigung auf. Bei ZB-Schaltung erscheint im Amt dauernd das Anrufzeichen.

Die Eingrenzung der Störungen erfolgt wie im Telegraphenbetriebe dadurch, daß die Leitung abschnittsweise an den Stützpunkten oder bei unterirdischer Führung am Linien-, Kabel- oder Endverzweiger getrennt oder mit Erde verbunden wird; häufig tritt an die Stelle der Erdverbindung die unmittelbare Vereinigung beider Leitungszweige.

Störungen innerhalb der Sprechstellen. Hierbei sind die auftretenden Erscheinungen minder einfach, weil in den Teilnehmergehäusen mehrere Stromkreise bestehen, von denen häufig nur einer nicht betriebsfähig ist.

Fehler, die in dem Teil der Zimmerleitung vor dem Blitzableiter auftreten, äußern sich in derselben Weise wie Störungen auf der Leitung; sie werden indessen bei äußerer Besichtigung meistens bald entdeckt. Völlige Unterbrechungen der Verbindung entstehen in der Regel dadurch, daß die Fein- oder Grobsicherungspatronen durchschmelzen, während Erdschlüsse gewöhnlich in den Blitzableitern zu suchen sind. In jedem Falle empfiehlt es sich, bei einer Störung zunächst die Sicherungen und Blitzableiter zu untersuchen.

Fehler in den Anschlußleitungen und Sprechstellen.

Unter der Voraussetzung, daß diese Teile in Ordnung sind, lassen sich die Fehler in den einzelnen Stromkreisen an folgenden Merkmalen erkennen:

a) **Fehler im Stromkreise für den abgehenden Rufstrom**: Das Amt kann von der Sprechstelle aus nicht angerufen werden, während umgekehrt der Weckstrom des Vermittelungsamtes den Wecker der Sprechstelle in Tätigkeit setzt, und ferner eine Sprechverständigung mit dem Amte möglich ist. Die Störungsursache liegt beim Induktorbetrieb meistens im Induktor. Wenn z. B. dessen Schleifkontakte nicht fest genug anliegen, so kann bei Drehung der Kurbel entweder kein Strom oder nur ein unterbrochener Strom in die Leitung geschickt werden. Unterbrechungen oder Nebenschlüsse in den Windungen des Induktors sind selten.

b) **Fehler im Stromkreise für den ankommenden Rufstrom**: Bei angehängtem Fernhörer spricht der Wecker nicht an; dagegen läßt sich das Vermittelungsamt anrufen, und die Sprechverständigung ist möglich. Die Ursache der Störung liegt entweder in den Umwindungen des Weckers, in mangelhaften Kontakten am Hakenumschalter oder in beschädigten Zuführungsdrähten.

c) **Fehler im Mikrophonstromkreise**: Die Sprache des Teilnehmers der gestörten Sprechstelle wird von dem Vermittelungsamte gar nicht oder nur schlecht verstanden. Dagegen wird das von der andern Seite aus Gesprochene gut gehört; außerdem geht das Wecken in beiden Richtungen ohne Störung vor sich. Die Störungsursache kann in unbrauchbaren Mikrophonelementen, in mangelhaften Kontakten des Hakenumschalters, in schadhaften oder locker gewordenen Verbindungsdrähten, in Beschädigungen der primären Induktionsspule oder endlich im Mikrophon selbst liegen.

d) **Fehler im Hörerstromkreise**: Da dieser Stromkreis zum Teil mit den beiden Weckstromkreisen zusammenfällt, werden Fehler im Hörerstromkreis allein nur selten auftreten. Sollte dies doch der Fall sein, so ist die Ursache in beschädigten Schnüren des Fernhörers, in schadhaften oder locker gewordenen Verbindungsdrähten, in mangelhaftem Kontakt am Hakenumschalter, in einer Beschädigung der sekundären Induktionsspule oder der Fernhörerumwindungen zu suchen.

Gelingt es bei äußerer Besichtigung der Drahtleitungen und Apparatteile nicht, die Störungsursache zu entdecken, so muß eine elektrische Prüfung der einzelnen Stromwege stattfinden.

Die Untersuchung einer Endstelle mit Induktor für Doppelleitungen soll als Beispiel an der Hand des Stromlaufs beschrieben werden (Abb. 407, Seite 486). Die Untersuchung anders eingerichteter Sprechstellen gestaltet sich ähnlich, mit den Abweichungen, die sich aus der Schaltung ergeben; bei Einzelleitungsbetrieb ist an Stelle der b-Leitung die Zuführung zur Erde zu setzen.

1. Stromkreis für den abgehenden Weckstrom: Zwischen die Leitungsklemmen L_a und L_b wird nach Abnahme der Außenleitungen ein Wecker oder ein Fernhörer eingeschaltet. Spricht beim Drehen der Induktorkurbel der Wecker oder Fernhörer an, so ist der Stromkreis innerhalb der Endstelle ohne Unterbrechung.

Bei einer Nebenschließung ist die Leitung an der Klemme k_1 des Induktors zu isolieren, die Klemme selbst mit Erde zu verbinden. Sind die Verbindungen fehlerlos, so darf der Wecker nicht anschlagen oder der Fernhörer nicht knacken.

Die weitere Eingrenzung erfolgt wie im Telegraphenbetrieb, indem man die Verbindungen von Klemme zu Klemme bei Unterbrechungsfehlern überbrückt, bei Nebenschließungen trennt und das Verhalten des Weckers oder Fernhörers dabei beobachtet.

2. Stromkreis für den ankommenden Weckstrom. Die Leitungsklemmen L_a und L_b werden ebenfalls verbunden. Wenn eine Unterbrechung vorliegt, so ist der Verbindungsdraht zwischen Induktor und Hakenumschalter bei k_2 abzunehmen und unter Einschaltung eines Weckers oder Fernhörers an die Klemme k_0 anzulegen, von welcher der Zuführungsdraht nach der Klemme L_b zu entfernen ist. Sprechen beim Drehen der Induktorkurbel beide Wecker oder Wecker und Fernhörer an, so ist die Einrichtung der Sprechstelle fehlerfrei.

Bei Nebenschließung wird außer den genannten Hilfsverbindungen der an Klemme k_1 angelegte Draht isoliert und die Klemme selbst mit Erde verbunden. Ist die Sprechstelle in

Ordnung, so darf der eingeschaltete Prüfapparat nicht ansprechen.

Andernfalls erfolgt die weitere Eingrenzung durch Überbrücken und Trennen von Klemme zu Klemme.

Man kann den Weckstromkreis auch dadurch prüfen, daß man die Klemmen L_a und W_1 verbindet und bei abgenommenem Hörer den eigenen Wecker mit dem Induktor zum Ansprechen bringt.

3. **Mikrophonstromkreis und Hörerstromkreis.** Beide Stromkreise sind so eng miteinander verbunden, daß die Untersuchung des einen ohne den andern nicht vorgenommen werden kann.

Die Leitungsklemmen L_a und L_b werden wiederum miteinander verbunden. Die etwa vorhandenen Kondensatoren werden ausgeschaltet und die Klemmen C und MK verbunden.

Sind Mikrophonstromkreis und Hörerstromkreis ohne Unterbrechung, so muß man im abgehängten Fernhörer deutlich ein Geräusch wahrnehmen, sobald man mit dem Finger leise über die Mikrophonmembran oder das vor ihr befindliche Schutzblech streicht. Ist das Mikrophon, wie man sagt, tot, so sind zunächst die Mikrophonelemente mittels eines Galvanoskops zu prüfen. Sodann ist, bei gutem Befund der Elemente, durch Einschaltung des Galvanoskops oder eines Fernhörers in den Mikrophonstromkreis festzustellen, ob tatsächlich dieser gestört ist. Die weitere Eingrenzung erfolgt in bekannter Weise durch Überbrücken der einzelnen Stromwege von Klemme zu Klemme.

Bei Nebenschließungen ist zunächst wieder der gute Zustand der Mikrophonbatterie festzustellen. Die Fehlerstelle wird darauf in der Weise ermittelt, daß ein Galvanoskop oder ein Fernhörer in den Zuführungsdraht von der Batterie nach der Mikrophonklemme MZ oder MK des Apparats eingeschaltet und der andere Batteriepol durch einen Hilfsdraht an Erde gelegt wird. Nunmehr werden die einzelnen Drähte von Klemme zu Klemme getrennt; sobald die Nadel des Galvanoskops bei der Trennung ausschlägt, oder die Membran des Fernhörers angezogen wird, ist der Fehler zwischen den beiden zuletzt gelösten Klemmen eingegrenzt. Die Untersuchung ist indessen auf den ganzen Stromkreis auszudehnen, weil der Mikrophonstromkreis in sich geschlossen ist, und daher Nebenschließungen erst dann in Erscheinung treten, wenn sie an zwei Stellen vorhanden sind.

Ist in beiden Fällen der Mikrophonstromkreis als fehlerfrei befunden worden, so muß der Fehler im Hörerstromkreise liegen. Die Eingrenzung erfolgt in der vorgenannten Weise. Galvanoskop oder Fernhörer und die Batterie sind hierbei an der Klemme L_a, von welcher aus nach dem Stromlauf die Überbrückung oder Trennung von Klemme zu Klemme zu geschehen hat, in die Zimmerleitung einzuschalten. Bei einer Nebenschließung ist aber die Verbindung der beiden Leitungsklemmen aufzuheben und L_a an Erde zu legen.

Störungen in der Vermittelungsanstalt. Wenn bei der ersten Fehlereingrenzung ermittelt wird, daß die Störung im Amte liegt, so empfiehlt es sich, sofern die technische Einrichtung es gestattet, den gestörten Anschluß auf ein betriebsfähiges Anrufsystem zu schalten, damit der Teilnehmer seinen Apparat weiter benutzen kann. In der Regel ist die Störung in den Lötungen, Klinken und Kontakten des Schrankes zu suchen. Wird der Fehler bei der äußeren Besichtigung nicht gefunden, so muß an der Hand der Stromlaufskizze, die in jeder Vermittelungsanstalt aushängt, eine elektrische Prüfung erfolgen.

II. Störungen auf den Fernsprech-Verbindungsanlagen.

Allgemeines. Weil die Fernsprech-Verbindungsanlagen fast durchweg als Doppelleitungen ausgeführt sind, kommen als häufigste Störungen auf der Linie Berührungen der beiden Leitungszweige unter sich — Verschlingungen — vor. Die sonstigen Störungen sind dieselben wie bei Telegraphenleitungen, nur zeigen sich infolge der Verschiedenheit der eingeschalteten Apparate andere Erscheinungen.

Die vollständige Unterbrechung eines oder beider Leitungsdrähte macht die Weckverständigung mit Ämtern jenseits der Fehlerstelle unmöglich. Die Sprechverständigung wird meist sehr geschwächt, wenn ein Draht unterbrochen, immer aufgehoben, wenn beide Drähte unterbrochen sind.

Nebenschließungen in nur einem Leitungszweige können an sich den Betrieb einer Doppelleitung nur insofern beeinflussen, als sie das elektrische Gleichgewicht beider Drähte stören; in-

Störungen auf den Verbindungsanlagen. 641

folgedessen werden aber häufig Lautübertragungen aus anderen an demselben Gestänge befindlichen Leitungen, u. U. auch Starkstromgeräusche merkbar werden.

Nebenschließungen in beiden Leitungszweigen beeinträchtigen die Sprech- und Weckverständigung um so mehr, je geringer der Widerstand der Fehlerstellen ist. Bei vollständigem Erdschluß in beiden Drähten ist jede Verständigung unmöglich.

Die Verschlingung, d. i. eine gut leitende Berührung zwischen den beiden Drähten einer Doppelleitung, schließt in der Regel ebenfalls die .Verständigung aus. Bei einer unvollständigen Berührung gelangen dagegen häufig noch hinreichend starke Teilströme zu dem fernen Amte, so daß der Anruf und die Sprechverständigung möglich sind. Bei Berührung verschiedener Leitungen tritt Lautübertragung, u. U. Gesprächsverwirrung ein. Die Anrufe kommen in beiden Leitungen, in einer oder auch gar nicht an.

Die Eingrenzung von Leitungsstörungen erfolgt in ähnlicher Weise, wie beim Telegraphenbetriebe durch fortgesetztes Halbieren der gestörten Strecke. Da in den meisten Fällen bei der Untersuchung zwei parallel verlaufende Leitungsdrähte zur Verfügung stehen, so führt häufig, namentlich bei Berührungen und Erdschlüssen, eine Messung zu schneller Feststellung der Fehlerlage.

Bei einer Störung innerhalb des Amtes treten die gleichen Erscheinungen wie bei Leitungsstörungen auf, wenn der Fehler in dem Teile der Zimmerleitung liegt, der den verschiedenen Stromkreisen des Systems gemeinsam ist. In diesem Abschnitt liegen empfindliche Apparate, nämlich die Blitzableiter und u. U. die Grobsicherung. Es empfiehlt sich daher, **vor jeder Fehlereingrenzung** diese Apparate zu besichtigen, die Deckelplatte des Platten-Blitzableiters abzunehmen, die Kohlenplatten herauszuziehen und die Sicherungspatrone auszuwechseln. Dieselben Maßnahmen sind nach jedem Gewitter erforderlich, sofern nicht das Amt völlig ausgeschaltet oder die Leitung an Erde gelegt war. Bei genauer Befolgung dieser Grundsätze werden die Störungen zum großen Teile vermieden oder weit schneller behoben werden.

Der gemeinschaftliche Teil der Zimmerleitung führt bis in den Klappenschrank, Fernschrank usw., auf den die Doppelleitung geschaltet ist. Die verwickelte Drahtleitung dieses Systems bildet eine weitere Fehlerquelle. Nach der Prüfung der Sicherungen ist es daher zweckmäßig, die gestörte Leitung vom System abzunehmen und unter Einschaltung eines gewöhnlichen Apparates festzustellen, ob eine Verständigung mit dem fernen Amte zu erzielen ist. Gelingt dies in vollkommener Weise, so liegt der Fehler im Klappenschrank oder Fernschrank, andernfalls auf der Strecke von diesen Apparaten bis zur Einführung.

Die Fernsysteme besitzen eine große Zahl von Stromkreisen, deren hauptsächlichste, wie bei Stadt-Fernsprechapparaten, Weck- und Sprechstromkreis sind. Eine äußere Besichtigung der Apparatteile und Drahtführungen wird aber nicht häufig zur Entdeckung der Fehlerstelle führen. Meistens muß eine elektrische Prüfung mit Hilfe eines Galvanoskops oder Fernhörers und einer Batterie an der Hand der Schaltungsskizze erfolgen. Da eine derartige Fehlereingrenzung gewöhnlich längere Zeit erfordert, so empfiehlt es sich, die Leitung auf ein betriebsfähiges Aushilfssystem zu schalten.

Zur Erleichterung der zur Eingrenzung von Fehlern in den Fernsprechleitungen nötigen Prüfungen und Messungen dienen die nachstehend beschriebenen, den verschiedenen Amtseinrichtungen angepaßten Prüfschränke.

III. Die Prüfschränke.

Von Klinken an den Schränken des Amtes führen Hilfsleitungen zum Prüfschrank, wo sie auf Klinke und Anrufzeichen liegen. Eine gestörte oder fehlerhafte Leitung wird auf den Prüfschrank geschaltet und dort untersucht; eine Anzahl Schlüssel, in der Regel in der Form von Federumschaltern mit Kniehebel, wie in Abb. 330 dargestellt, erlaubt die zu untersuchende Leitung z. B. zu erden oder an ein Meßinstrument zu legen.

Der Prüfschrank OB wird durch Abb. 515 dargestellt; die Schaltung zeigt Abb. 516; von den 5 Klappen und Klinken sind nur 2 gezeichnet. Eine zu untersuchende Leitung sei auf die Hilfsleitung L_1 gestöpselt, die zugehörige Klappe zum Fallen gebracht; der Wecker ertönt, der Beamte fragt ab, nachdem er mit einem schnurlosen Stöpsel die Hilfsleitung L_1

auf seine Prüfleitung genommen hat. Die Umschalter bewirken:

a/b: Vertauschung von a- und b-Zweig.

E: Erden, zunächst die b-Leitung, mit Hilfe von a/b die a-Leitung; dies dient einmal bei der Isolationsmessung, außerdem kann man in der Einzelleitung rufen oder sprechen.

Ruf: Rufstrom der Rufmaschine oder des Polwechslers aussenden (Sternzeichen).

Meß: das Meßinstrument (Ohmmeter, s. S. 649, Meßbereiche 1000 uud 50000 Ω) wird angeschaltet, um nach dem Ausschlag den Leit- und Isolationswiderstand der Leitung zu beurteilen; legt man gleichzeitig E um, so hat man Erde auf der Seite des Galvanoskops und kann die Isolation der einzelnen Zweige der Leitung gegen Erde messen, indem man noch a- und b-Zweig vertauscht.

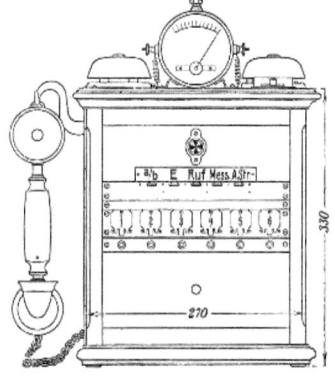

Abb. 515. Prüfschrank OB.

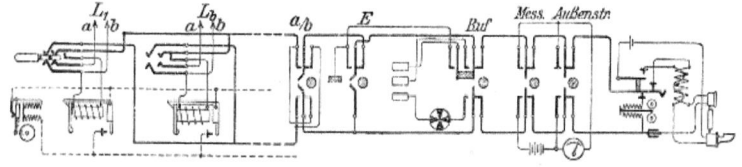

Abb. 516. Stromlauf des Prüfschranks OB.

A. Str: die Leitung liegt ohne Batterie auf dem Galvanoskop, um etwaigen Außenstrom zu erkennen. (Doppel- oder Einzelleitung.) Der ankommende Weckstrom wird mit dem Wechselstromwecker geprüft.

Die Prüfeinrichtung OB für kleine Vermittlungsstellen besteht aus einem flachen Holzkästchen, das an der Vorderseite eine Reihe von 8 Kniehebelumschaltern und an der Rückseite eine Reihe Klemmschrauben trägt, und einem auf dem Kästchen befestigten Ohmmeter derselben Art wie beim Prüfschrank OB. An die Klemmen 1 bis 6 wird der Prüfstöpsel angelegt,

41*

an die Klemmen a und b eine Aushilfsprüfleitung, die entweder in einem Stöpsel endigt und am Klappenschrank mit der zu untersuchenden Leitung verbunden wird, oder zum Klinkenschalter führt. An die Klemmen A, B wird ein Abfrageapparat oder eine Klinke des Vermittlungsschranks gelegt. Die 8 Umschalter dienen dazu, an die Meßeinrichtung anzuschalten (vgl. Abb. 516a): U_0 die Aushilfs-Prüfleitung, U_1 die Außen-, U_2 die Innenleitung, U_3 und U_4 die Patrone im a- bzw. b-Zweig; U_5 vertauscht die Zweige; U_6 und U_7 werden benutzt bei der Messung der Isolation und des Widerstandes, U_7 für Doppelleitung oder nach Niederdrücken von U_6 (Erdung) für Einzelleitung.

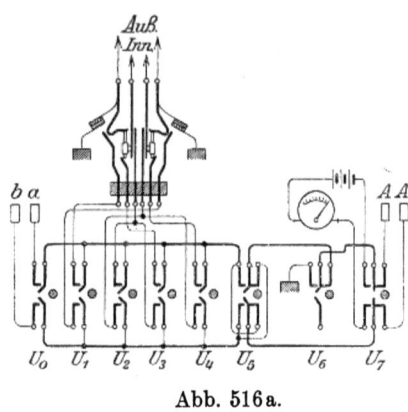

Abb. 516a.

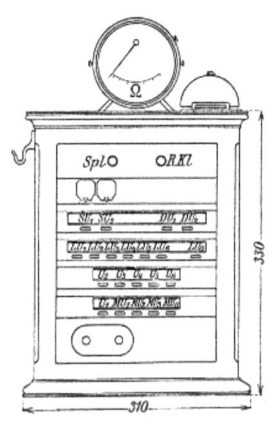

Abb. 517. Kleiner Prüfschrank ZB 15.

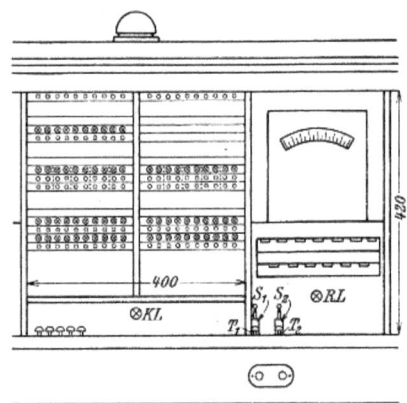

Abb. 518. Teil der Vorderansicht des großen Prüfschranks ZB 15.

Abb. 516a zeigt die Verbindungen bei Verwendung des Prüfstöpsels von Siemens & Halske.

Prüfschränke ZB.   645

Der kleine Prüfschrank ZB 15, Abb. 517, für Ämter bis 3000 Anschlüsse, wo die Störungen vom Aufsichtsbeamten behandelt werden, enthält 2 Klappen, Meßinstrument, Wecker, Abfrageinrichtung und 21 Kniehebelumschalter. Die Schaltung (Abb. 519) ist durch einen Teil der Abb. 520 zu ergänzen, indem die 5 in Pfeilspitzen endigenden Leitungen der Abb. 519 an die ebenso bezeichneten Leitungen in Abb. 520 geführt werden. Zunächst ist nur das in Abb. 519 Dargestellte zu betrachten. Eine der Anrufklappen wird mit einem Anrufzeichen im Ortsamt verbunden; von der anderen Klappe führt eine Leitung in Vielfachschaltung durch die Ortsschränke; mit einem der Umschalter SU wird eine der Leitungen L_1 und L_2 mit dem Abfrageapparat (s. Abb. 519) verbunden. Zum Sprechverkehr mit den Vorschaltschränken dienen die Dienstleitungen DL_1 und DL_2, die mit den Umschaltern DU_1 und DU_2 eingeschaltet werden. Die Umschalter LU_1 bis LU_6 dienen dazu, die zu prüfende Leitung an die Meßeinrichtung zu legen. Hierbei benutzt man zwei dreiteilige und einen sechsteiligen Prüfstöpsel. Die dreiteiligen Stöpsel PS befinden sich am Vorschaltschrank oder Endschrank des Ortsamts. Steckt man beim Westernschen System einen dieser Stöpsel in die Klinke einer Anschlußleitung, so spricht deren Trennrelais an, so daß die Leitung ohne Brücke gemessen werden kann. Der sechsteilige Prüfstöpsel wird in zwei verschiedenen Formen, je nach der Sicherungsleiste, in die er eingeführt wird, benutzt; die eine Form zeigt schematisch Abb. 519, die andere Abb. 520. Seine Zuführungen liegen an den Umschaltern LU_3 bis LU_6. Mit dem Umschalter LU_3 werden beide Zweige der Außenleitung, mit LU_4 die der Innenleitung, mit LU_5 und LU_6 die Feinsicherungen des a- und b-Zweiges angeschaltet.

Die Meßschaltungen werden mit denen des großen Prüfschrankes zugleich später betrachtet.

Der große Prüfschrank ZB 15 (Abb. 520) hat die Gestalt eines Umschalteschranks; er ist 1,64 m breit, 1,25 m hoch und bis zum vorderen Rande der Tischplatte 0,72 m tief. Abb. 518 zeigt das Klinkenfeld und rechts davon ein Meßinstrument mit den Umschaltern. Daran schließen sich rechts mehrere nicht gezeichnete Fächer zur Aufnahme von Apparaten und Büchern. Links vom Klinkenfeld wiederholen sich die rechts gelegenen Felder. Der Schrank ist mit zwei Arbeitsplätzen eingerichtet.

Das Klinkenfeld enthält in der oberen Reihe 20 Parallelklinken Km (in Abb. 520 weggelassen) für besondere Zwecke, in den nächsten beiden Reihen 10 Klinken Ka und Anruflampen AL für Leitungen vom Ortsamt, Aufsichtstisch usw. nach dem Prüfschranke. Nach Bedarf werden einige der Leitungen durch alle Plätze des Ortsamts geführt. Die dritte Gruppe der Streifen sind je 10 Lampen UL_1, UL_2, Klinken Ku_1, Ku_2 und Ks_1, Ks_2; die vierte Gruppe je 10 bis 30 Lampen Ul_3, Sperrtasten PT, Prüflampen PL und Klinken Ku_3. Die Schaltung dieser Lampen, Klinken und Tasten zeigt der obere Teil der Abb. 520.

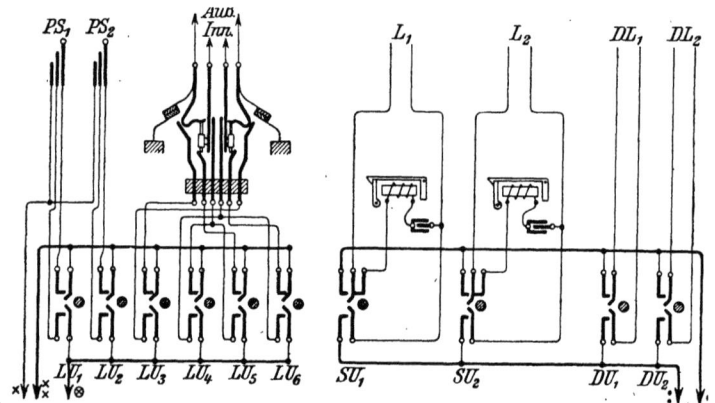

Abb. 519. Kleiner Prüfschrank ZB 15.

Die Prüfstöpsel PS sind (wie beim kleinen Prüfschrank) am Vorschalteschrank oder Endschrank des Ortsamts angebracht und dienen dazu, die zu prüfende Anschlußleitung auf die Klinke Ku_3 des Prüfschranks zu schalten.

An der c-Ader liegt das Relais R_3 über einen Unterbrechungskontakt in der Klinke Ku_3 und einen Widerstand von 100 Ω am Minuspole der Zentralbatterie des Amtes. Steckt die Beamtin im Ortsamte nach Aufforderung in der Dienstleitung den Prüfstöpsel in die Vielfachklinke der zu prüfenden Teilnehmerleitung, so wird der Stromkreis der c-Leitung über das Teilnehmer-Trennrelais geschlossen. Infolgedessen spricht am Prüfschranke das Relais R_3 an und bringt die Besetztlampe UL_3 zum Aufleuchten. Gleichzeitig wird durch die auf das Relais aufgebrachte Übertragerwickelung Summerstrom auf die c-Leitung gelegt, wodurch die mit dem Prüfschranke verbundene Teilnehmerleitung im Vielfachfelde des Ortsamts als gestört gekennzeichnet wird. Zusammen mit dem

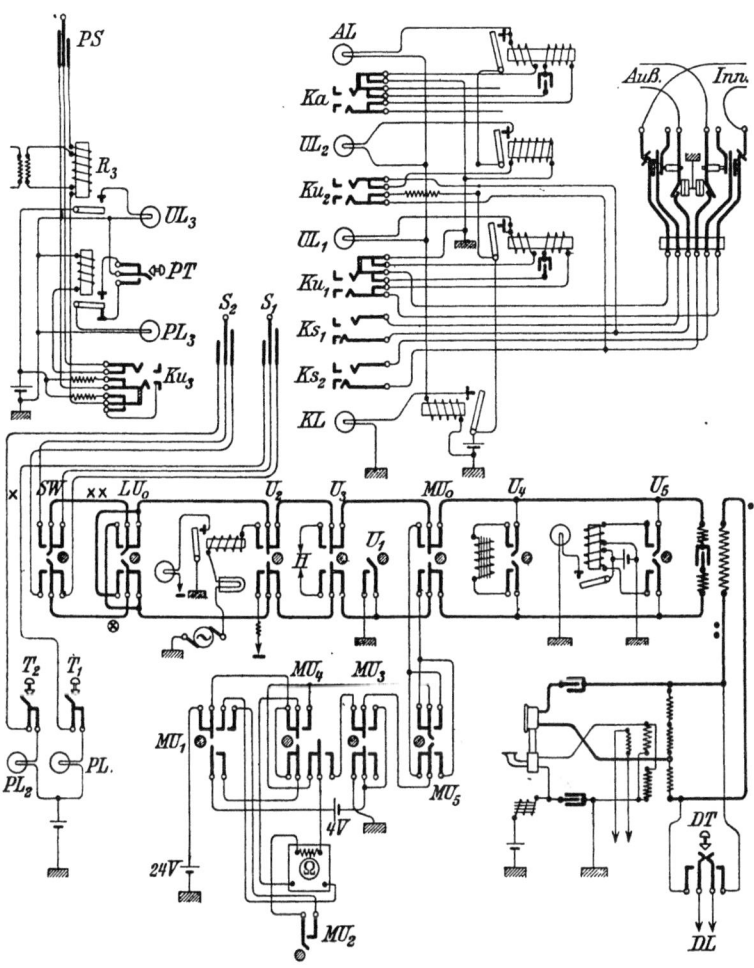

Abb. 520. Großer Prüfschrank ZB 15.

Relais R_3 spricht beim Westernschen System auch das Trennrelais der Teilnehmerleitung an und trennt das Teilnehmer-Anrufrelais ab, die Leitung kann daher ohne Anrufrelais und Erde gemessen werden. Wird am Prüfschranke der Stöpsel S_1 oder S_2 in die

Klinke Ku_3 eingeführt, so wird der Stromkreis der c-Leitung durch Öffnen des Klinkenkontakts zwar zunächst unterbrochen, über die c-Ader des eingesetzten Stöpsels S_1 oder S_2 aber sogleich wieder geschlossen. In dieser c-Ader liegt statt des Widerstands von 100 Ω die Lampe PL_1 bzw. PL_2, deren Leuchten das Zeichen für die Betriebsfähigkeit der ganzen c-Leitung bildet. Außerdem liegt in der c-Ader noch die Taste T_1 bzw. T_2, durch die die c-Leitung unterbrochen und wieder geschlossen werden kann. Durch wiederholtes Drücken der Taste läßt sich das Teilnehmer-Trennrelais zum Abfallen und Wiederansprechen bringen. Wird ferner, während die Taste T_1 bzw. T_2 gedrückt wird, gleichzeitig der Umschalter U_4 umgelegt, wodurch eine Gleichstrombrücke zwischen a- und b-Zweig hergestellt wird, so muß, weil der Trennrelaisstromkreis unterbrochen ist, das Anrufrelais ansprechen; die Abfragebeamtin des Ortsamts muß sich also nach kurzer Zeit melden. Geschieht das nicht, so liegt ein Fehler entweder im Anrufrelais, im Trennrelais oder in der Anruflampe vor. Außer der Besetztlampe UL_3 gehören zu jeder Klinke Ku_3 noch die Prüflampe PL_3 und die Sperrtaste PT. Diese Hilfsapparate sollen die Überwachung von Leitungen, die durch Schleifenberührung gestört sind, ermöglichen. Ist nämlich eine Anschlußleitung mit Schleifenberührung mit einer Ku_3-Klinke des Prüfschranks verbunden, so bleibt das Relais R_8 so lange angezogen, als der Fehler besteht. Bei der in Abb. 520 angegebenen Stellung der Sperrtaste PT wird daher die Lampe PL_3 so lange leuchten, bis die Störung beseitigt ist. Wird dagegen die Sperrtaste gedrückt, so leuchtet die Lampe erst beim Verschwinden des Fehlers auf. Die Überwachung von Leitungen, die durch Schleifenberührung gestört sind, kann zwar auch mit Hilfe der Klinken Ku_1 und Ku_2 ausgeführt werden. Eine umfangreichere Belegung dieser Klinken mit Anschlußleitungen verbietet sich aber wegen der beschränkten Zahl der am Hauptverteiler vorhandenen Prüfstöpsel.

Zur näheren Eingrenzung eines Fehlers wird wie beim kleinen Prüfschrank ein sechsteiliger Prüfstöpsel in die Sicherungsleiste geschoben. Man hat dann die beiden Zweige der Innenleitung auf Ku_1, die der Außenleitung auf Ku_2, die Feinsicherung des a-Zweiges auf Ks_1, die des b-Zweiges auf Ks_2. Das zu Ku_2 gehörige Relais spricht an [UL_2 leuchtet auf], wenn in der Außenleitung Schleifenberührung vorliegt (und wenn der Teilnehmer den Hörer vom Haken nimmt); das zu Ku_1 gehörige Relais zeigt ebenso mit der Lampe UL_1 an, wenn das Amt ruft. Mit Hilfe der beiden Stöpsel S, die durch den Stöpselwähler SW mit der Meßeinrichtung verbunden sind, kann man jeden der 4 genannten Teile zum Messen schalten.

Die anderen Schalter der Meßeinrichtung haben folgende Aufgaben (dies gilt zugleich für den kleinen Prüfschrank):

LU_0 ermöglicht, den a- und b-Zweig der zu prüfenden Leitung zu vertauschen;

U_1 legt Erde an die b-Leitung;

U_2 schaltet den Rufstrom an, dessen Abgehen am Aufleuchten der Rufüberwachungslampe zu erkennen ist;

U_3 schaltet den Heulerstrom (s. unten) an zum Anrufen solcher Teilnehmer, die den Fernhörer nicht angehängt haben;

U_4 schaltet eine Gleichstrombrücke ein zum Betätigen des Anrufrelais im Amte;

U_5 schaltet den Mikrophonspeisestrom an, wenn der Prüfbeamte mit dem Teilnehmer sprechen will; das Aufleuchten der Lampe zeigt an, daß der Speisestrom abgeht.

MU_0 schaltet die Meßeinrichtung an;

MU_1 legt statt der gewöhnlich angeschalteten Batterie von 24 V eine Batterie von 4 V an das Meßinstrument (mittlerer Meßbereich);

MU_2 schließt den Nebenschluß zum Meßinstrument (kleinster Meßbereich);

MU_3 schaltet die Erde von der Batterie zu 4 V ab, ermöglicht also reine Schleifenmessungen ohne Erde;

MU_4 schaltet für Messungen von Außenstrom die Batterie ab;

MU_5 dient für Außenstrommessungen als Stromwender.

Bei allen Messungen ist stets MU_0 (Einschalten des Instruments) zuletzt umzulegen. U_2, U_3 und MU_0 kehren nach jedem Umlegen selbsttätig in die Ruhelage zurück.

Der Heulerstrom wird von der Signalmaschine (S. 219) erzeugt und hat 133 Per/s; er wird unmittelbar von der Maschine abgenommen und zum Teilnehmer über Widerstände geleitet, die durch eine Kette von Verzögerungsrelais abgeschaltet werden, um den erst leisen Ton des Fernsprechers zu beträchtlicher Stärke anschwellen zu lassen.

Beim kleinen Prüfschrank führt die mit x bezeichnete Leitung nur zu einer Taste T, auch fehlen die Umschalter MU_3 und MU_4, und MU_1 hat einige Federn weniger.

Das Meßinstrument des kleinen Prüfschranks ist ein Ohmmeter mit den Meßbereichen 0 bis 5000 und 0 bis 500000 Ω; für die Anwendung des kleinen Meßbereichs muß durch Umlegen von MU_2 ein Nebenschluß eingeschaltet werden. Wird der große Meßbereich benutzt, so ist das Ablesungsergebnis mit 100 zu vervielfältigen. Das Meßinstrument ist für eine Meßspannung von 24 V geeicht und besitzt zur Abgleichung einen magnetischen Nebenschluß. Täglich bei Dienstbeginn wird durch Umlegen von U_1, MU_5 und MU_0 das Meßinstrument über die Batterie kurzgeschlossen und der den magnetischen Nebenschluß betätigende Knopf gedreht, bis das Instrument den Widerstand 0 zeigt.

Das Meßinstrument des großen Schranks ist ein Drehspuleninstrument für Widerstands- und Isolationsmessungen. Es hat drei Meßbereiche: 0 bis 100000, 0 bis 1000000 und 0 bis 6000000 Ω und ist für den mittleren Meßbereich und eine Meßspannung von 4 V geeicht. Für den großen Meßbereich muß die Spannung von 24 V benutzt werden, die dauernd angelegt ist. Soll der mittlere Meßbereich angewendet werden, so muß durch Umlegen von MU_1 die Batterie von 4 V eingeschaltet werden. Für den kleinen Meßbereich wird durch MU_2 ein Nebenschluß zum Instrument eingeschaltet. Bei Messungen bis 100000 Ω ist das Ablesungsergebnis mit 0,1, bei Messungen bis 6000000 Ω mit 6 zu vervielfältigen. Um den Einfluß von Spannungsschwankungen der Meßbatterien unwirksam zu machen, ist das Meßinstrument mit einem verstellbaren magnetischen Nebenschlusse versehen, der an einer auf der Vorderseite des Instruments befindlichen Handhabe eingestellt wird und gestattet, Schwankungen der Spannung bis zu ± 10 v. H. auszugleichen. Diese Abgleichung geschieht in der Weise, daß täglich bei Dienstbeginn das Meßinstrument über die Batterie kurzgeschlossen wird, wobei der Zeiger auf 0 eingestellt wird. Zu diesem Zweck ist der Prüfstöpsel S_1 in eine Klinke Km zu stecken, deren a/b-Federn dauernd miteinander verbunden sind, und es sind die Meßumschalter MU_1, MU_3 und MU_0 umzulegen.

Siebenter Teil.
Fernsprech-Vermittlungseinrichtungen mit Selbstanschluß.

Wirtschaftlichkeit. Die Vielfachumschalter großer Ämter enthalten eine sehr große Zahl Klinken. Rechnet man durchschnittlich für je 200 Teilnehmer einen Arbeitsplatz, so ergeben sich für 6000 Teilnehmer 30, für 10000 Teilnehmer 50 Arbeitsplätze; je 3 Arbeitsplätze haben ein Klinkenfeld von 6000 (10000) Klinken vor sich; der Klinkenbedarf ist demnach für jede Anschlußleitung 10 (17), im ganzen 60000 (170000), und würde für ein Amt von 20000 Teilnehmern 33 und 660000 betragen. Zu diesen zahlreichen Klinken gehören noch außerordentlich große Längen Systemkabel. Diese umfangreichen und kostspieligen Einrichtungen werden sehr schlecht ausgenutzt, um so schlechter, je größer das Amt ist. Denn selbst während des Gesprächs wird von der ganzen Reihe Klinken einer Anschlußleitung immer nur eine benutzt. Hierzu kommt, daß die Arbeitskräfte für die Bedienung der Umschalter sehr kostspielig sind, und daß dieser Posten unter den Ausgaben eines großen Amtes die erste Rolle spielt. Man hat daher seit langer Zeit verschiedenartige Vorschläge gemacht, um die großen Klinkenfelder zu umgehen, wie sie der Grundsatz des Vielfachumschalters, daß jede Verbindung von nur einem Beamten ausgeführt wird, mit sich bringt.

Eine Richtung dieser Vorschläge ist, die großen Ämter in viele kleine aufzulösen; auf der einen Seite verringert man wohl die Zahl der Klinken, und die Länge der Systemkabel, hat aber auf der andern Seite den Nachteil, zahlreiche Kräfte für Leitung und Aufsicht zu brauchen. Daher ist man auf diesem Wege bei der RTV nur so weit gegangen, wie es die Fernsprechnetze der großen Städte zeigen, wo man mehrere Ämter zu 10000 Anschlußleitungen eingerichtet hat. Ein Amt für 20000 Teilnehmer hat 660000, zwei Ämter zu 10000 haben zusammen 340000 Klinken.

Die andere Richtung beseitigt die Klinkenfelder und Verbindungsbeamten vollständig. Sie benutzt wesentlich andere Verbindungsmittel und ersetzt die Handarbeit durch Maschinenbewegung. Damit erreicht sie zugleich den Vorteil, daß weit weniger Aufsicht erforderlich wird; man kann dann die großen Ämter der Städte in viel weitergehendem Maße in kleine Ämter auflösen und auseinanderlegen, wodurch sich erhebliche wirtschaftliche Vorteile erreichen lassen.

Es gibt für selbsttätige Ämter mehrere verschiedene Vorschläge; auf diese alle näher einzugehen, würde hier zu weit führen. Da die bei der RTV gebräuchlichen Einrichtungen hauptsächlich von Siemens & Halske herrühren, beschränkt sich die weitere Beschreibung auf die Apparate und Anlagen dieser Firma.

Dreiunddreißigster Abschnitt.
Das Selbstanschlußamt.
I. Allgemeine Einrichtungen.

Der Wähler. Der Apparat, der dazu dient, unter einer größeren Zahl, z. B. 100, angeschlossener Leitungen eine gewünschte aufzusuchen, wird Leitungswähler genannt, Abb. 521. Im unteren Teile sieht man drei Gruppen Kontakte, die in Kreisbogenform angeordnet sind und von kleinen Greifern bestrichen werden. Der obere Satz besteht aus 100 einfachen Kontakten, zu denen die c-Adern von 100 Anschlußleitungen führen; in den beiden unteren Sätzen sind je 50 Doppelkontakte vereinigt, die zu den a- und b-Adern derselben 100 Anschlußleitungen gehören. Das links in mittlerer Höhe endigende Kabel mit a-, b- und c-Ader hat man sich als die Anschlußleitung des rufenden Teilnehmers zu denken, welche nun mit Hilfe des Wählers sich unter den angeschlossenen 100 Leitungen die gewünschte sucht.

Der Wähler. 653

Zur Ausführung der hierbei nötigen Bewegungen dienen die im oberen Teil des Wählers (Abb. 522) zu erkennenden Elektromagnete, die im Ortsstromkreis arbeiten, während die Linienrelais, von denen sie abhängen, an anderer Stelle sitzen.

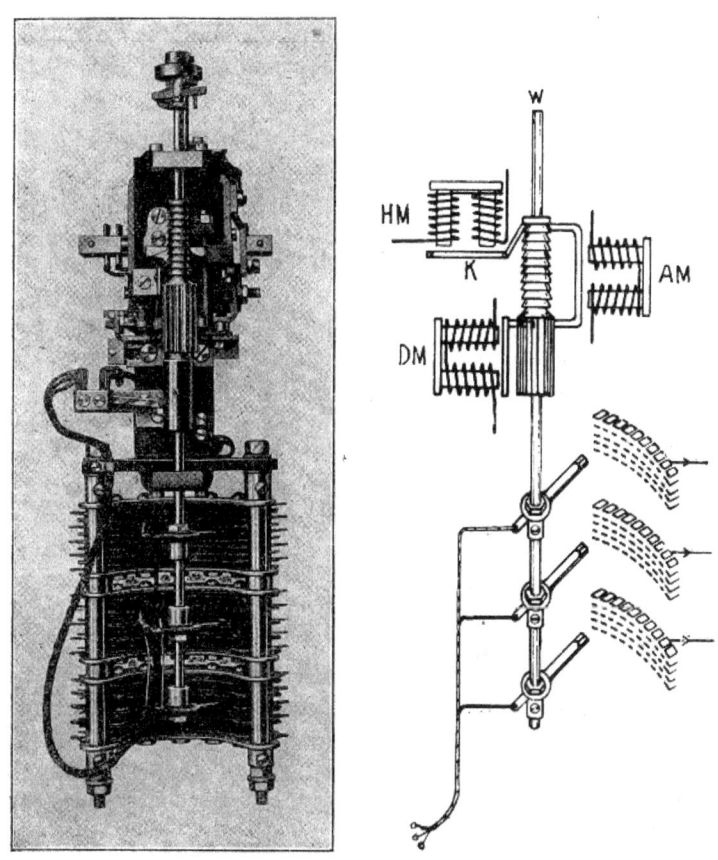

Abb. 521. Der Leitungswähler. Abb. 522.

Die beiden Arbeitsmagnete wirken auf die senkrechte lange Wählerachse; der eine, HM, hebt diese Achse, der andere, DM, dreht sie. Der Hebemagnet bewegt mit seinem Anker eine Nase, die von unten her in die Kreisrillen der Achse eingreift und die Achse um eine Rillenbreite hebt; damit sie nicht sogleich wieder zurückfällt, wenn die Nase zurückgezogen wird, wird sie von der Sperre gehalten. Ähnlich greift der Anker des Drehmagnets in die Längsrillen der Achse ein; dieser Bewegung wirkt die in dem kleinen Gehäuse an der Spitze der Achse (Abb. 521) eingeschlossene Spiralfeder entgegen, die Sperre hält auch hier die Achse in der durch die Drehung erlangten Stellung fest.

Der Teilnehmer, dessen Leitung an der dreifachen Leitungsschnur dieses Wählers endigt, schickt entsprechend der gewünschten Nummer Stromstöße über die a-Ader; z. B. um die Nr. 47 zu rufen, zunächst 4 Stöße, die auf den Hebemagnet wirken und die Wählerachse um 4 Schritte heben. Nach Beendigung der ersten Reihe der Stromstöße schickt der Stromgeber des Teilnehmers selbsttätig einen Stromstoß über die b-Leitung, oder es wird auf andere Weise auf dem Amt durch einen besonderen Steuerschalter oder auch durch einfaches Schaltrelais bewirkt, daß die nächste Stromstoßreihe nicht mehr nach dem Hebe- sondern nach dem Drehmagnet gelangt, so daß bei den nächsten 7 Stromstößen die Achse um 7 Schritte gedreht wird. Alsdann hat der obere Greifer den Kontakt der c-Ader, einer der andern Greifer die isoliert aufeinander liegenden a- und b-Kontakte der Anschlußleitung 47 erfaßt; der dritte Greifer steht im Zwischenraum zweier Kontaktreihen. Die Verbindung ist hergestellt; der Anruf erfolgt selbsttätig.

Wird beim Schluß des Gespräches der Fernhörer an den Haken gehängt, so wird der Auslösemagnet AM erregt. Nach Abb. 522 sollte er seinen sperrenden Anker von der Drehachse wegziehen. Die Anordnung ist etwas anders getroffen; der Anker von AM schlägt auf das Ende der Sperre, die als zweiarmiger Hebel ausgebildet ist und sich nun von der Achse entfernt, so daß einerseits die Schwerkraft, anderseits die Federkraft der Spirale wirken können und die Achse aufs rascheste wieder in die Anfangslage bringen.

Der Vorwähler. In einem Amt mit 100 Teilnehmern müßte jeder Teilnehmer seinen Leitungswähler haben, an dessen Kontakte alle übrigen Teilnehmer angeschlossen wären. Diese große Einrichtung würde aber schlecht ausgenutzt werden;

Der Vorwähler.

denn es sprechen in einer Gruppe von 100 Teilnehmern regelmäßig nur höchstens 10. Man würde also mit 10 vollständigen Wählern auskommen, wenn man eine Einrichtung hätte, welche diese 10 Wähler allen 100 Teilnehmern gleichmäßig zugänglich macht.

Diese Einrichtung ist der Vorwähler, ein Wähler, der nur einen Kranz von 10 Dreifachkontakten und einen Dreh-, aber keinen Hebemagnet enthält; an seine 10 Dreifachkontakte sind die a-, b- und c-Leitungen von 10 Leitungswählern angeschlossen, und durch deren Kontakte sind die

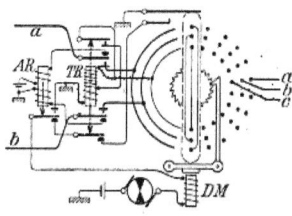

Abb. 523. Vorwähler. Abb. 524. Stromlauf des Vorwählers.

100 Anschlußleitungen in Vielfachschaltung geführt. Nimmt der rufende Teilnehmer seinen Fernhörer vom Haken, so wird der Drehmagnet des Vorwählers eingeschaltet und durch einen Stromstoßsender oder eine mit dem Vorwähler verbundene Selbstunterbrecher-Einrichtung auf dem Amte so lange weiter gedreht, bis er einen gerade freien der 10 Leitungswähler erreicht hat. Nun ist der Teilnehmer mit diesem Leitungswähler verbunden und kann die verlangte Leitung wie vorher beschrieben einstellen.

Der Vorwähler (Abb. 523) trägt auf seiner Achse vier dreiarmige Kontaktfeder-Paare; die Federpaare bilden ähnliche Greifer wie beim Leitungswähler und bestreichen die Kontakte, an welche die Leitungen zu den Gruppenwählern angeschlossen sind. Der Anker des rechts erkennbaren Drehmagnets greift mit einer Stoßfeder in das Sperrad der Achse ein und dreht es bei jedem Stromstoß um einen Zahn weiter; bei Unterbrechung des Stroms, während die Stoßfeder zurückgeht, hält eine zweite Feder das Sperrad fest. Die drei oberen Kränze enthalten die erwähnten 10 Dreifachkontakte (s. Abb. 524 rechts), an welche die a-, b- und c-Leitungen des Leitungswählers angeschlossen sind. Zur Verbindung mit den beweglichen Federpaaren sind am unteren Ende der Kontaktkränze feste Federn angebracht, die zwischen den Federn eines Paares auf dem Mittelstück schleifen (in Abb. 523 verdeckt, in Abb. 524 durch Kreislinien angedeutet). An zwei dieser festen Federn ist die Anschlußleitung (a- und b-Zweig) geführt, an der dritten der vom Trennrelais kommende c-Draht. Der vierte Kranz besteht aus zwei ungeteilten Ringausschnitten, von denen der eine geerdet, der andere über die Ruhekontakte des Anruf- und des Trennrelais mit dem Drehmagnet DM verbunden ist. Abb. 524 zeigt diese Ringausschnitte schematisch als ein Paar Federn, die in der Ruhelage des Vorwählers getrennt sind. Sobald der Vorwähler seine Tätigkeit beginnt, kommen sie in Berührung; dann ist aber diese Leitung zum Drehmagnet an einem der Relaisanker unterbrochen; der Drehmagnet muß seinen Strom über eine andere Verbindung erhalten. Wenn der rufende Teilnehmer seinen Hörer anhängt, so daß die Anker von AR und TR in die Ruhelage zurückkehren, so erhält der Drehmagnet auf diesem Weg Strom und dreht die Kontaktarme weiter bis zur Ruhelage, wo nach obigem auch diese Stromzuführung unterbrochen wird; hierdurch wird dafür gesorgt, daß der Vorwähler stets wieder in die Ruhelage gelangt.

Anrufverteiler und Anrufsucher. Der beschriebene Vorwähler verteilt die eingehenden Anrufe der Teilnehmer auf die bereitstehenden Gruppenwähler. (Anrufverteiler.) Faßt man umgekehrt die Anschlußleitungen in Gruppen zusammen und läßt die Leitung, die zum Gruppenwähler führt, in den suchenden Arm auslaufen, so erhält man einen Anrufsucher.

Leitungs- und Gruppenwähler. In einem größeren Amt werden die Teilnehmer zu Gruppen von 100 zusammengefaßt; dann enthält ein Amt von 1000 Teilnehmern 10 Gruppen, und es muß nun jeder Teilnehmer in der Lage sein, durch einen Gruppenwähler die Gruppe herauszugreifen, zu welcher der verlangte Teilnehmer gehört. Der Gruppenwähler ist genau so gebaut wie der Leitungswähler; an jede wagerechte Reihe sind aber 10 Leitungswähler einer und derselben Gruppe angeschlossen. Der Teilnehmer gibt, nachdem wie beschrieben beim Abnehmen des Fernhörers sein Vorwähler unter 10 Gruppenwählern einen freien ausgesucht hat, die Gruppennummer; der Gruppenwähler hebt mit seinem Hebemagnet die Wählerachse um ebenso viel Schritte; alsdann dreht wie beim Vorwähler der Drehmagnet die Wählerachse, bis ihr Greifer auf eine freie Wählerleitung stößt.

Verbindungsplan. Einen Überblick über das Zusammenwirken der verschiedenen Wähler gibt Abb. 525. Die Leitungen

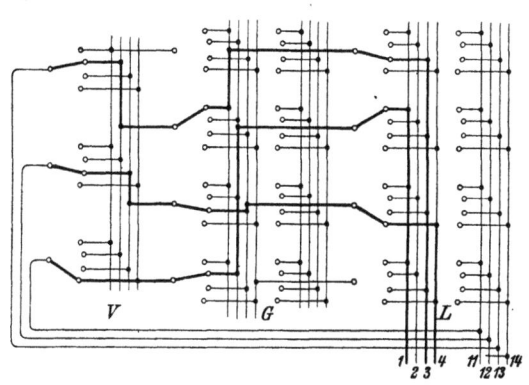

Abb. 525. Plan der Verbindung über Vorwähler V, Gruppenwähler G und Leitungswähler L.

1 bis 4, 11 bis 14 treten unten rechts ins Amt ein und senden nach links Abzweigungen zu ihren Vorwählern V (bei Ltg. 14 nicht ausgeführt). Der besseren Übersicht wegen sind die Reihen der Wähler nur mit 4 statt mit 10 Kontakten besetzt, die Gruppen- und Leitungswähler nur mit 2 statt mit 10 Reihen dargestellt. Die 1. Kontakte aller Vorwähler sind verbunden, ebenso alle 2., alle 3. Kontakte usf. An jede dieser 4 (statt 10) Leitungen ist ein Gruppenwähler angeschlossen; auch die gleichgelegenen Kontakte der 4 (statt 10) Gruppenwähler sind verbunden und führen zu je 4 (statt 10) Leitungswählern. Von den Kontakten der Leitungswähler — in jeder Reihe 4 (statt 10) und 4 (statt 10) Reihen übereinander, d. h. im ganzen 16 (statt 100) — sind wieder die gleichgelegenen verbunden und nun mit einer Anschlußleitung verbunden. Abb. 525 zeigt 3 hergestellte Verbindungen: 11 mit 1, 12 mit 4 und 13 mit 3.

658   Das Selbstanschlußamt.

Dieser Plan gilt für ein Amt mit 1000 Teilnehmern; sind es mehr als 1000 bis 10000, so kommt noch ein zweiter, bis 100000 noch ein dritter Gruppenwähler hinzu.

Das Wählergestell. Vorwähler, Gruppen- und Leitungswähler vereinigt man an hohen, aus Eisenschienen zusammengebauten Gestellen in der Art etwa der Relaisgestelle der Handämter. An der großen senkrechten Fläche eines solchen Gestells kann man z. B. die Vorwähler von 100 Teilnehmern und die zugehörigen 10 Leitungswähler nebst Steuerschaltern und Relaissätzen anbringen; an dem Gestell finden dann noch die Gesprächszähler und Sicherungen Platz. Die Kabel werden oben über die Gestelle geführt und von dort aus verteilt.

Die Wählscheibe. Der Teilnehmer erhält eine Vorrich-

Abb. 526. Wandgehäuse mit Wählscheibe.

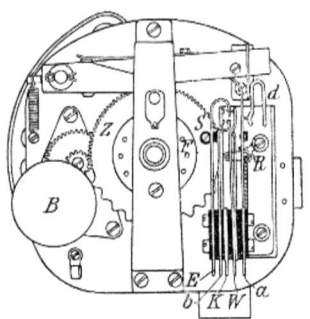

Abb. 527. Wählscheibe, Rückansicht.

tung, um den Gruppen- und den Leitungswähler auf die gewünschte Anschlußleitung einzustellen; sie besteht in einer drehbaren Scheibe mit den Ziffern 1 bis 9 und 0 neben 10 Löchern (Abb. 526). Um die Nr. 47 einzustellen, faßt man

Das Wählergestell. Die Wählscheibe.

zuerst in das Loch 4, dreht die Scheibe im Sinne des Uhrzeigers, bis der im Loche steckende Finger gegen den Haken stößt, und läßt die Scheibe los. Unter der Einwirkung einer Feder bewegt sie sich in die Ruhelage zurück. Alsdann wiederholt man den Vorgang, indem man den Finger in Loch 7 steckt. Abb. 527 läßt erkennen, was inzwischen im Innern des Gehäuses vorgegangen ist. Dreht man die Wählscheibe mit dem Finger, so zieht man die eingekapselte Spiralfeder F auf; zugleich wird das Zahnrad Z gedreht, welches auf einen Teil seines Umfangs feine Zähne zum Antrieb einer Bremse B, im übrigen 10 grobe Zacken von der Winkelbreite der 10 Löcher auf der Vorderseite der Scheibe trägt, die beim Aufzug an dem kleinen Winkelstück R ohne Wirkung vorbeigehen.

Sobald die Scheibe aus der Ruhelage kommt, gibt der isolierte Stift S die beiden Federn E und b frei; sie legen sich gemeinsam auf die Feder K. Hierdurch werden Hör- und Sprechapparat kurzgeschlossen, die Stromstöße von ihnen ferngehalten. Dreht sich die Scheibe zurück, so drückt jeder ihrer Zacken auf das Winkelstück R, welches jedesmal die Feder a von ihrer Unterlage d abhebt und beim Nachlassen des Druckes wieder anlegt. Beim Vorübergehen von 4 Zacken erhält man demnach 4 Unterbrechungen und Schließungen der an die Feder a angeschlossenen a-Leitung und damit ebensoviele Stromstöße aus der ZB über den a-Zweig (und über den bereits eingestellten Vorwähler, vgl. S..656). Erreicht nun die Scheibe ihre Ruhelage wieder, so trennt sie die Federn E und b, was dazu benutzt werden kann, einen einzelnen Stromstoß über die b-Leitung zu senden. Jene 4 Stöße kommen über das Linienrelais im Hebemagnet des Wählers an (vgl. S. 654), der einzelne über den b-Zweig gelangt in ein besonderes Schaltrelais und bewirkt, u. U. mit Hilfe eines Steuerschalters, daß der Drehmagnet des Wählers mit dem Linienrelais verbunden wird, so daß die nächsten 7 Stöße auf diesem ankommen.

Wo, wie bei einigen neueren Ämtern, kein Steuerschalter verwendet wird, werden alle an den Wählern erforderlichen Umschaltungen durch das Relais bewirkt.

II. Unter- und Hilfsämter mit Wählerbetrieb.

Selbsttätige Fernsprechämter größeren Umfangs bestehen im Gebiete der RTV noch nicht; vgl. S. 670. Man hat bisher nur in großen Fernsprechnetzen den Vorteil benutzt, Teilgebiete zusammenzufassen, indem man die Teilnehmer eines Stadtbezirks an ein Wähleramt anschließt. Man kann dann solche größere Gruppen der Teilnehmer von dem Selbstanschlußamt aus durch wenige Leitungen mit dem Haupt-Fernsprechamt verbinden.

Für einen größeren Netzteil, bei dem auch ein starker Innenverkehr zu erwarten ist, errichtet man ein Unteramt, für einen kleinen Bezirk, dessen Verkehr hauptsächlich nach anderen Bezirken geht, ein Hilfsamt. Das Unteramt erhält eine vollständige Wählereinrichtung und bei halbselbsttätigem Betrieb (S. 670) auch Abfragepersonal, während das Hilfsamt außer mit Vorwählern nur mit letzten Gruppenwählern und Leitungswählern ausgerüstet wird. Die vom Hilfsamt ausgehenden Gespräche müssen über die beim Haupt- oder nächsten Unteramt stehenden I. Gruppenwähler geleitet werden.

Von 1000 Teilnehmern spricht nur immer ein Teil, z. B. 100, gleichzeitig; man kann sich also darauf beschränken, alle Teilnehmer durch besondere Leitungen an ihr Unter- oder Hilfsamt anzuschließen, von da an aber nur auf je 10 Teilnehmer eine Leitung zum Hauptamt zu führen. Man würde also auf einem großen Teile des Weges etwa $90^0/_0$ der Leitungen ersparen.

Hat das Hauptamt noch Handbetrieb, so müssen die von seinen Teilnehmern verlangten Verbindungen mit Teilnehmern des Unter- oder Hilfsamts durch besondere Beamtinnen ausgeführt werden, mit denen die Abfragebeamtin den rufenden Teilnehmer durch Stöpselung verbindet. Dies geschieht in der vorher beschriebenen Weise, oder bei halbselbsttätigem Betriebe des Unteramts, wie später beschrieben.

Die Teilnehmer des voll selbsttätigen Unter- oder Hilfsamts haben Wählscheiben, mit denen sie die Teilnehmer ihres Unteramts oder eine Abfragebeamtin des Hauptamts in der schon bekannten Weise anrufen. Beim Anruf des Hauptamts müssen sie natürlich die verlangte Nummer nennen und werden wie bei Handbetrieb üblich verbunden. Hat das Unter- oder Hilfsamt halbselbsttätigen Betrieb, so stellt auf den Wunsch des Teilnehmers die durch einen besonderen Wähler ermittelte Beamtin die Verbindung mit dem Hauptamt durch Druck auf eine besondere Taste her, worauf der Gruppenwähler eine freie Abfragebeamtin des Hauptamtes sucht.

Diese kurze Übersicht mag bei der noch geringen Ausdehnung der Selbstanschlußeinrichtungen genügen. Wichtiger als diese in einzelnen großen Städten getroffenen Einrichtungen sind für die Leser dieses Buches die im nachfolgenden ausführlicher beschriebenen kleinen selbsttätigen Vermittlungsanstalten, bisher kleine Landzentralen genannt.

III. Kleine selbsttätige Vermittlungsanstalten.

Einen besonderen Vorteil gewährt der SA-Betrieb bei kleinen Fernsprecheinrichtungen in ländlichen Bezirken, wo der beschränkte Dienst die Bereitschaft des Fernsprechers allzusehr vermindert. Ein SA-Amt braucht keine dauernde Bedienung; es ist jederzeit dienstbereit, auch in den Dienstpausen. Sein Raumbedürfnis ist nicht erheblich, insbesondere weil man einen guten Teil der Apparate in Nebenräumen unterbringen kann.

Technische Einrichtungen des Amtes. Man errichtet ein SA-Amt für z. B. 20 Teilnehmer und schließt es mit einer oder wenigen Verbindungsleitungen an ein nahegelegenes Amt mit ununterbrochenem Tagesdienst (Überweisungsamt) an; auch Sp-Leitungen werden in das SA-Amt eingeführt. Die Leitungen von außen treten an einen Sicherungsschrank mit den Sicherungen und Blitzableitern: Grob- und Feinsicherungen und Kohlen-Blitzableiter für Teilnehmer- und Sp-Leitungen, Grobsicherungen und Luftleer-Blitzableiter für die Fernleitungen. Außerdem befindet sich in dem Schrank eine Verteilereinrichtung, um jede Außen- mit jeder Innenleitung verbinden zu können. Für die Nebenstellenanlagen sind Speisebrücken erforderlich, die in einem Gestell vereinigt werden. Die erforderliche Spannung von 60 V liefert eine Batterie aus 50 Edisonschen Sammlern (S. 190), die doppelt vorhanden ist; die eine Batterie ist zum Betrieb geschaltet, die andere wird geladen oder steht bereit. Die Batterie steht in einem vergitterten Batteriegestell, mit dem die Schalttafel fest verbunden ist. Muß mit Wechselstrom geladen werden, so wird ein

Quecksilberdampf-Gleichrichter (S. 213) hinter der Schalttafel aufgestellt. Sinkt die Spannung unter 55 V, so schließt der Spannungsmesser einen Alarmstromkreis, auf dessen Zeichen die Batterie gewechselt wird. — Edisonsche Sammler werden benutzt, weil sie keiner so sorgfältigen Aufsicht und Wartung bedürfen, überhaupt nicht so empfindlich sind wie Bleisammler.

Für die Wähler ist ein besonderes Gestell bestimmt, das 50 Vorwähler nebst Relaissätzen, beides in Streifen zu 10 Stück, 5 Leitungswähler und eine Ruf-. und Signaleinrichtung aufnehmen kann; es wird in dem Maße ausgerüstet, wie es das derzeitige Bedürfnis verlangt. Gesprächszähler werden an besonderen kleinen Gestellen untergebracht. Zur Erzeugung des Rufstroms und des Summerstroms dienen zwei kleine Polwechsler, die mit Hilfe eines Umschalters wechselweise eingeschaltet werden. Der Unterbrecherstrom für die Drehung der Vorwähler wird entweder durch Selbstunterbrechung im Stromkreis des Drehmagnets erzeugt oder von einem Relaisunterbrecher (S. 664) geliefert; dieser und der 10-Sekunden-Schalter (S. 667) sitzen gleichfalls am Wählergestell. Polwechsler, Relaisunterbrecher und 10-Sekunden-Schalter laufen bei jeder Verbindung von selbst an. In dem Fall, daß nach Schluß des Gespräches der Wähler nicht in die Ruhelage zurückkehrt, ertönt ein Wecker und gleichzeitig leuchtet eine blaue Lampe; ebenso gibt der Wecker ein Signal, wenn die Hauptsicherung durchschmilzt. Eine rote Lampe leuchtet auf, wenn eine andere Schmelzsicherung anspricht. Sind alle Leitungswähler besetzt, so schaltet ein Relais die Batterie von dem Drehelektromagnete ab und schließt einen Summerkreis an; kein Vorwähler kann mehr ansprechen, aber ein Teilnehmer, der sprechen will, erhält das Summerzeichen.

Stromlauf. Abb. 528 zeigt die Schaltung der Sprechstelle und den Vorwähler, sowie von dem Leitungswähler soviel, als nötig ist, um das Arbeiten des Vorwählers zu erläutern; Abb. 529 gibt die Schaltung des Leitungswählers, wobei angenommen wird, daß der Teilnehmer seinen Fernhörer abgenommen habe, wie in Abb. 528 dargestellt.

Im Stromlauf sind die a-, b- und c-Leitungen hervorgehoben, ferner die Speisebrücke im Leitungswähler, gemeinsame Erdleitungen, der Stromkreis des Läuterelais L_1. V_1 und

V_2 sind Verzögerungsrelais mit Kupferhülse (S. 137). Die Anker aller Relais sind wagrecht oder senkrecht gezeichnet und spielen zwischen dem Ruhekontakt (rund gezeichnet) und dem Arbeits-

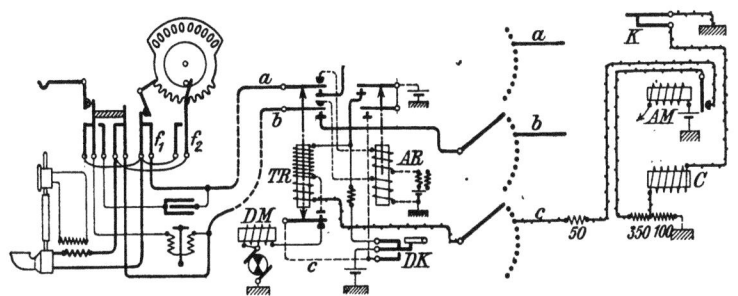

Abb. 528. Verbindung der Sprechstelle mit ihrem Vorwähler.

kontakt. Jedes Relais ist mit den zu ihm gehörigen Anker oder Ankerfedern durch eine strichpunktierte Linie verbunden.

Um den Stromlauf zu vereinfachen, sind einige Summer- und Signaleinrichtungen weggelassen worden.

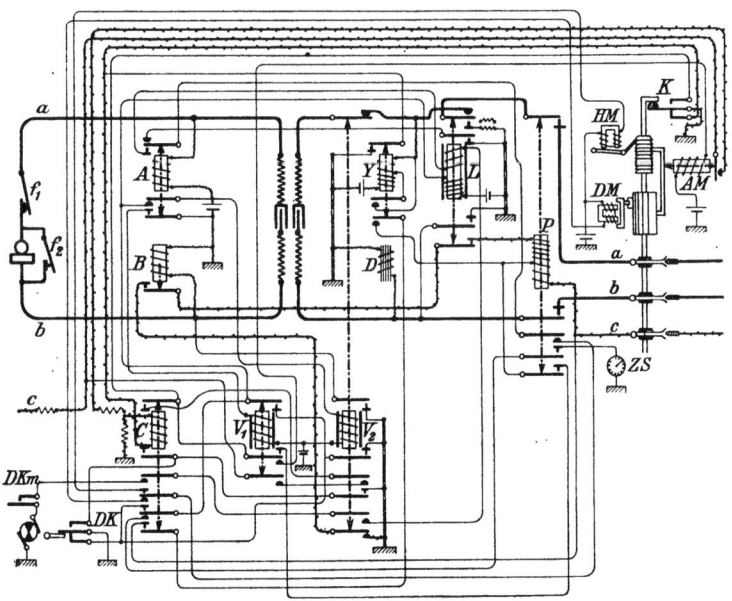

Abb. 529. Leitungswähler.

664 Das Selbstanschlußamt.

Die Sprechstelle der Abb. 528 ist durch Abzweigungen der a- und b-Leitung mit den Kontakten der Leitungswähler verbunden. Die c-Leitung führt von dem Kontaktstück ab, auf dem der c-Arm des Vorwählers in der Ruhe liegt; in diese Abzweigung ist ein Widerstand von 400 Ω eingeschaltet.

Die Schaltung der Sprechstelle ist im wesentlichen die gewöhnliche ZB-Schaltung; es kommt nur die Einrichtung der Wählscheibe hinzu.

Tätigkeit des Vorwählers. Nimmt der Teilnehmer seinen Fernhörer vom Haken, so erhält AR Strom; dieser legt TR und DM an die Batteriespannung. DM muß seinen Anker rasch hin- und herbewegen, demnach rasch folgende Stromstöße erhalten. In den Abbildungen wird dies durch einen umlaufenden Umschalter (vgl. S. 671) dargestellt. Auf den kleinen Anstalten dient zur Erzeugung der Stromstöße der Relaisunterbrecher, Abb. 530. Wenn DM von AR oder von DK her Strom empfängt, so zieht R_2 seinen Anker an, schließt hierbei den Kreis für R_1, dessen Anker R_2 kurzschließt, so daß R_2 stromlos wird und seinen Anker losläßt. Die Folge davon ist, daß R_1 unterbrochen wird und gleichfalls seinen Anker losläßt. Darauf beginnt das Spiel von neuem, das darin besteht, DM abwechselnd über den Anker von R_1 und über den großen Widerstand von R_2 (1500 Ω) zu erden. DM dreht sofort den Vorwähler, bis dessen c-Arm auf einen unbesetzten Leitungswähler trifft. In diesem Falle kommt ein Strom zustande vom Pol der Batterie über beide Wicklungen von TR, c-Arm des Vorwählers, Widerstand von 50 Ω, Ruhekontakt von AM, Widerstände von 350 und 100 Ω, Erde. Hierdurch werden die 3 Anker von TR umgelegt, AR abgeschaltet und DM unterbrochen; der Vorwähler bleibt stehen. TR schließt hierbei seine eigene Wicklung von hohem Widerstand (600 Ω) kurz, hält sich aber über die zweite von geringerem Widerstand (10 Ω). Sollte nun ein anderer Vorwähler auf dieselben Kontakte kommen, so kann sein Trennrelais nicht ansprechen, weil es mit 610 Ω parallel zu den 10 Ω des schon eingestellten Trennrelais liegt. Der Drehkontakt DK ist der auf S. 656

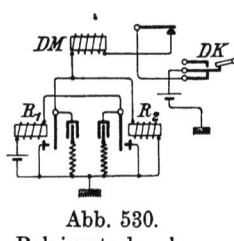

Abb. 530.
Relaisunterbrecher.

Kleine selbsttätige Vermittlungsstellen. 665

besprochene vierte Arm des Vorwählers, der hier beim ersten Drehschritt eine von AR unabhängige Batterie an den Stromkreis des Drehmagnets anlegt und so dafür sorgt, daß zum Schluß der Vorwähler von selbst in die Ruhelage läuft.

Nachdem also der c-Arm des Vorwählers auf einem Kontakt stehen geblieben ist, an dem die c-Leitung eines freien Leitungswählers liegt, sind auch die beiden andern Arme des Vorwählers mit diesem Wähler in Verbindung. In Abb. 529 wird der Zustand der Teilnehmerleitung abgekürzt dadurch ausgedrückt, daß die zum Vorwähler führenden Leitungen a und b durch das Mikrophon verbunden sind; zu diesem kommt noch der Widerstand der Induktionsspule und der Leitung; Mikrophon und Induktionsspule sind während der Bewegung der Wählscheibe durch das Federpaar f_2 kurzgeschlossen, wodurch sowohl der erhebliche Widerstand des Mikrophons ausgeschaltet, als auch der Fernhörer der Wirkung der Stromstöße entzogen ist. Beim Belegen des Leitungswählers hat das Relais C, das in der Abb. 528 nur angedeutet, in Abb. 529 mit seinen Ankern und Kontakten dargestellt ist, angesprochen.

Einstellen des Leitungswählers. Zugleich mit dem Relais C sprechen noch die Relais A, B, V_1 und L an; auch V_2 wird in der Folge erregt.

1. A und B bilden die Speisebrücken für den rufenden Teilnehmer E, →B, b-Ltg, Sprechstelle, a-Ltg, →A, ZB.
2. E, K_r, →C, $A(AM)_r$, Vorwähler, TR_{II}, $A_3(TR)_a$, DK_a, ZB.
3. E, $A_3(A)_a$, →V_1, ZB.
4. E, DK_r, $A_1(V_1)_a$, →L_{II}, ZB.

V_1 und V_2 sind Verzögerungsrelais (S. 137); wenn sie Strom bekommen, sprechen sie an, aber bei den kurzen Unterbrechungen, wie sie von der Wählscheibe ausgehen, wird der Anker nicht losgelassen. Zunächst hat V_1 über $A_3(A)_a$ Strom erhalten. Wenn die Wählscheibe, nachdem sie gedreht worden ist, losgelassen wird, unterbricht sie stoßweise den Stromkreis; dann verschwindet der Strom im Relais A für jeden Stromstoß auf einen Augenblick; trotzdem hält V_1 seine Anker fest. Aber auch V_2 bekommt jetzt Strom

5. E, DK_r, $A_3(V_1)_a$, $A_2(A)_r$, →V_2, ZB,

und hält seinen Anker fest, solange der Strom nur durch die

Wählscheibe stoßweise unterbrochen wird. Während dieser Zeit ist das Relais B kurzgeschlossen:

6. E, $A_1(V_2)_a$, B, E.

Der Widerstand des Relais B ist ausgeschaltet und infolgedessen der Strom in A kräftiger.

Das Relais A folgt also den Stromstößen der Wählscheibe. Sein oberster Anker wechselt zwischen Arbeits- und Ruhekontakt. Der Arbeitskontakt ist isoliert (bei $A_4(V_2)_r$), der Ruhekontakt über $A_2(L)_a$ geerdet. Die Leitung zum Hebemagnet HM ist über $A_4(C)_a$, $A_3(P)_r$ mit $A_1(A)$ verbunden und wird demnach abwechselnd geerdet und isoliert, so daß er für jede Unterbrechung an der Wählscheibe der Sprechstelle die Wählerachse um einen Schritt hebt. Beim ersten Hebeschritt schon wird der Kopfkontakt K umgelegt; die c-Leitung wird isoliert, die von $A_1(C)$ herkommende Leitung geerdet. C hat zunächst noch Erde über $A_2(C)_a$ und $A_4(V_2)_a$. Beim Aufhören der Stromstöße läßt aber V_2 seine Anker fallen und C wird infolgedessen stromlos; hierdurch wird der Hebemagnet aus-, der Drehmagnet DM eingeschaltet: $A_1(A)$, $A_3(P)_r$, $A_4(C)_r$, DM, ZB.

Wenn nun der Teilnehmer die zweite Ziffer der verlangten Nummer einstellen will und hierzu abermals die Wählscheibe in Bewegung setzt, kommen die Stromstöße in DM an und drehen die Wählerachse. Beim ersten Drehschritt wird der Drehkontakt DK umgelegt.

Die Relais A und B haben noch eine zweite Wicklung, die von Summerstrom gespeist wird; dies gibt dem Teilnehmer das **Amtszeichen**, wodurch er aufgefordert wird, mit dem Einstellen der Wählscheibe zu beginnen. Dieser Summerstrom wird vom Leitungswähler gegeben, solange er noch in der Ruhelage ist, und unterbrochen mit dem Beginn der Einstellung.

Das Relais Y und die Drossel D bilden zusammen die Speisebrücke für den gerufenen Teilnehmer.

Prüfung der verlangten Leitung. Die Sprechleitungen sind noch durch zwei Anker des Prüfrelais P unterbrochen. P erhält erst Strom, wenn die Einstellung des Leitungswählers beendet ist, V_2 seine Anker losgelassen hat, und der verlangte Teilnehmer frei ist: E, $A_6(V_2)_r$, $A(B)_a$, $A_4(L)_a$, →P, c-Ltg des gerufenen Teilnehmers, Vorwähler, →TR_{II}, TR_I, DK_r, ZB. Hierbei schaltet P seine Wicklung I vom hohen Widerstand kurz: P_I, $A_5(P)_a$, $A_2(V_1)_a$, K_a, E, $A_6(V_2)_r$, $A(B)_a$, $A_4(L)_a$, P_I. Wenn nachher L seine Anker losläßt, wird P_I isoliert.

Wird der Leitungswähler auf eine Leitung eingestellt, auf der schon ein anderer Leitungswähler steht, so kommt P mit dem großen Widerstand seiner beiden Wicklungen, $900 + 60\,\Omega$ neben das Prüfrelais des anderen Leitungswählers, das nur mit $60\,\Omega$ im Stromkreis liegt; das zugeschaltete Prüfrelais kann also nicht ansprechen. Auch nicht, wenn der verlangte Teilnehmer selbst angerufen hat und dadurch besetzt ist; dann ist der c-Kontakt des Leitungswählers isoliert, weil der Vorwähler die Ruhelage verlassen hat (vgl. Abb. 528).

Ist aber der Teilnehmer frei, so spricht nach Obigem auch sein Trennrelais an und trennt das Anrufrelais ab.

Das Relais P schaltet ferner die Sprechleitung (a- und b-Zweig) durch zum Teilnehmer und den 10-Sekunden-Schalter ZS ein. Es geht sofort selbsttätig ein kurzer Rufstrom in die Leitung, weil das Läuterelais L, dessen oberster Anker den Polwechslerstrom an die Leitung anschaltet, etwas verzögert abfällt. Der Ruf wird dann alle 10 Sekunden wiederholt; das Läuterelais spricht in diesen Zwischenräumen über ZS wieder an: E, ZS, $A_4(P)_a$, $A_5(C)_r$, →L_{II}, ZB. Während des Rufens erhält der anrufende Teilnehmer ein Rufüberwachungszeichen in Gestalt eines Summerzeichens, das über A und B auf die Teilnehmerleitung übertragen wird.

Nimmt der angerufene Teilnehmer seinen Hörer vom Haken ab, so wird in der Rufpause ein Linienstromkreis geschlossen über das Relais Y, Sprechstelle und die Drosselspule D ($500\,\Omega$). Y spricht an und schaltet C wieder ein. Dieses zieht seinen Anker an und unterbricht den Stromkreis von L, so daß die Rufstromsendung nicht wiederholt wird. C hält sich alsdann über seinen zweiten Kontakt und den Drehkontakt des Wählers bis zur Auflösung (E, DK_a, $A_2(C)_a$, →C, weiter wie 2).

Die Gesprächszählung ist davon abhängig gemacht, daß C wieder anspricht; denn dies ist ein Zeichen dafür, daß der gewünschte Teilnehmer sich gemeldet hat. Der Zähler hat einen Widerstand von $100\,\Omega$. Er ist parallel zu der Wicklung des Vorwähler-Trennrelais von geringem Widerstand (10 Ω) geschaltet. Infolge des hohen Widerstandes in der c-Leitung des Leitungswählers (50 + 350 + 50 Ω von C) bekommt der Zähler so wenig Strom, daß er nicht arbeitet. Hat aber nach Einstellen der Verbindung C wieder angesprochen, so ist damit eine Kurzschließung des Widerstandes von 350 Ω + 50 Ω von C vorbereitet. Sobald dann der anrufende Teilnehmer seinen Hörer einhängt, fallen zuerst die Anker von A und B und dann die von V_1 ab. Das letztere vollendet den Kurzschluß der genannten Widerstände: E, K_a, $A_1(C)_a$, $A_3(V_2)_r$, $A_3(V_1)_r$, c-Leitung des rufenden Teilnehmers. Hierdurch wird der Strom der c-Ader so verstärkt, daß der Zähler sicher betätigt wird.

Die Trennung der Verbindung ist in erster Linie von dem anrufenden Teilnehmer abhängig gemacht. Hängt dieser seinen Hörer ein, so wird A stromlos, und auch der Stromkreis von V_1 wird unterbrochen, V_1 läßt seine Anker fallen; hierdurch wird der Stromkreis des Auslöseelektromagnets AM geschlossen: E, K_a, $A_2(V_1)_r$, → AM, ZB. Indem AM einen Anker anzieht, der bis dahin die Wählerachse gesperrt hatte, wird der Wähler freigegeben und kehrt in seine Ursprungslage zurück. Auch das Trennrelais des Vorwählers fällt ab, da die c-Leitung am Kontakte des Auslöseelektromagnets geöffnet wird und die vorbeschriebene Erdverbindung für den Zähler infolge Selbstausschluß von C bei c unterbrochen ist. Infolgedessen erhält der Vorwähler-Drehelektromagnet wieder Stromstöße und wird fortgeschaltet, bis er seine Ruhelage erreicht, in der der Kontakt DK den Unterbrecherstromkreis unterbricht.

Hat der angerufene Teilnehmer bis dahin seinen Hörer noch nicht eingehängt, so spricht sein Vorwähler an und schaltet die Leitung auf einen freien Leitungswähler. Hängt er dann an, so wird auch seine Leitung getrennt.

Hängt der angerufene Teilnehmer vor dem anrufenden ein, so wird das Relais Y stromlos und schließt die 60 Ω-Wicklung des Relais P über $A_3(Y)$ und $A_6(C)$ kurz. Infolgedessen läßt P seine Anker fallen und trennt die Leitung vom Leitungswähler. Der angerufene Teilnehmer ist somit wieder frei, der anrufende bekommt ein Besetztzeichen.

Verkehr mit dem Überweisungsamt (Fernamt). Die Teilnehmer einer kleinen selbsttätigen Fernsprech-Vermittlungs-

Kleine selbsttätige Vermittlungsstellen. 669

stelle können selbsttätig das Überweisungsamt anrufen, indem sie die Nummer der Fernleitung wählen. Sind mehrere Fernleitungen vorhanden, so wird die Einrichtung so getroffen, daß beim Einstellen des Wählers auf die gemeinsame Nummer (Sammelnummer) selbsttätig eine freie Fernleitung ausgewählt wird. Die Fernleitungen sind am Wählergestell wie gewöhnliche Teilnehmerleitungen geschaltet. Bei dem Überweisungsamt liegen die Fernleitungen in normaler Weise auf Anrufzeichen (Klappe oder Relais), das im Ruhestand durch einen Kondensator verriegelt ist. Damit vom Überweisungsamt aus die Teilnehmer des Selbstanschlußamts errufen werden können, ist jeder Fernleitung eine Wählscheibe zuzuordnen, die in die vorhandenen Fernschrankarbeitsplätze eingebaut werden kann. Für die Verbindungen sind Schnurpaare mit Übertrager zu benutzen oder die Fernleitungen sind in anderer Weise durch Übertrager abzuschließen.

Störungsbeseitigung; regelmäßige Prüfungen. Zur Übermittlung von Störungen und Nachrichten können die Teilnehmer die Vermittlungsstelle unter einer im Teilnehmerverzeichnis angegebenen Nummer anrufen.

Die Relais der Vorwähler und die Vorwähler selbst sind so gebaut, daß eine nachträgliche Einstellung und regelmäßige Prüfung nicht erforderlich ist. Dagegen empfiehlt es sich, die Leitungswähler von Zeit zu Zeit zu prüfen und zwar erfolgt die Prüfung derselben zweckmäßig jeden zweiten Tag einmal in folgender Weise:

Mit dem Apparat der Vermittlungsstelle (in der Regel Nr. 00) wird die eigene Nummer zweimal angerufen mit zwischenliegender Auslösung durch Einhängen des Hörers. Geht die Auslösung glatt von statten, so ist der Wähler in Ordnung und derselbe Versuch mit dem zweiten Wähler anzustellen. Zu diesem Zwecke ist der erste Wähler durch Heben der Schaltwelle um 1 oder 2 Stufen besetzt zu machen. In derselben Weise ist die Prüfung mit allen 5 Wählern durchzuführen. Besonders zu beachten ist, daß von Teilnehmern eingehende Anrufe hierdurch nicht gestört werden, und daß nach Beendigung der Prüfung alle Wähler sogleich betriebsbereit gestellt werden; hierzu wird der Auflöseelektromagnet künstlich betätigt. Wird ein Wähler als fehlerhaft festgestellt, so ist er zur Instandsetzung einzusenden.

Vierunddreißigster Abschnitt.
Das halbselbsttätige Amt.

Da in allen größeren Orten bereits Fernsprechämter mit Handbetrieb bestehen, so würden selbsttätige Ämter nur durch Umwandlung von Handämtern herzustellen sein. Eine solche Änderung läßt sich nur schwer durchführen; auch wenn man das Selbstanschlußamt ganz neu erbaute und die Leitungen in kürzester Zeit (in einer Nacht) auf dieses Amt umschaltete, bliebe die schwierige Aufgabe übrig, alle Teilnehmer in derselben Zeit mit Apparaten mit Wählscheibe auszustatten und deren richtige Benutzung sicherzustellen.

Man kann aber diesen Weg in zwei Vorgängen zurücklegen. Man richtet das Amt als Selbstanschlußamt ein und verlegt die Wählscheiben der Teilnehmer auf das Amt, während die Teilnehmer ihre alten Fernsprechgehäuse behalten; sie sprechen wie beim Handamt dem Amte ihren Verbindungswunsch aus und werden dort durch die vorhandenen Wähleinrichtungen mit dem verlangten Teilnehmer verbunden. Später kann man dann die Teilnehmer gruppenweise mit den Selbstanschlußgehäusen ausrüsten und so nach und nach zum vollen Selbstanschlußbetrieb übergehen.

In der RTV bestehen einige kleinere Selbstanschlußämter, die als solche gebaut worden sind (Hildesheim, Altenburg, je 1000 Teilnehmer). Weitere Einrichtungen dieser Art und Größe werden voraussichtlich nicht gebaut werden; das volle Selbstanschlußsystem wird im allgemeinen nur für kleine selbsttätige Vermittlungsstellen und für die Unter- und Hilfsämter der großen Fernsprechämter von vornherein eingerichtet.

Dagegen bestehen schon mehrere große Ämter mit halbselbsttätigem Betrieb, von denen aber zurzeit noch keines zum vollen Selbstanschlußbetrieb übergegangen ist.

Die Vorwähler. Bei einem größern Amt reicht man nicht mit einem einzigen Vorwähler für jeden Teilnehmer aus, weil ihm dann nur 10 Verbindungswege (Gruppenwähler) zur Verfügung stehen würden, um sich daraus einen freien auszusuchen. Man schaltet vielmehr zwei Vorwähler hintereinander (Abb. 531),

Die Vorwähler. 671

wodurch jedem Teilnehmer die Wahl unter 100 Gruppenwählern gegeben wird. Der Vorgang, wie ein freier Wähler ausgewählt wird, ist im wesentlichen der gleiche, wie bei den kleinen selbsttätigen Vermittlungsanstalten beschrieben.

Nimmt der Teilnehmer seinen Fernsprecher ab, so wird AR_1 erregt und durch dessen zweiten Anker dem Drehmagnet Strom zugeführt:

E, U_1, UR_{k_1}, $A_2 (GR_1)_r$, $\rightarrow$ DM, $A_3 (TR_1)_r$, $A_2 (AR_1)$, ZB.

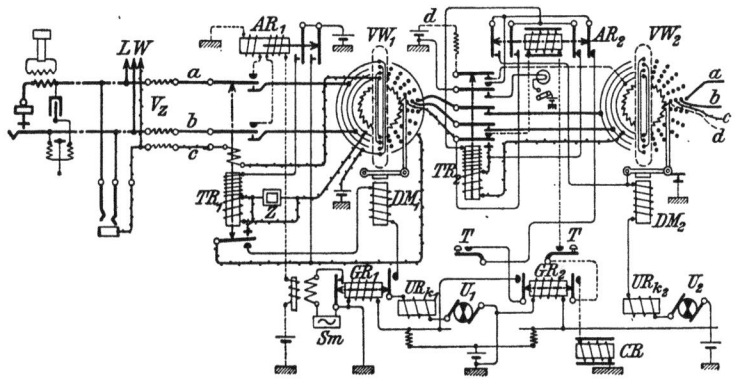

Abb. 531. Sprechstelle und zwei Vorwähler.

U_1 ist ein Unterbrecherrelais (Abb. 530) oder, bei größeren Ämtern, eine mit einem Motor gekuppelte Unterbrechereinrichtung. DM_1 setzt demnach sogleich den 1. Vorwähler (VW_1) in Drehung und dreht so lange weiter, bis die c-Leitung auf einen Kontakt kommt, der bei $A_2 (GR_2)_r$ Erde hat. Alsdann kommt ein Stromkreis: E, CR, $A_2 (GR_2)_r$, T, $\rightarrow AR_2$, $A_5 (TR_2)_r$, VW_1, $\rightarrow TR_{1\,II\,u.\,I}$, $A_1 (AR_1)_a$, ZB, zustande. Einerseits wird TR_1 erregt, schaltet AR_1 ab und bringt auf diese Weise DM_1 zum Stillstand; anderseits erhält der Drehmagnet DM_2 Strom: E, $A_2 (TR_2)_r$, $A_1 (AR_2)_a$, $\rightarrow DM_2$, UR_{k_2}, U_2, ZB. Nun wird auch VW_2 gedreht, bis die c-Leitung beim Kopfkontakt eines Gruppenwählers Erde findet (Abb. 532): E, K_r, $\rightarrow C_{II}$, $A (AM)_r$, $VW_2(c)$, $\rightarrow TR_{2\,I\,u.\,II}$, $A_2 (AR_2)_a$, $VW_1(c)$, $TR_{1\,II}$, $A_3 (TR_1)_a$, $VW_1(d)$, ZB. Nun wird auch AR_2 durch TR_2 abgetrennt und DM_2 stillgesetzt. Die Wicklung I von TR_2 mit 600 Ω wird kurzgeschlossen, was die auf Seite 664 beschriebene Wirkung hat.

Hinter den Vorwählern liegt der Gruppenwähler. Beim reinen Selbstanschlußbetrieb würde er durch die vom Teilnehmer ausgegebene erste Stromstoßreihe entsprechend der ersten Ziffer der verlangten Anschlußnummer eingestellt werden. Beim halbselbsttätigen Amt muß hier die Beamtin eingreifen.

Der Dienstwähler. Dem I. Gruppenwähler ist ein Dienstwähler zugeordnet, an den eine größere Zahl Abfragebeamtinnen angeschlossen sind.

In Abb. 532 ist wie in Abb. 529 der Teilnehmer, der seinen Fernhörer vom Haken genommen hat, durch Mikrophon und Induktionsspule dargestellt, welche die a- und b-Leitung dauernd schließen. Infolgedessen hat die Speisebrücke A, B Strom, beide Relais haben ihre Anker angezogen; dies hat zunächst noch die Folge, daß auch V_1 erregt wird: E, A(A)$_a$, A(B)$_a$, $\rightarrow V_1$, ZB.

Zugleich kommt Strom über die c-Leitung: (Abb. 532) E, K_r, $\rightarrow$ C, A(AM)$_r$, c-Ltg., (Abb. 531) VW_2, $TR_{2,II}$, A_5 (TR_2), VW_1, $TR_{1,II}$, $A_3(TR_1)_a$, VW_1, ZB.

Nun findet der Strom aus der d-Leitung des II. Vorwählers Erde: (Abb. 532), E, K_r, $A_4(C)_a$, DK_r, $\rightarrow A_n$, d-Ltg., (Abb. 531) VW_2, $A_1(TR_2)_a$, ZB. Hierdurch erhält der Drehmagnet des Dienstwählers Strom: (Abb. 532) E, $A_2(V_1)_a$, $A_2(TR_1)_r$, $A_3(A_n)_a$, $A_2(DM)_r$, $\rightarrow$ DM, U_k, U_d, ZB. Der Dienstwähler beginnt nun sich zu drehen. U_k ist das Unterbrecher-Überwachungsrelais, dessen nicht gezeichnete Lampe leuchtet, solange der Unterbrecher U_d Strom abgibt.

Die Abfragebeamtin hat ihren Sprechapparat an die Leitung a, b angeschlossen. Infolgedessen hat M Strom; hierdurch wird auch MR erregt: E bei S_5 (im Ruhezustand ist das Federpaar geschlossen, s. unten), A(M)$_a$, $\rightarrow$ MR, ZB. Hierdurch wird die ZB, welche bei dem Relais R angeschlossen ist, über dieses Relais, A(MR)$_a$ und das Federpaar bei S_7 an die d-Leitung des Dienstwählers gelegt; kommt nun damit die zum DW führende d-Ltg in Berührung, so nimmt der Strom den Weg über $\rightarrow TR_{1,II}$, $A_2(A_n)_a$, $TR_{1,I}$, $A_1(V_1)_a$, E. TR_1 unterbricht den Stromkreis von DM; der Dienstwähler bleibt stehen, da er einen freien Abfrageplatz erreicht hat. Zugleich schließt TR_1 seine Hauptwicklung I (600 Ω) kurz und bleibt nur mit 10 Ω im Stromkreis, so daß kein anderer Dienstwähler auf dieser Leitung stehen bleiben kann.

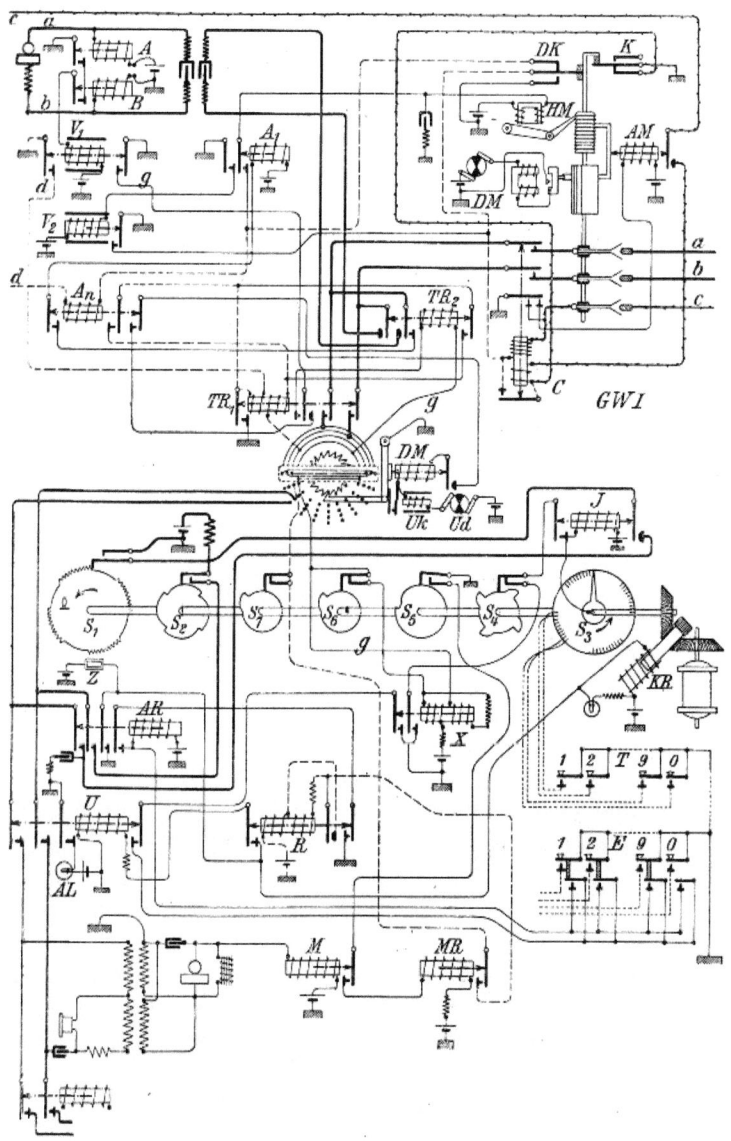

Abb. 532.
Dienstwähler, Zahlengeber und I. Gruppenwähler.

674   Das halbselbsttätige Amt.

Da R seine Anker angezogen hat, kommt nun folgende Verbindung zustande: E, → U, A_1 $(R)_a$, KR, ZB; da U und der dabeiliegende Widerstand $500 + 1500\ \Omega$ betragen, spricht KR noch nicht an. Wohl aber U, welches die a- und b-Ltgn. auf das Sprechsystem der Beamtin durchschaltet: AL✱.

Abb. 532 deutet an, daß das Sprechsystem auch nach der andern Seite an eine a- und b-Ltg. angeschaltet werden kann. Dies geschieht, damit die Abfragebeamtin sofort nach Erledigung eines Anrufs zu einem neuen Anruf bereit ist. Die ganze in Abb. 532 unterhalb des Dienstwählers dargestellte Anordnung ist doppelt vorhanden und die Teile durch geeignete Schalteinrichtungen verbunden.

Der Zahlengeber. Nunmehr kann die Beamtin mit dem Teilnehmer sprechen und seinen Wunsch entgegennehmen. Alsdann hat die Beamtin die verlangte Nummer in Stromstößen auszusenden. Hierzu dient der Tastensatz, bestehend (für ein Amt bis 9999 Teilnehmer) aus 4 mal 10 Tasten für die 10 Ziffern in 4 Stellen, und die drei auf der umlaufenden Achse sitzenden Scheiben S_1, S_2 und S_3. (Bei S_3 steht die große Scheibe fest; nur die kleine Scheibe mit dem Zeiger läuft um.) Die Abfragebeamtin stellt auf diesen 40 Tasten die verlangte Nummer ein.

Zunächst braucht man zur Vorbereitung noch einige neue Stromkreise: g-Leitung: E, A_2 $(V_1)_a$, A_2 $(TR_1)_a$, TR_2, DW, → X_{II}, X_I, ZB. Wegen des hohen Widerstandes von X nebst den hier eingeschalteten Widerständen spricht TR_2 (16 Ω) noch nicht an, wohl aber X. Nun muß die Sprechleitung auf den Stromstoßgeber geschaltet werden. Dies geschieht beim Druck einer Einer-Taste; die zweite Feder einer solchen Taste schließt die beiden von A_4 $(U)_a$ und A_4 $(AR)_a$ kommenden Leitungen kurz: E, A_1 $(X)_a$, A_4 $(U)_a$, Tastensatz, → AR, ZB.

AR zieht nun seine 4 Anker an; die beiden ersten schalten die Sprechleitung um. Der dritte gibt für KR eine Erdverbindung unter Umgehung von U; KR spricht an und kuppelt die Achse des Stromstoßgebers mit dem Elektromotor. Derselbe Anker hat U kurzgeschlossen: E, A_3 $(AR)_a$, A_1 $(R)_a$, U, E; U läßt seine Anker los, so daß die a- und b-Leitung vom Abfragesystem getrennt werden; AL●. Zugleich hat AR noch den nicht dargestellten Stromkreis eines selbsttätigen Anlassers für

Der Zahlengeber. 675

den Motor geschlossen. Die Achse setzt sich also in Bewegung. Der vierte Anker von AR schließt eine Haltewicklung: E, $A_3 (R)_a$, $A_4 (AR)_a$, AR, ZB. Dieser Stromkreis wird geöffnet, wenn die Achse eine Umdrehung vollendet hat.

Sobald die Achse ihre Drehung beginnt, schließt das Federpaar bei S_6 einen Zweig der g-Leitung, wodurch der Widerstand von da zur ZB von etwa 4000 Ω ($X_I = 200$, $X_H = 1850$, 2 Widerstände 2000 Ω) auf 400 Ω ($X_I + 200$) verringert wird. TR_2 spricht nun an (vgl. oben) und schaltet den vom rufenden Teilnehmer kommenden Zweig der Sprechleitung ab, so daß die zu den Gruppenwählern und zum Leitungswähler gesandten Stromstöße nicht auch zum rufenden Teilnehmer gelangen (S. 676).

Die Scheibe S_1 hat auf ihrem Umfang 4 Gruppen zu 10 Zähnen; auf ihrem Umfang schleift eine Feder, die jedesmal geerdet wird, wenn die Spitze eines Zahnes sie hebt. also bei jedem Umlauf 4×10 mal. Dies bedeutet ebensoviel Erdungen der a-Ader. Während diese Erdungen stattfinden, muß die b-Leitung Spannung erhalten, damit die B-Relais der Gruppen- und Leitungswähler ihre Anker angezogen halten. Der Zeiger der Scheibe S_3 tastet die 4×10 Kontakte auf ihrem Umfang ab; sie steht in Abb. 532 gerade vor den Hundertern, die ebenso angeschlossen sind, wie die Tausender. Jede Taste bleibt nach dem Niederdrücken stehen, bis eine andere Taste derselben Reihe gedrückt wird, und springt dann von selbst wieder empor. Man erkennt, daß jeder Kontakt an der Scheibe, dessen zugehörige Taste niedergedrückt ist, Erde hat. Berührt also der Zeiger einen solchen Kontakt, so geht über E, Taste, Kontakt an der Scheibe, Zeiger, → J, ZB ein Strom. J zieht beide Anker an; über A_1 hält es sich: E, A_3 (X), Federn bei Scheibe 4, $A_1 (J)_a$, J, ZB. Damit wird die a-Leitung von den Federn bei Scheibe 1 getrennt, es wirkt keine Erdung mehr auf die a-Leitung. War also die 6. Taste der Reihe gedrückt, so können die 6 ersten Erdungen wirken; die übrigen werden abgeschnitten. Auf diese Weise wird erreicht, daß von jeder Zehnerreihe nur so viel Erdungen wirksam werden, als der gedrückten Ziffer entspricht.

Die nicht mit Zähnen besetzten Zwischenräume auf dem Rande von S_1 sind aus zwei Gründen nötig. Einmal müssen die Gruppenwähler, nachdem sie der eingestellten Zahl entspre-

43*

chend Höhe gehoben sind, Zeit haben, durch Drehung den nächsten freien Wähler zu suchen, und dann muß auch für den Stromstoßgeber eine Pause eintreten, um einige Rückschaltungen vorzunehmen, damit der nächste Zug der Stromstöße ausgesandt werden kann.

Am Ende jeder Reihe von 10 Stößen unterbricht die Scheibe S_4 einmal den Haltestromkreis von J, so daß seine Anker abfallen und es selbst für eine neue Reihe von 10 Stößen empfangsbereit ist.

Am Ende eines Umlaufs unterbricht die Scheibe S_7 kurz die d-Leitung, so daß R seine Anker losläßt; damit wird die Halteschaltung von AR gelöst, AR läßt seine Anker los. Die Beamtin wird von der Leitung getrennt und für einen neuen Anruf frei, AL ●.

Zur gleichen Zeit unterbricht S_6 auf einen Augenblick den einen Zweig der g-Leitung. Hierdurch wird der Widerstand von X wieder so stark erhöht, daß TR_2 seine Anker losläßt; die Sprechleitung zum rufenden Teilnehmer wird von dem Dienstwähler ab- und nach dem nächsten Gruppen- oder Leitungswähler durchgeschaltet.

Die Scheibe S_5 beherrscht die Erdung für A(M); nur in der Ruhelage der Achse ist die Erde angeschlossen, nur bis zum Beginn der Achsendrehung können sich die Vorgänge abspielen, wie geschildert. Nach Beginn der Drehung werden diese Stromkreise wieder aufgelöst und die Relais in den Ruhezustand zurückgeführt. Während der Drehung kann kein Anruf an die Beamtin gelangen, da der Stromkreis für MR unterbrochen ist.

Der I. Gruppenwähler. Es ist nun die Wirkung der Erdungen im a-Zweig zu betrachten. Es besteht vom Dienstwähler ab folgende Verbindung: a-Ltg., $A_3 (TR_1)_a$, $A_2 (TR_2)_a$, $A_1 (A_n)_a$, →A_1, ZB. Bei jeder Erdung der a-Ltg. am Abfrageplatz spricht A_1 an, bei jeder Trennung läßt es seinen Anker los. Der 2. Anker von A_1 liegt im Stromkreis des Hebemagnets: E, $K_{1,r}$, $A_4 (C)_a$, DK_r, $A_2 (A_1)_a$, HM, ZB. Die Erdungen werden demnach durch Bewegung von $A_2 (A_1)$ in Stromstöße umgewandelt. Der erste Zug der Erdungen hebt den Gruppenwähler auf die der Ziffer der Tausender entsprechende Stufe.

Zugleich bildet sich eine neue Erdverbindung: E, $A_1(A_1)_a$ → V_2, ZB. Da V_2 ein Verzögerungsrelais ist, bleibt diese Erdung liegen, solange $A_2(A_1)$ sich hin und her bewegt, also für den ersten Zug der Erdungen. Diese Erde liegt auch im Stromkreis des Hebemagnets: E, $A_1(V_2)_a$, DK_r, $A_2(A_1)_a$, HM, ZB. Sie ist nötig, weil beim ersten Hebeschritt die Erde bei K abgetrennt wird.

Wenn der erste Zug der Erdungen vorüber ist, läßt V_2 seinen Anker los; nun liegt keine Erdverbindung mehr an $A_2(A_1)_a$, K ist durch die Hebung unterbrochen. Infolgedessen ist auch C stromlos, seine Anker fallen ab und öffnen die Sprechleitung zum Gruppenwähler und darüber hinaus. Ein Anker von C legt (in Abb. 532 nicht dargestellt; vgl. Abb. 533) eine Erdleitung an den Drehmagnet des Gruppenwählers, worauf dieser so lange gedreht wird, bis aus einer berührten freien c-Leitung über C_I und DK_a, E ein Strom zustande kommt, der C wieder erregt. Alsdann zieht es seine Anker wieder an, entzieht dem Drehmagnet die Erdung, so daß er stehen bleibt, und schließt die a- und b-Leitung wieder. — Vor Beginn der Drehung wird auch A_n stromlos und läßt seine Anker fallen. Hierdurch wird der Weg zu A_1 unterbrochen.

Der zweite Zug der Erdungen findet also eine ganz veränderte Lage. A_n ist stromlos, der Weg über $A_1(A_n)_a$ unterbrochen; der Stromkreis mit dem Hebemagnet kann nicht zustande kommen. Da die Sprechleitungen zum II. Gruppenwähler durchgeschaltet sind, so äußern sich die Wirkungen der Erdungen nun dort.

Der II. Gruppenwähler. (Abb. 533.) Der Stromkreis, bei dessen Zustandekommen der I. Gruppenwähler stehen geblieben ist, setzt sich in folgender Weise zusammen (1 Punkt vor dem Bezeichnungsbuchstaben bedeutet die Zugehörigkeit zum I. 2 Punkte die zum II. Gruppenwähler): E, ·DK_a, → ·C_I, c-Ltg. :$K_{2,r}$, → :B_{II} und → :C parallel, ZB.

Die Sprechleitung wird über die Anker von :B durchgeschaltet, das Relais :A über $A_1(:C)_a$ an die a-Ltg. gelegt. Jede Erdung der a-Ltg. am Abfrageplatz läßt die Anker von :A anziehen, jede Trennung abfallen. Die Bewegungen von $A_1(:A)$ wirken auf :HM: E, $A_2(:B)_a$, $A_1(:A)_a$, HM, ZB. Der Gruppenwähler wird durch die zweite Reihe der Erdungen am Abfrageplatz um die Zahl der Hunderter gehoben. Obgleich beim ersten Hub die Verbindung bei :K gelöst und :B_{II} und :C stromlos werden, so hält doch :C als Verzögerungsrelais seine Anker noch eine kurze Weile fest. Das Relais :B liegt mit seiner Wicklung I über E, B_I, $A_4(C)_a$, $A_4(B)_a$ an der b-Ltg., erhält also Strom während der Erdungsreihen am Abfrageplatz. Beim ersten Hub wird :K umgelegt; nun bildet sich für :C ein neuer Stromkreis: E, $\cdot DK_a$, $\rightarrow \cdot C_I$, c-Ltg., :DK_r, $A_2(:C)_a$, $\rightarrow$:C, ZB; über diesen Stromkreis hält sich nun :C. Die Stromstoßreihe kommt demnach vollständig in :HM an.

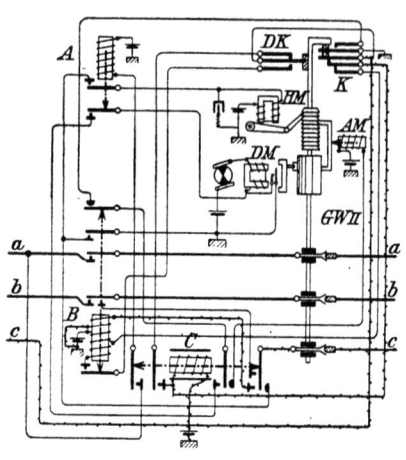

Abb. 533. II. Gruppenwähler.

Sobald die Stoßreihe zu Ende ist, läßt :B seine Anker los, da am Abfrageplatz die Batterie abgeschaltet wird. Zugleich wird :A stromlos. Infolgedessen erhält der Drehmagnet Erde: E, :$K_{1,a}$, $A_1(:B)_r$, $A_3(:C)_a$, $A_2(:A)_r$, :DM, :U, ZB. Er dreht nun den II. Gruppenwähler, bis er einen freien Leitungswähler findet.

Leitungswähler. (Abb. 534.) Es kommt dabei folgender Stromkreis zustande (das Zeichen | vor einem Buchstaben bedeutet die Zugehörigkeit zum Leitungswähler): E, :B_I, $A_4(:C)_a$, c-Ltg., |$K_{1,r}$, $\rightarrow$ |U_{II}, ZB.

U hat zunächst die Aufgabe, das Relais |A, das hinter dem Sperrkondensator |C_a liegt, vor diesen zu verlegen, damit die weiteren Erdungen vom Abfrageplatz aus auf |A einwirken können; dies geschieht auf dem Wege von der a-Ltg. über A_1 (|U)$_a$, $A_1(|P_1)_r$, $A_1(|L)_r$, |A, ZB.

Auch für das Relais |B besteht eine solche Verbindung: E, |B, $A_2(|L)_r$, $A_5(|P_1)_r$, b-Ltg. Die dritte Erdungsreihe am Abfrageplatz läßt demnach |A in Stößen, |B dauernd ansprechen. Bei jeder Bewegung des 5. Ankers von |A bekommt der Hebemagnet einen Stromstoß: E, $A_3(|P_1)_r$, $A_3(S)_r$, $A_5(|A)_a$,

$A_1(IV)_r$, $|HM$, ZB. Der Leitungswähler wird um die Zahl der eingestellten Hunderter gehoben.

Nachdem diese Stoßreihe abgelaufen ist, spricht $|V$ an: E, $|K_{2,a}$, $A_4(IU)_a$, $A_1(IB)_r$, $|DK_r$, $\rightarrow |V_I$, ZB. Hierdurch wird der Hebemagnet ab-, der Drehmagnet eingeschaltet: E, $A_8(IP_1)_r$, $A_8(S)_r$, $A_5(IA)_a$, $A_1(IV)_a$, $|DM$, ·ZB. Der Wähler wird nun gedreht um die Zahl der Stöße der 4. Stoßreihe und damit auf die gewünschte Leitung eingestellt.

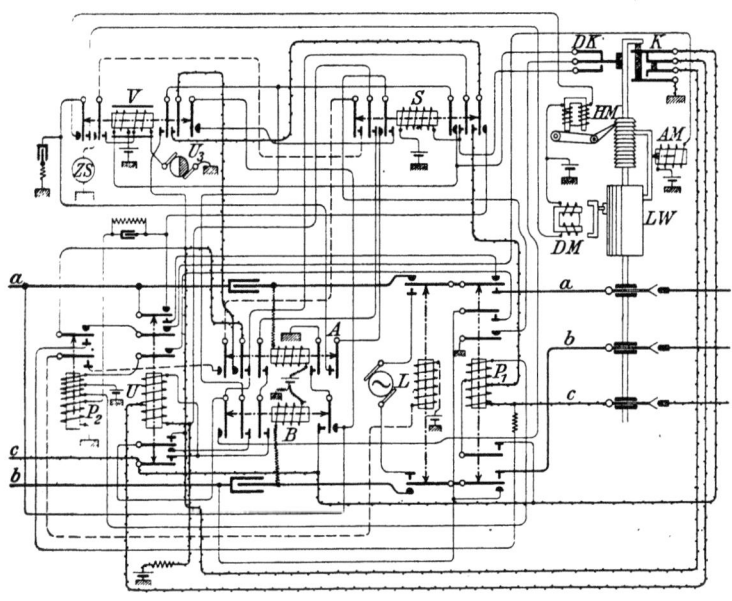

Abb. 534. Leitungswähler.

Da $|DK$ bei der ersten Drehbewegung umgelegt worden ist, wirkt der Abfall der Anker von $|B$ nun anders, wie vorher: E, $|K_{2,a}$, $A_4(IU)_a$, $A_1(IB)_r$, $|DK_a$, $\rightarrow |S$, ZB. Indem S anspricht, trennt es die Leitung zu HM und DM.

Die verlangte und nun am Wähler eingestellte Leitung ist mit dem Wähler verbunden durch eine Abzweigung von allen 3 Drähten vor dem Zwischenverteiler, vgl. Abb. 531. An ihrer c-Leitung liegt das Trennrelais ihres I. Vorwählers mit Spannung. Ist sie frei, so kommt folgender Stromkreis zustande: E, $|K_{2,a}$, $A_2(IA)_r$, $A_4(IV)_a$, $A_6(IS)_a$, $\rightarrow |P_{1,II}$, c-Ltg. des LW, c-Ltg. bei V_z (Abb. 531), VW_1 (c), $TR_{1,I,II}$, VW_1 (d), ZB. Gleichzeitig mit P_1 spricht P_2 an: E, $:B_I$, A_4 $(:C)_a$, $:GW$ (c), $A_4(P_1)_a$, $P_{1,I}$, $\rightarrow P_{2,II}$, ZB.

Freiprüfung. Das Relais P_1 dient zum Prüfen der verlangten Leitung. Der Stromkreis für die Wicklung I von |V hat sich inzwischen geändert; beim Drehen des Wählers ist DK umgelegt worden; schon beim Ansprechen von V hat sich ein neuer Weg gebildet: E, $K_{2,a}$, $A_3(V)_a$, $A_4(S)_r$, $\rightarrow V_I$, ZB. Dieser Kreis wird dann beim Ansprechen von S unterbrochen; V läßt aber seine Anker nicht sogleich los, da es noch Strom in der Wicklung V_{II} hat: E, U_3, V_{II}, $A_2(V)_a$, $A_1(S)_a$, $A_1(A)_r$, $A_2(P_2)_a$, $\rightarrow$ L, ZB. U_3 ist ein langsam laufender Unterbrecher; öffnet er die Leitung, so fallen die Anker von V ab und die von L folgen sogleich. Ehe dies geschieht, liegen für einen Augenblick A_1 und A_2 von L an der Rufmaschine, und es fließt ein kurzer Rufstrom zum verlangten Teilnehmer. In der Folge wird L alle 10 Sekunden durch den Zeitschalter ZS mit Strom versehen: E, ZS, $A_2(V)_r$, $A_1(S)_a$, $A_1(A)_r$, $A_2(P_2)_a$, L, ZB. Jedesmal fließt ein Rufstrom zum Teilnehmer. Dem rufenden Teilnehmer wird zugleich ein Summerzeichen gegeben (in Abb. 534 nicht dargestellt), außerdem leuchtet am Wählergestell eine Lampe auf.

P_1 hat die Relais A und B wieder zurückgeschaltet, so daß sie nun auf der Seite des verlangten Teilnehmers liegen, die Sprechleitungen sind durchgeschaltet. Sobald der gerufene Teilnehmer seinen Hörer vom Haken nimmt, schließt er die Sprechleitung, |A und |B sprechen an; hierdurch wird der obige Stromkreis des Läuterelais unterbrochen, die Weckrufe hören auf. Das Relais U wird kurzgeschlossen: U_{II}, $A_2(S)_a$, $A_3(A)_a$, $A_3(B)_a$, U_I, U_{II}; seine Anker fallen ab.

Um den gerufenen Teilnehmer besetzt erscheinen zu lassen, ist die vom I. Vorwähler kommende c-Ltg., die (in Abb. 534 von rechts kommend) zum einen Ende von $P_{1,II}$ (900 Ω) führt, von da über den Widerstand von 40 Ω, $A_1(P_2)_a$, $K_{2,a}$ geerdet; ein zweites Relais P_1 würde infolgedessen nicht mehr genügend Strom zum Ansprechen erhalten.

Spricht aus diesem Grunde P_1 nicht an, wenn am Schlusse der letzten Stromstoßreihe der Leitungswähler auf die gewünschte Teilnehmerleitung eingestellt ist, so verläuft der Vor-

Freiprüfung. Auflösung. Gesprächszählung. 681

gang anders. Denn der Stromkreis, welcher U_3, V_{II} und $A_2 (P_2)_a$ (s. oben) enthält, wird nicht gebildet, vielmehr läßt V sogleich seine Anker fallen. Nun erhält A Strom: E, $A_3 (P_1)_r$, $A_3 (S)_a$, $A_5 (V)_r$, a-Ltg., $A_1 (U)_a$, $A_1 (P_1)_r$, a-Ltg., → A, ZB. Hierdurch wird die a-Ltg. auf der Seite des rufenden Teilnehmers (vor dem Sperrkondensator) geerdet: a-Ltg., $A_4 (|B)_r$, $A_4 (|A)_a$, E. Diese Erdung hat beim I. Gruppenwähler eine Folge, die in Abb. 532 nicht dargestellt ist; dort sind nämlich des leichteren Verständnisses wegen einige Relais und Verbindungen für Nebenzwecke weggelassen worden; diese werden in Abb. 535

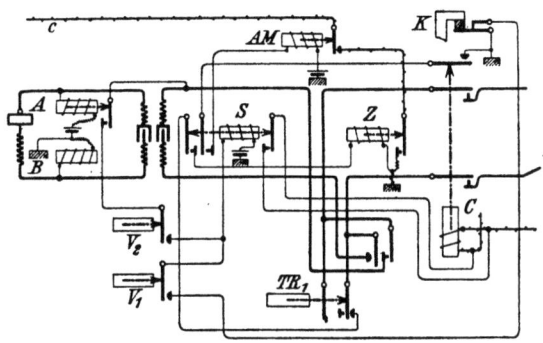

Abb. 535. Auflösung der Verbindung.

zusammen mit einigen Relais und Verbindungen der Abb. 534 dargestellt. Es ergibt sich nun: (Abb. 534) E, $A_4 (|A)_a$, $A_4 (|B)_r$, a-Ltg., (Abb. 533) $A_3 (:B)_a$, a-Ltg., (Abb. 532) $A_1 (\cdot C)_a$, $A_2 (\cdot TR_2)_r$, a-Ltg., (Abb. 535) $A_1 (\cdot A)_a$, $A (\cdot V_2)_r$, → • S, ZB. (Zwischen S und K liegt noch ein Ruhekontakt von V_1; S spricht also erst an, wenn V_1 seine Anker fallen läßt.)

Der 3. Anker von • S schließt die Haltewicklung von • C kurz, so daß dieses Relais seine Anker fallen läßt, der rufende Teilnehmer erhält dann das Besetztzeichen. Wenn • C stromlos wird, verliert die c-Ltg. zum II. Gruppenwähler (Abb. 533) die Erdung an $A_3 (\cdot C)_a$. Nun wird auch :B stromlos und :AM erregt: E, $:K_{1,a}$, $A_1 (:B)_r$, $A_3 (:C)_r$, → :AM, ZB. Hierauf fällt GW_{II} zusammen. Wenn :B stromlos wird, verliert auch die c-Ltg. zum LW die Erdung an $A_2 (:B)$; daher wird | U stromlos und | AM erregt: E, $|K_{2,a}$, $A_1 (|P_2)_r$, $A_2 (|U)_r$, → | AM, ZB; auch der Leitungswähler fällt zusammen. Hängt nun der rufende Teilnehmer, der das Besetztzeichen erhält, den Hörer an, so fallen die Relais A, B und V_1 im I. Gruppenwähler ab; ·AM wird erregt: E, $A_3(\cdot C)_a$, $\rightarrow$·AM, ZB. Nun fällt auch GW_I zusammen. Dann wird die c-Ltg. zu den Vorwählern stromlos, TR_1 und TR_2 fallen ab. Bei VW_1 erhält der Drehmagnet Strom und läuft in seine Anfangslage. Der zweite Vorwähler bleibt stehen.

Auflösung der Verbindung. Hängt der rufende Teilnehmer den Hörer ein, so läßt ·V_1 seine Anker los, weil es bei $A(\cdot B)_r$ unterbrochen wird. Infolgedessen erhält ·S Strom: E, ·K_a, $A(V_1)_r$, $\rightarrow$·S, ZB. Der weitere Verlauf ist wie vorher angegeben: Haltewicklung von ·C kurzgeschlossen usw.

Hängt der rufende Teilnehmer nicht ab, sondern nur der gerufene, so könnte dieser hierdurch vom Leitungsnetz abgeschnitten werden. Es ist dagegen auf folgende Weise Vorsorge getroffen worden. Zunächst fällt nur im Leitungswähler |S ab; hängt nun der gerufene Teilnehmer nochmals ein und wieder ab, so spricht |V an: E, $K_{2,a}$, $A_2(A)_a$, $A_4(U)_r$, $A_2(B)_a$, $A_4(S)_r$, $\rightarrow V_I$. ZB. Hängt er nun zum zweiten Male ein, so wird die a-Ltg. auf der Seite des rufenden Teilnehmers geerdet: E, $K_{2,a}$, $A_2(A)_r$, $A_4(V)_a$, $A_6(S)_r$, $A_1(U)_r$, a-Ltg. Nun spielt sich der weitere Vorgang so ab, als hätte der rufende Teilnehmer angehängt.

Gesprächszählung. Meldet sich der gerufene Teilnehmer, so läßt |U seine Anker fallen (s. oben); hierdurch wird eine Wicklung von P_2 an die b-Ltg. (vor dem Sperrkondensator) geschaltet: b-Ltg., $A_2(|P_1)_a$, $A_3(U)_r$, $\rightarrow P_{2,I}$, ZB. Zugleich wird, um die Symmetrie zu erhalten, $P_{2,III}$ über $A_1(U)_r$ an die a-Ltg. geschaltet, aber durch einen Kondensator gesperrt. Der Widerstand neben dem Kondensator (50000 Ω) soll einen ganz schwachen Strom über die Sprechkontakte des Wählers zulassen, im Sinne einer dauernden Frittung dieser Kontakte (s. S. 31). Wenn beim Schluß des Gespräches (vgl. Abb. 535) ·S anspricht, so wird das Relais ·Z erregt: E, $\rightarrow$·Z, $A_1(\cdot S)_a$, $A_2(\cdot TR_1)_r$, b-Ltg. (wie oben), ZB. Durch den Anker von ·Z wird nun die c-Ltg. über einen Widerstand von 40 Ω geerdet. In der c-Ltg. liegt (vgl. Abb. 531) am I. Vorwähler der Zähler Z; er empfängt gewöhnlich nur einen schwachen Strom, der zur Zählung nicht ausreicht, da er mit 100 Ω neben $TR_{1,II}$ mit 10 Ω liegt. Erst wenn die beschriebene Erdung beim Relais Z erfolgt, wird der Strom zur Zählung stark genug.

Anhang.

Das praktische Maßsystem, Einheits- und Formelzeichen.

Absolutes Maßsystem. Mit Hilfe der physikalischen Gesetze und der sie verkörpernden Formeln vermag man den größten Teil der physikalischen Größen auf drei Grundgrößen, Länge, Masse und Zeit, zurückzuführen. Die Wahl der Grundgrößen ist willkürlich; man hat das Maßsystem, das auf den drei Grundgrößen: Länge (Einheit 1 cm), Masse (1 g) und Zeit (1 s) beruht, absolutes Maßsystem genannt (Gauß 1832). Hat man die Grundgrößen und ihre Einheiten festgelegt, so sind die Einheiten der abgeleiteten Größen dadurch bestimmt; man hat nur die physikalischen Gesetze in ihrer einfachsten Form anzuwenden, also z. B. nicht zu sagen: die Arbeit A steht im geraden Verhältnis zu der Kraft P, die sie hervorbringt, in den Weg s, auf dem sie in der Richtung der Kraft wirkt:

$$A = k \cdot P \cdot s,$$

sondern: die Arbeit ist gleich dem Produkt aus der Kraft in den Weg, auf dem sie in der Richtung der Kraft wirkt:

$$A = P \cdot s.$$

Praktisches Maßsystem. In diesem Maßsystem erhalten manche Einheiten, so besonders ein Teil der elektrischen, eine sehr unbequeme Größe, so daß man die im gewöhnlichen Gebrauch vorkommenden Beträge nur mit Hilfe vieler Ziffern, d. h. angehängter oder vorgesetzter Nullen, ausdrücken kann. Daher hat man aus diesen unbequemen absoluten Einheiten bequemere praktische Einheiten abgeleitet, indem man sie je nach Bedürfnis vergrößerte oder verkleinerte, jedoch so, daß der wesentliche Vorzug des absoluten Maßsystems, die Einfachheit der physikalischen Gesetze, erhalten blieb. Daß z. B. das Ohmsche Gesetz den einfachen Ausdruck $E = I \cdot R$, und nicht $E = k \cdot I \cdot R$ hat, beruht eben auf dieser Wahl der Einheiten. Das Faradaysche und das Joulesche Gesetz haben keinen so einfachen Ausdruck, weil dort das elektrochemische, hier das elektrothermische Äquivalent zu berücksichtigen sind, die nicht mit Länge, Masse und Zeit allein ausgedrückt werden können.

Die praktischen elektrischen Einheiten sind zuerst im Jahre 1881 auf einem internationalen Kongreß zu Paris festgesetzt worden; man hat später nach Bedürfnis ihre Zahl vermehrt. Die zur Zeit im Gebrauch befindlichen Einheiten werden in der nachfolgenden Tafel zusammengestellt.

Außer den einfachen Einheiten gebraucht man auch Vielfache oder Teile davon; wie man als Längenmaß neben Meter (m) noch cm, mm, km u. a., neben g noch mg, kg, t usw. benutzt, sind auch für die elektrischen Einheiten solche abgeleiteten Einheiten in Gebrauch. Die einfachen Einheiten ergeben auch die einfachsten Beziehungen: Die Spannung 1 V erzeugt im Widerstand 1 Ω die Stromstärke 1 A. Die Ladung eines Kondensators von 1 F bei 1 V beträgt 1 C. Bei den abgeleiteten Einheiten ist die Rechnung nicht ganz so einfach: Die Spannung 1 V erzeugt im Widerstand 1 Megohm (= 1 Million Ω) den Strom 0,001 Milliampere (= 0,001 Tausendstel Ampere).

Besonders zu beachten ist das Mikrofarad, Milliontel-Farad, das stets als eigentliche Einheit der Kapazität benutzt wird, weil das Farad bei weitem zu groß ist; man darf beim Rechnen den Faktor[1] 10^{-6} niemals aus dem Auge verlieren. Diese abgeleiteten Einheiten werden durch die von den Längenmaßen her bekannten Vorsätze gebildet; sie finden sich gleichfalls in der nachstehenden Tafel.

Eine andere Art abgeleiteter Einheiten findet man da, wo eine besondere Einheit zwar nötig, aber noch nicht festgesetzt worden ist; die wichtigste davon ist die Kilowattstunde, die

---

[1] Es ist bequem und üblich, vielstellige Zahlen dadurch übersichtlicher zu machen, daß man Faktoren als Zehnerpotenzen heraussetzt; z. B. statt 0,000 053 7 zu schreiben $53{,}7 \cdot 10^{-6}$, statt 5 370 000 zu schreiben $5{,}37 \cdot 10^6$. Es ist $10^6 = 1$ Million, $10^3 = 1$ Tausend, $10^{-3} = 1$ Tausendstel, $10^{-6} = 1$ Milliontel.

Einheit, nach der die elektrische Arbeit gemessen und verrechnet wird.

Formelzeichen. In den allgemeinen Formeln benutzt man zur Darstellung der physikalischen Größen bestimmte Zeichen (Formelzeichen), die meist von den Namen der Größen (Anfangsbuchstaben, z. B. Länge l, Masse m, Zeit [lat. tempus] t) hergenommen sind. Hierfür wie auch für die Einheitszeichen sind in den letzten Jahren Festsetzungen getroffen worden, die bezwecken, eine allzu große Mannigfaltigkeit und Verschiedenheit, wie sie bei vollkommener Willkür entsteht, zu vermeiden.

Die Festsetzungen gehen aus von dem „Ausschuß für Einheiten und Formelgrößen", abgekürzt AEF genannt, der von den hervorragenden wissenschaftlichen Vereinen des deutschen Sprachgebiets eingesetzt worden ist. Sie sind als Vorschläge anzusehen, deren Befolgung dem freien Willen unterliegt.

Ein Bestandteil dieser Festsetzungen ist, daß die Formelzeichen in schrägen Buchstaben gedruckt werden sollen; leider konnte diese Vorschrift im vorliegenden Buche nicht mehr befolgt werden, weil der Teil des Buches, in dem die meisten Formeln vorkommen, bereits gesetzt war.

Fußnoten zu Seite 686.

[1]) $1\,\mu = 0{,}001$ mm.

[2]) Zeitdauer: Zeichen auf der Zeile
Zeichen für Minute neben Stunde oder Sekunde: m
3 h 20 m 10 s = 3 Stunden 20 Minuten 10 Sekunden.
Uhrzeit: Zeichen erhöht
$3^h\,20^m\,10^s$ = 3 Uhr 20 Minuten 10 Sekunden.

[3]) Amtlich zulässig qm und m^2, cbm und m^3 usw. Die Schreibweise m^2, m^3 empfiehlt sich, weil allgemein (auch in anderen Sprachen) verständlich.

[4]) Neben kW ist auch die Pferdestärke üblich und wird in Ingenieurkreisen noch vorgezogen; 1 PS = 736 W.

[5]) Wenn Temperatur und Zeit in einer Formel zusammentreffen, wird die Temperatur durch ϑ bezeichnet.

[6]) Es ist nicht gut möglich, in einem elektrotechnischen Lehrbuche mit je einem Formelzeichen für die elektrischen Größen auszukommen. Neben den großen werden auch die kleinen Buchstaben verwandt; für den Isolationswiderstand wird hier öfter W und w benutzt.

Tafel der Formel- und Einheitszeichen des AEF.

Größe	Formelzeichen	Einheit Name	Zeichen	Größe	Formelzeichen	Einheit Name
Länge	l	Meter	m	Temperatur, v. Eispunkt aus	t^5)	Grad (Celsi
		Zentimeter	cm			
		Millimeter	mm	absolute	T	Grad (Celsi
		Mikron[1])	μ	Wärmemenge	Q	Kalorie
		Kilometer	km			Kilokalor
Masse	m	Gramm	g	Elektromotorische Kraft, Spannung	E^6)	Volt
		Milligramm	mg			Kilovolt
		Kilogramm	kg			
		Tonne	t	Stromstärke	I	Ampere
Zeit[2])	t	Sekunde	s			Milliampe
		Minute[2])	min	Widerstand	R	Ohm
		Stunde	h			Megohm
Fläche	F	Quadratmeter[3])	m²	Leitwert	G	Siemens Mikrosiem
		Quadratzentimeter	cm²	Elektrizitätsmenge	Q	Coulomb Amperestu
		Ar	a			
		Hektar	ha	Elektrische Arbeit	A	Joule Wattstun Kilowattstu
Körperinhalt	V	Liter	l			
		Hektoliter	hl	Elektrische Leistung	N	Watt Kilowatt
		Kubikmeter[3])	m³			
		Kubikzentimeter	cm³	Kapazität	C	Farad Mikrofara
Leistung	N	Kilowatt[4])	kW	Induktivität	L	Henry

1 A = 1000 mA   1000 V = 1 kV
1 F = 10^6 μF $10^6 \Omega$ = 1 MΩ
1 S = 10^6 μS   1 Ah = 3600 C
1 C = 10^6 μC   1 kWh = 1000 Wh = 3,6·10

Halbmesser . . . . r	Geschwindigkeit . . . .
Durchmesser . . . . d	Kraft . . . .
Wellenlänge . . . . λ	Druck (Druckkraft durch Fläche)
Winkel, Bogen . . . . $\alpha, \beta, \ldots$	Arbeit . . . .
Phasenverschiebung . . . . φ	Wirkungsgrad . . . .
Umlaufzahl, Drehzahl (Zahl der Umdrehungen in d. Zeiteinheit) n	Wärmeausdehnungskoeffizient . Stärke des magnet. Feldes . .
Schwingungszahl in der Zeiteinheit . . . . n	Magnetische Dichte (Induktion) Magnetische Durchlässigkeit . .

Die Fußnoten 1 bis 6 siehe Seite 685.

Alphabetisches Namen- und Sachverzeichnis.

A.-B-C-Instrument 223.
Abfragegehäuse 494.
Abfragesystem zum Fernschrank OB 00 großer Form 604.
— — — OB 00 kleiner Form 609.
— — Klappenschrank M 99 552.
Ableitung einer Telegraphenleitung 39, 54.
Ableitung, Spannung, Strom, Widerstand 46.
Ablenkung e. Drahtspule 83.
— e. Magnetnadel 82.
Abreißfeder 89.
Abschlußkondensator 134.
Abstimmung 151.
Abzweigspule 163, 394.
Achsen, ölbedürftige 466.
Alkalischer Sammler 190.
Ampere 23.
Ampèresche Schwimmregel 83.
Amperestunde 23.
Anion 65, 67.
Anker, klebender 465.
Ankerrückwirkung 104.
Ankerumlegefeder 335.
Anlasser 111.
Anode 65.
Anruf, selbsttätiger 581, 583.
Anrufklappe 362.
Anrufrelais 483.
Anrufschränke 354.
Anrufsucher 656.
Anrufverteiler 656.
Anrufzeichen 523.
Ansammlungsapparate 13.
Anschlußdose 500.
Anschlußleitung 522.
— Einführung 399, 536.
— Störungserscheinungen bei Fehlern 635.
Antenne 147.

Antenne, Erdung 146.
— Gegengewicht 146.
Apparattisch 413.
Aräometer s. Senkwage.
Arbeit, elektrische 23.
Arbeitsstrom 240, 420, 421.
— Endstelle (Endamt) 422, 438.
— in oberirdischen Leitungen 432.
— in unterirdischen Leitungen 436.
— Omnibusleitung 51.
— Trennstelle 432, 437, 439.
Arbeitsstromleitung 50.
Arbeitsstromschaltung 419, 421.
Arco, Graf 153.
Atmosphärische Elektrizität 21.
— Wirkungen 365.
Audion 82, 149.
Auftrennen des Stromkreises 459.
Ausbreitungswiderstand 30.
Ausgleichsvorgang 138.
Außenleitung 536.

Bain 223.
Bakewell 223.
Batterie 402; s. a. Elemente, galvan.
— Anordnung in der Leitung 422.
— Bemessung 405, 409, 436.
— gemeinschaftliche 408.
— Schaltung 408.
— Überwachung 411.
Batteriegestelle 402.
Batterieschränke 402.
Batteriesicherung 377.
Batteriespannung, Bemessung 405, 409, 436.
Batterietagebuch 205.
Batteriezuführung 199.
Bauch 146, 170.
Baudot 208.
Baudotapparat 280.
— Alphabet 282.

Baudotapparat, Empfänger 289.
— Gleichlauf 288.
— **Kontakte, kleine** 286.
— Leistung 293.
— Mehrfachschaltung 284.
— Regelung der Geschwindigkeit 287.
— Relais 252.
— Schaltung 283.
— Schwungkraftregler 288.
— Stromverzögerung 287.
— Sucher 290.
— Tastenwerk 282.
— Übersetzer 289.
— Übertragung 293.
— Verteiler 284.
— Vierfachapparat 286.
— Weitergeber 293.
— Zeichenfurche 292.
— Zweifachapparat 285.
Berührung 457.
Besetztprüfung s. Freiprüfung.
Betriebsarten 420.
Blätterkondensatoren 396.
Bleisammler 185.
— Ladung und Entladung 191.
Blitzableiter 21, 365.
— Fehler 466.
— Verwendung und Einschaltung 371.
Blitzableitergestell 412.
Branly 148.
Brücke 36.
Brückenarme 390.
Brückenschaltung 419.
— zum Gegensprechen 157.
Brustmikrophon 476.
Buchse 345.
Buchsenleitung 345.
Bucht 540.

Cooke 222.
Correns 189.
Corrensche Gitterplatte 189.
Coulomb 23.

Dämpfung 143.
— spezifische 144.
Dämpfungsexponent 144.
Dämpfungsschaltung 470.
Davy 223.
Deklination 8.
Dekrement 143.

Depolarisation 74.
Depolarisatoren 74.
Detektoren 147.
Diamagnetische Stoffe 2.
Dielektrikum 13.
—, Vorgang im 17.
Dielektrizitätskonstante 14.
Dienstleitung 523.
Dienstleitungsbetrieb 531.
Dienstleitungstaste 480.
Dienstwähler 672.
Differentialdrossel 394.
Differentialgalvanoskop 387.
Differentialmagnet 92.
Differentialschaltung für Gegensprechen 157.
Diffusion 176.
Dissoziation 65.
Doppelgegensprechen 157, 163.
Doppelleitungen 60.
Doppelschlußmaschine 109.
Doppelsprechen 157, 162.
Doppelstrom 255, 420, 422.
Doppeltaste 322.
Doppelunterbrechungsklinke 345, 530.
Drahtlose Telegraphie 146.
— — Abstimmung 151.
— — Antenne 147.
— — Detektoren 148.
— — Eigenschwingung 151.
— — Empfang 148, 154.
— — Erdung 146.
— — Gegengewicht 146.
— — Gerichtete Telegraphie 154.
— — Hochfrequenzmaschine 153.
— — Induktionstelegraphie 156.
— — Kopplung 150.
— — Kopplungswellen 152.
— — Lichtbogenspeisung 153.
— — Löschfunken 153.
— — Resonanz 151.
— — Schwingungen, freie und erzwungene 150.
— — — langsame und rasche 146.
— — Schwingungskreis, offener und geschlossener 150.
— — Stoßerregung 152.
— — Strahlung 147.
— — durch Stromausbreitung 156.
— — Telephonie ohne Draht 155.
— — Ticker 149.
Drehstrom 105.

Dreieckschaltung 106.
Dreiphasenstrom 105.
Drossel 114, 136, 322.
— einfache 393.
— Bau 116.
Druck, osmotischer 70.
Duplextelegraphie 157.
Durchlässigkeit, magnetische 7, 85.
Durchsprechstellung 421.
Dynamomaschine 99, 108.
— Bau 109.

Ebonit-Schutzglocke 399.
Echo 169.
Edisonstöpsel 373.
Eigenschwingungen 151.
Eigenton 171.
Einanker-Umformer 218.
Einfachumschalter 526, 541.
Einführung, Anschlußleitungen 399, 536, 538.
— Telegraphenleitungen 398.
Eingeschwungener Zustand 138.
Einheitszeichen 685.
Einphasenstrom 104.
Einschnursystem 524.
Eisen im magnetischen Feld 5.
Elektrische Eigenschaft 8.
— Leitungen als Kondensatoren 15.
— Spannung, Arbeit und Leistung 23.
— Verteilung 11.
Elektrischer Strom 22.
— Widerstand 24.
Elektrisches Feld 15.
Elektrisieren durch Mitteilung 9.
— durch Verteilung (Influenz) 11.
Elektrizität, atmosphärische siehe unter A.
— Lehre von der ruhenden 8.
— — — — strömenden 22.
— positive und negative 8, 9.
Elektrochemie 65.
Elektroden 65.
Elektrodynamik 22.
Elektrolyse 65, 66.
— an Telegraphenleitungen 78.
Elektrolyt 65.
Elektromagnet 84.
— Empfindlichkeit 89.
— Magnetisierung und Entmagnetisierung 128.

Elektromagnete für Telegraphen- und Fernsprechapparate 91.
— Hauptformen 90.
Elektromagnetischer Telegraph 221.
Elektromagnetismus 82.
Elektromotor 110, 264.
Elektromotorische Kraft 71, 95, 98.
Elektronen 80.
Elektrostatik 8.
Elemente, galvanische, nasse und trockene 175.
— Primär- 175.
— Sekundär- 185.
Empfangsschaltung für drahtlose Telegraphie 154.
Endisolator für Überführungssäulen 399.
Endstelle (Endamt) 397, 421, 438.
Endverschlüsse 537.
Erdleitung 30.
— Anlage 416.
Erdmagnetismus 67.
Erdplatte 30.
Erdrückleitung 31.
Erdschluß 457.
Erdstrom 125.
Erdstromschaltung 427.
— für Hughes 444.
— für Klopfer 428.
Erdung der ZB 535.
Ericssonsche Schaltung 533, 574.
Erwärmung des Leiters 63.
— als Verlust 65.
— als Zweck 64.

Fallscheibe 330.
Federumschalter 344.
— für Fernsprechgehäuse u. Amtseinrichtungen 479.
Fehler in den Apparaten 465.
— in Fernsprechverbindungsanlagen 640.
— in Sprechstellen 636.
— Störungserscheinungen in Anschlußleitungen 635.
— elektrische, in der Telegraphenanlage 456.
Feinsicherung 378.
— mit Abreißstift 378.
— mit Zusatzwiderstand 380.
Feld, elektrisches 15.
— magnetisches 4.

690 Alphabetisches Namen- und Sachverzeichnis.

Feld, magnetisches, des stromdurchflossenen Leiters 83.
Felderregung 108.
Fernamt 600.
— allgemeine Einrichtung 600.
Ferndrucker 309.
— Antrieb 312.
— Auslauf 313.
— Auslösung 313.
— Bauarten, besondere 316.
— Betrieb 316.
— Druckvorrichtung 315.
— Gleichschritt 309.
— Leistung 310.
— Stromempfang 311.
— Stromsendung 310.
— Typenrad u. Figurenwechsel 314.
— Umschaltung 314.
— Unterbrechungstaste 315.
— Widerstände der Magnete 315.
— Zeichenbildung 311.
Fernhörer 470.
— mit Ringmagnet 472.
— mit seitlicher Schallöffnung 470.
Fernleitungssysteme 547.
Fernschrank 530.
— OB 00 großer Form 602.
— OB 05 609.
— OB 09 615.
— ZB 10 616.
Fernsprechamt, halbselbsttätiges 670.
— — Auflösung e. Verbindung 681.
— — Dienstwähler 672.
— — Freiprüfung 679.
— — Gesprächszählung 682.
— — Gruppenwähler, erster 676.
— — —, zweiter 677.
— — Leitungswähler 678.
— — Vorwähler 670.
— — Zahlengeber 674.
Fernsprechämter, allgemeine Einrichtungen 522.
— Stromversorgung 531.
Fernsprechapparate 467.
Fernsprechautomaten 495.
Fernsprechbatterien f. ZB-Betr. 197.
Fernsprechbetrieb, Störungen 635.
Fernsprechen, mehrfaches 163, 166, 632.
— Abzweigschaltung 632.
Fernsprechen und gleichzeitiges Telegraphieren 163.
— — — Übertragerschaltung 633.

Fernsprechgehäuse 485.
— für den OB-Betrieb 486.
— für den ZB-Betrieb 490.
— für Telegraphenleitungen 493.
Fernsprech-Nebenapparate 477.
Fernsprech-Normalrelais 482.
Fernsprechrelais, Anforderungen 481.
— Ausführungen 482.
Fernsprechsammler 189.
— Ladung 197.
Fernsprechströme 144.
Fernsprechübertrager 477.
— einschenkliger 478.
Fernsprech-Verbindungsanlagen, Störungen 640.
Fernsprech-Vermittlungseinrichtungen für Handbetrieb 520.
— mit Selbstanschluß 651.
Fernsprechvermittlungsstelle, Anordnung der Räume 541.
Ferromagnetische Stoffe 2.
Flackerzeichen 582, 587, 588, 591.
Flasche, Kleistsche od. Leydener 13.
Flickbrettchen 204.
Flügelanker 248.
Flüssigkeitsketten 69.
Formeln:
 Ableitungsstrom 45.
 Betriebsspannung 45, 48.
 Isolation, wahre, e. Leitung 42.
 — — für 1 km 44.
 Leitwert einer Leitung 59.
 Leitwiderstand, wahrer, e. Ltg. 42.
 — — für 1 km 44.
 Schwingungsdauer 142.
 Strom, abgehender 45, 48.
Formelzeichen 685.
Formierung d. Sammlers 78.
Fortpflanzungsgeschwindigkeit el. Wellen 142.
Freiprüfung 528, 563, 575, 593, 666, 679.
Fremdstrom, eindringender 463.
Frequenz 103, 106.
Frischen 157.
Fritter 31, 148.
Frittung, dauernde 31.
Funken, elektrische 80.
Funkenlöschung 99.

Gabelumschalter 479.
Galvanoskop 384.

Alphabetisches Namen- und Sachverzeichnis.

Galvanoskop, Fehler 466.
— gewöhnliches 385.
— polarisiertes M 02 386.
Gase, Leitvermögen 79.
Gauß 221.
Gegenkraft d. Elektromagnete 89.
Gegensprechen 157.
— mit dem Hughesapparat 447.
— mit Schnelltelegraphen 451.
Gesprächszähler 577.
Gesprächszählung 667, 682.
Gintl 157, 223.
Gitter 81.
Gitterplatten 185.
Gleichrichter, mechanischer 209, 210.
— Quecksilberdampf- 209, 211.
Gleichstrom 107.
Gleichstrommotor 110.
Glühlampe als Zeichen 363.
— als Widerstand 392.
Glühlampenstreifen 346.
Goldschmidt 153.
Graphische Darstellung von Spannung, Strom, Widerstand 46.
Grobsicherung 375.
Großoberflächenplatte 185, 187, 189.
Grundgebührenanschlüsse 523.
Gruppenwähler 656, 676.
— zweiter 677.

Hakenumschalter 479.
Halbautomatisches System 521.
Handapparat 476.
Handbetrieb und Selbstanschluß 521.
Hauptanschlüsse 522.
Hauptschlußmaschine 109.
Hauptsicherung 373.
Hauptstrommaschine 109.
Heberschreiber 323.
— Schrift 321.
Henry 98.
Hertz 106, 142, 146.
Hilfsamt mit Wählerbetrieb 660.
Hilfsschaltungen, telegraphische 134.
Hintereinanderschaltung 418.
Hochfrequenzmaschine 153.
Hochspannungssicherungen 383.
Holzbrettchen 189.
Holzstäbchen 189.
Hör- und Sprechumschalter 480.
Hufeisenmagnet 90.
Hughes 255.

Hughesapparat 255.
— abgekürzte Darstellung 445.
— Anruf durch Glühlampe 279.
— Anhaltevorrichtung 275.
— Antrieb, elektrischer 263.
— Auslösehebel 261.
— Auslösung, elektr u. mechan. 262.
— Ausschalter 276.
— Brems- und Reguliervorrichtung 275.
— Doppelstrom 444.
— Druckachse 266.
— Druckvorrichtung 269.
— Einstellhebel 273.
— Einstellung und Betrieb 278.
— Elektromagnetsystem 259.
— Erdstromschaltung 444.
— Feder, isolierte 273.
— Fehler 280.
— Figurenwechsel 271.
— Gegensprechen 447.
— Kontaktvorrichtung 257.
— Kupplung 266.
— Laufwerk 263.
— Normalschaltung 442.
— Reinigen und Auseinandernehmen 279.
— Schlitten 257.
— Stiftbüchse 257.
— Stromwender 276.
— Tastenwerk 256.
— Tische 277.
Hughesbetrieb, Schaltungen 441.
Hughes-Relais 247.
Hygroskopische Stoffe 29.

Induktion 94.
— Arten 95.
— durch Bewegung 99.
— durch bewegtes Eisen 111.
— Grundbedingung 94.
— Richtung 95.
— in einer Schleife 97.
— Schutz dagegen 120, 137.
— Stärke 96.
— aus Starkstromleitungen 125.
— durch Stromänderung 112.
— zwischen Telegraphenleitungen 119.
— — — bei schräger Kreuzung 123.
Induktionsapparat 112.

Induktionsapparat, Wirkungsweise 113.
Induktionsschutz 120.
Induktionsspule 477.
Induktionstelegraphie 156.
Induktivität 98.
— Zahlenwerte 98, 394/5.
Influenz, elektrische 11.
— — in e. Fernsprechleitung 19.
— magnetische 6.
Inklination 8.
Innenleitung 536.
Ionen 65, 66, 69.
Joule 24.
Joulesches Gesetz 63.
Isolationsfehler 124.
Isolationsprobe 459.
Isolierstoffe 79.

Kabeleinführung 537.
Kabelschacht 537.
Kabelschiff 321.
Kabelschränke 569.
Kabelumschalter 342.
Kapazität, elektrostatische 12.
— — Größe 14.
— — von Leitungen 15, 19.
— d. Sammlers 78.
Kassiervorrichtung 495.
Kathode 65.
Kation 65, 67.
Kelloggschalter 480.
Kiebitz 155.
Kipprelais 484.
Kippschalter 480.
Kirchhoffsche Sätze 32, 33.
Klangfarbe 170.
Klappenschränke 509.
    für Fernsprechbetrieb
— M 99 zu 5, 10 und 20 Anschlußleitungen 545.
— M 99 für 40 Anschlußleitungen 550.
— M 99 für 50 Anschlußltgn. 551.
— OB 00 541.
— OB 14 für 100 Anschlußleitungen 555.
— für Nebenstellen 509.
— — OB 07 509.
— — ZB 10 510, 511.
— — ZB 13 512.
    für Telegraphenbetrieb
— M 11 355.

Klappenschränke M 13 356.
— Schaltungen 355, 359.
Klinke 345.
Klinkenfeder 345.
Klinkenfeld 346.
Klinkenhülse 345.
Klinkenstreifen 346.
Klinkenumschalter 345, 601.
— für Fernleitungen 622.
— — M 04 623.
— — M 14 626.
— — OB 11 626.
— — ZB 11 626.
— für kleinere Betriebsstellen 622.
— für Telegraphenleitungen 350.
— — M 08 350.
— — M 13 352.
— — M 15 354.
— — Schaltungen 351, 353.
Klopfer 234.
— Aufstellung 414.
— neutraler 234.
— polarisierter 235.
Klopferbetrieb 428, 432.
Klopfertaste 241.
Knallgeräusch, Schutz 284.
Knoten 146, 170.
Koerzitivkraft 4.
Kohärer 148.
Kohlen-Blitzableiter 368.
Kohlenkörner-Mikrophon 475.
Kohlenkugel-Mikrophon 474.
Kollektor s. Stromwender.
Kommutator s. Stromwender.
Kondensator 13, 396.
— Lade- und Endladestrom 126.
— Neben- und Hintereinanderschaltung 14.
Kontaktdetektor 149.
Kontakte, Reinigung 465.
Konzentration der Lösungen 72.
Kopffernhörer 473.
Kopiertelegraph 223.
Kopplung 150.
Kopplungswellen 152.
Kraftfluß 4, 85.
Kraftlinien, elektrische 15.
— magnetische 4.
Krarup 145.
Kreis, magnetischer 84.
Kreistelegramm 362.
Kreuzung der Leitungen 122.
Kriechweg 30.

Kupferelement 175.
— Aufstellung 402.
— Behandlung im Betriebe 177.
— Bestandteile 175.
— Leistung 179.
— Verhalten 177.
— chem. Vorgang 74.
— Zusammensetzung 176.
Kurbelinduktor 207.
Kurbelleitungsrheostat 392.
Kurbsender 322.

Ladeanlage f. Fernsprechsamml. 197.
— Telegraphensammler 192.
Ladeapparate 198.
Ladespannung 129.
Ladungskapazität 12.
Lahnfaden 347.
Lebensdauer d. Kupferelements 180.
Leistung, elektrische 23.
Leistungszähler 577.
Leiter erster und zweiter Klasse 65.
Leiter und Nichtleiter 9.
Leitung, künstliche 162.
— schematische Darstellung 40, 130, 145.
Leitungen, Symmetrie 125.
Leitungs-Blitzableiter 22.
Leitungseinführung, oberirdisch 398.
— unterirdisch 400.
Leitungsfehler, Arten 456.
— Verfahren b. d. Eingrenzung 458.
Leitungsführung, zweidrähtige 528,
— dreidrähtige 520.
Leitungsprobe 459.
Leitungsschnüre, Fehler 466.
Leitungswähler 656, 665, 678.
Leitwert 34, 58.
Lichtbogen 80.
Lichtbogenspeisung f. el. Wellen 153.
Linienrelais 243.
Linienumschalter 337, 339.
Linienwähler 499, 517.
Löschfunken 152.
Lösungsdruck 70.
Lötösenstreifen 349.
Luftfeuchtigkeit, Einfluß auf die Isolation 28.
Luftleer-Blitzableiter 369.
— Prüfung 371.

Magnete, Innerer Bau 3.
— künstliche 1.

Magnete, natürliche 1.
— Tragkraft 2.
Magnetische Abstoßung und Anziehung 3.
— Achse 2.
— Indifferenzzone 2.
— Kraft, Äußerung 2.
— Pole 2.
— Sättigung 7.
— Stoffe 2.
— Verteilung 5.
Magnetischer Kreis 84.
— Widerstand 85.
Magnetisches Feld 4.
— — e. Drahtspule 84.
Magnetinduktor 207.
— Spannungskurven 104.
Magnetisieren 1.
Magnetisierende Kraft 84.
Magnetismus 1.
— permanenter 2.
— remanenter 2.
— temporärer 2.
— Verteilung 1.
Magnetnadel, Ablenkung durch den Strom 82.
Magnetrollen, Reihen- oder Zweigschaltung 57.
Manganindraht, Spule 389.
Marconi 146, 153.
Maschinen zur Stromerzeugung 206.
— zur Stromumformung 206.
Maschinentelegraphen 223, 318, 445.
Masseplatten 185.
Maßsystem 683.
Maxwellsche Erde 135.
Mehrfaches Fernsprechen s. unter F.
Mehrfachtelegraphie 156, 445.
— gleichzeitige 157.
— wechselzeitige 157, 167.
Mehrphasenstrom 105.
Meldeschrank 612.
Meldestöpsel 600.
Meldetisch 530.
Meridian, magnetischer 8.
Meß-Nebenschluß 35.
Mikrofarad 15.
Mikrophon 31, 467, 474.
— Widerstand 475.
Mikrophonarm 475.
Mikrophonbatterien 196.
Mikrophonkapsel 474.

Mikrophonschaltgn 116, 467, 490, 493.
Mikrosiemens 59.
Mischung von Flüssigkeiten 68, 176.
Mithören 577.
Mithörspule 517.
Mithörstöpsel 595.
Mithörtaste 514, 517.
Mitschwingen 171.
Mitsprechen, Verhüten 533.
Molekularmagnete 3.
Morse 224.
Morse-Alphabet 224.
Morseapparat 224.
— Aufstellung 414.
— Farbscheibchen 231.
— Federtrommel 228.
— Kontrollrad 228.
— Laufwerk 227.
— Papierrolle 229.
— Schreibvorrichtung 231.
— elektromagnetischer Teil 229.
— Umschalter für die Spulen 230.
— Unterhaltung u, Reinigung 233.
— Windfang 227.
Morsebetrieb 428, 432.
Morsetaste 238.
Motorgenerator 209, 217, 218.
Multiplextelegraphie 157.
Multiplikator 83.

Nachtschalter 508.
Nadeltelegraph 222.
Nebenanschlüsse 522.
Nebenapparate 326.
Nebeneinanderschaltung 419.
Nebenschließung in Fernsprech-Verbindungsanlagen 640.
— in Telegraphenämtern 462.
— in Telegraphenleitungen 456.
Nebenschluß 35.
— fliegender 426.
Nebenschlußmaschine 108.
Nebenstellen 497.
— Anschlußdose 500.
— Reihenanlagen 515.
— Reihenschaltung 498.
— Stromversorgung 499.
— Verbindungsschränke 512.
— Wecker, besonderer 500.
— Zentralschaltung 497.
Netzstrom 206.
Neutrale Elektromagnete 88.
— Relais 243.

Neutrale Wecker 326.
Neutraler Klopfer 234.
Neutrales Galvanoskop 385.
Normal-Farbschreiber 226.
Normalrelais 482.

Oberflächenleitung 30.
Obertöne 170.
Öffnungsfunken 99.
Ohm 27.
Ohmsches Gesetz 31.
— Geltung 79, 80, 129, 132.
— für den magnetischen Kreis 84.
Ohr 172.
Ölpolschuhe 203.
Omnibusleitung 420.
— mit Arbeitsstrombetrieb 51.
— mit Ruhestrombetrieb 53.
Ortsverbindungsleitungen 530.
Osmose 69.
Osmotischer Druck 70.

Parallelklinken 345.
Parallelschaltung 419.
Paramagnetische Stoffe 2.
Patronensicherung, unverwechselbare 374.
Pauschgebührenanschlüsse 522.
Pendelmikrophon 476.
Pendelumformer 211.
Periode 103.
Periodische Vorgänge 137.
Phase 103.
Platten-Blitzableiter 366.
Plattenkondensator 396.
Platzabfragetaste 570.
Platzleitung 578.
Platzumschalter 560.
Platzwechsel der Leitungen 122.
Polarisation 73.
— dielektrische 18.
Polarisierte Elektromagnete 88.
— Relais 246.
— Wecker 332.
Polarisierter Klopfer 235.
Polarisiertes Galvanoskop 386.
Pole, elektrische 17.
— magnetische 2.
Polwechsler 213.
Potential 10.
Potentialgefälle, atmosph. 21.
Poulsen 153.
Primärelement 175.

Alphabetisches Namen- und Sachverzeichnis.

Prüfeinrichtung OB 643.
Prüfschränke 642.
— OB 642.
— ZB 15 großer 645.
— ZB 15 kleiner 645.
Prüfstöpsel 383.
Prüfzeichen 348.
Pultgehäuse 487, 491.
Pupin 145.

Quadruplextelegraphie 157.
Quecksilberdampf-Gleichrichter 209, [211.
Querkondensator 137.
Querzellen 534.

Reihenanlagen 515.
Reihenmaschine 109.
Reihenschaltung 418.
Relais, neutrale 243.
— — mit Hörnerpolen 245.
— — polarisierte 246.
— — deutsches 246.
— — von Baudot 253.
— — Einstellung 254.
— — mit Flügelanker 248.
— — von Siemens u. Halske 251.
Relaisschaltung, einfache 242.
Relaisunterbrecher 664.
Resonanz 151, 171.
Reststrom 54.
Ringübertrager 395, 479.
Rollenkondensatoren 396.
Rückfragetaste 503, 514.
Rückschlag 21, 128.
Rückstellklappe 363.
Rückstellklappenschrank M 11 513.
Rückwirkung des Ankers 104.
Rufmaschine 218.
Rufstromübertrager 210.
Rufstromübertragung 586, 590.
Rufzeichen 348.
Ruhestrom 240, 420, 428.
— amerikanischer 420.
— Endstelle mit Batterie 429.
— Omnibusleitung 53.
— Trennstelle 430.
— Wecker 432.
— Zwischenstelle 431.
— Zwischenstelle mit Batterie 429.
Ruhestromschaltung 419, 420, 428.

Sammler 75.
— alkalischer 78, 190.
— Blei- 185.

Sammler, chemischer Vorgang 76.
— Entladedauer 200.
— Gefäße 202.
— Gestelle 202.
— Haupt- und Nachladung 200.
— Kapazität 200.
— Kurzschluß der Platten 203.
— Kurzschlußsucher 203.
— Ladeapparate 198.
— Messungen 204.
— Parallelschaltung 196, 204.
— Säure 202.
— Säuredichte 201, 202, 205.
— Schalttafel 198.
— Schlamm 204.
— Sicherheitsladung 201.
— Sicherheitsvorkehrungen 412.
— Sicherungen 198.
— Spannung 199.
— Spannungsmessung 204.
— Strominhalt 200, 204.
— Stromstärke 199.
— für den Telegraphenbetrieb, Aufstellung 403.
— Überwachung und Bedienung 199.
— Widerstand, innerer 190.
Sammlerbatterie, Bemessung 409.
Sammlerbetrieb, Schaltungen 191.
Sammlerraum 202, 404.
Säure 202.
Säuredichte 205.
Schall 168.
— Arten 169.
Schallkammer 237.
Schaltbilder, Zeichenerklärung 572.
Schaltbrett für kleine Fernsprechanstalten 549.
Schaltdrähte 538.
Schalttafeln 198.
Schaltung, gemischte 419.
Schaltungen für Morsebetrieb 428.
Schaltungsarten 418.
Schauzeichen 364.
Scheinwiderstand 130, 138, 139.
Scheitelwert 103.
Schirmwirkung 5.
Schleife, Induktion 97.
Schlußrelais 483.
Schlußzeichen 524.
— selbsttätiges 525.
Schmelzsicherungen 372.
— für Starkstrom 373.

Schmelzsicherungen für Telegraphen- und Fernsprechleitungen 375.
Schnarrwecker 330.
Schnelltelegraphie 445.
Schnüre 347.
Schnurpaar 524.
Schrauben, lockere 465.
Schraubenförmige Leitungsführung 123.
Schreibapparat 226.
Schreibtelegraph 221.
Schutzdraht 20.
Schwächungszahl 49.
Schwebelage der Taste 160.
Schwingungen, einfache und zusammengesetzte 106.
— freie und erzwungene 150.
— elektrische 140.
— — durch den Lichtbogen 153.
— — gedämpfte 142.
— — ungedämpfte 143.
Schwingungsdauer 142.
Schwingungserzeuger, stabförmiger 142.
Schwingungskreis 140.
— offener und geschlossener 150.
Seekabel, lange, Schaltung 451.
Sekundärelemente 75, 185.
Selbstanschluß 521, 651.
Selbstanschlußamt 652.
— Anrufsucher u. -verteiler 656.
— Gruppenwähler 656.
— Leitungswähler 656.
— Trennung der Verbindung 668.
— Verbindungsplan 657.
— Vorwähler 654.
— Wähler 652.
— Wählergestell 658.
— Wählscheibe 658.
Selbstinduktion 98.
— EMK 98.
Senkwage 205.
Sicherheitsvorkehrungen für Sammlerbatterien 412.
Sicherungen, Überwachung 375.
— unverwechselbare 373.
Sicherungsgestell 412.
Sicherungskästchen M 08 381.
Sicherungskasten 382.
Sicherungsleiste 382.
Siemens 59, 157, 223.

Siemensscher Schnelldrucker 294.
— Alphabet 295.
— Druckstromkreis 301.
— Empfänger 299.
— Haltzeichen 308.
— Leistung 309.
— Linienrelais 305.
— Lochstreifenempfang 308.
— Maschinensender 296.
— Papierförderung 307.
— Regelung der Geschwindigkeit [302.
— Stiftwalze 296.
— Stromquelle 309.
— Tastenlocher 294.
— Verteiler 296, 299.
Signaleinrichtungen 206.
Signalmaschine 219.
Simultanbetrieb 452.
— Verkettung d. Leitgn. 453, 634.
Simultan-telegraphischer Meldeverkehr 454.
Sinuskurve 103.
Solenoid 84.
Sömmerring 221.
Sp-Leitungen 523.
Spannung 10, 23.
Spannungsmessung 35.
Spannungsverlust 46.
Sparschalter 35.
Sparschaltung des Transformators 115.
Speisung der Teilnehmerstellen 532.
Spezifischer Widerstand, elektr. 25.
— — magnet. 85.
Spiegelbrett 349.
Sprachorgan 172.
Sprechschlüssel 480.
Sprechstellen, Störungen 636.
Stammleitung 166.
Stangen-Blitzableiter 367.
Starkstrom, eindringender 464.
Steinheil 221.
Stelldrossel 393.
Sternschaltung 105.
Sternzeichen 365.
Stöhrer 223.
Stöpsel 338, 347.
Stöpselbrett 349.
Stöpselsitz-Umschalter 480.
Stöpselumschalter 336.
Störungen im Fernsprechbetrieb 635.
— der Telegraphen- und Fernsprechleitungen, elektrische 18.

Stoßerregung 152.
Strahlung, elektrische 147.
— Empfang 147.
Streckenfernsprecher 497.
Strom, abgehender 130.
— ankommender 131.
— gemischter 139.
— gleichmäßiger 22.
— veränderlicher 126.
— in Nichtleitern 79.
— Steigen, übermäßiges 372.
— in einer Telegraphenleitung 44.
— Wärmewirkung 63.
Stromarbeit 24.
Strombedarf eines Fernsprechamtes 536.
— Telegraphenbetrieb, Berechnung 410.
Stromkurven eines Sammlers 77.
Stromläufe 423.
— Zeichenerklärung 572.
Stromleistung 24.
Stromquellen 174.
— Übersicht über die Verwendung 220.
Stromsperren 140, 524.
Stromumformung 206, 209.
Stromverlängerung 137.
Stromversorgung 515, 531.
Stromverzerrung 139.
Stromverzweigung 33, 37.
Stromweg, gemeinsamer 37.
Stromwege, parallele 34.
Stromwonder 107.
Sulfatierung 77.
Symmetrie der Leitungen 125.
Systemkabel 349.

Tafel der Abhängigkeit des Widerstandes der Isolationsstoffe von der Temperatur 28.
— der Äquivalentgewichte 67.
— — der Induktivität v. Drosseln 394.
— der elektrischen Leiter 9.
— der spezifischen Widerstände 26.
Tasten 238.
Teilnehmerstellen, Speisung aus d. ZB 532.
Telegraph, chemischer 223.
Telegraphen, ältere 221.
— für lange Seekabel 320.
Telegraphenamt, technische Einrichtung 398.

Telegraphenanlage, elektrische Fehler 456.
Telegraphenapparate, Ansprechen 131.
Telegraphenbetrieb 397.
— mit Fernsprecher 440.
Telegraphenbetriebsstörungen 455.
Telegraphenleitung, elektrischer Vorgang 130.
— elektrolytische Vorgänge 78.
— mit Batterie und Apparaten 47.
Telegraphenleitgn, Berührung 463.
— Induktion 119.
Telegraphenrelais 242.
Telegraphensammler 185.
— Ladeanlage 192.
Telegraphenschaltungen 418.
Telegraphie, drahtlose s. unter D.
Telegraphieren auf Fernsprechleitungen 452.
— gleichzeitiges und mehrfaches Fernsprechen 163.
Telegraphiergeschwindigkt 132, 133, 423.
Telegraphische Hilfsschaltungen 134.
Telefunken 153.
Telephon 111, 467.
— und Mikrophon, Zusammenwirken 467.
Telephonie ohne Draht 155.
Tesla 106.
Ticker 149.
Tische für Morse- und Klopferbetrieb 413.
Tischgehäuse 487, 492.
— für Reihenanlagen 518
Ton 169.
Tonerreger 171.
Tongemische 170.
Topfmagnet 90.
Tragkraft eines Magnets 2.
— eines Elektromagnets 87.
Transformator 114, 209.
— Bau 116.
— Verlust 115.
Trennrelais 483, 484.
Trennstelle (Trennamt) 397, 421, 430, 432, 441.
Trennstrom 255, 420.
Trockenelemente 175, 181.
— Leistung 184.
— Verwendung 184.

Übersetzungsverhältnis 114.
Übertrager 209, 392.
Übertragerschaltung für Mikrophon 119.
— für Simultantelegr. 164.
Übertragung 48, 242, 360, 423, 439.
— einfache, für Telegraphenleitungen 243, 435.
— — für unterird. Telegraphenleitungen 437/9.
— durch Doppelstrom 424.
— in Hughesleitungen 424.
— in einer Hughesleitung zum Gegensprechen 450.
Übertragungsrelais 425.
Umformer 209, 217, 219.
Umkehrpatrone 379.
Umlötpatrone 380.
Umschalter 336.
— Nr. I u. II 337—340.
— Nr. III, IV, VI—VIII 340/1.
— Nr. V 343/4.
Umschalteschränke, Aufstellung 530.
— Größen 529.
Umsetzen mit Wählerbetrieb 180.
Undulator 324.
— Schrift 325.
Unteramt mit Wählerbetrieb 660.
Unterbrecher, langsamer 244.
Unterbrechung in Fernsprech-Verbindungsanlagen 640.
— in Telegraphenämtern 460.
— in Telegraphenleitungen 556.
Unterbrechungsfunken 80.
Unterbrechungsklinke 345.
Untersäurelampe 203.
Untersuchung einer Fernsprechendstelle mit Induktor 638.
— von Morse- u. Klopferanstalten 460.
Unverwechselbarkeit d. Sichergn. 373.

Van Rysselberghe 165.
Verbindungsleitungen 523.
— abgehende 529.
— ankommende 529.
Verbindungsmuffen 537.
Vermittlungsanstalten, kleine selbsttätige 661.
— Einrichtungen, technische 666.
— Freiprüfung 666.
— Gesprächszählung 667.
— Leitungswähler 665.

Vermittlungsanstalten, kl. selbstt., Störungsbeseitigung 669.
— Stromlauf 662.
— Überweisungsamt 661, 668.
— Vorwähler 664.
Verschiebung, dielektrische 18.
Verschlingung in Fernsprech-Verbindungsanlagen 641.
Verstärkerröhren 80.
Verteiler für wechselzeitige Mehrfachtelegraphie 167.
Verzerrung 171.
Verzögerungsrelais 137.
Verzögerungswiderstand 391.
Verzweigung 33, 37.
Verzweigungswiderstand 390.
Vielfachumschalter 526.
— Tischform 522.
— OB 560.
— OB 02 560.
— OB 13 565.
— für Zentralbetrieb 566.
— ZB von Siemens u. Halske 591.
— ZB 10 566.
— ZB 11 566.
Viererleitung 166.
Volt 24.
Vorschalteleitungen 530.
Vorschaltetafeln 530.
Vorwähler 654, 664, 670.

Wähler 652.
Wählergestell 658, 662.
Wahlschaltung 419.
Wählscheibe 658.
Wanderung der Ionen 69.
Wandgehäuse 486, 491.
Wärmewirkung des Stromes 63.
Watt 24.
Weber 221.
Wechsel 103.
Wechselstrom 99, 137.
— Effektivwert 106.
— Mittelwert 106.
Wechselstromanzeiger 364.
Wechselstromkreis mit Kapazität und Induktivität 138.
Wechselstrommotor 110.
Wechselstromrelais 484.
Wechselstromwecker 332.
— Einstellen und Regulieren 335.
— großer Form 334.
— mit einer Glocke 334.

Wechselstromwecker Stf. M. 1903 333.
Wecker 326, 432.
— gewöhnlicher 327.
— Einstellen 328.
— Fehler 466.
— Schaltung auf Selbstausschluß 327.
— — — Selbstunterbrechung 327.
Wecktaste 344.
Wehr 389.
Welle, fortschreitende 169.
— stehende 146, 169.
Wellenlänge 142, 146.
Westernsche Schaltung 532, 574.
Wheatstone 222.
Wheatestonesche Brücke 37.
Wheatstonescher Maschinentelegraph 318.
Wickelkondensatoren 396.
Widerhall 169.
Widerstand, elektrischer 24.
— — innerer v. Elementen 179, 184, 190.
— — künstlicher 389, 433.
— — spezifischer 25.
— — einer Telegraphenleitung 39.
— magnetischer 85.

Wien 152.
Wirbelströme 112.

ZB s. Zentralbatterie.
Zeichenstrom 255, 420.
Zeigertelegraph 222.
Zeitkonstante 133.
Zeitrelais 244.
Zentralbatterie 531.
— Bemessung 535.
— Erdung 535.
— Mitsprechen, Vermeidung 533.
Zimmerleitung 400.
— Bezeichnung 401.
Zug- oder Tragkraft des Elektromagnets 87.
Zunge d. Relais 92.
Zusatzwiderstand 380, 412.
Zweigschaltung 419.
Zweischnursystem 524.
Zwillingsrelais 244.
Zwischenstelle (Zwischenamt) 397, 421, 431.
Zwischenstellenumschalter 501.
— OB 08 502.
— ZB 08 503.
— ZB 10 506.
— ZB 13 508.
Zwischenverteiler 196, 540.

Strecker, Die Telegraphentechnik. 6. Auflage. 2. Abdruck. Verlag von Julius Springer in Berlin.

Der Typendrucker von Hughes mit elektrischem Antrieb.

If you have any concerns about our products,
you can contact us on
ProductSafety@springernature.com

In case Publisher is established outside the EU,
the EU authorized representative is:
**Springer Nature Customer Service Center GmbH
Europaplatz 3, 69115 Heidelberg, Germany**

Printed by Libri Plureos GmbH
in Hamburg, Germany